식물생리학

식물생리학

제 4 판

William G. Hopkins and Norman P. A. Hüner

홍영남(옮긴이 대표)

권덕기 김재준 김창훈 김형세 박연일

윤혜원 이혜연 전성수 진창덕 공역

월드사이언스
WORLD SCIENCE
worldscience.co.kr

식물생리학 제4판

초판 인쇄 | 2012년 4월 01일　　2쇄 인쇄 | 2017년 2월 05일
초판 발행 | 2012년 4월 10일　　2쇄 발행 | 2017년 2월 15일
공 역 자 | 홍영남, 권덕기, 김재준, 김창훈, 김형세, 박연일, 윤혜원, 이혜연, 전성수, 진창덕
발 행 인 | 박선진
발 행 처 | (주)월드사이언스
주　　소 | 서울특별시 서초구 방배4동 864-31 월드빌딩 1층
등록일자 | 1988년 2월 12일
등록번호 | 제 16-1601호
대표전화 | (02) 581-5811~3
팩　　스 | (02) 521-6418
E - m a i l | worldscience@hanmail.net
U R L | http://www.worldscience.co.kr
정　　가 | 30,000원
I S B N | 978-89-5881-198-5 (93480)

「이 도서의 국립중앙도서관 출판시도서목록(CIP)은 e-CIP홈페이지(http://www.nl.go.kr/ecip)와 국가자료공동목록시스템(http://www.nl.go.kr/kolisnet)에서 이용하실 수 있습니다.(CIP제어번호: CIP2012001463)」

서 문

이 교과서의 초판이 13년 전에 출판되었을 때 이것은 몇가지 목표에 의하여 집필되었다.

- 이 교과서는 처음으로 식물생리학을 전공과목으로 배우려는 학부생을 위한 한 학기 과정에 적합할 것이다. 이것은 식물학 또는 식물학 부분이 강조된 생물학을 이미 배운 학부생들을 대상으로 썼다. 이 책은 식물생리학에서 추구하고 있는 발전된 내용에 대한 넓은 구성을 제공하려 했지만, 또한 생태학이나 농학에 대한 관심이 많은 학부생들에게 필요한 식물의 기능에 대한 일반적인 이해를 주려고 했다.
- 위의 목표에 걸맞게, 이 교과서는 식물들이 어떻게 일을 하는가에 대한 근본적 원리에 초점을 맞추었지만 한편으로는 생화학과 분자생물학의 요구와 다른 한편으로는 전통적인 전 식물체(whole-plant)와의 균형을 시도하려고 했다.
- 이 교과서는 재미있게 읽을 수 있도록 쓰려고 노력했다. 이것은 우리가 어떻게 우리의 최근의 관심에 도달하게 됐는가를 학부생들이 올바르게 인식하도록 약간의 역사적 내용을 포함하고자 했다. 또한 이 분야의 미래의 방향과 도전을 지적하고자 했다.
- 식물생리학의 넓은 범위와 이 분야의 빠르게 확장하는 문헌의 양은 입문수준의 교과서에 적절한 재료로 모두 포함하는 것은 불가능했다. 따라서 이 교과서는 학문 분야의 핵심을 이루는 그것들의 토픽을 선택하고, 그것에 초점을 맞춰야 했다. 동시에 학부생은 식물들이 실험실 밖의 더 넓은 세상에서 행동하는 역할에서의 생리학의 중요성을 경험하도록 했다.

우리는 재미있게 읽을 수 있고 이전 판들에 대한 포괄적인 접근을 계속 유지하려고 노력했다. 우리는 또한 이번 4판에서 많은 현저한 변화를 도입했다. 이들 변화들은 다음과 같다:

- 이 판을 위해서 책의 삽화의 차례가 완전히 교정되었다. 몇몇 그림은 삭제됐고 다른 그림들로 교정되었으며 많은 새로운 그림이 삽입되었다. 출판사의 도움으로 또한 삽화들은 채색됐다. 색채 사용으로 그림의 선명도가 개선되었다. 그림에서 중요한 요소에 주의를 끌게 했고 이 교과서에서 서술된 그림과 개념사이의 관계를 시각화시켜 학부생들에 도움을 주고 있다. 동시에 우리는 학부생들에게 상당한 부담을 덜어주는 얼마간의 노력으로 대가와 기대를 염두에 두고 있다.
- 많은 그림에서 복잡한 화학구조들은 축소됐고, 생합성 과정은 기본원리를 더 강조하기 위해서 간략화됐다.
- 우리는 세포, 조직 및 기관에 대한 전통적인 소개의 장을 옮겨서 직접적으로 관계되는 장들에 이들 정보를 배치했다.
- 각 장의 끝에는 신판 전반에 걸쳐 참고문헌에 대한 목록을 최신 것으로 했다.
- 모든 생명체는 에너지와 물에 의존한다. 이전 판과는 달리 4판은 수분, 삼투현상, 수분퍼텐셜 그리고 식물과 수분의 상호관계의 특성에 초점을 맞춰 4개의 장을 시작하고 있다. 이어서 8개의 장은 생체에너지학, 식물의 1차 물질대사 그리고 식물 생산력을 다루고 있다.
- 이번 판에서의 주된 변화는 3개의 새로운 장(13, 14 그리고 15장)의 존재다. 기본 정보와 개념을 이용해서 1장에서 12장까지 전개했다. 이들 장은 다양한 시간척도에 따라 환경변화에 반응하려는 식물 고유의 적응성에 초점을 맞추고 있다.
- 많은 강사들이 우리에게 각 호르몬을 분리해서 다루는 것이 교수 요목에 더 맞다고 이야기했기 때문에 호르몬의 논하는 방법을 개정했다. 각 호르몬의 적용범위는 수용체와 신호전달 과정의 최근 상황에 대해 일반적인 해설로 마무리하고 있다.
- 하나의 새로운 장이 개화 및 열매 발달의 분자 유전학에 초점을 맞추고 있다.
- 새 판에서는 용어해설이 수록됐다.

윌리엄 G. 홉킨스
노르만 P. A. 휘너
온타리오, 런던
2008년 4월

학부생 여러분에게

이책은 식물이 어떻게 일하고 있는가에 관한 것이며 식물생리학자들이 묻고 있는 질문들과 어떻게 그들이 그러한 질문들에 대한 해답을 찾고 있는가를 다루고 있다. 거의 이책은 식물체가 그들의 일상생활에서 수행하는 일들을 어떻게 처리하는가에 대한 것이다.

유명한 자원보호론자인 죤 뮤어는 이전에 다음과 같이 말했다. "우리가 단독으로 무엇이든 해득하려고 할 때 우리는 그것이 무엇이든지 논의의 영역 속으로 끌어들이고 있음을 발견한다." 뮤어는 식물생리학의 저술에 관하여 잘 언급하였음을 발견할 수 있다. 하나의 과학으로서 식물생리학의 범위는 생물물리학과 분자유전학으로부터 환경생리학과 작물재배학의 범위에 이르기까지 매우 광범위하다. 광합성 물질대사는 자라고 있는 식물을 위한 탄소와 에너지를 공급할 뿐아니라 환경스트레스를 견디어 내기 위한 식물체의 수용능력을 결정한다. 뿌리, 줄기, 잎 그리고 꽃의 생장과 발달은 빛, 온도, 호르몬, 영양 그리고 탄소대사와 같은 다수의 상호작용하는 요인들에 의하여 조절된다. 과학적 진실 이상으로 실용적 필요성에 관한 문제로써 우리는 각 장마다 많은 이들의 주제를 다루었다. 이 책을 벗어난 대부분을 이해하기 위해서 우리는 여러분이 읽을 때 이들의 한계를 알아채도록 당신에게 제시하고 어떻게 다양한 물질대사가 기능적인 식물체를 형성하기 위해 통합하는가를 생각하게 한다.

식물생리학은 매우 활발한 연구분야이며 식물이 어떻게 일하고 있는지에 대한 뜻밖에 새로운 사실들이 거의 매일 문헌에 보고되고 있다. 이 책에 함유된 많은 모델과 설명은 그 책이 출판 시장에 나타날 때까지는 교정될지도 모른다. 만약 여러분이 흥미 있는 특별한 논제를 발견하고 그것에 대해 더 배우기를 원한다면, 그 논제가 실려 있는 간행물이 직접적으로 관련된 연구문헌에 여러분을 이르게 하는 길이 될 것이다. 여러분은 이같은 학술지의 아주 최근 출판물에 발표된 참고문헌과 전문가의 의견을 찾아 봄으로써 이 책이 쓰여진 이래 무엇이 일어났는지를 배울 수 있다.

현상으로부터 추정했던 객관성에도 불구하고 설명이 자주 불충분하고 불확실성으로 채워졌다는 것을 알았다고 하더라도 과학은 궁극적으로 과학자들에 의한 실험결과의 설명에 의존하고 있다. 그러나 결과와 관찰이 축적될 때 설명은 세련되며 불확실성의 정도는 줄어든다. 이것이 과학적 발견의 본성이며 과학함의 진정한 호기심의 근원이다. 이 책에서 우리는 이 과학적 과정의 몇 가지 의미를 알리고자 시도했다.

우리는 이 책을 통해서 식물생리학에 대한 흥분, 신비 그리고 도전과 함께 어느 정도 우리의 매혹됨을 여러분과 함께 나눌 수 있기를 바란다.

윌리엄 G. 홉킨스
노르만 P. A. 휘너

역자서문

이 역서는 캐나다 West Ontario 대학교의 홉킨스(William G. Hopkins) 교수와 휘너(Norman P. A. Hüner) 교수의 Introduction to Plant Physiology(제4판)을 번역한 것이다. 이미 제2판과 제3판도 번역되었으며 제4판은 책의 내용이 재구성되어 학부생들이 좀 더 쉽게 이해할 수 있도록 체제를 바꾸었다.

현재 학부생들이 식물생리학을 공부하고 개념을 터득하기 위한 교재를 찾기가 어려운 가운데 다행히 생리현상을 심층적으로 다루며 과학의 기초적 토대 아래 식물이 어떻게 일을 하며 환경과 조화를 이루어 나가는가를 현상론적으로 이해시키려고 시도하고 있는 이 역서가 있음은 다행한 일이다.

식물생리학에서 다루는 주된 관심 분야는 말할 것도 없이 식물체내에서 나타나는 중요한 생리적 과정들이다. 여기에는 빛의 물리적 에너지로부터 화학적 저장에너지의 획득을 위한 광합성과 대사를 위해 이 저장에너지를 유기물로부터 뽑아내는 호흡, 질소와 황 등 주요물질의 동화작용, 뿌리로부터 물과 무기물의 흡수, 식물체내 관다발계를 통한 물질수송, 개화와 종자 형성과정 등으로 크게 구분된다. 이와 같은 과정들은 식물 몸체를 구성하는 세포, 조직, 기관의 구조적 및 기능적 특성과 그리고 물질 구성의 기본 단위가 되는 분자와 이온의 특성을 상호 연계하여 고찰되어야 한다. 식물체 내에서 이런 생리과정들은 빛, 중력, 온도 등 외부의 환경요인에 의하여 영향 받으면서 일어나는데, 이것이 구체적으로 발현된 결과가 바로 식물의 생장과 발달이다. 그러므로 독자들은 이 책으로부터 어떻게 씨앗이 싹트며, 어떻게 식물이 생장한 후 꽃피고 종자를 맺어 생활사를 마치는지에 대한 대답을 찾을 수 있을 것이다. 또한 생명에 관한 여러 가지 문제를 과학적으로 해결하는 방법이 얼마나 중요한지를 깨닫게 될 것이다. 이 책은 비교적 쉽고 생리적 현상을 논리적으로 명확하게 전개하고 있다.

역자들은 이 책을 충실히 우리말로 옮겨 독자들의 학습에 도움을 주고자 노력했다. 번역함에 있어 학술용어의 우리말화가 어려웠으나 이를 위해 한국 물리학회에서 발간한 〈물리학 용어집〉, 대한화학회에서 발간한 〈화학 술어집〉, 한국 과학기술단체 총 연합회에서 발간한 〈과학기술 용어집〉 그리고 한국 생물과학협회에서 발간한 〈생물학 사전〉 들을 참조하였다. 독자들은 우리말화된 용어 중에 생소하게 느끼는 것이 있을지 모르나 그러한 용어에 대해 친근감을 갖기 바란다.

이 책의 출판을 위해 애쓰신 월드사이언스의 박선진 사장님께 경의와 사의를 표하며 아울러 한용희 부장님과 편집부 여러분의 노고와 헌신에 심심한 감사의 말씀을 드리는 바이다.

우리 번역진은 이 책을 통하여 독자들이 식물의 기능을 이해함으로써 식물이 우리 인류에게 어떤 대상인가를 배울 수 있기 바란다. 식물이 생물체 생존의 뿌리임을 잊지 말아야 한다.

2012년 2월

옮긴이 대표 홍 영 남

역 자 소 개

홍영남(옮긴이 대표)	서울대학교	자연과학대학 생명과학부 명예교수
권덕기	경북대학교	사범대학 과학교육학부 교수
김재준	고려대학교	생명과학대학 생명공학원 선임연구원
김창훈	차의과학대학	바이오산업응용학과 교수
김형세	명지대학교	생명과학정보학부 연구교수
박연일	충남대학교	생명과학부 교수
윤혜원	서울대학교	의과대학 핵의학과 임상교수
이혜연	명지대학교	생명과학정보학부 강사
전성수	경원대학교	과학영재교육원 교수
진창덕	강원대학교	자연과학대학 생명과학부 교수

목 차

제 3 장 · 뿌리, 토양 그리고 영양소의 흡수 39

제 4 장 · 식물과 무기 영양소 61

제 11 장 · 질소동화 195

제 12 장 · 탄소와 질소 동화 그리고 식물 생산성 213

제 13 장 · 환경 스트레스에 대한 식물의 반응 223

제 14 장 · 환경스트레스에 대한 순응 241

제 15 장 · 환경에 대한 적응 261

제 16 장 · 발달: 개관(개요) 275

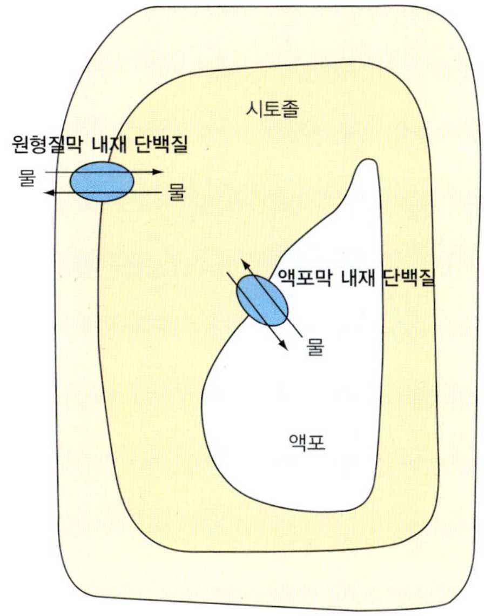

1
식물세포와 물

우리가 아는 생명체는 물 없이 존재할 수 없다. 물은 대부분의 생물에서 가장 풍부한 구성 성분이다. 실제적인 수분 함량은 조직과 세포 형태에 따라 다양하며 그것은 환경 및 생리 조건에 어느 정도 좌우된다. 물은 전형적으로 비목재화된 식물 부분의 무게의 70% 이상 차지한다. 그러나 식물의 수분 함량은 물질 대사능의 수준, 공기와 토양 주위의 수분 상태 그리고 많은 다른 요인들에 의해서 계속적인 유동 상태 속에 있다. 건조 상태에서 견디는 어떤 식물은 단지 20%의 수분 함량을 경험하고 선소 종사는 5% 정도의 수분을 가지고 있기는 하나 모두 대사적으로 불활성하며 중요한 대사 활성의 재개는 수분 함량이 정상적인 수준으로 회복된 후에야만 가능하다.

물은 식물의 생리에 많은 중요한 역할을 충족시킨다. 물은 물리적 및 화학적 성질 때문에 그 자신의 역할에 유난히 적합하다. 물의 **열성**(thermal property)으로 인하여 물은 대부분의 생물학적 반응이 일어나는 온도 범위에서 액체 상태에 있게 된다. 이것이 중요한 것은 생물 반응의 대부분이 액체 상태에서만 일어날 수 있기 때문이다. 물의 열성은 또한 식물이 너무 빠르게 식거나 가열되지 않고 온도를 유지하도록 온도 조절에 기여한다. 또한 물은 생장을 위해 필요한 무기 영양소와 다른 용질을 흡수하고 분배하기 위해 적합한 매질을 만드는 데 훌륭한 **용매의 성질**(solvent property)을 가지고 있다. 생명을 특징짓는 많은 **생화학적 반응**(biochemical reaction)이 물에서 일어나며 물은 스스로 수많은 이들 반응의 참여자이다. 가시 광선에 대한 물의 **투명도**(transparency)는 햇빛을 세포의 액상 매질에 투과시킬 수 있으며 그곳에서 광합성을 위한 동력이나 발달을 조절하는 데 이용될 수 있다.

육상 식물에서 물은 매우 역동적 체계의 한 부분이다. 광합성이 활발히 일어나고 있는 식물은 잎 표면으로부터 증발을 통해 계속적인 물 유실을 경험한다. 그러므로 동일한 양의 물을 토양으로부터 받아들이고 잎에서 전개되는 물 부족을 충족시키기 위해서 식물을 통해 물이 이동되어야 한다. 한 예로, 식물체에서 광합성과 증산작용으로 인한 물의 순환은 년 10^{11}톤 정도로 추정되고 있다.

식물을 통한 이러한 물의 연속적 흐름은 이들의 생장과 생존에 매우 중요하다. 세포에 의한 물의 흡수는 압력을 발생시키는데 이를 **팽압**(turgor pressure)이라고 하며 골격계가 없는 식물이 똑바로 서 있기 위해 세포의 팽압을 유지하여야 한다. 다음 장에서 볼 것이지만 세포에 의한 물의 흡수는 또한 세포 확장의 구동력이 된다. 몇 안 되는 식물만이 건조한 상태에서 살 수 있다. 식물과 식물 세포간의 수분 관계는 그들의 생리학을 이해하는 데 기초가 됨은 의심할 여지가 없다.

이 장에서는 세포의 수분 관계에 대해 알아보고자 한다. 주제는 다음과 같은 내용들을 포함한다.

- 생명체를 위한 배지로 특별히 적합한 물의 독특한 물리 화학적 성질에 대한 전체적인 개관
- 물의 이동을 위한 메커니즘으로써의 확산, 삼투 그리고 부피 유동을 포함한 식물에서 물이 이동하는데 기반이 되는 물리적 과정, 그리고
- 물의 화학 퍼텐셜과 수분 퍼텐셜의 개념

이러한 개념들은 식물체 내의 물의 이동을 이해하는데 기초를 제공하고 식물과 환경과의 관계는 2장에서 논의될 것이다.

1.1 물은 독특한 물리 화학적 성질을 가지고 있다

물의 고유한 특성을 이해하는데 중요한 단서는 물분자의 구조와 그 구조로부터 얻어지는 분자간의 강한 친화력에 기인한다. 물은 산소 한 원자와 수소 두 원자 사이의 공유 결합으로 이루어진다(그림 1.1). 산소 원자는 강한 **전기 음성적(electronegative)**이며, 전자를 끌어당기는 경향을 띤다. 이 강한 **전기 음성도(electronegativity)**의 결과 물분자내에서 산소가 수소로부터 전자를 멀리 벗어나도록 끌어당기는 경향을 갖는다. O－H 결합을 만드는 데 공유하고 있는 전자들은 대략 수소보다는 산소핵 쪽에 더 가까이 있다. 그러한 결과로 산소 원자는 부분적으로 음전하를 띠며 이에 상응하는 부분적 양전하를 두 수소 원자가 나누어 갖는다. 이러한 비대칭적 전자의

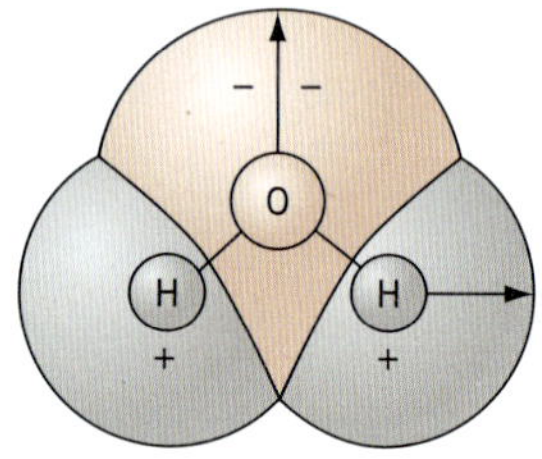

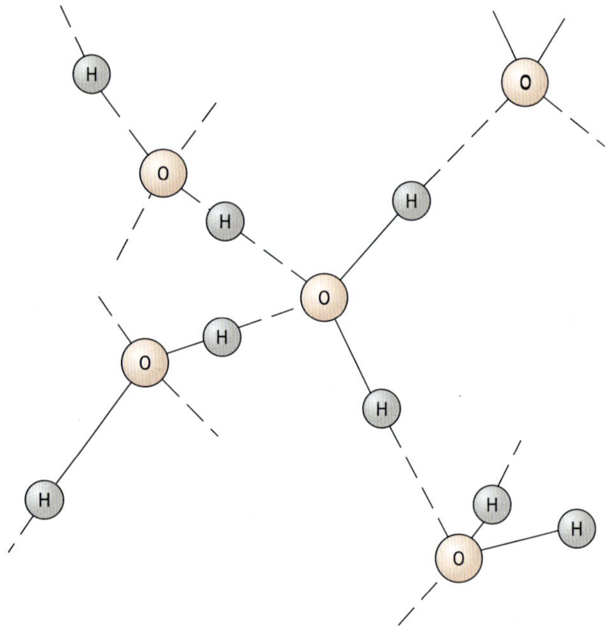

그림 1.1 (A) 두 물분자의 도시적 구조. (B) 물분자의 부분 양전하와 부분 음전하 간의 정전기 인력으로 인해 형성된 수소결합(점선).

표 1.1 유사한 크기를 가진 다른 분자와 비교한 물의 물리적 특성. 열성은 단위 질량당 에너지로서 정의되기 때문에 표 안의 값들은 그람당 주울(J/g)로 나타냈다.

	분자량 (Da)	비열 (J/g/°C)	융해점 (°C)	융해열 (J/g)	비등점 (°C)	증발열 (J/g)
물	18	4.2	0	335	100	2452
황화수소	34	—	−86	70	−61	—
암모니아	17	5.0	−77	452	−33	1234
이산화탄소	44	—	−57	180	−78	301
메탄	16	—	−182	58	−164	556
에탄	30	—	−183	96	−88	523
메탄올	32	2.6	−94	100	65	1226
에탄올	46	2.4	−117	109	78	878

분포는 물분자를 **극성 분자(polar molecule)**가 되게 한다. 대체적으로 물은 중성 분자지만 음전하와 양전하로의 분리는 인접한 물분자나 물과 다른 극성 분자들 사이에서 강한 상호 전기적 인력을 발생시킨다. 이러한 인력을 **수소 결합(hydrogen bonding)**이라고 한다(그림 1.1). 수소 결합 에너지는 대략 20 kJ mol^{-1}이다. 그래서 수소 결합은 대표적으로 수백 kJ mol^{-1}의 값을 갖는 공유 결합이나 이온 결합보다는 약하나 좁은 범위의 일시적인 인력인 반데르발스 인력(van der Waals force; 약 4 kJ mol^{-1})보다는 강하다. 이러한 수소 결합으로 인하여 물분자와 유사한 분자 크기를 가진 다른 분자들과 비교해 볼 때 많은 독특한 물의 성질을 초래한다(표 1.1).

수소 결합은 또한 물분자간의 상호 작용 외에도 물과 다른 분자간 또는 표면에서 인력을 갖게 하는 원인이다. 예를 들어 수소 결합은 단백질, 핵산 그리고 탄수화물과 같은 생물학적으로 중요한 거대 분자 주위에 형성되는 수화 외피의 근거가 된다. 강한 결합으로 잘 정렬된 물분자층을 **결합수(bound water)**라 한다. 이때 수화단백질 분자의 무게의 30%에 상당하는 양이 결합수로 추정된다. 결합수는 단백질 분자의 안정성에 중요하다. 왜냐하면 결합수는 단백질을 보호하며 이들이 침강될 만큼 큰 응집체가 형성되는 것을 막아주기 때문이다.

수소 결합이 물의 특성이기는 하지만 물에만 한정된 것은 아니다. 수소 결합은 수소가 전기 음성적인 중심 사이에 발견되는 곳은 어디에서나 생긴다. −OH기로 수소 결합을 이룰 수 있는 알코올, 아미노기($-NH_2$)와 카르복시기($\overset{|}{\underset{|}{C}}=O$) 사이의 수소 결합이 구조를 안정시키는 데 도움이 되는 단백질과 핵산과 같은 거대 분자에서도 일어난다.

1.2 물의 열성은 생물학적으로 중요하다

물의 가장 중요한 특성 중의 하나는 아마도 생명을 유지하는 데 적합한 온도 범위에서 액상이라는 것이다. 끓는점과 녹는점은 일반적으로 분자 크기와 관련이 있는데 분자량이 적으면 큰 분자량을 가진 것보다 낮은 온도에서 물리적 상태가 변화한다. 분자의 크기로만 본다면 물은 지구상 대부분의 지역에서 주로 수증기 상태로 존재하여야 한다. 그러나 물의 끓는점과 녹는점은 크기가 비슷한 다른 분자인 특히 암모니아(NH_3)와 메탄(CH_4)과 비교할 때 훨씬 높은 온도이다(표 1.1). 암모니아와 탄화수소(메탄과 에탄) 같은 분자들은 그들의 상태 변화가 일어나는 데 필요한 에너지가 비교적 적게 드는 약한 반데르발스 인력만으로 결합되어 있다. 그러나 유의할 점은 산소를 주입하면 메탄올(CH_3—OH)과 에탄올(CH_3CH_2OH) 둘 다 비등점이 물에 더 근접한다. 이는 산소가 존재함으로써 수소 결합을 형성할 기회와 극성을 갖게 하기 때문이다.

1.2.1 물은 독특한 열성 능력을 보인다

비열(specific heat)[1]이라는 용어는 일정한 온도로 상승하는 데 흡수되는 에너지양이나 기질의 열용량을 기술하는 데 사용한다. 물의 비열은 액체 암모니아를 제외한 어떤 다른 물질보다도 높은 4.184 $Jg^{-1}\,°C^{-1}$이다(표 1.1). 매우 잘 정돈된 구조 때문에 액상의 물은 높은 **열전도율(thermal conductivity)**을 갖는다. 이는 물이 열 적용점으로부터 열을 신속히 전달한다는 것을 의미한다. 높은 비열과 열전도율이 복합되어 물은 큰 온도 증가 없이도 상당한 열에너지를 흡수하고 재분배한다. 주로 물로 구성된 식물 조직은 이러한 특성 때문에 높은 열에 안정성을 갖는다. 생화학 반응에 의해 세포내에서 발생하는 국부적인 과열은 소멸되는데, 왜냐하면 그러한 열은 세포를 통해 신속히 분산되기 때문이다. 따라서 세포 내부 온도에는 심한 변화 없이 상당한 열이 세포와 그 주위 환경 사이에 상호 교환될 수 있다.

1.2.2 물은 높은 융해열과 증발열을 보인다

온도 변화 없이 어떤 물질의 상태 변화나 고체에서 액체 또는 액체에서 기체로 변하는 데는 에너지가 필요하다. 한 물질을 고체에서 액체로 전환하는 데 필요한 에너지를 **융해열(heat of fusion)**이라 한다. 물의 융해열은 335 Jg^{-1}인데, 이는 0°C에서 얼음 1g을 물 1g으로 전환하는 데 필요한 에너지이다(표 1.1). 몰 단위로 표현하면, 물의 융해열은 6.0 kJ mol^{-1}(물 18g/mol × 335 Jg^{-1})이다. 물의 융해열은 가장 높은 암모니아 다음으로 높은 값을 가진다. 물의 융해열이 높은 것은 수소 결합과 연계된 강한 분자간 인력보다 더 큰 에너지가 필요하기 때문이다.

[1] 비열은 1g의 물질의 온도를 1°C(보통 20°C에서) 올리는데 요구되는 에너지양으로 정의를 내린다. 물의 비열은 칼로리(calorie)로 불렸던 하나의 에너지 양의 정의를 위한 기초이다. 그러므로 물의 비열은 1칼로리 값으로 징하게 된다. 국제단위계(SI)에 따르면 에너지에 대한 권장단위는 주울(J)이다. 1칼로리 = 4.184 주울.

얼음의 밀도는 또 다른 하나의 중요한 성질이다. 0°C에서 얼음의 밀도는 액상의 물보다 낮다. 그래서 물은 다른 물질과 달리 고체 상태에서보다 오히려 액체 상태(4°C 부근)에서 최대 밀도가 된다. 이는 액체 상태에 있는 분자들이 결정 상태인 얼음보다 조밀하게 더 잘 채워져 있기 때문이다. 결론적으로 얼음이 호수나 연못의 바닥에 가라앉지 않고 표면에 뜨는데, 이는 또한 모든 수생 생물의 생존에 매우 중요하다.

수소 결합 때문에 얼음을 녹이는 데 많은 에너지가 필요한 만큼 물이 증발하는 데도 많은 에너지가 필요하다. 물의 **증발열(heat of vaporization)**, 즉 물 1몰을 증기 상태의 물 1몰로 전환하는 데 필요한 에너지는 25°C에서 약 44 kJ mol^{-1}이다. 이 에너지를 주위 환경으로부터 흡수하여야 하므로 증발열은 증발과 연계되어 냉각 효과를 낸다. 축축한 표면으로부터 증발은 표면을 식히는데, 아주 높은 에너지의 분자들이 낮은 에너지의 분자들을 남겨두고 표면으로부터 빠져나가기 때문이다. 이 결과, 식물은 잎 세포 표면으로부터 물을 증발함으로써 계속 열을 잃으며 살아간다. 이 같은 열 손실은 강력한 태양에 노출되는 육상 식물의 잎이 온도 조절을 할 수 있는 중요한 메커니즘이다.

1.3 물은 보편적인 용매가 된다

물의 뛰어난 용매로서의 특성은 물분자의 높은 극성에 기인한다. 방향성을 가진 물분자들로 구성된 **수화 외피(hydration shell)**가 한 겹 또는 여러 겹으로 이온이나 분자를 둘러싸므로 전하를 띤 용질 분자나 이온들 간의 전기적 인력을 부분적으로 중화시킨다. 수화 외피는 이온들이 재결합하여 결정 구조를 형성할 가능성을 감소시키므로 물의 용매력이 증가한다(그림 1.2).

분자의 극성은 **유전 상수(dielectric constant)**로 측정된다. 물은 유전 상수가 가장 높다(표 1.2). 알코올의 유전 상수는 약간 낮으며 비극성 유기 용매인 벤젠과 헥산(hexane)은 매우 낮다. 그래서 물은 전하를 띤 이온이나 분자에 대해서 뛰어난 용매로서 작용한다. 그러나 이러한 분자들은 비극성 유기 액상에는 잘 녹지 않는다. 식물에서 중요한 많은 용질들은 전하를 띠는 반면, 비극성 분자들의 낮은 유전 상수는 왜 전하를 띤 용매들이 세포막 주성분인 비극성, 소수성 지질 부위를 쉽게 통과하지 못하는가를 설명할 수 있게 해 준다.

1.4 물의 극성으로 인한 응집과 부착

수소 결합에 따른 물분자간의 강한 상호 인력을 **응집(cohesion)**이라 한다. 이러한 응집력으로 인해 물은 매우 높은 **표면 장력(surface tension)**을 갖는데 물과 공기의 경계면에서 아주 뚜렷하다. 표면 장력은 물분자간의 응집력이 물과 공기 간의 상호 작용보다 훨씬 강하기 때문에 일어난다. 이러한 결과, 표면에 있는 물분자들은 부피수(bulk water) 속으로 계속 잡아당겨진다(그림 1.3). 그래서 표면은 수축하는 경향이 있고 마치 탄력 있는 막 같은 양

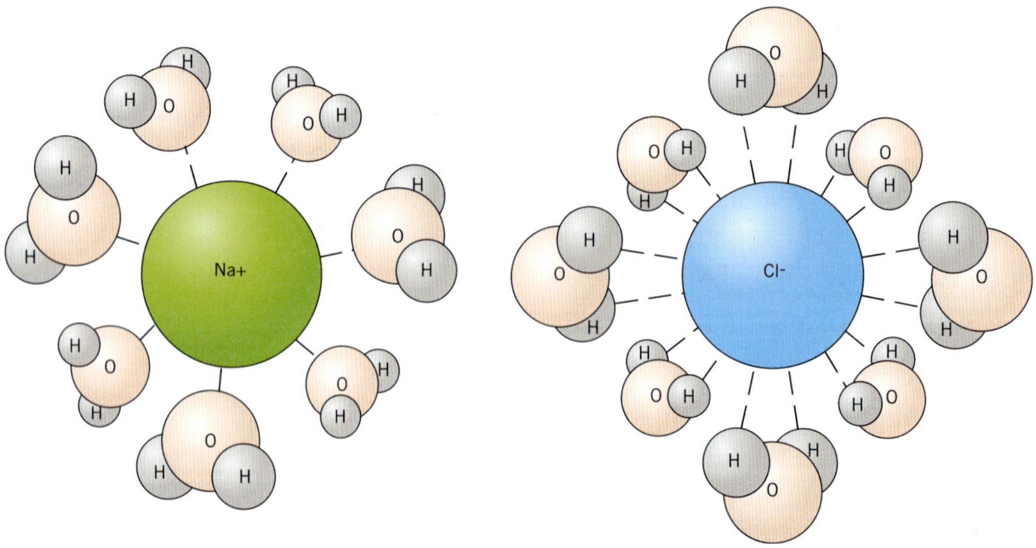

그림 1.2 물의 용매적 특성. 나트륨과 염소 이온 주위를 둘러싸고 있는 물분자는 각 이온을 둘러싸고 있는 공간의 전기장을 차단한다. 이러한 차단 효과는 이온들이 다시 결합하여 결정 구조를 형성할 가능성을 감소시킨다.

표 1.2 25°C에서 일반 용매들의 유전상수

물	78.4
메탄올	33.6
에탄올	24.3
벤젠	2.3
헥산	1.9

상을 나타낸다. 높은 표면 장력은 물방울을 구형으로 만들며 작은 곤충의 무게도 지탱할 수 있게 한다.

응집은 직접적으로 물의 높은 **인장 강도(tensile strength)** 때문이다. 인장 강도란 어떤 물질의 연속된 기둥이 끊어지지 않고 견딜 수 있는 최대 장력을 말한다. 일반적으로 높은 인장 강도는 금속과 연계되나 적절한 조건 하에서는 물기둥도 상당히 높은 인장 강도(30 MPa)[2]를 갖고 있다.

물분자들이 서로 당기는 것과 같은 힘으로 물은 고형 표면을 당기는데 이러한 과정을 **부착(adhesion)**이라고 한다. 부착은 물이 작은 직경의 관에서 모세관 상승을 일으키게 하는 중요한 요인이다.

응집, 부착 그리고 장력 강도로 이루어진 이러한 특성은 물이 어떻게 모세관에서 상승하는가를 설명할 수 있게 하며 이러한 요인들은 식물체내에서 연속된 물기둥을 유지하는 데 아주 중요한 것들이다. 응집, 부착 그리고 인장 강도는 2장에서 좀 더 자세히 다루어질 예정인데, 즉 식물로부터 증발된 물의 손실 그리고 물관부에서 물의 이동이 조사되어진다.

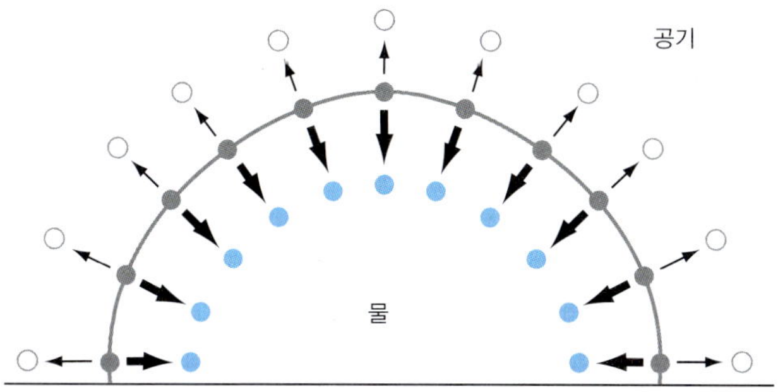

그림 1.3 물방울이 갖는 표면 장력의 그림 설명. 이웃한 물분자 사이의 분자간 인력(굵은 화살)은 물과 공기 간의 인력(얇은 화살)보다 훨씬 크다. 그래서 표면에 있는 물분자들은 부피수 속으로 끌어당겨지는 경향이 있다.

[2] 압력을 표기하는 SI 유도단위인 파스칼(Pa)은 평방미터 당 가해진 1 뉴우튼(N)의 값과 같다. 1 Pa= 1 N/m^2.

$$\text{MPa} = \text{Pa} \times 10^6.$$

1.5 물의 이동은 확산이나 물의 부피유동에 의해 일어난다

식물생리학의 한 목표는 물이 세포 안팎으로의 흐르거나 토양으로부터 식물체를 통해 대기로 흘러갈 때의 물의 동력학을 이해하는 데 있다. 물질이 한 지역에서 다른 지역으로 움직이는 것을 보통 **전류(translocation)**이라 한다. 이동 메커니즘은 그 과정에서 대사 에너지가 소모되었는지 안 되었는지에 따라 능동적인 것과 수동적인 것으로 구분한다. 때때로 능동과 수동 수송간을 구별하기 어려우나 물의 이동은 분명히 수동 과정이다. 과거에 많은 과학자들이 능동적 요소라고 주장했지만 식물에서 물 이동이 대사 에너지를 직접 소모하는지 입증하지 못하였다. 대부분 물질의 수동 이동은 두 종류의 물리적 과정, 즉 **부피 유동(bulk flow)**이나 **확산(diffusion)**에 의해 일어나는 것으로 여겨진다. 물의 경우, 확산의 특별한 경우인 **삼투 현상(osmosis)**도 고려해야 한다.

1.5.1 부피 유동은 수압에 의해 유도된다

*부피 유동(bulk flow; mass flow)*에 의한 물질의 이동은 압력에 의해 유도된다. 부피 유동은 중력이나 압력과 같은 외적 힘이 가해질 때 일어난다. 그 결과, 기질의 모든 분자들은 한 덩어리로 움직인다. 부피 유동에 의한 물의 이동은 우리가 매일 체험하고 있는 한 현상이다. 개울에 흐르는 물은 중력에 의해 확립된 수압에 의해 흘러간다. 집이나 작업장에 있는 수도꼭지로부터 흐르는 물의 압력은 송수탑내에 설치된 송수관에 작용하는 중력에 의해 발생한 압력 때문이다. 또한 식물체내 일부 물의 이동, 즉 물관부 조직의 통도 세포나 뿌리로의 이동은 부피 유동에 의한 것으로 보여진다. 9장에서는 이렇게 부피 유동이 유관속 조직을 통한 용질의 수송에 대해 가장 설득력 있게 받아들여지는 가설인지를 논의한다.

1.5.2 Fick의 제 1 법칙은 확산과정을 설명한다

부피 유동과 같이 *확산(diffusion)* 또한 우리가 매일 체험하는 현상이다. 뜨거운 물이 들어 있는 컵에 설탕을 넣으면 단맛은 곧 컵 전체에 퍼진다. 방 모퉁이에서 향수병을 열면 그 향내가 공기를 통해 방 전체에 균일하게 퍼진다. 만약 마실 물을 젓지 않거나 방안 공기의 부피 유동이 없었다면 그 성분의 분산은 확산에 의한 것이다. 확산은 높은 농도 구역에서 낮은 농도 구역으로 이동하는 하나의 *정향적 운동(directed movement)*으로 설명할 수 있으나 이는 각각의 분자의 *무작위적 열운동(random thermal motion)*을 통해 이루어진다(그림 1.4). 그래서 부피 유동이 압력에 의해 유도되는 반면 확산은 농도차에 의해 유도된다. 확산은 식물체를 통한 물, 가스 그리고 용질의 흡수와 분배에 중요한 요인이다. 특히, 확산은 광합성에 필요한 이산화탄소의 공급뿐만 아니라 잎에서 수증기 유실에 대한 중요한 요인이다.

확산 과정은 픽크(Fick)에 의해 처음으로 정량적 실험이 수행되었다. 1855년에 확립된 **픽크의 제1법칙**은 확산 과정에 대한 현대적인 정량적 설명을 위한 기초를 이룬다.

$$\mathcal{J} = -D \cdot A \cdot \Delta C \cdot l^{-1} \qquad (1.1)$$

위의 식에서 $\mathcal{J}$는 단위 시간당 단위 면적을 투과하는 물질의 양, 즉 **유량(flux)**(mol $m^{-2}s^{-1}$)이다. D는 **확산 계수(diffusion coefficient)**로서 확산 분자와 통과할 기질간의 함수인 비례 상수이다. A는 단면적이고 l은 확산경로의 길이이다. ΔC는 두 구역간의 농도차를 나타내는 **농도 기울기(concentration gradient)**로서 단순 확산을 위한 구동력이다. 기체 확산의 특별한 경우에는 농도 대신에 밀도(gm m^{-3})나 증기압(KPa; kilopascal)의 차이를 이용하는 것이 더 편리하다. 피크의 법칙에서 음의 부호는 확산이 보다 낮은 농도나 증기압을 향해 이루어짐을 말한다. 피크의 법칙을 요약하면 확산율은 확산경로의 절단면과 농도나 증기압 기울기에 비례하고 확산경로의 길이에는 반비례한다.

1.6 삼투현상은 선택적 투과막을 통한 물의 확산이다

Fick의 법칙은 용질과 가스의 확산에 가장 쉽게 적용할 수 있다. 그림 1.4에 일반적인 모델을 예시했는데, 예를 들면 확산 분자들은 물에 용해되는 포도당이나 물에 용해된 이산화탄소나 공기 속의 이산화탄소일 수 있다. 0시간에서 t시간 후 방 A에서 B로의 용질 분자의 확산은 그림 1.4에서 방 A와 B의 기둥 내의 액체 높이가 같은 것처럼 두 방의 부피에는 영향을 미치지 않는다. 반면에 이론적으로 Fick의 법칙은 용매 분자의 확산에도 적용할 수 있는데 처음에는 용매 분자의 확산이 일어날 수 있는 상황을 떠올리기가 어려울 수 있다. 예를 들어 그림 1.4의 한 방에 물을 가하면 어떤 일이 일어날 것인가를 생각해 보라. 첫번째 방의 물높이가 열린 창에 도달하자마자 물은 두번째 방 속으로 넘쳐 흘러들어갈 것이다. 이것이 부피 유동의 한 보기이다.

대체적으로 방 A와 방 B는 선택적 투과막으로 나뉘어져 있는데 이 막을 통해 용매는 두 방 사이를 자유로이 이동할 수 있으나

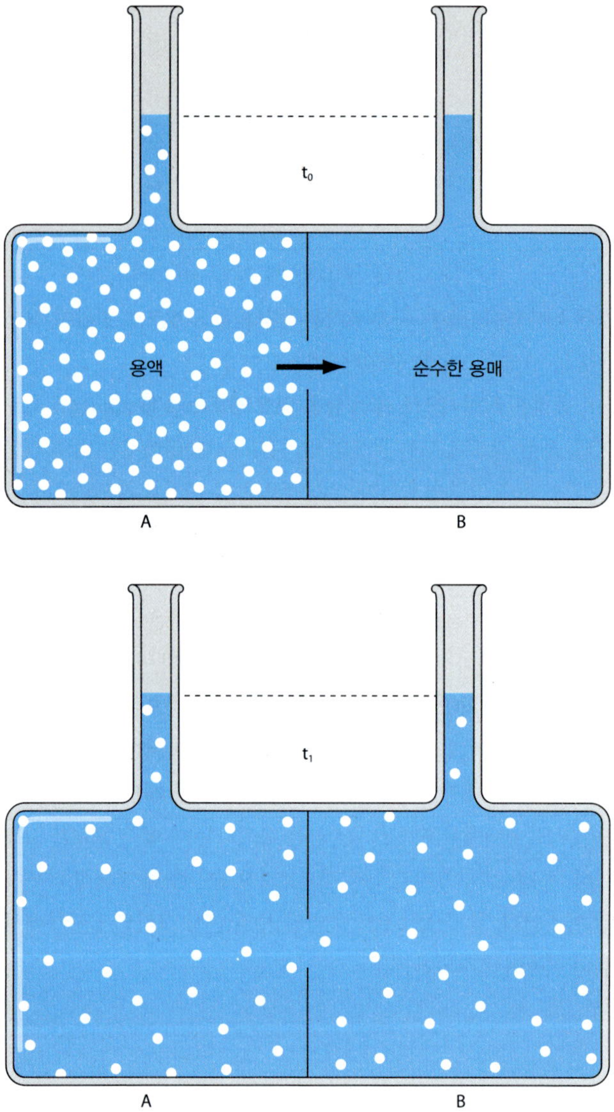

그림 1.4 용액에서의 확산은 보통 각 용질분자의 무작위적 열운동(random thermal motion)탓으로 높은 농도 지역에서 낮은 농도 지역으로 이동하는 용질분자의 정향성 운동(directed movement)과 연관되어 있다. 처음 0 시간(t_0)에 방 A의 용질 분자가 열린 창을 통하여 방 B로 들어갈 가능성이 더 높다. 일정 시간 후(t_1)에 방 B의 용질분자의 수는 증가할 것이고 방 A의 용질분자 수는 감소할 것이다. 두 방 사이에 분자들이 균등하게 분포할 때까지 이것은 계속될 것이다. 그 지점에서 용질 분자가 어느 방향으로든 두 방 사이를 지나가는 확률은 같을 것이며 순 확산은 멈출 것이다. 점선은 용질분자의 확산 탓으로 방 A나 방 B의 부피 변화가 없다는 것을 표시 한 것에 유의하라.

용질은 투과되지 못한다(그림 1.5). 제로 시간에 두 방 기둥의 액체 높이는 똑같다. 그러나 t시간 후 방 A 기둥의 액체 높이는 증가되는 반면 방 B 의 액체 높이는 감소한다. 이는 방 A의 부피가 증가되고 방 B의 부피는 감소된 것을 나타낸다. 기둥 높이의 차이(Δh)를 통해 선택적 투과 막에 의해 구획된 두 방 사이의 부피 차를 측정할 수 있다. 방 A의 부피 증가는 방 B에서 방 A로 용매(물)가 확산되었기 때문이다. 물의 확산 과정의 하나인 삼투 현상(osmosis)은 두 방 사이가 **선택적 투과막(selectively permeable membrane)**으로 서로 차단되어 있을 때에만 일어날 수 있다. 선택적 투과막은 물이나 작은 분자들은 자유롭게 이동할 수 있으나 큰 용질 분자들의 이동은 제한한다. 따라서 모든 세포막은 선택적으로 투과할 수 있다. 그래서 삼투현상은 단순히 선택적 투과막을 통한 특별한 경우의 확산이다.

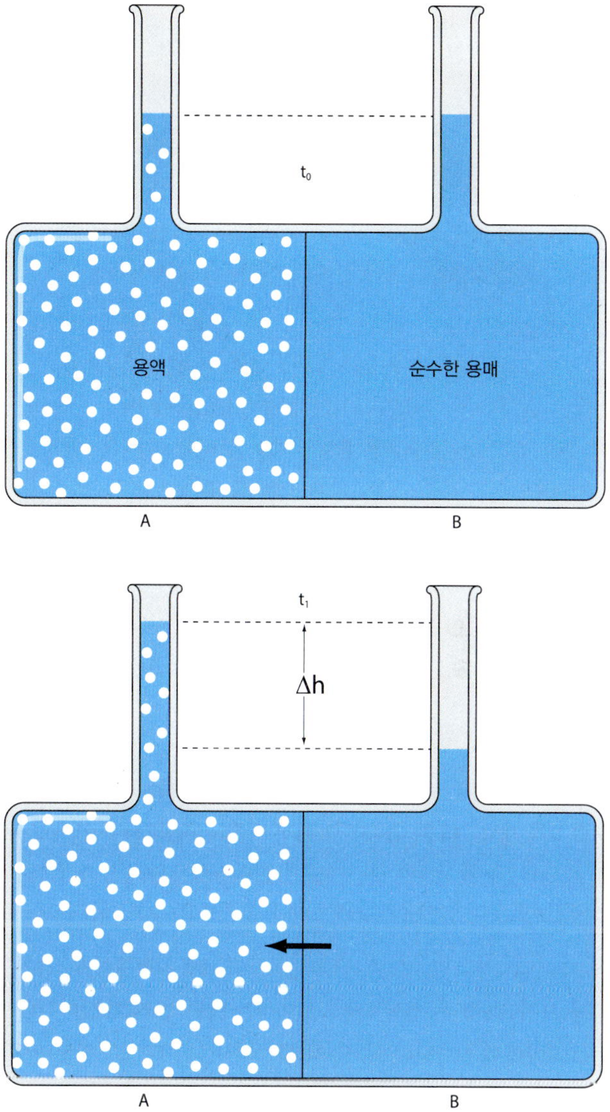

그림 1.5 삼투현상은 선택적 투과막을 통한 용매 분자(일반적으로 물)의 정향성 운동이다. 방 A와 방 B는 선택적 투과막으로 나뉘어져 있다. 선택적 투과막은 방 A와 방 B사이에서 용매(물) 분자의 자유로운 이동은 허용하지만 용질분자의 이동은 제한한다. 0시간(t_0)에 모든 용질 분자들은 방 A에만 함유되어있으며 방 A와 B는 점선으로 표시된 것처럼 똑같은 부피를 나타낸다. 일정 시간(t_1) 후에 모든 용질 분자들은 여전히 방 A에 함유되어있지만 선택적 투과막을 통해 방 B에서 A로 물이 확산된 탓으로 방 A의 부피는 증가된 반면에 방 B의 부피는 감소했다. 이러한 부피 변화는 Δh로 나타나있다.

1.6.1 식물세포는 일련의 선택적 투과막의 배열을 가지고 있다

모든 다세포 생물체처럼 식물 세포의 형태와 기능이 다양하게 나타나지만 이렇게 상이한 세포들은 사실상 매우 닮아있다. 모든 세포들은 공통적인 기본계획에 의해 만들어지고 똑같은 기본 구조물을 가지고 출발한다. 가장 간단한 형태의 세포는 **원형질막(plasma membrane)**으로 둘러싸인 **원형질(protoplasm)**이라 불리는 수용성 화학 용액이다. 세포가 포함하는 막과 원형질을 총괄적으로 **원형질체(protoplast)**라 부른다. 물론 원형질을 구성하는 모든 구성 성분들은 세포의 생활사에서 중요한 역할을 하고 있으나 원형질 막은 생물계와 비 생물계 간의 경계를 나타내기 때문에 특히 중요하다. 원형질 막은 또한 선택적인 투과성을 지니기 때문에 막을 통해 일부 물질들은 통과할 수 있으나 다른 물질들은 통과할 수 없다. 따라서 원형질 막은 세포의 물리적인 경계를 나타내는 것뿐만 아니라 물질의 교환을 조절하고, 세포와 그 주변 환경과의 기본적인 차이를 유지하는데 역할을 한다. 식물의 원형질체는 **세포벽(cell wall)**으로 둘러싸여 있다. 세포벽은 세포의 모양을 결정하고 인접한 세포들의 세포벽에 부착되어 식물의 지지 역할을 한다.

전자 현미경 사진(전자 현미경을 통해 보여지는 이미지)에 의하면, 막들은 아주 두드러진 특징을 보여 준다(그림 1.6). 원형질막 뿐 아니라, 다른 막들이 원형질체에서 발견되는데 이러한 막들은 **세포내 소기관(organelle; little organ)**이라 불리는 다양한 순세포(subcellular) 구조물을 형성한다. 세포내 소기관들은 세포 내에서 일어나는 주요 활동들을 구분하는 역할을 한다. 예를 들면, 광합성

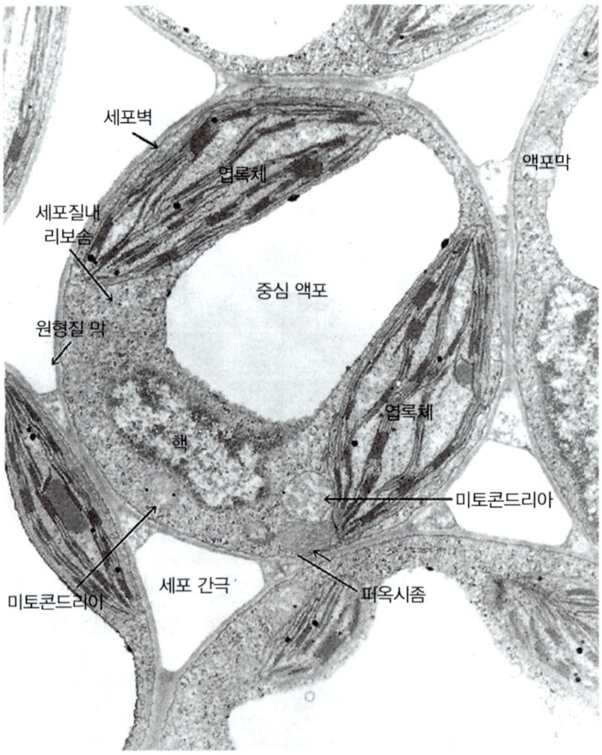

그림 1.6 식물세포. 전자 현미경 상에서 보여 지는 꿀풀과(Coleus) 잎의 성숙한 엽육 세포. 액포막, 엽록체 그리고 미토콘드리아로 둘러싸여 있는 매우 큰 중심 액포를 주목하시오. (Electron micrograph by Wm. P. Wergin, courtesy of E. H. Newcomb, University of Wisconsin–Madison)

(7장 그리고 8장)은 엽록체에서 일어나는 반면, 호흡(10장)은 미토콘드리아에서 일어난다. 중심 액포와 그것을 둘러싸고 있는 액포막은 세포질의 삼투적 특성을 조절하는데 중요한 역할을 한다.

1.6.2 식물에서 삼투현상은 간접적으로 에너지를 필요로 한다

다른 물질처럼 물도 한 시스템의 두 부분에서 단지 물의 에너지 차이가 존재할 때에만, 즉 에너지 기울기에 따라서만 아래로 움직일 것이다. 그림 1.5의 경우에 물은 처음에 방 B에서 방 A로 이동하는데 이는 방 B 속의 순수한 물의 에너지가 방 A 용액 속의 물의 에너지보다 더 크기 때문이다. 물의 순이동은 막을 가로질러 더 이상 에너지 기울기가 없을 때 멈춘다. 그림 1.5에서 왜 방 B의 순수한 물의 에너지가 방 A 용액 속의 물 에너지보다 더 클까? 물의 에너지양은 다른 물질과 마찬가지로 그의 화학 퍼텐셜로 대부분 쉽게 설명된다. **화학 퍼텐셜(chemical potential; μ)**은 그 물질의 몰당 자유 에너지로 정의되고 물질의 반응이나 이동에 미치는 용량의 측정이다. *그 법칙은 삼투 현상이 선택적 투과막 양쪽의 물 사이에 화학 퍼텐셜(Δμ)의 차이가 있을 때만 일어난다는 것이다.* 다시 말하면 삼투 현상은 물의 몰 자유에너지 즉 선택적 투과 막 한쪽의 물의 화학 퍼텐셜(μ_w)이 선택적 투과막의 다른 쪽 물의 화학 퍼텐셜을 초과할 때만 일어난다.

용질이 어떻게 물에 녹아 있느냐에 따라 화학 표텐셜과 용매인 물분자의 자유에너지에도 영향을 미친다. 왜 그럴까? 이러한 효과는 수용액 속의 증가된 용질 농도가 용액 속의 물의 몰분획을 감소시키기 때문이다. 용액에서 물의 몰분획(X_w)은 다음과 같이 나타낸다.

$$X_w = w/w + s \tag{1.2}$$

여기서 w는 주어진 부피 속에서 물의 몰수를 나타내며 s는 같은 부피의 용액에서 용질의 몰수를 나타낸다. 따라서 w값이 일정할 때 s가 증가되면 물의 몰분획은 감소한다. 순수한 물의 농도가 55.5 moles L^{-1}인 것을 기억하라. 물의 화학 퍼텐셜(μ_w)은 다음의 식에 의하면 물의 몰분획(Xw)과 관계가 있다.

$$\mu_w = \mu_w^* + RT\ In\ X_w \tag{1.3}$$

여기서 μ_w^*는 표준 온도와 압력 하에서 순수한 물의 화학 퍼텐셜을 나타낸다. R은 가스 상수 그리고 T는 절대온도이다. 이 식을 통해 물의 몰분획이 감소됨에 따라 화학 퍼텐셜과 물의 몰 자유 에너지가 감소되는 것을 알 수 있다. 따라서 수용액 속의 용질의 농도가 높을수록 용매인 물의 화학 퍼텐셜은 낮아진다. 에너지는 자발적으로 내림방향("downhill")으로 흐르므로, 물은 선택적 투과막으로 구획된 방사이의 물의 화학 퍼텐셜 기울기로 인해 방 B에서 방 A로 자발적으로 흐르거나 확산된다(그림 1.5).

식물 세포는 세포 외부의 용액에 대해 세포질 내 용질의 농도를 변형시켜 세포 안팎으로의 물의 이동을 조절한다. 이러한 것을 수행하기 위한 한가지 방법은 세포막을 가로질러 세포 안팎으로 이동하는 이온 수송을 조절하는 것이다. 한 예로, 뿌리세포는 능동수송에 의해 토양으로부터 질산염 이온(NO_3^-)을 흡수할 수 있고 그 결과 세포막을 가로질러 질산염(NO_3^-) 농도 기울기를 다음과 같이 형성한다(그림 1.7).

$$(\mu_{질산염})_{안쪽} > (\mu_{질산염})_{바깥쪽} \tag{1.4}$$

여기서 $\mu_{질산염}$ 는 질산염의 화학 퍼텐셜이다. 따라서 다음과 같다

$$\Delta\mu_{질산염} = (\mu_{질산염})_{안쪽} - (\mu_{질산염})_{바깥쪽} \tag{1.5}$$

왜냐면 $\Delta\mu_{질산염}$ 이 양의 값을 갖기 때문에($\Delta\mu_{질산염} > 0$), 질산염의 흡수는 에너지 유입을 필요로 하는 능동수송 과정이다. 부수적으

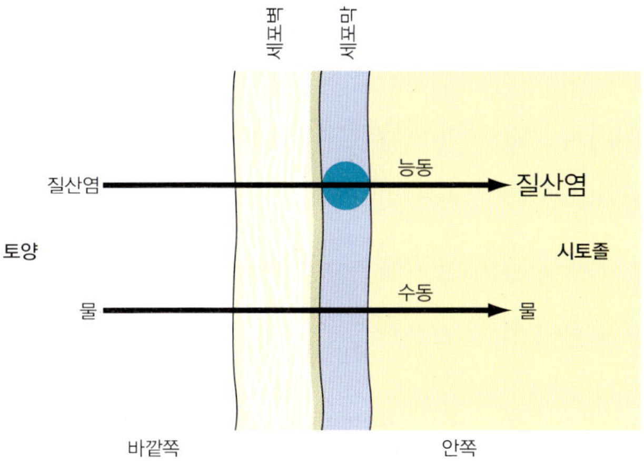

그림 1.7 식물 세포에서 물의 이동에는 용질의 농도 기울기가 필요하다. 예를 들면 토양의 질산염(NO_3^-)은 선택적 투과 세포막을 통해 식물 뿌리 세포로 능동적으로 수송된다. 따라서 토양의 물에서 보다 세포질에서 질산염의 화학 퍼텐셜이 더 높도록 용질의 농도 기울기를 형성하는데는 대사 에너지의 유입이 필요하다. 토양의 물에서 보다 시토졸에서 더 높은 질산염의 농도는 또한 토양의 물의 화학 퍼텐셜이 세포질의 물의 화학 퍼텐셜보다 더 높게 하여 화학 퍼텐셜 기울기를 형성한다. 그 결과로 물은 세포막을 거쳐 토양에서 세포로 수동적으로 확산된다.

로 세포질의 질산염 증가는 토양액 속의 물의 몰분획에 대해 세포질내 물의 몰분획을 감소시킨다. 따라서 다음과 같다.

$$\Delta\mu_w = (\mu_w)_{안쪽} - (\mu_w)_{바깥쪽} \tag{1.6}$$

여기서 $\Delta\mu_w$는 음의 값을 가지므로, 물은 자발적으로 세포 안으로 확산된다(그림 1.7).

물의 화학 퍼텐셜(μ_w)은 특히 식물체내의 물이나 세포간의 관계 연구에 사용하는데, 이는 한 지역, 예를 들면 한 세포나 액포에 있는 물이 동일한 온도와 대기압에서 순수한 물과 비교하였을 때 수행할 수 있는 일의 양을 정의해 준다. 더욱 중요한 것은 두 지역간의 화학 퍼텐셜(μ_w) 값의 차이가 평형이 아닐 때 물은 낮은 값을 갖는 지역으로 흐르는 경향이 있다. 이러한 관점에서 볼 때 물 운동의 구동력은 화학 퍼텐셜(μ_w)의 기울기에 있다고 할 수있다. 명백히, 물이 μ_w이 높은 위치에서 μ_w이 낮은 위치로 흐르는 경향은 자발적으로 일어나고 $\Delta\mu_w$이 음의 값을 가지므로 에너지를 필요로 하지 않는다(그림 1.7). 그러나 식물 세포가 물의 이동을 조절할 수 있는 유일한 방법은 선택적인 세포 막을 통한 용질의 농도 기울기에 의해서 이다. 즉 물의 이동은 용질 수송과 짝을 이룬다(그림 1.7). 비록 물의 흐름이 수동적일지라도($\Delta\mu_w < 0$) 용질의 이동은 에너지 의존적인($\Delta\mu_{질산염} > 0$) **능동수송(active transport)**을 필요로 한다. 따라서 삼투 현상은 물의 화학 퍼텐셜을 바꾸는 용질의 농도 기울기를 필요로 한다는 점에서 간접적으로 에너지 의존적이다. 세포막은 오직 물에만 투과성을 보이므로(그림 1.7) 유일하게 물만이 세포막을 통해 확산될 수 있다. 용질을 축적시켜 식물 세포의 물의 상태를 조절하는 것을 **삼투 조정(osmotic adjustment)**이라 하고 이 과정은 에너지를 요구한다.

1.6.3 물의 화학 퍼텐셜은 삼투와 압력의 구성요소를 가지고 있다

삼투 현상은 선택적 투과막을 이용해서 티슬관(thistle tube)의 개구말단부위를 막아 만든 **삼투압계(osmometer)**를 사용하여 쉽게 측정할 수 있다(그림 1.8). 만약 그 관에 설탕용액을 채운 후 순수한 물에 거꾸로 세워 놓으면 그 관내의 용액 부피가 시간이 지나면서 증가할 것이다. 부피의 증가는 물이 막을 가로질러 용액 속으로 순확산(net diffusion)되기 때문이다.

여기서 유의할 것은 용액의 부피 증가로 관내에서 형성된 수압이 용액내로 물을 유입시키는 구동력과 충분히 균형을 이룰 때까지

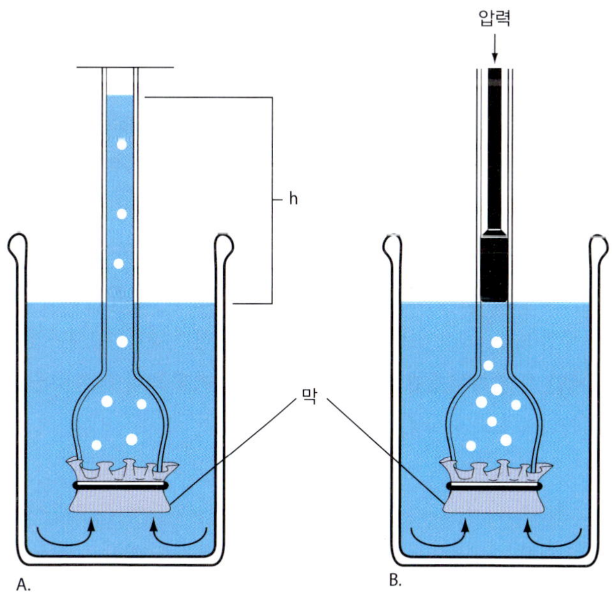

그림 1.8 삼투 현상의 입증. 선택적 투과막으로 설탕 용액이 들어 있는 티슬관의 끝부분을 팽팽하게 치고 그 관을 순수한 물이 들어 있는 용기에 거꾸로 집어넣는다. 초기에 물은 화학 퍼텐셜 기울기에 의해 막을 가로질러 확산할 것이다. 확산은 관 속으로 물을 집어넣으려는 힘이 그 관의 물기둥(h)에 의해 발생하는 힘(**A**)이나 또는 피스톤에 의해 가해진 압력(**B**)에 의해 균형이 이루어질 때까지 계속될 것이다. 두 힘이 균형을 이룰 때 이 시스템은 평형에 도달하고 더 이상 물의 순이동은 일어나지 않을 것이다.

계속된다는 것이다(그림 1.8A). 다른 방법으로는 그 관을 피스톤으로 장치하여 용액의 부피 증가를 막는 데 필요한 힘의 양으로 측정할 수 있다(그림 1.8B). 압력 단위(단위 면적당)로 측정되는 이 힘을 **삼투압(osmotic pressure; π)** 이라고 한다. 발생한 삼투압의 크기는 적어도 묽은 용액에서는 용질의 농도와 상관 관계가 있다. 그러나 유리시킨, 즉 독립된 용액은 삼투압을 가질 수 없음에 유의해야 한다. 이는 단지 삼투 측정기에 놓여졌을 때에 압력으로 표현될 수 있는 퍼텐셜만을 갖는다. 이러한 이유로 그 용액은 **삼투 퍼텐셜(osmotic potential; Ψs)**을 갖는다고 한다. 삼투 퍼텐셜은 음수의 삼투압으로 정의하기로 협약되어 있는데, 그것은 그 둘은 같은 값이지만 반대의 힘이기 때문이다(Ψs=−π).

단순 확산은 용매의 몰분획의 차이에 의해 전적으로 유도되나 그림 1.8에서 보여주듯이 압력 또한 삼투 측정기에서 물의 운동률과 방향을 결정하는 한 요인이다. 피스톤에 가해진 압력(그림 1.8B)은 용액내로 더 이상의 물의 순운동을 막을 것이다. 만약 추가의 압력을 가하면 물의 순운동 방향을 바꾸어 용액 밖으로 역류하게 할 수도 있을 것이다. 그러므로 삼투 현상은 용해된 용질의 농도에 의한 작용뿐 아니라 압력차에 의해서 유도되는 작용이다. 이러한 두 요인들은 물의 화학 퍼텐셜에 총체적으로 영향을 주는데, 이 화학 퍼텐셜이 식물체내에 있는 물의 구동력을 유도하는 궁극적인 힘이다.

VP는 화학 퍼텐셜에 가해지는 압력 효과를 나타낸다. V는 부분 몰랄 부피(partial molal volume) 즉, 화학종 1몰(mole)이 차지하는 부피를 의미한다. 물 1*l* (=10^{-3} m^3)는 55.5M을 함유한다. 따라서 V_w = (1000/55.5) = 18ml/mol of water; = 18000mm^3 mol^{-1})이다. 여기서 P는 압력으로 보통 식물생리학에서는 대기압하에서 측정하나 비교적 단단한 세포벽을 갖는 식물 세포내에서는 무시할 수 없는 수압(hydrostatic pressure)이 발생하기도 한다. 따라서 대기압과 실제압 간의 차이를 P로 나타내기도 한다. 이제 화학 퍼텐셜에 대한 압력의 효과가 식 1.3에 첨가될 수 있다.

$$\mu_w = \mu_w^* + RT \ln X_w + V_w P \quad (1.7)$$

물의 화학 퍼텐셜은 또한 전기 퍼텐셜과 중력장의 영향을 받는다. 물의 강한 극성 성질에도 불구하고 물에 대한 순 전하는 0이므로 전기적 항은 무시할 수 있다. 이는 왜 우리가 물의 전기 화학적 퍼텐셜보다도 오히려 물의 화학 퍼텐셜에 대해서 이야기하는가를 말해주고 있다.키큰 나무에서 물의 이동이 고려되는 경우에는 중력항은 커지게 되나 세포 수준에서는 무시할 수 있다. 물의 이동이 5–10 Δm 또는 그 이하의 높이에서는 중력항은 보통 생략된다.

매우 희석된 상태에서는 μ_w 과 μ_w^* 이 같으므로 식 1.7은 다음과 같다

$$PV_w = -RT \ln X_w \quad (1.8)$$

π를 P로 대체하면, 삼투압의 공식적 정의를 얻을 수 있다

$$\pi V_w = -RT \ln X_w \quad (1.9)$$

또는

$$\pi = -RT \ln X_w V_w^{-1} \quad (1.10)$$

편의상, 순수한 물의 X_w값은 임의로 1로 정한다. 따라서 한 용액의 X_w는 반드시 1보다 작다. 따라서 식 1.10을 통해 용질이 첨가되면 X_w값이 감소되고 차례로 삼투압(π)은 증가한다.

식 1.9를 식 1.7으로 대치시키면 물의 화학 퍼텐셜, 정수압과 삼투압을 아래와 같이 나타낼 수 있게 된다.

$$\mu_w = \mu_w^* + V_w(P - \pi) \quad (1.11)$$

식 1.11에 의하면 표준 온도와 압력 하에서 순수한 물의 화학 퍼텐셜(μ_w^*)과 구별되는 한 용액내에 물의 화학 퍼텐셜(μ_w)은 삼투 구성 요소(π)와 압력 구성 요소(P)와 함수관계이다.

삼투압 또는 삼투 퍼텐셜은 한 용액의 네가지 **총괄성(colligative properties)**중 하나이다. 어떤 용액에서 보이는 삼투압 또는 삼투 퍼텐셜의 크기는 용액 속에 들어있는 입자 수, 삼투압(π)에 달려있고 따라서 삼투 퍼텐셜(Ψ_S)은 총괄성이다. 따라서 0.5 M $CaCl_2$ 용액(식 1.12)은 0.5 M NaCl(식 1.13) 용액보다 더 큰 삼투압을 보이는데 이는 같은 농도에서 후자가 가지고 있는 Cl^- 농도보다 전자 용액의 이온농도가 두 배 높기 때문이다.

$$CaCl_2 \rightarrow Ca^{2+} + 2Cl^- \quad (1.12)$$

$$NaCl \rightarrow Na^+ + Cl^- \quad (1.13)$$

용액의 다른 세 가지의 총괄성은 어는점 감소, 끓는 점 증가 그리고 용매의 압력 감소이다.

π는 용질 농도에 비례하기 때문에(용매 1*l*에 들어있는 용질의 몰수) π는 용질 분자의 분자적 질량을 측정하는데 사용된다. **이상 기체 법칙(Ideal Gas Law)**에 의하면,

$$PV = nRT \quad (1.14)$$

여기서 P는 압력, V는 부피, n은 가스 상태의 분자 몰수, R은 기체 상수이고 T는 절대온도이다. 따라서 이상적인 희석 용액에서는

$$\pi V = nRT \quad (1.15)$$

또는

$$\pi = nRT\,V^{-1} \tag{1.16}$$

여기서 π는 그 용액의 삼투압이고, V는 부피 그리고 n은 용액에 들어있는 용질의 몰수, R은 가스 상수, T는 절대온도이다.

n = 질량(m)/분자 질량(M)이므로 다음과 같다

$$\pi = m\,M^{-1}\,RT\,V^{-1} \tag{1.17}$$

따라서 1리터(V^{-1})에 녹아 있는 용질의 질량을 알면 실험적으로 그 용액의 π를 측정할 수 있으며 따라서 용질의 분자 질량을 계산할 수 있다. 게다가 용질의 분자적 질량을 알면 식 1.17에서 삼투압을 계산할 수 있고 따라서 한 용액의 삼투 퍼텐셜을 계산할 수 있다. 용액의 삼투압 또는 용질의 분자적 질량을 결정하는 이러한 방법을 사용하기 위해서는 용질이 완전히 물에 녹아야 한다는 것을 주의하라.

1.7 정수압과 삼투압은 수분 퍼텐셜의 구성요소이다

일반적으로 물의 화학 퍼텐셜은 절대값을 측정하는 것보다 상대값을 측정하는 것이 편리하다. 용액내 물의 절대적 화학 퍼텐셜은 손쉽게 측정하기에는 어려운 양적 단위 중 하나이다. 따라서 식 1.11은 아래와 같은 식으로 다시 나타낼 수 있다.

$$(\mu_w - \mu_w^*)\,V_w^{-1} = P - \pi \tag{1.18}$$

여기서는 $\mu_w - \mu_w^*$ 는 용액 내 물의 화학 퍼텐셜과 순수한 물의 화학 퍼텐셜 사이의 차이이다. $\mu_w - \mu_w^*$ 의 값이 쉽게 측정될지라도 식물생리학자들의 과업은 1960년에 슬레이터(Slatyer)와 테일러(Taylor)가 **수분 퍼텐셜**(**water potential**)(Ψ)의 개념을 처음으로 소개할 때보다 한층 더 간단히 하려는 것이었다. 수분 퍼텐셜은 $\mu_w - \mu_w^*$ 에 비례하여 다음 식으로 정의를 내릴 수 있다.

$$\Psi = (\mu_w - \mu_w^*)\,V_w^{-1} = P - \pi \tag{1.19}$$

또는 간단히:

$$\Psi = P - \pi \tag{1.20}$$

여기서 P는 정수압이고 π 는 삼투압이다.

수분 퍼텐셜의 개념은 식물생리학자들에 의해 널리 받아들여졌는데 이는 화학 활성도를 측정하는 데 따르는 어려움을 피할 수 있기 때문이었다. 두 개의 쉽게 측정할 수 있는 양적 단위인 P와 π를 사용하여 물의 움직임을 예측할 수 있는 실험들이 가능해졌다. 또한 수분 퍼텐셜을 압력의 단위 Pa(pascal)로 표현할 수 있게 되었는데, 이는 토양–식물–대기에서 에너지 단위 J(joule)를 사용하는 것보다 훨씬 적절한 표현 단위이다. 실제로 물 이동에 영향을 주는 데 필요한 에너지를 측정하는 것보다 압력의 변화를 측정하는 것이 훨씬 쉬운 일이다. 끝으로 물 이동의 구동력을 *수분 퍼텐셜 기울기*(*water potential gradient*)로 다시 말할 수 있다. 즉, 물은 높은 수분 퍼텐셜 지역에서 낮은 수분 퍼텐셜 지역으로 이동한다는 것이다. 그런데 수분 퍼텐셜은 항상 음수값임을 숙지해야 한다. 이는 상대적으로 적은 음수값의 수분 퍼텐셜인 지역으로부터 보다 큰 음수값의 수분 퍼텐셜인 지역으로 물이 움직인다는 것을 의미한다.

이와 같은 방식으로 한 용액의 물의 화학 퍼텐셜은 순수한 물에 대한 상대값으로 측정할 수 있고, 또한 용액들의 수분 퍼텐셜들도 대조구에 대한 상대값으로 측정된다. 수분 퍼텐셜 측정을 위한 대조상태(reference state)는 대기압에서 순수한 물로서 임의적으로 취해진다. 이러한 상태는 정수압이나 용해된 용질이 없는 것으로 P와 π는 영(0)인 것이다. 따라서 식 1.20에 의하면 순수한 물의 Ψ값 또한 0이다.

1.8 수분 퍼텐셜은 그 구성 퍼텐셜의 합이라고 정의할 수 있다

수분 퍼텐셜은 그 구성요소 퍼텐셜의 합이라고 정의 할 수 있다:[3]

$$\Psi = \Psi_P + \Psi_S \tag{1.21}$$

Ψ_P는 **압력 퍼텐셜**(**pressure potential**)을 의미한다. 이는 P와 동일한 값이고, 주위 대기압을 초과하는 수압을 나타낸다. 기호 Ψ_S는 삼투 퍼텐셜을 나타낸다. 부호의 변화를 주목하시오($\pi = -\Psi_S$). 앞서 지적한 기호와 같이 삼투 퍼텐셜은 삼투압과 같지만 음의 부호이다. 삼투 퍼텐셜은 ***용질 퍼텐셜***(***solute potential***, Ψ_S)이라고도 하는데, 그것은 용해된 용질에 의한 퍼텐셜이기 때문이다. *삼투압*이라는 용어보다는 *삼투*(또는 *용질*) *퍼텐셜*이라는 말이 삼투압보다 더 많이 사용되는데, 이는 용액의 특성을 보다 더 적절히 나타내기 때문이다.

정수압과 삼투 퍼텐셜은 수분 퍼텐셜을 좌우하는 중요한

[3] 문헌을 참고한 학생들은 수분 퍼텐셜의 구성 요소를 설명하기 위해 사용된 양식, 이름 그리고 상징들이 다양하다는 것을 발견하게 될 것이다. 이러한 차이들은 크게 중요하지는 않으나 혼돈을 막기 위해서는 주의 깊게 읽는 것이 요구된다.

요인이라는 것을 식 1.21으로 알 수 있다. 세번째 구성 요소로 **메트릭 퍼텐셜**(matric potential; M)이 있는데 때로 수분 퍼텐셜 식에 포함되기도 한다. 메트릭 퍼텐셜은 물분자가 고체 표면에 흡착됨으로 발생하는 퍼텐셜이다. 이는 특히 건조한 종자의 물흡수 초기에 일어나는 **침윤**(imbibition)이나 토양내 수분 유지에 매우 중요한 역할을 한다(3장 참조). 또한 세포내에도 메트릭 구성 요소가 있으나, 수분 퍼텐셜에 대한 그것의 기여도는 용질 구성 요소와 비교해 볼 때 상대적으로 매우 적다. 또한 삼투 퍼텐셜로부터 메트릭 구성 요소를 구분해내기란 어려운 일이다. 결론적으로 메트릭 퍼텐셜은 본 장에서는 배제하고 후에 토양 수분을 다룰 때(3장) 다시 언급하기로 한다.

식 1.21으로 돌아가서 정수압 혹은 삼투 퍼텐셜의 증가는 수분 퍼텐셜을 증가시키는 반면에 압력이나 삼투 퍼텐셜의 감소(보다 음수로)는 수분 퍼텐셜을 낮춘다는 것을 알 수 있다. 우리는 이러한 변화를 이용하여 그림 1.8 삼투압계 예에서 어떤 일이 일어날 것인가를 설명할 수 있다. 용해된 설탕은 티슬관(thistle tube) 안의 삼투 퍼텐셜을 발생시키며, 그 용액의 삼투 퍼텐셜($\Psi < 0$)은 막의 다른 편에 있는 순수한 물($\Psi = 0$)과 비교할 때 낮아진다. 따라서 물은 막을 가로질러 용액으로 확산된다. 이때 용액의 부피가 증가함에 따라 그 티슬관 안에 수압이 형성된다. 양수인 수압이 음수인 삼투 퍼텐셜을 상쇄하기에 충분해지면 그 용액의 수분 퍼텐셜은 0이 된다. 막의 양편이 $\Psi = 0$이 되는 점에서 물의 순(*net*)이동은 더 이상 일어나지 않는다. 또한 유의해야 할 점은 삼투압계의 부피가 증가하면 그 삼투 퍼텐셜은 감소하게 된다는 것이다. 그 이유는 용액내로 물의 확산과 수반하여 부피가 변함에 따라 물의 몰 분획이 증가하기 때문이다. 즉, 희석되기 때문에 용질 농도가 감소하는 것이다. 그러면 평형 상태에서 그 용액의 삼투 퍼텐셜은 시작 때보다는 높은 값이 되는데(즉, 보다 적은 값의 음수), 결국 삼투 퍼텐셜을 균형잡는 데 사용된 압력은 부피 증가가 일어나지 않았을 때 요구된 값보다는 적은 값이 된다. 그 까닭은 수분 퍼텐셜에 대한 Ψ_S의 기여도는 항상 음수인 값이고, 일정한 압력에서 물은 항상 보다 높은(보다 적은 음수값) 삼투 퍼텐셜을 갖는 용액으로부터 보다 낮은(보다 큰 음수값) 삼투 퍼텐셜인 용액으로 이동하기 때문이다.

이제 식물 세포내에서의 삼투 및 압력 퍼텐셜과 수분 퍼텐셜에 기여하는 것이 무엇인가를 알아보자. 대부분 식물 세포의 삼투 퍼텐셜은 주로 중앙에 있는 액포의 내용물에 기인한다. 분열 세포 및 고도로 분화된 세포를 제외하고 액포에는 세포수(cellular water)의 50~80%를 함유하고 용해된 다양한 용질을 함유한다. 이러한 용질로서 당, 무기염, 유기산 및 안토시아닌 색소가 있다. 세포수의 나머지 대부분은 세포벽의 공간에 자리하며 세포질에는 5~10%로 매우 적은 부분을 차지하고 있다. 세포 및 조직의 삼투 퍼텐셜을 측정하는 일반적인 방법으로 얻은 값은 세포질이나 액포에 기여하는 값 사이의 차를 구별해 얻어낼 수는 없고, 측정한 결과의 값은 둘의 평균인 것이다. 유조직 세포의 삼투 퍼텐셜은 −0.1~−0.3 MPa의 범위이고, 이의 주된 값은 액포내에 용해된 염에 기인한다.

실험실 삼투압계에서 압력(Ψ_P)은 대기압(0.1 MPa)과 물기둥의 높이에 의해 생성된 수압과의 차로서 측정된다. 세포에서 압력 구성 요소는 확장하는 원형질체에 의해 바깥 방향으로 세포벽에 가해지는 힘에 의해 생성되는데 이것을 **팽압**(turgor pressure)이라 한다. 그리고 이와 반대로 안쪽 방향으로 가해지는 동등한 압력을 **세포벽압**(wall pressure)이라 하는데, 이는 세포벽에 의해 작용되는 압력이다. 팽압을 받는 세포를 **팽창**(turgid)되었다고 하며 한 세포가 수분을 상실하여 팽압이 0인 값까지 감소될 때 이를 **연화**(flaccid)되었다 한다. 커다란 조류(algae) 세포에서는 P값을 직접 측정할 수 있는 기구들이 있기도 하나 고등 식물에서는 일반적으로 수분 퍼텐셜과 삼투 퍼텐셜 간의 차로 계산된다. 초본 식물에 있어서 직립성을 유지시키는 일은 이 팽압에 의한다. 실제로 식물체의 수분 결핍을 나타내는 최초의 외관상 모습은 시듦현상(wilting)인데, 이러한 현상은 잎세포의 팽압이 상실되면서 일어나는 것이다.

1.9 물의 역동적인 흐름은 수분 퍼텐셜의 변화와 관련이 있다

식물세포의 수분 상태는 세포가 환경내 물 함유량의 변동 또는 대사 상태의 변화에 적응함에 따라 꾸준히 변한다. **한계 원형질분리**(incipient plasmolysis)란 원형질체가 꽉 채워진 상태이다. 한계 원형질분리가 일어나는 점은 원형질체가 세포벽에 전혀 압력을 가하지도 않고 분리되지도 않은 점이다. 결론적으로 팽압(Ψ_P)은 0이고, 세포의 수분 퍼텐셜(Ψ_{cell})은 세포의 삼투 퍼텐셜(Ψ_S)과 같은 상태인 것이다. 세포가 순수한 물($\Psi = 0$)과 같은 **저장액**(hypotonic solution)[4]에 잠겨지면 물은 수분 퍼텐셜 기울기가 낮은 세포로 들어가게 될 것이다. 이렇게 됨으로써 액포 내용물의 희석(상응하여 삼투 퍼텐셜은 증가)과 함께 팽압이 생성된다. 세포의 삼투 퍼텐셜이 세포의 팽압과 같을 때 식 1.21에 의하면 세포내 물의 순이동은 멈추고, 또한 세포의 수분 퍼텐셜은 0이 된다. 세포가 자신보다 더 음의 삼투 퍼텐셜을 갖는 **고장액**(hypertonic solution)에 놓여지면

[4] 세포 혹은 다른 용액보다 더 적은 용질의 양을 가진 용액, 따라서 보다 적은 음수 값의 삼투 퍼텐셜을 가지는, 용액을 저장(hypotonic)액 이라 한다. 고장액(hypertonic solution)은 더 많은 용질의 양을 가진 용액으로 보다 큰 음의 삼투 퍼텐셜을 가진다. 같은 삼투 퍼텐셜을 가진 용액은 **등장**(isotonic)액 이라한다.

세포의 수분 퍼텐셜 기울기는 세포로부터 물의 유실을 돕는다. 따라서 원형질체는 세포벽으로부터 움츠러져 분리되는데 이를 원형질 분리(plasmolysis)라 한다. 계속되는 물의 이동은 액포 내용물을 농축시키며 삼투 퍼텐셜을 더욱 낮춘다. 팽압은 0 상태에 머물며, 세포의 수분 퍼텐셜은 단지 세포의 삼투 퍼텐셜에 의해 결정된다. 그러므로 세포의 수분 퍼텐셜은 팽압과 삼투 퍼텐셜의 대수 합으로 결정된다(식 1.21).

세포와 환경 간에 있어서 물의 이동에 첨가할 사항으로 수분 퍼텐셜 기울기를 낮추는 확산 역시 물의 세포간 이동에 고려될 수 있다(그림 1.9). 연속해 있는 각 세포들은 각 세포가 처한 독특한 환경에 좌우되어 각기 다른 Ψ_S 및 Ψ_P값을 갖는다. 그러나 수분 퍼텐셜의 기울기가 계속 유지되는 한 일련의 세포를 통한 물의 흐름도 계속된다.

원형질 분리 및 시듦현상들은 외면적으로 동일한 것으로 보이나 몇 가지 중요한 차이점이 있다. 원형질 분리는 실험실에서 조직을 고장액에 처리한 후 현미경으로 원형질체 부피의 변화를 관찰함으로써 간단히 실험할 수 있다. 원형질 분리가 진행됨에 따라 원형질체의 부피는 점점 감소하고, 원형질체는 세포벽으로부터 분리된다. 세포벽과 원형질막 사이 빈 공간은 세포벽을 쉽게 투과할 수 있는 외부 용액으로 채워진다. 이러한 이유로 원형질 분리는 보통 원형질체에 별로 음압(인장력)이 발생하지 않는다. 근본적으로 원형질 분리는 실험적 현상이며, 극심한 수분 스트레스(water stress)나 염도가 높은 특이한 환경이 아니고는 자연 상태에서 거의 일어나지 않는다. 반면에 시듦현상은 자연 상태에서 대기의 건조에 반응하는 전형적인 생리 현상이다. 시듦현상은 큰 표면 장력으로 세포벽의 작은 막공내에 있는 수분이 대기로 유출되는 것을 막으며, 붕괴되는 원형질체가 세포벽과의 연결을 유지하게 한다. 이는 세포벽을 내부로 끌어당기게 하여 실제로 큰 음의 압력을 생기에 한다. 시들은 세포의 수분 퍼텐셜은 음의 삼투 퍼텐셜 값과 음의 압력 퍼텐셜 값의 합보다 훨씬 더 큰 음의 값을 형성한다.

1.10 아쿠아포린은 물의 세포 이동을 용이하게 한다

포린(Porin)은 식물, 미생물 그리고 동물을 포함한 모든 살아있는 생명체의 세포 막에서 발견되는 **주요 내재 단백질(major intrinsic protein; MIPs)**이라 불리는 거대한 단백질 과에 속하는 막 단백질의 한 종류이다. 포린 형태의 통로는 베타-병풍 단백질 구조(β-pleated sheet protein structure)를 보이는 비 선택적 양이온 채널이다. 식물에서 포린은 일반적으로 미토콘드리아와 엽록체의 외막에 한정되어 있고 이러한 것은 포린의 고도로 투과적인 특성을 나타낸다. 이와는 대조적으로, **아쿠아포린(aquaporin)**은 주로 물의 선택적 이동을 조절하는 막 단백질 또는 구멍(pore)이다. 이러한 것은 아쿠라포린의 존재가 수소와 같은 작은 이온들이 이러한 막 채널을 통해 전도 되지 않는 것을 보여준 전기 전도도에 영향을 미치지 않는다는 사실에 의해 알 수 있다. 게놈의 염기서열 분석을 통해 애기 장대에서는 35개의 아쿠아포린 유전자 동족체(homologue)가 벼 게놈에서는 33개의 동족체가 확인되었다. 따라서 식물은 다양한 아쿠아포린 동형(isoform)을 보이는데 이는 식물 세포내에 이러한 통로가 위치하고 있는 다양한 내막 형태를 반영 한다(그림 1.10A). 예를 들면, 13개의 동족체가 애기 장대의 식물 원형질 막에서 발견되어 원형질 막 내재 단백질, PIP로 명명된 반면, 식물 세포의 안쪽 액포를 둘러싸는 액포막은 10개의 동족체가 있으며 TIP로 명명되었다.

아쿠아포린의 구조는 식물, 미생물 그리고 동물 간에 매우 보존되어 있다. 네 개의 소단위체들은 하나의 식물 아쿠아포린을 형성한다. 각각의 소단위체는 23에서 31 KDa의 분자 질량을 가지고 있고 베타 병풍 구조를 보이는 포린과는 달리, 5개의 중간 루프

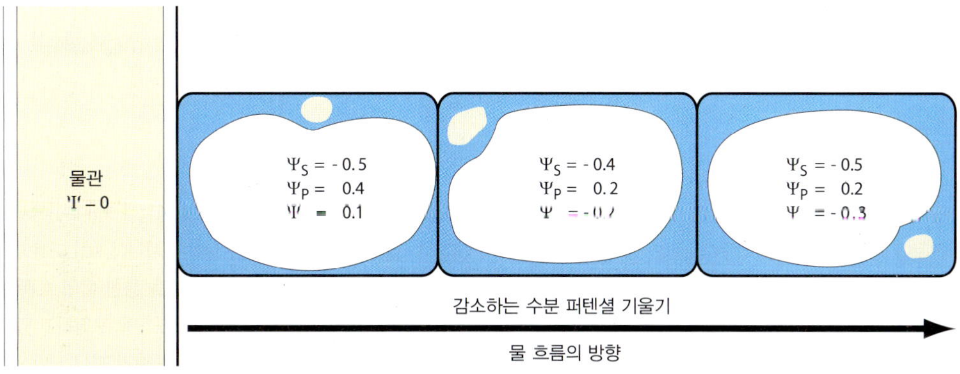

그림 1.9 세포간의 물 이동을 위한 삼투 퍼텐셜(Ψ_S), 팽압(Ψ_P)그리고 수분 퍼텐셜(Ψ)의 기여도를 나타내는 모식도. 물의 이동 방향은 인접 세포내의 수분 퍼텐셜 값에 의해서만 결정된다.

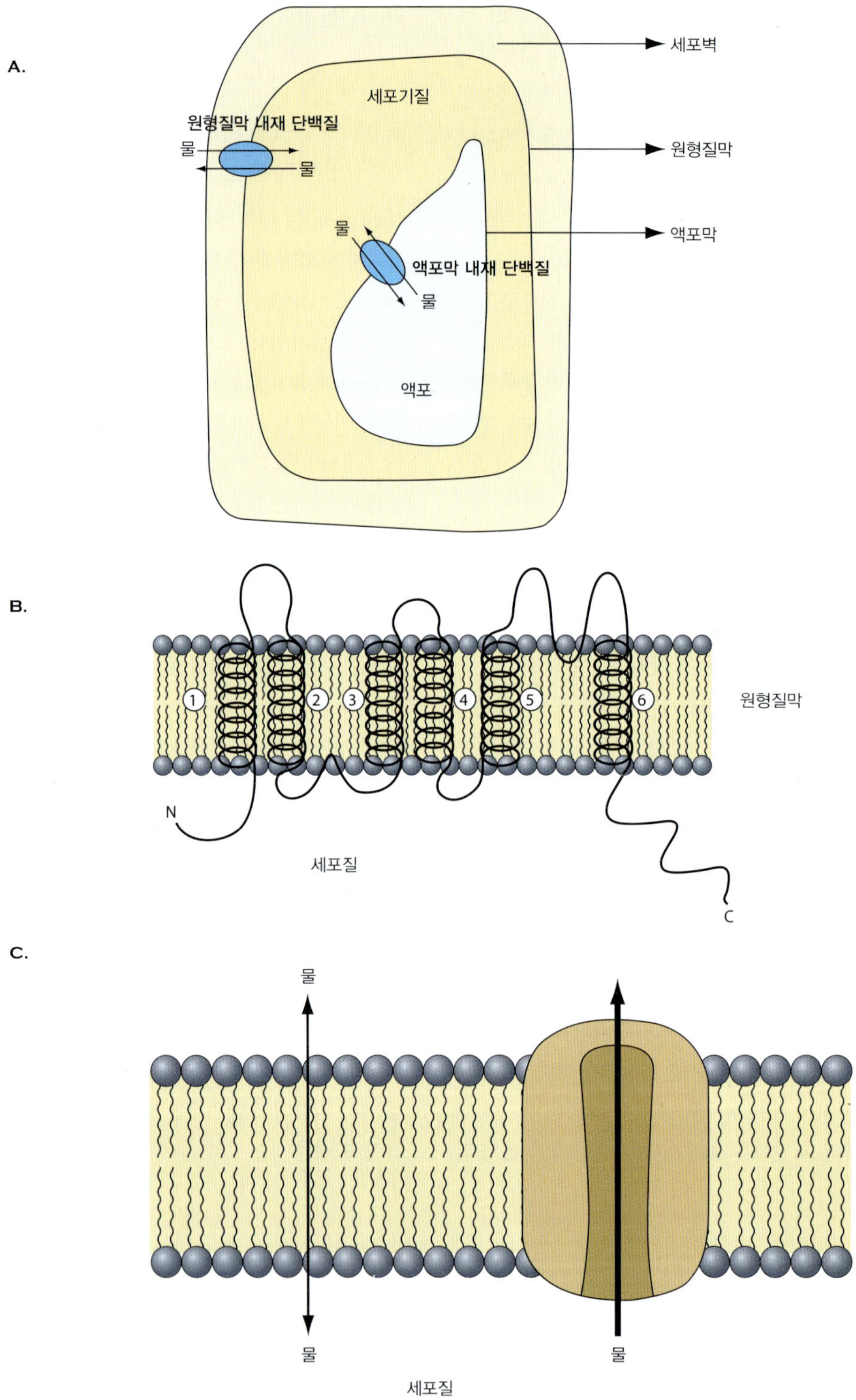

그림 1.10 (A) 식물 아쿠아포린은 세포의 물의 흐름을 조절하는 액포의 액포 막(TIPs) 뿐만 아니라 원형질 막(PIPs)에서도 발견된다. (B) 하나의 식물 아쿠아포린의 네 개의 막에 걸쳐져 있다. N-말단과 C-말단은 세포질에 위치한다. (C) 아쿠아포린은 물의 흐름을 증가시키고(두꺼운 화살표) 그리고 개폐되기 때문에 세포로 하여금 순 지질 이중층을 통한 물의 흐름(가는 화살표)과 비교해서 세포의 흐름을 조절할 수 있게 한다. 아쿠아포린 통로의 안쪽은 친수성의 아미노산을 포함하고 있어 물과 상호작용을 하는 반면에 단백질 통로의 바깥쪽은 소수성의 아미노산으로 구성 되어 있어 막 이중층의 지질 지방산과 상호작용한다.

(intervening loops)로 연결된 6개의 나선들이 막에 걸쳐있다(그림 1.10B). 이러한 단백질 소단위체는 막 내에 접혀져 있어 소수성 아미노산은 구멍의 바깥 쪽 부분에 위치하고 지질 이중층의 소수성 지방 산과 상호작용을 하는 반면에 친수성 아미노산은 구멍의 안쪽 면에 있어서 물분자와 상호작용 하여 물분자들은 구멍을 통해 막의 한 쪽 면에서 다른 쪽으로 이동을 한다. 아쿠아 포린은 막을 통한 물의 이동을 조절하기 위해 열리기도 혹은 닫히기도 한다. **개폐형 조절(Gating)**은 이러한 단백질 통로들의 개폐를 통한 조절을 설명하기 위한 용어이다. PIP를 통한 개폐는 아쿠아포린 단백질 인산화 뿐만 아니라 세포질의 pH, Ca^{2+}와 같은 2가 양이온의 농도에 의해 조절된다.

위에서 언급한 바와 같이, 지질 이중층은 상당히 물에 투과적이다. 그러므로 막을 통한 물의 이동에는 두 가지의 경로가 가능하다.—하나는 지질 이중층 자체를 통한 경로 그리고 두 번째 경로는 아쿠아포린을 통해서다(그림 1.10C). 만약 그러하다면, 왜 세포는 아쿠아포린을 필요로 하는 것일까? 최근의 실험 결과는 아쿠아포린이 포함된 지질 이중층을 통한 물의 이동 속도가 지질만을 포함하고 있는 막보다 훨씬 빨랐다는 것을 명백히 보여주고 있다. 그러므로, 아쿠아포린의 존재는 막을 통한 물의 이동을 위해 낮은 저항 경로를 제공한다. 게다가 아쿠아포린은 개폐되기 때문에, 이러한 것은 세포 사이 뿐만 아니라 세포 내에서 물의 이동을 위한 더 나은 조절을 제공한다. 예를 들면, 액포막의 물에 대한 투과성은 원형질막보다 10^2 배나 더 높다. 그러므로 이러한 것은 액포로 하여금 세포가 고장성의 환경에 노출되었을 때 물을 가지고 세포질을 완충 또는 보충시킬 수 있도록 해준다. 따라서 아쿠아포린은 식물 세포들의 삼투적 특성을 조절하는데 중요한 역할을 한다. 이러한 과정을 **삼투조절(osmoregulation)**이라 한다.

1.11 두 구성요소 감지/신호계는 삼투조절에 관여한다

원핵 생물(세균, 남세균) 뿐만 아니라 녹조류, 곰팡이, 식물들은 세포벽을 가지고 있고 따라서 팽압에 민감하다. 이러한 생물체는 초기에 감지할 수 있어야 하고 그 후에 수생환경의 계절적 변화뿐만 아니라 매일 생존하기 위하여 생리, 생화학 그리고 유전적 수준에서 적절히 반응해야 한다. 모든 생물체는 변화하는 환경에 대저하기 위해 매우 복잡한 인지 능력과 신혼 전략을 진화시켜왔다. 일반적으로 이러한 전략을 첫째로 **감지 메커니즘(sensing mechanism)**이라하고 주로 특정한 환경 요인들의 변화를 감지한다. 환경 요인들의 변화는 보통 특정한 세포내 신호를 발생하는 특별한 감지기(sensor)를 활성화시킨다. 두 번째로 그 감지기는 보통 **변환 메커니즘(transducing mechanism)**에 연계되거나 또는 짝을 이루어 감지기에 의해 발생된 신호를 증폭시키고 그 후에 특정한 세포 반응을 이끌어 낸다. **두 구성요소계(two-component system)**는 감지 신호 메커니즘의 한 예이고 원핵 생물에서 처음 발견되었다. 두 구성요소계 모두는 세포막을 관통하여 위치해있는 **감지 단백질(sensor protein)**과 **반응 조절자(response regulator)**라 불리는 세포질성 단백질로 구성된다(그림 1.11). 그 감지 단백질은 환경적인 변화를 감지하고 이러한 신호를 세포질에 있는 반응 조절자에게 전달한다. 반응 조절자는 DNA에 결합하여 외부 신호에 대한 세포 반응을 조절하거나 또는 하나 내지 그 이상의 목표가 되는 유전자들에 대한 전사조절을 제공하는 제어기능을 통제한다. 따라서 반응 조절자를 보통 DNA-결합 단백질 또는 전사 조절자라고 한다.

삼투 감지기(osmosensor)는 외부의 수중환경과 세포질 사이의 삼투 퍼텐셜(Ψ_S)의 차이로 인한 팽압의 변화 때문에 발생하는 세포막의 기계적인 변화를 감지하거나 직접 세포외 수분의 화학 퍼텐셜의 변화($\Delta\mu_{H2O}$)를 감지할 수 있는 장치이다. 종속영양 세균인 대장균의 두 구성요소계는 감지기인 **EnvZ**와 반응 조절자인 **OmpR**로 구성된다. OmpR는 세균으로 하여금 외부의 삼투몰농도를 감지하게 한다. EnvZ와 OmpR은 두 개의 포린 단백질(porin protein)인 **OmpF**와 **OmpC**를 암호화하는 유전자의 상대적인 전사를 조절하여 물의 화학 퍼텐셜 변화($\Delta\mu_{H2O}$)에 반응하는 삼투감지/신호 전달 경로를 형성한다. 두 포린 단백질은 외막에 구멍을 형성하여 외막을 통해 작은 용질 분자가 수동 확산되도록 한다. OmpF와 OmpC의 총 양이 세포외 물의 화학 퍼텐셜 변화에 반응하여 상대적으로 일정할지라도 OmpF:OmpC의 상대적인 비율은 세포외 물의 화학 퍼텐셜의 변화에 따라 변한다. 외부의 삼투몰농도(osmolarity)가 낮은 조건에서는 좀 더 큰 OmpF 핵공의 발현이 선호되는 반면, 삼투몰농도가 높은 조건에 서는 좀더 작은 OmpC 핵공의 별현이 선호된다. 그 결과 세균의 세포막의 투과성은 변한다.

몇몇의 두 구성요소 삼투감지/신호계가 식물과 곰팡이에서 보고되었다. 효모(*Saccharomyces cerevisiae*)에서 히스티딘 인산화 효소인 **SLN1**이 횡단막 삼투감지기로서의 역할을 한다. 최근에는 애기장대에서 두 구성요소인 **히스티딘 인산화 효소 삼투감지계**(ATHK1)가 보고되었다. *SLN1* 유전자가 불활성화 되어있는 효모세포를 식물 *ATHK1* 유전자로 형질전환 시키면 효모세포가 외부의 삼투몰농도($\Delta\mu_{H2O}$)로 인한 신호를 감지하고 전달할 수 있게 되었다. 애기장대에서 *ATHK1* mRNA는 조직 특이적으로 뿌리 조직에서 많이 축적이 된다. 게다가 고농도의 염을 외부에서 처리하면 애기장대의 뿌리에서 *ATHK1*의 발현이 증가된다. 외부의 염 농도

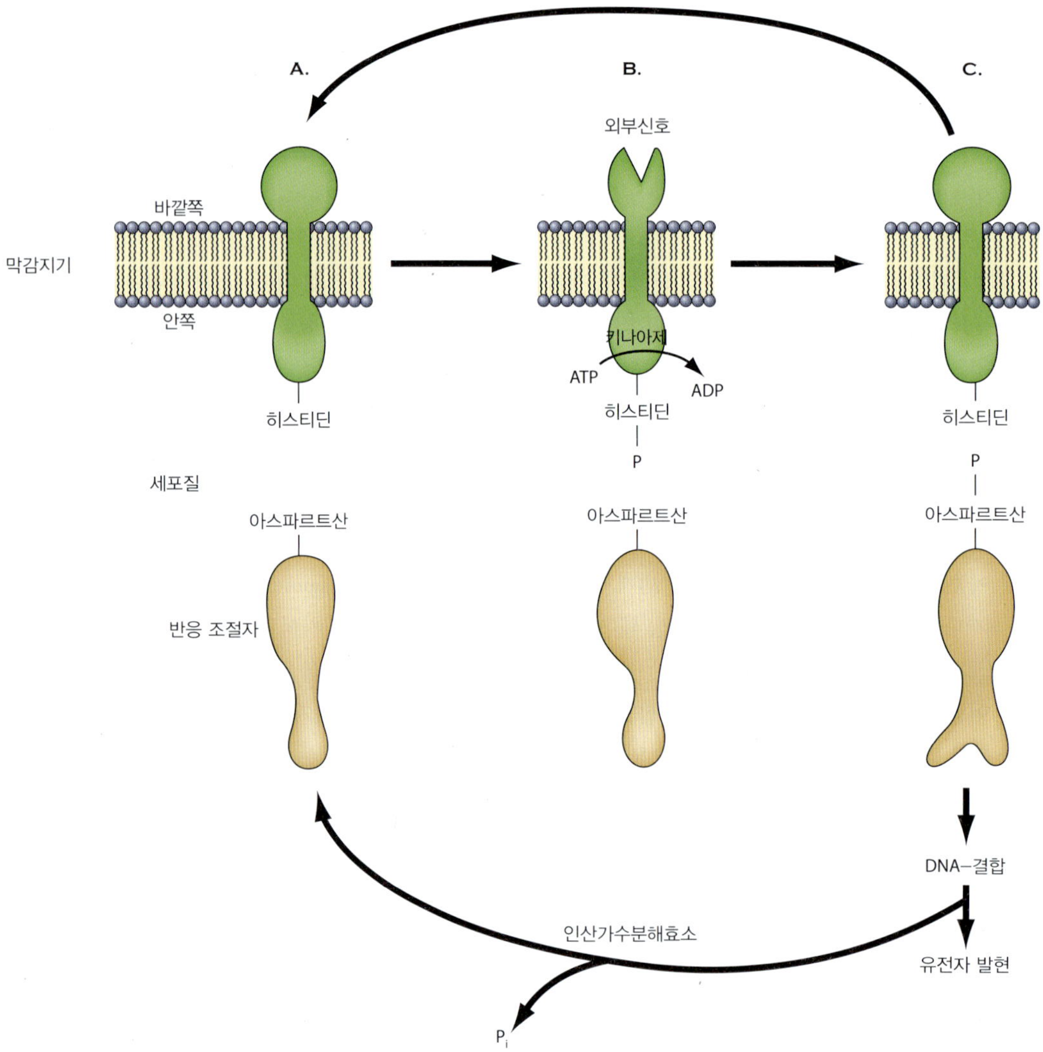

그림 1.11 두 구성요소 감지 신호를 설명하는 일반적인 모델. (A) 두 구성요소 계는 세포외 그리고 세포내 영역(domain)을 보여주는 막횡단-결합 단백질 감지기를 포함하고 있다. 세포내 영역은 감지기의 세포내 도메인 내에 있는 특정한 히스티딘 잔기를 인산화 시키는 히스티딘 키나아제 효소 활성을 보인다. 감지기의 세포내 영역은 전사 활성자로 여겨지는 세포질 내의 반응조절 단백질과 상호작용을 할 수 있고 따라서 DNA-결합 활성을 가지게 된다. (B) 세포외부의 신호에 의한 막횡단 감지기의 자극은 막 감지기의 세포외 영역의 구조적 변화를 유도하고 ATP를 사용하여 감지기의 세포내 영역을 자가인산화 시키는 히스티딘 키나아제 활성을 활성화 시킨다. (C) 그 후에, 감지 정보는 막-결합 감지기로부터 세포질에 위치하는 반응 조절자로 흐른다. 감지기 히스티딘의 인산기는 반응 조절자의 아스파틸 기로 전달된다. 이러한 것은 막횡단 감지기의 구조를 안정화시키나 반응 조절자의 DNA-결합 활성을 활성화시킨다. 인산화된 반응 조절자와 DNA의 결합은 세포 외부의 신호에 반응하여 특정 유전자 또는 유전자 패밀리의 발현을 변형시킨다. 또한 단백질 인산가수분해 효소(phosphatase) 활성을 가지는 반응 조절자는 반응 조절자의 아스파틸 잔기로부터 인산기를 떼어내고 DNA-결합 활성을 저해한다.

에 민감하고 더불어 뿌리 조직에서 *ATHK1*의 발현이 높은 것은 히스티딘 인산화 효소인 *ATHK1*이 삼투 감지에 효율적인 두 구성요소 신호 전달계의 일부라는 것을 의미한다.

요약

물은 생명체가 생기는데 적당한 매체로서 특히 적당한 여러 가지 물리화학적 성질을 지니고 있다. 이러한 성질의 대부분은 물분자가 수소결합을 하려는 경향에서 나온 결과이다. 세포수준에서 물은 선택적 투과막 사이의 화학 퍼텐셜 기울기에 반응하여 주로 삼투현상에 의해 이동한다. 수분 퍼텐셜에 바탕을 두고 물의 이동을 예측할 수가 있다. 수분 퍼텐셜은 두 가지 쉽게 측정할 수 있는 양인 압력과 삼투 퍼텐셜로부터 계산할 수가 있기 때문에 특히 유용한 개념이다. 식물은 적어도 부분적으로는 세포벽의 높은 구조적 강도와 변형에 견대는 능력 때문에 세포의 팽창성으로 기계적 지지를 받는다. 아쿠아포린은 물에 대한 세포 막의 투과정을 조절하는 개폐형 막단백질 통로이다. 두 구성요소 감지/신호 메커니즘은 외부의 수분 퍼텐셜의 변화에 반응하여 식물 세포가 삼투조절을 할 수 있도록 하는데 중요한 역할을 한다.

복습문제

1. 수소결합이란 무엇인가? 이것이 어떻게 많은 물의 특이한 물리화학적 성질을 설명하는데 도움이 되는가?
2. 삼투현상을 확산의 특별한 경우로 기술하시오. 삼투압과 삼투 퍼텐셜을 구분하시오.
3. 수분 퍼텐셜의 개념과 이것이 물의 화학 퍼텐셜과 어떻게 관련되어 있는지를 이해하시오. 수분 퍼텐셜의 개념이 어떤 방식으로 식물 생리학자가 물의 이동을 설명하는 데 도움이 되는가?
4. 왜 삼투현상이 간접적으로 식물에서 에너지 의존적 과정인지를 설명하시오.
5. 분자질량을 결정하는데 어 떻게 삼투 퍼텐셜을 사용할 수 있는지를 보여주시오.
6. 식물에서 팽압의 중요한 역할을 제시할 수 있겠는가?
7. 식물세포의 수분 퍼텐셜을 조절하는 데 있어서 더 중요한 역할을 하는 것이 삼투 퍼텐셜인가 아니면 팽압인가?
8. 0.4 몰랄의 만니톨 용액와 평형상태일 때 무게의 증감이 없는 조직의 $\Psi_{세포}$, $\Psi_{용질}$ 그리고 $\Psi_{압력}$ 의 값을 추정하시오. 0.6 몰랄의 만니톨 용액에 두었을 때 50%의 세포에서 원형질 분리가 일어날 경우 조직의 $\Psi_{세포}$, $\Psi_{용질}$ 그리고 $\Psi_{압력}$ 의 값을 추정하시오.
9. 아쿠아포린이란? 아쿠아포린은 물에 대한 세포막 투과성에 어떠한 역할을 하는가?
10. 삼투감지기란? 두 구성요소 감지/신호계가 어떻게 삼투감지에 관여하는지 설명하시오.

더 읽을거리

Borstlap, A. C. 2002. Early diversification of plant aquaporins. *Trends in Plant Science* 7: 529–530.

Buchanan, B. B., W. Gruissem, R. L. Jones. 2000. *Biochemistry and Molecular Biology of Plants.* American Society of Plant Physiologists Rockville, Maryland.

Evert, R. F. 2006. *Esau's Plant Anatomy.* Hoboken, NJ: John Wiley & Sons, Inc.

Hoch, J. A., T. J. Silhavy. 1995. *Two-Component Signal Transduction.* Washington, D. C. ASM Press.

Maurel, C., L. Verdoucq, D.-T. Luu, V. Santoni. 2008. Plant aquaporins: membrane channels with multiple integrated functions. *Annual Review of Plant Biology* 59: 595–624.

Nobel, P. S. 2005. *Physicochemical and Environmental Plant Physiology.* Elsevier Science & Technology Burlington, MA.

Pollack, G. H. 2001. *Cells, Gels and the Engines of Life.* Seattle: Ebner and Sons Publishers.

Urao, T., K. Yamaguchi-Shinozaki, K. Shinozaki. 2000. Two-component systems in plant signal transduction. *Trends in Plant Science* 5: 67–74.

Wood, J. M. 1999. Osmosensing by bacteria: Signals and membrane-based sensors. *Microbiology andMolecular Biology Reviews* 63: 230–262.

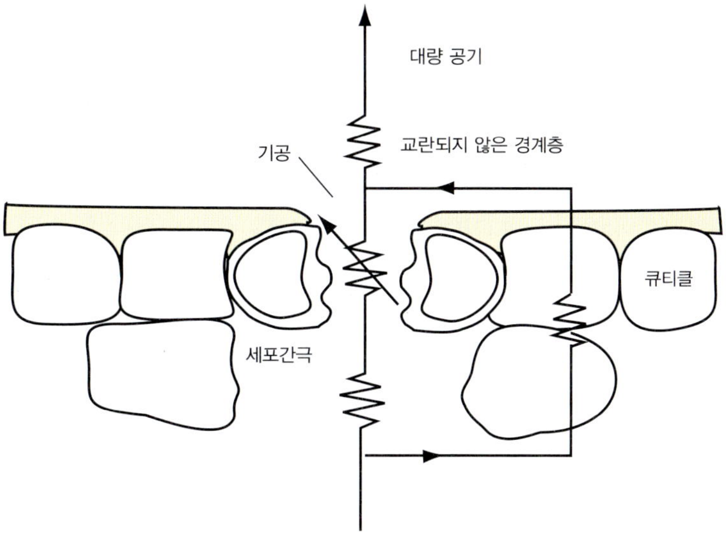

2

식물의 수분관계

식물의 수분 관계에서 지배적인 과정은 토양으로부터 많은 양의 물을 흡수하여 식물체를 통해 이를 이동해서 수증기로서 주위 대기로 실질적으로 유실하는 것이다. 식물로 흡수된 모든 물의 5% 정도의 양이 실제로 생장을 위해 보유하며 생화학적으로는 더 적은 양이 이용된다. 식물체를 통해 수증기로 유실되는 균형적 현상이 **증산(transpiration)**이다. 증산은 작물에서 매우 뚜렷하게 나타난다. 작물에서는 아마도 몇 백 킬로그램의 물이 건량 1 kg을 생산하는 데 필요하다. 그러나 지나친 증산은 생산력에 상당한 감소를 초래할 수 있다.

증산의 양적 중요성은 여러해 동안 다양한 연구에 의해 제시되었다. 밀러(E. C. Miller)는 1938년대 그의 정평 있는 생리학 교과서에서 하나의 옥수수가 일생 동안에 200 ℓ의 물을 증산할지 모른다고 보고를 했다. 이는 대략 자신의 무게의 100배에 달한다. 옥수수 밭에서 추정했다면 이 정도 부피의 물은 생장기 동안 밭의 38 cm 깊이까지 채우기에 충분한 양이다. 개방된 곳에서 자라는 14.5 m의 단풍나무는 아마도 한 시간당 225 ℓ 이상의 물을 유실할 것이다. 미국 애팔래치아 남쪽 낙엽수림에서 일년 강수량의 1/3이 식물에 의해 흡수되어 다시 수증기로서 대기로 되돌려진다.

증산에 의해 얻게 되는 어떤 긍정적인 이익이 있는지가 논의의 초점이다. 그러나 그 같은 물의 대량 유실은 분명히 생장, 생산성 그리고 심지어 식물의 생존과 매우 밀접한 관계를 가지고 있다. 예를 들어 증산이 일어나지 않는다면 단 한 번의 강우가 작물의 생장을 위해 충분한 물을 제공할 수 있다. 그처럼 증산에 의한 물 부족 때문에 오는 식물 생장의 감퇴는 세계적으로 경제적 손실과 수확 감소의 근본적인 원인이다. 그래서 이론적이면서 그리고 실제적인 이유로 증산은 중요한 과정임에 틀림없다.

이 장에서는 식물을 통한 증산과 수분 이동의 현상을 조사할 것이다. 제기될 기본 주제는 다음과 같다.

- 잎과 대기 사이에서 물의 교환을 지배하는 증산 과정과 증기압 차이의 역할
- 증산에 의한 수분 유실의 비율을 조절하는 환경 요인, 특히 온도와 습도의 역할
- 식물의 수분 전도계의 해부와 식물이 어떻게 나무의 가장 높은 곳까지 서 있는 물기둥을 유지할 수 있는가?
- 토양 속의 물 및 식물의 다른 쪽 끝에서 유실되는 물의 수요량을 충족시키기 위해서 물은 어떻게 뿌리에 의해 흡수되는가?

2.1 증산은 증기압 차이에 의해 일어난다

증산(*transpiration*)은 식물로부터 수증기 형태의 물의 유실로서 정의된다. 적은 양의 수증기가 어린 작은 가지와 가지의 나무껍질에 있는 작은 구멍(**피목**; **lenticel**)을 통해 유실될지라도 대부분의 양(90% 이상)은 잎으로부터 빠져나간다. 실제로 증산 과정은 잎의 해부학적 구조와 매우 밀접하다(그림 2.1). 전형적인 관속 식물 잎의 바깥 표면은 여러 층의 왁스 퇴적물인 **큐티클(cuticle)**로 덮여 있다. 큐티클의 기본 구성 물질은 **큐틴(cutin)**으로서 전형적으로 16~18개의 탄소로 된 긴 사슬의 이종 중합체인 히드록시화된 지방산이다. 인접한 지방산의 히드록시 그리고 카르복시 사이에 에스테르 형성이 교차 결합하여 강한 중합체 망을 이룬다.

큐틴망은 긴 사슬(37개의 탄소 원자까지)의 포화된 탄화수소, 알코올, 알데히드, 케톤의 혼합물 복합체인 큐티클성 **왁스(wax)**의 기질에 담겨 있다. 큐티클성 왁스는 높은 소수성이기 때문에 밑에 있는 세포로부터 물과 수증기 모두의 확산에 대해 아주 높은 저항을 갖는다. 그래서 큐티클 층은 잎의 표피 세포의 바깥면으로부터 직접 물의 증발을 제한하는 역할을 한다. 그리고 표피 세포와 그 밑에 있는 엽육 세포 모두에서 가능한 치명적인 탈수로부터 보호한다.

표피와 위에 놓인 큐티클 층의 융합은 때때로 작은 구멍에 의해 방해를 받는데 이 구멍을 **기공(stomata)**이라고 한다. 각 구멍은 한 쌍의 특이한 세포, 즉 **공변 세포(guard cell)**로 둘러싸여 있다. 이들 공변 세포는 수압으로 작동하는 밸브로써의 기능을 행하는데 그로 인해 구멍의 크기를 조절한다(8장). 잎의 내부는 광합성을 하는 **엽육 세포(mesophyll cell)**로 이루어져 있다. 대부분의 잎에서는 어느 정도 서로 연결된 시스템을 만들어 낸다. 공기 공간인 이 시스템은 어떤 경우에는 총 잎부피의 70%에 이르기까지 매우 넓어질 수 있다. 기공은 열렸을 때 내부의 공기 공간과 잎을 둘러싸고 있는 대기 사이에서 기체(근본적으로 이산화탄소, 산소 그리고 수증기)의 교환 루트를 제공하는 위치에 있다. 이러한 상호 관계 때문에 이 공간을 **기공 아래 공간(substomatal space)**이라고 부른다. 큐티클 층은 대개 물에 대해 비투과적이고 열린 기공이 식물로부터 수증기의 방출을 위한 일차적인 루트를 제공한다

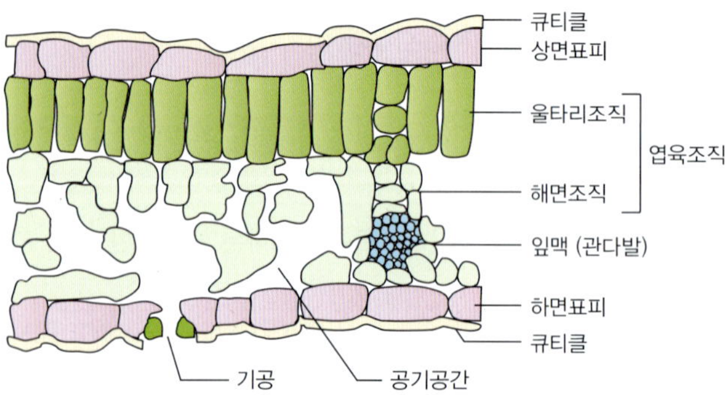

그림 2.1 횡단면에 나타난 중배엽성 잎(단풍나무과)에 대한 도식적 설명. 특별히 위아래 표피 세포표면의 바깥을 덮고 있는 큐티클 층의 존재에 주목하라. 또한 열린 기공을 통해 주위의 공기와 접근하고 있는 넓은 세포 간극에 주목하라.

증산은 두 단계의 과정으로 생각할 수 있다. (1) 젖은 세포벽으로부터 기공 아래의 공기 공간으로 물의 증발 그리고 (2) 기공 아래 공기 공간으로부터 대기로 수증기 확산. 증발은 일차적으로 기공 아래 공기 공간과 경계를 이룬 엽육 세포의 표면에서 일어난다고 보통 생각한다. 그러나 몇몇 연구자들은 더 제한된 관점을 제안했다. 그들은 대신에 대부분의 물은 기공 가까운 부근에 있는 표피 세포의 안쪽 면으로부터 증발한다고 제안하고 있다. **기공주변 증발(peristomal evaporation)**로 알려진 이 관점은 *엽육 세포벽* 위에 있는 큐티클 층의 존재를 나타내는 많은 보고에 기초를 두고 있다. 덧붙여서 기공 아래 빈 공간내에서 일어나는 확산에 대한 수학적 모델은 모든 증발의 75% 이상이 기공의 가까운 부근에서 일어나는 것으로 예측했다. 엽육 세포 표면으로부터 일어나는 증발에 대비된 기공주변에 의한 증발의 중요성은 대개 직접적인 실험에 의해 증명할 것이 남아 있다. 증발이 근본적으로 엽육 세포 표면에서 아니면 표피 세포 표면에서 일어나는지가 흥미로운 문제이나 이 문제는 생리 과정이 흔히 그들이 처음 나타날 때처럼 간단하지 않음을 우리에게 알려 준다.

기공 아래 공간으로부터 대기로 수증기의 확산은 상대적으로 간단하다. 수증기가 한번 세포 표면을 떠나면 그것은 기공 아래 공간을 통해 확산하고 기공을 통해 잎 밖으로 나간다. 기공을 통한 수증기의 확산을 **기공 증산(stomatal transpiration)**이라 하며 잎으로부터 수분 유실의 90~95%에 해당한다. 나머지 5~10%가 **큐티클층 증산(cuticular transpiration)**에 해당한다. 비록 큐티클 층이 왁스와 다른 소수성 물질로 구성되어 있더라도 그리고 보통 물이 투과할 수 없더라도 적은 양의 수증기가 통과할 수 있다. 잎의 수분 유실에 대한 큐티클 층 증산의 기여는 종에 따라 상당히 다양하다. 이는 큐티클 층의 두께에 어느 정도 의존한다. 두꺼운 큐티클 층은 강한 태양빛이나 건조한 서식지에서 자란 식물의 속성인 반면, 대개 그늘이나 습한 서식지에서 자란 식물의 잎은 얇다. 큐티클 층 증산은 기공 증산이 기공이 닫혀 방해될 때 특별히 건조한 조건 아래에서 얇은 큐티클 층을 가진 잎에 대해서 특별히 큰 의미를 가질지 모른다.

2.2 증산의 구동력은 증기압의 차이다

1장에서 물의 이동은 수분 퍼텐셜에 의해 결정됨을 보여 주었다. 그런 다음 증산의 구동력은 기공 아래 공기 공간과 외부 대기 사이의 수분 퍼텐셜의 차이라고 추정할 수 있다. 그러나 문제는 액상의 물보다는 오히려 수증기의 확산을 현재 중요시하고 있기 때문에 그것은 증기 체계로 생각하는 것이 더 편할 것이다. 예를 들어 순수한 물이 폐쇄된 챔버로 들어갔을 때 어떤 일이 일어나는지 고려해 보아라(그림 2.2). 처음에는 높은 에너지를 가진 물분자가 대기 공간으로 탈출할 것이며 그로 인해 수증기로 공간이 채워질 것이다. 그들 중 몇몇 물분자들은 그 다음 액상으로 농축되기 시작할 것이다. 실제로 챔버 속의 물은 동적 평형에 이를 것이다. 즉, 증발률은 응축률에 의해 평형이 될 것이다. 그 다음 공기 공간은 그 온도에서 유지할 수 있는 수증기의 최대량을 가질 것이다. 달리 말하자면 *평형 상태에서 가스 형태는 수증기로 포화될 것이다.* 증기 상태에서 물분자의 농도는 단위 부피당 증기 질량(g m^{-3})으로 나타낼 수 있으며 이를 **증기 밀도(vapor density)**라고 한다. 달리, 농도는 액상 표면과 챔버의 벽에 부딪치는 수증기 분자에 의해 가해지는 압력으로 표현될 수 있다. 이를 **증기압(vapor pressure, *e*)**이라고 한다. 적절한 공식으로 증기 밀도와 증기압은 서로 전환될 수 있다. 그러나 지금은 압력 단위들 중에는 수분 퍼텐셜의 구성 요소를 따르는 것이 습관되어 있기 때문에 우리의 논의에서 증기압(kPa)을 일관되게 사용하려 한다. 그 다음 기체 상태가 평형 상태에 도달하고 수증기로 포화될 때 이 체계를 **포화 증기압(saturation vapor pressure)**에 도달했다고 말할 수 있다.

대기압에서 용액 위에 미치는 증기압은 용질 농도와 온도에 의해 영향을 받는다. 수분 퍼텐셜에 관련해서는 앞에서 논의했던 것처럼(1장) 증기압에 대한 용질 농도의 효과는 물분자의 몰분율(mole fraction) 항으로 표현될 수 있다. 이 상관 관계는 라울의 법칙의 형태로 주어진다. 그것은 다음 식으로 나타낸다.

$$e = X_i e^o \tag{2.1}$$

여기서 e는 용액의 증기압, X_i는 물의 몰분율(=물분자의 수/물분자의 수+용질 분자의 수), 그리고 e^o는 순수한 용질에 대한 포화 증기압이다.

용질에 기인하는 증기압의 실제 감소는 매우 적게 일어난다. 이는 비교적 농축된 용액에서조차도 용매의 몰분율은 크게 남기 때문이다. 예를 들어 전형적인 식물 세포의 액포액의 농도와 비슷한 0.5 M 농도의 용액을 생각해 보자. 0.5M 농도의 용액은 1,000g의 물(55.5mol)에 1/2mol의 용질이 녹아 있다. 그러므로 0.5M의 용액 속의 물의 몰분율은 55.5/(55.5+0.5)=0.991이다. 〈식 2.1〉에 의하면 0.5 M 용액의 포화 증기압은 순수한 물과 비교해서 1%도 감소되지 않는다.

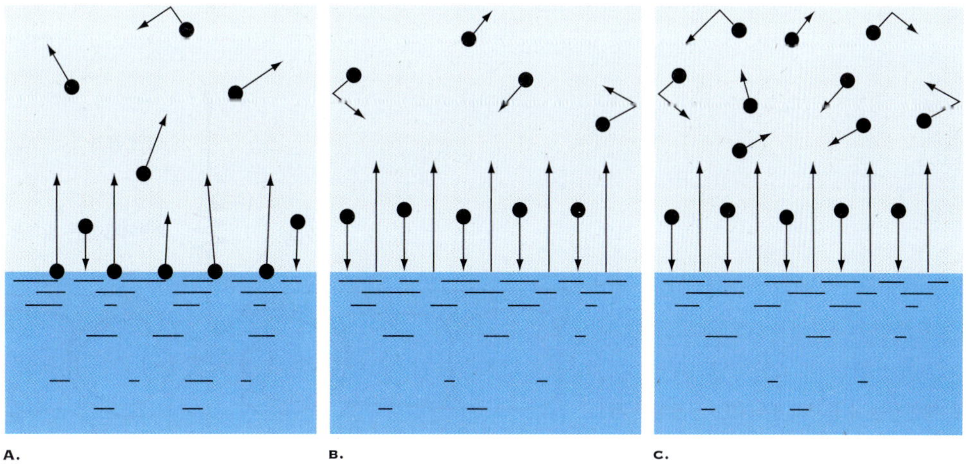

그림 2.2 밀폐된 콘테이너의 증기압. 첫째로(**A**) 보다 많은 분자가 응축되기 보다는 수표면으로부터 탈출하여 공기공간을 수증기 분자로 채운다. 기체상의 물분자는 챔버의 벽과 수표면에 압력을 가한다(증기압). 평형상태(**B**)에서 응축률은 증발과 같다. 그리고 공기는 수증기로 포화된다. 공기가 포화될 때 증기압은 포화 증기압이다. 높은 온도(**C**)에서 높은 비율의 물 분자는 탈출할 충분한 에너지를 가지고 있다. 증기 상태에서 물 분자의 농도와 포화 증기압 모두는 둘 다 상응하게 더 높다.

다른 한편, 온도는 증기압에 상당한 효과가 있다. 이는 물분자의 평균 운동 에너지에 대한 온도의 효과에 기인한다. 물용량 또는 수용액의 온도가 증가하면 유체 표면을 탈출할 충분한 에너지를 가진 분자의 비율 또한 증가한다. 그 다음 증기상에 물분자의 농도가 증가할 것이다. 그리고 결과적으로 증기압의 평형 상태에 도달할 것이다. 약 12℃의 온도 증가는 포화 증기압을 거의 2배로 할 것이다.

확산에 대한 Fick의 법칙(1장)에 의하면 분자는 높은 농도 지역에서 낮은 농도 지역으로 확산할 것이다. 또는 농도 기울기를 낮출 것이다. 왜냐하면 증기압은 증기 농도와 비례하기 때문에 수증기는 역시 증기압 기울기를 낮추는 방향으로 즉, 높은 증기압에서 낮은 증기압 부위로 확산할 것이다. 원칙적으로 잎의 기공 아래 공기 공간은 보통 수증기로 포화되어 있거나 그에 가깝다. 이는 대기 공간과 경계를 이룬 엽육 세포가 물의 증발을 위해 노출된 표면 지역이 크기 때문이다. 다른 한편으로는 잎을 둘러싸고 있는 대기는 보통 불포화 상태이고 흔히 매우 낮은 수분 함량을 가지고 있다. 이러한 환경이 잎의 내부에 높은 수증기압과 외부 대기에 낮은 수증기압 사이에 기울기를 만든다. 이러한 잎의 내부 공기 공간과 둘러싸고 있는 대기간의 수증기압 차이가 증산을 위한 구동력이다.

2.3 증산율은 환경적 요인에 의해 영향을 받는다

증산율은 자연적으로 습도, 온도 그리고 풍속과 같은 요인에 의해 영향을 받는다. 이들은 기공 아래 공기실과 주위 대기 사이에서의 수증기 확산율에 영향을 준다. 확산에 대한 Fick의 법칙은 확산율이 확산하는 물질의 농도 차이에 비례함을 말해 준다. 그러므로 증산율은 잎($e_{잎}$)과 둘러싸고 있는 공기($e_{공기}$) 사이의 증기압 기울기의 *크기*에 의해 상당히 지배될 것이다. 달리 말하자면,

$$T \alpha e_{잎} - e_{공기} \tag{2.2}$$

여기서 T는 증산율이다. 동시에 잎으로부터 수증기의 탈출은 잎 내부와 대기 속 모두에서 확산하는 물분자에 의해 겪게 되는 저항으로 인해 상당한 정도로 조절된다(그림 2.3). 저항은 이미 수증기로 포화된 세포간의 공간과 기공을 통과할 때 수증기 분자에 의해 겪게 된다. 기공 저항에 대한 부호가 기공이 어떤 때에는 완전히 열려 있고, 어떤 때는 부분적으로 열려 있고, 또는 닫혀 있다는 사실을 생각할 때 다양함에 주목하라. 부가적인 저항은 잎표면 위에서 교란되지 않은 층인 **경계층(boundary layer)**에 의해 경험하게 된다. 경계층과 그의 증산에 대한 효과는 이 장의 뒷부분에서 더 자세히 다루어질 것이다. 증산 방정식〈식 2.2〉은 이제 이들 저항률 계정을 위해 부가적 용어를 필요로 한다.

$$T = \frac{e_{잎} - e_{공기}}{r_{공기} + r_{잎}} \tag{2.3}$$

여기서 $r_{공기}$ 과 $r_{잎}$ 은 각각 대기와 잎에서 기인하는 저항이다. 〈식 2.3〉은 증산율이 잎과 대기 사이의 증기압의 차이를 대기와 잎에서 겪게 되는 저항의 합으로 나눈 값에 비례한다는 것을 나타내고 있다.

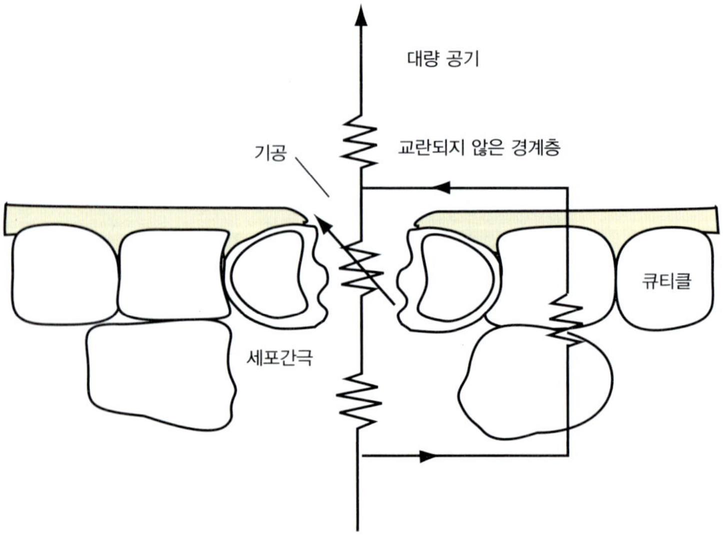

그림 2.3 잎 밖으로 확산하는 수증기에 부닥치는 근본적인 저항에 대한 도식적 설명. 전기 저항을 나타내는 표현 부호가 사용된다. 왜냐하면 수분 확산에 대한 저항은 전기 회로에서 나타나는 저항과 유사하기 때문이다. 열고 닫기 위한 기공의 용량을 고려해서 다양하게 제시되는 기공 저항에 대한 표현에 주목하라.

2.3.1 습도의 효과는 무엇인가?

앞서 주목했던 것과 같이 습도는 증기 밀도(g m^{-3}) 또는 증기압(kPa)으로 표현되는 공기 속의 실제적인 물 함량이다. 그러나 실제로 **상대 습도(relative humidity, RH)**로 물 함량을 나타내는 것이 더 편리하다. 상대 습도는 주어진 온도에서 공기에 의해 보유될 수 있는 최대 물의 양에 대한 실제적인 물 함량의 율이다. 다른 방식으로 표현해서 상대 습도는 포화 증기압에 대한 실제적인 증기압의 율이다. 상대 습도는 가장 일반적인 표현으로 RH×100, 또는 **상대 습도의 백분율(percent relative humidity)**이다. 공기의 증기압에 대한 습도와 온도의 효과는 (표 2.1)에 보기를 들어 설명하고 있다. 정의에 따르면 50% RH에서의 공기는 포화 상태에서 가능한 물의 양의 1/2을 가질 수 있다. 그의 증기압은 그러므로 포화 증기압의 반이다. 또한 10°C의 온도 증가는 포화 증기압이 두 배가 된다는 것에 주목하라. 상대 습도와 온도 또한 공기의 수분 퍼텐셜에 대해 상당한 효과를 가진다(표 2.2).

앞서 제시한 바와 같이 기공 아래 잎공간의 증기압은 아마 대부분의 시간 동안 포화 상태에 가깝다. 심지어 빠르게 증산하는 잎에서도 상대 습도는 아마 95%보다 더 클 것이고, 그 결과 수분 퍼텐셜은 영에 가까울 것이다(표 2.2). 이러한 조건하에서 기공 아래 공간에서의 증기압은 그 잎의 온도에서 포화 증기압일 것이다. 대기의 증기압은 다른 한편으로는 공기의 상대 습도와 그의 온도 양쪽 모두에 의존한다. 습도와 온도는 그렇기 때문에 번갈아 증산율에 영향을 주는 증기압 기울기($e_{잎} - e_{공기}$)의 크기를 수정할 퍼텐셜을 가지고 있다.

2.3.2 온도의 효과는 어떨까?

증기압에 따른 온도의 효과를 통해서 증산율을 조절하는데, 이로 인하여 (표 2.3)에 3가지 예로 제시된 것과 같이 증기압 기울기에 영향을 미친다. 첫번째 예(A)에서처럼 10°C의 주위 온도와 50%의 상대습도를 추정하면 잎 대 대기 사이의 증기압 기울기는 0.61 kPa이다. 이는 이른 아침 시간의 전형적인 경우이다. 해가 떠오를 때 대기의 온도는 증가할 것이다. 10°C의 온도 증가에 따라(표 2.3B) 대기의 수분 함량이 일정할 때 잎 대 대기의 증기압 기울기는 증가할 것이고 그 결과로서 증산율 퍼텐셜은 거의 3배로 증가할 것이다. 이 예에서 잎의 온도가 대기의 온도와 평형을 이루고 있다는 것을 주목하라. 이러한 경우는 항상 그렇지는 않다. 강렬한 태양빛에 노출된 잎은 실제로 주위 공기의 온도보다 5°C~10°C 더 높다. 이러한 환경에서 증기압 기울기는 아마 6배까지 증가할 것이다(표 2.3C). 기공이 열려 있고 증기압 기울기가 잎과 대기 사이에 존재하는 한, 수증기는 잎 밖으로 확산할 것이다. 이는 대기의 상대 습도가 심지어 100%일 때도 증산이 일어날 수 있음을 의미한다. 이러한 현상이 잎의 온도와 결과적으로 포화 증기압이 주위 대기보다 높은 열대 정글의 경우에서 자주 있다. 대기가 이미 포화되어 있기 때문에 수증기는 나가는 잎에 농축되어 그 때문에 이것이 김을 뿜어내는 정글 모습의 실체가 된다.

표 2.1 온도와 다양한 포화도 함수로서 공기 속의 수증기압(kPa). 공기는 100%의 상대습도(RH)에서 수증기로 포화된다.

	상대습도				
온도 (°C)	100%	80%	50%	20%	10%
30	4.24	3.40	2.12	0.85	0.42
20	2.34	1.87	1.17	0.47	0.23
10	1.23	0.98	0.61	0.24	0.12

표 2.2 20°C에서 상대습도(RH)의 함수로서 수분 퍼텐셜(Ψ)에 대한 몇 가지 값

RH(%)	Ψ (MPa)
100	0
95	-6.9
90	-14.2
50	-93.5
20	-217.1

수분 퍼텐셜은 다음 공식으로 계산함. Ψ = 1.06 T log (RH/100)

표 2.3 잎 대 공기의 증기압 기울기에 대한 온도와 상대 습도의 효과. 이 보기에서 대기의 수분함량은 일정한 것으로 추정된다.

잎	대기	$e_{잎} - e_{대기}$
(A)		
T = 10°C	T = 10°C	
e = 1.23 kPa	*e* = 0.61 kPa	0.61 kPa
RH = 100%	RH = 50%	
(B)		
T = 20°C	T = 20°C	
e = 2.34 kPa	*e* = 0.61 kPa	1.73 kPa
RH = 100%	RH = 26%	
(C)		
T = 30°C	T = 20°C	
e = 4.24 kPa	*e* = 0.61 kPa	3.63 kPa
RH = 100%	RH = 26%	

2.3.3 바람의 효과는 어떨까?

증산에 현저한 효과를 준다. 왜냐하면 그것은 나가는 물분자에 대한 확산 통로의 유효 거리를 변경하기 때문이다. 이는 이미 소개한 경계층의 존재 때문이다(그림 2.3). 대량의 공기에 도달하기 전에 잎을 나가는 수증기 분자는 표피 세포층의 두께(즉, 공변 세포)를 통해서뿐만 아니라 경계층을 통해서 확산해야 한다. 그래서 경계층의 두께가 확산 통로의 길이에 추가된다. Fick의 법칙에 따르면 이 더해진 길이는 확산율을 감소시킬 것이며 이로써 증산율이 감소할 것이다.

경계층의 두께는 첫째로 잎의 크기와 모양, 잎의 털(trichome)의 존재, 그리고 풍속의 함수이다. 전형적으로 작은 잎 위의 풍속의 함수로 계산된 경계층의 두께가 (그림 2.4)에 예를 들어 설명하고 있다. 풍속이 증가함으로써 경계층의 두께가 감소하고 결과적으로 확산 통로의 길이가 감소한다. Fick의 법칙에 따라 증기압 기울기는 가파르게 되고, 모든 다른 요인은 동일하게 되어 증산율이 증가한다. 그러나 이 상관 관계는 낮은 풍속에서만 가장 정확하다. 풍속이 증가할 때는 잎이 식는 경향이 있고 또한 충분히 건조해져서 기공이 닫히는 원인이 된다. 이들 요인 중의 어느 하나만으로도 증산율이 낮아지는 경향이 있다. 그러므로 높은 풍속은 단지 경계층 두께에 대한 풍속의 효과에 기초해 기대했던 것보다 증산율에 대해 적게 효과를 가질 것이다.

경계층의 두께는 또한 다양한 식물 요인에 의해 영향을 받을 수 있다. 경계층은 큰 잎 위에서 더 두껍고 잎 모양이 바람의 형태에 영향을 줄 수 있다. 잎의 솜털이나 표면의 털이 경계층을 유지하는 데 도움을 주며 그 때문에 잎 위에서 공기 이동을 멈춤으로 해서 증산을 감소시킨다.

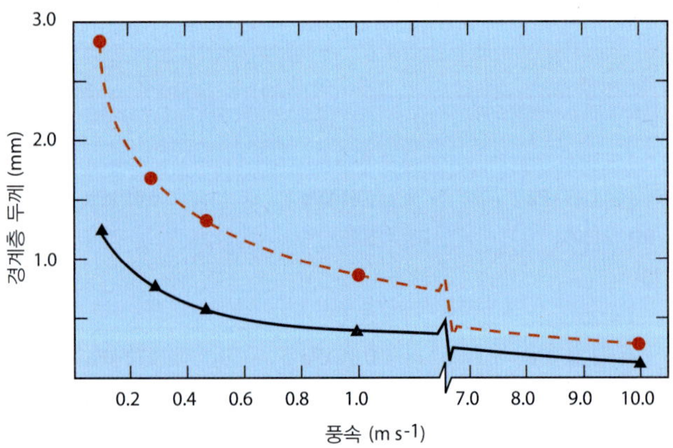

그림 2.4 1 cm(▲) 또는 5 cm(●) 폭을 가진 잎에 대해 계산된 경계층 두께에 대한 풍속의 영향. 풍속은 0.28 m s^{-1} = 1 km hr^{-1} (Nobel, 1991)

증산에 대한 논의를 통해 식물의 수분 관계는 잎을 통한 물의 꾸준한 유실을 통해 토양으로부터 물을 획득하는 것을 반영하는 것이 명확해졌다. 잎을 통해 꾸준히 물이 유실되어 토양으로부터 물을 흡수하는 것을 반영하는 것이 명확해졌다. 이러한 명백한 수수께끼는 증산이 식물에게 어떤 긍정적인 이점을 제공하는가라는 의문을 갖게 한다. 이러한 질문은 Box 2.1에서 다루어 졌다.

2.4 물의 전도는 관상요소를 경유해서 일어난다

관다발 식물의 뚜렷한 특징은 여러 기관들 사이에서 물과 영양소를 수송하는 **관다발 조직(vascular tissues)**인 **물관부(xylem)**와 **체관부(phloem)**의 존재이다. 관다발 조직은 뿌리나 줄기의 정단 분열 조직으로부터 몇 mm 떨어진 곳에서부터 분화가 시작되어 줄기, 잎, 꽃, 과일 등의 다른 기관으로 연결되는 체계로 확장된다. 잎과 같은 기관에서는 큰 잎맥이 점차 더 작은 잎맥으로 분지가 되어 모든 잎의 광합성 세포들이 잎맥의 말단으로부터 기껏해야 서너 개의 세포 간격으로 떨어져 있다. 물관부 조직에 의해 물과 용해된 무기염, 그리고 때로는 작은 유기물들이 식물의 상부, 즉 뿌리에서 줄기를 거쳐 잎이나 열매 등의 착생 기관으로 수송된다. 반면에 유기물은 주로 체관부에 의해 합성 장소로부터 저장소나 대사적으로 필요한 부위로 수송된다(9장).

물관부는 **섬유(fiber)**, **유조직 세포(parenchyma cell)**, 그리고 **관상 요소(tracheary element)**로 구성되어 있다(그림 2.5). 섬유는 아주 길쭉한 세포로 두꺼운 2차벽을 가지고 있다. 이들의 주 기능은 식물체의 구조를 지지하는 것이다. 유조직 세포는 저장과 용질의 측면 수송을 담당한다. 관상 요소는 **헛물관(tracheid)**과 **물관 요소(vessel element)**를 함유하고 있다(그림 2.5). 관상 요소는 가장 고도로 특수화된 물관부의 세포들로 물 수송의 주 역할을 담당한다. 헛물관과 물관은 모두 길쭉하게 생겼으며 두꺼운 2차벽을 가지고 있는데 이 벽에 종종 여러 가지 형태의 조각을 한 것 같은 모양이 있다. 그러나 이들의 가장 뚜렷한 특징은 성숙하여 기능을 할 때가 되면 헛물관과 물관이 모두 원형질이 없는 죽은 세포가 서로 연결된 망상 조직을 형성한다. 속이 비어 있는 관 모양으로 함께 광범위한 연결망을 이루는 이러한 세포들의 속성으로 인해 식물체 내에서 다량의 물이 빠르고 효율적으로 수송되도록 촉진된다.

헛물관은 지름이 10∼50 μm 정도인 단일 세포로 보통 길이가 1cm 이하이지만 어떤 종에서는 3 cm 정도에 달하기도 한다. 헛물관도 셀룰로오스, 헤미셀룰로오스, 리그닌 등으로 구성된 두꺼운 2차벽을 가지며 리그닌의 함량이 높아서 생장 중인 세포의 1차벽에 비해 물에 대한 투과성이 낮다. 반면에 2차벽의 추가적인 강도는

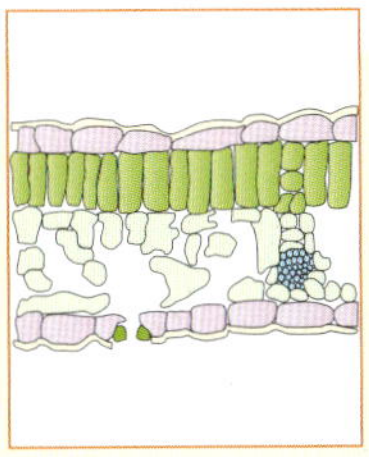

Box 2.1
증산은 왜 일어날까?

본 장에서 증산에 대한 논의는 주로 수액의 상승에 있어서 증산의 역할과 물이 손실되는 메커니즘에 초점을 두었다. 우리는 증산을 지속하기 위하여 식물이 이용해야만 하는 물의 양과 식물 생존에 필요한 물 손실의 결과에 놀라지 않을 수 없다. 특히 고온과 낮은 습도가 증산에 유리하나 토양에 물이 부족할 때 증산은 종종 수분 결핍과 건조 상해를 일으킨다. 이러한 것은 흥미를 유발하고 때로는 논쟁거리가 된다: 증산을 통해 식물이 얻는 이점은 있는가? 증산은 수액의 상승을 유도하는데 필요하고, 영양소의 흡수를 증가시키며 잎의 냉각을 도와준다는 것이 논쟁이 되어왔다. 또한 증산이 "필요악"에 지나지 않는다는 것이 논쟁이 되어왔다.

증산은 물관액의 이동 속도를 증가시키나 이것이 필수적인 요구사항은 아닌 것 같다. 세포의 생장 자체로도 증산없이 물관액의 느린 상승을 야기한다. 증산은 단지 이동되는 물의 양과 속도를 증가시키는 역할을 하며 속도가 높을 수록 유리하다는 증거는 없다. 다른 논쟁이 되는 내용은 뿌리에 의해 흡수된 무기영양소는 주로 물관액을 통해 이동되기 때문에 증산은 영양소를 분배시키는데 도움이 된다는 것이다. 물관액 내의 무기영양소는 빠르게 이동되는 증산의 흐름에 따라 수송되는 것이 사실이나 영양소 공급에서 속도-제한 단계는 영양소가 뿌리에 의해 흡수되고 물관부에 전달되는 속도일 것 같다. 더욱이 방사선 표지를 이용한 실험에서 무기 영양소는 증산 없이 식물체 내에서 계속 순환되는 것이 관찰되었다.

증산은 물의 증발을 초래하기 때문에 증산이 잎의 냉각에 중요한 역할을 할 것으로 생각된다. 이는 첨부한 표에 나타난 전형적인 중생식물 잎의 에너지 수지에 의해 설명되었다. 잎은 짙게 착색되어 있기 때문에 그들은 많은 양의 직사 태양 복사를 흡수한다. 흡수된 태양 복사의 일부 에너지는 광합성과 같은 광화학반응에 이용되지 않고 대신 잎에 의한 중요한 열획득의 원인이 된다. 또한 잎은 주변에서 흡수되거나 방사되는 적외선과 적외선 에너지(infrared energy)를 교환한다. 일반적으로 잎은 음의 순적외선 교환을 남기면서 그들이 얻는 것보다 더 많은 적외선 에너지를 방사한다. 이는 370 W m^{-2}의 예에서 순방사 획득을 남기고 이 에너지는 다른 방법을 통해 분산되어야 한다. 하적된 열을 분산시키는 방법 중 하나가 잎 표면으로부터 물이 증발되거나 또는 증산에 의해서이다. 물의 기화 잠열은 44 kJ mol^{-1} 이고 전형적인 중생식물 잎은 대략 초당 4 mmol m^{-2}의 물을 증산한다. 증산에 의해 소비되는 열에너지는 다음과 같이 계산된다: $(4 \times 10^{-3}\ mol\ m^{-2}s^{-1})(44 \times 10^{-3}\ J\ mol^{-1}) = 176\ J\ m^{-2}\ s^{-1} = 176\ W\ m^{-2}$. 이 예에서 증산은 순복사균형의 대략 반정도의 분산을 책임진다. 나머지 열의 분산은 아마도 잎에서 주위 대기로 대류되어 해결될 것이다.

전형적인 중생식물 잎의 에너지 수지

에너지 획득	W m^{-2}
a. 흡수된 태양복사	+ 605
b. 순적외선 교환	− 235
c. 순복사 수지(a + b)	+ 370
에너지 손실	
d. 증산에 의한 손실	− 176
e. 대류에 의한 손실	− 194
순 =	− 370

Data from Nobel, 1991.

증산의 중요한 역할에 대해 한 논쟁이 대두되었는데 증산과 식물생장과의 명확한 상호관계가 없다는 것이다. 일부 식물들은 습도가 높은 조건에서 좀 더 천천히 발달하는 반면에 많은 식물들은 증산이 최소로 일어나는 100% 상대습도와 같은 조건하에서도 뚜렷한 손상 없이 그들의 생활 주기를 마친다. 그러한 환경 하에서 물과 영양소의 공급은 확실히 충분한 상태이다. 만일 잎이 증발적인 수분 손실에 의해 식혀지지 않으면 열 전달과 같은 다른 과정들이 잎이 치사 온도에 도달하는 것을 막기 위해 충분한 에너지를 제거할 것이다.

8장에서 기공의 진화적 기능이 광합성을 위해 이산화탄소가 충분히 공급될 수 있도록 한다는 것에 대한 논쟁이 있었다 증산은 단순히 이러한 구조의 불행한 결과이다; 즉, 구조가 이산화탄소의 확산에 의한 흡수에도 효율적이고 수증기가 바깥쪽으로 확산되는데도 똑같이 효율적이라는 것이다. 이러한 관점에 의하면, 잎의 구조는 식물세포의 건조를 제한하기 위한 필요성과 동시에 대기의 이산화탄소 출입을 유지하기 위한 필요성 사이의 타협을 묘사하고 있다.

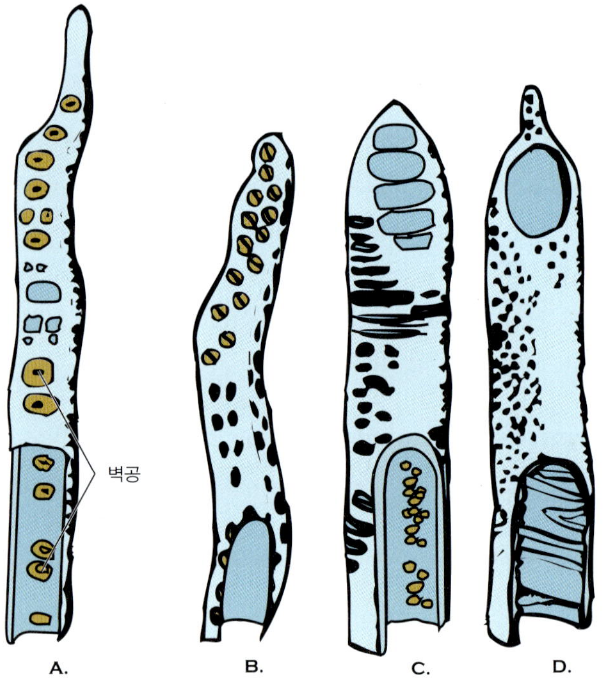

그림 2.5 백송(A)과 참나무(B)의 봄 가지의 헛물관과 목련(C)과 참피나무(D)의 물관요소. 줄기 끝 부분만 나타나 있다. (From T. E. Weier et al., *Botany*, 6th ed. New York, Wiley, 1982, Figure 7.18. Used by permission of the authors.)

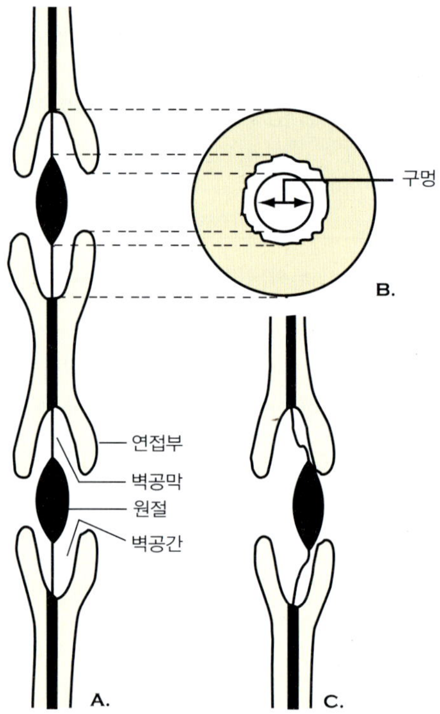

그림 2.6 연접한 벽공쌍의 도해도. 헛물관 사이에 있는 2개의 벽공쌍의 측면 그림(A). 표면 그림(B). 압력차에 의해 원절이 경계면을 눌러 벽공을 차단하고 물의 이동을 방지한다(C). (From K. Esau, *Anatomy of Seed Plants*, New York, Wiley, 1977. Reprinted by permission.)

활발하게 증산이 일어나고 있는 식물에서 생길 수 있는 엄청난 음의 값의 압력에 의해 세포가 파괴되는 것을 막아 준다. 이들의 주 기능은 물의 수송이지만 헛물관의 두꺼운 2차벽은 식물체의 구조적 지지에도 기여한다.

헛물관에서의 물의 이동은 2차벽에 있는 **벽공쌍(pit pairs)**에 의해 촉진된다(그림 2.6). 헛물관이 발달될 때 벽공쌍을 이루게 되는 지역에는 2차벽을 형성하는 물질들의 퇴적이 일어나지 않는다. 이 때문에 한 헛물관 세포의 **루멘(lumen)**과 인접한 세포의 루멘 사이는 중간 라멜라층과 1차 세포벽으로만 분리된다. 중간 라멜라층과 1차 세포벽이 합쳐져 **벽공막(pit membrane)**을 형성한다. 벽공막은 딱딱하지 않으며 지름이 약 0.3μm인 구멍을 가지고 있어 물과 용질이 비교적 자유롭게 이동할 수 있다. 이러한 구멍이 어떻게 생겼는지는 알려져 있지 않지만 세포가 살아 있을 때에 **원형질 연락사(plasmodesmata)**가 존재했던 곳으로 여겨지고 있다. **유연 벽공쌍(bordered pit pairs)**에는 2차벽이 형성되어 벽공막의 중간 부위가 부풀어올라 있는데 이를 **원절(torus)**이라고 한다. 공기 방울이 형성되어 있을 때처럼 인접한 유관속 요소간의 압력에 차이가 생기면 원절은 낮은 압력이 있는 곳으로 밀려간다. 〈그림 2.6〉에 나타나 있는 것처럼 원절의 압력에 의해 벽공이 막히게 된다.

연결된 헛물관은 보통 가늘어진 끝 부분에서 겹치게 된다. 그 결과로 헛물관은 식물체에서 세로 길이 방향으로 배열되어 있으며 물은 측면이나 길이 방향으로 연접한 헛물관이 겹치는 지역인 벽공쌍을 통해 이동한다. 물의 이동은 벽공막의 구멍에 의해 확연히 촉진된다.

물관은 세로 방향으로 끝이 연결되어 있는 **물관 요소(vessel member)**라고 하는 개별적인 단위인 아주 긴 관상 요소들로 구성되어 있다. 성숙되면 물관 요소의 양끝 벽이 녹아 없어져 **천공판(perforation plate)**이라는 구멍을 형성한다. 물관 요소가 될 세포가 발달함에 따라 나중에 천공판이 생기게 될 지역에는 중간 라멜라층의 팽창으로 인하여 두꺼워지게 된다(그림 2.7). 두꺼워진 지역에는 셀룰로오스가 거의 함유되어 있지 않고 거의 대부분이 비셀룰로오스성의 다당류로 구성되어 있다. 세포가 성숙되고 세포질이 분해되기 시작하면 보호되지 않던 천공판 지역이 가수 분해 효소들에 의해 녹아져 없어진다. 나머지 세포벽 부위는 리그닌계의 2차 세포벽 물질로 덮여져 분해가 되지 않는다. 어떤 경우에는 그 결과로 생기는 천공이 양끝의 전체 세포벽을 사실상 다 차지하

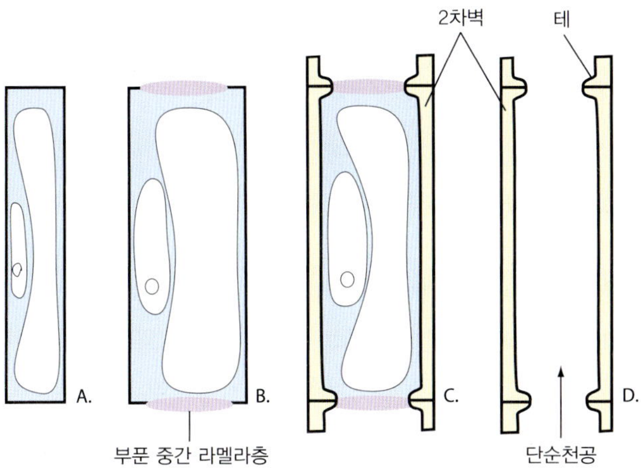

그림 2.7 물관 요소의 발달. 분열조직 세포(**A**). 나중에 천공판이 될 지역에서 중간 라멜라층의 팽창(**B**). 나중에 천공판이 될 지역을 제외한 곳에서의 2차벽 침척(**C**). 분화된(성숙한) 물관요소(**D**). 1차벽과 중간 라멜라층은 분해되고 원형질은 없어진다. (From K. Esau, *Anatomy of Seed Plants*, 1st ed New York, Wiley, 1977. Reprinted by permission.)

게 되어 2개의 서로 연결된 물관 요소 사이의 접속 부위라는 흔적만 남기게 된다(그림 2.7). 다른 경우에는 천공판에 여러 개의 구멍이 생기기도 한다. 천공이 길쭉하게 평행한 패턴을 이루면 **사다리형(scalariform)**이라고 부르며 불규칙적인 그물 모양이면 **망상형(reticulate)**이라고 한다. 일반적으로 천공에 의해 서로 연결된 물관 요소듬 사이에서의 물의 이동이 비교적 자유롭다. 끝에 있는 마지막 물관 요소는 천공판을 가지고 있지 않지만 헛물관에 있는 것과 유사한 벽공쌍이 존재하기 때문에 물은 측면으로는 이동할 수 있다.

물관은 일반적으로 헛물관보다 크지만 그 크기는 아주 다양하다. 예를 들면 단풍나무의 경우 물관의 직경은 40∼60 μm 정도이지만 일부 참나무의 경우 그 직경이 300∼500 μm에 이른다. 단풍나무에서 물관의 길이는 일반적으로 4 cm 이하이나 어떤 것은 30 cm에 이르기도 한다. 반면에 참나무에서는 길이가 10 m에 달하는 물관이 기록되어 있다. 그러나 관다발조직이 광범위하게 가지를 치고 있고 겹쳐져 있는 관상 요소들간의 수많은 측면적 연결로 인해 물관은 식물체의 가장 깊이 있는 뿌리 끝에서부터 가장 높이 달려 있는 나뭇잎의 끝까지 하나의 연속적이며 서로 연결된 물 수송 통로를 형성한다.

물관은 진화적 측면에서 헛물관보다 더 발달된 것으로 여겨지고 있다. 예를 들면 겉씨식물의 물관 조직은 완전히 헛물관으로만 구성되어 있어서 진화적으로 더 원시적인 것으로 여겨지고 있다. 속씨식물도 헛물관을 가지고 있긴 하지만 대부분의 물은 물관에 의해 수송된다. 또한 물관이 더 크기 때문에 헛물관보다 물의 수송이 상당히 더 효율적이다. 19세기의 프랑스 과학자 푸아죄유(Jean L. M. Poiseuille)에 의해 관의 크기와 흐름 속도(flow rate)에 대한 경험적인 식이 만들어졌는데 그는 압력에 의한 액체의 부피 흐름 속도(J_V)는 다음의 식에 나타난 것과 같이 액체의 점도(η), 압력 경사 또는 압력차(ΔP), 그리고 관의 반지름의 함수이다.

$$J_V = \Delta P \ \pi \ r^4 \ / \ 8\eta \qquad (2.4)$$

〈식 2.4〉는 물관부 관상 요소에서의 물의 수송에도 적용되는데 이것이 토양과 잎 사이의 압력차이에 의해 일어나기 때문이다. 여기서 주목해야 할 중요한 점은 *부피 흐름 속도가 반지름의 4제곱에 비례*한다. 이 관계의 효과는 직경이 40 μm(r = 20 μm)인 헛물관과 직경이 200 μm(r = 100 μm)인 물관에서의 상대적인 흐름 속도를 비교해 보면 쉽게 알 수 있다. 비교 물관의 직경이 상대적으로 헛물관보다 5배 길지만 상대적인 흐름 속도는 5^4인 625배나 높다. 큰 물관에서 흐름 속도가 빠른 것은 물의 수송 속도가 관에 따라 다르기 때문이다. 도관 벽의 근처에 있는 물분자의 경우 물과 도관 벽면 사이의 부착력으로 인한 마찰 때문에 흐름 속도가 감소된다. 도관의 직경이 증가함에 따라 도관벽 근처에 있는 물분자의 비율이 줄고 그 결과로 마찰력도 감소한다. 다시 표현하자면 도관의 중심부에 있는 빠르게 움직이는 물분자 비율이 더 커져 전체 속도가 상응되게 증가한다.

2.5 물관액의 상승은 증산과 물의 강한 응집력의 합에 의해 설명된다

일반적으로 가장 키가 큰 나무는 미국 북서부와 캐나다의 브릿티시 콜롬비아 남서부의 태평양 연안의 다우림 지역에서 자라는 나무들일 것이다. 가장 잘 알려진 것으로 북부 캘리포니아의 미국삼나무(*Sequoia sempervirens*)로 어떤 것은 그 키가 110 m를 넘는다. 더글러스 전나무(*Pseudotsuga menziesii*)의 어떤 개체들도 키가 100 m가 넘으며 시트카(*Picea sitchensis*) 전나무(가문비속) 중에서 키가 95 m인 것이 밴쿠버의 카마나(Carmanah) 계곡에 있다. 호주에서는 높이가 130 m 이상인 유칼리 나무(*Eucalyptus*)가 보고되었다.

물을 이러한 높이까지 이동시키기 위해서는 엄청난 힘이 요구된다. 만일 〈그림 2.8〉에 나타나 있는 것처럼 한쪽 끝이 밀폐되어 있는 긴 관을 물로 채워 뒤집어 놓는다면 대기압 해면에서 약 101 kPa에 의해 물기둥의 높이는 10.3 m 정도가 될 것이다. 물기둥을 더 높이 밀어 올리려면 열린 공간에서 거기에 상응하는 더 큰 압력이 필요하다. 가장 키가 큰 나무의 꼭대기까지 물을 수송하려면 대

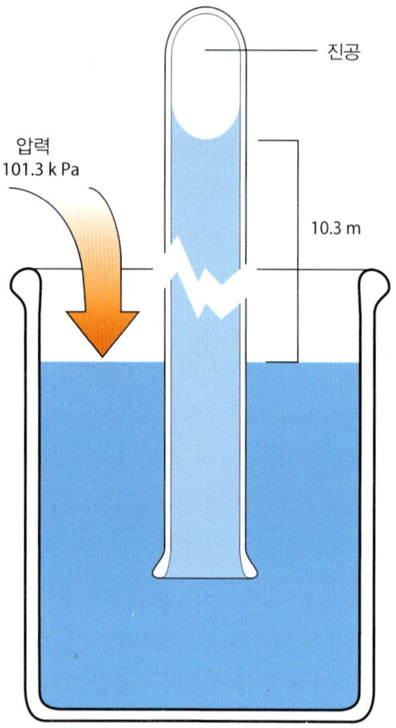

그림 2.8 대기압에 의해 최대 10.3 m 높이의 물기둥이 형성될 수 있다.

기압의 10배에서 15배에 이르는 1.0에서 1.5 MPa의 힘이 필요하다. 이 힘은 100 m에서 150 m 높이의 물기둥 아래 바닥에서 받게 되는 압력에 해당한다.

그러나 이러한 크기의 압력도 충분하지는 않다. 중력 외에도 식물체내를 통과하는 물은 통도 조직 원래의 구조, 즉 불규칙한 벽 표면과 천공판 등에 의한 일정 양의 저항력을 받게 된다. 이러한 저항력은 적어도 물기둥을 유지하는 데 필요한 힘과 동일하다고 가정할 수 있다. 그렇다면 지표면으로부터 현재 알려져 있는 가장 키가 큰 나무의 꼭대기까지 물을 끌어올리려면 2.0에서 3.0 MPa에 해당하는 힘이 필요하다. 어떻게 그만한 힘이 생길 수 있을까? 이 질문은 오래 동안 식물생리학자의 관심을 끌어 왔고 여러 이론들이 제안되었다. 가장 눈에 띄는 세 가지로 **뿌리압**(root pressure), **모세관 현상**(capillarity), 그리고 **응집력설**(cohesion theory)을 들 수 있다.

2.5.1 뿌리압은 뿌리 구조와 관련이 있다

충분히 물을 준 초본 식물에서 토양 위 부분의 줄기를 자르면 절단된 부위로부터 물관부 액이 스며 나온다. 물관부 액의 배출은 여러 시간 동안 계속되는데 이는 물관부에 양의 값의 압력이 존재한다는 것을 암시한다. 이 압력의 크기를 절단면에 압력계(manometer)를 연결하여 측정할 수 있다(그림 2.9). 이 압력을 **뿌리압**(root pressure)이라 하는데 배출을 유도하는 힘이 뿌리에서 나오기 때문에 그렇게 부른다.

뿌리압은 뿌리 구조와 토양으로부터 무기염의 활발한 흡수에 기인한다. 물관부의 물관은 **중심주**(stele)라고 하는 뿌리의 중앙부에 위치한다. 중심주를 싸고 있는 세포층을 **내피**(endodermis)라고 한다. 대부분의 뿌리에서 내피 세포의 횡단면의 세포벽은 **카스파리선**(Casparian band)이라고 하는 두꺼운 띠로 둘러싸여 있다(그림 2.10). 카스파리선은 주로 소수성의 긴 사슬을 가진 지방산과 알코올의 복잡한 혼합물인 **수베린**(suberin)으로 구성되어 있다. 이러한 소수성의 물질이 세포벽에 침투되어 셀룰로오스 미세섬유 사이나 세포간극을 채우게 된다. 이로 인해 빈 공간이 막히게 되고 소수성이어서 카스파리선은 내피의 아포플라스트 경로를 통해 이동되는 물의 효과적인 장벽이 된다. 그 결과로 중심주 안팎으로의 물의 이동은 먼저 내피 세포들의 막을 통과하여 원형질 연락사를 거쳐 일어난다.

뿌리가 무기 이온을 토양으로부터 흡수하면 이온들은 능동적으로 중심주 안으로 수송되어 물관에 축적된다. 물관부에서의 이온의 축적은 삼투 퍼텐셜을 낮추게 되고 그 결과로 물관액의 수분 퍼텐셜이 낮아진다. 낮아진 수분 퍼텐셜 때문에 물은 내피 세포의 막을 거쳐 피층 세포로부터 중심주로 이동하게 된다. 카스파리선은 물이 다시 피층으로 자유로이 빠져 나가는 것을 방지하므로 물관 내에서 양의 정수압이 형성된다. 어떤 의미에서 보면 뿌리는 내피에 차등적인 투과성을 가진 막을 가지며 물관 속에 축적된 이온

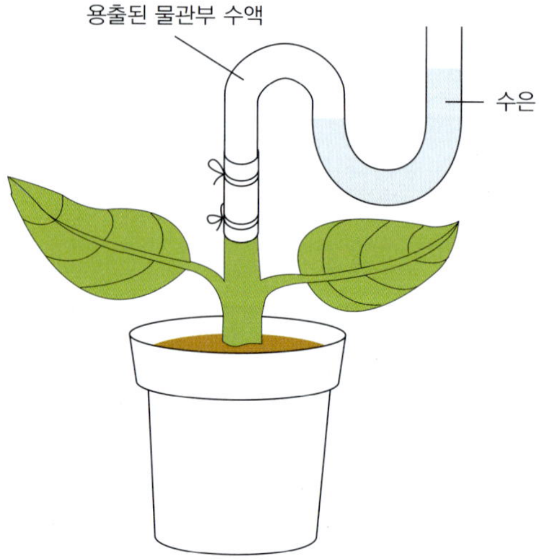

그림 2.9 뿌리압의 측정을 위한 간단한 압력계. 뿌리압은 유리관의 수은주의 높이로 계산 할 수 있다.

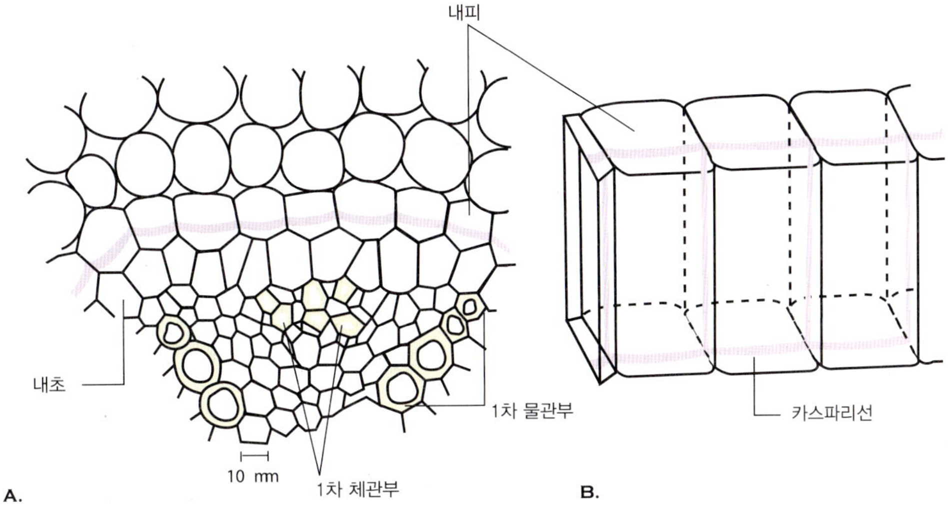

그림 2.10 뿌리 내피의 세포벽의 수베린 침적(카스파리선). 단면(**A**); 3차원적 모양(**B**) 세포벽에 방사상으로 침적된 수베린은 내피의 아포플라스트에서 물과 무기염의 이동에 대한 장벽이 된다. (From K. Esau, *Anatomy of Seed Plants*, New York, Wiley, 1977. Reprinted by permission.)

들은 마치 용해된 용질과 같고 물관부는 수직관과 같은 점에서 마치 간단한 삼투압계(그림 1.8 참조)로 여겨질 수 있다. 뿌리가 물관 내로 이온을 축적하기만 하면 물관 내에서 물은 상승하게 되고 물관이 절단되면 상부의 표면에서 용출된다.

이 시점에서 뿌리압이 나무에서 수액의 상승에 충분한지에 대한 질문에 답해야 한다. 대답은 여러 가지 이유로 인하여 거의 확실히 '아니다'이다. 우선 물관액에는 보통 용질의 농도가 높지 않고 뿌리압의 측정치가 상대적으로 낮아 흔히 0.1에서 0.5 MPa 정도로 기껏해야 가장 키가 큰 나무의 꼭대기까지 물을 상승하는 데 필요한 힘의 16%에 지나지 않는다. 게나가 뿌리압이 모든 종에서 나타나지는 않고 일부의 경우 나타나더라도 항상 생기지는 않는다. 마지막으로 물관을 통한 물의 이동이 가장 빠를 것으로 기대되는 활발하게 증산이 일어나는 기간 동안 물관은 음의 값의 압력인 **장력(tension;** 음압)을 받고 있는 게 확인되었다. 모든 경우에 있어서 뿌리압은 확실히 물관액 상승의 메커니즘이 될 수 없다. 그러나 뿌리압이 작은 초본의 물관을 채우거나 봄에 일부 목본에서 발달 중인 눈(bud)으로 수액의 이동은 가능하게 할 것이다.

2.5.2 모세관에 의한 물의 상승은 부착력과 표면 장력에 기인한다

유리 모세관을 다량의 물이 담긴 통 속에 담그면 물은 통 속의 수면보다 높이 상승하게 되는데 이 현상을 **모세관 상승(capillary rise)** 또는 **모세관 현상(capillarity)**이라고 한다. 모세관 현상은 여러 힘의 상호 작용으로 일어난다. 여기에는 물분자와 모세관 벽면의 극성 그룹 사이의 **부착력(adhesion)**, 물분자 간의 응집력에 의해 생기는 **표면 장력(surface tension)**, 물기둥에 작용하는 중력 등이 관여한다. 부착력은 관 표면의 극성 그룹에 물분자를 끌어들인다. 이러한 물과 벽 사이의 힘이 유리관 벽이나 헛물관의 내벽에서처럼 강하게 되면 이 벽들은 *젖게(wettable)* 된다. 물이 벽면을 따라서 위로 올라감에 따라 물분자간의 강한 응집력이 관의 빈 공간에 다량의 물을 끌어당기는 데 작용한다. 이 작용은 위로 끌어올리는 힘들이 물기둥에 기해지는 아래 방향의 중력과 같아질 때까지 계속된다.

모세관에서 물의 상승을 계산하기 위해 아래의 식이 사용될 수 있다. 여기서 h는

$$h = 1.49 \times 10^{-5}\ m^2 / r\ m \qquad (2.5)$$

상승높이(m) 그리고 r은 모세관의 반지름(m)이다. 명백히 모세관에서 물의 상승은 관의 반지름에 반비례한다. 직경이 50 μm(r = 25 μm)인 큰 헛물관 또는 작은 물관에서 물은 약 0.6 m의 높이로 상승하게 된다. 큰 물관(r =200 μm)에서는 모세관 현상에 의해 겨우 0.08 m가 상승된다. 이러한 수치에 바탕을 두고 계산하면 작은 식물에서 헛물관과 작은 물관의 모세관 현상에 의한 수액 상승은 0.75 m에도 못 미친다. 모세관 현상에 의해 물이 키가 100 m인 나무에 미치려면 모세관의 직경이 약 0.15 μm 정도가 되어야 하는데

이는 가장 가는 헛물관의 직경보다 훨씬 더 작아야 한다. 따라서 모세관 현상은 명백히 물관액 상승의 *일반적*인 메커니즘으로는 충분하지가 않다.

2.5.3 물관액의 상승은 응집력설에 의해 가장 잘 설명될 수 있다

식물을 통한 물의 이동에 대해 가장 널리 받아들여지는 이론은 **응집력설(cohesion theory)**인데 식물의 뿌리 끝에서부터 줄기를 거쳐 잎의 엽육 세포까지 물이 하나의 물기둥으로 연결되어 있다는 데 바탕을 두고 있다. 이 이론은 1914년에 처음으로 상세한 설명을 내놓았던 딕슨(H. H. Dixon)의 제안으로 간주된다.

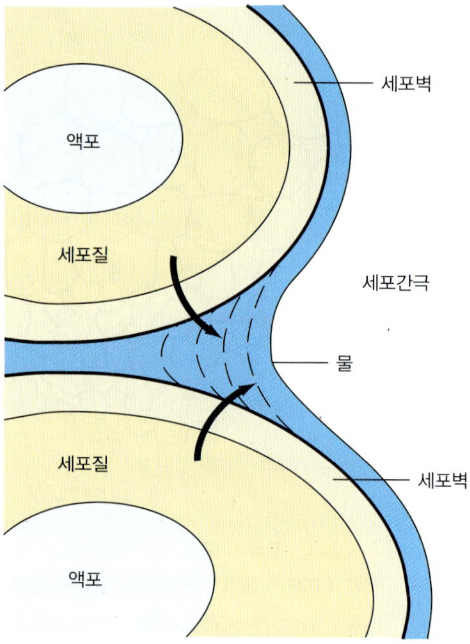

그림 2.11 물기둥에서의 음압인 장력. 잎 공간에서 물의 증발은 물과 공기 사이의 경계면(점선으로 표시된 선)이 잎의 엽육세포 사이의 접촉 부위의 공간으로 물러나게 한다. 물이 빠지게 되면 그 결과로 생긴 표면 장력이 주변의 세포들로부터 물을 끌어당긴다. 물기둥은 연속적이어서 이 장력은 물기둥을 통해 궁극적으로는 뿌리와 토양수로 전달된다.

2.5.3.1 구동력이란 무엇인가? 응집력-장력설에 따르면 물관부내에서 물의 이동을 추진하는 힘은 잎에서 물의 증발로 인해 생기는 음의 압력 즉 장력에 의해 주어진다. 물은 셀룰로오스와 다른 친수성 표면에 부착되면서 엽육 세포의 표면을 얇게 덮고 있다. 이 얇은 수막층에서 물이 증발되면 공기와 액체간의 접촉면이 셀룰로오스 미세 섬유와 세포 사이의 각진 접합 부위의 작은 공간에서 움푹 들어가게 된다. 이 때문에 아주 작은 오목한 표면 즉 현미경적 크기의 메니스커스(meniscus)가 만들어진다(그림 2.11). 이러한 메니스커스의 반경이 점차 줄게 되면 공기와 물의 접촉면에서 보이는 표면 장력이 점차 음수값의 압력으로 커지게 되어 표면 쪽으로 더 많은 물을 끌어당기게 된다. 물기둥이 연속적으로 이어져 있기에 이 음수값의 압력인 장력은 물기둥을 통해서 토양까지 전해진다. 결과적으로 물은 말 그대로 뿌리에서 잎의 엽육 세포의 표면까지 끌어당겨 올려진다.

응집력설은 두 가지 아주 중요한 질문을 갖게 하는데; (1) '빠르게 증산이 일어나는 식물의 수액이 장력을 받고 있는가'이고 (2) '어떻게 아주 긴 물기둥이 그대로 보존되는가'이다. 어떤 직접적인 증거도 없는 상황에서, 이 질문에 대한 답은 실제적으로 이 이론을 간접적으로 지지하는 것이 된다.

뿌리압이 높을 경우 등의 특별한 상황을 제외하면 물관 속의 압력은 거의 양의 값을 띠지 않는다. 반면에 여러 가지의 증거들로 물관 속의 물이 대신 상당한 장력을 받고 있다는 결론을 내릴 수 있다. 첫번째 증거로 빠르게 증산이 일어나는 식물의 물관을 절단하여 주의 깊게 귀를 기울이면 상처 부위로부터 공기가 빨려 들어가는 소리를 들을 수 있다. 상처부위를 염색액에 담그면 염료는 상처 부위의 관상 요소로 빨리 흡수되어진다. 두번째 증거는 목본의 줄기에서 작은 직경의 변화를 측정하는 데 사용되는 *수경 기록계(dendrograph)*라고 하는 민감한 측정기를 이용하여 얻은 것이다. 활발하게 증산이 일어나는 동안에 물관의 직경은 상당히 감소하는데 이는 줄기가 약간 탄성을 가지고 있고 물기둥의 장력이 관상의 벽을 안쪽으로 끌어당기기 때문에 일어난다. 저녁에 증산이 줄게 되면 장력이 떨어지면서 줄기의 직경도 원래 상태로 회복된다. 게다가 직경의 수축은 아침에 증산이 시작되면 증산되는 잎에서 가장 가까운 나무의 위 부분에서부터 먼저 일어나고 나중에서야 아래 부분에도 나타난다. 이러한 관찰은 물관부에서 지역적으로 국한된 열펄스(heat pulse)가 발생되고 열의 흐름이 그 지점으로부터 멀어지는 것을 추적한 실험들에 의하여 확인되었다. 열 흐름의 속도는 나무 윗부분에서 장력이 가장 큰 것을 암시하고 있다. 다른 다양한 실험들에 의하여 빠른 속도로 증산하는 줄기에서 대기압 이상의 높이로 수은주 기둥이 끌어올려지는 게 실연되었다.

물관의 장력을 직접 측정하는 것이 숄랜더(P. F. Scholander)가 개발한 **압력통(pressure bomb)** 기술의 도입으로 가능해졌다. 만일 물관액이 장력을 받고 있다면 절단면에서 흡입되겠지만 물관부의 압력을 증가시키면 도로 절단된 표면으로 나올 수 있다. 이런 장치를 이용하여 숄랜더 등은 빠르게 증산하고 있는 온대 지역의 나무에서의 장력이 −0.5에서 −2.5 MPa 사이인 것을 측정하였다.

마지막으로 나무 아래쪽의 수분 퍼텐셜이 가지 끝 부분보다 높은(작은 음의 값을 가진) 것이 관찰되었다. 이러한 압력의 차이는 나무의 꼭대기 부위에서 발생하는 힘인 장력과 일치한다. 여러 증거들로 보아서 물관부내의 물기둥은 말 그대로 증산에 의하여 끌어당겨 올라간다는 가설이 분명한 지지를 받게 된다.

2.5.3.2 어떻게 물기둥이 그대로 유지되는가? 물기둥이 끊어지지 않고 유지되는 능력은 물기둥의 **인장 강도(tensile strength)**의 함수관계이다. 인장 강도는 어떤 물질이 부러지기 전까지 견딜 수 있는 최대 힘의 값이다. 인장 강도는 단위 면적당, 이 경우에는 물기둥의 단면적당의 힘으로 표시된다. 인장 강도는 물분자간의 수소 결합에 의한 강한 응집력 때문으로 물의 또 다른 속성이다. 물이나 모든 액체의 인장 강도의 측정은 철막대나 구리선을 시험할 때와 같은 방법으로 행해질 수가 없기에 까다롭다. 물의 인장 강도는 또한 도관의 지름과 도관벽의 성질, 그리고 용해되어 있는 기체나 용질에 따라 달라진다. 그런데도 물의 인장 강도를 측정하는 여러 가지 정교한 방법들이 개발되어 꽤 일관된 결과를 얻었다. 이제는 일반적으로 기체가 용해되어 있지 않는 순수한 물은 20°C에서 −25에서 −30 MPa 정도의 낮은 장력을 견디는 것으로 받아들여지고 있다. 이것은 구리선 인장 강도의 약 10%에 해당하며 가장 큰 나무의 꼭대기까지 물기둥을 끊어지지 않게 올리는 데 필요한 장력인 −2.5에서 −3.0 MPa의 10배에 해당한다. 앞에서 살펴본 바와 같이 단풍과 같은 온대 낙엽수에서의 물관부의 장력은 대략 −0.5에서 −2.5 MPa의 범위에 속하지만 때로는 −10 MPa 정도로 낮을 수도 있다.

물관액이 장력을 받고 있기 때문에 이 액은 20°C에서 물의 증기압인 2.3 kPa 또는 0.0023 MPa보다 훨씬 아래의 증기압에서 액체 상태로 남아 있어야만 한다(표 2.1). 따라서 장력하의 물기둥은 물리적으로 불안정한데 물리학자들은 이런 상태를 *준안정 상태(metastable state)*라고 부른다. 이 상태에서는 변화가 쉽게 일어날 수 있지만 외부의 자극이 동반되어야만 한다. 장력을 받는 물기둥은 증기상의 유입에 의해 안정하게 된다. 증기 상태의 물분자들은 응집력이 아주 낮아서 그로 인해 증기가 급격히 팽창되어 물기둥이 파열되며 장력을 잃게 된다. 어떻게 증기상이 물관의 물기둥으로 유입될 수 있을까? 물관부 액에는 용해된 이산화탄소, 산소, 질소 등의 여러 가지 기체를 함유하고 있다. 물기둥이 장력을 받게 되면 이러한 기체들은 용액 밖으로 나오려는 경향을 보인다. 초현미경적 기포들이 처음에는 물과 물관이나 헛물관의 벽면 사이, 특히 벽의 작은 소수성을 띠는 틈이나 구멍에 형성된다. 이런 작은 기포들은 다시 용해되거나 뭉쳐져서 급격히 팽창되면 관을 채우게 된다. 이렇게 물관부에서 이런 기포의 빠른 형성 과정을 **공동 현상(cavitation)**이라 부르며 그 결과로 생긴 큰 기포들은 물관에서 **관다발 폐색(embolism)**이라고 불리는 장애물을 형성한다. 응집력설에 있어서 관다발 폐색이 생긴 관은 더 이상 물을 수송할 수가 없기에 그 내포하는 의미는 아주 심각하다. 사실상 처음에 응집력설이 제안되었을 때 물관부에서의 빈번한 공동 현상의 가능성이 주요 장벽으로 제기되었다. 이 장벽이 제거되려면 물관부가 공동 현상에 얼마나 흔히 노출되는지를 결정하는 것이 필요하다.

공동 현상과 물관부에서 생기는 장력의 관계를 밝히려는 초기의 시도들은 그 결과가 불명확했다. 물관부 자체에서 공동 현상을 관찰할 수 있는 만족할 만한 방법이 없고 유리관을 사용한 모델 시스템들은 식물 조직에서의 접촉면 상태를 똑같이 재현하지는 못했다. 1966년에 밀번(J. A. Milburn)과 존슨(R. P. C. Johnson)에 의해 식물체에서의 공동 현상을 찾아내는 음향학적 방법의 도입으로 이 모든 것이 바뀌었다. 유리관을 사용한 실험실 조건에서 공동 현상에 뒤따르는 급격한 장력의 감소는 '딱'하는 소리로 들리는 충격파를 만들어낸다. 밀번과 존슨은 민감한 마이크로폰과 증폭기를 사용하면 식물 조직에서도 유사한 '딱' 소리를 들을 수 있다는 것을 알게 되었다. 각각의 '딱' 소리는 단일 물관 요소에서 관다발 폐색의 형성을 의미한다.

밀번과 존슨은 수분 스트레스를 겪고 있는 아주까리(*Ricinus communis*)의 잎에서 공동 현상을 연구하였다. 수분 스트레스는 식물체로부터 잎을 떼어내어 시들게 하는 방법으로 주어졌다. 잎이 시들게 되면서 잎자루에서 생기는 '딱' 소리를 기록하였다. 총 3,000개의 '딱' 소리가 감지되었는데 이 숫자는 잎자루에 있을 것으로 생각되는 물관의 총 숫자와 거의 같다. 공동 현상은 절단된 잎자루의 끝 부위에 물을 첨가하면 방지될 수 있다. 잎에서의 증산을 증가시키거나 감소시키는 여러 가지 방법들에 의해 '딱' 소리의 수가 같이 바뀌었다. 이러한 결과는 물관부에서 공동 현상과 장력 사이에 꽤 직접적인 관계가 있는 것을 암시하며 응집력설을 뒷받침하는 것으로 보인다. 이들은 더 나아가서 초본 식물이 일상적으로 겪게되는 수분 스트레스에 의해 공동 현상이 쉽게 유발된다고 제안하였다. 낭난풍(sugar maple)에서 장기간에 길쳐 공동 현상이 연구되었다. 음향학적 방법을 사용하는 대신에 **수압 전도도(hydraulic conductance)**의 변화를 측정하는 방법이 채택되었다. 가장 간단하게 표현하면 전도도는 저항력의 역수이다. 따라서 수압 전도도는 조직이 물을 전도할 수 있는 능력의 전체 값이다. 음향학적 방법은 진공 현상의 수와 빈도를 재는 것으로 한정되어 있다. 반면에 수압 측정 방법은 조직의 물 수송 능력에 대한 관다발 폐색의 영향을 평가할 수 있게 한다.

여름의 생장기 동안 관다발 폐색은 몸통 줄기에 한정되어 있는 것으로 보이며 수압 전도도를 31% 감소시킨다. 겨울 동안에 몸통 줄기의 전도도는 60%가 감소하며 일부 가지의 경우 100% 감소하게 된다. 여름 기간 동안 전도도가 감소되는 것은 초본 식물에서의 경우처럼 수분 스트레스 때문이다. 겨울에 관다발 폐색이 증가되는 것은 아마도 동결과 해빙의 반복과 관련이 있는 것 같다. 얼음 상태에서 공기의 용해도는 아주 낮아서 조직이 얼게 되면 가스가 용액 밖으로 방출되어 나온다. 해빙시에 이런 작은 방울들이 팽창하여 공동 현상을 형성하게 되는 핵이 된다.

공동 현상과 연관된 문제들이 성숙한 나무에만 국한되는 것은 아니다. 새로 심은 유식물들도 종종 뿌리와 토양과의 접촉이 좋지 않아서 수분 스트레스를 겪게 되고 공동 현상이 잘 일어나게 된다. 최근의 연구에서 서양미나리(*Tsuga heterophylla*)의 유식물을 흙에서 뽑게 되면 물관부의 압력 퍼텐셜이 감소되어 수분 스트레스를 겪는다는 사실을 밝혔다. 그 결과로 헛물관에 생기는 공동 현상과 관다발 폐색은 유식물의 수압 전도도를 떨어뜨렸다. 수압 전도도의 감소가 너무 심해지면 잎이 떨어지고 죽게 된다.

명백히 식물의 장기간 생존에 대한 공동 현상과 관다발 폐색의 영향은 막대하여 이것을 제거하거나 감소시킬 수 있는 수단이 없었다면 치명적일 것이다. 관다발 폐색의 영향을 최소화하는 주요 메커니즘은 구조적인 것이다. 관다발 폐색은 단순히 1개의 물관 요소나 헛물관에 한정되어 있다. 벽공으로 접하고 있는 관상 요소들에서 관다발 폐색은 벽공막의 구조로 인해 한정되어 있다(그림 2.12A). 관다발 폐색을 가지고 있는 물관 요소와 물이 차 있는 연접한 물관부의 압력 차이 때문에 원절(torus)이 벽공(pit border)을 차단하게 되어 기포가 빠져나갈 수 없게 된다. 이와 동시에 기포는 표면 장력으로 인해 천공판(perforation plate)의 작은 구멍을 빠져나갈 수 없어 접속된 물관 요소로 넘어갈 수 없다(그림 2.12B). 그러나 물은 열려 있는 벽공을 통해 측면으로 막힌 물관 요소를 우회하여 연접한 통로에서 계속적으로 흐르게 된다. 식물은 관다발 폐색을 우회해 갈 수 있을 뿐만 아니라 이것을 교정하여 장기간의 손상도 피하게 된다. 이 일은 예를 들면 밤과 같이 증산이 낮거나 없을 때 일어날 수 있다. 물관부 수액의 장력이 줄게 되면 공기가 물관액에 다시 단순히 용해되거나 특히 초본의 경우 밤마다 뿌리압에 의해 강제로 용해된다.

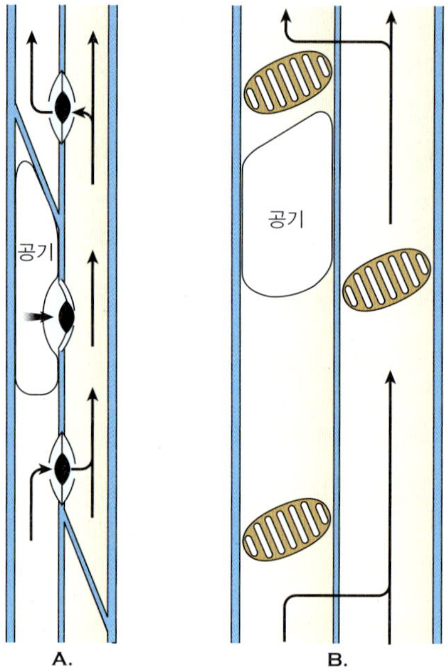

그림 2.12 물의 흐름이 헛물관과 물관의 관다발 폐색을 어떻게 우회하는 지를 보여주는 모식도. 헛물관(**A**)에서는 관다발 폐색에 의해 생긴 압력 기울기 원절이 벽공을 차단하게 된다. 물관(**B**)에서는 기포가 천공판을 통해 확장되지만 결국에는 천공이 없는 끝벽에서 멈추게 된다. 헛물관과 물관 모두에서 표면 장력으로 인하여 기포가 작은 벽공이나 측벽의 모세관 구멍을 통해 빠져나가는 것이 방지된다. 그러나 물은 장애물을 피하여 측면으로 연접한 통도 요소로 계속 흐를 수 있다.

키가 큰 목본에서 관다발 폐색이 없어지는 과정은 쉽게 설명이 되지 않고 있다. 위에서 지적한 바와 같이 당단풍의 경우 결빙에 의해 생긴 관다발 폐색은 봄이 되어서도 완전히 제거하지 못한다. 단풍나무와 다른 많은 종류의 목본들도 봄이 되면 물관부의 압력이 양의 값을 가지게 된다. 이러한 압력으로 봄에 수액이 흘러나오게 되며 물기둥의 연속성이 다시 이루어지도록 할 수 있다. 봄철에 관다발 폐색으로부터 회복되는 것은 포도덩굴에서도 일어나는데 외관상 이 시기의 비교적 높은 뿌리압 때문으로 여겨진다. 목본식물들은 대개 봄에는 겨울에 생긴 손상을 극복하기 위하여 정상보다 더 높은 뿌리압을 가질 가능성도 있다. 마지막으로 대부분의 목본종에서는 봄마다 새로운 이차 물관부가 형성된다. 이 새로운 물관부조직은 새싹이 트기 전에 만들어지며 낡고 기능을 잃은 물관부를 교체하여 식물체의 수압 전도도의 요구를 충족시키게 된다.

비교적 연구가 덜 되었지만 그 결과만으로도 물관부에서 특히 공동 현상이나 관다발 폐색이 쉽게 일어나는 게 분명하다. 만일 초본 식물이 매일 밤마다 혹은 목본 식물이 봄에 이들로부터 회복을 못하게 되면 이들의 생장과 생존은 심각하게 손상된다. 따라서 '왜 식물이 이 효과를 감소시키는 메커니즘을 진화시키지 못했는가'라는 의구심이 든다. 흥미롭게도 짐머만(M. H. Zimmermann)은 이 질문을 바꿔 실제로 세포벽은 공동 현상을 겪도록 디자인되어 있다고 제안하였다. 이 말은 표면 장력이 물관부 도관의 구멍을 통해 관다발 폐색이 이동하는 것을 방지한다는 앞서의 관찰 사실에 위배되는 것으로 보이지만 그렇지 않다. 장력을 받고 있는 물이 찬 도관이 대기압하에서 구멍이 뚫린 벽을 사이에 두고 공기층과 분리하는 곳에서는 음의 압력과 균형을 맞추려면 위로 올려지는 힘에 의해 구멍에 오목한 메니스커스가 형성될 것이다. 압력차가 커짐에 따라 메니스커스의 반경이 감소될 것이다. 물관부의 적당한 장력하에서는 메니스커스의 반경이 구멍의 직경(μm보다 작은 수준)보다 작게 되고 물이 차 있는 도관의 구멍을 빠져나갈 수 있다. 그 결과로 생기는 기포는 장력을 감소시켜 압력차를 줄이고 더 이상의 공기 유입을 방지하는 공동 현상의 핵심이 된다. 당단풍 줄기에서 벽공막의 구멍의 직경에 따라 관다발 폐색이 일어나는 데 필요한 압력 차이를 비교하여 짐머만의 가설과 일치되는 결과를 얻었다.

그러므로 짐머만이 제안한 **유출가설(leakage hypothesis)**은 일종의 안전 밸브를 나타낸다. 식물은 수분 퍼텐셜이 위험 수준으로 떨어지면 공동 현상이 일어날 수 있지만 조건이 향상되면 그 손상이 교정되도록 만들어져 있는 것 같다. 또한 수분 스트레스와 그 결과로 생기는 공동 현상은 먼저 잎과 작은 가지에서 일어나도록 되어 있는 것 같다. 이렇게 국부적으로 일어나는 공동 현상은 장기간의 건기에 주 가지나 몸통을 보호하는 반면에 주변부의 구조를 잘라버릴 수 있는 추가적인 이점을 지닌다.

뿌리는 줄기보다 더욱 쉽게 공동 현상에 노출되는데 이 결과 건기에 전체 식물에게는 이득이 된다. 예를 들어 가장 작은 뿌리들의 물관부에서 완전하게 공동 현상이 일어나면 이 뿌리들은 마른 토양에서 격리되어 수분 전도도를 감소시키며 궁극적으로 증산율을 감소시킨다. 이 때문에 줄기의 수분 상태를 수분 결핍이 완화될 때까지 완충시킬 수 있으며 공동 현상이 일어난 도관에 다시 물이 채워지거나 손상된 뿌리는 새로이 생장된 뿌리로 교체된다.

2.6 증산으로 인한 물의 손실은 재보충되어야 한다

증산에 의하여 잃어버린 물은 근계를 통하여 토양으로부터 대등한 양의 물이 흡수되어 보충된다. 이 때문에 **토양–식물–대기 연속체(soil-plant-atmosphere continuum)**라고 하는 토양으로부터 식물체를 통하여 대기로 연결된 물의 연결된 흐름이 일어난다. 이 개념은 식물들이 격리되어 존재하지 않고 환경과 서로 의존한다는 관찰을 뒷받침하고 있다.

2.6.1 토양은 복잡한 매체이다

뿌리와 토양수 간의 상호 작용을 이해하려면 토양의 성질을 알아보는 게 도움이 된다. 토양은 아주 복합적인 매체로서 무기 암석 조각과 유기 물질로 된 고체상과 용해된 용질과 보통 대기와 평형 상태인 기체를 함유한 토양액으로 구성되어 있다. 토양의 무기물 고체상은 여러 가지 크기의 입자를 만들어내는 풍화 작용에 의해 모암이 분해되어 나온 것이다(표 2.4). 고체, 액체, 그리고 기체상에다가 토양은 조류, 박테리아, 균류, 지렁이와 다른 여러 생물체뿐만 아니라 분해의 정도가 다른 유기 물질도 함유하고 있다.

토양의 점토 입자는 서로 결합하여 복잡한 덩어리를 형성하며 모래와 침니 등과 섞여 토양의 구조를 결정하게 된다. 그 결과 토양의 구조는 토양의 **다공성(porosity)**에 영향을 미쳐 궁극적으로 토양의 수분 함유와 공기 순환에 영향을 미친다. 다공성, 즉 구멍의 공간은 불규칙한 모양을 이루고 있는 입자간의 서로 연결된 운하와 같은 망을 의미한다. 구멍의 공간은 대략 토양 체적의 40~60%를 차지한다. 두 가지 주요한 범주의 구멍, 즉 **큰 구멍(large pore)**과 **모세관공(capillary pore)**이 알려져 있다. 비록 큰 구멍과 모세 구멍 사이에 명확한 구분이 없지만 구멍의 모양도 결정 요인이 되며 직경이 10~60 μm보다 큰 구멍의 경우 물이 잘 함유되지 않는다. 강수나 관개에 의해 토양에 물이 막 공급되면 물은 거의 대부분의 공기를 대체하게 될 때까지 구멍의 공간으로 스며들어 토양은 수분의 *포화* 상태가 된다. 물은 중력에 따라 큰 구멍의 공간을 자유로이 빠져나가게 된다. 중력에 의한 물의 유출이 끝난 뒤에 남아 있는 물은 모세 구멍의 공간에 머물러 있다. 이 시점에서의 토양 속의

표 2.4 토양 입자의 분류와 이들의 특성. 모래 40%, 침니 40%, 그리고 점토 20%의 혼합물이 양토이다. 모래 토양은 15% 이하의 침니와 점토를 함유하며 점토성의 토양은 40% 이상의 점토 입자를 함유한다.

입자종류	입자 (mm) 크기	물 보유력	통기
거친 모래	2.00–0.2	불량	아주 좋음
모래	0.20–0.02		
침니	0.02–0.002	좋음	좋음
점토	0.002 이하	아주 좋음	불량

물을 **포장 용수량(field capacity)**이라고 하는데 자연 조건하에서 양토(찰흙)가 많은 강수 후에 이 단계가 되려면 2～3일이 걸린다. 큰 구멍과 모세 구멍의 공간에 대한 상대적 비는 물을 막 주었을 때와 포장 용수량시의 수분 함량을 구하여 추정할 수 있다. 수분 함량은 단위 건조 토양당 물의 무게로 표시하며 토양을 105°C에서 건조하여 측정할 수 있다.

모래가 많은 토양은 거친 입자를 가지므로 당연히 상대적으로 높은 비율의 큰 구멍을 함유하고 있다. 따라서 모래형 토양은 물이 잘 빠지고 비교적 낮은 포장 용수량을 가질 뿐만 아니라 공기 교환이 잘 일어난다(표 2.4). 반면에 점토성 토양의 공간은 주로 모세 구멍의 공간으로 이루어져 다량의 물을 함유할 수 있고 공기 교환이 잘 되지 않는다. 양토(찰흙)는 중간 상태로서 공기 유통과 포장 용수량이 식물의 최적 생장에 적합하다.

포장 용수량이나 그 이하에서 토양수는 마치 잎에서 엽육 세포의 세포간 공간이나 세포벽에 존재하는 것처럼 모세관 통로나 토양 입자 사이의 틈에 존재한다. 따라서 토양수도 역시 앞서 논의한 바와 같이 엽육 조직의 모세관 공극에서 생기는 표면 장력과 같은 동일한 힘을 받게 된다. 그 결과로 포장 용수량이나 그 이하의 토양수는 장력을 받게 되고 수분 퍼텐셜이 음의 값으로 된다. 토양의 수분 함량이 표면에서의 증발이나 뿌리에 의한 흡수로 인해 감소됨에 따라 물과 공기의 경계면이 토양 입자간의 모세관 공극으로 물러나게 된다. 물은 토양 입자에 강하게 부착되므로 메니스커스의 반경은 줄게 되고 압력은 점차 음의 값으로 된다. 원칙적으로 토양에서의 물의 이동은 잎의 엽육 세포의 모세관 장력에 의해 물관 기둥의 물이 끄집어 올려지는 것과 같은 방법으로 일차적으로 압력에 의해 추진된다. 뿌리에 의해 토양의 물이 흡수되면 토양수의 장력에 의해 더 많은 물(bulk water)이 뿌리 쪽으로 이동한다. 만일 토양에 물이 충분하면 이러한 압력차는 원거리까지 물을 끌어올 수 있다.

아주 염도가 높은 토양을 제외하곤 토양수의 용질 농도는 10^{-3} M 수준으로 비교적 낮기 때문에 토양 수분 퍼텐셜은 주로 음의 압력 퍼텐셜에 의해 결정된다. 뿌리에 의한 물의 흡수는 토양과 뿌리 사이의 수분 퍼텐셜의 차이 때문에 일어난다. 따라서 토양이 마르게 되어 수분 퍼텐셜이 감소하면 식물은 증산에 의해 잃어버린 수분을 보충할 수 있는 충분한 물을 토양으로부터 빨리 빼내는 데 어려움을 겪게 된다. 이러한 조건하에서는 팽압이 감소되어 식물이 시들게 된다. 밤이나 식물을 플라스틱 주머니로 덮는 경우에 나타나는 것처럼 증산이 한동안 감소되거나 억제되면 팽압이 회복되면서 식물도 원상태로 돌아가게 된다. 그러나 궁극적으로는 토양의 수분 함량이 너무 낮은 상태가 되면 증산에 의한 수분 손실이 완전히 방지되어도 식물은 토양으로부터 충분한 물을 얻지 못하게 되어 영구적으로 팽압이 회복되지 않게 된다. 이 지점에서의 토양의 건량당 수분 함량의 백분율을 **영구시듦률(permanent wilting percentage)**이라고 한다. 영구시듦률의 실제 값은 토양의 유형에 따라 다르며 모래의 경우에는 1～2%로서 비교적 낮고 진흙의 경우 20～30%로 높다. 양토의 경우 모래와 점토의 상대적 비율에 따라 중간 값을 가진다. 그러나 토양의 유형에 상관없이 영구시듦률에서의 토양의 수분 퍼텐셜은 약 −1.5 MPa로서 비교적 일정하다. 물론 예외가 있지만 대부분의 식물은 토양의 수분 퍼텐셜이 −1.5 MPa 이하로 떨어지게 되면 수분 흡수를 할 수가 없게 된다. 이런 의미로 보면 영구시듦률은 식물의 속성인 반면에 포장 용수량은 토양의 성질이다. 포장 용수량과 영구시듦률 사이에 있는 토양의 수분 함량이 **유효수(available water)**, 즉 식물에 의해 흡수될 수 있는 물이다. 유효 수분의 범위는 침니 양토에서 상대적으로 높고 점토에서는 다소 낮으며 모래에서는 비교적 낮다. 그러나 이 범위에 있는 물이 모두 일정하게 이용되지는 않는다. 말라 가는 토양에서 식물체는 토양의 수분 퍼텐셜이 영구시듦률에 미치기 훨씬 전에도 수분 스트레스의 증후를 보이며 생장이 감소된다.

2.7 뿌리는 물을 흡수하고 전달한다

뿌리는 네 가지 중요한 기능으로 (1) 식물을 토양 속에 자리잡게 하고 (2) 탄수화물과 다른 유기물을 저장할 장소를 제공하며 (3) 알칼로이드나 일부 호르몬처럼 중요한 물질을 합성하는 장소이며 (4) 식물체에 의해 흡수된 사실상의 모든 물과 무기염을 흡수하여 줄기로 전달한다.

흡수 기관으로서 뿌리의 효율성은 근계의 확장 범위와 관련되어 있다. 오래 동안 근계의 진정한 범위를 재기 위한 많은 노력들이 시도되었다. 이러한 연구에는 식물체를 뿌리가 상하지 않게 조심스럽게 토양에서 끄집어내는 힘들고 지겨운 과정들이 포함된다. 더 정교한 노력으로 '라이조트론(*rhizotron*)'이라고 불리는 것이 제작되었는데 땅 밑에 통로가 만들어져 유리창을 통해 뿌리의 생장과 발달을 관찰할 수 있다. 다른 유형의 토양에서 여러 가지 목초(초원의 풀)의 근계가 조사되었다. 이들은 조심스럽게 풀을 캐내어서 토양을 씻어낸 후 뿌리가 엄청난 그물망을 형성하며 1.5 m 정도의 깊이까지 자란다는 것을 보여주었다. 방사성 동위 원소의 추적법으로 14주 동안 자란 한 옥수수의 뿌리가 6 m의 깊이와 5 m의 반경으로 퍼져 있는 것을 밝혀졌다. 양쪽 폭이 30 cm이고 깊이가 56 cm인 토양의 상자에서 *한 개*의 성숙한 호밀의 뿌리를 측정한 딤머(Dimmer)의 더욱 인상적인 실험에 따르면 이 식물 뿌리의 총 길이는 623 km에 달하며 총 표면적은 639 m^2로 추정되었다. 많은 종에서 식물 총 무게의 반을 상회하는 부분이 뿌리이다. 뿌리는 보통 사람들에게 눈에 드러나는 줄기 부위에 비해 그 중요성이 덜 인식되었을지 몰라도 분명히 식물체의 더 많은 부분을 구성하고 있다.

2.8 물에 대한 뿌리의 투과성은 다양하다

수많은 해부학적 및 생리학적 연구의 결과로 가장 활발하게 물을 흡수하는 지역이 근단(root tip)의 인접 부위인 것으로 밝혀졌다. 이런 일반적인 법칙 외에도 뿌리의 수분 투과성은 나이, 생리조건, 그리고 식물의 수분 상태에 따라 많이 변한다. 어린 뿌리를 사용한 연구 결과에 의하면 물의 흡수가 가장 활발하게 일어나는 지역은 근단으로부터 약 0.5 cm 정도 떨어진 지역에서 10 cm 정도까지 이른다(그림 2.13). 분열 조직 부위에서는 아마도 원형질의 밀도가 높고 물을 운반할 관다발의 분화가 없기 때문에 물의 흡수가 거의 일어나지 않는다. 물이 가장 빨리 흡수되는 부위는 일반적으로 관다발 조직 특히 물관부가 분화되기 시작하는 부위인 세포의 성숙 부위와 일치한다. 이 부위는 또한 내피 세포의 세포벽에 슈베린과 리그닌이 막 퇴적되기 시작하여 물의 운동에 상당한 저항을 줄 만큼의 단계에 이르지는 못했다.

물이 가장 빨리 흡수되는 부위는 뿌리털의 발달이 활발하게 일어나는 부위와 일치한다. 뿌리털은 표피 세포가 바깥으로 자라나간 얇은 벽을 지닌 세포로 흡수 표면적을 증가시키고 흡수력을 더 넓은 토양 부위로 확장시키게 된다(그림 2.14). 식물종과 환경의 조건에 따라서 뿌리털의 길이가 0.1 mm에서 10 mm에 이르며 평균 직경은 10 μm이다. 땅콩, 피칸(pecan), 또는 일부 송백류에서는 뿌리털이 드물게 존재하거나 아예 없다. 한 개의 근단이 평방 cm당 2,500개나 되는 뿌리털을 함유하는 게 흔한 경우로 뿌리의 흡수 면적이 1.5배에서 20배나 증가된다. 뿌리털은 두 가지 이유로 토양수와의 접촉을 크게 증가시킨다. 첫째는 뿌리털의 가는 직경으로 인해 뿌리 자체로는 접근이 불가능한 모세관 공극에 접속이 가능하다(그림 2.14A). 둘째로 뿌리털은 측면으로 확장되어 뿌리털의 길이가 아니라 그 길이의 2배가 직경이 되는 원통형의 토양 공간과 섭촉하게 되어 접촉면이 확장된다(그림 2.14B).

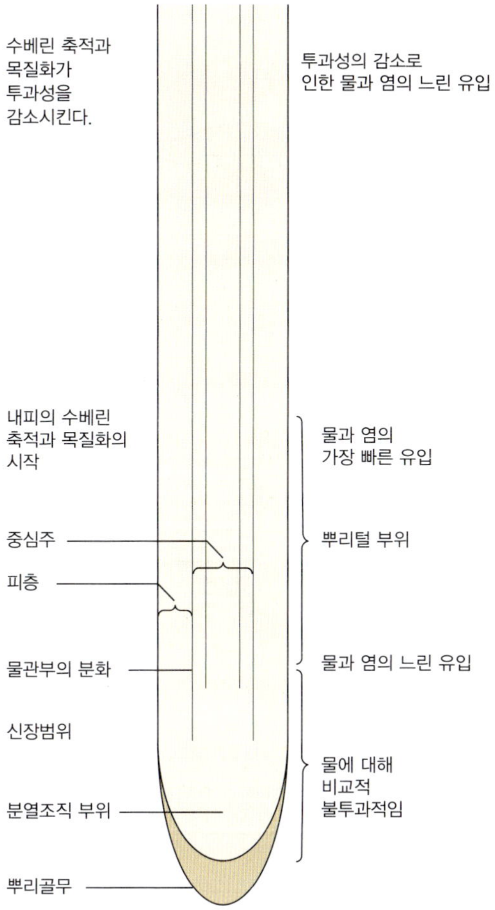

그림 2.13 뿌리 조직의 분화와 수분 흡수의 관계를 보여주는 모식도.

2.9 뿌리를 통한 물의 방사 이동에는 두 가지 가능한 경로가 관여한다

일단 물이 뿌리털이나 표피 세포에 흡수되면 중심주의 물관부 요소에 도달하기 위해서는 피층(cortex)을 통과해야 한다. 원리상 피층을 지나는 물의 경로는 비교적 명확하여 두 가지 경로가 있는 것으로 보이는데, 하나는 세포를 거치지 않고 피층의 **아포플라스트(apoplast)**를 지나는 것이며 또 하나는 **심플라스트(symplast)**의 원형질 연락사를 통하여 세포와 세포 사이를 지나는 것이다. 그러나 원칙적으로 두 가지 경로는 분리되어 있지 않으며 아포플라스트 공간의 물과 심플라스트와 액포의 물은 일정한 평형을 이루며 세포막과 액포막을 통해서 끊임없이 교환된다. 따라서 결과적으로 물이 피층을 통과할 때 양쪽 경로가 모두 관여한다. 피층은 무수한 세포

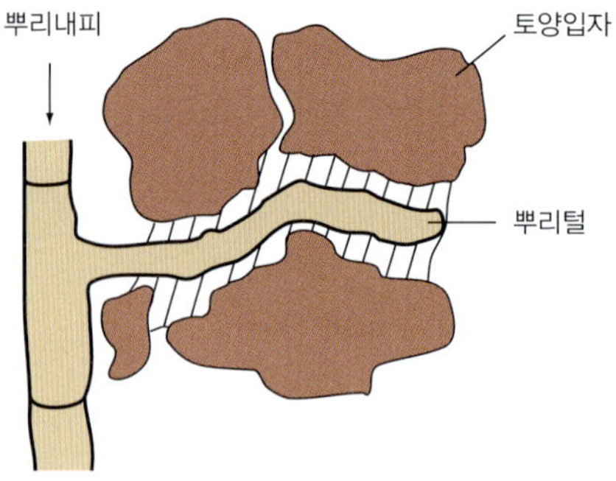

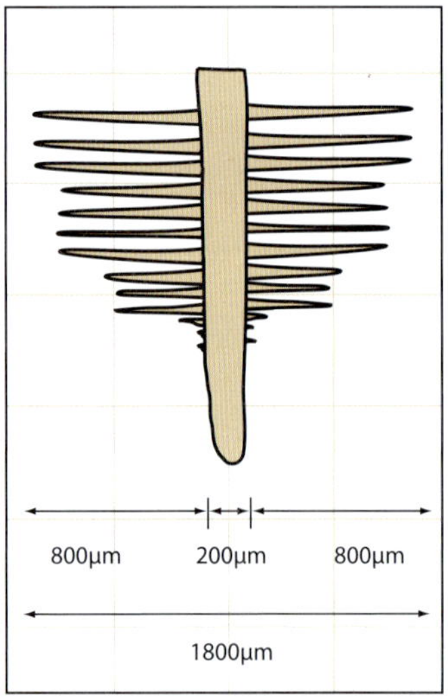

그림 2.14 뿌리털과 수분흡수. 뿌리털은 토양 입자 사이의 물이 함유된 모세관 공극을 침투하는 능력으로 인하여 물의 흡수를 증가시킨다(**A**). 뿌리털은 뿌리에 의해 물이 흡수될 수 있는 토양의 부피를 여러 배 증가시킨다(**B**). (A from T. E. Weier et al., *Botany*, 6th ed., New York, Wiley, 1982, Figure 9.7A. Used by permission of the authors.)

물이 흡수될 때 뿌리에서 생기는 저항력은 증산에 의한 물의 손실과 뿌리에 의한 물의 흡수를 비교할 때 흔히 관찰되는 흡수의 지연에서도 드러난다(그림 2.15). 이 지연이 뿌리에서의 저항력 때문이라는 것을 실험적으로 보여줄 수 있다. 만일 활발하게 증산중인 식물의 뿌리를 물 속에서 잘라버리면 물관부로의 물의 흡수가 즉시 증가된다. 일부 식물종에서는 흡수지연에 의해 잎에 수분 결핍이 일어나 일시적으로 기공이 닫히는 게 촉진된다(그림 2.15). 이런 현상을 **한낮 기공닫힘(midday closure)**이라고 하는데 기공이 닫혀 증산이 감소되어 물의 흡수가 보충되면 다시 기공이 열리게 된다.

마지막으로 비록 뿌리에 의한 물의 흡수가 압력차에 의한 수동적 과정이지만 그래도 뿌리세포에서는 호흡에 의존적이다. 시안화물이나 디니트로페놀(dinitrophenol)과 같은 호흡 저해제들과 높은 이산화탄소와 낮은 산소(혹은 무산소 상태) 수준 등은 모두 대부분 뿌리에서 물의 수압 전도도를 감소시킨다. 식물은 물이 차 있는 토양에서 가장 흔하게 무산소 상태에 접하게 되는데 이러한 조건에 특별히 적응하지 못한 종들은 심하게 시들게 된다. 호흡의 정확한 역할은 분명치 않다. 아마도 그 필요성은 세포의 보존이나 계속적인 뿌리의 신장 등과 같은 간접적인 것일 것이다. 무기 영양 이온의 능동적인 흡수(3장)도 한 요인이 될 수 있다. 반면에 예를 들어 끓는 물에 뿌리를 담가 죽이면 저항이 극적으로 줄게 되어 살아 있을 때보다 물의 흡수가 더 빨라진다.

간 공간을 지닌 느슨하게 배열된 세포로 구성되어 있다. 따라서 아포플라스트의 저항력이 최소이며 아마도 더 많은 물이 이곳을 통하여 지나는 것으로 보인다.

근단 근처의 덜 성숙된 부위에서는 물이 피층으로부터 직접 발달중인 물관부로 흘러 비교적 낮은 저항을 받게 된다. 근단에서 많이 떨어져 있는 더 성숙한 부위에서는 물이 내피 세포와 마주치게 될 것이다(뿌리압에 대해 논의한 절 2.5.1 참조). 내피 세포벽에서의 슈베린 퇴적은 영구적인 장벽을 만들게 되어 이 지역에서는 물이 세포막을 통과하여 흡수되도록 만든다. 내피 세포가 물의 이동에 대한 저항력을 증가시키기는 하지만 절대적인 장벽은 아니다. 실제로 증산이 높게 일어날 때는 물의 흡수가 가장 빨리 되는 곳이 근단에서 멀어지는 부위로 바뀌게 된다(표 2.5).

표 2.5 증산율의 변화에 따른 잠두(*Vicia faba*)뿌리의 다른 지역에서의 상대적 수분 흡수. 낮은 증산율 때 측정된 물관의 장력은 −0.13 MPa이며 높은 증산율 때의 장력은 −10.25 MPa이다. 증산이 낮게 일어나면 대부분의 물은 근단 근처에서 일어나며 증산이 높아지면 장력이 증가되어 흡수지역이 근단에서 상부 쪽으로 이동한다.

수분흡수대 (정단으로부터의 거리, cm)	증산율	
	낮을때	높을때
0–2.5	100	132
2.5–5.0	103	216
5.0–7.5	54	216
7.5–10.0	27	270
10.5–12.5	19	283

From data of Brouwer, 1965.

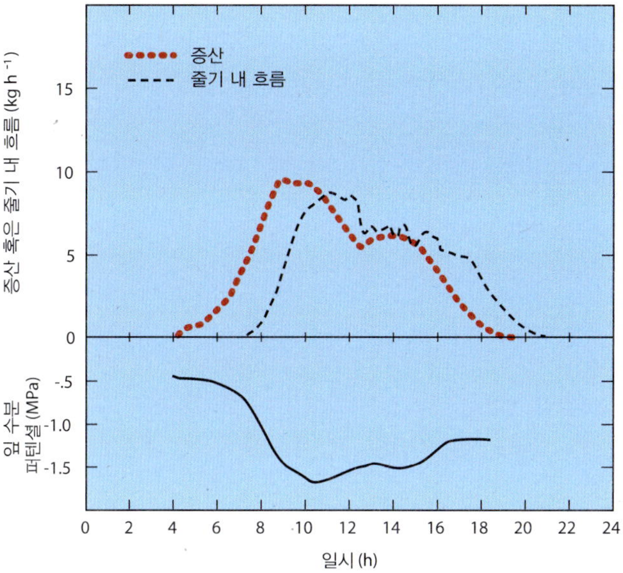

그림 2.15 낙엽송나무 (*Larix*) 에서 수분 흡수의 지연. 상단부 : 줄기를 통한 물의 이동으로 측정한 수분 흡수는 증산보다 2 시간 정도 늦게 일어난다. 정오 무렵에 이 지연으로 말미암아 수분 결핍이 일어나 일시적으로 기공이 닫히는 게 촉진되면 증산율이 일시적으로 감소한다. 하단부 : 잎의 수분 퍼텐셜은 빠른 증산의 결과로 감소하다가 물의 유입으로 결핍이 보충되면 점차로 회복된다. (Adapted from E.-D. Schulze et al., Canopy transpiration and water fluxes in the xylem of *Larix* and *Picea* trees–A comparison of xylem flow, porometer and cuvette measurements, *Oecologia* 66:475–483, 1985. Reprinted by permission of Springer-Verlag.)

요약

식물은 증산이라고 알려져 있는 잎 표면의 증발을 통해 많은 양의 물을 잃게 된다. 증산은 내부 잎 공간과 주변 공기 사이의 수증기압 차이에 의해서 구동된다. 온도, 습도, 바람 그리고 잎 표면 등을 포함한 여러 가지 요인이 증산율에 영향을 미친다. 물은 주로 헛물관과 물관을 포함하는 관상요소의 관처럼 생긴 체제인 물관부에서 식물 내로 상승 이동한다. 물관부에서 물의 이동의 주 구동력은 증산과 그 결과로 일어나는 물기동의 장력이다. 물기둥은 물의 높은 장력 때문에 유지된다. 증산에 의해 손실된 물은 뿌리계를 통해 토양에서부터 물을 흡수하여 보충된다.

복습문제

1. 왜 낮은 습도나 밝은 태양빛 하에서나 적당한 바람이 부는 조건 하에서 증산율이 가장 높은 지를 설명하시오.
2. 물관부 조직의 해부적 특징을 기술하고 왜 이것이 식물에서 물의 수송에 효율적인 체계인 지를 설명하시오.
3. 토양으로부터 식물의 뿌리, 줄기, 잎을 거쳐 대기로의 물의 이동 경로를 추적하시오.
4. 왜 기계적인 펌프는 물을 10.3 m 이상으로 상승시킬 수 없는데 반해 100 m 높이 나무의 꼭대기까지 물이 이동할 수 있는지를 설명하시오. 나무내의 물기둥이 부서지는 것을 방지하는 것은 무엇인가? 어떤 조건 하에서 물기둥이 부서지겠는가? 만일 부서졌다면 어떻게 다시 물기둥이 재형성될 수가 있겠는가?
5. 많은 농부들은 심한 건기에 농지에 비료를 뿌리면 작물에 상당한 해를 미쳐서 생산성이 저하될 수 있다는 것을 알고 있다. 당신이 알고 있는 식물과 토양의 물의 경제성에 바탕을 두고 이 사실이 어떻게 일어나게 되는 지를 설명하시오.
6. 증산은 식물에서 유용한 기능을 하는가?
7. 포장 용수량(field capacity), 영구 시듦율, 그리고 유효수의 관계를 설명하시오. 비록 영구 시듦율이 토양의 무게에 바탕을 둔 것이지만 종종 식물의 성질이라고 말해진다. 왜 그런지를 설명하시오.

더 읽을거리

Waisel, Y., A. Eshel, U. Kafkafi. 1996. *Plant Roots: The Hidden Half*. 2nd ed. New York. M. Dekker.

Buchanan, B. B., W. Gruissem, R. L. Jones. 2000. *Biochemistry and Molecular Biology of Plants*. Rockville, MD.: American Society of Plant Physiologists.

Evert, R. F. 2006. *Esau's Plant Anatomy*. Hoboken, NJ: John Wiley & Sons, Inc.

Nobel, P. S. 2005. *Physicochemical and Environmental Plant Physiology*. Burlington, MA: Elsevier Science & Technology.

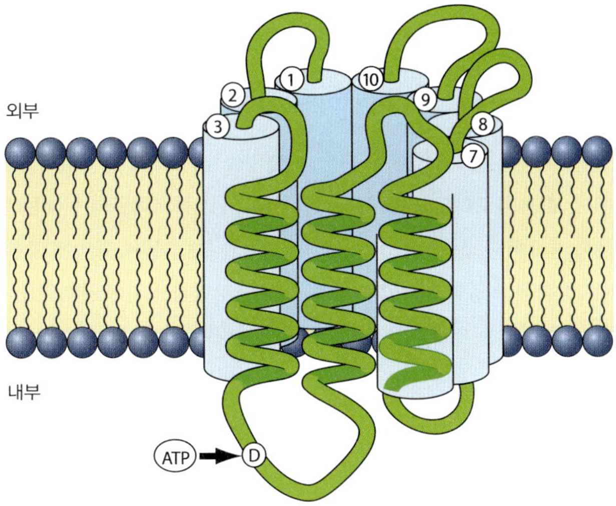

3

뿌리, 토양 그리고 영양소의 흡수

육상 식물은 일반적으로 공기 중에서 이산화탄소의 형태로 공급되는 탄소와 산소를 제외하고는 대부분의 영양소들을 근계(根系)를 통해 토양액으로부터 흡수한다. 대부분의 식물에서 근계는 놀라울 정도로 방대하게 널리 퍼져 있다. 근계는 1차 뿌리 및 2차, 3차 뿌리가지 그리고 뿌리털의 조합으로 토양을 채광하면서 필요한 영양소와 물을 획득하기 위하여 뿌리가 방대한 양의 토양속으로 침투한다. 토양은 아주 복잡한 매체이다. 토양은 모암으로부터 분리되어 나온 고체상의 무기 광물 입자와 분해중인 유기물, 액체상의 물과 토양액, 대기와 평형 상태인 기체, 그리고 다양한 미생물들로 구성되어 있다. 고체상 중 특히 무기 광물의 입자들이 무기 영양소의 주된 공급원이다. 풍화 과정에서 여러 원소들은 토양액으로 방출되어 식물체에 의해 흡수되는 무기 양분의 원천이 된다.

그러나 토양액 속에서 이들의 함량은 아주 적어(전체 무기염의 농도가 10^{-3} M 정도) 계속적으로 고체상으로부터 방출되는 무기염에 의한 재공급이 없으면 뿌리의 흡수에 의해 쉽게 고갈되어 버린다. 예를 들어 인의 흡수에 대한 한 연구에 따르면 토양 속의 인산 함량은 매일 평균 10회 정도 재생되는 것으로 나타났다. 그러나 영양소의 이용도가 토양의 성질에 의해서만 좌우되는 것이 아니고 뿌리의 지속적인 생장에 의해 새로운 지역의 토양으로 근계가 확장되어 감에 따라 더욱 증가된다.

이 장에서는 토양에서 영양소의 이용도와 뿌리에 의한 이들의 흡수를 다루게 되는데 다음의 사항들이 포함될 것이다.

- 영양소의 공급원으로서의 토양, 콜로이드 입자로서의 토양의 본성, 뿌리에 의해 흡수될 수 있는 형태로서의 영양소의 이용도를 결정하는 이온 교환 성질
- 단순 확산, 촉진 확산, 그리고 능동 수송이 포함된 세포막을 통한 용질의 수송 메커니즘, 이온 통로와 운반체로서의 세포막 단백질의 기능, 그리고 전기 화학적 기울기의 역할
- 뿌리 조직 속으로의 이온 운반로와 외관상 자유공간(free space)의 개념
- 미생물 중 특히 곰팡이류가 뿌리의 영양소 흡수에 미치는 유익한 역할

질소의 흡수와 대사에 관한 독특한 상황은 11장에서 언급할 것이다.

3.1 영양소 저장소로서의 토양

토양은 그 구성성분, 구조 그리고 영양소의 공급원으로서 매우 다양한 형태를 지닌다. 영양소의 관점에서 보면 **콜로이드(colloid)**라고 하는 무기 및 유기 토양 입자가 특히 중요하다. 토양 콜로이드는 뿌리에 의해 흡수 가능한 토양액내로 방출되는 영양소를 함유하고 있다. 따라서 토양 콜로이드는 토양에 녹아있는 영양소의 저장소를 유지하는 역할을 한다.

3.1.1 콜로이드는 대부분 토양의 중요한 구성 성분이다

토양의 물리적 구조는 2장에서 뿌리에 의한 물의 흡수를 다룰 때 이미 기술하였다. 토양의 광물 성분은 입자 크기에 따라 대부분 **모래(sand)**, **침니(silt)** 또는 **진흙(clay)**으로 구분된다(2장 참조, 표 2.4). 소량의 토양을 물에 섞어 젓게 되면 3개의 구성 성분이 쉽게 구분된다. 큰 모래 입자들은 즉시 가라앉게 되며 불투명한 혼탁액이 생긴다. 그대로 몇 시간 또는 며칠을 방치하면 더 미세한 *침니* 입자들도 바닥에 가라앉게 되어 불투명성이 거의 사라지게 된다. 그러나 아주 작은 *진흙(clay)* 입자들은 적어도 웬만한 시간 내에서는 가라앉지 않고 물 위에 떠 있게 된다.

이들은 너무 작아서 맨눈으로 관찰할 수 없지만 현탁액에 존재하며 이 현탁액에 빛을 비치면 관찰할 수 있다. 이때 현탁액 속의 진흙 입자들이 빛을 산란시켜 빛의 경로가 보인다. 콜로이드는 용액으로 용해되기에는 너무 크지만 물에 가라앉지 않고 떠 있을 만큼 작은 입자이며 **틴달 효과(Tyndall effect)**로 알려진 빛을 산란하는 현상은 콜로이드 용액의 한 특성이다. 예를 들어 소금물이나 설탕물 같은 용액은 빛을 산란하지 않는데 그 이유는 용질과 용매가 단일 상태를 이루기 때문이다. 반면에 콜로이드 용액은 2개의 상태로서 고체 상태의 콜로이드 **미셀(micelle)**이 액체 상태에 부유되어 있다. 고체 상태의 입자에 의해 산란된 빛이 틴달 효과를 일으키는 것이다.

진흙이 콜로이드 입자를 형성하는 유일한 토양 구성 성분은 아니다. 많은 토양들은 또한 **부식토(humus)**라 불리는 콜로이드성 탄소 잔류물을 함유하고 있다. 부식토는 풍화와 미생물의 작용에 의해 천천히 그리고 불완전하게 부분적으로 부식되어진 유기 물질이다. 좋은 양토에서 콜로이드 부식토 함량은 콜로이드 진흙 함량보다 실질적으로 더 많으며 영양소 저장소로서도 더 기여한다.

3.1.2 콜로이드는 그들의 표면에 많은 음이온이 존재한다

영양소 저장소로서 콜로이드 토양의 기능은 두 가지 요인에 달려 있다: (1) 콜로이드의 큰 **비표면적(比表面積, specific surface area)**, 그리고 (2) 그들의 표면에 많은 수의 전하들이 존재한다. 하전된 표면은 가역적으로 토양액의 많은 양이온과 결합한다. 실제로 식물의 영양에 있어서 콜로이드 표면이 보이는 양이온의 보유능과 교환 능력이 토양의 가장 중요한 성질이다. 콜로이드 입자의 가장 두드러진 특징은 그들의 작은 크기 때문에 비표면적(specific surface area)으로 정의된 즉, 단위 무게당 표면적이 크다는 것이다. 예를 들어 한 면 길이가 10 mm이고 무게가 1 g인 정육면체를 생각해 보자. 이 정육면체의 비표면적은 600 mm^2g^{-1}이 된다(그림 3.1). 만일 이 정육면체의 한 면을 0.001 mm로 나눈다고 하면 비표면적은 6,000,000 mm^2g^{-1}이 되어 만 배가 증가한다. 따라서 무게 기준으로 콜로이드 입자는 토양액 속의 무기 원소와 상호 작용할 수 있는 엄청난 표면적을 제공한다.

비표면적과 더불어 토양 콜로이드의 두 번째 중요한 특징은 콜로이드 표면에 많은 수의 전하가 있다는 것이다. 진흙 콜로이드는 주로 규산 알루미늄으로 구성되어 있으며 가장 단순한 진흙인 고령석(kaolinite)의 화학식은 $Al_2Si_2O_5(OH)_4$이다. 음전하는 진흙 입

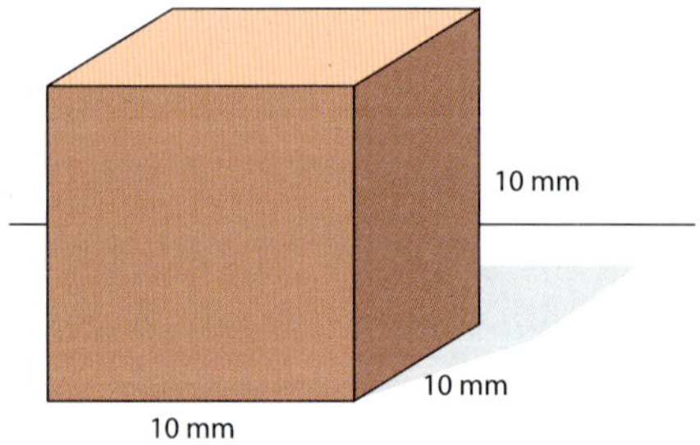

그림 3.1 콜로이드 크기의 입자들은 높은 단위 질량당 표면적 또는 비표면적(specific surface area)을 가지고 있다.

자의 가장자리 부분에서 알루미늄과 실리카의 이온화에 의해 생긴다. 탄소형 콜로이드는 주로 리그닌(lignin)이나 탄수화물로부터 유래되기 때문에 카르복실기(COO^-) 또는 수산기(OH^-)로 인하여 음전하를 띠게 된다.

3.1.3 토양 콜로이드는 가역적으로 토양 용액으로부터 양이온을 흡착한다

양이온이 음전하를 띤 콜로이드 표면에 결합하는 것은 정전기에 의한 상호 작용이므로 결합력은 아래의 **이액순위(lyotropic series, 離液順位)**에 따라 변하게 된다.

$$Al^{3+} > H^+ > Ca^{2+} > Mg^{2+} > K^+ = NH_4^+ > Na^+$$

이것에 따르면 알루미늄 이온이 가장 큰 친화력을 가지고 있고 나트륨 이온이 가장 작은 친화력을 가지고 있어 3가 이온이 2가 이온보다 2가 이온이 1가 이온보다 더 친화력이 크게 되는 일반적 법칙을 따르고 있다. 그러나 이온들도 수화(물분자 껍질에 의해 둘러싸이는 것)가 되기 때문에 정전기적 법칙은 수화된 이온의 크기가 작을수록 콜로이드의 표면에 더 가까이 접근할 수 있어 더 강하게 결합할 수 있다. 위에서 언급한 수화의 경우처럼 양이온의 흡착도 전부 다 생기거나 전혀 생기지 않는 형태의 결합이 아니고 거리에 따라 단계적으로 줄게 된다.

양이온의 흡착은 *가역적인* 반응이기에 결과적으로 수소 이온(H^+)과 같이 상대적으로 높은 친화력을 가진 이온은 낮은 친화력을 가진 Ca^{2+}과 같은 이온을 교체할 수 있다. 비록 낮은 친화력을 가진 이온이라도 충분한 양이 존재하면 질량작용(mass action)에 의해 높은 친화력을 지닌 이온으로 교체할 수 있다(그림 3.2). 이렇게 흡착된 이온과 용액에 녹아 있는 이온 간의 교환과정은 **이온 교환(ion exchange)**이라고 알려져 있으며 **교환의 용이도(교환 능력: exchangeability)**는 위에서 표시한 이액순위의 역순으로 결정되어 나트륨 이온이 가장 쉽게 교환되고 알루미늄 이온은 교환이 가장 잘 일어나지 않는다.

비록 토양액 속에 녹아 있는 이온들이 식물의 무기 영양소의 직접적인 공급원이 되지만 흡착된 이온을 함유한 콜로이드 층이 이들의 주영양 저장소이다. 토양은 용액 속의 양이온들이 콜로이드의 표면에 흡착된 양이온들과 자유롭게 교환될 수 있는 아주 동적인 체계로 이루어져 있다고 보아야 한다. 토양액에 있는 희석된 무기 영양소들이 뿌리에 의해 흡수되면 콜로이드 층에 저장되어 있는 교환 가능한 이온들에 의해 계속적으로 교체되며 저장 층의 이온들은 암석의 풍화에 의해 생긴 이온들로 보충된다. 이런 방법으로 콜로이드 표면에서의 이온 교환은 식물체에 무기 이온을 조절하여 공급하는 데 주요한 역할을 한다. 그러나 이 과정이 언제나 식물체에 유리하게 작용하는 것만은 아니다. 예를 들어 산성비에 함유된 높은 농도의 수소 이온은 콜로이드 저장층의 양이온과 교환하며 이렇게 토양액으로 녹아 나온 양이온 중 뿌리에 의해 바로 동화되지 않은 것들은 빗물과 스며 나온 지하수(표층수)에 의하여 유실되어 버린다. 토양액과 저장층의 이온들은 미처 보충도 되기 전에 고갈되어 버려 식물은 적절한 무기 영양소의 공급을 받지 못하게 된다. 정상적 환경하에서도 뿌리는 수소 이온을 분비함으로써 교환이 용이하게 일어나도록 하여 영양소의 흡수를 돕는다.

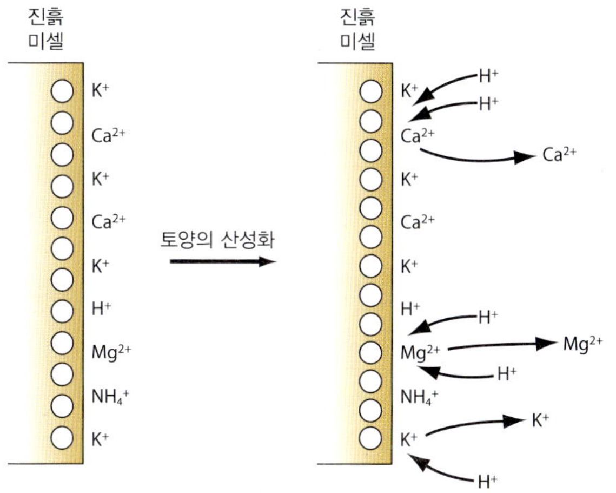

그림 3.2 토양에서의 이온 교환. (A) 양이온은 정전기적 인력에 의하여 음전하를 띤 토양 입자에 흡착된다. (B) 토양의 산성화는 토양속의 수소 이온의 농도를 증가시킨다. 추가로 늘어난 수소 이온은 콜로이드의 표면 전하와 더 강력히 결합하여 다른 양이온을 치환하여 토양액으로 방출시킨다.

3.1.4 토양 콜로이드는 상대적으로 음이온 교환능이 낮다

토양 콜로이드는 압도적으로 음전하를 띠고 있어서 음이온을 끌어당기지 못한다. 일부 진흙 입자들이 마그네슘(Mg^{2+}) 같은 양이온을 함유하기는 하지만 대부분의 토양은 일반적으로 음이온 교환능이 낮다. 결과적으로 음이온은 토양 속에 남아 있지 않고 표층수에 의해 유실되는데 이는 농사를 지을 때 중요한 결과를 초래한다. 특히 질소염 이온(NO_3^-)의 경우 식물체가 충분히 흡수하도록 하려면 대량으로 공급해야 한다. 대개 농부들은 작물을 재배할 때 적어도 식물체가 요구하는 질소의 2배 때로는 그 이상을 공급해야 한다. 불행히도 여분의 질산염 대부분은 표층수를 통하여 강과 호수로 흘러들어가 조류(algae)의 생장을 촉진하여 부영양화(eutrophication)를 초래하게 된다.

3.2 영양소 흡수

3.2.1 영양소들이 식물에 의하여 흡수되려면 뿌리 세포의 세포막을 통과해야 한다

무기 영양소들이 식물에 의하여 흡수되려면 뿌리 세포의 세포막을 통과해야 한다. 거기에서부터 영양소들은 심플라스트(symplast)를 통해 뿌리 내부로 수송되고 결국에는 식물체의 나머지 부분으로 들어간다. 따라서 뿌리에 의한 영양소의 흡수는 기본적으로 세포막 수송의 법칙을 따르는 세포상의 문제이다. 세포막 수송은 본질적으로 추상적인 분야로서 연구자들은 여러 가지의 다양한 천연 또는 인공 막에서의 용질의 수송에 대한 동력학(kinetics)을 측정하여 모델을 만들고 이것을 바탕으로 현재 알려진 막의 조성과 구조에 대해 설명하려고 한다. 막구조에 대한 우리의 이해가 최근에 들어 바뀌어짐에 따라 어떻게 용질이 막을 가로지르는지를 이해하려는 시도로 막수송에 대한 모델도 바뀌어 왔다. 그러나 근본적인 세 가지 개념인 **단순 확산(simple diffusion)**과 **촉진 확산(facilitated diffusion)** 그리고 **능동 수송(active transport)**은 실험적 관찰 결과들을 해석하고 구분하는데 있어서 아주 유용하여 그대로 보존되어 왔다. 현재 이러한 세 가지 개념은 모든 생물체의 막을 가로지르는 수송에 대한 기본적인 언어를 형성한다. 세 가지 기본적인 수송 방식은(그림 3.3)에 제시되어 있다.

3.2.2 단순 확산은 순전히 물리적 과정이다

Fick의 법칙(1장)에 따르면 용액 속의 분자가 한 곳에서 다른 곳으로 확산되는 속도는 농도차에 의한 함수로서 막에 둘러싸인 세포의 경우 Fick의 법칙은 아래의 방정식에 의해 기술될 수 있는데

$$\mathcal{J} = PA(C^o - C^i) \qquad (3.1)$$

이 경우 $\mathcal{J}$는 유량(Flux) 즉 단위 시간당 막을 통과하는 용질의 양이며, A는 확산 경로상의 단면적으로서 세포막의 면적(cm^2로 표시)이고, P는 투과 계수(permeability coefficient)로서 용질이 막을 통과하는 속도($cm \cdot s^{-1}$)이며 세포막과 용질의 조합에 다라 달라지는 특정 계수이다. 막은 특성상 1차적으로 지질 성분이기에 비극성을 지닌 용질이 더 빨리 막을 통과할 수 있다. 특히 전하를 띤 대부분의 이온들은 지질 이중층을 통과할 수 없다. 이러한 것은 이들이 띤 전하와 상당한 정도의 수화 현상으로 이들이 지질에 녹지 않아 막의 탄화수소 부분(hydrocarbon phase)으로의 유입이 차단되기 때문이다. 예를 들면 합성된 이중 지질막이나 인공막의 경우에 K^+나 Na^+과 같은 작은 이온들은 물과 비교하여 투과도가 약 10^9 정도나 낮다. 따라서 Fick 방정식에서 투과 계수는 일반적으로 확산되는 물질이 얼마나 지질에 잘 용해되는가를 반영한다. 생물적 중요성을 지닌 용질 중에서 겨우 몇 가지만 비극성을 띠고 있으며 오직 산소, 이산화탄소, 그리고 암모니아의 세 가지 기체만이 단순 확산에 의해 지질 이중막을 통과할 수 있다. 물 역시 높은 극성에도 불

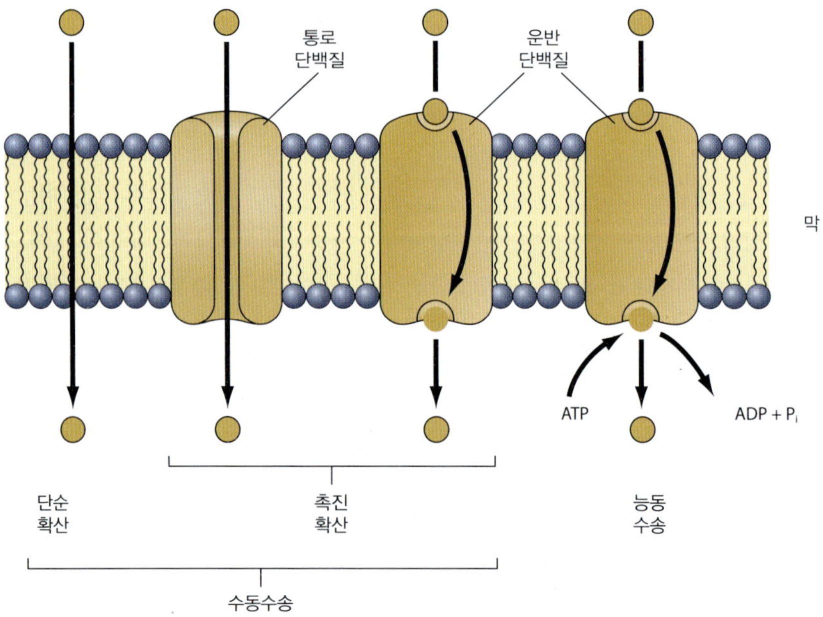

그림 3.3 막을 통한 이온과 용질의 교환에는 단순 확산, 촉진 확산, 또는 능동 수송을 포함할 것이다.

구하고 지질막을 빠르게 확산하는데 이는 아쿠아포린(*aquaporin*)이라고 불리는 물-선택성(water-seletive) 통로를 통해 물이 지나갈 수 있기 때문이다. 아쿠아포린은 1장에서 다루어졌다.

확산에 의한 수송은 단순과 촉진에 의한 것에 상관없이 모두 수동 수송에 해당한다. 수동이란 말은 수송 과정에 직접적인 대사 에너지의 투입이 필요하지 않다는 뜻이다. 확산에 의한 수송 에너지는 수송되는 용질의 농도가 전기 화학적 기울기에서 나온다. 결과적으로 확산에 의한 수송은 전기 화학적 기울기를 거슬러서 용질이 축적되는 것을 야기시키지 않는다.

3.2.3 막을 가로지르는 대부분의 용질 이동에는 특정한 수송 단백질을 필요로 한다

1930년대에 막수송을 공부하던 학생들이 어떤 이온들은 지질막을 통한 확산으로서 기대되는 것보다 훨씬 더 빠른 속도로 세포내로 유입되는 것을 알게 되었다. 우리는 그 이유가 천연막(natural membrane)이 **수송 단백질(transport protein)**이라고 불리는 많은 단백질을 함유하기 때문이라는 것을 이제는 알고 있다. 일부 수송 단백질들은 효과적으로 용해도의 문제를 극복시켜, 특히 전하를 띤 용질이나 이온이 세포내로 확산되는 것을 촉진한다. **촉진 확산(facilitated diffusion)**이라는 용어는 용질이 다른 것의 도움을 받아서 빠르게 세포막을 통과하는 것을 기술하기 위해 만들어진 용어이다. 촉진 확산의 경우에도 단순 확산에서 처럼 여전히 수송의 방향이 전하를 띠지 않은 물질들은 농도 기울기에 의해, 하전된 용질과 이온들은 전기 화학적 기울기에 의해 결정된다. 촉진 확산은 또한 양방향으로 진행되며 단순 확산처럼 서로 다른 방향으로의 이동률이 같으면 순이동이 일어나지 않는다.

주로 두 가지 종류의 수송 단백질이 알려져 있는데 하나는 **운반 단백질**(또는 carrier, transporter 혹은 porter로 알려져 있음)로서 마치 효소와 기질의 상호작용처럼 수송될 특정 용질과 결합한다. 용질의 결합은 운반 단백질의 3차적 구조의 변화를 유발하여 막의 건너편으로 용질이 수송되게 한다. 막의 반대쪽으로 결합된 용질이 방출되면 단백질은 원래의 구조로 되돌아가서 새로운 용질과 결합하게 된다.

또 다른 종류인 **통로 단백질(channel protein)**은 막 전체를 관통하는 통로를 형성하는데, 이곳은 물로 채워져 있으며 전하가 배열되어 있다. 통로는 보통 그 통로를 통과할 수 있는 이온의 종류에 의해 동정되는데 이것은 그 이온의 전하와 수화된 정도에 따라 결정된다. 통로를 통한 확산의 경우 이온과 함께 결합된 물분자도 통과해야 되기 때문에 이온의 수화된 크기에 좌우된다. 식물 세포의 막에서 발견된 이온 통로의 수는 점점 늘어나고 있으며 현재 K^+, Cl^-, Ca^{2+} 이온 등의 통로의 존재는 확실히 증명이 되었고 일부 무기 및 유기 이온들의 통로 존재도 유력해졌다. 통로 단백질은 종종 **문(gate)**이 달려 있어 열리고 닫힐 수 있다(Box 3.1). 적당한 크기와 전하를 띤 용질이라도 통로의 문이 열려야만 확산될 수 있다. 두 가지 종류의 통로 문이 알려져 있는데 하나는 특정 강도의 막전위(membrane potential) 차이에 반응하여 열리는 전기적 문이고 다른 하나는 빛이나 호르몬 또는 다른 자극에 의해 조절되어 수송되는 어떤 이온의 존재 하에서만 열리는 문이다. 문을 가진 통로의 정확한 개폐 메커니즘이 알려져 있지는 않지만 아마도 단백질의 3차 구조의 변화에 의해 일어날 것으로 추측된다.

운반체의 중요성은 어떤 용질이 세포내로 들어오고 나가야 할지를 부여하는 선택적 특이성에 달려 있다. 반면에 통로는 특히 전하를 띤 용질이나 이온이 막을 다량으로 신속히 통과해야 할 경우에 관련이 있는 것 같다. 운반체는 초당 10^4에서 10^5개 정도의 용질 분자들을 수송하는 반면에 통로 단백질은 초당 10^8 정도의 이온을 수송한다. 또한 대부분의 세포 경우 그 수요를 충족하기에 그다지 많은 수의 통로가 필요치 않다는 것을 강조해야 한다. 예를 들면 기공이 닫힐 때 공변세포의 K^+ 통로를 통하여 방출되는 K^+의 수는 초당 약 10^7개로서 1개의 통로로써 충분히 해결될 수 있는 양이다. 많은 운반체와 통로 단백질들은 흡수될 용질이 있을 때 세포에 의해 합성된다.

3.2.4 능동수송에는 대사 에너지가 소비된다

많은 수송 과정은 빠르고 특이적이며, 동시에 세포내에 용질이 **축적(accumulation)**되도록 한다. 다시 말하면 수송 과정이 상당한 농도 혹은 전기 화학적 기울기를 초래하지만 그 기울기를 거슬러서 용질의 수송이 계속되도록 한다. 이런 수송 과정을 **능동 수송(active transport)**이라고 한다. 그 정의상 능동 수송은 항상 그렇지는 않지만 보통 ATP의 가수 분해와 같은 대사 에너지원과 밀접한 관계가 있다. 다시 말해 능동 수송에는 에너지의 투입이 필요하며 자발적으로 일어나지는 않는다. 단순 및 촉진 확산과는 달리 능동 수송은 세포내로 혹은 세포 바깥으로의 한 방향으로만 일어나고 항상 운반 단백질에 의해 매개된다.

능동 수송은 세포 바깥의 용질의 농도가 아주 낮을 때 세포내에 용질을 축적하기 위한 것이다. 능동 수송은 또한 세포내의 용질의 농도를 낮게 유지해야 할 때 바깥으로 용질을 수송한다. 능동 수송 체계는 용질을 농도나 전기 화학적 기울기에 역방향으로 수송하기 때문에 흔히 **펌프(pump)**라고도 한다.

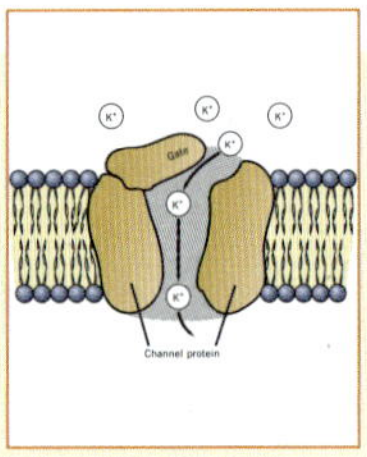

Box 3.1 전기생리학– 이온 통로의 탐구

세포막에서의 이온교환은 이온통로(ion channel)라고 알려진 세포막을 가로질러 존재하는 단백질에 의해 용이해진다. 대부분의 이온통로는 하나 또는 제한된 종류의 이온들에만 매우 특이적이며 열려진 통로를 통해 빠른 속도(10^8 s^{-1})로 확산될 수 있다.

통로 단백질(channel protein)은 개방과 폐쇄의 두 가지의 다른 형태로 존재한다. 개방 시에는 단백질의 중심이 경로를 형성하여 막을 통해 이온이 확산될 수 있도록 한다(그림 3.4). 개방과 폐쇄가 가능한 통로를 문(gate)이라고 부른다 – 개방 시에 '문'은 열려져 있고 이온은 통로를 통해 자유롭게 확산한다. '문'이 닫히면 통로를 통한 이온확산이 가능하지 않다. 전압, 빛, 호르몬 그리고 이온 자체들을 포함한 다양한 자극들이 통로를 여는 시간과 빈도에 영향 주는 것으로 알려졌다. 통로 단백질은 단백질의 구조를 변화시키고 게이트를 열어 적절한 자극에 반응하는 센서를 가지고 있다고 생각된다.

이온은 잘 움직이고 전하를 띠고 있기 때문에 세포막을 통한 이동은 전류를 발생시킨다. 이 전류는 대체로 피코 암페어 (pA $=10^{-12}$ amphere) 정도이며, 아주 얇게 늘여 뺀 유리튜브로 만들어진 미세전극을 사용하여 측정될 수 있다. 문을 가진 통로에 대한 첫 번째 증거는 세포 안으로 전극을 직접 삽입시킨 실험에 근거한다(그림 3.5). 이 방법은 여러 한계를 갖는다. 즉 비교적 큰 세포들이 필요하며 또한 그 결과는 같은 시간에 다양한 종류의 각기 다른 여러 통로의 활성도를 반영하기 때문이다. 더욱이 식물세포에 적용할 때는 전극은 보통 원형질막뿐만 아니라 액포막도 관통하므로 이렇게 되면 두 막에 있는 통로의 작용 결과가 합산된다.

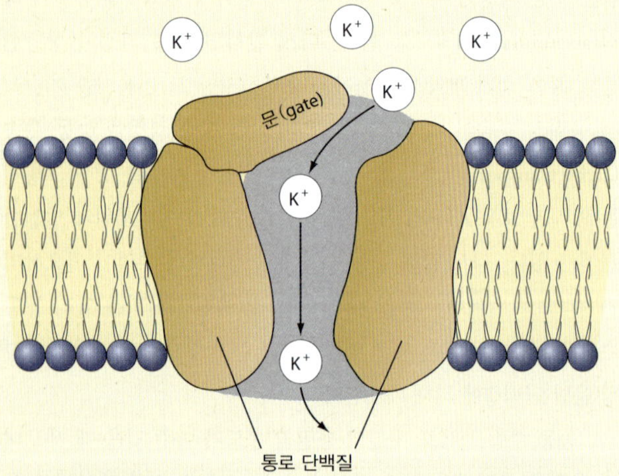

그림 3.4 개폐형 막 통로(gated membrane chennel). 개폐형 통로는 이온이 통로를 통해 확산될 수 있도록 열려져 있거나 이온 흐름이 차단되어 있을 수 있다. 열림은 호르몬의 존재 하에서 이온 자체 또는 막 퍼텐셜의 변화에 의해 촉진될 수 있다.

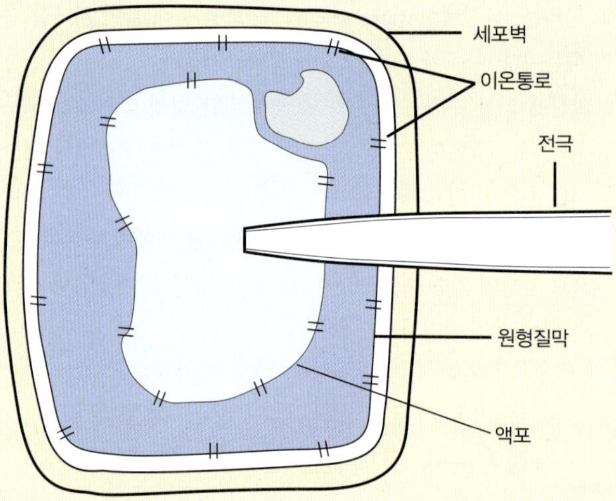

그림 3.5 이온 흐름과 연관된 세포의 전기적 특성의 변화는 미세전극을 직접 세포에 삽입하여 측정할 수 있다.

이런 문제들은 선택된 세포막의 하나의 이온통로에 대한 연구를 가능하게 한 패치 클램프(patch clamp) 방법의 발전에 의해 대부분 해결되었다. 이 방법은 미세전극의 끝을 분리된 원형질체(세포벽이 제거된 세포)를 싸고 있는 막에 접촉시킨다(그림 3.6). 전극과 막 사이의 단단한 봉합이 약간의 흡입으로 형성된다. 전극과 접촉한 세포막의 일부분을 '패치(patch)'라 부른다. 달라붙은 세포 전체에 그리고 다음으로 전극을 천천히 세포로부터 빼는 형식으로 측정이 이루어진다. 이때 패치는 여전히 전극의 끝에 남아있으며 성분이 알려진 용액에 담글 수 있다. 즉 세포막의 바깥 표면이 미세 전극 용액에 접촉해 있는 것이다(이것을 'inside-out' 형태라 부른다). 이 기술의 다양한 응용은 패치의 방향을 뒤집어 안쪽면이 전해질 용액에 접하게 할 수도 있다(이것을 'outside-out' 형태라 부른다). 충분히 작은 전극(대략 직경 1.0 μm)을 사용 시, 패치는 한 개의 이온 통로를 가질 수 있다.

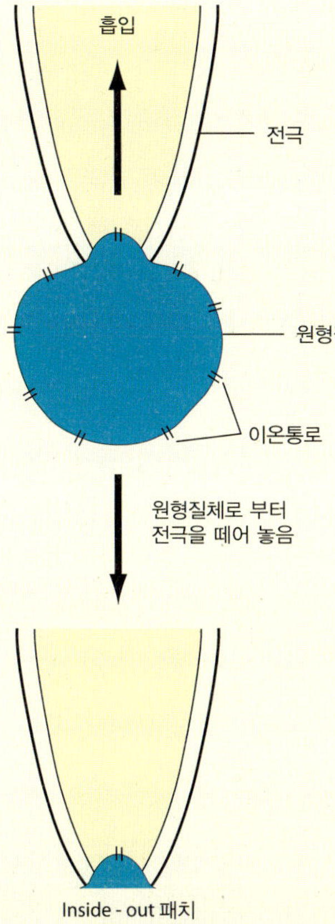

그림 3.6 각각의 통로를 통한 전류 흐름은 패치-클램프 기술을 통해 측정할 수 있다. 하나의 통로를 가진 작은 조각의 막이 미세전극 끝에서 분리될 수 있다. 통로를 통한 이온의 흐름은 전류가 수반되어 민감한 증폭기로 측정할 수 있다.

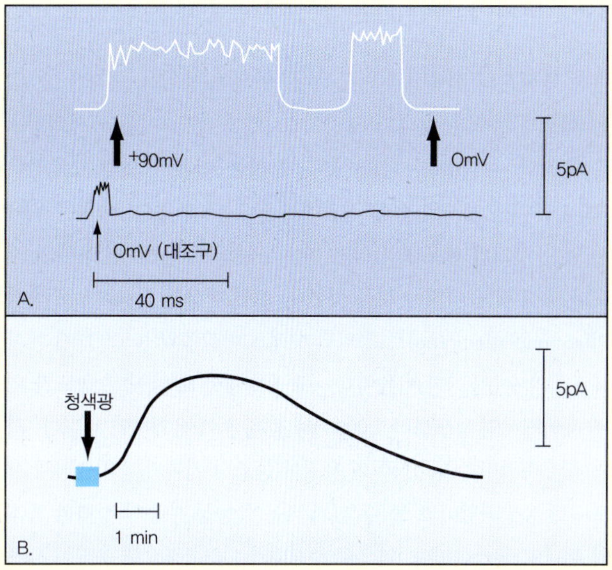

그림 3.7 (**A**) 기공 공변세포 원형질체 원형질막의 K^+ 이온 선택적 통로에 의해 발생된 전류. 통로 열림은 막 사이 90 mV 펄스를 가하여 촉진되었다. 전압 펄스가 종료되기 전에 통로가 일시적인 개폐를 보여주는 사실에 주목하라. 비교용으로 0 mV 대조구도 보여주고 있다. (Reprinted with permission from J. I. Schroeder et al., *Nature* 312:361–362. Copyright 1984, Macmillan Magazines Ltd.) (**B**) 청색광은 전체 세포막의 전류를 촉진하는데 이는 막의 이온펌프가 청색광에 의해 활성화된다는 것을 암시하고 있다. (Reprinted with permission from S. M. Assmann et al., *Nature* 318:285–287. Copyright 1985, Macmillan Magazines Ltd.)

적절한 전기회로를 가지고 연구원은 패치를 통한 전위의 차이(전압)를 미리 결정된 값에 고정 또는 '클램프(clamp)'할 수 있다. 동시에 이 회로는 세포막 패치를 통과하는 어떤 전류의 흐름도 관찰할 수 있다. 전형적인 실험 결과가 그림 3.7에서 보여준다. 그림 3.7A는 기공의 공변세포에서 분리된 원형질막의 inside-out 패치를 이용한 하나의 칼륨(K^+) 통로의 패치-클램프 기록을 보여준다. 아래 추적의 경우, 전압은 0 mV로 클램프 되었다. 하나의 작은 과도 전류펄스를 보라. 위의 추적의 경우 전압은 +90 mV 이상으로 올라간다. 전류의 추적은 전압자극에 대해 이온 통로가 즉시 그리고 50 ms 동안 열려 있었던 것을 알려준다. 그리고 나서 통로는 저절로 닫히고 12 ms 동안 다시 열렸다. 이것이 바로 전압으로 조절되는 이온통로의 예이다. 그림 3.7B는 온전한 세포를 이용한 공변세포의 원형질체에서 얻은 추적이다. 시간 눈금이 다른 것을 주목하라. 이 경우 청색광의 펄스는 청색광 활성화 양성자 펌프의 활동에 의한 전류흐름을 시작한다.

패치클램프 기술은 식물의 막 수송 메커니즘에 관한 통찰력을 제공하는 전기생리학의 중요한 진전을 보여준다.

더 읽을 거리

Molleman, A. 2003. *An Introductory Guide to Patch Clamp Electrophysiology*. Hoboken, NJ: John Wiley & Sons, Inc.

Volkov, A.G. 2006. *Plant Electrophysiology: Theory and Methods*. Berlin: Springer-Verlag.

3.3 뿌리에 의한 이온의 선택적 축적

수송 단백질의 선택성과 능동 수송에 의해 용질을 축적할 수 있는 세포의 능력은 뿌리가 토양액으로부터 영양 이온을 선택적으로 축적할 수 있도록 한다. 뿌리에 의한 이온의 선택적 축적은 〈표 3.1〉에서 제시된 실험 결과에서 잘 나타나 있다. 축적은 위에서 말한 것처럼 세포내의 어떤 이온의 농도가 세포주변 용액의 것보다 훨씬 더 높아지는 것을 뜻한다. 이런 현상은 정량적으로 **축적비(accumulation ratio)**로 정의되며 세포 바깥쪽의 농도(C^o)에 대한 세포내의 농도(C^i)의 비율이다. 〈표 3.1〉에서 K^+의 내부 농도가 외부 용액에서의 농도보다 1,000배나 높은 점에 유의하기 바란다. 과거에는 축적비가 1 이상이면 용질이 농도의 기울기를 거슬러서 세포내로 유입되었다고 볼 수 있기 때문에 능동 수송의 강력한 증거가 된다고 생각하였다. 역으로 축적비가 1보다 작으면 용질이 세포 바깥으로 능동적으로 이동하였다는 것을 암시한다. 아래에서 보게 되겠지만 이것은 특히 전하를 띤 용질이 관련될 때에는 반드시 맞는 이야기는 아니다. 세포의 용질 흡수를 평가하려면 용질이 전하를 가졌는지의 여부를 구분하여야만 한다.

이온의 흡수는 매우 선택적인 과정이다. 〈표 3.1〉에서 보면 옥수수의 뿌리에 의해서 Na^+의 축적은 사실상 일어나지 않으며 K^+이나 NO_3^-의 축적비는 SO_4^{2-}보다 상당히 높은 것을 알게 될 것이다. 동물 세포와 달리 식물 세포에서 Na^+의 농도가 낮은 이유는 우선 Na^+의 흡수가 제한되어 있기 때문이기도 하지만 Na^+이 다른 이온과 함께 식물 세포 바깥으로 능동적으로 수송되기 때문이다.

표 3.1 옥수수 뿌리에 의해 일어나는 몇 가지 이온의 선택적 흡수.

	축적 비		
Ion	C^o (m)	C^i (m)	$[C^i/C^o]$
K^+	0.14	160	1142
Na^+	0.51	0.6	1.18
NO_3^-	0.13	38	292
SO_4^{2-}	0.61	14	23

옥수수뿌리를 4일간 영양액에 담궜다. C^o와 C^i는 각각, 배지와 뿌리조직 내의 이온농도이다. C^i는 뿌리수액 내에서 이온농도로서 측정된 값이다. H. Marschner(1986) 자료에서

3.4 전기 화학적 기울기와 이온의 이동

3.4.1 이온은 전기 화학적 기울기에 따라 이동한다

설탕과 같이 전하를 띠지 않은 용질의 축적비에 대한 계산은 상대적으로 간단하다. 흡수가 기본적으로 세포막 양쪽의 농도차에 의존한다고 볼 수 있기 때문이다. 다시 말해 전하를 띠지 않은 용질의 경우 **화학 퍼텐셜(chemical potential)**의 기울기를 결정하는 것은 농도 차이뿐이다(1장 참조). 화학 퍼텐셜 기울기($\Delta\mu$)는 아래의 방정식 (3.2)에 의해 기술될 수 있는데

$$\Delta\mu = \mu_i - \mu_o \qquad (3.2)$$

이 경우 μ_i는 시토졸에 있는 전하를 띠지 않은 용질의 화학 퍼텐셜이며 μ_o는 세포 밖에 있는 전하를 띠지 않은 용질의 화학 퍼텐셜이다. 따라서 전하를 띠지 않은 용질 U에 대해 이것의 화학 퍼텐셜 기울기 ($\Delta\mu_u$)는 방정식 (3.3)으로 표시된다.

$$\Delta\mu_u = RT \ln [U_i]/[U_o] \qquad (3.3)$$

방정식 (3.3)은 아래의 방정식 (3.4)처럼 단순화되는데, 여기서 U_i는 시토졸에 있는 U의 농도이며 U_o는 세포 밖에 있는 U의 농도이다.

$$\Delta\mu_u = 59 \log [U_i]/[U_o] \qquad (3.4)$$

실험적으로 용질의 내부 농도와 외부 농도를 측정하여 축적비를 얻는 것은 비교적 간단한 문제이고 이로부터 화학 퍼텐셜 기울기를 계산할 수 있게 된다. 방정식 (3.3)과 방정식 (3.4)에 의하면 $U_i > U_o$일 때 $\Delta\mu$가 양수값이 되는 것은 명백한데 이것은 U의 흡수가 에너지 의존적 능동수송에 의하여 일어난다는 것을 의미하는 것이다. 그에 반해, $U_i < Uo$일 때는 $\Delta\mu$가 음수값이 되는데 이것은 U의 흡수가 에너지와 무관한 촉진확산에 의해 일어남을 의미하는 것이다.

전하를 띤 용질이나 이온의 경우에는 상황이 더욱 복잡하여 축적비가 항상 능동 수송인지를 결정하는 데 유효한 지표가 아니다. 이온은 전하를 띠고 있기에 화학 퍼텐셜의 차이에 의해서 뿐만 아니라 **전기 퍼텐셜(electrical potential)**의 차이에 의해서도 이동한다. 예를 들어 양전하를 띠고 있는 칼륨 이온은 자연히 음전하가 많이 분포된 지역으로 끌려가게 된다. 결과적으로 이온의 이동은 농도와 전기적 차이의 두 가지 요소에 의해 결정된다. 다시 말하자면 이온은 **전기 화학적 기울기(electrochemical gradient)**에 따라 이동하므로 세포의 전기적 특성이나 **막횡단 전위(transmembrane potential)**를 감안해야 한다.

단지 양전하와 음전하가 불균등하게 분포하는 것으로도 막 양쪽으로 전압 또는 퍼텐셜 차이가 발생하게 된다. 예를 들면 시토졸은 단백질의 카르복실기($-COO^-$)와 아미노기($-NH_4^+$)와 같은 고정되어 있거나 혹은 확산될 수 없는 많은 전하를 가지고 있다. 게다가 동시에 세포는 특히 H^+, Ca^{2+}, Na^+ 등의 양이온들을 세포 바깥으로 능동적으로 내보내기 위하여 에너지를 사용한다. 결과적으로 나타나는 양이온의 불균등한 분포는 막 사이에 퍼텐셜의 차이 즉 전압을 발생한다. 시토졸은 양전하를 띤 이온이 축적되는 세포벽의 공간에 비해 상대적으로 음전기를 띠게 된다.

막횡단 전위차가 어떻게 세포 안팎으로의 이온 이동에 영향을 미치는지를 〈그림 3.8〉의 간단한 예로서 충분히 설명할 수 있다. 여기서 (1) 내부의 K^+의 농도가 바깥보다 높고; (2) K^+이 막 사이를 아마도 K^+ 통로를 통하여 자유롭게 이동할 수 있고; (3) 내부의 K^+이 세포내에 함유된 많은 유기 음이온에 의해 균형을 이루고 있다고 가정한다. 이런 조건하에서는 K^+이 세포 안팎의 K^+의 농도가 같아질 때까지 농도 차이에 의해 세포 바깥으로 확산되어 나갈 것으로 기대된다. 그러나 K^+이 세포 밖으로 나가게 되면 확산되지 않는 음이온은 세포내에 그대로 남아 막 사이에 전하의 불균형, 즉 전압차가 생기게 된다. 확산되지 않은 음이온과 이동성이 있는 양이온의 조합에 의해 발생된 퍼텐셜(전압차)을 **도난 퍼텐셜(Donnan potential)**이라 한다. 음전기에 의해 양전하를 띤 칼륨 이온은 다시 세포내로 들어오게 된다. 결과적으로 평형 상태는 막 양쪽의 K^+의 농도가 같을 때 만들어지는 것이 아니라 농도 차이에 의해서 나오는 K^+을 밖으로 내보내는 힘과 전기적 차이에 의해 K^+을 안으로 당기는 힘이 서로 같을 때 만들어진다. 이러한 환경하에서 세포는 높은 농도의 K^+을 유지하게 되며 축적비는 1보다 크게 되지만 칼륨 이온의 이동은 완전히 수동적이다. 평형 상태에서 K^+의 불균등한 분포는 도난 퍼텐셜 때문이므로, 그것이 **도난 평형(Donnan equilibrium)**의 한 예가 된다.

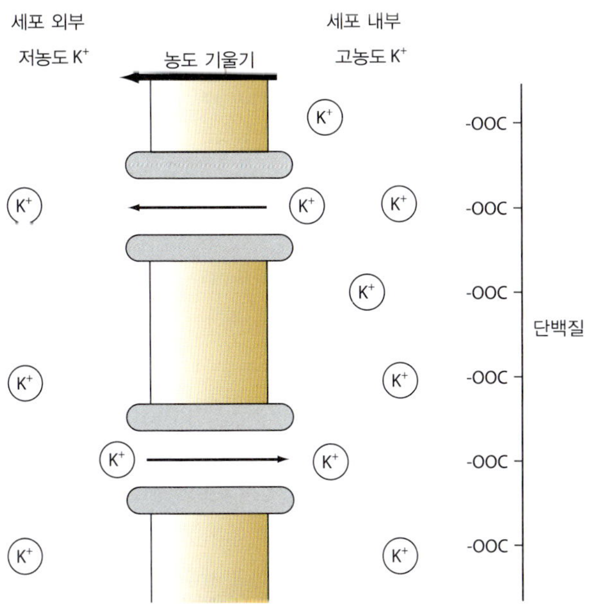

그림 3.8 전기 퍼텐셜 기울기에 의하여 외견상 양이온(K^+ 등)의 축적이 농도 기울기에 역행하여 일어나게 된다. 농도차와 전하차의 합에 의하여 전기 화학적 기울기가 형성된다. 따라서 칼륨 이온은 세포내의 단백질이나 다른 거대 분자들에 부착된 다량의 전하와 반응하게 되어서 세포에 축적된다.

음이온의 분포도 역시 막전위에 의해 영향을 받게 되며 반대 방향으로 일어난다. 음이온은 내부의 우세한 음전하에 의해 밀려 나고 외부의 우세한 양전하에 의해 끌려 나가서 축적비가 1보다 작게 된다. 여기의 예를 보면 축적비가 1이 아닐 경우라도 반드시 능동 수송이 관련되어 있다고는 할 수 없는 것을 분명히 알 수 있다.

막전위차는 섬세하게 뽑아낸 유리관으로 만들어진 미세 전극 봉을 사용하여 측정할 수 있다. 현미경하에서 전극 봉을 세포의 액포 내로 삽입하고 대조 전극 봉은 세포 주변의 용액에 담근다. 두 전극 봉간의 퍼텐셜 차이는 민감한 전압계(voltmeter)를 이용하여 측정하게 된다. 결코 쉬운 기술이라고는 할 수 없지만 많은 연구자들이 이 기술을 능숙히 구사하고 있다. 이렇게 측정된 퍼텐셜은 보통 어린 뿌리나 줄기 세포의 경우에는 −100 mV에서 −130 mV 정도이고 어떤 조류의 세포에서는 −200 mV나 되었다. 시토졸은 항상 주변의 용액에 비하여 음전기를 띠고 있다. 이러한 전위차(퍼텐셜)에는 많은 양의 전하의 불균등이 필요하지 않으며 100만 개의 이온 중에서 단지 1개의 전하차가 있으면 100 mV의 전위차를 일으키기에 충분하다.

3.4.2 네른스트(Nernst) 방정식에 의해 하나의 이온이 능동적으로 또는 수동적으로 교환되는지 예측할 수 있다

막을 경계로 전하를 띤 이온(C)의 분포를 예측하기 위해서는 막 전기 퍼텐셜차(ΔE_c)의 역할은 물론 막 사이의 이온의 농도차를 알아야 한다. 그래서 방정식 (3.3)은 아래의 방정식 (3.5)로 단순화하여 표시된다.

$$-z\,\Delta E_c = 59\log[C_i]/[C_o] \tag{3.5}$$

표 3.2 완두와 귀리 뿌리에서의 몇 가지 이온의 흡수. 내부농도(C_i)를 예측하기 위하여 완두와 귀리 뿌리에서의 세포막 전위가 각각 −110 mV와 −84 mV로 가정하고 네른스트 방정식이 사용되었다. 축적비는 측정된(실제) C_i를 바탕으로 계산하였다. 예상되는 흡수메커니즘 아래서의 E는 뿌리로부터의 능동적 유출을 의미하고 U는 뿌리의 능동적 흡수를 표시한다.

Ion	C_o	예측C^i	측정C^i	축적비	측정치 / 예측치	예상 흡수 메커니즘
			완두뿌리			
K^+	1.0	74	75	75	1.01	확산
Na^+	1.0	74	8	8	0.108	E
Ca^{2+}	1.0	5400	1.0	1.0	0.00018	E
NO_3^-	2.0	0.027	28	14	1037	U
$H_2PO_4^-$	1.0	0.014	21	21	1500	U
SO_4^{2-}	0.25	0.000047	9.5	38	202,127	U
			귀리뿌리			
K^+	1.0	27	66	66	2.4	확산 (?)
Na^+	1.0	27	3	3	0.11	E
Ca^{2+}	1.0	700	1.5	1.5	0.0021	E
NO^{-3}	2.0	0.076	56	28	741	U
$H_2PO_4^-$	1.0	0.038	17	17	447	U
SO_4^{2-}	0.25	0.000036	2	8	5,555	U

From data of Higinbotham et al., 1967.

여기서 z는 이온 C의 원자가 혹은 절대전하이며, C_i 그리고 C_o는 각각 시토졸과 세포밖에 있는 이온의 농도들이다. 막 전위차와 막 사이의 이온 분포와의 관계를 보여주는 방정식 (3.5)를 **네른스트 방정식(Nernwt equation)**이라 부르는데 여기에서 ΔE_c는 전기 퍼텐셜차(네른스트 퍼텐셜로도 알려짐)이다. 예를 들어 일가 양이온의 z값은 1이고 칼슘이나 마그네슘의 z값은 2이다. 염소(Cl^-)나 질산염(NO_3^-)은 −1이고 황산염(SO_4^{2-})은 −2이다.

네른스트 방정식은 만일 이온의 수송이 촉진 확산에 의해 일어난다면 세포내의 평형 상태에서의 이온의 농도(C_i)에 대해 예측이 가능하게 한다. 이 방정식을 적용하기 위해서는 막 전위와 세포 안팎의 이온 농도를 측정해야 한다. 만약 실제 농도가 네른스트 방정식에 의해 예상되는 농도와 다르면 이온의 흡수나 방출이 능동적임을 암시한다. 달리 말해서, 막 사이로 이온이 능동적 혹은 수동적으로 분포할 가능성을 결정하는데 네른스트 방정식이 사용될 수 있다. 만일 내부 농도의 측정치가 계산한 네른스트의 값과 유사하면 이온의 이동은 수동 수송에 의한 것이고 측정치가 예상값보다 크면 능동 수송에 의한 이온의 흡수가, 작으면 능동 수송에 의한 이온의 방출이 예측된다.

네른스트 방정식을 〈표 3.2〉에 나타나 있는 하긴보탐(Highinbotham)과 그의 동료들에 의한 실험 결과에 적용해 볼 수 있다. 평형 상태에서 완두와 귀리 뿌리의 막 전위의 측정치는 각각 −110 mV과 −84 mV이다. 외부 용액의 이온 농도인 C_o은 이미 알고 있어 예상되는 C_i를 네른스트 방정식으로부터 구할 수 있다. 실제 값에 대한 예상 값의 비율이 어떤 특정 이온에 대한 네른스트 방정식에 의한 관계가 얼마나 잘 적용되는지의 척도이다. 거의 모든 이온들의 축적비가 1보다 크다는 것은 세포 내에 어느 정도의 축적이 일어남을 암시하고 있다. 오직 K^+의 경우에만 실제 농도와 예상치의 비율이 1에 가까워 K^+이 전기 화학적인 평형 상태에 있으며 적어도 완두의 뿌리에서는 수동적으로 축적되는 것을 암시한다. 귀리 뿌리의 경우에는 K^+이 능동적으로 축적될 가능성이 있는 것 같다. Na^+과 Ca^{2+}은 둘 다 세포내의 농도가 예상치보다 낮고 이들의 펌프가 막에 존재하는 증거들이 있기에 이 이온들은 아마도 전기화학적 기울기에 의해 수동적으로 유입된 후 능동 수송에 의해 방출되는 것으로 보인다. 표의 3가지 음이온들의 세포내의 농도는 예상치보다 훨씬 높아서 능동적으로 흡수되는 것을 암시한다. 이러한 것은 정상적인 막 퍼텐셜을 극복하고 세포 내부의 우세한 음의 환경으로 음전하를 띤 이온들이 이동하기 위해서는 에너지가 필요하므로 당연한 것이다.

비록 위의 결과들에 의해 능동 또는 수동 수송인지를 간접적으로 확인할 수 있기는 하지만 각각의 경우에 더 추가적인 실험이 결론을 확인하는데 도움이 된다. 능동 수송에는 직접적인 대사 에너지의 투입이 필요하므로 산소나 유기 호흡의 저해제에 민감하다. 따라서 산소의 결핍시나 시안화염, 2,4-dinitrophenol 등의 처리에 의해 어떤 이온의 흡수가 줄게 되면 능동 수송의 증거가 될 수 있을 것이다. 그러나 이러한 증거도 저해제가 간접적으로 양분의 흡수에 영향을 미치므로 항상 절대적이지는 못하다. 예를 들어 확산에 의한 수송의 경우에도, 궁극적으로는 막 구조와 수송이 가능하도록 하기 위한 세포의 상태 및 막 구조를 유지하기 위해서 대사 에너지의 소비는 일어난다. 에너지가 직접적으로 혹은 간접적으로 관련되어 있는지를 구별하기란 항상 단순하지만은 않다. 보통 능동 수송은 용질의 분포가 전기 화학적인 평형 상태에 있지 않고 수송되는 용질과 소비된 에너지 간에 정량적인 관계에 있는 것이 그 기준이 된다.

마지막으로 이온 농도를 알고 있을 때 네른스트 방정식을 사용하여 바로 그 이온에 의해 생기는 막전위차 또는 네른스트 퍼텐셜을 구할 수 있는 점을 알아야 한다. 그러나 평형 상태에서 막전위를 계산하는 것은 서로 다른 투과성을 지닌 많은 이온들이 동시에 양방향으로 막을 통과하는 사실 때문에 복잡하게 된다. 세포의 총 퍼텐셜을 알려면 각자의 이온들의 기울기에 의한 개별적인 기여도가 감안되고 합산되어야 한다. 그러나 실제로는 K^+, Na^+ 그리고 Cl^- 등의 이온들이 식물 세포에서는 높은 투과성과 농도를 지닌 대표적인 것들로 이들의 막 전위를 평가하는 것으로도 막 전위의 근사치를 얻을 수 있다.

3.5 전기발생 펌프는 세포의 능동수송에 중요하다

3.5.1 능동 수송은 ATPase-양성자 펌프에 의해 유도된다

능동 수송에 필요한 에너지는 주로 ATP의 가수 분해로부터 나온다. 엽록체와 미토콘드리아의 에너지-변환 막은 거대한 다단백질 복합체인 ATPase를 가지고 있다(7장과 10장). F-형의 ATPase로 알려진 엽록체와 미토콘드리아의 ATPase는 막 사이에 생긴 수소 이온의 전기 화학적 기울기에서 생기는 에너지를 이용하여 ATP의 합성을 일으킨다. ATPase 복합체는 또한 원형질막, 세포의 액포막 그리고 어쩌면 다른 종류의 막에서도 발견된다. 이러한 ATP 가수분해 효소를 **ATPase-양성자 펌프**(또는 H^+-ATPase)라 한다. P-형 ATPase로 알려진 원형질막의 ATPase-양성자 펌프는 구조적으로 구별되고 F-형과 반대로 작동한다(그림 3.9). ATP를 합성하기보다는 원형질막의 ATPase는 ATP를 가수분해하고 전기화학적 기울기를 거슬러 한쪽 막에서 다른 쪽으로 양성자를 펌프하기 위하여 음의 자유에너지를 사용한다. 따라서 ATPase-양성자 펌프는 양성자-수송 운반 단백질로서 기능을 하며 ATP 가수분해의 자유에너지는 막을 통해 양성자 기울기의 형태로 보존된다. 이러한 수소 이온의 기울기(ΔpH)는 다른 막전위($\Delta\psi$)와 같이 수소 이온을 원래의 상태로 돌아가게 하는 **양성자 구동력(proton motive force: pmf)**을 형성한다 방정식 (3.6).

$$pmf = \Delta\psi - 59\ \Delta pH \tag{3.6}$$

여러 가지의 식물 활동을 위한 일차적인 에너지원은 막에서 양성자의 펌프를 통하여 생긴 양성자 구동력이라고 일반적으로 여겨지고 있다. 우리는 양성자 구동력에 대한 이 방정식과 개념을 엽록체와 미토콘드리아에서의 ATP 합성을 논의할 때 다시 만나게 될 것이다(5장).

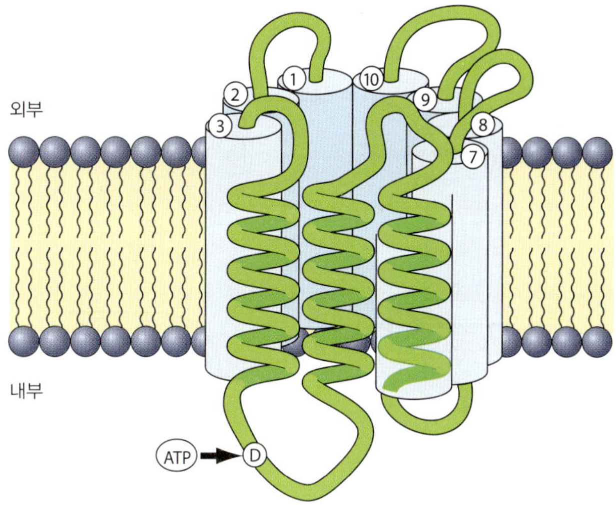

그림 3.9 원형질막 H^+-ATPase에 대한 모델. 이 효소는 10개의 소수성 막 횡단구역(domain)을 가지고 있는 단일 사슬이다. 여기서는 단지 3개만 나선형 고리를 보여주고 나머지 7개는 도식적인 원통형으로 나타나 있다. 연결되어 있는 인접 막 횡단 구역은 세포질(내부)과 세포벽의 아포플라스트(외부)로 돌출된 친수성 고리이다. ATP-결합 부위는 네 번째와 다섯 번째 막-횡단 구역 사이의 친수성 고리에 위치한 아스파르트산 잔기(D)이다. H^+-결합 부위는 소수성 구역에 위치한다. 결합 부위에서의 ATP의 가수분해는 효소의 구조를 변형하여 H^+결합 부위를 H^+가 방출되는 막의 바깥쪽으로 노출시키는 것으로 생각된다(그림 5.9와 비교하라).

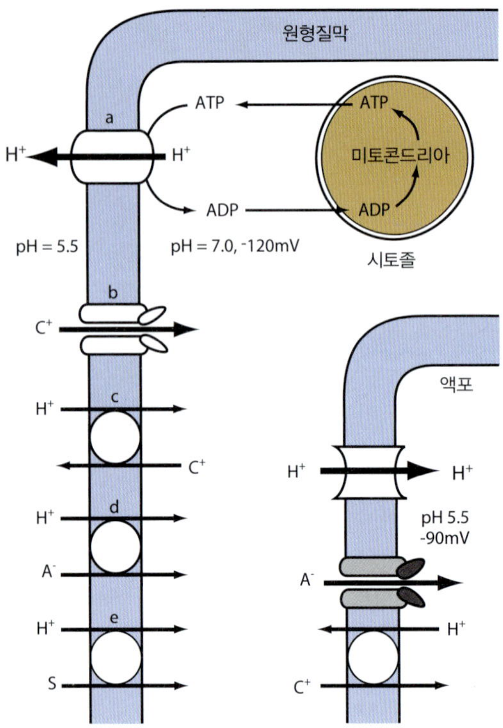

그림 3.10 용질 교환과 양성자 펌프인 ATPase 활성과의 관계를 표시한 모형도. 양성자 펌프 (a)는 막 사이의 양성자 기울기와 퍼텐셜차이(내부가 음의 값)를 유지하기 위하여 ATP 에너지를 사용한다. 양성자 기울기에 의해 만들어진 에너지는 이온 통로(b)를 활성화시키거나 역방향수송 운반체(c)에 의해 이온을 밖으로 내보낸다. 또한 동방향 수송 운반체에 의하여 이온(d)이나 전하를 띠지 않은 용질(e)이 유입된다. 유사한 펌프와 운반체들이 액포막(vacuolar membrane)에서도 작동한다. C^+, 양이온; A^-, 음이온; S, 비전하 용질.

여기에는 용질(양이온, 음이온, 아미노산, 설탕 등)의 수송, 세포질내의 pH조절, 기공의 개폐, 체관부 적재를 통한 설탕의 수송, 그리고 호르몬에 의한 세포 신장 등이 포함된다.

ATPase-양성자 펌프와 관련되어 막 사이에서의 용질 교환을 보여주는 도식 모델이 〈그림 3.10〉에 나타나 있다. 펌프를 작동하기 위한 에너지는 미토콘드리아의 산화적 인산화 과정에 의해 생긴 ATP에 의해 제공된다. 양성자의 수송 단백질은 세포질 면에 ATP 결합 부위를 지니며 세포막을 관통하여 있는 것으로 보여지고 있다. ATP의 가수분해로 세포질로부터 하나 혹은 그 이상 양성자가 주변의 세포벽 공간으로 이동하게 한다.

ATPase-양성자 펌프는 몇 가지의 흥미를 끄는 특징을 지닌다. 첫째로 한 가지 이온만 한 방향으로 움직인다. 이런 형태의 수송은 **단일 수송(uniport)**으로 알려져 있다. 둘째로 수송되는 이온이 전하를 띠고 있으므로 막 사이에 전기 화학적 기울기를 유발한다. 다시 말해서 ATPase-양성자 펌프는 **전기 발생적(electrogenic)**이며 직접적으로 막 사이의 음전위차를 발생시킨다. 실제로 전기 발생적인 양성자 펌프는 대부분 식물 세포에서 막전위를 유발하는 주요 요인이다. 방정식 (3.5)에 따르면 25°C에서 pH 1의 차이에 해당하는 양성자 농도의 10배 차이는 59mV의 막전위를 만든다. 세포막 사이의 양성자 기울기는 보통 pH 1.5–2 정도의 차이므로 총 막전위차는 대략 90 mV에서 120 mV 정도이다. 셋째로 운반되는 것이 양성자이므로 ATP 가수 분해 효소는 막 사이에 양성자 기울기뿐만 아니라 전기적인 기울기도 유발한다. 초래된 전기 화학적 양성자 기울기(혹은 양성자 구동력)의 상태로 저장된 에너지는 미첼의 화학삼투설(*chemiosmotic hypotyesis*, 5장 참조)에 따라서 세포내의 일과 짝을 이루게 된다. 이것은 실제로 화학삼투적 짝지음(chemiosmotic coupling)이 엽록체와 미토콘드리아 내에서의 ATP 합성에만 국한되는 것이 아니라 세포내의 다른 곳에서 다른 종류의 일을 수행하는 데도 사용될 수도 있다는 것을 보여주는 좋은 예이다.

전기 화학적 양성자 기울기를 세포막을 통한 용질의 이동과 짝짓는 몇 가지의 방법이 (그림 3.10)에 예시되어 있다. 첫째로는 전기 발생적 펌프는 선택적 이온 통로를 통한 양이온의 전하 의존적 흡수에 기여하는 것이다(그림 3.10(b)). 둘째로는 양성자가 세포질로 돌아올 때 다른 용질 분자와 짝을 이루어서 **공동수송(cotransport)**이 되는 것이다. 양쪽 이온의 수송은 같은 단백질 운반체에 의해서 매개되며 다른 용질은 전기 화학적 기울기에 따른 양성자의 내부로의 유입에 종속적으로 짝지어진다. 만약 두 번째 이온이 양성자와 반대방향으로 이동되면 이런 형태의 공동 수송을 **역방향수송(antiport)**이라고 한다. 그림 3.10(c)에서 예로 보여진 것은 양성자의 세포내로의 유입이 다른 양이온의 유출과 짝을 이루는 것이다. 여기서 양성자의 전기 화학적 기울기에 의한 에너지는 세포내의 특정 양이온의 농도를 낮게 유지하는데 사용된다. 따라서 이온 통로를 통해 수동적으로 우연히 세포내로 유입된 모든 양이온들은 전기화학적 기울기를 역행하여 세포 바깥으로 펌프되어 나간다. 만약 두 가지의 용질이 동시에 같은 방향으로 이동하면 이러한 형태의 공동 수송을 **동방향수송(symport)**이라 한다. 그림 3.10(d,e)에서 두 가지 예가 보여진다. 첫 번째는 양성자의 유입이 전기 화학적 기울기를 역행하여 일어나는 음이온(A^-)의 흡수와 동반되는 것이다. 두 번째는 양성자의 기울기가 설탕과 같이 전하를 띠지 않은 용질(S)의 흡수를 추진하는 데 사용되는 것이다. 위의 세 가지 공동 수송은 모두 다 특정한 운반체 단백질에 의해 매개되는 능동 수송의 형태이다.

3.5.2 원형질 막과 액포막의 ATPase-양성자 펌프는 다르다

막의 ATP 가수 분해 효소(ATPase)에 대한 대부분의 선구자적인 초기 실험들은 세포막으로부터 분리한 작은 구형의 소낭(vesicle)을 사용하여 진행되었다. 세포막이 깨어지면 그 조각들은 자신들의 강한 소수성 때문에 자연적으로 소포를 형성한다. 이 기술은 상대적으로 간단 명료하지만 같은 종류의 막에서 같은 종류의 ATP 가수 분해 효소를 가진 소포를 만드는 것은 쉽지 않다. 엽록체 ATP 가수 분해 효소에 의한 오염은 암소에서 키운 황백화된 조직으로부터 막을 분리하면 피할 수 있고 미토콘드리아의 막은 차등 원심분리로 분리해 낼 수 있다. 그렇지만 원형질막으로부터 액포막과 같은 다른 세포막의 분리는 어려워서 초기의 실험 결과는 실험실에 따라 서로 달랐다. 서로 다른 결과에 대한 문제는 막분리물이 종종 두 가지의 ATP 가수 분해 효소, 즉 세포막형과 액포막형을 갖기 때문이라는 사실이 밝혀지면서 해결되었다. 밀도 기울기 원심분리(density gradient centrifugation)와 같은 개선된 기술에 의해 적어도 부분적으로는 두 가지 막의 분리가 가능하여 각각의 ATP 가수 분해 효소의 특성을 파악하는 것이 가능해졌다. 원형질막형의 양성자 펌프 ATPase는 일반적으로 질산염(NO_3^-)과 같은 음이온과는 반응하지 않지만 바나드산염(VO_3^-)에 의해 특이하게 저해된다. 바나드산염(vanadate)이 인산염과 같은 결합 부위에서 경쟁하는 결과로 생기는 바나드산염에 대한 민감성으로 미루어보아 ATP의 인산기가 ATPase 단백질로 전이되는 것을 가정해 볼 수 있다(그림 3.9). 결과적으로 생기는 높은 에너지의 **인산화 효소(phosphoenzyme)**는 3차 구조의 변화를 일으켜서 양성자-결합 부위가 바깥쪽으로 노출되도록 한다. 현재까지의 증거로 보아서 하나의 ATP가 가수 분해될 때 한 개의 양성자가 수송되는 것 같다.

액포막형 양성자 펌프 ATPase(또는 V-형)는 원형질막형과 여러 면에서 서로 다르다. 예를 들면 질산염에 의해 강력히 저해가 되지만 바나드산염의 영향을 받지 않는다. 이 점에서 액포막형 ATPase는 역시 VO_3^-의 영향을 받지 않는 F-형의 미토콘드리아의 ATPase와 유사하다. 그러나 만일 잘못되어 미토콘드리아의 ATPase에 의해 오염되면 측정액에 올리고마이신(oligomycin)이나 아지드화물(azide)을 첨가하면 된다. 두 저해제는 모두 액포막형의 ATPase에는 영향을 미치지 않고 미토콘드리아의 ATPase만 저해한다. 구조적으로 액포형 ATPase는 원형질막의 ATPase보다는 미토콘드리아 F-형 ATPase와 더 유사하다. F형과 마찬가지로 V-형은 막에 묻혀 있는 소수성의 소단위 복합체(F_0와 유사한)와 가용성의 친수성 소단위 복합체(F_1과 유사한)로 나뉘어 질 수 있다. 비록 가용성 복합체가 ATP-결합 부위를 포함하고 있지만 바나드산염이 V-형의 ATPase에 영향을 미치지 않는 것으로 보아서 액포막형은 세포막형과는 달리 인산화된 중간 산물을 형성하지 않는 것 같다. 액포막형은 또한 가수 분해되는 ATP 분자당 두 개의 양성자를 수송한다.

액포막형 ATPase의 기능은 세포질로부터 액포로 양성자를 펌프하는 것이므로 액포의 막전위가 세포질보다 약 20 mV 내지 30 mV 높은 사실은 이 때문이다(그림 3.10). 극단적인 경우에는 액포막에서 커다란 pH 기울기가 유지되어 액포액이 아주 산성이 되기도 한다. 예를 들어 대부분이 액포액인 레몬주스의 pH는 보통 2.5 정도이다. 원형질막형 펌프처럼 액포막형 펌프도 축적된 양성자가 세포질에 대한 액포의 상대적인 막전위를 감소시키기 위해 사용되는 경우를 제외하고는 전기 발생적이다. 결과적으로 생긴 막전위차는 Cl^-이나 말산(malate)과 같은 음이온을 세포질보다는 적게 음전하를 지닌 액포내로 운반하는데 사용된다. 또한 전기 화학적 양성자 기울기는 역방향수송 운반체를 통해서 K^+이나 Ca^{2+}과 같은 양이온을 액포내로 운반하는데 사용되기도 한다. 이 두 가지의 수송은 모두 공변세포에서의 기공의 개폐를 유도하는 팽압의 변화와 경성 반응을 조절하는 특이한 운동 세포(motor cell)에 중요한 기여를 한다(23장).

원형질막, 엽록체포막, 소포체 그리고 액포막과 같은 일부 막들은 수소이온-ATPase(H^+-ATPase)뿐만 아니라 칼슘-펌프 ATPase(Ca^{2+}-ATPase)를 포함하고 있다. Ca^{2+}-ATPase는 ATP의 가수분해와 동반하여 막을 통해 칼슘 이온(Ca^{2+})을 수송시킨다. 원형질막의 경우에 칼슘은 세포질 밖으로 펌프되어진다. 이것은 세포질 내 Ca^{2+} 농도를 낮게 유지되도록 하는데 이러한 것은 인산이 축적되는 것을 막고 Ca^{2+}-의존적인 신호 경로가 적절히 작동되도록 하는데 필요하다(16장과 17장).

3.5.3 K^+ 교환은 두 종류의 수송 단백질에 의해 조절된다

1950년대 이후 세포 안으로 K^+의 흡수 — 특이 뿌리 세포에서 — 는 다른 어떤 이온들보다 좀 더 자세히 연구되어 왔다. 초기의 많은 연구들은 방사성 K^+와 유사한 $^{86}Rb^+$을 사용하여 저염뿌리에서 K^+가 흡수되는 것을 관찰한 엡스타인(Emanuel Epstein)에 의해 수행되었다. 엡스타인은 또한 처음으로 이온 수송체를 효소로 생각하였고 고전적인 효소 동력학 방법으로 그들의 데이터를 분석하였다. 다른 외부 농도에서 K^+의 초기 흡수율을 분석함으로써 K^+의 흡수가 두 단계로 되어 있다는 것을 알 수 있었다. 이러한 결과를 근거로 엡스타인은 식물 세포에 두 가지 형태의 K^+수송계가 있다고 제시하였다: 낮은 K^+ 농도(≤ 200 μM)에서 활성을 띠는 높은

— 친화력 수송계와 높은 K^+ 농도에서 활성을 가지는 낮은 — 친화력 수송계. 이런 수송계가 현재는 Ca^{2+}, NO_3^-, SO_4^{2-}, 그리고 PO_4^{2-}를 포함한 많은 무기 영양소 이온들에 대해서도 존재한다는 사실이 확인되었다. 높은 친화력의 수송계 모두에서 나타나는 일관성 있는 특징은 외부의 이온농도가 낮을 때 그들 수송계가 느린 이온 흡수율을 보인다는 점이다. 이것은 높은 친화력 수송계가 적은 이온 흡수 용량을 지니고 있음을 의미한다. 그러나 비록 그들의 이온 흡수용량이 적다하더라도 그들의 이온흡수효율은 매우 높은데 그 이유는 그들 수송계가 특정 이온에 대한 높은 결합 친화력을 갖고 있기 때문이다. 따라서 높은 친화력 수송계의 흡수 동력학(uptake kinetics)은 비례적이 아닌 포화 동력학 양상을 보인다. 대조적으로, 낮은 친화력 수송계가 농도 의존적 비례구간에서 비록 이온 흡수시 낮은 친화력을 보인다 하더라도 그들의 흡수용량은 크다. 낮은 친화력 수송계에서 높은 친화력 수송계로의 전이를 유도하는 전형적인 농도는 대다수의 일반적인 무기 영양소 이온인 경우 대략 1 mM이 된다. 생물물리학적 연구와 분자유전학적 연구에 의해 서로 다른 기질 친화력을 갖는 많은 수송체가 동정되었다. 미량 무기 영양소 이온이 아닌 일반 영양소 이온의 수송계에 대한 대부분의 생리학적, 생화학적 그리고 분자생물학적 연구는 높은 친화력 수송계의 특성규명에 집중되어 왔다. 그러나 농업적인 측면에서 K^+, NO_3^- 및 NH_4^+의 토양농도가 1 mM을 초과한다는 점을 고려할 때 야외 환경 조건하에서 식물생산성 유지를 위해서는 낮은 친화력 수송계의 역할이 중요해진다.

하나의 뿌리 세포에서 세포질의 K^+농도와 막 전위를 동시에 측정한 실험(미세전극 사용)에 의해 외부의 농도가 낮을 때 원형질막을 통해 강한 K^+ 전기 화학적 기울기가 형성되는 것이 확인되었다. 그러한 조건하에서 K^+가 세포 안으로 이동하기 위해서는 높은–친화력 흡수계는 능동 수송 메커니즘에 의해 구동되어야 한다. 높은–친화력 흡수계는 아마도 H^+-ATPase와 연관된 K^+-H^+ 동방향 수송체일 것이다. 반면에 패치 클램프(patch–clamp) 연구를 통해서는 낮은-친화력 흡수계는 세포 안(K^+_{in} 통로)과 밖(K^+_{out} 통로)으로 K^+를 이동시키는 통로(channel)가 관여하는 것으로 확인되었다. 초점이 주로 K^+_{in} 통로에 집중된 경향이 있으나 K^+가 세포 밖으로 이동되어지는 통로 또한 삼투조정을 조절하고 기공의 기능을 유지하며 잎의 수면 운동을 구동하는데 중요한 역할을 한다(23장).

K^+ 수송체는 매우 효율적이어서 그 결과 세포막에서 그들의 상대적 존재비는 매우 낮다. 이런 이유로 전통적인 생화학적 기술에 의해 수송체를 분리하고 정제하는 것을 어렵게 한다. K^+ 수송체와 다른 식물 수송체 단백질을 암호화하는 일부 유전자들이 수송체가 없는 효모(*Saccharomyces cerevisiae*) 돌연변이체의 유전자를 클로닝하여 확인되었다. 한 예로 높은-친화력 K^+ 수송체가 없는 효모 돌연변이체는 낮은 온도의 배지에서는 자라지 못하나 높은 K^+ 농도에서 자랄 것이다. 그러나 효모를 *KAT1*(애기장대의 공변세포와 관다발조직으로부터 높은-친화력 K^+ 수송체를 암호화하는 유전자)으로 형질전환시키면 효모는 낮은 K^+ 농도에서 자랄 수 있는 능력을 회복할 것이다. 이런 형태의 실험을 통해 당, 아미노산, NH_4^+ 그리고 SO_4^{2-} 뿐만 아니라 적어도 12개로 추정되는 K^+ 수송체를 확인할 수 있게 되었다.

3.6 세포의 이온 흡수과정은 상호 의존적이다

자연환경 하에서 다량 영양소인 질소(N), 인(P), 칼륨(K) 및 황(S)의 고갈은 식물의 생장과 생존에 대한 제한 요소가 된다. 식물의 뿌리세포는 어떻게 토양 영양물 중에서 다량 영양소의 유용성 변화를 감지하며 그리고 다량영양소 유용성에 맞추어 생장률을 조정하기 위해 분자 수준과 생화학적, 생리적 수준에서 적절한 반응들을 이끌어 낼 수 있도록 어떻게 그 신호가 뿌리세포내로 도입될까? 비록 다량영양소 자원의 유용성 제한에 대한 감지 및 신호전달과정에 관련된 세포 신호 전달망이 잘 정의되지 않았지만, 한가지 영양소가 결핍되면 또 다른 영양소의 흡수가 영향을 받는다는 사실이 명백해졌다. 예를 들면, 무기황산염이온(SO_4^{2-})의 유용성 감소는 질소대사를 붕괴시켜 잎에서 질산염이온(NO_3^-)의 축적을 초래한다. 비슷하게, 암모늄이온(NH_4^+)의 유용성은 칼륨이온(K^+) 흡수에 영향을 준다는 사실이 알려졌다. 많은 분자수준의 연구는 칼륨이온의 제한이 질산염 수송체의 발현을 억제시키는 반면 암모늄이온 수송체의 발현을 촉진시킨다는 사실을 제시하고 있다. 무기 인산염 이온(PO_4^{2-}) 고갈도 영양소 흡수와 관련된 가장 많이 연구된 현상중의 하나이다. 최근 유전자 마이크로-어레이(micro-array) 연구에 의하면 식물에서 인 결핍은 철 수송체는 물론 황산염이온 수송체의 조절 촉진을 포함해서 전사과정의 과잉 반응을 야기시킨다. PII 단백질(11장)은 탄소대사와 질소대사 사이의 균형을 보장하기 위해서 세포내 질산염 공급을 맡아 보는 중요한 조절자이다. 따라서 그들 다량영양소의 흡수를 제어하는 메카니즘은 서로 간에 독립적으로 일어나는 것이 아니라 상호 의존적이다. 유전자 전사과정과 세포 생리학에 대한 복잡하고 상호의존적인 대량영양소 결핍 효과는 영양소 흡수가 복잡한 대사회로망으로 간주될 때 잘 설명될 수 있음을 의미하는 것이다. 결과적으로, 영양소 결핍에 의해 야기된 잠재적인 불균형을 설명하기 위해서는 서로 다른 이온 흡수 메카니즘 사이의 교차응수(cross talk)가 분자수준에서 있어야 한다.

3.7 뿌리 구성은 이온 흡수를 극대화하기 위해 중요하다

뿌리에서의 이온 흡수가 비록 본질적으로는 세포 수준의 문제이지만 조직 수준에서 뿌리의 유기적인 구조는 전적으로 무시되어서는 안된다. 뿌리의 구성과 구조는 이것 없이는 무기염이 전혀 세포내로 들어갈 수 없다는 것이다.

3.7.1 뿌리에 의한 무기 영양소 흡수의 첫 번째 단계는 외관상 자유 공간으로의 확산이다

대부분의 영양소 흡수 실험은 절단된 보리의 뿌리와 같은 온전한 생체 조직을 사용하여 수행되었다. 낮은 염 처리된 보리의 뿌리에 의한 Ca^{2+} 이온흡수의 전형적인 유형이 동력학적(kinetic) 도표로 〈그림 3.11〉에 나타나있다. 보통 초기의 몇 분 동안에 Ca^{2+}의 흡수는 매우 빠르게 일어나는 점을 유의하라. 그 후에 시간이 지남에 따라 느린 속도로 일정하게 축적이 일어난다. 만일 어떤 지점에서 뿌리를 Ca^{2+}이 없는 다량의 용액 속으로 옮기면 Ca^{2+}은 점선으로 표시된 것처럼 뿌리로부터 주변의 액으로 유출된다. 증류수에 담그면 유실되는 이온의 양은 보통 초기에 급속히 흡수된 양보다 적다. 그러나 뿌리를 증류수에서 Mg^{2+}과 같이 다른 양이온이 들어있는 용액으로 옮기면 추가적으로 더 많은 양의 Ca^{2+}이 뿌리로부터 이탈된다. 만일 주변 액의 양이 충분히 많으면 조직으로부터 이탈된 총 Ca^{2+}의 양은 초기에 급속히 흡수된 양과 동일하게 된다.

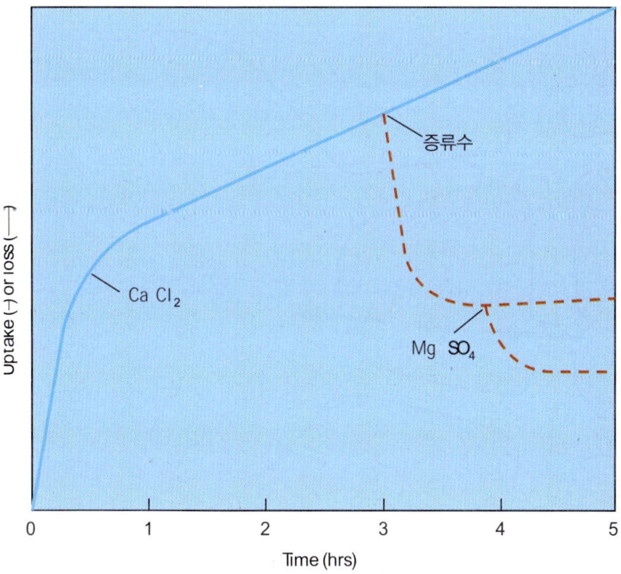

그림 3.11 시간에 따른 뿌리로의 Ca^{2+} 흡수를 보여주는 전형적인 반응과정. 저염 상태에서 배양한 뿌리를 염화칼슘 용액에 담그면 칼슘 이온이 초기에는 빠르게 흡수되다가 곧 느리고 일정한 속도로 축적된다. 뿌리를 다시 다량의 증류수로 옮기면 칼슘의 일부가 뿌리 바깥으로 확산되어 나온다. 다시 마그네슘 용액으로 옮기면 추가적인 칼슘 이온이 배양액 속으로 방출된다. 방출되는 총 칼슘의 양은 확산에 의해 초기에 빠르게 유입된 양과 같다.

Ca^{2+}의 흡수와 방출의 동역학은 다음과 같이 해석될 수 있다. **외관상 자유 공간(apparent free space, AFS)**이라고 하는 뿌리 조직의 부피의 일부가 세포막 또는 다른 확산 장벽에 의해 주변으로부터 분리되어 있지 않다고 가정하자. 이 부피 내로 단순 확산에 의해 주변 용액에 있는 Ca^{2+}의 접근이 가능하다. 뿌리 조직을 칼슘 용액에 담그면 AFS 속의 Ca^{2+}의 농도가 담근 용액속의 Ca^{2+}의 농도와 평형을 이룰 때까지 Ca^{2+}은 AFS로 급속히 확산될 것이다. 이 현상이 초기의 급속한 칼슘 흡수를 설명해 주는 것이다. 그 후에 Ca^{2+}은 천천히 일정하게 세포막을 가로질러 수송이 일어나 조직 내로 축적된다. 뿌리를 증류수로 옮기면 자유 공간에 있던 일부 칼슘 이온들은 다시 주변 액으로 평형 상태를 이룰 때까지 흘러나오게 된다. 세포막을 지나 세포 내로 유입된 칼슘 이온들은 그대로 남아 있게 된다.

뿌리를 Mg^{2+}이 있는 용액으로 옮기면 추가적으로 칼슘이 유실되는데 이는 조직이 일종의 양이온 교환체로 작용한다는 것을 보여주는 증거이다. 다시 말하자면 주로 세포벽의 공간이며 음전하를 띠고 있는 AFS는 마치 토양 콜로이드처럼 전기적 인력에 의하여 양이온을 끌어당긴다. 이렇게 흡수된 이온은 조직으로부터 자유로이 증류수로 유출될 수 없고 위의 예처럼 마그네슘과 같은 양이온과 교환될 수 있다. 따라서 AFS는 자유 확산에 의해 들어갈 수 있는 뿌리 조직의 부위를 말하며 내부 공간의 전하적인 힘에 의해 속박된 이온들을 포함한다.

AFS로 충당되는 뿌리의 부피를 측정하기 위하여 다양한 기술들이 개발되었다. 원리상 AFS의 부피는 다음의 실험에 의해 측정될 수 있다. 무게가 1 g인 뿌리를 ml 당 20 μmole의 K_2SO_4가 들어있는 용액에 담근다. 그런 다음에 뿌리를 용액으로부터 빼어내어서 외부에 묻은 용액을 닦아내고 다량의 증류수에 옮긴다. 만약 총 4.5 μmole의 황산염이 뿌리로부터 방출되었다고 하면 AFS의 황산염이 외부 용액과 평형을 이루고 있다고 가정할 수 있기에 조직 속에서 황산염이 차지하는 부피는 4.5 μmole/20 μmole ml^{-1} = 0.22 ml이 될 것이다. 따라서 자유롭게 확산이 가능한 뿌리 조직의 부피는 0.22 ml이며 1 g의 뿌리 조직이 차지하는 부피가 대략 1ml이라고 가정하면 확산에 의해 자유로이 접근이 가능한 조직 부분은 약 22%이다. AFS의 부피에 대한 추정치는 종과 뿌리를 생육한 조건, 측정시에 표면에 묻은 것에 대한 보정 등의 여러 가지에 의해 변하기도 한다. 그래도 대부분의 AFS에 대한 측정값은 10%에서 25% 내외이다.

3.7.2 외관상 자유공간은 뿌리에서의 표피 및 피층 세포의 아포플라스트와 같다

뿌리에서 정확히 무엇이 AFS를 구성하는 걸까? 이 질문에 대한 답은 확실히 세포벽과 표피와 피층 세포간의 공간(아포플라스트 공간, apoplastic space)이 될 것이다. 다시 말하면 AFS는 세포막을 지나지 않고 들어갈 수 있는 뿌리의 부피가 될 것이다. 즉 단순 확산에 의해 근접이 가능한 부피이다. 대개의 경우 계산된 AFS의 값과 뿌리 피층의 세포벽의 부피 사이에는 높은 상관 관계가 있다. AFS의 양이온 교환 능력은 세포 벽의 펙틴화합물에 존재하는 갈락투론산(galacturonic acid)이 가지고 있는 가르복실기($-COO^-$)에 기인한다.

대부분의 뿌리에서는 내피(endodermis)에서, 세포벽이 횡단면에서 방사형으로 발달되어 있는 **카스파리선(Casparian band)**이라고 하는 두꺼운 층이 있고 AFS는 여기까지만 해당된다(2장의 〈그림 2.10〉 참고). 카스파리선은 주로 소수성인 긴 꼬리를 지닌 지방산과 알코올의 복잡한 화합물인 **수베린(suberin)**으로 구성되어 있는데 이들이 세포벽 사이에 스며들어서 셀룰로오스성 미세섬유(cellulose microfibril) 사이의 빈 공간을 채운다. 이들은 또한 내피세포의 세포막에 강하게 결합되어 있다. 이런 카스파리선의 성질로 인하여 이온이나 친수성의 작은 분자들이 내피세포의 심플라스트(Symplast)를 거치지 않고 피층과 중심주 사이로 들어가기는 그 가능성이 희박하다. 따라서 이들은 피층세포와 내피세포의 막을 통과하게 되고 그 결과로 이들 막의 선택적 조절을 받게 된다.

3.8 뿌리를 통한 이온 이동의 방사상 경로

3.8.1 중심주로 들어가는 이온은 우선 외관상 자유공간에서 심플라스트로 수송되어야 한다

물관에 의해서 무기 이온은 신속하게 식물체에 고루 분배된다. 이온들이 뿌리의 중심에 있는 **중심주(stele)**에 위치한 이 물관 조직에 도달하기 위해서는 〈그림 3.12〉에 나타나 있는 뿌리에서의 방사상 경로를 지나야 한다. 이 목적을 위해서는 뿌리가 크게 세 가지의 지역으로 나뉘어져 있다는 것을 고려해야 한다. 가장 바깥 지역은 흔히 **리조더미스(rhizodermis)**이라고 하는 뿌리의 표피세포와 피층세포로 이루어져 있고 가장 안쪽은 우리가 특히 관심을 가지고 논의해야 할 물관요소와 유조직(parenchyma) 세포로 되어 있는 관다발 조직으로 구성되어 있다. 이 두 지역을 분리하는 것이 수베린으로 된 카스파리선이다.

이온 흡수는 자유로운 확산이 일어나면서 외관상 자유 공간내

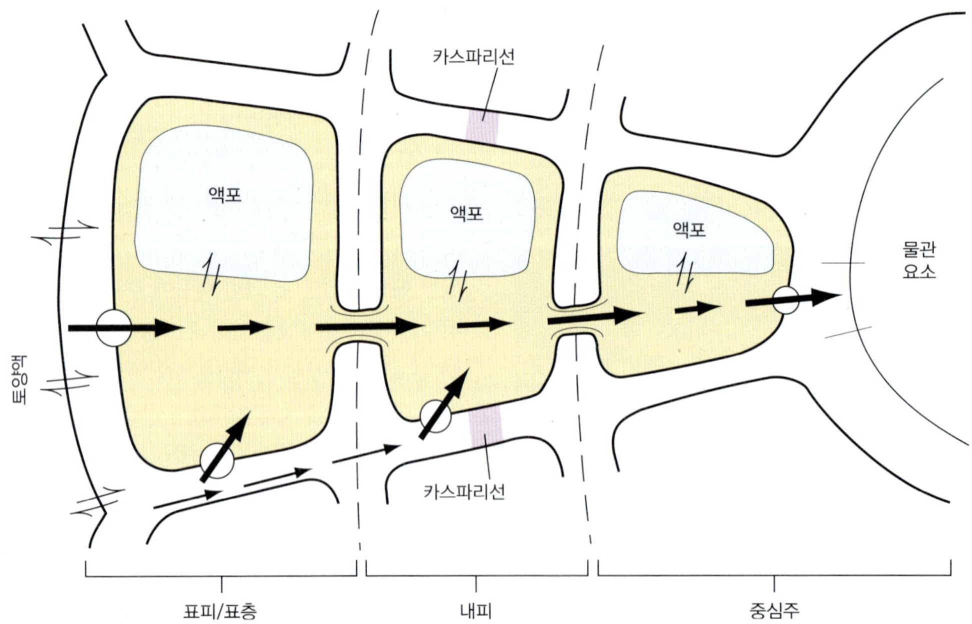

그림 3.12 뿌리를 통한 이온의 이동을 보여주는 방사상의 경로. 화살표는 무기 이온이 토양액으로부터 중심주의 관다발 조직으로 이동할 때 거치게 되는 여러 경로를 표시한다. 원으로 표시된 화살표는 원형질막에서의 이온의 능동 수송을 나타낸다.

로 시작된다. 위에서 언급하였듯이 외관상 자유 공간은 내피 바깥쪽의 아포플라스트에 해당되며 카스파리선이 이온이 아포플라스트에서 확산을 통하여 중심주 내로 들어오는 것을 효과적으로 차단한다. 그러므로 이온이 내피를 통과할 수 있는 유일한 경로는 세포막에 있는 운반체나 통로의 매개에 의해 심플라스트(symplast)로 들어가는 것이다. 이 과정은 내피세포의 바깥쪽 접선 부위나 표피나 피층의 어떤 세포에서도 일어날 수 있다. 이온은 어떤 세포에 의하여 흡수되느냐에는 무관하게 여러 세포를 거쳐서 원형질연락사(plasmodesmata)와 같은 심플라스트의 경로를 통하여 수동적 이동으로 중심주의 물관 부위의 유조직 세포에 도달하게 된다. 이 지점에서 이온들은 잎이나 다른 기관으로의 장거리 수송을 위해 물관으로 하적(unloading)된다.

3.8.2 이온은 능동적으로 물관부의 아포플라스트로 분비된다

어린 물관요소의 세포들이 아직 자라고 있는 뿌리의 아주 끝 부분을 제외하곤 기능적인 물관부는 아포플라스트에 해당된다. 서로 연결된 물관요소는 세포질이 없으며 그리고 용액으로 채워진 죽은 관으로만 이루어져 있다. 따라서 물관부로의 이온의 방출은 심플라스트에서 아포플라스트로의 수송이 필요하다. 한때는 이 수송이 단순한 수동적 확산으로 여겨졌지만 이제는 이온들이 물관부의 유조직에서 능동적으로 내보내어진다는 증거들이 있다. 모순되는 자료도 있긴 하지만 일반적으로 중심주의 아포플라스트 공간 내의 이온 농도가 주변의 피층 세포보다 높다. 이것은 아마도 에너지에 의존하면서 운반체의 매개 과정에 의하여 이온이 농도의 기울기를 역행하여 축적되는 것을 제시한다. 이 점에서 보면 아마도 카스파리선의 또 다른 주요 기능은 중심주로부터 농도 기울기에 따라서 이온이 확산되어 나가는 것을 방지하기 위한 것일지도 모른다고 가정해 볼 수 있다.

물관부로의 이온의 전달은 농도 기울기에 역행하여 일어날 뿐만 아니라 ATP 합성의 짝풀림인자(uncoupler)인 CCCP(carbonyl cyanide-*m*-chlorophenylhydrazone)과 같은 대사과정 저해제에 의해 영향을 받는다. 물관부로의 이온 이동은 흥미롭게도 단백질 합성 저해제인 시클로헥시미드(cycloheximide)에 의해서도 영향을 받는데 그러나 이것은 적어도 뿌리에서 초기의 이온 흡수에는 전혀 영향을 미치지 않는다. 2개의 식물 호르몬인 앱시스산(abscisic acid)과 시토키닌(cytokinin)도 유사한 효과를 보인다. 단백질 합성의 저해제와 호르몬들이 내피를 통한 심플라스트 경로의 수송 과정과 혹은 내피로부터 물관부로의 하적 과정 중 어느 것에 영향을 미치는지는 확실치 않다. 그러나 이런 결과로 보아 물관부로의 이온 방출이 적어도 뿌리에서의 이온 흡수와는 다른 과정일 가능성이 높다.

3.8.3 새로 나오는 2차뿌리는 일부 용질의 흡수에 관여한다

일부 뿌리에서는 이온 흡수의 일부분이 완전히 아포플라스트 경로로 일어나는 가능성을 배제하기는 어렵다. 뿌리 끝으로부터의 거리는 가변적이지만, 센티미터 길이 수준 상에서 보다 더 기부 쪽에 있는 내피세포들에는 세포벽 접면 전체에 수베린이 추가적으로 침적되어 있는 특징이 있다. 이것은 아포플라스트 경로상의 추가적인 장벽으로 보인다. 그러나 일부 식물에서는 수베린이 없는 **통과 세포(passage cell)**라고 불리는 소수의 내피세포가 존재한다. 통과 세포가 중심주로 용질의 이동이 일어나는 중요한 지점일지도 모른다.

곁뿌리 형성 시 피층과 중심주 사이에 아포플라스트의 경로가 형성되기도 한다. 옥수수의 줄기와 잠두(*Vicia faba*)의 유식물에서 일련의 실험을 통하여 보통은 아포플라스트의 경로를 통해서만 이동되는 형광 염료(dye)의 관다발 조직으로의 흡수를 추적하였는데 염료가 유입되는 지점은 최근에 발생되어 나온 2차뿌리로 밝혀졌다. 이러한 곁뿌리들은 내피의 바로 안쪽 층에 위치한 내초(pericycle)에서 파생되어 나온다. 내피를 통과하여서 출현되는 뿌리원기(root primordium)는 카스파리선의 연속성을 파괴하여서 적어도 일시적으로는 염료가 관다발 조직내로 유입되는 데 필요한 아포플라스트 경로를 형성한다. 옥수수 뿌리의 어떤 지역에서 칼슘의 흡수가 증가되는 이유가 통과 세포나 2차뿌리를 통하여 생긴 연속적인 아포플라스트 경로 때문이라는 보고도 있다. 이것은 또한 식물이 내부의 어느 곳에서나 필수적 이거나 축적하지도 않는 것으로 알려진 원소를 포함하여 사실상 거의 모든 원소를 함유하는 것으로 보이는 사실에 대한 설명이 될 수도 있다.

끝으로 이온의 흡수가 뿌리의 전지역에서 균일하게 일어나지 않는 점에 유의해야 한다. 〈표 3.3〉에 나타나 있는 것처럼 칼슘의 흡수는 정단 부위의 3 cm 정도에서 가장 많이 되는 것에 반해 칼륨은 정단에서 15 cm 부위까지 거의 균일하게 흡수된다. 게다가 뿌리 끝에서 흡수되는 대부분(흡수되는 칼슘의 2/3와 칼륨의 3/4)은 뿌리에 남아있게 된다. 뿌리의 정단부위에서 많이 떨어질수록 줄기로 이동되는 이온의 비가 증가한다. 뿌리 끝에서 더 많이 떨어져 있는 부위(정단으로부터 12–15 cm)에서 흡수된 칼슘 이온은 줄기 쪽으로는 이동하지만 뿌리의 정단 부위로는 이동되지 않는다. 비록 여러 실험실에 의해 상당한 진보가 이루어졌지만 뿌리를 통하여 물관부로 가게 되는 이온의 수송은 앞으로도 복잡하지만 도전해 볼 만한 연구 분야이다.

표 3.3 옥수수 뿌리의 위치에 따른 칼륨과 칼슘 이온의 흡수와 전류

처리지역[1]	이온	총 흡수[2]	잔류 퍼센트	전류된 퍼센트:	
				뿌리 정단	경엽부
0–3	K^+	15.3	75	—	25
	Ca^{2+}	6.3	63	—	37
6–9	K^+	22.7	17	19	64
	Ca^{2+}	3.8	42	—	58
12–15	K^+	19.5	10	10	80
	Ca^{2+}	2.8	14	—	86

[1] 뿌리 끝으로 부터의 거리(cm)

[2] 흡수는 24시간당 μ 당량

Based on data of H. Marschner and C. Richter, 1973, Z. Pflenzenernaehr, Bodenkd, 135:1–15.

3.9 뿌리와 미생물과의 상호 작용

살아 있는 뿌리의 영향은 바로 주변의 뿌리 표면을 훨씬 넘어서 **근권(rhizosphere)**이라고 정의되는 토양의 영역에까지 미친다. 이 영향의 결과로 나타나는 주요 현상의 하나로 뿌리와 박테리아나 균류 등의 토양 미생물 간의 발달되는 여러 연관 관계를 들 수 있다.

뿌리와 미생물 간의 연관 관계는 때에 따라서 아주 복잡하여 미생물이 숙주인 식물의 뿌리내로 침투하거나 미생물이 토양 속에 남아 독립생활을 하기도 한다. 어느 경우에든 연관 관계는 식물체에 득이 되거나 또는 병이 되거나 상해를 입히기도 한다.

3.9.1 질소 고정자 보다는 박테리아가 뿌리의 영양소 흡수에 더 관여한다

일반적으로 식물 뿌리는 자라고 있는 근계를 통해서 에너지가 풍부한 다량의 영양소를 제공함으로써 커다란 박테리아 군집이 살아갈 수 있게 한다. 근권에는 이 같은 유리한 조건 때문에 주변의 토양에 비해 50% 정도나 많은 박테리아가 살고 있다. 뿌리에 의해 제공되는 영양소는 주로 아미노산이나 수용성의 아미드(amide), 환원당 또는 다른 분자량이 작은 화합물 등으로 구성되어 있다. 이러한 화합물들은 비대사적인 과정에 의해 세포로부터 흘러나오거나 능동적으로 아포플라스트 공간으로 내보내어져서 근권으로 확산되기도 한다.

생장하는 뿌리 끝 부분 세포의 골지체에서 분비되는 다당류의 일종인 점액물이 뿌리 분비물에 많이 존재한다. 이 점액물질은 2차벽이 아직 형성되지 않은 뿌리골무(root cap) 세포나 어린 표피 세포 또는 뿌리털 등에서만 분비된다. 2차벽의 형성으로 인하여 뿌리 기부에서 점액 물질의 분비가 제한을 받는 것 같다. 보통 토양에서 이 점액 물질층으로 빠르게 토양 박테리아가 유입되면서 박테리아 협막의 점액 다당류 등의 대사물로서 이용된다. 더욱이 점액층은 또한 토양으로부터 콜로이드 상태의 무기 이온과 유기물을 끌어당긴다. 이렇게 생성된 뿌리의 분비물, 죽어 있거나 살아 있는 박테리아, 그리고 토양의 콜로이드 입자의 혼합물을 흔히 **뮤시겔(mucigel)**이라고 한다.

박테리아가 식물의 질소 대사와 밀접하게 연관되어 있는 것은 의심할 여지가 없다. 19세기 후반부터 알려진 공생적 질소 고정 박테리아와 독립생활 질소 고정 박테리아 모두 식물체에 있어서 일차적인 질소 공급원이다. 게다가 다른 토양 박테리아는 암모니아 형태의 질소를 질산염 형태로 바꾸어 준다. 그렇다면 박테리아는 식물의 영양 측면에서 어느 정도 영향을 미칠까? 앞 장에서 인(phosphorus)이 대부분의 토양에서 잘 녹지 않아 자연 생태계에서 종종 제한적인 영양소가 되는 점을 지적하였다. 토양 박테리아가 인을 물에 녹을 수 있는 형태로 전환하여 이용될 수 있도록 한다는 증거들이 있다. 그러나 이것이 식물에서의 인의 주요 공급원이라 하기에는 아래 부분에서 설명하게 될 특히 식물과 곰팡이 간의 광범위한 연관 관계로 미루어 볼 때 어려울 것 같다. 그렇지만 박테리아는 단지 무기 영양소가 잘 이용되게 할 수 있을 뿐만 아니라 영양소의 흡수도 증진시킬 수 있다. 그 방법의 하나가 뿌리의 생장과 외형에 영향을 미치는 것이다. 더 두드러진 예로 **단백질성(proteoid)**의 뿌리를 형성케 하는 것이다. 이런 형태의 뿌리는 원래는 열대 관목의 일종인 Proteaceae과(사람들이 좋아하는 마카다미아 땅콩을 생산하는 속의 식물인 *Macadamea*가 여기에 속함)의 식물에서 발견된 것으로 측근이 한 곳에 국한되어 엄청나게 형성되어 있는 현상을 일컫는 것으로 이제는 다른 과의 식물에서도 발견되었다. 이들의 유도는 무시겔에서 박테리아가 한 곳으로 몰려 있기 때

문에 일어나는 것으로 알려져 있다. 더 많은 양의 곁뿌리로 인하여 인과 같이 이동이 잘 안 되는 영양소가 토양에서 더 광범위하게 채굴되어 이용될 수가 있게 된다. 게다가 단백질성의 뿌리는 일반적으로 토양의 표면 근처에 존재하므로 거름으로부터 빠져 나온 영양소를 이용할 수 있다. 이러한 뿌리가 어떻게 유도되는지는 알려져 있지 않지만 박테리아에 의한 IAA(옥신)의 생산 때문일 수도 있다.

3.9.2 균근은 뿌리 주변의 영양소 고갈 지역의 부피를 증가시키는 곰팡이다

식물과 미생물과의 관계에 있어서 아마도 가장 광범위하게 그리고 영양적 측면에서 가장 중요한 것은 뿌리와 여러 가지의 다양한 토양 곰팡이 사이에 형성되는 관계일 것이다. 곰팡이에 감염된 뿌리를 **균근(mycorrhiza)**이라고 한다. 균근은 밀접한 연관 관계에 의해 참여자 쌍방이 모두 이득을 보게 되는 **상리 공생(mutualism)**의 한 보기이다. 인간에게 경제적으로 중요한 거의 모든 식물 종을 포함하여 80% 이상의 연구된 식물에서 균근이 형성되는 사실로 보아 그 중요성을 알 수 있다. **외생적(ectotrophic)**또는 **내생적(endotrophic)**인 두 가지 형태의 균근이 알려져 있다. **외생균근(ectomycorrhizae)**은 주로 온대 지역의 관목인 소나무과(Pinaceae)나 너도밤나무과(Fagaceae) 등의 몇 과에서만 나타난다. 외생균근은 전형적으로 짧고 가지가 많이 난 형태이며 빽빽하게 서로 얽혀 있는 균사의 층으로 싸여 있다. 곰팡이는 뿌리 피층 세포 사이의 공간인 아포플라스트 지역으로도 퍼져 **하티히 망(Hartig net)**이라고 하는 연결망을 형성하기도 한다. **내생균근(endomycorrhizae)**은 소나무과를 제외한 겉씨식물과 거의 대부분의 속씨식물에서 나타난다. 외생균근과는 달리 내생균근의 균사는 숙주의 뿌리의 피층 세포내로 광범위하게 발달된다.

현재까지의 대부분의 식생지에서 가장 흔히 나타나는 내생균근은 **소포성 수지형 균근(vesicular-arbuscular mycorrhiza, VAM)**를 이루고 있다. VAM의 균사는 뿌리의 피층 세포들 내에서 자라 고도로 가지를 치고 있는 나무와 같은 모양의 **수지형 균사체(arbuscules,** 난쟁이 나무라는 뜻)라고 부르는 구조를 형성한다. 균사 가지체의 가지는 숙주 세포의 세포막으로 싸여 있기 때문에 균사가 원형질체 내로 들어가지는 못하고 세포벽 사이로만 퍼져 있다. 이로 인해 균사와 세포 간의 접촉 면적은 두세 배로 증가하게 된다. 동시에 숙주 세포에도 영향을 미쳐 세포질의 부피가 20%–25% 증가되게 한다. 때로는 VAM이 숙주 세포 내에서 혹은 이들 사이에 타원형의 **소낭**(vesicle)을 형성하기도 한다. 이들 소포와 균사 가지체의 존재로 인해 숙주 식물과 침입한 곰팡이 사이에 영양소 교환을 할 수 있게 되는 접촉 면적이 넓어지게 된다. 비록 VAM이 뿌리 주변에 정확히 한정된 덮개와 같은 층을 형성하지는 않지만 이들의 균사는 주변 토양으로 생장하여 외생균근에서처럼 효과적으로 근권에 퍼지게 된다.

원래 독일의 식물학자 프랑크(A. B. Frank)에 의해 19세기에 발견되었을 때 그는 너도밤나무의 유식물을 사용하여 행한 일련의 실험 결과를 토대로 균근의 접종은 유식물의 생장에 이롭다고 결론지었다. 처음에는 보편타당하게 받아들여지지 않았지만 이 결과는 현대의 많은 실험 결과로 충분히 확인되었다. 미국과 호주 그리고 구소련에서 소나무나 다른 목본의 유식물을 사용하여 수행된 수많은 실험의 결과로 균근에 의해 감염된 식물의 경우 대조구에 비해 건량이 30~50% 정도 증가되는 것이 밝혀졌다. 옥수수와 같은 작물에서도 유사한 결과를 얻게 되었다(그림 3.13). 예를 들어 한 실험에서 VAM으로 감염된 *Lavendula* 식물의 건량이 대조구 식물에 비해 8.5배 증가하였다. 균근에 의한 생장의 촉진은 일차적으로 영양소 특히 인의 흡수가 촉진되기 때문인 것으로 보인다. 해취(Hatch)는 1937

그림 3.13 균근 곰팡이가 감염된 뿌리들이 영양소 고갈 지역에 뻗어 있다. 영양소 고갈 지역은 근계에 의해서 영양소가 빨아들여진 지역이다.

년에 행한 고전적 실험을 통하여 균근에 감염된 소나무의 유식물에서 질소, 칼륨과 인의 흡수가 2–3배 정도 증가하는 것을 보여주었다. 영양소 흡수의 증진과 더불어 균근에 의해 촉진되는 생장반응은 영양소가 부족한 토양에서 더욱 두드러지는 것도 관찰되었다. 예를 들어 식물이 쉽게 이용할 수 있는 인을 제공함으로서 VAM의 감염이 차단될 수 있다. 인산 비료를 충분히 공급하면 균근에 의해 감염되지 않은 식물도 똑같이 잘 자라게 된다.

특히 인의 흡수에 있어서 균근의 이로운 역할은 뿌리를 둘러싸고 있는 **영양소 고갈 지역**(**nutrient depletion zone**)과 관련이 있는 것으로 보인다. 이 지역은 뿌리가 쉽게 영양소를 취득할 수 있는 토양 부분을 뜻한다. 추가적인 영양소의 이용은 뿌리가 토양의 새로운 지역으로 자라나가거나 주변 토양에서 이 지역으로 영양소가 확산되어 올 때만 가능하다. 이 지역의 범위는 무기 원소의 종류에 따라 토양액 속에서 이들의 용해도와 이동성에 의존하여 서로 다르다. 예를 들어 질소의 고갈 지역은 질산염이 물에 잘 녹고 쉽게 이동되므로 뿌리로부터 어느 정도 떨어진 지역까지로 확장되어 있다. 반면에 인의 고갈 지역은 인이 상대적으로 물에 잘 녹지 않고 이동성이 적기 때문에 좁다. 균근을 형성하는 곰팡이는 균사를 인의 소모지역 바깥으로까지 확산시켜 인의 흡수를 돕게 된다(그림 3.13). 균근을 형성하는 식물은 분명히 그들 자신의 근계를 광범위하게 생장시키는 것보다는 균근의 생장을 돕는데 자신의 탄소원을 소비하는 게 낫다고 여긴다.

우리가 균근에 대해 더 많이 알게 될수록 이들의 영양소 흡수에 있어서의 역할은 더욱 자명해진다. 대부분의 균근은 숙주 특이성을 가져 특정 숙주에만 감염된다. 새로운 식물의 종을 새로운 환경에 퍼뜨리는 시도는 적당한 균근 곰팡이가 없이는 성공적이지 못하다. 임업과 농업에서 토양의 척박함을 해결하려고 할 때 땅에 균근 곰팡이를 유포하는 것은 이미 추가적으로 감안해야 할 요인이다.

요약

식물에 의한 영양염의 흡수에는 식물 뿌리와 토양의 복잡한 상호작용이 관여한다. 진흙 입자와 부식토로 구성된 토양의 콜로이드 구성원은 주로 수많은 음전하를 띤 아주 특정적인 표면지역을 드러낸다. 전하를 띤 콜로이드 표면에 흡착된 이온들이 식물을 위한 영양소의 주요 저장소가 된다. 뿌리에 의해 묽은 토양 용액으로부터 이온이 흡수되면 콜로이드 저장소로부터 교환 가능한 이온에 의해 이들이 교체된다.

식물에 의해 영양소가 흡수되면 세포막을 통과하여 뿌리 세포로 수송되어야만 하는데 따라서 영양소의 흡수는 근본적으로 세포내 문제가 된다. 용질은 단순확산, 촉진확산 또는 능동수송에 의해 세포막을 통과한다. 촉진확산과 능동수송은 막 통로와 지질 이중막을 관통하는 운반체 단백질에 의해 매개된다. 오직 능동수송에 의해서만 전기화학적 기울기를 거슬러서 이온의 축적이 일어난다. 능동수송은 보통 ATP 형태의 대사 에너지원을 필요로 한다. 세포막을 통한 물의 자유로운 이동은 오랫동안 수수께끼였지만 이제는 아쿠아포린이라고 부르는 물 선택적 통로를 통한 촉진확산의 특별한 경우로 보인다. 대부분의 식물에 의한 영양소의 흡수는 뿌리가 토양 미생물 특히 균류와 연합하면 증진된다. 균류–뿌리 연합(균근)은 뿌리가 접하는 토양의 부피를 상당히 증가시킴으로서 식물에게 득이 된다.

복습문제

1. 단순확산, 촉진확산 그리고 능동수송 간의 차이를 구분하시오. 다음은 이 세 가지 메커니즘 중 어느 것으로 가장 잘 설명이 될까? (a) 작은 지용성 용질의 유입; (b) 세포안으로 들어온 나트륨이온의 배출; (c) 친수성 당의 신속한 유입; (d) 칼륨 이온의 축적
2. 카스파리선은 앞서 뿌리압과 연관해서 접하였고 이 장에서 다시 이온 흡수와 연관해서 접하게 되었다. 카스파리선은 무엇이며 어떻게 그러한 효과들을 나타내는가?
3. 뿌리에서 유입되어 잎의 표피세포로 이동하는 칼륨 이온의 경로를 추적하시오.
4. 통로 단백질은 무엇이며 영양소의 흡수에 어떤 역할을 하는가?
5. 네른스트 방정식은 무엇이며 그리고 이온 수송에 대해 어떤 정보를 우리에게 알려주나?
6. 분자 수준에서의 교차응수(cross talk) 개념을 어떻게 식물세포의 이온수송에 관련지을 수 있을까?
7. 외관상 자유공간의 개념을 기술하시오. 영양소의 흡수에 외관상 자유공간은 어떤 역할을 하는가?
8. 왜 1보다 큰 축적비율이 반드시 능동수송에 관여한다는 표시가 되지 않을까?
9. 균근은 어떻게 식물이 영양원소를 흡수하는데 도움을 주는가?
10. 토양의 콜로이드적 성질을 기술하시오. 콜로이드적 성질이 어떻게 토양에 있는 영양원소가 이용될 수 있도록 보장하는가?

더 읽을 거리

Britto, D. T, H. J. Kronzucker. 2006. Futile cycling at the plasmamembrane: A hallmark of low affinity nutrient transport. *Trends in Plant Science* 11: 529–534.

Buchanan, B. B., W. Gruissem, R. L. Jones. 2000. *Biochemistry and Molecular Biology of Plants*. Rockville, MD: American Society of Plant Physiologists.

Cooper, J. E., J. R. Rao. 2006. *Molecular Approaches to Soil, Rhizosphere and Plant Micro-organism Analysis*. Cambridge: CABI Publishing.

Demidchik, V., R. J. Davenport, M. Tester. 2002. Nonselective cation channels in plants. *Annual Review of Plant Biology* 53: 67–107.

Epstein, E., A. J. Bloom. 2005. *Mineral Nutrition of Plants: Principles and Perspectives*. Sunderland: Sinauer Associates Inc.

Evert, R. F. 2006. *Esau's Plant Anatomy.* Hoboken, NJ: John Wiley & Sons, Inc.

Nobel, P. S. 2005. *Physicochemical and Environmental Plant Physiology*. Burlington, MA: Elsevier Science & Technology.

Peterson, R. L. 2004. *Mycorrhizas: Anatomy and Cell Biology.* Ottawa: NRC Press.

Schachtman, D. P., R. Shin. 2007. Nutrient sensing: NPKS. *Annual Review of Plant Biology* 58: 47–69.

Waisel, Y., A. Eshel, U. Kafkafi. 1996. *Plant Roots: The Hidden Half*. 2nd ed. New York: M. Dekker.

4

식물과 무기 영양소

다른 생물이 이미 만들어 낸, 에너지가 풍부한 유기 분자들에 의존하여 살고 있는 **종속 영양 생물(heterotrophic organism)**과는 다르게 식물은 전적으로 무기 환경 속에서 생존해야 한다. **독립 영양 생물(autotrophic organism)**로서 식물은 대기로부터 CO_2를, 뿌리로부터 물과 무기 영양소를 받아들여야 하고, 이렇게 단순한 무기 성분으로부터 살아있는 생물체를 구성하는 복잡한 분자들을 만들어 내야만 한다. 식물이 먹이사슬의 아랫부분에 위치하고 있기 때문에, 식물에 의해 동화되는 무기 영양소는 결국 사람을 비롯한 동물들의 몸을 구성하는 물질이 된다. 모든 생물들은 자신들의 물질대사, 생장 및 발달을 유지하기 위해 자신들이 처한 환경으로부터 원료 물질을 지속적으로 가져와야 만 한다. 이런 원료들을 생물이 이용할 수 있도록 하는 방법이 식물 **영양(nutrition)**의 주제이다.

식물의 영양은 전통적으로 두 가지 별개의 주제인 유기 영양과 무기 영양으로 구분하여 논의한다. 유기 영양은 탄소화합물의 생산, 특히 광합성을 통한 탄소, 수소 및 산소의 결합에 초점을 맞춘다. 반면에, 무기 영양은 토양으로부터 무기원소들을 얻는 것과 관련이 있다. 그러나 광합성과 토양으로부터 무기 이온을 얻는 것은 서로 의존적이어서 유기 영양과 무기 영양을 구별하는 것은 실제적이기 보다는 편의상의 문제이다. 그럼에도 불구하고 탄소의 획득과 동화는 7장과 8장에서 이미 언급되었기 때문에, 이 장에서는 식물 물질대사에서 무기원소들을 얻는 것과 이 원소들의 성분의 역할에 초점을 둘 것이다.

이 장에서는 무기질 성분에 의해 충족되는 식물의 영양 요구에 대해 알아보고자 한다.

- 무기 영양을 연구하는 데에 사용된 방법
- 필수적이고 유익한 원소들에 대한 개념과 다량 영양소와 미량 영양소 사이의 구분
- 14가지 필수 무기 원소의 물질 대사기능에 대한 일반적인 논의, 임계 농도와 결핍 농도에 대한 개념 및 무기 원소의 결핍과 관련 있는 증상
- 미량 영양소의 독성에 대한 간략한 논의

영양소 저장고로서의 토양과 뿌리에 의한 무기물 흡수 메커니즘은 3장에서 다루었다.

4.1 연구 방법과 영양 용액

4.1.1 식물 영양에 대한 관심은 농업과 작물 생산성에 대한 연구에서 출발한다

현대 영양 연구의 토대의 대부분은 복합적인 정치적 · 사회적 요인들에 반응하여 19세기 초 · 중엽에 유럽에서 마련되었다. 나폴레옹 전쟁이 유럽을 황폐화시켰고, 산업 혁명이 힘을 얻고 있었다. 유기질 비료에 심하게 의존하고 있던 전통적인 농업 경제는 인구 증가로 인한 수요와 도시로의 대량 이동에 대한 요구를 더 이상 충당할 수 없었다. 농업에서 더 큰 효율성이 요구되었고, 이것은 식물 영양에 대한 완전한 이해 없이는 불가능했다.

최초로 식물 영양 연구에 중요한 진전을 이룬 사람은 드 소쉬르(N. T. de Saussure, 1767–1845)였다. 그는 광합성과 영양소 성분의 흡수 두 가지 모두를 똑같이 정량적인 방법으로 주의 깊게 연구한 사람이었다. 드 소쉬르는 식물을 구성하고 있는 물질에 대한 최초의 원소 분석을 몇 가지 수행하였고, 발견된 몇 가지 —전부 다 반드시 필요하지는 않지만— 원소들이 절대 필요한 것, 또는 필수적이라는 개념을 소개하였다. 원소의 중요성에 관한 드 소쉬르의 생각은 당시에 상당한 논쟁을 불러 일으켰으나, 독일에서 연구하고 있던 스프렝겔(C. S. Sprengel, 1787–1859)의 연구와 프랑스에서 연구하고 있던 부씽골트(Jean-Baptiste Boussingault)의 연구로부터 지지를 받았다. 그러나 스프렝겔은 토양에서 만약 식물의 생장에 필요한 한 개의 원소가 결핍된다면 그 토양은 비생산적일 것이라는 생각을 발표하였고, 부씽골트는 비료와 영양소의 흡수가 작물의 생산에 미치는 영향 사이의 양적 관계를 강조하였다. 부씽골트는 콩과식물이 대기 질소를 동화하는 독특한 능력을 가지고 있다는 증거를 처음으로 제시하여 명성을 얻었다. 이 발견은 나중에 뿌리혹 속에 있는 박테리아가 질소 고정 역할을 한다는 것이 밝혀짐으로써 입증되었다.

19세기 중반까지, 영양에 대한 퍼즐의 많은 조각들이 맞춰지기 시작하였다. 1860년에 독일의 유명한 식물학자인 작스(Julius von Sachs)는 토양이 전혀 없는 상태에서 성분이 밝혀져 있는 영양 용액 속에서 식물이 성숙기까지 자랄 수 있다는 것을 최초로 증명하였다. 결국 1850년까지 영국의 로스암스테드에서 연구 중이던 로위스(J. B. Lawes)와 길버트(J. H. Gilbert)가 불용성 암석 인산을 **과인산석회(superphosphate)**라고 부르는 수용성 인산으로 바꾸었고, 세기의 말에는 이미 NPK(질소, 인산 및 칼륨) 비료의 농업적 이용이 유럽에서 정착되었다.

4.1.2 수경 재배는 식물의 무기 영양 요구성을 밝히는 데 도움을 준다

19세기 중반에 작스는 그의 동료들과 함께 식물의 최소 영양소 요구를 측정하는 데 관심이 있었다. 작스는 토양처럼 복잡한 배지(medium) 안에서 그러한 연구 대상물을 추적하는 것이 어렵다는 것을 깨닫고, 뿌리를 토양 속이 아니라 무기염 수용액 속에서 재배하는 실험 체계를 고안했다. 이 단순화된 체계를 가지고, 작스는 6가지 무기염이 들어 있는 비교적 간단한 영양 용액에서 식물이 성숙기까지 자란다는 것을 증명할 수 있었다(표 4.1). **용액 재배(solution culture)** 또는 **수경 재배(hydroponics, 밝혀진 영양 용액 속에서 식물을 키우는 것)**로 알려진 작스의 체계는 오늘날까지 식물의 영양 요구를 연구하기 위한 중요한 실험 체계로 남아 있다. 또한 수경 재배는 북아메리카에서 현재 상추와 토마토, 피망 및 씨가 없는 오이와 같은 야채를 연중 상업적으로 생산하는 데에 널리 활용되고 있다.

작스에 의해 고안된 영양 용액은 총 9가지 무기 영양소(K, N, P, Ca, S, Na, Cl, Fe, Mg)를 공급했다. 탄소, 수소 그리고 산소는 이산화탄소와 물의 형태로 공급되고 무기 영양소로 간주되지 않기 때문에 여기에서 제외시켰다. 다른 사람들이 부가적인 무기 영양소가 필요하다는 것을 설명하기까지는 적어도 반세기가 걸렸다. 작스의 실험이 성공한 것은 신비로울 것이 없다. 식물에 의해 사용된 대부분의 무기 영양소는 매우 적은 양이 필요했고, 작스는 알지 못하는 사이에 이런 영양소를 그가 영양 용액을 만들기 위해 사용했던 염과 물 속에 들어 있는 불순물의 형태로 공급했다. 현재는 분석 기술이 작스의 시대에 가능했던 것보다 몇 배 더 낮은 광물질 함량을 측정할 수 있는 정도까지 향상되었다. 현재, 대부분의 무기 원소는 원자 흡광 분광광도법(atomic absoption spectrometry)이나 원자 방출 분광광도법(atomic emission spectrometry)에 의해 측정된다. 이

표 4.1 식물을 배양하는 데 사용된 작스(Sachs)의 영양 용액 조성 (1860)

염	분자식	적정농도(mM)
질산칼륨	KNO_3	9.9
인산칼슘	$Ca_3(PO_4)_2$	1.6
황산마그네슘	$MgSO_{4z}7H_2O$	2.0
황산칼슘	$CaSO_4$	3.7
염화나트륨	NaCl	4.3
황산철	$FeSO_4$	미량

런 기술들은 수천 도가 넘는 온도에서 원소가 증기로 변하는 것과 관련이 있다. 증기 상태에서, 원소는 매우 좁은 파장의 범위에서 (온도에 따라) 빛을 흡수하거나 방출할 것이다. 흡수되거나 방출된 빛의 파장은 특정 원소의 특징이고, 흡수되거나 방출된 에너지의 양은 시료 속에 들어 있는 원소의 농도에 비례한다. 이런 방법으로, 몇 가지 원소의 경우에 10^{-8} g ml^{-1} 만큼 낮은 농도로 식물 조직, 토양 또는 영양 용액 시료 속에서 몇 분 내에 측정된다.

수경 재배를 상업적으로 응용하는 것을 제쳐 두고서도, 대다수의 식물생리학과 다른 식물 연구는 조절된 환경하에서 배양된 식물들을 대상으로 이루어진다. 조절된 환경에는 온도와 빛 그리고 다른 환경 조건이 주의 깊게 조절되는 상대적으로 단순한 온실이나 복잡한 생장실이 포함된다. 식물에 영양을 공급하는 것은 조절되어야만 하는 인자 중의 하나이고, 수년에 걸쳐 많은 수의 영양 용액이 식물에게 조절된 상태로 영양을 공급하기 위해 고안되었다. 가장 최근의 조성은 식물 무기 영양 연구에 대한 개척자인 호아글랜드(D. R. Hoagland)에 의해 원래 개발되었던 용액을 기본으로 하고 있다. 개개의 연구자들은 특별한 요구에 맞추기 위해서 영양 용액의 조성을 약간 변형하기도 한다. 그런 조성들은 보통 **수정된 호아글랜드 용액(modified Hoagland's solution)**으로 간주한다(표 4.2와 4.3).

영양 용액 속의 무기물의 농도는 토양에서 정상적으로 발견되는 것보다 몇 배 더 높다. 무기물이 과량으로 필요한 것은 뿌리에 의해 흡수될 때 영양소를 지속적으로 공급하도록 하기 위해서이다. 반면에, 토양 용액의 영양소 농도는 상대적으로 낮지만 토양 입자에 흡착된 영양소에 의해 지속적으로 보충된다(3장).

표 4.2 '수정된' 호아글랜드(Hoagland) 용액을 반으로 희석한 조성. 사용된 영양염과 그 염의 적정 밀리몰(mM) 농도가 제시되어 있다.

		농도(mM)
질산칼슘	$Ca(NO)_3$	2.5
인산칼륨	KH_2PO_4	0.5
질산칼륨	KNO_3	2.5
황산마그네슘	$MgSO_4$	1.0
황산아연	$ZnSO_4$	0.00039
황산망간	$MnSO_4$	0.0046
황산구리	$CuSO_4$	0.00016
붕산	H_3BO_3	0.0234
몰리브덴산	MoO_3	0.000051
철 결합제	Fe	0.179

표 4.3 수정된 호아글랜드 용액에서 각 영양소의 양

원소	mg/L
칼슘	103
질소	105
칼륨	118
황	33
마그네슘	25
인	15
철	10
붕소	0.25
망간	0.25
아연	0.025
구리	0.01
몰리브덴	0.0052

4.1.3 현대 기술을 통해 단순한 용액 재배의 단점을 극복할 수 있다

가장 단순한 형태의 용액 재배에서, 유식물(seedling)은 용기의 뚜껑에서 지탱되고, 뿌리는 영양 용액 속에서 자유롭게 자란다(그림 4.1). 생장과 영양소 흡수를 최적 상태가 되게 하기 위해서는 용액에 공기를 불어넣어야만 한다는 것에 주목하라. 공기를 불어넣지 않은 용액은 산소가 고갈된다. 이런 상태를 **무산소증(anoxia)**이라 한다. 무산소증은 뿌리 세포의 호흡을 억제하고, 영양소 흡수는 에너지를 필요로 하기 때문에 영양소의 흡수를 감소시킨다. 식물이

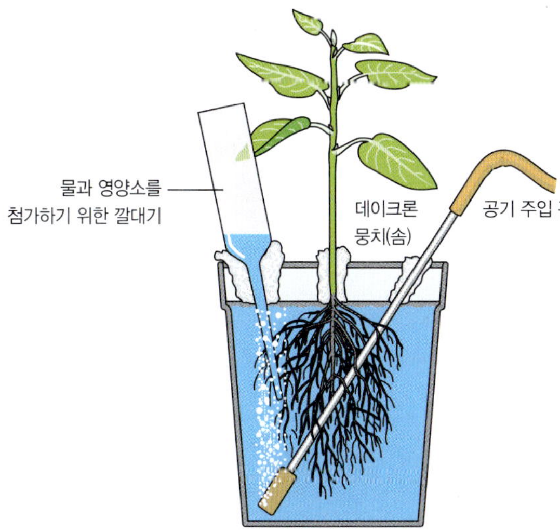

그림 4.1 영양 용액 재배를 하기 위한 전형적인 장치의 그림. (From Epstein, E. 1972. *Mineral Nutrition of Plants: Principles and Perspectives*. New York: Wiley. Reprinted by permission)

자라고 있는 용기는 빛을 차단하기 위해 보통 검게 칠하거나, 불투명한 물질로 씌운다. 빛을 차단하는 목적은 식물과 영양소를 두고 경쟁하거나 유독한 부산물을 만들 수 있는 조류(algae)가 자라는 것을 감소시키기 위해서이다.

용액 재배 기술에는 단점이 있다. 이온이 선택적으로 고갈되는 것과 뿌리가 영양소를 흡수할 때 관여하는 용액의 pH가 변하는 것이 주요한 문제들이다. 순수한 용액 재배로 유지되어 온 식물은 단지 영양 용액이 조화가 잘된 주성분들로 보충되기만 하면 계속 왕성하게 자랄 것이다. 이런 문제들을 피하기 위해, 몇몇 연구자들은 산으로 씻은 석영사, *펄라이트(perlite)* 또는 *질석(vermiculite)*[1]과 같은 영양 성분이 없는 배지에서 식물을 키운다. 그 다음, 식물에 배양액의 위쪽에서부터 신선한 영양 용액을 매일 공급하거나(**사면 배양**, **slop culture**), 저장조로부터 배양액으로 천천히 떨어뜨려 공급한다(**적하 배양**, **drip culture**). 영양 용액은 선택적으로 **지하 관개**를 하였다(subirrigated). 여기서 영양 용액은 아래쪽에서부터 식물체로 퍼 올린 후, 흘러나가도록 되어 있다. 채워졌다가 비워지는 이런 과정은 규칙적으로 반복되며, 영양 용액을 교체하고 뿌리에 공기를 공급하는 두 가지 기능을 한다. 현재 대부분의 상업적인 수경 재배법은 약간 변형된 **영양막(nutrient film)** 기법을 사용하는데, 이 기법에서는 뿌리가 재순환하는 영양 용액의 얇은 막과 함께 지속적으로 잠겨 있다(그림 4.2). 영양막 기법의 장점은 뿌리의 통기성과 영양소 흡수를 좋게 하고 용액의 영양 성분과 pH가 계속해서 기록되고 조정될 수 있도록 한다.

이런 방법들은 순수 용액 배양이 가지고 있는 몇 가지 고유한 문제점을 극복하지만, 많은 실험실내 실험에는 적합하지 않을 수도 있다. 왜냐하면, 배양기는 사실상 무영양이 아니기 때문이다. 어떤 배지, 심지어는 순수 용액 배양에 사용되는 유리, 플라스틱 또는 세라믹 용기조차도 매우 낮은 수준이지만 몇 가지 영양소를 제공할지도 모른다. 예를 들면, 연유리(규산화나트륨)는 나트륨을 제공하고, 경유리(규산화붕소)는 붕소를 공급하며, 플라스틱은 염소 또는 불소 및 기타 영양소를 제공한다. 영양 용액을 준비하기 위해 사용된 물은 가능한 대로 증류기 속에 금속 성분이 들어 있지 않도록 주의 깊게 증류해야 만 한다.

[1]질석(vermiculite)은 운모 집합체의 규산염 광물이다. 질석은 높은 수분 보유력을 가지는 가벼운 산물이 되도록 열을 가해 팽창시켜 만들어진 것이며, 보통 종묘를 키우는 데 덮개로써 사용된다. 펄라이트는 거칠게 간 유리조각 모양의 화산암이다. 질석과 펄라이트는 둘다 식물에게 아무런 영양소도 제공하지 않는 비활성 물질이다.

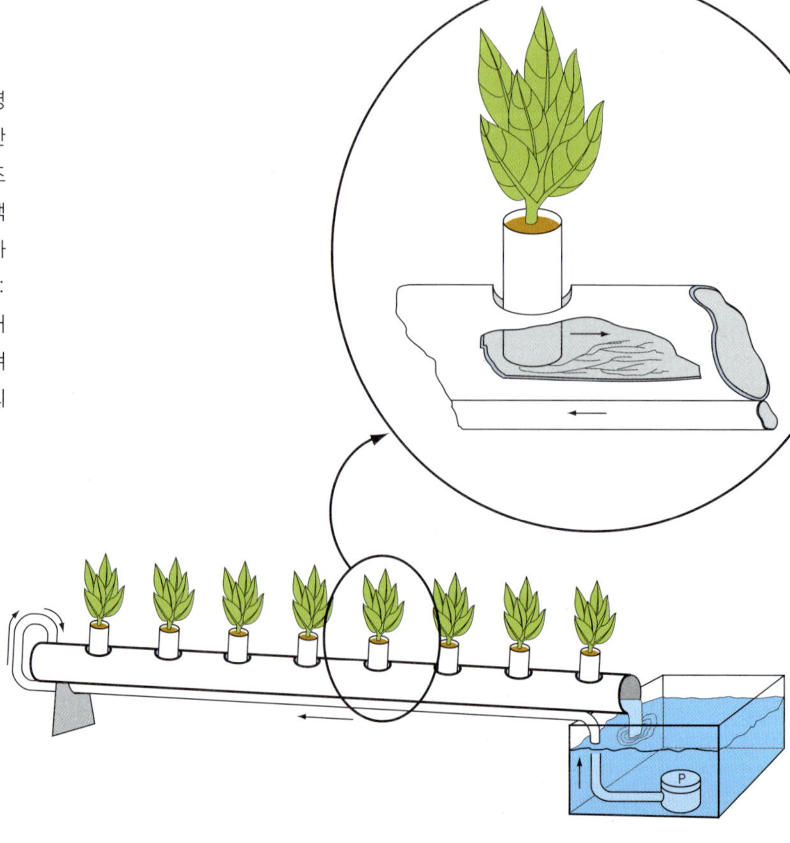

그림 4.2 수경재배 식물을 생산하기 위한 영양막(nutrient film) 기법. 식물을 관이나 약간 경사진 관 속에서 배양한다. 펌프(P)는 저장조에서 높은 곳에 있는 튜브의 끝으로 영양 용액을 순환시킨다. 용액은 중력에 의해 튜브의 아래쪽으로 흘러 저장조로 들어간다. 삽입 그림: 뿌리는 관의 바닥을 따라 자라고, 공기가 들어 있는 배양액의 얇은 막 속에 지속적으로 잠겨 있다. 화살표는 영양액이 흐르는 방향을 가리킨다.

4.2 필수 영양소

4.2.1 17가지 원소들은 식물의 생장과 발달에 반드시 필요하다

대부분의 식물들은 자신의 생활사를 성공적으로 완성하기 위해서 비교적 적은 수의 영양소를 필요로 한다. 식물이 생장하고 발달하는 데 필요한 영양소를 **필수 영양소(essential nutrient element)**라 한다. 필수성은 1972년에 엡스타인(E. Epstein)에 의해 세워진 두 가지 기준에 기본적인 근거를 두고 있다. 엡스타인에 따르면, 만약 (1) *이 원소가 없을 때에 식물이 정상적인 생활사를 완성할 수 없거나,* (2) *원소가 몇 가지 필수적인 식물 구성 요소이거나 물질 대사 산물의 부분이면, 이 원소는 필수적인 것*으로 생각한다. 첫번째 기준에 의해, 만약 원소가 결핍될 때, 식물이 생육할 수 있는 종자를 생산할 수 없다면, 이 원소는 필수적인 것으로 생각한다. 두번째 기준에 의해, 마그네슘과 같은 원소는 필수적인 것으로 생각되는데, 그 이유는 마그네슘이 엽록소 분자의 구성 성분이며 엽록소는 광합성에 있어서 필수적이기 때문이다. 비슷하게, 염소도 필수적인데, 물의 광합성적 산화에 있어서 필요한 인자이기 때문이다. 보통 둘 중 한 가지 기준을 만족시키는 것만으로 충분한 것으로 생각되지만, 대부분의 원소들은 두 가지 기준을 모두 만족시킨다.

필요성에 대한 기준은 꽤 명확하지만, 어떤 원소가 필수적인지 아닌지를 설명하는 것이 항상 쉬운 것은 아니다. 아르논(D. Arnon)과 스타우트(P. Stout)는 일찍이 세 번째 기준을 제시했다. 어떤 원소가 필수적인 것으로 간주되기 위해서는 식물의 물질 대사 과정에서 직접적으로 역할을 해야만 하고 영양 배지 속에서 나쁜 미생물 환경이나 화학적 환경을 단순히 좋게 만드는 것은 아니어야 한다. 의문의 대상이 되는 원소를 뺀 용액 배양을 해 봄으로써 이 세번째 기준을 적용할 필요가 크게 줄어든다. 반면에, 몇몇 식물들은 특정 원소가 영양 용액에서 배제되고 다른 결핍 증상이 분명히 나타남에도 불구하고 생육 가능한 종자를 형성할 수 있다. 이런 경우는 이 원소의 결핍을 무마시키기에 충분한 양의 원소가 종자 속에 들어 있거나 영양 용액 속에 섞여 있을 수 있어서 종자를 형성할 수 있을 것이다. 어떤 영양소가 전혀 없는 상태에서는 생육할 수 있는 종자를 형성하기 전에 결핍증상이 식물을 죽게 할 만큼 심각해질 것으로 예상된다. 만약 필요하다면, 영양염을 주의깊게 정제하고 대기 오염 물질에서 배제시킴으로써 이 예상을 확인해 볼 수 있다. 충분한 양의 원소가 종자 내에 있을 수 있으므로, 그 원소가 없는 상태에서 생산된 종자로부터 연속적으로 몇 세대를 키워봄으로써 그 원소의 필요성을 확인할 수 있다. 이런 방법은 종자 내에 있는 원소의 농도를 결핍 수준까지 낮추기에 일반적으로 충분하다.

이런 기준에 근거를 두면, 단 17가지 원소만이 모든 고등 식물의 생장에 필수적이라는 것에 일반적으로 의견이 일치한다(표 4.4).

4.2.2 필수 원소는 일반적으로 다량 영양소와 미량 영양소로 구분된다

필수 원소는 전통적으로 두 가지 종류로 나눈다. (1) 이른바 **다량 영양소(macronutrient)**라 부르는 것과 (2) **미량 영양소(trace element 또는 micronutrient)**가 그것이다. 이렇게 두 가지로 구분하는 것은 조직 속에서 발견되는 상대적인 농도나 영양 용액 속에 들어가는 상대적인 농도(표 4.4)를 단순히 반영하는 것이고 식물의 영양 요구에 대한 상대적인 중요성을 나타내는 것이 아니다. 표 4.4 목록 중 처음 9가지 원소는 다량 영양소라 부르는데, 그 이유는 이 영양소들이 많은 양(건량 중 10 mmole kg^{-1}보다 많이)으로 필요하기 때문이다. 다량 영양소는 주로 분자 구조와 관련이 있다는 것이 이 원소들이 많은 양으로 필요한 이유를 어느 정도 설명해 준다. 나머지 8가지 필수 원소들은 미량 영양소이다. 미량 영양소는 상대적으로 적은 양(건량 중 10 mmol kg^{-1} 보다 적게)이 필요하며 효소 활성제와 같이 촉매나 조절 역할을 담당한다. 몇 가지 다량 영양소, 예를 들면, 칼슘과 마그네슘은 구조적인 역할과 더불어 조절자의 역할도 한다.

4.2.3 미량 영양소의 필수성을 결정하는 것은 특별한 문제를 생기게 한다

미량 영양소는 매우 적은 양이 필요하기 때문에, 미량 영양소의 필수성을 입증하기는 특히 어렵다. 대부분의 미량 영양소의 요구량은 0.1–1.0 μg L^{-1} 범위의 농도에서 완전히 충족된다. 이 정도의 양은 물이나 다량 영양소의 염, 식물을 키우고 있는 용기 속의 불순물과 대기의 먼지에 의한 오염으로부터 쉽게 얻을 수 있다. 미량 영양소들은 측정할 수 있는 한계 이하의 농도가 필요하기 때문에, 미량 영양소를 필수적이라고 결정하기가 훨씬 더 쉽다.

미량 영양소가 그런 것처럼, 철은 보통 상대적으로 높은 농도로 공급된다. 철을 높은 농도로 공급해야 하는 이유는 철의 이용 가능성이 pH와 다른 토양 조건에 매우 민감하기 때문이다. pH 7 이상에서, 철은 물에 녹지 않는 수산화철을 형성하고, 칼슘 화합물을 만든다. 산성 용액에서는 철이 알루미늄과 반응한다. 두 가지 경우에, 철은 용액에서 쉽게 침전되어, 결과적으로 자연적인 상태에서 자주 결핍된다. 이런 이유 때문에, 필수적인 식물 영양소로서 철이 필요하다는 것은 초기에 입증되었다. 그러나 다른 미량 영양소가 필요하다는 것은 20세기 초에 충분한 순도를 가지는 염을 이용할 수 있게 된 후에야 알려지게 되었다. 어떤 경우에는 식물 질병으로 알려진 것이 영양결핍으로 판명되었다. 1922년에, 맥

표 4.4 고등 식물의 필수 영양소와 고등 식물이 정상적으로 생장하는 데 적당하다고 생각되는 필수 영양소의 농도

원소	화학 기호	이용 가능한 형태	건량 속에 들어 있는 농도 (mmol/kg)
다량 영양소			
수소	H	H_2O	60,000
탄소	C	CO_2	40,000
산소	O	O_2, CO_2	30,000
질소	N	NO_3^-, NH_4^+	1,000
칼륨	K	K^+	250
칼슘	Ca	Ca^{2+}	125
마그네슘	Mg	Mg^{2+}	80
인	P	HPO_4^-, HPO_4^{2-}	60
황	S	SO_4^{2-}	30
미량 영양소			
염소	Cl	Cl^-	3.0
붕소	B	BO_3^{3-}	2.0
철	Fe	Fe_2^+, Fe_3^+	2.0
망간	Mn	Mn_2^+	1.0
아연	Zn	Zn_2^+	0.3
구리	Cu	Cu_2^+	0.1
니켈	Ni	Ni_2^+	0.05
몰리브덴	Mo	Mo_4^{2-}	0.001

하그(J. S. McHargue)는 *귀리의 회색반점*으로 알려진 병이 망간의 결핍 때문에 생겨난다고 설명하였고, 다음 해에 워링톤(Katherine Warington)은 붕소가 몇 가지 콩 종류에 필요하다는 것을 보여 주었다. 1939년까지, 아연, 구리 및 몰리브덴도 필요하다는 것이 분명하게 입증되었다. 각각의 경우에, 영양염의 결핍이 이전에는 질병이라고 생각했던 잘 알려진 장애를 일으킨다는 것이 밝혀졌다. 염소는 거의 백년 전에 필수적인 성질이 제시되었지만, 1954년까지 목록에 첨가되지 않았다. 염소가 필요하다는 것은 토마토(*Lycopersicum esculentum*)의 생장에 코발트가 필요한지를 결정하기 위한 실험 때문에 증명되었다. 브로이어(T. C. Broyer)와 그의 동료가 코발트뿐만 아니라 할로겐화물(halide)을 제거하는 방법으로 자신들의 영양염을 정제했다. 이렇게 정제된 염으로 만든 용액에서 자란 식물들은 잎이 갈색으로 변하고 괴사(necrosis)가 일어났다. 이런 증상들은 염화 코발트(cobalt chloride)를 보충함으로써 피할 수 있었다. 그러나, 연이은 조사로 코발트보다는 염소의 결핍이 이런 증상들을 일으킨다는 것을 설명하였다.

니켈은 현재 필수 원소의 목록에 첨가해야만 할 증거를 모으고 있는 중이다. 니켈은 식물에 널리 분포되어 있는 효소인 요소 분해효소(urease)와 미생물 및 몇몇 해양 무척추동물의 필수 구성 성분이다. 우레아제는 요소를 NH_3와 CO_2로 가수 분해하는 반응을 촉매하고, 식물에서 질소 화합물의 이동에 중요한 역할을 하는 것으로 생각된다. 1987년에, 브라운(P. H. Brown)과 동료들은 보리(*Hordeum vulgare*)에서 니켈이 결핍되면 생육할 수 없는 씨앗을 형성한다는 것을 보여 주었다. 니켈을 첨가하면 고등 식물에게 필수적인 영양 원소는 총 17개가 된다.

4.3 유익 원소

몇 가지 식물들은 〈표 4.4〉에 제시된 17가지 필수 원소 이외에도 더 필요한 원소들이 있다. 그러나, 이들 원소들은 고등 식물들이 일반적으로 필요로 하지 않기 때문에 필수 원소의 목록에서 제외시킨다. 이런 원소들을 **유익 원소(beneficial element)**라고 부른다. 만약 이런 원소들이 모든 식물에게 반드시 필요하다면, 현재의 분석 기술에 의해 신뢰할 수 있을 만큼 검출될 수 있는 정도 이하의 농도로 필요한 원소들일 것이다. 유익 원소는 기본적으로 나트륨, 규소, 셀레늄 및 코발트로 최근에 정의되었다. 시간이 지나고 실험 방법이 향상됨에 따라 유익 원소들은 한 개 이상이 필수 원소의 목록에 첨가될 수도 있을 것이다.

4.3.1 나트륨은 C4 식물에게 필수적인 미량영양소이다

나트륨(sodium)의 필수성은 호주의 건조한 내륙 지역에서 자라는 다년생 목초인 bladder salt-bush(*Atriplex vesicaria*)에서 처음으로 증명되었다. 물을 주의깊게 순수 정제하고 영양염을 재결정시켜, 나트륨이 없는 용기를 사용함으로써, 브라운엘(P. F. Brownell)과 우드(C. J. Wood)는 배양액 속의 최종 나트륨 농도를 1.6 μg L^{-1} 이하로 낮췄다. 나트륨이 결핍된 용액에서 배양된 식물은 생장이 감소되었고, 잎이 **황백화**(**chlorosis**, 노랗게 됨)되고, **괴사**(**necrosis**, 조직이 죽는 것)가 나타났다. 32종의 식물에 대해 나트륨의 요구도를 근거로 나트륨은 한 개의 특별한 광합성 경로(C4 경로라고 부름)를 갖는 식물에게는 미량 영양소로서 필수적이지만 C3 경로로 알려진 경로를 사용하는 대부분의 식물에서는 필수 원소가 아니라고 결론지었다(8장과 15장 참조).

4.3.2 규소는 다양한 종에게 유익할 수 있다

정상적인 토양 속에는 이산화규소의 농도가 높기 때문에 많은 식물들이 상당한 양의 규소를 받아들인다는 것은 놀라운 일이 아니다. 규소는 옥수수(*Zea mays*)와 다른 초본 식물의 건량의 1~2%를 차지하고, 골풀(scouring rush; *Equisetum arvense*) 건량의 16% 정도를 차지하지만, 아직 규소가 대부분의 다른 식물에게 필수적이라는 것은 실험을 통해 일반화하여 설명하지 못했다.[2] 규소가 유리 속, 영양염 속, 그리고 대기 중의 먼지 속과 같이 곳곳에 들어 있어서 영양소 실험에서 규소를 제외시키기가 특히 어렵다. 그러나 다양한 종에게 규소가 유익한 영향을 미친다는 보고가 여러 편 있다. 규소는 특히 초본에게 유익한 것으로 보이는데, 초본은 세포벽 속, 특히 표피 세포의 세포벽 속에 규소를 축적하고, 곰팡이의 감염을 막아내거나, **쓰러짐**(**lodging**, 강한 바람이나 비에 의해 줄기가 구부러지는 상태)을 막는 데 중요한 역할을 한다.

4.3.3 코발트는 질소고정 박테리아에게 필요하다

코발트는 콩과식물이 생장하는 데 필수적이다. 콩과식물은 공생적 질소 고정을 하는 박테리아의 숙주가 된다(11장). 이 경우에, 코발트에 대한 요구는 숙주 식물보다는 질소 고정 박테리아가 필요로 하는 것으로 추적할 수 있다. 이와 비슷한 코발트의 필요성은 남세균(cyano-bacteria)을 포함하여 자유 생활을 하는 박테리아와 질소 고정 박테리아에서 증명되었다. 더군다나 콩과식물이 질산염과 같은 고정된 질소를 공급받을 때, 코발트의 요구성은 입증될 수 없다.

4.3.4 일부 식물들은 높은 농도의 셀레늄에 내성이 있다

셀레늄염은 북아메리카의 서쪽 평야에 비가 적게 내리는 건조 지역에서 축적되는 경향이 있다. 셀레늄은 일반적으로 대부분의 식물에게 독성을 나타내지만, 콩과식물의 한 속인 *Astragalus*(자운영이나 poison-vetch)에 속하는 몇몇 종은 높은 농도의 셀레늄(건량의 0.5% 이상)에 내성이 있고, 셀레늄이 많은 토양에서만 발견되는 것으로 알려져 있다. 그 정도 농도의 셀레늄은 대부분의 다른 식물들에게는 독이 된다. 한때는 셀레늄이 이런 '축적하는 종'에게는 필수적인 것으로 생각되었으나 이것을 지지하는 명확한 증거가 없다.

그러나 셀레늄 축적자가 '로코 풀(loco weed; 미국 남서부산. 가축에게 로코병을 일으킴—역자 주)'로 알려진 다양한 식물 집단들 사이에 있을 때 목장주에게 상당히 중요하다. 이런 식물들 속에 들어 있는 높은 함량의 셀레늄은 초식 동물에게 알칼리 독성이나 선회병(blind stagger)을 일으킨다.

4.4 영양소의 역할과 결핍증상

필수 원소는 식물의 물질 대사에서 특별한 역할을 한다. 필수 원소가 없을 때, 대부분의 경우 식물들은 한 개 이상의 필수 원소의 역할과 관련되어 있는 특징적인 결핍 증상을 나타낸다.

식물의 무기 영양소에 대해 연구하는 연구자들은 기능적인 측면을 따라 대량과 미량 영양소로 분류하기 좋아한다. 예를 들면, 탄소, 수소 및 산소와 같은 원소들은 구조적인 역할을 주로 한다. 반면에 다른 원소들은 이온 균형을 유지하고 효소를 활성화시키는 조절역할에 우선적으로 관여하는 것으로 나타난다. 다른 연구자들은 생화학적 기능에 대해 네 개 이상의 범주를 갖는 좀 더 복잡한 도식을 제안해 왔다. 불행하게도, 이런 방식으로 영양소들을 범주화하려는 시도는 종종 같은 원소가 구조적 역할과 비구조적인 역할 둘 다를 충족시키기 때문에 어려움에 부딪치게 된다. 예를 들면, 마그네슘은 엽록소 분자의 필수적인 구성 원소이지만 또한 ATPase와 결정적인 에너지 전달 반응에 관여하는 효소를 포함하여 많은 효소의 보조 인자로서도 역할을 한다. 칼슘은 세포벽의 중요한 성분이다. 세포벽에서 칼슘의 역할은 주로 구조적인 것이지만 또한 칼슘−ATPase도 있으며 호르몬 반응과 광형태발생(16장, 17장, 22장)에서 2차 전달자로서 영향을 발휘한다. 마그네슘과 칼슘이 어떻

[2] 초식 동물들은 많은 양의 규소를 함유하고 있는 풀에 적응된 듯하다. 소나 말과 같은 초식 동물들의 이빨은 주로 규소에 의해 마모되는 것을 보충하기 위해 계속 자란다. 이와는 반대로 사슴같이 연한 잎을 먹는 동물의 먹이에는 풀이 적게 포함되고, 그들의 이빨은 계속해서 자라지 않는다.

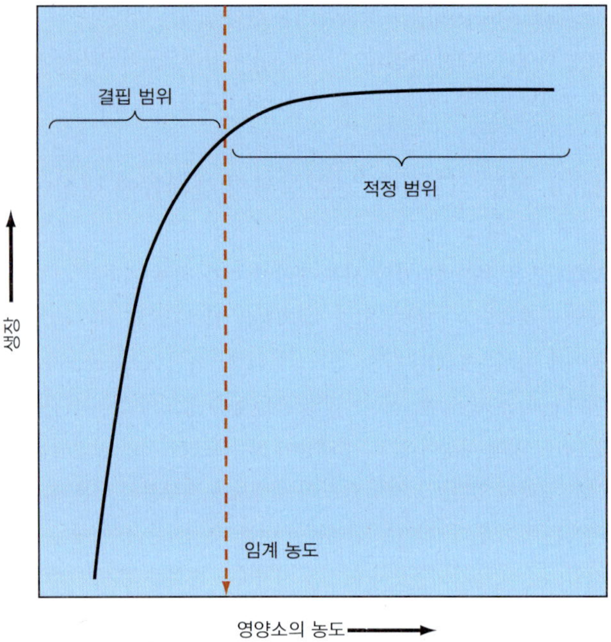

그림 4.3 조직 속의 영양소의 농도에 대한 생장의 함수 관계를 일반화시킨 그림. 임계 농도는 생장을 10% 감소시키는 농도이다. 임계농도보다 낮은 농도에서는 영양소가 결핍되어 있다고 말하며, 더 높은 농도는 적절한 것으로 생각한다.

게 분류되는가와는 상관없이, 식물의 특별한 물질 대사적 요구를 충족시키기 때문에 이들 원소들이 필수적인 것은 분명하다. 이런 요구가 충족되지 못하거나 부분적으로만 충족될 때, 식물은 특징적인 결핍 증상을 나타낼 것이고, 심하면 죽게 된다.

4.4.1 어떤 특별한 원소에 대한 식물의 요구를 임계 농도라는 용어로 정의한다

일반적으로 필수 원소의 공급이 제한될 때 생장이 저하된다. **임계 농도(critical concentration)**란 *조직에서 측정된* 영양소의 농도로, 최대 생장을 할 수 있게 하는 수준 이하의 농도이다. 이 개념은 〈그림 4.3〉에 설명되어 있다. 임계 농도 이상의 농도에서, 영양소 함량을 더 증가시키는 것은 생장에 유익한 영향을 주지 않고, 이 때의 영양소의 함량을 **적당하다(adequate)**고 말한다. 임계 농도 이하의 농도에서 영양소 함량은 **결핍되고(deficient)**, 생장은 급격히 저하된다. 다시 말하면, 임계 농도 이하의 조직의 영양소 수준에서, 영양소는 *생장을 제한한다*.

영양소의 수준이 임계 농도를 초과하게 될 때, 그 영양소는 한 가지 조건에 있어서 더 이상 제한요인이 되지 않는다. 그 조건이란, 조직에 충분히 높은 농도로 존재하면 사실상 모든 영양소가 독이 된다는 것이다. 다량 영양소로는 독이 되는 수준에 거의 이르지 않지만 미량 영양소의 경우에는 흔히 있는 일이다(4.5절 참조). 예를 들면, 정상적인 구리의 농도는 조직 건량(tissue dry weight, dwt) 중 4–15 $\mu g\ g^{-1}$의 범위이다. 결핍은 4 μg 이하의 농도에서 일어나지만, 대부분의 식물들은 20 $\mu g\ g^{-1}$ dwt를 초과하는 농도 때문에 심각한 손상을 받는다. 붕소는 75 $\mu g\ g^{-1}$dwt이상이 독이 되고, 아연은 200 $\mu g\ g^{-1}$ dwt 이상이 독이 된다.

각 원소는 식물체 내에서 한 가지 이상의 구조적이거나 기능적인 특별한 역할을 하기 때문에, 그 원소가 없을 때에 식물은 어떤 형태적 또는 생화학적 결핍 증상을 나타낼 것으로 예측할 수 있다. 몇몇 경우에는 결핍 증상이 그 원소의 기능적인 역할을 뚜렷하게 나타내 준다. 몇 가지 영양소가 결핍되었을 때 나타나는 특징인 노랗게 되거나 **황백화(chlorosis)** 되는 것이 그 예이다. 예를 들면, 마그네슘이 결핍될 때 식물은 녹색 색소인 엽록소를 합성할 수 없기 때문에 노랗게 변한다. 다른 경우에는 원소의 결핍 증상과 기능적인 역할 사이의 관계가 항상 그렇게 직접적이지 않을 수도 있다. 더구나, 어떤 원소의 결핍 증상은 식물간에 일치하지 않기도 한다. 그렇지만, 각각의 원소에 대해 결핍 증상을 대표할 수 있는 일반적인 것은 약간 있다.

결핍 증상은 식물체 내에서 원소의 이동성에 의해서도 좌우된다. 원소가 식물체 내에서 이동하여 발달중인 어린 조직으로 보내지면, 결핍 증상이 나이 든 조직에서 먼저 나타나는 경향이 있다. 다른 원소들은 이동이 불가능하다. 한 번 조직 속에 들어가면 다른 곳에서 사용될 목적으로 쉽게 이동되지 않는다. 이런 경우에, 결핍 증상은 어린 조직에서 먼저 나타나는 경향이 있다.

이 절에서 우리는 필수 원소의 기능적인 역할을 살펴 볼 것이고, 필수 원소들이 결핍되어 생기는 형태학적으로나 생화학적으로 비정상적인 것을 일반적인 면에서 검토할 것이다. 탄소, 수소 및 산소는 모든 유기 분자의 구조적인 골격을 구성하는 데 필요하기 때문에 이 논의에서는 제외할 것이다. 탄소의 결핍으로 인해 식물은 결국 빠르게 죽어 갈 것이고, 물의 결핍으로 인해 건조해질 것이다. 대신에, 우리는 토양 용액으로부터 흡수된 필수 원소의 결핍에 한정하여 논의할 것이다.

4.4.2 질소는 많은 중요한 고분자의 구성 성분이다

대기에는 거의 80%의 질소가 있지만, 어떤 원핵 생물 종—박테리아와 남세균—만이 기체 상태의 질소를 직접 사용할 수 있다. 질소의 이용 가능성과 물질 대사에 대한 특별한 문제는 11장에서 설명하였다. 요약하면, 대부분의 식물들이 토양 용액으로부터 주로 무기 질소 이온(NO_3^-)으로 질소를 흡수하고, 드물게 암모늄 이온(NH_4^+)으로 흡수한다. 식물체 내에서 NO_3^-은 아미노산, 단백질 및 다른 질소성 유기 분자들에 결합되기 전에 NH_4^+으로 우선 환원된다. 질소는 농업 환경에서 가장 흔히 제한된다. 옥수수와 같은 많은 식물들이 질소 비료의 '다량 섭취자(heavy feeders)'로 알려져 있고, 많은 양의 질소 비료를 제공 받아야 한다. 농업을 위한 질소 비료의 제조와 분배는 에너지와 경제적인 면에서 극도로 비싼 과정이다.

질소는 단백질, 핵산, 어떤 호르몬(예, 인돌-3-아세트산; 시토키닌) 및 엽록소를 포함한 많은 중요한 분자들의 구성 성분이다. 질소 결핍의 가장 드러나는 증상은 잎의 생장이 느리고 발육이 정지되는 것과 일반적인 황백화이다. 질소는 식물체 내에서 매우 잘 이동한다. 늙은 잎이 노랗게 되고 죽을 때, 질소는 주로 수용성 아민(amine)과 아미드의 형태로 늙은 잎에서 이동되어 더 어리고 더 빨리 발달하는 잎으로 보내진다. 그래서 질소의 결핍 증상은 일반적으로 늙은 잎에서 먼저 나타나고 결핍이 심해질 때까지 더 어린 잎에는 생기지 않는다. 이 시점에서, 더 늙은 잎들은 완전히 노랗게 되거나 갈색으로 바뀌고 식물체에서 떨어져 나간다. 많은 종에서 질소 스트레스 상태는 안토시아닌을 축적하게 하여 줄기와 엽병 및 잎의 아랫면에 자주색을 띠게 한다. 질소가 고갈된 식물에서 안토시아닌이 축적되는 정확한 원인은 알려져 있지 않다. 질소가 없는 상태에서, 아미노산과 다른 질소 함유 화합물을 만드는 데 사용될 수 없는 탄소 구조를 과다하게 만드는 것과 관련이 있을 수도 있다.

과량의 질소는 지상부의 생장을 촉진하여 지상부/뿌리 비가 높게 나타나고, 농작물에서는 개화의 시작이 가끔씩 지연되기도 한다. 비슷하게, 질소의 결핍은 이른 시기에 개화하도록 자극한다.

4.4.3 인은 핵산 골격의 일부분이고 중간물질대사에서 중추적인 기능을 한다

인은 주로 다양성자(polyprotic) 인산(H_3PO_4)의 형태로 토양 용액 속에서 이용가능하다. 다양성자 산은 한 개 이상의 양성자를 갖는데, 각각은 다른 해리 상수를 가진다. 그래서 토양 pH는 인의 이용 가능성에 중요한 역할을 할 것으로 추정한다. 6.8 미만의 토양 pH에서 인의 주된 형태는 1가의 *오르토인산염(orthophosphate)* 음이온($H_2PO_4^-$)이다. 오르토인산염은 식물의 뿌리에 의해 쉽게 흡수된다. pH 6.8에서 pH 7.2 사이에서, 주된 형태는 2가의 $H_2PO_4^{2-}$이고 쉽게 흡수되지 않는다. pH가 7.2 보다 큰 알칼리 토양에서 사실상 주된 형태는 3가의 PO_4^{3-}이고 식물에 의해 흡수되어 이용될 수 없다. 대부분의 토양에서 수용성 인의 실제 농도는 몇 가지 인자들 때문에 상대적으로 낮다(1 μM 정도). 한 가지 요인은 불용성의 복합체를 형성하려는 인의 성향이다. 중성 pH에서, 인은 알루미늄 및 철과 불용성 화합물을 형성하는 경향이 있고 염기성 토양에서는 칼슘과 마그네슘 화합물이 인을 침전시킬 것이다. 불용성 인은 토양 용액 속으로 매우 느리게 방출되므로 칼슘이 매우 많은 토양에서 인은 항상 제한된다.

충분한 양의 인은 유기 형태로 결합되어 있을 수도 있으며 이러한 인은 식물에 의해 흡수될 수 없다. 유기 형태의 인은 토양 미생물의 활동이나 뿌리에서 방출된 인산화효소 작용에 의해 무기 형태로 먼저 바뀌어야만 식물에 의해 흡수될 수 있다. 이와 더불어, 식물은 이용할 수 있는 적은 양의 인을 두고 토양 미생물과 경쟁을 해야만 한다. 이런 이유 때문에 인은 자연 생태계에서 질소보다 자주 제한되는 원소이다. 식물이 인의 흡수를 증가시키기 위해 발달시킨 좀더 성공적인 전략 중에 하나는 뿌리와 균근이라고 하는 토양 곰팡이 사이에 치밀한 연합을 형성하는 것이다. 균근 연합은 3장에서 논의했다.

식물체 내에서 인은 당인산을 포함하여 주로 인산에스테르로 발견되는데, 광합성과 중간물질대사에서 중요한 역할을 한다. 다른 중요한 인산에스테르는 막에 있는 인지질뿐 아니라 DNA와 RNA를 구성하는 누클레오티드(nucleotide)이다. ATP, ADP와 P_i, 인산화된 당 및 인산화된 유기산의 형태로서 인은 세포의 에너지 대사에 필수적인 역할을 한다.

인 결핍의 가장 특징적인 징후는 잎이 짙은 녹색을 띠는 현상이다. 결핍 증상이 지나치게 되면, 잎이 기형이 되고 괴사한 점들이 나타난다. 어떤 경우에는 안토시아닌도 축적되고, 축적된 안토시아닌은 잎을 검고 푸른 자주색을 띠게 한다. 질소처럼 인도 식물체 내에서 쉽게 이동되고 재분배되어, 더 빠른 노화와 죽음으로 이끈다. 줄기는 일반적으로 짧아지고 가늘어지며 과실과 종자의 생산은 현저하게 감소한다.

과량의 인은 지상부에 비해 뿌리의 생장을 더 자극하여 지상부/뿌리 비를 감소시킨다는 점에서 질소와는 반대되는 영향을 가진다. 다년생 식물을 옮겨 심을 때 강한 뿌리 체계를 형성하도록 하기 위해서 골분(bone meal)과 같이 많은 양의 인이 들어 있는 비료를 자주 사용한다.

4.4.4 칼륨은 효소를 활성화시키고 삼투 조절에 중요한 기능을 한다

칼륨은 가장 풍부한 세포내 양이온이어서 대부분의 식물에게 많은 양 필요하다. 농업 실무에서, 칼륨은 보통 칼리(단산칼륨, K_2CO_3)로 공급된다. 칼륨은 용해도가 높고 모래 토양으로부터 쉽게 씻겨 나가기 때문에 모래 토양에서는 자주 부족하다. 칼륨 이온은 광합성과 호흡에 관여하는 많은 효소들을 활성화시키는 역할을 한다. 녹말과 단백질 합성도 칼륨 결핍에 의해서 영향을 받는다. 칼륨은 삼투 포텐셜을 조절하는데 중요한 기능을 한다. 칼륨은 삼투조절자로서 공변 세포의 개폐(8장)와 수면 운동 또는 잎의 방향이 매일 변하는 것(23장)과 같은 식물의 운동에 중요한 인자이다. 칼륨은 이동성이 높기 때문에 확산될 수 있거나 확산되지 못하는 음이온들의 전하가 평형이 되도록 맞추는 역할을 한다.

다른 다량 영양소들과는 달리, 칼륨은 식물체에 구조적으로 결합되어 있지는 않지만, 질소와 인처럼 매우 이동성이 강하다. 결핍 증상은 늙은 잎에서 먼저 나타나고 잎 가장자리에서 얼룩무늬가 생기거나 황백화가 특징적으로 진행되며, 이어서 괴사한 상처(죽은 조직의 점)가 나타난다. 외떡잎 식물, 특히 옥수수와 다른 곡물에서, 괴사한 상처는 잎들 중 오래된 끝부분에서 시작되고 잎의 기저부 근처에 있는 어린 세포까지 가장자리를 따라 점차적으로 진행된다. 줄기는 짧아지고 약해지며 뿌리가 썩고, 곰팡이에 대한 감수성이 증가한다. 그 결과 칼륨이 결핍된 식물들은 쉽게 쓰러진다.

4.4.5 황은 단백질, 조효소 그리고 비타민을 구성하는 중요한 성분이다

대부분의 토양에는 황화철과 황원소를 포함하여 몇 가지 형태의 황이 있다. 그러나, 이가 황산염 음이온(SO_4^{2-})으로 식물에 흡수된다. 황의 결핍은 다수의 미생물들이 황을 산화시키거나 유기황 화합물을 분해할 수 있기 때문에 일반적으로 문제되지 않는다. 더욱이 간헐온천, 유황온천, 그리고 화산과 같은 자연 현상뿐 아니라 산업에서 화석 연료를 많이 연소하는 것 모두 대기에 많은 양의 산화황(SO_2와 SO_3)을 보탠다. 공기가 함유하고 있는 황의 농도가 높기 때문에 산업 지역에 있는 온실에서 황의 결핍을 설명하기는 사실상 어렵다.

황은 단백질의 구조에서 특히 중요한데, 이웃하고 있는 시스테인과 메티오닌 잔기 사이의 이황화 결합(—S—S–)이 삼차 구조 또는 접힘(folding)에 기여한다. 황은 비타민인 티아민과 비오틴 및 호흡과 지방산 대사에서 중요한 구성 요소인 조효소 A(coenzyme A)의 구성 성분이기도 하다. 황은 페레독신과 같이 철-황 단백질의 형태로 광합성과 질소 고정의 전자 전달 반응에서 중요하다. 황을 함유하고 있는 겨자유로 알려진 **티오시안산(thiocyanate)**과 **이소티오시안산(isothiocyanate)**은 겨자, 양배추, 순무, 고추냉이 및 십자화(Brassicaceae; 공식적으로 Cruciferae 또는 "Crucifers)과에 속하는 다른 식물들의 자극적인 맛을 내는 성분이다. 겨자유가 있기 때문에, 십자화과의 많은 종들은 이 종들을 뜯어먹는 가축에게 치명적이다. 겨자유는 십자화과를 뜯어먹는 곤충들에게 대항하는 역할도 한다.

황이 결핍되면 관다발을 둘러싸고 있는 조직을 포함하여 질소가 결핍되었을 때 나타나는 것처럼 잎에 일반적인 황백화가 나타난다. 이것은 엽록소의 합성을 직접 억제하기보다는 단백질 합성을 감소시키기 때문이다. 그러나 엽록소는 엽록체 막 속에 있는 단백질에 결합함으로써 안정되어 있다. 단백질 합성이 영향을 받았기 때문에, 안정한 엽록소-단백질 복합체를 형성하는 능력도 손상을 받는다. 하지만, 질소와는 달리, 황은 대부분의 종에서 쉽게 이동하지 않으며 가장 어린 잎에서 증상이 먼저 나타나는 경향이 있다.

4.4.6 칼슘은 세포분열, 세포 부착 그리고 이차 전달자로서 중요하다

칼슘은 이가 양이온(Ca^{2+})으로 흡수된다. 칼슘은 대부분의 토양 속에 풍부하게 있고 자연 상태에서 거의 결핍되지 않는다. 칼슘은 두 가지 이유 때문에 분열중인 세포에게 중요하다. 세포 분열을 하는 동안 방추사 속에서 활동하며 딸세포 사이에 형성되는 세포판의 중간 라멜라에 펙틴산 칼슘을 형성한다. 칼슘은 막을 물리적으로 보전하고, 막이 정상적인 기능을 하기 위해서도 필요하며 더 최근에는 어떤 호르몬과 환경에 대한 반응에서 이차 전달자로서 영향력을 발휘했다. 이차 전달자가 단백질 인산화에 관여할 때, Ca^{2+}는 몇 가지 효소의 활성을 조절하는 데에 중요한 인자가 된다.

분열하는 세포에서 칼슘의 역할 때문에, 칼슘의 결핍 증상은 세포 분열이 일어나고 있고 새로운 세포벽이 쌓이고 있는 부분인 분열 조직에서 특징적으로 나타난다. 어린 잎들은 전형적으로 기형이 되고 괴사하며 과도한 경우에는 분열 조직이 죽는다. 용액 배양에서는 칼슘 결핍으로 인해 뿌리 생장이 약하게 된다. 뿌리는 탈색되고 중간 라멜라가 약해지기 때문에 건드리기에 '불안정'함을 느낄 수도 있다. 칼슘은 상대적으로 비이동성이고 증상은 전형적으로 가장 어린 조직에서 먼저 나타난다.

4.4.7 마그네슘은 엽록소의 구성성분이고 효소 반응에서 중요한 조절자이다

칼슘처럼 마그네슘도 2가 양이온(Mg^{2+})으로 흡수된다. 마그네슘은 일반적으로 칼슘보다 토양 속에 풍부하지 않은 반면 상대적으로 많은 양이 식물에게 필요하다. 마그네슘 결핍은 강한 산성인 모래 토양에서 주로 생기는 것 같다. 마그네슘은 식물체내에서 몇 가지 중요한 기능을 한다. 지금까지 가장 많은 부분은 엽록소 분자의 포르피린 부분에서 발견되었지만 리보솜의 구조를 안정화시키는 데에도 필요하고 여러 가지 결정적인 효소의 활성제로서도 관여한다. 마그네슘은 ATP와 관련되는 반응에서 결정적으로 필요하다. 이 반응에서 마그네슘은 효소의 활성 부위에 ATP 분자를 연결하는 역할을 한다. Mg^{2+}은 광합성의 탄소 고정에 결정적인 두 가지 효소인 리보오스이인산 카르복실라아제(ribosebisphosphate carboxylase)와 인산에놀피루브산 카르복실라아제(phosphoenolpyruvate carboxylase)의 활성제이기도 하다(8장과 15장).

가장 먼저 그리고 가장 많이 알려진 마그네슘의 결핍 증상은 황백화이며, 이것은 엽맥들 사이(엽맥 사이 부분)에 있는 잎 부분에서 엽록소가 파괴되기 때문에 생긴다. 엽맥 부분의 엽록체는 몇 가지 이유 때문에 마그네슘 결핍에 둔감하고 여기의 엽록체는 훨씬 더 오래 유지된다. 마그네슘은 또한 꽤 이동성이 있고 더 늙은 잎에서 쉽게 빠져 나가서 활발히 생장하면서 엽록소를 생성하고 있는 젊은 잎으로 이동한다. 결과적으로 Mg^{2+}의 결핍 때문에 생기는 황백화는 더 늙은 잎에서 가장 뚜렷하다.

4.4.8 철은 엽록소 합성과 전자 전달 반응에 필요하다

모든 미량 영양소 중 철은 가장 많은 양이 식물에게 필요하다(몇몇 사람들은 철을 다량 영양소로 간주한다). 철은 제2철(ferric; Fe^{3+}) 또는 제1철(ferrous; Fe^{2+})로 흡수될 수 있는데, 제1철은 용해도가 더 크기 때문에 좀 더 일반적인 형태이다.[3] 철은 식물에서 두 가지 중요한 기능과 관련하여 중요하다. 철은 많은 환원 효소의 촉매 집단에 속하며 엽록소를 합성하는 데 필요하다. 중요한 환원 효소에는 광합성(7장), 호흡(10장) 및 질소 고정(11장)에 관여하며 헴을 포함하는 시토크롬과 비헴 철-황 단백질(예를 들면, Rieske 단백질, 페레독신, 광계 I)이 있다. 전자 전달 과정 동안 철은 Fe^{3+}에서 Fe^{2+} 상태로 가역적으로 환원된다. 철은 카탈라아제(catalase)와 퍼옥시다아제(peroxidase)와 같은 몇 가지 산화 효소의 구성 성분이기도 하다.

[3] 특히 생물체에 의한 철의 흡수를 다루는 과학 문헌의 본문에는 철의 제2철(ferric)형태는 Fe(III)로, 그리고 제1철(ferrous)형태는 Fe(II)로 표현한다.

철은 엽록소 분자 자체의 구성 성분은 아니며 엽록소 합성에서 철의 정확한 역할에 대해서는 약간 신비한 상태로 남아 있다. 엽록소 합성에 관여하는 효소들 중 어떤 것이 철의존성 효소인가에 대한 명확한 증거는 없다. 그 대신에 엽록체 구성 성분, 특히 전자 전달 단백질을 합성하는 데에 철이 일반적으로 필요한 양보다 더 많이 필요하다는 것이 철의 필요성과 관련이 있을 것이다. 철 결핍으로 인해 엽록소의 소실과 엽록체 구조의 분해가 반드시 동시에 진행된다. 황백화는 식물체 내에서 철의 이동성이 매우 낮고 늙은 잎에서 빠져 나올 수 없기 때문에 가장 어린 잎의 엽맥 사이에서 먼저 나타난다. 만약 결핍이 심해지면 황백화는 엽맥으로 진행되고 잎은 실제로 하얗게 바뀔 것이다.

생물학적인 pH에서 불용성 수화산화물($Fe_2O_3 \cdot 3H_2O$)을 형성하는 Fe^{3+}의 경향성 때문에 철 결핍은 흔히 일어난다. 이 문제는 중성 또는 알칼리성의 칼슘이 풍부한 토양에서 특히 심각하다. 반면에, 철은 강한 산성 토양에서 매우 잘 녹고 과량의 철을 흡수한 결과 철 독성이 나타날 수 있다. 철 결핍의 문제는 킬레이트 철을 토양에 직접적으로 또는 잎에 뿌려서 공급함으로써 극복시킬 수 있다. **킬레이트(chelate,** 그리스 어에서 온 말, chele 또는 'claw')는 금속 이온과 **리간드(ligand)** 또는 킬레이트제(chelating agent)라 부르는 유기 분자 사이에 형성된 안정한 복합체이다. 리간드와 금속 이온은 전자쌍을 공유하여 **배위 결합(coordinate bond)**을 형성한다. 킬레이트제는 대부분의 금속 이온에 대해 높은 친화력을 가지기 때문에, 복합체를 형성하는 것은 불용성 침전물을 형성할 가능성을 줄인다. 동시에, 금속은 식물에 의해 흡수되도록 킬레이트로부터 쉽게 빠져 나올 수 있다. 좀더 일반적인 합성 킬레이트 중 하나는 **에틸렌디아민테트라아세트산(ethylenediaminetetraacetic acid; EDTA)** 또는 EDTA의 나트륨 염이다(그림 4.4). 이것은 상업적으로 버신(versene) 또는 시퀘스트렌(sequestrene)으로 알려져 있다. 그러나 EDTA와 상업적으로 이용할 수 있는 비슷한 킬레이트들은 거의 특이성이 없어서 철, 구리, 아연, 망간 및 칼슘을 포함하여 전

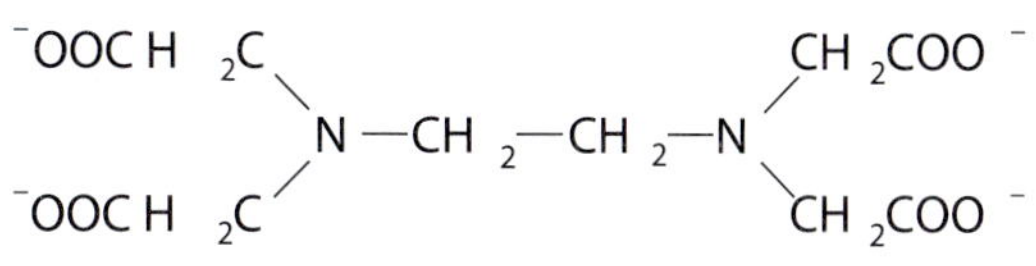

에틸렌디아민
테트라아세트산(EDTA)

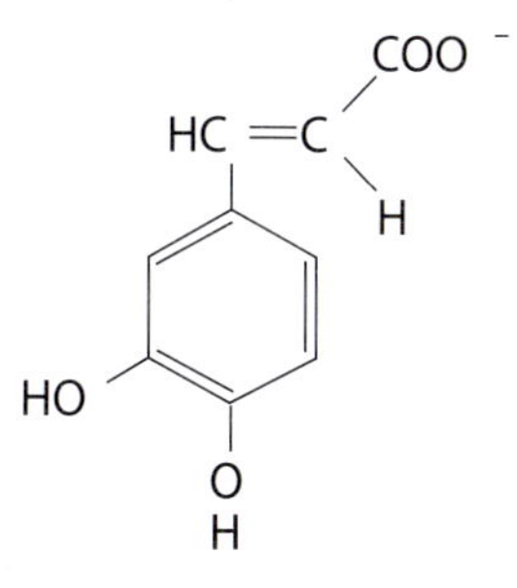

카페인산

그림 4.4 킬레이트제의 기능을 하는 유기산의 예 에틸렌디아민테트라아세트산(EDTA)은 상업용으로 합성된 일반적인 산이다. 철과 복합체를 만들어 상표 이름인 Versenate라는 이름으로 판매된다. 카페인산(caffeic acid)은 뿌리에 의해 분비되기도 하는 자연적으로 생기는 몇 가지 페놀산 중 하나이다.

범위의 양이온과 결합할 것이다. 헤모글로빈, 시토크롬과 엽록소에 있는 것처럼, 헴기와 다양한 유기산 및 페놀산을 포함하는 자연적인 킬레이트는 철에 대해 훨씬 더 특이성이 있다.

식물 영양소 중에서 철의 중요성은 식물이 철 스트레스 상태에서 철을 흡수하기 위해 발달시킨 전략 때문에 주목을 받고 있다. 철 결핍은 쌍떡잎 식물과 벼과가 아닌 외떡잎 식물의 뿌리에 몇 가지 형태적 · 생화학적 변화를 일으킨다. 형태적 · 생화학적 변화는 뿌리 표피 속에 분화된 전이 세포—전이 세포는 뿌리를 둘러싸고 있는 토양 속으로 양성자를 분비하는 것을 촉진한다—를 형성하고 **카페인산**(caffeic acid; 그림 4.4)과 같은 강한 리간드를 방출하는 것이다. 동시에, 뿌리 표피 세포의 원형질막에서는 효소를 환원시킨다. 근권(rhizosphere)이 산성화되면 Fe^{3+}이 카페인산과 킬레이트 화합물을 형성하게 되고, 뿌리의 표면으로 이동한 다음 원형질막에서 Fe^{2+}로 환원된다(그림 4.5A). Fe^{2+}로 환원되면 리간드에서 철이 방출되며, 불용성 침전물을 형성할 기회를 갖기 전에 즉시 식물에 의해 흡수된다.

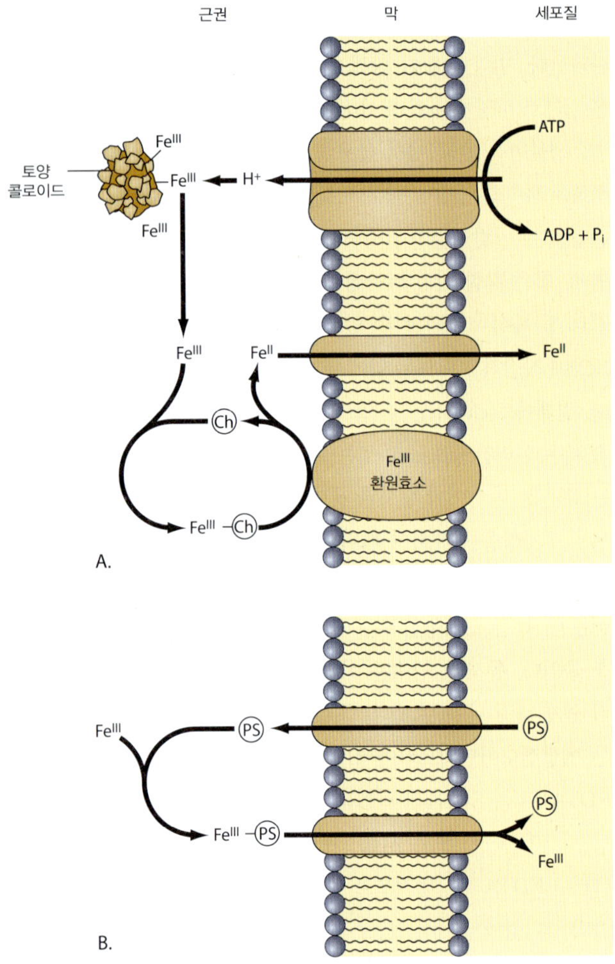

그림 4.5 물에 잘 녹지 않는 무기형태의 철을 녹이고 흡수하기 위한 고등식물의 두 가지 전략. (**A**) 뿌리의 피층 세포에 있는 ATPase 양성자 펌프가 근권을 산성화시키면 Fe^{3+}(Fe^{III}) 형태로 녹는 것을 도와준다. Fe^{3+}는 뿌리에 의해 근권으로 분비되는페놀산(ch)과 착화합물(킬레이트 철)을 형성한다. 킬레이트된 철은 뿌리 표면으로 이동하고 그 곳에서 Fe^{III} 환원효소에 의해 환원된다. 그 결과로 생긴 Fe^{2+}(Fe^{II})는 즉시 Fe^{II} 운반체에 의해 원형질막을 가로질러 옮겨진다. Fe^{III} 환원효소와 Fe^{II} 운반체는 모두 철 결핍에 의해서 유도된다. (**B**) Fe^{3+}는 뿌리가 근권으로 분비한 식물 철운반체(PS)에 의해 녹는다. 완전한 제2철운반체(ferrisiderophore; siderophore–iron complex)는 뿌리 세포 속으로 흡수되고 이어서 철이 방출된다.

생물이 철을 흡수하기 위한 두 번 째 전략은 *생물에 의해* 분자량이 적은 철-결합 리간드인 **철운반체(siderophore)**(그리스어; iron-bearer)를 합성하고 방출하는 것과 관련이 있다. 철운반체에 대해 우리들이 알고 있는 대부분의 지식은 호기성 미생물(박테리아, 곰팡이 및 조류)에 대해 연구한 결과로 얻은 것이고, 철운반체는 호기성 미생물에서 처음 발견되었으며 가장 광범위하게 연구되고 있다. 그러나 더 최근에 철운반체는 고등 식물의 뿌리에 의해서도 방출되는 것이 발견되었다(그림 4.6). 미생물 기원의 리간드와 구별하기 위해서 **식물철운반체(phytosiderophore)**라 부르는 매우 특이성이 있는 이 철-결합 리간드는 지금까지 곡물이 속해 있는 벼과(Gramineae)의 식물들에서만 발견되었다. 식물철운반체는 철 스트레스 상태에서만 식물에 의해 합성되고 방출되며 Fe^{3+}에 대해 높은 친화력을 가지고, 근권으로부터 철을 매우 효과적으로 받아들인다. 철운반체 체계의 분명한 특징은 완전한 *철–식물 철운반체 복합체, 또는 제2철운반체(ferrisiderophore)가 뿌리로 다시 흡수된다*는 것이다(그림 4.5B). 추측컨대, 뿌리 안쪽에서 일단 철이 Fe^{2+}로

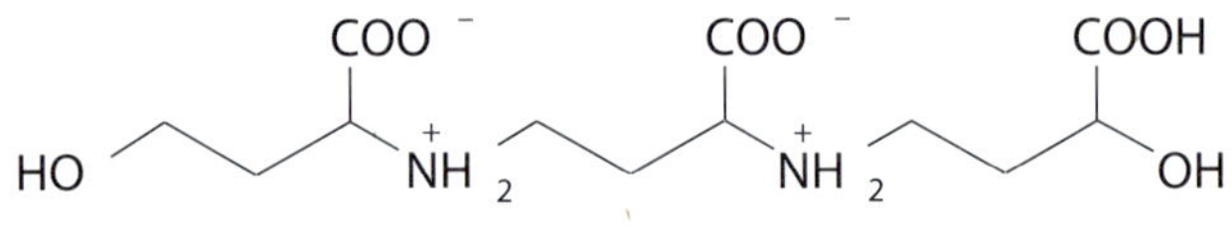

아베닌산 (Avenic acid; AA)

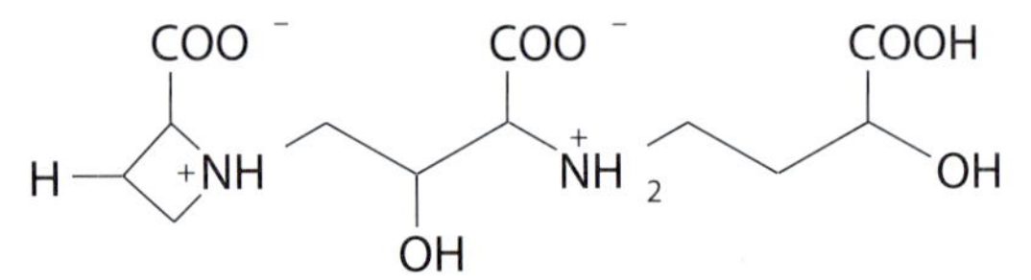

무지네산(Muginec acid; MA)

그림 4.6 식물 철운반체. 고등 식물의 뿌리에 의해 방출되는 두 가지 식물 철운반체의 구조. 제2철 이온, Fe^{3+}는 질소 및 카르복실기와 배위 결합을 형성한다.

환원되면 세포에 의해 사용될 수 있도록 방출될 것이다. 식물철운반체는 어떻게 되는지 알려져 있지 않다. 미생물 속에서는 식물철운반체가 화학적으로 분해되어 물질 대사에 쓰이거나 같은 분자가 더 많은 철을 받아들이기 위해 세포에 의해 다시 분비될 수도 있다.

식물철운반체에 대한 연구는 최근 몇 년 내에 지속적으로 진행되고 있지만, 상대적으로 역사가 짧은 분야이고, 여전히 배워야 할 것이 많이 있다. 예를 들면, 식물철운반체가 얼마나 널리 사용되고 있는지에 대해서 아직 알지 못하며, 식물에서 제2철운반체 운반 체계의 성질은 설명되지 않았다. 한 가지는 분명하다. 제2철운반체를 사용하는 식물들에게 있어서 식물철운반체는 철 스트레스 상태에서 식물에게 철을 공급하기 위한 중요하고 효과적인 전략이다.

4.4.9 붕소는 세포분열과 신장에서 역할을 하고, 세포벽의 구조적 짜임새에 기여한다

수용액에서, 붕소는 붕산 또는 H_3BO_3로 존재한다. 생리적 pH(< 8)에서, 붕산은 주로 해리되지 않은 형태로 발견되며 뿌리에 의해 잘 흡수된다. 생화학적 · 생리적 역할면에서, 붕소는 아마도 모든 미량 영양소들 중에 가장 적게 알려져 있을 것이다. 한 가지 예로, 구조적으로나 활성제로서 특별한 효소와 붕소가 관련이 있다는 탄탄한 증거는 없다. 사실상, 우리가 알고 있는 것 중 대부분은 붕소를 주는 것을 보류했을 때 식물에게 일어난 일들에 대해 연구한 것에 전적으로 근거를 두고 있다.

세포 전체의 붕산의 함량 중 상당한 부분은 세포벽에서 발견된다. 이것은 분명히 붕산이 이웃한 수산기를 가지는 세포벽의 당과 안정한 에스테르를 형성하는 성향을 가지기 때문이다. 소위 cis-diol 배치(configu-ration)라 부르는 이 구조는 일반적인 세포벽 다당류인 만노오스(mannose)와 만노오스 유도체의 특징이다. 반면에 포도당, 과당, 젖당은 이러한 구조를 갖지 않는다. 그래서, 붕소와 결합하지 않는다. 붕소가 결핍된 세포의 일차벽은 현저한 구조적 결함을 나타내는데, 이는 붕소가 세포벽이 구조적으로 완성되는 데 필요하다는 것을 제시한다.

붕소 결핍에 대한 다른 반응은 세포 분열과 신장에서의 역할에 대한 것이다. 예를 들면, 붕소 결핍에 대한 가장 빠른 반응 중 하나는 일차와 이차 뿌리의 세포 분열과 신장이 저해되는 것이다. 붕소가 결핍되면 뿌리의 외형이 짧고 굵으며 털이 많아지게 된다. 지상부의 정단과 어린 잎에서 세포 분열도 저해되고 뒤이어 분열 조직이 괴사한다. 더불어, 붕소는 화분관의 발아와 신장을 촉진하는 것으로 알려져 있다. 붕소가 세포 성장에 어떻게 관여하는지는 알려져 있지 않으나, 호르몬과 핵산 대사 두 가지가 관련되어 있다. 세포 분열과 신장이 억제됨과 동반하여 호르몬인 인돌-3-아세트산(indol-3-acetic acid)을 산화시키는 효소의 활성이 증가하고(아마도 RNA의 선구물질인 우라실의 합성이 억제되는 것을 통해) RNA 함량이 감소한다.

위에서 주목했던 지상부 분열 조직에 미치는 영향 외에도, 붕소가 결핍된 일반적인 증상은 마디사이의 길이가 짧아지고, 식물의 겉모양이 덤불처럼 되거나 로제트형이 되며, 줄기가 신장되고, 셀러리에서 '줄기의 갈라짐'이 생기는 것이다. 사탕무와 같은 저장뿌리에서 심부병(heart rot)으로 알려져 있는 이상은 붕소의 결핍으로 인해 성장부의 분열중인 세포가 죽기 때문에 생긴다.

4.4.10 구리는 산화 효소에게 필요한 보조인자이다

구리는 통기가 잘된 토양에서 보통 2가 구리 이온인 Cu^{2+}로 식물이 이용할 수 있다. Cu^{2+}는 토양의 부식산(humic acid)과 킬레이트를 쉽게 형성하고, 뿌리의 표면에 구리를 공급하는데 관여한다. Cu^{2+}은 산소가 적은 습한 토양에서 불안정한 제일구리의 형태로 쉽게 환원된다. 구리는 식물 영양소로서, 주로 다양한 산화 효소의 보조 인자로서 역할을 하는 것 같다. 산화 효소에는 광합성에서 전자 전달자인 플라스토시아닌과 미토콘드리아의 호흡에서 마지막 산화 효소인 시토크롬 산화 효소 및 아스코르브산 산화 효소가 있다. 금방 자른 사과와 감자의 표면이 갈색으로 변하는 것은 구리를 함유한 **폴리페놀 산화효소(polyphenoloxidase 또는 phenolase)**의 활성 때문이다. 초과산화물 라디칼(Superoxide radical; O_2^-)을 무독화시키는 **초과산화물 불균등화효소(superoxide dismutase; SOD)**는 또 다른 중요한 구리 효소이다.

구리의 결핍 때문에 생기는 일반적인 이상은 생장이 위축되는 것과, 어린 잎의 비틀림과 감귤류에서는 특히 '여름철 가지마름병(summer dieback)'으로 알려져 있는 어린 잎이 소실되는 것이다.

4.4.11 아연은 수많은 효소의 활성인자이다

아연은 2가 양이온인 Zn^{2+}로 뿌리에 의해 흡수된다. 아연은 알데히드가 에탄올로 환원되도록 촉매하는 **알코올 탈수소 효소(alcohol dehydrogenase; ADH)**, 이산화탄소를 중탄산염으로 수화되도록 촉매하는 **탄산무수화 효소(carbonic anhydrase; CA)** 및 O_2^-를 무독화시키는 구리 SOD를 포함한 많은 효소의 활성인자이다. 그러나 아연의 결핍과 관련되는 이상은 오옥신 호르몬인 인돌-3-아세드산의 대사가 방해받았음을 반영한다는데 일반적으로 의견이 일치한다. 전형적으로 아연-결핍 식물은 마디사이가 짧아지고, 잎이 더 작다(예를 들면, 과일 나무의 '작은 잎'). 옥신의 대사에서 아연의 정확한 역할은 불명확하지만, 아연-결핍 식물 내부의 옥신 수준이 공공

연한 아연 결핍 증상이 나타나기 전에 감소하는 것으로 알려져 있다. 더욱이, 아연의 공급이 회복되면 호르몬의 수준이 빠르게 증가한 다음 생장이 회복된다. 아연이 호르몬의 전구체인 트립토판의 합성에 필요하다는 견해를 지지하는 증거가 있다.

4.4.12 망간은 엽록체에 있는 산소방출 복합체의 일부분일 뿐만 아니라 효소의 보조인자이다

망간은 주로 2가의 양이온인 Mn^{2+}의 형태로 식물체 내로 흡수되어 운반된다. 망간은 여러 가지 효소, 특히 호흡성 탄소 회로에서 결정적인 역할을 하는 탈카르복시기 효소와 탈수소 효소의 보조 인자로 필요하다. 예를 들어, 망간은 흥미롭게도 ATP와 관련되는 반응에서 마그네슘을 종종 대신할 수 있다. 가장 잘 알려지고 연구되어 있는 망간의 기능은 광합성에서 산소를 방출하는 것이다(7장). **망간단백질(manganoprotein)**의 형태에서 망간은 광계 II에 포함되어 있는 산소를 방출하는 복합체(oxygen evolving complex; OEC)의 일부분이고, 이 복합체는 물이 산화되는 동안 전하를 축적한다.

망간의 결핍은 토양 상태, 기후 및 작물의 종에 따라 일부 지역으로 널리 퍼질 수 있다. 망간의 결핍은 낮은 토양 pH(< 6)와 높은 유기물의 함량에 의해 악화된다. 망간 결핍은 곡물의 '회색 반점'의 원인이 되는데, 어린 잎의 기저부에 녹회색 난상의 반점이 나타나는 특징이 있다. 망간 결핍은 콩의 종자에서 탈색과 기형뿐 아니라 엽맥 사이의 지나친 황백화를 일으킬 수도 있다.

4.4.13 몰리브덴은 질소 대사의 중요한 구성성분이다

몰리브덴이 금속이기는 하지만, 성질은 비금속과 거의 비슷하다. 수용액에서, 주로 몰리브덴 이온인 MoO_4^{2-}로 존재한다. 몰리브덴은 알려져 있는 모든 미량 영양소들 중 필요성이 가장 적고, 질소 대사에 주로 관여하는 것으로 나타난다. 몰리브덴을 함유하는 것으로 밝혀진 몇 가지 효소들 중에는 **이질소화 효소(dinitro-genase)**와 **질산염 환원 효소(nitrate reductase)**가 있다. 그래서 식물에게 몰리브덴의 필요성은 질소의 공급 형태에 의해 어느 정도 좌우된다(11장). 이질소화 효소는 이 효소를 가지고 있는 원핵생물이 고등 식물과의 공생에서 대기의 질소를 환원시키기 위해 사용하는 효소이다. 질산염 환원 효소는 뿌리와 잎에서 발견되며, 질산염을 아질산염으로 환원되도록 촉매하는데, 이 과정은 질소가 아미노산과 다른 대사산물에 결합되기 위해 필요한 가장 첫번째 단계이다.

질소고정에 의존하는 콩과 식물에서 몰리브덴의 결핍은 질소 결핍의 증상을 발생시킨다. 질소 공급이 적당할 때, 몰리브덴의 결핍은 '변상엽(whiptail)'으로 알려진 전형적인 이상을 보이는데, 어린잎이 비틀리고 기형이 된다. 같은 식물에 늙은 잎의 엽맥을 따라 엽맥 사이에서 황백화와 괴사가 나타날 수 있다. 많은 미량 영양소들처럼, 몰리브덴의 결핍은 종에 따라 매우 다르게 나타난다. 특히 십자화과에 속하는 콩과식물들과 옥수수에서 널리 나타난다. 몰리브덴의 결핍은 높은 농도의 철 침전물을 함유하고 있는 산성 토양에서 악화되는데, 이런 산성 토양은 몰리브덴 이온을 강하게 흡수한다.

4.4.14 염소는 광합성의 산소 발생과 세포막을 가로질러 전하 균형을 유지하는 데 역할을 한다

염화 이온(Cl^-)은 자연 상태에서 곳곳에 존재하고 매우 잘 녹는다. 그래서, 웬만하면 잘 결핍되지 않는다. 결핍은 매우 조심스럽게 조절되는 용액 재배 실험에서만 주로 나타난다. 망간과 더불어 염소는 광합성에서 산소 방출 반응에 필요하다(7장). Cl^-은 두 가지 중요한 기능을 가지는 매우 이동성이 있는 음이온이다: 염화이온은 막을 가로질러 전기적인 중성을 유지하는 주요 반대이온(counter ion)이면서 액포 속에서 삼투적으로 활동하는 중요한 용질 중의 하나이다. 염화 이온은 잎과 지상부에서 세포 분열에도 필요한 것으로 나타난다. 염소는 잘 흡수되고 대부분의 식물들은 자신이 필요한 최소량을 훨씬 초과하여 축적한다. 염소가 고갈된 식물들은 성장이 감소하고, 잎 끝이 시들며 일반적인 황백화를 나타낸다.

4.4.15 니켈의 역할은 명확하지 않다

니켈은 필수 영양소의 목록에 최근에서야 첨가되었다. 니켈은 풍부한 금속성 원소이고 뿌리에 의해 쉽게 흡수된다. 니켈은 식물 조직 속 곳곳에 존재하고, 보통 건량 1 킬로그램당 0.05에서 5.0 mg이 들어 있다. 니켈의 역할을 규명하는 데 부딪치는 중요한 어려움 중에 하나는 니켈의 필요성이 극도로 낮다는 것이다. 식물이 생활사를 완성하는 데 필요한 니켈의 양은 약 200 ng인 것으로 측정되었다. 이 양은 대부분의 경우에 씨앗 속에 들어 있는 초기의 니켈 함량으로 충당될 수 있다. 그러므로 니켈의 결핍을 입증하기 위해서는 영양염의 상세한 순수 정제 과정을 거치는 것이 반드시 필요하고, 니켈이 결핍된 용액에서 몇 세대를 키워야 할 필요가 있다. 니켈이 필수적인 상태에 있다는 가장 강한 증거는 콩과식물과 곡물에 대한 연구에 근거를 두고 있다. 보리(*Hordeum vulgare*)에 대한 한 가지 연구에서, 종자가 발아하는데 필요한 니켈의 임계 농도는 종자의 건량 1 g당 90 ng인 것으로 발견되었다. 니켈이 없는 상태에서 3 세대의 식물을 키움으로써, 종자의 니켈 함량은 건량 1 g당 7.0 ng으로 감소될 수 있었다. 이런 종자들은 12% 미만으로 발아하였다. 0.6 μm 또는 1.0 μm 의 니켈을 넣은 영양 용액에서 식물을 같은 수의 세대를 키웠을 때, 종자는 각각 57%와 95%가 발아하였다. 다른 연구에서, 니켈의 결핍으로 인해 유식물의 생장력이 억제되었고, 잎에서 황백화와 괴사 상처가 생겼다.

식물에게 니켈이 필요한 근거는 분명하지 않으나, 종자가 발아하는 동안 질소의 이동과 관련이 있을 수 있다. 니켈은 두 가지 효소, 요소 가수분해효소(urease)와 수소화 효소(hydrogenase)의 구성 성분인 것으로 알려져 있다. 요소 가수분해효소는 요소가 NH_3와 CO_2로 가수 분해되도록 촉매하고, 식물계 전체에서 널리 발견된다. 작두콩(*Canavalia ensiformis*) 종자로부터 나온 요소 가수분해효소가 섬너(J. B. Sumner)에 의해서 1926년에 결정화된 최초의 단백질이었다는 것은 흥미로운 일이다. 요소 가수분해효소의 물질대사적 중요성은 아직 분명하지 않지만 대두(*Glycine max*)에서 니켈의 결핍이 미치는 중요한 영향 중 하나는 잎에서 요소 가수분해효소의 활성이 감소되는 것이다.

웬만하면, 식물 조직에서 요소로만 존재하는 것은 거의 발견되지 않는다. 그러나 요소는 아르기닌과 아르기닌의 구조적 유사 화합물인 카나바닌(canavanine)에 효소인 아르기닌 가수분해효소(arginase)가 작용하여 형성된다(11장). 비단백질성 아미노산인 카나바닌은 작두콩과 같은 몇몇 식물 집단의 종자에 풍부하지만, 농도는 발아할 때 빨리 감소된다. 종자 속에는 아르기닌이 풍부하게 들어 있고, 두 가지 아미노산(카나바닌과 아르기닌)은 종자가 발아하는 동안에 쉽게 이동하는 저장 질소로서의 기능을 한다. 이런 면이 유효하게 증명된다면 요소 가수분해효소와 니켈은 발아와 유식물이 초기 생장을 하는 동안에 질소의 이동에 중요한 역할을 하는 것이다.

몇몇 콩과식물에서 이동성이 있는 질소의 일반적인 형태는 알란토산(*allantoic acid*)과 시트룰린(*citrulline*)과 같은 **우레이드(ureide)**로 알려져 있는 요소를 기본으로 하는 화합물이다(11장). 우레이드는 질소 고정을 하는 동안 뿌리혹에서 형성되고 숙주 식물 전체의 물관을 거쳐 운반된다. 우레이드는 노쇠중인 잎에서도 형성되며 저장하기 위해 발육 중인 종자로 운반된다. 우레이드가 분해되면 요소를 만들어내고, 니켈-결핍 식물에서는 독이 되는 수준으로 축적된다. 더구나, 모든 식물에서 푸린 염기(아데닌과 구아닌)의 대사도 우레이드를 만들어 낸다. 이것은 모든 식물은 아니지만 대부분의 식물들이 요소 가수분해효소와 니켈이 필요하다는 것을 추측할 수 있는 이유가 되는 것 같다.

수소화 효소(hydrogenase)는 몇 가지 질소 고정 식물에서 중요한 효소이다. 수소화 효소는 질소 고정 과정에서 사용되도록 수소를 회복시키는 데 필요하다(11장). 니켈의 결핍으로 인해 대두의 뿌리혹에서 수소화 효소의 활성이 억제되므로, 차례로 질소 고정 효율이 억제될 것이다.

4.5 미량 영양소의 독성

미량원소들은 모두 과잉으로 존재하면 위험하다. 대부분은 농도의 적정 범위가 좁고, 상대적으로 낮은 농도에서 독성을 나타낸다. **임계 독성 수준(critical toxicity level)**은 건량이 10% 감소하게 하는 조직 농도로 정의되며, 식물의 종뿐 아니라 몇 가지 미량 영양소들 사이에서도 매우 다양하다. 앞서 살펴본 것처럼, 구리, 붕소 및 아연의 임계 농도는 각각 건량 1 g당 20, 75 및 200 μg 정도이다. 반면에, 망간의 임계 농도는 옥수수의 경우 건량 1 g당 200 μg, 대두의 경우 600 $\mu g\ g^{-1}$, 해바라기의 경우 5,300 $\mu g\ g^{-1}$까지 다양하다. 독성의 증상은 종종 한 가지 영양소가 과잉되어 다른 영양소의 결핍을 유발할 수도 있기 때문에 해석하기 어렵다. 예를 들면, 물이 범람한 토양에서 종종 일어나는 망간 독성의 전형적인 증상은 황백화되는 엽맥 주위에 MnO_2가 축적되기 때문에 생기는 갈색의 반점이 나타나는 것이다. 그러나 과량의 망간은 철과 마그네슘 그리고 칼슘의 결핍도 유발할 수 있다. 망간은 흡수되기 위해 철, 마그네슘 두 가지와 경쟁하고, 효소와 결합하기 위해 마그네슘과 경쟁한다. 망간은 칼슘이 지상부의 끝으로 이동되는 것을 억제하여 '주름 잎(crinkle leaf)'으로 알려져 있는 이상도 일으킨다. 그래서 망간 독성의 두드러진 증상은 실제로 철, 마그네슘, 또는 칼슘이 결핍된 증상일 수도 있다.

과량의 미량 영양소는 전형적으로 뿌리 생장을 저해하는데, 뿌리가 지상부에 비해 더 민감한 것이 아니라 뿌리가 영양소를 축적하는 최초의 기관이기 때문이다. 이 사실은 특히 구리와 아연에도 해당된다. 도시 오염과 산업 오염뿐 아니라 구리가 함유된 곰팡이 살균제를 장기간 사용함으로 인한 포도밭과 과수원의 구리 독성에 대해 관심이 커지고 있다. 아연의 독성은 산성 토양이거나 하수 슬러지를 작물의 비료로 사용할 때 문제가 될 수 있다.

미량 영양소가 분명히 독성이 있는데도 불구하고, 많은 식물 종들은 비정상적으로 높은 농도에 견딜 수 있는 능력을 발달시켜 왔다. 예를 들면, 대부분의 식물들은 건량 1g당 5 μg을 초과하는 농도의 니켈에 의해 심각하게 손상받지만, 비름속에 속하는 종들은 건량 1g당 10,000 μg을 초과하는 수준을 견딜 수 있다.

요약

식물은 독립영양생물로 모든 영양적 요구를 무기 환경으로부터 섭취한다. 식물은 탄소, 수소, 산소 그리고 토양으로부터 흡수되는 다른 14가지의 원소를 필요로 한다. 이러한 17가지 원소는 필수적이라 여겨지는데 이들이 없으면 모든 식물이 정상적인 생활사를 완성할 수 없는 것을 보여주었기 때문이다. 필수원소는 보통 필요한 양에 따라 다량영양소나 미량영양소로 나누어진다. 미량영양소는 보통 농도가 kg 건량 당 10 mmole 미만인 경우이다.

각각의 필수원소는 식물의 생화학과 생리학에서 몇몇 역할을 담당하며, 결핍될 경우 보통 그 역할과 관련된 한 가지이상의 결핍 증상을 특징적으로 나타낸다. 추가적인 원소는 특정 식물에서의 특별한 요구를 만족시키기 때문에 유익원소로 여겨진다. 필수원소, 특히 미량영양소가 과다한 양으로 존재하면 독이 될 수도 있다.

복습문제

1. 독립영양과 종속영양의 차이를 설명하시오.
2. 필수성은 어떤 의미인가? 필수 원소와 유익 원소의 차이는 무엇인가? 고등식물에서 원소의 필수성 여부를 결정하기 위하여 거쳐야 할 단계를 기술하시오.
3. 고등식물의 생장에 필수적인 17가지 원소를 나열하시오. 각 필수 원소의 하나이상의 주요 구조적인 또는 대사적인 역할을 동정해보시오.
4. 철, 마그네슘, 그리고 질소의 결핍은 모두 백화현상을 유발한다. 철로 인한 백화현상은 어린 잎의 엽맥 사이에서만 일어나지만 마그네슘과 질소의 결핍은 모두 일반적으로 나이가 든 잎에서 더 많이 일어난다. 이 차이를 설명하시오. 왜 각각의 결핍이 백화현상을 일으키며, 왜 양상이 다른가?
5. 어떤 이유 때문에 칼슘이 풍부한 토양이 식물 생장에 필요한 인을 너무 적게 공급하는가?
6. 킬레이트제란 무엇인가? 킬레이트제가 영양소 배양액과 토양에서 철의 이용가능성을 어떻게 유지하는지 설명하시오.
7. 임계 독성 수준의 의미는 무엇인가? 어떤 원소가 필수적으로 필요한 원소이면서도 독이 될 가능성이 가장 높은가?
8. 현재 고등식물에서 필수적이라고 알려져 있는 17가지 원소가 있다. 미래에 다른 원소가 이 목록에 첨가될 가능성이 있는가? 자신의 답을 설명하시오.

더 읽을 거리

Blevins, D. G, K. M. Lukaszewski. 1999. Boron and plant structure and function. *Annual Review of Plant Biology* 49: 481–500.

Broadley, M. R., P. J. White. 2005. *Plant Nutritional Genomics.* Oxford, U.K.: Blackwell Publishing.

Buchanan, B. B., W. Gruissem, R. L. Jones. 2000. *Biochemistry and Molecular Biology of Plants.* Rockville, MD: American Society of Plant Physiologists.

Epstein, E., A. J. Bloom. 2005. *Mineral Nutrition of Plants: Principles and Perspectives.* Sunderland: Sinauer Associates Inc.

Kochïan, L. V., O. A. Hoekenga, M. A. Piňeros. 2004. How do crop plants tolerate acid soils?Mechanisms of aluminum tolerance and phosphate efficiency. *Annual Review of Plant Biology* 55: 459–493.

Salt, D. E. 2008. Ionomics and the study of the plant ionome. *Annual Review of Plant Biology* 59: 709–733.

Schachtman, D. P., R. Shin. 2007. Nutrient sensing: NPKS.*Annual Review of Plant Biology* 58: 47–69.

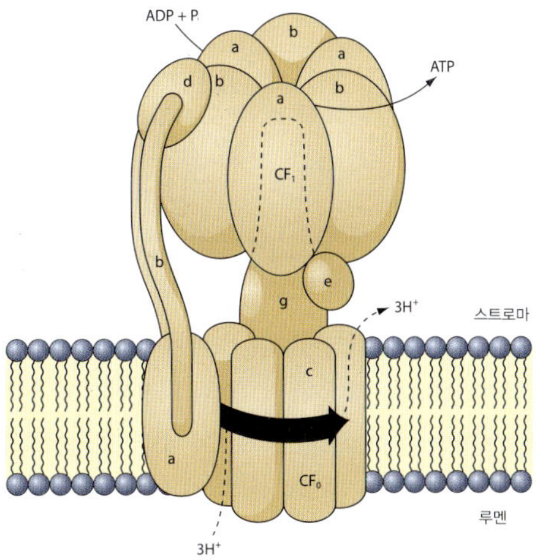

5

생체에너지론과 ATP 합성

지구라는 행성의 독특한 특징은 생명이 존재한다는 것이다. 크게 보면 전체 지구의 생물권(Biosphere)은 무수한 생명체로 구성된 하나의 커다랗고 정교하지만 복잡한 에너지 전환 시스템으로 생각할 수 있다. 물 이외에도 (1–4장), 에너지는 그 형태와는 상관없이 생명의 유지와 복제를 위한 필수적인 요소의 하나이다. 각각의 생명체들은 탄소 기반의 생명체 형태들로 이루어진 많은 구성체에서 각자 특별한 역할을 수행하고 있다. 우리가 생물학을 집단, 개체, 세포, 또는 분자 수준 어떤 스케일에서 관찰하든 간에, 조직적 구성(organization)은 생명체의 필수 요소이며 이는 끊임없이 공격받고 있다. 세포수준에서, 세포를 이루는 단백질, 핵산 과 그 외의 다른 분자들은 가수분해(hydrolysis)에 의하여 계속적으로 분해되고 있다. 막 구조 들은 용질들을 환경으로 내보내고 있다. 지구상의 모든 것 들은, 세포든 환경이든, 끊임없는 산화과정에 종속되어 있다. 더욱이, 우리가 볼 수 있는 우리 주변의 모든 생명체들은 환경으로부터 물질을 뽑아내어 그들의 조직적 구성을 유지하는데 사용하거나 새로운, 복잡한 구조물들을 만드는데 사용하고 있다. 에너지는 지속적으로 해체되고 있는 환경에 직면하여 새로 구축하고 보전하는 법칙을 따르며 모든 생명체의 기본적인 필요조건이며 이러한 필요를 충족시키기 위하여 2가지 전략이 진화되어 왔다. 그 중 하나는 **광합성(photosynthesis)** 으로 **–광 독립영양 생활형(photoautotrophic lifestyle)**–을 의미하는데, 태양으로부터 에너지를 받아서 단순한 무기물질에서 복잡한 유기물을 합성하는 것이다. 이와는 대조적으로, 또 다른 생활방식 – **화학 종속영양형(chemoheterotropic)**– 에 의해 살아가고 있는 생명체들은 환경으로부터 유기물질들을 지속적으로 흡수해야 하며, **호흡(respiration)**을 통하여 그 환경으로부터 필요한 에너지를 얻어내고 있다. 그러나 이런 유기 물질들의 상당수는 그들의 기원이 광합성으로 거슬러 올라간다. 결국은, 대부분의 지구상의 생명은 광합성을 통하여 태양으로부터 얻어진 에너지에 의해 동력을 얻는다. 이번 장에서는 **생체에너지론(bioenergetics)**–살아 있는 생명체에서 에너지 전환에 관한 연구–의 기본 원리에 대하여 다루도록 하겠다. 이번 장에서 다룰 주된 주제는 다음과 같다.

- 열역학법칙들과 자유에너지와 엔트로피 개념
- 자유에너지와 화학적 평형간의 관계, 평형에서 벗어난 반응이 어떻게 생명을 유지하는 중요 반응을 유도하는데 사용될 수 있는지를 예를 들어 설명.
- 산화–환원반응, 이와 같은 반응이 어떻게 생물학적 에너지 전환에 관여하는지를 보여줌.
- 생물학적 에너지 대사의 중요한 중간매개체인 ATP생성에 대한 화학삼투모델

5.1 생체에너지론과 생명체에서의 에너지 전환

5.1.1 태양은 주된 에너지 원이다.

우리 생물권의 복잡한 조성과 체계적 구성을 고려할 때 지구상에서 대부분의 생명체를 유지시키는데 필요한 기본 성분이 물, 가시광선, 공기 와 같은 간단한 것들 이라는 것은 다소 놀라운 일이다. 빛은 대부분의 탄소를 기반으로 하는 생명체를 유지하는데 필요한 에너지의 궁극적인 형태로 여겨진다. 물론 이러한 빛의 근원은 태양이다. 이러한 빛은 어떻게 생성되는가? 태양의 중심에서 일어나는 열핵융합반응은 4개의 양성자 ($4H^+$)를 원자량 4.0026인 하나의 헬륨 (He) 원자로 전환시킨다. 하지만 각각의 양성자 (H^+)가 1.0079의 원자량을 가지고 있기 때문에 헬륨의 원자량은 4.0316 이어야 한다. 분명 0.0290 그램-원자(gm-atoms) 에 해당하는 질량이 손실되는데, 이는 4개의 양성자 질량의 75%에 해당한다. 아인슈타인은 우리에게 에너지와 질량 사이에는 매우 중요한 연관관계가 있음을 보여 주었다.

$$E = mc^2 \qquad (5.1)$$

여기서 E는 에너지, m은 질량, c는 빛의 속도를 나타낸다. 그래서, $4H^+$에서 He으로 전환되는 사이에 사라진 질량 (m) 0.0290 그램의 원자량은 전자기선의 형태의 에너지(E)로 전환된다. 이러한 전자기 에너지는 작은 일부가 가시광선의 형태로 존재하며 (제 6장), 약 1억 6천만 킬로미터 떨어져 있는 지구의 표면에 도달하게 된다. 빛의 속도가 300,000 km s^{-1}이므로 태양에 의해 생성되는 가시광선의 광자(photon)는 각각 지구 표면에 다다르는데 8.88초가 필요하다. 따라서 지구에서 우리가 탐지하는 태양의 어떤 이미지도 원래의 이미지일 수 가 없으며, 오히려 8.88초 이전의 태양의 이미지인 것이다!

공기는 모든 살아 있는 생명체에 기본 원소인 탄소, 질소, 그리고 산소를 제공한다. 공기중의 탄소 C는 이산화탄소 (CO_2, 약 0.035%)로 존재하고 공기 중 질소 N은 N_2(약 80%)의 형태로 존재한다. 그러나 대부분의 살아있는 생명체는 직접 CO_2 나 N_2를 탄소나 질소의 공급원으로 직접 사용할 수는 없다. 물은 효소 촉매과정과 생물학적인 막구조(1장, 2장)의 형성에 필요한 용매를 제공한다. 7장부터 11장에는 빛 에너지를 이용하여 탄소와 질소를 식물체의 생명뿐 아니라 모든 형태의 생명을 유지하는데 필요한 형태로 전환하는 식물체의 역할에 관하여 기술할 예정이다. 그러나 우선 생물 시스템에서 에너지 전환을 담당하는 기본 원리에 대한 이해하는 것이 필요하며, 그 원리가 생체에너지론이다.

5.1.2 생체에너지론이란 무엇인가?

1944년, 노벨물리학상 수상자 Erwin Schrödinger는 "생명이란 무엇인가?"라는 흥미로운 작은 논문을 출판하였다. 이 책에서, 이 유명한 물리학자는 물리학적 화학적인 원리를 통해 생명의 근본에 관하여 풀어보려고 하였다. Schrödinger는 과연 공간과 시간을 통한 "살아있는 생명체의 공간적인 영역" 안에서 일어나고 있는 복잡한 사건들을 물리학과 화학의 법칙으로 설명할 수 있는가에 대한 간단한 질문에서 출발했다. Schrödinger는 이 질문을 다루기 위하여 열역학적 접근법을 사용하였다. 열역학과 대부분의 열역학적 용어와 이에 사용된 수학은 열의 흐름을 지배하는 기본적인 법칙을 발견하고자 하는 역사적인 관심에서 비롯되었다. 비록 열역학연구는 최근 들어 보다 일반적인 의미의 에너지흐름에 관심이 있지만, **열역학(thermodynamics)**이란 학문은 원래는 증기엔진이 작동할 때나 대포를 발사할 때 왜 열이 나는 지에 관한 19세기적 관심에서 생겨났다. 열의 흐름은 일정한 기본적인 열역학 법칙을 따른다. 이러한 열역학의 원리들은 생물학에서 열전환의 이해를 위한 정량적인 틀을 제공해주기 때문에 열역학 원리에 관한 일반적인 이해가 필요하다. 에너지전환 이외에도 열역학은 일을 하기 위한 시스템의 용량을 기술하는데도 도움을 준다. "일(work)"이란 개념은 여러 가지 다른 방식으로 정의할 수 있다. 물리학자들은 "일"을 힘에 대한 변위(displacement)로 규정한다. 예를 들면, 마찰력에 거슬러 대항하는 물체의 미끄러짐이나, 언덕에서 둥근 물체를 위로 굴려 올리는 것 등을 들 수 있다. 이에 반하여 화학자들은 "일"을 압력과 부피의 관점에서 본다. 예를 들면 "일"은 기체의 부피가 증가할 때 대기압의 힘을 극복하기 위하여 행해져야 하는 것이다. 생물학에서는 "일"이란 개념이 보다 넓게 적용되는데, 세포나 생명체에서 마주치게 되는 넓은 범위의 힘에 대항하는 다양한 일을 하는 기능을 모두 포함한다. 근육활성과 같은 기계적인 일 이외에도 생물학자들은 화학적 합성, 전기화학적 차이에 따른 용질의 이동, 삼투현상, 생태계 동력학과 같은 다양한 활동 등에도 관심을 가진다. 이러한 것들과 다수의 다른 생명체의 필수적 활동들 모두 열역학적인 용어로 설명될 수 있다.

생체에너지론(Bioenergetics) 이란 생물계내에서 에너지 전환 연구에 열역학법칙을 적용하는 것이다. 세포 내에서 일어나는 과정에 대한 에너지론은 화학적 평형과 화학반응의 산화-환원 포텐셜과 연관될 수 있다. 분자든, 세포든, 생태계의 어느 수준이든 간에 에너지의 흐름은 생명을 유지시키는데 중심이 된다. 그러므로 에너지흐름에 대한 기본적인 이해는 생물학의 진정한 아름다움, 의미, 복잡성을 파악하는데 필수적이다. 살아있는 생명체를 통한 에너지의 흐름을 연구하는 분야를 생체에너지론이라고 한다. 비록 생체에너지론의 법칙이 세포 내에서 일어나는 과정들을 지배하는 추진력에 관한 이해하는데 필수적인 지식을 제공하지만, 생체에너지론이 이러한 일련의 과정들에서 일어나는 생화학적인 반응

메카니즘에 관한 이해를 하는 데는 별다른 도움이 되지 않는다는 점을 주목해야 한다. 지난 수 십 년간, 생체에너지론의 주 관심사는 광합성과 호흡에서의 에너지 전환의 복잡성을 풀어내어 에너지가 ATP합성과 같은 에너지를 요구하는 반응을 유도하는데 어떻게 사용되고 세포막을 가로질러 이온을 축적시키는데 사용되는지를 이해하는 것이었다. 이 단원의 목적은 가능한 가장 간단한 형태로, 기초적인 열역학법칙들의 조합하여, 생물학적 에너지 전환을 지배하는 법칙들을 이해시키는 데 도움을 주려는 것이다. 그래서, 세포생리를 완전히 이해하는 것이 이 교과서의 전체적인 주제인 생화학 메카니즘과 생체에너지론을 통합하는 데 필요하다. 관심이 있는 학생들은 니콜스(D. G. Nicholls) 와 스튜어트(S. J. Stuart)(2002)가 쓴 훌륭한 논문을 보면 열역학과 생체에너지론에 대한 보다 자세한 설명을 찾아볼 수 있을 것이다. 본 교과서는 상기의 논문의 논지에 기초하여 기본적인 것을 다루었다.

5.1.3 열역학 제1법칙은 에너지 보전을 뜻한다.

생물학적 에너지 전환은 두 개의 열역학 법칙에 기초를 둔다. 첫 번째 법칙은 흔히 **에너지 보전의 법칙**이라고 알려져 있는데 우주의 에너지는 일정하다는 것이다. 이것은 이해하기 어려운 개념은 아닌데 – 간단히 말하면 에너지의 양은 고정되어 있어서, 이동하거나 다른 형태로 바뀔 수는 있으나 모두 어딘가에 존재한다는 것이다. 덧붙여 말하면, 에너지는 하나의 반응 안에서 결코 "손실"되지 않는다는 의미 – 어떤 형태의 에너지가 뷰명히 줄어들면 어떤 다른 형태의 에너지가 증가하여서 균형을 맞추게 된다. 앞에서 언급한 예를 들면, 하나의 물체를 옮겨놓는 데 사용된 에너지는 일부는 일로 나타나지만 마찰에 의한 열 방출로도 나타난다. 이와 같은 방식으로, 포도당을 연소하는 데서 나오는 화학에너지의 일부는 환경에서 열로서 나타나고, 일부는 반응의 산물인 이산화탄소와 물의 결합에너지형태로써 나타나게 된다.

5.1.4 열역학 제2법칙은 엔트로피 와 무질서도를 의미한다.

생물학자로써 우리는 무엇보다도 얼마만큼의 일을 할 수 있는가에 관심이 있다. 그러나 앞에서 제시한 바와 같이, 모든 에너지가 일을 하는데 사용할 수 있는 것은 아니다. 이에 따라서 두번째 열역학법칙과 엔트로피(S)라는 개념이 등장한다. 두번째 법칙은 엔트로피라는 개념을 포함하므로 다소 이해하기 어렵다. **엔트로피 (entropy)**란 무엇인가? 엔트로피는 무작위, 무질서, 혼돈의 척도로서 다양하게 묘사되어 왔다.

그러나 엔트로피는 열역학적인 개념이므로 열에너지 관점에서 묘사하는 것이 가장 유용할 것이다. 온도는 물질의 평균 분자 역학 에너지로 정의할 수 있다. 그래서 어떤 분자 시스템이든 절대온도 영도(−273°C, 또는 0°K)에 있지 않은 경우 일정한 양의 열에너지 – 에너지는 구성 분자의 공간에서의 운동에 의한 진동이나 회전의 형태 에너지– 의 일부를 갖는다. 열에너지와 온도는 서로 비례한다: 즉 에너지의 양이 증가하거나 줄어들면, 온도도 그러하다. 이러한 에너지를 방출하면 온도를 일정하게 유지할 수 없기 때문에, "등온무용 isothermally unavailable"(그리스어로 isos는 같다는 의미)이라고 한다. 양적으로 보면 등온무용에너지는 TS라는 개념으로 나타낼 수 있는데, T는 절대온도이고 S는 엔트로피이다.

등온무용에너지와 이에 따른 엔트로피는 분자운동의 에너지와 연관이 있기 때문에, 더 많은 분자가 자유롭게 운동하려고 할수록, 다시 말해서 보다 무질서도가 늘어나거나, 질서도가 줄어들거나 혼돈된 시스템일수록, 엔트로피는 더 커지게 된다. 이러한 논리로 모든 운동이 멈추는 절대 0도에서는 엔트로피 또한 0이 된다. 익숙한 예를 들어 보면, 포도당의 연소를 들 수 있다. 포도당은 매우 질서정연한 구조를 가지고 있는데 이는 구성원인 탄소 원자의 운동을 어느 정도 제한하도록 제어하고 있다. 그러나 6개의 이산화탄소 분자에서는 동일한 원자들 인데도 훨씬 덜 제한을 받는다. 각 분자는 자유롭게 공간에서 회전하고 구르게 된다. 탄소 원자 입장에서 보면 포도당과 이산화 탄소 분자는 각각 엔트로피를 갖고 있지만, 이산화탄소 분자는 질서가 덜하므로 운동의 자유도는 더 커지고 엔트로피도 증가된다. 그러나 주어진 반응에서 모든 반응물과 생산물의 엔트로피가 모두 고려되어야 한다. 쉬고 있지 않은 시스템에서, 엔트로피는 자연적으로 증가하는 경향이 있고, 시스템은 점점 혼돈화 되게 된다. 식 5.2는 엔트로피 S, 무질서도 D, 볼쯔만 상수 k (1.380062 x 10^{-23} J . ° K^{-1}) 간의 관계를 나타낸다. 따라서 무질서도가 증가하면 엔트로피도 증가한다.

$$S = k \log D \tag{5.2}$$

이 같은 경향을 R.J. Clausius 는 *우주의 엔트로피는 최대화 되는 경향이 있다*고 요약하였다. 클라우시우스의 명언은 열역학 제2법칙을 서술하는 한 방법이다. 모든 생명의 주된 특징은 열역학 제2법칙과 정반대로 보이는 복잡한 질서이다. 그러나 모든 생명체가 종에 따라 다양하게 수시간에서 수일, 수년, 수백년의 유한한 삶을 살고 있기 때문에 문제가 되지 않는다. 질서 (1/D)는 무질서(D)의 역수이고, 식 5.2는

$$-S = k \log(1/D) \tag{5.3}$$

가 되므로 생명은 음수의 엔트로피(−S)가 된다!

그러나 생물학자로서 엔트로피에 관한 우리의 관심은 주로 이것이 일에 이용될 수 없는 에너지를 대표하는데 있다. 이런 맥락에서 보

면, 제2 법칙은 다음과 같이 다시 표현할 수 있다: 한 독립된 시스템의 일을 할 수 있는 능력은 계속적으로 감소한다. 다시 말해 한 시스템의 모든 에너지를 일에 이용하기는 결코 불가능하다.

5.1.5 일을 할 수 있는 능력은 자유에너지의 사용가능 여부에 달려 있다.

위의 논의로부터 일부 에너지는 등온 조건에서 사용 가능하고 따라서 일에 사용될 수 있다. 이 에너지를 **깁스의 자유에너지**라 하는데, 19세기의 물리화학자로서 이 개념을 도입한 J. W. Gibbs를 기리기 위해서 명명되었다. 자유에너지 (G)는 TS와 다음과 같은 상관관계가 있다.

$$H = G + TS \qquad (5.4)$$

H는 총 열에너지(혹은 enthalpy **엔탈피**)를 의미하며 행해진 모든 일을 포함한다. H는 등온적으로 이용될 수 없는 TS와 G의 합으로 구성된다. 따라서 식 5.4는 또한 두 종류의 에너지, 즉 일을 하는데 이용되는 자유 에너지와, 그렇지 못한 엔트로피로 나타낼 수 있다. 특별히 제한된 경우를 제외하고는, 일을 할 수 있는 에너지 즉 자유에너지가 생물학자들의 가장 큰 관심사이다. 식 5.4는 또한 다음과 같은 제 2법칙의 추론을 제안한다: *우주의 자유에너지는 최소화하는 경향이 있다.*

절대 에너지인 G나 S를 측정하는 것은 편리하지도 적절하지도 않지만, 예를 들면 열이 올라가거나 내려가거나, 일을 하는 등의, 반응하는 과정에서 일어나는 에너지의 변화 (로 표현)는 보통 쉽게 측정할 수 있다. 식 5.4는 다음처럼 다시 쓸 수 있다.

$$\Delta G = \Delta H - T\Delta S \qquad (5.5)$$

자유에너지의 변화는 반응에 관한 많은 것을 알려준다. 예를 들어 실제로 반응이 일어날 수 있는지 가능성 여부나 만일 그로 인해 행해질 일의 양에 대해서 알려 준다. 가능성은 ΔG로 표시한다. 만일 ΔG가 음의 값이면 (즉, ΔG〈0), 그 반응은 에너지의 투입이 없이도 일어날 수 있는 자발적인 것으로 간주된다. 생성물의 자유에너지가 반응물보다 낮으므로 음의 ΔG를 가지는 반응은 **자유에너지 감소반응(exergonic reaction)** 혹은 에너지를 방출하는 반응으로 알려져 있다. 반면에, ΔG가 양으로 표시되면, 반응이 일어나기 위해서는 에너지의 투입이 필요하다. 포도당의 산화는 음의 ΔG를 가진 반응의 한 예이다. 일단 활성화 장벽을 넘게 되면 (8장에 자세히 기술) 포도당은 자발적으로 이산화 탄소와 물로 산화된다. 그러나, 대기 중에 많은 이산화탄소 와 물이 있음에도 불구하고, 자발적으로 결합하여 포도당을 만들지는 않는다! 이는 평형 상수가 이산화탄소와 물을 만드는 쪽에 유리하고 포도당형성의 ΔG가 양의 값을 갖기 때문이다. 양의 ΔG (즉, ΔG〉0)를 가지는 반응은 **자유에너지 증가 반응(endergonic reaction)** 혹은 에너지를 소모하는 반응으로 알려져 있다. 5.5의 식은 모든 자유에너지 변화는 엔트로피의 변화와 관련이 있다는 것을 나타낸다. 즉 에너지 전환에 관여하는 반응은 항상 대가를 지불해야 한다는 것을 의미한다. 지불된 대가란 엔트로피의 피할 수 없는 증가이다. 따라서, 어떠한 에너지 전환 과정도 자유 에너지 보존의 관점에서 보면 대해 100% 효율적이지 않다.

자유에너지 변화의 크기는 그 반응에 주어진 특정 조건에 대한 함수이다. 이러한 이유로 표준반응조건에서 반응의 자유에너지 변화를 비교하는 것이 편리하다. 생화학에서 **표준자유에너지 변화**, $\Delta G^{\circ\prime}$,는 단위 농도 (1M)의 반응물과 생성물 모두 생리적인 pH(pH=7.0)에서 일어나는 반응의 자유에너지의 차이로 정의한다.

5.1.6 자유에너지는 화학평형과 관계가 있다.

적당한 조건에서 모든 화학 반응은, 반응물과 생성물 농도의 순 변화가 더 이상 일어나지 않는 평형상태에 도달한다. 자유 에너지와 화학 평형 사이에는 상당히 직접적인 관계가 있다. 이 관계는 생체에너지론을 이해하는 핵심이 되는데 그림 5.1에서 도식화 하였다. 반응물 A가 생성물 B로 전환되는 반응에서, 반응이 평형에 도달했을 때, K는 평형상태의 질량-작용비율-반응물과 생성물의 농도비다. 따라서

$$K_{eq} = [B]_{eq}/[A]_{eq} \qquad (5.6)$$

그림 5.1에서 선의 기울기는 소량의 반응물 A가 생성물 B로 전환될 때 자유에너지의 변화(ΔG)를 나타낸다. 이 그림에서 여러 유용한 정보를 얻을 수 있다.

1. 평형상태에서, 선의 기울기는 0이다. 따라서 *반응이 평형상태이면 ΔG=0이며, 어떠한 유용한 일도 이루어 질 수 없다.*

2. 질량-작용비가 평형(K_{eq})에서 멀어질수록, 동일한 양의 A를 B로 전환시키는데 필요한 자유에너지의 변화가 크다. 반응을 위한 자유에너지 변화는 평형에서 벗어난 정도에 대한 함수이다. 따라서, *반응이 평형에서 멀리 있는 상태일수록, 반응이 평형상태에 도달하기 위한 이용 가능한 에너지가 증가 한다.*

3. A가 평형에 가까이 가면 ΔG가 음이 되고 자유에너지는 일을 하는데 사용될 수 있다. 그러나, 반응이 평형을 지나 B쪽으로 진행되면, ΔG는 양의 값을 갖게 되고 에너지가 공급되어야 한다. *어떤 시스템이 평형상태를 향한 방향으로 갈 때 일을 할 수 있다.* 반응이 순순히 B만으로 시작되었다면 화살표 방향은 반대가 될 것 이며 B가 평형에 도달하는 방향으로 일이 행해질 수 있다.

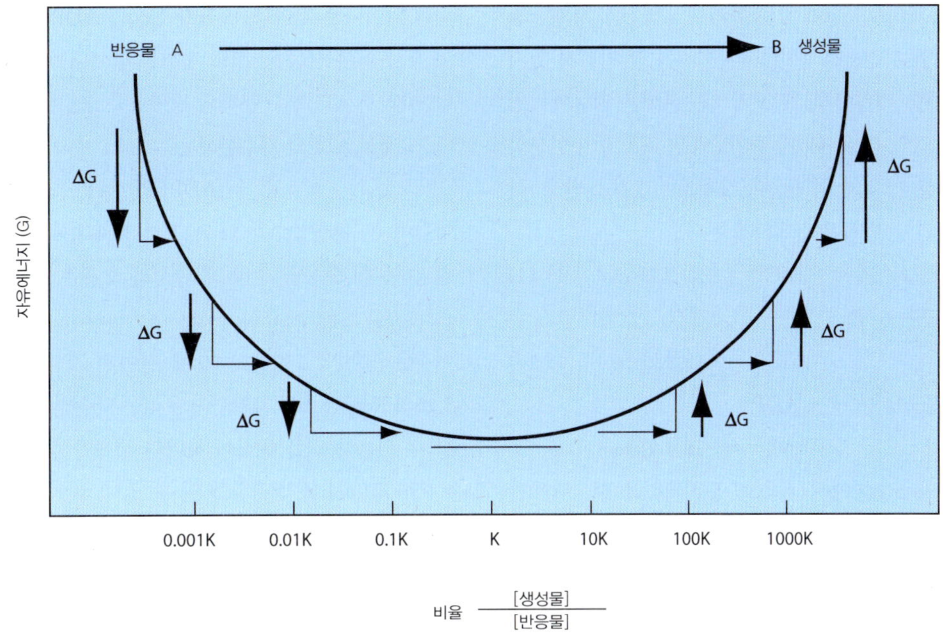

그림 5.1 반응의 자유에너지는 평형상태로부터의 변위에 대한 함수이다. K는 반응이 평형상태에 있을 때의 질량 작용비이다. 수직 화살표는 반응물이 생성물로 전환될 때 자유 에너지 곡선의 기울기 혹은 자유에너지의 변화를 나타낸다. 평형상태에서 자유에너지변화는 0이고 화살표의 길이로 나타낸 자유에너지 크기는 반응이 평형상태에서 멀어져서 순수한 반응물이나 생성물의 방향으로 가게 됨에 따라 증가하는 것에 주목하라. 아래 방향의 화살표는 음의 값의 자유에너지 변화를, 위 방향의 화살표는 양의 값의 자유에너지 변화를 나타낸다. (D.G Nicolls과 S.J. Ferguson, Bioenergetics, New York: Academic Press 2002 의 그림에서 허가를 받아 재구성)

표준 자유에너지변화 (ΔG) 와 평형 상수(K_{eq})와의 관계를 정량적으로 나타낼 수 있는데,

$$\Delta G = \Delta G^{\circ\prime} + RT \ln K_{eq} \tag{5.7}$$

그러나, 평형상태 ΔG = 0 에서, 식 5.7은 다음과 같이 바꿀 수 있다

$$\Delta G^{\circ\prime} = -RT \ln K_{eq} = -2.3\, RT \log K_{eq} \tag{5.8}$$

실제 반응의 자유에너지 변화 (ΔG)가 평형이 아닐 때는 다음과 같이 주어진다.

$$\Delta G = \Delta G^{\circ\prime} + 2.3\, RT \log \Gamma \tag{5.9}$$

여기서 R은 기체상수 이고, T는 절대온도, 그리고 Γ 는 관찰된 (즉 비평형 상태) 질량-작용 비이다. 식 5.8을 식 5.9로 치환하고 정리하면 다음과 같다.

$$\Delta G = -2.3\, RT \log (K_{eq}/\,\Gamma) \tag{5.10}$$

식 5.10의 ΔG 값은 반응이 평형에서 밀어진 정도의 함수라는 관찰을 강조케한다. Γ 가 K_{eq}와 같을 때 ($\Gamma = K_{eq}$), 반응은 평형상태에 있고 ΔG=0 이고 일은 행해지지 않는다. Γ 가 K_{eq} 보다 작은 경우, ΔG〈0 이고 반응은 일하는데 사용될 수 있는 에너지를 방출하며 자발적으로 일어난다. 그러나, Γ 가 K_{eq} 보다 큰 경우에는 ΔG > 0이고 반응은 자발적으로 일어나지 않을 것이며, 오히려 반응을 진행시키기 위한 에너지의 유입을 필요로 한다.

5.2 에너지 변환과 짝지어진 반응

5.2.1 ATP의 자유에너지는 짝지어진 인산기 전달반응과 관련이 있다.

생물체는 양의 ΔG값을 나타내는 열역학적으로 불리한 반응들을 짝 지우거나, 그러한 반응들을 음의 ΔG값을 가지는 반응과 연결하여 대사적인 한계를 극복한다. 따라서 자유에너지 감소반응에 의해 방출되는 자유에너지는, 자유에너지 증가반응이 진행될 수 있도록 필요한 에너지를 공급한다. 그러나, 짝지어진 반응의 이러한 시스템이 자발적으로 일어나게 하기 위해서는, *순 자유에너지 변화는 항상 음이어야만 한다.* 그래서, 이러한 짝지어진 반응의 개념은, 어떻게 해서 전체적으로 자유에너지 증가반응인 생명이, 열역학법칙을 위배하지 않고, 유지될 수 있는지를 이해하는데 중요하였다. 생물학적인 짝지어진 반응에 대한 개념은 1944년 슈레딩거

가 공간과 시간을 통과하는 "살아 있는 유기체의 공간적 경계" 안에서 일어나는 복잡한 사건들을 설명할 때 까지는 잘 알려져 있지 않았다. 그 예로, 해당 과정에서, ATP의 가수분해는 자유에너지 감소반응 (식 5.11) 인데, 자유에너지 증가반응인 포도당의 인산화 (식 5.12)와 짝을 이룬다. 전체 순 반응이 자유에너지 감소 반응 (식 5.13)이므로 전체적인 순 반응은 진행하게 된다.

ATP → ADP + Pi $\Delta G^{\circ\prime} = -32.2$ kJ/mol (5.11)

포도당 + Pi → 포도당-6-P

$\Delta G^{\circ\prime} = +13.8$ kJ/mol (5.12)

ATP + 포도당 → 포도당-6-P + ADP

$\Delta G^{\circ\prime} = -18.4$ kJ/mol (5.13)

ATP가 1929에 근육추출물에서 최초로 분리되었을 때, 리프만(F.Lipmann)은 이것이 세포 에너지 대사에 매우 중요한 역할을 할 것이라고 처음 인지한 사람중의 하나였다(그림5.2). 그는 이를 **고에너지 분자**라 부르고 말단 인산 결합을 구부러진 선(~)으로 표시하였다. 사실상, ATP를 고에너지 분자라고 정의하는 것은 ATP가 어떤 의미에서는 독특한 물질인 것을 의미하는 것으로 잘못 이해될 수 있지만 사실은 그렇지 않다. ATP 분자 말단의 두 인산 결합은 일반적인 공유 무수 결합이다. 무수화물의 가수분해는 반응에 유리한 엔트로피 증가가 수반되는데, 이는 주로 생성물의 공명화가 안정을 이루기 때문인데 전자가 하나의 추가적인 결합을 가지게 되어 일어나는 것이다. 게다가 산물인 ADP와 Pi는 산성 음이온이고 두 음이온 산물은, 서로 전하를 밀어내어 쉽게 재 결합할 수 없다. 따라서 ATP가수 분해의 평형상수 (K_{eq})는 10^5정도로 상당히 크다. 그래서 ATP의 가수분해는,

$$K_{eq} = [ADP][Pi]/[ATP] \approx 10^5 \quad (5.14)$$

이같이 큰 평형상수는 왜 ATP가 세포대사에서 아주 중요한지를 설명하는데 도움을 준다. 광합성과 호흡은 ATP풀을 크게 유지하여 관찰된 질량-작용비(Γ)를 10^{-4} 만큼이나 낮게 유지할 수 있다. 이것은 평형(식 5.4)에서 10^9배 떨어진 것이다. 이러한 값들을 식 5.10의 Keq 과 A에 차환하여 우리는 단순히 고농도의 ATP를 유지할 수 있는 능력을 통하여 하나의 세포가 상당한 자유에너지 ($\Delta G \approx -56$ kJ/mol)를 방출함을 알 수 있다. 따라서, ATP를 에너지 저장고로서 작용할 수 있도록 하는 평형상태로부터 멀리 떨어지게 하여 질량-작용 비를 유지할 수 있도록 하는 것이 세포의 능력이다.

어떤 반응물이 일을 할 수 있는 능력을 정의하는 데 있어서, 분자의 내재적 속성보다는, G가 평형에서 어느 정도 떨어졌는지를 강조하는 것이 더 중요하다. 니콜스(Nicholls)에 의하면 만일 포도당 6인산 반응 ($\Delta G^{\circ\prime}$= 13.8 kj/mol) 이 평형에서 10^{10}배 정도로 떨어져 유지되고 있다면, 포도당 6인산도 세포에서 ATP와 마찬가지로 일을 할 수 있을 것이다. 역으로, 태평양이 평형상태의 ATP, ADP 및 Pi로 채워져 있다 해도 ATP는 전혀 일을 할 수 없을 것이

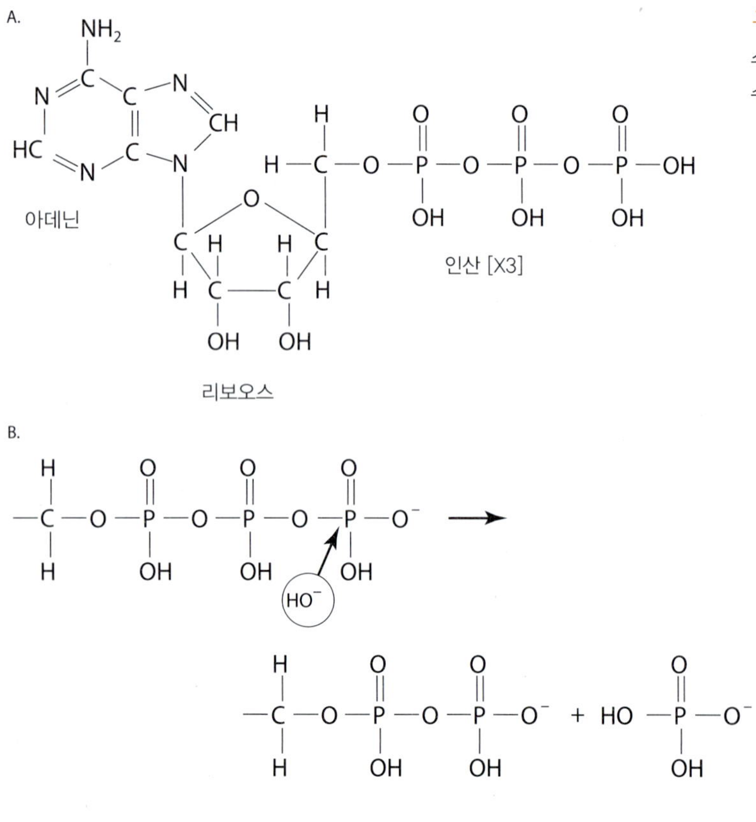

그림 5.2 아데노신 3인산. (**A**) ATP는 아데닌 (질소염기), 리보오스(당) 그리고 세개의 말단 인산기로 구성되어 있다. (**B**) ATP의 가수분해는 ADP(아데노신2인산)와 무기인산 분자를 방출한다.

다 (Nicholls 와 Fuguson, 2002). 물론, 세포의 생화학은 이러한 능력에서 포도당 6인산이 아니라 ATP를 이용하도록 만들어진 것은 말할 나위도 없다.

자유에너지와 일을 할 수 있는 능력간의 관계가 화학반응에만 국한 된 것은 아니다. 평형상태에 있지 않는 어떤 시스템도 일을 할 수 있는 능력이 있는데, 막을 사이에 둔 용질의 불균등한 분포가 그러하다 (3장 참조). 이러한 비평형 조건이지만 안정한 상태를 유지하는 것을 항상성이라고 한다. 게다가 환경의 변화에도 불구하고 평형상태를 피할 수 있는 능력을 반영하는 **항상성(Homeostasis)**은 모든 생명체의 근본적인 특징이다. 자유에너지가 평형상태일 때 ($\Delta G=0$), 유용한 일이 일어나지 않고 생명은 존재하지 않게 된다.

5.2.2 자유에너지의 변화는 짝지어진 산화–환원 반응과 연관되어 있다.

광합성과 호흡은 전기 화학적 현상이고, 우리는 7장 10장에서 좀 더 자세히 다룰 예정이다. 각각은 전자가 한 요소에서 다른 요소 전달되는 일련의 산화–환원 반응으로 작동한다. 따라서 한 요소 산화는 다음 요소의 환원과 연결되어 있거나 혹은 짝을 이루게 된다. 이 같은 짝지어진 반응을 환원–산화 반응이라고 한다. 이는 다음과 같은 일반적인 방식으로 예를 들 수 있다. 어떤 화합물 A와 이것의 환원형태로 존재하는데 (A_{red}) 전자(e–)를 내어줄 때 산화(A_{ox})하게 된다 (식 5.15). 유사하게 어떤 화합물 B는 산화된 형태(B_{ox}) 전자를 받아드릴 때 환원 (B_{red})되게 된다 (식 5.16). 이러한 두 개의 반응이 짝지워질때, 실제 효과는 전자는 화합물 A에서 화합물 B (식 5.17)로 변하며 A_{red}는 **환원제**며, B_{ox}는 **산화제**이다.

$$A_{red} \rightarrow A_{ox} + e^- \quad (5.15)$$

$$B_{ox} + e^- \rightarrow B_{red} \quad (5.16)$$

$$A_{red} + B_{ox} \rightarrow A_{ox} + B_{red} \quad (5.17)$$

특정한 생물학적인 예로서 3–phosphoglycerate (PGA)가 NADPH에 의해 glyceraldehyde 3–p (GAP)로 환원되는 것을 생각해보자

$$PGA + NADPH + H^+ \leftrightarrow GAP + NADP^+ \quad (5.18)$$

산화–환원 반응은 전자를 주고 받는 2개의 반쪽 반응으로 간단하게 나눠볼 수 있다. 따라서 PGA가 GAP로 환원 되는 것은 다음의 2개의 반쪽 반응으로 생각해 볼 수 있다

$$NADPH \leftrightarrow NADP^+ + H^+ \ 2e^- \quad (5.19)$$

$$PGA + 2e^- + H^+ \leftrightarrow GAP \quad (5.20)$$

따라서, NADPH의 $NADP^+$로의 산화는 PGA가 GAP로 환원되는 것과 쌍을 이룬다. NADPH/$NADP^+$와 같은 산화/환원쌍을 **산화–환원짝(redox couple)**이라 한다. 비록 산화/환원 반응이 종종 양성자의 전달로 표시되지만 실제로 교환되는 것은 전자이다. 즉 양의 전하를 띄는 양성자는 획득된 전자의 음전하와 평형을 이루고 그 결과 전기적인 중성을 유지한다. 양성자가 관여한다는 것은 산화 환원 반응이 pH에 민감하다는 것을 의미한다. 생물학적 전자 전달에서 관여하는 일부 중요한 산화–환원 화합물의 구조는 그림 5.3에서 있다.

위에 기술된 각각의 반쪽반응 및 실제 반응은 가역적이므로, 이들의 자유 에너지를 화학평형을 토대로 기술할 수 있다. 그러나 독립적으로 존재하지 않는 전자를 어떻게 처리해야 할지가 분명치 않다. 게다가 산화–환원 쌍에 대한 우리의 관심은 전자를 짝에게 받거나 주는 경향인 **산화–환원 포텐셜(redox potential)**에 있다. 산화–환원 포텐셜은 예측해야 할 복잡한 계에서 구성원 사이에서 전자 전달의 가능성과 방향을 제공한다. 사실 광합성과 호흡에서 전자 전달을 이해하기 위해서는 산화–환원 퍼텐셜에 대한 이해와 이를 어떻게 적용해야 할지에 대한 실질적인 이해가 필요하다.

산화–환원짝 간의 에너지 전달의 방향은 그들간의 중간점 포텐셜(E_m)을 비교하는 것에 의해 예측될 수 있다. 열역학적으로 자발적인 전자 전달은 보다 음전하적인 (덜 양전하적인) 산화–환원 포텐셜을 갖는 짝으로부터 덜 음전하적인 (더 양전하적인) 산화–환원 포텐셜을 갖는 쪽으로 진행될 것이다. 박테리아, 미토콘드리아, 엽록체 등의 에너지를 전달하는 세포막은 모두 서로 다른 중간점 산화–환원 푸텐셜을 갖는 수많은 전자전달체를 포함하는 전자전달계를 가지고 있다 (표 5.1)

표 5.1 광합성과 호흡을 포함하는 산화–환원짝들의 중간점 산화 환원 포텐셜

산화/환원제	E_m (mV)
페레독신 환원형/산화형	-430
$H_2/2H^+$	-420
NADH + H^+/NAD^+	-320
NADPH + $H^+/NADP^+$	-320
숙신산/푸마르산	+30
유비키논 환원형/산화형	+40
Cyt c^{2+}/Cyt c^{3+}	+220
$2H_2O/O_2 + 4H^+$	+820

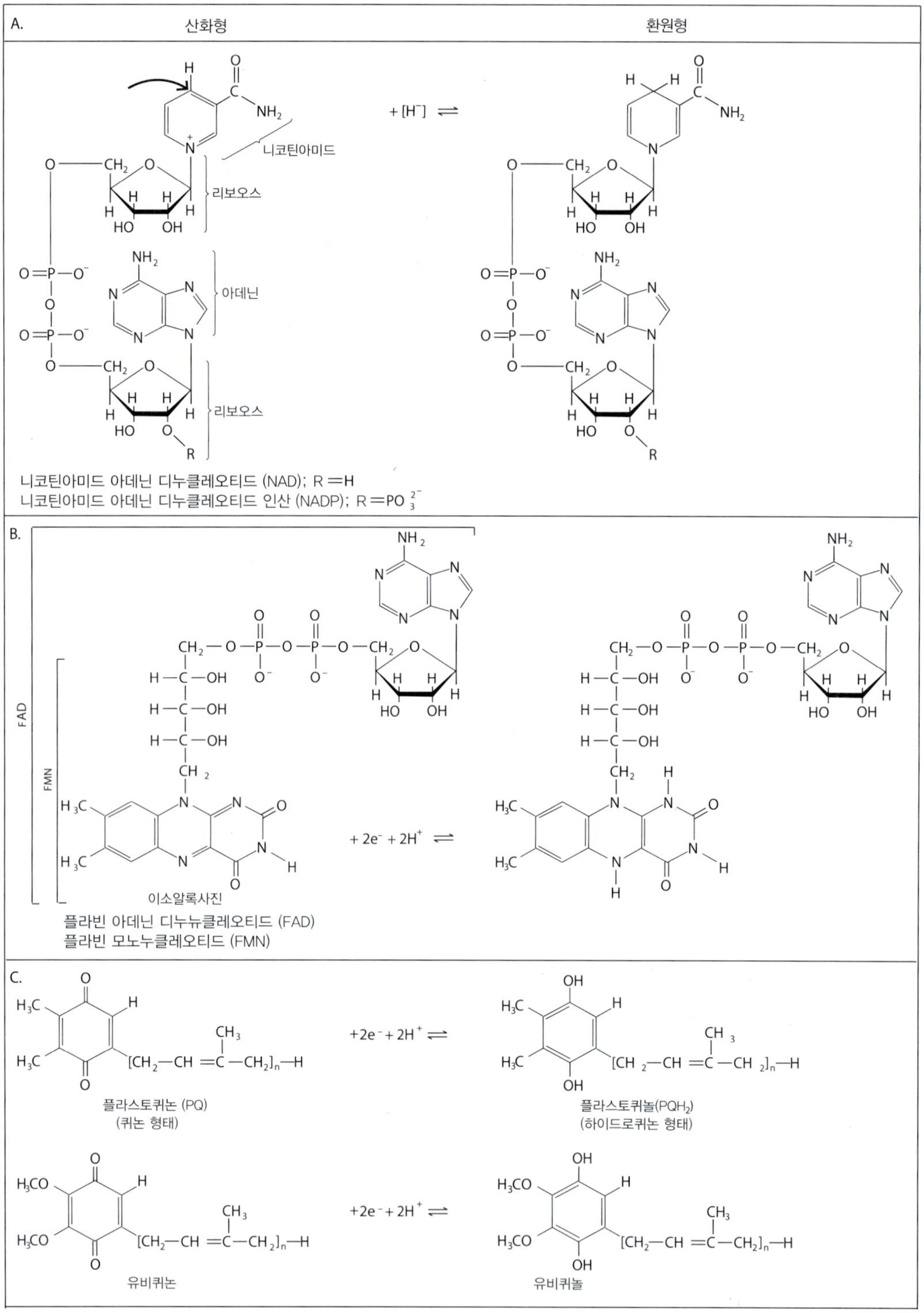

그림 5.3 일부 흔히 나타나는 산화형과 환원형태의 생물학적 산화-환원제. (A) 니코틴아미드 아데닌 디누클레오티드(NAD)와 니코틴아미드 아데닌 디누클레오티드 인산(NADP). 니코틴아미드 고리만이 반응 도중에 변화된에 주목하라. 니코틴아미드 고리는 두 개의 전자를 받지만 양성자는 한 개만 받는다. 화살표는 니코틴아미드 고리에 전자가 첨가되는 부위이다. (B) 플라빈 아데닌 디누클레오티드(FAD)는 아데노신(아데닌+리보오스)와 리보플라빈(리비톨+이소알록사진)으로 구성된다. 플라빈 모노누클레오티드(FMN)는 리보플라빈으로만 구성되어 있다. 환원은 이소알록사진에서 일어나는데 두개의 양성자와 전자를 받아들인다. (C)퀴논. 퀴논 고리는 5-탄소 이소프렌 단위로 구성되어 있는 탄수화물 사슬에 부착되어 있다. n의 값은 엽록체의 플라스토퀴논의 경우 9개이고 미토콘드리아의 유비퀴논의 경우는 10개이다. 퀴논 고리의 환원은 2단계반응이다. 한 전자의 전달은 부분적으로 환원된 음전하를 갖는 반쪽 퀴논을 형성한다 (나타내지 않음). 두번째 전자와 양성자 두개가 첨가되면 완전히 환원된 히드로 퀴논이 된다.

전자 전달의 방향을 예측하는 것이외에도 산화–환원 포텐셜은 전자 전달 반응에 대한 Gibbs의 자유에너지를 계산할 수 있게 한다. 이는 다음과 같은 공식을 사용하여 행해질 수 있다.

$$\Delta G^{\circ\prime} = -nF\Delta E_m \quad (5.21)$$

여기서 n은 전달되는 전자 수이고 F는 페러데이 상수 (96 500 coulombs mol^{-1})이다. 생물학적 전자전달은 단일 혹은 한 쌍의 전자가 관여하지만, 에너지 계산은 항상 *n*의 값이 2인 것에 바탕을 두고 있다. ΔE_m은 전자가 전달되는 산화–환원 차이로서 다음과 같이 결정된다.

$$\Delta E_m = E_m(\text{전자받개}) - E_m(\text{전자주개}) \quad (5.22)$$

따라서 엽록체 광합성의 전자 전달에서 물 (전자 주개)로부터 $NADP^+$ (전자 받개)로 짝지워진 전자 전달의 경우, E_m 값은 (−320) − (+820) = −1140 mV = −1.14 V 이다. 이 값을 식 5.21에 대입하면 물로부터 $NADP^+$로의 2개 전자 이동을 위한 $\Delta G^{\circ\prime}$은 +220 kj mol^{-1}이 된다. 여기서 $\Delta G^{\circ\prime}$가 양의 값을 갖는 것은 이 반응이 자발적으로 일어나지 않는다는 것을 의미한다. 광합성에서 빛의 에너지는 이 같은 자유에너지 증가 반응을 구동하는데 사용된다. 이와는 반대로, 미토콘드리아는 NADH로부터 산소로 전자를 전달한다. 이러한 짝지워진 전자–전달 반응은, ΔE_m 값이 +1.14V이고, 그 결과 $\Delta G^{\circ\prime}$는 −220 kJmol^{-1}이며, 미토콘드리아에서의 전자전달은 자유에너지 감소 반응이며 이 반응이 자발적임을 의미한다. 이러한 광합성, 호흡, 그리고 질소 동화 같은 복잡한 과정을 통해 전자들이 전달되는 분자적 메커니즘이 생체 에너지론의 범위가 아니라는 것을 주목해야 한다. 이러한 메커니즘은 7,8,10,11 장에서 다루게 될 것이다.

5.3 에너지전환과 ATP화학삼투적 합성 모델

오랫동안 세가지 주요 에너지 전환 막 시스템(박테리아, 세균, 엽록체 및 미토콘드리아)의 전자 전달이 ATP합성과 연관되어 있는 것이 알려져 있다. 그러나 미첼(Mitchell)이 1961년에 **화학삼투설(chemiosmotic hypothesis)**을 제안하기 전까지는 그 메커니즘을 이해하지 못했다. 초기에는 이 가설이 많은 생화학자들에게 쉽게 받아들여지지 않았지만 미첼의 가설은 이제 실험 결과에 의해서 확실하게 증명된 상태이다. 이 선구적인 업적으로 1978년 미첼은 노벨 화학상을 수상하였다.

미첼의 가설은 두 가지의 근본적인 요구조건에 바탕을 두고 있다. 첫째, 에너지 변환 막은 수소 이온에 대해서 비투과성이다. 둘째, 전자 운반체가 막에 비대칭체제로 분포한다. 그 결과 전자를 수송하는 것에 추가로 일부 운반체는 양성자 기울기를 거슬러 막을 통해 양성자를 수송한다. 이 같은 **양성자 펌프(proton pump)**의 효과는 전자 전달의 일부 자유 에너지를 막을 통한 동일하지 않은 비평형의 양성자 분포 즉, ΔpH로서 보존하는 것이다.

5.3.1 엽록체와 미토콘드리아는 특별한 구획을 보인다.

식물에서 엽록체와 미토콘드리아는 주된 에너지–전환 세포소기관들이다. ATP를 합성하는 생화학적 메커니즘은 이러한 기관이 가지고 있는 특별한 구획과 직접적인 관련이 있다. 엽록체의 구조(그림 5.4)와 발달 또는 엽록체의 **생물발생설(biogenesis)**는 광범하게 연구되어 왔다(Box 5.1). 세포당 엽록체의 수는 종에 따라 다양하다. 예를 들면 단세포 녹조인 *Chlamydomonas reinhardtii*는 단 하나의 엽록체를 보이는 반면에 대부분의 육상식물의 잎의 엽육세포는 200개 이상의 엽록체를 보이고 있다. 성숙한 엽록체 내에서는 4개의 주요 구조물 혹은 구획을 알아 볼 수 있다. (1) 엽록체 **포막(envelop)**으로 알려진 바깥막의 이중막 (2)구조화 되지 않은 기질인 **스트로마(stroma)**, (3) **틸라코이드(thylakoid)**라고 불리는 매우 조직화된 내부막계와 (4) **루멘(lumen)**이라는 틸라코이드막 내 공간이 있음을 알게 되었다 (그림 5.7 A). 엽록체 포막은 소기관의 외부 한계를 결정한다. 이막의 두께는 5.0–7.5 nm로서 10 nm의 **막간 공간**에 의해 분리되어 있다. 포막

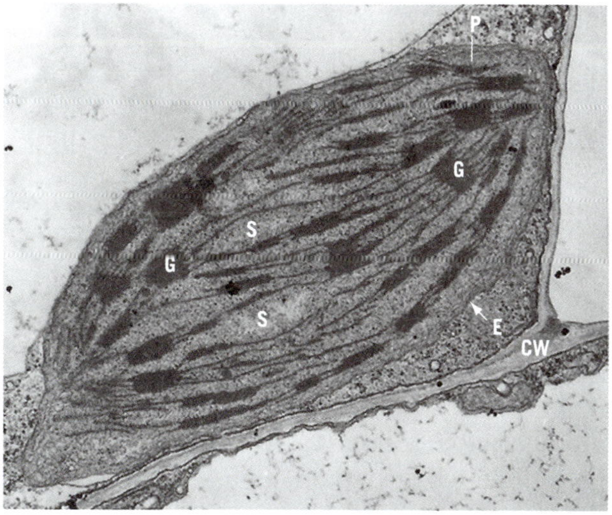

그림 5.4 옥수수 (Zea mays) 엽육세포 엽록체의 전자현미경사진 S.,스트로마; G, 그라나; P, 주변망상체; E, 포막; CW, 세포벽

Box 5.1 색소체 발생

색소체(plastid)는 이중막 구조로 둘러싸인 식물세포에 흔히 존재하는 반독립적인 세포 소기관 (0.2–1.0 μm) (그림 5.5)으로, 배를 통해 한 세대에서 다음 세대로 전달되고, 식물체 분열조직의 분열하는 세포에서는 미분화된 상태로 유지된다. 색소체는 원핵생물에서 기원한다는 **세포내공생설(endosymbiosis)**에 의해 설명할 수 있다. 이 학설은 식물의 진화 동안에 조상이 되는 진핵숙주 세포에 안정하게 붙어있게 된 광합성 박테리아를 삼켰다고 설명하고 있다. 따라서 색소체는 원핵생물의 DNA와 매우 유사한 이중나선의 원형 분자로 구성된 그들의 원래 DNA를 가지고 기존의 색소체의 분열에 의해 복제된다. 그래서, 색소체는 반독립적이고 대부분의 꽃이 피는 식물에서는 모계유전되며 겉씨식물에서는 부계유전된다. 색소체의 몇가지 구분이 식물체내에서 발견되었는데 그들의 색깔에 따라 이름지어 졌다. 식물체의 잎에 있는 가장 대표적인 광합성 색소체는 **엽록체(chloroplast)**라고 하며 녹색의 엽록소를 합성한다. **백색체(leucoplast)**는 색깔이 없는 색소체로 필수적인 기름 성분에 있는 모노털펜이라고 불리우는 휘발성의 화합물을 합성한다. **녹말체(amyloplast)**는 전분의 생합성과 저장을 담당하는 색소가 없는 색소체이고 식물의 저장기관에 있는 대표적인 세포소기관이다. **잡색체(chromoplast)**는 많은 과일(토마토, 사과, 오렌지)와 꽃(튤립, 수선화, 금잔화등)의 색깔과 관계된, 색소를 갖는 색소체이다. 그들의 색깔은 캬로티노이드와 크산토필 등의 축적물의 특별한 조합에 의한 결과이다.

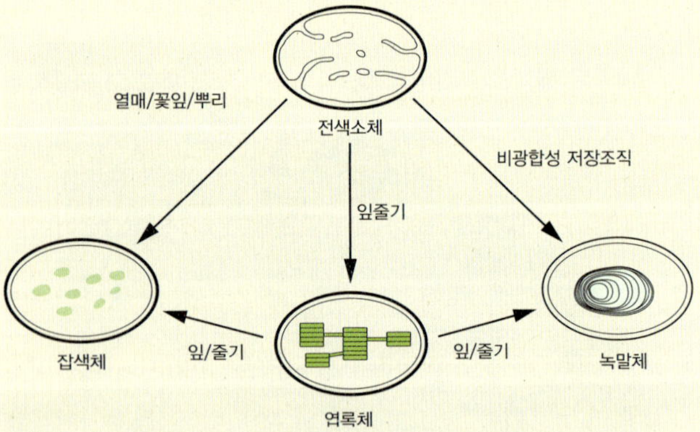

그림 5.5 색소체. 다양한 형태의 색소체간의 상호관계를 나타낸 그림. 색이 없는 색소체는 또는 백색체라고 불리우는 특별한 구조가 없는 색소체이다. 비광합성 조직에서의 백색체는 전분이 축적되는 장소이고, 그런 경우 녹말체라고 불리운다. 광합성 조직에서는, 엽록체가 전분입자의 형태로 잉여의 광합성 산물의 축적에 의해서 녹말체가 된다. 전분이 마침내 분해되면, 색소체는 다시 광합성 기능을 시작하게 된다. 익어가는 과일과 지는 낙엽에서 엽록체는 엽록소의 손실과 녹색 노란–오렌지색 계열의 카로티노이드 색소의 축적이 동시에 일어나서 잡색체로 전환된다. 토마토 종자의 색깔과 많은 가을 잎의 색은 이러한 잡색체 때문이다. 잡색체는 당근의 뿌리 같은 비광합성 조직에서도 형성된다. 잡색체의 색소는 흔히 매우 농축되어서 결정형태의 침척물을 형성한다.

어두운 상태에서 키우면, 잎은 흰색이나 옅은 노란색을 띤다. 이런 잎들을 황화된 잎이라고 부른다. 황화된 잎들의 발달에서 **전색소체(proplastid)**는 **황화 색소체(etioplast)**로 전환된다(그림 5.6). 황화 색소체는 엽록체의 정상발달의 중간단계로 간주되지는 않으며 오히려 황화된 잎에서 존재하는 특별한 색소체이다. 황화 색소체는 엽록소가 없으나 색깔이 없는 엽록소의 전구물질, **프로토클로로필리드(protochlorophyllide)**를 저장한다. 황화 색소체의 대표적인 구조적 특징은 매우 질서정연한, **프로라멜라 바디(prolomellar body, PLB)**라고 불리우는 결정화된 구조를 가진다. 빛에 노출되면, 원엽록소(protochlorophyll)는 엽록소로 전환되고 프로라멜라 바디는 엽록체의 내부 틸라코이드막을 형성하기 위해서 재구조화 한다.

정상적인 엽록체 생합성동안 틸라코이드막의 재조합은 매우 복잡하다. 속씨식물에서는 엽록체의 생합성은 매우 빛에 의존적이지만 겉씨식물과 일부 녹조류에서는 그렇지 않다. 그러나, 종과 상관없이 엽록체의 생합성은 색소체 뿐만 아니라 핵 내의 유전자 발현들 사이의 조화가 필요하다. 게다가, 색소체 단백질 합성은 핵에 저장정보를 갖는 광합성 단백질의 세포질내의 생합성과 이어진 세포질에서 엽록체로의 수송과의 조화가 이루어져야만 한다. 예를 들면, 광계 I과 광계 II (7장)의 광수용 폴리펩티드는 핵에 있는 유전자에서 유래하고 세포질에서 합성되며, 같은 광계의 중추적인 반응을 형성하는 단백질들은 엽록체 DNA에서 유래하여 스트로마에서 합성된다. 세포소기관내로의 단백질의 이동메커니즘 및 조절은 연구의 주된 분야로 계속되고 있다. 녹색화과정 동안의 틸라코이드 막의 형성은 광계간의 전자전달 요소인 PS I에 이은 PS II의 순차적 출현과, PS I 과 PSII와 연관된 광수용 복합체의 조합을 통해서 나타난다. 탄소동화와 산소형성의 최고효율은 틸라코이드 막의 생합성이 완성되었을 때 일어난다.

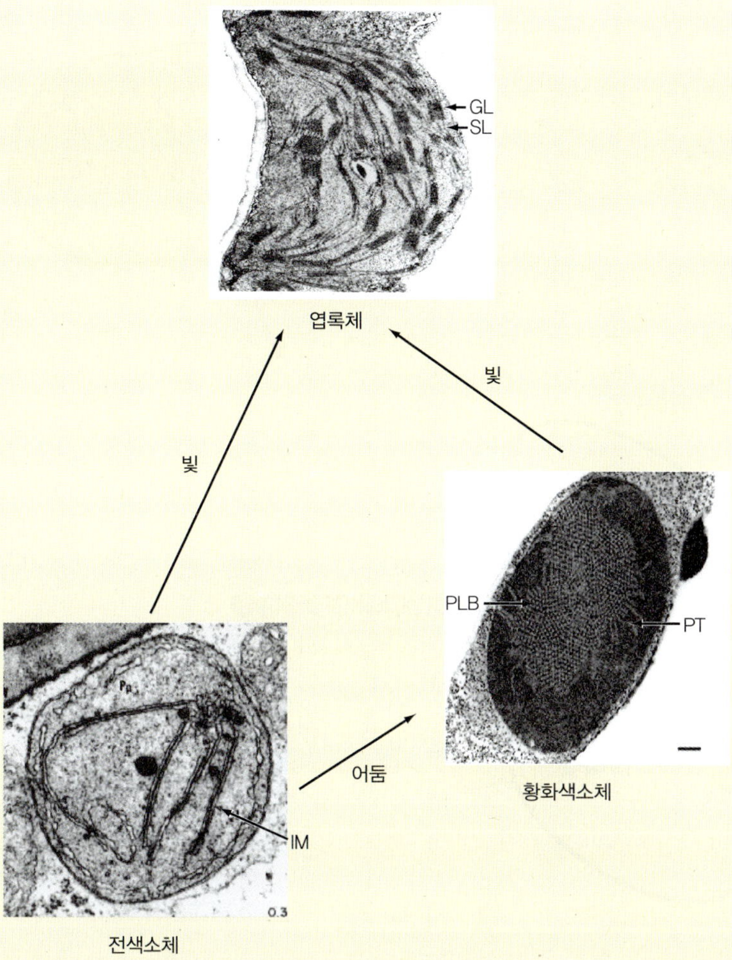

그림 5.6 고등식물에서 엽록체의 발달. 모든 엽록체는, 하나의 간단한, 내막 (IM)이 뻗쳐나온 이중막 소포로 이루어진 전색소체에서 유래한다. 빛에 노출되면 엽록소의 생합성이 틸라코이드 막이 스트로마 라멜라 (SL; 쌓여있지 않은 것)에서 분리되어 그라나 라멜라(GL; 쌓여있는 것)로의 분화를 시작하게 한다. 만약 종자를 어두운 데서 자라게 하면, 전색소체는 황화색소체로 분화된다. 황화 색소체는 프로라멜라 바디 (PLB)와 프로라멜라 바디에서 뻗쳐나온 프로틸라코이드(PT)의 존재에 의해 특징지어 진다. 어둠 속에서 자란 황화된 새싹을 빛이 있는 곳으로 옮기면, 황화 색소체에 있는 프로라멜라 바디가 분산되고 틸라코이드 막이 분화되어 정상적인 엽록체를 형성한다.

전색조체의 엽록체로의 전환 뿐만 아니라, 빛은 또한 황화된 식물에서 황화색소체를 엽록체로 전환하는 것을 유도한다. 이 과정은 일반적으로 12–24시간 정도 걸린다(그림 5.5). 빛에 노출되면, 카로티노이드 생합성이 자극을 받고, 엽록소 생합성이 PLB 외 주된 단백질인 **NADPH:protochlorophyllide oxidoreductase (POR)** 효소에 의해서, 프로토클로로필리드에서 클로로필리드 a로의 전환에 의해 시작된다(그림 5.6). 그리하여 황화된 식물체가 빛에 노출되면 잎들이 **탈황화** 또는 **녹색화 과정**이라고 불리우는 과정을 통해 녹색으로 변한다. 프로토클로로필리드의 광환원은 PLB의 탈 구조화와 관계가 있으며, 이는 정상적이고 기능적인 틸라코이드 막의 생성과 조합을 유도한다.

더 읽을거리

Baker, N.R., J. Barber, 1984. *Chloroplast Biogenesis. Yopics in Photosynthesis*: *Vol. 5*. Amsterdam: Elsvier Press.

Biswal, U.C., B.Ciswal, M.K.Raval. 2004. *Chloroplast Biogenesis: From Plastid to Gerontoplast*. Dordrecht: Kluwer Academic Publishers.

내막은 선택적 투과성을 보이므로 엽록체 포막은 엽록체를 분리하는 역할을 하며 엽록체와 이를 둘러싸고 있는 환경간의 물질교환도 조절한다. 시금치 엽록체를 이용한 실험에서 세포질의 대사물이 막간 공간까지 자유로이 드나들 수 있음이 밝혀 졌다. 따라서 포막의 외막은 거의 투과 장벽으로 작용하지 않는 것으로 보인다. 엽록체와 세포질 사이의 물질 교환을 조절하는 것은 포막의 내막이 담당한다.

포막은 대부분 단백질인 스트로마를 포함한다. 스트로마는 **루비스코(Rubisco)**라고 불리우는 **ribulose -1.5-bisphosphate**

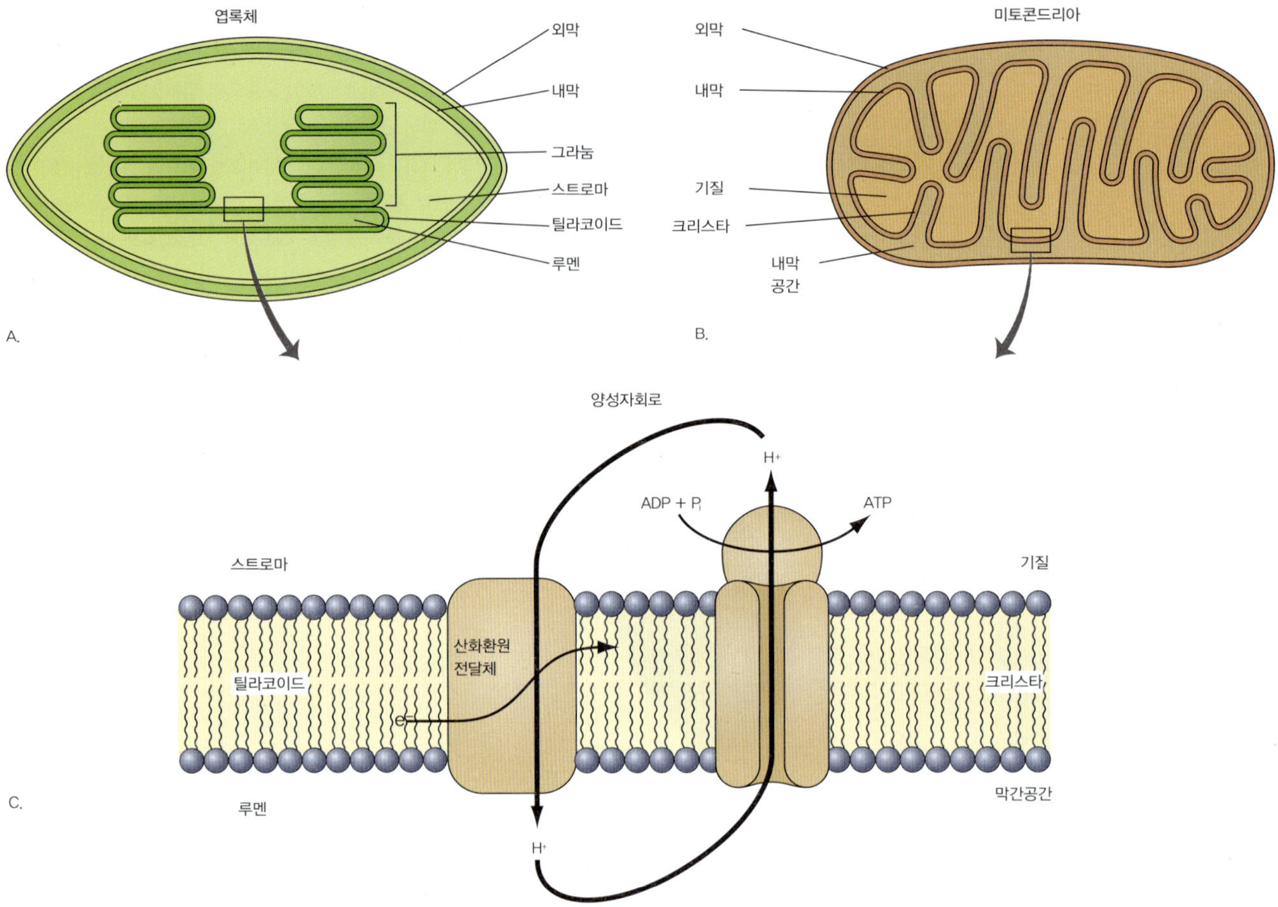

그림 5.7 엽록체와 미토콘드리아 내의 여러 구획을 이용한 전자전달은 양성자 회로의 형성을 통해 ATP합성과 짝지어져 있다. (**A**) ATP의 화학 삼투적 합성을 위한 양성자 회로의 형성에 관여하는 주된 구획 (스트로마, 틸라코이드막, 루멘)을 갖는 전형적인 엽록체. (**B**) ATP의 화학 삼투적 합성을 위한 양성자 회로의 형성에 관여하는 주된 구획 (기질, 크리스타, 막간공간)을 갖는 전형적인 미토콘드리아. (**C**) 엽록체와 미토콘드리아에서 모두 ATP 합성에 소모되는 pH기울기의 형성과 짝지어진 전자전달 메커니즘의 유사성을 보여주는 모델. 그러나 광합성과 호흡의 전자전달에 참여하는 산화-환원 운반체의 생화학적 구성은 매우 다름.

carboxylase/oxygenase를 포함하여 광합성 탄소 고정에 관여하는 모든 효소를 함유한다(8장). 루비스코는 엽록테 단백질의 50%를 차지하며 지상에서 제일 풍부한 단백질이다. 루비스코와 탄소 동화에 관여하는 효소 외에 스트로마는 다른 대사 경로에 관여하는 효소들과 DNA, RNA 및 전사와 번역에 필요한 기구도 가지고 있다.

스트로마 내에 들어 있는 복잡한 막 시스템을 흔히 **라멜라(lamella)**라고 한다(그림 5.7A). 이 시스템은 각각의 평행한 막의 쌍으로 구성되어 있으며 양쪽 말단에서 서로 결합된 것처럼 보여 횡단면상으로 막은 납작한 주머니의 모양인 **틸라코이드(thylakoid)**로 보인다. 어떤 지역은 서로 인접해 있지만 틸라코이드 막 등이 밀접하게 달라 붙어 **그라나(grana)**라고 하는 막이 쌓인 모양으로 보인다. 막이 쌓인 부위에서 발견되는 틸라코이드르 **그라나 틸라코이드**라고 한다. 일부 틸라코이드는 종종 2개마다 하나가 그라나 더미에서 스트로마로 확장되어 단일 층의 붙어 있지 않은 틸라코이드를 만든다. 이러한 **스트로마 틸라코이드**는 종종 다른 그라나 더미와 연결됨으로써 그라나를 서로 연결하는 네트워크를 제공한다. 틸라코이드막 체계는 보통 층화된부위와 비층화된 부위로 나뉘어지지만 언제나 그런 것은 아니다. 특히 한 두드러진 예로서 C4 광합성식물의 관다발을 둘러싸고 있는 세포에 있는 엽록체에서는 층화된 그라나가 없다 (15장). 이 세포에서 틸라코이드는 쌍을 이루지 않은채 엽록체 전체의 직경에 결쳐 길게 배열되어 있다. 틸라코이드 막은 엽록소와 카로티노이드 색소를 포함하며 광의존적 에너지 보존 반응이 일어나는 장소이다.

틸라코이드 내부 공간은 **루멘(lumen)**이라한다. 루멘은 물이 산화되는 곳으로 광합성에서 생성되는 산소의 원천이 된다. 또한 루멘은 틸라코이드막의 전자 전달 과정에서 틸라코이드 막을 가로질러 펌프되어 ATP합성을 구동 하는 데에 사용될 양성자의 저장소로 주된 역할을 한다. 비록 틸라코이드는 엽록체가 발달하는 과정에서 포막의 내막의 함입에 의해서 형성되지만 성숙되면 엽록체 포막과는 더 이상 연결되어 있지 않고 루멘 또한 포막의 막간 공간과 더 이상 연결되어 있지 않다. 일반적으로 틸라코이드는 하나의 막이 연속적으로 연결된 네트워크일 것으로 간주된다. 물론 각 횡단면에서 볼 수 있는 틸라코이드 루멘은 하나의 연속적인 시스템의 작은 일부를 나타낸다.

식물 미토콘드리아는 보통 구형이거나 짧은 막대형으로서 지름이 대략 0.5 μm이고 길이는 2 μm까지 된다. 세포당 미토콘드리아의 수는 가변적이지만 일반적으로 세포의 대사 활성도와 연관이 있다. 빠른 생장중인 배양중의 무화과 세포의 한 연구에서 세포당 250개의 미토콘드리아가 보고되었다. 미토콘드리아는 세포 전체부피의 약 0.7%를 차지하며 세포단백질의 6~7%를 점유한다. 분비나 전달 세포와 같이 대사적으로 더 왕성한 다른 세포들에서 미토콘드리아의 수는 더 많아서 세포당 1000개가 넘기도 한다!

다른 에너지 전환 소기관인 엽록체와 같이 미토콘드리아는 독특한 대사 기능을 가진 다른 여러 개의 미세구조적 구획인 외막, 내막, 막간공간 및 기질(그림 5.7B)로 구성되어 있다. 두 막의 조성과 성질은 매우 다르다. 효소 기능이 거의 없는 외막은 지질이 풍부하고 단백질이 상대적으로 거의 없다. 반면에 내막은 건량 기준으로 70% 이상의 단백질을 함유한다. 또한 외막은 대부분의 대사 물질에 대해서 투과성이 매우 크다. **포린(porin)**(1장)으로 알려진 통로를 만드는 단백질을 가지는데 이를 통해서 분자량이 10000 달톤 이하인 이온이나 분자의 이동이 사실상 자유롭게 일어난다. 내막의 투과성은 엽록체에서와 마찬가지로 훨씬 더 선택적이어서 물, 산소 및 이산화 탄소와 같은 소수의 작은 분자만이 자유로이 통과할 수 있다. 엽록체의 틸라코이드 막과 같이 양성자에 대한 미토콘드리아 내막의 투과성은 특히 낮아서 ATP 합성에 있어서의 그 역할과 관련하여 중요한 요인이 되기도 한다.

미토콘드리아 내막은 심하게 안으로 접혀 있다. 이 같은 내부로 접혀 있는 모양이 **크리스테(cristae)**라고 불리우는 빽빽한 내막의 연결망을 형성한다. 생물학 교재에 나오는 크리스테 사진은 동물의 것으로서 내부의 접힌 모양의 라멜라 층을 형성하고 기질로 돌출된 접시와 같은 형태를 이룬다. 식물 미토콘드리아의 흔한 형태는 덜 규칙적이면 관이나 주머니의 체계를 형성한다 (그림 5.8). 구조물이 없는 미토콘드리아 내부 혹은 기질은 40~50%가 단백질로 구성된 액체상

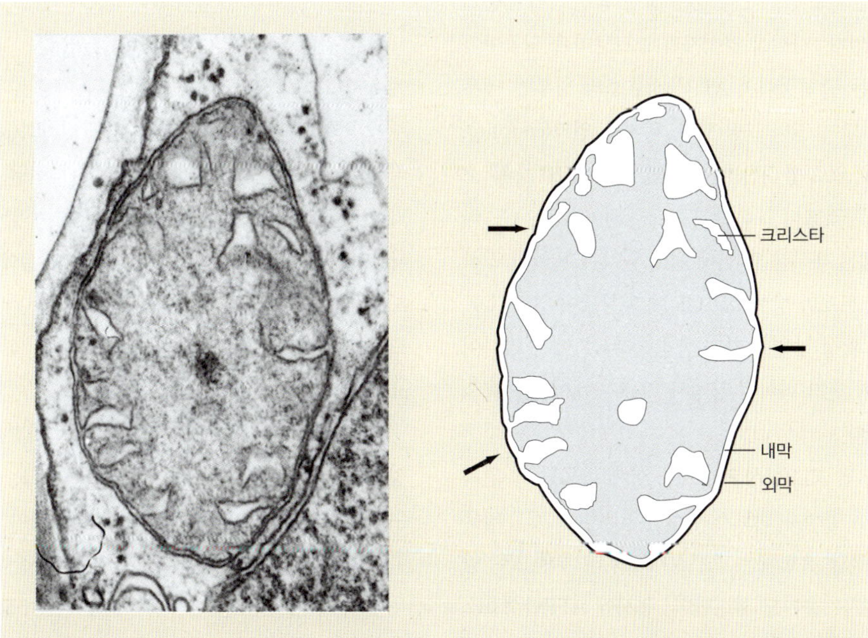

그림 5.8 미토콘드리아. 왼쪽: 옥수수(*Zea mays*) 잎세포의 미토콘드리아의 전자현미경 사진 (10,000배). 오른쪽: 전자현미경 사진에서 나타나는 미토콘드리아의 필수적인 특징의 도식. 크리스테가 내막과 연결되어 있음을 주목할 것 (화살표).

태이다. 이 단백질의 대부분은 탄소 대사에 관여하는 효소로 되어 있지만 기질에는 DNA, RNA, 리보솜, 유전자 전사와 단백질합성에 필요한 기구가 포함된 미토콘드리아의 게놈도 포함되어 있다.

5.3.2 엽록체와 미토콘드리아는 화학삼투에 의해 ATP를 합성한다.

엽록체에서 양성자는 틸라코이드 막을 통해서 스트로마에서 루멘으로 펌프된다. 막사이의 수소 이온 농도의 차이 (ΔpH)는 매우 커서 10^3~10^4 정도된다. 수소이온은 양전하를 띠므로 ΔpH는 막을 통한 전기전위기울기 형성에도 기여한다. 예를 들면 틸라코이드 막을 통한 ΔpH는 3.5 정도 이며 25°C에서 전위차는 pH 단위당 3.5 × 59 mV이므로 총 207 mV가 된다. 막 전위 차 ($\Delta\psi$)와 양성자 기울기 (ΔpH)를 합쳐서 **양성자 구동력(proton motive force, pmf)**이라고 한다.

$$\text{pmf} = -59\ \Delta\text{pH} +\ \Delta\psi \qquad (5.23)$$

이 정도의 크기의 양성자 구동력을 극복하고 양성자를 루멘 안으로 펌프하기 위해서는 커다란 양의 에너지가 필요하다. 이 에너지는 전자전달로 인한 음의 ΔG에 의해서 공급된다.

양성자 구동력의 방향은 스크로마로 양성자가 되돌아 가는 것을 유리하게 하지만 틸라코이드 막의 낮은 양성자 전도도 때문에 단순 확산이 될 수는 없다. 사실상 양성자가 스트로마로 되돌아가는 것은 막을 관통하는 단백질이며 **ATP생성효소**의 일부인 매우 특수한 통로에만 한정되어 있다(그림 5.9). **짝지음 인자(coupling factor)** 혹은 CF_0−CF_1으로 알려진 이 거대한 (400 kDa) 중복 소단위 복합체는 2개의 폴리펩티드 복합체로 구성되어 있다. CF_0라고 하는 소수성 복합체는 대부분 막 안에 들어 있다. CF_1이라고 하는 친수성 복합체가 스트로마 방향으로 CF_0에 부착되어 있다. CF_1 복합체는 ATP합성의 활성 부위를 가지는 반면에 CF_0에는 막사이의 H^+통로를 형성하여 전기 화학적 양성자 기울기 에너지를 효소의 활성부위로 운반한다.

전자 전달 복합체 및 ATP합성 복합체가 함께 작동할 때 엽록체와 미토콘드리아에서 양성자 회로가 형성된다(그림 5.7C). 엽록체에서 광합성 전자 전달 복합체는 스트로마로부터 루멘으로 양성자를 첨프하여 양성자기울기를 형성한다. 동시에 ATP합성효소는 양성자가 스트로마로 되돌아 가게 한다. 전자 전달의 일부 자유에너지는 처음에 양성자 기울기에 보존되어 있다. 에너지가 풍부한 양성자 기울기가 CF_0−CF_1 복합체를 통해서 무너질 때 보존된

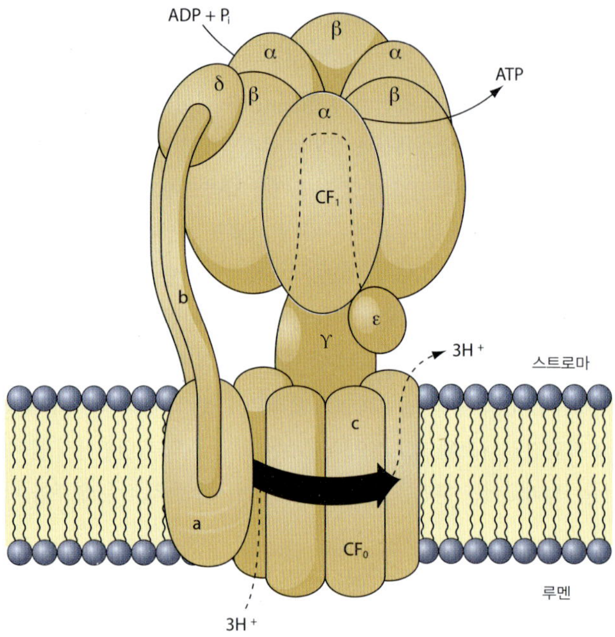

그림 5.9 엽록체 ATP 생성효소의 모델. CF_0는 틸라코이드 막을 통해 양성자 통로를 형성하는 내재성 단백질이다. CF_1은 CF_0의 스트로마 방향으로 부착되어 있고 ATP합성을 위한 활성부위를 가지고 있다. CF_1은 5가지 다른 소단위체가 α_3, β_3, γ, δ, ε의 비율로 구성되어 있다. CF_0는 4가지 서로 다른 소단위체가 a, b, b′, c_{10}의 정량비로 구성되어 있다. 양성자 통로는 a 소단위체와 c 소단위체의 고리를 회전시켜 CF_1이 회전하여 ADP와 P_i를 ATP로 전환토록 한다. 큰 화살표는 회전의 방향을 표시한다.

에너지가 ATP합성을 구동하는 데 이용된다. 엽록체에서 화학삼투에 의한 광의존적 ATP합성을 **광인산화(photophosphorylation)**라 한다. 미토콘드리아에서 호흡 전자전달 복합체는 기질로부터 막간 공간(LMS)으로 양성자를 펌프하여 양성자 기울기를 형성한다. 이러한 양성자 기울기에 의한 퍼텐셜에너지는 미토콘드리아 ATP생성효소가 ATP를 합성하는 데 소비된다 (그림 5.7C) 미토콘드리아에 의한 화학 삼투적 ATP 합성을 **산화적 인산화(oxidative phosphorylation)**라고 한다.

미첼의 화학 삼투설의 필수요소는 ATP 합성효소 반응의 가역성이다. 이것은 적절한 조건이 맞으면 CF_0−CF_1복합체가 ATP가 수분해를 통한 음의 자유에너지를 이용하여 양성자 기울기를 형성할 수 있음을 의미한다. 예를 들어, 원형질막과 액포막은 모두 경우에 따라 세포나 액포 밖으로 양성자를 배출하는 **ATPase−양성자 펌프(ATPase proton pump)**를 가지고 있다 (3장). 따라서 ATP 에너지는 여러 가지 형태의 세포내의 일과 짝지워 질 수 있는 양성자 기울기 형태로 저장된다. ATpase−양성자 펌프는 다른 이온이나

작은 용질 분자막을 통해 수송하기 위한 에너지를 제공하는 ATP 이용의 중요수단이다(3장).

생체 에너지론은 기초과학이다. 공부하기가 만만치 않지만 본 논의에서는 필요상 일반적인 원리에만 국한시켰다. 그러나 이 정도의 간단한 지식기반으로 광합성의 명반응과 암반응을 통한 빛에너지 보존에 관한 논의를 진행시킬 수 있으며 식물세포가 어떻게 생장하고 발달하는데 필요한 저장 화학에너지를 해결하고 해당과정과 호흡과정을 통해 어떻게 항상성을 유지하는지 알 수 있다. 또한 우리는 영양분 흡수와 관련된 이온 수송 (3장) 뿐만 아니라 삼투와 물의 관계(1장, 2장)를 설명할 때 생체 에너지론이 얼마나 중요한지를 공부한 바 있다.

요약

살아 있는 생명체를 통한 에너지 흐름에 관한 학문에 열역학 법칙을 적용시키는 분야를 생체에너지론이라고 한다. 두 가지 형태의 에너지가 있는데, 그 중 한 형태는 일을 하는데 쓸모 있으며 (자유에너지) 나머지 한 형태는 그렇지 않다(엔트로피). 살아 있는 생명체와 같은 생화학계에서 자유에너지는 화학적 평형에 관련되어 있다. 반응이 평형으로부터 멀리 떨어져 있을수록 더 많은 일이 수행될 수 있게 된다. 세포는 에너지-발생 반응을 에너지-소모 반응과 연관시키기 위해 이 원리를 이용한다. 실제로, 세포는 평형상태를 회피할 수 있기 때문에 생명이 존재하게 된다.

세포 내에서 대부분의 에너지 교환반응은 인산화된 중간대사물질, 특히 ATP 및 그와 관련된 물질들에 의해 매개된다. ATP는 큰 평형상수를 갖고 있으며 세포 내에서 이동성이 매우 크기 때문에 그와 같은 점에서 세포에 유용하다. ATP는 신속히 선환되기 때문에 평형상태에서 멀리 떨어져 유지된다. 엽록체(스트로마 대 루멘)와 미토콘드리아(기질 대 막간공간)에서의 특별구역을 조사함으로서 ATP의 화학 삼투적 합성이, 엽록체에서는 에너지-변환 틸라코이드를, 그리고 미토콘드리아에서는 내막(크리스태)를 각각 가로지르는 에너지가 풍부한 양성자 기울기(비평형 양성자 분포)와 연관됨을 알게된다. 전자 전달 자유에너지는 양성자 기울기를 확립하는 데 이용되며 그리고 ATP는 양성자가 막을 관통하여 분포하고 있는 ATP 생성 복합체를 통해서 복귀할 때 생성된다.

복습문제

1. 열역학 제2법칙은 우주의 자유에너지가 최소화하려는 경향이 있다거나 혹은 엔트로피가 최대화하려는 경향이 있음을 서술하고 있다. 이런 아이디어를 때때로 **엔트로피 운명**이라고 한다. 엔트로피 운명이 의미하는 바를 설명하여라.
2. 영국작가 스노우는 열역학 제2법칙을 이해한다는 것은 세익스피어 작품을 읽은 문학에 정통한 사람과 같은 것이다 라고 했다. 이 말에 따른 그가 의미하는 바가 무엇인지 설명하라
3. 자유에너지와 화학적 평형 사이의 관계를 설명하여라
4. 자유에너지와 산화-환원 퍼텐셜 사이의 관례를 설명하라
5. 생물학에서 짝지음 반응의 중요한 역할은 무엇인가? 짝지음 인산전달반응과 짝지음 산화-환원반응의 예를 들어 보아라.
6. 광인산화와 산화적 인산화를 통한 화학 삼투적 ATP 생성을 위하여 요구되는 구획화를 비교해 보아라

더 읽을거리

Nicolls, D.G.S., S.J. Ferguson. 2002. *Bioenergetics* 2 New York: Academic Press

Schrödinger, E. 2000 *What is life*? Cambridge: Cambridge University Press

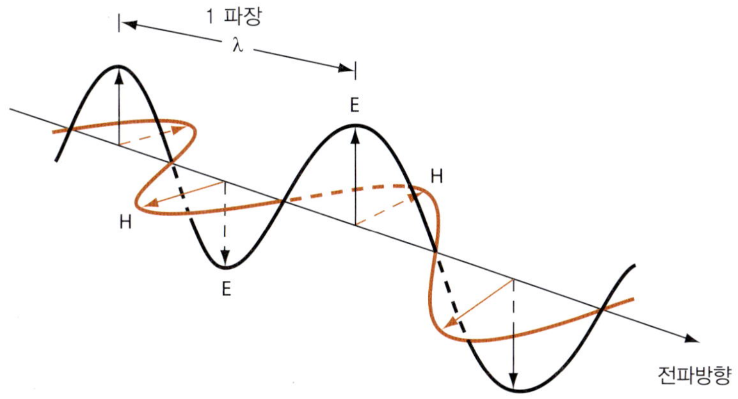

6

태양빛의 두 가지 역할: 에너지와 정보

태양 빛은 생물이 필요로 하는 매우 중요한 두가지 요소인 에너지와 정보를 충족시킨다. 반면에 태양 방사 에너지는 지표면의 온도를 생물체에 적절하도록 유지할 뿐만 아니라 광합성을 통해서 생명을 유지하는 궁극적인 에너지원이다. 방사 에너지는 주로 빛의 형태로서 식물의 운동을 조절하고, 일련의 발달현상을 유발함과 동시에 시간의 경과를 표시하는 환경에 대한 정보를 제공한다. 녹색식물의 생활에서 빛의 중요성은 **광형태발생**(photomorphogenesis), **광주기성**(photoperiodism) 및 **광합성**(photosynthesis)을 포함하는 **광생물학**(photobiology)의 연구에 비추어 보아 알수 있으며, 이 태양 빛은 적절하게 식물이 생장하는데 필요한 정보와 낮길이의 측정법을 제공한다

빛이 식물에서 얼마나 중요한가를 완전히 이해하려면 빛과 식물에서 빛과 상호작용하는 분자의 성질을 이해하는 것이 필요하다. 이장에서는

- 빛의 물리적 성질 및 빛이 물질과 어떠한 작용하는지 알아보며
- 빛을 기술하는 데 사용되는 용어와 측정기법에 대해 논의하며
- 자연상태의 식물에서 빛의 특성을 간단하게 토의한 후,
- 식물에서 볼 수 있는 주요 색소와 색소계에 대해 고찰한다

후반부의 여러 장들에서 식물이 광합성을 진행하고 발달을 조질하기 위해 빛을 사용하는 여러 방법에 대해 논의할 것이다.

6.1 빛의 물리적 성질

6.1.1 빛은 이중성을 띈 전자기 에너지 형태이다

빛은 무엇인가? 200여년전에 존슨이 인식하였듯이 이 질문에 대해 답하기란 쉽지 않다. 가장 간단한 답으로 빛은 방사에너지의 형태로서 태양에 의해 방출되는 방사선의 계속적인 **전자기 스펙트럼**(electromagnetic spectrum)에 함유된 좁은 띠의 에너지라고 할 수 있다(그림 6.1). 빛이라는 용어는 사람의 시각에 생리적인 자극을 일으킬 수 있는 전자기 스펙트럼의 부분이다. 다시 말해서 빛이란 사람 눈의 망막에 위치한 수용체를 자극할 수 있는 400–700 nm사

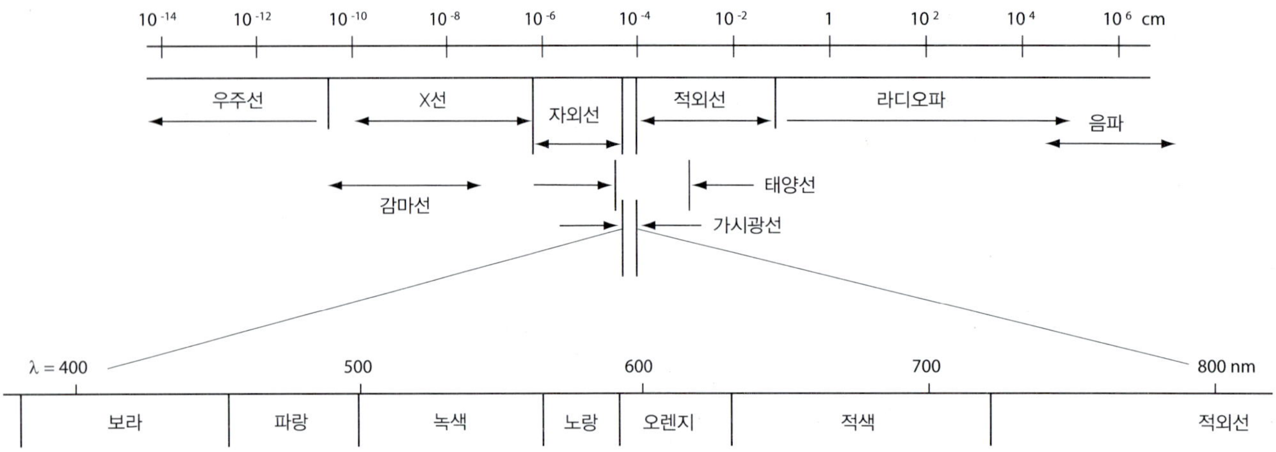

그림 6.1 전자기 스펙트럼. 가시광선인 빛은 전체전자기 스펙트럼의 극히 작은 일부분에 해당한다물의 용매적 특성. 나트륨과 염소 이온 주위를 둘러싸고 있는 물분자는 각 이온을 둘러싸고 있는 공간의 전기장을 차단

이의 범위에 들어 있는 파장으로 정의된다. 엄격히 말해서 우리가 적, 녹, 청이라 인식하는 스펙트럼을 빛이라 하는 반면에 자외선 복사나 **적외선 복사(infrared radiation)** 영역의 스펙트럼은 여러 가지 중요한 생물학적 효과를 가지고 있지만 우리 눈이 인식할 수 없다. 비록 본 장에서는 주로 빛에 대해서 논의할 것 이지만 그 원리는 넓은 의미에서 복사에너지에도 적용된다.

다른 형태의 에너지와 마찬 가지로 빛은 수수께끼 같은 면이 있어서 정의하기가 어렵다. 빛은 빛의 속성에 의해서가 아니라 물질과 어떻게 작용하는가로 더 쉽게 기술된다. 19세기 말과 20세기 초의 물리학자들에 의해서 빛이 연속적인 파동과 개별적인 입자의 두 속성을 갖는다는 것이 밝혀졌다. 이 두 특징은 빛의 생물학적 역할을 이해하는데 매우 중요하다.

6.1.2 파동 현상으로서의 빛

공간을 통한 빛의 전파는 빛의 전자기 성질에서 볼 수 있는 규칙적이고 반복적인 변화, 즉, 파동의 특성을 나타낸다. 전자기 방사선은 실제로 2개의 파, 즉 전기파와 자기파로 구성되어 있는데 서로 90°의 각으로 전파 방향으로 진동한다(그림 6.2). 빛의 파동성은 **파장(wavelength)** 혹은 **진동수(frequency)**로 나타낼 수 있다. 파의 마루간의 거리를 파장이라 하며 그리스 문자 람다(λ) 로 표시한다. 생물학자는 흔히 파장을 나노미터(1 nm=10^{-9}m)의 단위로 표현한다. 진동수는 그리스 문자 누(ν)로 표시하며 1초에 단위 지점을 통과하는 파동수를 의미한다. 따라서 진동수는 파장과 다음과 같은 식으로 연관되어 있다.

$$\nu = c/\lambda \qquad (6.1)$$

여기서 c는 빛의 속도, 3 × $10^8 ms^{-1}$이다. 진동수도 어떤 조건하에서 유용하지만 생물학자는 빛과 다른 형태의 방사선을 기술하기 위해서 파장을 가장 많이 사용한다. 광생물학자에게 주관심의 대상이 되는 파장은 자외선, 가시광선 및 적외선 (표 6.1)의 3구역이다.

6.1.3 불연속적인 입자 흐름으로서의 빛

빛은 광원에서 방출되거나 물질과 상호작용할 때 그 에너지가 광자라고 불리는 개별적인 입자로 분할된 것처럼 행동한다. 하나의 **광자(photon)**에 의해 운반되는 에너지가 양자화되거나 여러단위로 나뉠 수 있음을 반영해서 **양자(quantum)** 라 불리기도 한다.

양자 에너지(Eq)는 차장과 진동수에 의해서 다음의 식과 같은 관계에 있다.

$$E_q = hc/\lambda = h\nu \qquad (6.2)$$

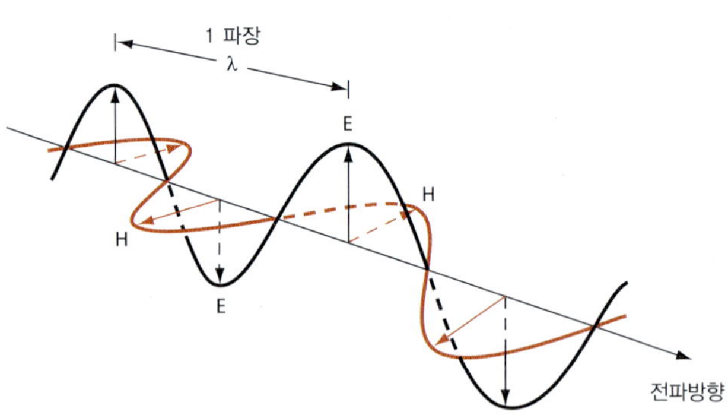

그림 6.2 빛의 파동성. 전기 벡터(E)와 자기 벡터(H)가 서로 90°의 각도로 진동한다

표 6.1 생물학자에게 주된 관심대상이 되는 방사선

색깔	파장 범위(nm)	평균 에너지 (kJ mol^{-1} photons)
자외선	*100–400*	
자외선-C	100–280	471
자외선-B	280–320	399
자외선-A	320–400	332
가시광선	*400–740*	
보라색	400–425	290
청색	425–490	274
녹색	490–550	230
황색	550–585	212
오렌지색	585–640	196
적색	640–700	181
근적외선	700–740	166
적외선	*740 이상*	85

여기서 h는 플랑크상수라는 비례상수로서 6.62×10^{-34} JS $photon^{-1}$이다. *따라서 복사선의 양자 에너지는 파장에 반비례하지만 진동수에는 정비례한다.* hν 표시는 그림이나 도표에서 하나의 광자를 표시하기 위해 흔히 사용된다.

H와 *c*가 모두 상수이므로 관심대상인 어느파장에 대해서도 광자 에너지를 쉽게 구할 수 있다. 다음의 예는 660 nm (6.6×10^{-7}m) 파장을 지닌 적색광이 갖는 에너지량을 계산하는 것을 보여주고 있다.

$$E_q = (6.62 \times 10^{-34}\ \mathrm{J\ s\ photon^{-1}})(3 \times 10^{8}\ \mathrm{ms^{-1}}) / 6.6 \times 10^{-7}\ \mathrm{m} \quad (6.3)$$

E_q를 풀면

$$E_q = 3.01 \times 10^{-19}\ \mathrm{J\ photon^{-1}} \quad (6.4)$$

435 nm (4.35×10^{-7} m)의 청색광인 경우에는

$$E_q = (6.62 \times 10^{-34}\ \mathrm{J\ s\ photon^{-1}})(3 \times 10^{8}\ \mathrm{ms^{-1}}) / 4.35 \times 10^{-7}\ \mathrm{m} \quad (6.5)$$

다시 E_q를 풀면

$$E_q = 4.56 \times 10^{-19}\ \mathrm{J\ Photon^{-1}} \quad (6.6)$$

위의 값에서 알 수 있듯이 1개의 광자 에너지는 매우 적다. 그러나 *아인슈타인-스타크의 광화학 등가 법칙*에 의하면 한 개의 양자는 단지 한 개의 전자와 반응한다. 따라서 비가역적인 광화학반응에서, 한 개의 양자에너지가 한 분자의 반응물 A를 생성물 B로 전환하는데 사용 된다.

$$A + h\nu \rightarrow B \quad (6.7)$$

1몰의 물질은 아보가드로 수의 분자 ($N=6.023 \times 10^{23}$ molecules mol^{-1})를 포함하므로 1몰의 반응물 A가 1몰의 생성물로 전환되기 위해서는 N 수 만큼의 광자가 필요하다. 따라서 실제 사용시는 1개의 광자 에너지에 아보가드로 수를 곱해주는 것이 편리하다. 이는 1몰의 양자 에너지를 의미하며 보다 실용적인 계수가 된다. 예를 들어 1몰의 적색광 광자가 갖는 에너지는 181,292 J mol^{-1}, 즉 181 KJ mol^{-1} (표 6.1)이다. 청색광 1몰이 가지는 에너지는 274 kJ mol^{-1}이다. 양자 1몰의 개념은 객개의 양자를 취급하는 것보다 더 유용하다. 예를 들어 광화학등가법칙에 따르면 특정 파장의 1몰 광자는 1몰의 색소를 활성시키는 데 필요하다.

6.1.4 물질과 상호 반응하는 빛 에너지

빛이 실물에 이용되기 위해서는 먼저 흡수되어야만 한다. 어떤 분자에 의한 빛의 흡수는 내부 전자전이를 동반하는 광물리적 결과이다(그림 6.3). **고드하우스-드레퍼(Gotthaus Draper principle)** 원리는 흡수된 빛 만이 광화학 과정에서 활성을 보인다는 것이다. 광물리적으로 일어난 일과 달리, 광화학은 반응물에서 생성물로의 전환을 위해 흡수광을 이용하는 화확적 반응, 즉 어떠한 광의존 반응과 관련이 있다(식 6.7). 그러므로 어떠한 광생물학적 현상에는 빛을 흡수하는 분자가 참여하며, 이 같은 분자를 **색소(pigment)**라 한다. 식물은 두드러진 시각적 특징을 나타내면서도 거의 모든 식물의 중요한 생리적 구성원인 다양한 색소를 갖고 있다. 예를들어 잎의 전형적인 색깔인 녹색은 엽록소라 불리는 색소군 때문이다. 엽록소는 광합성에 이용되는 빛에너지를 흡수한다. 아름다운 꽃잎의 색깔은 수분매개재인 곤충을 유인하는 역할을 하는 안토시아닌 때문이다. 피토크롬과 같은 다른 색소는 너무 적은 양으로 존재해서 눈으로 볼 수 없으나 식물형태 발생에 중요한 역할을 한다. 이런 것을 포함하여 다른 중요한 식물색소들이 이장의 후반부에서 논의될 것이다.

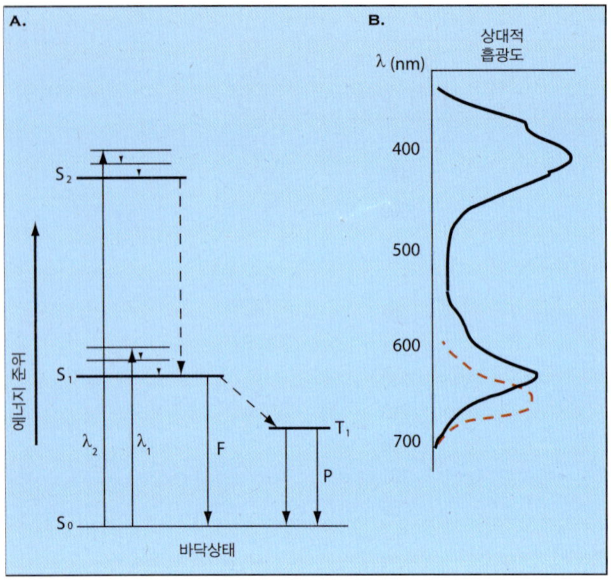

그림 6.3 분자에 의한 빛의 흡수. (**A**) 빛이 흡수되었을 때 가능한 여러가지 전이를 나타내는 에너지 준위 도표. 들뜨지 않는 분자는 바닥 상태(S_0)에 있다고 한다. S_2와 S_1은 각각 λ_2 와 λ_1 (실선 화살표)의 흡수에 의해 일어나는 들뜬 단일항 상태이다. 점선 화살표는 에너지가 주로 열로 방출되는 무방사 소멸을 나타낸다. 각 단일항 내에는 진동이나 회전 상태를 나타내는 다양한 내적 에너지가 존재한다 (짧은 수평선). 형광(F)은 가장 낮은 들뜬 단일항 상태에서의 빛 방출이다. T_1은 준안정 상태인 들뜬 3중항 상태이다. 3중항 상태에서의 에너지는 무방사 소멸이나 인광(P)이라는 빛의 형태로 지연되어 방출된다. 3중항상태는 광화학 반응이 일어나기에 충분할 정도로 오래 유지된다. (**B**) 흡수 스펙트럼(실선)은 파장 함수에 대한 흡수 그래프이다. 흡수피크나 흡수 띠는 들뜬 정도와 상응한다. 가장 낮은 들뜬 단일항 상태(S_1)에서의 에너지 방출에 해당되는 형광 방출 스펙트럼도 점선으로 표시되어 있다.

색소 분자가 빛을 흡수하면 실제로 무슨 일이 일어날까? 색소에 의한 빛의 흡수는 fento second(fs = 10^{-15}s) 내에 일어나는 매우 빠르고, 광물리, 전자적 사건이다. 열역학 제1법칙에 의하면(5장), 이러한 짧은 시간 동안에 흡수된 광자의 에너지는 색소 분자의 전자로 이동한다. 따라서 전자의 에너지는 낮은 에너지 준위인 **바닥상태(ground state)**에서 높은 에너지 준위인 **들뜬 상태(excited state)** 혹은 **단일항 상태(singlet state)**로 올라간다. 이 같은 에너지 준위변화는 그림 6.3에 그래프로 나타나 있다. 광자와 마찬가지로 전자의 에너지 상태도 *양자화*할 수 있다. 즉, 전자는 여러 에너지 준위 중에서 단지 하나의 준위에만 위치한다. 광자는 그 에너지량이 전자의 에너지를 더 높은 가능한 에너지 준위로 올라가는 데 필요한 에너지와 일치할 때만 흡수될 수 있다.

광자가 더 이상 쪼개질 수 없듯이 전자도 마찬가지로 부분적으로 들뜰 수 없다. 광화학 반응원리(아인슈타인-스타크의 광화학 등가법칙)에 의하면 하나의 광자는 단지 하나의 전자만을 들뜨게 할 수 있지만 엽록소와 같은 거대 색소는 많은 다른 전자를 갖고 있어서 각각의 전자는 에너지 준위가 다르며, 그 결과 다른 파장의 광자를 흡수할 수 있다. 게다가 각전자는 진동 혹은 회전 준위와 같이 여러 가지 흥분상태로 존재하기도 하여 흡수 할 수 있는 광자의 영역은 더욱 넓어진다(그림 6.3). 엽록소와 같은 색소가 백색광에 노출되면 동시에 많은 다른 흥분상태를 표출한다.

들뜬 상태의 분자는 10억분의 1초 (10^{-9} s) 정도의 아주 짧은 수명을 가지는데, 이러한 분자와 화학반응이 일어나지 않은 경우에는 과다한 에너지가 제거되면서 바닥 상태로 돌아온다. 과다 에너지의 소산은 다음의 여러 경로로 일어난다.

1. 분자가 들뜬에너지를 열로 소실할 때 **열적 불활성화(thermal deactivation)**가 일어난다 (그림 6.3A). 전자는 아주 빨리 가장 낮은 들뜬 단일항상태로 떨어진다. 과다 에너지는 주위환경에 열로 발산된다. 만일 전자가 바닥 상태로 되돌아 가면 그 에너지도 열로 소산될 것이다.

2. **형광(fluorescence)**은 전자가 가장 낮은 들뜬 단일항 상태에서 바닥 상태로 떨어진다. 들뜬 분자가 광자를 방출하는 것이다. 형광을 통하여 떨어지는 율은 열 비활성화를 통하여 떨어지는 것 보다 느리기 때문에 형광방출은 전자가 열로서 에너지를 소실하면서 가장 낮은 들뜬 단일항 상태로 되돌아온 후에만 일어날 수 있다(그림 6.3A). 결과적으로 방출된 광자는 식 6.1에 따르면 들뜬 광자보다 낮은 에너지의 긴파장을 갖게 된다. 예를 들어 광합성 색소인 엽록소인 경우 방출된 형광의 피크는 적색 흡수 영역대에서 파장이 긴쪽에 있다(그림 6.3B) 이것은 색소가 청색광(450 nm, 262 kJ mol^{-1})이나 적색광(660 nm, 181 kJmol^{-1})에 의해 들뜬 상태로 되더라도 상관없이 동일하다. 용액에 있는 엽록소와 같은 색소의 경우 바닥 상태로 되돌아올 때 종종 형광 방출이 유일한 경로가 된다.

3. **유도공명(inductive resonance)** 혹은 **무방사 전이(radiationless transfer)**로 알려진 메커니즘으로 에너지가 색소 분자간에 전이된다. 이 같은 전이는 높은 효율

로 일어나지만 색소분자가 매우 가까이 붙어 있어야 할 뿐만 아니라 주개 분자의 형광 방출파장이 받개 분자의 수 파장과 겹쳐야 만 한다. 엽록체의 색소 간에 볼 수 있는 에너지 전이의 대부분이 유도공명으로 설명된다(7장).

4. 어떤 경우에는 분자가 **3중항상태(triplet state)**라고 하는 다른 들뜬 상태로 되돌아가기도 한다 (그림 6.3A). 단일항과 3중항의 차이는 외곽전자의 스핀과 연관 되지만 여기서는 중요하지 않다. 단지 3중항 상태가 단일항 상태보다 안정하므로 준안정 상태로 간주된다는 점만 알면 된다. 준 안정상태의 3중항은 1000분의 1초 정도의 긴 수명을 가지므로 광화학 반응이 일어나기에 충분한 시간이다. 이때 에너지화된 전자가 사실상 받개분자로 전달되는 산화반응의 형태로 일어날 수 있다. 이 반응이 일어나면 색소가 광산화되었다고 하며 받개 분자는 환원된다.

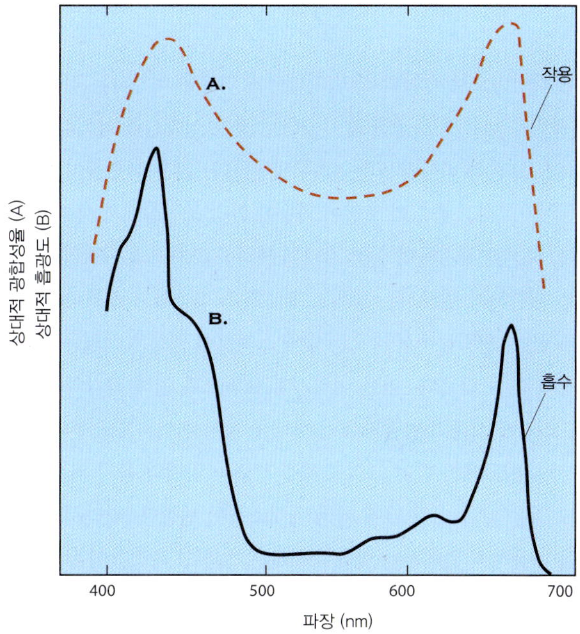

그림 6.4 엽록소가 대부분인 잎 추출물의 작용 스펙트럼(**A**)과 비교한 광합성의 전형적인 흡수 스펙트럼(**B**). 작용 스펙트럼은 용액 내의 색소의 주요흡수 피크와 일치하는 청색과 적색 영역에서 피크를 가진다.

6.1.5 어떻게 빛의 흡수와 그 결과로 생긴 생리반응의 효율을 설명할 수 있을까?

그림 6.4B는 상대적 흡수로 측정한 엽록소에 의한 빛의 흡수를 파장의 함수로 나타낸 것이다. 그 결과로 생긴 그래프는 분자의 가능한 흡수 상태와 흡수 스펙트럼에서 주요 영역이 일치되는 것을 강조하는 **흡수 스펙트럼(absorption spectrum)**이다. 이 그림에서 분자의 가능한 흥분상태와 흡수 스펙트럼에서 주요 흡수 영역이 일치되는 것을 강조하기 위해서 스펙트럼은 정상적인 배치(그림 6.4B)에서 90° 회전된 상태이다. 그림 6.3B의 에너지 준위도표는 넓은 의미에서 엽록소에 의한 빛의 흡수를 나타낸다. 이 경우에 λ_1은 적색광을 λ_2는 청색광을 표시한다.

흡수 스펙트럼은 사실상 확률에 대한 묘사이다. 특정 파장에서 흡수 곡선의 높이 혹은 넓이는 그 에너지 수준에 해당하는 빛이 흡수될 확률을 반영한다(그림 6.4B) 더 중요한 것은 흡수 스펙트럼은 분자의 지문과도 같다. 모든 빛을 흡수하는 분자는 고유한 흡수 스펙트럼을 지니고 있기 때문에 그 분자를 식별하는 데 중요한 열쇠가 된다. 예를 들어 여러 종류의 녹색 색소인 엽록소가 있는데 각 엽록소의 흡수 스펙트럼의 양상은 일반적으로 그림 6.4B와 유사하지만 엽록소의 종류에 따라 정확한 최대 흡수파장은 서로 다르다.

빛이 생리작용에 효과를 나타내기 위해서는 우선 흡수되어야 하므로 각 색소가 효과적으로 빛을 흡수하는 것이 당연하다. 광의존적 반응을 연구할 때 광생물 학자들이 하는 초기 임무의 하나는 이를 주관하는 색소를 찾는 것이다. 중요한 정보의 하나로 **작용 스펙트럼(action spectrum)**이 있는데, 특정한 반응에 대한 효과를 파장 함수로 나타낸 그래프이다. 여기에는 그 색소에 의해 가장 효율적으로 흡수된 빛이 그 반응을 유도하는 데 있어서도 가장 효율적일 것이라는 가정이 깔려 있다. 다시 말해서 광의존적 반응의 작용 스펙트럼은 효과적인 빛을 흡수하는 색소의 흡수스펙트럼과 매우 유사해야만 한다. 따라서 흡수 스펙트럼과 작용 스펙트럼의 비교는 광반응에 관여하는 색소를 동정하는데 중요한 단서를 제공하게 된다. 한 예로서 광합성에 대한 녹색 식물의 전형적인 작용 스펙트럼이 그림 6.4A에 나타나 있다. 이 그림은 주로 엽록소와 약간의 캬로티노이드를 가진 잎 추출액의 흡수 스펙트럼과 비교된다(그림 6.4B). 작용 스펙트럼에서 적색 및 청색 영역 봉우리가 엽록소의 흡수 스펙트럼 피크와 상응함에 주목하라. 이것이 광합성에서 엽록소의 역할을 입증하는 일부가 된다.

6.1.6 빛의 정확한 측정은 광생물학에서 중요하다.

빛이 다방면으로 식물의 생리와 발달에 영향을 미친다는 점에서 빛과 광원을 바르게 측정하고 기술하는 것이 실험실과 야외실험에서 중요한 요건의 하나가 되는 것은 당연하다. 많은 실험들이 이제는 빛, 온도 그리고 습도의 조절이 가능한 환경 조절실에서 이루어지고 있다. 다른 연구자들이 실험 결과를 해석하고 자신의 실험실에서 실험을 재현하기 위해서는 광원과 광조건을 상세하고 정확하게 기술해야 한다. 형광등에서 나오는 빛의 스펙트럼 조성은 백열등이나 자연광과 아주 다르다. 이런 여러가지 요인으로 인해 각각의 광원은 두드러지게 식물의 발달과 행동에 다른 영향을 미치기도 한다. 심지어 자연광도 새벽 한낮 그리고 해질 무렵과 양지와 음지 서식처, 그리고 맑은 날과 흐린 날에 따라 질적조성이 변한다. 따라서 광생물학을 이해하기 위해서는 빛을 측정하는 법과 그 측정값이 무엇을 의미하는지를 이해하는 것이 필요하다. 또한 같은 분야에서 일하는 모든사람이 서로 이해 할 수 있는 일치된 용어를 사용해야 한다.

빛을 기술하는 데 있어서 1차 관심의 대상인 세가지의 척도가 있다. 첫 번째는 실물이 얼마나 많은 빛을 받았는지를 나타내는 **광량**(light quantity)이다. 두 번째는 파장에 따른 빛의 성분으로서 **광질**(light quantity), **스펙트럼 조성**(spectrum composition) 혹은 **스펙트럼 에너지 분포**(spectral energy distribution, SED) 등으로 표현된다. 세 번째 요인으로 빛 처리를 한 기간과 주기를 나타내는 **타이밍**(timing)이 있다. 빛을 처리하는데 있어 기간 주기는 무엇인가?

식물 광생물학자들에게 가장 많이 통용되는 광량의 측정은 **플루언스**(fluence)개념에 의거 하고 있다 플루언스는 작은 구에 떨어지는 방사 에너지 양을 그 구의 단면적으로 나눈 값으로 정의 된다. 빛은 광자로 흡수 되거나 방출될 수 있으므로 플루언스는 양자나 광자 수 (몰 수) 혹은 에너지양 (J)으로 표현될 수 있다. **광자 플루언스**(photon fluence; mol m^{-1} s^{-1})는 구에 입사되는 총 광자 수를 의미하는 반면에 **에너지 플루언스**(energy fluence; Jm^{-2})는 입사되는 총 에너지와 관련이 있다. 이 때의 속도가 **광자 플루언스율**(photon fluence rate; mol m^{-2} s^{-1})과 **에너지 플루언스**(energy fluence rate; J m^{-2} s^{-1} 혹은 W m^{-2}) 이다. **복사조도**(irradiance)라는 용어가 **에너지 플루언스율**과는 원칙상으로 서로 같지는 않지만 혼용하여 자주 사용된다. 복사조도는 구가 아니라 평면에서의 에너지 유입을 의미한다.

방사선을 측정하는 많은 기기는 실제로 가시광선 영역 외의 광생물학적 경로에 직접적으로 관여하지 않은 적외선 등을 포함한 총 에너지를 측정한다. 이 같은 혼돈을 피하기 위해서 400에서 700 nm 사이의 스펙트럼 영역만을 측정하는 기기가 시판되고 있다. 이 영역의 빛을 **광합성 활성방사선(photosynthetically active radiation, PAR)**라 정의한다. 따라서 mol photons m^{-1} s^{-1} PAR로표현되는 광자 플루언스율이나 Watts(W) m^{-2} PAR로 표현되는 에너지 플루언스 율이 실험실에서 일상적으로 널리 사용된다. PAR 측정의 유일한 한계점은 광합성에는 관여하지 않지만 식물발달 조절에서 매우 중요한 700–750 nm 영역의 빛이 빠져 있다는 것이다 (16장)

광질은 스펙트럼조성을 의미하며 보통 방출 또는 입사 스펙트럼으로 정의된다. SED는 좁은 파장 영역대의 플로언스율의 측정이 가능한 분광복사계라는 기기로 측정한다. 기기에 따라서 **스펙트럼 광자 플루언스율**(spectral photon fluence rate; mol photon m^{-2} s^{-1} nm^{-1}), 혹은 **스펙트럼 에너지 플루언스율** (spectral energy

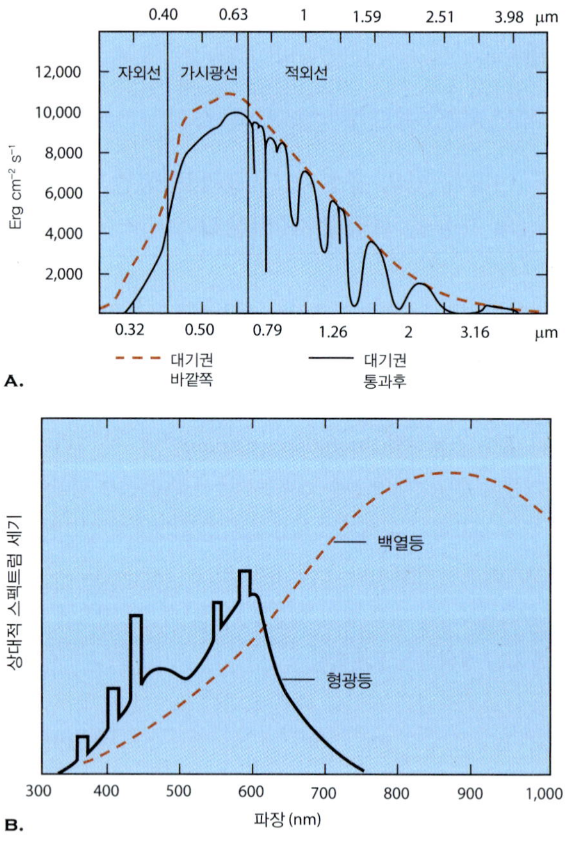

그림 6.5 태양(A)광 형광등 빛 백열등(B)의 스펙트럼 에너지 분포의 비교. (A)와 (B)에서의 파장 눈금이 서로 다른 점에 유의하라. 태양에서 유입되는 에너지의 약 20%, 특히 적외선 영역이 대기 가스 중 주로 CO_2 나 H_2O에 의해서 흡수된다. 태양 스펙트럼은 알렌(C.W. Allen)이 맑은날 호주의 한 관측소에서 측정한 값으로 그린 것이다. (From H. H. Lamb, *Climate: Present, Past and Future*, London: Methuen & Co., 1972.)

fluence rate; W m^{-2} nm^{-1})이 파장 함수로 표시된다. 실제상으로는 분광 복사계는 **스펙트럼 복사조도 (spectral irraiance; W m^{-2} nm^{-1})**를 측정할 수 있는 평면 검출기도 가지고 있다.

SED는 광원의 성질과 여러 요인에 따라서 바뀔 수 있다(그림 6.5). 예를 들어 자연 태양광의 SED는 대기의 질, 구름낀 정도, 그리고 시간에 따라서 변할 수 있다(그림 6.5A). 백열등이나 형광등과 같은 인공 광원의 SED는 자연광과 현저하게 다르다(그림 6.5B). 형광등은 상대적으로 청색광 영역에서 많이 방출되나 적색광 영역에서는 급격하게 감소된다. 반면에 백열등은 청색광역에서 비교적 적지만 적외선과 근적외광을 많이 방출한다.

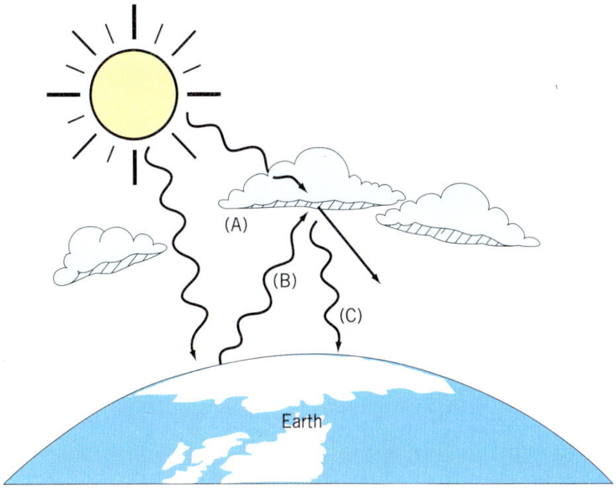

그림 6.6 온실효과를 나타내는 모식도. 태양복사선은 대기와 지구를 모두 데운다(**A**). 지구는 대기로 적외선을 재방사 한다(**B**). 그 후 지구로 다시 반사되어 오거나 대기 가스(CO_2, 수증기, 메탄올)에 의해 흡수되어 지구로부터 벗어나지 못한다(**C**). 포획된 적외선의 일부는 지구로 재방사되어 온도를 증가시키게 된다.

6.2 자연복사 환경

태양에서 발생한 방사선의 비교적 적은 부분만이 지구 대기권에 도달하며 지표면에는 그보다 더 적은 양이 도달한다(그림 6.5A). 그러나 지구에 도달하는 방사에너지의 양과 스펙트럼 분포는 모두 식물의 생리작용에 지대한 영향을 미치게 된다. 더불어 방사 에너지는 인간에 보다 직접적이고 중대한 결과를 초래하는 여러 문제의 중심이기도 하다.

적외선의 상당 부분은 대기상의 수증기, 이산화탄소 그리고 다른 가스에 의해서 흡수되어(그림 6.5A) **온실효과(greenhouse effect)**라고 불리는 현상을 유발한다(그림 6.6). 최근에 온실효과에 대한 대중의 인식이 현저하게 증가하고 있지만, 20세기 후반에서만 나타나는 현상은 아니다. 온실효과는 지구상에 생물이 나타난 이후 우리와 함께 계속 존재해 왔다. 이 현상 없이는 우리가 알고 있는 상태로의 생명은 존재할 수 없었다. 적외선은 긴 파장이라서 낮은 에너지를 갖는다. 그 주요 효과는 분자의 진동 에너지, 즉 열을 증가시키는 것이다. 대기 중의 수증기와 이산화 탄소에 의한 적외선의 흡수로 열담요가 형성되어 이들 가스가 없는 달 표면에서 일어나는 극단적인 온도 변화와 같은 현상이 지구상에서는 일어나지 않는다. 덜 극단적이기는 하지만, 마찬가지 이유로 온도의 변화는 높은 낮 기온이 차가운 밤과 교차하는 지구상의 건조한 사막지대의 특징이다.

산업혁명 이래 화석 연료의 막대한 소비가 대기상의 이산화 탄소와 소위, 온실효과에 대한 대중의 우려가 생겨났다. 많은 사람들은 이산화 탄소의 계속적인 방출이 대기의 열함유량을 높이게 되어 지구 온난화를 유발한다고 믿고 있다. 이는 극지방의 빙산을 일부 녹게하여 저지대를 물에 잠기게 할 뿐만 아니라 식물의 생물 다양성 및 농업 생산력의 변동을 초래 할 수 도 있다. 그러나 또 다른 시나리오에 의하면 증가된 이산화탄소로 광합성이 촉진되어 지구상의 식물량이 증가하게 된다. 그러나 이러한 관점은 광합성에서 이산화 탄소 농도의 효과를 간단히 본 견해 일 수 있다. 지구 온도와 이산화탄소 농도의 증가는 광합성 효율에 부정적인 효과를 줄 수도 있다.

스펙트럼의 다른 끝에 있는 자외선은 짧은 파장, 높은 주파수의 높은 에너지의 특징을 가진다(표 6.1). 자외선이 흡수로 반응성이 매우 큰 분자가 형성 되는데 종종 전자가 방출되거나 분자의 이온화가 일어나기도 한다. 이 같은 이온화는 생물에 해를 끼친다. 예를 들어 254 nm에서 UV-C의 주된 효과는 DNA에서 티민 이합체 형성 (그러므로 돌연변이 발생)을 유도한다. 자연 환경에서 자외선 유도 돌연변이는 지표면에 도달하는 자외선량이 매우 적기 때문에 보통은 큰 문제가 되지 않는다. 모든 UV-C와 거의 대부분의 UV-B는 성층권에서 오존(O_3)과 에어로졸 (고체와 액체의 분산입자)에 의해 흡수된다. 그러나 대기의 오존층이 감소하면 모든 생물에 해가 될 잠재적 위험이 증가한다. 최근에 성층권 오존층의 감소로 지표면에 도달하는 UV-B 방사선의 증가가 우려를 낳고 있다. 지난 20여년간 모은 데이터에 의하면 조사된 식물의 대략 반 정도가 증가된 UV-B에 의해서 해를 입은 것으로 나타났다. UV-B에 가장 민감한 식물은 보통 UV-B 방사선이 적은 저위도 태생인 것이 아마도 놀랄 사실은 아니다.

주파수와 에너지 수준에서 가시 광선은 자외선과 적외선 중간에 위치한다. 가시광선의 흡수는 흡수 분자의 외곽 전자의 에너지 준위를 증가 시키므로 유용한 광화학 반응을 개시할 잠재력을 지니고 있다. 게다가 가시광선의 플루언스율과 스펙트럼 성질은 종종 매일 혹은 계절별로 예측이 가능하지만 끊임없이 변화한다. 이 같은 변화는 식물이 자신에게 유리하게 이용할 수 있는 정보, 즉 환경에 관한 정보를 전달한다.

일단위로 가시광선의 가장 현저한 변화는 플루언스율과 스펙트럼 분포이다. 전형적으로 맑게 개인 날 한낮의 플루언스율은 2000 $\mu mol\ m^{-2}\ s^{-1}$ 정도이다. 그러나 해가 수평선을 막 넘어가기 전의 황혼 녘의 광량은 10 $\mu mol\ m^{-2}\ s^{-1}$ 수준 이하로 떨어진다. 석양 무렵에는 플루언스율이 급격하게 떨어져서 10분마다 거의 10배 정도나 감소한다.

해질녘에 플루언스율의 변화에 수반하여 광질 또한 변화한다(24장). 정상적인 일광은 직사광과 산란광으로 구성된다. 산란광은 주로 청색 파장대의 빛인데 물방울이나 먼지와 같은 대기 조성 물질에 의해서 단파장이 우선적으로 분산되기 때문이다. 따라서 보통 일광은 청색이 많기 때문에 하늘이 푸른색을 띈다. 채양이 수평선에 10도 정도 보다 낮은 높이에 있는 석양에는 태양광이 지구에 낮은 각도로 들어 와서 광선이 산란과 반사의 조합으로 장파의 적색 및 원 적외선이 많게 된다. 이는 태양이 대기를 통한 태양광의 이동거리가 관찰자의 머리 위에 있을 때보다 50배 까지나 더 길어질 수 있기 때문이다. 따라서 거의 대부분의 주황과 청색광은 산란되어 시야에서 사라지고 압도적으로 장파의 적색과 원적외선만이 관찰자에 도달하게 된다.

구름이나 대기 오염과 같은 대기 요소 또한 태양광의 스펙트럼 분포에 영향을 미친다. 구름이 끼면 복사조도를 감소시키지만 산란광, 즉 청색광 부분을 증가 시킨다. 대기 중의 오염물질 또한 산란을 일으키지만 역시 특정 파장대를 흡수하게 된다. 수관 아래에서 자라는 식물은 태양광이 상층부의 적색광과 청색광을 주로 흡수하는 엽록소를 지닌 잎을 통과해야 하므로 현저하게 감소한 적색 및 청색광 조건 및 수관의 빈 공간을 통해서 갑작스럽게 나타나는 강한 태양빛에 의해 생성되는 **태양 반점(sunfleck)**에 대처해야만 한다. 이 같은 복사 조도의 갑작스런 변화에 의해 식물의 광합성능이 상당한 영향을 받을 수 있다(14장).

식물이 끊임없이 변화하는 빛 환경에 노출되어 있다는 점은 분명하다. 구름이 끼는 것과 같은 많은 변화들은 예측 불가능하지만 플루언스율과 스펙트럼 에너지 분포의 일일 변화는 아주 규칙적이다. 이러한 변화가 규칙적일수록 그 순간의 환경상태 및 다가오는 변화에 대한 정확한 정보를 전달하게 된다(13장 및 14장). 따라서 식물이 생존차원에서 이 같은 정보를 해석하는 정교한 수단을 진화시켰다는 점은 아마 그리 놀랄만한 일이 아니다.

6.3 광수용체는 생리과정에 유용한 빛을 흡수한다

광수용체(photoreceptor)는 빛에너지와 정보를 식물이 이용할 수 있는 형태로 처리하는 색소분자로 정의된다. 분자의 절대필요한 부분으로써 단백질을 함유한 색소는 **색소단백질(chromoprotein)**로 알려져 있다. 그래서 광수용체는 대체로 색소단백질이다. **발색단(chromophore)**은 빛을 흡수하며 그로인해 색깔을 초래하는 색소단백질의 일부이다. 색소단백질분자의 단백질부분을 **결손단백질(apoprotein)**이라고 한다. 분자의 전부인 **전색소(holochrome)**은 발색단과 단백질로 이루어져 있다. 여기서는 식물에서 발견되는 주 광수용체를 기술하였다. 후반부의 여러 장에서는 생리적인 과정에 있어서 이들의 역할에 관하여 논의할 것이다.

6.3.1 엽록소는 광합성에서 사용되는 빛에너지를 일차적으로 수확하는 색소이다.

이전에 언급한 바와 같이 엽록소는 광합성에서 사용되는 빛에너지를 일차적으로 수확하는 색소이다. 엽록소는 머리 부위인 **포르피린(porphyrin)**과 꼬리 부분인 긴 탄수화물 **피톨(phytol)**로 구성되어 있다(그림 6.7) 포르피린은 질소가 함유된 4개의 **피롤고리(pyrole ring)**로 구성된 고리형의 테트라피롤이다. 포르피린은 포유동물의 헤모글로빈에 있는 헴기나 광합성 및 호흡색소인 시토크롬을 포함하며 모든 생물에서 발견된다(7, 10장). 엽록소 포르피린의 네번째 고리는 20개의 탄소를 갖는 알코올인 피톨과 에스테르결합을 하고 있다. 이 길고 지용성인 탄수화물 꼬리는 5개 탄소의 **이소프렌(isoprene)** 유도체이다. 이소프렌은 색소나 캬로틴과 같은 다른 색소나 지베렐린 호르몬과 스케로이드와 같은 여러가지 중요한 분자들의 선구체이다(19장).

마그네슘 이온(Mg^{2+})이 고리의 중심에 있는 4개의 질소 원자에 킬레이트화되면 엽록소가 완성된다. 엽록소에서 마그네슘 이온이 소실되면 녹색을 띠지 않는 페오피틴이 된다. **페오피틴(pheophytin)**은 산성 조건이 추출과정에서 쉽게 형성되는데 초기

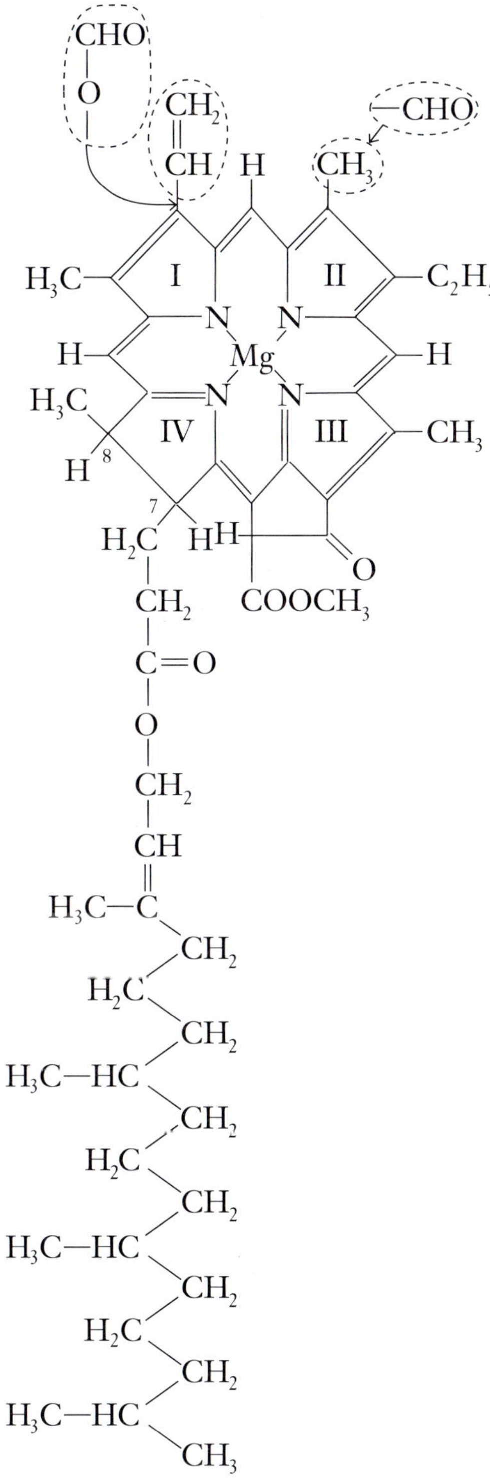

그림 6.7 엽록소 a의 화학구조 · 엽록소 b는 II번 고리의 메틸기가 알데히드기로 치환된 점을 제외하고는 엽록소 a와 동일하다. 엽록소 c는 긴 탄수화물 사슬이 없다는 점을 제외하고는 엽록소 a와 동일하다. 엽록소 d는 1번 고리에서 –O–CHO기로 치환된 점 외에는 엽록소 a와 동일하다.

광합성 전자 수용체로서 작용하며 엽록체에 천연적으로 소량이 존재한다(7장).

현재까지 a, b, c, d로 표시하는 4가지 종류의 엽록소가 알려져 있다. 고등 식물, 조류 및 남세균에서의 기본적인 광합성 색소인 엽록소 a의 화학 구조가 그림 6.7에 나타나 있다. 엽록소 b는 2번째 피롤 고리의 메틸기가 알데히드(–CHO)기로 치환되었다는 것 외에는 엽록소 a와 같다. 엽록소 b는 사실상 모든 고등 식물과 조류에서 발견된다. 규조류, 쌍편모조류, 갈조류 등에서 발견되는 엽록소 c와 엽록소 a의 주된 차이는 엽록소 c 에는 피톨 꼬리가 없다는 점이다. 마지막으로 엽록소 d는 홍조류에서만 발견되며 1번 고리의 (–CH=CH_2)기가 (–O–CHO)기로 치환되었다는 점을 제외하고는 엽록소 a와 동일하다.

피자 식물이 암소에서 자라는 경우에는 엽록소가 축적되지 않으며(5장, Box 1), 주로 카로티노이드 때문에 노란색으로 보인다. 그러나 암소에서 자란 유식물은 엽록소 a의 전구체인 상당량의 **전엽록소** a(**protochlorophyll a**)를 축적한다. 전 엽록소는 단지 4번 고리의 7번과 8번 탄소에 이중결합이 있다는 점에서만 엽록소 a 와 다르다(그림 6.7). 이 결합의 환원은 **NADPH: 전 엽록소 산화 환원 효소(NADPH: protochlorophyll oxidoreductase)**에 의해서 촉매된다. 피자 식물의 경우 이 반응에는 빛이 필요하지만 나자 식물과 대부분의 조류에서는 암소에서도 생성될 수 있다. 엽록소 *b* 는 엽록소 *a* 에서 만들어진 다는 게 일반적인 견해이다.

유기용매에서 각 엽록소는 일반적으로 유사한 흡수 스펙트럼을 나타내지만 청색 및 적색 파장대에 있는 최대 흡수파장은 현저하게 다르다 (그림 6.8). 최대 흡수의 이동은 엽록소의 포르피린 고리의 미세한 화학구조 변화가 색소의 흡수 특성에 중요한 영향을 준다는 것을 나타낸다. 이것은 빛을 흡수하는 부분이 엽록소의 피톨 꼬리가 아니라 포르피린 고리라는 증거이다. 또한 엽록소는 490에서 550 nm 까지의 녹색을 거의 흡수하지 않는다. 청색과 적색을 강하게 흡수하고 녹색을 투과하므로 엽록소의 특징적인 색깔인 녹색이 된다.

엽록소의 긴 탄수수소 사슬인 피톨이 엽록소의 용해도에 저대적인 영향을 미쳐서 사실상 물에 녹지 않는다. 식물에서 엽록소는 비공유 결합으로 소수성 단백질과 연관되어 있는 엽록체의 지질 구역에서만 발견된다. 단지 극소량의 엽록소만이 단백질과 연관되지 않은 유리 엽록소인데 아마도 단백질에 끼어들어가기 전의 새로 합성된 엽록소일 것이다. 엽록소 단백질 복합체의 흡수 스펙트럼은 용액상의 유리 엽록소와는 현저하게 다르다. 예

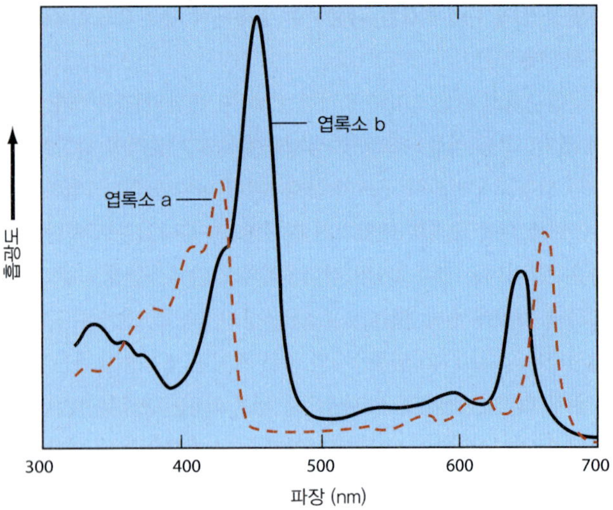

그림 6.8 아세톤 용액에서 엽록소 *a*(점선)와 *b*(실선)의 흡수 스펙트럼

를 들어 아세톤 용액에서의 엽록소 a는 663 nm에서 흡수하는 반면에 엽록소 a-단백질은 주로 675 nm에서 흡수한다. 막에서 단백질과 엽록소의 결합은 세가지 측면에서 중요하다. 첫번째는 효율적인 빛 흡수와 에너지 전달에 필요한 색소 분자들의 배치를 유지하도록 도와준다. 두번째는 각각의 색소에 독특한 환경을 제공함으로써 각분자가 약간 다른 최대 흡수 파장을 갖게 한다. 이처럼 조금씩 다른 흡수의 차이는 색소대에서 광화학 반응이 실제로 일어나는 반응 중심으로의 빛에너지 전달에서 중요한 요인이 된다(7장). 세번째는 과도한 자유 엽록소는 식물을 광에 민감하게 만들어 결국에는 엽록체 구조를 파괴한다. 유리상태의 엽록소는 광합성을 유도하는 에너지 전달에는 덜 효과적이나 산소와는 좀더 효과적으로 반응하여 산소 자유라디칼, 리드록실 라디칼 그리고 단일 항 산소 와 같은 매우 독성이 있고 반응성이 강한 종을 발생시킨다. 이들 반응성이 큰 산소 분자 종들은 엽록체를 파괴하기도 한다.

빛에너지는 생명을 유지하기 위해서 필요하지만 특히 산소 환경에서는 매우 위험한 에너지 형태중 하나이다! 나중에 우리는 광합성 생물이 어떻게 이런 잠재적인 위험에 대처하여 그들 자신을 보호하는가에 대한 메커니즘을 알아 볼 것이다(14장).

6.3.2 피코빌린은 홍조류와 남세균에서는 보조 광 수확 색소이지만 고등식물에서는 매우 중요한 조절체계로 작용한다.

피코빌린(phycobilin)은 진핵 홍조류와 원핵 남세균에 존재하는 직선형의 사슬 또는 열린 사슬인 테트라피롤 색소이다(그림 6.9) 피코(phyco)라는 접두어는 조류기원 색소를 의미한다. 4가지의 피코빌린이 알려져 있는데 그중 3가지는 광합성에 관여하고 나머지 하나인 피토크로모빌린은 식물의 생장과 발달을 조절하는 중요한 광수용체이다(22장).

광합성용 피코빌린은 피코에리트로빌린으로도 알려진 *피코에리트린*, 피코시아노빌린으로 알려진 *피코시아닌* 그리고 알로피코시아노빌린으로 알려진 *알로피코시아닌*이다. 피코빌린 색소가 테트라피롤이 열린 고리구조일 뿐만 아니라 이분자의 일부분인 단백질과 공유결합되어 있다는 점에서 엽록소와 다르다. 세포에서 피코빌리단백질은 **피코빌리솜(phycobilisomes)**이라 불리는 거대구조로 조직화되어 있다.

피토크로모빌린을 제외한 피코빌린 색소는 고등식물에서는 발견되지 않고 남세균과 홍조류에서만 발견되는데 광합성에 필요한 빛을 수확하는 기능을 할 것으로 생각된다. 피코빌린, 특히 피코에리트린은 엽록소가 흡수할 수 없는 녹색광을 흡수할 수 있으므로(그림 6.10) 광합성의 광수확 물질로서 유용하다. 예를 들어 홍조류는 거의 검은색으로 보이는데 이는 엽록소와 피코에리트린이 광합성을 위해서 거의 모든 가시광선을 흡수하기 때문이다(그림 6.10을

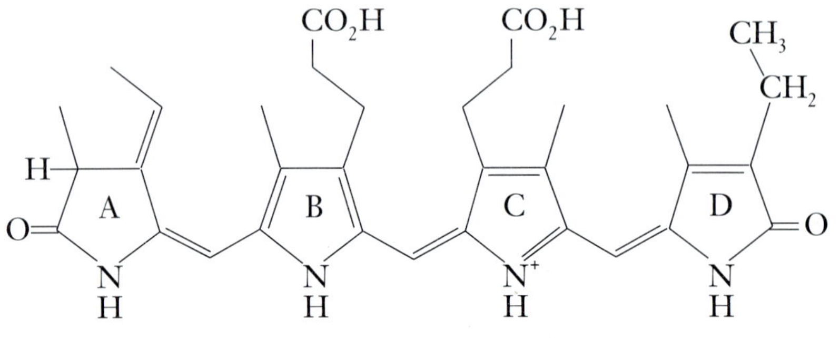

그림 6.9 피코시아닌의 발색단인 열린 형태의 테트라피톨 사슬. 닫힌 형태의 엽록소 분자의 테트라 피톨기(그림 6.7)와 비교해 보라.

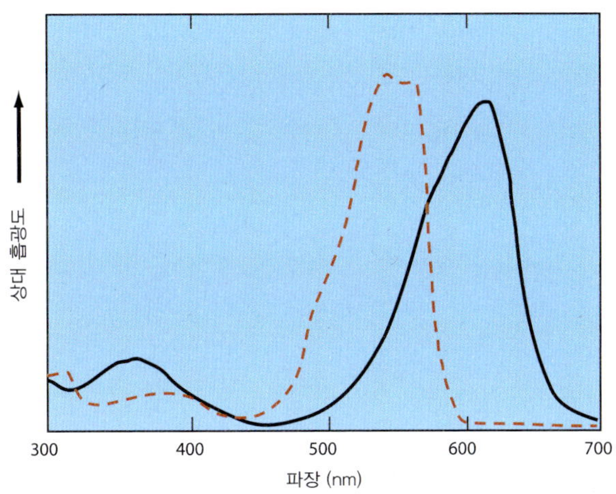

그림 6.10 희석된 완충용약에서 피코시아닌(실선)과 피코에리트린(점선)의 흡수 스펙트럼. 엽록소의 흡수 스펙트럼(그림 6.8)과 비교해 보라. 피코빌린, 특히 피코에리트린이 엽록소가 거의 흡수하지 못하는 500~600 nm 영역에서 강하게 흡수함을 주목하라

6.8과 비교하라).

네번째 피코빌리단백질인 **피토크롬(phytochrome)**은 고등식물에서 특히 중요한데, 많은 광형태 발생에 중요한 역할을 하는 수용체이다. 발색단의 구조와 흡수스펙트럼이 알로피코시아닌과 매우 유사하다. 식물색소라는 의미의 피토크롬은 서로 광전환이 가능한 두개의 형태로 존재한다는 점에서 특이하다. P660 혹은 Pr 형태는 660 nm에서 최대로 흡수한다. 반면에 색소가 660 nm의 빛을 흡수하면 적외선 흡수형인 P735 혹은 Pfr 형태로 전환된다. Pfr이 적외선을 흡수하면 적색을 흡수하는 형태로 되돌아 간다. Pfr은 광범위한 형태발생 반응을 시작할 수 있는 활성형색소로 믿어진다. 22장에서 피토크롬에 관해서 더 자세하게 논의하게 될 것이다.

6.3.3 가을의 아름다운 색상은 카로티노이드 때문이다.

카로티노이드(carotenoid)는 대부분의 광합성 생물에서 오렌지와 황색의 색소군으로 구성되어 있다. 당근 뿌리와 토마토에서 다량으로 발견되는 카로티노이드는 녹색의 잎에도 다량으로 존재한다. 가을에 엽록소가 분해되면 보다 안정한 카로티노이드가 가을 낙엽의 특징인 눈부신 오렌지와 황색을 띠는 이유가 된다.

카로티노이드는 40개의 탄소로 구성된 터페노이드로서 19장에서 다루게 될 이소프레노이드 경로를 통해 생합성된다. 카로티노이드는 탄화수소이므로 지용성이고 엽록체의 막이나 잡색체라 불리는 특별한 **잡색체(chromoplast)**에서 발견된다. 잡색체에서 색소의 농도는 매우 높아서 사실상 결정을 형성하기도 한다. 카로티노이드 색소 군에는 **카로틴**과 **크산토필**이 있다(그림 6.11). 카로틴은 주로 오렌지 혹은 적오렌지 색소이다. 베타 카로틴이 조류와 고등식물에서 주요 카로티노이드이다. 베타 및 알파 카로티노이드의 양쪽 말단이 고리형인 점을 유의하라. 녹색 광합성 세균에 들어 있는 감마 카로틴이 한쪽 말단만 고리화 되어 있다. 토마토의 주색소인 라이코펜은 양말단의 고리가 열려 있다. 황색 카로티노이드인 크산토필은 산화된 카로티노이드이다. 예를 들면 루테인과 제아크산틴은 알파 및 베타 카로틴이 각각 수산화된 형이다.

엽록소와 같이 엽록체에 있는 베타 카로틴은 단백질과 복합체를 형성하고 있다. 가시광선 스펙트럼에서 청색광 부분을 강하게 흡수하는 베타 카로틴은(그림 6.12) 바닥 상태의 산소와 3중항 상태의 엽록소가 반응하여 발생된 매우 반응성강한 단일 항 상태 흥분 산소 뿐 아니라 3중항 상태 흥분 엽록소를 소산시키는 것으로 알려져 있다. 따라서 베타 카로틴은 엽록소의 광산화를 방지하는 역할을 한다.

6.3.4 크립토크롬은 청색광과 자외선 A에 민감한 광수용체다.

청색광 및 자외선 A에 대한 광범위한 식물의 반응이 오랫동안 알려져 있거나 추정되어 왔다. **크립토크롬(cryptochrome)**은 청색광/자외선 A 광수용체에 붙여진 이름이었다. 왜냐하면 청색광 반응이 은하식물에서 널리 나타났기 때문이다. 진정한 꽃과 종자를 보이지 않는 식물의 전시대의 1차 분열과 고사리, 이끼, 조류 및 곰팡이를 포함한다. 그 외에 또 청색광 광수용체의 분자적 성질은 알려져 있지 않아서 여러해 동안 비밀의 또는 숨은 광수용체로 취급되었다. 그러나 최근의 연구는 크립토크롬이 전 식물계를 통해 발견됨이 입증됐다. 크립토크롬의 작용스펙트럼은 두개의 피크를 보이는데, 하나는 UVA 영역(320~400nm)이고 또 하나는 가시스펙트럼의 청색 영역(400~500nm)이다. 크립토크롬의 발색단은 플라빈이다. 가장 흔한 세가지 플라빈은 리보플라빈(그림 6.13)과 이것의 2개의 뉴클레오티드 유도체인 플라빈 모노뉴클레오티드(FMN)와 플라빈 아데닌 디 뉴클레오티드 (FAD)이다. 플라빈은 유리된 형태나 또는 단백질과 결합한 형태로 존재하는데 이경우를 플라보단백질이라 한다. 그러나 광 수용체로 작용하는 이들 플라빈은 아마도 훨씬더 큰 풀의 아주 작은 부분일 뿐이다. 예를 들어 FMN과 FAD는 모든 세포내 산화–환원 반응에 매우 중요한 보조인자이다(5장).

토마토는 이 광수용체를 암호화하는 유전자가 3개인 반면에 애기장대는 크립토크롬에 대해 2개의 유전자(*CRY1*과, *CRY2*)를 가지고 있다. 이끼와 양치류는 크립토크롬에 대해 각각 2개와 5개의

카로틴

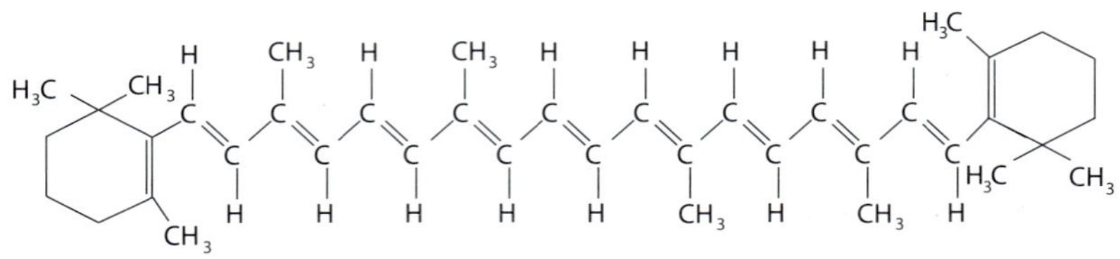

β-카로틴

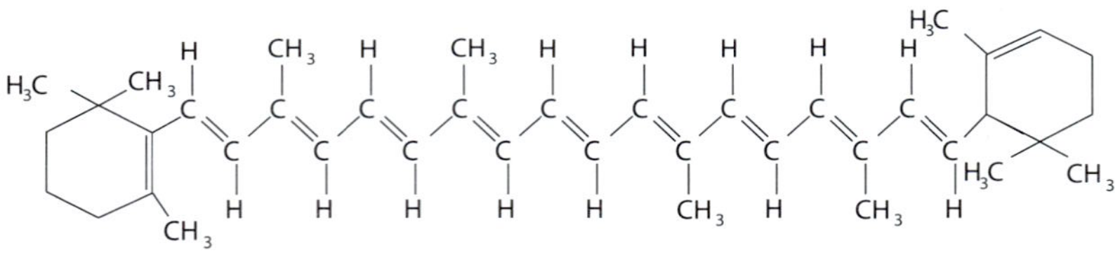

α-카로틴

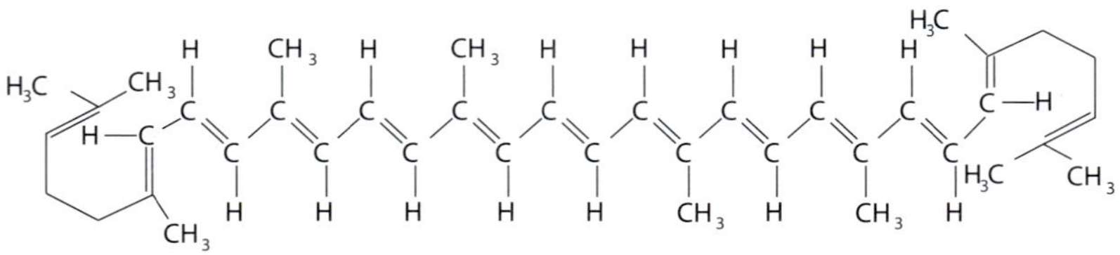

리코펜

잔토필

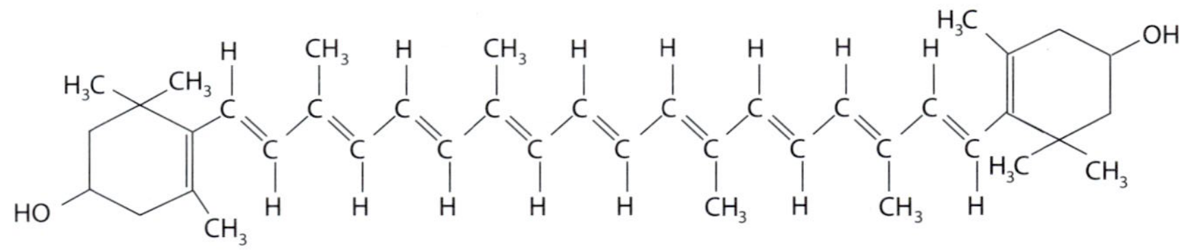

지아잔틴

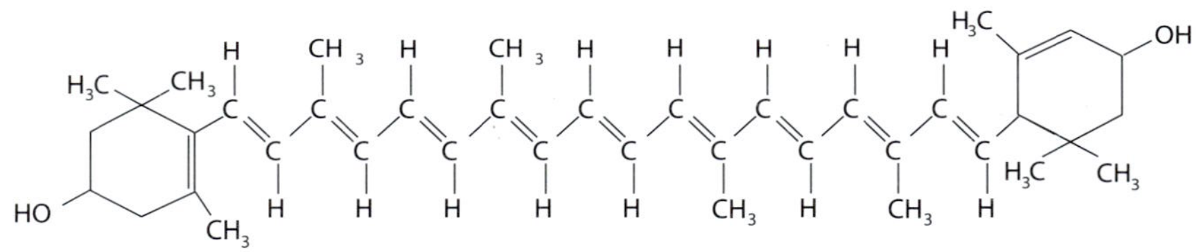

루테인

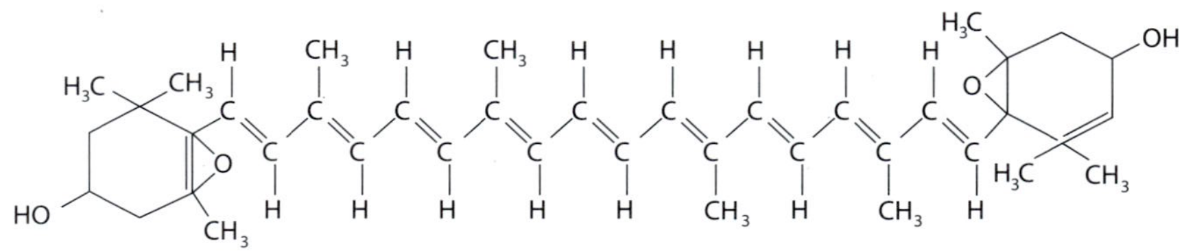

비올라잔틴

그림 6.11 대표적인 카로틴과 크산토필의 화학적 구조. 두 물질 사이의 주 차이점은 크산토필이 산소를 가지고 있지만 카로틴은 그렇지 않다는 점이다. 캬로틴은 주로 오렌지 색이지만 크산토필은 노란색이다.

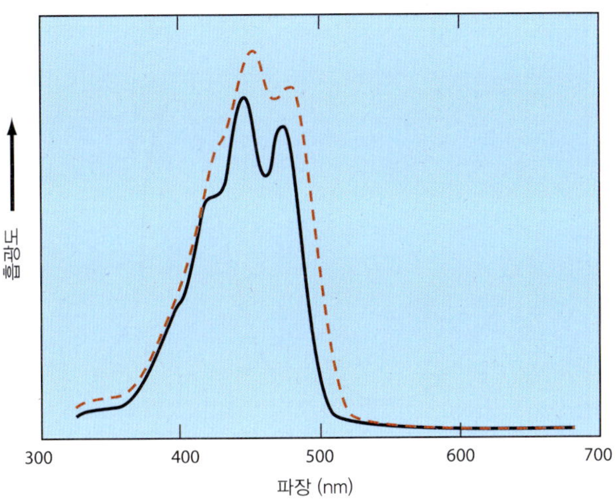

그림 6.12 α −카로틴(실선)과 β −카로틴(점선)의 흡수 스펙트럼

유전자를 보인다. 흥미롭게도 CRY1 단백질의 서열은 자외선에 의해 손상받은 미생물의 DNA 수선을 촉진하기 위해 청색광을 사용하는 세균의 특이한 플라보단백질인 **광분해 효소(photolyase)**와 유사하다. 광분해 효소는 플라빈과 **프테린(pterin)**이라는 2가지 발색단을 갖는다(그림 6.13). 비록 CRY1 발색단의 정확한 본질은 아직 밝혀져 있지 않지만 하나는 FAD이고 다른 하나는 프테린으로 보여진다. 크립토크롬은 광의존적인 개화조절, 잎확장 자극 그리고 줄기신장 억제와 같은 광형태발생의 반응을 중재하는 피토크롬과 함께 대략 75 kDa의 세포질 단백질이다.

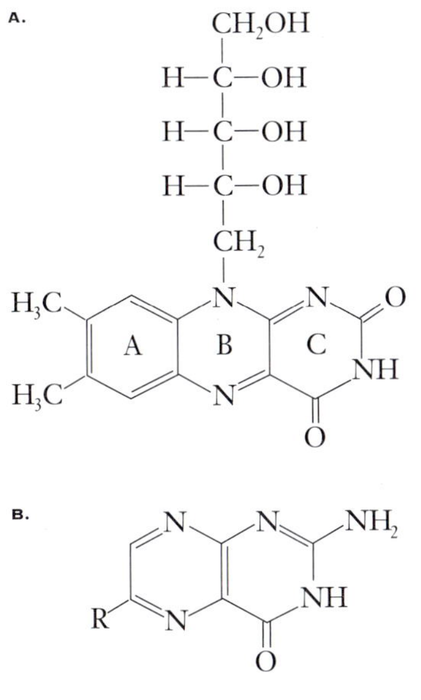

그림 6.13 그림 6.13 리보플라빈(A)와 프테린(B)의 구조. 프테닌과 리보플라빈 B와 C고리 구조의 유사성에 주목하라. 리보플라빈 유도체인 FMN과 FAD 구조는 5장에 나타나 있다.

포토트로핀은 청색광 광수용체의 두번째 그룹으로 1980년대 후반에 처음 발견되었다. 애기장대는 *PHOT1*과 *PHOT2*로 표시되는 두개의 포토트로핀 유전자를 가지고 있다. 크립토크롬처럼, 포토트로핀은 두개의 FMN분자를 크로모포어로 가지고 있는 플라보 단백질이다. 이 광수용체의 분자량은 120 kDa이고 세포막에 위치하고 있다. 포토크로핀은 광형태발생반응에는 관여하지 않는다. *PHOT1*이나 *PHOT2*가 결핍된 돌연변이의 분석을 통해서 이 두 유전자는 광굴성을 조절하는데 부분적으로 중첩되는 역할을 하고 있음을 알게되었다. 게다가, 포토트로핀은 이산화탄소 가스 교환을 위한 기공개방조절 이나 과다한 빛에 노출로 인한 광저해로부터 광합성 기구들을 보호하는 엽록체 회피 이동 같은 것을 통해서 식물의 광합성 효율을 최적화 하는 데 중요한 역할을 한다(13장). 이러한 푸른 빛/UV−A 광수용체의 생화학적 특징과 생리학적 역할은 22장에서 보다 자세히 다루기로 한다.

6.3.5 UV−B는 발달 신호로 작용한다.

최근에 마일로 유식물과 파슬리나 당근의 현탁배양세포에서 안토시아닌 합성과 같은 몇가지 반응들이 그 작용 스펙트럼이 290 nm 근처에서 봉우리를 보이고 350 nm 이상의 파장에서는 전혀 작용이 일어나지 않는 것으로 보고되었다. 이 결과들은 식물에서 한 개 혹은 그 이상의 UV−B (280~320 nm) 수용체가 존재할 가능성을 시사하지만 수용체의 본질은 아직 확실히 밝혀지지 않았다.

자외선이 식물에 미치는 영향은 특히 자외선 B는 오존층의 감소에 대한 우려 때문에 점차 그 관심이 증가 되고 있다. 오존층의 감소는 특히 핵산, 단백질 및 광합성 기구에 손상을 유도하여 식물의 길이 성장이 억제되고 생물량이 감소되는 290~314 nm 영역의 UV−B 방사선을 증가 시킨다. UV−B 수용체는 또한 피토크롬 반응을 조절하는 것처럼 보이며 아직 그 실체는 확인되지 않았다.

6.3.6 플라보노이드는 수많은 꽃의 색깔과 천연 빛 가림막으로서 역할을 한다.

식물의 세계는 압도적으로 녹색이지만, 사람을 포함해서 여러 다른 동물을 유인하는 것은 꽃잎, 과일, 포 그리고 가끔은 잎이 보여주는 현란한 색깔이다. 이런 여러가지 채도의 주홍, 분홍, 자주 및

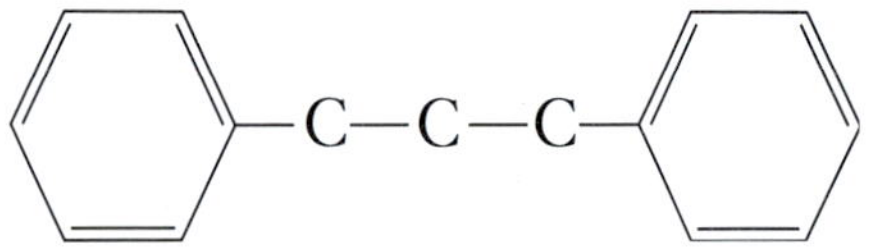

그림 6.14 플라보노이드는 C_6–C_3–C_6의 기본 조성을 갖는 페닐 프로판 유도체이다.

청색은 **안토시아닌**(anthocyanin) 이라는 색소의 존재 때문이다. 안토시아닌은 더 큰 부류의 화합물인 **플라보노이드**(flavonoid) 계통에 속한다. 칼콘 혹은 아우론과 같은 다른 계열의 플라보노이드는 꽃에 황색을 띠게 한다. 게다가 플라본 같은 종류는 없으면 투명하게 보일 꽃잎의 색깔을 희게 한다. 플라보노이드는 쉽게 추출되며 그 화려한 색깔 때문에 고대부터 염색약의 재료로 사용되어 왔다. 따라서 플라보노이드는 현대적 유기화학이 시작된 이래 폭 넓게 연구가 되어서 그 화학적 본질도 많이 알려져 있다. 플라보노이드의 생합성은 28장에서 논의 되는 것이다.

플라보노이드는 C_6–C_3–C_6 기본 조성을 갖는 페닐프로판 유도체이다(그림 6.14). 플라보노이드의 가장 강한 색깔을 띄는 것은 안토시아닌과 안토시아니딘이다. 안토시아신은 안토시아니딘의 글리코시드 유도체이다. 엽록소와는 달리 안토시아닌은 수용성 색소로서 대부분은 액포액에 존재하며, 약산성의 용액으로 쉽게 추출할 수 있다. 안토시아닌의 색은 pH에 민감하여 안토시아닌과 안토시아니딘 둘다 천연의 지시 염색액이다. 예를 들어 시아니딘은 산에서 적색을 띠나 중성 pH에서는 보라색으로 변한 후 알카리에서는 청색을 띤다. 삶은 적배추의 진한 보라색 추출액을 알카리 용액에서 끓이면 식욕을 확 떨어 뜨리는 청록색으로 변한다.

콜레우스속이나 단풍 품종에서의 잎의 안토시아닌은 표피세포의 액포에서 존재하며 엽록소의 색깔을 가려버린다. 그러나 안토시아닌은 475와 560 nm 사이에서 빛을 강하게 흡수하는 반면에 청색과 적색은 투과시킨다. 따라서 안토시아닌 때문에 아래쪽에 있는 업육세포의 엽록체에서 일어나는 광합성이 방해되지는 않는다.

사실상 모든 플라보노이드, 특히 플라본과 플라보놀은 UV–B 영역을 강하게 흡수한다(그림 6.15) 이 화합물들은 잎에서도 존재하므로 플라보노이드의 한가지 추측되는 기능은 자외선으로부터 잎조직의 피해를 보호하는 것으로 생각된다. 그래서 UV–B를 흡수하는 플라보노이드의 축적은 식물, 녹조류 그리고 남세균을 위한 자연적 햇볕타기 방지제(sunscreen)로서 작용한다. 꽃의 색소로서 플라보노이드는 수분 매개자 곤충을 유인한다. 많은 곤충은 자외선을 인식할 수 있으므로 무색의 플라보노이드에 의해서도 감지할 수 있다. 안토시아닌 합성은 자외선이나 가시광선뿐만 아니라 질소나 인산과 같은 영양소 결핍 혹은 저온에 의해서도 촉진된다.

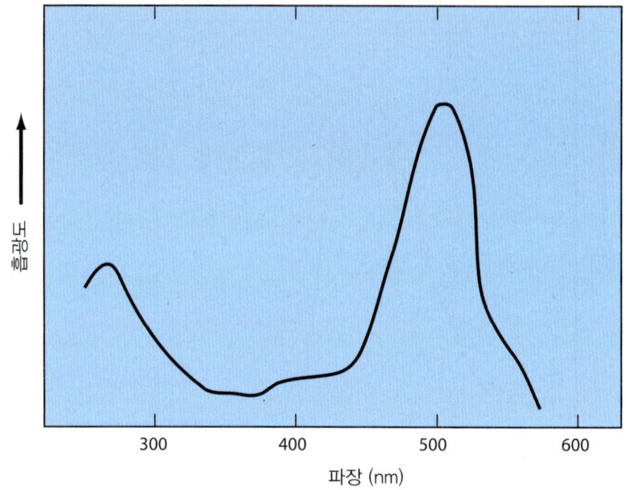

그림 6.15 안토시아닌에 속하는 펠라고닌(펠라고니딘–3,5–디글루코시드)의 흡수 스펙트럼

적어도 플라보노이드의 한 종류인 **이소플라보노이드**(isoflavonoid)는 항생제 기능이 있는 것으로 알려져 있다. 이소플라보노이드는 식물에 감염된 세균과 균의 확산을 억제하는 여러 **피토알렉신**(phytoalexin)의 하나이다. 피토알렉신은 보통 없거나 매우 소량으로 존재하지만 세균이나 균의 침입을 받게 되면 급속히 생합성된다. 피토알렉신의 상세한 대사는 아직 밝혀져 있지 않다. 외관상 여러가지의 작은 다당류, 당단백질 그리고 균과 세균의 단백질이 식물로 하여금 피토알렉신 생성을 촉진하는 유인체로 작용한다. 잎마른 병원균에 감염된 완두세포의 연구 결과 곰팡이 **유도인자**(elicitor)가 이소플라보노이드 생합성에 관여하는 효소의 mRNA의 전사를 유도한다고 제시되었다. 피토알렉신의 생산은 흔한 방어 메커니즘으로 보인다. 콩과식물에서 이소플라보노이드가 주 피토 알렉신이지만 가지과와 같은 다른 식물에서는 텔펀 유도체를 이용하는 것으로 보인다.

6.3.7 베타시아닌과 사탕무

사탕무의 뿌리와 분꽃과 꽃의 두드러진 붉은색은 예전에 알려진 것처럼 플라보노이드 때문이 아니라 보다 복잡한 구조를 갖는 **베탈라인** 혹은 **베타시아닌**으로 알려진 당을 함유하는 물질 때문이다. 베타시아닌과 유사한 베타크산틴은 질소원자를 가지고 있고 pH에 따라 가역적으로 색깔이 변하지 않는다는 점에서 안토시아닌과 차이가 난다. 이들은 서로 유연관계가 높은 명아주, 선인장, 쇠비름과 같은 안토시아닌을 생성하지 않는 것으로 알려진 식물이 포함되어 있는 Chenopodiale목에 만 한정적으로 나타나는 것으로 보인다.

요약

태양 빛은 식물에게 광합성을 수행하도록 에너지를 제공하며 또한 주변환경에 대한 결정적인 정보를 제공해 준다. 빛은 연속적인 파동과 불연속적인 입자의 속성을 갖고 있는 전자기 에너지의 형태이다. 빛은 연속적인 파동과 불연속적인 입자의 속성을 갖고 있는 전자기 에너지의 형태이다. 빛 입자(양자)에너지는 그것의 파장에 반비례한다.

빛은 색소에 의해 흡수되고 생리적으로 유용한 빛을 흡수하는 색소를 광수용체라고 부른다. 모든 색소는 파장의 함수로서 빛 흡수 효율성을 말해 주는 특징적인 흡수 스펙트럼을 가지고 있다. 색소에 의해 흡수되는 빛만이 생리적 혹은 생화학적 과정에 효과적일 수 있기 때문에, 어떤 한 반응과정과 관련있는 작용 스펙트럼에 대한 흡수 스펙트럼의 비교는 그와 관계된 색소를 동종하는 데 도움이 된다. 빛이 흡수 될 때, 색소는 들뜨거나 혹은 불안정해진다. 들뜬 에너지는 반드시 열로서 소산되거나, 빛으로 재방사 되거나 혹은 광화학 반응에 이용되어야 하며, 그로 인하여 색소는 원래 자신의 안정된 상태 즉 바닥 상태로 되돌아 가게 된다.

플루언스율과 스펙트럼 에너지 분포상에서의 규칙적이면서 예측 가능한 변화는 식물에게 그들 환경의 순간적인 상태에 대한 정보와 곧 박두하는 변화를 제공한다. 생리적 관심이 되는 중요한 식물 색소에 관한 생화학적 특성이 서술되고 있다.

복습문제

1. 존슨이 말한 것처럼 비록 빛이란 무엇인가를 말하는 것이 쉽지는 않더라도, 노대체 빛은 무엇인가? 여러가지 빛의 매개변수와 그것이 어떻게 측정될 수 있는지를 서술해 보아라.
2. 흡수스펙트럼과 작용스펙트럼 사이의 관계를 설명해 보아라. 식물생리학자에게 작용스펙트럼의 중요성은 무엇인가?
3. 색소는 언제 광수용체가 되나? 중요한 식물색소의 목록을 만들어 보고 각 색소의 중요 기능을 확인해 보아라
4. 엽록소와 카로티노이드는 세포막에서 지배적으로 발견되는 반면에 안토시아닌은 액포에 위치한다. 이러한 분포는 여러분들에게 이들 색소의 화학에 대하여 무엇을 말하는가?
5. 여러분이 인공적인 빛이 식물의 생장과 광합성에 미치는 효과에 대해 보고하는 논문을 쓴다고 가정하자. 여러분은 독자가 그들의 실험실에서 그 실험을 반복할 수 있도록 하기 위해 어떻게 빛 환경을 기술하겠는가?
6. 어떻게 빛에너지가 색소에 의해 흡수되고 소산되어지는지 기술하라.

더 읽을 거리

Batscgauer, A. (ed.) 2003. Photoreceptors and Light Signaling. Cambridge: Royal Society of Chemistry.

Bova, B. 2001. The Story of Light. Naperville IL: Sourcebooks Inc.

Briggs, W.L., J.L. Supdich (eds.) 2005. Handbook of Photosensory Receptors. Weinheim Germany : Wiley-VCH.

Clegg, B. 2001 Light Years. An Exploration of Mankind's Enduring Fascination with Light. London: Piatkus Publishers Ltd.

Goodwin. T.W. (ed.) 1988. Plant Pigments. London and New York: Academic Press.

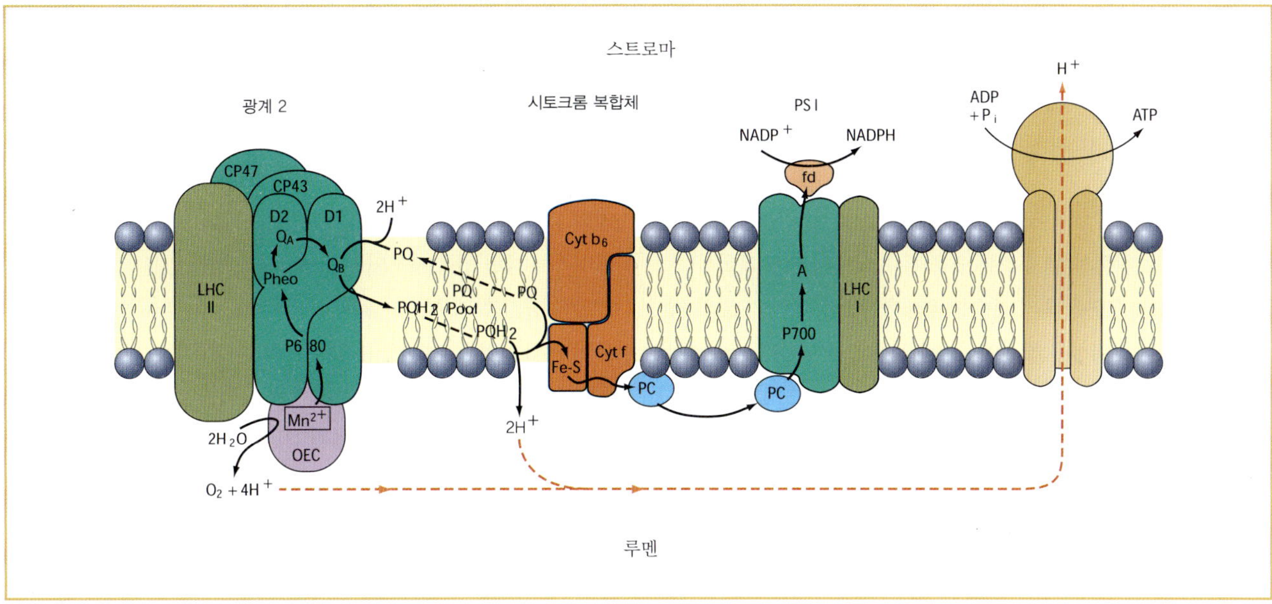

7

광합성에서의 에너지 보존: 광수확

광합성은 녹색 식물에서 경쟁적 성공의 근간이 되며 고등 식물에서 광합성의 주 기관은 잎이다. 이른 봄의 섬세한 파스텔 색조에서 가을의 화려한 적황색까지 잎은 분명히 고등 식물의 가장 두드러진 특징 중의 하나이다. 그러나 생물학자의 잎에 대한 관심은 심미적인 것 이상이다. 생물학자는 기관의 구조와 그 구조가 생리 및 생화학적 기능을 효율적으로 수행하기 위해 어떻게 적응하였는지에 관심이 있다. 잎은 구조와 기능 관계를 잘 보여주는 훌륭한 예가 된다. 어떤 잎은 특정한 목적을 위해서 덩굴손, 가시 그리고 꽃의 일부분으로 변형되기도 하지만, 잎의 주요 기능은 광합성을 수행하는 것이다. 이러한 관점에서 잎은 매우 열악한 환경 조건에서도 효율적으로 광합성을 수행하도록 고안된 뛰어난 광합성 기계라고 해도 과언이 아니다.

광합성은 녹색 식물, 남세균 및 특정 무리의 박테리아에서 일어난다. 고등 식물과 녹조류에서 광합성은 엽록체에서 일어나므로 엽록체는 간단히 말해서 열역학 기계이다. 엽록체는 태양 방사 에너지를 포획하여 그 일부를 안정된 화합물로 보존한다. 이 에너지 전환 반응을 광합성의 **광의존 반응(light-dependent reaction)**이라 한다. 광의존 반응에 의해 생성된 에너지는 다음에 무기 탄소를 당의 형태로 환원하는 데 사용된다. 당에 저장된 탄소와 에너지는 생물과 무생물을 구분하게 하는 질서와 구조를 만드는 데 사용된다.

본 장의 초점은 빛의 일차 에너지원으로서 이용에 관한 잎의 체제와 엽록체에 의해 안정된 화학적 형태인 ATP와 NADPH로의 전환에 대해 논의할 것이다.

- 빛의 수확과 관련한 고등 식물 잎의 구조
- 이산화탄소를 탄수화물로 환원하는 과정으로서의 광합성
- 광합성 전자 전달 사슬, 틸라코이드막에서 이들의 구성, 그리고 환원 퍼텐셜과 ATP 생성에서의 역할
- 광합성 전자 전달에 특정적으로 상호 작용하는 제초제의 사용

7.1 잎은 빛의 흡수를 최대화하는 광합성 기계이다

전형적인 고등 식물의 잎 구조는 빛을 흡수하는 데 매우 적합하다. 넓고 얇은 층의 표면은 빛의 흡수를 최대화시킨다. 게다가 잎의 윗면과 아랫면의 상이성은 윗면에서 입사광선을 수확하며 아랫면에서 산란되고 반사된 빛은 분산된다. 그러나 잎의 외관 형태만이 빛 수확을 증가시키는 유일한 요인은 아니며 내부의 세포 수준에서의 배열도 역시 중요한 역할을 한다.

전형적인 쌍떡잎 식물의 잎의 해부 구조가 〈그림 7.1A〉의 A와 C에 나타나 있다. 잎의 윗면과 아랫면은 **표피(epidermis)**로 둘러싸여 있다. 표피 세포의 노출된 면은 큐티클로 덮여 있다. 광합성 조직은 두 표피 세포층 사이에 위치하며 **엽육 세포(mesophyll cell)**라 한다. 상층부 광합성 조직은 1~3층의 **울타리 엽육 세포(palisade mesophyll cell)**로 구성되어 있다. 울타리 세포는 장축이 잎의 표면과 수직으로 배열되어 있는 실린더 모양의 긴 세포이다. 아래쪽에 **해면 엽육 세포(spongy mesophyll)**가 있는데 세포 사이의 발달한 공기층 때문에 이렇게 명명되었다. 해면 엽육 세포는 반지름이 거의 같은 길이의 불규칙한 모양이다. 외떡잎 식물의 잎은 쌍떡잎 식물의 잎과 유사하지만, 울타리 세포와 해면 세포 사이의 구별이 되지 않는다(그림 7.1의 B와 D).

일반적으로 울타리 세포가 해면 엽육 세포보다 많은 수의 엽록체를 가지고 있다. 예를 들어, *Camellia* 잎에서 울타리 세포의 엽록소 농도가 해면 세포보다 1.5에서 2.5배나 높다. 울타리 세포에 엽록체 수가 많다는 것은 윗면에 입사되는 더 높은 광량의 광합성 활성광(PAR)에 적응하기 위한 것임에 틀림없다.

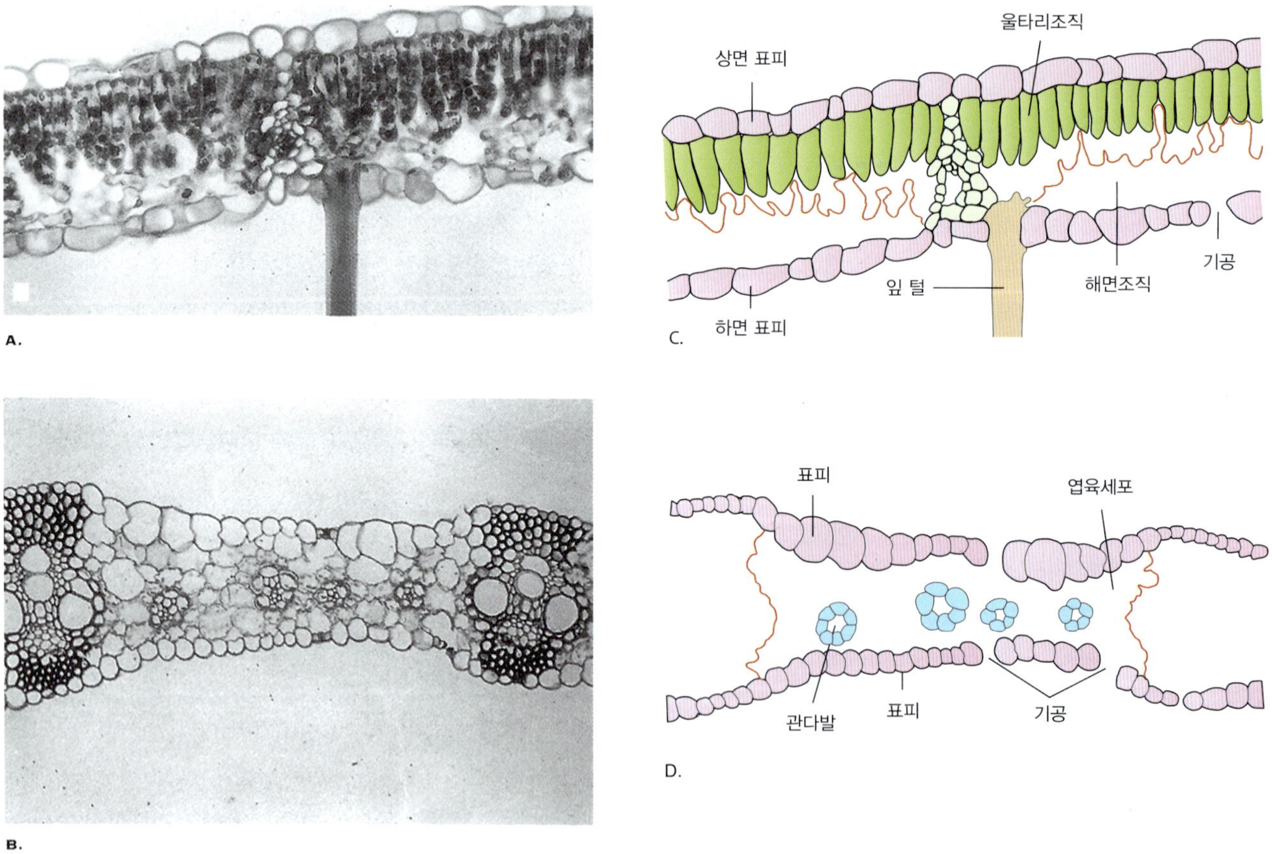

그림 7.1 횡단면으로 본 잎의 구조. 두 개의 잎맥 사이의 횡단면이 나타나 있는 (**A**, **C**) 쌍떡잎 식물의 잎(단풍나무; *Acer sp.*)과 (**B**, **D**) 외떡잎 식물의 잎(옥수수; *Zea mays*). (A,B: From T. E. Weier et al., *Botany*, 6th ed. New York, Wiley, 1982. Used by permission of authors.)

쌍떡잎 식물의 경우 울타리 세포에 엽록체의 수가 많음에도 불구하고 세포내에 엽록체가 없는 공간도 상당량 차지한다. 빛을 흡수하는 색소는 엽록체에 있으므로 많은 양의 빛이 흡수되지 않고 첫 번째 세포층을 통과하기도 하는데 이를 **체효과(sieve effect)**라고 한다. 광합성 세포가 여러 층으로 있는 것은 첫번째 세포층을 통과한 빛이 다음 세포층에 의해 포획될 확률을 증가시키는 한 방법이 된다(그림 7.2).

빛 흡수 효율에 대한 체효과의 악영향은 잎 내부에서 빛의 경로를 변화시키는 여러 요인들에 의해 어느 정도 만회될 수 있다. 첫 번째로 빛은 잎 세포의 여러 표면에서 모두 **반사(reflection)**되어 버리기도 한다. 두 번째로 반사되지 않고 통과한 빛은 엽육 세포 사이의 용액층이나 특히 해면 조직에서와 같이 엽육 세포를 차고 있는 공기층을 지나면서 **굴절(refration)**된다. 세 번째로 빛이 그 파장과 유사한 직경의 입자나 구조체와 충돌하면 산란된다(scattering). 예를 들어, 잎 세포에서 미토콘드리아나 엽록체의 그라나 구조는 500~1000 nm의 길이로 광합성 활성을 지닌 빛의 파장과 유사하다. 두 가지 세포내 소기관은 모두 빛을 산란시킨다. 이러한 반사, 굴절 그리고 산란의 세 요인이 포함되어 빛이 잎을 투과하는 과정에서 유효한 빛 흡수 길이(effective path length)를 증가시킨다. 빛의 흡수 길이가 더 길수록 주어진 광자가 잎을 빠져나가기 전에 엽록소에 의해 흡수될 가능성이 증가된다(그림 7.2).

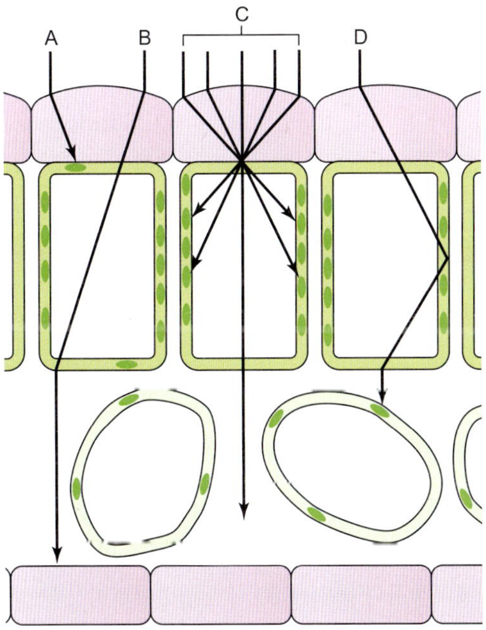

그림 7.2 잎의 광학적 특성이 유입된 빛의 재분배와 엽록소에 의한 빛의 최대 흡수를 어떻게 도와주는지를 보여주는 단순 모식도. (**A**) 광자가 엽록체에 부딪히면 엽록소에 의해 흡수된다. (**B**) 체효과–광자가 흡수되지 않은 채 첫 번째 엽육 세포층을 통과하면 이들은 그 다음 층의 세포에 의해 흡수되거나 밑에 있는 다른 잎에 의해 흡수된다. (**C**) 표피 세포의 볼록한 모양에 의한 렌즈 효과는 유입되는 빛을 울타리 세포의 측벽에 존재하는 엽록체로 재분배한다. (**D**) 광–안내 효과. 세포의 굴절률이 공기보다 크기 때문에 세포–공기 사이의 공간에서 반사된 빛은 울타리 조직을 통과해서 아래쪽에 있는 해면 조직의 엽육 세포로 모일 수 있다.

잎의 광학적 성질을 자세히 연구한 결과 울타리 세포는 빛을 산란시키는 특성에도 불구하고 기대치만큼 많은 빛을 흡수하는 것으로 보이지 않는다. 다시 말해서 울타리 세포에서의 흡수 결과로 빛이 약화되는 정도는 기대치보다 낮다. 이는 외견상 이들 세포가 또한 어느 정도는 **빛 안내자(light guide)** 역할을 하기 때문이다. 입사되는 빛의 일부는 빛이 광섬유를 통과하는 것과 마찬가지로 울타리 세포 사이의 공간을 통해서 전달된다(그림 7.2). 최상층의 울타리 세포층의 광합성은 종종 광포화될 확률이 높다. 따라서 과다한 빛은 낭비되며 실제로 광억제 등의 다른 해로운 영향을 끼친다. 따라서 산란과 빛 안내자 효과를 통해서 하층 세포로의 빛 투과를 증가시키는 것은 확실히 잎 전체에 광합성 에너지를 효율적으로 분산시키는 이점이 있다.

모든 잎이 위에서 묘사한 것처럼 전형적인 쌍떡잎의 중배엽 잎처럼 디자인되어 있는 것은 아니다. 잎은 특정 환경에 적응하기 위해 다양하게 변형되기도 한다. 예를 들어, 소나무 잎은 횡단면이 원형이다. 빛을 흡수하는 능력은 잎이 건조한 겨울에 마르는 것을 대처하기 위한 방편으로 감소된 표면적 대 부피비(surface to volume ratio)로서 절충되었다. 건생지나 사막 식물과 같은 경우, 잎은 물을 저장하기 위해 비후되어 있다. 극단적으로 선인장의 경우 잎은 가시로 축소되었고 줄기가 광합성과 수분 저장의 이중 기능을 한다. 잎 형태의 이런 변형은 14, 15장에서 더욱 자세히 다루게 될 것이다.

식물의 엽육세포 내의 엽록체는 빛 에너지를 ATP와 NADPH로 변환시키고 이산화 탄소(CO_2)를 당으로 전환하는 세포 소기관이다. 전형적인 엽록체 구조는 5장에서 이미 다루었다. ATP는 화학삼투에 의해 합성되는 반면, NADPH는 엽록체 틸라코이드막내에서 일어나는 전자 전달 반응의 산물이다. 이산화탄소(CO_2)를 당(sugar)으로 전환하는 효소 반응은 엽록체 스트로마에서 일어난다(8장).

7.2 광합성은 산화–환원 과정이다

첫눈에 명확하지는 않지만 광합성은 근본적으로 산화–환원 반응이다. 이는 광합성의 요약식을 보면 알 수 있다:

$$6CO_2 + 12H_2O \rightarrow C_6H_{12}O_6 + 6O_2 + 6H_2O \quad (7.1)$$

여기서 광합성은 6개 탄소로 이루어진 탄수화물, 즉 6탄당인 포도당을 만드는 이산화탄소와 물의 반응으로 나타냈다. 비록 포도당이 최초의 광합성 산물은 아니지만 축적되는 탄수화물의 공통형으로서 논의하기 편리하다. 동량의 이산화탄소와 산소가 각각 소모되고 생성됨에 유의하라. 이는 실험실에서 광합성을 이산화탄소 흡수량이나 산소 발생량으로 측정할 수 있다는 것을 말하므로 실험자에게 편리하다. 그러나 단지 광호흡이 억제된 조건에서만 발생된 산소당 고정된 이산화탄소의 비가 1 이라는 것은 주목해야한다. 광호흡과 광호흡이 광합성에 미치는 효과는 8장에서 좀더 자세히 다루어 질 것이다. 〈식 7.1〉은 다음과 같이 간단하게 줄일 수 있다.

$$CO_2 + 2H_2O \rightarrow (CH_2O) + O_2 + H_2O \quad (7.2)$$

여기서 (CH_2O)는 탄수화물의 기본 빌딩 블록이다. 〈식 7.2〉는 간단한 산화–환원 반응, 즉 이산화탄소가 포도당으로 환원되는 것으로 해석될 수 있는데 물은 환원제이고 이산화탄소는 산화제이다. 그러나 광합성의 초기 연구에서처럼 또한 탄소의 수화라고도 해석될 수 있다. 어떻게 우리는 산화제이거나 환원제인 것을 알 수 있을까? 그리고 하나면 충분하게 보이는데 왜 두 개의 물 분자를 받음으로써 식에다 쓸 필요가 있는 것일까? 광합성의 초창기 연구를 살펴보는 것이 질문에 대한 가장 좋은 답이 될 수 있다(Box 7.1 역사적 전망–광합성의 발견을 참고).

광합성의 산화–환원적 속성에 의한 가장 초기 단서의 하나는 1920년대 반 닐(C.B. van Niel)의 연구에 의해 제공되었다. 미생물학자로서 반 닐은 물 대신에 황화수소(H_2S)를 환원제로 사용하는 광합성 황세균에 관심이 많았다. 따라서 조류나 고등 식물과는 달리 광합성 황세균은 산소를 발생하지 않는다. 대신에 다음 식에 따라서 무기 황을 만든다.

$$CO_2 + 2H_2S \rightarrow (CH_2O) + 2S + H_2O \quad (7.3)$$

〈식 7.3〉는 또한 두 개의 부분 반응으로도 쓸 수 있다.

$$2H_2S \rightarrow 4e^- + 4H^+ + 2S \quad (7.4)$$

$$CO_2 + 4e^- + 4H^+ \rightarrow (CH_2O) + H_2O \quad (7.5)$$

〈식 7.4〉과 〈식 7.5〉은 자색 황세균의 광합성을 단순히 산화/환원 반응으로서 기술한 것이다. van Niel은 비교 생화학적 접근법을 적용하여 녹조류나 고등 식물에서와 같이 산소가 발생하는 **산소성 광합성(oxygenic photosynthesis)**과 황세균에서처럼 **비산소성(nonoxygenic)** 광합성의 메커니즘은 모두 다음의 일반적인 식을 따른다고 주장했다.

$$2H_2A + CO_2 \rightarrow 2A + (CH_2O) + H_2O \quad (7.6)$$

이 식에서 A는 광합성 생물의 종류에 따라서 산소 혹은 황을 나타낸다. 〈식 7.6〉에 따르면 산소성 광합성에서 발생한 산소는 환원제인 물에서 나온 것이다. 따라서 정확한 정량식에는 4개의 전자, 즉 2분자의 물의 첨가가 필요하다.

두 번째 중요한 단서는 1939년에 분리된 엽록체에서 광합성이 부분적으로 일어남을 처음으로 보여준 힐(R. Hill)에 의해 제공되었다. 엽록체를 이용한 힐의 연구에서 페리시아니드(ferricyanide)와 같은 인공 전자 수용체가 사용되었다. 이 상태에서 이산화탄소의 소모가 없고 탄수화물의 생성이 일어나지 않지만 전자받개들의 빛에 의한 환원은 산소 발생을 동반한다.

$$4Fe_3^+ + 2H_2O \rightarrow 4Fe_2^+ + O_2 + 4H^+ \quad (7.7)$$

힐의 실험은 녹색 식물 광합성의 산화–환원 반응의 특성을 확인하였으며 물이 발생하는 산소의 공급원이라는 주장에 대한 추가적인 증거가 되었다. 후자에 대한 직접적인 증거는 1940년대 초기에 루벤(S. Ruben)과 카멘(M. Kamen)에 의해 마침내 제공되었다. 산소의 중 동위 원소인 ^{18}O로 표지된 이산화탄소나 물을 이용하여 발생한 산소에서 표지가 물의 경우($H_2{}^{18}O$)에만 검출되고 이산화탄소($C^{18}O_2$) 경우에는 나타나지 않음을 보여주었다. 발생된 산소가 물에서 기인한다면 한 분자의 이산화탄소를 환원하기 위하여 2분자의 물이 관여해야 만 한다.

이러한 실험 결과들의 바탕으로 광합성을 이산화탄소의 광화학적 환원으로 볼 수 있다. 빛에너지는 이산화탄소를 탄수화물로 환원시킬 수 있을 만큼의 강한 환원 물질을 물에서 생성하는 데 이용된다. 이 같은 환원 물질은 $NADP^+$의 환원형(혹은 NADPH + H^+)이다. 탄소 환원에 필요한 추가적인 에너지는 ATP의 형태로 요구되는데 역시 빛에 의해 생성된다. *따라서 광합성의 광의존적 반응의 주요 기능은 탄소 환원에 필요한 NADPH와 ATP를 생성하는 것이다.* 이는 **광합성 전자 전달 사슬(photosynthetic electron transport chain)**을 구성하는 일련의 반응을 통해서 달성된다.

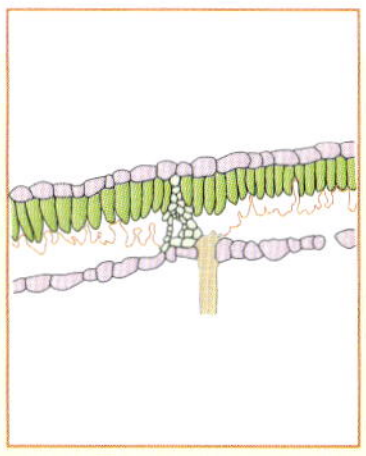

Box 7.1 역사적 전망–광합성의 발견

광합성은 세계 인구를 먹여 살리는 것은 말할 필요도 없이 식물의 조직화와 발달에 있어서도 상당 부분에서 역할을 수행한다. 그러나 18세기 후반까지도 그 과정에 대해 거의 알려진 바가 없었다는 것은 놀랄 만한 일이다. 농업에 관한 실질적인 논의가 적어도 2000년 전에 저술되었다. 과학으로서 식물의 영양소에 대한 기원은 아리스토텔리스와 식물은 토양으로부터 직접 유기물질을 흡수한다고 생각했던 다른 그리스의 철학자들로 거슬러 올라간다. 부식영양설(humus theory)로 알려진 이 가설은 광합성에 대한 이론이 확립된 후로부터 훨씬 뒤인 19세기 후반까지 농업사회에서 우세하였다.

광합성은 식물 생리학의 아버지로 일컬어지며 자연주의자이고 영국의 성직자였던 헤일스(Stephen Hales)의 저서에서 처음으로 소개되었다. 1727년에 헤일스는 식물은 그들의 영양소를 대기로부터 일부 얻는다고 추측했으며 또한 빛이 관여하는지에 대해서도 궁금해 했다. 헤일스의 통찰력에는 놀랍게도 선견지명이 있었다. 그러나 화학은 과학으로써 아직 인식되는 시기가 아니었고 헤일스의 생각은 이미 성립된 화학 법칙에 대한 인용이나 실험에 의해 입증되지 못했다.

라바노비치(Rabinowitch)와 고빈제(Govindjee) (1969)는 광합성의 발견을 프리스틀리(Joseph Priestly)가 'Experiments and Observations on Different Kinds of Air'라는 제목으로 출간된 두 권의 책이 발행된 해인 1776년으로 보고 있다. 그러나 다른 많은 현상과 같이 발견의 모멘트는 없었다. 점차적으로 광합성에 대한 이야기는 몇 명의 성직자, 물리학자, 화학자들의 75년에 걸친 노고의 축적으로 자리를 잡게 되었다. 프리스틀리(1733–1804)는 비국교도로서 종교와 정치적인 이유로 1794년 미국으로 이주한 영국의 수상이었다. 또한 그는 실험과학의 선구자로서 산소를 발견한 것으로 매우 유명하다. 1771년에 시작해 1772년에 처음으로 발표된 그의 실험을 통해서 양초가 연소할 때 "오염된" 공기는 쥐를 죽게 한다는 것을 알아냈다. 이어서 그는 그 오염된 공기가 식물에 의해 회복됨을 알아낼 수 있었다. 그는 박하 가지를 오염된 공기 속으로 넣은 뒤 8~9일 관찰한 결과, 박하식물이 자라고 있는 그 공기 속에서 완전히 쥐가 살아 있는 것을 발견하였다(Priestly, 1772).

프리스틀리는 그의 실험에서 빛의 역할을 인지하지 못했고 그 실험실에 실험이 진행될 수 있도록 충분한 빛이 있었다는 것은 기대하지 않은 횡재였다. 1773년에 프리스틀리의 실험은 오스트리아 황후 마리아 테레사의 왕실 내과 의사였던 잉겐-하우즈(Jan Ingen-Housz) (1730-1799)에 의해 다시 주목 받기 시작했다. 잉게-하우즈는 런던 방문 동안 영국 학술원의 의장을 통해 프리스틀리의 실험에 대해 듣게 되었다. 이러한 실험들에 매우 흥미를 느낀 그는 6년 후 영국에 돌아와 실험을 진행시켜다. 여름 학기 과정동안 잉겐-하우즈는 실험을 수행하여 공기 정화에 대한 대략 500 개 정도의 실험 결과를 발표하였다! 그는 식물은 프리스틀리가 관찰했을 때처럼 며칠이 걸리는 것이 아니라 수 시간 내에 공기를 정화시킬 수 있으며, 이때 반드시 식물의 녹색부분이 햇빛에 노출되어야 한다는 것을 관찰하였다. 프리스틀리와 잉겐-하우즈는 52년 전에 이미 논의된 헤일스의 추측들을 확인하게 되었다.

비록 프리스틸리가 그의 실험을 계속해서 진행시켰지만 1781년에 그는 빛과 녹색 식물 부분의 중요성을 언급한 잉겐-하우즈의 생각에 동의했다. 프리스틀리와 잉겐-하우즈의 모두 CO_2라고 알려진 "고정된 공기"의 역할을 인지하지 못했다. 이러한 일들은 스위스의 사제이며 사서인 세네비에(Jean Senebier)에게 남겨졌다(1742-1809). 1782년에 세비네에는 3권의 학술논문을 출판했으며 그 책에서 빛이 있는 상태에서 녹색식물이 공기를 정화시키는 일은 고정된 공기의 존재에 달려있다고 기술했다. 세 명의 과학자 모두 동물의 생존에 도움이 되는 능력에 관련하여 공기의 정화를 강조했다는 것은 참 흥미로운 일이다–식물 영양소는 중심테마가 아니었다. 동시에 영국의 프리스틀리를 포함한, 유럽지역이 화학자 및 독일의 쉴레(Scheele) 및 프랑스의 라부아지에(Lavoisier)는 기체의 화학 · 물리적 특성을 활발히 연구하고 있었다. 1785년에 이르러 라부아지에는 고정된 공기를 CO_2 로 밝혀냈고, 1796년에 잉겐-하우즈는 정확히 CO_2는 식물들에게 필요한 탄소원이라는 결론을 이끌어냈다.

광합성의 방정식에서 다른 중요한 요인은 제네바의 화학자인 소쉬르(N. T. de Saussure)(1767-1845)에 의해 더해졌다. 소쉬르는 광합성을 양적인 방식으로 올바르게 접근한 최초의 과학자였다. 그의 저서 'Recherches Chimiques sur la Vegetation(1894)'에서 그는 유기물질의 질량과 광합성에 의해 생성된 산소의 합은 소모된 CO_2의 질량보다 실질적으로 더 크다고 밝혔다. 따라서 그는 추가된 질량은 반응물로써 물에 의해 공급된 것이라고 결론지었다. 광합성 식은 라부아지에에 의해 발견된 화학의 새로운 언어를 사용하여 다시 쓰일 수 있었다.

$$CO_2 + H_2O \rightarrow O_2 + \text{유기물}$$

마지막으로 독일의 외과의사인 마이어(Julius Mayer)(1814–1878)에 의해 광합성의 에너지 관계가 명확히 밝혀졌다. 1845년에 그는 최초로 식물과 동물의 대사 과정에 사용된 에너지는 태양 에너지로부터 유도되고 광합성에 의해 복사형태에서 화학적 형태로 전환되어진다는 정확한 결론을 이끌어 내었다. 따라서 19세기 중반에 이르러 광합성에 대한 전체적인 윤곽이 완성되었다.

그러나 과정의 중요성에도 불구하고 광합성의 구조와 화학적인 세부사항이 현미경과 방사화학적인 분석과 같은 현대적 방법을 통해 광합성의 구조 및 화학적인 세부 사항이 밝혀지기까지 거의 또 다른 한 세기가 걸렸다.

더 읽을거리

Priestly, J. 1772. Observations on different kinds of air. *Philosophical Transactions of the Royal Society of London* 62:166–170.

Rabinowitch, E. & Govindjee. 1969. *Photosynthesis*. New York:Wiley.

7.3 광합성에서의 전자 전달

7.3.1 광계는 광합성 전자전달사슬의 주된 구성성분이다

광합성 전자 전달 반응의 중심은 **광계** I (photosystem I ; PS I)과 **광계** II (photosystem II ; PS II)라는 두 개의 거대한 다분자 색소-단백질 복합체이다(그림 7.3). 광계I은 18개, 광계 II는 31개의 소단위체 폴리펩티드로 구성되어 있다. 이 두 광계는 **시토크롬 복합체 (cytochrome complex)**라는 3번째의 다단백질 복합체에 의해서 연결되어 일련의 사슬로 작동한다. 전체적으로 이 사슬의 효과는 물에서 저에너지 전자를 추출하여 강한 환원제인 NADPH를 생성하도록 엽록소에 의해 포획된 빛에너지를 이용하여 전자의 에너지 수준을 증가시키는 것이다(Box 7.2 두 개의 광계).

광합성 전자 전달 사슬의 조성, 체제 및 기능은 최근에 활발하게 연구가 이루어지면서 빠르게 진보하고 있는 분야이다. 이 같은 관심의 결과로 광계 I , II 및 다른 커다란 막 단백질 복합체 연구를 위한 다양한 실험 기법이 개발되었다. 이 중 가장 중요한 기술은 여러 종류의 계면제를 이용하여 먼저 막을 용해시켜 틸라코이드 막에서 복합체를 분리하는 것이다. 이어서 원심 분리에 의해 두 개의 광계와 다른 분자 집단을 서로 분리할 수 있다. 계면 활성제와 적절한 처리 조건을 통해서 복합체의 분리뿐만 아니라 활성을 띠는 작은 단위의 복합체로 더 분리될 수 있다. 이처럼 분리된 복합체인 단위체는 색소, 단백질 및 기타 조성 등을 위해 분석되거나 특정한 광화학 반응이나 전자 전달 반응의 능력을 측정한다. 가장 최근에는 광계 II와 광계 I 반응 중심을 결정화시키는 연구의 진전이 있었다. 이러한 결정을 X선에 노출시키고 회절 양상을 분석함으로써 과학자들은 모든 색소 분자들과 광계 II과 광계 I 반응 중심의 산환환원 성분들의 정확한 삼차원적인 위치를 결정할 수 있었다. 1987년에 화학분야의 노벨 상은 박테리아 반응 중심의 X선 회절과 최초로 결정화에 성공한 Diesenhoffer, Michel 그리고 Huber 에 수여되었다. 이 상은 광합성 연구에 주어진 두 번째 노벨 상이었다. 광합성에서 첫 번째 노벨상에 관한 연구는 8장을 참고하시오.

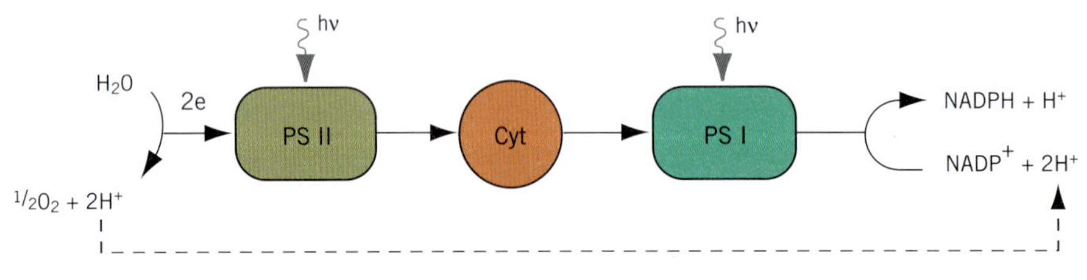

그림 7.3 광합성 전자 전달 사슬의 직선적인 배열. 세 개의 다분자 막 복합체가 빛에너지를 사용하여 물에 있는 낮은 에너지 준위의 전자를 추출하여 강한 환원제인 NADPH + H^+을 형성한다.

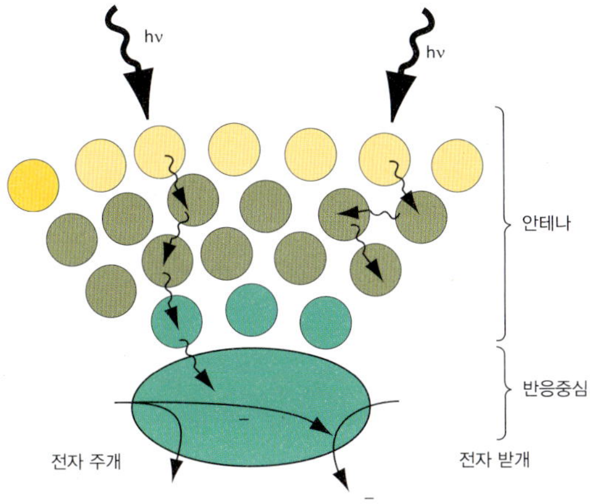

그림 7.4 안테나와 1개의 반응 중심으로 구성된 광계. 안테나 엽록소 분자들은 유입되는 광자를 흡수하고 들뜬 에너지를 광화학적 산화–환원반응이 일어나는 반응 중심으로 모이게 한다.

이 같은 분획(fractionation)을 통해서 광계 I과 II 각각은 광자를 흡수하는 엽록소와 카로티노이드의 집합체와 함께 많은 단백질을 함유하고 있다는 것이 밝혀졌다. 광계에서 대부분의 엽록소는 **안테나 엽록소**로서의 기능을 한다(그림 7.4). 엽록소와 특정 단백질의 결합으로 다수의 **엽록소–단백질 복합체(chlorophyll-protein (CP) complex)**가 겔 전기 영동을 통해 분리하여 분자량과 흡수 스펙트럼에 따라 동정할 수 있다(그림 7.5). 예를 들어 광계 II의 안테나는 CP43과 CP47로 알려진 두 개의 엽록소–단백질(CP) 복합체로 구성된다(그림 7.6). 이들은 각각 20～25개의 엽록소 a를 함유하고 있다. 안테나 색소는 빛을 흡수하지만 광화학 반응에 직접적으로 관여하지는 않는다. 그러나 안테나 엽록소는 서로 밀접하게 붙어 있어서 인접한 색소 간에 무방사 선이(6장)를 통해 여기 에너지가 쉽게 전달된다. 따라서 흡수된 광자 에너지는 안테나 복합체를 경유하여 **반응 중심(reaction center)**에 도달할 때까지 한 엽록소에서 다른 엽록소로 이동한다(그림 7.4).

각 반응 중심은 이량체(dimer)로 존재할 것으로 추정되는 엽록소 a로 구성되어 있다. 반응중심 엽록소(reaction center chlorophyll)와 결합된 단백질 및 산화–환원 전달체에 의해서 빛에 의한 산화–환원 반응이 일어난다. 반응중심 복합체에서 가장 긴 파장의 가장 낮은 에너지를 흡수하는 엽록소로서 실상은 에너지 수용부이다. 반응 중심은 일차 광화학 산화–환원 반응이 일어나는 곳이기에 여기서 사실상 빛에너지가 광화학 에너지로 변환된다. 광계 I과 II의 반응 중심을 각각 P700과 P680이라고 표시한다. 이는 700 nm(광계 I)와 680 nm(광계 II)에서 최대 흡수치를 갖는 엽록소 a 혹은 색소(P)를 의미한다.

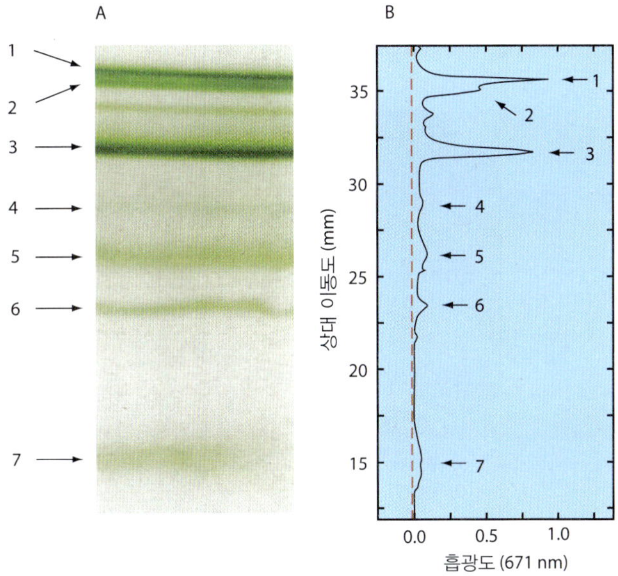

그림 7.5 단백질 변성이 일어나지 않는 폴리아크릴아미드 겔 전기영동에 의한 틸라코이드 엽록소–단백질 복합체의 분리. (**A**) 특정 세제에 의해서 엽록소–단백질 복합체가 구조나 기능적 손상이 없이 틸라코이드 막으로부터 떨어져 나온다. 이러한 색소–단백질–세제 복합체는 전하를 띠므로 전기장을 가하면 이동하게 될 것이다. 전기장이 가해진 다공성의 기질이 폴리아크릴아미드 겔이다. 따라서 전기장을 가한 폴리아크릴아미드 겔 기질을 통한 단백질 복합체의 물리적 뷰리를 폴리아크릴아미드 겔 전기영동이라고 한다. 이러한 단백질 복합체는 여전히 부착된 엽록소를 가지고 있기 때문에 눈으로 직접 분석 실험에 따라 겔 기질을 통해 분리된 엽록소–단백질 복합체를 확인할 수 있다! 가장 큰 복합체는 겔의 최상부에 가장 작은 복합체는 겔의 아래쪽에 발견된다. 본 그림은 애기장대 틸라코이드막의 색소–단백질 복합체를 전기영동으로 분리한 것으로서 화살표는 이동방향을 나타낸다. 전형적으로 7개의 녹색 띠가 분리될 수 있다. 띠 1에서 6은 광계 I과 광계 II와 연관된 각각의 엽록소–단백질 복합체를 나타낸다. 가장 이동이 큰 띠(7)가 유리된 색소이다. (**B**) 각각의 녹색 띠가 나타내는 상대적인 양은 분광광도계로 겔을 주사(scanning)하여 정량화할 수 있다. 봉우리(peak)의 면적은 각각의 엽록소–단백질 복합체의 상대적인 함량의 추정치를 제공한다. 따라서 녹색띠 1, 2와 3은 이 특정 틸라코이드 시료에서 가장 많은 양으로 존재한다. 생화학적 및 분광학적 방법으로 각 띠의 조성을 밝혀낼 수 있다. 녹색 띠 1은 광계I의 엽록소 a와 핵심 안테나 (CP1)과 광수확색소 (LHCI)이다. 녹색 띠 2는 LHCI이 없는 광계I의 핵심안테나 복합체 (CP1)이다. 녹색띠 3은 엽록소 a와 b, 그리고 LHCII 삼합체 (trimer)이다. 녹색띠 4와 6은 각각 LHCII 이합체(dimer)와 단합체 (monomer)이다. 녹색띠 5는 CPa로서 광계II 핵심부 복합체(CP43 + CP47 + 광계 II 반응 중심)를 나타낸다.

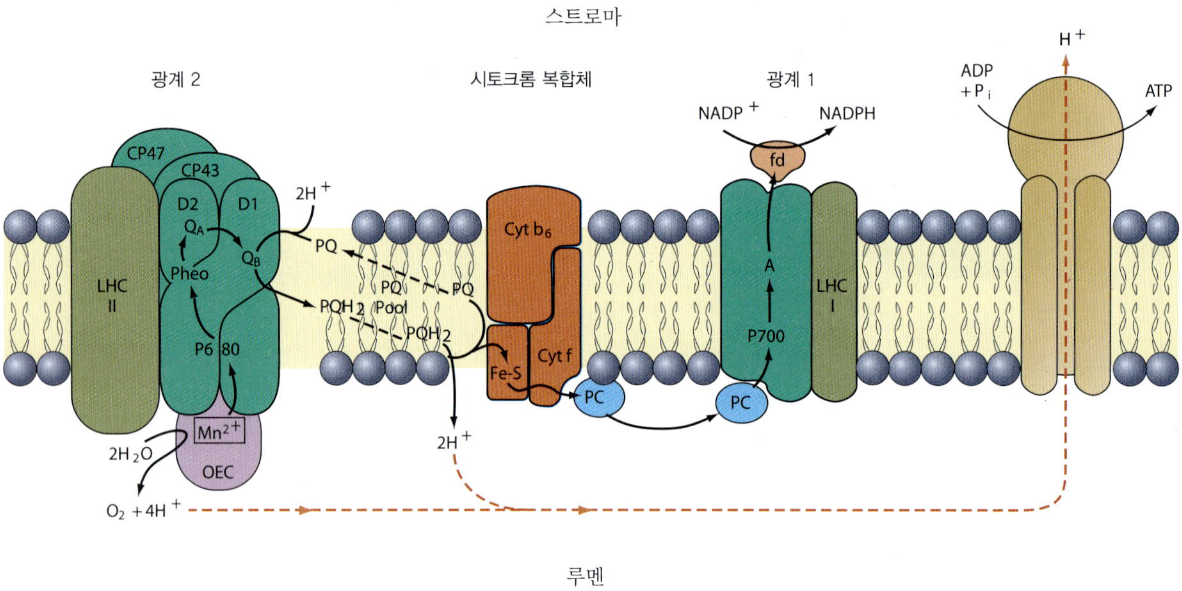

그림 7.6 틸라코이드 막에서 광합성 전자전달계의 구성

중심안테나(core antenna)는 반응중심 P680와 P700과 강하게 결합되어 있다. CP47과 CP43은 광계 II의 중심안테나이고 CP1은 광계 I의 중심안테나이다(그림 7.6). 〈그림 7.6〉에 광계 II와 I에 밀접하게 연관된 두 개의 부가적인 엽록소 단백질 복합체가 나타나 있다. 이들은 광수확 복합체(light harvesting complex, LHC)로서 각각 LHC II 및 LHC I으로 알려져 있다. LHC II는 광계 II와 LHC I은 광계 I과 각각 연관되어 있다. 이름이 암시하듯이 광수확 복합체는 추가적인 빛에너지를 포획하는 확장된 안테나 역할을 한다. LHC I와 II는 사실상 전체 엽록체 색소의 70%를 차지하며 엽록소 b의 전부를 함유한다. LHC I은 비교적 작고 엽록소 a/b 비가 약 4/1이며 반응 중심부와 꽤 강하게 결합하고 있는 것으로 보인다. 반면에 LHC II는 총 엽록소의 50~60%를 함유하며 엽록소 a/b 비가 약 1.2이며 엽록소 b의 대부분을 함유한다. 또한 크산토필의 대부분은 LHC II에 포함되어 있다. 광수확 복합체와 핵심안테나의 기능은 빛 에너지를 흡수해서 반응중심으로 전달하는 것이다(그림 7.4).

하나의 반응 중심이 다수의 엽록소와 결합되어서 얻는 주된 이점은 빛에너지 수확과 이용 효율을 증가시키는 것이다. 심지어 밝은 햇빛 아래에서도 개개의 엽록소가 매초마다 서너 번 이상의 광자를 흡수할 가능성은 없다. 반응 중심에서의 사건은 1000분의 1초 수준에서 일어나므로 어떤 반응 중심이라도 단지 하나의 엽록소에 빛에너지를 의존한다면 장시간 동안 할 일이 없을 것이 틀림없다. 따라서 광계의 이점은 반응 중심이 하나의 광자를 처리하는 데 분주한 동안 다른 광자는 안테나에 의해 흡수되어 중심으로 모이게 되는 것이다. 이 때문에 반응 중심이 자유롭게 되자마자 더 많은 여기 에너지를 즉각적으로 이용할 확률이 높아진다. 안테나 엽록소에서 반응 중심으로의 빛에너지 전달 효율은 매우 높아서 단지 10% 정도의 에너지만이 열로 소실된다. 따라서 포화광 조건, 즉 빛이 제한요인으로 작용하지 않는 조건에서 LHC I과 LHC II가 반드시 필요한 것은 아니라는 점을 인식할 필요가 있다. 반면에 빛이 제한요인으로 작용하는 낮은 광조건에서 광수확복합체는 광합성 효율을 향상시킨다. 사실상 광합성 생물은 변화하는 빛 세기에 반응해서 광수확기구의 구조와 기능을 변화시킨다. 14장에서 여기에 대해서 더 자세하게 논의할 것이다. 또한 LHC II는 두 광계 사이에 빛 에너지 분배를 조절하는데 중요한 역할을 함을 13장에서 살펴 볼 것이다.

틸라코이드 막의 광계 I, II, 시토크롬 b_6/f 복합체의 배열을 보여주는 광합성 전자 전달 사슬의 모식도가 〈그림 7.6〉에 나와 있다. 4번째 복합체인 CF_0–CF_1 짝인자 혹은 ATP synthase도 나타나 있다. 4가지 복합체 모두가 막을 관통하는 내재성 단백질로 구조의 상당 부위가 소수성 이중막에 묻혀 있다. 복합체와 각 구성원의 배위가 무작위적이지 않고 폴리펩티드의 특정 부위가 각각 스트로마나 루멘으로 향해 있음을 주목하라. 이 같은 단백질의 **방향성 배열(vectorial arrangement)**은 모든 막 단백질은 아니지만 모든 에너지 변환막의 특성으로 에너지 보존 능력의 필수적인 요소이다(5장). 이 배열의 한 가지 특히 중요한 결과는 〈그림 7.6〉에 나타나 있는 것처럼 스트로마와 루멘 사이에서의 양성자의 방향성 이동이다. 플라스토퀴논 (PQ)의 환원과 그에 따른 부수적인 양성자의 이동이 틸라코이드막의 스트로마 부위에서 일어난해도 시토크롬 b_6/f 복합체(Cyt b_6/f)에 의한 PQH_2의 산화는 틸라코이드 막의 스트로마에서 루멘으로의 PQH_2의 확산이 필요하다. 바로 이 같은 배열 때문에 ATP 합성에 필요한 양성자 기울기가 생긴다. 전자 전달 사슬의 이러한 측면은 후에 다시 다루게 될 것이다. 방향적 배열의 또 다른 결과는 물의 산화와 $NADP^+$의 환원이 틸라코이드 막의 반대편에서 일어난다는 점이다. 물이 산화되면 양성자의 축적이 루멘 쪽 안에서 일어나서 ATP 합성을 진행하는 양성자 기울기의 형성에 기여한다. 그러나 NADPH와 ATP는 모두 탄소 고정(8장)이나 다른 엽록체 활동(11장)에 이용되는 스트로마에서 생성된다.

7.3.2 광계II는 산소를 생성하기 위해 물을 산화시킨다

전자 전달은 루멘에 있는 광계 II의 반응 중심 엽록소인 P680에 여기 에너지가 도달하면서 시작된다. 〈그림 7-7〉에 보여준 것처럼 여기에너지는 P680의 산화-환원 퍼텐셜을 +0.8eV에서 −0.42eV인 들뜬형인 P680*로 변화시키는 데 이용된다. 여기된 형태의 P680*은 10^{-12}s 내에서 빠르게 **페오피틴(pheophytin)**으로 전자를 넘겨주면서 광산화된다. 광계 II의 일차 전자 받개인 페오피틴은 엽록소 a의 마그네슘 이온이 두 개의 수소로 치환된 형태이다. P680의 초기의 산화는 빛에 의존적이어서 **광산화 반응(photooxidation)**이라 하며, 이러한 광화학 반응의 결과로 $P680^+$과 $Pheo^-$이 형성되는 **전하 분리(charge separation)**가 일어난다. 하나의 광자 에너지가 한 개의 전자를 방출하는 것이 Einstein–Stokes 법칙과 일치한다는 것에 주목하라(6장). 이 전하 분리는 효과적으로 빛에너지를 산화-환원 에너지로 저장하며 빛에너지의 화학 에너지로의 실질적 전환을 나타낸다. 이 전하 분리는 전자가 광계II 반응중심의 루멘에 있는 P680으로부터 광계 II 반응중심의 스트로마에 위치하는 전자 받개로 신속히 이동하여 안정화되는 것이 필수적이다(아래의 토의를 보시오). 만일 전자가 $P680^+$과 재조합하게 되면 앞쪽으로의 전자 전달은 이루어지지 않고 에너지가 낭비되어 종국에는 탄소가 환원되지 않을 것이다.

반응 중심 단백질인 D1과 D2 단백질은 $P680^+$와 $Pheo^-$ 사이의 전하 재조합의 가능성을 낮추기 위한 어떤 방식으로 광계 II 반응중심의 산화-환원 전달체(redox carriers)들의 방향을 결정하고 결합시키는 역할을 한다. 어떻게 이러한 일들이 일어날까? 첫 번째는 페오피틴이 매우 빠르게 Q_A로 전자를 전달하고 그 결과 $[P680^+Pheo\ Q_A^-]$를 형성한다. 광계II 반응 중심은 닫혀진 상태 "closed"가 되고 더 이상 다른 광산화 반응을 수행할 수 없다(그림 7.8). 100만분의 1초(microsecond)의 좀더 느린 시간 단위에서 전

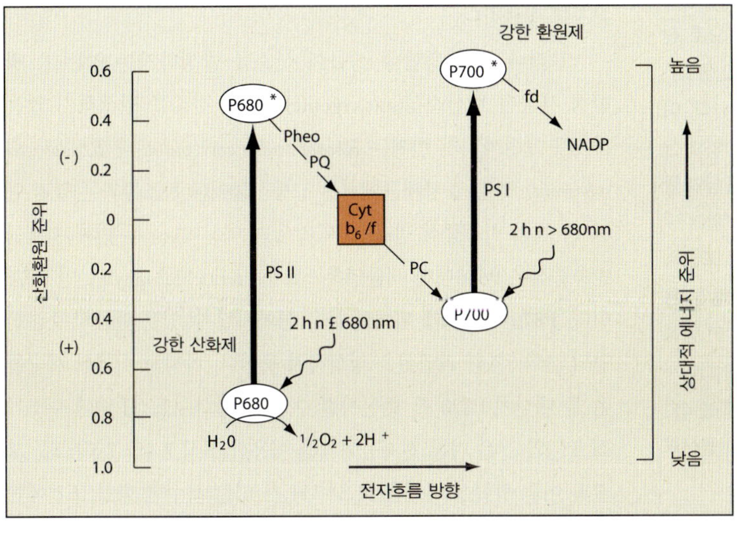

그림 7.7 광합성의 전자 전달의 Z구조. 산화–환원 구성원들을 산화–환원 퍼텐셜(E_m, 2장 참조)의 근사 중간 값에 위치하였다. 수직방향은 에너지 수준의 차이를 나타내고(ΔG, 5장 참조) 수평 방향은 전자의 흐름을 표시한다. 이 과정의 순효과는 빛에너지를 이용하여 물의 낮은 에너지 준위의 전자로부터 페레독신(fd)을 환원시키는 강력한 환원제를 생성하는 것이다. P680*에서 P700으로의 내림 전자 전달은 음의 값의 자유 에너지의 변화를 나타낸다. 이 에너지의 일부는 양성자 기울기 형성에 이용되어 ATP 합성에 사용된다. 표시된 산화–환원 퍼텐셜은 근사값이다.

자는 Q_A로부터 PQ로 전달되고 그 결과 [P680$^+$Pheo Q_A^-]가 형성된다. PQ는 D1 반응 중심 단백질(그림 7.6)의 결합 부위(Q_B)에 일시적으로 결합하는 퀴논이다(그림 5.3C). PQ가 **플라스토퀴놀(PQH_2)**로 환원되면 결합 부위에 대한 친화력(affinity)이 감소된다. 따라서 플라스토퀴놀이 반응 중심에서 떨어지고 다른 PQ가 그 자리를 차지한다. PQH_2는 Q_B 위치로부터 확산되고 틸라코이드막에 있는 PQ 풀의 일부분이 된다. PQ는 PQH_2로 환원되기 위해서는 두 개의 전자가 필요하기 때문에 Q_B 위치에서의 환원을 **두 개의 전자 문(two electron gate)**이라 한다(그림 7.8).

두 번째는 초기 전하 분리는 P680$^+$이 생물학적 세계에서 알려진 가장 강한 산화제이고 물에서 전자를 추출할 수 있기 때문에 더욱 안정화된다. 따라서 P680$^+$는 피코 단위 초의 빠른 속도로 P680으로 환원되어 그 결과 [P680 PheoQ_A]를 형성한다. 이때 광계 II 반응 중심은 열려 있는 상태 "open"가 되고 다음의 여기에 대비한다(그림 7.8). 눈부신 여름날에 잎에 도달하는 광자 흐름(photon flux)은 2000 μmol $m^{-2}s^{-1}$이다. 이는 초당 10^{19}의 전하 분리가 면적이 $1cm^2$인 잎 표면에 걸쳐 일어난다는 것이다!

P680$^+$을 환원시키는 전자는 **산소발생 복합체(oxygen-evolving complex, OEC)**라고 불리는 작은 단백질 복합체에 결합되어 있는 4개의 망간 이온 덩어리로부터 공급된다. 이름에서 알 수 있듯이 OEC는 물의 분해(산화)와 그 결과로 생기는 산소 발생을 주도하며 틸라코이드 막의 루멘에 위치한다. OEC는 광계 II의 D1과 D2 단백질에 결합하며 망간 덩어리를 안정화시키는 기능을 한다. 또한 물분해 기능에 관여하는 Cl^-과도 결합한다.

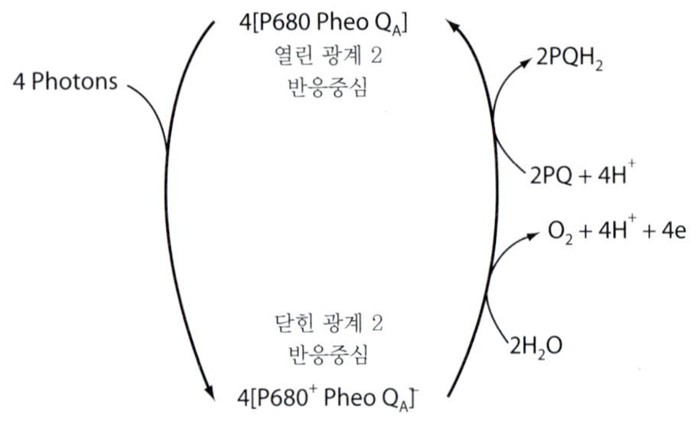

그림 7.8 광의존적이고 순환적인 광계II 반응 중심의 "열림"과 "닫힘". 광계 II 반응 중심의 단백질 D1과 D2가 다음의 산화–환원 구성요소와 비가역적으로 결합되어 있다: 반응중심의 엽록소 a인 P680; 페오피틴(Pheo), 그리고 광계 II 반응중심의 첫 번째 안정된 퀴논 전자 받개인 Q_A. "열린" 광계 II 반응 중심으로 흡수된 빛 에너지의 전달은 P680의 광산화를 야기하여 P680$^+$으로 전환된다. 이어서 P680에서 방출된 전자는 매우 빠르게 Pheo를 거쳐 Q_A를 Q_A^-로 전환한다. 이 결과로 안정적인 전하 분리[P680$^+$PheoQ_A^-)가 일어난다. 이제 광계 II 반응 중심은 "닫혀"있다고 불리우는데 P680이 이미 빛에 의해 산화되었으므로 광계 II 반응 중심은 광산화될 수 없다. "닫혀진" 반응중심의 들뜸은 비가역적인 손상을 초래한다. "닫혀진" 광계 II 반응 중심에서 "열려진" 광계 II 반응중심으로의 전환은 물의 산화됨과 동시에 Q_A로부터 광계 II의 D1 단백질 내 Q_B 부위에 결합되어있는 플라스토퀴논(PQ)으로의 전자 전달을 통한 P680$^+$의 환원이 수반되어야 한다. 완전히 환원되면 플라스토퀴논이 양성자를 받아 플라스토퀴놀(PQH_2)을 형성하여 Q_B 부위로부터 방출되고 이어서 Cyt b_6/f 복합체를 환원시킨다. 주어진 그림에서 한 분자의 산소 방출은 4번의 반응중심 4번 들뜸과 상응한다. 한 광자의 흡수는 한 개의 P680을 광산화시키는 사실에 주목하시오.

$$2H_2O \rightarrow O_2 + 4H^+ + 4e \quad (7.8)$$

7.8식에 의하면, 두 분자의 물의 산화는 1 분자의 산소, 4개의 양성자 그리고 4개의 전자를 발생시킨다. 한 분자의 산소 발생에 있어서 단지 하나의 광계 II와 OEC가 관여한다고 판명되었다. 따라서 두 분자의 물을 산화시켜서 4개의 양성자와 1개의 O_2를 생성하기 위해서는 반응 중심이 4번 열림과 닫힘을 반복해야 한다(그림 7.8). 이러한 것은 광계 II가 한 분자의 산소(O_2)를 발생하기 위해서 네 개의 광자 에너지를 이용해야한다는 것을 의미한다. 한 번에 하나의 전자 만을 들뜨도록 하는 극도의 짧은 섬광에 의해 전자전달을 한 실험들에 의하여 OEC가 전하를 저장할 수 있는 능력이 있는 것이 밝혀졌다. P680가 들뜰 때마다 하나의 전자가 망간 덩어리에서 나온다. 4개의 양전하가 축적되면 복합체가 두 분자의 물을 산화시켜서 그 결과로 나온 양전하를 저장하게 되는 생성물인 산소 분자를 방출한다.

그러나 모든 광합성 생물이 산소를 발생하지는 않는다. 광합성 세균은 **비산소성(anoxygenic)**으로서 산소를 발생하지 않는다. 왜 그럴까? 첫 번째는 *Rhodopseudomonas vididis*나 *Rhodobacter sphaeroides*와 같은 황세균에서는 고등식물이나 녹조류와는 달리 단지 한 개의 반응중심 만을 가지고 있기 때문이다. 두 번째는 세균 반응중심은 P680대신 세균엽록소 a (bacteriochlorophyll a)인 P870이다. P870이 들뜨게 되어도 물을 산화시킬 수 있을 만큼의 충분한 양의 산화–환원 퍼텐셜을 생성하지 못한다. 따라서 이러한 세균들은 물 대신에 P870$^+$를 환원시킬 수 있는 황화수소 (H_2S)나 수소가스 (H_2)와 같은 다른 전자공여체를 이용한다(식 7.4와 7.5참조). 그 결과 이들 광합성 세균은 H_2S나 H_2가 있는 특수한 환경 조건에만 분포한다. 물은 매우 풍부하기 때문에 광계 II의 진화로 인해서 산소성 광합성 생물이 지구의 생물권 거의 모든 곳에 생존하고 번성할 수 있게 되었다. 따라서 OEC와 연계된 광계 II의 진화는 산소 발생형 광합성 생물의 서식처를 결정하는 주요 요인이다.

7.3.3 시토크롬 복합체와 광계 I은 플라스토퀴놀을 산화시킨다

광계 II에서 유리된 후 플라스토퀴놀은 **시토크롬 b_6f 복합체(cytochrome b_6f complex)**와 만나게 될 때까지 막에서 측면으로 확산 이동된다 (그림 7.6). 이 또 다른 막을 관통하는 다단백질 복합체의 주성분은 시토크롬 b_6(Cyt b_6)와 시토크롬 *f*(Cyt *f*)이다. 시토크롬 복합체는 또한 시토크롬에서처럼 헴을 갖는 대신에 황 잔기에 철이 복합체를 이룬 철 결합 단백질인 **리스케 철-황 단백질(Rieske iron-sulphur (FeS) protein)**을 함유하고 있다. 플라스토퀴놀의 전자 전달은 먼저 FeS 단백질로 전달된 후 다음에 Cyt *f*로 이동한다. 플라스토퀴놀은 틸라코이드막내에서 확산하여 전자를 FeS 단백질로 전달한 다음 Cyt *f*로 전달한다. 플라스토퀴놀의 산화는 확산에 의해 제한되는 것으로 생각되므로, 광합성 전자 전달에서 가장 느린 단계이고 milli second의 시간 단위로 일어난다. 리스케 철-황 단백질과 Cyt *f*의 헴은 틸라코이드막의 루멘에 위치한다. Cyt *f*로부터 온 전자는 구리 결합 단백질인 **플라스토시아닌(PC)**이 받게 된다. PC는 루멘 부위의 틸라코이드 막을 따라서 자유롭게 확산 이동할 수 있는 작은 외재성 막단백질이다.

그러는 동안에 P680이 관여하는 전하 분리와 빛에 의한 전하 분리가 광계 I의 반응 중심에서도 역시 일어난다. 여기에너지는 P700의 산화환원 퍼텐셜을 +0.4eV에서 −0.6eV인 들뜬형인 P700*로 변화시키는 데 이용된다(그림 7.7). 들뜬 P700*이 광계 I의 일차전자수용체인 엽록소 a (A)에 의해서 $P700^+$으로 산화된다(그림 7.7). 이어서 전자는 퀴논을 통해서 또 다른 FeS 중심들을 경유하여 마침내 막의 스트로마 방향에 있는 **페레독신(feredoxin)**으로 전달된다(그림 7.6). 페레독신은 스트로마에 있는 또 다른 Fe-S 단백질이다. 페레독신은 그 다음에 **페레독신-$NADP^+$ 산화-환원 효소**에 의해 매개되는 반응에 의해 $NADP^+$의 환원에 사용된다. 마지막으로 $P700^+$에 결여된 전자는 환원된 PC로부터 전자를 받아 보충된다(그림 7.6).

전체 전자 전달망의 총체적 효과는 두 개의 독립된 광계와 그 사이의 시토크롬 복합체를 경유하여 물과 $NADP^+$ 사이에 계속적인 전자 흐름을 설립하는 것이다(그림 7.6). 이 과정의 에너지 역학은 〈그림 7.7〉에 나타나 있다. 이 과정에서 아주 약한 환원제인 물(E_m = 0.82V)에서 나온 전자는 매우 강한 환원제인 페레독신(E_m=−0.42V)의 에너지 준위까지 올라간다. 이어서 페레독신은 $NADP^+$을 NADPH(E_m=−0.32V)로 환원시킨다. 역시 강력한 환원제인 NADPH는 수용성의 이동이 용이한 전자 전달체로서 탄소 환원 회로에서 CO_2 환원에 사용되는 스트로마에서 자유로이 확산 이동한다(8장). 각각의 전자가 전체 사슬을 통해 광계 Ⅱ와 I에서 두 번의 여기가 필요하기 때문에 상당량의 에너지가 시스템에 투입된다. 680 nm와 700 nm의 광자는 175kJ/mol quanta와 171 kJ/mol quanta 에너지를 가지므로 각 전자쌍을 들뜨게 하는데 692kJ(2×(175+171))의 에너지가 필요하여 약 32% 만의 빛에너지가 NADPH(218 kJ mol^{-1})에 저장된다.

나머지 68%의 에너지에는 무슨 일이 일어날까? 여분의 전자 전달 에너지는 ATP로 보존된다. 이는 부분적으로 광계 II와 I 사이의 전자 전달이 에너지론적으로 음의 ΔG를 가지는 내림방향(downhill) 반응이기 때문에 일어난다(그림 7.7). 플라스토퀴논과 시토크롬 사이의 전자 이동 과정에서 에너지의 일부는 막의 스트로마에서 루멘 부위로 양성자를 이동하는 데 사용된다. 이들 양성자는 양성자 기울기를 형성하며 ATP 합성을 구동하는 데 사용된다(5장).

산소 발생을 위한 **양자 요구량(quantum requirement)**을 산소 한 분자를 발생하기 위해 필요한 광자수로 정의한다. 위에서 언급한 바와 같이, 물로부터 방출된 각 전자가 비순환적 전자 전달 과정을 통해 $NADP^+$로 전달되기 위해서는 두 번의 여기, 즉 광계 II에서 한번 그리고 광계 I에서 한번의 여기가 요구된다. 7.8식으로부터 $P680^+$에 의한 한 분자의 산소 발생은 네 개의 전자를 발생하고 결국에는 광계 I을 통해 전달된 전자들은 2분자의 $NADP^+$를 2분자의 NADPH로 환원시킨다. 따라서 물(H_2O)로부터 방출된 네 개의 전자가 $NADP^+$로 전달되기 위해서는 8개의 광자가 필요하다. 그러므로 산소 발생(O_2)을 위한 최소 이론적인 광자 요구량은 발생되는 한 분자의 산소 당 8개의 광자다.

이와는 반대로, **산소 발생 양자 수율(quantum yield of oxygen evolution)**은 양자 요구량(quantum requirement)의 반대의미인데 즉 흡수된 광자 당 발생된 산소 분자 수이다. 이는 또한 **광합성 효율(photosynthetic efficiency)**의 정의가 되므로 양자 수율(quantum yield)과 광합성 효율(photosynthetic efficiency)이라는 용어는 서로 바꿔 사용된다. 따라서 산소 발생을 위한 이론적인 최대 양자 수율 또는 광합성 효율은 1/8 또는 흡수된 광자당 발생된 0.125 산소 분자가 되어야 한다. 산소 발생을 위한 광합성 효율 또는 양자 수율은 식물이 처한 환경적 조건에 따라 다양하다. 이에 대해서 13, 14장에서 자세하게 논의할 것이다.

7.4 광인산화는 빛에 의존적인 ATP 합성이다

제 5장에서, 우리는 빛에 의존적인 ATP 합성에 관한 생체 에너지론에 관해 살펴보았다. 그러나 정의에 의하면 열역학 법칙은 역학 그리고 생화학적인 메커니즘에 대한 특별한 정보를 제공하지는 못한다. 여기서 우리는 엽록체 내에서 일어나는 기본적인 ATP 합성에 대한 분자적인 원리에 대해 논의하고자 한다.

엽록체에서 탄소 환원과 다른 물질 대사 활동에 필요한 ATP는 Mitchell의 화학 삼투적 가설에 따라 광인산화 반응에 의해 합성된다(5장). 엽록체에서 빛에 의해 ATP가 합성되는 것을 **광인산화(photophosphorylation)**라 한다. 광인산화는 이산화탄소 환원뿐만 아니라 엽록체에서의 여러 다른 대사 활성을 지원하는데 ATP를 끊임없이 공급해야 하므로 매우 중요하다. 이 활동에는 스트로마에서의 아미노산, 지방산 그리고 녹말 생합성, 단백질 합성, 그리고 엽록체 포막 단백질과 대사 물질의 이동 등이 포함된다.

〈그림 7.6과 7.7〉에 나타나 있는 구조처럼 전자 전달이 일어날 때 전자는 계속적으로 물에서 공급되고 NADPH에서 회수된다. 이 같은 전자 흐름을 비순환적 전자 전달이라 한다. 비순환적 전자 전달과 연관된 ATP 형성을 **비순환적 광인산화(noncyclic photophosphorylation)**라 한다. 그러나 나중에 논의되겠지만 막에서 광계 I과 II는 Z 구도에서 암시하는 것처럼 물리적으로 연결된 형태가 아니라 틸라코이드의 서로 다른 지역에 분리되어 있다. 이 같은 불균등한 분포의 결과로 광계 I은 광계 II와 상관없이 전자를 수송할 수 있는데, 이를 **순환적 전자 전달(cyclic electron transport)**(그림 7.9)이라 한다. 이 경우에 페레독신은 $NADP^+$으로가 아니라 최근에 밝혀진 PGR5를 경유해서 PQ로 전자를 되돌려 보낸다. 애기장대를 이용한 분자 유전학적 연구를 통해서 *PGR5* 유전자가 광계 I의 순환적 전자전달에 필수적인 틸라코이드막 단백질을 암호화하는 것으로 밝혀졌지만 정확한 기능에 대해서는 잘 알려져 있지 않다. 이어서 전자는 시토크롬 복합체와 플라스토시아닌을 경유하여 $P700^+$으로 돌아간다. 이때 전자가 PQ와 시토크롬을 거치면서 양성자기울기 형성에 관여하게 되므로 순환적 전자 전달결과 ATP 합성에 기여하게 되는데 이를 **순환적 광인산화(cyclic photophosphorylation)**라 한다. 순환적 광인산화는 탄소 환원 회로에 필요한 것 외에도 엽록체 대사 활동에 필요한 초과분 ATP의 공급원이 된다. 비순환적 광인산화에 의해 ATP와 NADPH가 생성되는 반면, 순환적 광인산화에 의해서는 NADPH가 생성되지 않으므로, 순환적 그리고 비 순환적 광인산화 과정의 사이의 전환은 스트로마내의 ATP/NADPH 비를 조절하는 하나의 메커니즘을 나타내며 이러한 것은 엽록체의 대사 활동을 유지하는데 매우 중요하다.

광합성 전자 전달과 이에 수반된 ATP 생성에서 에너지 보존의 열쇠는 루멘에서 빛에 의한 양성자 축적이다. 이러한 양성자 축적을 설명하는 두 가지 주요 메커니즘이 있다. 하나의 물분자가 산화될 때 두 개의 양성자가 남겨지는 물의 산화와 PQ–시토크롬 양성자 펌프이다. 그 결과로 나타나는 양성자 기울기의 에너지는 Mitchell의 화학삼투 가설에 따라서 ATP 합성을 구동하는 데 사용된다(5장).

양성자가 시토크롬 복합체에 의해 어떻게 막 사이를 이동하는지에 대한 정확한 메커니즘이 아직 알려지지 않았지만 여러 가지의 모델이 제시되었다. 가장 널리 받아들여지는 모델로 처음 Mitchell에 의해 제안된 Q회로가 있다. 평형 상태에서 Q 회로의 작동을 단순화시킨 모식도가 〈그림 7.10〉에 나타나 있다. PQ가 광계 II에 의해서 환원되면, PQ는 세미퀴논(semiquinone) 형으로 광계 II의 D1

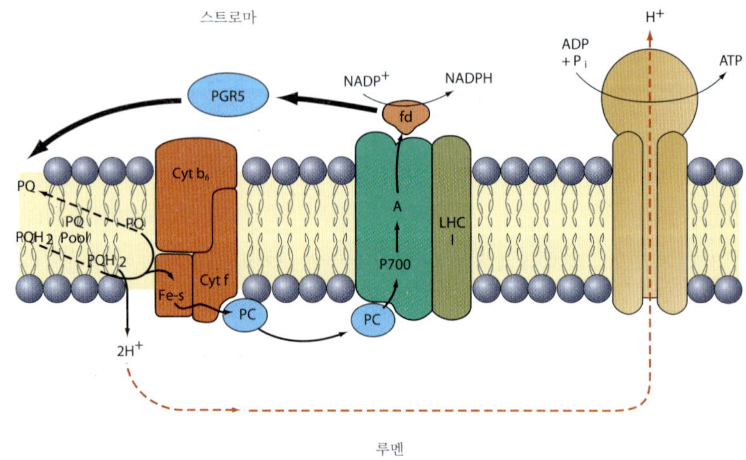

그림 7.9 순환적 전자 전달. 광계 II와 독립적으로 작용하는 광계 I은 P700에서 페레독신(fd), PGR5, 플라스토퀴논(PQ), 그리고 Cyt b_6/f 복합체를 거쳐서 P700으로 전자를 되돌린다. 순환적 전자전달에서 시토크롬 b_6/f 복합체에 의한 PQ의 산화는 NADPH의 생성이 아니라 ATP 합성을 위해 이용될 수 있는 양성자 기울기를 발생시킨다.

단백질(Q_B)에 일시적으로 결합하여 Q_A로부터 전자를 받는다. 이때 Q_B 세미퀴논은 인접한 주위에서 두 개의 양성자를 받아들여 완전히 환원된 플라스토퀴놀(PQH_2)을 생성한다. PQH_2는 광계 II 복합체와 해리되어 시토크롬 b_6/f 복합체와 마주칠 때까지 막에서 측면 확산된다. 거기에서 두 개의 PQH_2는 결합하고 리스케 Fe–S 단백질과 낮은 환원 퍼텐셜 형태인 시토크롬 b_6(LP)의 작용에 의해 세미퀴논 중간 대사물(PQHz, 보여지지 않았지만)을 거쳐 PQ로 재산화된다. 이때 부수적으로 4개의 양성자($4H^+$)가 루멘으로 이동한다. 하나의 PQ는 틸라코이드 PQ 풀로 돌아가서 광계 II에 의해 재환원되는 반면, 다른 하나의 PQ는 시토크롬 b_6/f 복합체의 스트로마 결합 부위로 이동되어 거기에서 높은 환원 퍼텐셜 형인 시토크롬 b_6(HP)에 의해 환원되고 스트로마로부터 두 개의 양성자($2H^+$)를 받는다. 이러한 PQH_2는 스트로마 결합 부위로부터 유리되고 틸라코이드 PQH_2 풀로 돌아간다.

따라서 리스케 Fe–S 단백질과 시토크롬 f를 통해 PQ에서 플라스토시아닌으로 한 쌍(each pair)의 전자가 흐를 때마다 4개의 양성자가 틸라코이드의 스트로마에서 루멘으로 이동하게 된다. 이 구도가 옳다면 비순환적 전자 전달을 거치는 전자쌍 당 물 분해(7.10)에서 온 2개와 Q 회로(7.9)에서 온 4개를 합친 6개의 양성자가 기울기 형성에 기여한다.

$$2PQH_2 \rightarrow PQ + PQH_2 + 4H^+ + 2e \qquad (7.9)$$

그러므로 $4H^+/2e$

$$H_2O \rightarrow {}^1/_2O_2 + 2H^+ + 2e \qquad (7.10)$$

그러므로 $2H^+/2e$

순환적 전자 전달의 경우 양성자 수는 4개이다.

하나의 ATP 합성($3H^+/ATP$)에 3개의 양성자가 CF_0–CF_1을 통해서 이동되어야 한다고 일반적으로 받아들여지므로 비순환적 전자 전달을 통한 한 쌍의 전자에 의해서 한 개의 NADPH(2ATP/NADPH)와 두 개의 ATP가 생성될 것으로 기대된다. 그러나 정확

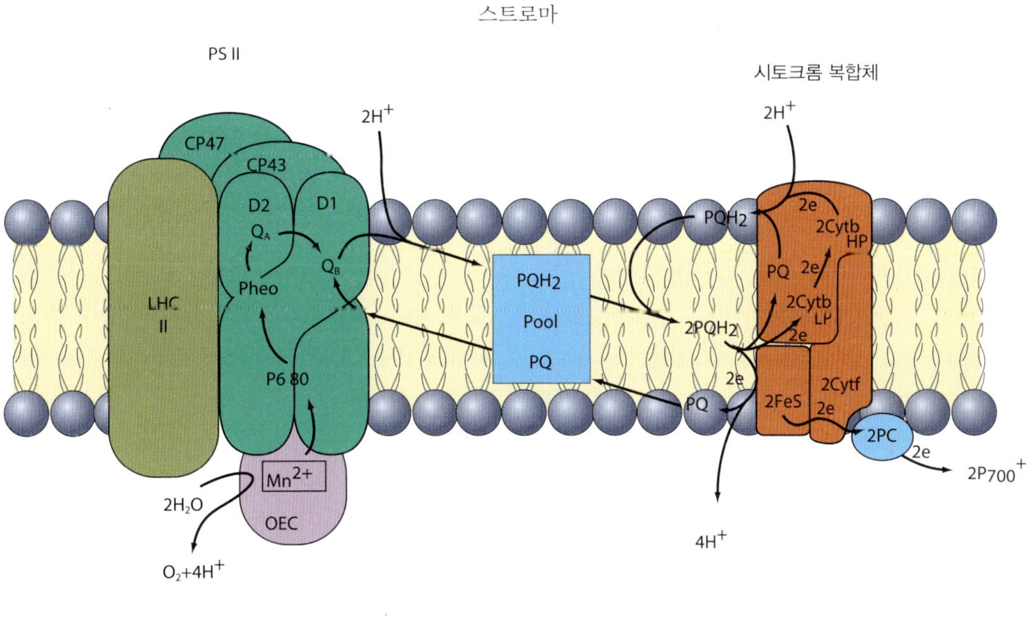

그림 7.10 플라스토퀴놀(PQH_2)에서 시토크롬 b_6/f 복합체로의 전자전달과 틸라코이드 막을 통한 양성자의 이동이 짝지워진 Q 회로의 모델. 전자 전달계를 거쳐 전달되는 한 쌍의 전자당 4개의 양성자가 막 사이로 이동한다. Fe, 리스케 철황–중심; Cyt f, 시토크롬 b_6/f 복합체의 시토크롬 f; Cyt b_{LP}, 시토크롬 b_6/f 복합체 시토크롬 b_6의 낮은 환원 퍼텐셜을 가진 형태; Cyt b_{HP}, 시토크롬 b_6/f 복합체 시토크롬 b_6의 높은 환원 퍼텐셜을 가진 형태; PC, 플라스토시아닌.

한 정량비는 부분적으로는 어느 특정 시기에서 순환적 전자 전달과 비순환적 전자 전달의 상대적 비를 정확히 알 수 없으므로 측정하기가 어렵다.

화학삼투설에 의하면

$$\text{pmf} = -59\ \Delta\text{pH} + \Delta\Psi \qquad (7.11)$$

스트로마에 비해 루멘에 양성자가 축적되면 틸라코이드막으로부터 나온 이가인 마그네슘 이온(Mg^{2+})이 엽록체의 스트로마에 축적이 된다. 이러한 것은 스트로마와 루멘간의 전기적인 전하차를 감소시킨다. 따라서 엽록체에서 ΔpH[수소 이온(H^+) 농도 차]는 엽록체의 pmf에 영향을 미치는 주된 요인인 반면, ΔΨ는 적게 영향을 미친다.

7.5 측면 이소성은 틸라코이드막의 균등하지 않은 분배이다

스트로마로부터 루멘으로 이동하는 양성자의 능동수송과 틸라코이드 막내의 전자 전달을 설명하는 막 사이의 전자 전달 구성원의 배열이 방향성을 갖는 것 이외에도 틸라코이드 막에서 구성원의 분포는 **측면 이소성(lateral heterogeneity)**을 나타낸다(그림 7.11). 그 결과 예를 들어 광계 I과 II는 앞에서의 정적인 그림들에서처럼 일종의 초복합체를 형성하기보다는 공간적으로 분리되어 있다. PS I/LHC I 복합체와 CF_0–CF_1 ATPase는 틸라코이드가 중첩되어 있지 않는 부위, 즉 막이 모여 그라나를 형성하지 않는 부위에 주로 위치한다. 이 부위는 스트로마 틸라코이드, 그라나층의 양쪽 모서리, 그리고 스트로마와 직접적으로 접촉하는 모든 부위를 포함한다(그림 7.11A). 반면에 거의 모든 PS II 복합체와 LHC II는 그라나 막의 중첩 부위에 있다(그림 7.11B). 시토크롬 b_6/f 복합체는 양 지역에 모두 균일하게 분포한다.

공간적 격리의 결과로 전자 전달 복합체는 이들간에 전자를 전달할 수 있는 **운동성 전자 운반자(mobile carrier)**에 의해 서로 연결되어야 한다. 이들 운반자는 PQ와 PC 그리고 페레독신이다. 이 세 가지 수송체는 어느 한 복합체와도 영구히 그것의 한 부분으로 남아 있지 않는다. PQ는 소수성 분자로서 틸라코이드 막 지질의 기질(matrix)에서 자유로이 측면으로 확산할 수 있다. 추정된 확산 속도는 $10^6 cm^{-2}s^{-1}$로 1000분의 1초 내에 전형적인 그라나의 직경 이상으로 움직일 수 있다. PQ의 측면 이동성에 의해 PS II와 시토크롬 복합체간에 전자가 전달될 수 있다. PC는 10.5 kDa의 작은 외재성 구리 단백질로서 막의 루멘 부위에 있다. 루멘 쪽의 막을 따라 쉽게 확산되며 시토크롬 복합체와 광계 I 사이에서 전자를 수송한다. 페레독신은 9 kDa의 Fe–S 단백질로서 막의 스트로마 부위에 있다. 광계 I 에서 전자를 받아 페레독신–NADP 산화 환원 효소의 도움으로 $NADP^+$를 NADPH로 환원한다.

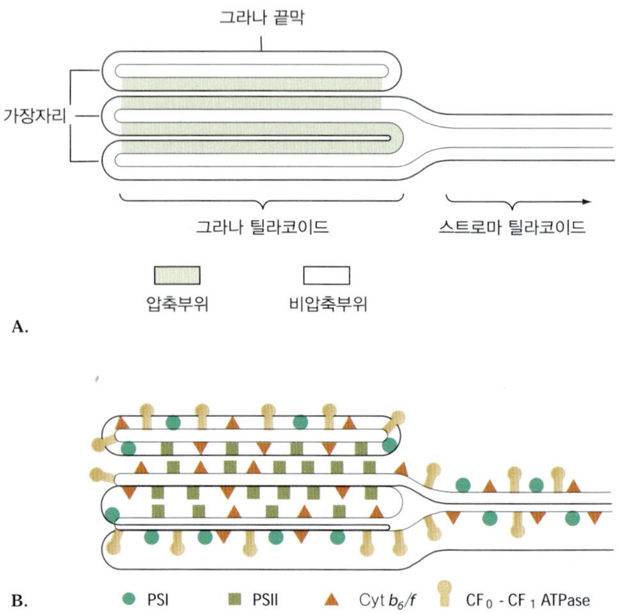

그림 7.11 틸라코이드 막에서의 측면 이소성. (**A**) 스트로마 틸라코이드의 비압축 부위, 그라나 끝막, 그리고 그라나의 가장자리가 스트로마에 노출되어 있지 않다. (**B**) 광계II는 거의 전적으로 압축 부위에 있는 반면에 광계I과 ATP 생성 효소는 비압축 부위에 있다. 시토크롬 복합체, 플라스토퀴논, 플라스토시아닌은 막 전체에 골고루 퍼져 있다.

광계 I과 II의 수가 다르고 공간적 격리가 있다는 점은 순환적 및 비순환적 광인산화가 동시에 일어날 수 있음을 의미한다. 따라서 ATP와 NADPH의 생산은 광합성뿐만 아니라 엽록체내의 다른 생합성적 에너지 요구를 충족시키기 위해 바뀔 수 있다(8장 참조).

그라나 층은 산소적 광합성에 필수적인가? 이 질문에 대한 분명한 답은 '아니다'이다. 주사전자현미경으로 본 엽록체(그림 5.4 참조)와는 반대로, 틸라코이드 막이 쌓인 그라나는 동적이 아니라 매우 역동적이다. 만일 그라나 층이 산소적 광합성에 필수적이 아니라면, 무엇이 그라나 층 형성을 조절하고 대부분의 엽록체에 나타나는 이유는 무엇인가? 첫째, 분리한 틸라코이드로 수행한 *in vitro* 실험은 틸라코이드 분리 완충액에서 K^+와 Mg^{2+}와 같은 양이온의 농도를 감소시키면 그라나 층이 감소하고 광합성 전자 단백질 복합체가 틸리코이드 막에서 동형 분포를 한다는 것을 보여주었다. 이 양이온을 다시 첨가하면 가역적으로 틸라코이드가 층을 이루는 과정을 중계한다고 밝혀졌다. 야생형 보리 엽록체는 전형적인 그라나 층을 보이는 반면 엽록소 b와 주요 LHCII 폴리펩티드가 없는 *chlorina f2* 보리 돌연변이체는 그라나 층을 보이지 않았다. 양이온은 틸라코이드 막에 있는 주요 LHCII 폴리펩티드의 N-말단에 노출된 음 표면전하를 보호한다고 결론을 내렸다. 그래서 층을 이루지 않는 틸라코이드 막은 틸라코이드 막에 있는 음 전하의 정전기적 반발을 일으킨다. 이 과정의 가능한 기능은 아직 알려지지 않았다. 13장에서 PS II와 PS I 사이의 에너지 분포에 대한 조절을 설명할 때 이 주제로 다시 돌아갈 것이다.

7.6 남세균은 산소성 광합성 생물이다

광합성 세균과 달리 남세균 (그림 7.12A)은 진핵 광합성 생물과 마찬가지로 광계 I, 물분해를 하는 광계 II, 두 광계 사이의 전자 전달계를 가지고 있어서 산소발생형 광합성을 수행하는 원핵생물을 지칭한다. 녹조류나 고등식물의 엽록체 틸라코이드 막에서 볼 수 있는 내재성 LHC 대신에 남세균 틸라코이드의 세포질 방향에 부착되어 있는 외재성 색소-단백질 복합체인 피코빌리좀을 가지고 있다(그림 7.12B). **피코빌리좀(phycobilisome, PBS)**은 총 단백질의 40%를 차지하는 피코빌린이라는 장대 모양의 색소단백질이다. PBS와 관련된 피코빌린 단백질에는 **알로피코시아닌(allophycocyanin, APC)**, **피코시아닌(phycocyanin, PC)**, 그리고 **피코에리트린(phycoerythrin, PE)**가 있다. PBS 이외에 남세균 광계 II도 진핵생물과 유사한 CP47과 CP43 핵심 안테나를 포함하고 있다. 남세균은 광합성과 호흡전자 전달에 관여하는 전자수송체가 틸라코이드막에 혼재하면서 PQ와 Cyt b_6f 복합체를 두 경로가 공유한다는 점에서 엽록체와는 차별성이 있다. PBS는 거대한 크기와 틸라코이드막 외부에 존재한다는 특성으로 인해서 틸라코이드막이 겹치거나 그라나 층 형성을 방해한다. 이는 그라나층 형성이 산

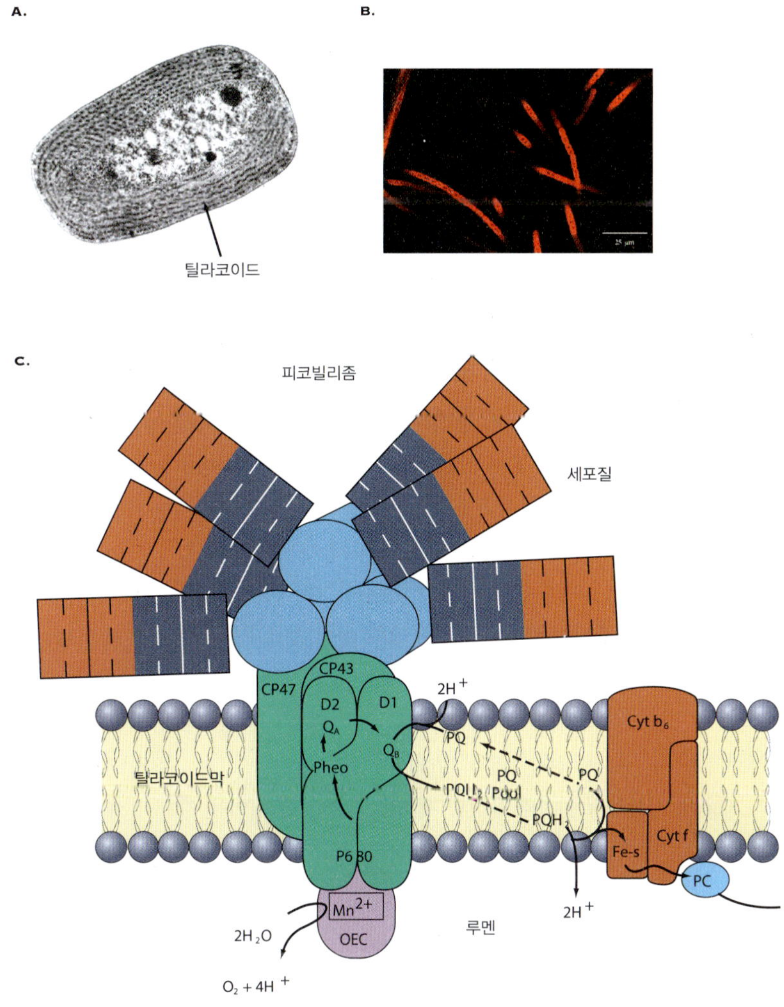

그림 7.12 (A) 전형적인 단일세포 남세균 *Synechocystis*의 전자현미경 사진. 그라나 층이 없음에 주목하라. 틸라코이드막은 세포질에 동심원상으로 배열되어 있다. (B) 남세균 *Plectonema boryanum*의 공초점현미경 사진. 사상체 형 남세균의 한 예이다. 적색의 고리가 하나의 세포이며 엽록소 a에서 방출되는 형광으로 인해서 적색을 띤다. (C) 남세균에서 피코빌리좀과 광계II를 보여주는 일반도. 피코빌리좀이 광계II와 틸라코이드막 표면에서 부착되어 있다. 피코에리드린(적색), 피고시안(진한 청색)은 장대모양의 단백질에 결합하고 있는 색소이다. 장대형 단백질은 피코빌리좀을 광계II의 CP43과 CP47에 부착시키는 알로피코시안 단백질(청색)에 부착되어 있다.

소성 광합성을 수행하는 데 필요한 전제 조건이 아님을 의미한다.

7.7 광합성 전자 전달 억제제는 효과적인 제초제이다

농업이 시작된 이래 인류는 잡초와의 전쟁을 수행하였다. 잡초는 물, 영양분, 그리고 빛을 얻기 위해 작물과 경쟁하며 궁극적으로 작물의 생산량을 감소시킨다. 잡초 제거를 위한 작물의 윤작, 괭이질이나 트랙터 경작기 등의 전통적인 방법들이 1940년대에 들어와서 대부분 노동력을 줄일 수 있는 화학적 제초방법으로 대체되었다. 현대의 농업은 이제 완전히 **다량의 제초제(herbicide)** 사용에 의존하고 있다.

여러 가지 세포적 기능을 방해하는 광범위한 제초제가 이제는 이용 가능하다. 그러나 상업적으로 중요성이 높은 제초제 중에서 많은 것이 광합성의 전자 전달을 방해하여 작용한다. 이 같은 제초제의 두 가지 주종류는 모누론(monuron)과 디우론(diuron)과 같은 요소 유도체와 **트리아진(triazine)**과 **시마진(simazine)**과 같은 트리아진계 제초제이다(그림 7.13). 요소와 트리아진계 제초제는 모두 뿌리에 의해서 흡수되어 잎으로 수송된다. 거기서 이들은 광계 II의 제초제 결합 단백질로 알려진 D1 단백질의 Q_B 결합 부위에 결합한다. 제초제는 PQ가 동일한 부위에 결합하는 것을 방해하여서 PQ로의 전자 전달을 막게 된다. 이 부위에서 전자 전달을 억제하므로 실험실에서 연구자가 광계 II와 I 사이의 전자 전달을 차단하고자 할 때 DCMU(디우론)는 흔히 사용된다.

트리아진계 제초제는 옥수수 뿌리가 제초제를 불활성화 형으로 분해하는 효소를 가지고 있기 때문에 옥수수 농장에서 잡초 제거를 위해 광범위하게 사용된다. 다른 식물도 물론 저항성을 갖는다. 목화와 같은 일부 식물의 경우에는 제초제를 특수한 샘(gland)에 붙잡아 두며 다른 식물은 제초제의 적용 지역 이하의 깊이로 보다 더 깊게 뿌리를 내리는 근계를 이용해 흡수되는 것을 피하게 된다. 그러나 많은 경우에서 잡초는 트리아진 저항성의 종류(race)나 생물형(biotype)을 발달시켰다. 여러 경우에서 저항성은 D1 단백질의 단일 아미노산이 치환된 결과로 드러났다. 아미노산의 변화는 제초제에 대한 단백질의 친화력을 감소시키지만 PQ의 결합은 방해하지 않고 그 결과로 전자 전달도 방해하지 않는다.

제초제 저항성 유전자와 유전자 재조합 기술이 함께 이용 가능해져서 추가적인 제초제 저항성 작물의 개발 전망에 대한 상당한 관심이 고조되었다. 예를 들어 변형된 D1 단백질의 유전자를 작물에 도입하여 트리아진 제초제에 대한 저항성을 부여하는 것이 가능하다. 그러나 이 같은 접근 방법은 잡초가 자연적인 진화적 변화를 통해 동일한 제초제에 대한 저항성을 획득하는 것을 멈출 때만 가능하다.

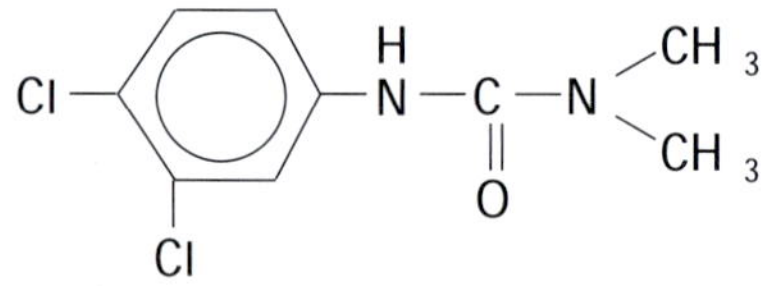

3-(3,4-Dichlorophenyl)-1,1-dimethylurea(DCMU)
디우론

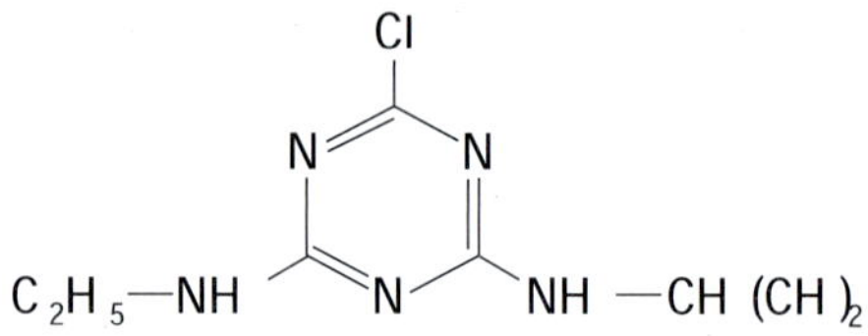

2-Chloro-4-ethylamino-6-isopropylamino-s-triazine
아트리아진

파라콰트

그림 7.13 광합성을 억제하는 일부 제초제의 화학 구조

또 다른 종류의 제초제로 디콰트(diquat)나 파라콰트(paraquat)와 같은 비피리딜리움 비올로젠(bipyridylium viologen)염색액(그림 7.13)은 광계 I의 환원 부위에서 전자를 가로채 작용한다. 비올로젠 염색액은 자가 산화되며 즉시 산소를 초산화 음이온으로 환원시킨다. 따라서 비올로젠은 광합성 전자 전달을 방해할 뿐만 아니라 이 때문에 생긴 초산화 음이온이 빠르게 엽록소를 불활성화시키거나 엽록체막을 산화시켜 추가적인 손상을 유발한다. 또한 비올로젠 제초제는 동물에게도 매우 독성이 크기 때문에 그 사용이 금지되었거나 엄격하게 법적인 제한을 받는다.

화학 제초제는 현대 농업에서 중요한 영농 수단의 하나이지만 노동력 절약 방법으로서의 이들의 가치를 잠재적인 해로운 부작용과 함께 신중하게 저울질해야 한다. 대부분의 이러한 제초제들은

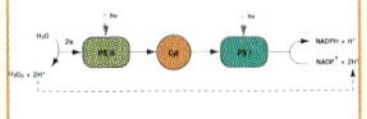

Box 7.2
두 광계에 대한 사실

산소를 발생하는 광합성 생물의 광합성 단위는 두 개의 광계로 되어있고 일련의 과정을 통해 작동한다. Z- 구도(Z-scheme)로 알려진 두 단계의 일련의 과정이 오늘날에는 광합성에서 잘 알려진 내용이지만, 1960년대 초에 처음으로 제시되었을 때에는 상당히 놀랄만한 생각이었다. 이 "두 단계" 생각은 1950년에 수행된 일련의 실험들에 근거를 두고 있으며, 광합성의 전자전달계의 이해를 발전시키는데 중요한 기초가 되었다. 이러한 실험들에서 첫 째로 중점을 둔 것은 양자효율의 개념이다. 양자 효율에 대한 정보는 광화학적 과정을 이해하는데 매우 유용하다. 양자 효율은 두 가지 방식으로 나타난다. 즉, **양자수율(qjantum yield)** 혹은 **양자 요구량(quantum requirement)**이다. 양자 수율(Ø)은 흡수된 광자수에 대한 생산 수율의 비로써 한 과정의 효율을 나타낸다. 한 예로 광합성에서 생산 수율은 발생된 산소 혹은 흡수된 이산화 탄소 양으로 측정될 수 있다. 대신에 양자 요구량(1/Ø)(때때로 양자 수로 언급됨)은 매 분자의 이산화 탄소가 환원되거나 혹은 산소가 발생하는데 얼마나 많은 광자가 요구되어지는지 말해준다. 7.8식에 의하면 매 한 분자의 이산화 탄소가 환원되기 위해서는 최소 4개의 전자가 필요하다는 것을 알 수 있다. 제 5장에서, 1개의 전자가 들뜨기 위해서는 1개의 광자가 필요한 것을 나타냈다.

그러므로 광합성에서 필요한 최소 양자 요구량은 이론적으로 내개이다. 그러나 실험적으로 매 한 분자의 이산화탄소가 환원되기 위해서는 8~10개의 광자가 필요하다면(최소를 가정하는 것이 일반적이다), 각 전자는 두 번 들떠야 한다! 에머슨(R. Emerson)의 실험에서 두 번째 증거는 클로렐라에서 광합성의 작용 스펙트럼을 결정하려는 시도에 기초를 두고 있다. 에머슨과 그의 동료 루이스(C. M. Lewis)는 1943년에 Ø의 값은 대부분의 파장대에서 놀랍게도 일정하다고 보고하였다(Emerson and Lewis, 1943). 이는 엽록소에 의해 흡수되는 어떤 광자도 광합성을 구동시키는데 비교적 동등하게 효과적인 것을 의미한다. 그러나 흡수 파장 범위에서 여전히 엽록소가 빛을 흡수하더라도 680 nm 이상의 파장에서 예상치 못하게 양자수율이 감소했다(그림 7.14). 이러한 스펙트럼 중 긴 적색 파장의 부분에서 양자 효율이 감소하는 것을 **적색급강하(red drop)**라고 한다.

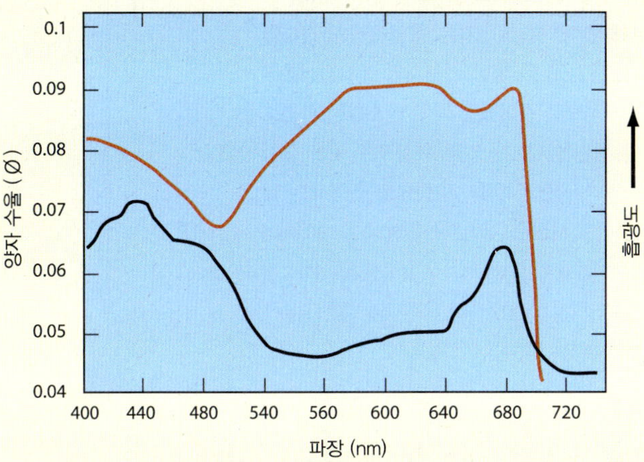

그림 7.14 녹조류 *Chlorella*에서 에머슨 (Emerson)의 적색 급강하(red drop). 아래 곡선: 광합성 색소의 흡수 스펙트럼. 위 곡선: 광합성 양자효율의 작용스펙트럼. (Redrawn from the data of R. Emerson, C. M. Lewis, *American Journal of Botany* 30:165-178, 1943)

다른 실험에서, 에머슨과 그의 동료는 650 nm에서 680 nm 영역 그리고 700 nm에서 720 nm 영역의 두 영역대의 빛을 조사할 수 있도록 장치를 만들었다. 두 빛의 플루언스율(fluence rate)은 똑같은 광합성률을 주기 위해 조정되었다. 에머슨은 두 개의 빛이 동시에 가해졌을 때 광합성률이 각각의 빛을 따로 줘서 획득한 총합보다 2~3배 큰 것을 발견하였다. 이러한 현상을 **에머슨 상승효과(Emerson enhancement effect)**라고 한다(그림 7.15). 이러한 상승효과는 광합성에서는 두 개의 광화학적 사건 혹은 광계가 관여한다는 것을 말하는데, 즉 하나는 단파장(≤680 nm)에 의해 다른 하나는 장파장(>680 nm)에 의해서이다. 따라서 최적의 광합성이 일어나기 위해서는 두 광계가 동시에 작동되거나, 신속히 연속적으로 일어나야 한다.

시토크롬(cytochrome)과 산화-환원 퍼텐셜 값에 대한 논쟁이 되는 정보를 설명하기 위한 시도로 힐(R. Hill)과 벤달(Fay Bendall)은 1960년에 전자 전달에 대한 새로운 모델은 제시했다. 힐과 벤달 모델은 연속적으로 작동하는 두 개의 광화학적 작용을 포함한다. 즉, 하나는 시토크롬을 산화시키고 다른 하나는 환원시킨다(그림 7.16). 다음 해에 듀이센(Duysen)이 시토크롬이 긴 파장의 빛에서 산화된다는 것을 보이면서 힐과 벤달 모델을 확인했다. 그 효과는 단파장의 빛에 의해 반전될 수 있었다.

그림 7.15 에머슨의 "상승효과"를 보여주는 그림. 두 영역대의 빛(660 nm 와 710 nm)을 독자적으로 (A와 B) 혹은 동시에 (C) 조사하였다. 빛 에너지는 동일하게 조정하였다. 동시에 두 빛이 가해지면 산소발생률이 독자적으로 주어졌을 때의 산소발생률 합보다 훨씬 높다. 윗 방향 화살표는 빛을 조사하기 시작한 시점을, 아랫방향 화살표는 빛을 꺼준 시점을 나타낸다. (Reproduced with permission from the *Annual Review of Plant Physiology*, Vol. 22, copyright 1971 by Annual Reviews, Inc.)

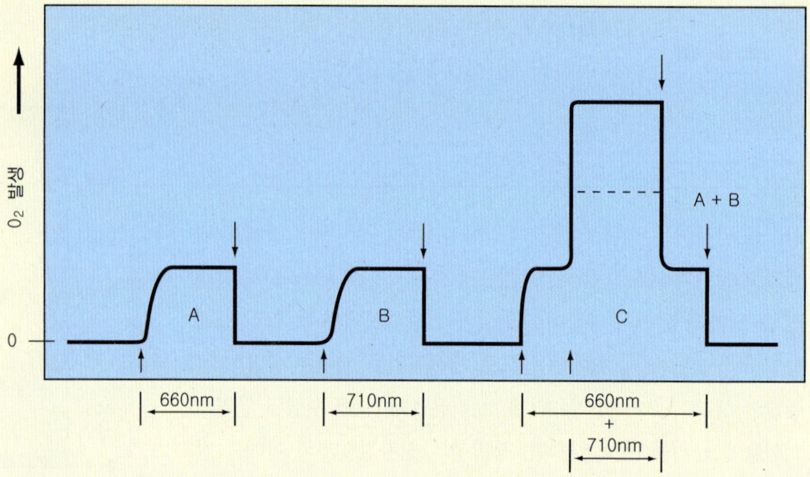

비록 그 구도가 처음으로 제시된 이후 상당 부분이 보충되어지고 변형되었어도, 힐과 벤달의 구도는 산소 발생과 광합성 전자 전달에 대한 이해를 이끌어내는 촉매제를 제공했다. 그 결과 오늘날 Z-구도는 식물이나 조류, 남세균에서 광합성 전자전달을 설명하는데 우세한 패러다임이 되었다. 그러나 아르논(Daniel Arnon)는 과학적 생애 일부분을 Z-구도에 도전하는데 보냈다. 실험적인 증거를 통해 그는 1995년 죽음을 맞이하기까지 광계 I과 광계 II는 각각 독립적으로 작동하여 이산화탄소 동화를 보조한다는 것을 증명했다. 그는 광계 I은 ATP를 발생하기 위해 순환적 전자전달 방식으로 작동할 수 있으며 광계 II는 직접적으로 $NADP^+$를 환원할 수 있다고 설명하였다. 광계 II에 의한 $NADP^+$의 환원이 생체 외에서는 보여질 수 있지만 이 과정의 양자 수율은 매우 낮은 것으로 나타났고 결코 생체내에서는 이 반응이 보고되지 않았다. 만약 광계 II가 직접적으로 $NADP^+$를 환원시킬 수 있다면, 아마도 우리는 광계 I이 없는 상태에서 이산화탄소 고정을 볼 수 있을 것이다. 그러나 녹조류인 클라미도모나스(*Chlamydomonas reinhardtii*) 돌연변이체를 가지고 수행한 모든 실험에서 광계I이 없으면 이러한 돌연변이체들이 이산화탄소를 고정을 할 수 없다는 것을 알 수 있었다. 비록 이러한 대다수의 의견이 Z-구도가 최적의 성장 조건에서 자란 광합성 생물체의 광합성 전자 전달의 정확한 묘사를 반영한다고 해도, 축적된 결과를 보면 극한의 조건에서 자란 상황에서는 Z-구도가 전자 전달을 설명할 수 없다는 것을 알 수 있었다. Z-구도를 둘러싼 최근의 논쟁들은 레딩(Redding)와 펠티에(Peltier)(1998)그리고 이바노브(Ivanov) 등 (2000)의 논문을 참고하시오.

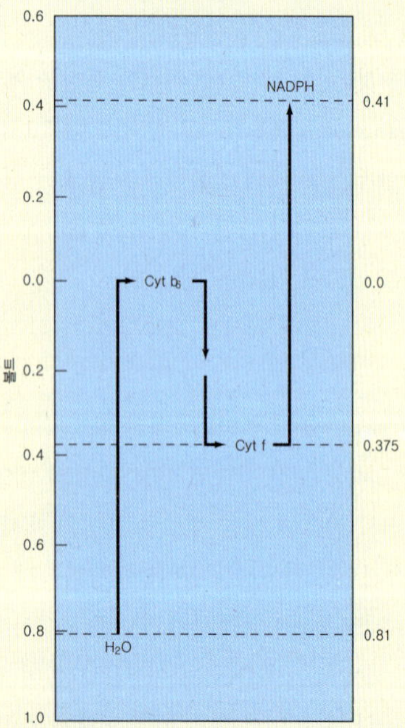

그림 7.16 힐과 벤달에 의해서 제안되었던 원래의 Z 구도. 최근의 구도는 그림 7.7에서 볼 수 있다. (Redrawn from Hill and Bendall, 1960).

더 읽을거리

Arnon, D. I. 1995. Divergent pathways of photosynthetic electron transfer: The autonomous oxygenic and anoxygenic photosystems. *Photosynthesis Research* 46:47–71.

Duysens, L. N. M., J. Amesz, B. M. Kamp. 1961. Two photochemical systems in photosynthesis. *Nature* 190:510–511.

Emerson, R., C. M. Lewis. 1943. The dependence of the quantum yield of *Chlorella* photosynthesis on wavelength of light. *American Journal of Botany* 30:165–178.

Emerson, R., R. Chalmers, C. Cederstrand. 1957. Some factors influencing the long-wave length limit of photosynthesis. *Proceedings of the National Academy of Science USA* 43:133–143.

Hill, R., F. Bendall. 1960. Function of the two cytochrome components in chloroplasts: A working hypothesis. *Nature* 186:136–137.

Ivanov, A. G., Y.-I. Park, E. Miskiewicz, J. A. Raven, N. P. A. Huner, G. ¨Oquist. 2000. Iron stress restricts photosynthetic intersystem electron transport in *Synechococcus sp*. PCC 7942. *FEBS Lett*. 485:173–177.

Redding, K., G. Peltier. 1998. Reexamining the validity of the Z-scheme: Is photosystem I required for oxygenic photosynthesis in *Chlamydomonas*? In: J.-D. Rochaix, M. Goldschmidt-Clermont, S. Merchant (eds.), *The Molecular Biology of Chloroplasts and Mitochondria in Chlamydomonas*? *Advances in Photosynthesis*, Vol. 7, pp. 349–362. Dordrecht: Kluwer Academic.

발암성 물질이기 때문에 물에 녹아 있는 해로운 화학물질들이 잠재적으로 축적되는 문제는 계속해서 대중의 관심사가 될 것이다. 게다가 제초제를 지나치게 남용하게 되면 잡초의 제초제 저항성을 증가시켜 장기간으로 볼 때 잡초 문제를 더 악화시킬 우려가 있다.

이 일어나지 않는다. 고등식물이나 남세균과 달리 광합성 세균은 황화수소나 수소 가스를 산화할 수 있는 반응중심을 가지고 있어서 물을 분해할 수 없다. 경제적으로 중요한 여러 종류의 제초제들은 광합성적 전자전달을 방해함으로써 그 기능을 수행한다.

요약

광합성에서 빛 의존 반응의 기능은 뒤이어 일어나는 CO_2 환원에 요구되는 ATP와 환원력(NADPH)을 만드는 것이다. 틸라코이드 막에 있는 전자전달 사슬은 두 개의 광계(PS I, PS II)와 하나의 시토트롬 b_6f 복합체로 구성되어 있다. 이 3개의 복합체가 막의 면을 따라 쉽게 확산되는 이동성 운반자인 플라스토퀴논과 플라스토시아닌에 의해 서로 연결되어 있다. 각각의 광계는 반응중심, 핵심부(core)안테나, 그리고 연관된 광수확 복합체(LHC)들로 구성되어 있다. 안테나 색소와 LHC에 의하여 전자흐름이 시작된다. 그 결과, 물의 산화로부터 얻어진 전자들은 광계 II, 시토크롬 b_6f 복합체 및 광계 I을 거쳐서 $NADP^+$로 전달된다. 양성자들은 인산화반응을 일으키기 위해 광계 II와 광계 I 사이에서 막을 가로질러 펌프된다. 광합성 전자전달사슬계 구성원은 틸라코이드막에 균질하게 분포하지 않고 측면이소성을 보인다. 그러나 측면이소성은 정적이지 않고 매우 동적으로서 LHC 단백질의 N-말단 도메인에 의해서 생성된 음의 전하 때문에 생성된 정전기에 의한 결과이다. 그라나 층은 산소성 광합성에 반드시 필요한것은 아니다. 비록 남세균이 광계 I과 II를 가지고 있고 산소를 발생하는 광합성을 수행하지만 피코빌리좀이라 불리우는 광수확 색소로 인해서 그라나 층 형성

복습문제

1. 엽록체에서 ATP 형성은 계단방식의 에너지 보존에 근거한다. 안테나 엽록소 분자에 의한 최초의 빛흡수로부터 최종적으로 ATP분자의 형성에 이르기까지 에너지 전환을 추적해 보아라.
2. 광계의 개념을 기술해 보고 그것이 빛에너지를 화학 에너지로 진환하는 데 있어 어떻게 관련되는지를 설명해 보아라.
3. 순환적 전자전달과 비순환적 전자전달 사이의 차이를 설명해 보아라. 만일 광계 II와 광계 I이 틸라코이드 막의 다른 지역에 위치한다면 비순환적 광합성 전자전달이 어떠한 기능을 발휘할 수 있을까?
4. 측면이소성이 어떻게 조절되는지 설명하시오.
5. 산소성 광합성과 비산소성 광합성의 차이점을 설명하시오. 산소성 광합성의 진화가 광합성 생물의 분포에 어떠한 역할을 하였는가?
6. LCH II는 무엇이며, 어디에 있는가? 피코빌리솜은 무엇이며 어디에 있는가?
7. 제초제 DCMU는 분리 엽록체내의 전자전달반응에 관한 실험실 연구에서 흔히 이용된다. DCMU가 그와 같은 연구에서 왜 유용한가를 제시해 볼 수 있는가?

더 읽을거리

Aro, E.-M., B. Andersson. 2001. *Regulation of Photosynthesis. Advances in Photosynthesis and Respiration, Vol. 11.* Dordrecht: Kluwer.

Blankenship, R. E. 2002. *Molecular Mechanisms of Photosynthesis.* Williston: Blackwell Science.

Buchanan, B. B., W. Gruissem, R. L. Jones. 2000. *Biochemistry and Molecular Biology of Plants.* Rockville, MD: American Society of Plant Physiologists.

Merchant, S., M. R. Sawaya. 2005. The light reactions: A guide to recent acquisitions for the picture gallery. *Plant Cell* 17:648–663.

Nelson, N., C. F. Yocum. 2006. Structure and function of photosystems I and II. *Annual Review of Plant Biology* 57:521–565.

Ort, D. T., C. F. Yokum (eds.). 1996. *Oxygenic Photosynthesis: The Light Reactions. Advances in Photosynthesis and Respiration, Vol. 4.* Dordrecht: Kluwer.

Shikanai, T. 2007. Cyclic electron transport around photosystem I: Genetic approaches. *Annual Review of Plant Biology* 58:199–217.

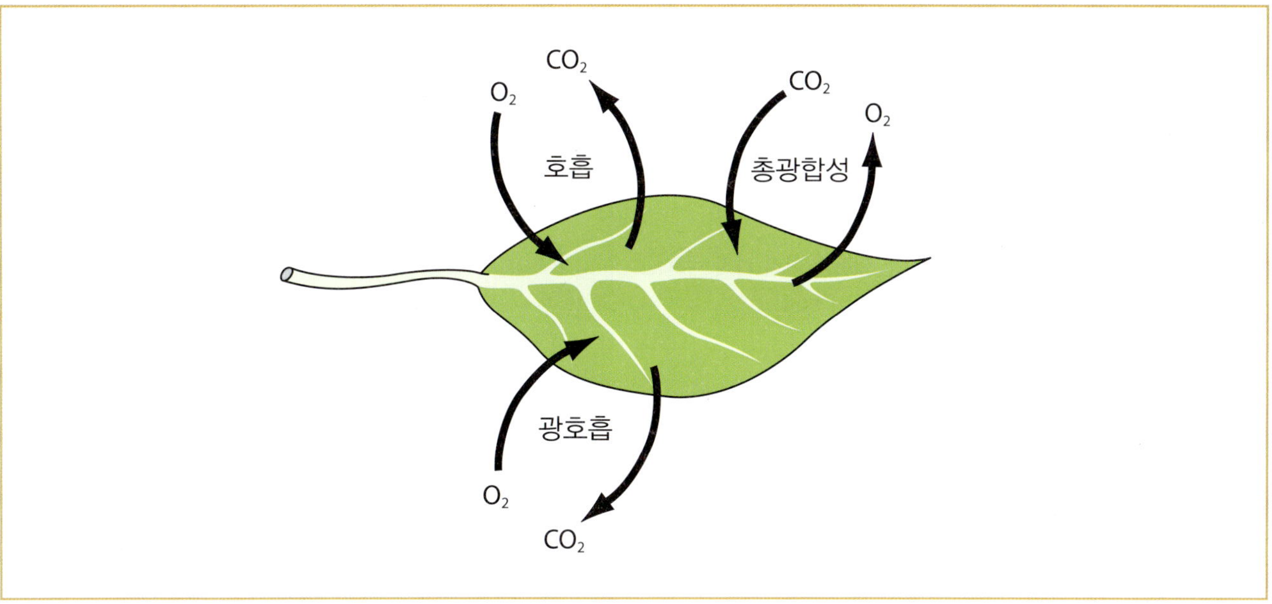

8

광합성에서 에너지 보존: 이산화탄소 동화

7장에서 어떻게 엽록체가 빛에너지를 환원력(NADPH)과 ATP로 전환하여 보존하는지에 대해서 알아보았다. 이 장에서는 어떻게 이산화탄소가 잎으로 들어가고 광합성 전자전달에 의해 생성된 NADPH와 ATP를 이용하여 환원되어지는 가에 관심이 집중될 것이다. 공기는 광합성에 필요한 이산화탄소 원이다. 잎과 주변 공기사이의 가스교환은 확산에 의해 일어나고 기공이라 불리는 특별한 구멍이 닫히고 열리는 것에 의해 조절된다. 기공 운동은 빛, 이산화 탄소, 수분 상태, 그리고 온도와 같은 환경 요인에 매우 민감하다. 이산화탄소의 환원과 관련된 이러한 반응은 전통적으로 광합성의 암반응이라고 묘사되어 왔는데, 이것은 빛이 없는 상태에서도 반응이 진행될 수 있다는 것을 암시하므로 이러한 표현은 오해를 일으킬 수 있다. 그러나 탄소 고정에 관여하는 여러 중요한 효소들은 빛에 의해 활성화되며 암소에서는 불활성이거나 낮은 활성을 띤다. 따라서 설사 광화학 반응이 아닌 다른 공급처에서 에너지가 이용될 수 있다고 하여도 탄소 환원은 암소에서는 일어날 수 없다.

이삼십 년 전까지만 해도 탄소 대사에 관한 지식은 초보적이었으며 새로운 연구 분야가 시작되면 늘 그러하듯이 그 과정을 이해하는 것이 다소 세련되지 못했다. 오랫동안 광합성과 호흡은 탄소 대사의 두 가지 부분으로 나뉘어 있다고 생각하여 서로 독립적이고 격리되어 있는 대사 과정으로서 세포내에서 깔끔하게 서로 구획화된 것으로 생각되어 왔다. 호흡은 세포질과 미토콘드리아에 한정되어 있는 것으로 보이는 반면에 광합성은 엽록체에 국한되어 있다. 광합성이 하는 일은 탄소를 환원하여 설탕이나 녹말과 같은 형태로 저장하는 것이다. 필요한 경우에는 이 저장 산물이 이동 가능한 형태로 바뀌어 호흡을 통해서 세포가 필요한 에너지와 탄소를 충족시키기 위해 산화되는 미토콘드리아로 유입된다. 따라서 광합성과 호흡의 관계는 간단하고 복잡하지 않다.

그러나 40년 이상 탄소 대사에 관한 지식과 이해가 상당히 향상되었고 그 때문에 외견상 상당히 복잡해지게 되었다. 광합성 탄소 대사는 더 이상 하나의 불변적인 경로로 설명될 수 없다. 그것은 더 이상 단지 엽록체 혹은 단세포에 국한되지 않는다. 탄소 환원 이외에도 광합성 에너지는 질소 동화, 황산염 환원 및 기타 중간 대사에 이용된다. 광합성률은 엽록체 바깥이나 식물의 다른 부위에서 일어나는 사건에 영향을 받거나 심지어는 조절된다. 세포내 및 기관 간의 이런 저런 대사 연계의 복잡성은 최근에 들어서야 명백해지기 시작했다. 한 가지 분명한 점은 탄소 대사에 대한 보다 총체적인 연구가 필요하다는 점이다. 전통적인 독립된 과정으로서 구획화된 관점은 더 이상 식물의 탄소 대사를 적절하게 설명할 수 없다.

본 장에서는 고등 식물의 광합성 탄소 대사의 여러 가지 상호 연관된 변수를 다음 사항을 포함해서 기술하고자 한다.

- 낮은 농도 기울기에 따라 이산화탄소를 흡수하는 효율적인 메커니즘을 제공하는 기공을 통한 잎의 가스 교환
- 탄소의 경로, 에너지론 그리고 모든 생물이 궁극적으로 탄소 동화를 위해 이용하는 경로인 광합성 탄소 환원 회로에 해당하는 C3 대사의 조절
- 광호흡과 C3 식물에서 광합성 탄소 산화 회로가 탄소 동화를 어떻게 한정하는가?

이후의 장들에서는 탄소 분배, 호흡 탄소 대사 식물 전체에서의 탄소 분배에 영향을 미치는 요인 그리고 C4 및 CAM 광합성의 생태학적 중요성에 대하여 알아볼 것이다.

8.1 기공 복합체는 잎의 가스교환과 물의 손실을 조절한다

잎의 표피는 내부 공기권과 외부 대기 사이의 가스 교환을 하게 하는 구멍을 가지고 있다. 이 구멍이 기공으로 **공변 세포(guard cell)**라는 특이한 세포가 맞닿아 있다(그림 8.1). 대부분의 경우 공변 세포는 전문화되고 분화된 표피 세포인 **보조 세포(subsidiary cell)**로 둘러싸여 있다. 공변 세포와 보조 세포 기공을 합해 **기공 복합체(stomatal complex)** 혹은 **기공 장치(stomatal apparatus)**라 한다.

기공 복합체의 특징은 공변 세포 쌍이 수압 밸브로 작용한다는 점이다. 공변 세포는 광합성을 위해 이산화탄소가 필요한 경우 물을 흡수하고 팽창하여 기공이 열리게 한다. 반면에 이산화탄소가 필요하지 않거나 수분 스트레스가 광합성 요구보다 클 때에는 공변 세포에서 물이 유출되어 기공이 닫히게 된다. 17세기 말 M. Malpighi에 의해서 공변 세포의 존재가 처음 보고된 이후부터 공변 세포의 기계적, 생리적 및 생화학적 특성에 대해서 많은 학자들이 관심을 가져 왔다. 기공 운동에 대한 끈임 없는 관심은 기공이 가스 교환을 조절하여 광합성과 생산성에 지대한 영향을 미치기에 이해할 만하다. 식물과 환경 간의 이산화탄소 및 수분 교환의 90% 이상이 기공을 통해서 일어난다. 이처럼 기공은 광합성을 위한 이산화탄소 흡수 및 2장에서 언급한 증산을 통한 수분 손실이라는 두 가지 매우 중요한 경쟁적인 과정을 조절한다. 따라서 광합성 능력

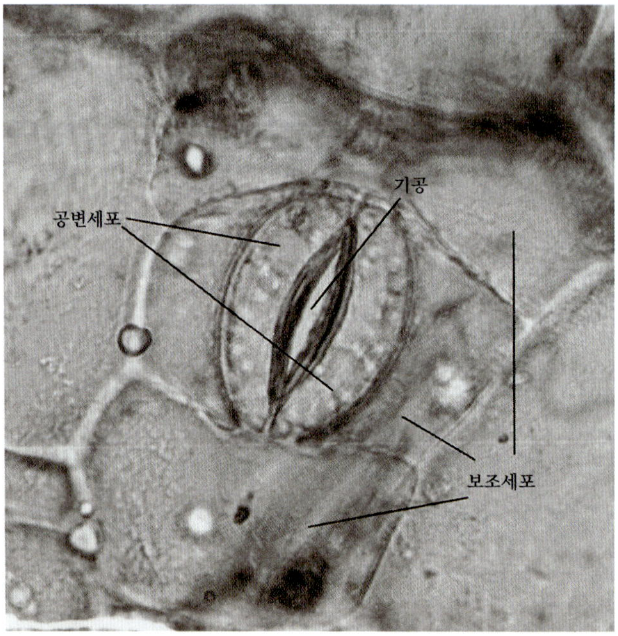

A.

B.

그림 8.1 기공. (A) *Zebrina*의 하면 표피의 타원형 기공. 이 그림에서 기공은 열려 있다(X 250). (B) 옥수수 잎 뒷면의 초본형 기공. 이 기공은 닫혀 있다(X 250).

과 작물의 생산을 고려할 때 기공의 기능을 감안하는 것이 중요하다. 아주 최근에는 오존(O_3)이나 이황화산소(SO_2)와 같은 대기 오염 물질이 열린 기공을 통해 잎으로 유입된다고 밝혀짐으로써 기공의 기능에 대한 관심이 더욱 증가하고 있다.

기공은 피자 및 나자 식물의 사실상 모든 고등 식물과 수생 식

물과 우산이끼를 제외한 이끼류와 양치류 같은 대부분의 하등 식물의 잎에서 발견된다. 피자와 나자 식물에서는 비록 일부 기능을 가지고 있지 않는 경우도 있지만 꽃이나 줄기를 포함하여 대기에 노출된 대부분의 부위에 나타난다. 기공의 빈도와 분포는 매우 다양하여 종, 잎의 위치, 염색체 수, 생장 조건과 같은 여러 요인들에 의해 결정된다. 기공의 빈도는 mm^2당 보통 20~400개의 범위에 속하며 어떤 경우에는 1000개 이상까지 보고된 바 있다. 비록 예외가 있기는 하지만 풀과 같은 초본성 외떡잎 식물의 잎은 보통 윗면과 아랫면에 거의 동일한 수의 기공을 갖는다. 초본성 쌍떡잎 식물 잎에서도 양면에 기공이 있지만 윗면의 빈도가 아랫면보다 낮다. 대부분의 목본성 쌍떡잎과 관목에서는 잎의 아랫면에만 기공이 있으며 부유성 연꽃과 같은 수생 식물의 경우에는 윗면에만 기공이 있다. 평행한 잎맥을 가지고 있는 외떡잎 식물 잎의 경우 기공은 잎맥 사이에 나란히 배열되어 있지만, 대부분의 경우 기공은 잎표면에 무작위적으로 흩어져 있다.

기공 복합체의 가장 눈에 띄는 특징은 구멍을 접하는 한 쌍의 공변 세포이다. 이 특수화된 표피 세포는 가역적인 팽압 변화를 일으켜서 구멍의 크기를 조절할 수 있는 능력이 있다. 공변 세포가 완전히 팽창하면 기공이 열리게 되고 반대로 수축되면 닫히게 된다. 여러 가지 변이가 있지만 해부학적으로 공변 세포는 초본형과 타원형의 두 가지 기본 유형이 있다(그림 8.1).

그 열린 모양이 타원형이기에 타원형 또는 콩팥 모양의 공변 세포라고 불린다. 표면상 보기로는 이러한 공변세포들은 겉보기로는 오목한 부위가 서로 마주하고 있는 한 쌍의 강낭콩을 닮은 모양이다. 횡단면은 **배쪽의 벽(ventral wall)**이 구멍을 에워싸고 있고 **등쪽의 벽(dorsal wall)**이 주변의 표피 세포에 접한 거의 원형 모양이다(그림 8.2). 성숙한 공변 세포는 주로 배쪽 벽의 안쪽과 바깥쪽을 따라서 벽이 비후화되어 있는 특징을 가진다. 이 같이 비후화된 부분은 돌출하여 기공의 **입구(throat)**를 보호하는 1~2개의 **턱(ledges)**을 형성한다. 특히 나자 식물이나 수생 식물과 같은 일부 식물에서는 안쪽 턱이 작거나 아예 없다. 바깥 벽은 외부에서 기공 내부의 공기층으로 가스 교환에 치명적인 해를 끼치는 물 유입의 방지를 도와주는 구조적 적응으로 보인다.

초본형의 공변 세포는 주로 포아풀과와 야자수 같은 특정 단자엽에서만 발견된다. 흔히 아령 모양으로 묘사되는 이 모양의 공변세포는 거의 모든 세포내 소기관을 함유하고 있는, 세포벽이 얇은 구근형이다(그림 8.1). 이 아령 모양의 손잡이 부위는 루멘 방향으로 벽이 비후화된 특징을 보인다. 이 경우에 구멍은 전형적으로 길쭉히 갈라진 틈(slit)이다. 공변 세포는 두 개의 뚜렷한 보조 세포를 끼고 있다.

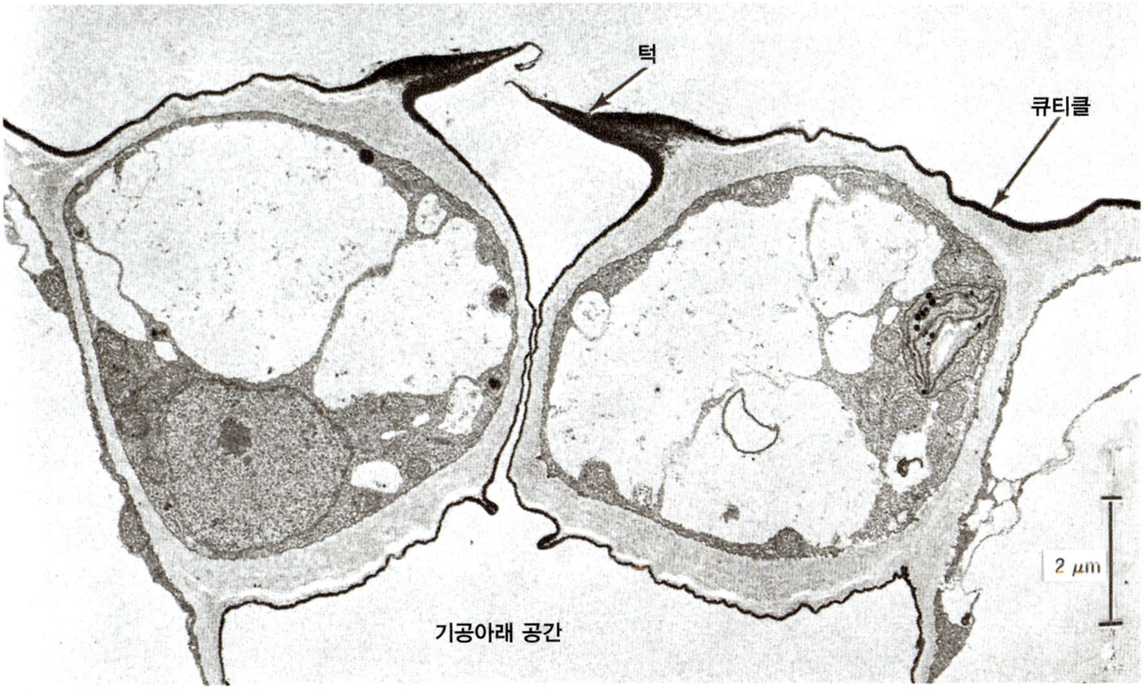

그림 8.2 횡단면으로 본 공변 세포. (From K. Esau, *Anatomy of Seed Plants*, New York, Wiley, 1977. Reprinted by permission).

8.2 이산화탄소는 확산을 통해 잎으로 들어간다

기공을 통한 잎 내부로의 CO_2 확산은 기공 면적에만 바탕을 두고 예상되는 확산보다 더 효율적이다. 완전히 열린 전형적인 기공의 너비는 5~15 μm이고 길이는 20 μm이다. 따라서 열린 기공의 구멍을 합한 총면적은 기껏해야 잎면적의 0.5~2%에 지나지 않는다. 잎에는 능동적인 펌프가 전혀 없기 때문에 광합성을 위해 잎으로 유인되는 모든 CO_2는 이같이 매우 작은 구멍을 통한 확산에 의해서만 유입될 수 있다. 이 같은 작은 면적을 통한 확산은 매우 제한적일 것으로 생각되지만 왕성하게 광합성을 하는 잎의 이산화탄소 흡수율은 전체 잎 표면적의 약 70%에서 흡수하는 것에 육박한다고 계산되었다! 이같이 경이적으로 높은 확산 효율은 작은 구멍을 통한 가스 확산의 특수한 기하학적 배열과 관련되어 있는 것으로 보인다.

기공을 통한 가스 확산의 높은 효율은 NaOH와 같이 이산화탄소 흡착제가 들어 있는 용기에 이산화탄소가 확산되는 것을 측정하여 실험적으로 보여줄 수 있다. 용기는 일정한 크기를 알고 있는 구멍이 뚫린 얇은 막으로 덮여 있다. 막을 통한 이산화탄소의 확산은, 예를 들어 1시간 뒤에 NaOH 용액에 있는 탄산 함량으로 측정할 수 있다. 실험 결과에 의하면 CO_2 확산이 구멍의 면적이 아니라 구멍의 지름에 의존하였다. 구멍의 크기가 감소하면 단위 면적당의 이산화탄소의 확산 효율이 몇 배나 증가한다. 이 결과가 확산이 면적에 비례하는 함수라는 **Fick의 법칙**과 어떻게 모순되지 않을 수 있을까?

$$확산률 = v = D \cdot A\ (dc/dx) \tag{8.1}$$

여기서 D는 확산계수이고, A는 확산이 일어나는 표면적 그리고 (dc/dx)는 확산이 일어나는 동안의 농도차이다. 명백히 확산율은 잎 표면적 A 그리고 농도기울기(dc/dx)에 비례한다.

이 같은 역설은 가스가 기공을 들어갈 때와 나올 때의 확산 흐름의 양상으로 설명이 가능하다. 이것은 〈그림 8.3〉의 기공에서 도식적으로 예시되어 있다. 기공의 입구에서는 CO_2 분자가 직선적으로만 이동하기 때문에 Fick의 확산 법칙에 따라 확산은 입구의 횡단 면적에 비례한다. 그러나 가스 분자가 구멍을 통과한 후 기공 내강으로 들어오게 되면 구멍의 모서리 쪽으로 넘칠(spill over)수가 있다. 넘치게 되면 일어나는 추가적인 확산력은 모서리의 양이나 구멍의 원주 길이에 비례한다. 구멍의 면적은 반지름(r)의 제곱에 비례하지만 원주 길이는 지름(2r)에 비례하기 때문에 원주 길이에 의한 상대적인 기여도는 구멍의 크기가 감소함에 따라서 증가하게 된다. 따라서 기공처럼 매우 작은 구멍의 경우 가스 이동의 대부분은 원주 길이상의 확산으로 설명이 가능하다. 기공의 경우 이 같은 효과는 심지어 더 크게 나타날 수 있다. 기공이 타원형이므로 표면적에 대한 원주 길이의 비가 원형인 구멍보다 더 크다.

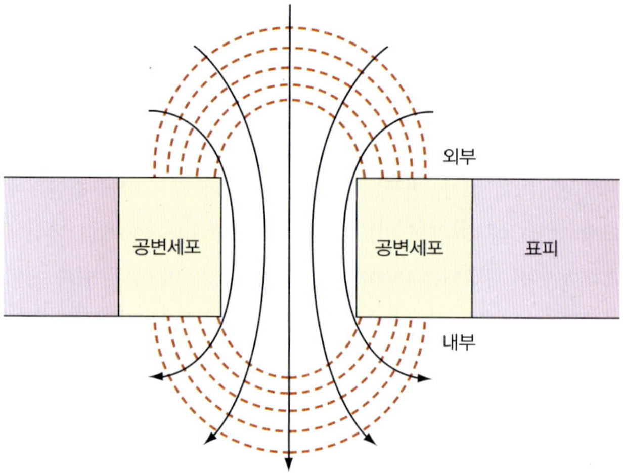

그림 8.3 기공을 통한 이산화탄소의 확산에 있어서 넘쳐흐름(spillover) 효과. 점선은 등고선으로서 이산화탄소의 분압이 같음을 나타낸다.

어떻게 이산화탄소의 높은 농도기울기가 형성되고 유지될까? 공기로부터 잎으로 이산화탄소가 일정하게 확산될 수 있도록 하기 위하여, 기공 아래 공간과 잎의 공기층 이산화탄소 농도가 잎 위의 공기의 이산화탄소 농도보다는 작아야 한다. 빛이 있는 상태에서 엽록체는 꾸준히 이산화탄소를 고정하기 때문에 이산화탄소 농도기울기(dc/dx)가 형성된다. 즉, 잎 엽육세포 내의 엽록체는 계속해서 이산화탄소 가스를 환원적 5탄당 인산회로를 통해 생성된 안정되고 비가스성 분자인 3-포스포글리세르산(3-phosphoglycerate, PGA)로 전환한다. 따라서 이러한 생화학적인 회로는 꾸준히 잎의 세포내 공기 공간으로부터 이산화탄소를 제거하여 잎 내부의 이산화탄소 농도를 빛이 있는 상태에서 대기의 이산화탄소 농도보다 낮게 한다. 암상태에서, 광합성은 멈추나 호흡은 이산화탄소를 발생시켜 잎 내부의 이산화탄소 농도가 대기 중의 이산화탄소보다 커지게 되어 이산화탄소가 잎으로부터 확산되어 나온다. 암상태에서 잎으로부터 나오는 이산화탄소 발생율이 잎의 미토콘드리아 호흡율을 측정하는 데 사용된다.

물론 위의 논의는 이상적인 상태에서 나타난다. 실제로는 기공의 구멍 자체 만이 잎과 대기 사이에 가스 확산의 유일한 장벽은 아니다. 잎 표면에서의 교란되지 않은 공기층, 공기층과 엽록체 사이의 용액 상에서의 경로와 같은 많은 다른 요인들에 의해서 잎으로의 CO_2 흡수를 억제하여 실제 상황을 더 복잡하게 만든다. 그럼에도 불구하고 기공은 놀랍도록 효율적인 구조이다. 이들은 CO_2 흡수율이 매우 높도록 한다. 아니면 광합성이 심하게 제한을 받을 것이다. 여기서 역설이 생긴다. 효율적인 이산화탄소 흡수계는 동시에 잎 내부에서 외부로의 수증기 유실에서도 효율적이다(2장). 따라서 기공 장치에 의한 주요 이점은 이산화탄소가 광합성에 요구되지 않거나 수분 스트레스가 잎의 광합성 요구보다 큰 경우에는 구멍을 닫아서 물을 보존할 수 있다는 능력이다.

8.3 어떻게 기공이 열리고 닫히는 것일까?

이에 대한 대답에 앞서 공변 세포를 움직이게 하는 기계적인 힘이 무엇인가를 물어야 할 것 같다. 기공이 열리게 하는 추진력은 공변 세포가 물을 삼투적으로 흡수하여 그 결과로 수압이 증가하기 때문인 것으로 알려져 있다. 그 결과 서로 마주 보는 세포의 형태가 변화하여 세포 간격의 크기가 증가하게 된다. 타원형 공변 세포의 경우 비후벽이 오목하게 되고 아령형은 손잡이 부위가 떨어지지만 서로 나란한 상태로 남아 있다. 기공 닫힘은 물의 유실과 그 결과 수압이 떨어져 공변 세포벽이 느슨하게 되면 뒤이어 일어난다.

기공이 열리는 동안 타원형 공변 세포에서 일어나는 형태 변형은 독특한 공변 세포벽의 배열 때문이다. 정상적인 세포에서 셀룰로오스 미세 섬유의 밴드는 세포의 장축을 따라서 직각으로 세포를 둘러싸고 있다. 편광 및 전자현미경을 통한 연구 결과 공변 세포벽의 미세 섬유는 방사상으로 배열되어 있어서 배쪽 벽의 중심에서 방사상으로 펼쳐져 있다(그림 8.4). 또 다른 미세 섬유가 배쪽의 두꺼운 벽에 배열되어 방사상 밴드와 결합하고 배쪽을 따라서 일어나는 팽창을 억제한다. 공변 세포가 물을 흡수하면 저항이 제일 작은 경로를 따라서 팽창하게 되는데, 그 결과 상대적으로 얇은 등쪽 벽이 인접해 있는 표피 세포의 바깥쪽 방향으로 팽창하게 된다. 때문에 세포가 등쪽 벽을 따라서 활처럼 휘게 되어 기공이 열리게 된다. 초본과의 아령 모양 공변 세포의 경우도 물의 삼투적 흡수에 의존하지만 약간 다른 방법으로 작동한다. 이 경우에는 세포의 볼록한 양 말단이 팽창함에 따라 서로 밀치게 되어 중간의 손잡이 부위가 서로 나란하게 떨어져서 구멍이 넓어진다.

무엇이 기공의 개폐를 조절할까? 이 질문에 답하려면 무엇이 공변 세포의 삼투적 성질을 조절하는가에 대한 질문을 대신하는 게 필요하다. 이 질문은 너무나 많은 요인이 관여하고 있고 주변의 표피와 엽육 세포에 의해 생기는 복잡한 문제 없이 공변 세포의 대사를 연구하기가 쉽지 않기 때문에 답하기가 어렵다. 이 문제는 세포벽을 제거한 표피 세포들에서 공변 세포의 활동을 연구함으로써 일

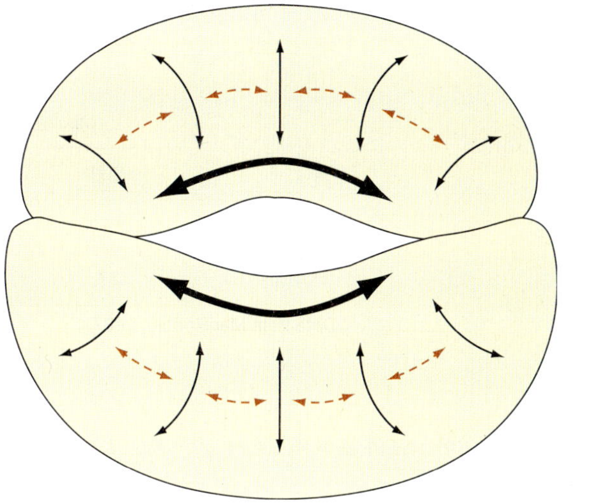

그림 8.4 공변 세포의 운동에서 미세 섬유의 역할. 타원형 공변 세포에서 미세 섬유의 배열(실선 화살표)은 세포가 점선 방향으로만 팽창하게 하여 세포가 휘게 되면 인접한 벽 사이의 구멍의 크기가 증가한다.

부 해결되었다. 아주 최근에는 공변 세포의 원형질체를 분리하는 방법이 이용 가능하게 되어서 분리된 공변 세포의 대사와 이온 운동에 관한 연구가 가능하게 되었다.

그 동안 공변 세포의 삼투 농도 변화를 설명하기 위해서 다양한 메커니즘이 제안되었다. 대부분의 경우 공변 세포가 보통 엽록체를 지니고 있다는 관찰에 바탕을 두고 공변 세포가 광합성 활성을 지니고 있다고 가정하였다. 표현의 차이는 있을지라도 요지는 광합성 산물인 설탕이나 다른 작은 분자의 축적이 공변 세포에서 관찰되는 삼투 변화에 직접적으로 관여한다고 제안되었다. 대부분의 공변 세포가 엽록체를 가지고 있는 것이 사실이지만 그 수의 차이는 매우 변이가 심하다. 또한 난이나 *Pelagonium*의 얼룩덜룩한 부위(variegated region)의 공변 세포는 비록 엽록체를 가지고 있지 않지만 완전한 기능을 가진다. 게다가 최소한 20여 종의 식물에서 탄소 고정 주효소인 Rubisco가 공변 세포에서 상당한 양의 수준으로 발견되지 않아서 공변 세포에서는 탄소 고정이 일어나지 않는다는 결론을 내리게 되었다. 광합성 탄소 대사가 공변 세포 운동을 설명하기 위한 일반적인 메커니즘이 아니라는 결론이 불가피했다.

1960년대 말에 K^+ 양이 열린 공변 세포에서 매우 많은 반면에 닫힌 공변 세포에서는 매우 적음이 명확해졌다(표 8.1). 전자 미세 탐지법과 조직화학적 방법을 포함한 K^+에 특이적인 다양한 테크닉으로 조사한 결과, 닫혀 있는 공변 세포에서 K^+ 양이 주위의 보조 세포나 표피 세포보다 적은 것이 확인되었다. 기공이 열릴 때, 상

표 8.1 기공의 개폐상태에 따른 공변 세포 내의 칼륨이온 함량.

	K^+ 농도			
	pmol/공변 세포		mM	
종	열림	닫힘	열림	닫힘
잠두	2.72	0.55	552	112
닭의 장풀	3.1	0.4	448	95

Data from MacRobbie, 1987.

당한 양의 K^+이 보조와 표피 세포에서 공변 세포로 이동한다. 따라서 공변 세포에서 K^+의 축적은 기공이 열릴 때 일어나는 공통적인 과정으로 받아들여지고 있다. 이 실험으로 공변 세포의 삼투 퍼텐셜과 그 결과로 기공의 개폐가 공변 세포내의 K^+의 축적 정도에 의해 결정된다는 현재의 가설이 만들어졌다.

비록 관련된 메커니즘을 확실히는 모르지만 공변 세포의 물질대사와 기공 운동에 관여하는 이용 가능한 정보를 바탕으로 〈그림 8.5〉의 일반화된 모델로 요약하였다. 대다수 식물 세포에서 이온의 축적은 원형질막에 있는 ATP 구동 양성자 펌프(3장)에 의해서 일어난다고 널리 받아들여지고 있다. 기공 공변 세포에 의한 K^+ 흡수가 이와 같은 일반적 메커니즘에 부합한다는 두 가지 실험적 증거

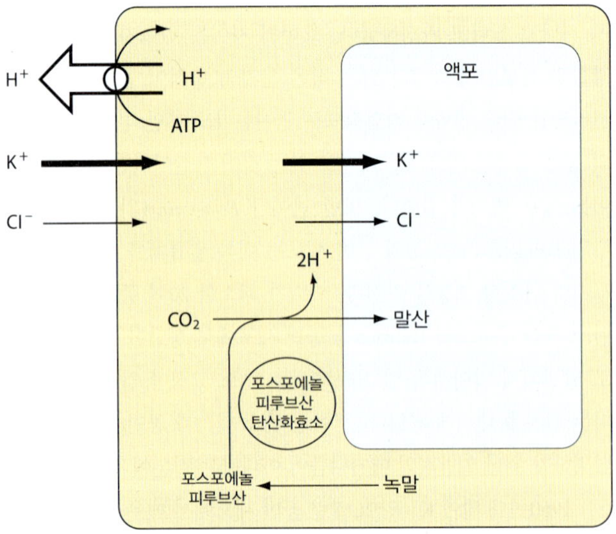

그림 8.5 기공이 열릴 때 공변세포에서 이온 흐름. 칼륨 흡수는 원형질막 ATPase 양성자 펌프에 의해서 작동된다. 액포에서 이온의 축적은 공변세포의 수분퍼텐셜을 낮추게 되어서 물의 흡수를 촉진하게 되고, 그 결과 팽압이 증가하게 된다.

가 제시되었다. 첫 번째로는 펌프에 의한 능동적 양성자 배출을 촉진하는 것으로 알려진 곰팡이 독소인 **푸지콕신(fusicoccin)**이 기공의 열림을 촉진한다는 점이다. 두 번째는 양성자 펌프를 억제하는 **바나드산염(vanadete, VO_3^-)**이 기공의 열림을 억제한다는 것이다. 이들은 양성자 배출이 기공의 열림에 있어서 초기 사건의 하나라는 데 꽤 좋은 증거들이다. 양전하를 띤 이온을 제거함으로써 세포 외의 전기 퍼텐셜을 내부와 비교하여 낮게 만들어 원형질막의 과분극화를 유발하는 동시에 pH 기울기를 형성한다. 과분극화는 막에 있는 K^+ 채널을 열어 퍼텐셜 차이나 전하 기울기에 따른 수동적 흡수가 일어나게 한다고 여겨진다.

전기적 중성을 유지하기 위해서 세포 내에 축적되는 과다한 K^+이온은 음전하를 갖는 반대 이온에 의해서 평형이 이루어져야 한다. 〈그림 8.5〉에 보여준 모델에 의하면 전하 평형은 부분적으로 양성자 배출에 반하는 K^+ 흡수와 Cl^- 유입, 그리고 부분적으로 말산과 같은 유기음 이온이 세포내에 생성되어 이루어진다. 대부분의 종에서 말산 생산은 필요한 반대 이온을 충족하지만 옥수수와 같은 다른 식물의 경우에는 세포내로 이동하는 K^+의 약 40%는 Cl^-과 동반한다. 엽록체나 녹말을 가지지 않는 소수의 공변 세포의 경우 아마도 염소 이온이 주 반대 이온인 것 같다.

축적된 말산은 전하의 평형을 유지하는 외에도 용질이 축적되는 동안 세포내의 pH를 유지하는 데 도움이 된다. 양성자 방출은 세포내 양성자 농도를 고갈시켜 세포내 pH를 증가시킨다. 그러나 말산은 유기 음이온이므로 축적된 각각의 카르복시기($-COO^-$)는 하나의 양성자를 세포질로 방출한다. 따라서 말산의 합성은 방출로 인해 유실된 양성자를 보충하게 되어 세포내 pH를 정상적인 수준으로 유지한다.

말산이 길항 이온으로 작용한다는 증거는 매우 탄탄하다. 우선 열려 있는 공변 세포내의 말산의 농도는 닫혀 있을 때에 비해서 5~6배 정도나 높다. 둘째로 공변 세포는 말산 생성을 촉매하는 **포스포에놀피루브산 탄산화효소(phosphenolpyruvate carboxyalse,**

PEPcase)를 다량 함유하고 있다(그림 8-5). 세 번째로 열린 상태의 기공에서 녹말의 감소가 말산의 증가와 서로 상관 관계가 있다. 마지막으로 기공 개폐에 영향을 미치는 요인이 PEPcase의 활성에도 역시 영향을 미친다. 예를 들어, 기공의 열림을 촉진하는 푸지콕신은 말산의 농도와 PEPcase의 활성을 증가시킨다. 역으로 보통 기공을 닫히게 하는 식물 호르몬인 앱시스산은 푸지콕신에 길항 작용을 한다. 푸지콕신은 세포내의 효소와 단백질을 활성화하는 과정인 인산화 과정으로 알려진 PEPcase의 인산화를 촉진한다.

공변 세포의 액포에 K^+, Cl^-과 말산이 축적되면 공변 세포의 삼투와 수분 퍼텐셜이 모두 낮아진다. 그 결과로 일어나는 물의 흡수는 세포의 팽압을 증가하여 기공을 열리게 한다. 현재까지 이 설명이 기공의 열림에 대한 대표적 가설이지만 많은 세부적인 것들이 실험적으로 증명되어야 한다.

기공의 닫힘은 열림에 대한 것만큼 관심을 끌지 못하였지만, 보통 열리는 과정의 단순한 역반응으로 추정되고 있다. 그러나 닫히는 속도가 공변 세포에서 이온들이 단순히 수동적인 유출에 의해 설명될 수 있는 것보다는 너무 빠르기 때문에 능동적으로 이온을 내보내는 다른 특정 대사 펌프들이 존재한다고 제안되었다. 한 가지 가능성으로 기공 닫힘의 신호가 세포질로의 Ca^{2+} 유입을 촉진할 수 있다. Ca^{2+}의 유입은 막을 탈분극화하여 음이온 채널을 열고 Cl^-과 말산의 배출을 촉진하는 연쇄 사슬을 시작하게 될 것이다. 이 시나리오에 의하면 음이온의 유실은 막의 탈분극을 더욱 촉진하여 K^+ 채널을 열게 하며 인접한 보조 세포와 표피 세포로 K^+이 수동 확산되도록 한다.

공변 세포의 양성자 펌프를 가동하는 ATP 공급원은 무엇일까? 가장 논리적인 두 가지 공급원은 공변 세포에서의 광합성이나 세포 호흡일 것이다. 비록 대부분의 공변 세포가 엽록체를 함유하지만 엽육 세포와 비교하여 그 수와 크기가 작고 틸라코이드의 수도 적다. 이미 언급했듯이, 공변 세포의 엽록체에는 탄소 고정에 관여하는 효소가 없다. 반면에 ATP 생성을 직접적으로 측정한 적은 없지만 빛에너지를 이용하여 ATP를 생성할 수 있는 **광인산화(photophosphorylation)**가 일어난다는 간접적인 증거는 있다(5장과 7장 참조). 그러나 기공 운동은 암소에서도 일어나므로 광합성이 직접적인 유일한 에너지 공급원은 아닌 것 같다. 그 대안적인 에너지 공급원이 세포 호흡이다. 공변 세포는 다량의 미토콘드리아와 호흡 효소를 가지고 있으며 **산화적 인산화(oxidative phosphorylation)**를 거쳐 탄소원의 산화로부터 충분한 ATP를 뽑아낼 수 있다(5장과 10장 참조). 공변 세포가 광합성이나 호흡을 통해 기공을 열리게 하는 데 필요한 에너지를 생성할 수 있는 충분한 능력이 있다고 나타났다.

8.4 기공 개폐는 여러 가지 외적 환경 요인들에 의해서 조절된다

기공의 주된 역할은 광합성에 필요한 CO_2를 잎으로 들어가게 함과 동시에 과다한 수분 유출을 방지하는 것이다. 이런 의미에서 기공은 잎의 내부 환경을 일정하게 유지하기 위해 작동하는 **항상성 유지 기능(homeostatic function)**을 가진다. 따라서 기공 운동이 빛, CO_2 양, 식물의 수분 상태 및 온도와 같은 다양한 환경 및 내적 요인에 의해서 조절 받는다는 것이 전혀 놀랄 일이 아니다. 예를 들어, 빛 아래에서는 광합성에 필요한 CO_2가 들어오도록 기공이 열리거나 이산화탄소가 충분할 때는 광합성이 계속적으로 일어나게 하면서도 물을 보존하기 위해 기공이 부분적으로 닫히는 것을 예상할 수 있다. 반면에 극심한 수분 스트레스는 식물의 당연한 광합성 필요성을 제쳐 두고 기공을 닫히게 하여 잠재적으로 더 해로운 건조 효과로부터 잎을 보호한다. 일반적으로 이 같은 예측은 직접적인 관찰로 입증되었다. 이들 각각의 요인은 이론적으로는 환경 조절이 되는 실험실에서 개별적으로 연구될 수 있지만 자연 조건에서는 이들이 상호 작용하는 정도에 따라서 어느 한 요인이 다른 요인보다 상대적으로 얼마만큼 효과를 갖는지에 대한 연구는 훨씬 어려워진다. 게다가 기공의 열림은 실무율 반응이 아님을 명심해야 한다. 어느 주어진 시점에서 기공의 열림 정도와 이것이 광합성과 수분 유실에 미치는 효과는 어느 한 요인만이 아니라 여러 요인의 총합에 의하여 결정될 것이다.

8.4.1 빛과 이산화탄소는 기공의 열림을 조절한다

빛과 이산화탄소 모두 기공 운동의 일주기에 상당한 영향을 미친다. 이들의 효과는 또한 서로 매우 밀접하게 연관되어 있어서 각각의 상대적인 영향력을 구분하기가 쉽지 않다. 일반적으로 낮은 CO_2 농도와 빛의 조합은 기공의 열림을 촉진하지만 고농도의 CO_2는 심지어 빛 아래에서도 매우 빠르게 기공을 닫히게 한다. 기공은 *공변 세포의 내부 CO_2 농도*에 대해 반응한다. 공변 세포를 포함하여 표피의 외부 표면은 CO_2가 투과할 수 없는 큐티클로 덮여 있다는 점을 상기하라. 일단 고농도의 CO_2 처리에 의해서 기공이 닫히게 되면 기공은 이산화탄소가 없는 공기는 처리하여도 열리지 않는다. 이는 닫힌 공변 세포가 기공의 내실에 있는 고농도의 CO_2와 평형 상태에 놓여 있기 때문이다. 결과적으로 기공의 열림을 결정하는 가장 중요한 요인은 대기가 아니라 기공 내실의 CO_2 농도이다. CO_2에 의한 기공 열림의 실제 메커니즘은 아직 알려져 있지 않다.

기공은 보통 새벽녘에 열린다. 또한 고농도의 CO_2에 의해 닫히게 된 기공도 광조건에 두게 되면 서서히 열리게 된다. 이 두 반응은 빛의 간접적 또는 직접적인 두 가지 독립적인 효과에 의한 결과로 보인다. 간접 효과는 비교적 높은 광량이 필요하며 보통 엽육 세포에서 일어나는 광합성의 결과 세포내 CO_2 농도가 감소하기 때문이다. 같은 논리로 암소에서의 기공 닫힘은 잎 내부의 호흡에 의해서 CO_2가 농축되기 때문에 일어난다. 이 같은 해석은 중간광이나 강한광에서의 작용 스펙트럼이 적색과 청색에서 피크를 보이는 광합성과 유사하다는 관찰에 의해서 뒷받침된다. 따라서 이산화탄소가 일차적 방아쇠이며 적어도 전체 잎에서 빛의 간접적 효과는 세포내 CO_2 농도의 조절을 통해서 일어난다. 그러나 분리된 표피 껍질에서도 유사한 작용 스펙트럼을 보이는 점이 이 같은 해석의 장애가 된다. 잎이 아닌 상태에서 얻은 이 같은 결과는 공변 세포의 엽록체가 그 기능이 확인되지 않았지만 중요한 역할을 하는 것을 강하게 시사한다.

아마도 최근에 생긴 중요한 진보 중의 하나는 낮은 광량의 청색광이 기공의 열림에 직접적으로 영향을 미치는 데 대한 확실한 실증일 것이다. 만약에 기공이 광합성이 활발한 빛에만 유일하게 의존한다면 두 가지 제한을 받게 될 것이다. 첫 번째로 광합성이 호흡을 능가하는 최소한의 빛의 세기인 **광보상점(photosynthetic light compensation point)** 이하의 낮은 광량에서는 공변 세포가 반응할 수 없을 것이다. 두 번째로 PAR의 급격한 변화에 의해 광합성률이 변동하므로 기공 개폐 장치가 극단적인 진동 상태에 놓이게 될 것이다. 기공 열림에 대한 청색광의 직접적 효과는 이 같은 문제점을 피해가게 한다.

청색광의 효과는 여러 방법으로 입증되었다. 비록 기공 열림이 적색 및 청색광 모두에 의해 촉진되지만 일반적으로 적색보다는 청색광에 보다 더 민감하다. 15 $\mu mol\ m^{-2}\ s^{-1}$ 이하의 낮은 광량에서 청색광은 기공을 열리게 하지만 적색광은 열리게 할 수 없다. 더 높은 광도에서는 동일한 광도의 청색광에서 적색광에서보다 기공 열림이 항상 더 많이 일어난다. 적색광에 대한 기공의 반응은 아마도 간접적인 반응으로서 공변 세포의 엽록체에 의해 매개되며 광합성에 의한 ATP 생성이 관여한다. 반면에 청색광 반응에 대한 작용 스펙트럼은 전형적인 청색광 반응으로써 아마도 잠정적인 청색광 수용체인 **크립토크롬(cryptochrome)**(6장)에 의해 매개되는 것 같다. 청색광의 작용 메커니즘은 확실하지 않지만 청색광은 분리된 공변 세포의 원형질체를 부풀게 한다. 이 결과는 청색광이 공변 세포에 직접적으로 작용함을 암시한다. 여러 연구자들은 청색광이 두 가지 기공 열림의 전제 조건인 공변 세포에서의 양성자 배출의 활성화와 말산의 생합성을 촉진한다고 보고하였다.

그러나 자연 조건에서는 청색광 반응이 무슨 기능을 할까? 이른 아침에 기공이 열릴 때 어떤 역할을 할 것이라는 흥미로우면서도 그럴듯한 제안이 있다. 기공이 열리는 것은 종종 광량이 광합성을 진행하기에 너무 낮은 때인 해돋이 이전에 관찰할 수 있다. 또한 해가 진 이후에도 열려 있는 상태로 남아 있다. 기공 열림이 낮은 광도의 청색광에 대해 매우 민감하고 새벽과 해질녘에 청색광이 상대적으로 풍부하다는 사실은 청색광 반응이 효과적인 광개시 신호(light-on signal)로 작용할 수 있다는 것을 제시한다. 생태생리적인 측면에서 보면 청색광 반응은 대기 이산화탄소가 필요한 것을 예상하여 활발한 광합성을 준비하기 위해서 기공을 열리게 한다. 또 다른 가능한 역할은 청색광 펄스와 유사한 태양 반점에 대해 반응하여 이 특이한 조건에서 광합성을 하기 위한 기회를 최대화하기 위하여 신속히 기공을 여는 것이다(14장).

8.4.2 기공운동은 내생적 리듬을 따른다

생물학적 과정은 항상적인 환경 조건에서도 지속되는 주기적인 변동을 거친다. **내생적 리듬(endogenous rhythm)**으로 알려진 이 같은 현상은 25장에서 더 논의될 것이다. *Tradescantia* 잎의 기공 개폐가 식물이 연속광 조건에 방치되었을 때에도 최소한 3일 동안 지속된다는 것이 나타났다. 비록 6시간의 암기에 의해 기공의 개폐 시간이 이동될 수 있지만 대략 24시간의 주기가 유지되었다. 이러한 결과들은 기공 열림에 내생적인 **개일 리듬(circadian rhythm)**이 관여하는 것을 분명히 제시하지만 어떻게 주기가 다른 요인과 상호작용하는지에 대해서는 명확하지 않다.

8.5 광합성 탄소 환원회로 (PCR)

이산화탄소가 잎으로 유입되는 것을 조절하는 과정을 이해했기 때문에 이제는 엽록체가 이산화탄소를 고정해서 안정한 상태의 인산화된 탄소 중간대사물질로 전환하는 생화학적 기작에 대해 좀 더 자세히 알아보기로 하자.

8.5.1 PCR회로는 이산화탄소를 환원시켜 3탄당을 생성한다

모든 광합성 진핵 생물이 궁극적으로 이산화탄소를 탄수화물로 결합하는 경로를 탄소 고정 혹은 **광합성 탄소 환원(photosynthetic carbon reduction, PCR)** 회로라 한다. 이 회로를 밝히기 위한 연구를 이끌었던 Melvin Calvin을 기념하여 또한 **캘빈 회로(Calvin cycle)**라고도 한다. 유기 탄소가 형성되고 이들이 탄수화물로 전환되는 복잡한 일련의 반응을 밝힌 것은 식물 생화학에서의 주요한 진보를 나타낸 대표적인 것이었다. 그와 그의 동료들의 노력의 결과로 1961년에 Calvin은 노벨 화학상을 받게 되었다.

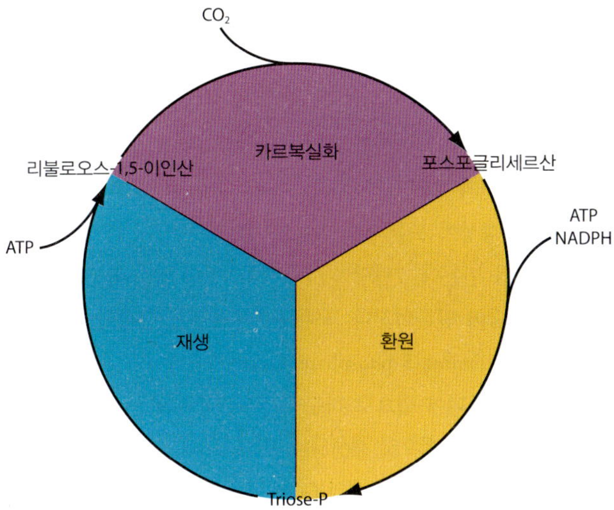

그림 8.6 광합성 탄소 환원회로의 세 단계.

PCR회로는 3개의 주요 단계로 나뉜다(그림 8.6): (1) **카르복실화(carboxylation)**, 5탄소 수용체 분자(ribulose bisphosphate(RuBP)가 있는 상태에서 이산화탄소를 고정하고 그것을 두 분자의 3-탄소 산으로 전환; (2) **환원(reduction)**, 광합성 전자전달에서 생성된 ATP와 NADPH를 이용하여 3-탄소 산을 3탄당인산(triose phosphate)으로 전환; (3) **재생(regeneration)**, 추가된 ATP를 이용하여 일부 3탄당인산을 다시 RuBP로 전환하여 이산화탄소를 계속해서 고정하게 함.

8.5.2 카르복실화 반응은 이산화탄소를 고정한다

무광합성의 탄소 경로를 밝히는 데 있어서 Calvin의 전략은 개념적으로는 매우 명료해서 방사성 이산화탄소가 흡수된 후 첫번째로 생성되는 안정한 유기물을 밝히려는 것이다. 이를 달성하기 위해서 배양된 광합성 녹조인 클로렐라가 먼저 광합성의 평형 상태에 도달하게 하였다. 여기에 $^{14}CO_2$를 첨가하여 광합성을 여러 시간별로 수행하게 한 후 세포를 끓는 메탄올에 재빨리 집어넣었다. 뜨거운 메탄올은 효소를 변성시켜서 더 이상의 대사가 일어나지 않게 함과 동시에 이어진 크로마토그래피 분석용 당 추출을 하는 두 가지의 기능을 한다. $^{14}CO_2$ 존재하에서 광합성이 일어나는 기간을 2초 동안까지 짧게 하였을 때 거의 대부분의 방사능은 3탄소 산인 **포스포글리세르산(3-phosphoglycerate, 3-PGA)**에서 발견되었다. 따라서 3-PGA는 광합성에서의 첫번째 안정한 산물로 보였다. 다음 시간 동안에 표지된 다른 당은 아마도 3-PGA에서 유도되었을 것이다. Calvin 그룹에서 첫번째 산물이 3탄소 분자임을 밝혔기에 PCR 회로는 흔히 C3 **회로**로도 언급된다.

그 다음 단계는 이산화탄소가 첨가되었을 때 이와 결합하여 3탄소 산물을 생산하게 하는 받개 분자를 결정하는 것이었다. 3-PGA의 체계적 분석 결과 ^{14}C 표지가 압도적으로 카르복실 탄소에 있음이 드러났다. 논리적으로 받개 분자가 2탄소 분자일 것이지만 오랜 동안의 추적은 헛수고가 되었다. 어떠한 2탄소 분자도 발견되지 않았다. 캘빈은 대신에 받개가 5탄당인 **리불로오스-1,5-이인산(ribulose-1,5-bisphosphate, RuBP)**임을 인식하였고 이것이 전체 수수께끼를 푸는 열쇠가 되었다. 이 반응은 이산화탄소가 RuBP에 첨가되어 6탄당의 중간 산물이 생성되는 카르복실화 반응이다(그림 8.7). 이 중간 산물은 일시적으로 존재하며 불안정한 것으로 효소에 결합된 채로 빠르게 가수 분해되어 두 분자의 3-PGA로 된다. 카르복실화 반응은 **ribulose-1, 5-bisphosphate carboxylase-oxygenase(Rubisco)**라는 효소에 의해서 촉매된다. Rubisco는 의심할 여지 없이 지구상에서 제일 많은 단백질이며 대부분의 잎에서 수용성 단백질의 약 50%를 차지한다. 이 효소는 엽록체 스트로마에서 고농도로 존재하면서도 이산화탄소에 대한 높은 친화력을 갖고 있어서 보통 낮은 대기의 이산화탄소 농도에서도 빠른 카르복실화 반응을 보장한다. 따라서 Rubisco에 의해 촉매되는 반응은 PCR회로에 일정하게 기질을 공급하기 위해서 잎의 내부 공기 공간과 대기 사이의 이산환탄소 농도 기울기(dc/dx)를 유

그림 8.7 광합성 탄소 환원 회로의 카르복실화 반응.

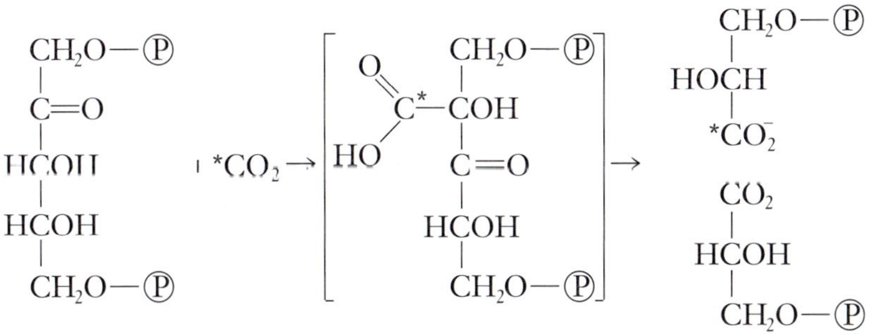

리불로오스-1,5-이인산

3-포스포글리세르산

지한다.

8.5.3 PCR회로에서 ATP와 NADPH가 소비된다

ΔG가 −35 kJ mol^{-1}인 카르복실화 반응은 에너지론적 측면에서 아주 유리하다. 이 때문에 매우 재미 있는 질문이 야기되는데 반응 평형 상수가 이 같이 큰 음의 자유 에너지 변화를 갖는 카르복실화 반응을 가능하게 한다면 광합성의 명반응에서 생성된 에너지의 투입이 도대체 왜 필요할까? 에너지는 3-PGA의 환원과 RuBP라는 수용체 분자의 생성에 이용된다. 각각에서 필요로 하는 것에 대해서 순서대로 논의할 것이다.

8.5.3.1 3-PGA의 환원

엽록체가 이산화탄소를 계속해서 흡수하기 위해서는 두 가지 조건을 충족해야 만 한다. 먼저 생성물(3-PGA)이 계속적으로 제거되어야 하고 두 번째로는 RuBP 수용체의 적절한 공급이 유지되어야만 한다. 둘 다 ATP와 NADPH 형태의 에너지를 필요로 한다.

3-PGA는 3탄당 인산인 **글리세르알데히드-3-인산(glyceraldehyde-3-phosphate, G3P)**으로 환원됨으로써 제거된다. 이는 2단계 반응으로서(그림 8.8) 3-PGA가 먼저 1, 3-비스포스포글리세르산(1,3-bisphosphoglycerate)으로 인산화된 후 글리세르알데히드-3-인산(G3P)으로 환원된다. 이 두 반응에서 요구되는 ATP와 NADPH는 모두 광의존적 반응의 산물로서 에너지가 투입되는 두 반응 중의 하나이다. 이어서 3탄당 인산인 G3P는 아마도 **디히드록시아세톤 인산(dihydroxyacetone phosphate, DHAP)**으로 전환된 후 세포질로 수송된다(9 장).

8.5.3.2 RUBP의 재생

이산화탄소 환원 과정을 유지하기 위해서 수용체인 RuBP의 연속적인 공급이 필요하다. 이는 4, 5, 6 및 7 탄당이 관여하는 일련의 반응에 의해 이루어진다(그림 8.9, 8.10). 이 반응들에는 6탄당인 과당인산과 3탄당 인산(triose-phosphate)이 응축되어 5탄당과 4탄당의 형성이 포함되며 또 다른 3탄당 인산이 4탄당과 결합하여 7탄당을 만든다. 7탄당이 세번째의 3탄당 인산과 결합하면 2분자의 5탄당이 만들어진다. 모든 5탄당은 이성질화하여 **리불로오스-5-인산(ribulose-5-phosphate, Ru5P)**을 만들 수 있다. 이어서 Ru5P는 인산화되어 필요로 하는 리불로오스이인산(ribulose-1,5-bisphosphate, RuBP)으로 재생된다.

이 반응의 순효과는 6개의 G3P 중 5개가 재순환하는 것으로서 카르복실화 반응에 소모된 RuBP를 대신하는 3개의 RuBP를 재생하게 된다. 〈그림 8.9, 8.10〉에 보여준 반응의 요약식에서 3분자의 RuBP가 식의 좌 · 우 양측에 포함되어 있다. 이는 회로가 원래의 수용체 수를 재생하고 탄소 고정을 일정한 속도로 유지함을 강조하는 것이다. 〈그림 8.9, 8.10〉에서 회로가 3번 돌 때(즉, 3분자의 CO_2가 흡수됨)마다 필요한 수용체 숫자의 재생에다 추가로 엽록체 밖으로 수송될 3탄당 인산을 위한 충분한 탄소가 있는 것을 보여주고 있다. 〈그림 8.9, 8.10〉의 화학 정량식은 이 점을 보여주기 위한 것이다. 회로가 6번 돌면 6개의 RuBP가 형성되어 순산물로서 1개의 6탄당이 추가로 생성될 것이다. 12번 돌게 되면 설탕에 상당하는 탄소 화합물이 생길 것이다.

일반적으로 복잡한 물질 대사의 도표가 사실로 받아들여지기 위해서는 필요한 효소가 존재하고 활성을 지닌 것을 보여주어야 한다. 캘빈의 PCR 회로는 〈그림 8.9〉의 구도에 필요로 하는 모든 효소가 스트로마에서 발견되었으므로 이 기준에 부합된다. 게다가

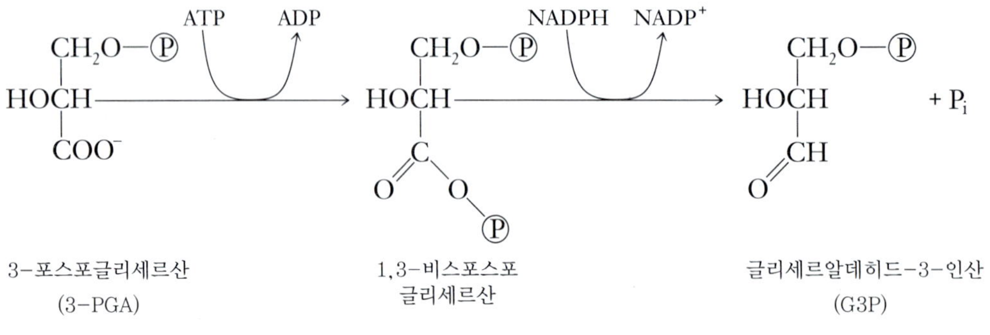

그림 8.8 포스포글리세르산(PGA)의 글리세르알데히드-3-인산(G3P)으로 환원.

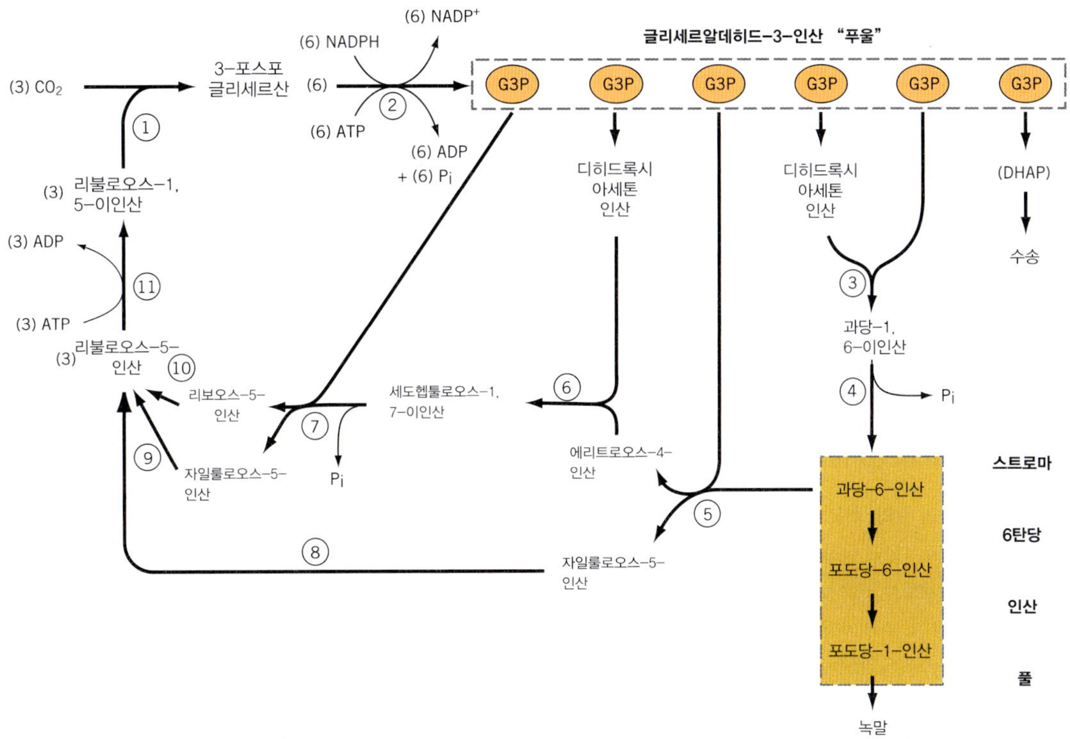

그림 8.9 광합성 탄소 환원(PCR) 회로. 괄호 안의 수는 화학적 관계를 나타낸다. 효소는 원문자로 표시되었으며, 다음과 같다. (1) 리불로오스-1,5-이인산 카르복실라아제/옥시게나아제(Rubisco); (2) 3-포스포글리세르산 키나제(3-phosphoglycerate kinase)와 글리세르알데히드-3인산 탈수소 효소(glyceraidehyde-3-phosphate dehydrogenase); (3) 알돌라아제(aldolase); (4) 프럭토오스-1,6-비스포스파타아제(fructose-1,6-bisphosphatase); (5) 트랜스케톨라아제(transketolase); (6) 알돌라아제(aldolase); (7) 세도헵툴로오스-1,7-비스포스파타아제(sedoheptulose-1, 7-bisphosphatese); (8, 9)리불로오스-5-인산 에피머라아제(ribulose-5-phosphate epimerase); (10) 리보오스-5-인산 이성질화 효소(ribose-5-phosphate isomerase); (11) 리불로오스-5-인산 키나아제(ribulose-5-phosphate kinase)

시험관상에서 예시된 모든 반응이 최대 광합성률을 뒷받침하기에 충분한 속도로 나타났다.

8.5.4 PCR 회로의 에너지 수지는?

〈그림 8.9〉은 PCR 회로가 3번 돌기 위해, 즉 3몰의 이산화탄소가 흡수되면 총 6몰의 NADPH와 9몰의 ATP가 필요함을 보여준다. 따라서 1몰의 이산화탄소 고정에는ATP/NADPH의 비가 3/2, 즉 1.5가 되기 위해 2몰의 NADPH와 3몰의 ATP가 필요하다. 각각의 NADPH는 두 개의 전자를 저장하고 있기 때문에 각기 한 분자의 이산화탄소를 고정하는 데 총 4개의 전자가 필요한 것을 볼 수 있다. 이는 총 529 kJ mol^{-1}의 에너지에 해당된다. 1몰의 6탄당이 산화될 때 2817 kJ, 즉 1몰의 이산화탄소 당 469 kJ mol^{-1}의 에너지가 나온다. 따라서 광합성 환원 과정은 **에너지 저장 효율(energy storage efficiency)**이 약 88% 정도가 된다. RuBP의 재생을 위해 이산화탄소당 세 개의 ATP 형태로 소모된 에너지(3×31.4 kJ mol−1 = 282 kJ mol^{-1})를 포함하면 에너지 저장 효율은 대략 58%가 된다. 간난한 세산식에서 중요한 가정은 PCR 회로에 의해 고정된 모든 이산화탄소가 사실상 잎에서 고정된 상태로 있다는 것이다. 이 장 후반부에서 이러한 가정이 모든 조건에서 반드시 적용되지 않은 것을 보게될 것이다.

8.6 PCR회로는 고도로 조절된다

부분적으로 Rubisco에 대한 초기의 생체외(*in vitro*) 연구 결과 이 효소의 활성이 낮고 속도 조절 단계인 것을 암시하였기에 원래는 PCR 회로가 중요 수준의 조절을 받지 않는 것으로 믿어졌나(이세는 생체내(*in vivo*)에서 이 효소의 활성이 훨씬 더 높은 것이 알려졌지만 여전히 속도 제한 단계이다). 게다가 식물은 기회주의적이라서 광합성을 최대 속도로 수행하기 위해서 이용 가능한 빛, 물 그리고 이산화탄소를 사용하리라고 널리 믿어졌다. 그러나 광합성은

(1) $3\ RuBP + 3\ CO_2 \longrightarrow 6\ PGA$
(2) $6\ PGA \longrightarrow 5\ G3P + G3P$
(3) $2\ G3P \longrightarrow FBP$
(4) $FBP \longrightarrow F6P$
(5) $G3P + F6P \longrightarrow E4P + Xu5P$
(6) $G3P + E4P \longrightarrow SBP$
(7) $G3P + SBP \longrightarrow R5P + Xu5P$
(8, 9) $2\ Xu5P \longrightarrow 2\ R5P$
(10) $R5P \longrightarrow RuBP$
(11) $2\ R5P \longrightarrow 2\ RuBP$

$SUM = 3\ RuBP + 3\ CO_2 \rightarrow 3\ RuBP + G3P$

그림 8.10 PCR 회로 반응의 요약. 회로가 3회전하면 3분자의 리불로오스-1,5-이인산(RuPB)과 추가로 1몰의 글리세르알데히드-3-인산(G3P)이 형성된다. PGA, 3-포르포글리세르산(3-phoshpoglyeric); F6P, 과당-6-이인산(fructose-6-phosphate); E-4-P, 에리트로오스-4-인산(erythrose-4-phosphate); Xup, 자일룰로오스-5-인산(xylulose-5-phosphate), SBP, 세도헵툴로오스-1,7-이인산(sedoheptulose-1,7-bisphosphate); R5P, 리불로오스-5-인산(rubulose-5-phosphate).

독립적으로 수행되지 않을 뿐 더러 조절되지 않는 광합성 기구는 질서 정연하고 서로 연관된 대사와 서로 화합할 수 없다는 사실이 이제는 알려지게 되었다. 명암 주기 간의 중간 대사 산물로 인해 수준의 변화와 질소 동화와 같이 다른 세포 활동에 필요한 탄소와 빛 에너지의 경쟁적 요구로 인해 어느 정도의 조절이 필요하다. 물론 가장 강력한 조절은 효소 활성 단계에서 일어난다. 고전적인 효소학과 연계된 분자 생물학과 단백질 결정화를 통해 획득된 구조적인 정보는 광합성 효소 조절의 복잡한 본질을 밝혀내기 시작했다. PCR 회로의 주요 조절 인자가 빛이라는 것은 전혀 놀랄 일이 아니다.

8.6.1 RuBP의 재생은 자가 촉매이다

탄소 동화율은 부분적으로 CO_2 수용체 분자 RuBP의 적절한 풀의 이용 여부에 달려 있다. PCR 회로는 필요한 경우에 새로 고정된 탄소를 RuBP의 **자가 촉매(autocatalysis)** 반응에 의한 재생을 통해서 이 풀 크기를 증가하는 데 이용한다. 광합성이 정지되고 탄소가 다른 대사 활동에 요구되는 밤에는 RuBP를 포함한 회로의 중간 대사물의 농도가 낮은 수준으로 떨어진다. 광합성이 다시 시작되면 광합성률은 이산화탄소 수용체 RuBP의 이용도가 낮아서 심하게 제한을 받을 것이다. 정상적으로는 PCR 회로를 통해 고정된 여분의 잉여 탄소는 녹말로 축적되거나 엽록체 밖으로 수송된다. 그러나 PCR 회로는 여분의 탄소를 붙잡아서 대신에 RuBP양을 증가시키는 방향으로 바꾸어서 수용체 공급을 증폭하는 잠재력을 지니고

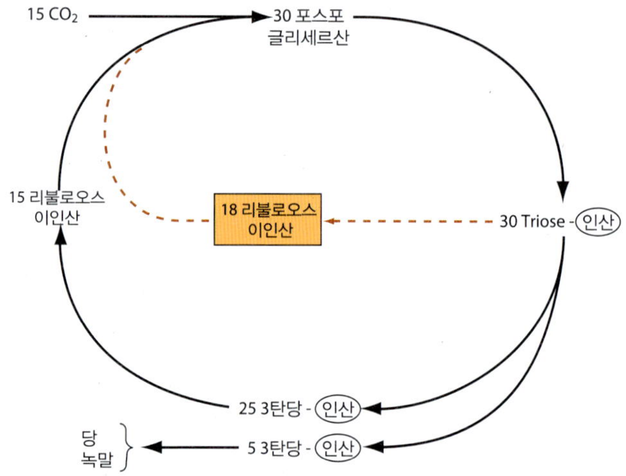

그림 8.11 PCR 회로의 자가 촉매적 성질. 필요한 경우 탄소가 PCR 회로에 잔류(점선 화살표)하여 수용체 분자를 집적함으로써 광합성률을 증가시킨다.

있다(그림 8.11). 이 같은 방법으로 엽록체 내에서 수용체의 양이 빠른 속도의 광합성을 지탱하는 데 필요한 수준으로 빠르게 축적될 수 있다. RuBP가 적절한 수준 이상으로 축적된 후에야 탄소가 저장이나 수송을 위해 사용된다. 암상태에서 빛이 있는 상태로의 전이가 있을 때 PCR 회로의 중간 대사 산물이 필요한 수준까지 축적되는데 필요한 시간을 **광합성 유도 시간(photosynthetic induction time)**이라 한다. 다른 어떤 광합성 반응에서도 이런 조절 능력이 존재하지 않기에 모든 광합성 생물이 궁극적으로 탄소동화에 C3 회로를 사용하는 이유가 될는지도 모른다. 어떻게 자가 촉매가 조절되는지는 모르지만 가장 효과적인 조절은 재생을 위한 효소 활성을 녹말 합성이나 수송에 관여하는 효소 활성보다 증가시키는 것이다. 그러나 이 효소들의 상대적인 활성도에 관해서는 거의 알려진 바가 없다.

8.6.2 Rubisco의 활성도는 빛에 의해 간접적으로 조절된다

Rubisco 활성은 빛에 의해서 조절된다. 이 활성은 빛이 없으면 빠르게 0에 가까워지고 빛이 있게 되면 아주 천천히 다시 활성을 갖게 된다. 빛에 의한 활성화는 외견상 간접적인 것으로 틸라코이드 막 사이의 Mg^{2+}의 흐름(flux), 이산화탄소 활성화, 엽록체의 pH 변화 그리고 활성화 단백질 간의 복잡한 상호작용이 관여한다.

앞 장에서 언급했듯이, 빛 의존적 전자 전달 수송은 스트로마에서 틸라코이드의 루멘으로의 양성자 순이동을 초래한다. 틸라코이드막을 통한 양성자 이동은 3정도의 pH 차이를 일으켜서 스트로마의 pH가 암상태에서 7에서 빛이 있는 상태에서는 8정도로 증가한다. 생체외에서 일반적으로 Rubisco는 pH가 7일 때보다 8일 때

더 활성이 높다. 수년 전에 Rubisco 활성에 Mg^{2+}이 필요한 것이 알려지게 되었다. 빛은 또한 양성자의 흐름을 보상하기 위해 Mg^{2+}을 양성자의 이동과 반대 방향인 루멘에서 스트로마로 이동시켜 스트로마에 유리 Mg^{2+}이 증가되게 한다.

G.H. Lorimer 연구실은 생체외에서 Rubisco를 이용한 실험 결과로 Rubisco가 CO_2를 가질 뿐만 아니라 활성화 물질로 사용하는 것을 보여 주었다. 이산화탄소는 기질이 결합하는 부위와는 다른 독특한 활성화 부위에 결합한다. 이 같은 생체외 실험에 의거해서 Lorimer와 Miziorko는 생체에서 이산화탄소, Mg^{2+} 및 pH의 세 가지 요인들 모두 고려한 활성화 메커니즘을 제안하였다. 이 모델에 의하면 이산화탄소가 먼저 리신 잔기의 ε-아미노기에 결합하여 **카르바메이트(carbamate)**를 형성한다(그림 8.12). 카르바메이트 형성에는 두 개의 양성자 유출이 동반되어야 하므로 pH가 증가하면 촉진된다. 이어서 Mg^{2+}은 카르바메이트와 결합하여 효소의 활성형인 카르바메이트-Mg^{2+} 복합체가 형성된다.

그러나 추가 실험 결과들이 생체외의 모델이 잎에서 Rubisco의 활성을 완전히 설명할 수 없는 것을 암시하였다. 특히 생체 내에서 측정된 Mg^{2+}와 이산화탄소의 농도 및 pH 변화는 예상되는 활성화 수준의 반 정도를 설명하기에도 모자란다. 이 같은 모순은 돌연변이체에서 분리된 효소가 야생종과 외견상 차이가 없음에도 불구하고 빛 하에서 Rubisco를 활성화시키지 못하는 애기장대 돌연변이체를 발견함으로써 해결되었다. 전기영동 분석 결과 rca라고 명명된 이 돌연변이체에서 수용성 엽록체 단백질이 존재하지 않는 것이 드러났다. 추후 실험에서 생체외에서 누락된 단백질을 Rubisco, RuBP 그리고 생리적인 수준의 이산화탄소가 포함된 반응 혼합액에 단순히 첨가하는 것만으로도 Rubisco의 활성이 완전히 회복되는 것이 실증되었다. 빛에 의존한 Rubisco의 활성화를 촉진하는 이 단백질의 역할을 중요시하며 이 효소를 Rubisco **활성화 효소(activase)**라고 명명하였다.

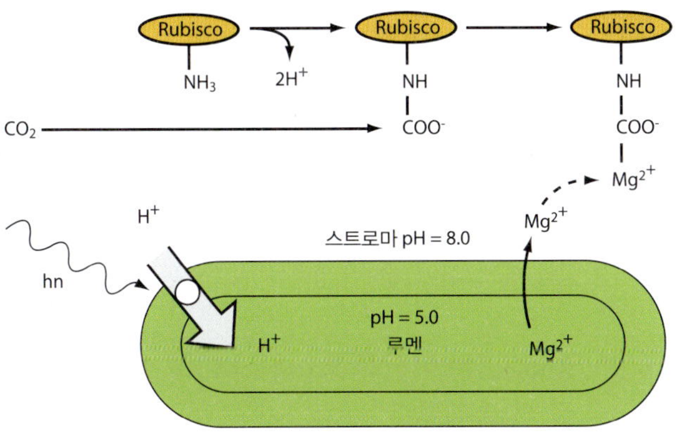

그림 8.12 광구동성 이온 이동과 Rubisco의 활성화. Rubisco의 활성화는 광구동성 전자 전달에의한 스트로마 pH와 Mg^{2+} 농도의 증가에 의해 촉진된다.

Rubisco 활성화 효소의 자세한 특성과 작동 메커니즘에 대해서는 아직도 연구가 진행되고 있지만 ATP 형태의 에너지가 필요한 것으로 알려져 있다. 이 단백질은 적어도 10속의 고등 식물뿐만 아니라 녹조류인 클라미도모나스(*Chlamydomonas*)에서도 발견되었다. Rubisco 활성화 효소가 진핵 생물의 광합성 조절에 있어서 중요한 역할을 하며 공통적으로 존재하는 것이 분명하다.

8.6.3 기타 PCR 회로의 효소들 또한 빛에 의해 조절된다

PCR 회로에서 Rubisco만이 빛에 의한 활성화가 필요한 효소는 아니다. 조류, 잎 및 분리한 엽록체를 사용한 연구에서 적어도 다른 4개의 PCR 회로에 관여하는 효소의 활성도 역시 빛에 의해 증진되는 것이 드러났다. 이러한 효소에는 글리세르알데히드-3-인산 탈수소효소(glyceraldehyde-3-phosphate dehydrogenase(반응 2, 그림 8.9), 프락토오스-1,6-비스포스파타아제(fructose-1,6-bisphosphatase(FBPase)(반응 4, 그림 8.9), 세도헵툴로오스-1,7-비스포스파타아제(sedoheptulose-1,7-bisphosphatase(반응 7, 그림 8.9), 그리고 리불로오스-5-인산 키나아제(ribulose-5-phosphate kinase(반응 11, 그림 8.9) 등이 있다.

빛 활성화 메커니즘은 Rubisco의 경우와는 다르며 FBPase가 가장 잘 연구되어 있다. FBPase의 빛 활성화는 전자 전달 억제제인 DCMU나 선택적으로 술프히드릴기(sulfhydryl)를 변형하는 화합물에 의해서 차단될 수 있다. 반면에 암소에서도 환원제인 DTT(dithiothreitol)에 의해서 효소가 활성화될 수 있다. 빛의존적 반응 산물인 엽록체의 페레독신과 **티오레독신(thioredoxin)**이 모두 효소의 활성화에 필요하다는 사실이 알려지게 되었다(그림 8.13).

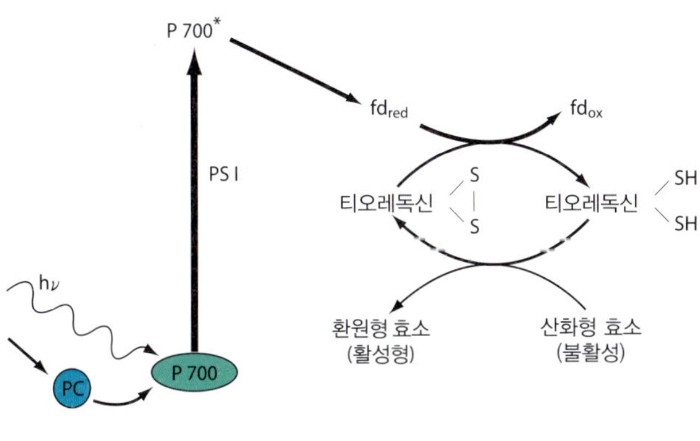

그림 8.13 빛에 의한 효소 활성화를 유도하는 페레독신/티오레독신 시스템.

페레독신처럼 티오레독신은 생화학자들에게는 리보누클레오티드를 디옥시리보누클레오티드로 환원하는 데 관여하는 것으로 알려져 있는 12 kDa의 적은 철황(iron–sulfur) 단백질이다. 이 단백질은 이황화물(–S–S–)과 술프히드릴기(–SH HS–) 간의 가역적인 산화–환원 반응을 거치는 아주 가깝게 위치하는 두 개의 **시스테인(cystein)**기를 함유하고 있다. 엽록체에서 광계 I은 페레독신을 환원시키며 다시 티오레독신을 환원시킨다. 이 반응은 페레독신–티오레독신 산화 환원 효소에 의해서 매개된다. 티오레독신은 그 다음에 표적 효소의 적당한 이황화물(disulphide) 결합을 환원시켜 효소를 활성화시킨다. 암소에서의 효소 불활성화에 대해서는 잘 알려져 있지 않지만 술프히드릴기가 어떠한 식으로든 재산화되어 효소를 불활성화시킨다.

PCR 회로에 대한 전통적인 견해는 직접적인 빛의 투입이 필요치 않다는 것이었다. 따라서 이러한 반응을 광합성의 암반응이라 하였다. 그러나 회로에서 최소한 5개의 효소가 빛 활성화를 요구한다는 점에서 그 같은 명칭은 더 이상 적절하지 않다.

8.7 C3 식물의 엽록체는 경쟁적인 탄소 산화 과정을 보인다

조류처럼 세포 또는 전 식물에서 광합성률을 측정하기 위해 가장 널리 사용되는 방법은 이산화탄소 흡수 혹은 산소 발생과 같은 가스 교환을 측정하는 것이다. 조류나 고등 식물 잎에서의 기체 교환은 여러 가지 다르고 경쟁적인 대사 반응이 기여하기 때문에 복잡한 경로이다. 세포(혹은 미토콘드리아) 호흡(R)은 그 결과로 이산화탄소가 방출되고 산소가 흡수되므로 광합성 가스 교환과 반대되는 한 예가 된다. 역사적으로 미토콘드리아에 의한 호흡과 엽록체에 의한 광합성은 효과적으로 독립되어 있어서 가스 교환에 대한 각각의 공헌 정도는 독립적으로 추정이 가능하다고 가정되어 왔다(광합성이 잎이 필요로 하는 모든 에너지를 공급할 수 있기에 빛 하에서 미토콘드리아는 활동을 하지 않는다는 주장도 있었다). 이제는 가스 교환을 측정하는 것이 산화 대사와 그 결과로 생기는 광합성 대사와 직접적으로 연관된 이산화탄소의 발생으로 복잡해짐에 따라 덜 확실한 방법이 되었다. **광호흡(photorespiration; PR)**이라고 불리우는 이 과정에는 광합성에 의해서 이전에 동화된 산물의 재산화가 관여된다. 광호흡 경로에는 최소한 세 개의 세포내 소기관인 엽록체, 퍼옥시솜, 미토콘드리아가 관여하는데 이산화탄소가 방출되기 때문에 세포에서 탄소의 순손실이 수반된다.

빛 하에서 측정된 이산화탄소 흡수는 광합성에 의해 흡수된 이산화탄소에서 광호흡과 미토콘드리아 호흡 의해 발생한 이산화탄소를 더한 양을 빼준 것을 나타내므로 겉보기(apparent) 혹은 **순광합성(net photosynthesis)**이라 한다(식 8.2). 따라서 실제(True) 또는 **총 광합성(gross photosynthesis ; GP)**은 암상태에서 측정한 미토콘드리아에 의해 발생한 이산화탄소 양을 빛 하에서 흡수된 이산화탄소 양에 더해 줌으로써 계산되었다(식 8.3).

$$AP = GP - (R+PR) \quad (8.2)$$

$$GP = AP + R + PR \quad (8.3)$$

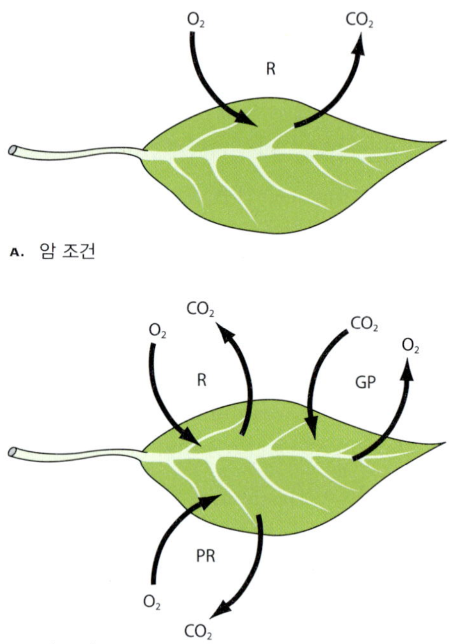

그림 8.14 암소(A)와 빛 하(B)에서 관찰되는 C3 잎의 가스 교환. GP, 총광합성; PR, 광호흡; R, 미콘드리아 호흡

탄소 동위 원소를 이용한 초기 실험 결과 암상태에서 일어나는 이산화탄소 발생 과정인 호흡과 빛하에서 일어나는 호흡 사이에는 정량적인 차이뿐만 아니라 정성적인 차이가 있음이 제시되었다. 이를 근거로 빛하에서의 이산화탄소 발생을 광호흡이라 한다. 빛이 호흡률이나 호흡 경로를 변화시킨다는 개념은 말할 것도 없이 논쟁거리이다. 그러나 생화학 및 분자생물학적 실험증거로 광호흡이 C3 식물 잎의 가스교환에 커다란 영향을 주고 있음이 밝혀졌다.

8.7.1 Rubisco는 이산화탄소와 산소 고정 둘 다 촉매한다

1960년대에 광호흡의 실제적인 존재가 확립되는 동안, 2탄소 화합물인 **글리콜산(glycolate)**의 합성과 대사에 여러 연구자의 관심이 이끌리고 있었다. 점진적으로 글리콜산 대사가 광호흡과 연관

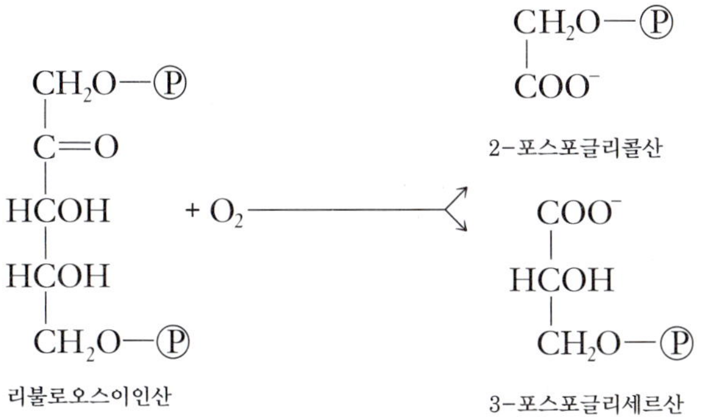

그림 8.15 RuBP 옥시게나제 반응

이 있으며 이에 관여하는 효소가 퍼옥시솜, 미토콘드리아 및 엽록체에 있음이 드러났다. 광호흡에 의한 이산화탄소의 방출과 글리콜산 대사의 열쇠는 Rubisco의 양기능성 성질(bifunctional nature)에 있다. **카르복실 반응** 외에도 Rubisco는 또한 **산소화 효소(oxygenase)** 반응을 촉매하므로 리불로오스-1,5-이인산 카르복실라아제-옥시게나아제(ribulose-1,5-bisphosphate carboxylase-oxygenase)라는 명칭을 갖게 되었다. 한 분자의 산소가 추가되면 RuBP는 한 분자의 3-PGA와 한 분자의 **포스포글리콜산(phosphoglycolate;** 그림 8.15)으로 전환된다. 포스포글리콜산은 일련의 반응을 통해 대사되어 한 분자의 이산화탄소를 방출하고 남은 탄소는 PCR 회로에 의해 잔류하는 탄소의 회복에 사용된다(그림 8.16).

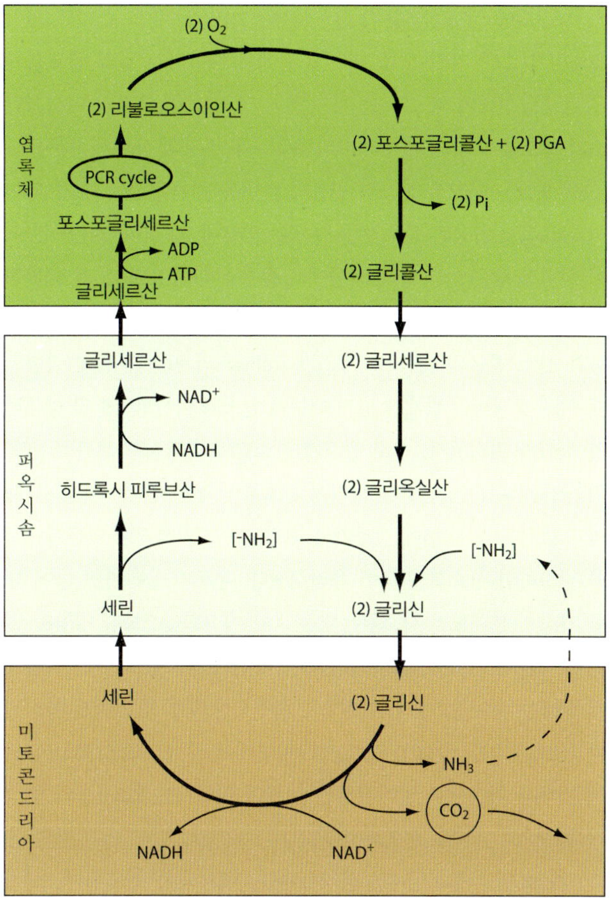

그림 8.16 광호흡적 글리콜산 회로

광합성 탄소 산화회로(PCO)로도 알려진 **2탄당 글리콜산 회로(C2 glycolate cycle)**는 RuBP가 3-PGA와 P-글리콜산으로 산화되면서 시작된다. 3-PGA는 PCR 회로의 다음 대사에 사용되지만 P-글리콜산은 엽록체에서 신속히 글리콜산으로 탈인산화된다. 글리콜산은 엽록체에서 방출되어 **퍼옥시솜(peroxisome)**으로 확산 이동한다. 여기서 글리콜산은 글리옥실산과 과산화수소로 산화된다. 과산화수소는 카탈라아제에 의해 분해되고 글리옥실산은 아미노기 전이 반응에 의해 글리신을 형성하게 된다. 다음에 글리신은 미토콘드리아로 이동하며 여기서 2분자의 글리신(4 탄소)이 한 분자의 세린(3 탄소)과 한 분자의 이산화탄소로 전환된다. 따라서 글리신이 광호흡으로 나오는 이산화탄소의 직접적 배출원이 된다. 이어서 세린은 미토콘드리아를 떠나서 퍼옥시솜으로 돌아가며 여기서 아미노기 전이반응으로 아미노기가 떨어져 나와 히드록시피루브산이 되고 이것이 글리세르산이 된다. 마지막으로 글리세르산은 엽록체로 되돌아가서 인산화되어 3-PGA가 된다.

글리신이 세린으로 전환되는 동안 이산화탄소 형태로 탄소가 방출될 때 동량의 질소원이 암모니아 형태로 방출된다. 광호흡이 왕성하게 일어날 때 암모니아 방출률이 질소 동화율보다 상당히 커지기도 한다. 그러나 이 질소원은 글루탐산 합성 회로의 효소들에 의해 엽록체에서 신속히 재동화되므로 유실되는 것은 아니다(11장).

C2 글리콜산 경로에는 최소한 세 개의 다른 세포 소기관에서의 광합성, 광호흡, 그리고 여러 가지 질소 대사의 복잡한 상호 작용이 관여한다. 그럼에도 불구하고 이를 지지하는 상당한 증거들이 있다. 대부분의 증거는 $^{14}CO_2$나 특정한 중간 산물, 혹은 $^{18}O_2$를 이용하며 여러 가지의 화학적 전환 과정을 추적한 동위 원소의 표지 연구 결과로부터 나왔다. PCR 회로에서처럼 C2 글리콜산 경로의 진행에 필요한 모든 효소의 존재가 실증되었다. 그러나 3가지 소기관산의 중산 내사 물질의 분포는 확실하세 확립되지 않았고 주로 효소의 위치에 의해서 추론되었다. 관련된 모든 세포내 소기관이 분리되어서 적절한 효소를 포함하고 있음이 증명되었다.

8.7.2 왜 광호흡인가?

21%의 산소를 가진 보통 대기 조건에서 해바라기 잎의 광호흡률은 총광합성률의 약 17%를 차지한다. 그러나 한 분자의 이산화탄소가 광호흡에 의해 방출되기 위해서는 두 분자의 산소가 요구된다(그림 8.16). 따라서 산소화 반응의 순반응 비율은 약 34%가 되어서 카르복실 반응과 산소 반응의 비는 약 3대 1(1.00/0.34)이 된다. 이 실험적 값은 여러 종의 식물에서 순수 분리된 Rubisco의 밝혀진 특성을 이용하여 계산된 값과 거의 일치한다. 그러나 카르복실 반응과 산소 반응의 비는 두 가스가 Rubisco의 활성 부위에 결합할 때 서로 경쟁적인 관계에 있기 때문에 산소와 이산화탄소의 상대적 양에 따라 결정된다. 산소 농도가 감소함에 따라서 카르복실 반응의 상대적 수준은 산소가 없어서 광호흡이 전혀 일어나지 않을 때까지 증가한다. 반면에 산소가 상대적으로 증가하거나 이산화탄소가 감소하면 산소화 반응이 유리해진다. 온도가 올라가면 물에 대한 가스의 용해도가 감소하는데 산소가 이산화탄소보다 영향을 덜 받기 때문에 산소 반응이 촉진된다. 따라서 광호흡을 하는 식물에서 산소는 순이산화탄소 환원으로 측정되는 광합성을 억제하게 된다. 산소에 의한 광합성 감소는 1920년대에 와버그(Otto Warburg)에 의해서 처음으로 알려졌지만 50년이 지나서야 Rubisco의 양성적 특성으로 제대로 설명되었다.

또한 광호흡과 글리콜산 경로에는 에너지가 소모된다. 산소와 반응 후의 글리콜산 경로(5 ATP + 3 NADPH)에서 소모되는 ATP와 NAD(P)H 양은 PCR 회로(3 ATP + 2 NADPH)에서 한 분자의 이산화탄소가 환원되는 데 사용되는 양과 거의 비슷한데도 오히려 탄소의 순손실이 생긴다. 외관상으로 에너지와 탄소 측면에서 광호흡은 경비가 많이 들고 비효율적인 과정으로 보인다. 그렇다면 식물은 왜 외관상 이 같은 낭비적인 과정에 빠져 있는 것일까?

여러 설들이 제안되었었지만 이 문제의 답은 쉽게 찾지 못했다. 그중 하나는 Rubisco의 산소 반응이 불가피하다는 것이다. Rubisco는 대기에 이산화탄소는 다량으로 존재하지만 산소가 없을 때 진화하였다. 이 같은 조건에서 두 가스를 구분하지 못한다는 점이 생물의 생존에 커다란 문제가 되지는 않았을 것이다. 이산화탄소와 산소가 둘 다 동일한 활성 부위에 작용하고 또한 카르복실화 반응에서처럼 산소화 반응에서도 이산화탄소에 의한 활성화가 필요하다. 대기의 산소는 주로 광합성의 결과로 축적되기 시작한 것으로 믿어지고 있는데, 대기 중의 산소 농도가 증가해서 상당한 비율을 차지하게 된 때에는 이미 효소의 양성적 특성이 확립되어서 돌이킬 수 없게 되었다. 어떤 의미에서 C3 식물은 탄소 환원의 경쟁적인 억제 물질로 작용하는 산소를 생성함으로써 스스로 문제를 만들게 된 것이다. 이 같은 견해에 의하면 산소화 효소의 기능은 진화상의 잔존물로서 어떠한 쓸모 있는 역할도 하지 않는다. 그러나 광호흡을 수행하지 못하는 애기장대 돌연변이 식물이 특정 생장 조건에서 생존할 수 없다는 실험결과는 광호흡이 반드시 필요한 경로임을 시사한다. 반면에 광호흡에 의해 초래되는 비효율성이 외관상 심각하지는 않다. 선택압에 의해 산소 친화력이 낮은 형태의 Rubisco의 진화가 일어났다는 증거는 없다.

대부분의 산소화 반응이 진화상의 피할 수 없었던 결과라는 데는 동의하지만 많은 학자들은 식물이 이러한 진화상의 결점을 필수적이지는 않지만 유용한 대사 과정으로 사용하게 되었다고 주장한다. 예를 들어, 글리콜산 경로는 확실히 청소군(scavenger) 기능을 한다. 회로가 두 번 돌면 산소 반응에 의해서 두 분자의 포스포글리콜산이 형성된다. 네 개의 탄소 원자 중에서 하나는 이산화탄소로 소실되고 세 개는 엽록체로 되돌아 온다. 글리콜산 경로에 의해서 글리콜산 형태로 소실될 탄소의 75%가 회수된다. 이 같은 청소군 역할만으로도 복잡한 글리콜산 경로의 존재가 정당화될 수 있다. 또한 세린이나 글리신 등의 일부 중간 산물이 다른 생합성 경로에 유용한 가능성도 제시되었지만 여전히 논쟁 하에 있다.

최근에 광호흡이 과다한 여기 에너지를 소산시켜야 하는 상황에서 필요한 일종의 안전 밸브로서의 기능을 한다는 강한 실험적 근거를 제시되고 있다. 예를 들어, 이산화탄소와 산소가 없는 조건에서 빛이 조사된 잎의 광합성능이 현저하게 감소함을 보여주었다. 그러나 광호흡이 일어날 정도로 충분한 양의 산소가 공급되면 잎의 손상은 방지될 수 있다. 외관상으로 광호흡에 의해서 생성된 이산화탄소가 전자 전달계를 계속적으로 작동하게 함으로써 광산화 피해로부터 식물을 보호하기에 충분한 것 같다. 이는 수분 스트레스에 의해서 기공이 닫히게 되어 이산화탄소 공급이 제한된 강한 빛 조건에서 생태적으로 상당히 중요한 의미를 갖는다(14장). 실지로 애기장대의 광호흡 돌연변이체들은 야생형보다 광억제에 더욱 민감하다.

문헌에서 종종 광호흡을 억제하거나 유전적으로 제거함으로써 작물의 생산성을 상당히 증가시킬 수 있을 것이라는 주장이 나타난다. 그 결과 글리콜산 경로를 억제하는 화학 물질이나 낮은 광호흡률을 보이는 품종의 선택적 육종에 상당한 노력이 기울어졌다. 또한 산소에 대해 상당히 낮은 친화력을 가진 Rubisco를 찾기 위해서 많은 식물이 조사되었다. 이 모든 노력은 성공적이지 못했는데 아마도 광호흡이 식물에 해롭고 비생산적이라는 기본 전제가 틀렸기 때문일 것이다. 분명히 광합성을 증가시키고 생산성을 향상시키기 위한 시도가 성공하기 위해서는 다른 방향의 접근이 필요하다. 예를 들어, 광합성 세포에 이산화탄소를 농축하는 메커니즘이 광호흡적 손실을 억제하고 탄소 동화의 전체 효율을 증진시킬 수 있는 한 방법이 될 수 있다. 이것이 바로 다음의 15장에서 다루게 될 C4 및 CAM 식물에 의해 달성된 방법이다.

8.7.3 PCR뿐만 아니라 엽록체는 산화적 5탄당 인산경로를 보여준다

호산화적 5탄당 인산경로(OPPC)가 동물의 경우에는 세포질에 제한되어 있지만, 식물의 경우에는 엽록체(그림 8.17)와 세포질(10장) 두 곳에 있다. 게다가 엽록체의 OPPC는 몇 가지 중간 대사물을 PCR 회로와 공유하고 있으며 밀접하게 PCR 회로에 결부되어 있다(그림 8.17). OPPC의 첫 번째 단계는 효소 **포도당 6인산 탈수소화효소(glucose-6-phosphate dehydrogenase**, 그림 8.17 반응 1)에 의해 포도당 6인산(glucose-6P, G-6-P)이 **6-글루콘산(6-P-gluconate)**으로 산화된다. 포도당 6인산과 과당 6인산은 RPPC(그림 8.9)와 공유하고 있는 같은 스트로마 헥소스 인산 풀의 구성성분이다. 이 반응은 매우 발열적이고($\Delta G<0$) 따라서 비가역적이다. 그 결과 이 반응은 확실히 스트로마의 OPPC에서 반응속도 결정단계이다. OPPC에서 두 번째 반응은 **6-글루콘산 탈수소화효소**에 의해 6-글루콘산이 **리불로오스 5인산(R-5-P)**로 산화되며 이때 한분자의 NADPH와 CO_2가 생성된다(그림 8.17, 반응2).

스트로마 내에서 PCR 회로와 OPPC 회로가 동시에 작동한 결과 PCR 회로를 통한 3개의 ATP와 두 개의 NADPH를 소비하여 한 분자의 이산화탄소가 탄수화물로 환원된다. 결과적으로 탄수화물은 OPPC에 의해 이산화탄소로 재산화되고 두 개의 NADPH를 생성한다. 따라서 이 두 가지 대사 과정은 스트로마에서 동시에 작동하고 세 개의 ATP는 어떠한 이산화탄소의 고정도 없이 소비되어진다. 이러한 것은 ATP만 소비되는 **쓸모 없는 이산화탄소 회로(futile cycling)**를 나타낼 수도 있다. 이 얼마나 낭비적인 과정이란 말인가!!

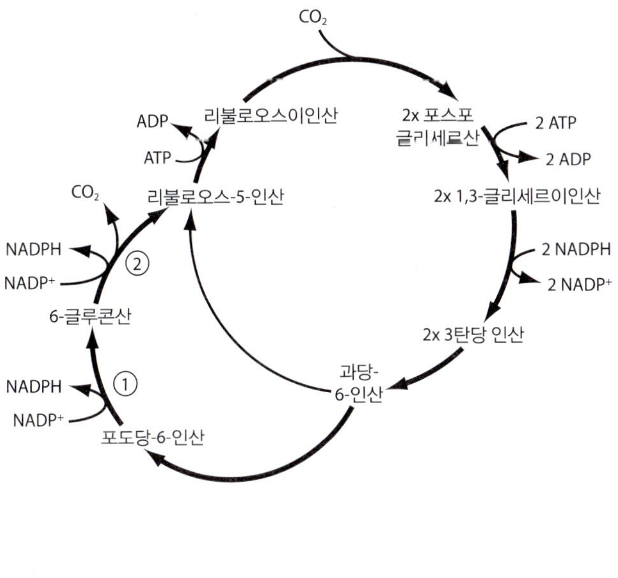

그림 8.17 엽록체에서 CO_2의 무익 회로에 대한 가능성을 설명하는 PCR 회로와 산화적 5탄당 인산회로(OPPC)의 동시 작동. 반응 1은 포도당-6-인산 탈수소 효소에 의해 촉매되고 반응 2는 포스포글루콘산 탈수소효소에 의해 촉매된다.

어떻게 식물은 같은 구획에 환원적 그리고 산화적 5탄당 인산 경로가 있어 발생된 수수께기 같은 문제를 해결할 수 있을까? 쓸모 없는 이산화 탄소 회로의 잠재성은 대사 조절에 의해 극복되는데 이러한 것은 PCR 회로에서 중요한 효소가 단지 빛이 있는 상태에서만 활성화되고 암 상태에서는 불활성화 되는 것을 확실히 한다. 이와는 반대로 OPPC에서 중요한 조절 효소는 암상태에서만 활성화 된다. 그림 8.13에서 광합성 전자 전달에 의해 발생된 환원 당량(reducing equivalents)을 통해 환원된 티오레독신(thioredoxin)은 빛이 있는 상태에서 PCR 회로의 중요한 조절 효소(FBPase, SBPase 그리고 Ru-5-P kinase)를 비활성적인 형태에서 활성적인 형태로 전환시킨다. 이중황결합이 티오레독신에 의해 환원되어질 때(−S−S− → −SH HS−) 활성을 띄는 스트로마의 FBPase, SBPase 그리고 Ru−5−P kinase와는 달리, OPPC 회로의 중요한 조절 효소(glucose-6-P dehydrogenase; 그림 8.17, 반응 1)는 내부의 이중황결합이 산화될 때 활성을 띄고 티오레독신에 의해 환원될 때 불활성화 된다. 그 결과 Rubisco(그림 8.12), 스트로마 FBPase, SBPase 그리고 Ru-5-P kinase는 빛이 있는 상태에서는 활성화되어 있고 포스포글루콘산 탈수소화효소는 불활성화 상태에 있다. 반면에 암상태에서는 포스포글루콘산 탈수소화효소는 활성상태이고 PCR회로의 중요한 효소는 불활성화 상태에 있다. 따라서 이러한 절묘한 조절은 광합성을 통해 이산화탄소가 고정되고 탄수화물로 전환되며 ATP가 쓸데 없이 소모되는 것이 방지된다는 것을 확인하는 것이다.

OPPC는 식물의 엽육세포에서 지질과 지방산 생합성과 같은 생합성 반응을 구동하는데 필요한 NADPH를 생성하는 수단이 되는 것으로 생각된다. 이 산화적 5탄당 인산화 회로는 핵산을 합성하는데 필요한 리보스와 디옥시리보스 전구 물질인 5탄당 인산의 중요한 원천이다. 식물에게 잠재적으로 중요한 또다른 산화적 5탄당 인산화 과정의 중간 대사물은 방향족 아미노산, 리그닌 그리고 플라보노이드 생합성 선구체인 4-탄소 에리쓰로스-4-P(4-carbon erythrose-4-P)이다. 이와 더불어 암상태에서 OPPC에 의해 생성된 Ru-5-P는 빛이 있는 상태에서 RuBP로 전환될 수 있으며 RPPC가 시작되는 데 필요한 수용체 분자를 제공한다.

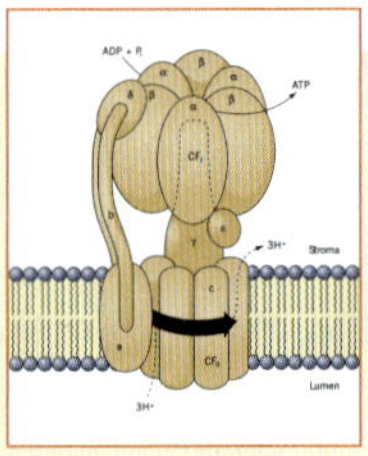

Box 8.1
효소

살아 있는 세포들은 다양한 생화학적 반응을 수행하고 매우 신속하게 거대하고 복잡한 분자들을 만들 수 있으며 또한 정확하고 정밀하게 복잡한 대사과정을 통한 물질의 흐름을 조절할 수 있다. 이러한 모든 일들은 **효소**(ezyme)에 의해 가능하다.

효소는 생물 촉매로; 기질 분자들이 생성물로 전환되는 것은 용이하게 하나 그들 자신은 반응에 의해 영원히 변하지 않는다. 세포들은 수 천 가지 효소를 가지고 있으며 각기 다른 반응을 촉매한다.

효소에 의해 촉매되는 반응은 일반적인 화학 반응과는 네 가지 점에서 다르다.

1. 높은 특이성: 효소들은 기질과 생성물 분자들의 아주 미묘하고 매우 특별한 차이를 인지할 수 있다. 당신의 오른쪽 손이 왼쪽 장갑에 맞지 않는 것처럼 같은 분자들의 거울 상의 차이를 효소는 분별한다.
2. 높은 반응속도: 효소에 의해 촉매되는 반응은 그렇지 않은 반응에 비해 전형적으로 10^6 – 10^{12}배나 반응속도가 빠르다. 많은 효소들은 매 초당 수천 가지의 기질 분자들을 전환시킬 수 있다.
3. 적정 반응조건: 전형적으로 효소 반응은 대기압, 상대적으로 낮은 온도, 중성에 가까운 좁은 pH 범위 내에서 일어난다. 그러나 일부 효소들의 예외가 있다. 액포에 작용하는 단백질 분해효소는 거의 pH 4 정도에서 반응한다. 그러나 대부분의 효소들은 대부분의 화학반응에서 요구되는 조건보다는 훨씬 더 온화한 상태에서 생물반응을 수행한다.
4. 조절을 위한 기회: 하나의 특별한 효소의 존재와 양은 유전자 발현과 단백질 전환에 의해 조절된다. 게다가 효소활성은 다양할 활성제(activator)와 억제제 (inhibitor)에 의한 조절적 통제를 필요로 한다.

조절을 위한 이러한 기회들은 복잡하고 때론 경쟁적인 대사 반응의 평형을 유지할 수 있는 수단이 된다.

효소에 의해 촉매되는 반응의 첫 번째 단계는 효소-기질 복합체 (ES)를 형성하기 위해 기질 분자 (S)가 효소 (E)와 가역적으로 결합하는 것이다.

$$E + S \langle - \rangle ES - \rangle E + P \qquad (8.4)$$

그 후 효소-기질 복합체는 생성물 분자를 방출하기 위해 해리된다. 자유 효소는 재생된 후 다른 기질분자와 반응할 수 있게 된다.

효소는 단백질이며 기질이 결합하는 특정 부위를 가지고 있고 반응은 **활성자리**(active site)에서 일어난다. 일반적으로 활성자리는 잡혀진 단백질의 쪼개진 틈 또는 주머니에 위치하며 기질의 위치를 지정하고 촉매작용에 관여하는 반응성 있는 카르복실기(COO^-), 아미노기(NH_3^+) 또는 황기(S^-)와 같은 아미노산 곁사슬을 가지고 있다. 기질의 형태와 극성은 기질이 효소에 접근하고 촉매기(catalytic group)에 붙도록 하기 위해서 활성자리의 기하학적 형태를 보완하거나 딱 들어맞게 한다. 일반적인 반응에는 두 개 또는 그 이상의 기질이 관여하는데 첫 번째 기질의 결합은 단백질의 형태변화를 유도하고, 그 후에 두 번째 기질이 활성 자리로 접근한다.

효소는 반응을 시작하기 위해 필요한 에너지(activation energy; **활성화 장벽**)의 양을 낮추기 때문에 반응 속도를 증가시킨다. 이러한 효과는 공(ball)과 언덕(hill) 비유로 설명된다(그림 8.18A). 공이 언덕을 굴러 내려오기 위해서는 그 공이 놓여 있는 움푹 파인 곳에서부터 밀어 올려져야 한다. 이러한 작용이 그 공의 퍼텐셜 에너지를 증가시킨다. 그 공이 꼭대기 언저리에서 멈춰 있을 때 이러한 상태를 **전이상태**(transition state)라 한다. 즉, 그 공은 다시 움푹 팬 곳으로 돌아가거나 언덕을 굴러 내려올 가능성이 같은 확률로 존재한다.

화학반응도 이와 유사한 전이상태를 거치게된다(그림 8-18B). 반응물이 가까워지면, 점차적으로 서로 반발하게 되어 퍼텐셜 에너지가 증가한다. 그러나 만약 반응물이 충분한 운동 에너지를 갖고 접근하면 반응물로 다시 분해되거나 생성물로 진행되는 두 가지 같은 확률을 가지고 있는 전이상태로 도달하게 된다. 효소-촉매 반응의 경우 효소-기질 복합체는 다른 반응경로를 가지고 있다. 그 경로를 비촉매 반응보다 실질적으로 더 낮은 전이상태 에너지를 갖는다(그림 8-18B).

효소에 의해 촉매되는 반응은 반응속도(v)와 기질 농도([S])사이의 관계가 쌍곡선 관계를 보여준다(그림 8-19). 이와 같은 관계를 보이는 효소를 **미하엘리스-멘튼 속도론(Michaelis-Menton kinetics)**을 따른다고 한다. 미하엘리스-멘튼 속도론은 효소 농도가 일정할 때 점차적으로 증가하는 기질의 농도에 따라 효소가 기질에 의해 포화되는 사실을 반영하는 기질 포화(substrate saturation)에 의해 설명된다. 미하엘리스-멘튼 식은 이런 관계를 수식으로 표현한다.

$$v = V_{max}[S]/K_m + [S] \qquad (8.5)$$

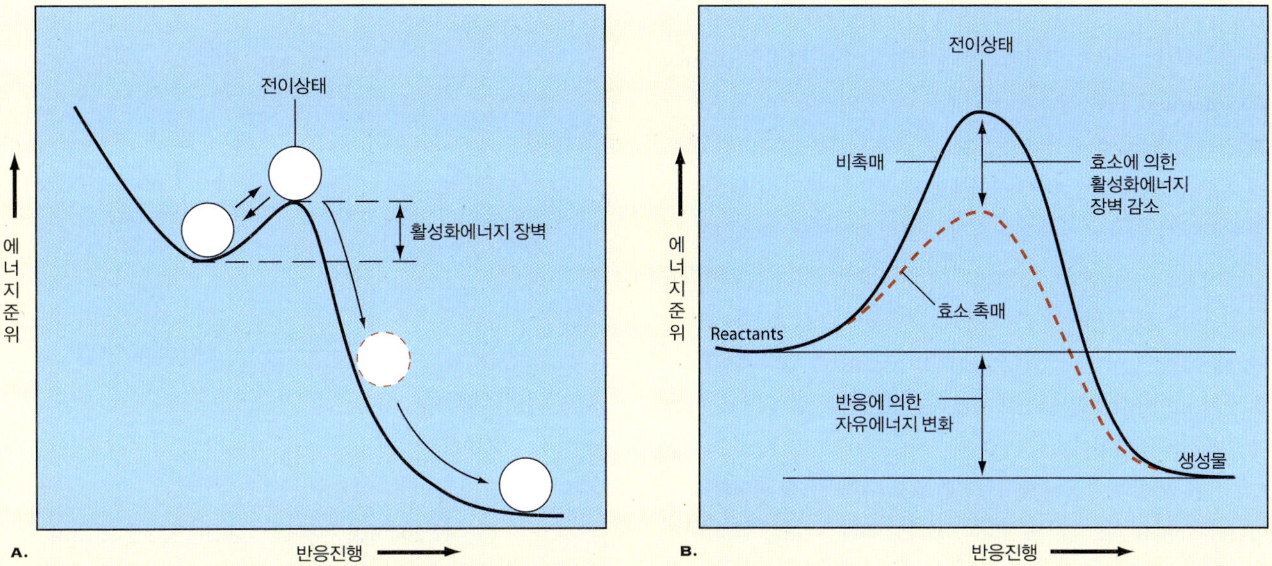

그림 8.18 효소 (A) 화학반응의 "공과 언덕"으로 비유. (B) 효소는 반응을 시작하기 위해 전이 상태 에너지로 측정되는 활성화 에너지 장벽을 낮춘다.

v는 반응의 초기 속도이며 V_{max}는 기질이 포화된 조건에서 최대 반응속도이고 K_m은 최대 반응속도의 절반에 해당하는 속도에서의 기질 농도이다. K_m은 효소의 기질에 대한 친화력을 측정하는데 사용되곤 한다: 높은 K_m 값은 효소의 기질에 대한 낮은 친화력을 의미하는 반면 낮은 K_m은 기질에 대한 높은 친화력을 의미한다.

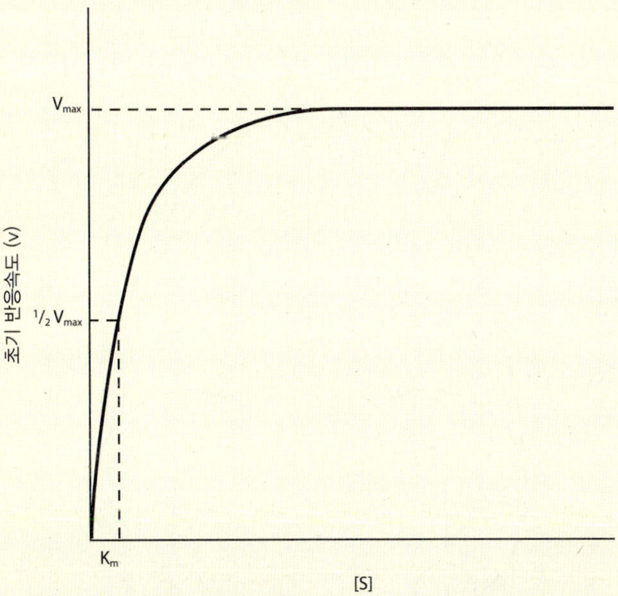

그림 8.19 효소 촉매 반응에서 초기 반응속도(v)와 기질농도([S]) 와의 관계 그래프. V_{max}는 기질이 포화된 상태에서 반응이 최대속도이다. K_m은 효소의 반응속도가 최대치의 1/2일 때의 [S]이다.

효소는 반응의 과정을 변화시키지 않음을 아는 것은 중요하다. 그것은 반응물과 생성물 사이에서 평형을 변화시키지 않을 뿐만 아니라 반응을 위한 자유에너지 차이(△G)도 변화시키지 않는다(2장의 자유 에너지에 대한 고찰). 효소는 단지 반응의 속도만 변화시킨다.

대부분의 효소는 기질의 이름 뒤에 접미사 –ase를 붙여 이름 짓기도 하고 때로는 반응 특징을 암시하기도 한다. 그 예로 α–아밀라아제는 아밀로스(녹말)를 소화시키며, 말산 탈수소효소는 말산을 산화(즉, 수소를 제거하는)하며, 포스포에놀피루브산 카르복실라아세는 이산화탄소(카르복실기)를 포스포에놀피루브산에 첨가해 준다.

많은 효소는 혼자 작용하지 않으며, 비단백성 보조인자를 필요로 한다. **조효소(coenzyme)**라 불리는 일부 보조인단은 일시적으로 단백질과 결합하고 반응 중에 변한다. 한 예로 NAD^+ 또는 FAD와 같은 많은 전자 전달자들은 많은 탈수소효소의 조효소로 작용한다(10장 참고). 사실상 그들은 같은 기질이면서 반응 중 NADH 또는 $FADH_2$로 환원된다. **보결원자단(prosthetic group)**은 주로 효소 단백질과 다소 영구적으로 결합되어 있는 비단백질성 보조인자이다. 그들은 헤모글로빈에 결합되는 헴 그룹들이다. 많은 식물 효소는 철이나 칼슘 이온을 보결 원자단으로 이용하고 있다.

효소와 효소반응은 온도와 pH 모두에 민감하다. 대부분의 화학반응과 같이 효소 반응은 온도가 1℃ 상승할 때마다 반응속도가 두 배로 증가하는 것을 의미하는 대략 2 정도의 Q_{10}을 갖는다.

반응속도는 최적온도에 도달할 때까지 증가하다가 이것을 넘어서면 급격히 감소한다. 정상적으로 이러한 감소는 **열변성(thermal denaturation)** 또는 효소가 풀어졌을 때 일어난다. 많은 효소가 25℃ 또는 30°C에 근접한 온도를 보이지만 대부분 효소의 온도에 의한 변성은 40 ~ 45°C 사이에서 발생한다. 어떤 효소들은 낮은 온도에서 역시 불안정하다. 그 한 예가 피루브산, 피로인산 디키나아제(pyrophosphate dikinase : PPDK)이다(15장 참조). PPDK는 약 12 ~ 15°C 이하의 온도에서서는 불안정하고 활성을 잃어버린다. 효소반응은 pH에도 민감한데 그 이유는 pH가 활성 부위의 촉매 잔기의 이온화에 영향을 미치기 때문이다. 단백질의 형태는 pH에 의해서도 변형된다.

기질 및 이와 관련된 대사물질은 효소 촉매반응에 관여할 뿐만 아니라(식 8.4) 효소 활성도를 촉진하기도 한다. 이러한 현상을 효소 **활성화(activation)**라고 하는데, 이는 기질이나 대사물질이 활성부위와 다른 부위에 결합하기 때문이다. 효소 상에서 활성부위 이외의 부위를 **입체다른자리(allosteric site)**라 부른다. 기질이 다른자리에 결합할 경우 활성 부위에서 형태적인 변화가 수반되며 그 결과 기질이 생성물로의 전환이 증가한다. 다른 자리 부위에 결합할 수 있는 분자를 **효과인자(effector)**라 한다. 이러한 조절현상을 보이는 효소를 **입체다른자리 효소(allosteric enzyme)**라 한다. Rubisco (8.6.2)가 이러한 효소의 한 예이다. CO_2가 이 효소의 기질일 뿐만 아니라 다른자리 부위의 ε-아미노기에 결합함으로써 효소를 활성화시키기도 한다(그림 8.12).

다양한 이온 또는 분자들은 효소의 촉매활성을 감소시켜 효소와 결합할 수 있다. 이들을 **억제제(inhibitor)**라 한다. 이러한 효소의 억제는 가역적이거나 또는 비가역적이다. 비가역적 억제제는 화학적으로 활성 부위를 변형시켜 기질이 더 이상 결합하지 못하게 하거나 다른 방법을 통해 영구적으로 단백질을 변형시킨다. 가역적 억제제는 종종 원래의 기질과 매우 유사한 화학적 구조를 갖고 있다. 그들은 활성자리에 결합하여 반응을 하지 않거나 또는 매우 느리게 반응한다. 그 예로 숙신산 탈수소효소에 의한 숙신산에서 푸마르산으로의 산화가 숙신산의 유사체인 말산에 의해 경쟁적으로 저해된다(그림 8.20).

기질과 저해제는 활성 부위에 부착하기 위해 서로 경쟁하는데 이러한 형태의 저해재를 **경쟁억제(competitive inhibition)**라 한다. 다른 형태의 가역적 저해제인 비경쟁 저해제는 활성자리를 위해 기질과 경쟁하지 않으나 효소의 다른 부위에 결합하여 기질이 활성부위로 접근하는 것을 제한한다. 아니면 **비경쟁적 억제제**는 직접 효소-기질 복합체에 결합하여 효소의 촉매활성을 방해한다.

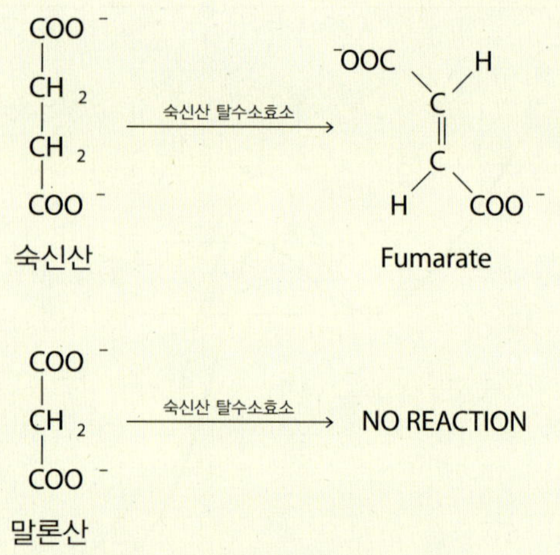

그림 8.20 숙신산의 구조 유사체인 말론산이 숙신산 탈수소효소를 억제한다. 말론산은 숙신산을 대신하여 효소에 결합하지만 반응을 진행하지는 못한다.

효소는 대사조절에서 가장 일반적인 형태 중 하나인 **되먹임 억제(feedback inhibition)**에서 중요한 역할을 한다. 되먹임 억제는 대사 경로의 최종생성물의 경로의 시작단계에서 작용하는 효소의 활성을 조절할 때 일어난다. 생성물에 대한 요구가 적을때 과도한 생성물은 경로에서 중요한 효소의 활성을 억제하여 생성물의 합성을 감소시킨다. 마약 세포의 활성이 생성물의 공급을 고갈시키면 효

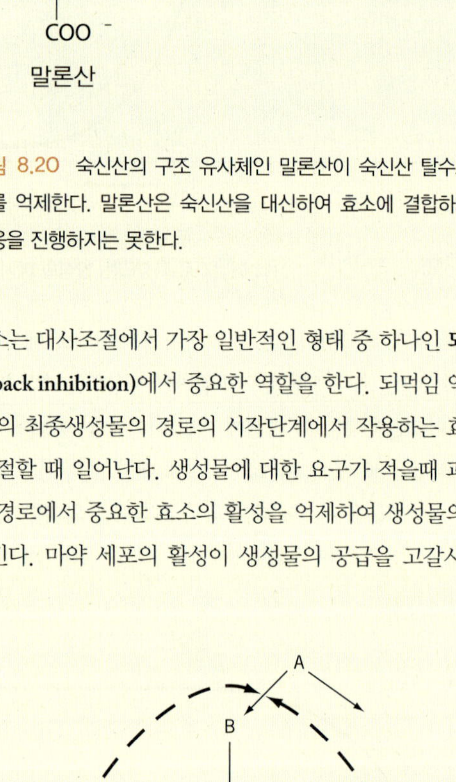

그림 8.21 되먹임 억제. 과도한 생성물은 생성물 합성을 유도하는 첫 번째 개입단계를 촉매하는 효소의 활성을 억제한다.

소는 억제에서 풀려 생성물의 형성 속도는 증가하게 된다. 되먹임 조절을 받는 효소는 보통 대사 분지점을 지난 후 첫 번째 것이다. 이러한 것을 **개입단계(committed step)**라 한다. 그림 ㅌㅌ에 예시하였다. 즉, 반응 A→ B, C→ D 그리고 C → F 모두 개입단계를 나타낸다. 한 예로 고농도의 생성물 G는 반응 C → F를 통한 선구물질이 흐름을 감소시키고 좀더 많은 선구 물질 C를 생성물 E로 전환한다. 아니면, 고농도의 E와 G는 A에서 B로의 전환을 조절한다. 되먹임 조절은 복잡한 대사 경로내에서 생성물 형성을 조절하는 효과적인 방법이다. 한 예로 호흡 대사에 관여하는 많은 효소들은 되먹임 조절의 영향을 받으며 세포의 꾸준히 변화하는 에너지 요구에 대해 탄소 흐름의 균형을 유지하게 한다.

더 읽을 거리

Buchanan, B. B.,W. Gruissem, R. L. Jones. 2000, *Biochemistry and Molecular Biology of Plants.* Rockville MD: American Society of Plant Physiologists.

요약

잎과 대기 사이에서 광합선에 의한 가스교환은 확산에 의해좌우되며 기공이라 불리는 분화된 표피 구멍의 개폐에 의해 조절된다. 기공의 개폐는 또한 CO_2 농도, 빛, 온도와 같은 환경요소와 식물의 수분상태에 민감하다.

광합성적 탄소환원(PCR) 회로는 엽록체 스트로마에서 일어난다. 이 회로는 모든 식물이 이산화탄소를 유기탄소로 환원시키기 위해 이용하는 일련의 반응계이다. 이 회로의 중심효소는 Rubisco이며, 이것은 이산화탄소 분자를 받개분자인 RuBP에 첨가시키는 것을 촉매한다. 그 생성물은 3-PGA이다. 광의존반응으로부터 얻어진 에너지는 두 단계에서 요구된다: 즉, 3-PGA의 환원을 위한 ATP와 NADPH, 그리고 받개분자인 RuBP 재생을 위한 ATP가 그것이다. 이 회로의 대부분은 (1) RuBP를 재생하는 것과 (2) 과다한 탄소를 3탄당으로 축적시키는 것과 같은 낭의 새배열 과성을 포함하고 있다. 이 여분의 탄소는 녹말 형태로 엽록체에 저장되거나 혹은 식물의 다른 부분으로 수송하기 위해 엽록체로부터 빠져나간다.

다른 복잡한 반응처럼 광합성 작용도 조절을 받는다. 이 경우 일차적인 촉진제(activator)는 빛이다. Rubisco를 포함하여 여러 중요 PCR 효소들은 빛에 의해 활성화된다. 이것이 낮과 밤 동안에 중간대사 물질 양의 변화를 조절하면서, 또 탄소수요에 대한 세포내 다른 부분의 요구와 경쟁하면서 광합성을 또 다른 분야의 대사과정과 통합시키는 하나의 방법이 된다.

탄소고정을 위해 독점적으로 PCR 회로를 이용한 식물은 광호흡이라 불리우는 빛과 산소에 의존하는 경쟁적인 이산화탄소 발생반응을 보여준다. 광합성적 탄소산화(PCO) 회로가 이산화탄소의 발생원이 된다. PCO 회로 역시 Rubisco와 함께 시작되며 이 효소는 산소 존재하에서 RuBP의 카르복시화 반응은 물론 산화반응도 촉매한다. RuBP 산화반응의 산물은 한 분자의 3-PGA와 한 분자의 2탄소 화합물인 포스코글리콜산이다. 포스포글리콜산은 계속해서 일련의 반응을 통해 대사되어 CO_2 방출을 초래하게 되며 남아 있는 탄소는 PCR 회로에 의해 회수된다. PCO 회로의 역할은 수분 스트레스 동안 기공이 닫히고 이산화탄소 공급이 차단될 때 엽록체를 광산화 손상으로부터 보호해 준다는 가설이 있지만 아직은 분명하지 않은 상태이다.

엽록체는 또한 잠재적으로 별로 쓸모 없는 CO_2 순환을 이끌어내는 산화적 오탄당 인산회로(OPPC)를 보여 주고 있다. 이것은 티오레독신 작용을 통해서 일어나는 환원적 및 산화적 오탄당 인산회로에 대한 차등적인 빛 조절에 의해 억제된다.

복습문제

1. 광합성 탄소환원 회로 방을 복습하게 어떻게
   (a) 생성물이 만들어지는 지,
   (b) 탄소가 받개 분자를 재생시키기 위해 재순환 되는지를 보여라.
2. 광합성적 탄소환원회로 내의 어느 곳에서 에너지 투입이 일어나고 또한 어떤 형태의 화합물로 투입되는가? 이 에너지의 원천은 무엇인가?
3. 광합성적 탄소환원 회로는 자가 촉매적이라고 말하여진다. 이것은 무엇을 의미하며 또한 어떤 이점이 있는가?
4. 광호흡 회로를 서술해 보아라. 광호흡과 광합성 사이의 관계는 무엇인가?
5. Rubsico의 산소화효소 기능이 진화상의 유물이라는 점을 논의해 보아라.

6. 식물은 엽록체 내에서 어떻게 쓸모없는 CO_2 순환을 극복하는가?

더 읽을 거리

Blankenship, R. E. 2002. *Molecular Mechanisms of Photosynthesis.* London: Blackwell Science.

Buchanan, B. B., Y. Balmer. 2005. Redox regulation: A broadening horizon. *Annual Review of Plant Biology* 56: 187–220.

Buchanan, B. B., W. Gruissem, R. L. Jones. 2000. *Biochemistry and Molecular Biology of Plants.* Rockville MD: American Society of Plant Physiologists.

Leegood, R. C., T. D. Sharkey, S. von Caemmerer. 2000. *Photosynthesis: Physiology and Metabolism. Advances in Photosynthesis,* Vol. 9. Dordrecht: Kluwer.

Spreitzer, R. J., M. E. Salvucci. 2002. Rubisco: Structure, regulatory interactions and possibilities for a better enzyme. *Annual Review of Plant Biology* 53: 449–475.

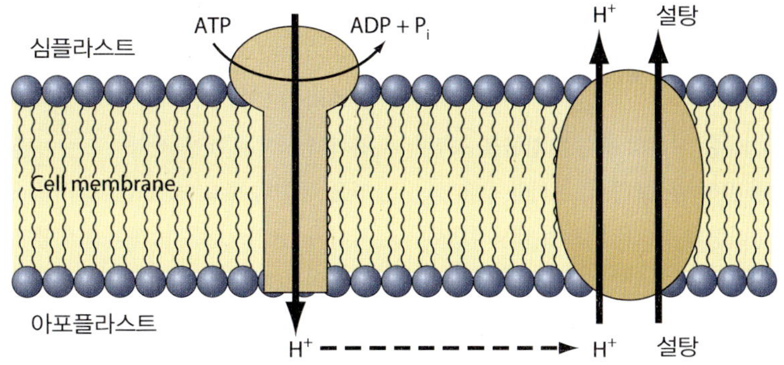

9

광동화산물의 분배, 전류(轉流) 및 분할

앞의 두 장에서 에너지가 탄소화합물 형태인 **광동화산물**(**photoassimilate**)로 어떻게 보존되는지에 대해서 살펴보았다. 광합성의 주 기능은 광합성 조직뿐만 아니라 식물 전체를 유지하고 생장하는 데 충분한 에너지와 탄소원을 공급하는 것이다. 낮 시간에 PCR회로에 의해 생성된 광합성 산물은 엽육세포의 액포에서는 설탕의 형태로 엽록체의 스트로마에서는 녹말의 형태로 잎에 일시적으로 축적된다. 이러한 광합성 산물이 설탕 혹은 녹말로 전환되는 것을 **탄소 분배**(**carbon allocation**)라고 한다. 매일 동화된 탄소의 일부분은 생장과 대사를 계속하기 위해 잎에 남아 있게 되지만 대부분은 잎에서 비광합성 기관과 조직으로 전류되어서 직접 대사에 이용되거나 나중에 다시 회수하여 대사 과정에 이용하기 위해 저장된다. 광합성 산물의 장거리 이동을 **전류**(**translocation**)라고 한다. 수송은 관다발 조직의 **체관부**(**phloem**)에서 일어난다. 체관부 수송은 광합성 에너지와 탄소를 식물체 전체에 효율적으로 배분하는 기능을 하는 매우 중요한 과정인데 이를 **탄소 분할**(**carbon partitioning**)이라고 한다. 체관부 전류는 생산성, 작물의 수확량, 그리고 제초제나 다른 외래 화합물의 효능을 결정하는 데 중요한 역할을 하므로 농업적 관점에서도 중요하다. 이 장에서는 광합성의 최종 산물인 녹말과 설탕의 생합성, 체관부의 구조, 그리고 광동화산물의 전류와 배분에 있어서 체관부의 기능에 대해 초점을 둔다. 앞으로 다루게 될 중요한 주제는 다음의 내용을 포함하고 있다

- 녹말과 설탕의 생합성
- 고정된 탄소의 녹말과 설탕 생합성 경로 간의 분배
- 광동화산물의 전류 경로가 체관부임을 밝힌 근거와 체관부를 통해 전류되는 물질의 본질
- 체관부 조직의 구조, 특히 체관의 구조와 조성의 여러 가지 특이한 점들
- 공급원-수용부 개념과 전류 과정에서 공급원과 수용부의 중요성
- 체관부 전류를 설명하는 압류설과 잎에서 광동화산물이 체관부로 유입되고 차후에 표적기관에서 회수되는 과정들
- 여러 수용부 사이에서 광동화산물의 분배를 조절하는 요인들
- 생체이물성(xenobiotic) 농화학 물질의 적재와 수송

9.1 녹말과 설탕은 두 개의 다른 세포 구획에서 생합성된다

완두, 시금치, 담배 등의 많은 식물은 여분의 광합성 산물을 녹말의 형태로 엽록체에 저장하는 데 반해 밀, 보리 및 귀리와 같은 식물은 녹말을 거의 축적하지 않고 다량의 설탕을 액포에 일시적으로 저장한다. PCR 회로에 의해 고정된 탄소가 녹말 또는 설탕 생합성으로 배정되는 것을 **탄소 분배(carbon allocation)**라고 한다. 이러한 내용은 공급원-수용부 관계(source-sink relationships)와 관련해서 다음에 더 논의 될 것이다(아래 참조). 설탕과 녹말은 나중에 밤이나 광합성 산물이 부족한 시기에 이동하여 호흡과 기타 대사 요구에 사용된다. 잎에서 비광합성 조직으로 수송된 설탕은 바로 대사되기도 하지만 액포에 설탕 형태로 일시적으로 저장되거나 혹은 엽록체에서 장기간 저장 목적으로 녹말로 전환된다.

9.1.1 녹말은 스트로마에서 생합성된다

고등 식물에서 주요 저장 탄수화물은 다당류인 녹말로서 두 가지 형태로 존재한다(그림 9.1). **아밀로오스(amylose)**는 인접한 포도당이 1번과 4번 탄소 사이의 결합으로 연결된 선형의 중합체로써 α-(1,4)-글루칸(glucan)이다. **아밀로펙틴(amylopectin)**은 약 24~30개의 포도당 잔기마다 간헐적인 α-(1,6) 연결을 하여 분지형 분자가 생성되는 것을 제외하고는 아밀로오스와 유사하다. 아밀로펙틴은 동물의 주요 저장 탄수화물인 글리코겐(glycogen)과 매우 유사하다. 글리코겐은 10개의 포도당 잔기마다 α-(1,6) 연결을 하여 30개의 잔기마다 α-(1,6) 연결을 하는 아밀로펙틴보다 더 많이 분지가 되어 있다.

잎에서 녹말이 합성되는 부위는 엽록체이다. 커다란 녹말 덩어리는 C3 식물의 엽록체에서 전자현미경으로 쉽게 볼 수 있다. 게다가 두 가지 주 관련 효소인 **ADP-포도당 피로포스포릴라아제**(ADP-glucose pyrophosphorylase)와 **녹말생성효소**(strach synthase)가 엽록체의 스트로마에 존재하는 것으로 밝혀졌다. 엽록체에서 녹말 합성은 PCR 회로에 의해 생성된 6탄당 인산 풀로 시작한다(그림 9.2). 스트로마 내 6탄당 인산 풀의 구성성분 중 하나인 과당-6-인산(F-6-P)은 엽록체 효소인 6탄당-인산 이성질체화효소(hexose-phosphate isomerase)(반응식 9.1)와 포스포글루코뮤타아제(phophoglucomutase)(반응식 9.2)의 두 효소에 의해 스트로

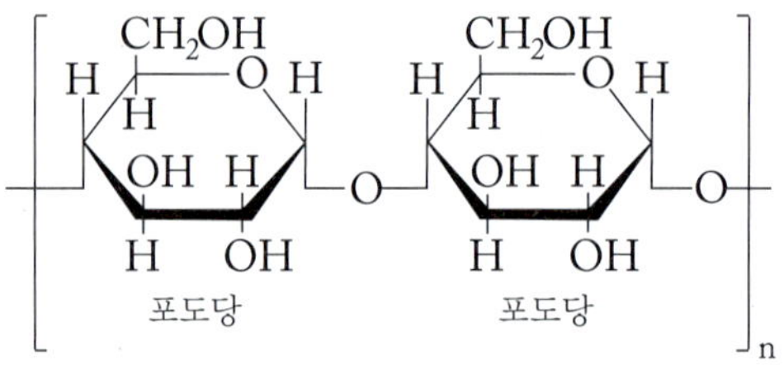

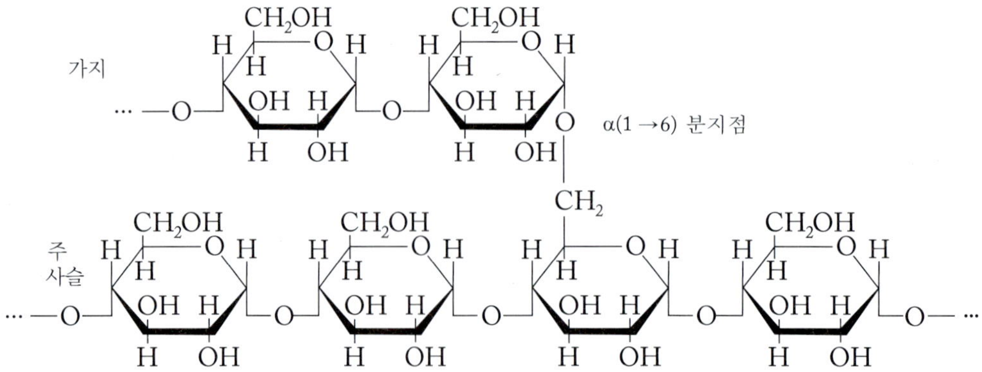

그림 9.1 녹말의 두 가지 형태인 아밀로오스와 아밀로펙틴의 화학적 구조. 아밀로오스는 α→(1,4) 결합으로 연결된 포도당 잔기의 긴 사슬이다. 아밀로펙틴은 α→(1,6)로 연결된 분지점을 가진 α→(1,4) 결합으로 연결된 포도당의 다분지 중합체이다.

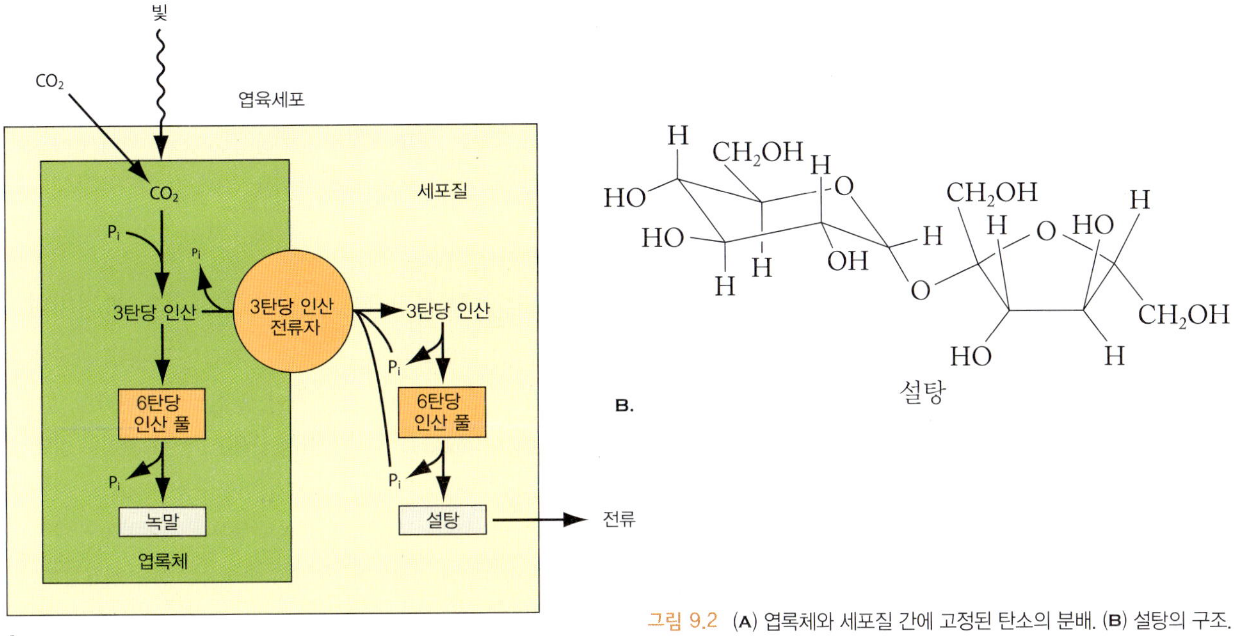

A.

그림 9.2 (A) 엽록체와 세포질 간에 고정된 탄소의 분배. (B) 설탕의 구조.

마 내 6탄당 인산 풀의 또 다른 구성성분인 포도당-1-인산(G-1-P)으로 전환된다. 포도당-1-인산은 ATP와 반응하여 ADP-포도당을 형성한다(반응식 9.3). 반응식 9.3은 ADP-포도당 가인산분해효소(ADP-glucose phosphorylase)에 의해 촉매된다. ADP-포도당은 포도당의 활성형으로서 녹말 합성의 직접적인 전구체이다. 녹말은 엽록체의 스트로마에 불용성 녹말 알갱이로 저장된다. 그 결과로 이런 형태의 저장 탄소는 삼투 활성이 없으므로 스트로마의 삼투압에 거의 영향을 미치지 않으면서 엽록체 내에 다량의 고정된 탄소를 저장할 수 있도록 한다. 이것은 고정된 탄소를 녹말로 축적하고 저장함으로 인해 엽록체 막이 깨지는 것을 방지한다.

$$\text{과당-6-인산} \leftrightarrow \text{포도당-6-인산} \quad (9.1)$$

$$\text{포도당-6-인산} \leftrightarrow \text{포도당-1-인산} \quad (9.2)$$

$$\text{ATP} + \text{포도당-1-인산} \leftrightarrow \text{ADP-포도당} + H_2O + PP_i \quad (9.3)$$

$$PP_i + H_2O \leftrightarrow 2Pi \quad (9.4)$$

마지막으로 녹말 생성 효소는 새로운 α-(1,4) 결합의 형성을 촉매하여 한 분자의 포도당이 늘어나는 사슬에 더 추가하게 된다(반응식 9.5).

$$\text{ADP−포도당} + \alpha\text{-}(1 \rightarrow 4)\text{−글루칸} \leftrightarrow \text{ADP} + \alpha\text{-}(1 \rightarrow 4)\text{-glucosyl-glucan} \quad (9.5)$$

α-(1,6)-분지 결합의 형성은 Q 효소라고도 하는 **분지 효소(branching enzyme)**에 의해 촉매되어 아밀로펙틴을 만들게 된다.

9.1.2 설탕은 세포질에서 생합성된다

설탕은 포도당과 과당 잔기를 함유한 수용성 이당류(그림 9.2B)로 식물의 생활에 지극히 중요한 역할을 하는 보다 풍부한 천연산물일 뿐만 아니라 주된 상업성 물품의 하나이다. 사탕수수나 사탕무에서처럼 특화된 저장 세포의 액포에 저장되어 있듯이 설탕은 저장 산물로서의 역할을 하기도 한다. 다른 비광합성 조직으로 이동된 설탕은 물질 대사에 직접적으로 이용되거나 녹말로 전환된다. 설탕은 현재 연구 결과로서는 수송류(translocation stream)에서 가장 흔한 형태의 당이다.

세포 내에서 설탕의 합성 부위는 한동안 논란의 대상이었지만 세포 분획 및 효소이 세포내 위치 연구를 통해서 광합성 세포의 세포질에서만 설탕 합성이 한정적으로 일어난다는 것이 명백히 확인되었다(그림 9.2). 분리된 엽록체에서 설탕 합성이 일어난다는 초기 연구 결과는 엽록체가 분획 시에 세포질의 효소에 의해 오염되었기 때문이다. 게다가 설탕은 엽록체 내막을 투과할 수 없으므로 설사 엽록체 내에서 합성된다고 하더라도 엽록체를 빠져나가 수송류로 유입될 수 없을 것이다.

설탕 합성 경로로는 두 가지가 가능하다. 광합성 세포에서 설탕 합성의 주경로는 **설탕 인산 생성 효소(sucrose phosphate synthase; SPS**, 반응식 9.6)와 **설탕 인산 포스파타아세(sucrose phosphate phosphatase**, 반응식 9.7)에 의해서 일어난다.

$$\text{UDP-포도당} + \text{과당-6-인산} \leftrightarrow \text{UDP} + \text{설탕-6-인산} \quad (9.6)$$

$$\text{설탕−6−인산} + H_2O \leftrightarrow \text{설탕} + P_i \quad (9.7)$$

설탕-6-인산의 가수 분해로 나오는 에너지(약 12.5 kJ mol^{-1})는 사탕수수나 다른 설탕 저장 식물에서 전형적으로 나타나는 고농도의 설탕 축적에 일정 역할을 한다.

설탕을 합성할 수 있는 또 다른 세포질 효소는 **설탕 생성 효소**(**SS; sucrose synthase**, 반응식 9.8)이다:

$$\text{UDP-포도당} + \text{과당} \leftrightarrow \text{UDP} + \text{설탕} \quad (9.8)$$

자유 에너지의 변화가 약 + 14 kJ mol^{-1}이기에 이 반응은 자발적이지 않다. 다수의 증거에 따르면 정상적인 조건에서 SS는 설탕을 분해하는 역반응으로 작용한다(반응식 9.11 참조).

녹말 생합성과는 대조적으로 설탕합성에는 어느 경로에 의해서든 ATP보다는 **우리딘 3인산**(**uridine triphosphate, UTP**)에 의한 포도당의 활성화가 필요한 것을 주목하라.

$$\text{UTP} + \text{포도당-1-인산} \leftrightarrow \text{UDP-포도당} + PP_i \quad (9.9)$$

$$PP_i + H_2O \leftrightarrow 2P_i \quad (9.10)$$

비록 일부 조직에서 SPS가 ADP-포도당을 사용할 수 있지만 UDP-포도당이 확실히 주된 형태이다.

세포질의 설탕 합성에 필요한 탄소는 엽록체 포막(그림 9.2)에 존재하는 특별한 무기인산 의존성(P_i) 수송체(transporter)를 통해 엽록체 바깥으로 빠져 나간다. 이 **무기인산(P_i)/3탄당 인산 수송체**(**triose phosphate transporter**)는 P_i와 디히드록시아세톤 인산(dihydroxyacetone phosphate, DHAP) 형태의 3탄당 인산을 1 : 1로 교환한다. 세포질 내로 들어오면 두 분자의 3탄당 인산(글리세르알데히드-3-인산과 DHAP)은 융합하여 과당-1,6-이인산(fructose-1,6-bisphosphate)을 형성한다. 뒤이어 과당-1,6-이인산은 **세포질 6탄당 인산 풀**(**cytosolic hexose phosphate pool**)로 들어가 엽록체에서처럼 세포질 내 담당 효소에 의해 포도당-1-인산으로 전환된다. 설탕 합성에 생성된 무기인산(orthophosphate)의 일부는 UTP를 재생하는 데 이용되고 나머지는 3탄당 인산과 교환되어 엽록체로 다시 들어가게 된다.

잎에서 뿌리나 괴경 혹은 발생 중인 종자로 전류된 설탕은 대부분의 경우 녹말 형태로 저장된다. 설탕이 녹말로 전환되는 것은 일반적으로 설탕생성효소 반응의 역과정이 관여하는 것으로 생각된다.

$$\text{설탕} + \text{UDP} \rightarrow \text{과당} + \text{UDP-포도당} \quad (9.11)$$

ADP-포도당이 녹말합성에 선호되는 형태이므로 UDP-포도당은 반응식 9.12와 9.13에 표시된 것처럼 ADP-포도당으로 전환된다.

$$\text{UDP-포도당} + PP_i \leftrightarrow \text{UTP} + \text{포도당-1-인산} \quad (9.12)$$

$$\text{포도당-1-인산} + \text{ATP} \leftrightarrow \text{ADP-포도당} + H_2O + PP_i \quad (9.13)$$

그 결과 생성된 ADP-포도당은 녹말생성효소에 의해서 녹말로 전환된다.

9.2 녹말과 설탕의 생합성은 경쟁적인 과정이다

전통적으로 탄수화물 대사는 대부분 공급원–수용부 관계에 의해 결정된다고 생각해왔다. 예를 들어, 광합성이 활발하게 일어나는 잎은 **공급원**(**source**)으로서 광합성 산물을 저장기관이나 발달 중인 꽃이나 과일 같이 동화 산물을 이용하는 **수용부**(**sink**)로 제공한다. 설탕과 녹말 사이의 관계에 있어서 수용부를 제거하여 광합성 산물 요구가 감소되면 잎에 종종 녹말이 축적되는 것을 관찰할 수 있었기에 녹말은 단순한 여분의 탄소에 지나지 않는다고 가정하게 되었다. 그러나 이제는 이 가정이 옳지 않다는 좋은 증거가 있다.

강낭콩(*Glycine max*)에서 녹말의 축적은 광합성이 일어나는 시간의 길이와는 상관이 없다. 7시간의 광주기에서 자란 식물은 14시간의 광주기에서 자란 식물보다 광동화 기간이 절반임에도 불구하고 일당 광동화 산물의 더 많은 부분을 녹말로 전환시킨다. 따라서 잎에서 녹말의 축적 정도는 광합성 산물의 유입보다는 암기에 필요한 에너지 양에 더 밀접하게 연관되어 있다. 그러나 어떻게 식물이 이 같은 수요를 예측하는지에 대해서는 알려져 있지 않다. 그런데 많은 종에서 외견상 수용부의 능력이나 분리된 엽록체에서 녹말을 형성하는 고유의 능력과는 무관하게 서로 다른 비율로 녹말과 설탕 간의 탄소 분배를 한다. 탄소 분배는 프로그램화된 과정으로서 단순한 공급원–수용부 관계 이상의 조절이 있는 것을 암시한다. 게다가 광합성 자체의 효율적인 작동을 유지시키기 위해서는 설탕 합성이 조절되어야 하는 게 필수적이다. 설탕 합성이 탄소 동화율보다 크면 세포질에서의 3탄당 인산에 대한 요구가 증가되고 PCR 회로의 중간 대사물이 고갈되어 RuBP 재생을 위한 캘빈회로 효소들의 수용능력이 감소하여 광합성이 심각하게 억제될 것이다.

설탕 인산 합성 효소(SPS)가 설탕 합성의 최대 수용력을 결정하지만 세포질의 **과당-1,6-이인산 가수분해효소**(**furcotse-1,6-bisphosphate phosphatase, FBPase**)가 설탕과 녹말 합성 간의 탄소분배의 균형을 맞추는 데 더 중요한 역할을 한다. 과당-1,6-이인산 → 과당-6-인산 + P_i 반응은 고도의 발열 반응이기 때문에 설탕 합성 경로에서 전략적 부위이며 3탄당 인산이 설탕으로 전환되는 과정상에서 최초의 비가역적인 단계이다. 따라서 설탕으로의 탄소흐름은 밸브의 개폐를 통해서 물의 흐름을 조절하는 것처럼 FBPase 활성도를 조절하여 쉽게 통제할 수 있다.

티오레독신(thioredoxin)에 의해 광조절되는 엽록체의 FBPase와는 달리, 세포질성 FBPase는 티오레독신에 의해 조절되지 않고 **과당-2,6-이인산(fructose-2,6 bisphosphate)**에 의해 아주 민감하게 억제된다. F-2,6-BP는 FBP의 유사체로서 기질로 작용하기보다는 조절 인자로 작용하므로 **조절 대사물질(regulator metabolite)**로 여겨진다(그림 9.3). F-2,6-BP 수준은 세포질성의 6탄당 인산 풀의 F-6-P 농도와 세포질의 3탄당 인산/무기인산 비를 포함한 여러 가지의 상호적인 요인에 의해서 민감하게 변한다(그림 9.4).

고정된 탄소의 분배와 이산화탄소 동화율간의 평형을 유지하기 위해서는 F-2,6-13P에 의한 설탕 합성의 조절이 필요하다. 한 예로 세포에서 설탕 수출은 빛이 있는 경우에 천천히 일어나서 세포질의 6탄당 인산 풀의 F-6-P나 3탄당 인산(triose-P)과 같은 중간 대사물의 축적이 유발되며 녹말로의 할당 방향으로 바뀐다. 설탕에 대한 요구가 감소하면 설탕과 그것의 전구물질(예, F-6-P)은 잎의 세포질 6탄당 풀에 축적된다(그림 9.2). F6P는 또한 F-2,6-BP의 전구물질이므로 억제제의 수준이 증가하게 되고 FBPase의 억제와 3탄당 인산의 축적이 일어난다. 인산화된 중간 산물의 축적은 아마도 P_i 농도의 감소도 일으킨다. 3탄당 인산 축적과 P_i의 감소는 함께 엽록체에서 운반체를 통한 3탄당 인산의 수출 속도를 감소시킨다. 그 결과 엽록체에서 3탄당 인산의 축적과 무기인산(orthophosphate)의 감소가 일어나 녹말 합성이 촉진된다. 스트로마의 P_i의 감소는 ATP 합성(ADP + P_i → ATP)이 감소되도록 한다. 이것은 틸라코이드 막간의 pH 차이(transthylakoid ΔpH)를 형

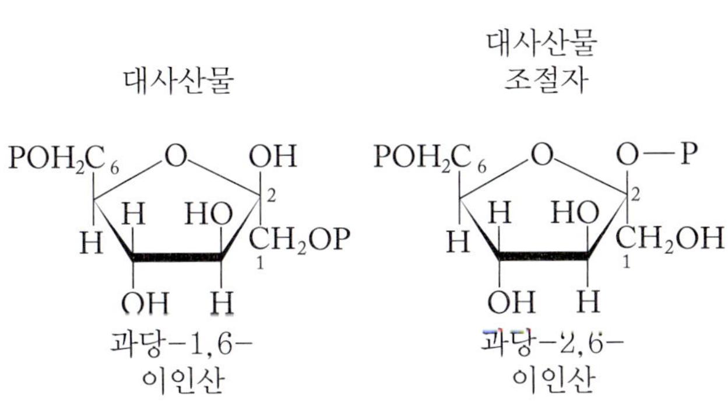

그림 9.3 F-1,6-BP와 F-2,6-BP의 구조 비교.

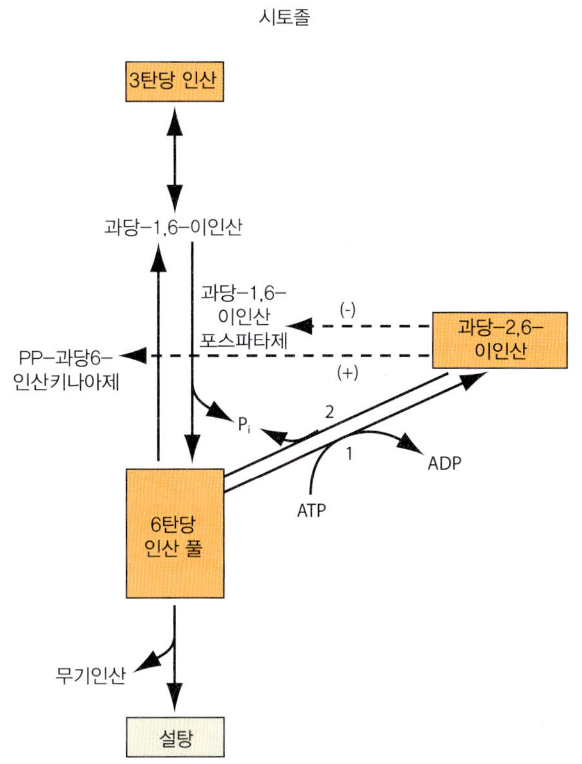

그림 9.4 설탕의 합성은 F-6-P 3탄당 인산/무기인산의 비율에 의해 조절된다. 세포질의 6탄당 인산 풀에 F-6-P가 축적되면 F-6-P로부터 과당-2,6-이인산(F-2,6-BP)의 합성이 유리해진다. 세포질의 6탄당 인산 풀에 있는 F-6-P는 효소 F-6-P2-kinase (반응식 1)에 의해 인산화되어 F-2,6-BP로 전환된다. 이러한 조절 대사물질이 축적은 효소 FBPase의 활성을 억제하지만 역반응을 촉매하는 2인산 의존성 포스포프락토키나아제(PP_i-PFK)를 촉진한다. 전체 결과는 세포질의 6탄당 인산 풀로의 탄소 유입 속도가 감소되어 설탕 합성의 속도가 감소된다. 낮은 수준의 F-6-P는 F-2,6-이인산가수분해 효소에 의해서 F-2,6-BP가 F-6-P로 분해되는 것을 유리하게 만든다(반응 2). 이것은 세포질의 FBPase가 억제되는 것을 중단하여 F-6-P의 합성을 유리하도록 만들어 설탕의 합성을 촉진한다.

성할 것이고 그 결과로 **광합성 조절(photosynthetic control)**이라는 과정을 통해 광합성의 전자전달 속도를 억제한다. 따라서 이것은 광합성 산소 발생율과 궁극적으로 이산화탄소 동화율이 감소되도록 한다. 이러한 광합성의 억제를 보이는 식물들을 **되먹임 제한(feedback limited)**이 된다고 한다.

세부적인 내용은 아직 밝혀져 있지 않지만 엽록체에서의 녹말 합성, 3탄당 인산의 유출과 세포질에서의 설탕합성은 섬세하게 균형을 이루고 있다. 이러한 균형은 여러 가지 효소의 정확한 조절뿐

만 아니라 3탄당 인산과 Pi 수준의 아주 민감한 변화에 의해서도 조절되며 두 세포내 구획간의 밀접한 소통도 요구된다. 따라서 고정된 탄소가 잎의 엽육 세포의 녹말 또는 설탕 생합성 과정으로 분배되는 것은 이러한 대사 과정이 사실상 다음의 두 가지 역할을 한다. (1) 생장과 항상성 유지를 위해 에너지와 탄소의 공급을 제공하며, (2) 두 개의 다른 구획에서의 대사 상태에 대한 정보의 제공을 한다.

9.3 프락탄의 생합성은 탄소분배를 위한 대체경로이다

설탕과 녹말로의 탄소 분배 이외에도 약 10%의 육상식물은 탄소를 수용성 과당 중합체인 **프락탄(fructan)**으로 분배하는 능력을 가지는데 프락탄은 액포에서 생합성된다. 액포성 프락탄을 합성할 수 있는 식물에는 양파, 마늘, 서양부추, 예루살렘 아티초크(뚱딴지 또는 돼지감자), 치코리 외에도 농업적으로 중요한 밀, 보리, 호밀 등의 곡류가 포함된다. 이런 식물들에서 가장 흔한 형태의 프락탄은 설탕–설탕 과당기 전이효소(SST; sucrose:sucrose fructosyl transferase)에 의해 설탕 분자에 또 다른 설탕 분자가 과당을 첨가하는 단계적인 효소 반응으로 만들어진다. 이 결과로 2개의 과당 단위체에 1개의 포도당 단위체가 연결되어 구성된 삼당류인 1-케스토오스(1-kestose)가 형성된다(반응식 9.14).

$$\text{설탕} + \text{설탕} \rightarrow \text{1-케스토오스} + \text{포도당} \qquad (9.14)$$

이 삼당류는 또 다른 액포 효소인 프락탄–프락탄 과당기 전이효소(FFT; fructan:fructan fructosyl transferase)의 작용에 의해 길어져 1,2-β 방향으로 glucosyl-1,2-fructosyl- 1,2-fructosyl-(fructosyl)$_N$의 형태로 연결되며 반복단위가 1개(kestose; 케스토오스)에서 40개에 이르는 과당의 중합체가 형성된다(반응식 9.15).

$$\text{1-케스토오스} + \text{프락탄} \rightarrow \text{glucosyl-1,2-fructosyl-1,2-fructosyl-(fructosyl)}_N \qquad (9.15)$$

탄소의 축적이 탄소의 소모 속도를 능가하는 조건에서 설탕은 축적되며 액포의 프락탄 대사 효소인 SST와 FFT가 유도된다. 따라서 세포질의 설탕 농도가 증가하면 프락탄의 생합성을 유발하는 것으로 생각된다. 세포질에 축적된 설탕은 액포로 수송되어 프락탄으로 전환된다. 프락탄의 축적은 곡물 건량의 40% 정도만큼이나 높은 수준에 달할 수 있기 때문에 액포의 프락탄 생합성은 탄소분배의 중요한 메커니즘의 하나이다.

표 9.1 시금치와 초본인 독보리에서 설탕의 축적이 녹말의 생합성에 미치는 영향.

식물명	잎의 설탕 함량 (μmol mg^{-1} Chl)	녹말/설탕 비
시금치	1	0.2
	5	0.4
	10	0.6
독보리	5	0.1
	33	0.1
	50	0.1

Data from Pollack et al., 1995.

앞에서 논의한 바처럼, 녹말이 주 저장 탄수화물인 시금치와 같은 식물 종에서 조절 대사물질인 과당-2,6-이인산(fructose-2,6 bisphosphate)은 세포질의 설탕 농도 증가에 반응하여 엽록체 스트로마로부터 3탄당의 유출을 되먹임 억제한다. 이 과정은 효소 ADP-포도당 피로포스포릴라아제의 활성화를 통한 녹말의 생합성을 촉진하여 녹말/설탕 비율을 증가시키게 된다(표 9.1). 그러나 이런 유형의 되먹임 억제가 액포에서 설탕을 프락탄으로 전환시키는 독보리(*Lolium temulentum*)와 같은 식물에서는 나타나지 않는다(표 9.1). 프락탄 축적 식물에서 외견상 세포질의 설탕 축적이 엽록체 대사에 영향을 미치지 않는 것은 그늘 형성이나 서늘한 온도 또는 다년생 생장 습성, 그리고 아마도 초식성 동물에 의한 피해 등으로 고정 탄소에 대한 수용 공급의 균형이 급속히 변하는 환경에서 진화된 초본 식물에서의 선택적인 이점을 드러낸 것일 수도 있다고 제안되었다. 이러한 광합성을 한정하는 되먹임 억제에 대한 감소된 민감성은 프락탄 축적 식물에서 녹말 축적 식물보다 설탕 생합성 경로를 통한 탄소의 흐름을 더 크게 유지하여 CO_2 동화를 더 높게 유지할 수 있도록 한다.

9.4 광합성산물은 장거리로 수송된다

식물에서 무기물과 유기물의 수송을 구분하기 위한 시도는 17세기 식물 해부학자인 말피기(M. Malpighi)에서부터 시작되었다. 말피기는 어린 줄기의 관다발 형성층에서 **환상 박피(girdling)**라고 알려진 기술을 사용하여 체관부를 포함한 수피를 물관이 포함된 목질부와 따로 분리하여 제거하였다. 목질부의 물관은 온전하게 남아 있으므로 물과 무기영양분은 잎으로 계속 이동하여 식물은 한동안 생존할 수 있다. 그러나 환상 박피된 식물은 박피 바로 윗 부위가 부풀어 오르는 특징을 나타내었다(그림 9.5).

오랜 기간 동안 이 실험이 반복되면서 방법이 개선되어 외형적으로 박피를 만들지 않고도 증기를 이용하거나 저온 처리를 하는 방법이 사용되었다. 특징적인 부풀림 현상은 부분적으로는 체관부가 제거되거나 그 활동이 억제됨으로써 광합성 산물이 아래쪽으로 이동되는 것이 차단되어 축적이 일어난 것에 기인한다. 이제는 잘 알려져 있지만 하향류에는 질소화합물과 차단된 지점 윗 부위의 증식과 확대를 촉진하는 호르몬들도 포함되어 있다. 물론 궁극적으로는 근계의 영양분 부족으로 환상 박피된 식물은 죽게 된다.

체관부 용출액의 분석 결과는 광합성 산물이 체관부를 통해서 수송된다는 것을 지지하는 더 직접적인 증거를 제공했다. 불행히도 체관부 조직은 목부 조직처럼 분석하기가 쉽지 않다(2장에서 기술). 이는 체관부에서 수송에 관여하는 구성원들이 물관이나 헛물관과는 달리 기능을 하려면 살아 있어야 하는 세포이기 때문이다. 이들 세포는 높은 점도를 지니면서 대사가 왕성하게 일어나는 세포질 본래의 봉합 작용 때문에 물관과 같이 그 내용물을 쉽게 용출하지 않는다. 게다가 체관부에는 수송 과정에 직접적으로 관여하지

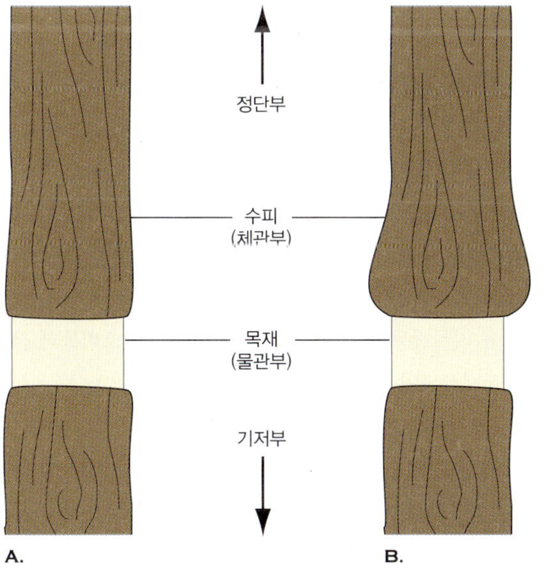

그림 9.5 목본 줄기에서 환상박피의 결과. (A) 관다발 형성층에서 체관부(수피)과 물관부(목재)를 분리하여 체관부 조직을 제거할 수 있다. (B) 환상박피는 아래 방향으로의 영양분과 호르몬의 이동을 방해하여 환상박피 바로 위에 위치한 조직의 증식을 초래한다.

않지만 여러 유조직 세포가 포함되어 있어서 세포질의 내용물을 오인할 수 있다. 일부 초본성 식물의 줄기를 자르면 대부분 체관부에서 나온 용출물을 얻게 되지만 박과(Cucurbitaceae)와 같은 일부 식물에서는 용출액이 산소와 접촉하자마자 젤로 굳어져서 용출액을 수집하고 분석하기가 용이하지 않다. 체관부 추출물이 젤로 바뀌는 것은 이 장의 후반부에서 더 자세히 논의될 특정한 체관부 단백질의 성질 때문에 일어난다. 이 같은 어려움에도 불구하고 많은 연구자들이 아주 소량의 시료에도 적용될 수 있는 분석 기술들의 개발에 도움을 받아서 체관 조직에 작은 상처를 내어서 얻게 된 체관부 용출액을 성공적으로 분석할 수 있었다.

다른 세포와 섞이지 않은 체관의 내용물을 얻기 위한 문제에 대한 기발한 해결책이 진딧물의 영양을 연구하는 곤충생리학자들에 의해서 제공되었다. 진딧물은 긴 주두(stylus)를 식물의 체관에 직접 꽂아서 양분을 섭취하는 작은 곤충이다. 섭식 중인 진딧물을 이산화탄소 주입으로 마취시킨 후 주두를 면도날로 조심스럽게 절취하면 수일 동안 잘린 주두에서 체관액이 계속하여 용출된다. 진딧물을 이용한 기술은 여러 가지 초본성 식물과 일부 관목에서 잘 적용되지만 자연계에서 진딧물 섭식의 대상인 식물에만 한정된다. 이 기법의 주요 이점은 잘려진 진딧물의 주두가 오염되지 않은 순수한 체관액을 배출한다는 것이다. 비록 배출된 양은 상대적으로 적지만 이 기법은 체관 수송 연구에서 매우 유용하였다. 계속적인 체관부 액의 용출은 나중에 논의될 체관부 수송 메커니즘과 관련하여 체관부액이 압력을 받고 있다는 것에 대한 중요한 관찰이다.

세 번째의 증거는 방사성 동위 원소를 이용하는 것으로 주로 ^{14}C를 잎에 주입한 실험 결과이다. 대표적인 예로서 사탕무 잎의 잎자루를 통한 광합성 산물의 수송을 들 수 있다. 이 실험에서는 방사성 탄소원 $^{14}CO_2$가 공급된 밀폐된 용기 내에서 식물체에 달려 있는 잎들이 광합성을 수행하도록 하였다. 10분 후 잎 바깥으로 수송되는 방사성을 띤 광합성 산물은 잎자루를 액체 질소에서 얼리게 함으로써 고정시켰다. 얼린 잎자루의 횡단면 조각을 만들어서 X-선 필름에 노출시킨다. 그 결과 X-선 필름, 즉 방사선 사진은 방사성을 띤 잎 바깥으로 수송되는 광합성 산물이 모두 체관부에 국한되어 있음을 보여준다(그림 9.6). 여러 종류의 초본성 및 목본성 식물에서도 유사한 실험이 수행되었고, 인이나 황과 같은 다른 방사성 동위 원소를 이용한 실험 결과도 *광합성 산물과 다른 유기 화합물의 장거리 이동이 체관부 조직을 통해서 일어난다*는 동일한 결론을 얻게 하였다. 그러나 여기에도 예외가 있어 저장된 당이 봄에 발생 중인 눈으로 수송될 때는 물관을 통해서 일어난다(2장).

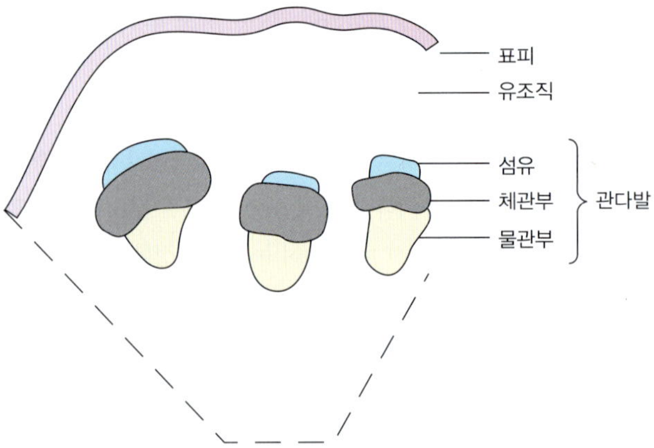

그림 9.6 $^{14}CO_2$의 존재 하에서 10분간 광합성 후 사탕무 엽병의 체관부에서 방사성의 위치(회색 지역).

표 9.2 왕성하게 생장 중인 피마자의 줄기에서 추출한 체관부 용출액의 화학적 조성.

유기물	mg 1^{-1}
설탕	80–106
단백질	1.45–2.20
아미노산	5.2
말산	2.0–3.2
무기물	**meq 1^{-1}**
음이온(무기)	20–30
양이온(무기)	74–138
총건량	100–125mg 1^{-1}

Data from Hall and Baker, 1972.

9.4.1 체관부에 의해 수송되는 광동화산물의 조성은 무엇일까?

이 질문에 대한 답은 체관부 용출액의 화학적 조성을 분석함으로써 얻을 수 있다. 체관부액은 진딧물의 주두를 이용하거나 어떤 식물의 경우에는 수피를 절단하여 채집할 수 있다. 물관부에 닿지 않게 조심스럽게 절단을 하게 되면 체관부로 들어가서 비교적 순수한 체관부 용출액을 추후에 분석할 수 있게 매우 작은 미세 모세관에 모을 수 있다. 예측한 대로 체관부 용출액의 화학적 조성은 그 변이가 매우 심하여 종이나 나이 그리고 시료 조직의 생리적 조건에 따라서 좌우된다. 동일한 조건의 특정 시료에서도 시료마다 특정 구성 성분의 농도가 많이 바뀌기도 한다. 예를 들어, 왕성하게 생장 중인 피마자(*Ricinus communis*) 줄기의 체관부 용출액을 분석하면 당, 단백질, 아미노산, 말산 그리고 다수의 무기 양이온과 음이온이 함유되어 있다(표 9.2). 아미노산의 주종은 글루탐산과 아스파르트산으로 동화된 질소 동화물 수송의 일반적인 형태이다(11장). 무기 음이온에는 인산염, 황산염, 염소 이온이 포함되지만 질산염은 명백히 결여되어 있는 반면에 주된 양이온은 칼륨이다. 비록 〈표 9.1〉에 나타나 있지 않지만 일부 식물 호르몬(옥신, 시토키닌 및 지베렐린)도 아주 낮은 농도로 검출되었다. 물론 체관부 용출액에서 동정된 성분의 대다수는, 예를 들면 무기이온처럼 수송세포의 세포질 구성원이기에 반드시 수송되는 동화 산물이라고 할 수 없다. 체관부 용출액에서 발견되는 단백질에는 다양한 종류의 효소와 수송 세포에만 특이하게 존재하는 다량의 **P-단백질**이 있는데, P-단백질에 대해서는 이 장의 후반부에서 다시 논의할 것이다.

대부분의 식물에서 체관부 용출액의 주성분은 당이다. 피마자에서 건량의 80% 정도를 차지하는 것은 설탕이다(표 9.2). 수송액에 설탕이 이처럼 압도적으로 많다면 설탕이 수송되는 광동화산물의 우세한 형태라는 것을 강하게 제시하고 있는데 이것은 방사성 표지 실험에 의하여 충분히 확인되었다. 앞서 언급한 사탕무 잎자루에서의 수송을 예로 볼 때 $^{14}CO_2$로 표지한 10분간 반응에서 방사성의 90% 이상이 설탕의 형태로 회수되었다. 이 규칙에도 예외는 있어서 호박과(Cucurbitaceae)의 한 종에서는 주로 아미노산의 형태인 질소 화합물이 양적으로는 더 중요하지만 특히 설탕을 포함한 다른 당이 수송되는 탄소의 다량을 차지한다. 대략 100여 과의 쌍떡잎식물에서 500여 종을 조사한 결과 거의 공통적으로 설탕이 체관수송류에서 우세한 형태의 당임이 확인되었다.

소수의 다른 과에서는 설탕 외에도 라피노오스(raffinose) 계열의 올리고당들(라피노오스, 스타키오스[stachyose], 또는 버바스코오스[verbascose])도 수송된다(그림 9.7). 예를 들면 서양호박(*Cucurbita maxima*)의 마디사이 조직에 있는 당의 약 46%가 스타키오스이다. 게다가 물푸레과(Oleaceae)나 장미과(Rosaceae)와 같은 다른 과에서는 광동화산물의 일부가 만니톨이나 소비톨과 같은 당알코올 형태로 수송한다.

광동화산물의 장거리 수송에 왜 설탕이 선호되는 형태인 지에 대해서 생각해 보는 것이 흥미롭다. 한 가능성으로 이당류인 설탕과 이와 연관된 올리고당이 비환원당이라는 점이다. 반면에 포도당과 과당을 포함한 모든 단당류는 **환원당(reducing sugar)**이다. 환원당은 약한 산화제를 환원시킬 수 있는 자유로운 알데히드기나 케톤기를 가지고 있다. 설탕과 같은 일부 올리고당은 단위체 간의 아세탈 결합(acetal link)이 안정적이고 알카리 용액에서도 비활성이기 때문에 비환원당이다. 광동화산물의 수송에서 비환원당을 국한하여 사용하는 것은 아마도 이런 더 큰 화학적 안정성과 연관된 까닭일 수 있다. 비환원당은 수송 도중에 다른 물질과 화학 반응을

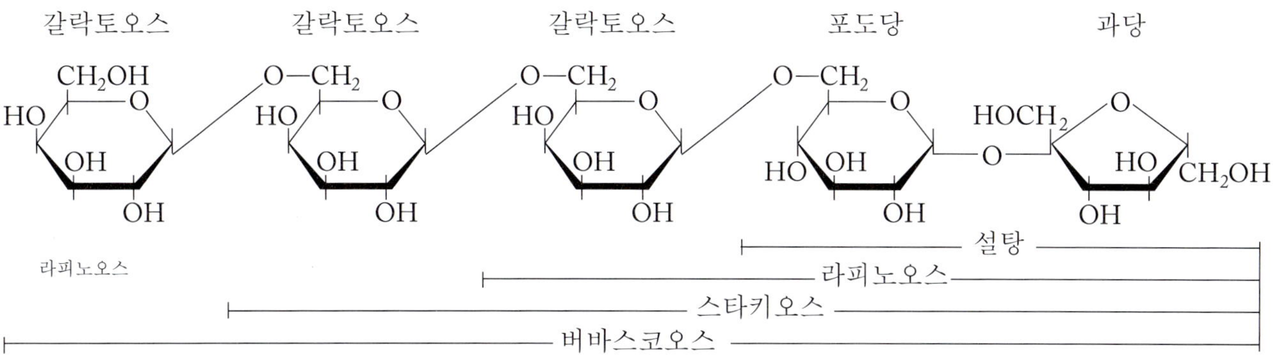

그림 9.7 라피노오스 계열의 당들. 라피노오스, 스타키오스, 그리고 버바스코오스는 각각 1개 또는 2개나 3개의 갈락토오스와 설탕으로 구성되어 있다. 설탕을 포함하여 라피노오스 계열의 모든 당들은 비환원당이다.

일으킬 가능성이 적다. 환원당인 포도당과 과당은 실제로 체관부 용출액에서 아주 드물게 발견된다. 체관부 용출액에 환원당이 존재한다는 일부 드문 보고는 아마도 설탕이나 올리고당의 가수 분해에 의해 쉽게 환원당이 생성되는 수송에 관여치 않는 체관부 세포의 오염에 의한 것이다.

두 번째의 가능한 요인으로 설탕과 다른 라피노오스 계열의 특성인 포도당과 과당 간의 β-프락토시드(fructoside) 결합이 가수분해 시 자유 에너지가 $-31kJ\ mol^{-1}$인 ATP와 비교해 볼 때 비교적 높은 $-27kJ\ mol^{-1}$의 자유 에너지를 갖고 있기 때문이다. 따라서 설탕은 작고 운동성이 매우 크면서도 상대적으로 안정된 에너지 화합물이기에 거의 대부분의 식물에서 수송되는 동화물의 주요 형태로서 '선택'된 것으로 보인다.

9.5 체관 요소는 체관부의 주요 세포 구성 성분이다

체관부 조직의 두드러진 특징은 **체관 요소(sieve element)**라 부르는 수송 세포이다. **체관(sieve tube)**이라고도 하는 이 체관부 요소는 물관의 헛물관 요소와는 달리 **체관절(sieve-tube member)**이라고 하는 각각의 세포가 서로 특정 끝 부분이 길게 연결되어 있다(그림 9.8). 물관의 헛물관 요소와는 달리 체관 요소는 단단한 세포벽이 없고 성숙하여 기능을 가질 때도 살아 있는 원형질체(protoplast)를 가지고 있다. 체관 요소의 인접한 원형질체는 연접한 세포벽에 특별히 분화된 **체역(sieve area)**을 통해서 서로 연결되어 있다. 체역의 구멍은 비교적 크고 **체판(sieve plate)**이라고 알려진 특정 부위에 모여 있다(그림 9.8). 체판은 체관 절의 말단 벽에서 전형적으로 나타나며 연속된 체관절 간에 고도의 원형질체 연속성을 제공한다. 측벽에 위치한 체역에서도 추가적인 벽공이 나타난다. 이들은 일반적으로 크기가 더 작지만 보통 특정한 지역에 모여 있지 않다. 이러한 체역은 인접한 체관 요소가 측벽을 통해 원형질의 연속성을 제공한다.

이미 언급했듯이, 성숙한 체관 요소는 활동적인 세포질을 갖

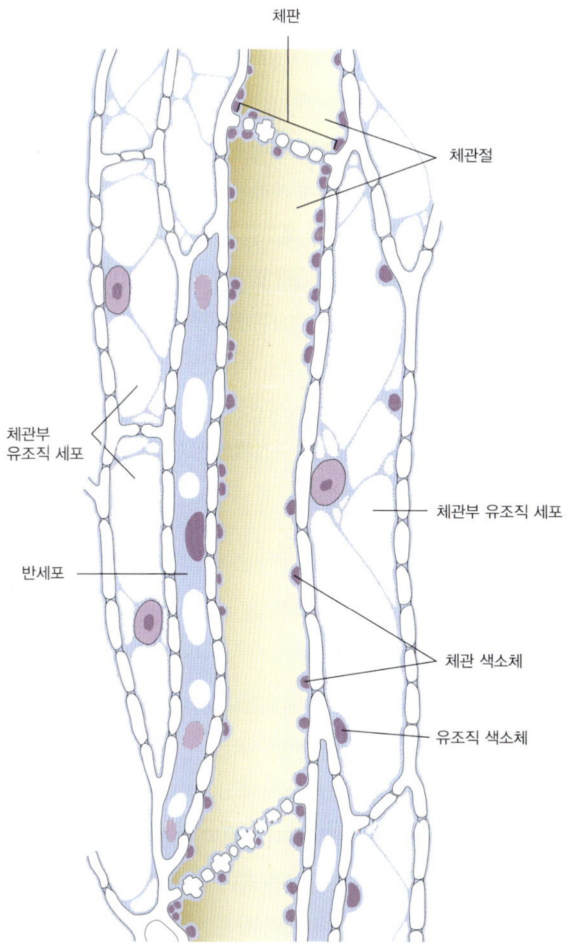

그림 9.8 담배 줄기의 체관부 조직.

고 있다. 그러나 체관 요소가 성숙해지면 핵, 액포 막, 리보솜, 골지체 및 미세 소관과 미세 섬유 등의 분해와 상실로 이어지는 일련의 점진적인 변화들을 거치게 된다. 성숙해지면 세포는 원형질막과 일부 변형된 소포체 및 미토콘드리아만을 갖게 된다. 비록 중앙에 액포는 없지만 세포질 구성분이 세포 내벽을 따라서 세포 내에 측막처럼 보이게 된다.

체관부 조직은 체관 요소 외에도 다양한 종류의 유조직 세포를 갖고 있다. 이들 중 일부는 체관절과 매우 밀접하게 연관되어 있기 때문에 **반세포(companion cell)**라고 불린다. 반세포(그림 9.8)는 세포질과 세포내 소기관 전부를 다 갖고 있다. 반세포는 연접한 체관절과 동일한 모세포에서 유도되며 수많은 세포질의 연결을 공유하고 있다. 체관절과 반세포의 상호 의존성은 이들의 수명에도 반영되어 반세포는 체관절이 기능을 수행하는 동안만 살아 있게 된다. 체관절이 죽게 되면 그와 연관된 반세포도 같이 죽게 된다. 반세포는 체관절이 필요로 하는 대사적인 도움을 제공하는 것으로 믿어지며 아마도 설탕이나 다른 당을 체관 안으로 운반하는 데도 관여하는 것으로 생각된다.

체관부의 나머지 유조직 세포는 미세 구조 수준에서도 항상 쉽게 반세포와 구별되지는 않는다. 유일한 예외가 초본성 쌍떡잎 식물의 작은 잎맥에서 전형적으로 나타나는데 특정 체관부 유조직 세포가 세포벽 내부로 광범위하게 자라게 되어서 원형질막의 표면적이 현저하게 증가한다. 이러한 세포를 **전달 세포(transfer cell)**라고 하는데 이들의 정확한 기능은 아직 밝혀지지 않았지만 이름이 암시하듯이 인접한 엽육 세포에서 생산된 광동화산물을 수집하고 전달하는 데 관여하는 것으로 생각된다. 이들은 또한 증산류에서 아포플라스트로 들어가는 용질의 재순환에 관여하는 것으로 생각된다. 이런 제시된 기능들은 커다란 원형질체의 표면적이 전달 세포와 주변의 아포플라스트 간의 용질 교환을 촉진할 것이라는 가정에 주로 바탕을 추측이다.

9.5.1 체관부 용출액은 상당한 양의 단백질을 함유하고 있다

체관 요소 분화의 초기 단계에서 체관단백질(P-단백질)은 개별적인 단백질 덩어리의 형태로 보인다. 체관 요소가 성숙되면 P-단백질체는 계속 커지게 되며 핵과 액포를 비롯한 다른 세포내 소기관이 사라질 때에 이르면 P-단백질체가 세포질에 퍼지게 된다. 단풍나무와 같은 일부 종에서는 P-단백질이 폭이 2~20nm에 이르는 느슨한 섬유망을 형성한다. 담배와 같은 다른 식물에서는 섬유의 횡단면이 관상으로 보인다. 일부 콩과식물처럼 또 다른 종들에서 P-단백질은 결정 형태의 함입된 모양을 하고 있다.

체관 단백질에 대한 생화학적 연구는 1970년대 초기에 주로 호박속(*Cucurbita*) 식물의 용출액에서 시작되었다. 그러나 체관부 용출액에는 P-단백질 외에도 다른 단백질이 포함되어 있으므로 이 결과의 해석에 조심하여야 한다. **전기영동(SDS-PAGE)** 기술을 이용하여 분자량이 15에서 220 kDa에 달하는 다양한 폴리펩티드 소단위체가 보고되었다. 외견상 체관 단백질은 소단위체의 조성과 화학적 성질 측면에서 종 간에 커다란 변이를 보인다. 체관 단백질의 한 가지 매우 흥미로운 특성은 이들이 겔을 형성할 수 있는 능력을 가지고 있다는 것이다. 겔 형성은 분자간의 이황화 결합(–S–S–)을 방지하는 환원제인 2-메르캅토에탄올에 의해서 겔 형성이 억제될 수 있다. 환원제의 효과는 완전히 가역적이어서 2-메르캅토에탄올을 제거하면 다시 겔의 형성이 진행된다. 이 같은 효과는 체관 용출액에 있는 한 가지 염기성 단백질에 의해 생기게 된다. 아마도 이 단백질 때문에 호박속에서 추출한 어떤 체관부 용출액은 대기에 노출되면 빠르게 겔을 만드는 성향을 보이는 것으로 설명할 수 있다.

P-단백질은 체관부 요소에 두드러지게 많이 있고, 체판의 벽공을 차단하는 성향을 가지고 있기 때문에 오랫동안 상당한 관심 주제였다. 아직도 P-단백질과 다른 체관부 특이 단백질의 역할에 대해서는 확실히 알지 못한다. P-단백질은 여러 면에서 체관 요소의 수송 기능과 연루되어 있는 것처럼 보인다. 일부 이론에 의하면 P-단백질은 수송 경로에 직접적으로 참여하는 것으로 생각된다. 게다가 P-단백질이 체관부 요소에 존재하는 것 자체가 다른 이론들에 반대되는 논거가 된다. 일반적으로 온전하며 기능적인 체관 요소에서 P-단백질은 주로 체관 요소의 내벽을 따라서 위치하며 체판을 막지는 않는다는 게 정설이다.

체판이 마개로 덮이게 되는 것은 체관 요소가 상처를 입었을 때에 만 일어난다. 이는 진딧물의 주두에서 용출액이 계속 흘러나오는 것으로 뒷받침되듯이 체관 요소가 보통 양의 정수압을 받고 있기 때문에 일어난다. 체관 요소의 손상 부위에서 압력이 줄게 되면 P-단백질을 포함한 내용물이 상처 부위로 급격히 모이게 된다. 그 결과로 P-단백질의 축적이 일어나서 아마도 겔 형성을 유발하는 P-단백질의 특성의 도움으로 점액성 물질이 체판의 측면을 막게 되어 압력이 새지 않게 한다. 따라서 적어도 P-단백질의 기능의 한 가지는 보호용인 것으로 보인다. 손상이 일어난 체판 부위를 막음으로써 P-단백질은 체관부가 양의 정수압을 유지하고 불필요한 광동화물의 유실을 방지하는 데 도움이 된다.

체관 요소의 주목되지만 다소 논쟁이 되는 또 다른 특성은 **칼로오스(callose)**의 존재를 들 수 있다. β1 → 3 글루칸인 칼로오스는 녹말이나 셀룰로오스와 유사한 화합물이다. 체판의 표면이나 인접한 세포 간에 세포질이 서로 연결되는 벽공의 주변에는 소량의 칼로오스가 들어 있다(그림 9.8). 칼로오스의 기능에 대한 논란이 많은데 그 이유는 칼로오스가 수송을 방해할 정도로 벽공에 많이 축적된 것으로 종종 관찰되기 때문이다. 그러나 이처럼 칼로오스가 상처가 나면 수초 이내에 매우 빠르게 합성되며 P-단백질처럼 체관부 영역에 축적되는 것이 알려졌다. 또한 오래되어 기능을 잃게 된 체판에 다량의 칼로오스가 모이는 것으로 보인다. 양쪽의 경우에 모두 칼로오스의 기능은 상처가 나거나 더 이상 기능을 하지 않는 체관 요소를 막음으로써 수송계를 온전하게 보존하는 것으로 보인다.

9.6 체관부에서 수송의 방향은 주로 공급원-수용부 관계에 의해서 결정된다

어떤 기관이나 조직이 공급원이냐 혹은 수용부이냐의 여부는 순동화산물의 수송 방향에 달려 있다. 자신의 대사나 생장에 필요한 것보다 더 많은 동화물을 생산하는 조직이나 기관을 *공급원(source)*이라 한다. 공급원은 광동화산물의 순 수출자 또는 생산자로 동화물을 내보내는 양이 받아들이는 양보다 많다. 대부분의 식물에서 성숙한 잎이나 다른 왕성하게 광합성을 수행하는 조직이 주요 공급원이 된다. 반면에 수용부(sink)는 광동화 산물의 순 수입자 또는 소비자이다. 뿌리, 줄기 조직 및 발달 중인 과일 등이 보통 수용부로 작용하는 조직이나 기관의 예가 된다. *체관 수송의 기본 원리는 광동화산물이 공급원에서 수용부로 수송된다는 점이다.* 수용부 기관은 광동화산물을 호흡하여 세포질이나 세포의 구조를 만드는 데 이용하거나 녹말이나 또는 다른 탄수화물의 형태로 저장해 두기도 한다.

어떤 기관도 발달 기간 중에는 한때 수용부의 기능을 가지지만 공급원으로 전환되기도 한다. 잎이 그 좋은 예가 된다. 잎 발달의 초기 단계에는 이들의 왕성한 대사와 빠른 부피 신장을 지원하기 위해 더 오래 된 잎으로부터 광동화 산물을 받아들이는 수용부로 작용한다. 그러나 잎이 최대의 크기에 도달하여 생장률이 줄게 되면 자신의 대사 요구량이 감소하게 되고 점진적으로 공급원으로 바뀌게 된다. 이렇게 되면 성숙한 잎은 식물의 나머지 부위에 있는 수용부에 광동화 산물을 제공하는 공급원으로 작용하게 된다. 잎이 수용부에서 공급원으로 전환하는 것은 점진적인 과정으로서 잎의 점진적인 성숙과 함께 일어난다. 예를 들어, 단엽(simple leaf)에서 잎의 성숙한 부위에서 광합성 산물을 내보낼 때 다른 부위는 여전히 발달 중이어서 수용부로서 기능한다. 마샬물푸레나무(*Fraxinus pennsylvanica*)나 쥐엄나무(*Gleditsia triacanthos*)와 같은 복엽(compound leaf)에서는 먼저 성숙한 기저 부위의 잎이 아직도 자라고 있는 말단 부위의 잎과 잎 외부로 광동화 산물을 내보내게 된다.

9.7 체관 수송은 대량 전이(mass transfer)에 의해 일어난다

체관을 통한 동화물의 장거리 수송 메커니즘은 무엇일까? 종합적인 이론이 되려면 많은 요소가 감안되어야 만 한다. 이에는 (1) 활동적인 세포질, P-단백질과 체판에 의해 야기되는 저항력 등을 포함하는 체관 요소의 구조; (2) 50~250 cm hr^{-1} 정도의 속도로 장거리를 빠르게 이동한다는 점; (3) 서로 다른 방향으로 동시에 일어나는 수송; (4) 엽육 세포에서 소엽맥 체관 요소 쪽으로의 동화산물의 최초 전달[**체관부 적재(phloem loading)**라 함]; (5) 체관 요소에서부터 표적 세포로의 동화산물의 전달[**체관부 하적(phloem unloading)**이라 함] 등을 포함해야 한다. 체관부 적재와 하적에 대해서는 다음 절에서 다룰 것이다.

동화산물의 수송은 단순 확산, 세포질 유동, 체판 사이에서 작동하는 이온 펌프 그리고 세포간 **원형질사(protoplasmic strand)**의 수축 인자 등의 개념으로 설명되어 왔다. 그러나 이 모든 제안들 대부분은 이론 및 실험적 근거로 배제되었다.

체관 수송에 대한 가장 신빙성이 있고 일반적으로 받아들여지는 모델은 가장 초기 제안 중의 한 가지이다. 원래는 1930년대에 뮌히(E. Münch에 의해서 제안되었으나 다른 연구자들에 의해 수정된 **압류설(pressure-flow hypothesis)**은 가장 단순한 모델로 식물 생리학자들 사이에 계속적으로 광범위한 지지를 받고 있다. 압류설은 공급원에서 수용부로 수압기울기를 따라서 용질이 대량으로 전달된다는 데 바탕을 둔다(그림 9.9). 체관부에서 용질의 수송은 증산류에서의 물의 이동 및 지속적인 물의 순환과 매우 밀접하게 연관되어 있다(2장).

동화물의 수송은 당이 공급원에서 체관 요소로 적재되는 것으로부터 시작된다. 전형적으로 적재는 광합성을 하는 엽육 세포 혹은 다발초 세포에 인접한 가는 엽맥에서 일어난다. 체관 요소에서 용질 농도가 증가되면 수분 퍼텐셜이 낮아져서(1장) 인접한 목부로부터 삼투적으로 물의 흡수가 수반된다. 그 결과 공급원 쪽의 체관 요소에 더 높은 팽압 또는 정수압 이 형성된다. 동시에 뿌리나 줄기의 저장 세포와 같은 수용부 쪽에서 당의 하적이 일어난다. 수용부 쪽의 수압은 물이 체관 요소를 빠져나가 목부로 되돌아가므로 낮아지게 된다. 동화물이 공급원에서 적재되고 수용부에서 하적되는 현상이 계속되는 한 이 압력 차이는 유지될 것이며 물은 공급원

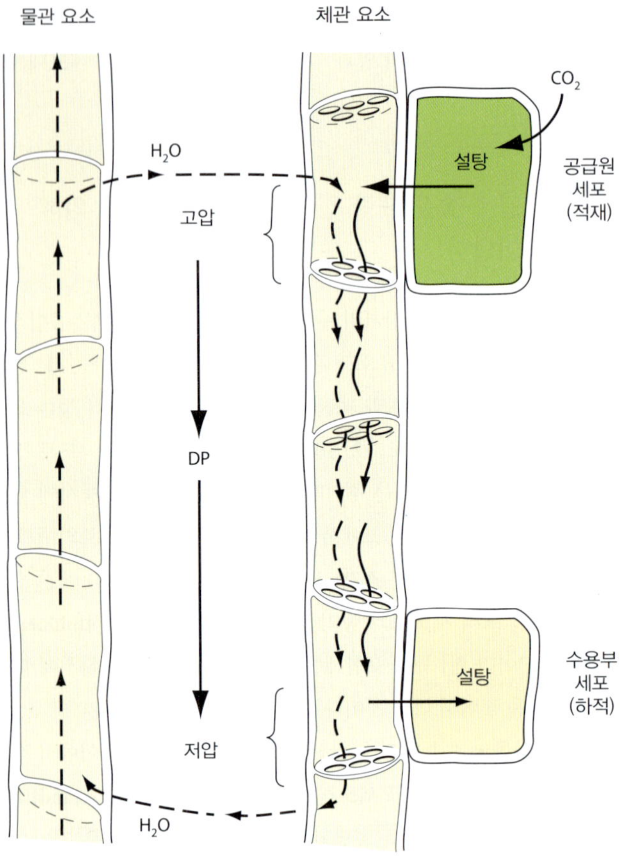

그림 9.9 압류설을 나타낸 도표. 공급원 세포에 연접한 체관 요소에 당이 적재되면 주변의 물관 요소로부터 삼투압에 의한 물의 흡수가 일어난다. 물의 흡수는 체관 요소의 정수압(팽압)을 증가시킨다. 당이 수용부 말단에서 수용부 세포로 하적되면 물이 물관으로 되돌아가 압력이 낮아진다. 이러한 압력차가 공급원 지역으로부터 수용부로 물이 흐르도록 한다. 당은 수동적으로 따라 이동한다.

에서부터 유입되고 수용부로 계속 이동되어서 동화물은 수동적으로 동반 수송될 것이다.

압류설에 따르면 체관부에서 용질의 수송은 근본적으로 수동적인 과정이다. 즉, 용질의 수송을 위한 대사 에너지의 직접적인 투입을 필요로 하지 않는다. 그러나 오랜 동안 동화물의 수송이 대사 억제제, 온도 및 다른 조건에 민감하게 영향을 받는다는 것이 관찰되었는데, 이는 대사 에너지가 요구됨을 제시하는 것이다. 그러나 최근에 체관 요소 내에서 동화물의 실제 이동에 필요한 에너지와 공급원에서부터 수용부로의 수송에 필요한 총에너지를 구분할 수 있는 실험이 고안되었다. 그 결과는 명백하여 저온이나 대사 억제제의 효과는 일시적이거나 P-단백질의 변경을 초래하여 체판에 마개를 형성한다. 따라서 체관 요소에서 필요한 에너지는 극소량이고 압류설의 수동적인 특성에 부합된다. 초기의 수송 실험에서 암시된 에너지 요구는 의심할 바 없이 체관 요소의 적재와 하적에서의 필요성을 반영한 것이다.

압류설의 원리는 실험실에서 두 개의 삼투압 측정기를 연결함으로써 쉽게 실연할 수 있지만(그림 9.10) 간단한 물리적인 시연만으로 그 가설이 증명되는 것은 아니다. 이의 증명을 위해서는 많은 질문에 대한 대답이 충족되어야만 한다. 첫째로 체관이 압력을 받고 있는가? 절단된 진딧물의 주두에서 체관부 액이 장기간 용출되는 것을 보면 분명히 압력을 받고 있다고 할 수 있다. 용출액의 총 함량은 각 체관의 함량보다 수천 배를 초과하기도 한다. 비록 장기간 동안 많은 시도가 이루어졌지만 각각의 체관 요소의 팽압을 측정하기는 쉽지 않다. 팽압은 체관의 수분 퍼텐셜(Ψ)과 삼투 퍼텐셜(Ψs)의 차이로 계산하거나(1장) 혹은 미세 압력계를 체관부 조직에 삽입하여 측정할 수 있다. 버드나무 묘목의 팽압은 절단된 진딧물의 주두를 유리 모세관에 붙임으로써 측정될 수 있다. 압력은 모세관 내에서 시료에 의한 압축 시와 비압축 시의 공기에 대한 눈금의 비율로 계산하였다. 문헌에 보고된 값은 사용한 방법, 식물 재료,

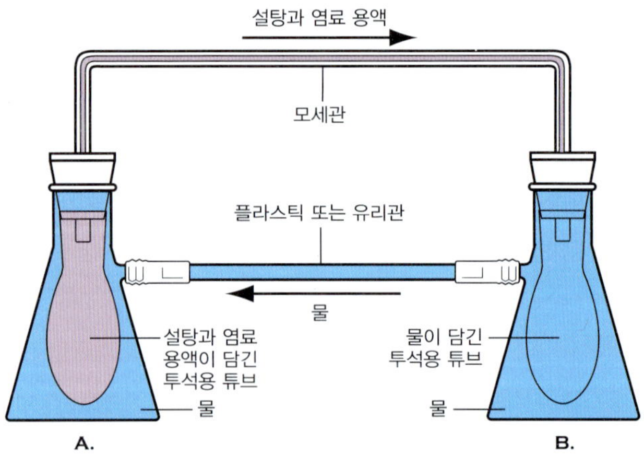

그림 9.10 체관의 수송에 대한 압류 가설의 물리적 모델. 진공 삼각 플라스크와 염석 튜브로 만든 2개의 삼투압력계를 만든다. 삼투압력계 A(공급원)는 처음에 농축된 설탕 용액과 염료를 함유한다. 삼투압력계 B(수용부)는 물만 함유한다. 2개의 삼투압력계를 모세관(체관)으로 연결한다. 삼투압에 의해 물이 삼투압력계 A로 들어오면 정수압이 생성되어 삼투압력계 B부터 물을 방출시킨다. 물은 2개의 진공 삼각 플라스크를 서로 연결시킨 고무관이나 유리관(물관)을 통해 되돌아온다. 이 시스템의 양쪽 말단 간의 물의 이동 결과로 설탕-염료 용액은 모세관을 통해 삼투압력계 A로부터 삼투압력계 B로 흐르게 된다. 이 모델에서 2개의 삼투압력계 내 설탕의 농도가 같아지면 시스템은 평행상태에 도달해 흐름이 멈추게 된다. 식물에서는 설탕이 계속적으로 공급원(A)에 첨가되고 수용부(B)에서 회수되기 때문에 이동이 유지된다.

실험이 진행된 시각, 그리고 대상 식물의 생리적인 상태에 따라서 변이가 심하다. 계산치나 직접 측정한 값 모두 그 값은 전형적으로 0.1에서 2.5 MPa 사이였다.

두 번째로 다루어야 할 문제는 당 농도의 차이와 체관에서 팽압의 감소가 실제로 측정된 수송 속도를 설명하기에 충분한가 하는 점이다. 물론 당의 농도는 광합성률과 식물의 일반적인 생리 상태에 따라서 매우 가변적이다. 그러나 대부분 연구의 결과로 공급원 근처에서 취한 체관부 용출액의 당의 농도가 수용부 근처에서보다 높다고 확인되었다. 반경이 12 μm 체판을 통하여 10% 설탕 용액이 100 cm hr^{-1} 속도로 이동하기 위해서는 0.06 MPa m^{-1}의 압력 감소가 필요한 것으로 계산되었다. 이 계산을 할 때 체판에 의해 생기는 저항력은 (1) 체판의 구멍의 총 표면적이 체판 표면적의 1/2에 해당하고, (2) 체관에는 cm당 60개의 체판이 있고, (3) 체판 구멍이 막혀 있지 않다는 것을 가정하여 감안되었다. 공급원에서 체관의 팽압이 보통 1.0에서 1.5 MPa이고 수용부에서는 0이라고 가정하면 0.06 MPa m^{-1} 정도의 팽압의 감소는 체판을 통해 용질을 15~25 m 정도 이동시키기에 충분하다. 좀 더 장거리로의 이동은 공급원인 설탕 농도가 높거나 또는 이동 속도가 감소되면 가능하다. 한 예로 동화물은 공급원인 잎자루에서 수용부인 뿌리까지 160 cm 거리를 18 cm hr^{-1}의 속도로 이동할 수 있다. 체판이 완전히 열려 있어도 이 속도에 도달하려면 0.2 MPa의 압력 감소가 필요하다. 공급원과 수용부에서 설탕 농도로 보면 실제적인 압력의 감소가 0.44 MPa인 것으로 계산되어 이 값은 요구되는 압력의 2배이다. 0.44 MPa의 압력 감소로는 체판의 구멍이 70~75% 정도만 열려 있어도 48 cm hr^{-1}의 속도를 내기에 충분하다.

압류설에서 자주 언급되는 또 다른 문제는 수송의 양방향성이다. 동화물의 수송이 양방향으로 동시에 일어난다는 점은 얼핏 생각하기에 압류설과 불일치하는 것으로 보이겠지만 이 현상은 실제로 일어난다. 양방향 수송은 무엇보다도 논리적으로도 필요하다. 예를 들면, 어느 한 순간에서 식물은 동일한 공급원에 의하여 지원받는 하나 이상의 수용부를 가질 가능성이 있는데, 이런 것으로는 물질 대사와 저장을 위한 뿌리, 그리고 발달중인 정단 분열 조직이거나 혹은 꽃 등이 있다. 또한 방사성 탄소나 인이 동일한 마디사이나 잎자루에서 동시에 반대 방향으로 이동하는 것을 실험적으로 재연하기는 쉬운 일이 아니다. 이러한 관찰은 쉽게 독립적인 두 개의 관다발을 통하거나 심지어 같은 관다발 내에서도 서로 다른 체관을 사용하기 때문이라고 설명될 수도 있다. 체관 요소가 서로 다른 수용부에 연결되어 있는 한 수송이 동일한 방향으로 일어나야 하고 심지어는 어떤 주어진 시기에 동일한 속도로 일어나야 만 한다는 것이 압류설의 전제 조건은 아니다.

마지막으로 체관 요소는 그 구조와 조성 때문에 이동에 상당한 저항성을 유발하며 압류설에 바탕을 둔 이동력으로는 설명하기가 불충분하다고 종종 반론이 제기되어 왔다. 이 측면에서 다시 한 번 기능을 띠는 체관에서 체판은 P-단백질이나 칼로오스에 의해서 구멍이 막혀 있지 않다는 점에 유의해야 한다. 점액성 세포질과 체판의 존재 때문에 저항성을 띠는 게 틀림 없지만 다양한 실험의 결과를 보면 보통 동화물 수송에 대한 체관부의 수용 능력이 수용부의 생장을 제한하는 요인은 아닌 것 같다. 체관부는 유연한 수송 체계를 가진다. 저항성이 큰 부위를 쉽게 우회할 수 있고 정수압은 공급원과 수용부의 필요에 따라서 쉽게 조정될 수 있다. 심지어는 발달 단계에서 체관부가 그 곳에서 예견되는 요구량을 충족하기 위해 크기를 맞추는 조절도 일어난다. 예를 들어, 밀에서 화두를 부양하는 관다발의 수와 크기 모두가 꽃의 수와 상관관계가 있다. 따라서 비록 압류설을 지지하는 직접적인 증거는 거의 없지만 여러 증거상 이 가설이 맞는 것으로 크게 기울고 있다.

9.8 체관부 적재와 하적은 수송과 분배를 조절한다

어떻게 동화물이 공급원인 광합성을 하는 엽육 세포에서 체관 요소로(*체관부 적재*) 혹은 체관부 요소에서 수용부인 표적 세포로(*체관부 하적*) 전류되는지를 고려하지 않고는 체관 수송에 대한 논의가 완전히 이루어졌다고 할 수 없다.

9.8.1 체관부 적재는 심플라스트나 아포플라스트 경로를 통해서 일어난다

광합성 부위에서 체관 요소로 동화물이 거치는 경로는 길지 않다. 대부분의 엽육 세포는 동화물이 작은 엽맥에서 실제로 적재되는 **체관 요소-반세포 복합체(se-cc)**까지 기껏해야 3~4개의 세포 정도의 거리로 수 백 또는 수천 분의 1 mm 정도이다. 일반적으로 설탕은 엽육 세포에서 체관 요소인 체관부 유세포로 원형질 연락사를 거쳐 확산에 의해 이동하는 것으로 생각된다. 현재는 이 경로는 오히려 더 불확실해져 논쟁거리가 되고 있다. 체관부 유세포에서 se-cc 복합체로 도달하려면 가능한 경로가 두 가지 있다(그림 9.11). 설탕은 원형질 연락사를 거치게 되는 **심플라즘(symplasm)**을 통하여 se-cc에 직접적으로 도달될 수 있는데 이 경로를 **심플라스트 경로(symplastic pathway)**라고 한다. 다른 방법으로는 당이 수송되면서 엽육 세포의 막을 통과하여 세포벽 용액(아포플라스트 용액)에 방출되면 여기서 se-cc 복합체 막을 통화하여 장거리 수송류로 유입되는데 이 경로를 **아포플라스트 경로(apoplastic pathway)**라고 한다.

1970년대 중반에 아포플라스트 경로가 사탕무 잎에서의 연구를 바탕으로 해서 체관부 적재 모델로 더 선호되었다. 가이거(D. R. Geiger)와 그의 동료는 미세 탄소 입자인 카버런덤으로 큐티클 층을 벗겨서 잎의 아포플라스트에 접근이 더 잘되도록 하였다. 이들은 $^{14}CO_2$ 존재 하에서 광합성이 일어난 후에 방사성을 띤 설탕이 아포플라스트에서 생기는 것을 발견하였다. 또한 큐티클층이 제거된 잎을 ^{14}C–설탕 용액에 담그면 외부에서 넣어준 당이 se-cc 복합체로 쉽게 흡수되는 것을 발견하였다. 이 결과는 설탕이 보통 아포플라스트에서 발견되며 아포플라스트에서 체관 요소로 흡수될 수 있음을 의미한다. 일부 식물에서는 큐티클 층이 벗겨진 잎이나 잎 절편에 **p-chloromercuribenzene sulfonic acid(PCMBS)**와 같은 화학물질의 처리에 의해 체관부 적재가 억제된다. PCMBS와 다른 황수(sulfhydryl) 특이성 시약은 아마도 원형질막을 통한 설탕의 수송에 관여하는 수송 단백질을 방해하는 것으로 여겨진다(3장). 이러한 시약은 세포막을 통과하지 못하므로 그 효과가 무엇이든 아포플라스트 쪽의 막에서만 작용이 한정된다.

설탕이나 다른 당은 농도 기울기에 역행하여 선택적으로 se-cc 복합체로 적재되며 이는 보통 능동 수송의 관여를 의미한다. 게다가 전반적으로 식물 세포에서 특히 체관부 적재에서 ATP 의존적이고 양성자의 흡수와 연계되어 있는 설탕의 흡수 메커니즘 즉 설탕-양성자 공동 수송이 존재하는 것을 지지하는 증거가 점차 늘어가고 있다(그림 9.12). 이 같은 결론은 설탕 흡수가 양성자 감소로 pH의 증가나 아포플라스트의 극성의 변화를 수반한다는 관찰에 의해서도 지지를 받고 있다. 거꾸로, 큐티클 층을 벗긴 잎에 알카리 완충 용액을 투과시키는 것과 같은 방법으로 아포플라스트의 pH를 증가시키면 체관부 세포로의 설탕 흡수가 억제될 것이다. 마지막으로 대부분의 경우에서 se-cc 복합체에 흡수되어 체관 요소로 전류되는 당만이 pH 반응을 유도할 것이다. 보통 체관부에 흡수되지 않는다는 종류의 당은 pH 변화를 초래하지 않을 것이다. 요약하면, 많은 증거들은 체관부 적재가 당이 먼저 엽육 세포 혹은 체관부 유세포로부터 잎의 아포플라스트로 전달되어지는 아포플라스트 경로에 의해 일어난다는 점에서 일치된다. 그 후에 설탕은 설탕-양성자 공동 수송에 의해서 se-cc 복합체로 유입된 후 공급원 바깥으로 수송된다.

[1]체관부 적재와 하적 실험에서 반세포와 체요소 사의의 각각의 역할을 구별하는 것은 기술적으로 불가능하다. 이 이유때문에 체요소와 반세포는 단일 se–cc 복합체로써 간주된다.

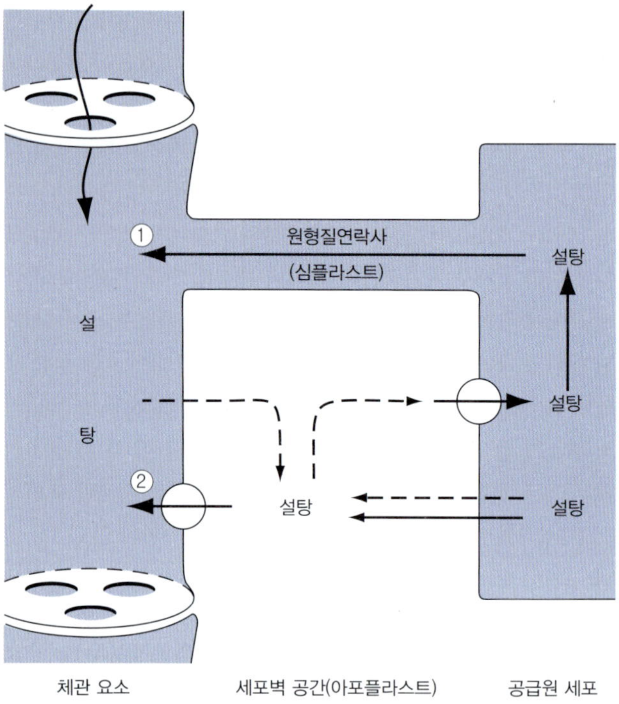

그림 9.11 수용부에서 당의 적재와 회수. 설탕은 두 가지 경로 중의 하나를 거쳐 가는 잎맥에 있는 체관 요소로 적재된다. 경로 1인 심플라스트 경로에서 당은 수용부 세포와 체관 요소를 연결하는 원형질 연락사를 통해 이동한다. 경로 2인 아포플라스트 경로에서 당은 세포벽 공간(아포플라스트)로 방출되고 그곳에서 당-H^+ 공동수송에 의해 체관 요소의 원형질막을 거쳐 능동수송된다. 아니면 당이 아포플라스트(점선)로 새어나가고 공급원 세포나 체관 요소에 의해 능동적으로 회수된다.

비록 설탕-양성자 공동 수송체에 대한 정확한 본성은 아직 밝혀지지 않았지만 시금치, 감자, 왕질경이(*Plantago major*) 및 애기장대를 포함한 여러 식물에서 수송체를 부호화하는 유전자(*SUT1*,

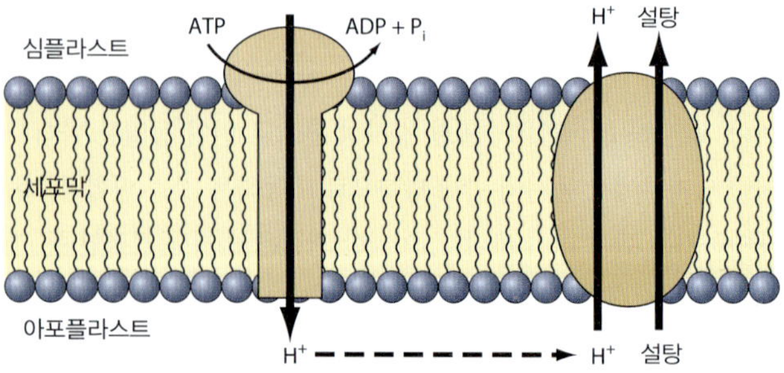

그림 9.12 당-H^+ 공동수송의 도표. 당의 유입에 필요한 에너지는 원형질막의 ATPase 양성자 펌프에 의해 제공된다.

SUC2)가 찾아져서 클로닝되었다. 여러 종에서 *SUC2* 설탕 수송체 유전자의 발현은 반세포에서만 국한되어 있지만 감자의 경우에는 *SUT1* 유전자 산물이 체관 요소의 원형질막에만 한정되어 있고 반세포에서는 나타나지 않는다. 이 같이 서로 모순된 결과는 아포플라스트로의 적재가 식물마다 다르게 일어나거나 혹은 반세포와 체관부 세포에서 서로 다른 수송체가 작용하는 것을 제시한다.

체관부 적재에 대한 아포플라스트 경로를 지지하는 강력한 증거에도 불구하고 심플라스트를 통한 수송을 지지하는 다른 자료도 있다. 예를 들어, 방사성을 띤 설탕을 유입하는 실험 데이터를 보면 60%에 이르는 상당한 부분이 *잎의 엽육 세포*에서 나타난다. 이 결과는 설탕-양성자 공동 수송체가 광합성 세포에서 아포플라스트로 새나간 설탕을 회수하기 위한 메커니즘으로 작용한다고 해석할 대안을 제공한다. 이 같은 회수 메커니즘은 엽육 세포 혹은 아마도 se-cc에서 새나간 설탕과 실험 시 외부에서 첨가해 준 설탕을 구분치 않고 똑같이 작용할 것이다. 이 같은 누출이 일어난다면 회수 메커니즘은 양분이 수송되는 동안 불필요한 설탕의 소실을 막는 게 될 것이다. 실제로 보통 수송의 전 경로에서 누출-회수가 반복적으로 일어난다고 가정되기도 했다.

흡수 데이터가 체관부 적재라기보다 엽육 세포로부터의 회수를 반영하는 것이라면, 체관부 적재는 심플라스트 경로를 통해서 일어남을 의미한다. 여러 연구실에서 이 가설을 한층 강화할 것으로 보이는 증거를 제공하였다. *Ipomea tricolor*의 엽육 세포에 형광 염색액을 주입하면 염색액이 인접한 엽육 세포로 빠르게 이동하여 25분 내에 미세 엽맥에서 나타난다. 염색액은 수용성이고 막을 통과하지 못하므로 염색액이 세포 사이를 심플라스트의 연결 경로를 통해서 이동하였다고 추정된다. 또한 아포플라스트 경로에 의한 적재를 뒷받침하는 대부분의 데이터가 사탕무 한 가지 식물의 연구 결과에서 나왔다는 점이 관심을 끈다. 최근의 조사에서 식물을 se-cc 복합체와 미세 엽맥에 인접한 세포 사이에 많은 심플라스트 경로를 가지는지 아니면 심플라스트 경로에 대한 연결이 없이 독립적으로 분리되어 있는지를 바탕으로 분류하였다. 그러한 식물들의 se-cc 복합체가 아포플라스트 경로에 의한 적재의 특징을 나타낸 반면, 풍부한 심플라스트 경로의 연결을 가지고 있는 식물들은 심플라스트 경로에 의한 적재의 특징을 보였다.

그러나 심플라스트 경로에 의한 적재는 일부 문제점을 야기한다. 예를 들어, 설탕이 엽육 세포에서 se-cc 복합체로 자유로이 확산될 수 있다면 역으로 엽육 세포로의 확산 또한 동등하게 일어날 것이다. 그러면 어떻게 se-cc 복합체에 단순 확산으로 원형질 연락사를 통해서 설탕이 축적되는 게 가능할까? 호박속의 식물에서 체관부 적재 연구를 기초로 해서 심플라스트 경로에 대한 적재를 설명하기 위해서 **중합체 덫(polymer trap)** 모델이 제안되었다. se-cc 복합체가 심플라스트 경로에 하적을 하는 것으로 보이는 호박속 같은 식물은 또한 라피노스 계열의 올리고당도 수송한다. 중합체 덫(polymer trap) 모델에 따르면 설탕은 원형질 연락사를 통해서 엽육 세포나 다발초 세포에서 반세포로 확산된다. 반세포에서 설탕은 4당체인 스타키오스와 같은 올리고당으로 전환되는데 이것은 너무 커서 원형질 연락사를 통해서 확산되어 되돌아올 수 없다. 따라서 스타키오스와 같은 중합체는 se-cc 복합체의 덫에 걸려 있는 상태로 남게 되어 대량 흐름에 의해서 수송된다.

심플라스트 경로에 의한 모델은 원형질 연락사가 큰 분자의 통과를 제한한다고 가정하고 있지만 이것이 사실이 아닐 수도 있다. 최근의 설탕 수송 유전자에 대한 연구들은 수송 단백질과 이것의 전 mRNA가 모두 반세포와 체관 요소간의 원형질 연락사를 지나갈 수 있음을 암시한다. 거대 분자가 원형질 연락사를 통과할 수 있다면 왜 작은 올리고당이 통과할 수 없는지 상상하기가 어렵다. 원형질 연락사는 세포 간 용질의 이동을 가능하게 하는 단순한 관 이상의 것일 수도 있다. 이것은 장래에 많은 관심을 끌 흥미진진한 주제임에 틀림없다.

체관부 적재에 왜 하나 이상의 경로가 존재하는지 그 이유는 확실하지 않다. 심플라스트 경로는 두 개의 수송체 단백질에 의존하는 막 수송 단계를 피함으로써 에너지 측면에서 이점이 있다. 그러나 적재와 전류가 에너지 의존성을 보인다는 관찰은 아포플라스트 경로에 의하면 더 쉽게 설명이 된다. 반면에 심플라스트 경로를 채택한 식물이 보다 먼저 생겨났으며 아포플라스트 경로는 식물이 열대 지역에서 온대 지역으로 퍼져 나가면서 생기게 된 진화상의 적응이라는 제안도 있다. 이제 새로운 분자적 수준에서의 접근은 의심할 바 없이 연구자들이 어느 경로가 맞는지를 분별할 수 있게 해 줄 것이다. 체관부 적재의 보편적인 경로는 존재하지 않고 다만, 과(family) 특이적이거나 혹은 종 특이성을 나타낼 수도 있다. 작물의 수확을 결정하는 데 있어서 체관부 적재의 이론적 또는 실용적인 중요성으로 인해 연구와 논쟁이 앞으로도 계속될 것으로 예상된다.

9.8.2 체관부 하적은 심플라스트나 아포플라스트 경로를 통해서 일어난다

일단 동화물이 표적 세포에 다다르면 se-cc 복합체에서 수용부 조직의 세포로 하적되어야 만 한다. 원리적으로 이 문제는 적재와 유사하지만 단지 방향이 바뀌어 세부적으로는 상당한 차이점이 있다. 체관부 적재와 마찬가지로 체관부 하적은 심플라스트나 아포플라스트 경로를 통해서 일어난다(그림 9.13). 경로 (1)에 해당하는 심플라스트 경로는 어리며 발달 중인 잎이나 뿌리 그룹에서 주로 일어나는 것으로 알려져 있다. 설탕은 농도기울기를 따라서 se-cc 복합체에서 원형질연락사를 통해서 수용부의 대사가 일어나는 세포로 이동된다. 따라서 기울기와 그에 따른 수용부로의 이동은 설탕이 포도당과 과당으로의 가수 분해에 의해서 유지된다.

그림 9.13의 경로 (2)와 (3)에 나타나 있는 것처럼 두 가지의 가능한 아포플라스트 경로가 있다. 경로 (2)는 사탕수수의 저장 유세포에서 가장 광범위하게 연구되었는데 se-cc 복합체에서 아포플라스트로 설탕의 방출에 관여한다. 방출은 대사 억제제인 PCMBS에 반응을 보이지 않기 때문에 수송체가 에너지 의존성인 것 같지는 않다. 일단 아포플라스트에 들어오면 설탕은 세포벽에 부착되어 있으며 다음 반응을 촉매하는 **산성 전화효소(acid invertase)**에 의해서 가수분해된다.

$$설탕 + H_2O \rightarrow 포도당 + 과당 \quad (9.16)$$

이 반응은 기본적으로 비가역적이며 가수분해 산물인 포도당과 과당은 수용부 세포에 의해서 능동적으로 흡수된다. 세포에 들어오면 설탕으로 재합성된 후 액포로 능동수송되어 저장된다. 아마도 아포플라스트에서의 설탕 가수분해는 산성 전화효소 반응의 비가역적 특성과 함께 기울기를 유지하고 하적을 계속적으로 일어나게 한다. 이 경로는 옥수수, 수수 및 진주 기장의 종자 등에서 현저히 나타난다.

체관부 하적에 관한 세 번째 경로는 적어도 콩과식물에서 설탕이 에너지에 의존하는 수송체에 의해서 아포플라스트로 하적되는 것을 보여주고 있다. 수송체가 무엇인지는 아직 확실히 밝혀지지 않았지만 앞서 기술한 설탕-양성자 수송체와 동일한 것으로 생각된다. 체관부 적재와 마찬가지로 발달 중인 배로의 체관부 하적에는 보편적인 하나의 경로가 있는 것 같지는 않다.

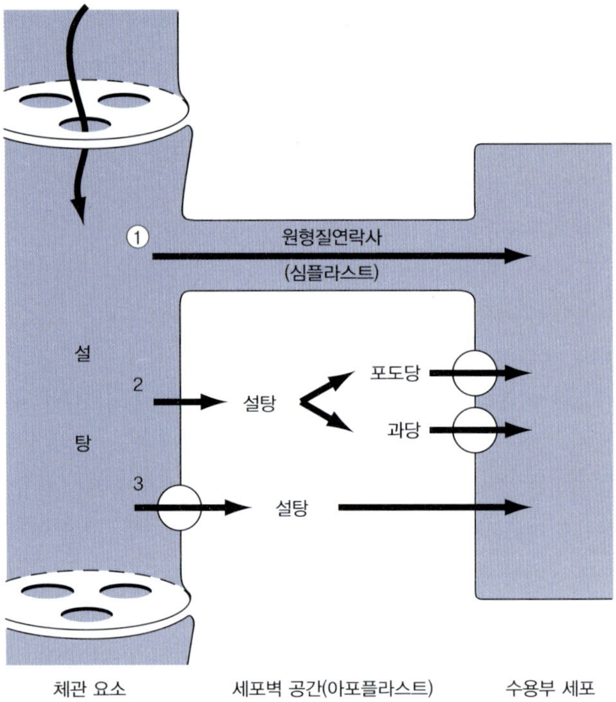

그림 9.13 수용부 세포로 당의 하적이 일어나는 3가지 가능한 경로. 3가지 가능한 모든 경로에서 당이 일단 수용부 세포로 유입되면 대사하여 유리한 확산 기울기가 유지된다.

9.9 광동화산물은 다른 대사 경로와 식물 기관 사이에서 분배된다

공급원 세포에서 새로이 고정된 탄소 혹은 광동화산물의 일부는 잎에 머물게 되고 나머지는 비광합성 조직이나 기관으로 분배된다. 따라서 여러 가지 흥미로운 의문이 생기게 된다. 예를 들어, 남게 되는 탄소의 양과 형태를 무엇이 결정하는가? 무엇이 수송되는 양과 장소를 결정하는 것일까? 예를 들면, 밀이나 옥수수에서 뿌리로 수송되는 동화물 양과 발달중인 곡물로 얼마나 되는지가 어떻게 결정될까? 이 같은 질문들은 분배 양상, 더 초점에 맞는 이야기로 분배 양상의 조절이 생산성과 수확 측면에서 매우 중요하기 때문에 최근에 점차 관심을 끌고 있다(12장). 한 옥수수 농부는 곡물의 수확량이 최대가 되기를 원하는 반면에 다른 농부는 보다 많은 탄소가 잎과 같은 체조직의 생산에 투입되기를 바랄 것이다. 각 농부는 서로 다른 방법으로 곡물의 **수확 지수(harvest index**; 총 생물량에 대한 이용 가능한 식물의 물질의 비)를 평가할 것이다.

전통적으로 수확 지수를 증가시키는 방법은 육종과 인공 선택에 의한 것이었다. 예를 들어, 오늘날의 밀과 옥수수의 선조는 작은 종자를 가지며 열매가 적게 달린 것이었다. 오늘날 사용되는 고수확량의 밀과 옥수수 품종을 생산하기에는 수세기 동안의 농업적인 선택과 지난 세기 동안 주의 깊은 육종이 필요하였다. 그러나 우리가 탄소의 분배와 이용을 조절하는 요인에 대해서 많이 알면 알수록 현대의 유전적 방법을 이용하여 수확 지수를 조작할 수 있는 전망이 높아질 것이다. 광동화산물의 분배는 **배분**(allocation)과 **분할**(partitioning)의 두 수준에서 일어나게 되는데 각각에 대해서 차례로 논의될 것이다.

9.9.1 광동화산물은 공급원이나 수용부에서 다양한 대사 기능에 따라 배분될 것이다

배분은 탄소가 공급원인 잎에서 새로이 동화될 것인지 혹은 수용부로 전달될 것인지에 대한 대사적 운명을 의미한다. 공급원에서 광합성 산물은 잎의 대사와 잎의 생물량 유지, 단기간의 저장 혹은 식물의 다른 부위로 수송되는 세 가지의 주 사용원이 있다.

9.9.1.1 **잎의 대사와 생체량** 탄소의 일부는 잎 자체에서 요구되는 대사에 배분된다. 이런 경우로는 세포 구조의 유지, 생체량의 추가적인 합성 그리고 광합성 체계 자체의 유지가 포함된다. 이 같은 탄소의 대부분은 진행 중인 생합성 활동을 유지하기 위해 필요한 에너지와 탄소 골격을 공급하는 호흡을 통해서 대사된다.

9.9.1.2 **저장** 정상적인 광주기의 조건에서 광합성은 낮 동안에만 일어나지만 생장을 위한 광합성 산물의 공급은 24시간 유지되어야 하는 딜레마에 빠지게 된다. 새로 고정된 탄소의 일부를 잎에 저장하도록 배분하는 것이 이 같은 딜레마의 부분적인 해결책이다. 대부분의 식물 특히 쌍떡잎에서는 탄소의 대부분이 녹말로 저장되고 소량만이 설탕으로 저장된다. 보리, 사탕무나 사탕수수와 같은 식물에서는 녹말의 축적이 거의 일어나지 않고 잎, 줄기 및 뿌리 세포의 각각의 액포에 주로 설탕으로 탄소를 저장한다. 많은 초본 식물은 **프락탄**(fructan)이라 하는 과당의 다당류를 축적한다. 잎에 저장된 탄소는 주로 대사물의 양적 변동에 대한 완충 작용을 하고 필요한 경우에는 대사 과정에 재배분되어 이용된다.

또 다른 대안으로 대부분의 식물은 꽤 일정한 속도로 수용부 조직으로의 수송과 공급을 유지하게 되어 있는 것으로 보인다. 따라서 잎의 저장물은 밤이나 광합성이 낮게 일어나는 때인 스트레스 시기에 수송되기 위하여 재배분된다. 녹말과 설탕 모두를 저장하는 식물에는 일반적으로 세포질과 액포에 각각 존재하는 두 가지 설탕 풀(pool)이 있다. 세포질의 것보다 크고 천천히 회전하는 액포 저장소가 밤에 수송되는 설탕의 일차적 공급원이다. 액포의 설탕 풀이 고갈되는 경우에만 엽록체에 저장된 녹말이 수송을 위해 동원된다.

9.9.1.3 **잎으로 부터의 수송** 보통 새로 합성된 탄소의 절반가량이 잎에서 체관부로 바로 수송되도록 배분된다. 많은 식물에서 수송된 탄소의 일부분이 수송 경로 과정에서 저장되기도 한다. 잎에서와 마찬가지로 이 저장된 탄수화물은 체관부를 통한 수송 속도가 감소하게 될 경우에 탄소 공급의 완충을 도와주어 감소를 방지하게 된다.

광동화산물의 배분을 조절하는 것은 복잡하고 아직 잘 알려져 있지 않은 과정으로서 다수의 대사 경로간의 상호작용이 관여한다. 공급원 잎 내에서의 배분은 대부분 유전적으로 정해져 있지만 발달 과정이 크게 관여한다. 예를 들면, 어린 잎은 생장을 위해 새로 고정된 탄소의 많은 부분을 보류하고 있지만 잎이 성숙해짐에 따라서 밖으로 배분되는 양이 증가한다. 강낭콩 잎에서는 산성 **전화효소**(invertase)(10장)와 **설탕 생성 효소**(sucrose synthase, 식 9.11)의 활성도도 이에 상응하여 변한다. 이 두 분해 효소의 활성은 빠르게 신장하는 어린 잎에서 가장 높게 나타나는데 이는 잎이 주로 수용부로 작용하고 있을 때인 잎의 초기 발달 단계에서 설탕을 대사할 필요가 있음을 명백히 반영하고 있다.

잎이 성숙해지고 광합성에 의한 자급자족이 이루어지면 동화물을 받아 들일 필요성과 수용 한계가 감소하여 잎의 대사가 수송을 위한 설탕 합성으로 전환된다. 이에 상응하여 산성 전화효소와 설탕 합성 효소의 활성은 감소하고 설탕 합성에 있어서 중요 효소인 **설탕 인산 생성 효소**(sucrose phosphate synthase, SPS, 식 9.6)의 활성도가 꾸준히 증가하게 된다. 설탕이 수송되는 탄수화물의 주요한 형태이고 SPS의 활성도가 설탕의 생산과 밀접하게 연관되어 있으므로 SPS 활성의 증가는 잎이 수용부에서 공급원으로 전환되는 것을 결정하는 중대한 요인이다.

비록 저장과 유출 간이 광동화산물의 배분에 대한 광범위한 보고가 있지만 어떻게 이러한 배분이 조절되는지에 대한 답은 별로 없다. 대부분의 식물에서 녹말의 양은 매일 변동하여 광주기에는 많고 암주기에는 적다. 설탕이 유출되는 속도도 비슷한 변화를 보이지만 일주성의 변동이 덜 심하다. 녹말과 설탕 사이의 탄소 배분은 일차적으로 엽록체에서의 녹말 합성과 세포질에서의 설탕 합성 시에 3탄당 인산의 배분에 달려 있다.

녹말과 설탕 생합성 대사 조절에는 과당-1,6-이인산 가수분해효소(fructose-1,6-bisphosphatase, FBPase)와 SPS가 두 가지 주 효소이므로 배분에 영향을 미치는 요인들이 적어도 부분적으로 이 두 효소에 영향을 미치리라고 기대하는 것은 당연하다. 이 같은 기대에 부합되는 데이터가 조금 있다. 예를 들어, 목화 잎에서는 SPS

활성도, 설탕 함량, 그리고 탄소 수출 간에 매우 밀접한 상관관계가 있다. 이 세 가지가 광주기 동안에 다소간 일치되게 모두 증가하지만 암주기가 시작되면 가파르게 감소한다. 암주기 동안에 설탕 함량과 SPS 활성도는 낮은 상태로 유지되지만 설탕 수출의 감소는 단지 일시적으로만 나타난다. 암주기에서 다시 수출이 원래의 상태로 증가되는 것은 녹말이 이동성의 물질로 바뀌는 양상과 매우 밀접하게 연관되어 있다. 비록 시간과 크기에 있어서 그 변동이 꽤 심한 차이가 있지만 다른 식물에서도 탄소 대사물과 효소가 유사한 일주 변동을 보이는 것으로 나타났다. 따라서 광합성이 활발하게 일어나는 동안에 탄소 배분이 주로 SPS의 활성에 의해서 결정되는 것으로 보인다. 밤에는 녹말 저장물의 분해가 결정적인 요인으로 보인다.

그러나 공급원인 잎의 배분에서 유일하게 가장 일치하는 점은 수송이 일반적으로 일정한 속도로 일어난다는 점이다. 해뜰 무렵이나 해질 무렵의 일시적인 감소를 제외하면 설탕의 수출에 대한 일주 리듬이 아주 적거나 전혀 없다. 외관상으로 식물은 24시간 동안 동화물의 수송을 일정한 속도로 유지하도록 결정되어 있는 것 같다. 이 프로그램이 광주기 혹은 다른 요인에 의해 영향을 받는지는 알려져 있지 않다. 공급원인 잎에서 배분이 어떻게 조절되는지를 이해하려면 많은 연구가 필요하다.

9.9.2 경쟁적인 수용부 간에 광동화산물의 분배는 수용부 힘에 의해 결정된다

수용부 사이의 동화물의 분배를 **분할(partitioning)**이라 한다. 영양 생장기의 식물에서 주요 수용부는 분열 조직, 줄기 정단에서 발달중인 잎, 뿌리 그리고 비광합성적인 줄기 조직 등이다. 생식 생장이 시작되면 꽃, 과일 및 종자의 발달로 인해 추가적인 수용부가 생긴다. 일반적으로 수용부들은 서로 경쟁적이고 광합성 산물은 모든 활성을 지닌 수용부에 분할된다. 수용부의 수가 감소하면 이에 상응하는 만큼 높은 비율의 광합성 산물이 남아 있는 수용부로 각각 보내지게 된다. 과일나무를 전지하는 이유는 나무 당 과일의 수를 적게 하기 위해서이다. 동화물의 분할이 적은 수의 과일에서 일어나면 보다 크고 시장성 높은 과일의 발달이 촉진된다.

경쟁적인 수용부 사이에서 동화물의 분할은 일차적으로 세 가지 요인에 달려 있다. 즉, 공급원과 수용부를 연결하는 관다발계의 특성, 수용부의 공급원에 대한 근접성, 그리고 수용부 힘에 좌우된다. 수송은 확실히 공급원인 잎과 수용부 사이에 직접적인 관다발계의 연결에 의해서 촉진된다. 각각의 잎은 줄기의 관다발 조직에서 잎자루로 퍼져나가는 지엽적인 관다발에 의해 줄기의 주 관다발계로 연결되어 있다. 실험에 의하면 광동화산물이 공급원 잎보다는 상층부 혹은 같은 선상에 있는 수용부 잎으로 우선적으로 이동되는 것으로 드러났다. 이 같은 수용부 잎은 공급원 잎과 가장 직접적으로 연결되어 있다. 줄기의 반대편에 있는 같은 위치에 있지 않는 것들처럼 수용부 잎은 직접적으로 연결이 되어 있지 않아서 요소간의 밀접한 방사성 연결을 통해서 동화물이 이동해야 만 한다.

전류의 방향을 결정하는 영향의 더 큰 요인 중의 하나가 **수용부 힘(sink strength)**이다. 수용부 힘은 수용부가 대사 물질을 축적하는 능력을 측정한 것으로서 수용부의 크기와 수용부의 활성의 곱이다.

$$\text{수용부 힘} = \text{수용부 크기} \times \text{수용부 활성} \qquad (9.17)$$

수용부 크기(sink size)는 수용부의 총질량(보통은 건량)이다. **수용부 활성(sink activity)**은 흡수율, 즉 단위 시간에 대한 건량 당 흡수된 동화물이다. 수용부 힘은 그 크기를 결정하는 요인과 시간에 따른 변화 요인이 정확하게 알려져 있지 않지만 그 차이를 실험적으로 측정할 수 있다. 체관부 하적의 속도가 확실히 한 요인이 되며 수용부에 의한 동화물 흡수율과 수용부 내에서 대사와 저장 물질 간의 할당비도 영향을 미친다. 온도와 같은 환경 요인과 호르몬 또한 이들의 수용부 조직의 생장과 분화에 영향을 미치는 정도 만큼 영향을 미치게 될 것이다.

대부분의 공급원 잎에서 광동화산물은 정단을 향해 위로 상승하거나 뿌리를 향해 하향하는 방향으로 쉽게 수송이 된다. 그러나 모든 조건이 동일하다면 수송은 가장 근접한 수용부로 현저히 편중된다. 영양 생장기 식물의 경우 정단부 근처의 어린 공급원 잎의 광합성 산물은 줄기의 정단 부위로 우선하여 이동하는 것에 반해서 뿌리에 가까이 있는 나이가 들었지만 아직 노쇠하지 않은 잎은 우선적으로 뿌리에 공급한다. 중간에 위치하는 잎은 양방향으로 동일하게 동화물을 분배한다. 전류 방향은 체관부 요소의 수압 기울기의 크기와 밀접하게 연관된 것 같다. 동일한 수용 부력을 가지지만 거리가 다른 두 수용부의 경우 공급원에서 가까이 있는 수용부가 더 큰 압력차에 의하여 동화산물을 받게 된다. 수송되는 거리의 길이가 수용부의 크기에 우선하며 그 차이를 극복하여 수송된다.

수용부 힘은 생산성과 수확량에 밀접한 연관이 있으므로 대부분의 연구가 밀이나 옥수수 등의 곡류 특히, 곡식량과 연관하여 주로 연구되었다. 발달 중인 곡류는 특히 왕성한 수용부로 작용하며 전류의 양상에 매우 커다란 영향을 미친다. 꽃 부위가 꽃가루를 받을 준비가 되었을 때인 수술 성숙기로부터 시작하여 발달중인 곡류는 지배적인 수용부가 된다. 발달 중인 곡류가 수송의 양상에 미치는 영향은 표 9.3에 나타나 있다. 이 실험에서 광동화산물의 공급은 이산화탄소 공급을 감소하여 변화시킨 후 여러 부위에서 곡류가 성숙하는 기간 동안 건량의 변화를 추적하였다. 광동화산물의 감소는 곡식의 무게에는 실질상의 영향을 미치지 않았는데 이는 더 높은 비율의 곡식으로 수송되었음을 의미한다. 이 차이는 동등한 비율만큼 뿌리로 향하는 탄소의 지분의 감소에 의해 보충된다. 뿌리와 곡식의 열매는 서로 경쟁 관계에 있는 수용부이다. 광동화산물의 공급이 제한되면 우선적으로 보다 큰 수용 부력을 갖는 수용부에 이동한다. 발달 중인 곡식의 수용부로서의 지배적인 역할 또한 밀을 이용한 실험에서 보여주고 있다. 광합성이 광도의 감소에 의해 제한되면 화두 바로 밑에 있는 잎에서의 ^{14}C-광합성 산물의 비율이 49에서 71%로 증가하는데, 이 경우에 그 차이는 아래쪽의 줄기로 수송되는 부분의 감소에 해당한다.

위의 논의는 수용부 힘이 수송 양상을 결정하는 중요한 요인이지만 또한 수용부 힘 만으로 동화산물의 분할이 결정된다고 제시하기에는 문제를 너무 단순화시킨 것이다. 동화산물의 배분은 아주 최소한의 경우에도 공급원 잎, 활발하게 생장 중인 수용부 그리고 수송의 경로의 상호 작용에 의존하는 매우 통합된 체계이다. 우리는 직관적으로 이 같은 복잡한 계가 하나 혹은 여러 개의 지점에서 조절될 것이라고 기대하게 된다. 그러나 수송 속도는 일반적으로 수용부의 요구에 따라 변화한다는 관찰 이상으로는, — 예를 들어 수용부 활성의 급격한 변화는 그 수용부에 상응하는 수송 속도의 변화를 유발하는 것을 제외하고는 — 수용부 힘의 조절과 수용부 힘 및 수송 속도 사이의 상호 작용에 관해서는 상대적으로 거의 알려져 있지 않다.

수용부 힘에 영향을 주는 두 요인으로 세포의 팽압과 호르몬이 제시되었다. 아수까리의 체관부 용출액을 연구하는 과정에서 체관 요소의 팽압을 현저하게 감소시키는 수피 결각을 통한 체관부 용출액의 채집에 의해 공급원에서의 설탕의 적재가 현저하게 증가되는 것을 주목되었다. 그리하여 팽압을 인위적으로 조작하는 일련의 실험을 통해서 체관부 적재가 체관 요소의 팽압에 의존한다는 결론을 얻어졌다. 팽압 의존적인 체관부 적재가 이제 수용부의 요구에 따라 수송 속도가 조절된다는 비교적 간단한 가설의 기초가 된다. se-cc 복합체가 수용부에서 빠르게 하적되면서 용질의 농도가 감소되면 체관 요소의 수용부 쪽에 그에 상응하는 정수압 또는 팽압의 감소가 일어나게 된다(그림 9.9 참조). 이 감소된 수압은 체관 요소에 상호 연결된 계를 통해서 전달되어 신속하게 공급원에서 체관부 적재의 증가를 촉진시킨다. 그 결과 계의 공급원 즉, 용질 농도가 증가하면 정수압 감소에 대응하게 되어 수압의 기울기가 유지되고 압류 메커니즘에 따른 수용부로의 동화산물 흐름이 촉진된다. 수용부에서의 수요의 감소는 반대의 결과를 가져와 용질의 회수 속도가 느려지고 체관 요소에서의 팽압이 증가하게 된다. 공급원에서의 적재와 정수압의 기울기가 감소하여 수송율이 감소하게 된다. 이 모델에 의하면 체관 요소의 팽압 변화는 수용부와 공급원 사이의 장거리 통신에 중요한 신호이다.

se-cc 복합체 혹은 엽육 세포가 팽압 변화를 어떻게 감지하는지는 알려져 있지 않다. 압력 변화가 어떻게 설탕의 적재 변화로 연결되는지의 메커니즘 또한 알려져 있지 않다. 그러나 일부 실험에 의하면 사탕무 세포막을 통한 설탕 수송은 원형질막에 있는 양성자 펌프 ATPase의 활성 조절을 통한 팽압에 의하여 조절을 받는 것으로 입증되었다.

식물 호르몬(18–21장 참조)은 장거리 수송, 특히 동화물이 새로운 수용부로 방향을 바꾸는 데에 관여하는 것으로 보인다. 그러나 호르몬 유도성 수송은 호르몬 작용의 단순한 결과일 수도 있다. 호르몬이 기관의 생장과 발달을 조절하는 데 관여하는 여러 내부적 요인 중의 하나인 것은 다 아는 사실이다. 수용부 기관의 크기가 대사 활동에 영향을 미침으로써 호르몬은 확실히 수용부 힘에 영향을 미치게 되고 그 결과 전류율에도 영향을 미친다. 호르몬의 역할은 체관부를 통해서 새로운 기관으로 전달된다는 그 사실만으로도 부분적으로는 복잡해진다. 게다가 새로운 수용부는 종종 그 자신이 그 지역에서 작용하거나 혹은 다른 부위로 전류되는 호르몬의 공급원이 되기도 한다.

호르몬 유도성 장거리 수송이 왜 존재하는지 그 역할은 불확실하지만 호르몬이 더 직접적으로 단거리 용질의 수송에 관여한다는 것을 암시하는 증거가 늘어나고 있다. 예를 들어, ABA의 농도(ABA; 21장 참조)와 발달 중인 과실의 생장률이 서로 상관이 있다는 보고가 있다. 또한 ABA는 강낭콩 뿌리에서 당의 수송, 사탕무

표 9.3 높은 농도(400 μl l^{-1})와 낮은 농도(250 μl l^{-1})의 이산화탄소에 노출된 수수에서 광동화산물의 분배 패턴. 수치는 곡식 여무는 시기 동안 증가된 총건량의 백분율이다. 최종 곡식 무게는 두 가지 조건에서 동일하다.

	이산화탄소 수준	
	높음	낮음
곡식	71.5	87
뿌리	18	4
기타	10.5	9

Based on the data of K. Fischer and G. Wilson, 1975, *Australian Journal of Agricultural Research* 26:11–23.

뿌리에서의 설탕 흡수, 그리고 강낭콩 종피의 아포플라스트와 이어지는 배로의 설탕 하적 등을 촉진한다. ABA가 밀의 알이 채워질 때 ^{14}C-광합성 산물의 수송을 촉진하는지에 대해서는 서로 상반되는 보고들이 있다. 반면에 옥신(IAA; 18장 참조)은 사탕무 뿌리에서의 설탕 흡수를 억제하지만 강낭콩 잎에서의 적재는 촉진한다. 이런 여러 결과들은 적재와 하적이 호르몬에 의한 조절을 받게 되는 것을 제시한다.

비록 수용부 힘이 동화물의 분해를 결정하는 한 가지 주요 요인으로 보이지만 동화산물 배분 과정은 복잡하고 고도로 통합된 잘 알려지지 않은 현상이다. 팽압과 호르몬의 역할에 대한 연구가 이제 시작되었을 뿐이고 유전적인 문제와 다른 잠재적 조절 수단에 대해서도 앞으로 진지하게 다루어져야 할 것이다. 적재와 하적 그리고 수용부-공급원의 교류에 대한 조절은 왕성하고 생산적인 미래의 연구 분야로 지속될 것이다.

9.10 생체이물 농화합물은 체관부에서 수송된다

체관부에서의 화합물의 운동성은 **생체이물** 화합물(xenobiotic chemical)을 생산하는 농화학 산업에서 특히 중요한 관심사이다. 생체이물은 생물학적인 활성을 갖는 외부에서 첨가된 분자를 의미한다. 생체이물 화합물의 흡수와 수송율이 종종 제초제, 생장 조절 물질, 살균제 및 살충제의 효능을 결정하게 된다. 아주 훌륭한 예로서 N-(phosphonomethyl)glycine 혹은 **글리포세이트(glyphosate)**를 들 수 있는데 글리포세이트는 방향족 화합물의 합성을 방지함으로써 옥신, 단백질 그리고 다른 중요한 대사 물질의 생산을 차단한다. 잎에 처리된 글리포세이트는 체관부에서 운동성이 매우 크기 때문에 분열 조직 혹은 지하근경에 매우 빠르게 수송되어 다년생 잡초 제거에 효율적이다.

생체이물 화합물의 경우 잎의 세맥의 끝 부분에 있는 체관부로 유입되는 관문의 통과 즉, 체관부 적재가 주요 문제로 보인다. 비록 몇 이론이 외부 첨가 화합물의 체관부에서의 이동을 설명하기 위해 제안되었지만 설명할 수 있는 공통적인 화학적 특성이 비교적 적다. 식물은 이런 외부 화합물을 자주 접하지 않기 때문에 이들의 흡수를 매개하는 수송체가 없다. 아마도 단순한 확산에 의해 수용이 일어나는 것 같다. 수송이 잘 되는 외부 첨가 화합물의 한 가지 공통점은 이들의 상대적 **지용성(친유성, lipophilicity)**으로서 세포막을 통한 확산 능력을 예측하는 데 도움이 되는 요인이다.

외부 화합물이 식물체로의 유입을 조절하는 요인과 이들의 체계적 운동성을 더 잘 이해하기 위한 노력은 궁극적으로 체관부 수송에 대한 전반적인 이해를 높일 것이다.

요약

많은 식물에서 광합성의 산물은 엽록체에서 녹말로 저장되거나 엽록체에서 세포질로 수송되어 이곳에서 설탕으로 전환된다. 녹말로의 저장과 세포질로의 수송은 경쟁적 과정으로 3탄당 인산과 무기인산 수준뿐만 아니라 조절 대사물질인 과당-2,6-이인산의 민감한 양적 변화의 조절을 받는다. 곡류와 같은 식물은 일차적으로 액포에 프락탄으로 탄소를 저장하고 세포질에 설탕을 축적하는 조건에서 탄소 대사의 되먹임 억제에 둔감하다.

광동화 산물과 다른 작은 유기물질의 장거리 수송은 체관 조직에서 일어난다. 체관조직의 특징은 체관요소와 체판이라고 부르는 통도조직이다. 성숙 시에 변형되지만 살아있는 원형질로 채워진 체관은 체판이라고 부르는 구멍이 뚫린 벽으로 서로 연결되어 있다.

체관부에서 장거리 수송의 방향은 주로 공급원-수용부 관계로 결정된다. 자신의 대사에 필요한 것보다 더 많은 동화 산물을 생산하는 기관이나 조직이 공급원인 반면에 수용부는 동화 산물의 순 수입원이다. 수용부는 분열조직이나 정단부의 발달하는 잎, 비광합성 줄기조직, 뿌리, 그리고 저장기관이다. 잎과 같은 기관은 흔히 초기 단계에서는 수용부이지만 성숙해지면 공급원이 된다.

체관부에서 공급원과 수용부 사이의 정수압 경사에 따라 설탕은 대량전이에 의해 수송된다. 공급원의 소맥에서 체적 요소-반세포 복합체로 설탕이 적재된 후 물의 삼투적 흡수가 뒤따른다. 그 결과로 생기는 정수압이 체관 요소의 전체 체계를 통해 전달된다. 수용부에서 소맥으로부터 설탕의 하적은 대량이동을 유발하는 압력차를 유지하도록 한다. 체관 적재와 하적은 심플라스트(원형질 연락사)를 거쳐 직접 요소-반세포 복합체로에서 일어나기도 한다. 아니면 설탕이 엽육세포의 세포막을 통과하여 아포플라스트 공간으로 전달되기도 한다. 여기서 요소-반세포 복합체의 막을 거쳐 흡수되어 장거리 수송류로 들어가게 된다. 이 두 경로를 지지해줄 증거가 있지만 아직 해결되어야 할 문제들이 상당히 많다.

대사경로와 식물 기관 사이에서 광동화산물의 분포는 두 단계, 즉 배분과 분할로 일어난다. 배분은 동화 산물의 즉각적인 대사적 운명을 일컫는다. 동화 산물은 잎 자체의 즉각적인 대사 요구와 잎의 생체량 유지에 분배될 수 있다. 아니면 광합성을 하지 않는 기간 동안에 사용하기 위해 저장되거나 잎에서 수출될 수도 있다. 일단 수출되면 동화 산물은 경쟁적인 수용부 사이에서 분할된다. 분할은 수용부의 크기와 대사활성의 조합으로 나타나는 수용부의 힘에 의해 결정된다.

복습문제

1. 어떤 요인이 PCR 회로의 산물(3탄당 인산)이 엽록체에서 녹말로 또는 세포질에서 설탕으로 전환될지를 결정하는가?
2. 설탕의 합성에서 과당-1,6-이인산과 과당-2,6-이인산의 역할 차이를 구분하시오.
3. 프락탄의 일반적인 구조는 무엇이며 어디에 축적되는가?
4. 환상박피를 만들 때 어떤 조직을 제거하는가? 환상박피로 상처난 위 부분에 과다영양 생장을 유발하는 것은 무엇인가?
5. 성숙한 체관 조직의 구조를 기술하시오. 어떤 특징들을 가지고 있나? 체관부의 수송과 연관하여 이러한 특징이 어떤 문제를 초래하는가?
6. 공급원-수용부 개념을 설명하시오. 체관부에서 수송의 방향과 속도 결정에 공급원-수용부 관계가 어느 정도까지 관여하는가?
7. 뮌히(Münch)의 압류설을 설명하고 이것이 체관부에서 수송을 구동하는데 어떻게 작동하는 지를 보여주시오.
8. 어떻게 공급원에서 체관부의 체관에 설탕이 적재되며 수용부에서 설탕이 제거되는가?
9. 분배와 분할을 구분하시오. 어떤 요인이 공급원인 잎 내에서 탄소의 분배를 결정하는가? 어떤 요인이 하나 이상의 잠재적인 수용부 간의 분할을 결정하는가?

더 읽을 거리

Buchanan, B. B., W. Gruissem, R. L. Jones. 2000. *Biochemistry and Molecular Biology of Plants.* Rockville MD: American Society of Plant Physiologists.

Cairns, A. J., C. J. Pollock, J. A. Gallagher, J. Harrison. 2000. Fructans: synthesis and regulation. In: R. C. Leegood, T. D. Sharkey, S. von Caemmerer, *Advances in Photosynthesis*, Vol. 9, pp. 301–320. Dordrecht: Kluwer.

Foyer, C. H., S. Ferrario-Méry, S. C. Huber. 2000. Regulation of carbon fluxes in the cytosol: Coordination of sucrose synthesis, nitrate reduction and organic acid and amino acid biosynthesis. In: R. C. Leegood, T. D. Sharkey, S. von Caemmerer, *Advances in Photosynthesis*, Vol. 9, pp. 177–203. Dordrecht: Kluwer.

Lough, T. J., W. J. Lucas. 2006. Integrative plant biology: Role of phloem long-distance molecular trafficking. *Annual Review of Plant Biology* 57:203–232.

Trethewey, R. N., A. M. Smith. 2000. Starch metabolism in leaves. In: R. C. Leegood, T. D. Sharkey, S. von Caemmerer, *Advances in Photosynthesis*, Vol. 9, pp. 205–231 Dordrecht: Kluwer.

Turgeon, R. 1996. Phloem loading and plasmodesmata. *Trends in Plant Science* 1:418–422.

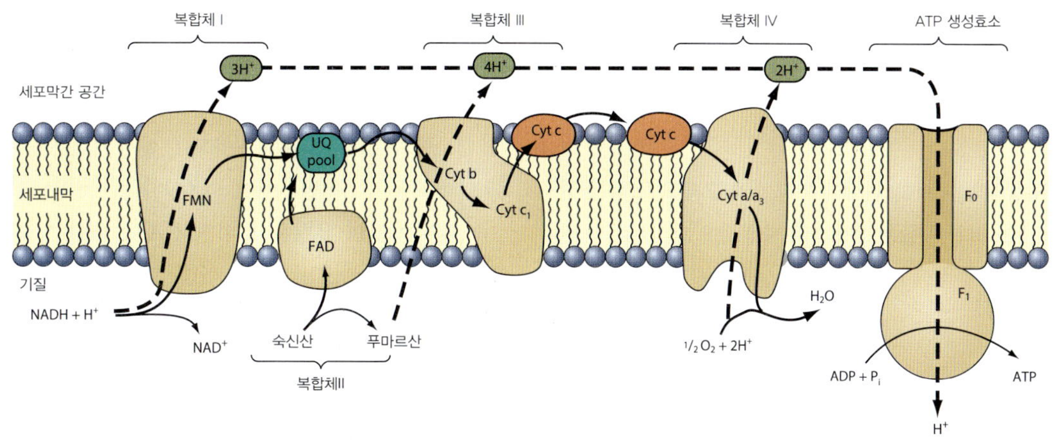

10

세포 호흡: 광동화산물에 저장된 에너지 추출

앞의 4개 장에서는 빛에너지가 탄소 화합물 혹은 광동화산물로 보전되는 것과 이런 탄소 화합물을 식물의 여러 기관이나 조직에 분배되는 요인들에 대해 살펴보았다. 설탕과 다른 광동화산물은 식물에 의해 얻어지는 대표적인 두 가지 중요 획득물질이다. 무엇보다도 이들은 이동성이 높은 형태의 저장된 광합성 에너지이며 둘째로 탄소 골격의 공급원이 된다. 식물은 호흡을 통해서 보다 유용한 형태로 에너지를 다시 뽑아낼 수 있고 그 과정에서 당을 변형하여 세포 구조를 이루는 기본 구성단위가 되는 탄소 골격을 형성한다.

이 장은 크게 세 부분으로 나눠진다. 첫 번째 부분은 세포 호흡의 생화학과 생리학에 중점을 두고 있다. 호흡에 대해서 간략하게 개괄한 후 다음 주제들을 다루게 될 것이다.

- 설탕과 녹말이 6탄당으로 분해되는데 관여하는 경로와 효소들
- 6탄당이 해당 경로를 통해 피루브산으로 전환되는 과정과 그 대체 경로인 산화적 5탄당 인산 경로
- 산화적 호흡 대사가 일어나는 부위인 미토콘드리아의 구조와 체제
- 피루브산이 이산화탄소로 완전히 산화되는 시트르산 회로(CAC)로 알려져 있는 경로, 정상적인 전자 전달계를 통한 산소로의 전자 이동 경로, 그리고 환원력과 ATP 형태로서 에너지의 보존
- 식물에만 독특한 여러 가지 대체 전자 전달 경로와 이들의 생리적 결과
- **포도당 신생합성(gluconeogenesis)**으로 알려진 지방산이 처음에 6탄당으로 변환되는 종자에서 기름의 호흡

이 장의 후반부에서는 빛, 온도, 산소의 이용도와 같은 환경 요인들이 호흡에 어떻게 영향을 미치는지를 보여주는 전체 식물과 조직에서의 호흡이 논의될 것이다. 마지막으로 생물량의 축적과 식물의 생산성에서 호흡의 역할을 간략하게 다루게 될 것이다.

5장에서 소개한 일부 원리들은 이 장의 논의에서도 그대로 적용되는데 생체 에너지론, 산화와 환원 반응, 양성자 기울기, ATP의 합성 등을 포함한다. 이 시점에서 5장의 적절한 절을 복습하는 것이 도움이 될 것이다.

10.1 세포 호흡은 광동화산물이 산화되는 일련의 경로이다

고등 식물은 정상적인 대사를 위해서 분자 산소를 필요로 하는 **산소성(aerobic)** 생물이다. 이들은 생장과 유지에 필요한 에너지와 탄소를 다음과 같은 전체 식에 따라서 광동화산물을 산화함으로써 획득한다.

$$C_6H_{12}O_6 + 6O_2 + 6H_2O \rightarrow 6CO_2 + 12H_2O$$
$$\Delta G^{o\prime} = -2869 \text{ kJmol}^{-1} \quad (10.1)$$

이 식이 광합성(7장, 식 7.1)을 나타내는 식의 역방향인 것을 주목하라. 광합성 반응식은 물이 전자의 공급원으로서 작용하며 탄소가 6탄당으로 **환원**되는 것으로 쓰인다. 반면에 호흡 반응식은 6탄당이 탄소로 **산화**되면서 물이 생성물로 나오는 것으로 쓰인다. 호흡에서는 광합성에 의해 탄소화합물이 생성되는 데 소모된 자유 에너지에 해당하는 양 만큼의 에너지 방출이 일어난다. 여기서 두 과정의 유사성은 끝이 난다. 비록 이 두 과정이 동일한 반응물과 생성물을 사용하고 에너지 역할도 유사하지만 관련된 효소 복합체와 대사 경로가 근본적으로 다르며 세포내에 다른 장소에서 일어난다. 게다가 호흡은 식물의 모든 살아 있는 세포가 공유하는 과정이지만 광합성은 엽록체를 지니는 세포에 만 한정되어 있다.

반응식 10.1은 6탄당이 산소에 의해 직접 산화되는 것으로 쓰여 있는데 모든 자유에너지는 결국에 열로서 방출된다. 물론 세포가 이런 방법으로 당을 산화하지는 않는다. 이렇게 큰 양의 에너지가 동시에 한꺼번에 방출된다면 말 그대로 세포가 다 타버릴 것이다. 대신에 호흡의 전 과정은 독립적이면서도 상호 의존적인 **해당과정(glycolysis)**, **시트르산 회로(citric acid cycle)** 및 **호흡 전자 전달사슬(respiratory electron transport chain)**의 세 단계로 일어나는데 개별적인 반응 과정을 모두 합하면 약 50여 개나 된다. 산소로의 전자 전달은 이 길고도 복잡한 과정에서 단지 최종 단계일 뿐이다. 에너지 역학적인 측면에서 보면 이렇게 복잡한 과정의 기능은 분명하여 6탄당의 산화를 일련의 분리된 여러 단계로 나누어서 자유 에너지의 방출을 조절하여 물질 대사에 유용한 형태로 보존할 수 있게 하는 것이다. 이미 언급하였듯이, 호흡은 세포에 필요한 여러 물질을 만드는 데 필요한 다양한 형태의 탄소 골격을 생산하는 것도 동일하게 세포에게 중요하다. 이 점에 대해서는 이 장의 나중에 다시 논의할 것이다.

호흡을 나타낸 반응식 10.1에는 흔히 6탄당(특히 포도당)이 초기 기질로서 표현되어 있지만 실제로는 다양한 기질들이 사용될 수 있다. 포도당은 녹말(포도당 중합체)이나 과당 중합체(fructan)와 같은 저장성 중합체나 이당류인 설탕으로부터 나오게 된다. 다른 당뿐만 아니라 지질, 유기산 그리고 정도는 덜하지만 단백질까지도 대사될 수 있다. 호흡에 사용되는 실제 기질은 종이나 기관, 발생 단계 혹은 생리적인 상태에 의존한다.

호흡 기질의 유형은 소비된 산소에 대한 방출된 이산화탄소 비를 측정함으로써 알 수 있다. 이 측정으로부터 **호흡 지수(respiratory quotient, RQ)**를 다음과 같이 계산할 수 있다.

$$\text{호흡지수 RQ} = \text{방출된 } CO_2\text{량} / \text{ 흡수된 } O_2\text{량} \quad (10.2)$$

호흡 지수의 값은 호흡되고 있는 기질의 산화 상태를 나타내는 함수이다. 탄수화물이 산화될 때(식 10.1) 이론상의 RQ는 $6CO_2/6O_2 = 1$인 것에 유의하라. 그러나 실제적인 실험값은 0.97에서 1.17의 범위에서 변화한다. 지질과 단백질은 탄수화물보다 더 환원되어 있으므로 완전한 산화에 보다 많은 산소가 필요하다. 따라서 RQ 값이 0.7 정도로 낮아질 수 있다. 반면에 시트르산이나 말산과 같은 유기산은 탄수화물보다 산화된 형이므로 완전히 산화되는 데 필요한 산소가 적어서 RQ 값이 보통 약 1.3 정도가 된다.

RQ 값이 유용한 정보를 제공하기는 하지만 이들을 해석할 때 주의해야 한다. 예를 들어, 한 가지 이상의 기질이 동시에 산화될 때 측정한 RQ 값은 평균치가 된다. 발효가 일어날 때 산소는 거의 소비되지 않으므로 비정상적으로 높은 RQ 값이 나올 수 있다. 반면에 이산화탄소나 산소가 어떠한 이유로 해서 조직 내에 잡혀 있게 되면 결과가 그 만큼 틀릴 수 있다. 그럼에도 식물이 나쁜 영양 상태에 놓이게 되어 지질이나 단백질이 탄수화물 대신에 주요 호흡 기질로 사용되면 RQ 값이 대개 1보다 적게 된다. RQ가 사용되는 또 다른 예로서 발아 중인 종자를 들 수 있는데 발아 도중에 지질을 많이 함유하는 종자는 발아 초기에 RQ 값이 1보다 작다. 유식물이 지질 저장물을 다 소비하여 탄수화물이 주요 호흡 기질로 바뀌면 값이 점차 1에 도달한다.

식물의 호흡이 광합성에 의존하는 것에 대한 내용이 그림 10.1에 설명되어 있다. 엽록체에서 이산화탄소의 환원에 의해 3-탄소 인산 중간산물로 대표되는 디히드록시아세톤인산(dihydroxyacetone phosphate)과 글리세르알데히드-3-인산(glyceraldeyade-3-phosphate)과 같은 3탄당 인산(triosephosphate)의 형태로 탄소를 고정한다(8장 참조). 3탄당 인산은 탄소 중간대사 물질로 동화적 광합성 탄소 환원과 호흡 산화적인 탄소 이화 작용을 연결하는 역할을 한다. 이산화탄소 환원에 의해 직접 발생되거나 녹말이 분해되어서 생성된 3탄당 인산은 엽록체에서 세포질로 수출되어 해당경로를 통해 피루브산(pyruvate)으로 산화된다. 산소 분자가 있는 상태에서 피루브산은 생장, 발생 그리고 항상성 유

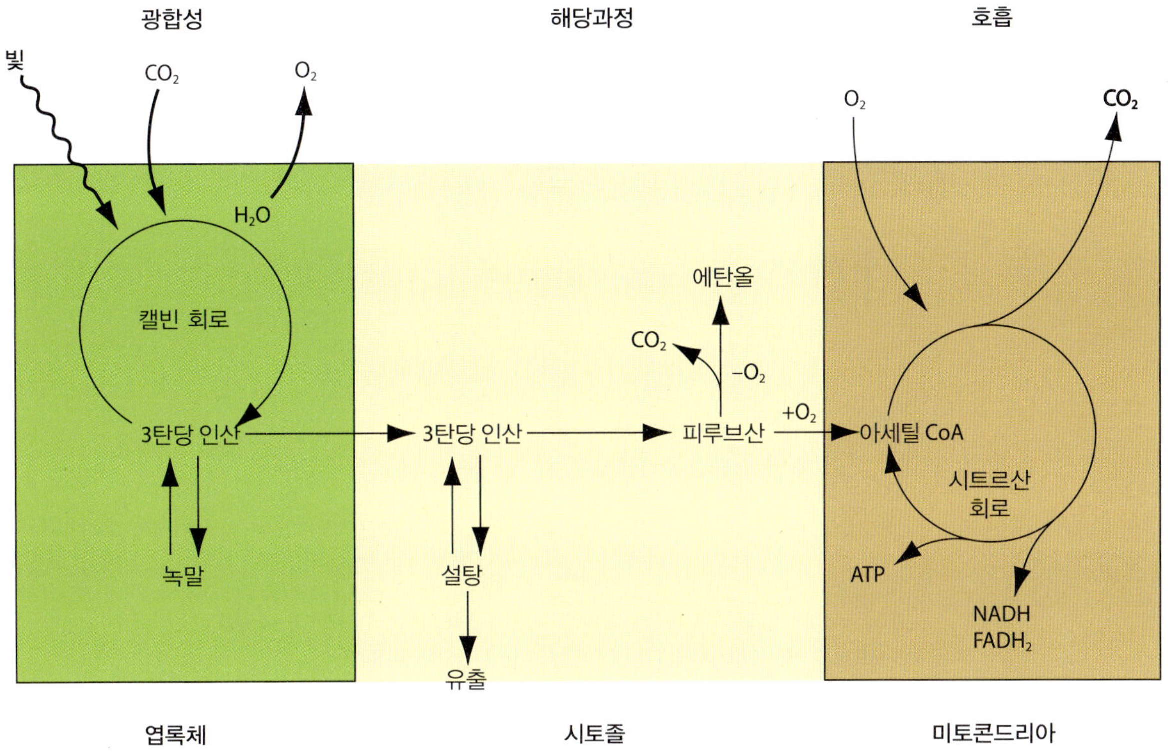

그림 10.1 잎 엽육세포에서 엽록체, 시토졸 그리고 미토콘드리아 간의 상호 대사 작용. 광합성은 물을 산소(O_2)로 산화시키고 이산화탄소(CO_2)를 시토졸과 미토콘드리아 내의 대사 경로를 위한 고정된 탄소 기질인 3탄당 인산(triose-P)으로 환원한다. 3탄당 인산은 녹말로 저장되거나 시토졸로 수송된다. 시토졸에서 3탄당 인산은 설탕으로 전환되어 엽육세포로부터 추출되거나 해당 경로에 의해 피루브산으로 산화된다. 피루브산은 산소(O_2)가 없는 상태에서 에탄올로 산화되거나(발효) 또는 미토콘드리아로 수입되어 이산화탄소(CO_2)로 완전히 산화된다. 따라서 초기에 광합성에 의해 고정된 탄소로 저장된 빛에너지는 궁극적으로 미토콘드리아에서 생장, 발달 그리고 세포 항상성을 유지하기 위해 사용되는 ATP와 환원력(NADH, $FADH_2$)으로 전환된다.

지를 위해 필요한 ATP와 NADPH 형태의 화학에너지 발생과 함께 미토콘드리아 호흡을 통해 이산화탄소로 완전히 산화된다. 광합성 , 해당과정 그리고 호흡간의 대사적 연결은 고정된 탄소 형태의 에너지가 하나의 식물세포 내에서 세 개의 다른 구획사이로 전달되는 메커니즘뿐만 아니라 엽록체와 미토콘드리아를 연결하는 "정보 경로"를 나타낸다. 이러한 것은 호흡에 의한 ATP 합성을 억제하면 광계 II 반응 중심이 광억제에 대해 더욱 민감해지는 사실에 의해 설명되어 질 수 있다(13장). 엽록체가 미토콘드리아에서 일어나는 일련의 사건들에 반응하는 능력은 8장과 9장에서 언급된 것과 유사한 대사 되먹임 고리(metabolic feedback loops)의 결과이다. 확실히 엽록체는 미토콘드리아에서 무슨 일이 일어나고 있는지 알고 있다! 미토콘드리아, 엽록체 그리고 시토졸 간의 대사 되먹임 고리의 정확한 본성을 밝히는 연구는 이제 시작단계에 있다.

10.2 녹말의 이동

녹말의 분해, 즉 이동에는 2가지 특이한 경로가 존재한다. **가수분해 경로(hydrolytic pathway)**는 포도당의 생산을 초래하지만 **가인산분해 경로(phospholytic pathway)**는 6탄당의 축적이 일어나게 한다. 이제 이러한 경로들을 더 자세히 별도로 다룰 것이다.

10.2.1 녹말의 가수분해는 포도당을 생산한다

대부분의 식물은 탄수화물을 녹말이나 설탕으로 저장하고 있기 때문에(9장), 이러한 탄수화물의 분해는 호흡에 의한 탄소 경로의 출발점이 된다. 녹말은 주로 아밀로오스와 아밀로펙틴의 혼합물로 구성된다. **아밀로오스(amylose)**는 대부분의 고등 식물에서 그 양이 보통 1/3 이하인데 α-D-포도당이 1 → 4 결합된 기다란 직선

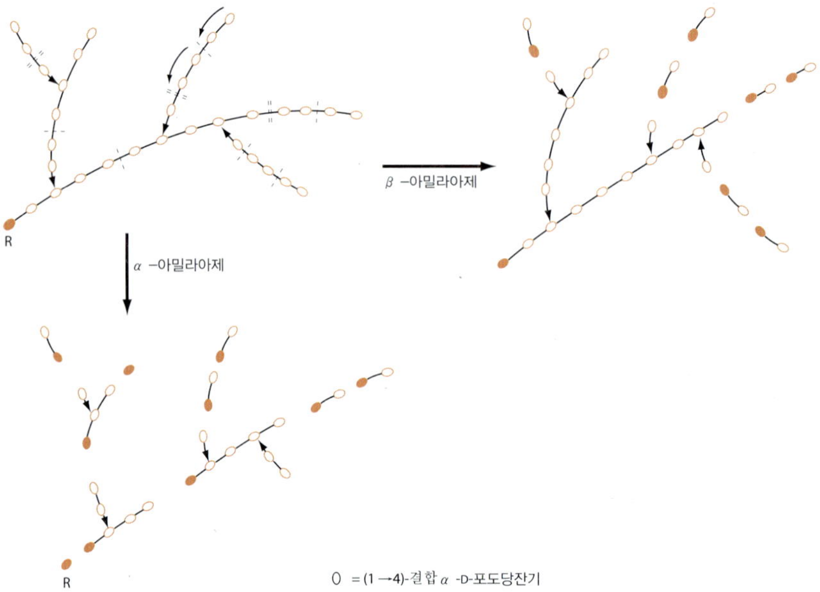

그림 10.2 α와 β-아밀라아제에 의한 녹말(아밀로펙틴)의 분해 모식도. 빈 원은 1→4 결합된 α-D-포도당 잔기를 나타내며 메워진 원은 사슬의 환원된 말단을 표시한다.

형의 사슬이다. 반면에 **아밀로펙틴(amylopectin)**은 α-D-포도당이 1 → 4 결합된 비교적 짧은 사슬에 포도당 사슬이 1 → 6 결합으로 연결된 고도의 분지된 분자이다(그림 10.2). 녹말은 보통 불용성의 입자나 알갱이 형태로 색소체에 축적된다. 녹말이 그 구성원인 포도당 잔기로 완전히 분해되기 위해서는 여러 가수분해 효소의 참여가 필요하다.

10.2.2 α–아밀라아제는 말토오스와 한계 덱스트린을 생성한다

α-아밀라아제(α-amylase)는 아밀로오스와 아밀로펙틴의 α-(1→4) 글루코시드 결합을 무작위적으로 끊지만, 말단 부위의 결합은 쉽게 끊지 못한다. 아밀로펙틴의 경우 α-아밀라아제는 α-(1→6) 글루코시드 결합뿐만 아니라 분지점에 인접해 있는 α-(1→4) 글루코시드 결합도 자르지 못한다. 그 결과 α-아밀라아제에 의한 아밀로오스와 아밀로펙틴의 가수 분해에 의해 방출된 당의 약 90%가 이당류인 **말토오스**((1→4)-α-D-glucosylglucose)이다. 나머지는 소량의 포도당이며 아밀로펙틴인 경우 **한계 덱스트린**(limit dextrin)이다. 한계 덱스트린은 4~10개의 포도당으로 구성되어 있고 원래의 분지점을 가지고 있다. α-아밀라아제는 식물체뿐만 아니라 박테리아나 포유동물(사람의 침 포함)을 포함하여 자연계에서 널리 발견된다. 이 효소는 녹말을 빠르게 대사하는 모든 조직에 존재하는 것으로 예상된다. α-아밀라아제의 특이하고도 중요한 특성은 녹말 입자를 기질로 이용할 수 있는 능력이다. α-아밀라아제는 지베렐린과 아브시스산에 의해 조절되는 종자 발아의 초기 단계에서 중요한 역할을 한다(19, 21장).

10.2.3 β–아밀라아제는 말토오스를 생성한다

β-아밀라아제는 포도당 사슬의 비환원 말단 부위로부터 시작하여 매 두 번째 결합을 선택적으로 가수분해함으로써 아밀로오스를 분해한다. 따라서 β-아밀라아제는 오로지 말토오스만을 만들게 된다. β-아밀라아제는 또한 아밀로펙틴의 짧은 사슬도 분해하지만 효소가 비환원 말단에만 작용하기 때문에(1→6) 분지점을 절단할 수 없고 단지 바깥쪽의 짧은 사슬만을 분해하며 내부의 분지된 분자는 그대로 남겨 둔다(그림 10.2).

10.2.4 한계 덱스트린 가수분해효소는 가지를 떼어내는 효소다

한계 덱스트린 가수분해효소(limit dextrinase)는 가지를 떼어내는 효소(debranching enzyme)이다. 이들의 작용은 (1→6) 분지 결합을 끊음으로써 α와 β-아밀라아제가 녹말을 말토오스로 계속 분해하게 한다.

10.2.5 α–글루코시드 가수분해효소는 말토오스를 가수분해한다

최종 단계는 α–글루코시드 가수분해효소(α–glucosidase)에 의해 말토오스를 두 분자의 포도당으로 **가수 분해**하는 단계이다. 위의 모든 효소는 녹말을 유리 당으로 가수분해하는 과정을 매개한다. 즉 근본적으로 결합에 물을 첨가하여 분자가 절단된다.

10.2.6 녹말 가인산분해효소는 녹말의 가인산분해를 촉매한다

무기인산의 수준이 1 mM 이상으로 높을 때 녹말의 분해는 당인산의 축적과 동반하여 일어난다. 이는 녹말의 **가인산분해**를 촉매하는 **녹말 가인산분해효소(starch phosphorylase)**의 작용 때문이다.

$$\text{녹말} + n\text{인산}(P_i) \rightarrow n(\text{포도당} - 1 - \text{인산}) \quad (10.3)$$

나중에 다시 이 점을 다루게 되겠지만, 최종 산물이 포도당이 아니라 포도당-1-인산이기 때문에 가인산분해효소의 작용은 에너지학 측면에서 유리하다. 가인산분해효소는 홀로 작용할 수 없어서 녹말 입자를 분해할 수 없으며 β-아밀라아제처럼 아밀로펙틴의 외곽 사슬에만 작용한다. 따라서 가인산분해효소는 불용성 입자의 분해를 시작하는 α-아밀라아제와 가인산분해효소가 내부의 포도당 사슬에 접근이 가능하게 해주는 포도당 측쇄 분지 효소와 같이 작용할 수 있다. 생체 내에서 가인산분해효소의 중요성은 알려지지 않았지만 실험 결과 감자녹말의 반 이하 정도의 분해를 담당한다. 나머지는 α-와 β-아밀라아제에 의하여 분해된다. 녹말은 엽록체나 녹말체와 같은 색소체(5장, Box 5.1 참조) 내부에서 저장되고 분해되지만 세포 호흡의 첫 단계는 세포질에서 일어난다. 따라서 녹말의 분해 산물이 호흡 경로에 도달하려면 엽록체 막을 통과해야 하는데, 이는 색소체 외막에 있는 두 가지의 수송계에 의해서 일어난다(그림 10.3). 가인산 분해의 산물인 포도당-1-인산은 6탄당 인산 풀의 구성성분이고 먼저 엽록체에서 3탄당 인산으로 전환된 후 5장에서 논의한 무산소인산-3탄당 인산 운반체를 거쳐 색소체를 빠져나간다. 유리 포도당은 엽록체의 내막에 위치하며 특히 포도당을 스트로마에서 세포질로 이동시키는 단백질 복합체인 별개의 6탄당 운반체를 거쳐서 색소체 밖으로 나간다. 좀 더 자세한 막 수송에 관해서는 3장을 참조하시오

설탕의 합성은 9장에서 기술하였다. 설탕의 분해에는 설탕 합성 효소와 **전화효소(invertase)**의 두 효소가 역할을 담당하는데 전화효소는 최적 pH가 7.5 정도인 알카리성 전화효소와 최적 pH가 5 정도인 산성 전화효소의 두 가지 형태로 존재한다. 설탕 합성 효소와 알카리성 전화효소는 세포질에 위치하는 것으로 보이지만 산

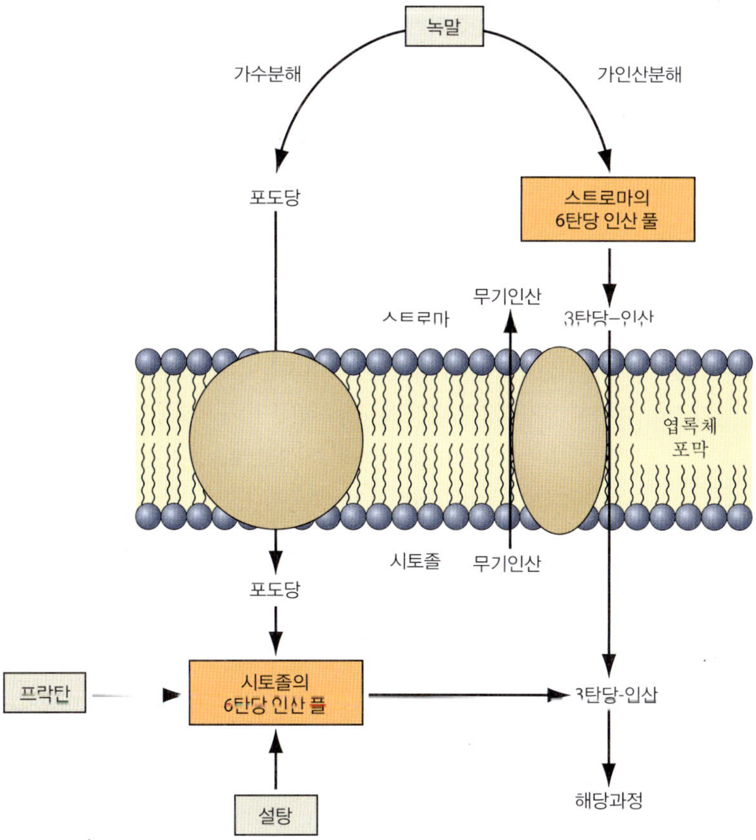

그림 10.3 엽록체 스트로마의 녹말과 세포질 설탕의 이동. 녹말은 가수분해 혹은 가인산분해효소에 의해 분해된다. 포도당은 특정한 포도당 운반체(glucose transporter)에 의해 엽록체 포막을 거쳐 세포질로 수송된다. 세포질에서 수출된 포도당은 세포질의 6탄당 인산(hexose-P) 풀로 들어간다. 설탕의 분해도 세포질의 6탄당 인산 풀로 6탄당 인산을 공급한다. 세포질의 6탄당 풀의 구성원들은 세포질의 3탄당 인산으로 전환된다. 가인산분해 경로는 스트로마의 6탄당 인산 풀로 6탄당 인산을 공급한다. 6탄당-인산은 스트로마의 3탄당 인산으로 전환되고 3탄당 인산은 특정 무산소인산-운반체에 의해 엽록체에서 세포질로 수송되는데, 특정 운반체는 세포질로 수출된 3탄당 인산 1개당 한 분자의 무산소인산을 수입한다. 세포질의 3탄당 인산은 해당 경로와 호흡을 통하여 산화된다. 두 개의 6탄당 인산 풀이 대사적으로 서로 연결되어 있는 다른 구획에 존재하는 것을 주목하시오.

성 전화효소는 세포벽이나 액포와 연계되어 있다. 이 세 효소의 상대적인 공헌 정도는 명확하게 대사되고 있는 설탕의 세포내 위치에 따라 결정된다. 예를 들어, 여분의 탄수화물을 줄기의 액포에 주로 설탕으로 저장하는 사탕무에서 산성 전화효소는 설탕의 이동성에 중요하다.

10.3 과당중합체의 이동은 항상 일어난다

과당중합체(fructan)는 초본과의 일부 종에서 주요 저장 탄수화물로 액포에서 생합성되는 과당의 수용성 중합체이다(9장 참조). 과당중합체의 생합성에 관여하는 효소는 세포질의 설탕 농도가 증가하면 유도되지만 과당중합체의 가수분해에 관여하는 효소는 설탕의 농도에 관계없이 항상 작용한다. 따라서 액포에서 축적되는 과당중합체의 순량은 생합성 과정의 조절 속도와 비조절적인 가수분해 속도의 차이 결과이다. 액포에서 과당중합체의 가수분해에 관여하는 주 효소는 과당중합체 말단가수분해효소(fructan exohydrolase, FEH)이다. 이 효소는 과당중합체로부터 한번에 1개의 말단 과당기를 가수분해하는 말단가수분해효소이다(식 10.4)

$$\text{Glucosyl-1,2-fructosyl-1,2-fructosyl-(fructosyl)}_N \rightarrow \text{glucosyl-1,2-fructosyl-1,2-(fructosyl)}_{N-1} + \text{과당} \quad (10.4)$$

이 중합체의 가수분해는 과당중합체의 합성에 사용된 초기의 설탕을 포도당과 과당으로 분해하는 액포 전화효소의 작용에 의해 완결된다(식 10.5).

$$\text{설탕} \rightarrow \text{포도당} + \text{과당} \quad (10.5)$$

유리 6탄당은 액포로부터 세포질로 수송되어 세포질의 헥소키나아제에 의해 가인산되어 세포질의 6탄당 인산 풀로 들어간다(그림 10.4).

10.4 해당 과정은 당을 피루브산으로 전환한다

호흡에 의한 탄소 대사의 첫 단계는 6탄당이 부분적인 산화를 거쳐 3탄소 유기산인 **피루브산(pyruvate)**으로 되는 일련의 반응으로 이를 모두 합쳐 **해당 과정(glycolysis)**이라 하는데 세포질에 위치한 효소들에 의해서 촉매된다. 유사한 반응들이 특히 녹말체와 일부 엽록체에서도 독립적으로 일어난다. 따라서 동물 세포와는 달리 식물세포의 해당과정은 세포질에 한정되어 있지 않다. 당 분해를 의미하는 해당 과정의 반응들은 효모의 발효와 동물의 근조직에서 글리코겐의 분해를 설명하기 위해 원래 20세기 초에 독일의 Meyerhof와 동료들에 의해서 밝혀졌다. 다른 대부분의 호흡 대사와 마찬가지로 해당 과정도 이제 모든 생물에서 공통적으로 존재하는 것으로 알려져 있다. 산소가 없는 조건에서 알코올이나 젖산과 같은 발효 산물을 생산할 수 있으므로 탄소 분해 대사의 가장 원시적인 형태로 믿고 있다. 비록 해당에 의한 에너지 수율은 낮지만 무산소 호흡 생물이나 무산소 상태의 일부 산소성 생물이나 조직의 생장을 지탱하는 데 이용될 수 있다. 그러나 정상적인 유산소 상태에서 해당에 의해 형성된 피루브산은 미토콘드리아에 의한 더 많은 에너지 추출을 위해 대사가 더 진행된다.

해당은 편의 상 두 개의 부분으로 나누어 생각해 볼 수 있다. 첫 번째는 저장 탄수화물에서 유래한 포도당과 과당이 6탄당-인산 풀을 거쳐 공통의 중간 대사 물질인 삼탄당 인산(triose-P)로 전환되는 일련의 반응이다(그림 10.4). 3탄당 인산(triose-P)은 그 다음에 해당과정의 최종 산물인 피루브산으로 전환된다(그림 10.5).

10.4.1 6탄당이 해당 과정으로 유입되려면 인산화되어야 한다

저장 탄수화물이 해당 과정에 유입되기 위해서는 녹말, 설탕 그리고 과당중합체의 가수 분해에서 나온 포도당과 과당이 먼저 6탄당 인산으로 전환되어야만 한다. 시토졸의 **6탄당 인산 풀(hexose phosphate pool)**은 포도당-1-인산(glucose-1-phosphate), 포도당-6-인산(glucose-6-phosphate), 그리고 과당-6-인산(fructose-6-phosphate)으로 구성된다. 이러한 인산화 된 중간 대사물질들은 후에 과당-1,6-이인산(fructose-1,6-bisphosphate, FBP)으로 전환된다(그림 10.4). 포도당과 과당이 FBP로 전환되는 과정에서 초기에는 ATP 형태의 에너지 소모가 필요한 것을 주목하라. 한 분자의 6탄당이 해당 과정에 유입될 때 두 분자의 ATP가 소모된다(반응 5와 6). 이는 펌프를 작동하는 것과 유사한데, 포도당이 상대적으로 안정한 분자이므로 먼저 포도당-6-인산을 거쳐서 과당-1,6-인산으로 전환시키는 일종의 활성화 에너지(8장, Box 8.1 참조)이다. 이 두 분자의 ATP는 해당 과정 동안에 회수된다.

이 때문에 녹말의 가인산 분해가 가수 분해에 비해서 에너지 측면에서 약간 유리하게 된다. 그 산물이 포도당-1-인산이므로 가인산 분해 경로를 통해 유입되는 각 분자의 6탄당은 ATP 소모가 1개로 줄어든다. 스트로마에서 녹말이 3탄당 인산(triose-P)으로 분해되는 과정과 시토졸에서 설탕이 분해되는 과정이 전체적으로 유사하다는 것에 주목하시오(식 10.6):

$$\text{저장 탄수화물} \rightarrow \text{6탄당-인산 풀(hexose-P pool)} \rightarrow \text{과당-1,6-인산(FBP)} \rightarrow \text{3탄당 인산(triose-P)} \quad (10.6)$$

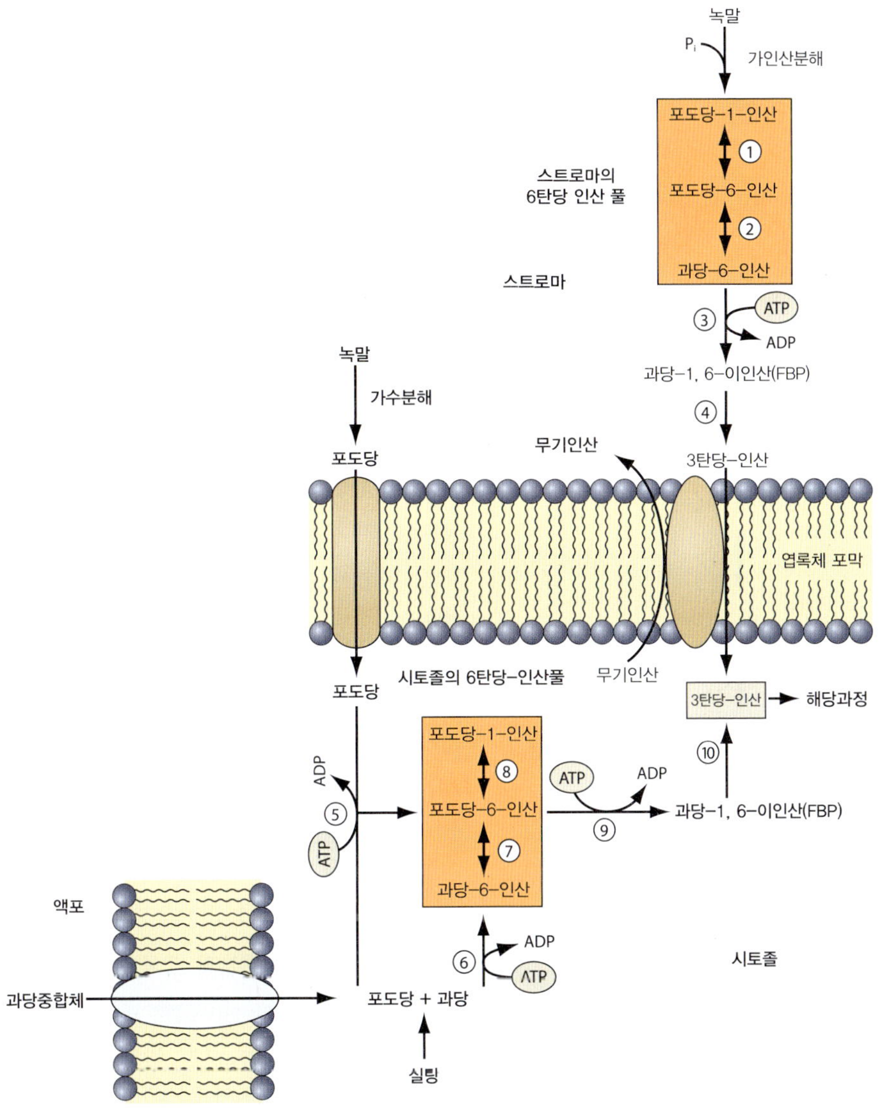

그림 10.4 엽록체와 시토졸에서 저장 탄수화물의 3탄당 인산으로의 전환. 엽록체에서 녹말은 가수분해에 의해 포도당으로 분해되어 시토졸로 수출되거나 가인산분해에 의해 스트로마의 6탄당 인산 풀의 중간대사물질(포도당-1-P, 포도당-6-P 그리고 과당-6-P)로 분해된다. 시토졸에서 설탕은 포도당과 과당으로 가수분해된다. 포도당과 과당은 각각 헥소키나아제(5)와 프룩토키나아제(6)에 의해 시토졸의 6탄당 인산 풀의 중간대사물질로 전환된다. 스트로마와 시토졸의 6탄당-인산 풀의 중간대사물질은 엽록체와 시토졸의 이성질체로 존재하는 포스포글루코뮤타아제(각각 1과 8)와 6탄당 인산 이성질화 효소(각각 2와 7)에 의해 상호전환된다. 탄소는 스트로마(3)와 시토졸(9)에 있는 ATP-의존적인 포스포프룩토키나아제에 의해 과당-6-인산에서 과당-1,6-이인산(FBP)으로 전환되어 스트로마와 시토졸의 6탄당 인산 풀에 존재한다. 과당-1,6-이인산은 엽록체와 시토졸에 이성질체로 존재하는 알돌라제(각각 4와 10)에 의해 3탄당 인산으로 전환된다. 3탄당 인산은 무기인산-운반체에 의해 스트로마에서 시토졸로 수출된다.

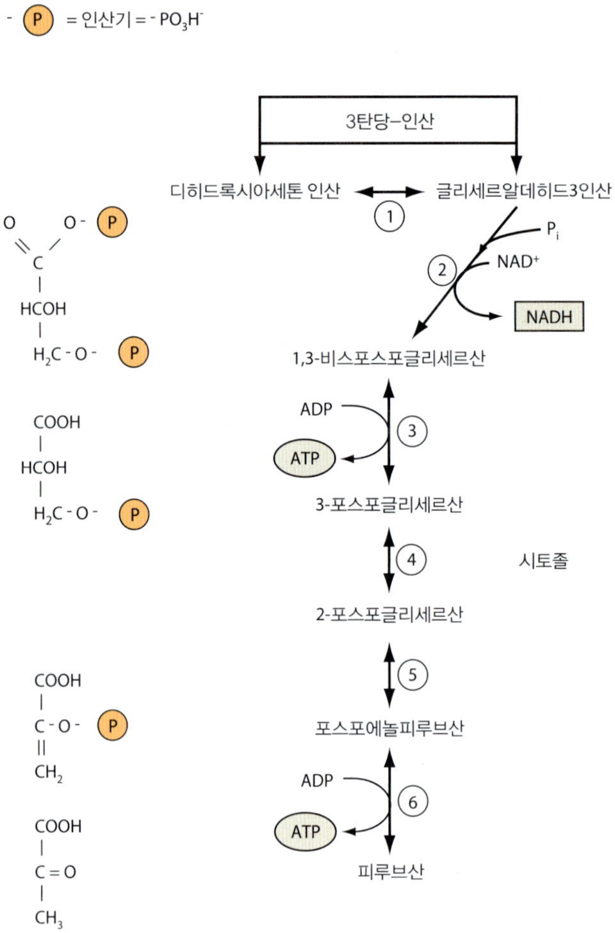

그림 10.5 해당 과정을 통한 3탄당-인산의 피루브산으로의 전환. 관여 효소는 (1) 3탄당 인산 이성질화효소(triosephosphate isomerase), (2) 글리세르알데히드 인산 탈수소효소(glyceraldehy-dephosphate dehydrogenase), (3) 포스포글리세르산 키나아제(phosphoglycerate kinase), (4) 포스포글리세르산 자리옮김효소(phosphoglycerate mutase), (5) 에놀라아제(enolase), (6) 피루브산 키나아제(pyruvate kinase)이다.

10.4.2 3탄당 인산은 피루브산으로 산화된다

3탄당 인산(triose-P)이 피루브산으로 전환되는 반응들은 그림 10.5에 요약되어 있다. 3탄당 인산인 디히드록시아세톤 인산(dihydroxyacetone-P)과 글리세르알데히드-3-인산(glyceraldehyde-3-P)은 쉽게 상호 전환이 가능하여 원래의 6탄당 분자의 모든 탄소가 궁극적으로 피루브산으로 전환된다(반응 1). 다시 말해서 한 분자의 6탄당 인산은 두 분자의 피루브산을 만든다. 따라서 처음 경로에 유입된 6탄당에 맞추려면 이 지점부터 모든 것을 두 배로 곱해야 한다.

해당 과정의 주 기능은 에너지 보존으로 두 가지 방식으로 일어난다. 첫 번째는 NADH 형태로서 **환원 퍼텐셜(reducing potential)**의 생성이다. 반응 2에서 두 분자의 NADH(3탄당 인산 당 1개)는 글리세르알데히드가 1,3-비스포스포글리세르산(bisphosphoglycerate)으로 산화될 때 형성된다. 이 부분적인 산화에는 산소가 필요하지 않고 이산화탄소의 방출도 일어나지 않는다. 탄수화물의 해당과정에 의한 산화는 무산소호흡 과정이다. 생성된 NADH는 세포가 다른 분자들을 합성할 때 환원 퍼텐셜로 사용되거나 산소가 있는 경우에 미토콘드리아에서 대사되어 ATP를 생성한다(그림 10.9 참조).

에너지가 보존되는 두 번째 방법은 반응 3과 6을 거쳐 ATP를 생산하는 것이다(그림 10.5). 해당에 투입되는 한 분자의 6탄당에서 4개의 ATP(3탄당 인산 당 2개)가 형성된다. 여기에서 ATP 형성은 양성자 기울기가 관여하지 않으므로 미첼의 화학 삼투적 인산화로 설명할 수 없다는 것에 유의하라. 대신에 경로 상에서 기질의 전환과 직접 연관되어 있다. 이 같은 형태의 ATP 생산을 **기질 수준 인산화(substrate-level phosphorylation)**라고 한다. 저장 탄수화물의 초기 분해가 가수 분해에 의한 것인지 혹은 가인산 분해에 의한 것인지에 따라서 순 ATP 생성이 2개가 되거나 3개가 된다.

10.5 산화적 5탄당 인산 경로는 포도당 대사의 대체 경로이다

동식물을 포함한 대부분의 생물은 **산화적 5탄당 인산 경로(oxidative pentose phosphate pathway)**라는 포도당 대사의 대체 경로를 가지고 있다(그림 10.6). 비록 이 산화적 경로가 동물에 있어서는 세포질에 한정되어 있지만 식물에서는 세포질뿐만 아니라 엽록체(8장)에서도 존재한다. 또한 5탄당 인산 산화 경로는 세포질에 위치하면서 해당 과정과 여러 중간 대사물을 공유하기 때문에 서로 밀접하게 통합되어 있다. 산화적 5탄당 인산 경로의 첫 단계는 포도당-6-인산이 6-포스포글루콘산으로 산화되는 것이다(그림 10.6). 이 첫 단계는 $NADP^+$의 양에 매우 민감하므로 외관상 산화적 5탄당 인산 경로의 속도 조절 단계이다. 이 반응이 해당 과정과 산화적 5탄당 인산 경로의 방향을 결정한다. 두 번째 단계는 CO_2가 떨어지면서 리불로오스-5-인산이 형성되는 또 다른 산화 과정이다. 이 두 반응에서 전자 수용체는 NAD^+가 아니라 $NADP^+$이다. 이어지는 반응들을 통해서 글리세르알데히드-3-인산과 과당-6-인산이 만들어지면서 이들은 해당 과정을 통한 대사가 더 일어난다.

녹색 식물에서는 이 경로를 연구하기가 쉽지 않아 5탄당 인산 산화 경로의 역할과 탄소 대사에 미치는 전체적인 기여도를 추정

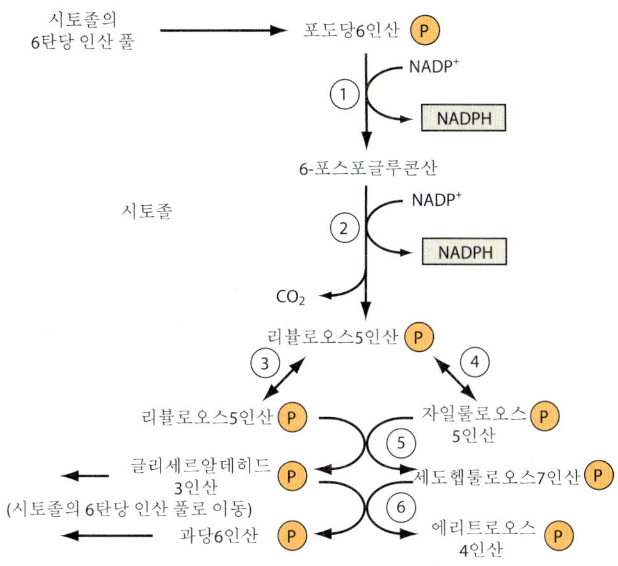

그림 10.6 산화적 5탄당 인산 경로. 이 대체 경로의 주 기능은 NADPH 형태로의 환원력 생성과 핵산 합성에 필요한 5탄당 생성이다. 포도당-6-인산의 기원은 시토졸의 6탄당-인산 풀이다(그림 10.4 참조). 글리세르알데히드-3-인산(glyceraldehyde-3-P)과 과당-6-인산은 해당 과정으로 되돌아와서 대사가 계속된다. 관여 효소는 (1) 포도당-6-인산 탈수소 효소(glucose-6-phosphate dehydrogenase), (2) 6-포스포글루콘산 탈수소효소(6-phosphogluconate dehydrogenase), (3) 5탄당 인산 이성질화 효소(phosphoriboisomerase), (4) 포스포펜토에피머라아제(phosphopentoepimerase), (5) 트랜스케톨라아제(transketolase), (6) 트랜스알돌라아제(transaldolase)이다.

하기가 어렵다. 이는 주로 분해 회로에 관여하는 많은 중간대사물과 효소들이 엽록체에서 비중이 더 큰 **5탄당 인산 환원 경로(PCR 회로)**에도 참여하기 때문이다(8장). 그러나 농물 대사의 연구들 통해서 5탄당 인산 산화 경로가 두 가지의 중요한 기능이 있다는 결론을 얻게 되었다. 첫 번째는 NADPH 형태로서 환원력을 생산하는 것이다. $NADP^+$는 인산기를 하나 더 가지는 점에서 NAD^+와 구별된다. NADPH는 주로 생합성 반응을 진행하기 위해 필요한 전자주개로 작용하는 데 반해서 NADH는 산화적 인산화를 통해 ATP를 생성하는 데 주로 이용된다. 이 같은 구별로 인해 세포는 동일한 구획에서 NADPH와 NAD^+ 풀을 독립적으로 유지하게 한다. $NADPH/NAD^+$ 비가 큰 경우 환원적인 생합성 반응을 지원하고 $NAD^+/NADPH$가 큰 경우에는 해당을 지원한다. 따라서 산화적 5탄당 인산 경로는 시토졸에서 생합성 반응을 진행하기 위해 필요한 NADPH를 생산하는 수단으로 생각된다. 예를 들어, 동물에서는 5탄당 인산 산화 경로는 지방 합성에 NADPH가 필요한 지방 조직에서 극히 높은 활성을 보인다. 산화적 5탄당 인산 경로의 두 번째 기능은 핵산 합성에 필요한 리보오스와 디옥시리보오스의 전구체로 작용하는 5탄당을 생산한다. 5탄당 인산 산화 경로의 또 다른 중간 대사물로는 식물에 잠재적으로 중요한 방향족 아미노산, 리그닌 및 플라보노이드 생합성의 전구체인 4탄당인 에리트로오스-4-인산(erythrose-4-P)이 있다.

10.6 피루브산의 운명은 분자 산소의 이용 여부에 달려 있다

해당 과정에서 생성된 피루브산의 운명은 일차적으로 산소의 존재 여부에 의해서 결정된다(그림 10.7). 보통 산소가 있는 상태에서 피루브산은 미토콘드리아로 수송되어 이산화탄소와 물로 계속 산화되면서 마지막에 전자를 산소로 전달하게 된다. 미토콘드리아 호흡에 관해서는 다음 절에서 보다 더 논의할 것이다.

고등 식물은 절대적인 산소성 생물이어서 무산소 상태에서 짧은 기간 동안만 생존할 수 있지만 조직이나 기관은 때때로 무산소 상태에 접하게 된다. 대표적인 경우로 토양에 물이 차있을 때의 뿌리를 들 수 있다. 최종 전자 수용체로서 작용할 산소가 없는 경우에 미토콘드리아의 호흡은 정지되고 대사는 **발효(fermenation)**로 전환된다. 발효 과정은 피루브산을 **알코올 탈수소 효소(ADH)**와 **젖산 탈수소 효소(LDH)**의 작용에 의해 각각 에탄올이나 젖산으로 전환한다. 대부분의 식물에서 발효의 주요 산물은 이산화탄소와 에탄올이다(그림 10.7의 반응 1과 2). 무산소 상태의 초기에 약

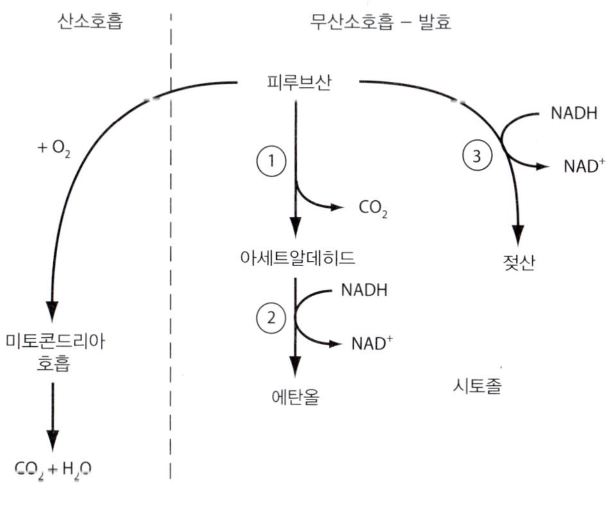

그림 10.7 피루브산의 운명은 주로 이용 가능한 산소에 의해서 결정된다. 관여 효소는 (1) 피루브산 탈탄산 효소(pyruvate decarboxylase), (2) 알코올 탈수소 효소(alcohol dehydrogenase, ADH), (3) 젖산 탈수소 효소(lactate dehydrogenase, LDH)이다.

간의 젖산이 합성되기도 한다. 그러나 젖산은 세포질의 pH를 낮추게 되어 피루브산 탈카르복시 효소를 활성화시켜서 에탄올 합성을 시작하게 한다. 두 가지 발효 반응이 모두(그림 10.7 반응 2와 3) 해당 과정의 글리세르알데히드-3-인산의 산화에서 생성된 NADH 중에서 하나를 소모하는 것에 주목하라(그림 10.5 반응 2). 이는 비록 발효 과정에서 환원력의 순 생성이 없음을 의미하지만 이러한 NADH의 재순환은 세포에게 여전히 중요하다. 세포의 NADH와 NAD^+ 풀은 상대적으로 적어서 NADH가 재순환되지 않으면 계속되는 글리세르알데히드-3-인산의 산화를 지탱할 수 있는 NAD^+의 공급이 끊기게 된다. 이런 상태가 되어 버리면, 해당 과정과 무산소 상태에서 세포를 유지하는 데 필요한 소량의 ATP 생성마저도 곧 정지될 것이다.

10.7 산화적 호흡은 미토콘드리아에 의해 수행된다

10.7.1 산소의 존재 하에서 피루브산은 시트르산 회로에서 이산화탄소와 물로 완전히 산화된다

호흡의 두 번째 단계는 피루브산이 **시트르산 회로(citric acid cycle, CAC)**라고 알려진 일련의 반응을 거쳐서 이산화탄소와 물로 완전히 산화되는 반응이다(그림 10.8). 시트르산 회로는 또한 트리카르복시산(tricarboxylic acid, TCA) 회로 혹은 1930년대에 자신의 연구에 의해 이 중심적인 대사 과정을 밝힌 한스 크렙스(Hans Krebs)를 기리기 위해 크렙스 회로라고도 알려져 있다. 크렙스는 이 뛰어난 업적으로 1954년에 노벨 생리의학상을 수상하였다.

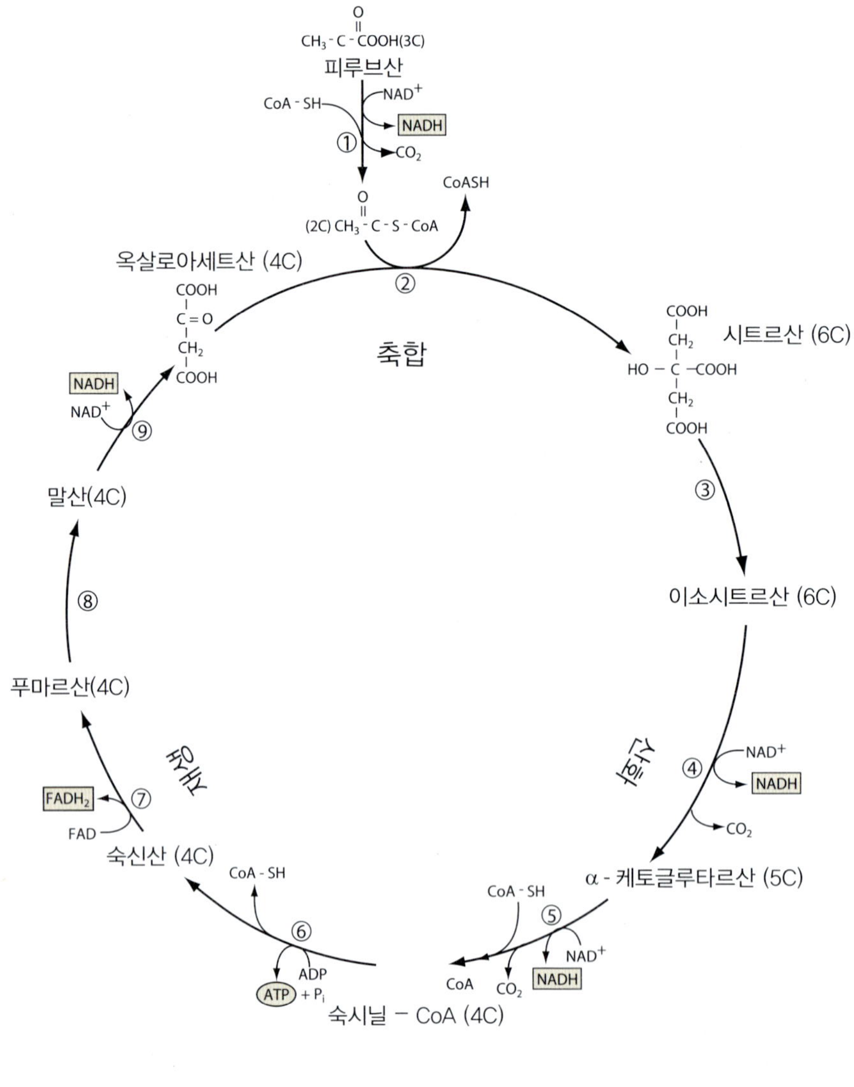

그림 10.8 시트르산 회로(CAC)의 반응. 시트르산 회로에서 피루브산은 이산화탄소로 완전히 산화된다. 환원력은 NADH 혹은 $FADH_2$ 형태로 저장된다.

그림 10.8에 나와 있는 것처럼 시트르산 회로는 언제나 피루브산에서 시작된다. 피루브산이 실제 회로의 구성원은 아니지만 해당 과정과 연이은 탄소 대사 사이의 주요 연결고리를 제공한다. 피루브산은 세포질에서 생성되지만 시트르산 회로의 효소들은 미토콘드리아의 기질에 있음을 주목하라(5장). 따라서 피루브산이 시트르산 회로에 의해 대사되기 위해서는 먼저 내막을 통과하여 안으로 수송되어야 한다. 피루브산은 수산 이온(OH^-)이 피루브산–OH – 역수송(antiport) 운반체에 의해서 매개되어 막간 공간으로 나갈 때 그와 동시에 미토콘드리아로 들어오게 된다.

일단 기질 안으로 들어오면 피루브산은 거대 효소 복합체인 **피루브산 탈수소 효소(pyruvate dehydrogenase)**에 의해 탈탄산 산화 반응을 거치게 된다. 피루브산 탈수소 효소는 5가지 연결된 반응을 촉매하는데 그 결과 한 분자의 피루브산이 두 개의 탄소를 가진 아세틸기로 산화된다.

$$\text{피루브산} + NAD^+ + CoA \rightarrow \text{아세틸–}CoA + NADH + H^+ + CO_2 \quad (10.7)$$

피루브산은 먼저 탈탄산화 반응을 거친 후 산화된다. 그 결과 나오는 2탄소 아세틸기는 결국 티오에스테르(thioester) 결합으로 황단백질인 **조효소 A(CoA)**와 결합한다. 이 과정에서 NAD^+는 NADH로 환원되며 발생되는 이산화탄소는 피루브산 분해에서 나오게 되는 3개의 탄소 원자 중 첫 번째이다.

시트르산 회로는 아세틸-CoA에서 아세틸기를 4탄소인 **옥살산**으로 전달하여 3개의 카르복실기를 가진 6탄소인 시트르산(따라서 시트르산 회로라는 명칭이 유래)을 형성하는 **시트르산 생성 효소(citrate synthase)**에 의해서 시작된다. 그 다음 단계는 시트르산이 이소시트르산으로 되는 이성질화 반응이며(그림 10.8, 반응 3), 이어서 탈탄산 산화 반응이 두 번 연속 일어난다(그림 10.8, 반응 4, 5). 발생한 두 개의 이산화탄소로 피루브산의 분해는 완결되고 산화 과정에 의해 두 분자의 NADH가 기질의 환원 풀에 첨가된다.

시트르산 회로의 나머지 부분은 두 가지 기능을 수행한다. 첫째는 세 군데에서 추가적인 에너지의 보존이 일어난다는 점이다. 숙시닐-CoA에서 숙신산이 만들어질 때 ADP와 무기인산으로부터 1몰의 ATP가 형성된다(그림 10.8, 반응 6). 이 때 ATP 형성은 기질의 전환과 직접적으로 연관되어 있기 때문에 이 반응은 **기질 수준 인산화(substrate-level phosphorylation)**의 또 다른 예가 된다. 숙신산이 푸마르산으로(그림 10.8, 반응 7) 그리고 말산이 옥살산으로 산화될 때(반응 9) 추가적인 에너지가 보존된다. 두 번째로 이 회로는 새로운 아세틸-CoA를 받아들이기 위한 옥살산의 재생을 수행한다. 옥살산의 재생은 한 분자의 옥살산이 무한정으로 많은 아세틸기 산화를 매개할 수 있으므로 회로의 촉매적 특성에 매우 중요하다.

요약하면 시트르산 회로는 2탄소의 아세틸기가 4탄소의 옥살산과 결합하여 6탄소의 시트르산을 만드는 응축으로 시작하는 8단계의 효소에 의해 매개되는 반응으로 구성되어 있다. 아세틸기는 분해되어 2개의 이산화탄소가 생성된다. 회로에서 4번의 산화가 일어나서 NADH가 3개 생성되고 $FADH_2$가 1개 생성된다. 1몰의 ATP가 기질 수준의 인산화에 의해서 생성된다. 마지막으로 옥살산이 재생되어 회로가 계속 진행되게 한다.

시트르산 회로에 대한 논의를 끝내기 전에 6탄당에 해당하는 분자를 대사하기 위해서 회로가 두 번 회전해야 하는 것을 지적해 두는 게 좋을 것 같다.

10.7.2 시트르산 회로의 기질로부터 제거된 전자는 미토콘드리아의 전자 전달 사슬을 통해서 산소로 전달된다

호흡의 주 기능의 하나가 처음에 동화물로 고정된 에너지의 일부를 유용한 형태로 회수하는 것임을 이미 살펴보았다. 전통적으로 대부분의 과정에서 유용한 에너지의 측정은 획득되거나 소비된 ATP의 수로 결정한다. 이 방법 자체만으로 따지면 해당과 시트르산 회로(CAC)를 통틀어 그 수확은 매우 낮다. 회로가 두 번 돌게 되면 한 분자의 포도당이 6개의 이산화탄소로 완전히 산화되지만 단지 4개의 ATP(해당 과정에서 나온 2개와 회로가 한 번 돌 때 만들어지는 1개) 만이 생성된다. 이 단계에서 포도당에 저장된 연관된 에너지의 대부분은 해당과 시트르산 회로의 중간 대사물의 산화에서 생성된 전자쌍의 형태로 보존되어 있다. 포도당 한 분자에서 NADH($\Delta G^{\circ\prime}$= 222 kJ mol^{-1})로 10개, $FADH_2$($\Delta G^{\circ\prime}$= −180 kJ mol^{-1})로 2개 등 총 12개의 전자쌍이 생성된다. 따라서 CAC와 해당과정 작용을 통해서 환원력으로 포획된 총 에너지는 대략 2580 kJ mol^{-1} [(10 x 222 kJ) + (2 x 180 kJ)]이다. 게다가 해당과정과 CAC에서 기질 인산화에 의한 4개의 ATP 순 생산량은 대략 125 kJ에너지를 포획한다. 그러므로 포도당 1분자의 산소성 산화는 대략 총 2705 kJ 에너지를 포획하며 포도당의 산화를 위한 $\Delta G^{\circ\prime}$가 대략 −2869 kJ mol^{-1}이므로 이것은 대략 94%의 효율성(2709/2869 x 100%)을 나타낸다.

이 절에서 우리는 세포 호흡의 세 번째 단계인 NADH와 $FADH_2$로부터 산소로의 전자 전달과 이에 동반되는 산화–환원 에너지의 ATP로의 전환에 관해서 논의할 것이다. NADH와 $FADH_2$에서 산소로의 전자 전달은 전자 전달 사슬을 구성하는 일련의 전자 운반체들에 의해 일어난다. 세포막 분획 연구 결과 전자

전달 사슬을 구성하는 효소와 전자 전달 운반체 4개의 거대 복합체(I－IV)와 미토콘드리아 내막에 있는 2개의 이동성 운반체로 구성되어 있음을 알게 되었다(그림 10.9). 이 점에서 미토콘드리아 내막과 엽록체 틸라코이드막 사이에는 유사성이 많음을 알 수 있다(그림 10.9를 그림 7.6과 비교해 보라). 이는 각 막의 주기능이 에너지 변환이고 많은 동일하거나 유사한 구성원이 관여하기에 뜻밖의 일은 아니다. NADH로부터 산소로의 전자의 이동 경로는 다음과 같이 요약할 수 있다. NADH의 전자가 복합체 I인 NADH-**유비퀴논 산화 환원 효소(NADH-ubiquinone oxidoreductase)**를 통해 전자 전달 사슬로 들어가게 된다. 이 복합체는 다수의 단백질 외에도 단단히 결합되어 있는 **플라빈 모노뉴클레오티드(FMN)**와 여러 개의 비헴성 철-황 중심을 가지고 있다. 복합체 I은 NADH로부터 **유비퀴논(ubiquinone)**으로 전자를 전달한다. 유비퀴논은 벤조퀴논으로서 그 구조와 기능이 엽록체의 틸라코이드막에 있는 플라스토퀴논(5장 참조)과 유사하다. 플라스토퀴논처럼 유비퀴논은 매우 지용성이어서 막내에서 쉽게 확산 이동된다. 이것은 복합체 I 과 반영구적으로 결합하여 있지 않고 복합체 I과 III 사이에서 전자를 전달하는 이동성 전자 수용체의 풀을 형성한다. 유비퀴논의 완전히 환원된 형태인 유비퀴놀은 복합체 III, 즉 **시토크롬 c 환원 효소**에 의해 산화된다. 복합체 III은 시토크롬 *b*와 c_1 그리고 철-황 중심을 가진다. 복합체 III은 다시 시토크롬 c를 환원시킨다. 시토크롬 c는 막 사이의 공간 쪽에 위치한 표면 단백질이다. 플라스토퀴논처럼 시토크롬 c는 이동성 운반체로서 복합체 III과 사슬의 말단 복합체인 복합체 IV 사이에 전자를 전달한다. **시토크롬 c 산화 효소**라고도 하는 복합체 IV는 시토크롬 *a*와 a_3 및 구리를 갖고 있다. 전자는 먼저 시토크롬 *c*에서 *a*로 전달된 후 a_3을 거쳐서 최종적으로 산소에 전달된다.

한 가지 예외인 숙신산 탈수소 효소(그림 10.8, 반응 7)를 제외하고는 시트르산 회로의 모든 산화 효소는 기질에 위치한다. 이 효소는 미토콘드리아 내막과 단단하게 결합하고 있는 내재성 단백질 복합체(복합체 II)이다(그림 10.9). 실제로 숙신산 탈수소 효소는 미토콘드리아를 분획할 때 내막의 지표 효소로 잘 쓰인다. **숙신산-유비퀴논 산화환원 효소**로 알려진 복합체 II는 플라빈 아데닌디뉴클레오티드(FAD)와 다수의 비헴성 단백질 및 철-황 중심을 가지고 있다. 복합체 I 처럼 숙신산 탈수소 효소는 숙신산으로부터 막에 있는 풀의 유비퀴논으로 전자를 전달한다. 그로부터 전자는 복합체 III과 IV를 거쳐 산소로 전달된다.

그림 10.9는 미토콘드리아에서 정적인 선상의 전자 전달 흐름을 나타내는 것임에 주의해야 하며 생체 내에서의 구성은 훨씬 동적이다. 7장에서 광합성 막의 전자 전달 복합체는 하나의 초대형

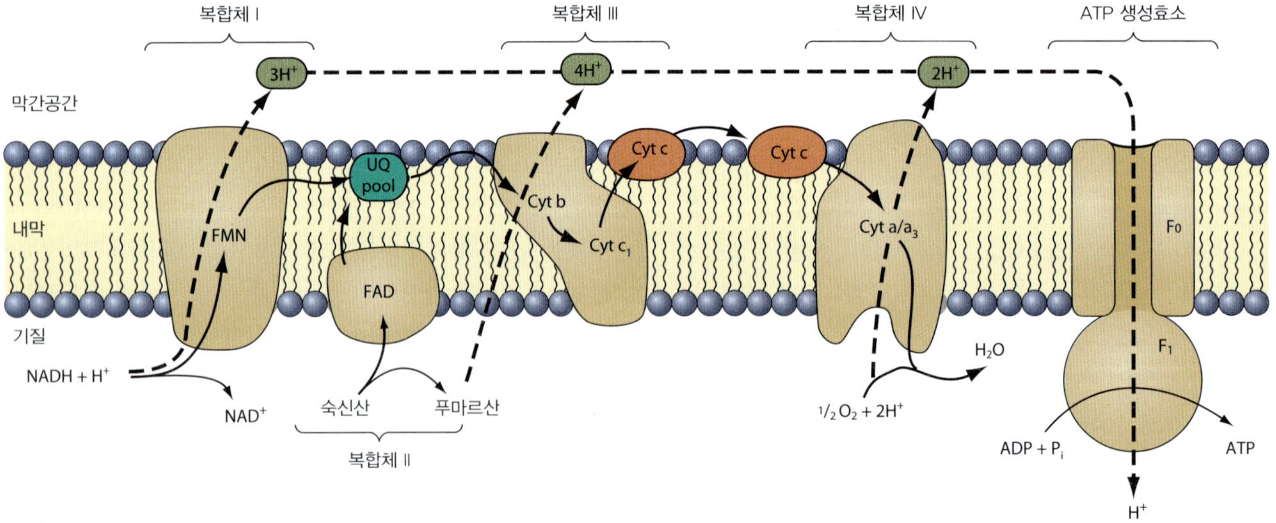

그림 10.9 식물 미토콘드리아 내막의 전자 전달 사슬과 양성자 "펌프"의 위치를 표시한 모식도. 실선 화살표는 NADH 또는 숙신산에서 산소로 전자가 전달되는 경로를 나타낸다. 양성자 기울기로 저장된 에너지는 막의 다른 부위에 있는 F_0–F_1 ATPase 짝지음 인자에 의한 ATP 합성에 이용된다.

복합체 형태로 구성되어 있기보다는 독립적으로 분포되어 있는 것을 보았다. 여기서도 마찬가지로 여러 복합체가 동일한 비율로 존재하지 않으며 독립적으로 내막의 평면상에서 확산이 자유롭게 일어난다. 커다란 복합체는 이동성 운반체로 작용하여 대부분 임의적인 충돌을 바탕으로 한 복합체에서 다른 복합체로 전자를 운반하는 유비퀴놀과 시토크롬 c 풀에 의해서 기능적으로 연결되어 있다.

10.8 에너지는 화학 삼투에 의해 ATP의 형태로 저장된다

전자가 NADH(혹은 $FADH_2$)에서 산소로 전자 전달 사슬을 통해서 전달될 때 상당한 자유 에너지의 감소가 일어난다. 실질적인 자유 에너지의 변화는 광합성에서 물로부터 NADPH로 전자가 전달될 때 소비되는 양과 동일(7장)하며 단지 부호가 바뀔 뿐이다. 이 에너지는 우선 양성자 기울기 형태로 보존된 후 궁극적으로는 ATP가 된다. ATP 합성 메커니즘은 앞서 5장에서 언급한 Mitchell의 화학 삼투적 가설로 설명할 수 있다. 여기서는 초점을 미토콘드리아에서 적용되는 양성자 기울기와 ATP 합성의 세부적인 사항에 둘 것이다.

P/O 비율(ATP로 에스테르화된 인산 원소에 대한 환원된 산소의 상대적인 비)과 여러 억제제를 사용한 연구의 결과로 전자 전달계에는 ATP 합성과 연관하여 3번의 전이(transition)가 있는 것을 알게 되었다 다시 표현하자면 기질에 있는 내부의 NADH가 산화될 때, P/O비는 약 3이다. Mitchell의 가설에 의하면 이 전이는 미토콘드리아 내막을 통해 양성자 기울기가 형성되는 양성자 펌프로 일컬어지는 위치를 나타낸다. 각각 복합체 I, III 그리고 IV와 연관된 세 지점이 그림 10.9에 나타나 있다. 그러면 새로 생긴 양성자 기울기는 동일한 막에 위치하는 F_0–F_1–ATP 생성 효소 복합체에 의해서 ATP 합성을 일어나게 한다. 미토콘드리아에서의 ATP 합성은 산소의 소비와 밀접하게 연관되어 있으므로 이를 **산화적 인산화(oxidative phosphorylation)**라고 한다.

미토콘드리아의 전자 전달 과정에서 양성자는 기질에서 막간 공간으로 방출된다. 복합체 I(부위 1)과 연관된 양성자 배출은 막을 통한 복합체의 방향적 배열로 설명될 수 있다. 전자쌍이 NADH에 의해서 복합체로 주어질 때 기질로부터 양성자쌍이 수집된다. 이어서 전자가 유비퀴논으로 전달될 때 양성자들은 막간 공간으로 배출된다. 복합체 III(부위 2)와 연관된 양성자 방출은 아마도 7장에서 언급된 'Q–회로'의 작동 때문인 것 같다(그림 7.10 참조). 양성자 기울기에 대한 시토크롬 *c* 산화효소(부위 3)의 공헌 여부는 오랫동안 논쟁의 대상이었다. 추출된 효소를 넣은 지질 소포체 실험 결과는 시토크롬 *c* 산화제가 막을 통해서 양성자를 이동할 수 있는 것을 암시하였다. 이 결과는 시토크롬이 산화 환원될 때 양성자는 빼고 전자만 교환되기 때문에 설명하기가 곤란하다. 그러나 세 번째 부위에서 양성자/전자쌍 비가 2인데 이는 산소가 물로 환원될 때 2개의 양성자가 소모된다는 점에서 쉽게 설명될 수 있다. 이는 기본적으로 물이 광합성 전자 전달의 초기에 산화될 때 틸라코이드 내 공간에서의 양성자 생성과 유사하다(그림 7.6 참조). 양성자가 막을 통해서 물리적으로 이동되는 여부에 상관없이 양성자 배출의 정량적 관계에 대한 광범위한 연구가 이루어졌는데, 기질 NADH에서 산소로 한 쌍의 전자가 전달될 때 대략 9개의 양성자가 배출된다.

미토콘드리아에서 양성자 기울기와 ATP 합성의 연결 고리는 이미 기술한 엽록체에서의 ATP 합성과 동일한 원리를 가지고 있다. (1) 내막은 양성자에 대해 사실상 불투과성이다. (2) 양성자 구동력(pmf)은 막전위와 양성자의 불균형 상태에 의해 사이에 형성된다. (3) ATP 합성은 양성자가 ATP **생성 효소(ATP synthase)**, 짝지음 인자 혹은 F_0–F_1–ATPase라고 하는 내재성 막단백질 복합체를 통해서 기질로 되돌아올 때 일어난다. 10.8 식에 의하면, 양성자 구동력은 두 가지 중요한 성분으로 구성된다: 화학적 요소 즉 수소이온 농도 차를 반영하는 ΔpH 그리고 기질과 막간 공간 사이의 전하 차를 반영하는 전기적 요소(ΔΨ)

$$\text{pmf} = -59V\Delta\text{pH} + \Delta\Psi \qquad (10.8)$$

세포질은 막간 공간의 pH 변화를 완충할 수 있는 능력을 가지고 있기 때문에 ΔpH는 미토콘드리아의 전체적인 양성자 기동력에는 최소한으로 기여한다. 따라서 엽록체와는 대조적으로 내막사이의 전기적 전하차(ΔΨ)가 미토콘드리아에 의해 발생하는 양성자 구동력에 기여하는 주된 요인이다.

미토콘드리아의 ATP 생성 효소는 구조와 기능이 엽록체에 있는 효소와 유사하다. 막을 관통하는 소수성의 통로 형성 부위(F_0)와 막의 기질 방향의 막에서, 양성자 전이와 ATP 합성을 짝짓는 다량체의 외재성 단백질(F_1)로 구성되어 있다. 엽록체에서와 같이 H^+/ATP 비율은 약 3이다. 한 쌍의 전자가 전체 전자 사슬을 이동할 때 9개의 양성자가 배출되므로 3개의 ATP가 형성될 수 있다. 미토콘드리아 밖에서 유입되는 NADH, 숙신산 혹은 로테논 비감수성(rotenone-insensitive) 탈수소 효소에서 전자가 유입되는 경우에는 복합체 I을 거치지 않기 때문에 최대 2개의 ATP가 형성된다.

엽록체와는 달리 미토콘드리아에서 합성된 ATP의 대부분은 세포의 다른 부위에서 이용된다. 이를 위해서 ATP가 소기관 바깥으로 쉽게 이동되어야 한다. 또한 전자 전달과 ATP 합성을 최대

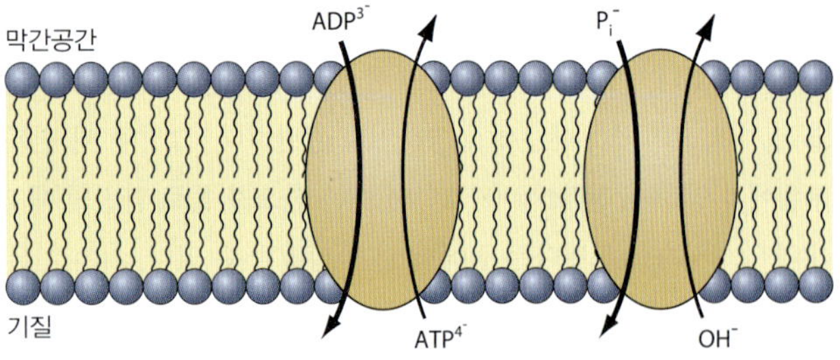

그림 10.10 아데닌 뉴클레오티드 운반체. 내막을 통한 미토콘드리아의 ATP와 세포질 ADP의 1:1 교환은 막전위에 의해서 구동된다. 무기인산은 수산이온과의 교환을 통해서 기질로 되돌아온다.

로 유지하기 위해서 ADP와 무기인산의 공급이 요구된다. 이는 내막에 있는 2개의 운반체 단백질에 의해서 이루어진다. 내막에 있는 **아데닌 뉴클레오티드 운반체**(그림 10.10)는 1:1로 ADP와 ATP를 교환한다. 무기인산 운반체는 무기인산과 수산기(OH^-)를 맞교환한다.

10.9 식물은 여러 가지 대체 전자 전달 경로를 가지고 있다

위에서 언급한 전자 전달 사슬은 모든 생물 즉, 동물, 식물 그리고 미생물에서 사실상 동일하다. 식물의 미토콘드리아는 추가적으로 여러 가지의 산화–환원 효소를 함유하고 있는데 이 중 적어도 두 가지는 식물에만 특이적으로 존재한다(그림 10.11). 이 효소들은 특정 종류의 고전적인 전자 전달 억제제에 반응을 보이지 않기 때문에 발견되었다.

10.9.1 식물 미토콘드리아는 외재성 탈수소 효소를 가지고 있다

식물 미토콘드리아는 막간 공간을 향해 있으면서 세포질의 NADPH를 산화할 수 있는 '외재성' 탈수소 효소를 갖고 있다(그림 10.11). 그 결과 세포질 NADH 혹은 NADPH의 산화로부터 나온 전자들은 직접 유비퀴논 풀(ubiquinone pool)로 공여된다. 외재성 NADPH 탈수소 효소가 막을 관통하고 있지 않으므로 복합체 I 처럼 양성자를 수송하지는 못한다. 따라서 한 쌍의 전자가 산소로 전달될 때 단지 2개의 ATP가 형성된다.

10.9.2 식물은 로테논–비감수성 NADH 탈수소 효소를 가지고 있다

복합체 I 에 의한 유비퀴논의 환원은 **로테논(rotenone)**과 **아미탈(amytal)**에 의해 민감하게 억제된다. 그러나 식물은 이 두 전자 전달 억제제에 반응하지 않는 다른 NADH 탈수소 효소를 갖고 있는데 이를 **로테논–비감수성 탈수소 효소(rotenone-insensitive dehydrogenase)**라고 부르며 이 효소는 내부의 기질에 있는 NADH 만을 산화시킬 수 있다(그림 10.11). 따라서 효소는 기질을 향해서

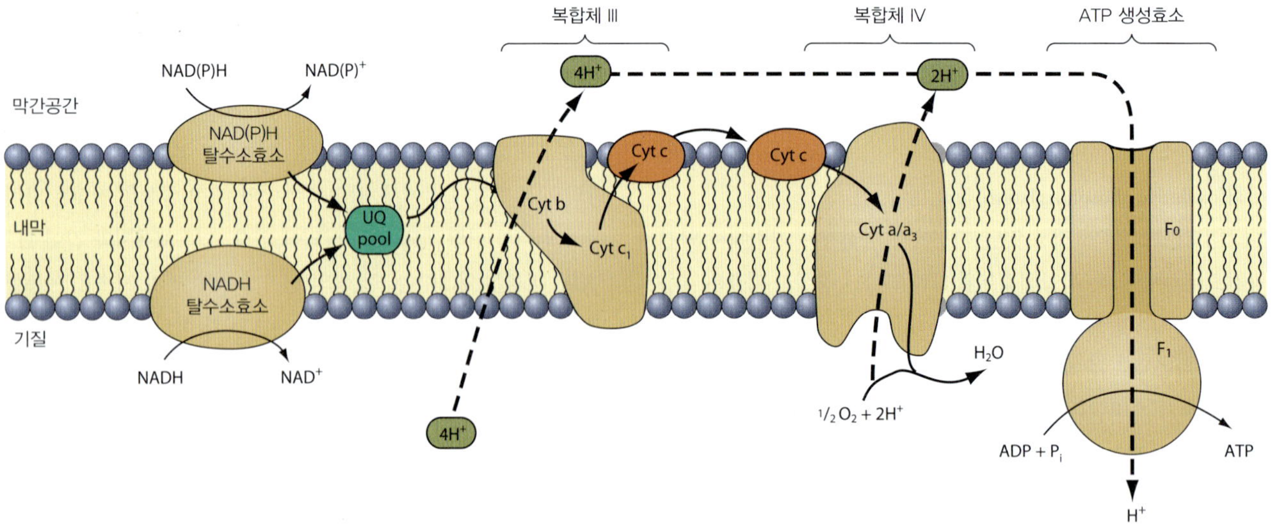

그림 10.11 식물 미토콘드리아에서의 대체 전자 전달 경로. 대체 탈수소효소(dehydrogenase)를 통해서 유입된 전자는 3곳이 아니라 2곳의 인산화 장소 만을 거쳐서 전달된다.

막의 내부 표면에 위치해야 만 한다. 외재성 NADH 및 NADPH 탈수소 효소와 마찬가지로 로테논-비감수성 탈수소 효소를 경유해서 유입되는 전자는 전자쌍마다 단지 2개의 ATP를 생성할 수 있다.

그러므로 식물 미토콘드리아의 내막은 다른 P/O 비를 보이는 4개의 독특한 NAD(P)H 탈수소 효소를 가지고 있다: (1) 내재성 NADH 탈수소효소; (2) 로테논-비감수성 NADH 탈수소 효소; (3) 외재성 NADH 탈수소 효소; (4) 외재성 NADPH 탈수소효소.

10.9.3 식물은 시안화물-저항성 호흡을 보인다

복합체Ⅳ인 시트크롬 *c* 산화효소는 시안화물(CN^-), 일산화탄소(CO) 그리고 아지드(N_3^-)에 의해 억제된다. 동물에서 이 세 가지 억제제는 호흡에 의한 산소 흡수를 완전히 억제한다. 대조적으로 대부분의 식물이나 식물 조직은 이 억제제에 대해 상당한 저항성을 보인다. 시금치나 강낭콩의 뿌리와 잎에서 시안화물 저항성 호흡은 많게는 총 호흡의 40% 정도에 이르기도 한다. 그러나 시안화물 저항성 호흡은 **살리실히드록삼산(salicylhydroxamic acid, SHAM)**과 같이 히드록삼산(hydroxamic acid)의 유도체에 민감하게 억제된다. 이 시안화물-저항성이지만 SHAM에 민감한 호흡은 이른바 **대체 산화효소(alternate oxidase)** 때문이다(그림 10.12). 이 경로를 **대체 호흡 경로(alternative respiratory pathway)** 혹은 간단히 대체 경로라 한다. 비록 시안화물 저항성 대체 호흡 경로가 십여 년 이상 동안 널리 받아들여지고 있지만 산화 효소의 본질에 대해서는 상대적으로 거의 알려진 바가 없다. 이 효소는 단백질이 상대적으로 불안정하고 막에서 분리되자마자 활성을 잃어버리기 때문에 관례적인 생화학적 방법으로는 연구하기가 어려웠다. 그러나 분자생물학적 연구방법을 통해 산화효소 단백질을 암호화하는 유전자가 부두 백합(Sauromatum guttatum)에서 처음으로 클로닝된 후 감자 및 완두와 다른 식물에서도 클로닝되었다. 이 결과로 효소 조절을 이해하는데 있어서 중요한 진보가 이루어졌다.

대체 산화효소는 미토콘드리아 내막을 관통하는 2개의 동형 단위체로 구성되어 있는데 활성 부위가 막의 기질 쪽을 향해 있다. 이 효소는 전자를 유비퀴논으로부터 받아서 산소로 직접 전달하는 유비퀴논 O_2 산화-환원 효소로 작용한다. 이는 대체 효소의 매우 중요한 특징으로서 이 효소에 의해 제거되는 전자는 양성자가 방출되는 두 군데 부위를 우회한다. 결과적으로 ATP로 저장될 에너지가 대체 효소에 의해서 대신에 열로 전환된다. 전자가 복합체 I, 로테논-비감수성 NADH-탈수소 효소, 혹은 숙신산 탈수소 효소 중 처음에 어디에서 공여되었는지에 따라 대체 효소를 경유하는 전자가 1분자의 ATP를 생성하거나 혹은 하나도 생성하지 않는다(그림 10.12).

대체 경로 호흡의 생리적인 역할은 아직 불명확하다. 한 가지 가능한 역할은 **열 발생(thermogenesis)**을 들 수 있는데 Araceae과의 몇 가지 식물에서 꽃이 발달할 때 일어나는 사건에 바탕을 둔 가설이다. 스컹크 배추와 같은 종에서는 수분이 일어나기 전에 수꽃과 암꽃을 모두 다 가지고 있는 육수화서에서 **호흡 절정(respiratory crisis)**이라고 불리는 산소 소비의 급증이 일어난다. 호흡 절정은 거의 전적으로 대체 경로 호흡의 증가에 의한 것으로서 대기 온도보다 10°C 정도나 온도를 증가시킨다. 고온은 곤충 수분 매개자를 이끄는 특정한 아민 향을 기화시킨다. 그러나 열 발생이 뿌리나 줄기에서도 대체 경로의 기능을 하는 것 같지는 않다. 예를

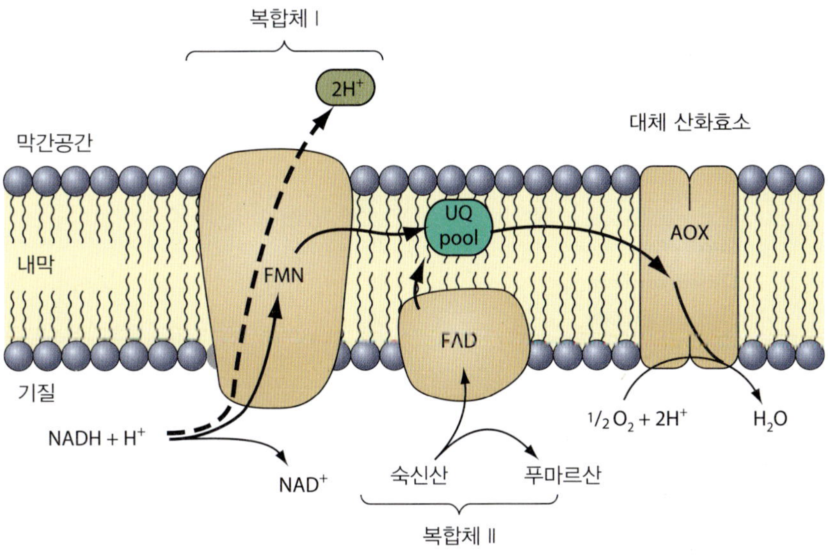

그림 10.12 대체 호흡 경로. 전자는 대체 산화 효소(AOX)에 의해 가로채여 한 곳의 인산화 장소를 거치거나 전혀 인산화 장소를 거치지 않고 전달된다.

들어, 북극의 한 초본을 연구한 결과 대체 호흡이 약 75%까지 차지하지만 잎의 온도는 빠른 열의 소실로 0.02℃ 이상 증가하지 않는다.

대체 경로를 설명하는 두 번째 가설은 **에너지 과흐름(energy overflow)**이라고 한다. 이 가설은 두 가지 관찰에 바탕을 두고 있다. 첫 번째는 대부분의 조직에서 대체 경로가 시토크롬 경로가 포화되기 전까지는 작동하지 않는다는 점이다. 두 번째는 대체 호흡률이 세포에 공급되는 탄수화물의 증가에 따라 증가될 수 있다는 점이다. 예를 들어, 시금치에서 대체 경로는 광합성이 수 시간 동안 작동하여 탄수화물 공급물이 만들어진 후에야 작동이 시작된다. 다시 말해서 대체 경로는 대사나 저장에 필요한 것보다 과다한 양의 탄수화물이 공급되면 작동하게 된다. 이 가설에 따르면 대체 경로의 기능은 공급원-수용부 관계를 방해하여 수송을 억제할지도 모르는 과다한 탄소의 일시적인 축적을 소진하는 것이다.

게다가 대체 산화제의 유도는 호흡 전자 전달 사슬이 과환원되는 것을 방해하는 하나의 메커니즘으로 낮은 온도 또는 다른 스트레스에 의해 ATP 소모가 느려지는 조건하에서 과산화물(superoxide) 형성과 **산화적 스트레스**의 가능성을 감소시킨다.

10.10 많은 종자는 탄소를 설탕으로 전환되는 기름으로 저장한다

비록 지질은 막의 주요 성분이고 여러 조직에서 저장되지만 호흡에 필요한 탄소원으로 자주 이용되지 않는다. 여기에 대한 가장 두드러진 예외로 발아 중인 종자를 들 수 있는데 이들의 대부분은 트리글리세리드 형태로 다량의 지질을 탄소 저장원으로 저장하고 있다(표 10.1). 저장 지질은 자엽이나 배유의 저장 조직에서 주로 발견되는 **기름방울**[**oil droplets**, **유체(oil body)**, **올레오솜(oleosome)**, 혹은 **스페로솜(spherosome)**라고도 불림]로 저장된다.

지방과 기름은 물에 녹지 않기 때문에 식물은 생장을 지탱하기 위해 저장 조직인 종자로부터 에너지와 탄소가 필요한 뿌리나 싹으로 체관부를 통해 지방이나 기름을 수송시킬 수 없다. 지방산은 먼저 수용성 체관부에 의해 쉽게 수송될 수 있는 형태로 전환되어야 한다. 보통 이것은 설탕(가끔 스타키오스 형태)으로, 기름방울을 지닌 저장 조직에서 설탕이 대사되는 배(embryo)로 쉽게 전달된다. 트리글리세리드가 설탕으로 완전히 전환되는 것은 복잡한 과정으로 지방체, 글리옥시솜, 미토콘드리아 그리고 세포질의 상호 작용이 관여한다(그림 10.13).

트리글리세리드가 설탕으로 전환되는 과정을 다음과 같이 요약할 수 있다. 첫 번째 단계는 트리글리세리드가 지방산과 글리세롤로 가수 분해되는 과정이다. 이는 기름방울 표면에서 작용하는 **리파아제(lipase)**의 작용을 통해서 일어난다. 이어서 지방산은 잎에서 발견되는 퍼옥시솜과 구조적으로 유사하지만 여러 다른 효소를 가진 **글리옥시솜(glyoxysome)**으로 들어간다. 글리옥시솜에서 지방산은 탄소가 2개의 단위로 끊어져 아세틸-CoA를 형성하는 **β-산화(β-oxidation)**를 거치게 된다.

아세틸-CoA의 일부는 미토콘드리아에서 온 옥살산과 결합하여 **글리옥실산 회로(glyoxylate cycle)**로 알려진 과정에서 6탄산인 시트르산을 형성한다. 이어서 시트르산은 이소시트르산으로 전환된 후 한 분자의 4탄산인 숙신산과 2탄산인 글리옥실산으로 분해된다. 숙신산은 미토콘드리아로 되돌아가 시트르산 회로에 들어가서 글리옥실산 회로를 계속 회전하게 하는 데 필요한 옥살산을 재생하게 된다. 글리옥실산은 다른 아세틸-CoA와 결합하여 말산을 형성한다. 이 말산은 세포질로 들어가 옥살산으로 산화된 후 탈탄산되어 포스포에놀피루브산(PEP)이 된다. 따라서 글리옥실산 회로에는 글리옥시솜과 미토콘드리아 두 군데의 효소들이 관여한다. 회

표 10.1 몇 가지 선별된 종자의 대략적인 지질 함량.

종		기름함량 (% 건량)
마카다미아 땅콩	*Macadamia ternifolia*	75
헤즐콩	*Coryllus avellana*	65
잇꽃	*Carthmus tinctoris*	50
오일팜(Oil palm)	*Elaeis guineensis*	50
카놀라(Canola)	*Brassica napus*	45
아주까리	*Ricinus communis*	45
해바라기	*Helianthus annum*	40
옥수수	*Zea mays*	5

Hopkins & Huner.

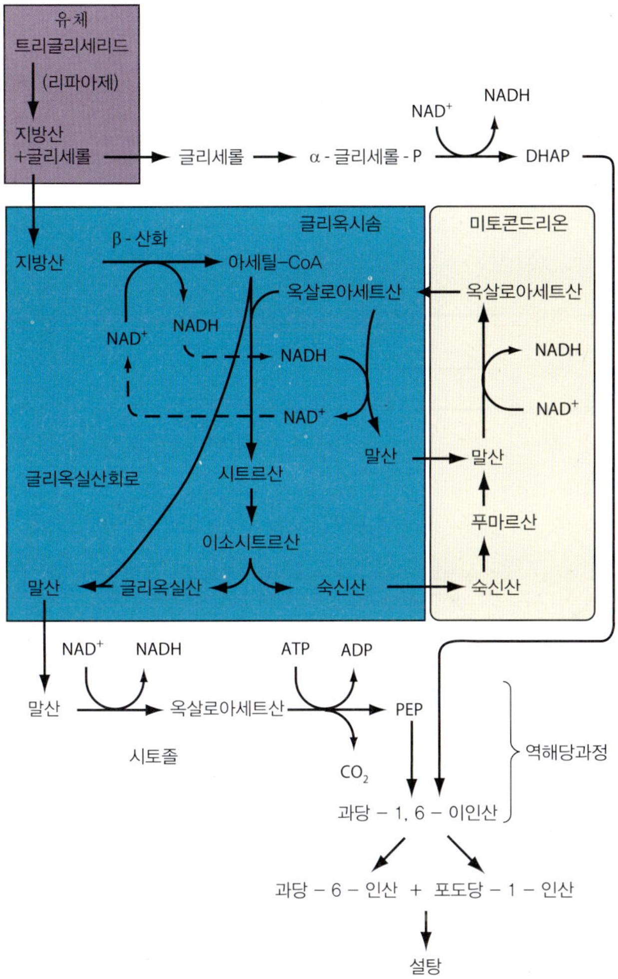

그림 10.13 지질의 분해 대사, 글리옥실산 회로 및 포도당 신생합성 (gluconeogenesis)

로에 관여하는 두 효소는 이소시트르산을 숙신산과 글리옥실산으로 전환하는 **이소시트르산 분해효소(isocitrate lyase)**와 아세틸 기를 글리옥실산과 응축하여 말산을 형성하는 **말산 생성 효소(malate synthase)**로 식물에서 만 존재한다. 말산은 글리옥시솜에서 세포질로 이동된 다음 말산 탈수소 효소에 의해서 곧 옥살산으로 산화된다. 글리옥실산 회로의 전체적 효과는 옥살산에서 두 분자의 아세틸-CoA 분자 형성을 촉매하는 것이다.

글리옥실산 회로에서 나온 옥살산은 세포질에서 PEP **카르복시키나아제(carboxykinase; PEPCK)**에 의해서 탈탄산되어 PEP를 형성한다. 근본적으로 해당 과정의 역과정인 일련의 과정을 거쳐서 PEP가 포도당으로 전환되는데, PEP에서 포도당이 형성되는 과정을 **포도당 신생합성(gluconeogenesis)**이라 한다. 포도당 신생합성은 해당 과정의 효소를 사용하지만 상당한 차이가 있다. 해당 과정의 포스포프룩토키나아제와 헥소키나아제 반응(그림 10.4)은 자유에너지 변화가 너무 커서 포도당 합성으로 진행되기가 아주 불리한 비가역적 반응이다. 포도당 신생합성 과정에서 이 반응은 포도당 합성이 열역학 측면에서보다 유리한 반응들로 대치된다. 과당-1,6-이인산이 과당-6-인산으로 전환되는 것은 세포질의 프룩토오스-1,6-비스포스파타아제에 의해서 촉매되고 포도당-6-인산이 포도당으로의 전환은 글루코스-6-포스파타아제에 의해서 촉매된다. 이 같은 차이는 두 방향의 반응이 열역학적으로 유리해지면서도 독립적으로 조절된다는 점에서 중요하다. 한 방향이 활성화되는 동안 다른 방향이 억제되어 공회전 회로로 끝나게 되는 것을 피하게 된다.

리파아제의 산물인 글리세롤은 세포질로 들어가 먼저 ATP에 의해 인산화되어 α-글리세롤 인산을 형성한 후 디히드록시아세톤 인산(DHAP)으로 산화된다. DHAP도 해당의 역과정에 의해 설탕으로 전환될 수 있다. 트리글리세리드에 저장된 에너지의 일부는 포도당 신생합성에 의해 형성된 설탕으로 보존되지만 글리옥시솜에서 지방산의 β-산화는 또한 다량의 NADH를 생성한다. 글리옥시솜은 NADH를 직접 재산화시키지는 못하지만 옥살산을 말산으로 환원시키는 데 사용할 수 있다(그림 10.13). 말산은 곧 미토콘드리아로 이동하여 말산 탈수소 효소에 의해서 산화된다. 따라서 말산은 글리옥시솜과 미토콘드리아 사이에서 환원력이 같은 물질을 수송하는 셔틀의 역할을 한다. 미토콘드리아 내부에서 말산의 재산화 결과 NADH가 생성되고 이는 전자 전달 사슬에 유입되어 ATP 합성이 진행된다.

10.11 호흡은 생합성에 필요한 탄소 골격을 제공한다

세포 호흡에 대한 논의를 마치기 전에 환원력과 ATP의 생성이 호흡 경로의 유일한 목적이 아님을 유의해야만 한다. 에너지 이외에도 핵산, 단백질, 셀룰로오스 그리고 기타 세포 분자의 합성에는 탄소 골격도 역시 필요하다. 이 장의 도입부에서 이미 살펴보았듯이, 호흡은 이러한 세포 구조의 빌딩 블록을 형성하기 위해 저장 화합물의 탄소 골격을 변형시키는 데도 기여한다. 해당과 시트르산 회로의 중간 대사 물질에서 형성될 수 있는 몇 가지 중요한 빌딩 블록이 그림 10.14에 표시되어 있다.

물론 다른 분자를 합성하기 위해서 해당과 시트르산 회로의 중간산물을 회수하는 것은 모든 호흡 기질이 이산화탄소와 물로 완전히 산화되지 않음을 의미한다. 호흡에 의한 탄소의 흐름은 의심할 여지없이 한편으로는 에너지가 소모성 기능을 추진하기 위한 ATP에 대한 세포의 대사적 요구와 다른 편으로 세포 구조를 만드는 데

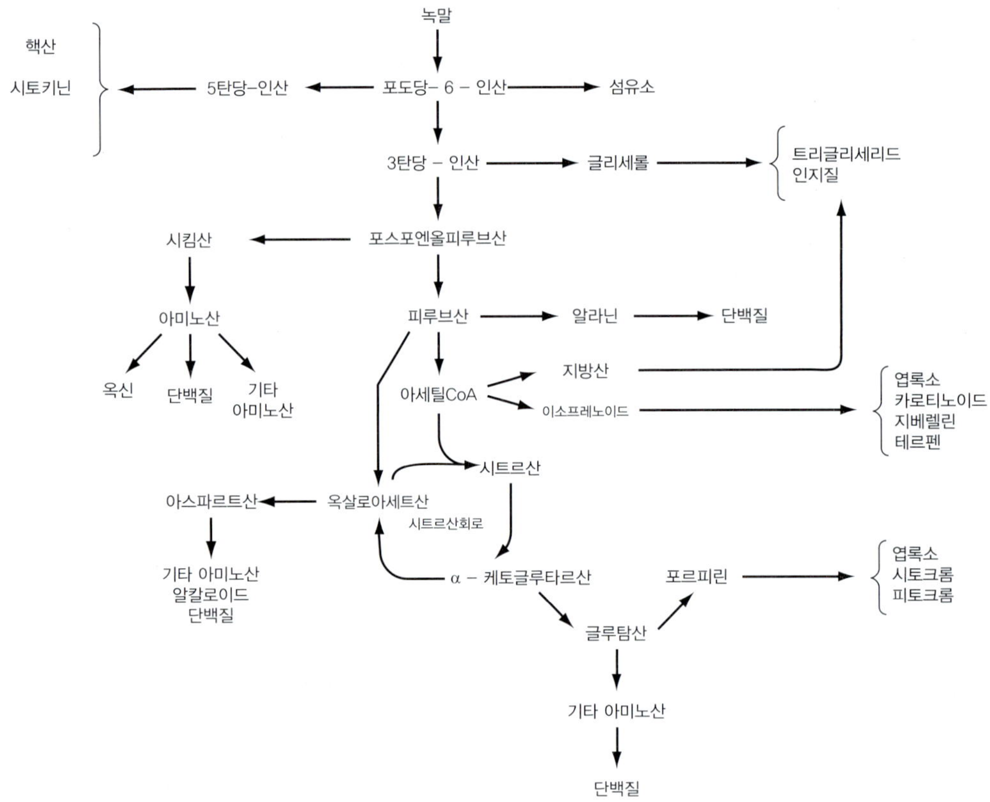

그림 10.14 생합성 과정에서 호흡의 역할. 해당 과정과 시트르산 회로의 중간 대사물이 빠져나가 세포내 분자의 합성을 위한 빌딩 블록으로 작용한다. 회로의 탄소는 보충 대사 반응을 통한 옥살로아세트산의 합성에 의해서 유지된다. 이 그림은 부분적인 것으로 생합성 과정에서 해당 과정과 시트르산 회로의 중요성을 나타내기 위한 것이다.

필요한 환원력과 탄소 골격의 요구 간에 대한 균형으로 나타낸다.

왕성한 합성 기간 동안에 시트르산 회로에서 탄소가 합성에 이용되는 쪽으로 가게 되면 옥살산 수준이 현저히 감소되는 것에 유의해야 한다. 이 합성 반응은 탄소뿐만 아니라 환원력과 ATP 형태의 에너지도 역시 요구한다. 이러한 옥살산의 감소를 보상할 어떤 수단이 없으면 회로가 느려지거나 극단적인 경우에는 완전히 정지하여 에너지 생성에 손상을 입게 된다. 이런 결과는 두 개의 세포질 효소인 PEP 카르복실라아제(15장 참조)와 말산 탈수소 효소에 의해서 방지된다. C_4 광합성을 하는 식물에서만이 아니라 모든 식물이 PEP를 옥살산으로 전환하는 PEP 카르복실라아제 활성을 어느 정도 가지고 있다(15장 참조).

$$\text{PEP} + \text{HCO}_3^- \rightarrow \text{옥살산} \quad (10.9)$$

이 경우 PEP는 해당 과정에서 유입된다.

비록 옥살산이 직접 미토콘드리아로 수송된다는 증거가 있기는 하지만 세포질에 있는 말산 탈수소 효소에 의해서 옥살산이 말산으로 신속히 환원될 가능성이 더 높다.

$$\text{옥살산} + \text{NADH} \rightarrow \text{말산} + \text{NAD}^+ \quad (10.10)$$

말산은 말산 혹은 디카르복실산 운반체(dicarboxylate translocator)에 의해서 미토콘드리아 안으로 전달된 후 미토콘드리아의 말산 탈수소 효소에 의해서 옥살산으로 재산화된다.

$$\text{말산} + \text{NAD}^+ \rightarrow \text{옥살산} + \text{NADH} \quad (10.11)$$

이 같은 경로를 통한 옥살산의 재보충은 '채우기' 메커니즘 혹은 **보충 대사 반응 경로(anaplerotic pathway)**의 한 예가 된다. 따라서 해당 과정에서 유래된 탄소는 (1) 피루브산과 아세틸-CoA를 통한 시트르산으로, 그리고 (2) 합성에 의한 탄소 손실을 보상하기 위해 옥살산과 말산을 경유하여 PEP로부터의 두 가지의 독립적이지만 동등하게 중요한 흐름을 통해서 시트르산 회로로 전달된다. 후자와 같은 보충 대사 반응은 합성 방향으로 탄소의 전환에 의해 에너지를 생성하는 이화 반응과 동화 반응 사이의 전체적인 탄소 균형에 악영향을 미치지 않게 한다.

시트르산 회로 구성의 정상적인 효소 이외에, 식물 미토콘드리아는 말산의 산화적 탈탄산을 촉매하는 상당한 양의 **NAD^+–말산 효소**를 갖고 있다:

$$\text{말산} + NAD^+ \rightarrow \text{피루브산} + CO_2 + NADH \qquad (10.12)$$

피루브산은 피루브산 탈수소 효소에 의해서 아세틸-CoA로 더 대사된 후 시트르산 회로로 들어가기도 한다. 따라서 미토콘드리아 풀을 형성하는 말산은 옥살산이나 피루브산을 통해서 시트르산 중간 대사 물질을 재충전하기도 한다.

보충 대사 역할 이외에 말산 효소나 말산 탈수소 효소에 의한 미토콘드리아에서의 말산의 흡수와 산화는 말산 대사의 대체 경로를 제공하게 한다. 이 대체 경로는 십자과 식물이나 액포에 말산을 다량 함유하는 식물에게 특히 중요하다(15장 참조). 마지막으로 옥살산과 말산을 통한 피루브산 전환은 해당에서 피루브산 키나아제(그림 10.5의 반응 6) 단계를 우회하므로 ATP 생성을 1개 감소시키는 것에 유의해야 한다. 그러나 이 같은 감소는 세포질에서 말산 환원 및 미토콘드리아에서의 재산화를 통해서 보충된다. 이 반응은 해당 과정에서 생성된 미토콘드리아 외재성 NADH를 미토콘드리아 내로 운반하여 3개의 ATP 생성에 이용된다. 이는 미토콘드리아 외재성 NADH 환원 효소에 의해 생성된 2개의 ATP보다 1개의 ATP가 더 생긴다.

10.12 호흡률은 발생과 대사 상태에 따라서 변한다

기관이나 개체 수준에서 호흡의 연구는 세포 수준에서의 연구보다 훨씬 어렵다. 온전한 식물의 호흡은 보통 산소의 흡수나 이산화탄소의 방출로 측정하였으나 이 방법으로 얻은 호흡률은 변이가 매우 크다. 산소와 이산화탄소 교환의 차이는 어느 시점에서 호흡되는 기질의 종류, 발효와 시트르산 회로가 차지하는 부분 그리고 대체 경로의 활성도에 의존한다. 게다가 호흡률은 기관마다 다르고 연령과 발달 단계에 따라서 변화하며 온도, 산소, 염, 그리고 다른 환경 요인에 의해서도 현저하게 영향을 받는다. 그럼에도 불구하고 기관이나 개체 수준에서의 호흡 연구는 활발한 연구 분야이다. 이 수준에서의 호흡에 대한 이해는 생장과 발달에 관심을 갖는 생리학자, 식물의 생물량 생산에 관심 있는 생리생태학자 그리고 호흡이

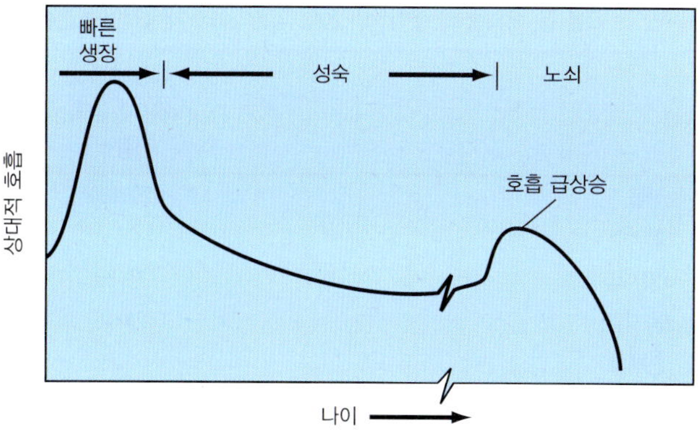

그림 10.15 나이에 따른 호흡률. 일반적으로 이 유형의 곡선은 초본식물의 조직과 기관에 해당된다. 호흡 급상승의 정도는 다양하여 어떤 기관은 호흡 급상승을 보이지 않는다.

생산과 수확에 미치는 영향 때문에 관심 있는 농생물학자에게는 매우 중요한 의미가 내포되어 있다.

일반적으로 호흡률은 대사적 요구를 반영한다. 어린 식물, 기관, 그리고 조직은 늙은 식물, 기관 그리고 조직보다 더 빨리 호흡한다(그림 10.15). 생장의 초기 단계에서의 빠른 호흡률은 아마도 신장과 분열이 왕성한 세포에서 합성에 요구되기 때문일 것이다. 식물이나 기관이 나이가 들어 성숙하게 되면 생장과 그와 연관된 대사 요구가 감소한다. 특히 잎이나 과일과 같은 다수의 기관은 노쇠나 죽음에 앞서 퇴행적 변화의 시작을 표시하는 호흡률의 일시적인 **급상승(climacteric rise)**을 겪게 된다. 대개 일시적 산소 소비의 증가는 산화적 인산화 반응의 감소와 같이 되는데, 이는 ATP 생성이 전자 전달과 더 이상 밀접하게 짝을 지어서 일어나지 않는 것을 암시한다. 무게당 목본의 줄기나 가지에서의 호흡률은 생장에 따라서 감소한다. 이는 빈지름이 거저 부피가 증가함에 따라 호흡하지 않는 목본 조직의 상대적인 비율이 증가하기 때문이다.

호흡에 의한 식물의 탄소 유실은 이용 가능한 탄소의 상당한 부분을 차지한다. 식물 조직에서의 실제 호흡률은 보리의 휴면 종자에서 겨우 측정이 가능한 정도인 0.005 μmol CO_2 gW_d^{-1} h^{-1}에서부터 최고조 호흡을 보이는 스컹크 배추 육수화서에서의 1,000 μmol CO_2 gW_d^{-1} h^{-1} 이상에 이르기까지 극도로 심한 차이를 보인다. 영양조직의 전형적인 호흡률은 10에서 200 μmol CO_2 gW_d^{-1} h^{-1}의 범위에 속한다(표 10.2). 이는 하루 동안에 광합성에 의해 동화된 탄소의 상당한 부분을 차지한다. (광합성은 낮에만 일어나지만 뿌리나 이와 유사한 조직에서 호흡은 24시간 진행됨을 상기하라.) 평균적으로 하루 광합성 산물의 30~60%가 호흡에 의해 이산화탄소로 상실된다. 열대우림 식물의 경우에는 아마도 고온에서의

표 10.2 곡물 종, 낙엽송 및 송백류의 20℃ 암상태에서 대략적인 호흡률.

	특정 호흡률 μ mol CO_2 방출 g^{-1} 건량 h^{-1}
작물	70–180
활엽수	
(양지잎)	70–90
(음지잎)	20–45
송백류	4–25

Hopkins & Huner.

가속화된 효소 활성도 때문에 이러한 손실은 70%를 초과하기도 한다. 어떤 식물에서는 하루 중 총탄소 유실량의 약 30～70%가 식물체의 땅 속에 감춰진 반쪽 부분인 뿌리의 호흡만으로도 설명된다.

10.13 호흡률은 환경 조건에 반응한다

10.13.1 빛

미토콘드리아 호흡에 미치는 빛의 효과는 한동안 상당한 논쟁거리가 되었다. 예전부터 광합성 학자와 작물 생리학자는 광조건 하에서도 호흡이 암 상태에서와 비슷한 속도로 진행될 것으로 암묵적으로 가정하였다. 따라서 총광합성률은 이산화탄소 흡수로 측정되는 외관상 속도에 암소에서의 방출되는 탄소의 양인 호흡량을 더한 값과 같다고 여겨졌다. 그러나 녹색 잎에서 호흡을 연구한 결과 엇갈리거나 모순되는 결론을 얻게 되었다. 미토콘드리아의 활성이 완전히 억제된다든지 시트르산 회로가 부분적으로 작동하거나 또는 빛에 의해 호흡이 촉진되기도 하였다. 문제는 가스 교환이 광합성에 의해 잎 내부에서 CO_2 재생, 그리고 엽록체와 미토콘드리아간의 물질 대사 교환에 의해 CO_2와 O_2의 유동이 압도적으로 일어나는 경우에 호흡을 측정하기가 어렵기 때문이다.

빛이 조사된 후 이어지는 암주기에서 호흡에 미치는 영향이 알려져 있다. 예를 들어, 강한 태양광에 적응된 잎의 암호흡률은 그늘에 적응된 동일종 잎의 호흡률보다 크다(표 10.2). 또한 음지에 적응할 수 있는 종보다는 적응할 수 없는 종의 성숙한 잎이 일반적으로 더 큰 호흡률을 갖는다. 호흡률의 감소는 낮은 광에 대한 상당히 일관되는 반응으로 보인다. 이는 아마도 음지 식물에서 발견되는 낮은 생장률과도 상관이 있는 것으로 생각되지만 어느 것이 원인이고 결과인지에 대해서는 아직 모른다. 낮은 호흡과 생장률이 짙은 음지 조건에서 생존하는 데 이점을 제공하는 것으로 추측된다. 빛에 대한 호흡률 조절의 바탕은 알려지지 않았는데 낮은 광조건에서 낮은 호흡률을 보이는 것은 기질의 이용 정도를 반영하고 있다는 제안도 있다. 예를 들어, 광합성이 활발하게 일어난 후의 1～2 시간 동안 호흡률은 장기간의 암기 후보다 높다.

그러나 다른 실험에서는 호흡률이 그 전의 광주기 동안 제공된 CO_2 농도와 상관이 없음을 보여주어 그 본질이 무엇인지 모르지만 호흡에 보다 직접적인 효과가 있는 것으로 보인다. 미토콘드리아의 피루브산 탈수소 효소 복합체(pyruvate dehydrogenase complex, PDH)는 비활성적인 인산화된 형태 또는 활성적인 비인산화된 형태로 존재할 수 있다(그림 10.16). 광호흡으로 발생된 NH_4^+는 (5장) 미토콘드리아의 피루브산 탈수소효소 복합체의 인산화를 자극하고 그것으로 인해 CAC 으로 들어가는 아세틸-CoA의 발생 속도를 감소시킴으로써 빛 하에서 호흡률을 억제한다는 것이 드러났다. 호흡에서의 빛 조절은 여전히 식물생리학에서 논쟁이 되는 주제이다.

10.13.2 온도

온도가 어떤 과정에 미치는 효과를 기술하는 데 가장 일반적으로 사용되는 정량적인 측정값의 하나는 **온도 계수(Q_{10})**인데 다음과 같이 표현된다.

$$Q_{10} = (t + 10)℃에서의 속도/ t℃에서의 속도 \tag{10.13}$$

5℃에서 25～30℃까지의 온도 영역에서 호흡의 증가는 온도에 따라 지수 함수적으로 증가하고 Q_{10} 값은 약 2.0이 되지만 모든 식물

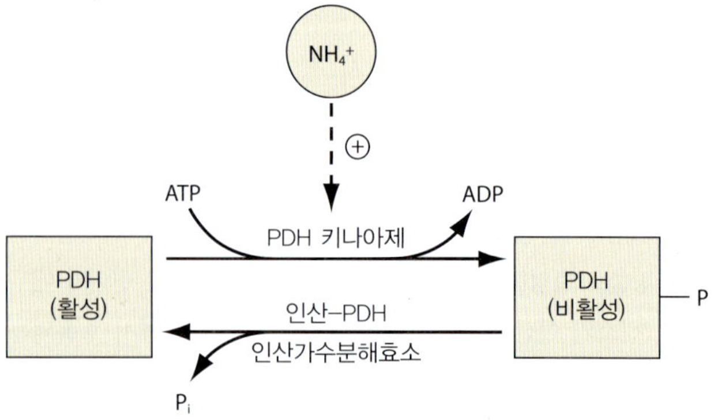

그림 10.16 미토콘드리아의 피루브산 탈수소효소 복합체의 조절. 피루브산 탈수소효소 복합체(PDH)는 활성형 비인산화된 형태와 불활성형 인산화된 형태의 두 가지 형태로 존재한다. 이 효소의 활성화와 불활성화의 가역적인 상호전환은 ATP를 소모하여 PDH를 인산화시키는 PDH 키나아제와 PDH를 탈인산화시키는 인산-PDH-포스파타아제의 활성 결과이다. 암모늄 이온 (NH_4^+)은 PDH 키나아제를 촉진하여 PDH 복합체를 불활성화시킨다.

이 그렇지는 않다(14장 참조). 이 온도 범위 내에서 온도가 10°C 증가할 때마다 속도가 2배로 증가하는 것은 효소 반응의 전형적인 특성이다. 대부분의 식물이 30°C 이상 되면 기질의 이용성이 감소하여 Q_{10} 값이 감소하기 시작한다. 특히 산소의 용해도는 온도가 증가함에 따라 감소하고 Q_{10}이 1에 근접하면 확산 속도가 이를 보상하기에 충분할 정도로 증가하지 않는다. 온도가 50~60°C에 접근하게 되면 호흡 효소의 열에 의한 변성과 막의 손상에 의해 호흡이 정지된다.

일부 연구자들은 열대, 온대 그리고 극지역 식물의 호흡률이 다른 온도에서 차이가 나는 것을 관찰하였다. 예를 들어, 30°C에서 열대 식물 잎의 호흡은 10°C에서 극지 식물의 호흡률과 거의 같다. 호흡의 온도 계수(Q_{10})는 두 식물에서 동일하며 호흡의 본질이 생화학으로 서로 다르다는 증거는 전혀 없다. 아마도 이 차이점은 극지 식물과 열대 식물의 호흡이 아닌 다른 요인으로 결정되는 최적 생장 온도의 차이 및 이에 따른 ATP 대사 요구의 차이를 반영하는 것 같다. 온도 스트레스의 영향과 호흡의 적응에 대한 상세한 논의는 13장과 14장에서 초점을 맞출 것이다.

10.13.3 산소 이용도

최종 전자받개로서 산소의 이용도는 호흡률을 결정하는 명백히 중요한 요인 중의 하나이다. 대기 중의 산소 농도는 21%로서 비교적 일정하다. 세포질을 포함하여 대기로 포화된 물의 산소 농도는 약 250 μM이다. 그러나 시토크롬 c 산화 효소는 산소에 대한 친화력이 매우 커서 1 μM 이하의 K_m 값(8장 Box 8.1 참조)을 갖는다. 정상적인 조건에서 산소는 거의 제한 요인이 되지 않는다.

그러나 산소의 이용도가 중요한 요인으로 작용할 때가 있다. 한 예는 감자의 괴경이나 그와 유사한 서장 조직과 같이 표면적에 비해서 부피가 큰 조직에서는 산소 확산이 느려 호흡이 제한되는 경우를 들 수 있다. 그러나 이는 심각한 문제가 아닐 수 있다. 뿌리나 이와 유사한 조직의 40% 정도까지에 이르는 상당한 부피는 토양이나 식물의 지상부에서 흡수된 산소가 신속히 분포되도록 도와주는 세포 간 공기 공간으로 채워져 있다. 식물은 토양 입자 사이의 빈 공간이 거의 물로 채워져서 뿌리로 산소 공급이 감소되는 홍수 기간에 가장 산소 결핍을 많이 겪게 된다. 유사한 이유로 인해서 수경 재배로 생장된 식물은 뿌리 근처에 적절한 산소 수준을 유지하기 위해서 통기가 필요하다(3장).

요약

세포호흡은 탄수화물과 다른 분자가 광합성에서 저장된 에너지를 회수하고 세포의 생장과 유지에 사용될 다른 분자의 전구체가 될 탄소골격을 얻을 목적으로 산화되는 일련의 상호의존적인 경로로 구성되어 있다. 식물은 여분의 광합성산물을 엽록체의 스트로마에서 긴 직선의 사슬이거나 가지를 친 포도당 중합체인 녹말로 저장하거나 액포에서 과당의 중합체인 프락탄으로 저장한다. 녹말이나 프락탄과 같은 저장 탄수화물은 효소에 의해 포도당이나 과당으로 분해되어 포도당-1-인산, 포도당-6-인산, 또는 과당-6-인산으로서 세포질의 6탄당 인산 풀로 들어간다. 6탄당 인산은 과당-1,6-이인산(FBP)로 전환되어 6탄당 인산 풀을 빠져 나간다. FBP는 이어서 궁극적으로 피루브산을 산출하는 일련의 반응인 해당과정의 출발점인 3탄당 인산으로 전환된다. 이 과정에서 작은 양의 ATP와 환원 퍼텐셜이 생성된다. 해당과정의 중간대사물은 3탄당으로서 다수는 트리글리세리드와 아미노산의 전구체이다. 산화적 5탄당 인산 경로라고 하는 대체 경로에 의해 4탄과 5탄 화합물의 전구체가 생산된다. 산화적 5탄당 인산 경로는 또한 NADPH를 생산하는데 이것은 식물의 생합성 반응에 필요한 환원 퍼텐셜을 제공한다.

피루브산의 운명은 산소의 이용 여부에 달려 있다. 무산소 환경에서 피루브산은 (보통 에탄올로) 환원되는 반면에 산소의 존재하에서는 먼저 아세틸 CoA와 이산화탄소로 산화된다. 초산 기는 시트르산 회로(CAC)를 거쳐 더 산화되어 이산화탄소와 물로 된다. CAC 효소는 압도적으로 미토콘드리아의 기질에 위치한다. 모두 8단계의 효소 촉매반응이 초산 기를 이산화탄소와 물로 분해한다. 회로는 3번의 단계에서 NADH를 다른 단계에서 $FADH_2$를 산출하는 4번의 산화과정을 포함한다. 기질 수준 인산화로 1몰의 ATP가 생성되며 원래의 초산 기 수용체인 옥살로아세트산이 재생되어 회로가 계속되도록 한다. CAC에서 생산된 NADH와 $FADH_2$는 미토콘드리아 내막에서 발견되는 전자전달 사슬을 거쳐 산화된다. 사슬은 이동성 전자운반체로 연결된 네 가지 다단백질 복합체로 구성되어 있다. 마지막 복합체인 시토크롬 산화효소는 전자를 분자 산소에 전달하여 물을 형성한다. 사슬의 세 지점에서 전자전달과 연관된 자유에너지 낙하가 막 사이의 양성자 경사를 확립하는데 사용된다. 엽록체에서처럼 이 양성자 경사가 ATP 합성을 구동하는데 사용된다.

CAC와 전자전달 사슬은 모든 생물체에서 사실상 동일하다. 그러나 식물은 전자전달 사슬의 초기단계에서 전자를 가로채는 대체산화효소를 가지고 있어서 세 군데 양성자 펌프 부위 중에서 두 군데를 우회하게 된다. 이 경로를 사용하면 적어도 2/3의 ATP가

적게 형성되고 전자 에너지의 대부분은 열로 전환된다. 적어도 일부 식물, 특히 고온이 수분매개 곤충을 유인하는 것으로 보이는 아민을 휘발시키는 Araceae과 식물의 일부 구성원에서는 대체산화효소가 열생성과 연관되어 있다. 대체산화효소는 호흡의 전자전달 사슬이 지나치게 환원되는 것을 방지하여 산화 스트레스로부터 보호할 뿐만 아니라 또한 여분의 탄수화물을 태워 버리는 데도 사용된다.

많은 종자는 탄소를 호흡하려면 먼저 설탕으로 전환해야 하는 지방과 기름으로 저장한다. 지방산이 아세틸-CoA 단위로 분해된 후 미토콘드리아, 글리옥시솜, 그리고 세포질의 효소들이 관여하는 일련의 복잡한 반응으로 초산 기가 포스포에놀피루브산으로 전환된다. 그런 후 피루브산은 본질적으로는 해당과정의 역과정인 포도당 신생성 경로에 의해 포도당으로 전환된다.

전체 식물과 기관의 호흡률은 나이, 대사속도, 그리고 환경조건에 따라 크게 변한다. 환경조건에는 빛, 온도, 대기의 가스 조성, 염, 그리고 기계적 자극 등이 포함된다.

복습문제

1. 호흡과 발효를 비교하시오. 유기호흡 생물체는 일반적으로 무산소호흡 생물체보다 훨씬 크다. 이것이 어떻게 호흡과 관련이 있는 지 이유를 제시할 수 있겠는가?
2. 인은 일반적으로 호흡, 광합성, 그리고 대사에 중요한 역할을 한다. 이 역할은 무엇인가?
3. 기름은 종자, 특히 작은 종자에서 흔한 저장원이다. 이것이 어떤 이점을 종자에게 제공하는가?
4. 엽록체와 미토콘드리아 간에는 많은 유사점이 있다. 이 두 세포소기관을 다음의 관점에서 비교하시오.
   (a) 미세구조와 생화학적 구획화
   (b) 전자전달 사슬의 구성
   (c) 양성자 구동력(pmf)과 ATP 합성
   (d) 대체산화효소
5. 시안화합물 저항성 호흡은 정상 호흡과 어떻게 다른가? 시안화합물 저항성 호흡은 식물에게 어떤 가치를 지니는가?
6. 호흡의 논의는 아주 흔히 에너지의 회수와 ATP 생산을 강조한다. 호흡은 어떤 다른 아주 중요한 대사적 역할을 수행하는가?
7. 보충 경로의 한 가지 예를 드시오. 이 경로의 역할은 무엇인가?

더 읽을 거리

Buchanan, B. B., W. Gruissem, R. L. Jones. 2000. *Biochemistry and Molecular Biology of Plants.* Rockville, MD: American Society of Plant Physiologists.

Foyer, C. H., S. Ferrario-M´ery, S. C. Huber. 2000. Regulation of carbon fluxes in the cytosol: Coordination of sucrose synthesis, nitrate reduction and organic and amino acid biosynthesis. In: *Photosynthesis:* Physiology and Metabolism R. C. Leegood, T. D. Sharkey, S. von Caemmerer, (eds.), *Advances in Photosynthesis and Respiration,* Vol. 9, pp. 177–203. Dordrecht: Kluwer.

Gardestr ¨om, P., A. U. Igamberdiev, A. S. Raghavendra. 2002. Mitochondrial functions in the light and significance to carbon-nitrogen interactions. *In Photosynthesis: Physiology and Metabolism* R. C. Leegood, T. D. Sharkey, S. von Caemmerer (eds.), *Advances in Photosynthesis and Respiration,* Vol. 9, pp. 151–172. Dordrecht: Kluwer.

Vanlerberghe, G. C., L. McIntosh. 1997. Alternative oxidase: From gene to function. *Annual Review of Plant Physiology and Plant Molecular Biology* 48: 703–734.

Vanlerberghe, G. C., S. H. Ordog. 2002. Alternative oxidase: Integrating carbon metabolism and electron transport in plant respiration. *Photosynthesis: Physiology and Metabolism* In: R. C. Leegood, T. D. Sharkey, S. von Caemmerer (eds.), *Advances in Photosynthesis and Respiration,* Vol. 9, pp. 173–191. Dordrecht: Kluwer.

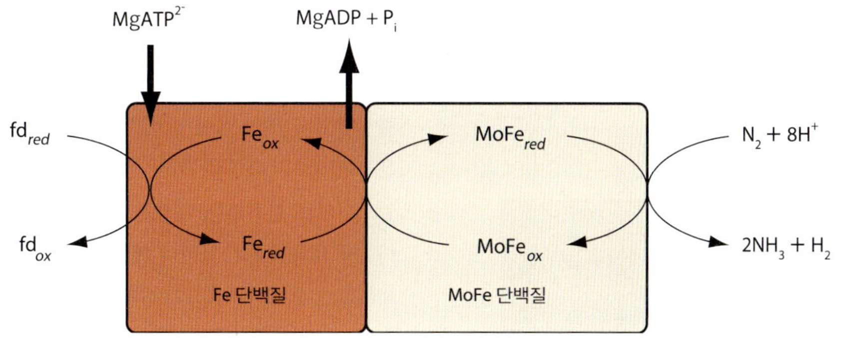

11 질소동화

건조량 기준으로 질소는 식물에서 4번째로 많은 영양소이다. 질소는 단백질, 핵산, 호르몬, 엽록소, 그리고 다양한 일차, 이차 식물 구성물의 필수적 성분이다. 대부분의 식물은 토양에서 질산염(NO_3^-) 혹은 암모늄(NH_4^+)의 형태로 다량의 질소를 얻고 있지만, 토양에서 질소 공급은 제한적이라, 가용한 질소의 이용을 두고 식물들은 다양한 토양 미생물들과 경쟁을 한다. 결과적으로, 자연과 농업 생태계에서 질소는 식물에게 종종 제한 영양소가 된다.

질소 분자(N_2 혹은 이질소, dinitrogen)은 무색, 무취의 가스로서 대기의 78%를 구성한다. 그 풍부함에도 불구하고, 고등식물은 이질소를 생물학적으로 이용 가능한 질소형태로 전환시킬 능력을 가지고 있지 않다. 이질소의 두 질소 원소는 매우 안정적인 삼중결합(N≡N)으로 결합되어 있는데 식물은 이 삼중결합을 환원시킬 수 있는 효소체계가 없다. 단지 몇몇 원핵생물들에서만 이 환원반응을 촉매할 수 있다. 이런 상황은 식물에게 질소 흡수와 대사라는 독특한 문제를 야기한다. 즉, 식물은 대기 이질소를 유용한 형태로 전환시킬 수 있는 토양 원핵생물들에게 의존해야 한다. 이 문제의 본질과 해결이 이 장의 과제이다.

이 장에서 토의할 주된 내용은 다음과 같다.

- 질소 순환의 검토: 3개의 주요 포괄적인 질소 풀(pool) 사이에서 질소의 흐름
- 생물학적 질소고정 체계의 생물학과 생화학
- 식물에 의한 암모늄과 질산염의 동화 과정

11.1 질소 순환: 교환의 복잡한 양상

전체적인 질소 공급은 3개의 주된 풀 사이에서 균형으로 이루어진다: 대기 풀(pool), 토양(지하수 포함) 풀(pool)과 생물량에 지닌 질소가 그것이다. 질소 순환에서 토양의 질소 풀(pool)이 중심이 된다 (그림 11.1). 토양 풀(pool)의 질소는 식물과 미생물에 의해 흡수되는 질산염(NO_3^-) 형태로 생물량으로 들어간다. 동화가 이루어지면, 질산염 질소는 아미노산의 형태로 유기 질소와 단백질과 다른 거대분자의 질소성 구성 블록으로 전환된다. 동물이 식물을 먹음에 따라 질소는 먹이사슬에 따라 더

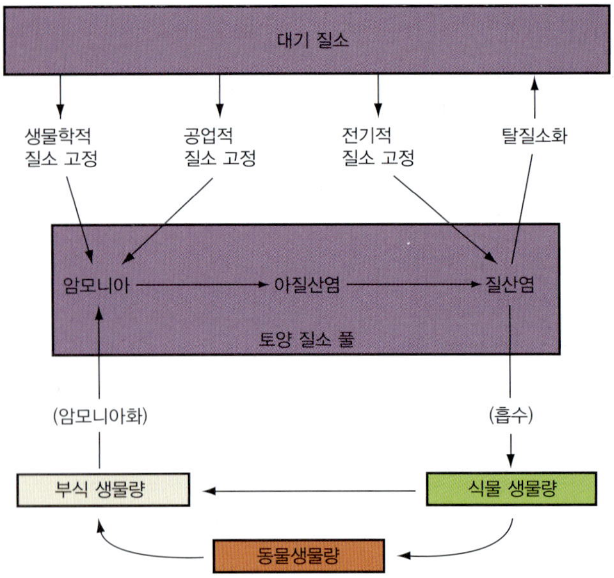

그림 11.1 질소 순환. 3개 주요 질소 풀(pool)들 사이의 관계: 대기, 토양과 생물량.

이동한다. 동물 배설 혹은 죽음과 잇따른 유기체의 분해에 따라 질소는 토양으로 다시 순환된다.

11.1.1 암모늄화, 질산화과 탈질소화는 질소 순환의 필수적 과정이다

분해과정에서 곰팡이류를 포함한 미생물에 의해서 유기 질소는 암모니아로 전환된다. 이 과정을 **암모니아화**라고 한다(그림 11.1). 일부 암모니아는 휘발하여 대기 속으로 들어가지만 대부분은 토양 미생물에 의해서 질산염으로 재순환된다. 질산염 형성의 첫 과정은 암모니아의 산화로 아질산염(NO_2)으로 산화 과정인데, *Nitrosomonas* 혹은 *Nitrococcus* 속의 세균에 주로 일어난다. *Nitrobacter* 속에 의해서 아질산염은 질산염으로 산화된다. 이런 두 그룹을 질산화 세균이라고 하고 이 과정을 **질산화**라고 한다. 질산화 세균은 **화화적 독립영양생물**(*chemoautotroph*)로서, 암모니아 혹은 아질산염과 같은 무기물의 산화과정에서 얻은 에너지를 이용하여 이산화탄소를 유기물로 합성하여 생활한다.

토양으로부터 질산염을 흡수하는 과정에서 식물은 **탈질산균**이라는 세균들(예; *Thiobacillus denitrificans*)과 경쟁을 한다. **탈질산화 반응**으로 이 세균들은 질산염을 이질소로 만들어 대기 중으로 방출한다. 탈질산화로 대기 중으로 손실되는 질소 양은 연간 9억 3천만~1억 9천만 평방 톤에 이른다.

11.2 생물학적 질소 고정은 전적으로 원핵생물에서만 일어난다

탈질산화로 토양 풀에서 질소의 손실은 대기의 이질소를 결합 혹은 고정형으로 전환을 통한 풀에 첨가함으로써 상쇄된다. 이질소를 암모니아로 환원하는 과정을 **질소고정** 혹은 **이질소 고정**으로 부른다. 전 세계적으로 얼마나 많은 이질소가 고정되는지 정확하게 추정하는 것은 매우 어렵다. 연간 2억~2.5억 평방 톤의 이질소가 고정될 것으로 추정된다. 연간 고정되는 이질소의 약 10%가 대기 중에서 질소 산화물로 형성될 것으로 생각된다. 번개와 자외선이 이질소를 대기 질소 산화물(NO, N_2O)로 만들 때에 필요한 에너지를 공급한다(그림 11.1). 이질소의 고정의 약 30%(8천만 평방 톤)가 Harber–Bosch 과정으로 농업 비료의 생산과 같은 산업적 질소고정을 통해서 이루어진다(그림 11.1). 그러나 세계적으로 고정되는 질소의 60% 혹은 연간 15천만~19천만 평방 톤은 생물체에 의한 이질소의 암모니아의 환원을 통해 일어날 것으로 생각된다(그림 11.1).

식물은 **진핵생물(eukaryotic)**이므로 핵막 구획의 존재로 알 수 있다. 진핵생물은 적당한 생화학적 체계가 없어 이질소를 고정할 수 없다. 세균과 남세균은 원핵생물이다; 막으로 구획된 세포소기관 형성에 필요한 유전 정보를 가지고 있지 않다. 질소고정은 **원핵생물(prokaryotic)**의 영역에 속하며, 원핵생물만이 이질소를 암모니아로 고정할 수 있는 **이질소화효소(dinitrogenase)**라는 효소체계를 가지고 있다. 이 체계가 간단히 보이지만, 생물학적 질소고정은 매우 복잡한 생물학적, 생리학적 과정이다.

질소를 고정할 수 있는 원핵생물을 **질소고정자(nitrogen-fixers)**라고 불리는데 독립생활(free-living) 생물과 다른 생물체와 공생관계를 유지하는 생물이 포함된다.

11.2.1 몇몇 질소고정 세균은 독립생활(free-living) 생물이다

독립생활을 할 수 있으며 질소고정할 수 있는 생물은 널리 분포한다. 이들의 서식지로는 해양과 민물 침전지, 토양, 잎, 껍질 표면과 여러 동물의 장기관이 분포한다. 몇 가지(*Azotobacter, Beijerinckia*)는 산소성 생물이지만, 대부분은 무산소성이거나 아주 낮은 **미산소 상태(microaerobic)**에서 이질소를 고정한다. 비광합성 세균 속(*Clostridium, Bacillus, Klebsiella*)과 광합성 세균 속(*Chromatium, Rhodospirillum*)이 이에 포함된다. 세균류 이외에 몇 가지 남세균 속

(*Anabaena, Nostoc, Lyngbia*와 *Calothrix*)이 질소 고정 생물에 포함된다.

독립생활형 질소고정 생물은 널리 분포하지만, 광합성 생물을 빼고 대부분은 보통 느리게 자라고 유기 탄소가 풍부한 서식지에서만 자란다. 이질소 고정은 호흡에너지의 대부분을 사용하기 때문에 생장에 에너지가 덜 사용된다.

11.2.2 공생적 질소고정은 세균과 식물 사이의 특별한 연계가 포함된다

여러 가지 유형의 공생적 질소고정 연계 중에서 세균류와 콩과 식물의 연계가 유명하다. 몇 가지 유명한 연계를 표 11.1에 표시하였다. 공생적 연계에서 식물은 **숙주(host)**로, 미생물 파트너는 **미생물 공생자(microsymbiont)**로 구별된다. 공생적 연계의 가장 공통적인 형태는 숙주 식물의 뿌리 혹은 줄기에 **뿌리혹(nodule)**이라 불리는 큰 다세포 구조를 만든다(그림 11.2). 콩과 식물[1]에서 미생물공생자는 *Rhizobium Bradyrhizobium* 혹은 *Azorhizobium* 속 세균 중의 하나와 공생한다.

그림 11.2 대두(*Glycine max*) 뿌리에서 질소 고정하는 뿌리혹.

총괄해서 이생물들을 **뿌리혹세균**(rhizobia)이라고 한다. 특이하게도 비콩과 속에서는 *Parasponia*(*Ulmaceae* 과) 식물만 뿌리혹세균과 뿌리혹을 만든다. 뿌리혹세균은 숙주의 범위에 따라 종과 **biovar**(생물형, biological variety)라는 그룹으로 나뉜다(표 11.1). 대부분 뿌리혹세균은 제한된 수의 숙주식물들에서만 혹을 만들지만 일부 균들은 매우 특이적이어 오직 정해진 하나의 숙주에만 감염된다.

표 11.1 뿌리혹세균–콩류 공생에서 특이성의 몇 가지 예들

세균	숙주
Azorhizobium	*Seshania*
Bradyrhizobium japonicum	*Glycine* (대두)
Rhizobium meliloti	*Medicago* (알파라), *Melilotus* (전동싸리)
Rhizobium leguminosarum	
biovar viciae	*Lathyrus* (스위트피), *Lens* (젠즈콩콩), *Pisum* (완두), *Vicia* (잠두)
biovar trifolii	*Trifolium* (클로버)
biovar phaseoli	*Phaseolus* (콩)
Rhizobium loti	*Lotus*(새발개자리)

[1]콩과는 전통적으로 Leguminosae 과로 표시되는 이질적인 그룹의 식물들이다. 현대적인 분류로는 이 그룹이 세 개의 과로 나뉜다: Mimosaceae, Caesalpiniaceae, 및 Fabaceae (S. B. Jones, A. E. Luchsinger, Plant Systematics, New York: McGraw-Hill, 1986). 가장 경제적으로 중요한 질소고정 콩과는 Fabaceae 과에 속한다.

오리나무(*Alnus*), 속나무(*Myrica*), 호주 소나무(*Casuarina*), 몇몇 장미과 식물들, 일부 열대 초본과 같은 비콩과 식물에서도 혹은 발견된다. 그러나 비콩과 식물의 혹에서 미생물공생자는 방선균 그룹의 실 모양의 세균인 *Frankia*이다. *Rhizobium*과 *Frankia*는 모두 토양에서 자유롭게 살지만 적당한 숙주 식물과 공생적 연계가 있을 때만 이질소를 고정할 수 있다.

*Azolla*와 남세균 *Anabaena* 사이와 같은 제한된 비뿌리 혹 형성 연계가 연구되었다. *Azolla*는 작은 수상 양치류인데 그 잎 사이 작은 구멍에서 *Anabaena*가 서식한다. 동남아시아에서 *Anabaena*는 벼와 함께 재배함으로써 논농사에서 그린 비료로서 그 역할이 입증되었다. 논경작지의 75%가 물에 차있는 상태이므로 자주 남세균과 무산소성세균이 중대한 역할이 기대된다. 이런 재배가 아시아 농부들에게 화학비료를 쓰지 않고도 수세기동안 높은 수확을 얻게 하였다.

11.3 콩과 식물은 공생적 질소고정을 한다

공생적 질소고정자인 콩과 식물은 실질적으로 독립생활 세균보다 토양에 질소를 더 많이 공급한다. 콩과 식물–뿌리혹세균 연계가 연간 헥타르당 25~60 kg의 이질소를 고정하는데 반해서 비공생

생물은 연간 헥타르당 5 kg 미만만 고정한다. 17,000 종 이상의 콩과 식물이 있다. 단지 20%만이 혹을 형성하는 것으로 알려져 있고, 조사된 이들 중 90%는 혹을 형성한다. 질소순환에서 콩과 식물 공생의 중요성에 관하여 몇 가지 측면을 조사하고자 한다.

11.3.1 뿌리혹세균은 숙주식물 뿌리에 감염하고 뿌리혹 발달을 유도한다

뿌리에 세균 감염으로 시작하여 숙성된 질소고정 뿌리혹의 형성으로 마감되는 일련의 과정은 콩과 식물에서 과거에는 형태적 측면에서, 최근에는 생화학/분자 유전학 측면에서 광범위하게 조사되었다. 전반적으로 이 과정은 세균과 숙주 뿌리 사이에서 복잡한 일련의 상호작용을 포함한다. 뿌리혹세균과 숙주 식물의 뿌리는 이들 사이에서 화학적 신호로 대화하는 방법이 발달되었다. 주로 대두, 달구지풀, 완두에서 연구된 결과에 의하면, 9 내지 10단계 이상의 발달단계로 구별할 수 있다. 우리의 토론을 간단히 하기 위해서 우리는 4가지 주요 단계의 과정만 생각할 것이다:

1. 뿌리혹세균의 증식, 근권(rhizosphere)의 군체 형성과 표피와 뿌리털 세포의 부착.
2. 뿌리털의 특징적인 말림과 감염사를 형성하기 위한 세균의 침투.
3. 뿌리 표면에서 뿌리혹의 시작과 발달. 이 과정을 단계 1이라고 한다.
4. 감염사에서 세균의 방출과 특별한 질소고정 세포로의 분화.

이 4가지 주요 단계를 그림 11.3에서 설명하였다. 이 절에서, 우리는 감염과 혹 발달의 생리학과 형태학에 초점을 맞출 것이다. 유전적 측면은 다음 절에서 설명할 것이다.

11.3.1.1 초기 발달은 군체 형성과 뿌리혹 개시가 포함된다.

뿌리혹세균은 독립생활을 하는 부패 세균류이다. 토양에서 이들의 수는 차이가 많이 나는데, 토양의 구조, 수분 함량, 다른 요소들에 의하여 토양 g당 적으면 0~10개에서 많으면 10^7로 있다. 숙주 뿌리 존재 하에서 세균은 증식하여 근권(rhizosphere)을 군체화한다. 숙주 뿌리로 뿌리혹세균의 유인은 **양성 주화성(positive chemotaxis)**

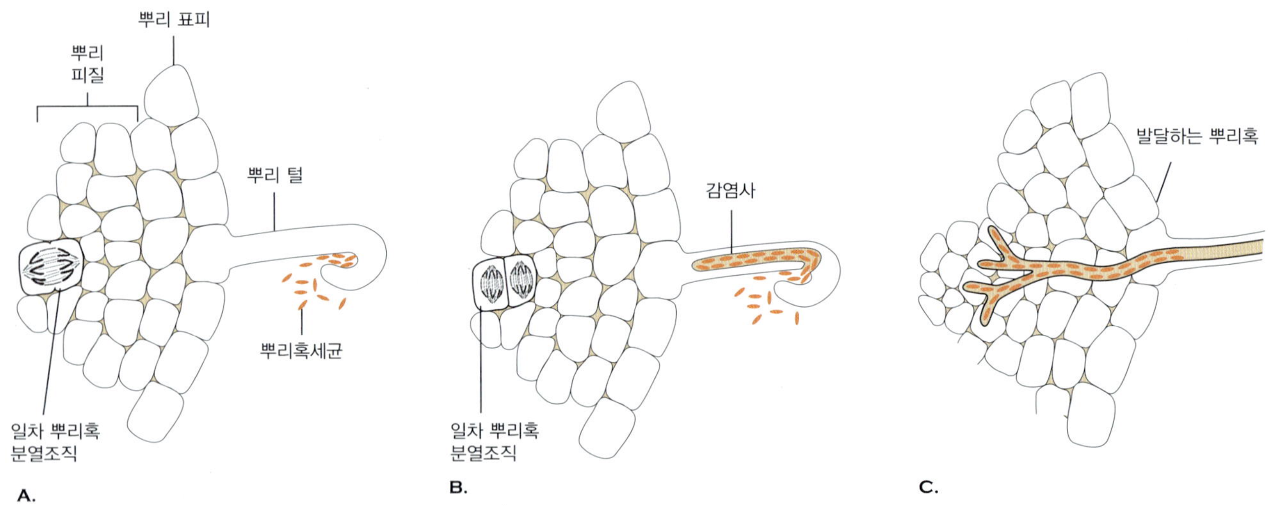

그림 11.3 뿌리혹 형성을 유인하는 감염 과정의 도식적 도표. **(A)** 숙주 뿌리에서 방출되는 신호에 반응하여 뿌리털 근처 흙에서 뿌리혹세균이 식민지화한다. 순차적으로 뿌리혹세균은 뿌리털이 곱실하게 자극하고, 동시에 뿌리 표피에서 세포 분열을 촉진하는 유사분열 유도 신호를 보낸다. **(B)** 뿌리혹세균은 뿌리털 세포벽을 분해하고 감염사를 형성함으로써 뿌리에 침투한다. 뿌리혹세균은 감염사가 뿌리 표피로 신장함에 따라서 계속해서 분열한다. **(C)** 확실히 뿌리혹이 발달하고 있는 뿌리에서 감염사는 수많은 표피 세포를 침투하기 위해서 가지를 친다. 마지막 단계(미표시)는 숙주 세포로 뿌리혹세균의 방출이고, 질소고정 기구의 활성화이다.

혹은 화학적 자극에 대한 운동이 포함된다. 일반적으로 화학주성은 미생물의 중요한 적응 반응이다. 이것은 생물에게 생장과 생식에 필요한 영양소와 기타 화합물을 감지할 수 있게 한다. 뿌리혹세균의 유인을 일으키는 화합물은 **플라보노이드(flavonoids)**이다(그림 11.4).

한번 뿌리혹세균이 근권(rhizosphere)을 형성하면 이들은 뿌리혹 요인 혹은 뿌리혹형성 인자(nod factor)라는 형태적 신호분자를 합성하기 시작한다. 뿌리혹형성 인자는 키틴 파생물로 곰팡이의 세포벽과 곤충의 외골격에서 발견되는 N-acetyl-D-glucosamine의 β-(1→4)로 연결된 중합체이다. 뿌리혹형성 인자는 지방산이 그 분자의 한 끝에서 아세틸그룹으로 치환된 것만 빼면 지방산과 아주 유사한 중합체이다. 따라서 뿌리혹형성 인자는 **리포-키토다당류(lipo-chitooligosaccharides)**로 생각된다. 뿌리혹세균에 의해 토양수로 분비된 뿌리혹형성 인자는 뿌리에서 뿌리혹세균의 침입과 순차적으로 뿌리혹 발달로 숙주 뿌리의 생장과 침입에 의미있는 변화를 유발시킨다. 이런 변화들(그림 11.3A)은 증가된 뿌리털 형성과 짧고 굵은 뿌리의 형성이 포함된다. 이들 생장을 새로 갱신하는 뿌리혹형성 인자의 자극에 따라 뿌리털의 끝이 갈라지고 곱슬하게 발달한다.

숙주에 침투하기 전에 뿌리혹세균도 뿌리 표면의 국지적 세포분열을 촉진하는 생장 신호들을 분비한다. 이 세포분열은 혹이 발생할 지역을 결정하는 **1차 뿌리혹 분열조직(primary nodule meristem)**을 만든다(그림 11.3A). 세포분열의 다음 차례는 내초(pericycle)에서 일어난다. 결국에는 이 두 분열 세포군이 융합하여 혹을 완성한다.

뿌리혹세균-숙주 특이성은 뿌리혹세균이 뿌리털에 붙을 시기와 공생자과 숙주 사이의 어떤 인지 작용을 하는 시기로 결정되는

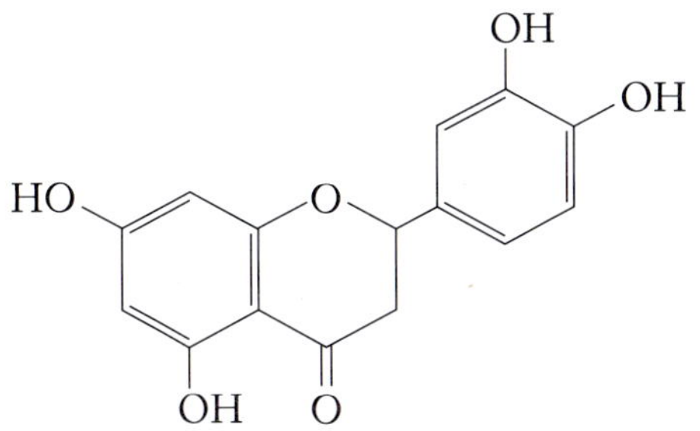

루테올린

그림 11.4 뿌리혹세균-숙주 상호작용에서 공통 플라보노이드의 구조. Leutolin(flavone)은 숙주 뿌리에서 방출된다. 플라보노이드는 세균 *nod D* 유전자의 산물과 상호작용하여 다른 혹 유전자들의 유도를 초래한다.

것으로 보인다. 일반적으로 세포 사이의 인지작용은 세포 표면의 독특한 분자들 사이에 형성되는 화학적 결합으로 발생한다. 뿌리혹세균-숙주 상호작용의 경우에서 이 인지작용은 두 종류의 분자들에서 일어나는 것으로 보인다: **렉틴(lectin)**과 복잡한 다당류. 렉틴은 숙주에 의해 생산되는 저분자량 비효소적 단백질이고, 특별히 복잡한 다당류를 인지하고 결합하는 능력이 있다.

콩류 식물마다 다양한 당-결합 특이성을 지닌 여러 렉틴들을 합성한다. 렉틴은 잠재적 공생자의 표면에서 발견되는 다양한 다당류를 인지하는 것으로 보인다. 보통 세균 표면은 다양한 세포외 다당류를 지니고 있지만, 부가적인 뿌리혹 특이적인 세포외 다당류의 합성은 숙주 뿌리 삼출액의 플라보노이드의 존재로 활성화되는 세균 유전자에 의해서 유도된다. 따라서 특이적 렉틴-표면 다당류 상호작용으로 인하여 숙주 범위 특이성이 숙주 뿌리털로 뿌리혹세균의 부착을 결정한다. 이 가설의 근거는 완두 렉틴 유전자를 흰 클로버 뿌리에 도입한 실험에서 나왔다. 이 실험에서 완두 특이적인 *Rhizobium leguminosarum, biovar viciae* 종이 클로버 뿌리에서 뿌리혹을 형성하였다.

11.3.1.2 두 번째 단계는 뿌리털의 침입과 감염사의 형성이 포함된다.

뿌리혹 형성 두 번째 과정에서 세균은 세포벽과 세포막 사이의 공간에 들어가기 위해서 숙주 세포벽을 침투해야 한다. 완두에서 자라고 있는 뿌리털의 끝이 세균이 잘 붙는 장소이다. 완두의 뿌리털은 **정단 생장(tip growth)**에 의해 자란다. 즉, 새로운 세포벽 물질은 신장중인 뿌리털세포의 끝에 누적된다. 부착된 뿌리혹세균의 군체화는 뿌리털 끝이 말림에 따라 뿌리털 끝에 포획된다. 뿌리혹세균이 어떻게 세포벽을 뚫는지 잘 모르지만, 이 과정은 세포벽의 분해과정이 포함된다. 세포벽을 분해하는 펙티나제, 헤미셀루라제와 셀루라제와 같은 효소를 뿌리혹세균이 분비한다는 증거가 있다. 이들 효소들은 뿌리 끝에서 자라는 세포벽의 조립 완성을 국지적으로 방해하지만 그 밑에 있는 세포막으로 뿌리혹세균의 접근을 촉진한다.

뿌리혹 세균이 세포막의 바깥면에 도달하면 뿌리털의 끝 생장은 멈추고 세포막은 함입되기 시작한다. 이 결과로 침입 중인 뿌리혹 세균이 포함된 **감염사(infection thread)**라 불리는 관모양의 구조를 형성한다(그림 11.3B). 감염사는 골지체에 운반된 소포의 융합으로 새로운 세포막의 첨가로 신장된다. 감염사가 뿌리털 세포를 따라 이동함에 따라 셀룰로스성의 얇은 층이 세포막의 안쪽 표면에 축적된다. 이 새로운 세포벽이 기존의 세포벽을 따라서 연속

하기 때문에, 침입중인 세균은 결코 세포 속으로 들어가지 못하여 세포의 바깥쪽에만 머문다.

감염사가 뿌리털의 기반에 도달할 때까지 계속해서 자란다. 세균들이 그들의 경로에 있는 다음 차례의 세포에 접근하기 위해서 다시 한 번 세포벽을 침입해야 한다. 이 과정은 감염사 막과 세포막의 융합에 의하여 발생한다. 이 과정에서, 어떤 세균들은 아포프라스트(apoplast) 공간으로 나온다. 이 세균들은 그 라인에 있는 다음 세포의 벽을 분해하여 감염과정이 피질의 연속된 세포에서 계속적으로 일어난다. 감염사가 뿌리털에서 피질로 움직임에 따라서 세균들은 계속해서 증식한다. 감염사가 발달 중인 혹에 도달하면 침입이 일어나서 어린 뿌리혹의 많은 세포들을 감염시킨다.

11.3.1.3 **마침내 세균이 방출된다.** 감염과정에서 마지막 단계는 세균이 숙주 세포에 방출될 때 일어난다. 감염사의 세포막이 한 개 혹은 여러 개의 세균이 든 작은 소포를 형성하면서 떨어져 나간다. 방출된 세균은 분열을 멈추면서 커지고 **박테로이드(bacteroids)**라는 특별한 질소고정 세포로 분화된다. 박테로이드는 막으로 둘러 쌓이게 되는데 이것을 **페리박테로이드 막(peribacteroid membrane)**이라고 한다. 박테로이드로 분화는 많은 대사과정의 변화로 특징지어지는데 질소고정에 필요한 효소와 다른 요소들의 합성이 그것이다.

감염 과정은 뿌리혹의 일생 동안 계속된다. 뿌리혹 분열조직의 활동 중인 한 혹의 크기가 증가하면서 세균은 계속해서 새로운 세포로 침입한다. 뿌리혹이 커지고 성숙하면서 뿌리의 주요 관다발계와 관다발 연결이 형성된다(그림 11.5). 이 관다발 연결은 뿌리혹으로 광합성 탄소가 유입되고, 반대로 혹에서 고정된 질소가 식물로 유출되는 역할을 한다.

11.4 질소고정의 생화학

원자속 질소 결합(N≡N)은 매우 안정해서 이질소는 좀처럼 환원되기 힘들다. 산업적 과정으로 질소 삼중 결합과 수소의 환원은 고온, 고압 하에서 상당한 에너지를 사용함으로써 발생된다. 이질소의 생물학적 환원도 마찬가지로 많은 에너지가 필요한데 이것은 숙주식물이 제공하는 상당량의 광합성산물을 사용하는 비용을 치르므로 일어난다.

11.4.1 질소고정은 질소환원효소에 의하여 촉매된다

원핵생물만이 이 효소를 암호화한 유전자가 있어 이질소를 고정할 수 있다(8장, 박스8.1). **이질소화효소(dinitrogenase)**는 알려진 질소고정 원핵생물에서만 존재한다. 이 효소는 다른 크기의 두 단백질로 구성된 다구성 단백질 복합체이다(그림 11.6). 작은 단백질은 두 개의 동일 단백질로 구성된 **이합체(dimer)**이다. 각 단위체의 분자량은 세균에 따라 24~36 kD 사이이다. 이합체는 4개 황원소와 4개 철원소로 결합된 구조($Fe4S_4$)를 지닌 **Fe 단백질**이다. 질소환원효소에서 큰 단백질을 **MoFe 단백질**이라고 한다. 두 개의 동일한 소단위로 구성된 **사합체(tetramer)**는 약 220 kD의 분자량을 갖는

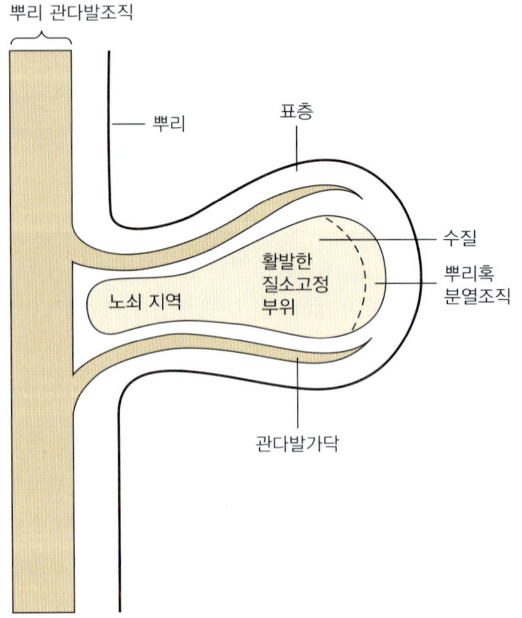

그림 11.5 성숙한 뿌리혹의 절단면의 도식적 도표. 숙주 식물과 체관 연결은 숙주와 미생물공생자 사이에서 탄소와 질소의 교환을 도와준다.

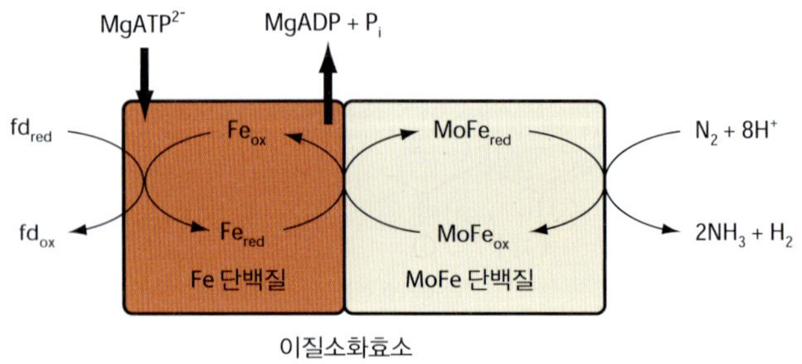

그림 11.6 박테로이드에서 이질소화효소의 도식적 도표. 전자 흐름은 왼쪽에서 오른쪽으로다. 주요 전자 공여자는 페레독신(fd)인데, 이들은 호흡 기질에서 전자를 받는다.

다. 각 MoFe 단백질은 철-몰리브덴-황 보조인자 형태로 구성된 두 몰리브덴 원소로 구성되어 있다. MoFe 단백질 역시 $Fe4S_4$ 구조를 지니고 있지만 정확한 수는 모른다. 이 효소는 세균의 기능 혹은 생리적 조건에 따라서 변한다.

질소환원효소에 의한 이질소의 암모니아로 환원에 대한 전체적인 반응식은 다음과 같다:

$$8H^+ + 8e^- + N_2 + 16\ ATP \rightarrow 2NH_3 + H_2 + 16\ ADP + 16P_i \qquad (11.1)$$

생물학적 질소고정의 주요 산물은 암모니아지만, 모든 이질소가 환원됨에 따라서 한 분자의 수소가 생산된다는 것도 중요하다. 하지만 우리는 수소 방출의 문제를 나중에 생각할 것이다. 이질소의 환원은 두 단계 과정이라는 것을 이해할 필요가 있다. 첫 번째 단계로 Fe 단백질이 **페레독신(ferredoxin)**이라는 주요 전자 공여자에 의해 환원된다. 페레독신은 철-황 그룹을 지닌 작은 단백질(14~24 kD)이다. 전자는 환원된 페로스(Fe^{2+}) 혹은 산화된 페릭(Fe^{3+})의 상태로 존재하는 철 잔기에 의해서 보유된다. 페레독신이 질소고정에 참여할 뿐만 아니라, 동시에 광합성에서 주요 전자 보유자(7장)라는 것은 아주 흥미 있는 일이다.

두 번째 단계는 환원된 Fe 단백질의 전자를 이질소와 수소의 환원을 촉매하는 MoFe 단백질로 전달된다. 이 과정에서 ATP의 정확한 역할은 모르지만 환원된 Fe 단백질과 작용하여 이 단백질의 구조적 변화를 유발시켜 산화-환원 퍼텐셜을 변화시킨다. 이 과정은 Fe 단백질과 MoFe 단백질 사이의 전자 전달을 촉진한다.

11.4.2 질소고정은 에너지를 소비한다

이질소의 생물학적 환원은 공업적 질소고정과 마찬가지로 에너지를 많이 소비한다. 에너지 사용의 측정은 이용된 ATP 수로 정할 수 있다. 최소한 16 ATP가 한 이질소를 환원하는데 필요한데, 전이된 각 전자에 대해서 2개이다(식 11.1). 비교로써, 광합성에서는 한 분자의 이산화탄소를 고정하기 위해 3 ATP가 필요하다(8장). 생물학적 질소고정의 총 에너지 사용도 마찬가지로 환원시킬 페로독신의 소요로써 설명할 수 있다. 이 환원력이 모두 이질소의 환원에 필요한 것은 아니지만, 식물이 사용할 부수적인 ATP 혹은 다른 물질의 생산에 더 사용될 수도 있다. 질소고정에 사용될 환원력은 최소한 9 ATP가 필요할 것으로 추정되는데, 한 분자 이질소를 고정하기 위해서 최소한 25 ATP가 필요할 것이다. 비슷하게 이산화탄소 고정에도 총 9 ATP 필요한데 질소의 경우와 비교하면 약 1/3수준이다.

질소고정의 비용을 계산하는 다른 좋은 방법은 이 과정에 사용된 탄소의 양을 측정하는 것이다. 공생적 질소고정의 궁극적 에너지원은 숙주 식물의 광합성에서 생산된 탄수화물이다. 상당량의 탄수화물이 식물에서 박테로이드로 이동되어 필요한 환원력과 ATP 생산을 위해 소비된다. 대두에서 약 12 g의 탄수화물이 1 g의 이질소를 고정하는데 필요할 것으로 계산된다. 질소고정은 숙주 식물의 탄소원 사용에 대한 상당한 배출로 표시된다. 광합성, 호흡과 질소고정의 통합을 정리한 도표는 그림 11.7에 표시하였다.

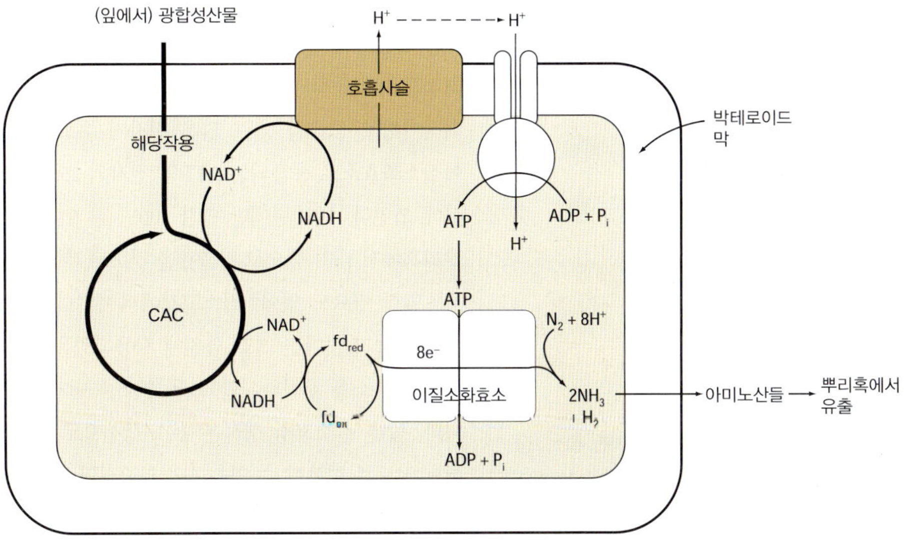

그림 11.7 박테로이드에서 광합성, 호흡과 질소고정 사이의 상호작용을 설명하는 요약 도표.

11.4.3 이질소화효소는 산소에 민감하다

질소고정 생물이 직면하는 마지막 문제는 이질소화효소가 산소 분자에 민감하다는 것이다. Fe 단백질과 MoFe 단백질은 산소 분자에 의해 빨리 그리고 비가역적으로 불활성화된다. 산소상태에서 분리된 Fe 단백질의 **반감기(half-life)**는, 즉 활성력이 1/2로 감소되는 시간, 30~45초 사이다; MoFe 단백질의 반감기는 10분이다. 이질소화효소가 산소에 대한 이런 극단적인 민감성은 질소고정 생물에게 큰 문제를 야기시킨다. (ATP와 환원제의 형태로) 요구되는 에너지의 대부분은 산소 분자가 있을 때에만 효과적으로 작동하는 세포 호흡과정을 통하여 생산된다(10장). 어떻게 생물은 산소를 위한 호흡과정과 산소에 대한 이질소화효소의 민감성이라는 상반되는 요구를 절충할까?

산소 수준을 조절하는 여러 가지 전략이 이런 충돌을 풀기 위하여 발달하였다. 첫 번째로, 많은 자주 질소고정 세균들은 혐기 생활사를 유지하거나, 다른 환경 상태에서도 살 수 있다면 혐기 상태에서만 이질소를 고정한다. ATP와 환원력의 생산은 혐기 상태에서는 비효율적이지만, 그들의 개체수에도 불구하고 자주 질소고정자는 생물학적으로 고정되는 총 질소 중에서 왜 공헌이 작은 지에 대한 설명을 해준다.

두 번째로, 어떤 질소고정 남세균은 질소고정 기구를 구조적으로 분리시킨다(그림 11.8). 남세균의 이런 특별한 질소고정 세포를 **이형세포(heterocyst)**라 부른다. 이형세포는 산소의 확산을 억제하는 두꺼운 여러 층의 세포벽을 지닌다. 이들은 또한 낮은 세포내 산소 농도에서도 높은 호흡력을 보인다. 따라서 호흡은 이중 역할을 한다: 질소고정에 필요한 충분한 ATP를 마련하고, 이질소화효소가 있는 세포질에서 산소 농도를 낮게 유지한다. 더구나, 이형세포는 광합성 세포지만 이들은 광계 II가 없어 산소를 발생하지 않는다. 이들은 또한 Rubisco가 없어 이산화탄소를 고정할 수 없다. 하지만 이형세포는 광계 I이 있어 순환적 광인산화 반응으로 ATP를 생산하는 능력을 가지고 있다(7장).

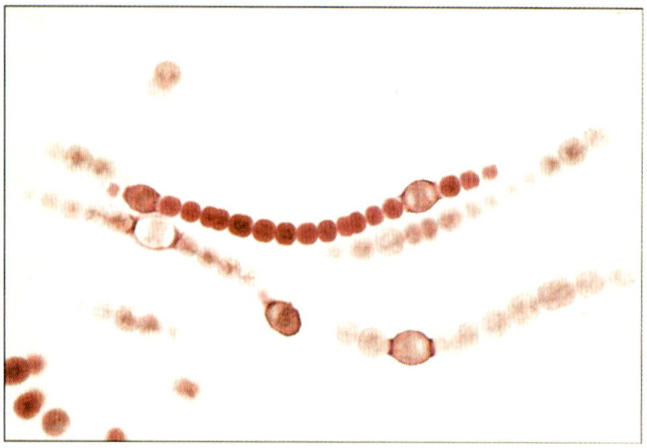

그림 11.8 이형세포를 보여주는 남세균 *Anabaena*의 광학현미경 사진. 질소고정은 신장된 세포들 혹은 이형세포에서 일어나는데, 이형세포의 구조와 대사는 자유 산소의 농도를 제한한다.

세 번째로, 콩과 뿌리혹에는 **레그헤모글로빈(leghemoglobin)**이라는 산소결합 단백질로 산소공급이 주로 이루어진다. 레그헤모글로빈은 숙주 식물에서 합성되어 박테로이드에 감염된 숙주 세포 안에 분포한다. 레그헤모글로빈은 숙주 세포 단백질의 약 30%를 차지하고 절단면을 공기에 노출시키면 뿌리혹을 분홍빛으로 물들게 한다. 레그헤모글로빈은 포유류 혈액의 헤모글로빈과 구조적으로 유사하다. 한편 기능도 아주 유사하여 산소와 결합하여 박테로이드가 있는 지역에 산소를 공급한다. 박테로이드 지역에서 산소의 평형 농도는 박테로이드 호흡(ATP와 환원력의 생산)을 지원하기 충분한 수준(약 10 nM)을 유지하고, 동시에 과잉 산소로부터 이질소화효소가 불활성화되는 것을 억제한다. 산소 수준은 반드시 균형을 이루어야 하는데, 너무 낮은 산소 농도는 뿌리혹에서 이질소화효소의 활성을 억제하기 때문이다. 이것은 ATP 이용성을 제한하기 때문이다.

11.4.4 이질소화효소는 수소가스를 생산한다

질소고정 생물이 직면하는 마지막 문제는 수소의 방출이다. 이 기작이 잘 알려져 있지 않지만, 이질소화효소에 의한 수소 생산은 질소고정 반응에서 피할 수 없는 부산물이다. 식 11.1에서 언급한 것처럼, 한 분자 이질소(N_2)가 환원할 때마다 적어도 한 수소 분자(H_2)가 방출된다. 이것은 실질적으로 최소값이다. 이질소화효소가 최적으로 작동하지 않을 때, 즉 이질소화효소로 환원력의 공급이 최적이하로 공급될 경우, 많은 전자가 수소 생산에 쓰이게 된다. 이질소화효소로 공급되는 ATP와 전자의 25~30% 이상이 수소 생산에 쓰인다. 1980년에만 연간 100만 톤 이상의 수소가 질소고정 뿌리혹에서 대기 중으로 방출됐을 것으로 추정된다.

말할 필요도 없이, 질소고정에서 수소 생산은 에너지의 낭비인데 그렇지 않다면 질소 환원에 사용되었을 것이다. 모든 질소고정자가 수소를 생산하지만 모두 수소를 대기로 방출하는 것은 아니다. 많은 질소고정 생물은 수소 생산으로 잃어버리는 에너지를 어느 정도를 회복할 수 있는 산소의존적인 효소, **흡수 수소화 효소(uptake hydrogenase)**라는 효소를 가지고 있다. 이것은 H_2 산화와

ATP 생산이 연결되어 수행된다. 전자들이 이질소화효소를 위한 환원력으로 다시 귀환된다.

마찬가지로 흡수 수소화 효소 작용의 생화학과 생리학과 이 유전자(*hup* 유전자)의 발현에도 상당한 관심을 가졌었다. 수소를 재사용하는 능력을 가진 뿌리혹세균를 증가시려는 생명공학의 이용은 주요 농업 작물에서 생물학적 질소고정의 전반적 에너지 효율을 증가시키는 가능성을 열어 두고 있다.

11.5 질소고정의 유전학

위의 논의로부터 질소고정은 공생적 고정이라는 측면에서 생물체와 환경 및 뿌리혹세균과 숙주라는 매우 복잡한 관계가 포함되어 있다는 점을 명확히 했었다. 무산소 환경에서 질소고정 대사 혹은 공생적 관계에서 감염과 관련해서 뿌리혹의 발달은 관련된 생물들의 유전적 프로그램의 큰 변화를 요구한다. 감염, 뿌리혹과 질소고정 기구의 유전학은 현재 질소고정 연구에서 매우 관심 있게 진전되고 있는 분야 중의 하나이다.

11.5.1 *NIF* 유전자는 이질소화효소의 암호를 담고 있다

독립생활형 질소고정자에서 이질소화효소의 생산은 필수 요소이다. 이질소화효소 생산은 *nif* 유전자라 알려진 유전자 세트에 의하여 결정된다. *Klebsiella pneumonieae*에서 잘 연구되었는데, 적어도 17개 *nif* 유전자 밝혀졌다. 이 *nif* 유전자들은 이질소화효소의 구조 유전자 뿐만 아니라 다수의 조절 유전자가 포함된다. 실례로, *nifD*와 *nifK*의 두 유전자는 MoFe 단백질의 두 다른 소단위체를 암호화하고 있다. Fe 단백질과 페로독신은 *nifH*와 *nifF* 유전자에 의해서 각각 암호화 되어있다. 다른 *nif* 유전자들은 FeMo 보결단의 삽입과 이 효소 복합체의 활성 및 가공에 관련되어 있다.

11.5.2 *NOD* 유전자와 *NIF* 유전자는 뿌리혹 형성을 조절한다

nif 유전자를 포함하여 적어도 세 개의 다른 유전자 세트가 공생 과정 발달과 관련있다. 뿌리혹 형성의 초기 단계, 즉 뿌리의 감염 이전에, 뿌리혹세균의 *nod* 유전자 세트가 숙주 뿌리의 삼출액의 플라보노이드에 의해 작동을 시작한다. *nod* 유전자는 환상모양의 뿌리혹세균 DNA(혹은 plasmid), 보통 **Sym**(for symbiosis) **plasmid**로 알려진 곳에 존재한다. 세 개의 nod 유전자(*nod*A, *nod*B, *nod*C)는 대부분 뿌리혹세균의 기본적인 뿌리혹 유전자이다. 이들 유전자들은 뿌리혹 인자의 키토올리고당 핵심을 암호화하고 있다. 그러나 *Bradyrhizobia*이라는 두 광합성균(BTAi1과 ORS278)의 유전자 염기서열의 조사결과에서는 이들 세균들이 기대되는 *nod* 유전자들을 가지고 있지 않은 것으로 조사되었다. 이 독특한 균들의 숙주인 *Aeschynomene sensitiva*와 *Aeschynomene indica*에서 줄기 혹을 형성할 수 있는데 퓨린 대사물들이 뿌리혹 형성으로 촉진할 것으로 보인다.

*nod*D 유전자의 역할이 중요한 것으로 여겨진다. 이 유전자의 발현은 뿌리 삼출액에 의해서 영향을 받고, 그리고 이 유전자의 합성이 *nod*ABC 유전자 그룹과 숙주–특이적 유전자인 *nod*EFGH의 전사를 유도한다. 이들 숙주–특이적 유전자들은 숙주 특이성을 결정하는데 중요한 nod 인자들의 변화시키는 유전자를 암호화하고 있다. *Parasponia*를 감염시킬 수 있는 뿌리혹세균으로부터 단지 클로버 만 감염시킬 수 있는 균으로 *nod*D을 도입한 실험에서 *nod*D의 중요한 역할이 밝혀졌다. *nod*D가 도입된 클로버균은 *Parasponia*에서 혹을 형성할 수 있다. nod 인자들의 존재 하에서 뿌리 표피 세포의 초기 반응의 하나는 빠른 Ca^{2+}의 유출인데 nod 인자들의 두 번째 노출이 있을 때에 일어난다. 최근에 이 Ca^{2+}의 유출이 삼합체인 G단백질의 활성과 관련있다는 보고가 있었다. 따라서 *Rhizobium* nod 인자 신호 전달체계가 세포내 Ca^{2+} 이차 전달자 반응과 연결된 세포막 G단백질에 의해서 매개되는 것으로 보인다.

뿌리혹 발달의 후기 단계에서 뿌리혹세균의 *nif*와 *fix* 유전자들이 작동을 시작한다. 자주 균에서 *nif* 유전자들은 이질소화효소의 합성과 조절을 관장하는 것을 제외하고는 *nif*와 *fix* 유전자들 사이의 구별이 항상 명확한 것은 아니다. *fix* 유전자들 공생적 질소고정자에 한정된다. 적어도 한 유전자(*fixX*)은 페레독신을 암호화하고 있고, 다른 유전자들은 아마도 이질소화효소로 전자의 이동에 관련이 있을 것 같다.

활성 뿌리혹의 발달은 숙주 세포에 의해 만들어지는 뿌리혹 특이성 단백질이 요구된다. **노듈린(nodulin)**이라는 단백질은 숙주 세포 게놈에 있는 *nod* 유전자들에 의해서 암호화되고 있다. 초기 노둘린들은 감염 과정과 뿌리혹 발달 중에 발현된다. 몇 가지에 대해서는 알고 있지만 이들의 역할이 아직도 불명확하다. 초기 노둘린들은 감염사 세포막과 뿌리혹 원기의 형성과 관련되어 있을 것이다. 후기 노둘린 유전자의 발현은 다소 질소고정과 일치하며 뿌리혹 형성 및 유시와 관련있어 보인다. 레그헤모글로빈은 가장 흔한 후기 노둘린이다. 다른 후기 노둘린은 고정된 질소의 대사 과정에 필요한 유리카제(uricase)와 글루타민 합성효소와 같은 효소가 포함된다.

11.5.3 무엇이 레그헤모글로빈을 위한 헴의 기원일까?

*Rhizobium meliloti*의 돌연변이체를 가지고 한 초기 실험에서 박테로이드가 헴을 공급하는 것으로 알려졌다. 헴(heme) 선구물질인 α-aminolevulinic acid(ALA)를 합성할 수 없는 돌연변이체는 이 질소를 고정할 수 없는 흰색 뿌리혹을 만들었다. 이런 결과는 숙주 식물이 레그헤모글로빈의 충분한 헴을 합성할 수 없음을 제시한다. 그러나 최근에 대두를 가지고 한 실험에서 같은 돌연변이인 *Bradyrhizobium japonicum*으로 감염된 식물에서 기능적으로 완전한 뿌리혹이 형성되었다. 따라서 레그헤모글로빈의 헴 성분의 기원은 아직도 불명확하다.

공생적 질소고정은 숙주와 미생물공생자의 양쪽의 많은 유전자들의 조화로운 발현이 필요하다. 어떻게 이 유전자들이 조절되며, 어떻게 감염과 뿌리혹 발달이 조정되는지에 대한 이해는 오늘날 식물 생리학자들이 직면한 도전적인 문제들이다. 대사과정에 대한 충분한 이해와 현대 분자 유전학의 기구로 무장한 식물학자들이 언젠가는 생물학적 질소고정을 다른 주요 작물로까지 확장할 수 있을 것이다. 따라서 질소고정의 혜택을 질소가 척박한 토양으로 확장한다면, 화학 질소 비료의 경제적, 환경적 비용을 언젠가는 감소시킬 수 있을 것이다.

11.6 질소고정으로 생산된 NH_3은 유기 질소로 전환된다

질소고정의 첫 안정적인 산물은 암모니아(NH_3)이지만 생리적 pH에서 암모니아는 대부분 암모늄 이온 형태로 양성자화(protonation)된다:

$$NH_3 + H^+ \leftrightarrow NH_4^+ \tag{11.2}$$

이질소를 고정할 수 없는 식물들은 토양에서 질소를 얻음으로서 영양적 요구를 맞춘다. 예외가 있지만 대부분 식물들은 NH_4^+ 혹은 NO_3^- 형태로 동화할 수 있는데, 토양에서 이들의 가용성에 의지한다. 대부분 토양에서 암모니아는 이 장의 서두에서 언급한 질화 세균에 의해서 빠르게 질산염으로 전환된다. 질화 세균은 무산소하에서 잘 자랄 수 없어서 결과적으로 배수가 잘 안 되는 토양에서는 암모니아가 축적된다. 질화 반응 자체도 강한 산성 토양에서 억제된다. 전형적으로 산성 토양에서 발견되는 Ericaceae과의 몇몇 균들은 질소로 암모니아를 이용할 수 있게끔 적응되어 있다. 한 근단적인 예가 덩굴월귤(*Vaccinium macrocarpon*)인데, 북동 아메리카의 늪과 습지에 적응된 식물로서 질소로 NO_3^-를 사용할 수 없지만 암모늄 이온의 형태로 질소를 흡수한다.

흡수하는 경로와 상관없이 무기 질소의 유기 질소로의 동화는 에너지가 많이 드는 복잡한 과정이다. 실례로 암모늄 질소의 동화는 식물 전체 에너지 생산의 2~5%가 소비된다. 반면에 질산염은 동화되기 전에 암모늄으로 환원되어야 하는데, 이 과정은 전체 에너지 생산의 약 15% 정도를 소비한다. 이 절에서 우리는 먼저 암모늄 질소의 동화를 그리고 나서 질산염 질소의 동화를 검토할 것이다.

11.6.1 암모늄은 GS(글루타민 합성효소)/GOGAT(글루탐산 생성효소)에 의해서 동화된다

NH_4^+은 모든 식물이 토양에서 쉽게 흡수하여 이용할 수 있는 질소고정 산물이지만, 이것은 식물에게 매우 독성이 강하다. 질소고정 체계에서, NH_4^+은 이질소화효소의 작용을 억제한다. 암모늄은 세포의 에너지 대사, 특히 ATP 생산도 방해한다. 아주 낮은 농도에서도 NH_4^+은 미토콘드리아와 엽록체에서 전자 전달로 생산되는 ATP 형성을 분리시킨다(7장과 10장). 결과적으로 식물은 과잉의 NH_4^+을 축적할 입장이 아니다. 대부분 식물은 NH_4^+을 아미노산으로 통합함으로서 이 독성 문제를 피하는 것으로 보인다.

질소고정 공생자에서 NH_4^+ 동화의 일반적인 경로는 라벨된 이질소($^{13}N_2$ 혹은 $^{15}N_2$)를 혹에 공급한 실험을 통해서 밝혀졌다. 이 연구들은 초기 유기물이 아미노산인 **글루타민(glutamine)**임을 보여주었다. 콩과 뿌리혹 NH_4^+의 글루타민으로 동화는 **글루탐산 생성효소 회로(glutamate synthase cycle)**에 의해 수행되는데, 순차적으로 두 효소의 작용이 포함된다: **글루타민 합성효소(GS)**과 **글루탐산 생성효소(GOGAT)**[2](그림 11.9). 양 GS와 GOGAT는 노둘린 단백질인데, 페리박테로이드 막 바깥에 있는 감염된 세포의 숙주 세포질에서 높게 발현된다. 박테로이드에서 형성된 NH_4^+은 동화되기 전에 페리박테로이드 막을 넘어 확산되어야 한다.

글루탐산 생성효소 회로의 첫 반응은 GS에 의해서 촉매되는데, NH_4^+ 그룹의 **글루탐산(glutamate)**에 첨가는 상응하는 아미드인 **글루타민(glutamine)**을 형성한다:

$$\text{글루탐산} + NH_4^+ + ATP \rightarrow \text{글루타민} + ADP + Pi \tag{11.3}$$

[2]약어 GOGAT는 glutamine-2-oxoglutarateaminotransferase를 의미한다. 2-Oxoglutarate는 α-ketoglutarate의 다른 표기법(이명)이다.

글루탐산의 아미노산화에 필요한 에너지는 ATP에 의해 공급되는데, 질소고정의 부수적인 소비이다. 글루타민은 아미드 그룹을 α-케토글루타르산(α-ketoglutarate)에 전이함으로써 글루탐산으로 다시 만들어진다.

$$\text{글루타민} + \alpha\text{-케토글루타르산} + NADH \rightarrow 2\ \text{글루탐산} + NAD^+ \quad (11.4)$$

반응식 11.4은 GOGAT에 의해 촉매되며 NADH 형태로 환원력이 필요하다. α-케토글루타르산은 아마도 숙주 세포에서 광합성 탄소가 호흡 과정을 통해서 만들어진다. α-케토글루타르산은 당의 산화를 위한 호흡 경로의 중간 대사물이다. 식 11.4 반응에서 두 분자 글루탐산을 만드는 것을 알 수 있다. 글루탐산의 한 분자만이 회로를 계속 유지하는 데 필요하고, 다른 한 분자는 숙주 식물로 유출되어 이용된다(그림 11.9). 전체적으로 광합성에서 유래된 탄소 골격과 미생물공생자에 의해 고정된 질소가 숙주에서 쓰이기 위해서는 혹에서 유출되는 유기 질소 형태로 결합되어야 한다.

질소 동화의 가능한 다른 경로가 있는데 **글루탐산 탈수소효소(glutamate dehydrogenase, GDH)**에 의해 α-케토글루타르산의 직접적인 환원 아미노산화가 있다. 그러나 GDH 활성은 뿌리혹에서 탐지되지만 정상 조건하에서 NH_4^+ 동화에 중요한 역할을 한다는 확실한 증거는 없다. GS와 GOGAT의 양과 활성이 GDH보다 훨씬 높기 때문이다. GS 혼자만 해도 박테로이드 바깥의 전체 수용성 단백질의 2% 이상을 차지한다. 더우기 GDH는 GS보다도 NH_4^+에 대한 친화력이 매우 낮고(8장, 박스 8.1) NH_4^+에 이용에 대해서 GS와 경쟁할 수 있을 거라고 기대되지 않는다. 글루탐산 생성효소 회로의 비용은 각 동화되는 NH_4^+에 대해서 한 ATP가 사용되지만, 이익은 빠른 동화이다. NH_4^+에 대한 GS의 높은 친화력은 이 효소의 높은 농도와 더불어서 자유 NH_4^+ 농도가 독성이 없는 낮은 수준으로 유지하는 것을 돕는다. 글루탐산 생성효소 회로를 떠나기 전에, GS와 GOGAT가 뿌리혹에만 제한되지 않는다는 것이 중요한 언급이다. 이 효소들은 NH_4^+ 질소를 동화할 수 있는 비질소고정 식물의 뿌리와 잎들에도 존재한다.

11.6.2 P II 단백질은 GS/GOGAT를 조절한다

그림 11.9에서 설명한 것처럼 GS/GOGAT는 질소 동화(NH_4^+)와 탄소 대사(α-케토글루타르산) 사이의 협동을 위한 중요한 대사 접점이다. 세포 탄소/질소 상태는 신호 감지 단백질, P II에 의해서 감지된다. **P II 단백질**은 가장 흔하고 자연에서 제일 잘 보존되어 있는 조절 단백질 중의 하나이다. 이들은 고대의 원시세균(archeabacteria), 진정세균(eubacteria)와 식물과 같은 진핵생물에만 존재하였다. 약 14 kDa의 비교적 작은 엽록체성 단백질으로서 핵에 암호화되어있고 ATP 상태와 알로스테릭 수단으로 α-케토글루타르산 수준을 감지한다(8장, 박스 8.1). 세포 질소 상태는 글루타민 가용성의 변화로서 감지되고, 이것은 P II의 **우리딜화(uridylation)**라는 전사후 변경을 유발시킨다(그림 11.10). 캘빈 회로의 광-조절 효소처럼(8장), GS/GOGAT은 활성과 비활성 상태로 존재할 수 있다. GS/GOGAT 회로에서 글루타민의 수준이 낮을 때에는 P II 단백질이 UTP(uridine triphosphate)을 사용하여 우리딜화되어서 P II-UMP를 형성한다(그림 11.10). 이처럼 변화된 P II 단백질은 비활성된 GS/GOGAT와 상호작용하여 GS/GOGAT를 활성형으로 전환시켜 글루타민 합성과 동화를 자극한다. 역으로, 글루타민의 수준이 높을 때에는 P II-UMP가 P II로 전환되고 활성형 GS/GOGAT를 비활성형으로 전환시켜 NH_4^+ 동화율을 감소시킨다.

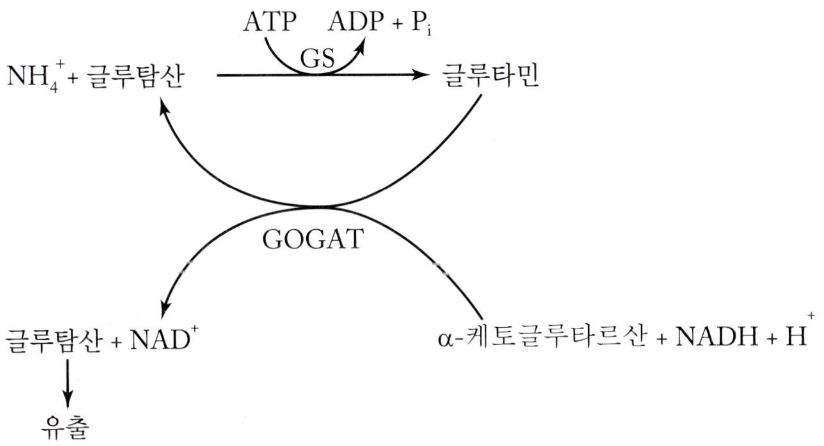

그림 11.9 글루탐산 생성효소 회로에 의한 암모늄의 동화. 글루타민 합성효소(GS)는 암모늄과 글루탐산을 첨가하여 글루타민으로 전환시킨다. 글루타민은 α-케토글루타르산와 함께 아미노 전이 반응이 일어나서, 그 결과 효소 글루탐산 생성효소(GOGAT) 작용으로 두 분자의 글루탐산을 만든다. 한 글루탐산은 유출되고, 다른 한 분자는 GS에 촉매되는 반응으로 재순환된다.

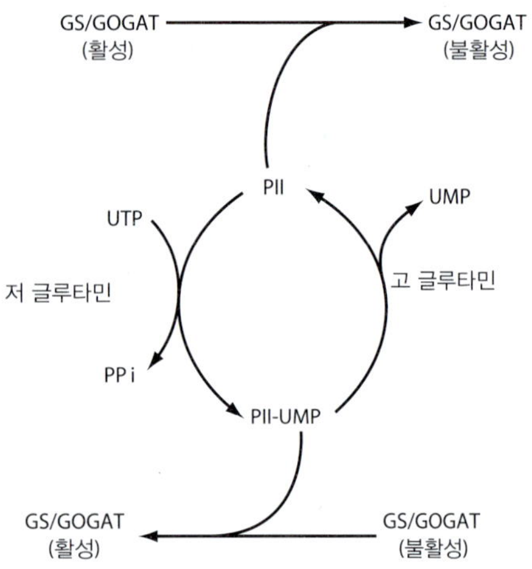

그림 11.10 P II 단백질의 우리딜화에 의한 GS/GOGAT의 조절. 우리딘 3인산(UTP)은 질소성 염인 아데닌 대신에 우라실로 치환된 점을 제외하고는 ATP와 같은 인산화된 뉴클레오티드이다(5장). UTP, 우리딘 3인산; UMP, 우리딘 1인산; PPi, 피로인산.

11.6.3 고정된 질소는 아스파라긴과 유레이드로 유출된다

질소고정의 마지막 단계는 뿌리혹에서 고정된 질소가 숙주 식물의 다른 지역으로 유출되는 과정이다. 뿌리혹에서 유기 질소 산물의 유출은 물관부에서 주로 일어난다. 결과적으로 유출되는 질소의 형태는 물관부 수액의 분석으로 주로 알 수 있다. 그러나 이런 분석법은 몇 가지 약점이 있는데, 수액에 존재하는 모든 질소가 현재의 뿌리혹 생산물을 다 대변할 수는 없다는 것이다. 몇 가지 더 좋은 분석법은 직접 자른 뿌리혹을 분석하거나 $^{15}N_2$의 고정 후에 유기 질소의 흐름을 조사하는 것이다. 이 연구들에서 글루타민이 질소고정의 주요 유기물이지만 적어도 콩과에서 유출되는 질소의 의미있는 비율을 설명할 수는 없다. 완두와 클로버와 같은 온대성 기원의 몇 콩과 그룹에서는 아미노산 **아스파라긴(asparagine)**이 이동하는 주요 유형이다. 완두나 동부콩과 같은 열대성 기원의 콩과에서는 **유레이드(ureide)**로 알려진 요소의 파생물이 주로 유출되는 것으로 보인다(그림 11.11).

뿌리혹에서 아스파라긴의 생합성 경로는 두 **아미노기 전이(trans-amination)** 반응이 포함된다. 한 아미노기 전이 반응은 아미노산의 아미노기가 케토산의 카르복실 그룹으로 전이다. 이런 아미노전이 반응들은 **아미노기전이효소들(aminotransferases)**에 의하여 촉매되고, 처음 글루탐산에 고정된 질소를 다른 아미노산에 통합하여 결국 단백질을 합성한다. 아미노기전이효소는 식물의 단백질 합성 활동이 높은 세포질, 엽록체와 미세소기관에서 발견된다. 뿌리혹에서 아스파라긴 생합성에 관련된 효소들은 식물의 어디에서 발견되는 효소들과 비슷하다. 이 첫 반응은 글루탐산에서 **옥살로아세트산(oxaloacetate)**로 아미노 그룹의 전이인데 아스파르트산 **아미노기전이효소(aspartate aminotransferase)**가 이 반응을 촉매한다.

글루탐산 + 옥살로아세트산
→ α-케토글루타르산 + 아스파르트산 (11.5)

이 반응에 사용된 글루탐산은 혹에서 GS-GOGAT 반응에서 유

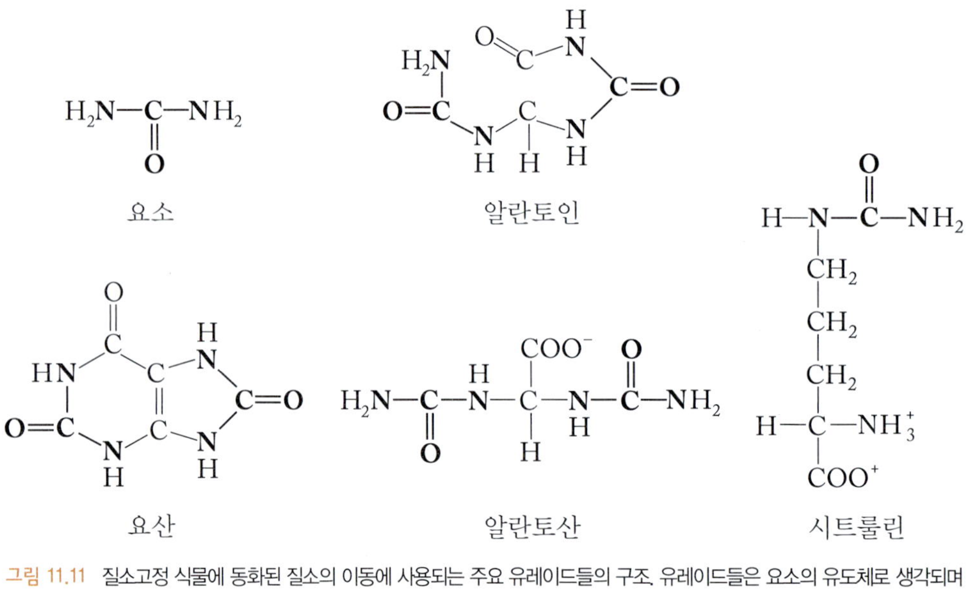

그림 11.11 질소고정 식물에 동화된 질소의 이동에 사용되는 주요 유레이드들의 구조. 유레이드들은 요소의 유도체로 생각되며 요산으로부터 주로 형성된다. N-C-N 요소 골격은 굵은 색으로 표시했다.

래된다. 아스파라긴의 합성과 유출이 계속되기 위해서는 혹은 4-탄소산인 옥살아세테이트의 계속적인 공급이 필요하다. 이것은 뿌리혹에서 탄소의 산화를 통해서 마련된다; 옥살아세테이트는 당의 호흡 산화 또는 다른 중간 대사물이다. 그러나 많은 종의 뿌리혹은 효소 **포스포엔올피루브산 카르복시화효소(phosphoenolpyruvate carboxylase, PEP)**의 높은 활성을 지닌다. PEP 카르복시화효소는 이산화탄소를 첨가(**carboxylation 반응**)하여 3-탄소 포스포엔올피루브산(**phosphoenolpyruvate, PEP**)을 **옥살로아세트산(oxaloacetate, OAA)**으로의 형성을 촉매한다(식 11.6). PEP 카르복시화효소는 동식물에서 수많은 주요 대사 경로, 호흡과 광합성과 같은 경로에 관여되어 있다.

$$PEP + CO_2 \rightarrow OAA \quad (11.6)$$

아스파라긴 생합성의 두 번째 단계는 아미드 질소를 글루타민에서 아스파르트산으로 전이되는 것이다.

$$\text{글루타민} + \text{아스파르트산} + ATP \rightarrow \text{글루탐산} + \text{아스파라긴} + ADP + P_i \quad (11.7)$$

이 반응의 효소는 **아스파라긴 합성효소**(asparagine synthetase)이고 이 반응은 합성되는 각 아스파라긴 마다 한 분자 ATP 에너지에 의해 발생된다.

유레이드의 합성은 생화학과 미생물공생자와 숙주 식물의 조직 사이의 노동의 분할이라는 측면에서 매우 복잡하다. **알란토인(allantoin)**과 **알란토산(allantoic acid)**(그림 11.11)은 활동적인 공생에 필요한 퓨린 뉴클레오티드의 산화로 형성된다. 유레이드는 질소의 이동에 특별한 역할을 한다. 이들은 물관부를 통해 식물의 다른 기관으로 이동되는데, 이곳에서 이들은 빠르게 대사된다. 이 과정에서 NH_4^+이 방출되고 이것은 표적 조직에서 GS와 GOGAT를 통해서 재동화된다.

아스파라긴과 특히 유레이드의 합성은 매우 복잡한 과정으로, 에너지 소비와 질소 유출의 효율과 관련해서 몇 가지 이점이 있다. 질소 유출과 연관된 탄소 대사는 질소고정에 유용되는 광합성물의 20% 이상을 소비한다. 효율을 판단하는 한 방법은 각 질소 유출에 필요한 탄소의 양을 고려하는 것이다. 탄소와 질소 비율이 1(C:N=1)인 유레이드는 탄소 이용에서 가장 경제적 물질이다.

아스파라긴과 시트룰린(C:N=2)은 이들 이동에 더 많은 탄소를 사용하며, 글루타민(C:N=2.5)은 이들 보다 덜 경제적이다. 사용되는 ATP 측면에서 보면 유레이드, 아스파라긴, 시트룰린의 에너지 소비는 거의 같지만 유레이드 형태물의 주요 이점은 탄소 경제에 더 유리하다는 것이다.

11.7 식물들은 일반적으로 질산염 형태로 질소를 흡수한다

서두에서 언급한 극단적인 상황을 제외하고, 질산염(NO_3^-)이 토양에서 가장 풍부한 질소 형태이고, 질소고정 연합이 없는 식물에서 가장 많이 이용된다. 그러나 잘 연구된 NO_3^- 흡수의 생리학에도 불구하고 뿌리로 NO_3^- 이동 메커니즘에 대한 많은 불확실성이 존재한다. NO_3^- 흡수는 (1)낮은 온도, (2) 호흡과 단백질 합성의 억제제와 (3) 무산소 상태에 대해서 민감하다고 많은 연구들에서 알려졌다. 모든 결과들은 뿌리 세포막을 통한 NO_3^- 이동이 전달자 단백질에 의한 에너지 의존적인 반응이라는 것을 지지한다(3장).

전혀 질산염에 노출되지 않은 뿌리에서는 NO_3^- 흡수가 아주 제한적이다. 이것은 항상 막에 적은 양의 운반자 **구조성 단백질(constitutive protein)**이 있다는 것을 의미한다. 외부 질산염에 노출되었을 때만 흡수율이 2~5배 증가되지만 단백질 합성 억제제의 첨가는 구조성 단백질 수준으로 급격히 돌아가게 만든다. 단백질 합성 억제제에 대한 NO_3^- 흡수의 이런 현격한 민감성은 대부분 전달자 단백질이 **유도성(inducible)**이라고 추정된다. 즉 토양의 NO_3^- 존재가 새로운 전달자 단백질의 합성을 자극한다. 뿌리 안쪽에서는 NO_3^-는 액포에 저장되어 뿌리에서 동화되거나 동화를 위해 물관을 통해 잎으로 이동될 것이다.

질산염은 직접 동화할 수 없지만 유기 화합물로 동화되기 위해서 먼저 NH_4^+로 환원되어야 한다. 이것은 두 단계 과정인데, 첫 번째 반응은 **질산염 환원효소(nitrate reductase, NR)**에 의해서 NO_3^-이 아질산염(NO_2^-)으로 환원된다.

$$2H^+ + NO_3^- + 2e^- \rightarrow NO_2^- + H_2O \quad (11.8)$$

NR은 일반적으로 세포질 효소로 생각된다. NO_2^- 생산물은 색소체(뿌리에서)로 또는 엽록체(잎에서)로 이동하여 효소 **아질산염 환원효소(nitrite reductase, NiR)**에 의해서 빠르게 NH_4^+로 환원된다. 잎에서 NH_4^+로 NO_2^- 환원에 필요한 전자는

$$8H^+ + NO_2^- + 6e^- \rightarrow NH_4^+ + 2H_2O \quad (11.9)$$

광합성 전자 전달로 $6e^-$이다. 따라서 NO_3^-의 동화는 광합성 전자에 대해서 CO_2(8장)의 동화와 경쟁한다. 결과적으로 잎에서 NO_3^- 동화는 CO_2 동화와 마찬가지로 광합성 과정으로 여긴다. 탄소와 질소 대사 사이의 상호작용은 전반적인 일차 환원 대사에서 광합성 전자 전달의 중요성을 보여준다.

아질산염은 독성이 강하지만 식물에서는 좀처럼 고농도로 발견되지 않는다. NiR의 활성(조직의 건조량 당)이 NR의 활성보다

보통 여러 배 높기 때문이다. 그 결과물인 암모늄은 이미 언급한 GS/GOGAT 체계를 통해서 빠르게 유기 화합물로 동화된다. 비질소고정 체계에서도 GS와 GOGAT가 뿌리와 잎 세포에서 모두 발견된다. GS는 뿌리 세포의 세포질에서, 잎에서는 세포질과 엽록체에서 발견된다. GOGAT는 색소체 효소이고 잎의 엽록체와 뿌리의 색소체에 존재한다. 이런 위치 변화에 따라서 GOGAT는 페레독신, NADH 혹은 NADPH을 전자 공여자로 사용할 것이다.

질산염 환원효소는 원핵과 진핵 세포 모두에서 발견되는 아주 흔한 효소이다. 원핵생물에서 주요 전자 공여자는 페레독신이고, 고등 식물에서는 피리미딘 뉴클레오티드인 **NAD**(*n*icotinamide *a*denine *d*inucleotide)나 **NADP**(*n*icotinamide *a*denine *d*inucleotide *p*hosphate)의 한 형태의 환원형이 전자를 전달한다. 여러 고등 식물에서 분리된 효소들은 약 115 kD의 분자량을 지닌 두 동일 소단위로 구성되어 있다. NR의 주 구성분은 몰리브덴이다; NR은 비질소고정 식물에서 주요 Mo 단백질이다. Mo 결핍의 한 결과는 질산염 환원효소 활성의 급격한 감소와 잇따른 질소 결핍이다(4장).

NR은 정교하게 조절되는 유도 효소이다. 기질(NO_3^-)과 빛 모두가 최대 활성을 위해 필요하고, 유도는 NR의 전령 RNA 증가와 순차적으로 NR 단백질의 신생합성이 일어난다. 암상태에서 보리(*Hordeum vulgare*) 혹은 옥수수(*Zea mays*) 같은 곡류 유식물에 질산염의 처리는 비교적 낮은 수준의 NR 활성을 유도하지만, 유식물에 빛을 처리하면 활성이 더 강하게 유도된다. 빛에 의한 유도는 엽록체의 발달과 광합성 에너지 변화를 억제하는 처리로 제거되므로 광합성 에너지가 필요하다는 것을 알 수 있다. NR 활성은 또한 적색광과 원적외광에 의해서 가역적으로 조절되므로 또한 피토크롬 체계로 조절된다는 알 수 있다(22장).

더욱이 최신 연구는 NR 활성이 특이한 NR **단백질 인산화효소**(**NR protein kinase**)로 번역후 조절이 된다는 것이 알려졌다. 1950년대에 Edwin Krebs과 Edmund Fischer에 의해 처음 알려진 단백질 카나아제는 adenosine triphosphate(ATP)로부터 인산 그룹을 이동시켜 다른 단백질을 인산화시키는 어디에나 존재하는 효소이다. 인산 그룹은 **단백질 인산가수분해효소**(**protein phosphatase**)라는 두 번째 효소에 의해서 제거된다. 효소와 다른 단백질의 스위치 온과 오프에 의한 가역적 단백질 인산화 반응이 대사를 조절하는 중요한 역할을 한다. 단백질 인산화효소의 근본적 역할을 밝힌 공로로 Krebs와 Fischer는 1992년 노벨상을 수상하였다.

NR의 경우에서 이 효소는 인산화와 비인산화 상태에서 모두 활성이 있는 것으로 보인다. NR이 인산화되고 잎이 밝은 곳에서 어두운 곳으로 옮기면 이 효소는 작은 억제 단백질의 결합으로 빠르게 불활성된다. NR 활성은 밝은 곳에 다시 놓이면 억제 단백질이 떨어지고 순차적으로 인산가수분해효소 활동으로 천천히 회복된다. 왜 NR 활성의 조절을 위한 복잡한 체계가 있어야 하는지에 대한 의문에 대한 해답을 아직도 모른다. 그러나 전반적인 효과는 질산염 환원과 광합성 활성의 협응이다. 질산염 환원은 광합성이 아주 활발하고, 필요한 에너지와 암모니아의 동화을 위한 탄소 골격이 충분히 공급되는 경우에만 일어난다.

서두에서 지적한 것처럼 질산염 동화는 대부분의 식물의 뿌리 또는 정단 조직에서 만 일어난다. 여러 연구들이 뿌리 또는 정단에서 환원되는 NO_3^-의 비율이 주로 외부 NO_3^- 농도에 의존한다는 것을 보여준다. 낮은 농도에서는 대부분 NO_3^-가 뿌리 안에서 환원되어 아미노산이나 아미드로 정단으로 이동된다. NO_3^-의 높은 농도에서는 뿌리에서의 동화는 제한되고 NO_3^-의 높은 비율이 이동 용액에서 관찰된다. 높은 농도에서는 대부분 질소는 잎에서 동화된다.

모든 식물이 뿌리에서 NO_3^-을 대사할 똑같은 능력을 가지고 있지는 않다. 한 극단적인 예로 NO_3^-이 도꼬마리(*Xanthium strumarium*)의 물관 수액의 유일한 질소이다. 이것은 도꼬마리가 뿌리에 NR를 가지고 있지 않기 때문이다. 반면에 보리(*Hordeum vulgare*)와 해바라기(*Helianthus annus*) 같은 식물은 NO_3^-과 아미노산/아미드 질소가 거의 같은 비율로 이동하며, 당근(*Raphanus sativus*)는 NO_3^-이 질소로서 단지 약 15% 정도만 이동한다.

11.8 질소 순환: 동시적인 유입과 유출

대부분 식물에 의한 질소 흡수는 초기 빠른 생장 시기에 증가하고, 생식기가 시작하여 식물이 노쇠하면서 감소한다. 예로서 곡류는 생식기가 시작하기 전에 전체 질소 요구량의 90%를 흡수한다. 대부분의 이 질소는 젊고 팽창하는 잎으로 향하며, 완전히 잎이 팽창하기 전에 최고 질소 함량에 도달한다. 그러면 잎은 질소를 유출하기 시작한다. 잎들이 순 질소 유출자가 되고 잎에서 전체 질소 함량이 감소되더라도 성숙된 잎들이 질소를 계속해서 유입한다는 것을 보여주는 여러 연구들이 있다. 이런 동시적인 유입과 유출이 **질소 순환**(**nitrogen cycling**)으로 알려져 있다.

잎에서 질소 유출은 종자가 형성되기 시작하면서 중요해진다. 성숙 중인 종자의 질소 요구량은 매우 증가하여 토양에서 흡수(곡류의 경우)와 뿌리혹에서 고정된 질소로 충당이 되지 않는다. 부수적인 질소는 잎과 같은 영양 부분에서 온다(그림 11.12). 이것은 잎의 광합성능과 중요한 연관이 있다. 주요 잎 단백질은 Rubiso인데 이산화탄소의 광합성 통합을 촉매하는 효소이다(8장). Rubisco는 대두의 잎과 곡류 곡물에서 전체 수용성 단백질의 40~80%를 구성한다. 아마도 이와 같은 풍부성으로 말미암아 Rubisco는 저장 단백질로서도 기능을 한다; 식물의 종자 형성기처럼 질소가 요구되는 시기에 분해될 것이다. Rubisco의 손실과 함께 광합성 탄소 고정이 동시에 감소한다. 대두와 다른 공생 콩과의 경우처럼 이것은 질소 고정을 지원하는 뿌리혹에 에너지를 덜어 주는 것을 의미한다. 질소와 탄소 공급 사이의 경쟁이 콩과에서 종자 발달을 좌우하는 주요 요소이다. 곡류나 질소가 척박한 토양에서 자라는 식물의 경우에서 잎에 축적된 질소의 이동은 열매와 종자의 성숙을 위한 주 질소이다. 다년생 식물에서 노쇠중인 잎에서부터 질소가 겨울 동안 저장될 뿌리로 이동하여 저장된다. 이같은 방식으로 질소는 보전되고, 다음 봄철에 새로운 생장의 시작을 지원하기 위해서 이용될 것이다.

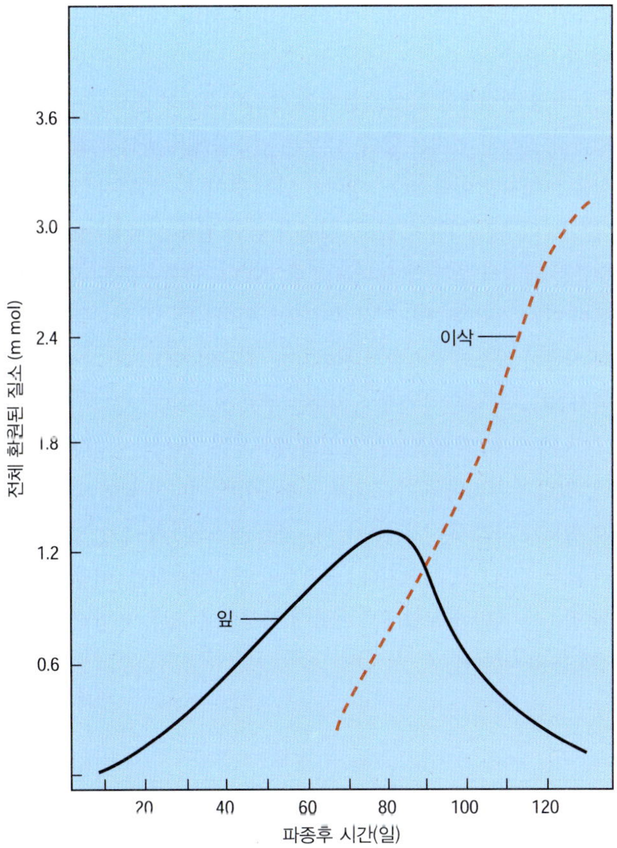

그림 11.12 밀에서 질소 재분배. (From Abrol et al., in H. Lambers, J. J. Neeteson, I. Stuhlen (eds.), *Fundamental, Ecological and Agricultural Aspects of Nitrogen Metabolism in Higher Plants*, Dordrecht: Martinus Nijhoff, 1986. Reprinted by permission of Kluwer Academic Publishers).

11.9 농업과 생태계 생산성은 질소 공급에 의존한다

양적인 관점에서 질소는 식물에서 4번째로 풍부한 원소이고 가장 풍부한 무기 원소이다(4장). 건조량 기준으로 초본성 식물은 1~4% 정도의 질소를 지니고 있는데 대부분이 단백질 형태이다. 동시에 토양에서 질소의 이용성은 수많은 환경적 요소에 의해서 제한받는데 이들 요소들로는 온도, 산소, 수분 상태와 pH가 있으며 이것들은 질소고정, 질산화반응, 암모니아화 작용을 일으키는 미생물의 활동에 영향을 준다. 더구나 질소의 상당량은 수확된 곡식으로 매년 없어진다. 그러므로 곡식의 생장이 주로 질소 공급으로 제한된다는 것은 그리 놀라운 일이 아니다.

농업 환경에서 질소 비료의 이용으로 환경적으로 발생한 질소 제한을 극복할 수 있다. 대부분 작물들은 이용가능한 질소에 따라 수확량이 증가한다(그림 11.13). 상당히 많은 양이 쓸 경우에는 질소 이외의 요소가 제한 요소가 되고 더 이상 수확량을 증가시킬 수 없다. 심지어 아주 높은 양을 쓸 경우에도 수확량이 조금 감소하는데, 질소의 독성이라기보다는 토양에 과잉의 염이 축적되기 때문이다. 그림 11.13에서 보이는 데이터는 투입 비용에 비해 수확을 높이기 원하는 농부들에게는 매우 실용적 값이다. 북미에서 옥수수 재배에 제일 많은 질소 비료가 쓰이는데 농부들이 매 성장 시기에 100~150 kg Nha^{-1}을 살포한다. 초기의 빠른 생장 단계 동안에 잘 관개된 옥수수 단은 4 kg $ha^{-1}day^{-1}$ 이상의 질소를 흡수할 수 있다. 이처럼 많은 양의 질소 비료 사용은 에너지 관점에서는 비용이다. 실례로 옥수수 작물의 에너지 비용의 1/3이 질소 비료의 생산과 분배로 추정된다.

비료의 계속적인 사용이 없다면 비콩과 작물의 수확량은 일정 기간이 지나면 점진적으로 감소된다. 기록이 남겨진 몇 가지 상황에서 질소 비료가 사용되지 않은 땅에서 수확량은 궁극적으로 낮은 수준으로 무기한 유지, 안정화 된다. 지속적인 낮은 수확량은 토양에서 질소(와 다른 영양소)의 추출이 강수, 관개수, 흙먼지와 암석의 풍화와 같은 자원들의 재충전에 대항한 균형이 이루어졌기 때문에 가능했던 것이다.

자연 생태계에서 질소의 역할을 정의하기 매우 곤란한데 일부는 유입 수준이 전체 질소풀에 비하여 매우 낮고, 대부분의 질소가 재순환하는 것에 기인한다. 하지만 여전히 질소는 대부분 자연 생태계에서 농업처럼 제한적이라고 생각한다. 삼림 생태계에서 연간 질소 유입의 약 2/3가 질소고정으로 이루어지고 나머지 1/3은 주로 대기로부터 온다고 믿는다: 강수 혹은 질소 산화물의 건조 퇴적을 통하여 일어난다. 최근 연구는 평균적으로 유입되는 고정 질소의 약 절반 정도가 잎층에 잔류한다는 것을 보여준다. 잎층에 있는

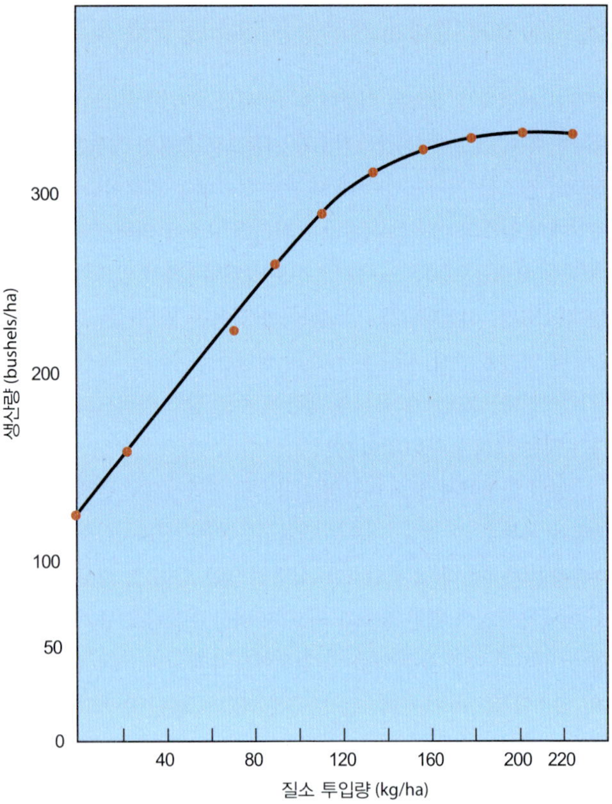

그림 11.13 옥수수 수확에 대한 사용된 질소 비료의 효과.

광합성 기구는 Rubisco(8장)와 같은 단백질 형태로 엄청난 양의 동화된 유기 질소를 지니고 있는데, 이것은 자연에서 제일 많은 단백질이고 틸라코이드 막에 존재하는 주요 광 수확 단백질이며 질소가 많이 든 색소인 엽록소 a와 b를 지니고 있다(4장). 이것은 질소의 잎 흡수는 삼림에서 질소 흡수에 중요한 역할을 한다는 것을 의미한다. 이것은 종종 자욱한 구름으로 휩싸인 높은 고도에서 자라는 나무들이나 도시의 공업화된 지역에서 자라는 나무들의 경우에도 마찬가지로 적용된다.

성숙되어 천천히 자란 삼림을 제외하고 대부분의 질소는 흡수되어 잎층에 잔류하거나 아주 천천히 재순환되는 삼림 바닥의 낙엽층에 장기간 머문다. 낙엽층에서 질소 함량은 비나 표면수로 흙에서 천천히 씻기거나 다양한 토양 세균, 곰팡이, 토양 벌레와 다른 분해자에 의해서 단순한 화합물로 분해된다. 분해의 마지막 과정은 **무기화(mineralization)**이거나 유기 질소에서 무기 질소의 형성이다. 무기화는 주로 처음에 언급한 암모니아화 과정을 통해서 일어난다. 무기화는 **부동화(immobilization)**로 혹은 분해자에 의해 질소의 유보와 사용으로 일어난다. 낙엽 질소의 식물로 이용성은 **순 무기화(net mineralization)** 혹은 무기화가 부동화를 초과하는 정도에 의존한다.

무기화와 부동화 사이의 균형과 질화 세균에 의한 무기화된 NH_4^+-질소의 산화는 환경 요소에 의해서 조절된다. 이들 중에서 온도, pH, 토양 습도와 산소 공급 등이 중요하다. 토착 질소화 세균의 매우 극단적인 온도에 대한 기후 적응이 알려져 있지만, 질소화 작용의 최적 온도는 25~35°C 사이이다. 실례로 한 연구에서 북부 호주의 토양에서 질소화 작용의 최적 온도는 35°C이지만, 아이오와(미국)에서는 30°C이고, 알버타(캐나다)에서는 20°C이다. 전에 언급한 것처럼, 토양 pH가 질소화 세균의 생장을 제한하는 주요 요소이다. *Nitrobacter*의 생장은 높은 pH(7.5 이상)에서 암모늄 독성에 의해서 억제되지만, 알루미늄 독성은 산성 토양에서 제한된 질화 작용의 원인으로 추정된다. 토양 습도와 산소 공급은 서로 연관 있다—제한된 산소 공급 때문에 물이 넘치는 토양에서는 질소화 작용이 잘 일어나지 않는다. 또 다른 극단의 경우, 질소화 반응율은 감소된 토양 수압(Ψ/soil), −0.03~−0.04 MPa 이하에서는 비례하여 감소한다.

자연 생태계의 질소 순환에서 질소화 작용의 중요성이 비교적 명확히 밝혀져 있지는 않다. 대부분 연구들에서 비교적 최소한 역할을 보이지만 어떤 NO_3^- 잉여가 있는 흙이나 교란되지 않는 개울에서는 아무런 역할이 없다. 실험적 삼림 벌채는 하천수에 NO_3^- 수준를 급격히 증가(약 50배)시킨다. NO_3^- 잉여 수준은 점차 식물들이 다시 자람에 따라 정상 수준으로 돌아온다. 이 결과들은 질소화 작용이 질소의 중요한 원천이지만, 식물의 NO_3^- 흡수는 토양수에서 NO_3^- 의 낮은 수준을 유지하는 주요 요소이다.

나무와 다른 식물들은 질소의 대부분을 보존하는 경향이 있는데, 탈락과 뿌리나 줄기 조직에서 저장이 일어나기 전에 잎과 꽃에서 질소가 사라지는 것을 막는다. 식물 질소의 1/3~2/3 정도가 그런 내부 순환으로 보전된다. 낙엽수의 경우에서처럼, 이렇게 저장된 질소는 척박한 토양에서 초봄에 생장할 수 있는 영양적 독립의 정도를 표시한다.

요약

질소는 대기에 아주 많지만, 질소는 종종 식물의 제한 영양소이다. 식물들은 이질소화효소의 유전자가 없지만 결합된 형태로 질소를 생산하는 원핵생물의 질소고정 활성에 주로 의지한다.

질소고정 생물은 독립생활을 하거나 식물과 공생적 연대를 형성한다. 공생적 질소고정은 숙주 식물 뿌리와 세균 사이에 복잡한 유전과 생화학 상호작용이 포함된다. 침입 뿌리혹세균은 뿌리혹의 형성을 유도하는데, 여기에서 단백질 레그헤모글로빈이 이질소화효소와 함께 작용하도록 저산소 환경의 형성을 돕는다. 숙주 식물은 광합성 산물로 에너지를 제공하고 반대로 식물의 생장과 발달에 필요한 질소원을공급받는다.

질소고정의 산물은 암모늄인데, 이것은 뿌리혹에서 유출되기 전에 GS/GOGAT를 통해서 아미노산으로 빠르게 통합된다. P II 단백질은 세포내 탄소/질소 균형을 감지하고 GS/GOGAT 활성을 조절한다. 질소고정 연대를 형성하지 않는 식물들은 일반적으로 질산염 형태로 질소를 흡수한다. 질산염은 유기물로 통합되기 전에 먼저 암모늄으로 환원되어야 한다. 잎에서 이 환원력은 광합성 전자 전달로 생성된다. 결과적으로 잎에서 질산염에서 NH_4^+으로 환원은 광합성이라고 생각되는데, 광합성으로 생성된 전자에 대한 CO_2의 환원과 경쟁하기 때문이다.

복습 문제

1. 암모니아화, 질소화 반응, 탈질소 반응은 무엇인가? 질소 순환에서 이들 반응의 공헌은 각각 무엇인가?
2. 생물학적 질소고정이 독점적으로 원핵생물의 영역이다라는 서술의 의미는 무엇인가?
3. 콩과 뿌리에서 뿌리혹세균 감염과 뿌리혹 발달의 과정을 서술하시오.
4. 질소고정의 생화학을 복습하시오. 박테로이드는 세균과 어떻게 다른가?
5. 공생적 질소고정에서 레그헤모글로빈의 기능은 무엇인가?
6. 질소고정의 산물은 암모니아다. 암모니아가 유기 질소로 전이되고 잎 세포로 이동되는 질소의 경로과정을 서술하시오.
7. NH_4^+의 동화에서 P II 단백질의 역할은 무엇인가?
8. 대부분의 식물은 질산염 이온 형태로 질소를 흡수하지만 암모늄을 더 좋아하는 몇몇 식물들이 있다. 여러분은 이 차이점을 가능하게 하는 생화학적 기초를 생각할 수 있습니까?
9. 왜 잎들에서 질산염의 NH_4^+로 전이는 광합성 반응이라고 생각할 수 있을까?
10. 질소로 농업 작물에 많은 비료 제공은 경제적, 에너지적으로도 비용이 드는 과정이다. 질소 비료없이 작물의 생산이 가능할까? 그렇다면, 수확의 관점에서 결과는 무엇인가?

더 읽을 거리

Buchanan, B. B., W. Gruissem, R. L. Jones. 2000. *Biochemistry and Molecular Biology of Plants. Rockville* MD: American Society of Plant Physiologists.

Foyer, C. H., G. Noctor. 2002. *Photosynthetic Nitrogen Assimilation and Associated Carbon and Respiratory Metabolism. Advances in Photosynthesis and Respiration, Vol. 12.* Dordrecht: Kluwer Academic Publishers.

Giraud, E., et al. 2007. Legumes symbioses: Absence of nod genes in photosynthetic Bradyrhizobia. Science 316:1307–1312.

Guerts, R., T. Bisseling. 2002. Rhizobium Nod factor perception and signalling. *The Plant Cell* (Supplement) 14:S239–S249.

Lam, H.-M., K. T. Coschigano, I. C. Oliveira, R. Melo-Oliveira, G. M. Coruzzi. 1996. The molecular genetics of nitrogen assimilation into amino acids in higher plants. *Annual Review of Plant Physiology and Plant Molecular Biology* 47:569–593.

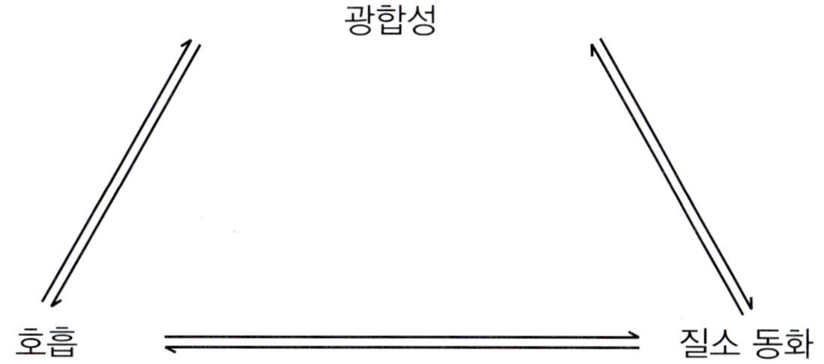

12
탄소와 질소 동화 그리고 식물 생산성

이전 장에서 광합성은 초록 식물에서 경쟁력 있는 성공의 기본적인 근본이라는 주제를 소개하였다(7장과 8장). 그러나 탄소 동화의 중요성은 녹색 식물의 영역을 넘어서 잘 확장되었다 탄소 동화는 식물 생물량, 혹은 건조량을 창조하는데, 이것은 차례로 생물권의 인간과 모든 다른 종속영양 생물들의 삶을 지탱한다. 산업 혁명의 시작 이후로 사람과 산업의 증가는 생물권에 증가된 압력을 넣었다. 이들 압력들은 차례로 식물 생산성 연구의 관심을 자극하였는데, 이것은 광합성을 통한 탄소 획득과 직접적으로 관련있다. 생산성과 수확에 대한 이들 관계는 농업에 대한 관심이지만 이것이 다른 유기체를 위한 에너지와 물질 의 기초를 공급하기 때문에 넓게는 생태적 관점에서 관련성이 있다. 식물 생산성의 지식은 생태 연구를 위한 기초를 제공하는데, 에너지와 영양 흐름과 공동체의 구조에 대한 이들의 관계는 다양한 문제들을 설명하는 데 도움이 된다. 식물 생산성은 또한 지구의 지속 가능한 인구 증가의 한계를 높이기 위한 암시를 포함하고 있다. 어떻게 식물이 자연 환경에서 기능하는지, 수확에 대한 이들의 잠재성, 어떻게 이들이 잠재적인 스트레스성 환경 변화에 대해서 반응하는지에 대한 지식은 급성장하는 세계 인구의 시기에 세계 자원을 어떻게 운영해야 되는지에 대한 지식으로써 아주 중요하다.

광합성의 생리학-광 수확, 에너지 전환과 탄소의 분할-은 생산성의 근본이다. 이 장은 다음의 것들을 다룰 것이다.

- 탄소 획득과 생산성의 개념들
- 호흡, 광합성과 실소 동화 사이의 상호작용들과 어떻게 이들 관계가 전체 한 식물의 탄소 획득을 결정하는지
- 빛, 가용한 이산화탄소, 온도, 토양수와 양분의 가용성과 같은 환경적 요소들은 광합성과 생산성, 잎과 덮개 구조와 이들의 생산성에 대한 영향 등에 영향을 미친다.

이 장은 세계적 차원에서 일차 생산성의 간단한 토론으로 끝마칠 것이다.

12.1 생산성은 생물량의 증가로 알 수 있다

무기 영양소는 생물 건조량의 일부이지만, 어느 유기체나 제일

많은 건조량은 탄소로 구성되어 있다. 생물권으로 기본적인 탄소 유입은 광합성 식물과 미생물에 의한 태양 에너지의 유기물로의 전환인데 이를 일차 생산성(PP)라고 한다. 총 탄소동화는 **총 1차 생산성(gross primary productivity, GPP)**로 불린다. GPP의 모두가 생물량의 증가에 쓰이지 않기 때문에 반드시 고려해야 할 사항은 호흡 비용이다. 대부분 생산성 연구들의 주요 관심은 **순 1차 생산성(net primary productivity, NPP)**이다. NPP는 GPP에서 호흡으로 인한 에너지와 탄소 손실을 교정하여 결정된다. NPP는 탄소의 순 증가로 측정값 혹은 탄소 획득이고 동물에 의해서 수확되어 이용가능한 부수적 생물량을 반영한다.

12.2 탄소 경제는 광합성과 호흡 사이의 균형에 의존한다

광합성은 고등 식물의 대사에서 뚜렷한 위치를 차지하므로, 광합성율은 생물량 생산과 작물 생산성을 조절하는 주요 요소로 여겨진다. 비슷한 광합성율을 가진 식물들은 생장율과 생물량 축적과 관련해서 매우 다를 수 있다는 것이 관찰되었다. 확실히 탄소의 분할과 할당, 이동률과 호흡률과 같은 요소들은 한 식물의 전반적인 탄소 예산 혹은 탄소 경제를 이해하려고 시도할 때에 반드시 고려해야 한다. 탄소 경제는 탄소 획득과 탄소 이용 사이의 균형을 표시할 때에 사용하는 용어다. 호흡은 광합성에 대한 주요 평행추다. 호흡은 생물량의 증가와 유지에 필요한 에너지를 얻기 위해서 동화된 탄소를 소비한다. 탄소의 호흡 손실은 식물 생산성에 관한 가장 중요한 내재적 한계들 중의 하나를 구성한다.

식물의 탄소 경제학에서 호흡의 영향을 잘 이해하기 위한 노력으로서 몇몇 생리학자들은 한편으로 생장과 다른 면으로 유지에서 탄소와 에너지 비용 사이의 차이를 실험적으로 구별하려고 노력하였다. **생장 호흡(growth respiration)**은 생장의 탄소 비용을 설명하기 위해서 만들진 용어다. 생장 호흡은 실제로 통합된 탄소와 생합성과 생장에 필요한 에너지(환원력과 ATP의 형태로)를 만들기 위해 호흡된 탄소를 포함한다. **유지 호흡(maintenance respiration)**은 유기물의 순환, 막 구조, 팽압, 용질 교환과 같은 건조량의 순 증가를 초래하지 않는 과정을 위한 에너지를 준비한다. 이들 구별은 쉽게 할 수 없지만 상대 생장률에 대한 상대 호흡률로 평가할 수 있을 것이다(그림 12.1). 호흡률이 생장을 제로로 후퇴시킨 것으로 추정될 경우에는 잔여 호흡은 비생장 세포의 유지를 위한 탄소와 에너지 요구를 대변하는 것으로 추정된다.

그림 12.1로부터 전체 호흡에 대한 유지 호흡은 생장율에

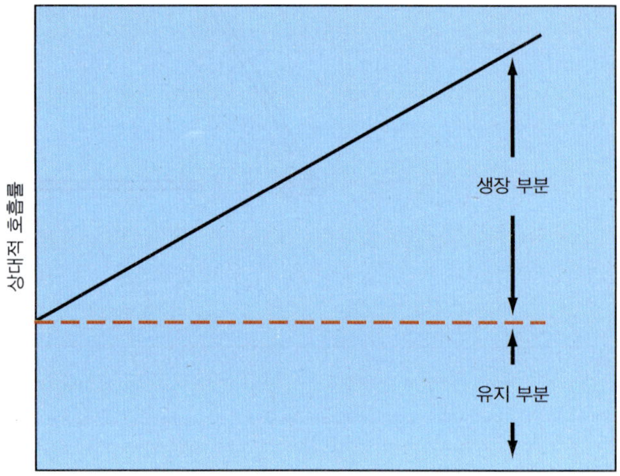

그림 12.1 생장 및 유지 호흡. 유지에 공헌하는 호흡의 비율은 생장률이 멈춘 곳에서 외삽함으로써 측정할 수 있다.

따라서 변한다. 유지에 공헌하는 비율은 젊고 빨리 자라는 식물 혹은 기관에서는 최소로 사용할 것이고, 성숙된 잎과 같은 비생장 기관에서는 많은 호흡이 있을 것으로 추정된다. 일반적으로 사용하는 실험 방법으로 유지호흡을 측정하는 것은 비록 잎의 안팎으로 적은 양(모르는)의 용질 이동이 일어나지만 성숙한 잎의 호흡은 100% 유지된다고 가정하는 것이다. 유지 호흡은 줄기나 다른 지상 기관보다 뿌리에서 더 높은 경향이 있다. 이것은 뿌리와 줄기의 필요를 만족하기 위한 이온 흡수를 위해서 뿌리에서 유지 에너지의 경비와 관련이 있을 것이다. 그러므로 청산가리-저항성 대체 경로가 뿌리에서 더 높다는 경향이 이것을 반영하는 것이다.

호흡은 생물량과 농업 수확량을 증가시키기 위한 여러 생장 과정에 필요한 대사 에너지를 생산하기도 하지만, 유용한 에너지의 수확이 거의 혹은 전혀 없이 탄소를 소비할 수도 있다. 후자의 경우는 식물에서 탄소의 손실로 대변되는데, 낮은 호흡률은 더 양성적 탄소 경제를 확립했다고 가정할 수 있다. 이것은 차례로 더 빠른 생장과 증가된 생산성을 초래한다. 높은 생산성에 유리하게 어떻게 호흡률이 조절 가능할까? 연속적인 연구에서, 다년생 독보리(*Lolium perenne*)의 유전자형들, 즉 낮은(2.0 $mgCO_2g^{-1}h^{-1}$)에서부터 빠른(3.5 $mgCO_2g^{-1}h^{-1}$) 범위의 호흡률을 가진 종들이 선택되었다. 선택은 25°C(유지 호흡)에서 성숙된 잎의 특이적 호흡률에 바

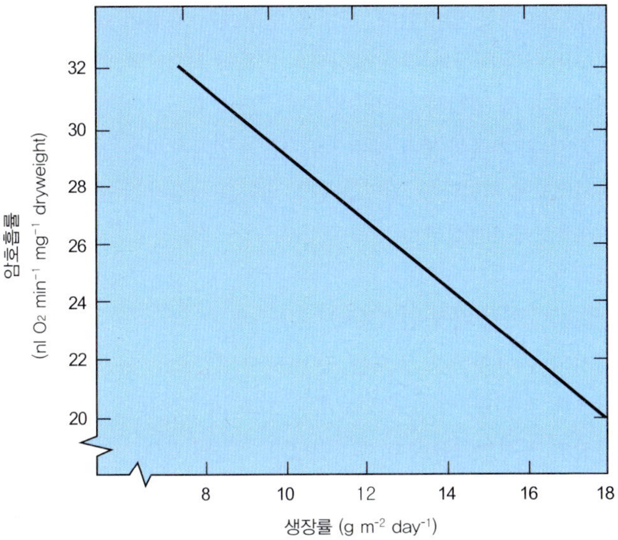

그림 12.2 다년생 독보리(rye grass, *Lolium perenne*)의 유전자형들에서 호흡률과 생장률 사이의 역관계. (From Wilson, D. *Annals of Batany* (London) 49:303–312, 1982. With permission of the Annals of Botany Company).

탕을 두었다. 이 결과들(그림 12.2)은 호흡률과 생장률 사이에 반대 관계를 보여준다. 즉, 높은 생장률은 낮은 호흡율을 가진 유전자형에서 기록되었다. 높은 생장률은 탄소의 더 효율적 사용을 초래한다. 성숙된 조직에서 이산화탄소의 줄어든 호흡 방출의 결과로서 나타난다. 환언하면, 유지 호흡에 소비된 탄소가 적을수록, 탄소의 많은 비율이 생장을 위해서 할당된다. 다른 연구자들이 밀, 보리, 귀리에서 호흡과 생장 사이의 비슷한 반비례 관계의 증거를 발견하였다.

호흡률을 향상시키는 다른 방법은, 만일 그렇다면, 청산가리-저항성 대체 경로 활성의 공헌을 감소시키는 것이다(10장). 대체 경로는 탄소를 산화하여 언는 대부분의 에너지를 열로서 방출한다. 대체 경로의 전체 영향이 확실히 정립된 것은 아니지만, 몇 가지 고무적인 지표가 있다. 어떤 품종들은 두 다른 CO_2 수준에서 대체 경로 호흡의 사용이라는 측면에서 아주 다르다는 것이 알려졌다. 이 품종들은 대체 경로가 높게 발현 혹은 발현이 전혀 없는 후손을 만들기 위해서 교배할 수 있다. 생물량의 축적은 대체 경로가 없는 후손에서 훨씬 크게 일어난다.

이와 같은 연구들은 호흡이 생물량 축적과 수확에 대해서 중요한 영향을 미친다는 것을 보여준다. 이들은 호흡을 조절함으로서 수확의 향상이 가능하다는 것을 제시한다. 광합성에서 동화된 탄소의 약 절반은 호흡으로 잃어버린다는 사실에 근거하여, 유지 호흡의 수준 혹은 대체 경로의 참여의 감소는 생장 호흡과 생물양 생산의 증가에 유리하게 탄소 균형을 이동시킨다. 물론 유지 호흡 그리고/혹은 대체 경로가 식물에 위험 효과 없이 감소시킬 수 있지만 아직까지 이것이 확립된 것은 아니다. 확실히 유지 호흡의 어떤 수준은 식물의 건강에 중요하다-하지만 그 수준이 결정될 것은 아니다.

순 일차 생산의 효율을 향상시킬 수 있는 한 방법은 교배와 선택 프로그램이다. 호흡의 역할이 의식적으로 평가된 적은 없지만 기존의 교배 프로그램에서 어느 정도 달성되었을 가능성은 있다. 또다른 방법은 유전 공학으로 호흡을 조작할 수 있다. 그러나 호흡은 생화학과 생리학 측면에서 모두 복잡한 과정이다. 세포 대사의 중심에 있고, 많은 다른 효소들, 세포내 소기관과 세포질의 협응된 활동들이 포함된다. 어떤 효소들 혹은 작용들—어떤 유전자들—유익하게 조절되는지 혹은 어떻게 변화된 호흡 균형이 다른 생리적 과정에 영향을 미치는지 이해하는 것은 매우 어려운 일이다. 비록 호흡을 조절함으로서 생산성을 향상하려는 전망은 고무적이지만, 의미있는 진전을 이루기 전에 많은 기본적인 연구들이 수행되어야 할 것이다.

12.3 생산성은 여러 환경적 요소에 의해서 영향을 받는다

광합성률은 많은 변수로 제한된다. 이떤 변수들이 영향을 주고 전달하는 정도는 한 개의 잎, 전체 식물 혹은 덮개를 형성하는 식물 군집에 따라서 달라진다. 이런 변수들에는 환경과 유전 요소가 포함된다. 환경 요소는 빛, CO_2의 가용성, 온도, 토양수, 영양분 공급, 질병 상태와 오염물들이 포함된다. 주요 요소는 잎의 나이와 형태, 잎 면적 지수, 잎의 각도와 잎의 방향이 포함된다. 식물 생산성에 대한 환경 스트레스, 순응과 적응의 영향이 13, 14, 15장에서 논의할 것이다.

12.3.1 플루언스율

플루언스율(fluence rate)에 대한 광합성의 전형적 반응을 그림 12.3에 설명하였다. 매우 낮은 플루언스율에서 암호흡으로 인한 CO_2 방출률은 광합성 CO_2 흡수율을 초과한다. 이것은 반대의 CO_2 흡수 혹은 CO_2 방출을 초래한다. 플루언스율이 증가함에

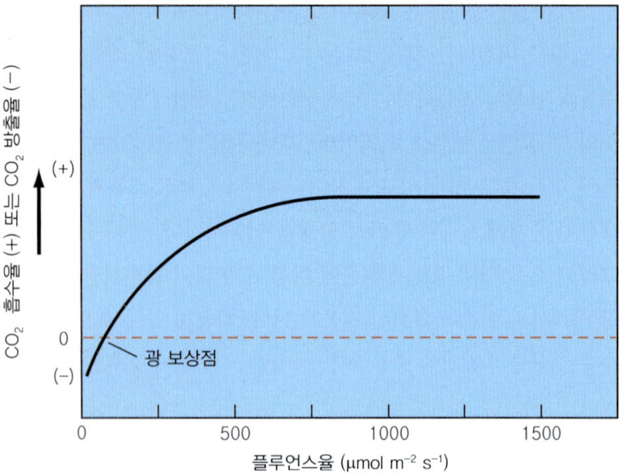

그림 12.3 C3 식물들에서 광합성의 전형적인 빛 반응을 보여주는 그래프.

따라서 광합성은 증가하고 따라서 CO_2 교환율이 0이 될 때까지 CO_2 흡수가 증가한다. 이것이 **광 보상점(light compensation point)**으로 알려진 플루언스율이라고 하는데 광합성과 호흡이 균형을 맞추는 경쟁 과정이다. 대부분 식물에서 광 보상점은 10~40 μmol m^{-2} s^{-1}의 범주에 속하는데 잘 조광된 사무실, 실험실 또는 교실에 비치는 빛 수준과 거의 같다.

보상점 위의 플루언스율에서 광합성율은 C3 식물들 경우 광 포화에 도달할 때까지는 계속해서 증가한다. 정상 CO_2 수준에서 대부분 C3 식물들에서 광합성은 500에서 1000 μmol photons m^{-2} s^{-1}의 빛 수준, 즉 태양광의 1/4에서 1/2에 상응하는 빛에서 포화된다. 광 포화는 다른 요소, 특히 CO_2 수준이 제한되면 일어난다. 대부분의 경우 광합성의 포화율과 포화가 일어나는 플루언스율은 CO_2 수준이 대기 이상으로 증가함에 따라서 증가한다.

땅콩(*Arachis hypogea*)과 같은 소수의 C3 식물들에서는 광이 포화되지 않는다. 이와 같이 서로 다른 결과가 나타나는 이유를 잘 모른다. 각각의 잎들과 식물들은 그들이 자라는 빛 환경에 순응한다. 한 예로 광합성의 광 포화율은 복사조도가 잘 드는 곳에서 자란 잎들(양지 잎들)보다 복사조도가 잘 안드는 곳에서 자란 잎들(음지 잎들)이 낮다. 빛 환경에 대한 순응과 적응은 14장과 15장에서 자세히 다룰 것이다.

자연 환경에서, C3 식물들은 단지 짧은 기간을 빼고는 좀처럼 광 포화가 되지 않는다. 새벽과 황혼 사이에서 광합성율은 점차 증가하는데, 정오경에 최대에 이르고 나서는 감소한다. 광합성율은 일반적으로 태양의 떠오름과 짐에 따른 복사조도의 변화에 따라서 변한다. 정오라도 지나가는 구름의 덮음에 따라 광합성율의 감소가 관찰되는데, 광합성은 좀처럼 광포화가 되지 않는다는 것을 암시한다. 또다른 연구에서 유럽의 울타리에서 자라는 여러 종들의 연간 생산성은 이들의 최대값의 절반 이하로 제한된다. 잎 광합성 능력과 일치하는 탄소 획득의 실패는 새벽과 황혼, 봄과 가을의 짧은 광주기와 구름의 덮개에 따른 줄어든 평균 복사조도에 기인한다. 장기간 탄소 획득은 생장기 동안의 누적된 복사조도에 비례한다.

12.3.2 이용가능한 CO_2

대기의 이산화탄소 농도는 적어도 단기간으로 볼 때 비교적 낮은데 부피당 약 0.035% 혹은 350 μl l^{-1}이다. 이 농도는 정상적 플루언스율에서 대부분 C3 식물의 CO_2 포화 수준에 밑도는데(그림 12.4), CO_2 가용성이 광합성에서 종종 제한 요소임을 의미한다. C3 식물에서 높은 CO_2 농도와 더불어 증가된 광합성율은 두 요소들로부터 비롯된다: 카르복실화 반응에 대한 증가된 기질과, 산소와 경쟁을 통한 감소된 광호흡. 주위 CO_2 수준과 빛 사이의 상호작용이 중요하다. 높은 플루언스율에서는 광합성의 최대 속도와 CO_2 포화 수준이 동시에 증가한다. 더구나 아주 밝은 빛에서 C3 식물들은 전형적으로 낮은 CO_2 보상점을

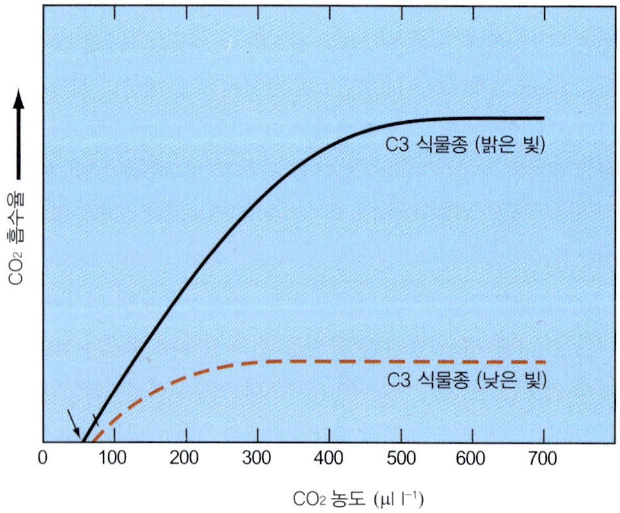

그림 12.4 주변 CO_2 농도에 대한 C3 종들의 전형적인 반응을 보여주는 그래프. 화살은 CO_2 보상농도를 가르킨다.

보인다. 이것은 광합성에 의한 CO_2 흡수율이 호흡으로 인해 CO_2 방출률과 동일한 CO_2 농도라는 의미다.

광합성에 대한 CO_2 수준의 영향의 평가는 처음 볼 때처럼 직선적인 것은 아니다. 광합성율은 주위 CO_2 농도에 의해서가 아니라, 훨씬 **세포내 CO_2 농도**, 즉 카르복실화 장소인 엽록체로 CO_2 공급에 의하여 결정된다. 보통 세포내 CO_2 농도가 세포간 공간과 균형을 이루고 있다고 생각한다. 확산율이 일부 농도 기울기에 의존하는데, 증가된 주위 CO_2 수준의 주요 효과는 잎으로 증가된 확산율에 의한 세포내 CO_2 농도를 증가시키는 것이다. 여기서 수분 공급은 적당하고, 결과적으로 기공 CO_2 전도도는 제한되지 않는다고 가정한다.

기공 CO_2 전도가 광합성을 제한하는 주요 요소라고 생각했지만, 최신 연구들은 주위의 다른 방식-기공 전도도가 광합성 능에 따라서 변한다는 것을 보여준다. **광합성 능**은 카르복실화 능과 전자 전달 능 사이의 균형에 의해 결정된다(그림 12.5). 낮은 CO_2 농도에서는 광합성율은 가용한 CO_2, 즉 체계의

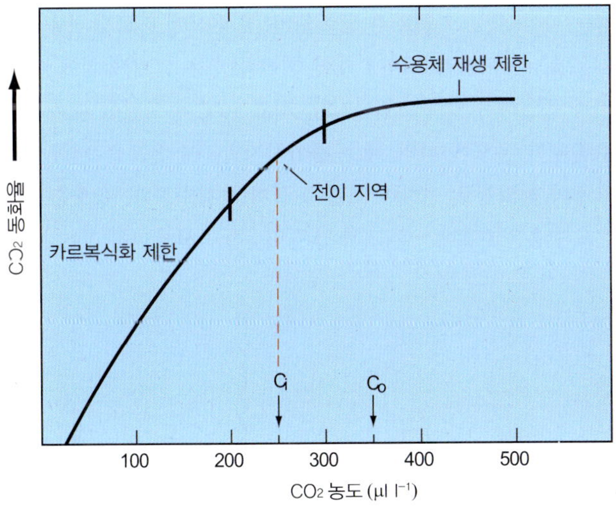

그림 12.5 CO_2 농도의 함수로서 광합성율의 제한을 묘사하는 모델. 낮은 CO_2 농도에서, 광합성은 효소 Rubisco의 카르복실화 능력에 의해서 제한된다. 높은 CO_2 농도에서, 광합성율은 수용체 분자인 ribulose-1,5-bisphosphate의 재생율에 의해서 제한된다. 기공은 아마도 과잉 카르복실화 능력이나 과잉 전자 전달도 없는 전이 지역 내에서 세포내 CO_2 농도를 일정하게 유지시킨다. Ci와 Co는 세포내와 주변 CO_2 농도를 각각 나타낸다 (Redrawn form Farquhar, G., T. Sharkey. 1982. *Annual Review of Plant Physiology 33:317–345*).

카르복실 능에 의해서 제한되지만, ribulose-1,5-bisphophate (RuBP)라는 수용체 분자의 가용성으로 포화된다(8장). 그러나 RuBP의 과잉 생산, 이것은 전자 전달 반응에 의존하는데, 카르복실화를 지원하기 위한 필요 이상의 반응은 자원의 비효율적 사용을 의미한다. 역으로, 높은 CO_2 농도 혹은 낮은 빛 상태에서는 제한 요소가 수용체 분자인 ribulose-1,5-bisphophate를 재생하는 에너지제한능이다. 이 경우에는 카르복실화 능의 초과—즉 Rubisco의 초과—가 자원의 비효율적 사용을 의미한다.

식물을 위한 자원의 대부분 효율적 사용은 과잉 전자 전달 능이나 카르복실화 능이 없는 전이 지역에서 세포내 CO_2 수준의 유지에 따른다. 세포내 CO_2 수준은 기공 전도도에 적어도 일부 결정되기 때문에 기공 세포의 주요 기능은 가능한 전이 범위 내로 세포내 CO_2 수준을 유지하기 위해서 CO_2 흡수를 조절할 것으로 보인다. 이것은 기공 세포 기능, 기공 세포는 주로 수분 손실을 조절한다고 생각하는 전통적인 관점과는 다르다. 높은 플루언스율에서 CO_2 농축은 높은 광합성과 CO_2 포화 수준을 초래한다(그림 12.4). 이런 관찰들은 식물들이 이들의 카르복실 능을 증가시킴으로 높은 광 수준을 보상할 수 있음을 보여준다. 이런 증가는 광합성 효소, 주로 Rubico의 촉매 활성을 조절함으로서 달성된다.

CO_2 제한은 온실에서는 특히 문제인데, 특히 겨울에 온실이 닫혀 광합성으로 인해 CO_2 수준이 감소된다. 정상적인 조건에서도 대기에 CO_2가 충분할 경우에는 대부분 식물들은 의미있게 빨리 자라고 수확이 증가된다. 이런 이유들로 CO_2 농축은 상추, 토마토와 오이 같은 야채 작물을 재배하는 사람들이 흔히 사용하는 실제적인 방법이다. 실제로 온실 대기에서 CO_2 함량은 대기 수준보다 2배 이상 증가한다. 700 $\mu l\ l^{-1}$ 이상에서는 기공 닫힘의 증가될 위험과 피드백-제한되는 광합성이 유도될 가능성이 있는데(9장), 이런 조건들은 광합성율의 감소를 초래한다. 따라서 CO_2 농도가 식물 생산성의 증가를 증가시킬 수 있는 상한선이 존재한다. 이 제한은 소스 잎의 광합성율이 식물의 씽크 능을 초과할 때에만 일어날 것이다(9장). CO_2 농축은 밭 작물의 생장과 생산성을 향상시킬 것으로 기대되지만, 공개된 환경에서 가스의 공급과 관련된 기술적, 경제적 문제들뿐만 아니라 광합성의 가능한 **피드백 억제**와 관련된 잠재적 생리적 문제들이 있다. 광합성율은 CO_2 농회율이 탄소 이용에 대한 능과 유출이 초과할 경우에는 감소한다. 광합성율은 복잡한 대사 피드백 고리들을 통해서 감소되어 조절된다.

12.3.3 온도

대부분 다른 생물학적 과정들처럼 광합성도 온도에 민감하다. 대부분 생물학적 과정을 위한 온도 반응은 관련된 효소와 다른 화학 반응들의 온도 의존성을 반영하게 된다. 온도 반응 곡선은 세 **주요점(cardinal points)**에 의해서 결정할 수 있다: 반응이 진행되는 **최소, 최대 온도(T_{min}와 T_{max})**와 **최적 온도(T_{opt})**(그림 12.6). 따라서 반응율과 과정이 증가된 온도에 따라서 비례하는 최적 밑의 온도 범위와 반응율이 감소하는 최적 위의 범위가 있다. 이 점들은 주로 기질의 촉매 자리의 결합(8장, 박스 8.1)과 단백질(효소) 안정성과 같은 생화학적 요소에 의해서 주로 결정된다.

화학과 생화학적 반응의 온도 반응은 주로 10°C 떨어진 두 온도에서의 반응율(Q_{10}으로 알려짐)을 비교함으로써 주로 결정된다:

$$Q_{10} = R_T + 10/R_T \qquad (12.1)$$

효소-촉매된 반응을 위한 Q_{10} 값은 보통 약 2인데, 온도를 각각 10°C 상승함에 따라 반응율이 거의 2배 증가한다는 것을 의미한다. Q_{10}에 대한 이 값은 T_{min}과 T_{opt} 사이의 온도에 의한 반응의 상승의 경우에만 주로 적용된다. 최적에 도달하면, 반응율은 효소 불활성로 급격히 감소한다(그림 12.6). 광합성, 호흡과 질소 동화가 복잡한 다효소 과정이기 때문에, 온도 반응이 모든 효소에 대한 평균적 온도 특성을 반영하는 경향이 있다고 가정한다. 우리가 14장에서 볼 것처럼, 식물들은 온도에 대한 적응하는 동안에 호흡을 위한 그들의 Q_{10}을 적용할 수 있다.

광화학 반응의 기본적 특성은 0°~50°C의 생물학적 관련 범위에서 온도에 상관없이 발생한다. 따라서 광화학 반응에 대한 Q_{10}은 거의 1.0에 가깝다. 따라서 광합성의 단기간 온도 반응은 탄소 대사의 반응들과 체계간 전자 이동에 대한 온도의 효과를 주로 반영하는 것이지, 광계 II와 광계 I의 반응 중심 내에서 광화학 반응을 반영하는 것은 아니다. 그러나 높은 온도에 장기간 노출은 광계 II의 불안정화를 유도하여, 광합성 광화학 능의 감소와 더불어 광합성 전자 이동율의 억제를 초래한다. 광계 I은 일반적으로 광계 II보다 환경적 조건의 변화에 매우 안정하다.

잎들과 식물에서 광합성 활성의 측정은 주로 순 가스 교환에 근거한다; 즉, **겉보기 광합성율(apparent rates of photosynthesis, AP)**에 기초한다—광합성 CO_2 흡수율(gross photosynthesis, GP)과 호흡(R)으로 인한 CO_2 방출과 광호흡(PR) 사이의 실제율 사이의 차이이다(그림 12.7; 식 12.2).

$$AP = GP - (R + PR) \qquad (12.2)$$

총 광합성(GP), 호흡(R)과 광호흡(PR)은 온도에 다르게 반응하기 때문에, 순 광합성(AP)에 대한 최적 온도는 순 광합성에 대한 것과 동일하지 않다(그림 12.8). 최고 50°C에 도달할 때까지만 호흡율이 온도에 따라 계속 증가하지만, 이 온도를 넘어서면 효소의 불활성로 인하여 호흡이 급격히 감소한다. 광호흡율의 온도 반응은 호흡에서 본 것과 같은 비슷한 곡선에 따를 것이다.

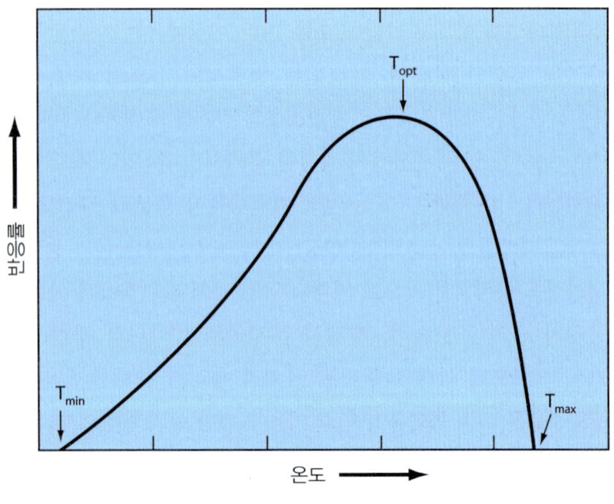

그림 12.6 온도 의존성과 전형적인 생물 반응을 위한 주요점.

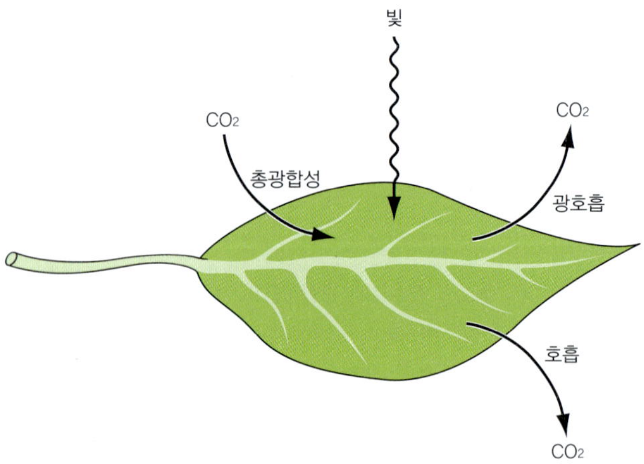

그림 12.7 C3 잎의 빛이 있는 곳에서 CO_2 교환이 일어나는 과정을 설명하는 도표.

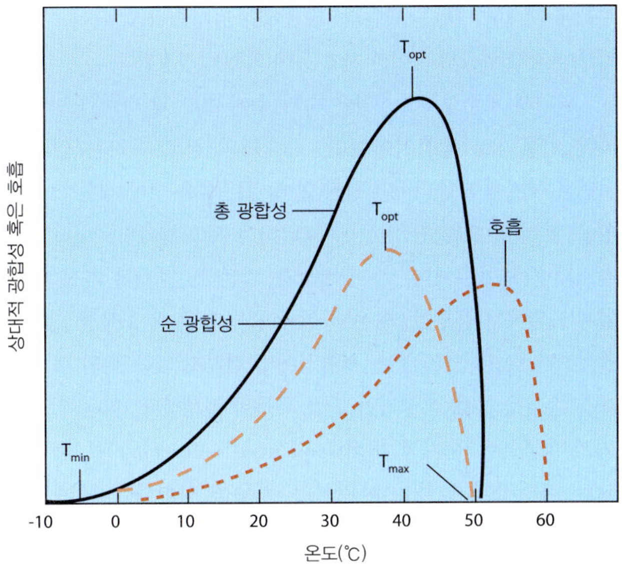

그림 12.8 순광합성, 호흡과 총광합성의 온도 의존성을 설명하는 도표. 순광합성은 억제 요인들(효소 비활성, 기공 닫힘)이 영향을 받을 때까지 반응에 참여한 효소들의 온도 활성화와 같이 증가한다. 호흡은 온도가 증가할 때 천천히 증가하고 더 높은 온도에서 최적반응을 보인다. 그러나 호흡은 낮은 온도에서 보다 높은 온도에서 더 빨리 감소한다. 순광합성(대시곡선)은 총광합성과 호흡의 차이로 결정된다. 그 결과로 얻어진 순광합성의 주요점이 표시되어 있다.

12.3.4 토양 수분 퍼텐셜

생산성 결정을 위한 가용한 수분의 중요성은 과소평가할 수 없다. 광합성률은 수분 스트레스 조건에서는 감소하고, 아주 심한 수분 스트레스 경우에는 완전히 멈춘다. 수분 스트레스로 인한 기공 닫힘과 결과적인 CO_2 공급의 감소는 광합성을 제한한다. 이런 광 조건이 오랫동안 지속된다면, CO_2 공급 부족으로 광합성의 광억제를 초래한다(13장과 14장). 광호흡은 강한 빛과 같은 조건에서 광합성 기구를 보호하는데, 이런 조건에서 흡수된 에너지가 O_2 고정에 사용되어 기공 닫힘으로 CO_2 공급이 제한되기 때문이다.

낮은 수분 퍼텐셜은 잎 세포에서 팽압을 감소시키고, 따라서 잎 팽창을 감소시킨다(17장). 지속된 수분 스트레스 조건에서는 감소된 광합성 표면적을 유발시킨다. 저장된 자원을 이동시켜서 새로운 동화물의 손실을 상쇄시키려는 몇 가지 보상이 있지만, 심지어 가벼운 수분 스트레스 조차도 순 생산성의 감소를 초래한다. C4 식물들은 아주 효과적인 수분 이용으로 인해 광합성과 수분 스트레스 관련해서 C3 식물보다 여러 이점을 누린다(15장).

12.3.5 질소 공급은 생산성을 제한한다

잎 광합성 능이라고 알려진 잎의 가능한 최대 광합성률은 포화된 광, 정상 CO_2와 O_2 농도, 최적 온도와 높은 상대 습도의 조건에서 잎 면적당 광합성율으로서 결정된다. 잎 광합성 능은 수백배 이상으로 변할 수 있지만, 자원이 풍부한 환경, 즉 빛, 수분과 영양분이 풍부한 장소에 순응된 식물들이 일반적으로 높다. 감소된 광합성은 거의 모든 필수 요소의 결핍의 결과이지만, 광합성능은 질소 공급에 특히 민감하다. 엽록소의 기본 구성분, 광합성 전자 전달 사슬에서 산화–환원 운반자, 탄소 대사에 관련된 모든 효소에서 질소는 1차 생산성에 중요한 역할을 한다.

C3 종에서 Rubisco 만으로도 전체 잎 질소의 절반 이상으로 차지할 것으로 생각된다. 한 연구에서 순 광합성은 질소 함량에 따라서 비례적으로 증가한다(그림 12.9). 보리 유식물에서 질산염 공급의 5배 증가는 순 광합성의 25배 증가를 자극한다. 질소 결핍의 한 영향은 광합성 효소들의 양과 활성을 감소시키지만, 마찬가지로 잎 팽창과 다른 요소들도 의심의 여지없이 광합성능의 감소와 관련 있다. 따라서 식물 생물량의 최대화는 광합성, 호흡과 질소 동화를 포함한 복잡한 대사 과정의 통합이 필요하다(그림 12.10). 이것은 광합성이 고정된 탄소 형태로 에너지뿐만 아니라 모든 필수 세포 구성분에 필요한 기본 탄소 골격을 공급한다는 사실에 기인한다. 광합성(7장과 8장)으로 고정되어 저장된 에너지는 호흡 과정(10장)을 통한 생장과 발달과 같이 모든 다른 과정들에 사용된다. TCA 회로의 중간 대사물은 아미노산

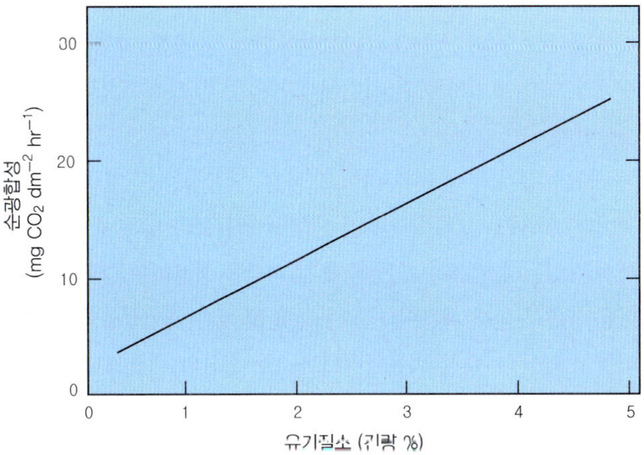

그림 12.9 C3 종인 큰김의털에서 잎 유기 질소 함량과 순광합성 사이의 관계. (Adapted form Plant Physiology 66:97–100. 1980. Copyright American Society of Plant Physiologists).

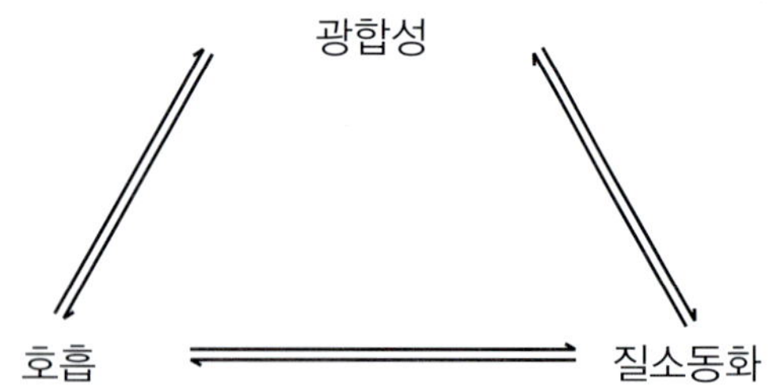

그림 12.10 광합성, 호흡과 질소 동화의 상호 의존성을 설명하는 도표.

생합성을 준비하기 위한 질산염 동화와 연결된다(10장과 11장). 광합성 에너지는 직접적으로 질산염 환원(11장)에 사용되며, 질소 동화는 아미노산을 광합성과 호흡 모두에 포함된 효소와 단백질의 합성을 마련한다. 따라서 모든 세 주요 대사 과정은 GS/GOGAT와 P II 단백질의 조절을 통하여 서로 밀접하게 연결되어 있다(11장).

12.3.6 잎 요소들

각각 잎의 순 탄소 획득은 환경적 요인들에 의해서 제한되고 잎의 구성과 유지 비용을 위해 균형을 맞추는 잎의 광합성능에 의존한다. 예를 들면, 한 잎의 순 탄소 획득은 잎의 발달과 노화 동안에 심하게 변한다. 초기 발달과 빠른 생장기 동안에는 잎의 광합성능 또한 증가한다. 그러나 발달중인 잎이 싱크로 역할 하는데, 지역적으로 합성된 탄소의 사용뿐만 아니라 잎 팽창을 지원하기 위한 탄소의 유입이 필요하기 때문이다. 잎 광합성능은 나이든 잎이 노쇠함에 따라서 감소하는데, 노쇠는 일부 엽록소와 광합성 효소들의 손실로 특징되는 잎의 급격한 악화다. 잎의 팽창과 노쇠 초기의 중간 시기에서만 잎은 탄소 획득으로 이익을 생산한다.

다른 유형의 잎들은 아마도 다른 광합성능을 지니고 있을 것이다. 한 예로 상록수 잎들은 낙엽성 잎들보다 낮은 광합성능을 가지고 있는데, 상록수가 생장에 긴 시간을 사용하여 그들의 구성 비용이 항상 높기 때문이다. 겨울 동안에 낮은 광합성능의 비용과 더불어 잎들의 유지 비용이 새로운 잎 생산의 비용보다 적다면 상록수 잎은 광합성능이 유리하게 될 것이다.

잎 광합성능과 상관없이 불리한 환경 조건은 장기간 탄소 획득의 감소를 초래할 것이다(13장). 어떤 자연 환경에서든 가용 수분, 빛의 양과 수분은 항상 변하고, 어느 정도 독립적으로, 종종 광합성율이 완전한 능보다 낮게 유지된다. 더불어 어느 잎의 환경의 중요한 특징은 다른 잎들의 존재이다; 즉 잎은 보통 **수관(canopy)**의 일부다. 서 있는 식물에서 순 일차 생산성은 덮개 구조에 지대한 영향을 받는다. 다음에는 덮개 구조의 나이, 형태, 각도와 각각 잎들의 사이의 간격 등에 의해서 결정된다.

일년생 초본성 C3 식물은 줄기 축에 따라 잎 나이와 발달에 따른 기울기로 특징지어진다. 꼭대기의 젊고 자라는 잎들은 완전히 햇볕에 노출되지만 훨씬 밑에 있는 늙은 잎들 심한 그늘에 있을 것이다. 그늘진 잎들에 도달하는 조도는 10% 미만으로 감소되어서 아주 낮은 순 광합성을 만든다. 덮개의 가장 낮은 잎에 도달하는 플루언스율은 하루 동안에 자주 광 보상점 밑으로 떨어진다. 이런 잎들은 순 광합성에 공헌하지 않을 뿐만 아니라 호흡 손실을 통해 부정적인 탄소 획득이 발생한다. 많은 일년생 초본 식물들은 **순차적 노쇠(sequential senescence)**를 통해서 그런 비생산적 잎들을 유지하는 비용을 피한다; 즉 새로운 잎들이 덮개의 꼭대기에 형성됨에 따라 덮개 밑에 있는 오래된 잎들은 노쇠된다. 노쇠 중인 잎들이 죽어 바닥에 떨어지기 전에 주로 수용성 유기 질소 화합물의 형태로 그들 건조량의 50% 이상을 잃는다. 이런 화합물은 이들이 재사용될 발달중인 잎과 다른 싱크로 유출된다. 이런 방식으로 제한된 자원들은 전체 식물의 탄소 획득을 최대화하기 위해서 다양한 나이든 잎들에 재분배된다.

덮개 구조는 농업 작물들과 자연 생태계를 고려할 때에 중요한데 왜냐하면 어떻게 효율적으로 빛을 흡수하는가를 결정하기 때문이다. 높은 생산성은 일부 바닥 지역이 광합성 표면으로 덮어 있는 정도에 의존한다. 햇볕에 강하게 노출된 땅은 생산성에 도움이 안 되기 때문에 대부분 농업 체계는 어린 식물들이 빠르게 덮개 안으로 들어오게 고안하여 가용한 빛의 차단을 최대로 한다. 한편 높은 밀도로 식수는 덮개에서 잎들에 의한 상호 그늘을 만든다. 그늘은 빛 차단의 전반적인 효과를 감소시키고, 결과적으로 장기간 탄소 획득을 감소시킨다(그림 12.11). 바닥의 덮는 면적에 대한 광합성 잎 면적의 비율을 **잎 면적 지수(leaf area index, LAI)**라고 한다. 잎 면적은 보통 단일 표면의 면적으로 취한다(혹은 투영 면적, 잎이 평면이 아닌 곳). 왜냐 하면 잎 표면과 덮은 바닥은 면적 (m^2)으로 측정되기 때문에, LAI는 크기가 없다. 생산적 농업 생태계에서 LAI의 값은 전형적으로 3~5 사이의 범위에 든다.

서 있는 나무에서 최적 LAI은 잎과 줄기 사이의 각도에 의존한다. 콩(*Phaseolus*)과 비슷한 작물의 전형적인 수평 잎들은 태양으로 펴진 넓은 면적 때문에 효과적 빛 흡수자이지만, 이들은 또한 덮개의 아래에서 더욱 효과적으로 잎들을 그늘지게 한다. 밀(*Triticum*)과 옥수수(*Zea mays*)와 같은 초본의 전형인 직립한

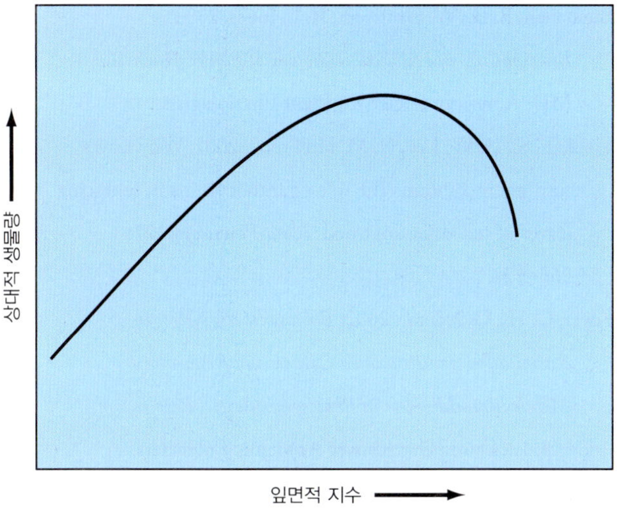

그림 12.11 작물에서 생물량과 잎면적 지수(LAI)의 관계. LAI는 서 있는 식물의 밀도가 변함에 따라서 변한다. 높은 식물 밀도들은 잎에 의한 상호 그늘과 그늘진 비생산적인 잎들에서 호흡에 의한 탄소 손실 때문에 생물량의 감소를 초래한다.

잎들은 그늘을 덜 만들고, 잎들의 급경사로 인해서 빛의 차단에도 효율적이지 못하다. 밀집한 벼에서 수행한 실험들에서 잎들이 무게로 수평 위치가 되면서 탄소 획득이 1/3으로 떨어진다는 것을 보여주었다. 옥수수에서 더 직립 위치로 상층 잎들의 매듭지우면 수확이 15% 이상 증가하였다. 사탕무(*Beta vulgaris*)와 같은 몇몇 작물들에서 잎 각도는 식물 꼭대기의 수직에서부터 기저의 수평으로 변한다. 이런 배열은 최상위 잎들에 의한 빛 차단을 감소시키고, 덮개 속으로 깊게 빛이 스미는 것을 허락한다. 일반적으로 빛의 가장 균등한 분포는 덮개에 의한 빛 차단의 효율과 더불어 탄소 획득의 효율을 증가시키는 경향이 있다.

LAI, 잎 각도와 광합성율 사이의 관계는 컴퓨터 모델들로 검토되었다. 이 결과는 LAI 잎 각도의 낮은 각도는 효과가 거의 없지만, 3 이상의 LAI에서 많은 층의 수직 잎들이 광합성을 최대화하기 위해서 필요하다. 야외 연구들은 수로 수평층 잎들을 가진 덮개는 2 이하의 LAI를 가지고, 반면에 수직층 잎 덮개는 3~7의 LAI 값을 지원한다.

잎들이 많은 혹은 적은 공간에서는 빛 차단의 효율은 태양의 각도에 따라 변한다. 많은 사막과 농업 작물은 그들 잎들의 방향을 변화시킬 수 있는 능력이 있어, 하루 중 공간을 따라 움직여서 태양을 추적할 수 있다. **굴해성(heliotropism)** 혹은 **태양 추적(solar tracking)**이라고 불리는데, 잎새는 그들 표면이 태양 직사광선에 수직으로 있는 방식으로 움직인다. 태양 추적은 식물들에서 매일 탄소 획득의 최대화를 도와서, 이들 식물들이 가뭄 혹은 고온과 같은 비우호적 조건이 개시되기 전에 짧은 기간 안에 생활사를 종료한다.

요약

식물들에 의한 탄소 동화는 사람과 모든 다른 종속 유기체를 지원하는 식물 생물량을 만든다. 유기체와 개체 수준 모두에서 탄소 획득 또는 생산성의 조사는 농업과 생태계 연구의 중요한 요소의 하나다. 전반적 탄소 획득은 순 일차 생산성—광합성에 의한 탄소 흡수와 호흡으로 탄소 손실의 균형—에 의존한다. 호흡으로 탄소 손실은 생장의 탄소 비용 또는 생장 호흡과 구조 유지와 건조량의 순 증가를 초래하지 않는 과정의 비용으로 나눌 수 있다. 여러 연구들이 호흡과 생장율 사이의 반대 관계를 보여준다. 호흡이 생장량 축적과 수확에 의미있는 영향을 미치고, 또 호흡을 조절함으로써 수확 향상이 가능하다는 것을 의미한다.

생산성은 광합성에 영향을 미치는 여러 유전과 환경 요소들에 의해도 역시 영향을 받는다. 이것들은 빛, 가용한 이산화탄소, 온도, 토양수, 영양소와 수관 구조들이 포함된다. 광합성율은 광보상점과 포화 사이에서는 증가한다. 조도는 하루 동안 일정하게 변하기 때문에 장기간 탄소 획득은 생장기 동안에 누적된 복사조도에 비례한다.

대기의 이산화탄소 함량은 비교적 단기간적으로는 일정하지만, 식물들이 전자 전달능과 내부 이산화탄소 함량의 균형을 유지하기 위해서 기공을 사용한다. 한편, 적당한 광에서는 식물들이 증가된 생산성으로 이산화탄소 이용성에 반응한다. 그러나 궁극적으로 생산성은 역시 공급원–수용부(source–sink) 관계에 의존한다.

광합성, 호흡과 광호흡은 온도에 다르게 반응한다. 따라서 총광합성에 대한 최적 온도는 순광합성에 대한 최적 온도와 동일하지 않다. 식물들은 그들의 잎 광합성능을 최대화하기 위해서 적당한 물과 질소 공급을 역시 요구한다. 서 있는 나무에서 생산성은 잎 노쇠 유형과 수관 구조에 의존한다. 이상적 수관은 빛 차단의 효율과 잎 면적, 잎 각도, 잎 방향, 식물 밀도와 오래된 잎의 노쇠 등의 균형으로 탄소 획득을 최대화한다.

복습문제

1. 생장 호흡과 유지 호흡의 차이를 구별하라. 생산성을 향상시키기 위해서는 어느 것을 조절해야 가장 좋은가?
2. 여러 환경 요소들이 어떻게 식물 생산성에 영향을 미치는지에 대해 서술하라.
3. 잎면적 지수의 큰 값이 왜 서 있는 식물의 생산성에 전반적인 감소를 초래하는가?
4. 식물들은 과도한 빛으로부터 자신을 보호하기 위해서 어떻게 잎 구조와 형태를 변화시키는가?

더 읽을거리

Buchanan, B. B., W. Gruissem, R. L. Jones. 2000. *Biochemistry and Molecular Biology of Plants.* Rockville, MD: American Society of Plant Physiologists.

Field, T. S., D. W. Lee, N. M. Holbrook. 2001. Why leaves turn red in autumn: The role of anthocyanins in senescing leaves of red-osier dogwood. *Plant Physiology* 127: 566–574.

Foyer, C. H., G. Noctor. 2002. *Photosynthetic Nitrogen Assimilation and Associated Carbon and Respiratory Metabolism. Advances in Photosynthesis and Respiration*, Vol. 12. Dordrecht: Kluwer Academic Publishers.

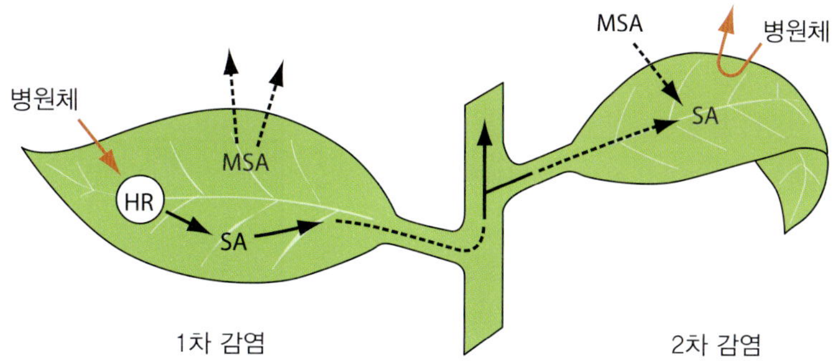

13 환경 스트레스에 대한 식물의 반응

이전 장들은 식물 뿌리가 토양에서 물과 양분을 얻음(1장에서 4장까지), 잎들이 빛 에너지를 수확하고, 대기 CO_2와 토양 NO_3^-이 수크로스, 녹말과 아미노산의 안정된 화학물들로 전환(5장, 7장, 8장, 11장)과 잇따른 생장과 발달을 위한 해당 과정과 미토콘드리아 호흡으로 저장된 화학 에너지를 방출함(10장)과 같은 근본적인 과정들에 초점을 맞추었다. 필요에 의해서 이들 과정들이 일어나는 생화학과 분자 메커니즘들을 설명하려고 식물들을 생장과 발달이 정상 혹은 이상적인 환경 조건에서 연구되었다. 그러나 식물들은 종종 특이적 혹은 극단적 환경에서 자란다: 북반구 온대 위도에 있는 나무와 관목들은 겨울의 매우 낮은 온도를 경험한다; 고산 식물들은 차고 건조한 바람을 경험한다; 농작물들은 긴 가뭄 뿐만 아니라 고온과 저온을 경험한다. 환경 요소들의 극단성은 식물에게 스트레스성 환경을 만들어 이들의 생리, 발달과 생존에 큰 영향을 준다.

환경 스트레스에 대한 식물 반응의 연구은 식물 환경 생리학자와 생리 생태학자들에게 오랫동안 중심적 테마였다. 어떻게 식물들이 스트레스에 반응하는가는 그들의 지역적 분포와 환경적 기울기에 따른 이들의 수행을 설명하는데 도움을 준다. 스트레스는 불가피하게 생산성의 감소를 초래하기에 **스트레스 반응(stress response)**들은 농업 과학자들에게도 중요하다. 스트레스 반응들의 이해는 가뭄과 다른 수확-제한적 조건들을 이기는 스트레스-저항성 품종을 육종하려는 시도에도 중요하다. 마지막으로 스트레스성 조건들은 식물이 작용하는 방식에 변동을 유발시키기 때문에, 이런 조건들은 식물 생리학자에게 기본 생리와 생화학의 연구에 색다른 유용한 도구를 제공한다.

이 장은 식물들이 그들의 환경에서 조우하는 여러 스트레스들을 조사할 것이다. 다룰 주요 과제는 다음과 같다.

- 식물 스트레스, 순응과 적응의 기본 개념들
- 광억제라 불리는 과정을 통한 광합성의 광 의존적 억제
- 기공 전도도에 대한 수분 결핍의 효과들
- 식물 생존에 대한 고온과 저온 스트레스의 효과들
- 식물 생존에 대한 결빙(freezing) 스트레스의 도전, 그리고
- 곤충들과 질병에 의한 감염으로 인한 생물 스트레스에 대한 식물들의 반응들

13.1 식물 스트레스란?

생명은 자유에너지 증가 과정, 즉 $\Delta G > 0$(5장)이기 때문에 에너지는 유기체의 일생 동안에 구조적 구성의 유지를 위해 반드시 필

요하다. 일생 동안 그런 복잡한 질서의 유지는 에너지의 유입으로 일정성이 유지된다. 각 유기체는 닫힌 계가 아니고 그들의 주변 환경과 관련하여 열린 계이다. 이것은 모든 생물 유기체들에서 일정한 에너지 흐름을 유발하는데, 그들의 특징적인 구조와 구성을 유지하는 세포내 생합성과 이동뿐만 아니라 복제와 생장할 능력과 같은 주요 유지 과정들의 수행을 위한 역동적 구동력을 준비한다. 이런 에너지 흐름으로 인해 살아 있는 생물 유기체는 결코 그들의 환경과 평형을 이루지 않는데, 즉 ΔG가 결코 0이 되지 않고, 평형과는 거리가 먼 정상 상태를 유지한다(5장). 그런 정상 상태의 유지는 준안정 상태, 즉 **항상성**을 만든다. 결과적으로 모든 생물 형태들은 한정되나 변화된 수명을 가진 임시 에너지 저장소라고 생각할 수 있다(그림 13.1).

주변 환경의 변화는 항상성을 교란시킬지도 모른다. 항상성의 환경적 조절을 **생물학적 스트레스**로 정의된다. 따라서 **식물 스트레스**는 항상성이 유지되는 어떤 최적의 환경 조건에서 이런 초기 항상성 상태가 교란된 아최적 조건으로 갑작스런 전이로 식물의 생리에 미친 어떤 나쁜 영향을 의미한다(그림 13.2). 따라서 식물 스트레스는 상대적 용어인데, 왜냐하면 어떤 환경의 영향을 평가하는 실험 다자인이 최적의 조건에 있는 같은 식물 종에서 생리 현상의 평가를 비교하여 아최적 스트레스 조건에 있는 어떤 식물 종의 생리적 현상을 평가하기 때문이다. 어느 정도의 스트레스는 최적 대 아최적 조건하에서 평가들의 차이로 정량할 수 있기 때문에, 스트레스 생리학의 기본은 비교 생리학이다. 그러나 한 예로 복사조도, 온도와 수분 퍼텐셜의 극단에 대한 이들의 최적 환경과 민감성에 대해서 식물 종은 아주 가변적이다. 스트레스는 환경 혹은 유기체의 한 기능인가? 실례로서 사막들 혹은 북극 툰드라에서 만나는 극단적 환경은 그곳에서 번창하는 식물에게 스트레스일까? 이들 환경들은 다른 종들에게는 아니고 단지 어떤 종에게만 스트레스일까?

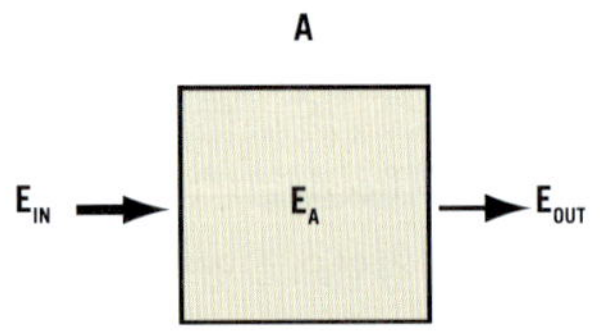

그림 13.1 생물학적 생명은 에너지 저장 장치로 형성되어 있다. A는 어떤 생물학적 생명 형태이다. E_{IN} (굵은 화살색)은 주변 환경으로부터 생물학적 유기체인 A로 들어오는 에너지이다. E_{out} (얇은 화살색)은 생물학적 유기체에서 환경으로 다시 나가는 에너지이다. 화살의 두께는 살아 있는 유기체의 안팎으로 흐르는 에너지의 상대적 흐름의 차이를 표시한다. E_A는 살아 있는 유기체에 의해 저장된 혹은 갇힌 정상 상태의 에너지이다. 열역학의 제1법칙(5장)에 따라서, $E_{IN} + E_A + E_{OUT} = 1$. 따라서, $E_A = E_{IN} - E_{OUT}$.

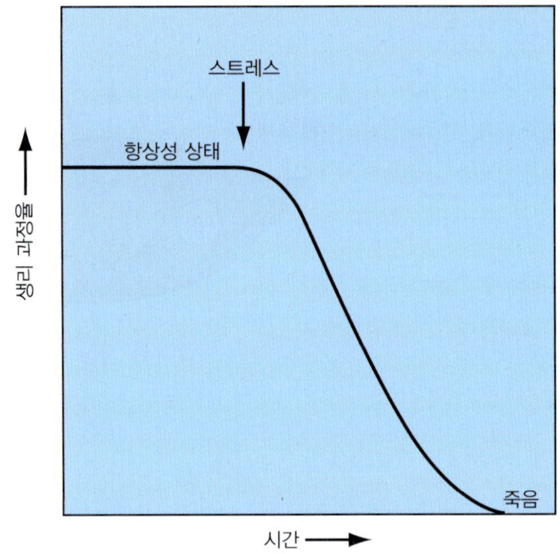

그림 13.2 식물 항상성에 관한 환경 스트레스의 영향. 어떤 최적 환경 조건에서, 식물은 오랫동안 몇 가지 중요한 생리 과정들의 일정율에 유지되는 것처럼 항상성 상태에 있다. 외부 스트레스가 가해짐에 따라서 이 생리 과정율이 급격히 감소된다. 어떤 식물들은 가해진 스트레스에 적응할 수 없고 새로운 항상성 상태를 유지할 수 없다면 치명적이다. 이런 식물들은 스트레스에 민감성이라고 분류한다.

13.2 식물들은 여러 다른 방식으로 스트레스에 반응한다.

식물 스트레스는 두 주요 범주로 나눌 수 있다. **비생물(abiotic) 스트레스**는 물리적(예, 빛, 온도) 혹은 환경이 식물에 부가하는 화학적 자극이다. **생물(biotic) 스트레스**는 식물이 일생 동안에 노출되는 생물학적 자극(예, 곤충, 질병)이다(그림 13.3). 몇 가지 식물들은 어떤 스트레스에 의해 손상을 받는데, 식물들이 하나 이상의 대사적 기능장애를 보인다. 만일 스트레스가 약하고 단기간이라면, 손상은 일시적이고 스트레스가 사라질 때에 식물은 회복된다. 만일 스트레스가 강하다면, 이것을 개화, 종자 형성을 방해하고, 식물의 죽음을 초래하는 노쇠를 유도한다. 그런 식물들을 **민감성(susceptible)**이라고 생각한다(그림 13.3). 몇 식물들은 스트레스를 회피하는데 **단명식물(ephemeral plant)**들이 이런 경우다. 단명식물들은 계절적 우기에 매우 빠르게 발아하고, 생장하고, 개화한다. 이들은 적당한 습기 시기 동안에 만 생활사를 끝마치고 건조기가 오기 전에 휴면 종자를 형성한다. 비슷한 방식으로, 많은 극지 일년생 식물들은 짧은 극지 여름 동안에 생활사를 마치고 종자 형

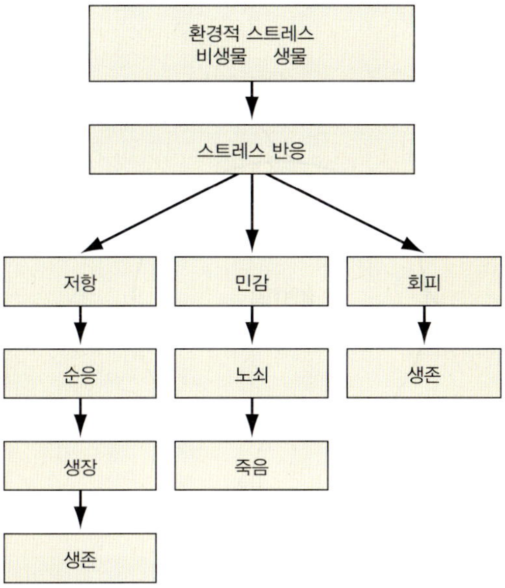

그림 13.3 식물 생존에 관한 환경 스트레스의 영향.

태로 겨울을 넘긴다. 수명이 짧은 식물들 가뭄 혹은 저온의 스트레스를 거의 경험하지 못하기 때문에 이들 식물들은 **스트레스 회피**(stress avoidance)로 환경 스트레스에서 생존한다(그림 13.3).

회피 메커니즘은 스트레스가 환경에 남아 있더라도 스트레스의 영향을 감소시킨다. 실례로, 알파파(*Medicago sativa*)의 기존 식물들은 지하수면까지 침투하는 깊은 뿌리 체계를 내림으로서 성체 식물이 건조한 서식지에서 생존이 가능하다. 천근성 식물들이 가뭄을 겪는 조건에서도 알파파는 적당한 물 공급을 받을 수 있다. 다른 식물들은 물을 저장할 수 있고, 증산을 줄일 수 있는 두꺼운 외피 혹은 부드러운 잎털을 지닌 잎들을 발달시키거나, 물을 저장하거나 물 손실을 줄일 수 있는 다른 변화를 발달시킨다. 광합성 줄기와 잎들이 단순한 가시로 줄어든 선인장들은 가뭄 회피자의 다른 예다. 대부분 가뭄 회피자들이 건조를 만나면 심하게 손상 받을 것이다.

대부분 식물은 특정 스트레스를 참을 수 있는 능력이 있는데 이것을 **스트레스 저항적**(stress resistant)이라고 불린다(그림 13.3). 스트레스 저항성은 유기체가 스트레스에 적응 혹은 순응(acclimate)할 능력을 보일 것을 요구한다.

마지막으로, 용어학에서 논란은 **전략**(strategy)이라는 용어의 사용이다. 전략은 종종 어떤 식물이 특정 스트레스에 대해 성공적으로 반응하는 방식을 묘사한다. 어떤 생리학자들은 전략이 의식적 계획, 즉 목적론[1]을 의미하는 이유로 용어를 사용한다. 그러나 전략은 유기체가 어떤 환경에서 생존할 수 있게 반응들의 유전적으로 프로그램된 결과를 타당하게 서술한 것이다.

13.3 너무 많은 빛은 광합성을 억제한다

7장, 8장에서 우리는 광합성 전자 전달 과정을 통해서 가시광선 에너지가 ATP와 NADPH로의 전환에 대해서 토론했다. 설탕 혹은 녹말로 전환되는 3탄당-인산(Triose-P)의 형성과 더불어 ATP와 NADPH는 캘빈 회로에 의해서 RuBP를 재생산하는 데 필요하다(그림 13.4A). RuBP의 계속적인 재생산은 Rubisoc에 의한 CO_2의 계속적인 동화를 위한 절대적 필요물이다. ATP와 NADPH의 빛 의존적 생합성의 이런 요구는 CO_2 동화를 빛 의존적으로 만든다. 그러나 빛이 광합성 CO_2 동화에 필요하지만 너무 많은 빛은 광합성을 억제한다.

모든 식물에서 광합성을 위한 빛 반응 곡선은 그림 13.4B에서 설명한 것처럼 포화 동역학을 보인다. 낮은 복사조도에서는 CO_2 동화율이 복사조도가 증가함에 따라 비례적으로 증가한다. 이것은 더 많이 흡수된 빛이 더 높은 전자 전달율을 의미하므로 RuBP의 재생산을 위한 ATP와 NADPH의 수준을 증가시키는 것으로 여겨진다(그림 13.4A). 따라서 낮은 빛으로 제한된 조건에서는 캘빈 회로에 의한 ATP와 NADPH의 소비를 통해서 RuBP가 재생산되는 율은 CO_2 동화 혹은 O_2 방출로 표시되는 광합성율을 제한한다. 낮은 빛으로 제한된 조건에서는 광합성 빛 반응 곡선의 최대 초기 기울기가 흡수된 광자당 동화된 CO_2의 몰농도나, 혹은 광합성을 O_2 방출율로서 측정한다면 흡수된 광자당 방출되는 O_2의 몰농도로서 측정되는 **광합성 효율**의 척도로 표시된다(그림 13.4B).

복사조도가 증가함에 따라서 광합성율은 더 이상 복사조도의 직선적 함수가 아니고 오히려 수준이 감소된다. 이런 높은 빛 세기에서 광합성율이 **광 포화**되었다라고 말한다(그림 13.4B, 빨간색 지역). 이것은 캘빈 회로가 ATP와 NADPH로 포화되어, 차례로 Rubisco가 그 기질의 하나인 RuBP로 포화되었다라는 것을 의미한다. 최대 빛 포화율은 **광합성능**의 척도이고 단위 시간당 잎 면적당 동화되는 CO_2의 몰농도나 방출되는 O_2의 몰농도의 단위다. 따라서 빛이 포화된 상태에서는 RuBP의 재생산율이 CO_2 동화율

[1]목적론은 자연과정이 목적이 있다라는 결정론의 교리이다. 따라서 목적론적 논쟁은 자연과학에서는 부적합한 것으로 여겨진다.

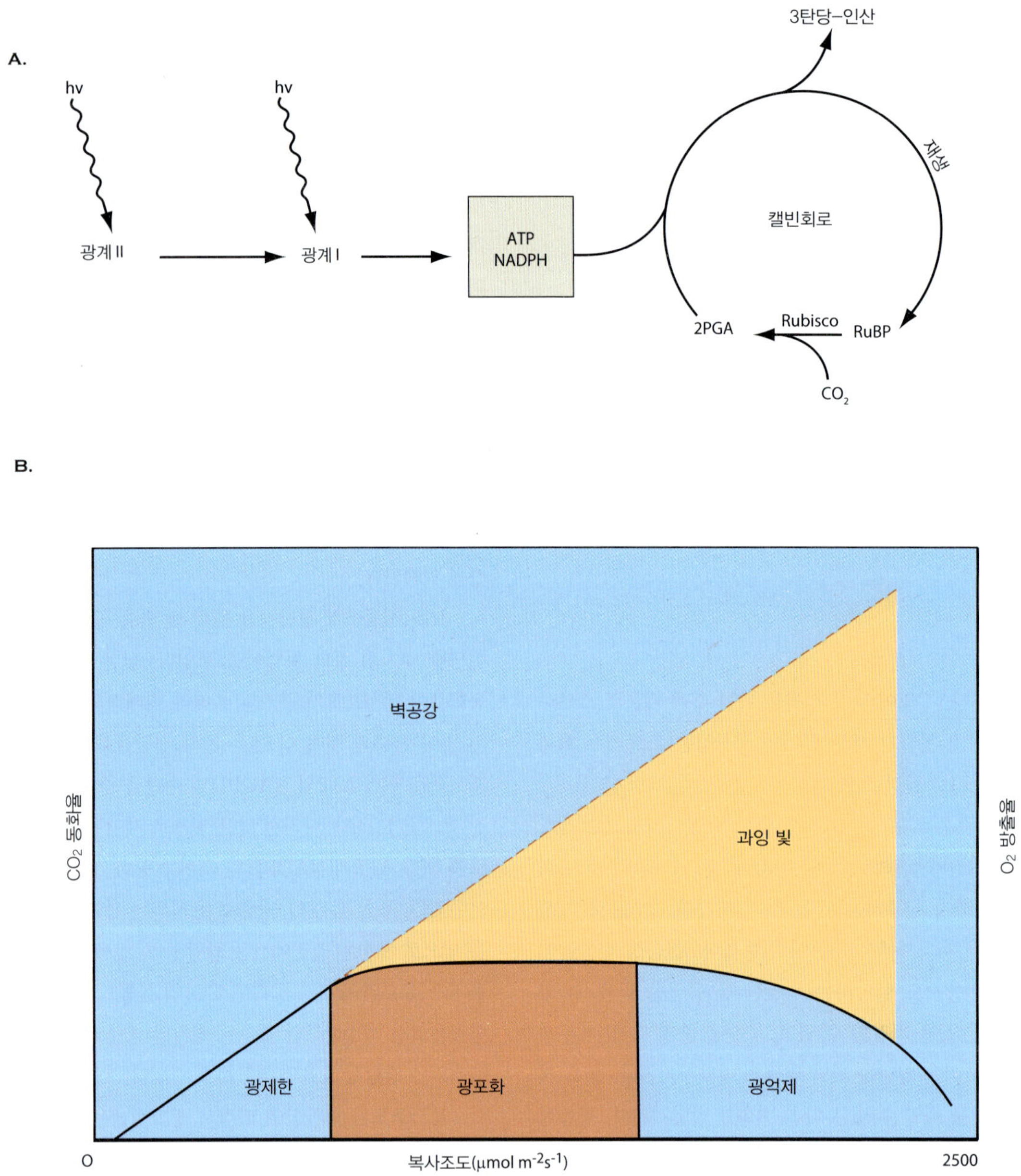

그림 13.4 증가된 복사조도에 대한 광합성의 반응을 설명하는 도표적 설명. **(A)** 광합성 직선 전자 전달과 캘빈 회로 사이의 상호작용을 설명하는 모델. **(B)** CO_2 동화율 혹은 O_2 방출율로서 측정되는 광합성에 대한 도표적인 광반응 곡선. 광반응 곡선의 위의 지역은 광합성에 이용할 수 없는 과잉 복사조도를 의미한다.

을 제한한다기보다 Rubisco가 광합성율을 제한하는 RuBP와 CO_2를 소비하는 율이 된다. 결과적으로 빛이 포화된 상태에서는 광합성률은 빛에 비의존적이 되고, 식물을 높은 복사조도에 노출하더라도 더 이상 광합성율이 변하지 않는다. 빛이 포화된 상태에서는 식물이 더 높은 빛 수준에 노출된다면(그림 13.4B, 노란색 지역), 즉 식물이 광합성을 이용할 때보다 더 많은 빛에 노출된 상태이다. 만일 식물이 **과잉 빛(excess light)**에 오랫동안 노출되면 광합성률이 감소되기 시작한다(그림 13.4B). 이것을 광합성의 **광억**

제(photoinhibition)라고 부르며 광합성적 O_2 방출 혹은 광합성적 CO_2 동화에 요구되는 것보다 더 높은 복사조도에서 일어나는 광합성율의 빛 의존적 감소를 의미한다.

대부분 식물들에서 PS II가 PS I보다 광억제에 민감하다라고 말한다. 식물들을 낮은 빛에서 높은 빛으로 이동으로 광억제에 노출한 효과는 광합성 효율과 광합성능의 변화(그림 13.5A)의 조사나 Fv/Fm(그림 13.5B)으로 측정되는 최대 PS II 광화학 효율의 변화로 측정되는 엽록소 형광(Box 13.1)을 조사함으로써 평가한다.

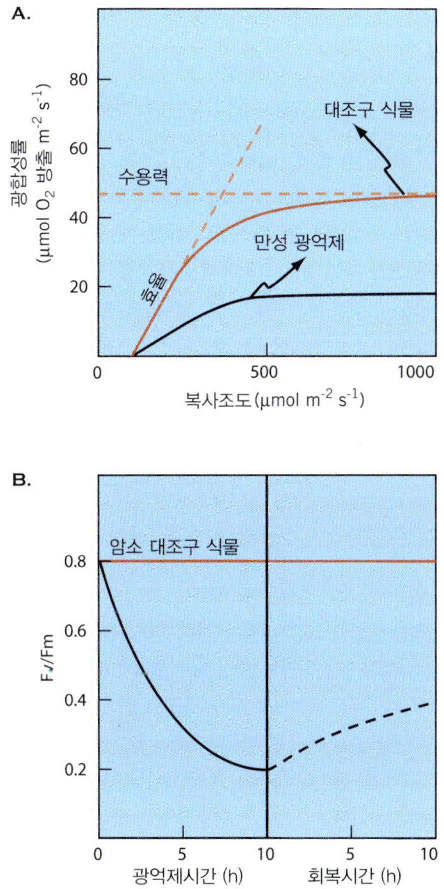

그림 13.5 광합성에 대한 만성 광억제의 효과들. (**A**) 식물들의 광반응 곡선을 측정하기 전에 높은 빛에 전처리되지 않는 대조구식물들과 만성 광억제를 유도하는 높은 빛에 처리된 식물들의 도표적 광반응 곡선. (**B**) Fv/Fm(Box 13.1)로서 측정된 PS II의 최대 광화학석 효능에서 만싱 광익제를 유도히는 강한 빛과 노출 시간에 대한 효과를 설명하는 도표. 점선은 만성 광억제 받은 식물들을 낮은 광 조건으로 다시 옮겼을 때에 Fv/Fm의 느린 회복률을 설명한다. 대조구 식물들은 실험 동안에 어둔 곳에 계속 둔다.

광합성 효율과 광합성능의 감소를 초래하는 광억제는 보통 PS II의 **광손상**의 결과인 **만성 광억제(chronic photoinhibition)**를 반영한다. 특별히 손상 장소는 PS II 전하 분리의 효율의 감소를 유발하는 PS II의 D1 반응 중심 단백질이다(7장). PS II 광화학 효율의 이런 감소는 Fv/Fm로서 측정할 수 있다(그림 13.5B)(Box 13.1). PS II 광화학 효율의 감소는 보통 O_2 방출의 광합성 효율의 감소에 비례한다. 만성 광억제의 특징은 식물들이 과잉 빛에서 낮은 빛으로 이동했을 때에 매우 느린 가역성 반응을 보인다는 것이다(그림 13.5B).

13.3.1 D1 회복 회로는 PS II의 빛 손상을 극복한다

PS II 반응 중심은 내재적 수명을 보인다. 이것은 PS II 반응 센터의 D1 단백질이 어느 식물 단백질 중에서 제일 빠른 대사 회전 속도를 보인다는 사실에서 처음 알려졌다. D1 단백질은 약 30분의 시간 간격으로 분해되고 재합성된다. 최근에 PS II가 **광자 계수기**와 일치한다고 알려졌다. 즉, D1 단백질의 수명은 흡수된 광자 수에 의존하지 절대 시간이 비례하지 않는다고 제안되고 있다. 정상 생장 조건에서 각 PS II 반응 중심은 광산화 손상으로 인하여 비가역적으로 손상받는데 10^5에서 10^7 광자를 흡수한 후에 자연적으로 분해된다고 계산된다. 따라서 과잉 빛에 노출은 PS II의 일생을 단축시키는데, 왜냐하면 이런 조건이 광산화 손상의 가능성을 증가시키고 D1의 분해를 일으키는 필요한 광자들을 흡수하는 시간을 단축시키기 때문이다.

어떻게 식물들은 기능적 PS II 반응 중심의 일정한 공급을 유지할까? 식물들과 녹조류는 *pbbA*라는 D1 단백질을 암호화하고 있는 한 개의 엽록체 유래 유전자를 가지고 있다. 이런 유기체들은 PS II에 광손상을 회복할 수 있는 D1 회복 회로를 진화시켰다(그림 13.8). D1 단백질이 손상되었을 때에는 단백질 인산화에 의해서 분해가 표시된다. D1의 인산화 후에 PS II는 일부 분리되고 D1 단백질이 단백질 가수분해로 분해된다. 차례로, *pbbA* 유전자은 엽록체 전사와 번역 기구들 이용하여 전사와 번역이 일어나고 따라서 새로운 D1 단백질이 축적된다. 새로운 D1 단백질은 밀착되지 않은 스트로마 틸라코이드로 삽입되고, 새로운 기능적 PS II 복합체가 재조립된다. 틸라코이드 막에 있는 측면 이질성에 기초하여 손상된 PS II 복합체가 해체와 재조립을 위한 그라나 너비에서 밀착되지 않은 스트로마 틸라코이드로 측면 이동하는 메커니즘은 아직도 이해되지 않고 있다.

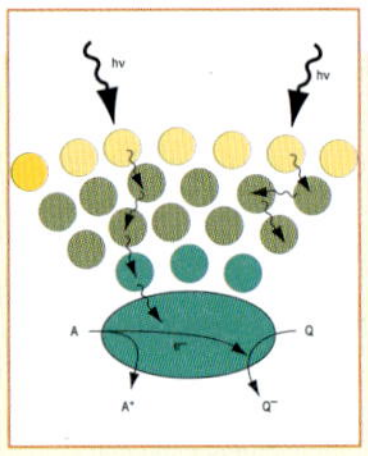

Box 13.1
엽록소 형광에 의한 식물 스트레스 조사

6장에서 우리는 분자가 제일 낮은 단일항 들뜬 상태로부터 바닥상태로 되돌아옴에 따라 들뜬 분자에 의한 빛의 광자 방출로서 형광을 정의했다. 제일 낮은 단일항 들뜬 상태에서 초기 열 비활성화로 인하여 엽록소가 바닥상태로 형광을 방출함에 따라서 엽록소는 적색 광을 방출한다. 따라서, 들뜬 엽록소가 사용하는 파장에 상관없이, 엽록소는 항상 적색광을 방출한다. 잎에서 흡수된 전체 에너지 중에서, 3% 미만 만이 엽록소 형광으로 에너지를 상실한다. PS II와 PS I의 구조와 구성의 차이점 때문에 상온에서 측정된 엽록소 형광은 주로 PS II에서 나온다(그림 13.6). 이런 성질 때문에, 상온 엽록소 형광은 PS II 기능뿐만 아니라 전체 광합성 기능에 대한 민감하고 내재적인 탐침으로서 이용되고 있다. 결과적으로, 엽록소 형광은 광합성과 식물 스트레스 연구에서 의심할 여지없이 가장 많이 사용되는 분광학적인 기술이다.

카우츠키(Kautsky)와 히르쉬(Hirsch)는 엽록소 형광 신호의 가변 성질에 관한 내용을 처음으로 보고하였다. 이 복잡한 형광 신호(그림 13.7)의 연속적인 자세한 연구들은 PS II 반응 중심뿐만 아니라 전반적인 광합성 전자 전달과 CO_2 동화의 성질들에 관해서 매우 자세한 정보를 보여주었다. 잎 혹은 조류 부유액 등 사용하는 종에 따라 상온에서 5분~60분 정도 암 적응하였을 때에, 모든 PS II 반응 중심을 열린 형태[P680Pheo Q_A]로 만드는 PS I에 의한 광합성 전자 전달로 모든 전자들은 빠져 나가게 된다(7장). 열린 형태의 모든 PS II 반응 중심과 함께 최소 형광 수율은 바탕 혹은 F_o 형광이라고 부른다(그림 13.7). 만일 시료가 광합성을 개시하기 아주 충분

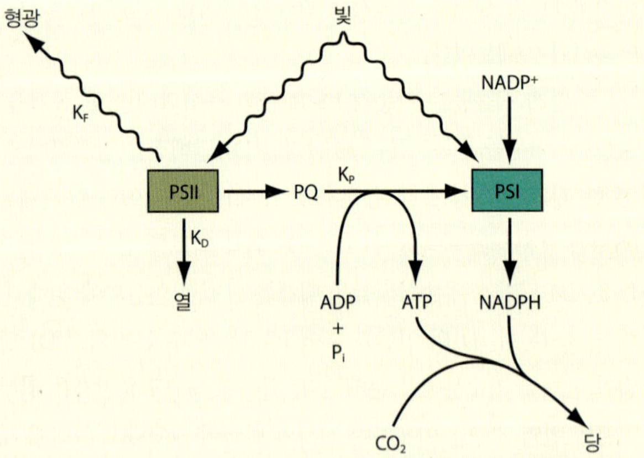

그림 13.6 광합성 기구에서 흡수된 빛 에너지의 가능한 운명을 설명하는 모델. 광합성적으로 흡수된 빛 에너지의 주요 운명은 속도 상수 K_P로 표시되는 유용한 광화학, 속도 상수 K_D로 표시되는 과도한 빛 에너지가 열로 방출되는 비광화학적 방출, 속도 상수 K_F로 표시되는 엽록소 형광 등이 포함된 것으로 생각한다. 흡수된 빛 에너지의 3% 미만이 엽록소 형광으로 손실되기 때문에 이 과정은 과다흡수된 빛 에너지의 안전한 방출을 위한 주요 과정으로 생각하지 않는다. 그러나 엽록소 형광은 광합성 기구의 기능과 전반적인 식물의 생리 상태에 대한 아주 민감하고 내재적인 탐침이다.

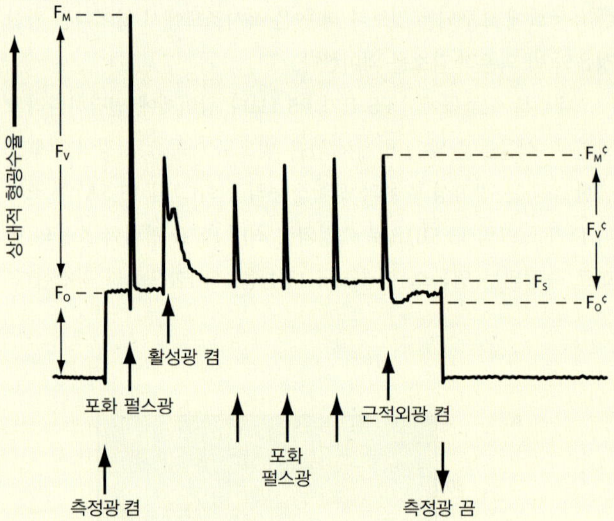

그림 13.7 펄스-증폭-변조 엽록소 형광(PAM, pulse-amplitude-modulated chlorophyll fluorescence)의 측정의 도식적 추적. 이 방법은 포화 펄스광 방법으로 엽록소 형광 소광을 분석할 수 있게 도와 준다. 시료가 암적응 상태에 있을 때에 낮은 강도로 조절된 측정광이 켜짐은 F_o라는 최소 형광을 발생시킨다. 최대 형광 수율(F_m)은 백색광의 높은 광도로 포화시킨 펄스광을 1000분의 1초로 연속적으로 적용함으로 측정할 수 있다. 가변 형광(F_v)는 $F_m - F_o$로 정의되므로,

$$\frac{F_m - F_o}{F_m} = \frac{F_v}{F_m} \text{ 이다.}$$

시료가 광합성을 유도하기 충분한 활성광으로 조명 받으면 형광 수율(F_s)은 F_s가 최소의 정상 상태에 이르기까지 복잡한 전이과정을 겪는다. 이것을 카우츠키(Kautsky) 유도 곡선이라고 한다. 최대 형광 수율(F'_m)은 그림 13.7에서 지적한 카우츠키 유도 곡선으로부터 수직으로 뻗어 나온 스파이크로 표시된 것처럼 포화 펄스광을 여러 번 적용함으로써 활성광에 의해 유도된 활발한 광합성이 일어나는 동안에 측정할 수 있다는 사실을 이용한 것이 PAM 형광이다. 우선 추정하자면 $F_m - F'_m$은 형광 수율의 비광화학 소광을 의미하고, 반면에 $F'_m - F_s$는 광화학 소광을 의미한다.

한 빛 광도에 노출되었을 경우에 복잡한 전이들에 의해 특징지어지는 형광 신호를 탐지할 수 있다(그림 13.7). 이것을 **카우츠키 효과**(kautsky effect)라고 부른다(그림 13.7). F_o로부터 초기 최대 형광(F_m) (그림 13.7)으로 빠른 상승은 PS II 반응 중심이 PS I, 상호시스템 전자전달과 궁극적인 CO_2 동화로 인해 다시 열릴 수 있는 것보다 에너지 전이와 광화학을 통해서 흡수된 광이 PS II 반응 중심 [P680 + Pheo Q_A^-](7장)을 매우 빠르게 닫히게 하기 때문이다. 형광 수확 혹은 형광 소광에서 순차적인 감소는 PS II 반응 중심의 재열림을 반영한다. 이것은 ATP와 NADPH 생합성과 관련된 매우 늦은 효소–촉매 반응들의 유도 때문인데, 이것은 차례로 CO_2 동화와 관련 있는 생화학적 반응으로 최종적으로 소비된다. 따라서 엽록소 형광 수확은 광합성률과 반비례한다.

모든 광합성 생물들은 에너지 예산에서 균형을 유지해야 만 하는데, 즉 이것은 광화학을 통해 흡수된 에너지와 대사와 생장을 통해 사용된 에너지 그리고/혹은 열로서 비광화학적으로 방출된 에너지 사이의 균형이다. 대부분 광합성 생물들은 에너지 균형을 유지하기 위한 두 주요 메커니즘을 가지고 있다. (1) **광화학적 소광**, qP(식 13.1)으로 측정됨, 대사와 생장을 통해서 과도하게 흡수된 에너지를 사용하는 능력을 반영한다.

$$qP = Fm' - Fs/Fm' - Fo \tag{13.1}$$

$$NPQ = Fm - Fm'/Fm' \tag{13,2}$$

이것은 스트로마 CO_2 동화(Rubisco), 시토졸의 설탕 생합성(SPS) 그리고 곡물과 같은 식물 종에서 액포 프락탄 생합성(9장)과 관련 있는 특이 효소들의 발현과 활성의 상향 조설이 포함되어 있다. (2) **비광화학적 소광**, NPQ(식 13.2)으로 측정됨, 과도하게 흡수한 에너지를 열로서 방출시킬 수 있는 능력을 반영한다(그림 13.6). 이것은 틸라코이드의 자극, 비올라크산틴이 안테라크산틴과 제아크산틴으로 가역적인 탈에폭시화 반응이 포함된 크산토필 회로 효소들이 주로 포함되어 있다. 광화학적 소광 능력(qP)과 비광학적 소광 능력(qN, NPQ)은 **펄스-증폭-변조 엽록소 형광(PAM, pulse-amplitude-modulated chlorophyll fluorescence)**를 사용하여 체내에서 측정할 수 있다. 어느 환경 스트레스로 유도된 광억제의 정도는 광억체 처리 전과 후의 PS II의 최대 광화학적 효율(Fv/Fm)을 측정함으로써 빠르게 평가할 수 있다. Fv/Fm은 다음 식(식 13.3)으로 계산할 수 있다. 예상한 것처럼, Fv/Fm의 감소는 광억제의 조건에서 시간의 반응으로 O_2 방출의 광합성 효율의 감소와 비슷한 양상에 따른다.

$$F_v/F_m = (F_m - F_o)/F_m \tag{13.3}$$

더 읽을거리

Adams III, W. W., B. Demmig-Adams. 2004. Chlorophyll fluorescence as a tool to monitor plant response to the environment. *Chlorophyll a Fluorescence—A Signature of Photosynthesis. Advances in Photosynthesis and Respiration*, Vol. 19, pp. 583–604. Dordrecht: Springer.

Schreiber, U. 2004. Pulse-amplitude-modulation (PAM) fluorometry and saturation pulse method: An overview. *Chlorophyll a Fluorescence—A Signature of Photosynthesis. Advances in Photosynthesis and Respiration*, Vol. 19, pp. 279–319. Dordrecht: Springer.

Baker, N. R. 2008. Chlorophyll fluorescence: a probe of photosynthesis in vivo. *Annual Review of Plant Biology 59*: 89–113.

13.4 수분 스트레스는 식물 생존에 대한 끊임 없는 위협이다

수분 스트레스는 과량의 물이나 물 결핍으로 일어난다. 과잉 물의 경우가 홍수이다. 홍수 스트레스는 주로 뿌리에 줄어든 산소 공급으로 인하여 흔히 산소 스트레스를 동반한다. 차례로 줄어든 산소는 호흡, 영양소 흡수와 다른 중요한 뿌리 기능을 제한한다. 수분 결핍으로 인한 스트레스는 흔한 것은 아니지만, 정확한 용어인 **수분 결핍 스트레스**는 **수분 스트레스**로 보통 줄여 말한다. 우리는 이 장에서 수분 결핍 스트레스에 주목할 것이다. 왜냐하면 자연 환경에서 수분 스트레스는 가뭄이라는 조건인 강수량 부족 때문에 일어나는데, 이 스트레스는 **가뭄 스트레스**(drought stress)라고 불린다. 실험실에서 수분 스트레스는 잎으로부터 증산류의 손실을 허락함으로써 촉진되는데(2장), 이 조건을 **탈수 스트레스**(desiccation stress)라 불린다.

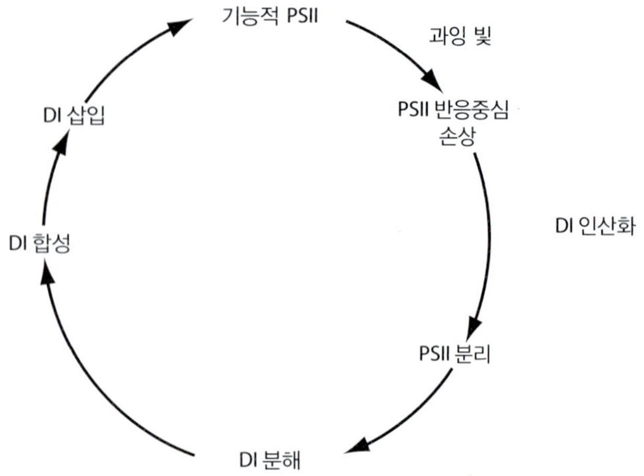

그림 13.8 D1 회복 회로. 빛이 광합성을 위한 영원한 에너지원이지만, 과잉 빛은 광계, 특히 PS II에 있는 D1 반응 중심 폴리펩티드에 손상을 끼치기 때문에 위험하다. 식물들과 조류는 D1 회복 회로라는 광손상을 회복하는 아주 정교한 메커니즘을 발전시켰다. 광합성에서 빛을 이용하는 혹은 빛을 열로서 방출하는 식물의 능력을 초과하는 복사조도에 노출은 D1 단백질에 손상을 초래한다. 기능적인 PS II 반응 중심은 손상된 PS II 반응 중심으로 전환된다. 이것이 발생하면, PS II는 분리되고, D1은 틸라코이드 단백질 가수분해효소에 의해서 분해된다. 차례로, 새로운 D1은 엽록체 번역 기구에 의해서 새로이 합성되고, 기능적인 PS II 반응 중심을 형성하기 위해서 틸라코이드 막으로 삽입된다.

13.4.1 수분 스트레스는 막 손상을 초래한다

수분 스트레스로 초래된 손상은 원형질체에 대한 건조의 해로운 효과로 나타난다. 한 예로써, 물의 제거는 원형질체 부피가 줄어듦에 따라서 용질 농도의 증가를 초래하고, 이것 자체가 심각한 구조적 대사적 결과를 만든다. 막과 단백질의 통합은 건조에 의해서 영향을 받고, 이것은 차례로 대사적 기능 장애를 유발시킨다. 스트레스들은 지질 이중막을 변화시키고 막 단백질의 이동을 초래하며 이것은 용질의 누출과 더불어 막 선택성의 손실, 세포내 구획의 일반적인 방해와 막 단백질의 활성 손실을 유발시킨다.

막 손상과 더불어 많은 연구들이 탈수되었을 때에 세포질과 세포소기관 단백질의 활성이 상당한 손실 혹은 완전한 변성을 겪는다는 것을 보여주었다. 막 통합과 단백질 안정성의 손실은 원형질의 탈수와 더불어 세포질 전해질의 고농축에 의해서 악화된다. 이런 모든 사건들의 결과는 재수화에 따른 세포내에서 대사의 혼란을 초래한다.

13.4.2 광합성은 수분 스트레스에 특히 민감하다

광합성은 두 가지 방식으로 수분 스트레스에 의해 영향을 받는다. 첫째, 기공의 닫힘은 이산화탄소의 대기 공급에 대한 엽록체의 접근을 차단한다. 둘째, 광합성 기구의 구조적 통합에 대한 낮은 세포 수분 퍼텐셜에 대한 직접적인 효과가 있다. 기공 닫힘에 수분 스트레스의 역할은 다음 절에서 논의할 것이다.

광합성에 관한 낮은 세포 수분 퍼텐셜의 직접적인 효과는 건조해진 해바라기(*Helianthus annuus*) 잎에서 분리한 엽록체에서 많이 연구되었다. 해바라기는 이런 연구에 유용하다고 입증되었는데 기공 닫힘이 광합성에 아주 적은 영향을 미치기 때문이다. 엽록체에서 광합성 활성의 직접적 효과는 CO_2의 요구를 감소시키고 잎 내의 CO_2 수준을 비교적 높게 유지하는 것이다. 전자 전달 활성과 광인산화은 잎 수분 퍼텐셜이 −1.0 MPa 밑으로 떨어진 해바라기 잎에서 분리한 엽록체에서는 감소된다. 이런 효과들은 틸라코이드 막과 ATP 합성 단백질(CF_0-CF_1) 복합체가 손상된 것을 반영한다(5장과 7장).

광합성에 대한 수분 스트레스의 직접적 효과는 빛의 부가적 효과로 더욱 악화된다. 수분 스트레스가 CO_2 동화를 억제하기 때문에 수분 스트레스는 식물들을 과잉 빛에 노출되었다는 것을 의미한다. 잎의 광합성 색소들에 의해 흡수된 빛은 광합성 전자 전달의 억제로 인하여 더 이상 광합성이 진행되지 않는다. 따라서 수분 결핍에 식물의 노출의 동시적 효과는 만성적 광억제이다.

13.4.3 기공은 수분 결핍에 반응한다

식물들은 온난하고 건조한 공기 덩어리가 그들의 환경으로 올 때에 습도의 급격한 하락 혹은 온도의 증가로 인해 급격한 수분 결핍을 종종 겪는다. 그 결과는 잎과 주변 공기 사이에서 증기압 기울기를 급격히 증가시킬 수 있다. 결과적으로, 증산율이 증가한다(2장). 증기압 기울기의 증가는 토양의 건조를 증가시킨다. 증산이 토양 표면에서 일어나기 때문에, 건조 공기 덩어리의 도착은 천근 식물들에 의한 수분 흡수에 특별히 중요하다.

식물들은 잎 표면을 통한 증산으로 인한 물 손실과 뿌리에서 물이 재공급되는 비율을 일치시키기 위해서 기공의 닫힘으로 수분 스트레스에 일반적으로 반응한다. 지금까지 연구된 사막, 온대와 열대 서식지의 모든 식물에서 볼 수 있는데, 기공의 열림과 닫힘은 주변 습도에 대한 반응이다. 주위의 표피 세포들과는 다르게, 공변세포(guard cell)의 표면은 큐티클층을 가지고 있지 않다. 결과적으로, 공변 세포는 대기로 직접 물을 잃어버린다. 만일 기공 주변 세포로부터 증발 수분 손실율이 주변의 엽육 세포로부터 물 재획득률을 초과한다면, 공변 세포는 탄력을 잃을 것이고 기공은 닫힐 것이다. 공변 세포가 잎과 대기사이의 증기압 기울기에 직접적으로 반응한다. 공변 세포로부터 물의 직접 증산에 의한 기공의 닫힘은 종종 **수동수압 닫힘(hydropassive closure)**이라고 불린다. 수동수압 닫힘은 공변 세포에서는 대사적 관련은 전혀 없고, 공변 세포가 단순히 삼투압계로써 물의 손실에 반응한다(1장).

기공 닫힘은 또한 수활성(hydroacitve) 과정으로 조절된다. **능동수압 닫힘(hydroacitve closure)**은 대사 의존적 반응이며, 열림을 유발시키는 이온 유출의 전환이 반드시 포함된다(1장). 능동수압 닫힘은 잎 엽육 세포에서 수분 퍼텐셜의 감소에 의해서 유발되고 앱시스산(abscisic acid, ABA)과 다른 호르몬들이 관련있는 것으로 보인다. 1960년대 후반에 ABA의 발견 이후로, 수분 스트레스로 인한 기공 닫힘에 중요한 역할을 한다는 것이 알려져 왔다. ABA는 수분 스트레스 받은 잎에 축적되며 ABA의 외부 도포는 기공 열림의 강력한 억제제이다. 더구나, *flacca*와 *sitiens*라 알려진 두 토마토 돌연변이는 정상 수준의 ABA 축적이 안 되지만, 두 종 모두 쉽게 시든다. 수분 스트레스 받은 전체 식물에서 기공 닫힘에 대한 ABA의 역할을 정확히 서술하는 것은 어렵다. 이것은 ABA가 도처에 있고, 종종 비스트레스 조직에서도 고농도로 존재하기 때문이다. 또한 몇 가지 초기 연구들은 ABA 함량이 증가하기 전에 기공이 닫히기 시작한다는 것을 보여준다.

대부분 관개가 잘된 식물들에서는 ABA가 엽육 세포의 세포질에서 합성되는 것으로 보이지만 세포내 pH 기울기 때문에, ABA는 엽록체에 축적된다(그림 13.9). 낮은 pH에서, ABA는 양성자화 형태인 ABAH로 존재하는데, 이 형태는 대부분 세포막을 자유롭게 통과한다. 분리된 형태인 ABA^-는 잘 통과하지 못한다; 이 분자는 전하를 띠고 있어 막을 쉽게 통과할 수 없다. 따라서, ABAH는 낮은 pH를 가진 세포내 구획에서 높은 pH를 가진 구획으로 확산되는 경향이 있다. ABA^-로 분리된 형이 생기게 된다면,이것은 엽록체에 갇히게 된다. 활발히 광합성하는 엽육 세포에서 시토졸은 약 산성(pH 6.0에서 6.5)이지만 엽록체 스트로마는 염기성(pH 7.5에서 8.0)이다(7장). 스트로마 pH가 7.5이고 세포질 pH가 6.5라면, 엽록체에서 ABA 농도는 세포질보다 약 10배 정도 높을 것으로 추정된다.

현재 모델에 따르면, 잎에서 수분 스트레스의 초기 탐지는 광합성에 대한 영향과 관련 있고 이것은 이 장의 서두에서 언급했다. 엽록체에서 전자 전달과 광인산화의 억제는 틸라코이드 공간에 양성자 축적을 방해하고 스트로마 pH를 낮춘다. 동시에, 엽육 세포의 주변 아포프라스트에서 pH가 증가한다. 결과적인 pH 기울기은 엽육 세포에서 아포프라스트로 ABA의 방출을 자극하고, 이것은 증산류를 통해서 공변 세포로 운반시킨다(그림 13.10).

어떻게 ABA가 공변 세포에서 팽압을 조절하는지는 아직까지도 잘 모른다. 증거들은 ABA가 공변 세포로 들어갈 필요가 없지만, 대신에 원형질 막의 바깥 표면에서 작용한다고 제시된다. 아마도 ABA는 원형질 막의 높은 친화력을 보이는 결합 자리와 상호 작용하는데(21장), 아직 그런 자리의 존재가 확인되지 않고 있다. 그럼에도 불구하고 ABA가 원형질 막 양성자 펌프를 방해하고 결과적으로 K^+의 흡수 혹은 공변 세포로부터 K^+ 유출을 자극한다. 어느 쪽이든 공변 세포는 팽압을 잃어 기공의 닫힘을 유발시킨다.

위에서 이야기한 것처럼, 시든 잎들은 많은 양의 ABA를 축적한다. 대부분 경우에서 기공 닫힘은 ABA 농도의 어떤 의미 있는 증가가 있기 전에 시작된다. 이것은 아포플라스트로 저장된 ABA의 방출로 설명할 수 있고, 이것은 초기에 충분한 양이—아포플라스크 농도는 거의 두배—초기 닫힘을 설명할 수 있다. 증가된 ABA 합성이 따르고 닫힘 효과를 연장하는 작용을 한다.

기공 닫힘이 항상 수분 결핍의 인지와 잎내에서 일어나는 신호들에 의존하지 않는다. 몇가지 경우 기공은 잎 엽육에서 팽압의 큰 감소가 있기 전에 토양 건조에 반응하여 닫힌다. 여러 연구

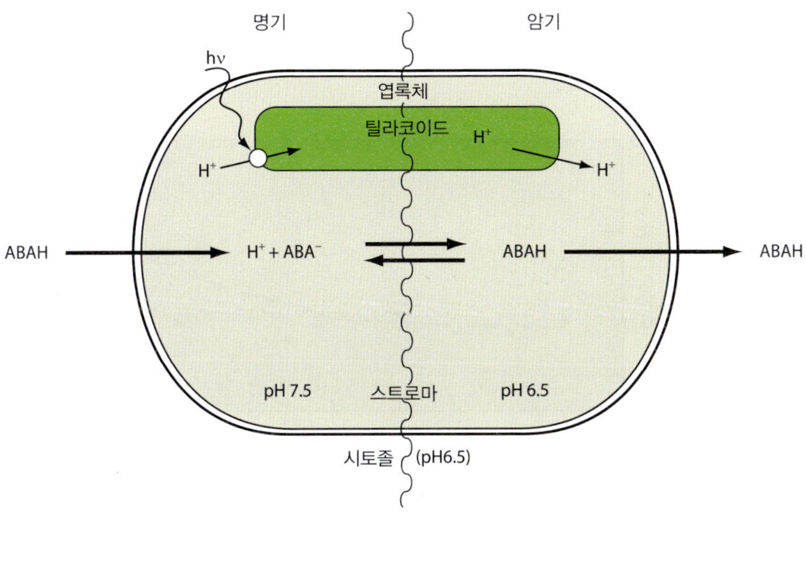

그림 13.9 엽록체에서 ABA 저장. 밝은 곳에서 광합성은 양성자를 틸라코이드 안쪽으로 옮기는데, 스트로마와 시토졸 사이에서 pH 기울기를 형성한다. pH 기울기는 엽록체로 ABAH의 이동에 유리하고, 이 곳에서 ABA^-로 해리된다. 막은 ABA^-에 대해서는 덜 투과적이다. 어두운 곳에서, 양성자는 스트로마로 다시 흘러 들어가고 pH 기울기가 붕괴되고 ABAH는 다시 시토졸로 이동한다.

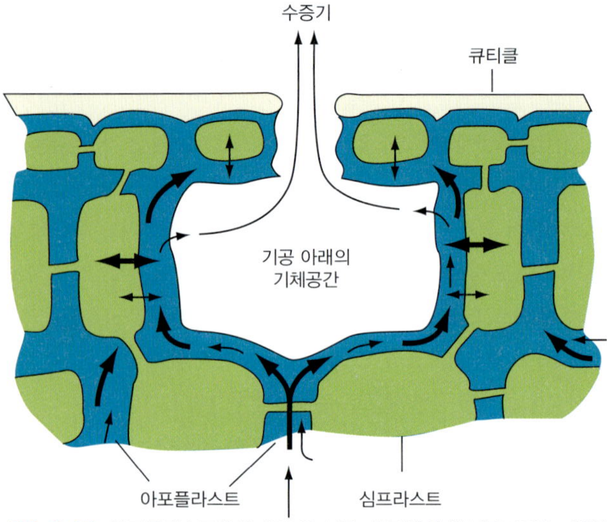

그림 13.10 아포플라스트에서 ABA의 이동. 뿌리에서 합성된 ABA는 증산류(가는 화살)로 엽육 세포(굵은 화살)로 데리고 간다. ABA는 광합성 엽육 세포의 엽록체에서 평형을 이루거나, 아포플라스트에서 기공 공변 세포로 데리고 간다.

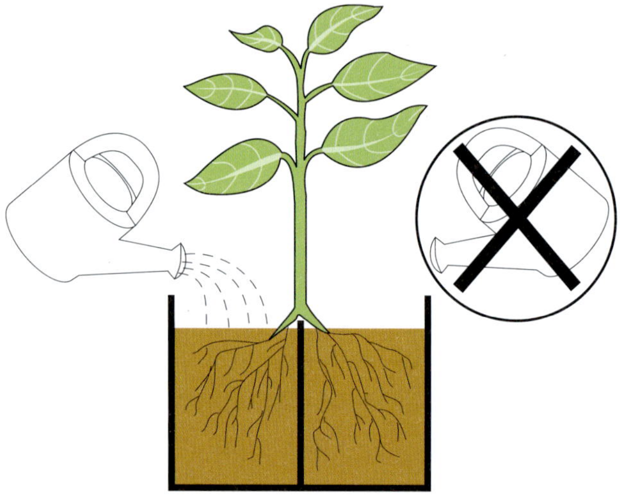

그림 13.11 ABA 합성과 기공 닫힘에 관한 건조된 뿌리의 영향을 조사하기 위한 실험장치. 한 식물의 뿌리는 두 용기 사이에서 균등하게 나누어진다. 한 용기에 공급된 물은 충분한 팽압 상태의 잎을 유지하지만, 두 번째 용기에는 물을 주지 않는다. 뿌리에 물의 공급 억제는 잎이 스트레스를 받지 않더라도 기공 닫힘을 초래한다.

들이 뿌리에서 유래되고 기공으로 이런 정보를 전달하는 앞먹임(feed-forward) 통제 시스템이 있다는 것을 지적한다. 이런 실험에서, 식물들의 뿌리가 두 토양 용기에 균등하게 나누어 배양한다(그림 13.11). 수분 결핍은 한 용기로부터 물 주기의 보류로 유도하고, 반면에 다른 쪽은 주기적으로 물을 준다. 대조구 식물은 양쪽 용기에 주기적으로 물을 준다. ABA 수준, 수분 퍼텐셜과 팽압과 같은 요인에 따라 기공의 열림을 한 쪽만 물을 준 식물과 완전히 물을 준 식물들 사이에서 비교한다. 전형적으로, 기공 전도도, 기공 열림의 측정, 뿌리에 물을 보류한 며칠 이내에 감소하고(그림 13.12), 수분 퍼텐셜의 측정할 만한 변화나 잎에서 팽압의 손실이 일어나지 않는다. 닭의장풀(day flower, *Commelina communis*)가지고 한 실험에서 건조 용기에서 뿌리와 잎 표피에서 ABA 함량의 의미있는 증가가 있었다(그림 13.13). 더구나 ABA는 쉽게 증산류로 뿌리에서 잎으로 이동되는데, 심지어 뿌리가 건조 공기에 노출되었을 때도 마찬가지였다. 이런 결과들은 ABA가 토양 수분 퍼텐셜에 관한 정보를 잎으로 전달하는 일종의 조기 경보 시스템과 관련있다는 합리적인 좋은 증거를 제공한다.

ABA이외의 호르몬 또한 수분 스트레스 받은 뿌리와 잎 사이의 교류와 관련 있을 것이다. 절반만 물을 준 옥수수(*Zea mays*)를 가지고 한 식물에서, 닭의장풀에서처럼 비슷한 결과를 얻었다. 한

그림 13.12 뿌리를 가른 실험에서 기공 닫힘. 옥수수(*Zea mays*)들은 그림 13.11에서처럼 키운다. 대조구 식물들 (열린 원)은 뿌리의 양쪽이 물을 받았다. 0일째부터 실험 식물들(닫힌 원)의 반쪽은 물을 받지 못한다. 잎 전도도로 측정된 기공 열림은 수분 스트레스 받은 뿌리를 가진 식물에서 감소한다. (From Blackman, P.G., W.J. Davies. 1985. *Journal of Experimental Botany* 36:39–48. Reprinted by permission of the Company of Biologists, Ltd).

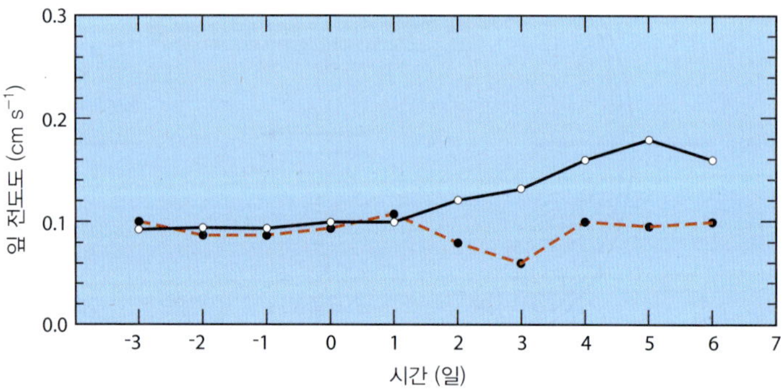

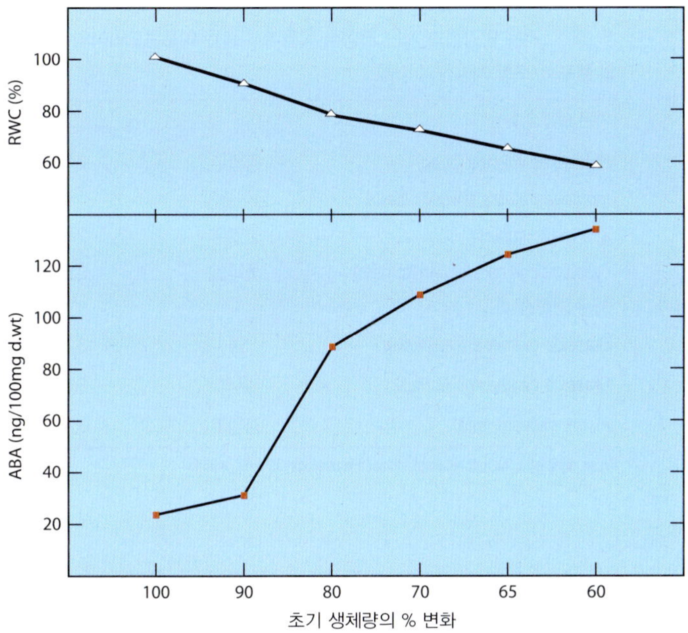

그림 13.13 *Commelina communis* 근단의 ABA 함량에 대한 공기 건조의 영향. 근단은 위의 곡선에서처럼 상대적 수분 함량(RWC)으로 공기 건조된다. 밑의 곡선은 생체량이 감소함에 따라서 ABA 함량의 극적인 증가를 보여준다. (From J. Zhang, W.J. Davies, *Journal of Experimental Botany* 38:2015–2023, 1987. Reprinted by permission of the Company of Biologists, Ltd).

눈에 띄는 차이는 잎에서 ABA 함량이 증가하지 않았고, 잎에 시토키닌의 도포가 기공 닫힘을 억제하였다. 적어도 옥수수처럼 닫힘은 건조중인 뿌리로부터 시토키닌의 줄어든 이동에 의해서 일어난 것으로 보인다.

기공의 수동수압 및 능동수압 닫힘 모두 식물들이 잎으로부터 과잉 증산 손실 혹은 만성적 그러나 치사적이지 않는 토양 물 부족를 통한 물 이용성에 관한 문제를 인식할 수 있다는 기작을 대변한다. 상당한 진전이 지난 10년 동안 이 분야에서 이루어졌지만, 기공 행동과 수분 스트레스에 대한 식물들의 반응에 대해서 알려진 것이 거의 없는 편이다.

13.5 식물들은 온도 변화에 민감하다

식물들은 극단의 온도에 대해서 폭넓은 민감성을 보인다. 몇몇 식물들은 조금 추운 온도에서 죽거나 손상을 받는 데 반해서 대부분은 생존한다. 각 식물은 생장과 발달에 대한 독특한 온도 요구를 갖는다(27장). 각 식물이 가장 효율적으로 자라고 발달할 수 있는 최적 온도와 높고 낮은 한계가 있다(12장). 온도가 이런 한계들에 도달함에 따라서 생장이 감소하고, 이런 한계들 너머에서는 생장이 전혀 일어나지 않는다. 열대 삼림의 비교적 안정한 기후를 제외하고 온도는 일일 혹은 시즌 기준을 환경에 의존해서 이런 한계를 종종 초과한다. 한 예로, 사막은 낮에는 매우 덥고 건조하지만 밤에는 낮은 온도를 갖는데, 습한 대기의 부족 때문에 이 열의 대부분은 대기로 재방사된다. 고위도의 식물들은, 낮에 얻은 열의 대부분을 매일 밤 얇은 대기 속으로 방사하여 비슷한 온도 경험을 겪는다. 북쪽 온대와 아한대에 서식하는 식물들은 −70°C 밑의 저온에서 생존해야 한다. 어떻게 식물들이 극단의 온도에 반응하는지는 오랫동안 식물학자들의 마음을 사로 잡아왔다. 이 절에서 우리는 어떻게 저온 스트레스와 고온 스트레스가 식물의 생리에 영향을 미치는지를 생각할 것이다.

13.5.1 많은 식물들은 저온에 민감하다

따뜻한 서식지에 사는 식물들은 저온, 얼지 않는 온도에 노출되었을 때에 손상을 받는데, **저온에 민감하다**고 생각된다. 옥수수(*Zea mays*), 토마토(*Lycopersicon esculentum*), 오이(*Cucurbita sp.*), 대두(*Glycine max*), 목화(*Gossypium birsutum*)과 바나나(*Musa* sp.)같은 식물들은 특히 민감하고 10에서 15°C 밑의 온도에 노출되었을 때에 손상의 표시가 나타난다. 사과(*Malus sp.*), 감자(*Solanum tuberosum*)와 아스파라거스(*Asparagus sp.*) 같은 식물들은 영점 이상 온도(0에서 5°C)에서 손상받는다.

저온 손상의 외부 표시는 여러 가지 형태로 나타나는데, 식물의 종과 나이와 저온 스트레스의 기간에 의존한다. 젊은 유식물은 줄어든 잎 팽창, 시듦과 백화의 표시를 전형적으로 보인다. 극단의 경우에는 갈색과 죽은 조직의 출현(괴사) 그리고/혹은 식물의 죽음을 초래한다. 몇가지 식물에서 생식기 발달이 저온에 특히 민감하다. 한 예로, 개화기(꽃의 열림)에 저온에 쌀의 노출은 불임 꽃을 초래한다. 저온 손상의 징후는 저온에 민감한 조직에서, 손상된 원형질 유동, 감소된 호흡, 감소된 단백질 합성율 뿐만 아니라 변화된 단백질 합성 유형 등의 폭넓은 대사 기능 장애를 유발시킨다. 저온 스트레스에 대한 초기 식물 반응의 하나는 광합성의 빛 의존성 억제이다. 저온은 D1 회복 회로를 억제하기 때문에 이것은 오이에서 PS II와 PS I의 만성 광억제를 초래한다. 저온에 노출에 따라 저온 민감성 조직에서 손상되지 않는 세포질 생화학은 없는 것처럼 보인다.

이것의 한 설명은 저온이 세포막의 물리적 상태의 가역적 변화를 유도한다는 것이다. 막 지질은 16내지 18-탄소의 두 개 지방산으로 구성된 디아실글리세라이드로 주로 만들어진다. 몇 가지 지방산은 불포화되어 있는데, 이들이 한 개나 그 이상의 탄소-탄소 이중 결합(–CH=CH–)을 가지고 있다는 것을 의미하는데, 다른 것들은 수소로 포화(–CH_2–CH_2–)되어 있다. 포화된 지방산—이들을 가진 지질—은 불포화 지방산보다 고온에서 고체가 되기 때문에 막 지질에서 불포화와 포화 지방산의 상대적 비율은 막의 유동성에 큰 영향을 미친다. 유동성 상태에서 젤(혹은 반결정) 상태로 막의 변화는 여러 가지 물리 방법으로 조사할 수 있는 돌연 전환으로서 표시된다. 이 전환을 일으키는 온도가 **전이 온도**로 알려져 있다.

저온 민감성 식물들은 고비율의 포화 지방산(표 13.1)과 이에 상응하는 고온 전이 온도를 갖는 경향이 있다. 한 예로 저온 민감성 식물 녹두(*Vigna radiata*)의 미토콘드리아 막에서 전이 온도는 14°C이다. 녹두 유식물은 15°C 밑에서 잘 자라지 못한다. 반면에 저온 저항성 종들은 포화 지방산의 비율이 낮은 경향이 있고, 그래서 낮은 전이 온도를 갖는다. 저온에 순응하는 동안에 불포화 지방산의 비율은 증가하고, 전이 온도는 낮아진다.

저온에서 액체성 막에서 반결정성 상태로 전이의 순 효과는 위에서 언급한 수분 스트레스의 효과와 비슷하다. 막 채널의 통합이 깨져서 구획의 손실과 용질의 누출을 초래되고, 호흡계, 광합성과 다른 막 기초 대사 과정을 구성하는 내재 막 단백질의 가동도 손상을 입는다. 저온 저항성 막은 매우 낮은 온도에서도 막 유동성을 유지할 수 있어서 손상에 대항하여 중요한 세포내 기능을 보호할 수 있다. 그러나 막 지질의 불포화의 차이로 저온 저항성과 민감성

표 13.1 저온 민감성과 저온 저항성 식물에서 뽑은 미토콘드리아의 막 지질의 불포화/포화 지방산의 비율.

저온 민감성 조직		
Phaseolus vulgaris (bean)	경엽부	2.8
Ipomoea batatas (sweet potato)	덩이줄기	1.7
Zea mays (maize)	경엽부	2.1
Lycopersicon esculentum (tomato)	풋과실	2.8
저온 저항성 조직		
Brassica oleracea (cauliflower)	눈	3.2
Brassica campestris (turnip)	뿌리	3.9
Pisum sativum (pea)	경엽부	3.8

From data of J. M. Lyons et al., Plant Physiology 39:262, 1964.

식물의 유전자형 사이의 저온 민감성을 완전히 설명할 수 없지만 아주 중요한 척도가 된다.

13.5.2 고온 스트레스는 단백질 변성을 초래한다

대부분 C3 식물들에 대한 고온 한계는 효소의 비가역적 단백질 변성으로 결정된다는 것이 전통적 관점이다. 고등 식물 엽록체의 틸라코이드 막에서 반응은 고온 손상에 매우 민감하여, 광합성율에 지대한 영향을 미친다. 광계 II와 이것과 연관된 산소 발생 복합체(7장)은 특히 손상에 민감하다. 이 산소 발생 복합체는 열에 의해 직접 활성을 잃고, PS II로 전자 공여가 억제되어 결과적으로 $P680^+$이 축적되는데 이것은 자연계에 존재하는 가장 강력한 산화제이다(7장). 이 결과는 흡수된 에너지의 대부분이 PS II에 의한 광합성에 쓰이지 않고 만성 광억제를 유발시킨다. 이것은 엽록소 형광(Box 13.1)으로 온전한 잎에서 쉽게 알 수 있다. 다른 연구들이 Rubisco, Rubisco activase와 다른 탄소 고정 효소들의 활성들도 고온에서 쉽게 감소된다는 것을 보여준다.

대부분 생물체가 짧은 기간 동안 아최적 온도에 노출은 PS II 반응 중심 단백질인 D1을 포함한 대부분 단백질 합성이 억제된다. 이것은 만성 광억제의 효과를 극복하는데 중요한 D1 회복 회로의 억제를 유발시킨다. 대조적으로 고온 스트레스는 **열 충격 단백질**(heat shock proteins, HSP) 이라고 불리는 새로운 저분자량 덩어리 단백질군의 합성을 유도한다. 이 재미 있는 단백질군은 처음 초파리(*Drosophila melanogaster, fruit fly*)에서 발견되었지만, 이들은 여러 동물, 식물과 미생물들에서도 발견되었다. 정상 생장 온도에서 5°C에서 15°C 이상 온도에 15분에서 몇 시간 범위의 노출은

HSPs의 완전한 유도를 일으키기에 충분하다. HSPs는 비스트레성 조직에서는 없거나 아주 낮은 수준으로 존재한다. 처음에는 HSPs에 대한 관심은 유전자 조절의 연구에 대한 그들의 잠재성에 집중되었다. 하지만 HSPs 대한 또다른 측면인 생리적 효과에도 많은 관심을 가지게 되었다.

이들의 분자량에 근거하여 고등 식물에는 세 종류의 HSPs군이 있다: HSP90, HSP70, 17에서 28 kDa의 분자량을 갖은 이질 그룹이 그것이다(표 13.2). 특히 HSP70 중의 하나는 식물과 동물 사이에서—약 70% 동일—아주 높은 구조적 유사성을 갖는다. **유비키틴**(ubiquitin)이라는 다른 단백질은 열 스트레스를 받은 모든 진핵 생물체에서 발견되는데 HSP의 하나라고 생각한다. 유비키틴은 단백질 가수분해될 단백질을 표시하는 중요한 역할을 한다. HSPs는 세포질 뿐만 아니라 핵, 엽록체와 미토콘드리아에서도 발견된다. 더우기 HSPs의 유도는 갑작스런 온도 이동이 필요하지 않다: 이들은 정상 생장 조건이라고 기대되는 종류의 점진적 온도 상승 후에 자라는 야외 식물들에서도 발견된다.

HSPs는 갑작스런 온도 증가에서도 급격히 증가한다; 새로운 mRNA 전사체는 3~5분 이내에 감지되고, HSPs는 30분 이내에 새로운 단백질이 형성된다. 정상 온도로 돌아간지 몇 시간 내에 더 이상 HSPs는 합성되지 않고 단백질 합성 양상이 다시 정상으로 돌아간다. 이들의 출현 속도는 HSPs가 급격한 온도 이동의 위험한 영향에 대해서 세포를 보호하는 중요한 역할이 있다라는 것을 제시한다. 예로서, HSP70은 분자적 보호자 혹은 **샤페로닌**(chaperonin)으로 작용하는 것으로 보인다. 샤페로닌은 세포에 정상적으로 존재하는 단백질군인데 다중 단백질 중합체의 조립을 지도한다. 한 예로써, 엽록체에 Rubisco-결합 단백질(HSP60)이 있는데 Rubisco의 큰 단위체와 소 단위체가 기능성 효소로 조립하는 것을 돕는다. HSP70는 열 스트레스 하에서 다중 집합체의 분리와 변성을 억제하는 기능이 있다. 동시에, 증가된 유비키틴 수준은 열 충격으로 손상된 단백질의 제거를 위한 요구를 반영한다.

자연에서 고온 스트레스는 일반적으로 수분 스트레스와 관련있다. 이들 스트레스 모두 광합성을 억제하기 때문에 이들 스트레스는 동시에 식물에게 광억제를 증가시키는 경향이 있다. 이것은 비생물 스트레스가 자연스런 변동 환경에 노출된 식물에게 미치는 상호 효과를 설명한다. 더구나 가뭄과 극단의 온도와 같은 비생물 스트레스에 식물의 노출은 곤충과 식물 질병에 대한 민감성을 증대시키는 경향이 있다.

표 13.2 식물들에서 발견되는 주요 열 충격 단백질들(HSP)과 그들의 잠재적 기능들. 단백질군들은 전형적인 분자량으로 지정되어 있다. 각 군들에서 단백질들의 수와 정확한 분자량은 식물종에 따라서 다르다.

HSP 군	추정 기능
HSP 110	미상.
HSP 90	수용체 단백질 보호.
HSP 70	ATP-의존성 단백질 조합이나 해체반응; 단백질 변성이나 응결로 부터 보호(분자 샤페론). 세포질, 미토콘드리아 및 엽록체에서 발견됨.
HSP 60	여러 개의 단위체 단백질들이 적당히 조합되도록 지시하는 분자 샤페론. 세포질, 미토콘드리아 및 엽록체에서 발견됨.
LMW HSPs (17–28 kDa)	대부분은 기능이 알려져 있지 않음. LMW(저분자량) HSPs는 "열충격 미립자"라고 하는 집합체를 가역적으로 형성한다. 세포질과 엽록체에서 발견됨.
Ubiquitin	단백질 분해에 관련된 다른 단백질의 목적지 수송에 관여하는 8 kDa의 단백질.

Based on Vierling, 1990, E. Vierling. 1990. Heat shock protein function and expression in plants. In: R. G. Alscher, J. R. Cumming (eds.), *Stress Responses in Plants: Adaptation and Acclimation Mechanisms.* New York: Wiley–Liss, pp. 357–375.

13.6 곤충 해충과 질병은 잠재적 생물 스트레스를 대변한다

전형적으로, 곤충과 잠재적 병리 미생물들에 의해 공격 당하는 식물은 세포벽의 성분과 물리적 성질의 변화로 반응하는데, 세포벽은 침입하는 병원체의 퍼짐을 격리하고 제한하는 기능이 있는 이차 대사물의 생합성불이다. 이런 반응들을 일반적으로 **과민 반응**(hypersensitive reaction)이라고 한다

과민 반응은 바이러스, 세균, 곰팡이와 선충에 의해서 활성화되고, 병원체의 정상적 특이성 범주 이외의 식물들에서 일어난다. 과민 반응은 복잡하고 유발 인자의 성질에 따라서 변하지만 일반적인 공통 특징이 있다. 이 감지/신호전달 과정의 초기 반응은 방어관련된 유전자들의 활성과 이들 산물, **발병관련 단백질**(pathogenesis-related (PR) protein)의 합성이다. PR 단백질은 병원균에 의해 분비되는 단백질 가수분해 효소와 미생물 세포벽을 분해하는 β-1,3-글루카나제와 키티나제와 같은 분해 효소를 억제하는 단백질 가수분해효소 억제제가 포함된다. 병원균의 생장을 억제하는 이소플라보노이드와 다른 피토알렉신의 생합성을 위한 효소들을 암호화한 유전자들이 활성된다. 리그닌, 칼로스와 수베린이 세

포벽을 구조적으로 지지할 것으로 믿는 히드록시프롤린-풍부한 당단백질과 함께 세포벽에 축적된다. 이런 퇴적들은 세포벽을 튼튼하게 하고 침입하는 병원균에 의한 공격에 대한 민감성 또한 줄인다. 마지막으로, 침입 당한 세포들은 예정된 세포사(programmed cell death)를 시작하는데 이 과정은 감염된 자리에 괴사 흔적을 남긴다. 세포 괴사는 병원균을 격리시켜, 병균의 발달과 전파를 느리게 한다. 과민성 반응의 이런 성분들이 연속적 혹은 병행적 사건인지는 현재까지 잘 모른다.

13.6.1 전신획득 저항성은 식물 면역 반응의 일례이다.

과민성 반응과 관련된 몇 가지 2차 대사물은 다른 세포와 조직들이 이차 감염을 저항하는 신호전달 과정을 구성하는 것으로 보인다. 초기에 과민 반응은 감염된 곳의 적은 세포들에서 제한되지만 몇 시간에서 며칠 간의 시간이 경과함에 따라 병원균에 대한 저항 능력은 점진적으로 식물 전체에 전파된다. 결과적으로, 식물은 일반적 면역 능력을 천천히 발달시킴으로서 초기 감염에 반응한다. 이 현상은 **전신획득 저항성(sysemic acquied resistance, SAR)**이라고 불린다.

SAR의 발달은 아직도 완전히 이해되지 못하고 있지만, 이 신호전달 과정의 한 성분이 **살리실산(salicylic acid)**인 것으로 보인다(그림 13.14). 살리실산(2-hydroxybenzoic acid)은 진통 성분을 지닌 자연적 2차 대사물이다. 북미와 유라시안 원주민들이 버드나무 껍질(*Salix* sps.)을 오래전부터 사용했는데, 가려움과 아픔을 줄이는 일반적 진통제를 얻기 위한 살리실산 글리코시드인 **살리신(salicin)**으로 사용하였다.

살리실산과 병원균에 대한 저항성 사이의 관계는 살리실산과 이것의 아세틸 유도체(아스피린) 모두가 담배 식물에 주었을 때에 PR 유전자 발현을 유도하고 담배 모자이크 바이러스(tobacco mosaic virus, TMV)에 대한 저항성을 향상시킨다는 것을 안 1990년대 초까지도 명확하지 않았다. 그 이후로 다양한 식물에서 감염 후에 식물의 가까운 곳과 먼 곳에서 살리실산의 증가된다는 것이 알려졌다(그림 13.15). 한 예로, 담배 식물을 TMV로 접종했을 때에 살리실산 수준이 접종된 잎에서 20배 이상, 비접종된 잎에서는 5배가 증가하였다. 더구나 PR 단백질의 출현은 살리실산과 같이 증가하였다. 살리실산 수준의 증가는 SAR 발달보다 선행한다. 살리실산과 SAR이 높은 수준으로 연속적으로 발현되는 수많은 애기장대(*Arabidopsis*) 돌연변이와 형질전환 식물들이 알려졌고, 결과적으로 병원균에 대한 저항성이 향상된다.

동전의 다른 면으로 인위적으로 살리실산의 낮은 수준을 갖는 식물들은 SAR를 확립할 수 없다. 한 예로, 세균들은 살리실레이드 수산화 효소(salicylate hydroxylase)를 암호화하고 있는 *nabG* 라는 유전자를 가지고 있다. *nabG* 유전자로 형질전환시킨 애기장대들은 살리실산이 조금 혹은 아예 없다. *nabG* 유전자로 형질전환시킨 식물들은 SAR를 확립할 수 없고 병원체 공격을 피하는 능력이 감소된다. 살리실산 수준 또한 페닐알라닌-암모니아 리아제(phenylalanine-ammonia lyase, PAL)의 직접적인 억제로 감소시킬 수 있는데, 이 효소는 살리실산 생합성의 첫 반응을 촉매한다. PAL-제한된 애기장대들은 질병에 대한 저항성을 잃지만, 저항성은 살리실산의 도포로 회복된다. 이같은 결과들에 근거하여, 살리실산은 식물 방어 반응에 중요한 역할을 한다. 그렇다고 살리실산

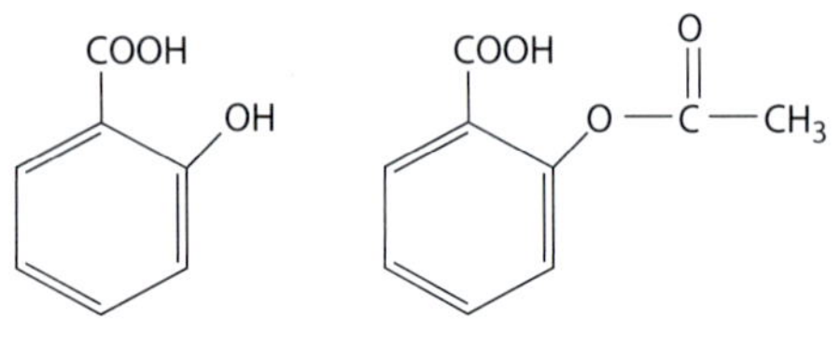

그림 13.14 살리실산과 이것의 상업적 유도체인 아세틸살리실산의 화학적 구조. 살리실산은 식물의 면역 전략과 연관되어 있다.

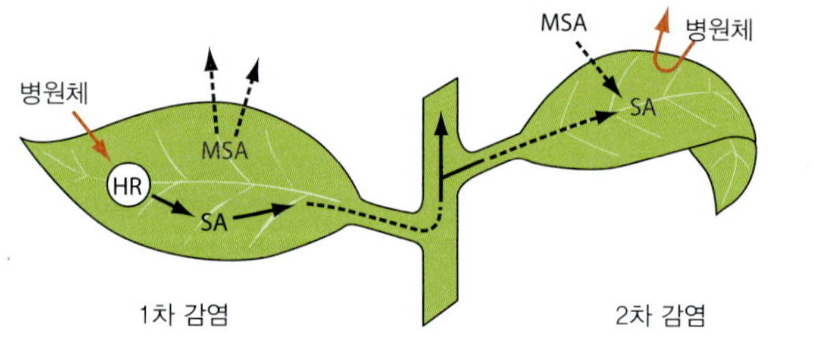

그림 13.15 전신획득 저항성(SAR)에서 살리실산의 가능한 역할. 식물을 감염한 처음 병원체(1차 감염)는 지역적 과민성 반응(hypersensitive reaction, HR)과 실리실산(SA)의 합성을 자극한다. 살리실산은 체관부를 통해서 식물의 다른 부위로 전이되어, 이 곳에서 다른 병원체에 의한 2차 감염을 억제한다. 그렇치 않으면 살리실산은 메틸살리실산(MSA)으로 전환된다. MSA는 약간 휘발성이 있어 비행 신호로서 작용할 수 있다.

이 SAR를 확립하고 유지하는 기작이 완전히 확정된 것은 아니다.

13.6.2 재스모네이트는 곤충과 질병 저항성을 중계한다

최근 실험들에 기초하여 **재스모네이트**, 특히 **재스몬산**과 이것의 메틸 에스터(**메틸재스모네이트**)가 곤충과 질병 저항성을 매개할 것으로 보인다(그림 13.16). 재스모네이트는 식물들에서 폭넓게 발견되고 있으며 특히 젊고, 활발히 자라는 조직에서 고농도로 존재한다. 메틸재스모네이트는 *Jasminium*의 정유(essential oil) 필수 오일의 주요 성분이고, 재스몬산의 고농도는 곰팡이 배양 여과액으로부터 얻을 수도 있다.

곤충과 질병 저항성의 측면에서 살리실산과 재스모네이트의 작용은 유사성이 있지만, 몇 가지 중요한 차이점이 있다. 한 예로, 애기장대에서 두 곰팡이 저항성 유전자 연구에서 한 유전자의 발현은 재스몬산이 아니라 살리실산만으로 유도되지만, 두 번째 유전자는 살리실산이 아니라 재스몬산으로만 유도된다. 분명히 적어도 두 개의 방어 과정이 있는데, 하나는 살리실산으로, 다른 것은 재스모네이트으로 매개된다. 재스몬산은 불포화 지방산인 니놀렌산으로부터 합성되는데, 재스몬산은 2차 신호전달자(second messenger)로서 작용하는 것으로 제안되고 있다.

재스모네이트의 다른 아주 재미있지만 복잡한 측면은 그들의 작용이 곤충과 질병 저항성에만 한정되지 않는다는 것이다. 유전자 발현에 대한 이들의 효과를 통해서 재스모네이트는 많은 다른 생리 과정을 조절한다. 이것들에는 종자와 화분 발아, 식물 생장 단백질 저장, 뿌리 발달과 덩굴손 말림 등이 포함된다. 이런 효과들의 대부분은 재스모네이트가 에틸렌과 같이 작용할 것으로 보인다. 재스모네이트 효과들의 이런 넓은 작용 폭은 재스모네이트가 조만간 식물 호르몬 위치로 오를 것이라고 예상된다.

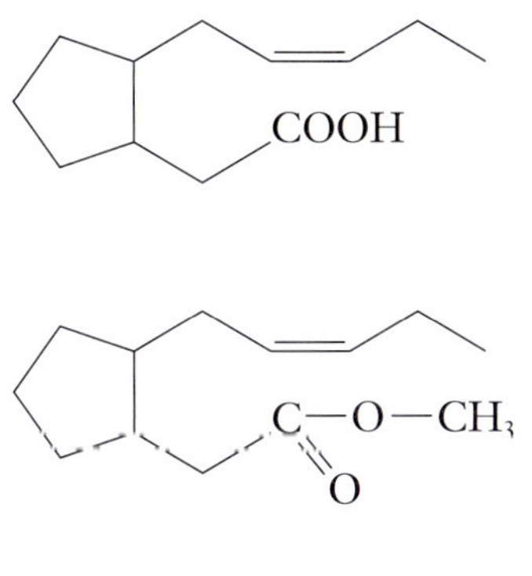

그림 13.16 재스몬산(위)과 메틸재스모네이트(아래)의 화학적 구조. 재스몬산은 리놀렌산(18:3)에서 합성된다.

13.7 모든 스트레스에는 공통 특징이 있다

세포 항상성의 유지는 유전적으로 조절되는 생화학 과정의 복잡한 네트워크의 결과이다. 따라서 우리가 이 장에서 거론한 비생물과 생물 스트레스에 의한 세포 항상성의 조절은 유전자에서 생리적 기능까지 모든 수준의 세포내 구성에서 탐지가 가능하다. 따라서 어느 스트레스가 세포 내에서 단백질 보완의 변화를 반영하는 전사 조절을 통해서 특별한 유전자 세트나 유전자군을 유도 혹은 억제할 수 있다. 이런 많은 단백질은 특별한 작용을 촉매하는 효소이고, 따라서 이들의 존재와 부재는 세포내 생리를 변화시킨다. 항상상은 유전자들과 생화학 과정이 상호작용하는 복잡한 네트워크이기 때문에, 다른 스트레스가 공통 유전자 세트나 유전자군에 영향을 미치는데, 여러 스트레스에 대한 식물들의 생리적 반응과 관련된 신호 전달 과정들 사이에서 중첩 혹은 **상호응수**(cross talk)하는 것처럼 보인다는 관찰과 일치한다.

이 장에서 거론한 모든 스트레스들은 하나 혹은 다른 방식으로 광합성을 억제하는데, 이것은 만성 광억제를 유도한다. 엽록소 형광(Box 13.1)은 광합성의 전체적 기능의 내재적 탐침으로서 이용할 수 있는데, 엽록소 형광은 식물 스트레스 연구에서 가장 많이 사용되는 기술이다. 광합성이 환경 스트레스에 매우 민감하기 때문에, 모든 비생물과 생물 스트레스가 식물 생산성과 생존에 부정적인 효과가 있다는 것은 그리 놀라운 사실도 아니다(표 13.3, 12장). 만일 측정 수확이 거의 최적, 자연 생장 조건에서 최대 수확이라고 가정한다면, 중간 수확과 측정 수확 사이의 차이는 비생물과 생물 스트레스들의 조합 효과의 결과로서 나타나는 아최적 생장 조건에서의 수확의 평균 손실이라고 해석된다. 표 13.3의 데이터는 환경 스트레스가 옥수수, 밀, 수수와 감자의 수확에 대해서 믿기 어려운, 충격적인 효과를 보여준다. 비생물과 생물 스트레스의 조합 효과가 이런 작물들의 수확을 70~87%까지 감소시킨다. 이것은 계속적인 인구 증가율과 결부하여 기후 변화 예측의 맥락 속에서 미래 세계 식량 생산에 관한 관심을 유발시킨다. 그러나 식물들도 역시 여러 환경 조건에서 순응할 수 있는 놀라운 능력을 보여준다. 단기간과 장기간으로 환경 스트레스에 감지하고, 순응하는 식물들의 능력은 14장에 거론할 것이다.

표 13.3 평균 작물 수확에 대한 비생물 및 생물 스트레스의 효과들

작물	예상 수확 (kg/hectare)	평균 수확 (kg/hectare)	평균 손실 (kg/hectare)	(% 손실)
옥수수	19,300	4,600	14,700	76
밀	14,500	1,880	12,620	87
수수	20,100	2,830	17,270	86
감자	94,100	28,300	65,800	70

Adapted from Bray, E. A., J. Bailey-Serres, E. Weretilnyk. 2000. Responses to Abiotic Stresses. *Biochemistry and Molecular Biology of Plants*, pp. 1158–1203. Rockville, MD: American Society of Plant Physiologists.

요약

평형이 아닌 세포내 정상 상태의 유지는 항상성이라는 매우 안정한 상태를 만든다. 항상성의 환경적 변화는 생물학적 스트레스라고 정의된다. 식물 스트레스는 식물의 생리에 여러 가지 나쁜 영향을 의미한다. 식물들은 여러 방식으로 스트레스에 반응한다.

민감성 식물들은 어떤 스트레스를 극복하고, 다른 식물들은 비교적 낮은 스트레스의 기간 동안에 그들의 생활사를 종결함으로서 스트레스를 피하지만, 스트레스 저항성 식물들은 스트레스를 인내할 수 있다. 빛은 CO_2의 광합성 동화에 필요하지만, 너무 많은 빛은 광합성을 억제하고 또 만성적 광억제로 광손상을 초래한다. D1 회복 회로의 한 역할은 PS II 반응 중심에서 광손상의 효과를 극복하는 것이다. 자연 환경에서 수분 스트레스는 가뭄이라 알려진 조건인 강수량의 부족 때문에 흔히 일어난다. 따라서 수분 결핍 스트레스는 가뭄 스트레스라고 언급된다. 이것은 원형질의 건조와 세포내 기능 장애를 초래한다. 수분 스트레스에 대한 대부분 식물들은 초기 반응은 공변 세포에서 낮은 팽압으로 인한 기공의 닫힘이다. 기공 닫힘은 엽육 세포에서 수분 퍼텐셜이 낮아짐으로 유발된다. 호르몬 앱시스산(ABA)은 기공 닫힘에 중요한 역할이 있는 것으로 보인다. 저온 스트레스는 결빙 근처나 바로 그 이상의 온도에 식물의 노출이라고 생각한다. 저온 민감성 식물들의 막은 고비율의 불포화 지방산을 갖는 경향이 있고, 따라서 저온 저항성 식물보다 높은 온도에서 막이 유동성에서 반결정인 젤 상태로 변한다. 대부분 식물들의 고온 한계는 효소들의 비가역적 변성과 막 유동성의 문제의 조합에 의해서 결정된다. 열 스트레스를 받는 식물들은 저분자량의 열 충격 단백질이라는 새로운 단백질군을 합성함으로서 반응한다. 식물들은 곤충 손상과 미생물 병원균 감염을 과민성 반응으로 대항한다. 과민성 반응은 세포벽의 성분의 변화와 증가된 세기, 감염 부위에서 괴사 병변의 형성이 포함된다. 이런 반응들은 잠재적 병원균을 격리시키는 데 도움이 되며, 병원균의 발달 및 식물 전체로 전파되는 것을 억제한다. 살리실산 혹은 이것의 메틸 에스테르 유도체는 유동성 신호로 작용하여, 일반적인 면역 반응의 하나인 체계 획득 저항성에 참가한다. 또 다른 가능한 신호 매개체는 재스몬산인데, 지방산인 니놀렌산의 유도체이다. 모든 스트레스의 공통 특징은 이것들이 특별한 유전자 혹은 유전자군을 유도 혹은 억제하고, 이들은 광합성에 부정적으로 영향을 미친다. 결과적으로 비생물 및 생물 스트레스들의 조합은 식물 생장성과 작물 수확을 감소시킨다.

복습문제

1. 항상성을 정의하라. 환경적 스트레스를 정의하라.
2. 식물들이 광합성을 위해 빛이 필요하면서도 매우 강한 빛을 피하려는 이유를 설명하라.
3. D1 회복 회로의 역할은 무엇인가?
4. 어떻게 식물들이 수분 스트레스로 손상되는지를 설명하라.
5. 어떻게 기공 닫힘이 수분 스트레스로 일어나는가?
6. 저온 민감성과 저온 저항성 식물들이 낮고 비결빙성 온도에 잠시 노출되었을 때에 이들의 반응은 어떻게 다른가?
7. 열 충격 단백질이란?
8. 생물 스트레스를 정의하라. 생물 스트레스에 대한 식물의 반응으로서 살리실산과 재스몬산의 역할은 무엇인가?
9. 모든 스트레스의 두 공통 특징은 무엇인가?

더 읽을거리

Bostock, R. M. 2005. Signal crosstalk and induced resistance: Straddling the line between cost and benefit. *Annual Review of Phytopathology* 43:545–580

Buchanan, B. B., W. Gruissem, R. L. Jones. 2000. *Biochemistry and Molecular Biology of Plants*. Rockville MD: American Society of Plant Physiologists.

Creelman, R. A., J. E. Mullet. 1997. Biosynthesis and action of jasmonates in plants. *Annual Review of Plant Physiology and Plant Molecular Biology* 48:355–381.

Demmig-Adams, B., W. W. Adams III, A. Mattoo. 2006. *Photoprotection, Photoinhibition, Gene Regulation* and Environment. *Advances in Photosynthesis and Respiration*, Vol. 21. Dordrecht: Springer.

Harwood, J. L. 1998. Involvement of chloroplast lipids in the reaction of plants submitted to stress. *Lipids in Photosynthesis: Structure, Function and Genetics. Advances in Photosynthesis,* Vol 6, pp. 287–302. Dordrecht: Kluwer Academic Publishers.

Howe, G. A., G. Jander. 2008. Plant immunity to insect herbivores. *Annual Review of Plant Biology* 59:41–66.

Iba, K. 2002. Acclimative response to temperature stress in higher plants: Approaches of gene engineering for temperature tolerance. *Annual Review of Plant Biology* 53:224–245.

Ingram, J., D. Bartels. 1996. The molecular basis of dehydration tolerance in plants. *Annual Review of Plant Physiology and Plant Molecular Biology* 47:377–403.

Kessler, A., I. T. Baldwin. 2002. Plant responses to insect herbivory: The emerging molecular analysis. *Annual Review of Plant Biology* 53:299–328.

Melis, A. 1999. Photosystem-II damage and repair cycle in chloroplasts: What modulates the rate of photodamage *in vivo? Trends in Plant Science* 4:130–135.

Nishida, I., N. Murata. 1996. Chilling sensitivity in plants and cyanobacteria: The crucial contribution of membrane lipids. *Annual Review of Plant Physiology and Plant Molecular Biology* 47:541–568.

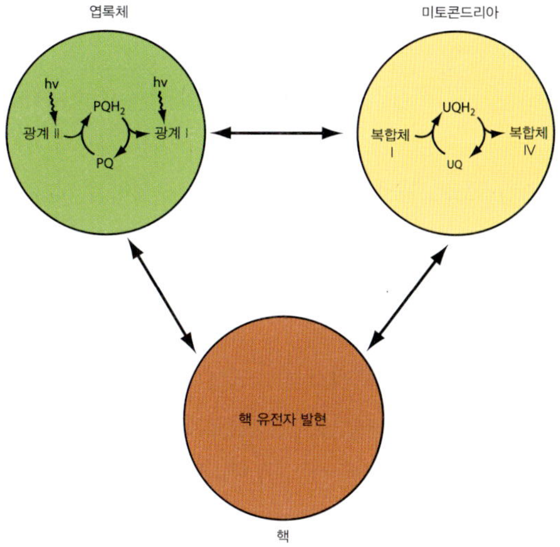

14

환경 스트레스에 대한 순응

13장에서 우리는 스트레스를 식물이 최적의 생장조건으로부터 갑작스레 고온, 저온, 건조와 같은 불리한 비생물적 조건 또는 병원체 감염 등에 노출되었을 때 평가될 수 있는 식물 항상성(homeostasis)에 대한 부정적인 효과로 정의하였다. 많은 스트레스-민감성 식물들은 그와 같은 스트레스에 굴복하여 죽게 된다. 그러나 본 장에서 우리는 특별한 스트레스에 대해 일정 시간 동안 저항할 수 있는 능력을 보여주는 식물에 초점을 맞추고자 한다. 그런 식물을 **스트레스 저항성(stress resistant)** 또는 **스트레스 내성(stress tolerant)** 식물이라 하며 이들 용어는 스트레스에 대해 **순응(acclimate)**하거나 스트레스를 조정하는 식물의 능력을 의미한다. 순응할 수 있는 식물의 능력은 물론 유전적 특성이다. 그러나 스트레스에 대한 반응으로 생겨난 특별한 변화들 그 자체는 다음 세대로 전해지지 않아서 **비유전적(nonheritable)**이라 할 수 있다. 변화하는 환경조건에 순응할 수 있는 식물의 능력은 식물 자신의 현저한 **가소성(plasticity)**을 반영하는 것이다. 결과적으로, 식물의 형태와 생리는 정적인 것이 아니라 매우 역동적이어서 그들의 환경에 반응한다. 이년생 식물과 겨울동안에 죽지 않고 생존하는 겨울 곡류 식물 종들이 저온에 대한 순응의 예가 된다. 스트레스에 대한 순응과정으로서 **내성강화(hardening)**가 알려져 있으며 순응 능력을 갖고 있는 식물을 흔히 **내성(hardy)** 종이라고 한다. 반면에 어떤 특별한 스트레스에 순응할 수 있는 능력이 약한 식물을 **비내성(nonhardy)** 종이라고 한다. 그래서 서리에 대한 내성 식물이란 저온에 순응할 수 있어 겨울의 결빙 스트레스로부터 생존할 수 있는 식물을 말하며 건조에 대한 내성 식물은 수분 스트레스로부터 생존할 수 있는 식물을 말한다. 본 장에서는 다양한 환경스트레스에 대한 순응을 설명하는 생리적 근거 들이 핵심 내용이 될 것이며 아래와 같은 논의가 포함될 것이다.

- 시간-중첩 연속(time-nested) 현상으로서의 식물 순응과 유연성에 관한 이론적 기초
- 빛의 성질 변화에 따른 상태 전이(state transition)의 역할
- 크산토필 회로와 광 손상(photodamage) 보호
- 물 제한으로부터 식물을 생존하게 하는 메커니즘
- 저온 순응과 내동성(freezing tolerance)
- 핵 유전자의 역조절(retrograde regulation)을 위한 산화환원 신호로서의 들뜬압력
- 고온에 대한 광합성 순응
- 순응과정동안 대체 광합성 전자수용체로서의 산소의 방어 역할

14.1 식물 순응은 시간–의존적 현상이다

13장에서 논의되었듯이, 식물 스트레스는 일반적으로 환경조건의 갑작스런 변화를 반영 한다. 그러나 스트레스–내성 식물에서는 어떤 특별한 스트레스의 경험은 시간 의존적 방식에 따라 그 특별한 스트레스에 대한 순응을 일으킨다(그림 14.1). 그래서 식물 스트레스와 식물 순응은 본질적으로는 서로 연관되어 있다. 스트레스에 의해 유도된 항상성 조정은 순응된 상태와 관련이 있는 새로운 항상성의 확립을 위해 필요한 과정을 식물이 시작할 수 있도록 하기위한 신호로서 간주될 수 있다. 식물은 스트레스에 대해 순응하거나 조정할 수 있는 유전적 능력 때문에 스트레스 저항성 또는 스트레스 내성을 보이며 시간이 지남에 따라 새로운 항상성 상태를 정립하게 된다. 더욱이 스트레스 저항성 종에서의 순응과정은 외재적 스트레스의 제거에 따라 흔히 가역적 특성을 나타낸다(그림 14.1).

새로 순응된 상태와 연관된 항상성의 정립은 단 한 가지의 생리적 과정의 결과라기 보다는 순응기간 동안에 통합되어 합쳐지는 많은 생리적 과정들의 결과이다. 식물은 보통 이들 생리적 과정들을 장기간은 물론 단기간에 걸쳐서 통합한다. 순응반응에 포함된 단기 과정들은 스트레스에 노출 직후 수초 혹은 수분이내에 시작될 수 있으나 그 특성이 일시적이다. 그것의 의미는 비록 그 생리적 과정들이 스트레스 시작 직후에 곧 탐지될 수 있다하더라도 그것들의 활성도는 또한 급격히 사라짐을 말하는 것이다. 결과적으로 그 생리적 과정들의 수명은 아주 짧은 것이 된다(그림 14.2에서의 과정 a, b 및 c). 반대로 장기 과정들은 덜 일시적이며 그래서 흔히 보다 긴 수명을 나타낸다(그림 14.2에서의 과정 d, e, f).

그러나 이들 과정의 수명은 단기 과정들이 스트레스에 대해 최초 반응을 구성하는 시간 동안에 보통 중첩되는데, 반면에 장기 과정들은 통상적으로 식물 반응의 후기에 탐지된다. 그와 같은 단기 반응과 장기 반응의 위계 체계는 순응 상태 획득이 스트레스에 대해 복잡하면서도 **시간 중첩 연속 반응(time-nested response)**으로 간주될 수 있음을 나타내는 것이다. 순응은 특별한 스트레스의 경험과 관련되어 있는 특수 유전자들의 차등적인 발현을 보통 포함하고 있다. 시간 중첩 연속 방식으로 환경 변화에 대한 유전자 발현을 조절하는 뛰어난 능력이야 말로 식물 유연성의 기초가 된다.

14.2 순응은 신속한 단기 반응들에 의해 시작된다

이 절에서 우리는 순응과정의 일부인 빛, 물 유용성 및 온도 변화에 대한 최초의 신속한 반응에 관한 예들을 고찰 할 것이다.

14.2.1 상태 전이(state transition)는 빛 스펙트럼 조성의 변화에 대한 반응으로 에너지 분포를 조절 한다

최적의 CO_2 환원반응은 광계 II와 광계 I 사이에서 변함없이 균형 잡혀 일어나는 전자 흐름의 결과로 생성된 NADPH와 ATP의 효율적인 공급을 요구 한다(7장). 그러나 만약 빛이 포화되어 있지 않고 또한 광계 II와 광계 I 으로의 들뜬에너지 전달이 균형을 이루지 않는다면 전자운반율, 그리고 결국은 광합성이 최소 에너지를 받고 있는 광계에 의해 제한될 것이다. 자연환경 조건하에서 광계 II와 광계 I을 구동시키는 빛의 양은 항상 일정하거나 균형을 이루지

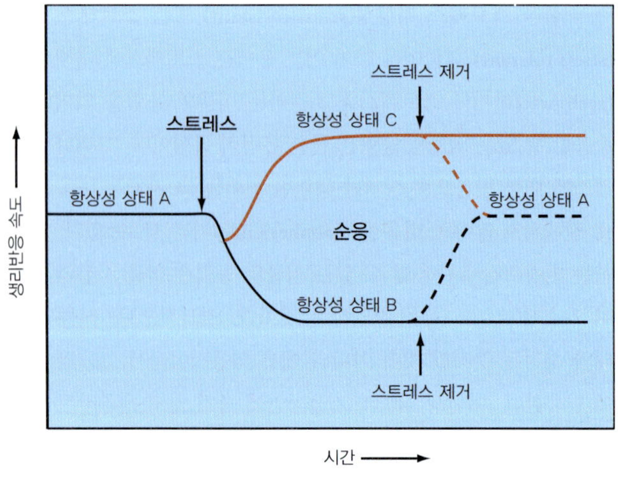

그림 14.1 스트레스와 순응 사이에서의 도식적 관계. 최적 환경조건하에서 식물은 일정한 반응을 보이는 항상성 상태 A에 있게 된다. 외부에서 스트레스가 가해지면 대부분의 경우 이 생리반응률이 신속하게 감소하는데 이것은 상태 A가 파괴되는 것을 나타내는 것이다. 시간 경과에 따라 이 스트레스를 조정할 수 있는 식물은 새로운 생리적 반응 속도를 원래의 반응률(항상성 상태 A) 보다 낮추거나(항상성 상태 B) 혹은 더 높게(항상성 상태 C) 정립하게 된다. 이런 식물이 순응을 할 수 있으며 스트레스 내성 식물로 간주된다. 이 식물은 자신의 생활사의 완성을 통해서 새로운 항상성 상태 B 혹은 상태 C에 남아 있게 된다. 그 반대로 스트레스가 제거될 때(점선)에는 원래의 항상성 상태 A로 되돌아 간다. 검은색 선은 가장 가능성 있는 순응 반응을 나타내는 것이다.

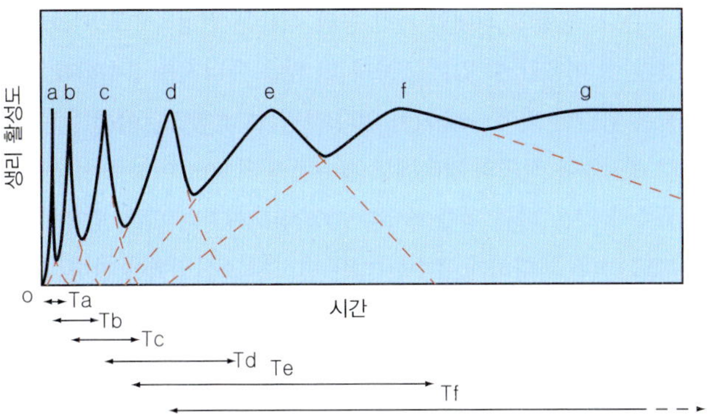

그림 14.2 시간-중첩 연속 반응(a time-nested response)으로서의 식물 순응을 설명하는 도식적 그래프. a, b, c, d, e, f와 g로 표시된 피크들은 제로 시간(t = 0)에서의 스트레스 시작에 의해 개시된 서로 다른 생리적 과정의 출현과 소멸을 나타내고 있다. Ta, Tb, Tc, Td, Te, Tf 와 Tg로 표시된 화살표들은 각 과정의 지속시간을 어림잡아 나타내는 것이다. 화살표가 길면 길수록 그 기간은 점점 더 길어진다. 그래서 과정 a는 스트레스에 대해 가장 일시적이면서도 가장 덜 안정한 반응인 반면에 과정 g는 덜 일시적이면서도 가장 안정된 생리적 과정이다. a에서 g까지의 과정들은 처음에 나타나는 단기 과정과 뒤이어 나타나는 보다 긴 장기 과정들로서 시간 경과에 따라 중첩되면서 연속되어져 있다고 설명된다.

않는다. 예를 들면, P680(175 kJ) 보다 P700(171 kJ)을 들뜨로독 시키는 데는 에너지가 덜 든다. 더욱이 안테나 분자 수와 그 들의 흡광계수, 그리고 빛 흡수에 영향을 주는 여러 다양한 요소의 차이점 때문에 흔히 **흡수 단면적**(absorption cross-section:σ)으로 불리는 빛을 흡수하는 광계 II와 광계 I의 능력은 동일하지 않다. 이것은 아마도 전체 광합성 효율에 대해 유일한 제약을 가하는 것일지도 모른다. $NADP^+$로 효율적인 전자 흐름을 유지하기 위해서는 두 광계 사이의 들뜬에너지 분포를 조절하기 위한 단기 기작이 요구되는데 이 단기 기작이 바로 상태 전이이다.

빛 고유의 스펙트럼 분포의 불균등성 이외에도, 식물은 광계 II와 광계 I 내로 들어오는 에너지양의 신속한 조정을 요구하는 또 다른 상황도 흔히 겪게 된다. 예를 들면, 그늘진 수관(canopy) 아래에서 자라는 식물들은 **태양 반점**(sunfleck)이라고 알려진 광량의 갑작스런 일시적 변화를 자주 겪게 된다. 태양 반점은 수관의 빈 공간을 통해서 태양의 직사광이 잎에 닿는 부분을 말한다. 태양 반점의 지속 시간은 가변적이어서 바람이 불 때 일어나는 수초 동안이나 관목림의 수관 아래에서의 20분 이상이 되기도 한다. 구름이 많이 낀 날 태양이 갑자기 나타나는 경우에도 유사한 변동이 일어난다. 이 같은 상황에서 잎은 10배나 되는 에너지에 노출되는데, 특히 광계 II로 에너지가 유입되는 경우 심각한 손상을 입을 수 있다.

에너지 분포의 단기 조절 기작으로 잘 알려진 한 예는 LHCII 단백질의 가역적인 인산화에 기초한 상태전이이다(그림 14.3). 단백질의 인산화는 모든 진핵 생물에서의 유전자 조절 및 환경자극에 대한 반응 등 많은 분야의 조절을 위한 보편적인 기작이다. 단백질 인산화는 **단백질 인산화효소**(protein kinase)로 알려진 효소무리에 의해서 촉매된다. 엽록체는 LHC II를 인산화 시킬 수 있는 틸라코

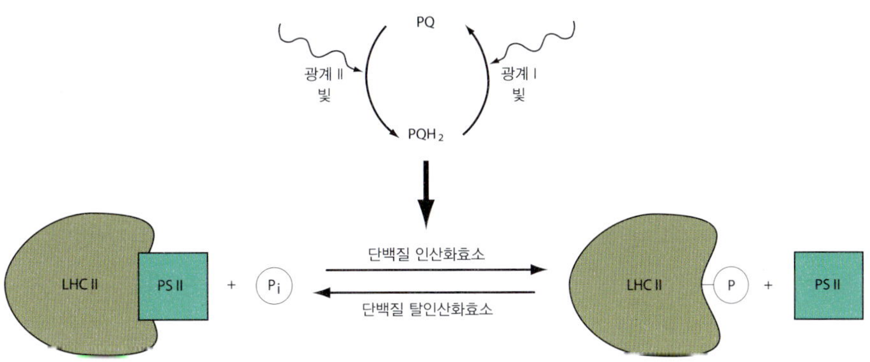

그림 14.3 LHC II의 가역적 인산화. 광계 II가 광계 I에 비해 과잉 들뜰 때 플라스토퀴놀(PQH_2)이 축적된다. 높은 수준의 PQH_2는 단백질 인산화효소를 활성화시켜서 LHC II를 인산화시킨다. 인산기의 첨가는 LHC II와 광계 II 사이의 작용을 약화시켜서 LHC II가 광계 II에서 해리되도록 한다. 광계 II로의 빛 유입이 감소되어 광계 II가 느려지면 광계 I이 과다한 PQH_2를 플라스토퀴논(PQ)으로 산화시키는데 이로 인해 단백질 인산화효소가 불활성화된다. LHCII는 단백질 인산가수분해 효소에 의해서 탈인산화 되어 광계 II와 다시 재결합된다.

이드막에 결합된 단백질 인산화효소를 가지고 있다. 이 인산화효소의 활성도는 막의 산화–환원 정도에 민감하게 반응하며 과다한 빛이 광계 II를 구동하여 그 결과로 PQH_2가 축적될 때 활성화된다. 광계 II가 우선적으로 들뜬 상태에 있는 식물을 **상태** 2(**state 2**)에 있다고 한다.

그 결과 LHC II의 인산화는 단백질에 음전하를 증가시켜 LHC II가 광계 II에서 분리되게 된다. 그 음전하는 또한 그라나 층의 틸라코이드막을 느슨하게 하여 LHC II가 광계 I이 많이 있는 스트로마 틸라코이드 부위로 이동하게 놓아준다. 이로써 에너지 균형이 그라나 층에 남아있는 광계 II에서 광계 I으로 이동하게 된다. 광계 I이 우선적으로 들뜬된 상태를 **상태** 1(**state 1**)이라 한다. 증가된 광계 I의 활성도에 의해서 플라스토퀴논 풀(PQ 풀)이 재산화되면서 단백질 인산화효소는 불활성화 되고 단백질 인산가수분해 효소(phosphatase)가 LHC II의 탈인산화를 일으켜서 LHC II를 그라나 층으로 되돌아가게 하며 광계 II와 재결합 한다. 최근에 애기장대의 광계 I–H 소단위가 상태 1과 상태 2 사이의 가역적인 전이를 위해 필요하다는 것이 보고되었다. 광계 I–H를 암호화하는 유전자의 안티센스 억제로 인해 광계 I–H 소단위가 없는 애기장대에서는 LHC II가 광계 I으로 에너지를 전달할 수 없으며 따라서 상태 전이를 방해한다. 이러한 상태 전이 결과로 광계 I과 광계 II 사이에 매우 동적이면서도 연속적인 들뜬에너지의 분배조정이 일어나게 된다. 이 같은 에너지 투입의 연속적인 조정은 두 광계를 통한 최적의 전자 흐름을 유지하게 한다.

14.2.2 카로티노이드는 광 수확과 광보호의 이중 기능을 한다

틸라코이드 막의 색소–단백질 복합체는 엽록소뿐만 아니라 카로틴과 크산토필도 함유하고 있다(6장). 일부 종에서는 알파-카로틴이 소량으로 존재하기도 하지만 대부분의 고등 식물에서 주요 카로틴은 베타-카로틴이다. 주요 크산토필은 루테인(lutein), 비올라크산틴(violaxanthin) 및 제아크산틴(zeaxanthin)이다(그림 6.11 참조). 광합성에서 카로티노이드는 광수확과 광보호라는 두 가지 주요 기능을 하는 것으로 보인다. 주로 작용 스펙트럼을 바탕으로 카로티노이드의 주요 기능은 흡수한 빛에너지를 엽록소로 전달하는 것이라고 오랫동안 믿어 왔다. 이런 의미에서 본다면 카로티노이드는 광수확 기능을 하며 이들이 흡수한 빛에너지는 궁극적으로 광수확 복합체로부터 ATP와 NADPH의 생성을 위한 광합성의 전자 전달에 사용하기 위해 반응중심으로 전달된다. 이제는 카로티노이드의 광수확 역할에 대조적으로 카로티노이드가 상습적으로 일어나는 광억제로부터 광합성 시스템을 보호하는 데 중요한 역할도 한다는 상당히 많은 증거가 존재한다. 이것을 **광보호(photoprotection)**라고 부른다. 광량이 최대인 기간 동안 식물은 전형적으로 이산화탄소 환원에 이용할 수 있는 것보다 더 많은 에너지를 흡수한다. 즉, 식물은 과다한 빛에 노출되어 있다(그림 13.4 참조). 예를 들면 급속히 생장하는 작물의 경우에도 흡수된 빛의 50% 이하를 이용하며 상록수와 같은 다른 종들에서는 10% 정도까지나 낮은 양을 이용하기도 한다. 과다하게 흡수한 빛은 반드시 소산되어야 한다. 그렇지 않으면 광합성 과정에서 광억제를 초래할 수 있다(13장 참조). 광억제 상태에 장기간 노출되면 **반응성 산소 종(reactive oxygen species; ROS)**의 축적으로 인한 광합성 기구의 제어되지 않는 파괴와 광 손상이 이어진다. 이들은 세포에 손상을 입히고 결국에는 세포 괴사를 유발하는 유독한 형태의 산소이다.

바닥상태에 있는 산소 분자(O_2)의 특이한 성질은 거의 모든 다른 분자의 특징인 일반적인 단일항 상태가 아니라 3중항 상태($^3O_2$)에 있다는 점이다. 이것은 산소(O_2)가 대부분의 유기 분자와 화학적으로 반응하는 것을 방지한다. 따라서 바닥상태에 있는 산소와 거의 모든 다른 분자의 이런 차이가 자발적인 연소의 주된 억제력으로 산소가 풍부한 환경에서도 생명체가 존속할 수 있도록 한다! 그러나 광합성 기구에 의해 흡수된 에너지가 그 에너지를 이용할 수 있는 수용능력을 초과하였을 때 단일항 여기 엽록소(^{1}Chl)가 삼중항 들뜬 엽록소(^{3}Chl)로 전환될 확률이 증가된다(6장). 이러한 시스템 간 교차 사건의 결과로 삼중항 엽록소가 바닥상태의 산소(O_2)와 반응하게 되고 바닥상태의 산소가 **단일항 들뜬 산소(singlet excited O_2; $^1O_2$)**로 전환한다. 이것이 유독한 ROS의 한 가지 예이다. 명백히 빛은, 특히 산소를 방출하는 광합성 생물체에게 매우 위험한 형태의 에너지이다. 틸라코이드 막에 존재하는 카로티노이드는 삼중항 들뜬 엽록소를 두고 바닥상태의 산소와 경쟁하여 단일항 산소의 형성을 방지한다. 따라서 베타-카로틴과 같은 카로티노이드는 유독한 반응 산소 종의 형성을 차단하는 데 중요하다.

엽록체에서 단일항 들뜬 산소의 형성은 과다한 들뜬 에너지가 반응중심에 도달하기 전에 에너지를 포획하고 소산시킴으로써도 막을 수 있다. 최근의 연구 결과로 과다 에너지를 비광화학적인 열로서 소산(Box 13.1)하는 것이 크산토필의 일종인 제아크산틴의 존재와 중요한 관계가 있음이 확립되었다. 제아크산틴은 **크산토필 회로(xanthophyll cycle)**로 알려진 과정에 의하여 비올라크산틴으로부터 형성된다(그림 14.4A). 비올라크산틴은 디에폭시드(diepoxide)로서 각각의 고리에 하나씩 2개의 에폭시기를 가지고 있다. 과다한 광조건에서 비올라크산틴은 이 2개의 에폭시 산소가 효소에 의해 제거(탈에폭시화)되어 제아크산틴으로 전환된다. 탈에폭시화는 첫 번째 산소가 제거되면서 중간 산물로 모노에폭시드(monoepoxide)

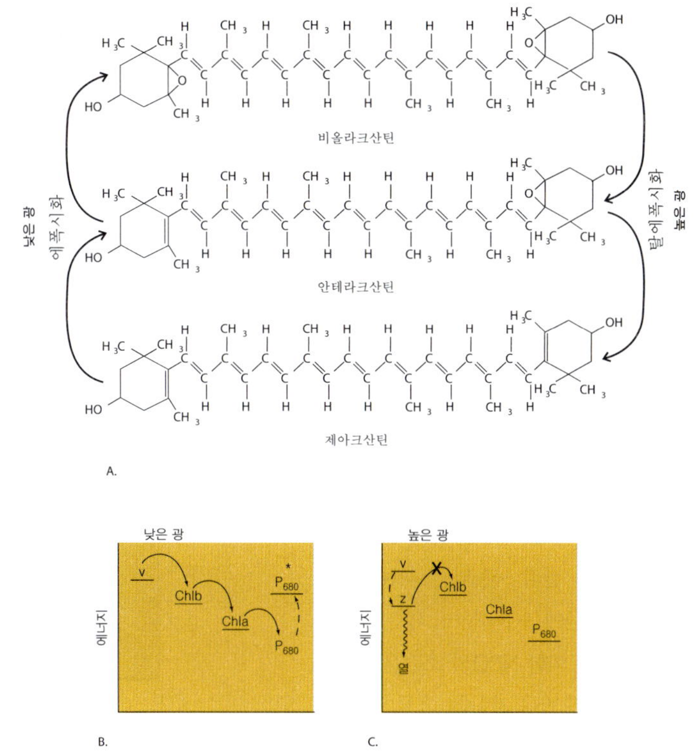

그림 14.4 크산토필 회로와 광보호. (**A**) 높은 광량 하에서 탈에폭시화로 비올라크산틴의 고리에서 2개의 에폭시 산소기가 제거된다. 이 과정은 1개의 에폭시기만 가진 안테라크산틴이 중간 산물로 생기는 두 단계의 반응이다. 탈에폭시화는 강한 빛, 루멘의 낮은 pH, 그리고 높은 함량의 환원된 아스코르빈산에 의해 유도된다. 제아크산틴에서 비올라크산틴에 비해 탄소와 탄소 간의 이중결합이 2개 증가한 것에 주목하자. 낮은 광량 하에서 제아크산틴은 다시 비올라크산틴으로 전환되기 때문에 크산토필 회로는 가역적이다. (**B**) 비올라크산틴(V)은 광수확 수용체로 작용한다. 비올라크산틴은 흡수한 들뜬 에너지를 엽록소 b와 엽록소 a를 거쳐 P680을 들뜬시키는 광계 II 반응중심으로 전달할 수 있다. (**C**) 과다한 빛 하에서 대부분의 비올라크산틴(V)은 흡수한 들뜬 에너지를 엽록소 b를 거쳐 광계 II 반응중심으로 전달할 수 없는 제아크산틴(Z)으로 전환된다. 제아크산틴은 흡수한 에너지를 열로서 잃게 된다.

인 안테라크산틴(antheraxanthin)이 형성되면서 단계적으로 일어난다. 또한 탈에폭시화는 보통 강한 빛 조건에서 전자 전달의 결과로 나타나는 루멘의 낮은 pH에 의해서도 유도된다. 이 반응은 암소에서 역으로 진행되어 제아크산틴이 다시 효소에 의해 에폭시화되어 비올라크산틴으로 전환된다. 크산토필 회로의 활성은 전체 회로의 크산토필 풀(V+A+Z)에 대한 제아크산틴(Z)과 안테라크산틴(A)의 농도를 측정한 값(식 14.1)인 탈에폭시 상태(DEPS; de-epoxidation state)를 측정하여 평가할 수 있다.

$$DEPS = Z + \tfrac{1}{2} A / V+A+Z \qquad (14.1)$$

비록 크산토필 회로가 **비광화학적 형광 소광(nonphotochemical quenching; NPQ**, Box 13.1)을 통해 엽록체의 광보호에 중요한 역할을 하는 것이 확립되었지만 정확한 분자 메커니즘은 아직도 논쟁 대상이다. 그러나 *npq4*라 명명된 애기장대(*Arabidopsis thaliana*)의 돌연변이체를 통해 크산토필 회로에 의해 형성된 제아크산틴이 *PsbS* 유전자가 암호화하는 특정 광계 II 폴리펩티드에 결합할 가능성이 제시되었다. 이런 관찰은 크산토필 회로가 NPQ의 수용량을 조절하여 과다하게 흡수한 빛을 안전하게 소산하는 가역적인 분자 스위치로 작용한다는 가설의 근간이 되고 있다. 낮은 광량에서 LHC II는 흡수한 들뜬 에너지가 급속히 반응중심으로 전달되어 P680을 P680*으로 들뜨게 하는 비올라크산틴(V)을 풍부하게 가지고 있다(그림 14.4B). 그러나 높은 광량에 노출되면 LHC II 내에서 비올라크산틴은 급속히 제아크산틴(Z)으로 전환된다. Z는 들뜬 에너지를 엽록소로 전달할 수 없기 때문에 들뜬상태의 Z는 열로서 들뜬에너지를 잃게 됨으로서 바닥상태로 떨어진다. 분자스위치 모델은 제아크산틴(Z)이 빛 에너지를 직접 흡수하며 NPQ는 들뜬상태 Z가 열의 손실과 더불어 바닥상태로 떨어지는 결과라고 가정한다. 따라서 제아크산틴은 직접적인 에너지 **소멸자(quencher)**로 작용함으로써 광계 II 반응중심으로의 에너지 전달 효율을 감소시킨다. 분자스위치 모델은 광계 II의 결정 구조에서 PsbS 폴리펩티드의 존재가 감지되지 않아 여전히 확실치 않다. 더욱이 Z가 없어도 NPQ가 일어난다.

NPQ 조절에 대한 대체 모델은 크산토필 회로에 의한 V의 Z로의 전환이 LHC II의 결집 상태를 조절한다고 제시한다. 결집된 상태(aggregated state)에서 LHC II에서 광계 II 반응중심으로의 에너지 전달 효율이 크게 감소한다. 이 모델에서 결집된 LHC II는 광계 II 반응중심을 과다한 들뜸으로부터 보호하는 에너지 소멸자로 작용한다. 이것은 Z가 LHC II의 물리적인 구조에 영향을 미침으로써 에너지 소멸에 간접적으로 관여하는 것을 제시하고 있다. 어느 모델이 옳든 간에 크산토필 회로는 엽록체를 과다한 빛의 잠재적인 손상 효과로부터 보호하는 데 있어서 널리 사용되는 과정으로 보인다. 그러나 크산토필 회로가 남세균에는 존재하지 않는다는 사실을 주목할 만하다. 크산토필 회로에 의한 NPQ의 조절은 광합성 연구 분야에서 계속 집중적으로 관심을 받을 것이다.

높은 광량에 의한 NPQ 증가의 기능적인 결과는 무엇일까? NPQ에 의한 광보호의 바탕이 되는 메커니즘에 상관 없이 NPQ의 기능적인 결과는 광계 II 반응중심으로의 에너지 전달 효율을 감소시키는 것이다. 이런 조건 하에서는 LHC II에 의해 흡수된 광자당 더 작은 에너지가 광계 II 반응중심으로 전달되기 때문에 흡수된 광자당 광계 II의 광화학 효율(P680 + 에너지 →$P680^+$ + e)은 감소하게 될 것이다. 따라서 빛에 의해 유도되는 크산토필 회로는 과다한 들뜸을 비광학적 열로 소멸함으로서 광계 II의 반응중심을 보호한다.

식물이 과다한 빛에 노출되면 높은 광량 하에서 시간에 따라 Fv/Fm이 감소되는 것으로 측정할 수 있는 광억제가 일어난다(13장). 그러나 빛에 노출되면 크산토필 회로의 탈에폭시화(DEPS)와 NPQ도 시간에 따라 동시에 증가한다(그림 14.5A, 왼쪽). 그러나 식물이 높은 광량 하에서 벗어나 광억제로부터 회복되면 Fv/Fm과 DEPS는 광억제 처리 전인 원래의 값으로 급속히 회복된다(그림 14.5A, 오른쪽). 따라서 광억제와 회복시간에 따른 Fv/Fm과 DEPS의 반응은 서로 거울상처럼 보인다. 보통 NPQ를 통한 열적인 에너지 소산의 결과로 나타나는 광계 II 반응중심의 급속하게 가역적인 억제는 **동적 광억제(dynamic photoinhibition)**로 정의된다. 여기에는 **광보호(photoprotection)**가 반영되어 있다. 대조적으로 **광손상(photodamage)** 또는 **만성 광억제(chronic photoinhibition)**는 보통 D1 반응중심 폴리펩티드의 손상 결과로 나타나는 광계 II 반응중심의 느리게 가역적인 억제로 정의된다. 따라서 만성적인 광억제로부터 Fv/Fm이 회복되는 데 필요한 시간은 동적인 광억제보다 훨씬 더 길다. 광손상은 D1 수선 회로의 단백질 합성에 의존하기 때문에 느리게 가역적으로 일어난다(13장). 동적인 광억제와 만성적인 광억제의 차이는 산소 발생의 수준에서도 볼 수 있다(그림 14.5B). 동적인 광억제는 보통 이산화탄소에 대한 빛의 반응 곡선에서 최대 기울기로 측정할 때 광합성 효율의 급격하게 가역적인 감소를 초래한다. 그러나 광합성의 포화 속도를 유발하는 최대 광량에서 측정한 최대 광합성 능은 감소하지 않는

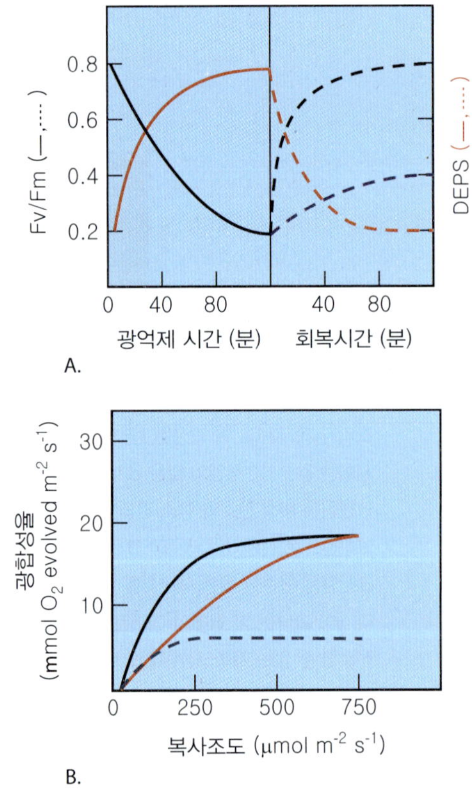

그림 14.5 광보호와 동적인 광억제를 나타내는 도식 그래프. 광억제에 노출된 시간과 광억제로부터 회복되는 시간이 Fv/Fm(검은색 곡선)과 DEPS(붉은색 곡선)에 미치는 영향. 왼편 그래프에 높은 광량에 노출된 결과로 일어나는 시간 의존적인 Fv/Fm의 감소는 시간 의존적인 DEPS의 증가와 거의 거울상인 것이 나타나 있다. 우측 그래프에 시간 의존적인 Fv/Fm의 회복(검은 점선)은 시간 의존적인 DEPS의 감소(붉은 점선)와 거의 거울상인 것이 나타나 있다. 이러한 거울상 반응은 동적인 광억제의 특성이다. 동적인 광억제와 대조적으로 만성적인 광억제로부터의 회복은 훨씬 더 느리다(푸른색 점선). **(B)** 동적인 광억제(붉은색 곡선)나 만성적인 광억제(붉은색 점선)에 대한 노출이 산소발생에 대한 광량 반응에 미치는 영향. 검은색 곡선이 광억제를 받지 않은 대조구의 광량 반응 곡선이다.(Adapted from Osmond, C.B. 1994. In: N. R. Baker, J. R. Bowyer(eds.), *Photoinhibition of Photosynthesis: From Molecular Mechanisms to the Field*, pp. 1–24. Oxford: Bios Scientific Publishers.)

다. 대조적으로 만성적인 광억제는 보통 광합성 효율과 아주 느리게 회복되는 최대 광합성 능 모두가 감소한다(그림 14.5B). 명백히 광손상과 광보호는 다른 이유에도 불구하고 광합성 효율의 감소에서 반영되듯이 모두 광합성의 광억제를 유발한다. 광손상은 광계 II 반응중심으로의 공명 에너지 전달의 효율을 감소시키는 안테나의 변형에 의한 광합성 효율의 감소를 유발한다. 광보호는 안테나에서의 에너지 전달보다는 전하분리의 효율을 감소시키는 반응중심의 손상 탓이다.

14.2.3 삼투 조정은 수분 스트레스에 대한 반응이다

많은 식물에서 나타나는 수분 스트레스에 대한 또 다른 뚜렷한 반응은 용질이 축적되어 나타나는 삼투 퍼텐셜의 감소이다. 이러한 과정을 **삼투 조정**(osmotic adjustment)이라고 한다. 탈수나 세포의 부피 감소 결과로 용질의 농도가 약간 증가되기는 하지만, 삼투 조정은 특별히 스트레스로 인해 발생된 물질 대사의 결과로 일어나는 용질 농도의 순수한 증가를 의미한다. 삼투 조정은 잎은 수분 퍼텐셜을 보다 더 음의 값으로 만들어서 잎으로의 물의 이동이 유지되도록 도와주어 그 결과로 잎의 팽압을 유지하게 한다.

삼투 조정이 이루어지는 동안 용질은 서서히 축적되고, 삼투 조정으로 인한 삼투 퍼텐셜의 감소는 비교적 작아서 1.0 MPa 미만이다. 그럼에도 불구하고, 비교적 낮은 수분 스트레스에 대해 순응하게 하는데 상당히 중요하다. 일단 물의 공급이 회복되면, 삼투 조정은 약간 시들었던 잎의 팽압이 회복되도록 도와주는 데도 중요한 역할을 한다. 잎의 팽압을 유지하도록 도와줌으로써 삼투 조정은 또한 약한 수분 스트레스 조건에서 식물체가 기공을 열어 광합성에 필요한 CO_2를 계속 흡수할 수 있게 한다.

삼투 조정에 관여하는 용질에는 무기 이온(특히, K^+), 당, 아미노산들이 포함된다(그림 14.6). 특히 스트레스에 민감한 아미노산은 **프롤린**(proline)이다. 다수의 식물은 잎에서 글루타민으로부터 프롤린을 합성한다. 프롤린의 역할은 토마토 세포의 배양 실험에서 밝혀졌다. 고농도의 **폴리에틸렌 글리콜**(polyethylene glycol, PEG)에 넣어 수분(삼투) 스트레스를 받게 된 세포들은 처음에는 팽압이 감소되고 빠르게 프롤린을 축적하는 반응을 보였다. 그러나 프롤린의 축적이 계속됨에 따라 팽압이 점차적으로 회복되었다. 흔히 축적되는 다른 용질들에는 당 알코올(sugar alcohol)인 **소르비톨**(sorbitol)과 **베타인**(betaine, N. N. N-trimethyl glycine)이 있다. 삼투 조정에 관여하는 대부분의 화학 물질들은 정상적인 물질대사 과정을 심하게 방해하지 않는 성질을 공통적으로 가진다. 그런 화합물들을 **화합성 용질**(compatible solute)이라 부른다.

삼투 조정은 수분 스트레스에 대한 일반적인 반응으로서 나타나지만, 모든 식물 종이 용질의 농도를 조정할 수 있는 것은 아니다. 한편으로 사탕무(*Beta vulgaris*)는 많은 양의 베타인을 합성하여 **삼투 조정자**(osmotic adjuster)로 알려져 있다. 반면에 동부(cowpea, *Vigna unguiculata*)는 삼투 조정이 거의 일어나지 않아서 **삼투 비조정자**(osmotic nonadjuster)로 알려져 있다. 동부는 대신에 매우 민감한 기공을 가지며, 기공을 닫아 상대적으로 높은 수분 퍼텐셜을 유지하여 탈수를 피하게 된다. 그러나 적어도 순 탄소 획득 측면에 있어서는 기공이 닫히는 것에 비해 삼투 조정을 하는 것이 장기적으로는 이점이 없다는 사실이 흥미를 끈다. 사탕무는 낮은 수분 퍼텐셜에서도 광합성을 계속할 수 있지만 동부와 비교해 볼

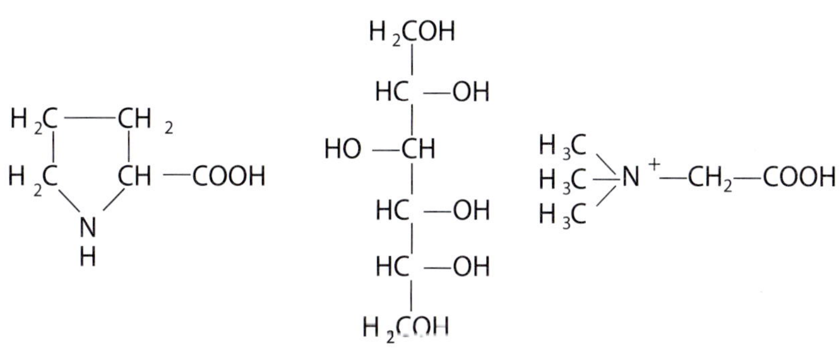

그림 14.6 삼투 조정에 관여하는 전형적인 세 가지 용질

때 그 장점을 일시적이다. 하루나 이틀 후에는 과다한 수분 소실로 삼투 조정이 효과가 없게 되어, 장기적으로 보면 사탕무의 탄소 동화는 감소한다.

14.2.4 저온은 저온 저항 식물내의 지질 불포화와 저온 조절 유전자를 유도한다.

밀(*Triticum aestivum*), 보리(*Hordeum vulgare*), 알팔파(*Medicago*), 시금치(*Spinacea oleracea*)와 같은 초본식물과 모델 식물인 애기장대의 저온 저항에 관한 연구는 순화 후, 순화 동안, 순화 전의 대사 작용과 분자 작용에 관한 이해를 증진시켰다. 이러한 연구는 저온 저항에 관여하는 대사와 유전적 요인들을 찾는데 많은 도움을 주었다. 저온 저항 식물에 있어서 저온에 즉각적인 반응들 중 하나는 원형질 막, 미토콘드리아 막, 틸라코이드 막에 관여하는 지방에 결합하는 불포화 지방산의 비율을 증가시키는 것이다. 이것은 막이 저온에서 젤과 같은 상태로 존재하기 보다는 유동적이며 막 안정성과 기능을 증진시키는 것임을 생물 물리적인 측정들은 나타낸다. 유동 상태에서 고형 상태로의 막의 변화는 막 활성의 갑작스러운 변화를 표시된다. 이러한 전이가 시작되는 온도를 **전이 온도(transition temperature)**라 한다. 전이 온도보다 높다는 것은 막이 유동적으로 남아 있다는 것이고 전이 온도 아래가 되면 막이 고형 또는 젤과 같은 상태가 된다. 이것은 저온에서 막 과정의 높은 활성을 가능하게 한다.

초본식물의 저온 순응은 유전자 발현의 변화를 유도한다. 순응 동안 mRNA 전사의 변화, 단백질 합성의 증가 그리고 합성되는 단백질의 양상에 질적인 변화가 있다. 저온 유도 유전자의 중요한 부류는 배발생 후기가 탈수 스트레스를 받는 동안 합성되는 **배발생 후기 활성 단백질(late embryogenesis active protein, LEA-protein)**의 유사체들을 암호화 하고 있다. 이런 폴리펩티드들은 아미노산 서열의 유사정도에 따라 수많은 집단으로 나누어진다(표14.1). 그러나 저온 조절유전자에 암호화되어 있는 이 단백질들은 공통적인 물리적 특성을 고유한다. (1) 특이하게 수용성이다. (2) 묽은 수용성 완충용액에서 끓이더라도 용해된 상태를 유지한다.(3)양극성(amphipathic) α-나선을 형성하는 상대적으로 단순한 아미노산 서열을 보여준다. 이런 저온 유도 유전자의 발현은 결빙내성의 증가를 가져온다. cor15a와 wsc120는 막과 상호작용하고 이것이 저온에 대해 막의 안전성을 증가시키는 것 같다.

어떤 저온 조절 유전자의 프로모터 부위는 저온과 탈수 스트레스에 반응하여 활성화된다. 애기장대 저온 조절 유전자들의 이런 프로모터 부위들에 대한 분석은 **탈수 반응 요소(dehydration responsive element, DRE)**라고 부르는 DNA 조절 부위를 확인하게 했다. DRE는 저온과 탈수에 대한 민감도를 말해 주는 보존된 핵심 C 반복사슬 CCGAC를 가지고 있다. DRE에 결합하는 특수 단백질들은 C **반복결합인자(C- repeat binding factors, CBFs)**들이라 부른다. 따라서 CBF들은 저온조절유전자들의 발현을 조절하는데 관여하는 전사 활성인자들이다. CBF들을 과발현하도록 형질전환 시키고 순응시키지 않은 애기장대는 순응시키지 않은 대조 식물들에 비해 결빙에 대한 내성이 더 강하다. 저온순응은 DRE를 포함하는 유전자 부류에 의해 조절되고, 이것은 다시 CBF 전사인자 부류에 의해 유도된다고 결론내릴 수 있다.

표 14.1 식물의 저온 조절 유전자

식물종	유전자	폴리펩티드	분자량(kD)
애기장대	*cor15a*	cor15a	15
알팔파	*cas15*	cas15	15
밀	*wcs120*	wcs120	39
보리	*hva1*	hva1	22

ABA가 초본 조직의 저온 순응에 관계할 것이라고 믿을 만한 좋은 이유가 있다. 여러 종에서 저온 순응하는 동안 내부 ABA의 수준이 증가되는 것이 관찰되었고, 그 증가량은 저온 내성 품종이 저온 민감성 품종보다 더 많았다. 더구나 완전한 식물체나 캘러스 또는 현탁배양체에 ABA를 처리하면 상당한 수준의 저온 내성을 유도할 수 있다. 알팔파의 유식물과 현탁배양체에 ABA를 처리하면 상당한 수준의 저온 내성을 유도할 수 있다. 알팔파의 유식물과 현택배양된 겨울 평지(*Brassica napus*) 종자의 세포에서 ABA를 처리했을 때가 정상적인 저온 순응 처리를 했을 때에 비해 생존율이 50~60% 증가되었다. 또한 ABA는 새로운 단백질 합성을 유도한다. 알팔파에서 유도된 단백질 중 몇 가지는 ABA 처리에 의해서만 특이하게 나타나고, 나머지 단백질은 저온이나 ABA 처리, 어느 경우에나 나타난다. 그러나 ABA가 기본적인 식물 성장과 발달에 작용하는 식물 호르몬의 역할을 넘어서 저온 순응에 근본적인 역할을 하는지에 대한 의문은 여전히 불확실한 채로 남아있다. 앞으로 저온 순응에 있어서 ABA의 정확한 역할과 저온 내성에 관여하는 유전자들의 유도를 밝히는 연구가 필요하다.

14.2.5 식물 호흡에 있어 Q_{10}은 온도와 상관관계에 따라 변화한다.

효소와 효소활성은 온도에 민감하다(8장, Box 1). 효소반응은 온도가 10°C 상승함에 따라 반응률이 2배가 되는 것을 의미하는 Q_{10}으로 간주된다. 반응률은 온도가 최적에 도달할 때 까지 증가하며 그 너머에서는 일반적으로 빠르게 감소한다. 효소활성의 감소는 단백

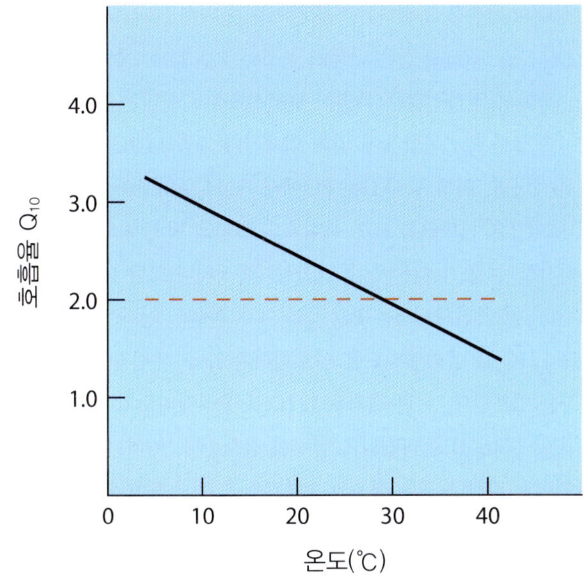

그림 14.7 식물 호흡에 있어 Q10의 온도 의존성. 점선은 Q10과 온도 간의 기대되는 관계인 반면 실선은 식물 호흡에 있어서 실제적인 관계를 나타낸다. (Adapted from Atkin, O. K., M. G. Tjoelker. 2003. *Trends in Plant Science* 8:343–351.)

질 풀림(unfolding) 결과로서 **열 변성(thermal denaturation)**에 기인한다. Q_{10} 측정된 온도 범위와 무관하다. 그러나 식물 호흡의 경우에는 사실이 아니다. 사실, Q_{10}은 40℃에서 0℃까지 직선적으로 단기간에 증가한다(그림 14.7). 호흡에 대한 Q_{10}이 역동적으로 온도에 대한 반응하는 것은 다양한 식물 분류군에 부합하는 것 같다. Q_{10}이 호흡률에 있어서 온도 의존적 변화를 측정한 이래로 주위 온도 증가는 더운 곳에 있는 식물보다는 북극 기후와 같은 추운 곳에 있는 식물의 호흡률을 증가시킨다. 더욱이 방사도와 물 부족과 같은 다른 환경 요소들도 식물호흡에 대한 Q_{10}에 영향을 줄 수 있다. 왜 온도에 대한 단기노출의 상관관계로써 식물호흡의 Q_{10}은 변화하는가? 이것은 주요한 2가지 요소의 원리로 설명되어 질 수 있다. (1) 호흡 전자전달 최대률 뿐만 아니라 호흡 탄소 대사에 관여하는 효소의 Vmax에 대한 온도의 효과(8장, Box 1). (2) 기질 유용성에 대한 온도의 효과. 저온의 단기간 노출은 해당과정과 TCA 회로를 통한 탄소의 흐름을 감소시키는데, 왜냐하면 저온은 이들 과정에 관여하는 다양한 효소들의 활성을 감소시키기 때문이다. 더불어 저온은 내막의 유동성과 호흡 전자전달률을 감소시킬 것이다. 결과적으로 저온에 대한 단기간의 노출은 산소 소모와 이산화탄소 발생률을 감소시킨다. 그러나 적당한 고온에서는 효소활성이 아니라 ADP나 ATP와 같은 기질의 유용성이 반응률을 제한한다. 고온에서 미토콘드리아 막은 양성자가 샐 수 있으며, 이에 따라 화학삼투에 의한 ATP 합성 능력이 감소할 수 있다.

14.3 장기간의 순응은 표현형을 변화시킨다.

이번 절에서는, 순응과정의 일부인 장기간의 온도, 물의 이용능력, 빛의 변화에 반응하여 이런 결과로 표현형을 변화시키는 특별한 예에 대해 논의할 것이다.

14.3.1 빛은 핵유전자의 발현과 광순응을 조절한다.

생장조도의 변화에 반응하여 광합성기구의 기능과 구조의 조절을 하는 과정을 **광순응(photoacclimation)**이라고 한다. 광순응의 결과의 하나는 색소 구성성분의 변화로 눈에 보이는 표현형을 변화시킨다. 광순응은 생장과 발달에 중요하다. 예를 들어, 전형적으로 높은 광에서 생장한 광합성 독립영양생물은 낮은 광에서 자란 같은 식물과 비교하여 잎 면적당 전체 엽록소가 감소한다. 따라서, 높은 광에서 자란 식물의 잎은 낮은 광에서 자란 같은 종의 진녹색 잎과 비교하여 엷은 녹색 혹은 황녹색을 띈다. 기능적으로 높은 광에서 자란 식물은 낮은 광에서 자란 식물과는 이산화탄소 동화 곡선에 반응하는 광합성, 총광합성량(그림 14.8B) 혹은 순광합성량이 다르다(그림 14.8A). 전형적으로, 높은 광에서 자란 식물은 높은 광합성능을 가지고 이는 낮은 광에서 자란 식물보다 광합성률이 더 높다. 대조적으로 높은 광에서 자란 식물은 광합성 효율이 낮은 광에서 자란 식물보다 낮다. 이것은 최초의 기울기가 더 낮기 때문이다(그림 14.8B).

많은 녹조류는 육상식물보다 높은 혹은 낮은 빛 조건의 생장반응에서 매우 극적인 표현형의 변화를 나타낸다(그림 14.9A). 높은 광의 표현형은 루비스코 함량의 변화와 같이 광계 II의 광수확복합체(LHC II)의 구성성분과 크기의 조절을 포함하는 하나의 광순응 메커니즘을 분명히 보여준다(7장 참조). 이것은 생장 방사조도가 증가하면 잎 면적당 LHC II의 함량이 감소하는 것과 일치하고(그림 14.9B), 크산토필 회로의 활성증가와 NPQ를 통한 광보호의 증가 연관이 있다. 대부분의 엽록소 a와 엽록소 b는 LHC II에 결합되어 있어(7장), LHC II의 양이 감소되면 전체 엽록소의 함량 뿐 아니라 엽록소 a와 엽록소 b의 비율도 줄어든다. 기능적으로, 이런 복사조도의 빛 제한의 결과 낮은 광하에서 광수확 효율이 떨어지고, 낮은광 식물과 비교하여 높은 광식물의 광합성 빛 반응 곡선의 최초 기울기가 감소되는 것으로 나타났다(그림 14.8B). 빛의 포화된 조건 하에서 캘빈회로의 활성은 광합성률을 제한한다(13장). 따

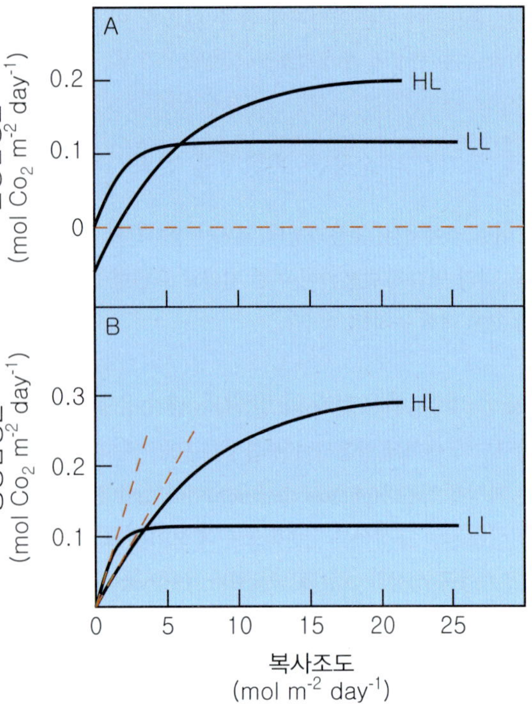

그림 14.8 Alocasia macrorrhiza에서 빛 세기에 따른 광합성 반응 곡선. 이 C3 식물은 높은 빛(2.5 mol m^{-2} day^{-1}) 혹은 낮은 빛(1.7 mol m^{-2} day^{-1})에서 생장시켰다. (**A**) 순 이산화탄소교환율의 광합성 반응 곡선. 8장에서 잎에서 순 이산화탄소 흡수율(AP) = 총광합성율(GR) − [호읍율(R) − 광호흡률(PR)]이었음을 기억하라. 암상태에서 GP와 PR은 제로이다. 암상태에서 개스 교환율은 호흡에 의한것이며 이산화탄소 발생율로 측정된다. 따라서(**A**)에서 암소(복사조도 = 0)에서 순광합성율은 음의 값을 가지는데 이는 잎에서 이산화탄소가 방출함을 의미한다. 높은 복사조도에서 이산화탄소 흡수율이 호흡과 광호흡을 합한것보다 크기 때문에 이산화탄소의 순흡수가 일어난다. 빛에 의존적인 이산화탄소 흡수율은 양의 값으로 이산화탄소 발생은 음의 값으로 나타내었다. 따라서 순광합성율(GP)은 호흡에 의한 이산화탄소 흡수를 보정해 준 값, 즉 GP = AP + R + PR이 된다. (**B**)에서 총광합성률은 광호흡이 최소한으로 작용한다는 전제하에 계산하였다. (Pearcy, R.W. 1996. *Photosynthesis: A comprehensive Treatise*, A.S. Raghavendra(ed.), pp. 250–263. Cambridge: Cambridge University Press.)

라서, 낮은 광에서 자란 식물과 비교하여 높은 광에서 자란 식물은 잎 면적당 전체 루비스코 함량이 높기 때문에 광합성능이 높게 나타난다. 게다가, 일반적으로 낮은 광조건보다 높은 광조건 하에서 식물의 생장률은 더욱 빠르다. 이것은 낮은 광에서 자란 식물보다 높은 광에서 자란 식물의 호흡률이 높다는 것을 반영하는 것이다. 이것은 밤에 순 CO_2 동화를 측정했을때 나타나고(그림 14.8A, 복사조도 0), 호흡 때문에 낮은광 식물보다 높은광 식물이 CO_2를 훨씬 더 많이 발전시킨다.

LHCII의 함량의 광의존적 변화가 플라스토퀴논(PQ)의 산화–환원 상태의 반응을 조절하는가를 알아보기 위해 *Dunaliella tertiolecta* 와 *Chlorella vulgaris* 같은 단세포 녹조류를 실험에 이용한다(7장 참조). 광합성 전자전달은 특별히 DBMIB라고 불리는 화합물과 함께 시토크롬 b_6/f 복합체에 의해 억제된다(그림 14.9C). 이 화합물이 존재하면, 비록 광계 II는 PQ에서 PQH_2로의 전환이 가능하지만, 광계 I은 시토크롬 b_6/f 복합체의 화학적 방해에 의해 이 풀을 환원시킬 수 없기 때문에 순 PQH는 축적된다(그림 14.9C). 때문에, 이러한 조건하에서는 PQ 풀이 매우 환원된 상태로 남아 있고 주요 LHC II 폴리펩티드를 암호화하는 *Lhcb* 유전자의 핵에서의 전사를 억제한다. 이런 결과로 LHC II 폴리펩티드의 생합성이 억제되고, LHC II 폴리펩티드 함량이 감소한다. 이러한 결과는, 높은 광에서 자란 녹조류 세포의 전형적인 노란색 표현형의 결과이다(그림 14.9A, DBMIB와 HL을 비교하시오). 그 대신에, DCMU의 존재하에서 특이적으로 광계 II의 광합성 전자전달을 방해한다. 이 조건하에서는 광계 II는 PQ에서 PQH_2로의 환원이 불가능하고, 광계 I에 의해 PQH_2 풀이 산화되기 때문에 PQ가 축적된다. 이는 녹색 표현형을 나타내며(그림 14.9 DCMU), 낮은 광에서 자란 세포를 흉내낸다(그림 14.9A, LL).

어떻게 하면 우리는 높은 광하에서 자란 식물의 표현형적 반응을 합리화할 수 있을까? 고광의 빛에 노출된 식물은 에너지 수지가 불균형 해진다. 이러한 에너지 불균형의 결과 호흡에 의한 탄소의 산화 혹은 CO_2와 NO_3^-의 환원을 통해 대사적으로 이용을 하기 위해 더 많은 빛을 흡수한다(8, 10 그리고 11장). 이러한 상황하에서, PQ 풀은 환원된 상태로 가려는 경향이 있다. 이러한 상황에 계속적으로 노출이 되면 만성적인 광억제가 유도되고(13장), 오랜 기간 동안 유지가 되면 세포사를 유도한다. 높은 광 아래에서 빛 흡수의 효율적인 감소에 의해 에너지 균형을 이루게 된다. 이것은 광계 II에 의한 빛 흡수 확률의 감소와 광계 II의 흡수단면적 감소에 의해 높은 농도의 제아산틴과 작은 LHCII의 생성에 이해 완성된다(그림 14.9). 빛 흡수와 에너지 이동효율 감소의 결과 광보호가 증가하고 광억제를 일으키는 생장 조건에서 저항성이 늘어난다.

높은 광에 의해 에너지 불균형이 초래되고, 이것이 감지되어 PQ 풀의 산화–환원 상태를 변화시킨다. 광계 II의 과들뜸 때문에 생기는 에너지 불균형을 **들뜬 압력(excitaion pressure)**이라고 한다. 따라서 PQ 풀의 산화–환원 상태는 핵내 존재하는 *Lhcb* 유전자의 발현을 조절하여 신호전달 경로를 유도한다. 엽록체같은 세포소기관에 의해 핵 유전자의 조절을 **역행 유전자 조절(retrograde gene**

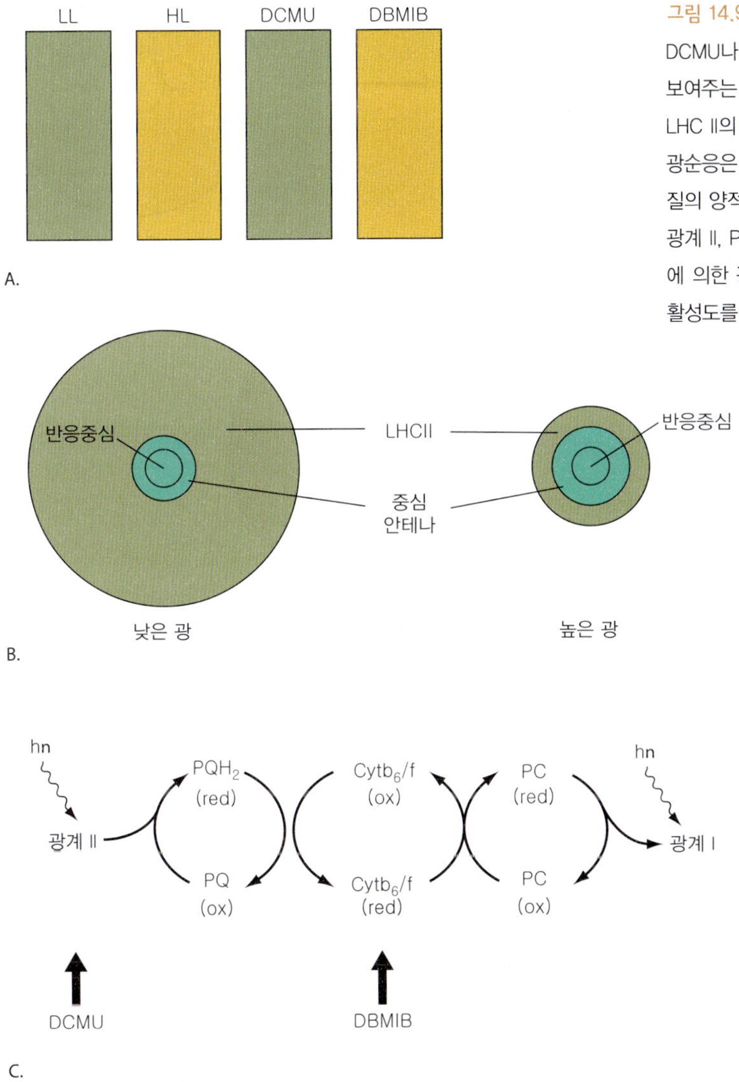

그림 14.9 강한 빛에 대한 광순응. (**A**) 낮은 광(LL), 강한 광(HL) 조건에서 DCMU나 DBMIB 유무에 따른 녹조류 *Dunaliella tertiolecta* 세포배양 상태를 보여주는 그림. (**B**) 낮은 빛세기와 강한 빛세기 조건에서 자란 동일 식물의 LHC II의 차이를 보여주는 그림. 반응 중심은 광계 II의 반응중심을 나타낸다. 광순응은 중심안테나 CP430이나 CP47, 혹은 반응중심 복합체 D1과 D2 단백질의 양적 변화가 수반되지 않고 단지 LHC II의 함량 변화에서 기인한다. (C) 광계 II, PQ 풀, Cyt b_6/f 복합체, 플라스토시아닌(PC) 광계I의 산화환원 반응에 의한 광합성 전자전달경로를 보여주는 그림.(7장 참조) DCMU는 광계II의 활성도를 억제한다. DBMIB는 Cyt b_6/f 복합체를 억제한다.

regulation)이라고 부른다(그림 14.10). 그러나 역행 조절은 엽록체-핵의 상호결합에 제한되지 않는다. 엽록체와 같이, 미토콘드리아도 핵 유전자 발현을 조절한다. 이러한 것은 엽록체, 미토콘드리아가 핵에서 핵 유전자 발현 조절은 분자상호 연관 경로에 매우 중요하다. 엽록체-핵, 그리고 미토콘드리아-핵의 신호전달 경로는 찾기 힘들지만 매우 많은 연구가 이루어지고 있다.

세포 수준의 에너지 균형의 유지는 **광균형(photostasis)**이라고 하며, 엽록체와 미토콘드리아의 상호결합에 의존적이다. 예를 들어, 미토콘드리아 Moc1 단백질은 미토콘드리아 호흡의 전자전달의 유지를 포함하여 미토콘드리아 유전자의 전사를 조절한다고 생각하고 있다. 그러나 moc1 돌연변이체는 높은 광 아래에서는 이 미토콘드리아 단백질이 부족하여, 광합성에 의해 고정된 탄소의 생산과 비추어 호흡률의 증가가 불가능하다. 미토콘드리아 전자전달을 막으면 탄소대사 호흡률이 느려지고, 결국 광합성 전자전달에시 피드백제이기 일어난다. 이것은 노한엽록체에서 PQ 풀 환원 결과이다. 이것은 엽록체와 미토콘드리아 대사 사이의 연결에 대한 매우 뛰어난 예이고 그리고 세포수준에서의 산화–환원 균형의 조절은 매우 중요하다.

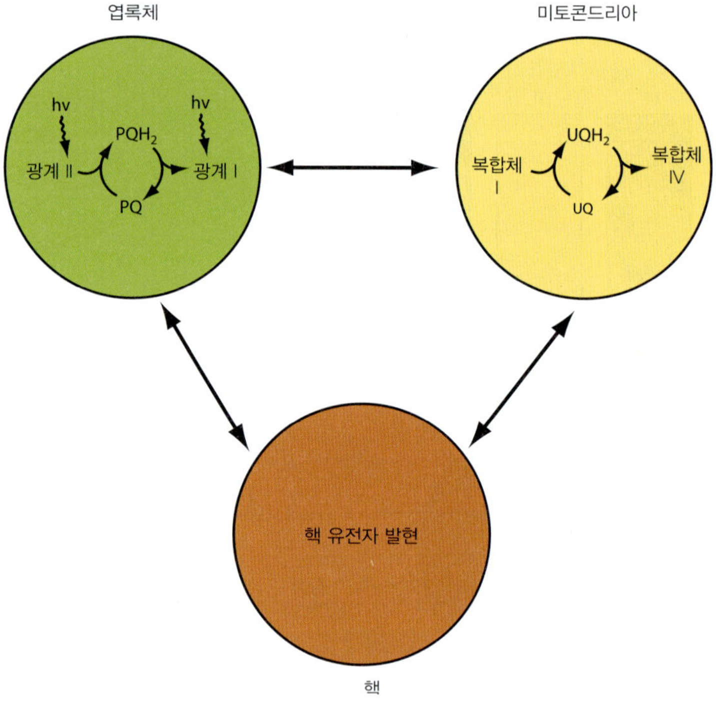

그림 14.10 역행 조절을 도식화한 모델. 엽록체 플라스토퀴논(PQ)의 산화-환원 상태는 핵 유전자 발현을 조절할 수 있다. 마찬가지로 미토콘드리아 유비퀴논(UQ)의 산화-환원 상태가 핵 유전자 발현을 조절할 수 있다. 엽록체와 미토콘드리아에 의한 핵 유전자 발현 조절을 역행 조절이라 한다. 엽록체와 미토콘드리아는 탄소대사 경로를 통해서 서로 신호를 주고 받는다.

14.3.2 광합성 기구가 광질(light quality) 변화에 대해서 반응할 수 있을까?

열대우림 지역의 음지에서 자라고 있는 육상식물은 수관 높이에 비교해서 1% 이하의 빛(광합성 활성 방사선, PAR, 6장)을 받는다. 게다가 숲의 상층부에서 키가 큰 목본식물이 적색과 청색광을 흡수하였기 때문에 지표면에 도달하는 빛은 원적외선과 녹색광이 풍부하다. 따라서 음지 조건에서의 순응은 빛의 세기와 성질에 대한 복잡한 상호작용의 결과이다. 광질에 대한 순응반응은 광수용체인 피토크롬(22장)에 의해 조절된다. 광합성 기구의 순응에 대한 빛의 세기와 파장에 대한 과거에 수행된 실험의 문제점 중 하나는 광질을 다룰 때 동일한 양자 플루언스율로 비교하지 않았다는 점이다(6장). 이러한 실수로 해석이 명확하지 않은 문제를 야기하였다. 강낭콩과 옥수수를 재료로 한 동일 양자 플루언스율의 적색과 원적외선을 조사한 실험에서 엽록소 a/b 비율이 의미 있게 변화되지 않았다. 이 결과는 동일 양자플루언스율이 조사된 강낭콩과 옥수수의 틸라코이드막 구조와 조성이 변화하지 않는다는 결과와 일치한다. 그러나 광질에 대한 광합성기구의 구조와 조성의 적응능력은 종 특이성을 갖는 것으로 밝혀졌다. 음지 고사리인 *Asplenium australasicum*을 적색광 조건에서 생장시키면 잎의 색소 조성이 높은 광 순응을 흉내내지만 청색광 조건에서는 낮은 광 순응과 비슷하다. 이 결과는 적색광과 청색광이 부족하고 원적외선과 녹색광이 풍부한 조건에서 자란 음지식물의 순응과 유사하다. 게다가 음지 적응 식물에서 피토크롬과 다른 광수용체의 함량에 대해서는 거의 알려진 바 없다. 따라서 광합성 기구의 광질에 대한 순응은 종의존적 특성이 매우 크다고 할 수 있다.

광질에 대한 순응 반응의 좋은 예로 남세균을 둘 수 있다(그림 14.11). 이 원핵 광독립영양 세균의 광합성 기구가 진핵 광독립영양 생물과 유사성과 차이점이 있음을 기억하자(7장). 고등식물과 녹조류와 같이 남세균은 광계 I과 II를 가지고 있어서 산소를 발생한다. 그러나 진핵생물과는 달리 남세균은 틸라코이드 막 외재성 단백질인 피코빌리좀이 광합성에 필요한 빛 에너지를 수확하는 색소-단백질 복합체이다. 대부분의 남세균에서 피코빌리좀과 공유결합되어 있는 색소로 피코시아닌(phycoyanin, PC)과 피코에리트린(phycoerythrin, PE)이 있다. *Fremyella diplosiphon*과 같은 남세균은 광질 변화에 대한 반응으로 피코빌리좀의 색소조성을 변화시킬 수 있다. 이러한 빛 환경 변화에 대한 적응 능력을 **상보적 색성적응(complementary chromatic adaptation, CCA)**이라 한다. CCA는 광질 변화에 대한 PE와 PC의 비율 변화의 결과이다(그림 14.11). 적색광 조건에서 생장시킬 경우, *Fremyella diplosiphon*는 PC가 적색광의 거의 대부분을 흡수하기 때문에 청녹색을 띤다. 반면에 *Fremyella diplosiphon*를 녹색광에서 생장시키면 PE가 녹색광

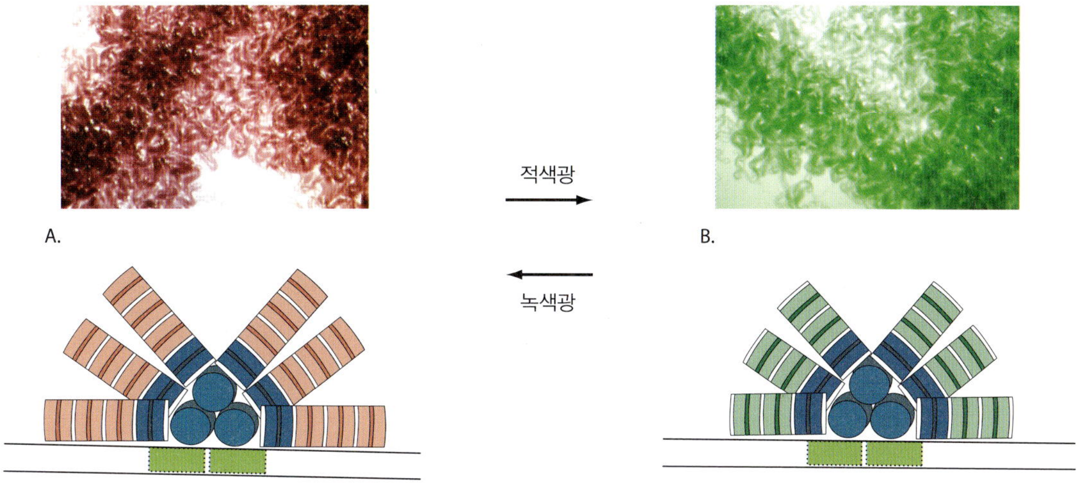

그림 14.11 Fremyella diplosiphon의 표현형에 미치는 빛 색깔 효과. 녹색광(**A**)과 적색광(**B**) 조명에서 한천배지에서 자란 실모양형 남세균 *F. diplosiphon*. 세포 배양액 사진 아래 쪽에 녹색광 혹은 적색광에서 생장한 남세균의 광계II와 피코빌리좀 조성의 변화를 나타내었다.(Kehoe, D.M., A. Gutt. 2006. *Annu Rev Plant Biol* 57:127–150, 사용 허가 득).

의 대부분을 흡수하기 때문에 세포는 적색을 띠게 된다. 이러한 순응 과정은 빛에 의한 가역적 특성을 보이므로 육상식물에서 피토크롬에 의한 적색/원적외선에 의한 광가역성과 유사한 특징을 보이게 된다. 그러나 최근에서야 이러한 순응이 아직 알려지지 않은 여러 개의 광수용체에 의해서 매개될 뿐만 아니라 플라스토퀴논의 산화-환원 상태에 의해서도 조절된다고 알려졌다.

CCA가 남세균 게놈에 존재하는 유전자의 발현 변화에 의해서 기인한다는 점은 명백하다. CCA와 관련된 가역적인 표현형의 변화는 남세균이 광합성과 생장에 필요한 빛의 흡수를 최대화 시키기 위해서 가소성을 가지고 있음을 의미한다. 따라서 상보적 색성 적응(chromatic adaptation)이라기보다는 상보적 색성순응(chromatic acclimation)라고 불리우는 것이 보다 정확하다 하겠다.

14.3.3 가뭄에 대한 순응은 경엽부/뿌리 비율 및 엽면적에 영향을 미친다

장기간의 가뭄에 대한 반응 중의 하나로 영양생장의 저해를 들 수 있다. 경엽부(shoot), 특히 잎의 생장이 뿌리 생장에 비해서 보다 민감하다. 옥수수를 재료로 물주기 멈춤 방법으로 수분스트레스를 유도한 실험에서, 식물 조직의 수분 퍼텐셜이 −0.45 MPa에 도달하면 잎의 확장이 현저하게 감소하고 −1.00 MPa에서는 완전히 생장이 멈추었다. 반면에 뿌리의 생장은 −0.85 MPa에 도달할 때까지 정상적으로 일어나며 심지어 −1.4 MPa에서도 뿌리의 생장은 완전하게 억제되지 않았다. 수분 결핍 조건에서 잎의 확장이 억제되면 잎 면적이 줄고, 그 결과 증산량이 감소하므로 식물에는 이롭다. 오랫동안 낮은 수분퍼텐셜에 의한 세포 신장 억제는 생장 부위에 있는 세포에서 팽압 감소에서 기인하는 것으로 생각되어 왔다. 식물 세포확장은 물이 유입되어 충분한 팽압을 생성하여 세포벽을 완화시킬 때 일어나기 때문이다(16장과 17장). 따라서 물 부족으로 생장감소가 유도된다는 점은 놀랄만한 일이 아니다. 즉, 세포가 팽압을 유지하고 있다고 해서 세포신장에 의한 식물의 생장을 완벽하게 보장 하는 것은 아닌 것 같다.

앞 절에서의 논의는 활발하게 생장 중인 경엽부와 뿌리에 한해서 적용된다. 목화와 같이 성숙한 식물에서 오랜 기간 동안의 수분 스트레스는 늙은 잎의 노쇠와 탈리 촉진으로 이어진다. 목화의 경우 수분 스트레스가 장기간 지속되면 줄기의 정단부에 있는 제일 어린 잎 들만 남아 있게 된다. 이러한 현상을 종종 **엽 면적 조정(leaf area adjustment)**이라 하는데, 물 공급이 부족한 시기에 잎 면적과 증산량을 줄이는 방법이 될 수 있다. 싹(bud)이 살아 있는 한 수분 스트레스가 제거되면 새로운 잎이 생성될 것이다.

이미 언급했듯이, 뿌리는 경엽부에 비해서 수분 스트레스에 덜 민감하다. 뿌리는 잎이 조정할 수 있는 수분 퍼텐셜보다 훨씬 낮은 점에서도 물을 흡수하여 생장을 유지할 수 있는 삼투 조정능이 있다. 뿌리의 상대 생장률은 낮은 수분퍼텐셜에서도 증가할 수 있어서 뿌리-경엽부 비율이 뿌리 부분이 증가하는 방향으로의 변화가 일어날 것이다. 수분 공급 부족에서 기인한 증가된 뿌리-경엽부 비율은 뿌리가 보다 광범위한 토양에 걸쳐서 물을 탐색하여 뽑아낼 수 있기 때문에 식물에게는 매우 이롭다. 뿌리-경엽부 비율의 가변성은 공급원-수용부 관계에서의 변화를 수반하여 궁극적으로 보다 많은 광합성 산물이 뿌리로 분배되는 결과를 야기한다. 그러나 뿌리로의 탄소 공급은 광합성이나 잎에서 저장된 광합성 산물 동원(mobilization)이 유지되는 한계 내에서만 지속될 수 있다. 일부 식물의 경우 수분 부족 시 잎 면적 변화 이외에 기공수가 감소하는 경우도 있다. 단위 면적당 기공수 감소를 통해서 식물은 증산에 의한 물 유실을 줄일 수 있다.

수분 부족에 대한 초기 반응 중에 하나로 물을 보전하기 위한 한 방편으로 기공 닫힘이 있다. 일부 식물에서는 기공 닫힘에 의해서 잎 내부의 CO_2 농도가 감소하게 되어 광합성이 억제되기도 한다. 빛이 있는 조건에서 광합성능 감소로 인해서 식물이 과다한 광에 노출되게 되어 광억제 상태에 이를 수 있다. 기공이 닫혔을 때 잎 내부의 산소 농도는 CO_2 보다 높기 때문에 광호흡에 의해서 산소가 주로 사용된다. CO_2 환원(식 14.1)에서와 같이 Rubisco에 의해서 산소가 지속적으로 소모되기 위해서(식 14.2)

$$\text{RuBP} + CO_2 \rightarrow \text{2PGA} \quad (14.1)$$

$$\text{RuBP} + O_2 \rightarrow \text{PGA} + \text{P-글리콜산} \quad (14.2)$$

캘빈회로에서 RuBP가 끊임 없이 공급되어야 한다(8 장). 이 과정에서 광합성 전자전달 과정에서 생성된 NADPH와 ATP가 지속적으로 공급되어야 한다(그림 13.4 참조). 광호흡을 통한 1 분자의 산소를 고정(5ATP + 3NADPH)하기 위해서 1분자의 CO_2를 고정(3ATP + 2NADPH)하는 것 보다 많은 에너지가 필요하다. 그 결과 광호흡은 CO_2가 부족할 때 광합성을 유지하는 데 매우 중요한 역할을 수행한다. 이러한 광호흡의 역할은 애기장대 광호흡 돌연변이체가 수분부족 조건에서 높은 광에 보다 민감하다는 사실에 의해서 입증된다.

14.3.4 저온순응은 광순응과 유사하다

이미 1세기 이전부터 호밀이나 밀과 같이 저온 내성을 갖는 초본성 식물의 겨울 품종을 저온에서 생장시키면 결빙에 대한 내성이 증가하는 것으로 알려져 있다. 이때 결빙 내성은 50% 개체가 동사하는 동결온도인 LT50으로 측정하였다(그림 14.12A). 결빙 내성의 증가는 *cor* 유전자 발현과 매우 강하게 연관되어 있다. 그러나 저온 순화된 호밀, 보리, 시금치, 애기장대 등의 겨울품종은 결빙 내성 증

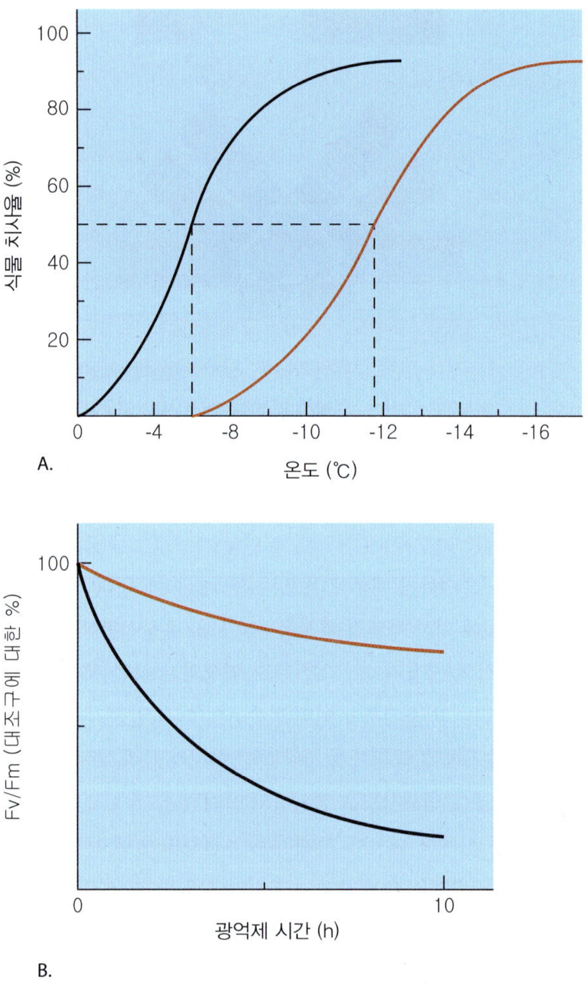

그림 14.12 (**A**) 생장온도가 결빙내성에 미치는 효과를 LT50으로 측정한 그래프. 25℃에서 생장한 내냉성 식물(검은색 선)이 -7℃에서 LT50을 보이는 반면 5℃에서 생육된 내냉성 식물(붉은색 선)의 LT50은 약 -12℃이다. 따라서 저온 순응 식물은 동해에 대한 저항성이 증대되었다. (**B**) 생장온도가 광억제의 민감도에 미치는 효과를 나타낸 그림. 25℃에서 생육한 식물 광계II의 최대 광합성 효율(Fv/Fm, 검은색 선)이 5℃에서 자란 식물의 광합성 효율(붉은색 선)에 비해서 훨씬 더 빨리 감소한다. 이는 저온순응 식물은 광억제에 대한 민감도가 저하되었음을 의미한다. (Gray, G.R., L.V. Savitch, A.G. Ivanov, N.P.A. Hunner. 1996. *Plant Physiol* 110:61-71).

가 이외에도 광억제에 대한 민감도가 감소되어 있다(그림 14.12B). 따라서 이들 겨울 품종의 광억제 내성 증가는 높은 광 전처리와 무관하지만 높은 광에 대한 순응과 유사하다. 그러나 LHC II의 구조와 기능 변화는 거의 없다.

어떻게 이런 일이 가능할까? 저온 내성 겨울 품종 밀이나 귀리를 저온에서 생장시키면 광합성 효율이나 엽록소 a/b 비율의 변화가 거의 수반되지 않음에도 불구하고 광합성 효율이 증가된다. 이러한 광합성 효율 향상 요인은 다음과 같다. 첫 번째로 저온순응은 스트로마와 시토졸의 탄소대사와 관련된 Rubisco, 스트로마 FBPase, 시토졸 FBPase, 설탕-인산 생성효소(sucrose-P synthase, SPS)들의 발현을 전사 및 번역수준에서 향상시킬 뿐만 아니라 액포에서의 프럭탄 생합성을 증대시킨다(9장). 그 결과 효소활성도와 설탕 생합성 경로로의 탄소 유입이 증가하게된다. 둘째로 이는 수용부 활력의 증가로 나타나기 때문에 잎에서 탄소 유출율 증가로 이어진다(9장). 저온에 단기간 노출되는 경우와 달리 저온에서의 생장은 호흡성 탄소대사를 촉진한다. 셋째로 저온순응은 광호흡을 억제하며 그 결과 순탄소 획득이 증가하게 된다. 따라서 이들 저온순응 식물을 높은 복사조도에 노출시키게 되면 광합성능이 더 증가하게 되고, 그 결과 저온에서 크산토필 회로에 의한 비광화학적 소산 증가가 수반되면서 생장율과 생물량과 생산이 증대된다. 따라서 이들 저온순응 식물은 흡수된 빛에너지를 탄소대사, 생물량 생산, 그리고 과다 빛에너지를 열로 소산하는 능의 증가와 결부된 생장율 증가로 인해서 광억제에 대한 내성을 갖게된다. 이러한 특성을 보이기 위해서 저온 내성 식물을 저온에서 생장과 발달을 유도해야만 한다는 점을 이해하는 것이 중요하다.

저온 순응된 호밀, 보리, 시금치, 애기장대 식물의 겨울품종과 마찬가지로 저온순응된 *Chlorella vulgaris* 또한 광억제에 대한 민감도가 감소한다. 그러나 육상식물과 달리 저온 순응된 *Chlorella vulgaris*는 높은 광에서 자란 세포와 마찬가지로 연한 녹황색의 표현형을 보인다(그림 14.9, HL). *Chlorella vulgaris*의 저온순응은 저온 생장이 높은 광과 동일한 에너지 불균형 혹은 들뜬압(excitation pressure)을 유도하기 때문에 광순응과 유사하다. 왜 이런 일이 일어나는 것일까? 밀, 호밀, 애기장대와 달리 저온순응 동안에 *Chlorella vulgaris*는 세포당 광합 성능이 증가하지 않는다. 낮은 생장온도는 광계 II와 I 사이의 전자전달율과 탄소대사에 관련된 효소의 활성도를 낮추지만 빛 흡수율, LHC II에서 P680으로의 에너지 전달, 그리고 $P680^+$을 생성하는 광산화 반응에는 영향을 미치지 않는다. 이러한 조건에서 광계 II가 PQ를 환원시키는 속도가 광계 I과 CO_2 동화가 PQH_2를 산화시키는 속도보다 크기 때문에 궁극적으로는 PQH_2가 축적되게 된다. 이러한 엽록체의 산화-환원 신호는 역행조절(retrograde regulation, 그림 14.10)을 통해서 *Lhcb* 유전자 발현을 억제하게 된다. 남세균 *Plectonema boryanum* 또한 저온 또는 높은 광에서 생장한 *Chlorella vulgaris*와 유사한 반응을 보인다. 그러나 남세균은 광계 II와 연계된 피코빌리좀의 크기를 감소시킴으로써 반응한다(7장).

이상의 논의는 광독립 영양생물이 높은 광이나 저온에서 생장할 때 유도되는 에너지 불균형에 얼마나 가변적으로 반응하는지를 보여준다. 비록 높은 광과 저온이 세포의 에너지 예산에 불균형을 초래하지만 이에 대한 광합성 생물의 반응은 종 특이성을 보인다. 대부분의 육상식물은 흡수된 빛 에너지를 광합성능을 향상시키고 생장률을 증가시키는 한편, 크산토필 회로를 통한 광보호작용을 통해서 이용함으로써 빛에 대한 항상성을 유지한다. 반면에 녹조류에서는 탄소대사와 생장에 흡수된 빛 에너지를 이용할 수 없기 때문에 엽록체에 의한 핵 유래 유전자 발현을 조절하는 역행 조절을 통해서 광수확 색소의 크기를 축소시킴으로써 광균형을 유지한다.

14.4 초본식물의 결빙내성에는 빛과 저온 사이의 복잡한 상호작용이 관여한다

겨울밀, 겨울호밀, 시금치, 그리고 애기장대와 같이 월동하는 초본식물들이 저온순응과 결빙내성을 최대로 가지려면 생장과 발달이 활발해야 한다. 결과적으로, 저온에서 생육한 이런 식물의 잎들은 따뜻한 온도에서 생육한 잎들에 비해 해부학적 · 형태적 · 생리적, 그리고 생화학적으로 다르다. 예를 들면, 저온에서 성장한 이런 초본종들은 엽육세포의 크기 증가 그리고/또는 책상 조직 세포층 수의 증가, 그리고 잎 수분 함량의 감소와 관련된 세포질의 증가로 인한 짧고, 촘촘한 성장 습성을 가진, 두꺼운 잎들을 보여준다. 저온 순응 기간동안 광합성을 계속하여 이런 저온 성장에 요구되는 에너지를 공급한다. 이렇게 하여 저온 순응상태와 최고의 결빙내성을 갖게 된다(식 14.3).

$$\text{저온 스트레스} \rightarrow \text{생장/발달} \rightarrow \text{저온 순응} \rightarrow \text{결빙내성} \quad (14.3)$$

표 14.2에서 보는 바와 같이, 겨울호밀이 최고의 결빙 내성을 갖기 위해서는 저온(5℃)에 노출되는 것이 절대적으로 필요하다 (LT50 = −16℃). 그러나 낮은 온도와 낮은 광 아래에서 성장했을 때 LT50이 50%까지 감소하는 것으로 보아 저온 자체 만으로는 최

표 14.2 겨울 호밀(*Secale cereale L. cv Musketeer*)의 LT50에 영향을 미치는 생장 온도와 생장 복사조도의 효과. 생장 복사조도 단위는 μmol photons $m^{-2}s^{-1}$).

생장온도(℃)		생장 복사조도	LT50(℃)
20	*50*	낮은 빛	−4
20	*250*	중간 빛	−6
20	*800*	높은 빛	−8
5	*50*	낮은 빛	−8
5	*250*	중간 빛	−16

고의 결빙 내성을 유도하는 데 충분하지 않다(표 14.2). 따라서, 겨울 곡류들이 최고의 결빙내성을 갖기 위해서는 빛 또한 절대적으로 요구된다(표 14.2). 일정한 저온 조절에서 광의존적 결빙 내성의 증가는 광주기 또는 빛의 질과 무관하게 일어난다. 따라서 초본성의 겨울 곡류에서 LT50의 빛 의존성은 피토크롬에 종속되어 있지 않다. 그러므로, 일반적으로 결빙내성을 유발하지 않는 온도(20°C)에서 생장 복사 조도를 증가시키면 LT50이 낮은 복사조도에서 −4°C에서 높은 방사강도에서 −8°C까지 두 배가 증가하는데 이러한 결과는 결빙 내성의 빛 의존성과도 일치한다. 그러나 높은 빛이 겨울 곡류의 최고 결빙 내성을 유도하기 위한 낮은 온도를 보상할 수는 없다. 따라서 최고의 결빙 내성에 도달하는 것은 성장할 때의 낮은 온도와 생장 복사 조도의 부가적인 효과의 결과로 보인다.

14.4.1 저온 순응 식물들은 항결빙 단백질들을 분비한다

월동하는 식물들은 결빙 발생 그 자체를 조절할 수 있는 능력 때문에 결빙에 내성을 지닌다. 물의 결빙이 세포벽의 세포외 공간인 아포플라스트에 국한되어 있는 한 식물은 생존할 것이다. 반면에, 결빙이 세포내에서 일어났다면 식물은 죽게 될 것이다. 많은 식물에서 저온 순응은 세포질에서 아포플라스트로 **항결빙 단백질(antifreeze proteins, AFPs)**의 분비와 관련이 있다. 항결빙 단백질은 외떡잎 그리고 쌍떡잎 속씨식물 뿐 아니라 겉씨식물, 고사리류에서 보고되었다. 얼음의 결정 격자 내의 물과 항결빙 단백질에 존재하는 특정한 친수성의 아미노산 간의 수소 결합을 통해 항결빙 단백질은 자라나는 얼음 결정체의 표면에 결합하여 얼음 결정체가 자라나는 것을 방해한다. 저온-내성 식물에서 항결빙 단백질의 존재는 필수적인 구성요소는 아니나 저온에 노출되는 것을 필요로 하고 사실상 종자, 줄기, 잎, 꽃 그리고 뿌리를 포함한 모든 식물 조직에서 축적된다. 겨울 호밀 식물들이 저온 순응할 때, 가스 형태의 식물 호르몬인 에틸렌인 생성된다. 에틸렌은 항결빙 단백질을 암호화 하는 유전자 패밀리의 전사를 유도한다. 번역이 진행되면서 항결빙 단백질은 골지체, 소포에 그리고 원형질 막과 융합되어 있는 소낭을 통해 분비되고 세포 벽의 표면에 저장되어 얼음 결정체가 형성되는 것을 방해한다.

항결빙 단백질은 LT50을 변하게 하는가? 그 답은 명백하게 '아니다' 라고 말할 수 있다. 만약에 그렇다면, 항결빙 단백질의 역할은 무엇일까? 비록 항결빙 단백질이 LT50에는 미미한 영향을 미치지만 얼음 결정체가 형성되는 속도에는 중요한 영향을 미친다. 따라서 항결빙 단백질은 아마도 세포외 결빙 속도를 늦춤으로써 월동 가능성을 증가시키는 것 같다.

14.4.2 북반구 온대의 목본 식물들은 결빙 스트레스에도 살아 남는다

자작나무(*Betula papyrifera*), 사시나무(*Populus tremuloides*), 버드나무(*Salix sp.*) 같은 아한대 낙엽성 교목과 관목은 겨울철의 빙점 이하의 온도에서도 순응할 수 있기 때문에 모두 북극권 근처에서도 생존이 가능하다. 만약 이런 식물들이 정상적인 생장기 동안 결빙 온도에 노출된다면 손상을 입거나 죽을 것이다. 봄이나 여름 동안의 약한 서리 조차도 활발히 생장하고 있는 이들 식물에게는 치명적일 수 있다. 그러나 이들 종의 순응된 줄기는 −196°C(액체 질소) 정도로 낮은 온도에서도 뚜렷한 손상 없이 생존할 수 있다.

결빙 스트레스에 대한 목본 종의 순응은 자연계에서 흔히 볼 수 있는 현상이지만, 순응이 되는 정확한 메커니즘은 잘 알려져 있지 않다. 목본 조직의 순응은 두 가지 뚜렷한 단계로 일어난다는 것이 알려져 있다(그림 14.13). 목본조직의 순응은 생장과 광합성이 멈추고 식물이 **휴면(dormancy)**에 들어갈 때 시작 된다 순응의 첫 번째 단계는 단일(short day)에 의해 유도되고 피토크롬의 조절을 받는다고 생각된다. 이 단계에서의 순응은 장일(long day)과 이른 서리에 의해 저해 받을 수 있다. 따라서 목본 종에 있어서, 결빙손상을 입지 않으려면 서리가 내리기 전에 휴면 상태에 들어가는 것이 필수적이다

순응의 두 번째 단계는 월동하는 조직이 첫 서리가 일어나는 저온에 노출됨으로써 시작된다(그림 14.13). 이 단계에서 호흡활성은 최고의 저온순응상태(cold-acclimated state)에 도달하는 데 요구되는 수많은 대사 변화에 필요한 에너지를 제공할 만큼 충분하다. 유기인산의 수준이 증가하고 전분이 당으로 바뀐다. 당단백질이 축적되어 일반적으로 원형질은 탈수에 더 큰 저항성을 가지게 된다. 완전히 순응된 세포는 자연에서 보통 겪게 되는 온도보다 훨씬 더 낮은 온도에 견딜 수 있다.

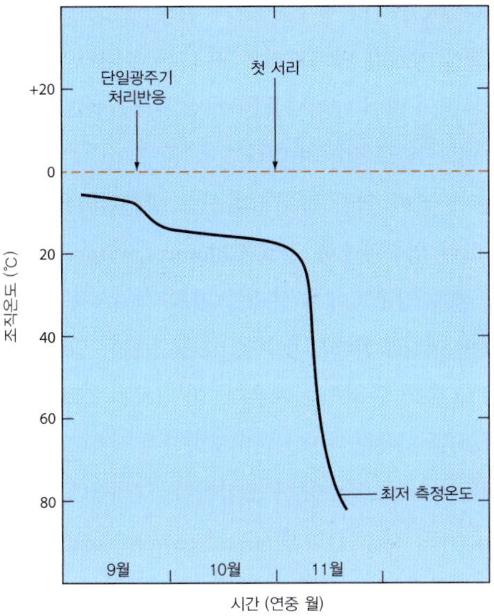

그림 14.13 목본 식물 줄기에서의 저온 순응. 곡선은 일년 중 시간에 대한 함수로서 생존할 수 있는 가장 낮은 온도를 나타낸다. 생존 가능 온도가 낮의 길이가 짧아지는 것과 첫서리 시기와 일치하여 상당히 낮아지는 것을 유의하시오. Y축 :조직온도(℃) X축:시간(월). 단일 광주기 처리반응(Short-day photoperiod response), 첫 서리(first frost) 그리고 최저 측정 온도(Lowest temperature tested)

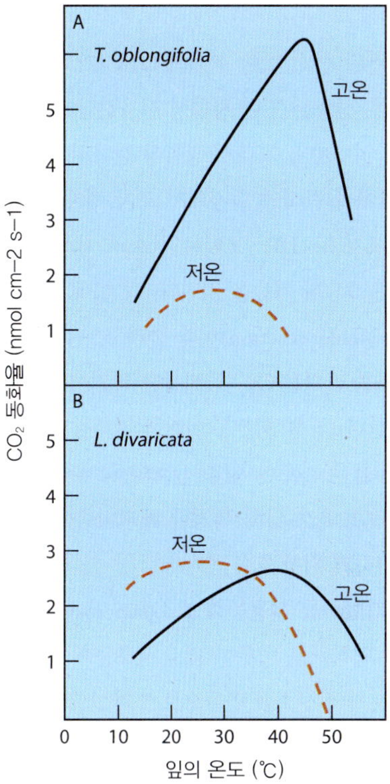

그림 14.14 광합성 수용력 조정에 대한 내열성 C3 및 C4 식물의 활성도를 예증하는 모식도. 광포화된 광합성률에 대한 온도분포가 C4 식물 T. oblongiflora(**A**), C3 식물 L. divaricata(**B**)에 대한 잎 온도의 함수로서 그려져 있다.(Berry, J.A., O. Bjorkman. 1980. *Annual Reveiw of Plant Physiology* 31: 491–543.)

14.5 식물들은 높은 온도에 맞추어 광합성 수용력을 적응시킨다.

높은 온도에 적응할 수 있는 식물들은 **내열성(thermotorant)** 식물이라 불린다. CO_2 동화시 최대한의 광포화율로써 측정된 광합성 용량은 온도에 민감하다(그림 14.14). 그림 14.14에 나타난 C3와 C4 식물은 광합성에 대한 최적온도가 이들이 노출된 생장환경에 의존함을 보여준다. 낮은 온도에 노출된 식물들은, 높은 온도에 노출된 식물에 비해 일반적으로 광합성에 대해 낮은 최적온도를 보여준다. 이러한 최적온도의 변화는 온도에 대한 광합성의 순응을 반영한 것으로 보이며, 온도 의존적 기공제한(stomatal limitation)에 기인한 것은 아니다. 그보다는, 이러한 광합성의 순응은 PCR 회로의 효소(Rubisco)뿐만 아니라 틸라코이드 막의 온도안정성 변화의 조합에 의해 나타나는 것으로 보인다. 밀이나 귀리 같이 겨울을 나는 C3 식물종의 광합성 순응은 추운 온도에서 성장과 발달을 요구하지만, 모든 식물들이 이러한 것은 아니다. 예를 들어, C3 식물, 협죽도(*Nerium oleander*)의 가역적인 광합성 순응은 낮은 온도와 높은 온도 모두에 대해 활짝 펴진, 성숙한 잎에서 관찰된다. 이것은 부분적으로 기후적응을 할 수 있는 특정한 식물들의 절대적 온도범위에 기인한 것일 수 도 있다.

C4 식물 *T. oblongifolia*의 광합성률의 최대치는, C3 식물 *L. divaricata*에 비해 잎의 온도에 더 민감하다(그림 14.14). 그러나 이러한 세부적인 반응들은 C3와 C4 식물들 간의 일반적인 차이를 반영하지는 않는다. 그보다는 이러한 변화는 C3와 C4 식물 내에서도 종마다 다양한 차이를 보인다. 명백히, 식물들은 온도의 변화에 대해 광합성을 적응시키고자 특별한 유연성을 보여준다.

14.6 산소는 다양한 스트레스에 대한 순응기간 동안 식물을 보호해 줄 수 있다.

광계 II와 연관된 산소 방출 복합체(OEC)가 광의존성 산소 방출을 하지만(7장), 산소는 또한 광합성 전자전달에 대해 대체 전자 받개로써 작용할 수 있다. 그래서 광합성 전자전달은 산소를 소모할 수 있다. 심지어 일반적인 환경에서 조차 광계 I에서 생긴 광합성 전자의 5~10%가 $NADP^+$ 보다는 산소와 반응한다. 이것은 활성 엽록체에 대해 중요한 기능을 가진다. 광계I에 의한 산소의 광환원은 **멜러 반응(Mehler reaction)**이라 불리고, 반응성이 높고 독성이 있는 **초과산화물 라디칼**(O_2^-)(라디칼은 짝지어지지 않은 전자를 가진 분자를 말한다)을 생성한다. 이러한 라디칼의 축적에 대항하여, 광합성 생물체들은 과도한 빛과 산소의 잠재적 파괴능력으로부터 그들 자신을 보호하기 위해 특정한 메커니즘을 진화시켜왔다. 과산화물을 제거하기 위한 효율적 시스템 중 하나는 풍부하게 존재하는 효소인 **초과산화물 불균등화 효소(superoxide dismutase, SOD)**이다. SOD는 엽록체를 비롯한 몇몇 세포구획에서 발견된다. 과산화수소와 한 분자의 산소를 만듦으로써 과산화 라디칼을 없애고 불활성화 시키는 것이 가능하다(식 14.4).

$$2O_2^- + 2H^+ \rightarrow H_2O_2 + O_2 \qquad (14.4)$$

발생되는 H_2O_2는, 아스코르브산(비타민C), 글루타치온, 그리고 NADPH에 의한 단계적 환원에 의해, 엽록체 내에서 물로 환원 된다(그림 14.15A). 일반적으로 식물의 엽록체가 상대적으로 높은 아스코르브산 농도를 보이고 생장환경에 따라 그것이 매우 다양하게 변한다는 사실은 흥미롭다. H_2O_2의 환원은 O_2^-와의 반응을 통한 **수산화 라디칼(OH·)**의 형성을 막기 위해 필요하다. 수산화 라디칼은 단백질을 빠르게 망가뜨리는 또 다른 형태의 ROS이다. 이러한 ROS로부터의 방어 메커니즘은 아사다-할리웰(Asada-Halliwell) 경로(그림 14.15A)로 알려져 있다.

Mehler 반응에 의한 광계 I의 산소 광환원작용 뿐만 아니라, 엽록체는 또한 **엽록체호흡 경로(Chlororespiratory pathway)**(그림 14.15B)를 통해 암조건에서 산소를 환원시키는 능력을 가지고 있다. 일반적인 성장조건에서 엽록체 호흡 경로는 암조건 내에서 틸라코이드 PQ 풀의 환원을 가져온다. 이 경로는 스트로마의 환원제(스트로마 풀)를 사용하여 PQ를 비광화학적 작용으로 환원시키는, NAD(P)H 탈수소효소(Ndh)를 포함한다. 그러나 틸라코이드에 결합된 플라스티드 최종 산화제(plastid terminal oxidase, PTOX)가 빛이 있는 상태에서도, 플라스토퀴놀의 산화와 산소가 물이 되는 환원을 연결시킨다는 사실이 제시되어 왔다. 최근 들어 클라미드모나스(*Chlamydomonas reinbardtii*)뿐만 아니라 애기장대(*Arabidopsis thaliana*)에서도 PTOX의 유전자가 발견되었다. PTOX의 염기서열은 미토콘드리아 내의 대체 산화효소(alternative oxidase, AOX)와 매우 유사하다(10장).

산소가 멜러 반응 또는 엽록체호흡 경로를 통해 광합성 전자

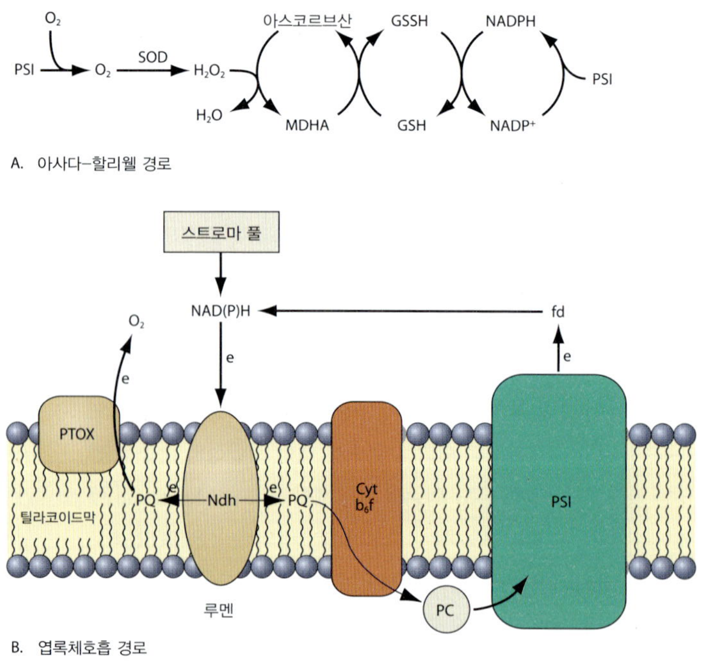

그림 14.15 엽록체에서 대체 전자 받개인 산소. (A) 아사다-할리웰(Asada-Halliwell) 경로. 산소(O_2)는 광계 I 에 의해 광환원되어 바로 초과산화물 자유 라디칼, O_2^-를 생성한다(멜러 반응). 그런 후 초과산화물 불균등화 효소(SOD)는 이 라디칼을 과산화수소(H_2O_2)로 전환한다. 과산화수소 역시 독성을 띠며 엽록체 효소인 아스코르브산 퍼옥시다아제에 의해 물로 환원되고 아스코르브산은 모노디히드로아스코르브산(MDHA)으로 산화된다. 아스코르브산(비타민 C)은 탈수소아스코르브산 환원효소에 의해 환원된 글루타치온(GSH)이 소모되어 재생된다. 산화된 글루타치온(GSSH)은 NADPH를 환원제(reductant)로 사용하는 글루타치온 환원효소에 의해 환원된다. (B) 엽록체호흡 경로. 틸라코이드 막에 존재하는 NAD(P)H 탈수소효소(Ndh)는 스트로마의 NAD(P)H를 소비하여 전자를 직접 플라스토퀴논(PQ)으로 전달한다. 틸라코이드 막에 있는 플라스티드 최종 산화제(PTOX)는 플라스토퀴놀을 산화시켜 산소(O_2^-)를 물로 환원한다. 스트로마 풀은 스트로마에서 환원력을 발생하는 모든 대사 경로를 나타낸다(8장 참조). Ndh는 또한 광계 I 주변의 순환적 전자전달에도 참여한다.

전달사슬 내의 대체 전자 받개로써 쓰일 수 있기에, 이 두 과정 모두는, 단기간과 장기간 적응메커니즘을 불러일으키는 스트레스에 대응하여, PQ 풀을 산화된 상태로 보존하고, 만성적 광억제의 확률을 감소시키는 잠재적 메커니즘이다. 그러나 스트레스에 대한 적응기간 동안의 Mehler 반응과 엽록체 호흡의 좀 더 세부적인 기여는 그 식물체가 노출된 환경스트레스 의존적일 뿐만 아니라 종 의존적이다. 게다가, 강광, 수분부족, 온도, 에너지 대사의 균형인 광항상성의 유지에 대한 적응에 있어서, 단기간 또는 장기간 적응 메카니즘 어느 것이든 새롭게 획득한 적응상태를 나타내는 중요한 특성이다.

요약

스트레스 저항성 또는 스트레스 내성(stress-tolerant) 식물은 환경 스트레스에 대해 순응 또는 적응 하는 모습을 보인다. 스트레스에 대한 순응으로 나타나는 특정한 생리학적 변화가 선천적인것은 아니지만, 순응하는 식물의 능력은 탁월한 유연성으로 나타난다. 식물들은 순응하고 상당기간 동안 새로운 항상성 상태를 확립하는 유전적 능력 때문에 스트레스 내성을 나타낸다. 순응이 긴 또는 짧은 반응의 통합된 단계를 의미하기 때문에 새로운 순응상태의 획득은 스트레스에 대한 복잡하고, 시간이 걸리는 반응이다. 짧은기간 메커니즘들은 이러한 순응반응의 매우 초기단계에서 발생하고,(1) 빛 변하에 대응하여, 광계 I과 광계 II 사이의 에너지 분배균형을 맞추기 위한 상태변화, (2) 갑작스런 빛에 대한 노출과 만성적 광저해에 대해 광계 II를 광보호하기 위한 크산토필 회로와 비광화학적 소광(NPQ)의 유도, (3) 수분이 부족할 때 수분 손실을 막기 위해 세포 삼투압 조절을 위한 적절한 용질의 축적과 과도한 에너지를 소비하기 위한 광호흡의 촉진, (4) 낮은 온도환경에 대한 막유동성 조절과 특별한 저온 조절 유전자들의 유도 등을 포함한다. 식물호흡의 독특한 특징은 Q_{10}이 정해져 있지 않고 온도의 단기간 변화에 따라 변한다는 것이다. 순응 반응을 야기시키는 단기간 메커니즘과는 다르게, 순응의 장기간 메커니즘은 표현형의 변화를 야기한다. 감광에 대한 순응은 낮은 광량때의 생장에 비해 엽록소의 감소와 함께 광계 II의 광수확 복합체 폴리펩타이드의 감소와 Rubisco의 증가를 가져온다. 이러한 반응은 PQ 풀의 산화환원 상태에 의한 광계 II 광수확 폴리펩타이드를 코딩하는 핵 유전자의 역행 조절의 결과이다. 이러한 높은 빛에 대한 반응은 낮은 온도에 대한 순응에서도 흉내내어지는데, 그 이유는 지속적 광노출과 낮은 온도에 대한 노출 모두가 PQ 풀의 환원상태를 유사한 방식으로 증가시키기 때문이다. 이는 닫힌 광계 II 반응중심의 비율에 대한 측정인 들뜬 압력(excitation pressure)로써 측정된다. 광독립영양생물들은 광량에 대해 순응하지만, 이러한 순응의 정도는 종에 따라 다른 것으로 보인다. 가장 극적인 광량 순응의 예는 많은 남세균에서 발견되는데 부분적 색 적응이라고 불린다. 낮은 온도에서의 겨울 곡물류의 생장과 발달은 광합성과 호흡 용량을 자극하여 광저해에 대한 내성의 증가를 가져온다. 수분부족 상황에서의 생장에 대한 반응으로, 식물은 지상부/뿌리 비율과 전체적 잎표면적을 감소시켜 증산에 의한 수분 손실을 감소시킨다. 목본식물뿐 아니라 초본의 추운 기후순응은 LT50으로써 측정되는 내빙성을 증가시키게 된다. 부동단백질은 LT50에 영향을 주지 않으나 세포 외부의 결빙속도를 조절한다. 높은온도에 적응하는 식물의 능력은 내열성(thermotorant)로 불려지며, 더 높은 온도에서 최대의 광합성 능력을 가지도록 온도특성을 변화시키는 능력을 보인다. 많은 식물들은 다양한 스트레스에 대한 순응기간 동안 멜러 반응이나 엽록체호흡을 통해 산소를 광합성 전자 전달에서 대체 전자 받개로써 사용할 수 있다. 광항상성은 물질대사와 생장에 쓰이는 에너지의 소비와 에너지의 흡수 사이의 균형 유지를 말한다. 광항상성의 달성은 높은 빛의 양, 수분 부족, 온도에 대한 적응의 일반적인 특성으로 보인다.

복습문제

1. 스트레스와 순응이 어떻게 서로 연관되어 있는가?
2. 광합성 전자전달의 PQ 풀이 상태 변화의 조절에 어떻게 연관되어 있는가?
3. 과도한 복사조도에 대해 광보호작용에 있어서 크산토필 회로의 역할은 무엇인가?
4. 3가지 화합성 용질(compatible solute)를 열거하라. 수분 스트레스에 대한 순응에 있어서 그들의 역할은 무엇인가?
5. *cor* 유전자란 무엇인가?
6. 식물호흡의 Q_{10}이 온도의 단기 변화에 따라 어떻게 변화하는가?
7. 육상 식물과 녹조류의 광순응에 관련된 표현형적 변화는 무엇인가? 이러한 변화들에 있어서 기능에서 나타나는 결과들은 어떤 것인가?
8. 역행(retrograde) 조절에 대해 정의하라. 광순응의 조절에 있어서 이것이 어떻게 관련되는가?
9. 상보적 색적응에 대해서 정의하라. 왜 이 이름이 잘못된 것으로 생각해야 하는지 설명하라.
10. 저온 순응이 녹조류의 광순응을 흉내낼 수 있는지를 설명하라.

11. 어떻게 추위에 순응한 겨울 곡물류가 광억제에 대한 내성의 증가를 나타내는가?
12. 초본식물에서 수분 스트레스에 대한 순응과 관련된 두 가지 표현형적 변화를 묘사하라. 어떻게 이러한 표현형적 변화가 수분부족의 효과를 누그러 뜨리는가?
13. LT50에 대해 정의하라. 초본식물에서 어떠한 비생물학적 요소가 최대 LT50를 조절하는가?
14. 부동 단백질이 어디에 위치해 있는가? 그들의 역할은 무엇인가?
15. 다양한 스트레스에 대한 순응에 있어서 산소가 할 수 있는 역할은 무엇인가?

더 읽을거리

Anderson, J. M., W.S. Chow, Y.-I. Park. 1995. The grand design of photosynthesis:
Acclimation of the photosynthetic apparatus to environmental cues. *Photosynthesis Research* 46:129–139.

Anderson, J. M. 1986. Photoregulation of the composition, function, and structure of thylakoid membranes. *Annual Review of Plant Physiology* 37:93–136.

Apel, K., H. Hirt. 2004. Reactive oxygen species: Metabolism, oxidative stress and signal transduction. *Annual Review of Plant Biology* 55:373–399.

Atkin, O. K., M. G. Tjoelker. 2003. Thermal acclimation and dynamic response of plant respiration to temperature. *Trends in Plant Science* 8:343–351.

Buchanan, B. B., W. Gruissem, R. L. Jones. 2000. *Biochemistry and Molecular Biology of Plants*. Rockville, MD: American Society of Plant Physiologists.

Demmig-Adams, B., W. W. Adams III, A. Mattoo. 2006. *Photoprotection, Photoinhibition, Gene Regulation and Environment. Advances in Photosynthesis and Respiration*, Vol. 21. Dordrecht: Springer.

Griffith, M., M. W. F. Yaish. 2004. Antifreeze proteins in overwintering plants: A tale of two activities. *Trends in Plant Science* 9:399–405.

Huner, N. P. A., G. Öquist, G. F. Sarhan. 1998. Energy balance and acclimation to light and cold. *Trends in Plant Science* 3:224–230.

Ingram, J., D. Bartels. 1996. The molecular basis of dehydration tolerance in plants. *Annual Review of Plant Physiology and Plant Molecular Biology* 47:377–403.

Kehoe, D. M., A. Gutu. 2006. Responding to color: The regulation of complementary chromatic adaptation. *Annual Review of Plant Biology* 57:127–150.

Mittler, R. 2006. Abiotic stress, the field and environment and stress combination. *Trends in Plant Science* 11:15–19.

Nishida, I., N. Murata. 1996. Chilling sensitivity in plants and cyanobacteria: The crucial contribution of membrane lipids. *Annual Review of Plant Physiology and Plant Molecular Biology* 47:541–568.

Nott, A., H.-S. Jung, S. Koussevitsky, J. Chory. 2006. Plastid-to-nucleus retrograde signalling. *Annual Review of Plant Biology* 57:739–759.

Öquist, G., N. P. A. Huner. 2003. Photosynthesis of overwintering evergreen plants. *Annual Review of Plant Biology* 54:329–355.

Pearcy, R. W. 1996. Acclimation to sun and shade. In: A. S. Raghavendra(ed.), *Photosynthesis: A Comprehensive Treatise*, pp. 250–263. Cambridge: Cambridge University Press.

Potters, G., T. P. Pasternak, Y. Guisez, K. J. Palme, M. A. K. Jansen. 2007. Stress-induced morphogenic responses: Growing out of trouble? *Trends in Plant Science* 12:98–105.

Sack, L., N. M. Holbrook. 2006. Leaf hydraulics. *Annual Review of Plant Biology* 57:361–381.

Smirnoff, N. 1995. *Environment and Plant Metabolism: Flexibility and Acclimation*. Bios Scientific Publishers.

Stitt, M., V. Hurry. 2002. A plant for all seasons: Alteration in photosynthetic carbon metabolism during cold acclimation in Arabidopsis. *Current Opinion in Plant Biology* 5:199–206.

Thomashow, M. F. 1999. Plant cold acclimation: Freezing tolerance genes and regulatory mechanisms. *Annual Review of Plant Physiology and Plant Molecular Biology* 50:571–599.

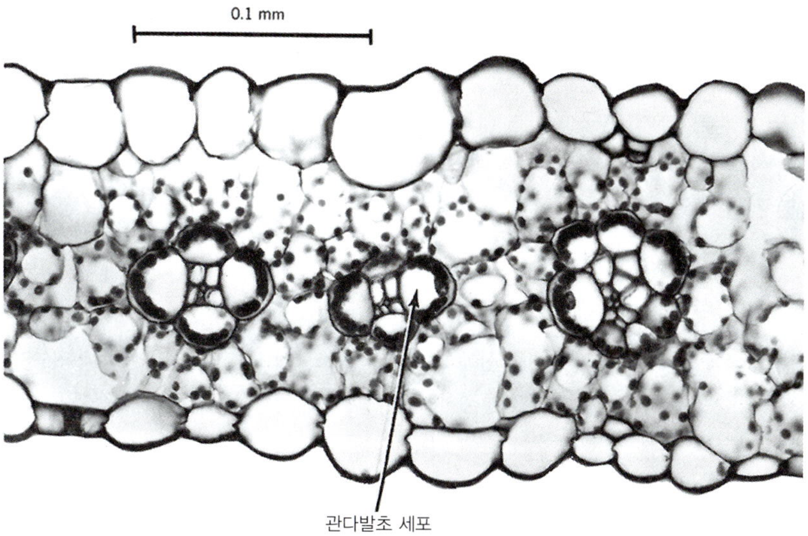

15

환경에 대한 적응

앞서 스트레스를 식물의 항상성에 미치는 음성적 효과라 정의하였다. 스트레스는 식물을 최적 생장조건에서 센 빛, 고온이나 저온 그리고 수분 결핍과 같은 비생물학적 조건에 노출시켰을 때 급변하는 생장의 변화로 측정할 수 있다. 14장에서 대부분의 C3 식물이 이러한 스트레스에 시간이 경과함에 따라서 순응 혹은 동고될 수 있는 능력이 있음을 논의한 바 있다. 개체, 생리, 생화학 그리고 분자생물학적 수준에서 환경변화에 대한 다양한 반응은 시간이 경과함에 따라서 서로 중첩되면서 통합된다. 14장에서 특정 스트레스에 순응할 수 있는 식물의 능력이 종마다 동일하지 않고 다양하다는 점을 이미 논의하였다. 그런데 순응되는 동안 유도되었던 특정 표현형이나 생리적 변화는 다음 세대로 전달되지 않는다. 따라서 식물의 가소성은 식물이 종자발아, 영양생장, 생식생장 그리고 노쇠에 이른 정상적인 생활사를 거치는 동안에 환경변화에 내성을 갖는 능력이라 할 수 있다. 16장에서 27장까지 이를 주제에 대해서 다룰 것이다. 순응과 달리 **적응(adaptation)**은 구조나 기능의 변형에 의해서 스트레스에 대한 개체의 적합도가 증가되는 경우를 의미하는데 이 경우 변화된 형질은 다음 세대로 **유전**된다. 이는 적응이 순응보다 훨씬 오랜 기간에 걸쳐서 일어남을 의미한다. 적응은 **자연선택**의 결과이기 때문에 진화의 시간 척도에서 일어난다. 적응은 여러 세대를 거쳐서 일어나는 자연선택의 결과로서 한 식물의 게놈내에 필요한 유전자가 보완된 결과이다. 이는 특수한 생태적 지위에 적응된 식물이 급작스런 환경 변화에 순응할 수 있는 가소성이 높지 않을 수 있음을 시사한다.

이 장에서 논의할 내용은 다음과 같다.

- 약한 빛과 센 빛에 적응된 식물의 생리
- 고온에 적응한 식물에서 C4 광합성의 역할
- 사막 환경에 적응한 형태로서의 CAM 광합성
- 식물 군집의 구조, 생물군계(biome), 그리고 지구 기후 유형(pattern)에 미치는 생리학적 영향

15.1 음지와 양지에 적응된 식물은 복사조도(irradiance)에 서로 다르게 반응한다.

열대우림의 지표면에 적응해서 생장하는 음지식물은 수관(canopy)에 비해서 1%에도 미치지 못하는 광 플루언스율(photon fluence rate)과 가시광선 영역 중에서 녹색과 원적외선이 많은 방사선에 노출되어 있다. 식물은 복사조도에 순응할 수 있는 능력의 여부에 따라서 **양지(sun)** 혹은 **음지(shade)** 식물로 분류된다. 복사조도에 대한 적응 능은 유전형질이다. 이는 식물이 수 세대에 걸쳐서 서식처의 빛 환경을 경험한 자연선택의 결과이기도하다. **절대 음지식물(obligate shade plants)**은 극한의 음지조건에서 생존하기 위해 적응하였기에 센 빛 조건에 순응할 수 있는 능력이 매우 제한적이다. 일반적으로 양지식물과 비교했을 때 음지식물의 잎의 두께는 얇지만 엽록소 함량은 많다(표 15.1). 절대음지식물의 엽록체는 그라나 당 100개의 틸라코이드가 쌓여 있을 만큼 막의 중첩도가 매우 크지만 양지식물은 그라나당 틸라코이드는 5~30개 정도이다(5장 참조). 음지 적응 식물은 엽록소 함량이 많을 뿐만 아니라 엽록소 a/b 비율이 2.0~2.5로서 양지식물의 3.2~3.6에 비해서 낮다. 엽록소 b가 광계 I(LHC I)과 II(LHC II)의 광수확 색소복합체를 구성하므로 음지식물의 엽록소 a/b 비가 양지식물에 비해서 낮다는 것은 양지식물에 비해서 음지식물에서 광수확색소가 많다는 것을 의미한다. 이러한 사실은 양지식물에 비해서 음지식물이 빛이 광합성의 제한요인으로 작용하는 약한 광 조건에서 광합성 효율이 높다는 사실에서도 반영된다(그림 15.1A). 그러나 음지식물은 양지식물에 비해서 Rubisco 함량이 낮기 때문에 최대 광합성율이 양지식물보다 낮다(그림 15.1A). 절대음지식물과는 달리 양지식물은 생장 광의 복사조도가 증가함에 따라서 최대 광합성율이 바뀔 수 있는 가소성이 매우 크다(그림 15.1B). 음지에서 자생하는 미역취(*Solidago virgaurea*)의 클론은 생장광도에 순응할 수 있는 능력이 크지 않기 때문에 센 빛에 순응할 수 없다. 센 빛은 광합성 효율과 광합성능 둘 다 감소시킨다. 이러한 결과는 절대음지식물이 센 빛에 노출되면 만성 광억제(chronic photoinhibition)가 유도된 후 잎이 탈색되면서 궁극에는 죽게 되는 결과와 일치한다(13 및 14장). 반면에 양지식물은 음지식물에 비해서 흡수된 빛 에너지를 탄소고정에 사용하는 능력이 크기 때문에 광계 II의 광저해를 방지할 수 있어서 만성 광억제에 보다 강하다. 그러나 절대 양지식물이 매우 낮은 생장 복사조도에 노출되게 되면 황백화(5장 참조)가 유도된다. 이러한 조건에서 양지식물은 광합성률과 호흡률이 일치하는 빛의 세기인 **광보상점**보다 낮은 빛 세기에서 생장하기 때문에 치명적일 수 있다. 광보상점보다 낮은 빛 세기에서 식물은 이산화탄소를 고정하는 광합성률보다 호흡율이 더 크다. 이러한 조건에 장시간 노출되면 식물은 죽게 된다. 전형적으로 음지에 적응된 식물은 양지식물보다 호흡률이 작기 때문에 낮은 광보상점을 갖고 있다.

표 15.1 자연 서식지에서 자란 양지식물과 음지식물 잎의 엽록소 함량 비교.

종	생체량	총엽록소 함량	
	잎 면적당 ($g\ dm^{-2}$)	생체량당 ($mg\ g^{-1}$)	잎 면적당 ($mg\ dm^{-2}$)
음지	0.80	3.1	5.3
양지	2.5	1.9	4.7

(Adapted from Boardman,N. K. 1977. Comparative photosynthesis of sun and shade plants. *Annual Review of Plant Physiology* 28: 355–377.)

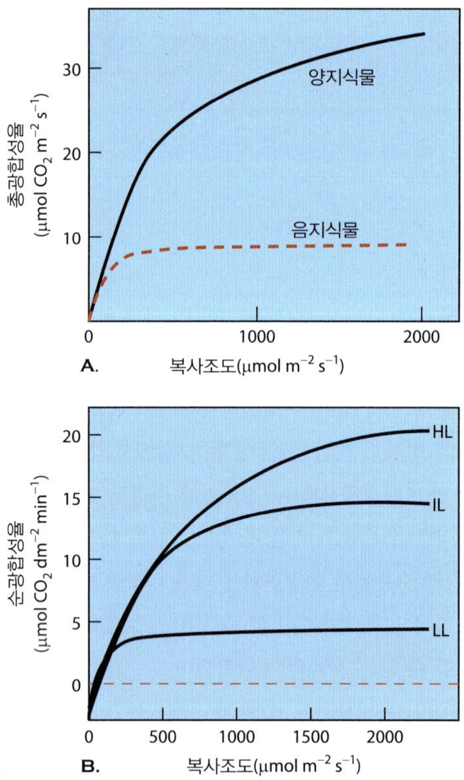

그림 15.1 복사조도에 대한 양지식물과 음지식물의 광합성 반응. (**A**) 자연 서식지에서 자란 양지식물 *Atriplex patula*와 음지식물 *Asarum caudatum*의 광반응 곡선. (**B**) 생장 복사조도에 대한 양지식물 *Atriplex patula*의 광반응 곡선. 낮은 빛 세기(LL, 2 mW cm^{-2}), 중간 빛 세기(IL, 6.3 mW cm^{-2}), 강한 빛 세기(HL, 20 mW cm^{-2}).(Adapted from Boardman, N. K. 1977. Comparative photosynthesis of sun and shade plants. *Annual Review of Plant Physiology* 28:355–377.)

생장 빛 세기에 대한 순응의 가소성은 유전형마다 다양하다. 이러한 가소성 차이는 식물이 자연 서식지에 적응하였음을 의미한다. 절대음지식물은 센 빛에 순화하지 못하는 반면 절대양지식물은 매우 약한 빛 세기에 순응하지 못한다. 따라서 어느 한 극단적인 조건에서 최대 광합성율을 위한 적응은 다른 극단 조건에서 광합성 효율을 높게 유지하는 것을 배제하는 것처럼 보인다.

15.2 C4 식물은 고온과 가뭄에 순응한다.

15.2.1 C4증후군은 이산화탄소를 동화시키는 또 다른 생화학적 메커니즘이다

탄소를 PCR 혹은 캘빈 회로를 통하여 독점적으로 병합시키는 식물은 대개 C3 식물로 알려져 있다. 왜냐하면, 효소 Rubisco(식 15.1)에 의해 촉매되는 첫 번째 카르복실화의 산물이 삼탄산인 PGA이기 때문이다(8장 참조).

$$RuBP + CO_2 \rightarrow 2PGA \qquad (15.1)$$

C4 식물로 알려진 다른 식물군은 첫 번째 산물이 4탄산인 **옥살로아세트산(oxaloacetate, OAA)**인 점에서 다르다. 이 같은 C4 식물은 C4 **증후군(C4 syndrome)**이라고 일컫는 해부학적, 생리학적 그리고 생화학적인 다양특성을 나타낸다. C4 식물의 잎에서의 가장 현저한 해부학적 특징은 두 개의 독립된 광합성 조직이 있다는 점이다(그림 15.2). C4 식물 잎에서 관다발은 서로 매우 가까이 붙어 있고 각 다발은 **관다발초(bundle sheath)**라 불리는 꼭맞는 세포층으로 둘러싸여 있다. 관다발과 주변의 공기층 사이에 좀더 느슨하게 배열된 엽육 세포(mesophyll cell)가 존재한다. 엽육 세포와 관다발초 광합성 세포의 이러한 차이를 **크란츠 해부구조(Kranz anatomy)**라 하는데 이 차이가 C4 증후군에서 주요 역할을 한다.

C4 식물에는 일반적으로 열대 혹은 아열대 지역에 사는 최소한 18과(3과는 단자엽, 15과는 쌍자엽)의 피자 식물에 걸쳐서 거의 1500여 종이 포함된다. 흥미롭게도 모두 C4 식물로만 구성된 과는 없고 18과 모두에 C3와 C4 식물이 같이 들어 있다. 이는 C4 회로가 피자 식물의 진화 과정에 있어서 그리고 다양한 분류군에서 서로 다른 시기에 비교적 최근에 나타났음을 의미한다. 강한 빛과 높은 온도(30~40°C)의 조건에서 C4 식물의 광합성률은 C3 식물보다 2~3배나 높다. 이들은 가뭄에 더 잘 견디도록 되어 있어 C3 식물에서는 기공이 닫혀서 이산화탄소 흡수가 제한되는 수분 스트레스 조건에서도 광합성을 활발하게 유지할 수 있다. 이 모든 특징은 C4 식물이 이산화탄소를 농축하는 능력을 가져 그 결과로 광호흡에 의한 이산화탄소 유실을 억제하는 것으로 보인다.

C4 회로의 열쇠는 이산화탄소가 아니라 중탄산염 이온(HCO^{3-})을 기질로 하여 **포스포엔올피루브산(phosphoenol pyruvate, PEP)**을 카르복시화하는 효소인 **포스포엔올피루브산 카르복실라아제(phosphoenol pyruvate carboxylase, PEPcase)**이다.

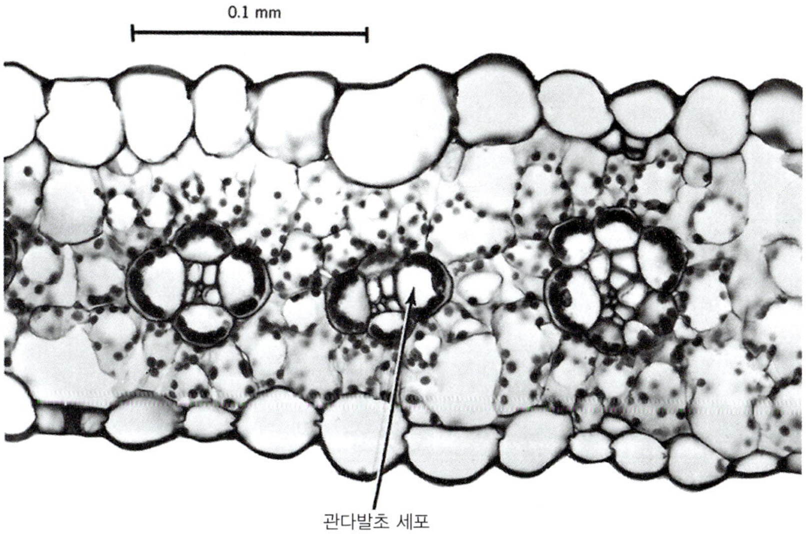

그림 15.2 C4 초본 식물의 잎. 엽육 세포와 관다발초 세포의 배열을 보여주는 옥수수 잎이 횡단면. 관다발초 세포에 많은 엽록체가 있는 점에 유의하라. (From Esau, K. 1977. *Anatomy of Seed Plants*. New York: Wiley. Reprinted by permission.)

또한 C4 식물은 엽육 세포와 관다발초 세포로 구성된 특화된 잎의 구조를 갖는다. 해부학적 구조는 다음 절에서 좀 더 깊이 다룰 것이다. PEPcase 반응 산물은 약간 불안정한 옥살로아세트산(oxaloacetate, OAA)인데, 신속하게 안정된 말산으로 환원되거나 아미노기 전이 반응으로 아스파르트산으로 바뀐 뒤, 엽육 세포에서 인접한 관다발초 세포로 수송된다. 관다발초 세포에서 산은 탈카르복시화 과정을 거치며 그 결과 생성된 이산화탄소가 관다발초 엽록체에 있는 PCR 회로에 의해 3탄당(triose sugar)으로의 환원에 이용된다. 탈카르복시화 후의 남은 피루브산이나 알라닌 형태의 C3산은 엽육 세포로 다시 수송된다. 여기서 알라닌은 피루브산으로 전환된다. 이 피루브산은 다음으로 **피르브산-인산 디키나아제(pyruvate, phosphate dikinase)**에 의해 인산화되어 원래의 수용체인 PEP로 재생된다(그림 15.3).

PCR 회로와 C4 대사는 여러 가지 유사한 점이 있다. Rubisco와 같이 PEPcase 카르복시화 반응은 궁극적으로 비가역적이므로 에너지 측면에서 아주 유리하다. 어느 한 지점에서 생성물을 제거하기 위해 환원 퍼텐셜이 필요하며 수용체인 PEP를 재생하여 반응을 계속 진행하기 위해서 ATP가 필요하다. 그러나 매우 중요한 차이점은 관다발초 세포에서 C4산이 탈탄산되어 원래 엽육 세포에서 고정된 이산화탄소를 내놓는다는 점이다. 이것은 C3 회로와 달리 C4 회로 자체만으로 어떠한 탄소 환원이 일어나지 않는 것을 의미한다. 식물은 3탄당 인산(triose phosphate)을 합성하기 위해 궁극적으로 관다발초 엽록체에 있는 PCR 회로의 작동에 의존해야 한다.

C4 회로의 주효과는 PCR 회로 효소가 있는 관다발초 세포에 이산화탄소를 농축시키는 것이다. 이산화탄소를 유기산 형태로 전달함으로써 이산화탄소 확산에만 의존하는 것보다 관다발초 세포 내의 CO_2 농도를 훨씬 높게 만들 수 있다. 방사성 $^{14}CO_2$를 사용한 연구 결과 관다발초 세포의 CO_2 농도가 C3 식물에서보다 약 10배 정도 높은 60 mM에 이르는 것을 제시하였다. CO_2의 농도가 더 높아지면 광호흡을 억제하며 광합성률을 높은 상태로 유지하게 된다. 최적 조건에서 C4 작물은 CO_2를 C3 식물보다 2~3배 빠른 속도로 고정한다. 그러나 이 모든 생산성이 공짜는 아니다. 관다발초 세포에 CO_2 농도를 높이기 위해서는 에너지를 부담하여야 한다. 한 분자의 CO_2가 동화되기 위해서는 PEP를 재생하는 데 두 분자의 ATP가 사용되어야 한다. 이는 PCR 회로에 필요로 하는 ATP와 NADPH 이외에 추가로 필요한 것이다. 따라서 C4 회로에서 이산화탄소 동화를 위한 순 에너지 요구량은 5몰의 ATP와 2몰의 NADPH이다.

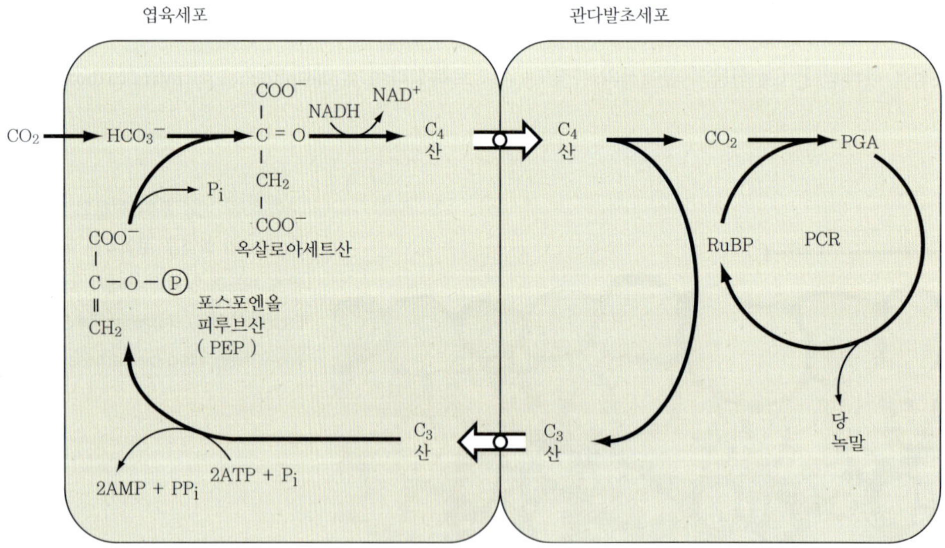

그림 15.3 일반적인 C4 광합성 탄소 동화 회로의 모식도. 엽육세포 내에서 처음에 포스포에놀피루브산(PEP)이 옥살로아세트산(OAA)으로 카르복실화된 후 C4 유기산은 관다발초 세포로 이동하여 탈카르복실화된다. 그 결과로 생긴 C3 유기산은 엽육 세포로 되돌아가서 회로가 완결된다. 탈카르복실화 단계에서 방출된 CO_2는 관다발초 세포의 엽록체에서 PCR 회로에 의해 동화된다. C4 회로는 관다발초 세포에서 CO_2를 농축하여 광호흡을 억제하는 작용을 한다.

15.2.2 C4 증후군은 크란츠(Kranz) 잎 해부 구조와 관련이 있다

전형적인 C4 식물 잎의 해부 형태가 〈그림 15.2〉에 나타나 있다. 전형적인 C3 식물의 잎은 광합성 유조직 세포가 상층부에 밀접하게 모여 있는 울타리 조직과 커다란 공기층을 사이에 두고 느슨하게 배열된 해면 조직의 두 가지 별개의 조직으로 구성되어 있다. 반면에 C4 식물의 잎은 일반적으로 C3 식물의 잎보다 얇고 관다발이 서로 가까이 붙어 있으며 공기층이 작다. 게다가 한 종류의 엽육 세포가 C3 식물의 잎에 있는 해면 조직 엽육 세포처럼 느슨하게 배열되어 있다. 각각의 관다발을 둘러싸고 조밀하게 배열되어 있으며 두꺼운 세포벽을 가진 데다 다수의 엽록체를 함유하는 세포들의 초(sheath)가 있다. 실제로 C4 식물은 종종 뚜렷한 암녹색의 엽맥으로 구분된다. 독일의 해부학자인 하버란트(G. Harberlandt)가 처음 발견한 이러한 관다발초 세포의 화관같은 구조로 인하여 이것을 **크란츠(화관) 해부 구조(Kranz anatomy)**라고 한다.

C4 식물 잎의 해부학적 배열의 특징으로 인해 엽육 세포에 있는 최초의 카르복시화가 일어나는 장소까지의 CO_2 확산 거리가 줄어든다. 세포질에 카르복시화 효소의 균일한 분포는 짧은 확산 이동 경로와 함께 보다 효율적으로 이산화탄소를 포획하도록 한다. 게다가 모든 엽육 세포가 관다발초 세포에서 2~3개 세포 이상의 거리로 떨어져 있지 않기에 C4와 C3 산의 전달이 촉진된다. 관다발초 세포에서 엽록체 밀도가 큰 이유는 C4 시스템에 의해 발생한 고농도의 이산화탄소를 처리하는 데 필요하기 때문이다. 마지막으로 PCR 회로 세포가 관다발 조직과 밀접하게 병렬 배치를 하고 있어서 필요한 경우 광합성 산물인 설탕이 잎으로부터 신속하게 유출될 수 있다. 전체적으로 보아 C4 시스템의 효율성은 이 같은 형태학적 적응에 의해서 촉진되었다고 결론이 난다. 그러나 일부 C3 쌍자엽 식물도 비록 엽록체가 없거나 아주 적게 존재하지만 잘 발달된 관다발초 세포를 가지고 있다. 따라서 크란츠 해부 구조 자체만으로 C4 증후군이 나타날 수는 없다.

표 15.2 C3와 C4 식물의 주요 특징 비교

	C3	C4
광호흡	존재함	검출 안됨
CO_2 보상점(μl CO_2 l^{-1}) 최적온도(℃)	20–100	0–5
광합성	20–25	30–45
Rubisco	20–25	
PEPcase		30–35
온도에 따른 양자수율	감소	일정
증산비	500–1000	200–350
광포화점(μmol photons m^{-2} s^{-1})	400–500	포화되지 않음

15.2.3 C4 증후군은 생태적 중요성을 가지고 있다

C4 식물은 그들만의 특이한 탄소 대사의 직접적 결과로 보이는 여러 가지의 생리적 특성을 나타낸다. 이 같은 생리적인 속성은 특정 조건들 하에서 광합성의 생산성을 증대시켜 생태적으로 중요한 결과를 가진다고 일반적으로 받아 들여지고 있다. C3 식물과는 달리 C4 식물의 광합성은 산소에 의해서 억제되지 않고 빛 조사 후의 이산화탄소 급방출을 보이지 않으면서 매우 낮은 CO_2 **보상점(CO_2 compensation point)**를 나타낸다〈표 15.2〉. 이산화탄소 보상 농도는 광합성에 의한 이산화탄소 흡수율과 호흡에 의한 방출률이 일치할 때의 대기의 이산화탄소 농도를 말한다. 밀폐된 환경에서 CO_2 보상 농도는 이산화탄소의 흡수와 방출이 평형 상태가 되어 안정된 CO_2 농도가 된다. C3 식물의 경우 그 값이 리터당 20~100 μl 이산화탄소에 걸치는 반면에 C4 식물은 해당 값이 0~5 μl 1^{-1}의 범위에 든다.

위의 관찰에 의거해서 C4 식물에서는 광호흡이 없거나 그 과정이 억제되었다고 결론을 내릴 수 있다. 그러나 비록 수수와 같은 일부 C4 식물에서 글리콜산 대사경로 활성(8장 참조)이 매우 낮지만 대부분의 C4 식물은 광호흡을 나타내는 퍼옥시솜과 대사 기구를 가지고 있다. 여러 증거로 보아서 C4 식물도 광호흡을 하지만 훨씬 낮은 속도로 한다는 결론이 맞을 것 같다. 관다발초 세포에서 생성되는 고농도의 CO_2는 Rubisco에 결합할 때 O_2와의 경쟁에서 유리하게 되어 광호흡을 억제하게 된다. 게다가 C4 식물의 해부학적 및 생화학적 적응으로 관다발초 세포를 빠져 나오는 CO_2가 잎에서부터 벗어나기도 전에 엽육 세포에서 PEPcase에 의해 포획되어 재동화된다. 따라서 C4 식물의 잎은 효율적인 이산화탄소 흡입자일 뿐만 아니라 잎에서 생성된 모든 이산화탄소를 효과적으로 포획하고 재순환시킨다.

15.2.4 C4 증후군은 차등적으로 온도에 민감하다

광호흡이 사실상 결여되어 있는 데다가 대부분의 C4 식물(30~45℃)은 C3 식물(20~25℃)보다 최적 온도가 높다. 이 같은 차이는 일차적으로 광합성에 비해 광호흡의 차등적 안정성 때문이다. 40~50℃의

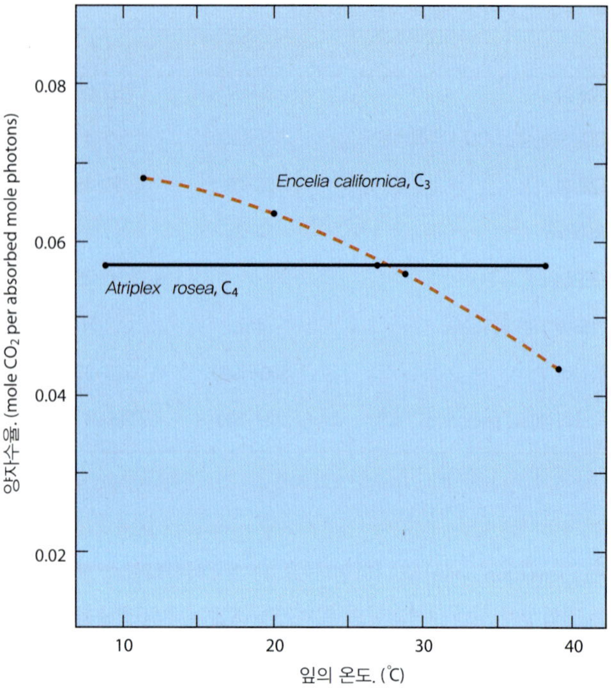

그림 15.4 C3와 C4 식물에서 잎의 온도 변화에 따른 CO_2 흡수율로 측정한 양자수율(From Ehleringer, J., O. Björkman. 1977. *Plant Physiology* 59:86–90. Copyright American Society of Plant Physiologists.)

고온에서 광합성률은 광호흡률보다 훨씬 더 감소하게 된다. 이 같은 차이는 부분적으로는 일부 C4 회로 효소가 C3 회로 효소보다 고온에서 안정성이 높기 때문이다. 그 결과 C3 식물의 광합성 양자 수율(guantum yield)은 잎의 온도가 증가함에 따라서 감소하는 경향이 있지만 C4 식물은 기본적으로 일정한 상태를 유지한다(그림 15.4). C3 식물에서 양자 수율의 감소는 고온에서 Rubisco의 카르복시화 활성이 감소하기 때문이다. 이 같은 경향은 이산화탄소와 산소의 상대적인 용해도 변화에 의해 더 악화된다. 가스의 용해도는 온도가 증가함에 따라서 감소하지만 이산화탄소가 산소보다 더 크게 감소한다. 결과적으로 고온에서는 Rubisco와 산소와의 반응이 점차 증가된다.

C4 식물의 또 다른 흥미로운 특징은 이들이 저온에 민감하다는 점이다. 비록 일부 저온 저항성을 보이는 C4 식물이 있지만 대부분의 식물은 저온에서 설사 광합성을 한다해도 형편 없다. 예를 들어, 옥수수의 경우 온도가 12~15°C 이하인 조건에서는 자라지 않는다. 이 같은 저온에서의 생장 한계는 아마도 저온에 약하고 12℃ 이하에서 활성이 상당히 떨어지는 효소인 피루브산-인산 디키나아제(그림 15.3) 때문인 것으로 생각된다. 이것은 PEP 카르복시라아제를 위해 필요한 기질인 PEP의 재생을 억제할 것이다(식15.2).

$$PEP + CO_2 \rightarrow OAA \qquad (15.2)$$

15.2.5 C4 증후군은 수분 스트레스와 관련이 있다

대부분의 상황에서 광합성은 이산화탄소와 물의 이용 여부에 의해서 제한된다. C3 식물에서는 약한 수분 스트레스하에서도 기공이 닫히게 되어 이용 가능한 CO_2 공급이 감소한다. 따라서 C4 식물의 낮은 이산화탄소 보상 농도는 낮은 CO_2의 농도에 높은 광합성률을 유지할 수 있는 것을 뜻한다. 따라서 C4 식물은 C3 식물보다 수분 스트레스 기간 동안에 물을 보호하기 위해 기공이 부분적으로 닫히게 할 때 유리하다. 이 같은 이점을 효과적으로 측정하는 방법은 **증산율(TR; transpiration ratio)**의 값이다. 증산비(TR)는 잎에서 기화 혹은 증산에 의한 물의 손실에 대한 이산화탄소 흡수 비율이다. 증산비의 역을 **물이용 효율(water use efficiency; WUE)**이라 하는데(비록 간혹 그 값이 실제는 증산비이지만!) 종종 생태학 문헌에서 인용된다.

TR = 증발한 물의 몰 수/동화된 이산화탄소 몰 수 (15.3)

WUE = 동화된 이산화탄소 몰수/증발한 물의 몰수 (15.4)

C4 식물의 증산 비율은 전형적으로 200~350 사이에 있지만 C3식물의 경우에는 종종 500~1000 사이에 있다. C4 식물의 낮은 증산비는 물을 효과적으로 보존하면서 광합성을 높게 유지하는 능력을 반영한다. 최적 조건하에서도 빛의 세기가 강한 태양광의 25% 정도에 광포화가 일어날 정도로 이산화탄소 공급의 부족에 의해 C3 식물의 광합성이 제한된다. 반면에 C4 식물에서는 최대 태양광에 노출된 경우에도 광합성이 완전히 포화되지 않는다(그림 15.5). 그렇다고 해서 C4 광합성이 C3 광합성보다 반드시 효율적인 것은 아니다. 잎 온도가 30°C 이하에서 C4 식물의 양자 수율(quantum efficiency)은 실제로 C3 식물보다 낮아서 C4 광합성이 더 비효율적이다(그림 15.4). C4 식물의 낮은 광자 효율은 피루브산인산 디키나아제의 반응에 필요한 ATP를 충당하기 위한 추가적인 빛의 필요성을 반영한다(그림 15.3). C4 식물의 낮은 광합성 효율이 외관상 높은 생산성과 어떻게 연결될 수 있을까? C4 식물은 원래 빛이 충분한 열대 혹은 아열대 지역 태생이라는 점을 상기하라. 일반적으로 C4 식물들은 C3 식물들 보다 광합성을 위해 높은 광포화율을 보이는데, 이는 Rubisco와 같은 광합성 효소와 광합성 전자 전달 구성 성분들이 더 많기 때문에 높은 *광합성 능*(표 15.1, 그림 15.5)을 보이는 것이다. 이들은 C4 회로를 돌리고, 이산화탄

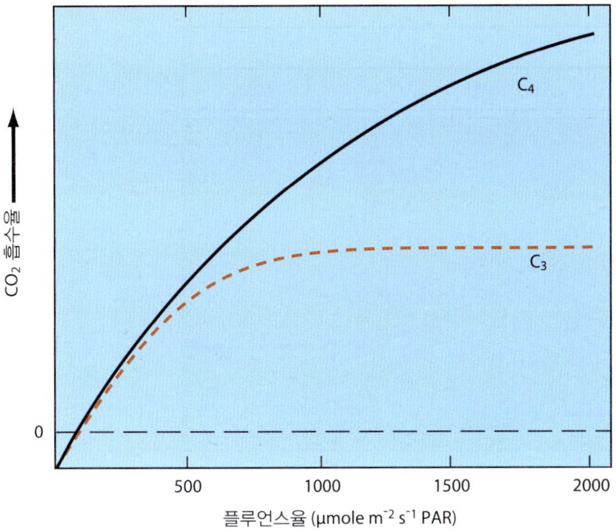

그림 15.5 전형적인 C3와 C4 식물의 플루언스율에 대한 CO_2 흡수의 반응 곡선

소를 농축하며 순탄소 동화율을 증가시키는 데 필요한 ATP를 생성하는 데에 넘치는 빛에너지의 일부를 이용할 수 있다.

그러나 C4 식물이 모든 조건에서 그렇게 경쟁성이 있다고는 할 수 없다. 일부 C3 식물의 생산성은 저온과 낮은 광량의 조건하에서 그리고 일반적으로 기후가 온화한 지역에서 발견되는 것처럼 물의 이용이 제한적이지 않을 때 C4 식물과 같거나 또는 초과하기도 한다. 환경적 요인에 대한 C3와 C4 식물 간의 민감성 차이는 정원을 가꾸는 사람이나 농부 모두를 괴롭히는 잘 번식하는 잡초의 대부분이 C4 식물이라는 관찰에서도 나타난다. 이러한 잡초들로 한여름의 덥고 건조한 기간에 득세하는 바랭이, 엉겅퀴, 비름 등을 들 수 있다. 사탕수수, 수수, 옥수수 그리고 기장 등이 포함된 생산성이 상대적으로 더 큰 작물도 C4군에 속한다. 그러나 식물의 생산성은 궁극적으로 생장 환경에 달려있다. 따라서 C3 식물과 구별되는 C4 식물의 CO_2 동화에 대한 생화학과 결부된 잎하부구조의 적응은 이들 종의 지리적 분포에 극적인 효과를 가진다.

15.3 크래슐산 대사(CAM)는 사막생활에서의 적응이다.

또 다른 이산화탄소 농축 메커니즘으로 처음에 돌나무과(Crassulaceae)에서 많이 연구되어서 그 이름이 붙게 된 **크래슐산 대사(crassulacean acid metabolism, CAM)**가 있다. 이 같이 특별한 유형의 광합성은 선인장과 대극과를 포함한 23과의 현화 식물, 1과의 양치류(Polypodiaceae), 그리고 원시적인 식물인 웰위치아속(*Welwitschia*)에서 나타난다. 그러나 C4 식물처럼 돌나물과와 선인장과를 제외하고는 대부분의 과에서 모든 식물이 다 CAM 식물은 아니다. 대부분의 과에는 C3 식물도 있고 일부 과에서는 C3, C4 그리고 CAM 식물이 모두 존재한다.

CAM의 특이성은 뛰어난 수분 보존 능력이다. 따라서 이 대사경로를 사용하는 **건생식물(xerophyte)**은 매우 건조한 서식처에서 생존하도록 특별히 적응하고 있다. 이들은 모두 예외없이 다즙성 식물로서 잎(선인장의 경우 광합성 조직인 줄기)이 두껍고 육질이며 각 세포는 커다란 물로 채워진 액포를 함유하고 있다. 다즙성 이외에 CAM을 위해서 특별히 요구되는 형태학적 변형은 없는 것 같다. 그러나 다즙성이 CAM의 선결 조건으로 보이지만 모든 다즙 식물이 CAM을 보이는 것은 아니다.

CAM 식물의 가장 현저한 특징의 하나는 기공이 주로 밤에 열리고 낮에 닫히는 반대 사이클을 도는 점이다. 이는 이산화탄소 *흡수가 주로 밤에 일어남*을 뜻한다(그림 15.6). 게다가 CAM 식물은 밤에 말산이 축적되고 낮에 고갈되며 저장된 탄수화물 수준은 말산 변화와 역의 관계로 변동하는 특징을 지닌다. 밤에 기공이 열리면 카르복시화가 일어나 커다랗고 물로 찬 액포에 저장되는 C4 유기산이 생성된다(그림 15.6). 유기산의 축적으로 인해서 이들 세포들은 밤에 현저히 산성화 상태를 띠게 된다. 산은 낮에 탈카르복시화되며 그 결과 생성된 이산화탄소가 PCR 회로에 의해 고정된다.

C4 식물에서와 같이 PEP 카르복시화 효소는 CAM 작동에 필수적이다. 첫 번째 산물인 OAA는 빠르게 NAD 의존성 말산 탈수소효소에 의해 말산으로 환원되어 액포에 저장된다. 낮에는 말산이 액포에서 회수된 후 NAD-말산 효소(선인장과의 경우)에 의해서 탈카르복시화되고 이산화탄소는 엽록체로 확산되어 C3 PCR 회로에 의해 3탄당 인산(triose phosphate)으로 고정된다. 카르복시화에 필요한 막대한 양의 PEP는 해당 과정 효소에 의해 녹말이나 다른 저장 글루칸의 분해로부터 생기는 것으로 보인다(10장). 탈카르복시화의 결과 생성된 피루브산 혹은 PEP와 같은 C3 산의 운명은 아직 확실하지 않지만 3탄당 인산으로 환원된 후 포도당 혹은 녹말로 전환될 가능성이 높다(그림 15.6).

15.3.1 CAM이 C4 증후군의 한 변이인가?

CAM과 C4 식물은 다소 유사한 점을 보이지만 현저한 차이를 가진다. CAM과 C4 식물은 둘 다 PEP와 중탄산염으로부터 C4 유기산을 생성하기 위해서 세포질 PEPcase를 사용하며 PCR 회로에 CO_2를 제공하기 위해 유기산이 탈카르복시화되기 때문에 서로 비

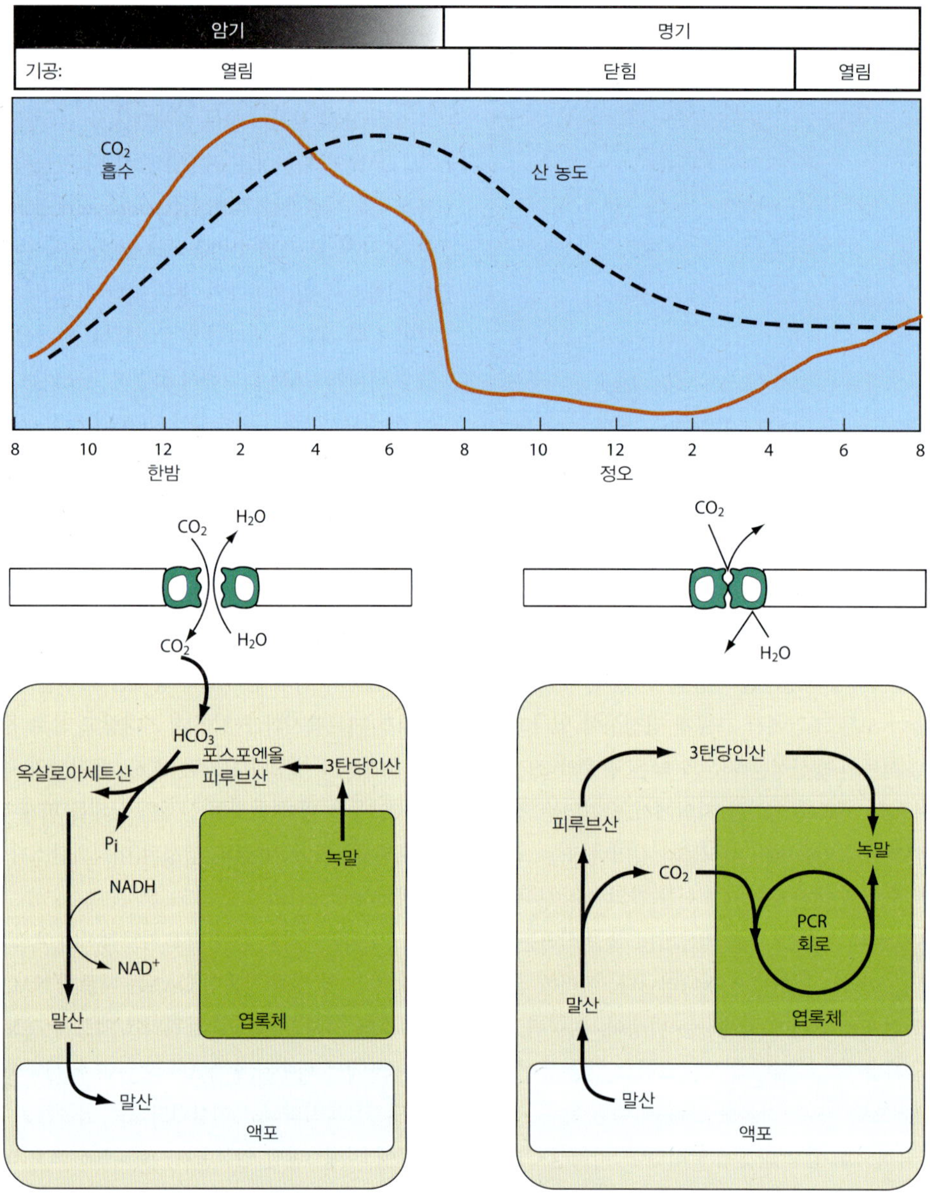

그림 15.6 크래슐산 대사의 개요. 위 : 24시간 주기의 기공 개폐, CO_2 흡수, 그리고 액포의 유기산 함량의 변화를 나타내는 곡선. 기공은 밤에 CO_2를 흡수하기 위해 열리고 낮에는 물을 보존하기 위해서 닫힌다. 아래 오른쪽: 낮에 기공이 닫혀 있을 때 저장된 CO_2가 방출되어 PCR 회로를 통해서 동화된다.

교하지 않을 수 없다. 그러나 두 가지 중요한 서로 다른 점이 있다. 첫 번째는 C4 회로는 C4 카르복시화와 C3 PCR 회로를 공간적으로 격리시키는 특수화된 해부 구조가 필요 하지만 CAM에서는 이 두 과정이 동일한 세포에서 일어나며 다만 시간적으로 격리되어 있다는 점이다. 두 번째는 CAM에서는 C4 식물에서와는 달리 탄소 중간 대사물만의 전용 회로가 있지 않고 대신에 카르복시화 반응에 기질로 필요한 PEP는 저장된 탄수화물에서 유도된다. 탈카르복시화에 의한 C3 생성물은 저장용 탄수화물 재합성을 포함한 다양한 대사 경로에 의해서 처리된다. 따라서 반응은 시간이 지나야만 회로 형태가 된다. CAM은 원시적인 양치류뿐만 아니라 웰위치아속에서도 존재하지만 C4 회로는 오직 속씨 식물에서만 나타나므로 진화상으로 CAM이 C4보다 먼저 나온 것으로 보인다.

15.3.2 CAM 식물은 건조한 서식처에 적합하다

위에서 이미 언급했듯이, CAM은 유난히 건조한 지역에 탁월한 적응을 드러낸다. 많은 CAM 식물은 진정한 사막 식물로 이용 가능한 물이 거의 없는 옅은 모래 토양에 자란다. 야간에 기공이 열리므로 증발에 의한 수분 손실을 최소화되는 조건의 기간에 이산화탄소를 흡수할 수 있게 된다. 그런 후 수분 손실을 줄이기 위해 기공이 닫혀 있는 낮에 저장된 이산화탄소를 이용하여 광합성이 진행될 수 있다. 이 같은 해석은 CAM 식물의 증산비가 50에서 100으로 C4나 C3 식물보다 상당히 낮다는 사실로 뒷받침되고 있다. 그러나 지불해야 할 대가가 있다. CAM 식물에 의한 일일 탄소 동화율은 C3 식물의 약 반 밖에 되지 않고 C4 식물의 1/3에 지나지 않는다. 적절한 수분이 유지되는 상황에서 CAM 식물은 더 느리게 자랄 것이다. 반면에 C3 식물에서는 광합성이 완전히 정지되고 C4 식물에서도 이산화탄소 흡수가 현저하게 억제되는 수분 스트레스 조건하에서도 CAM 식물에 의한 이산화탄소의 흡수는 계속될 것이다. 게다가 CAM 식물 호흡으로 방출된 이산화탄소를 붙잡아서 재동화할 수 있는 이점을 가져서 심한 가뭄이 오랜 기간 동안 지속되는 기간에도 탄소 소실을 막고 바람직한 건량을 유지하게 된다.

선인장과 같은 일부 종은 절대적(obligatory)인 CAM 식물이지만 다른 다즙 식물은 조건적(facultative)인 CAM 식물 특성을 보인다. 석류풀과(Aizoaceae)에 속하는 다즙성의 일년생 얼음 식물(ice plant)인 *Mesembryanthemum crystallinum*이 많이 연구된 예이다. 물의 공급이 충분하면 *Mesembryanthemum*은 전형적인 C3 식물형으로 이산화탄소를 동화하여 밤에 이산화탄소를 거의 흡수하지 않아서 잎 세포의 산도가 일변동을 보이지 않는다. 수분 이용이 한정되거나 토양 염농도가 높을 때는 CAM 대사가 작동된다. 비록 CAM에 의한 탄소 동화가 C3 광합성보다는 느리지만 높은 수분 이용 효율로 인해서 수분 스트레스 기간 동안에도 광합성을 계속하게 되고 생식적 발달을 완성하게 된다.

15.4 C4와 CAM 광합성은 시간적 통합과 정확한 조절이 필요하다

C4 광합성과 CAM의 성공적인 작동을 위해서는 이미 논의한 PCR 회로 효소의 조절 이외에도 녹말과 PEP 사이의 상호 변환, 말산의 저장과 회수, CO_2에 대한 PEPcase와 Rubisco의 경쟁, 그리고 PEP 카르복시화의 시간적 작동 등에 대한 조절도 필요하다. PEPcase는 사실상 모든 고등 식물의 세포질에서 발견되는 효소로서 여러 가지 중요한 대사 기능을 수행한다. 그러나 C4와 CAM 유형의 광합성을 하는 식물에서는 C3 혹은 비광합성 세포에서보다 고활성을 가진 동질효소[1]가 있다. 다수의 생리 및 생화학적 결과를 고려해 보면, C4와 CAM 식물의 PEPcase는 빛과 어둠의 전이에 의해서 조절됨에 틀림없다. 예를 들어, C4 식물에서 관다발초 세포의 PCR 회로에 필요한 이산화탄소를 최대화하기 위해서는 PEPcase의 활성이 명기에서 높아야 한다. 비록 C4 광합성에서 소모되는 PEP는 관다발초의 엽록체에서 온 것이지만 해당 경로에서 중요한 중간 대사물이다. 해당과정은 호흡의 첫 단계에 해당하는 세포질 대사 경로이다.

밤에 PEPcase의 활성이 높게 지속되면 PEP 이용이 조절되지 않아서 호흡대사가 심하게 손상 받을 것이다. CAM의 경우 동일한 세포에서 일어나는 카르복시화와 탈카르복시화가 동시에 서로 경쟁하지 않게 하는 효율적인 작동이 명백히 필요하다. CAM에서 PEPcase의 활성은 대기 중의 이산화탄소를 이용할 수 있는 밤에 높아야 만 하고 낮에는 말산에서 유래한 이산화탄소가 헛되이 재생되지 않도록 불활성화되어야 한다. Rubisco와 PCR 회로가 밤에 작동하지 않기 때문에 밤에는 이산화탄소에 대한 경쟁이 문제되지 않는다.

PEPcase 조절은 처음에 CAM에서 연구되기 시작하였으나 CAM뿐만 아니라 C4에서도 PEPcase의 활성이 빛과 어둠 조건에서 가역적인 활성화를 보이고 말산에 의해서는 억제되어 축적된 산물에 의해서 효소 활성이 억제되는 일종의 되먹임 억제 현상을 보인다. C4 식물의 경우 빛에서는 효소의 촉매 활성이 증가되면서 동시에 반응 산물인 말산에 의한 억제는 덜 민감해진다. 이 때문에 효소 활성이 CO_2 동화와 말산 생산이 필요한 관다발초 세포의 CO_2 농도를 증가하기 위해 빛 아래에서 5배나 증가된다. CAM의 경우 상황은 반대이다. 암기 동안에 추출된 효소는 PEP에 대해서는 큰 친화력을 보이면서 말산에 의한 저해에 비교적 낮은 반응성을 보인다. 낮 동안에 추출된 효소는 PEP에 대해 낮은 친화력을 보이는 반면에 민감하게 말산에 의해 억제된다.

CAM 식물인 *Bryophyllum*, *Kalanchoe* 등과 C4 식물인 옥수수와 수수를 이용한 최근 연구 결과에 의하면 PEPcase가 생화학적으

[1]동질효소는 동일한 반응을 촉매하는 상이한 효소를 말한다. 동질효소는 대부분이 다른 유전자에 의해서 암호화되어 있어서 단백질 구조가 같지 않다. 비록 같은 기질에 작용하지만 동질효소는 조직-기관 특이적이며 서로 상이한 화합물이나 환경요인에 의해서 조절된다.

로 보다 활성형인 인산화형과 그렇지 못한 비활성형인 두 가지 유형으로 존재한다. 이 결과를 볼 때, PEPcase의 활성도는 빛에 민감한 단백질 키나아제(protein kinase)에 의해서 조절받는다고 할 수 있다. 단백질 키나아제에 의한 가역적인 활성화 증거가 생체외 실험과 생체내(*in vivo*) 실험을 통해서 얻어지고 있다. 이 반응은 ATP를 필요로 하는 반응으로 효소의 N 말단 근처에 있는 세린 잔기에서 인산화가 일어난다. 지금 단계에서는 어떻게 빛이 단백질 키나제를 활성화시키는지에 대하여서는 알려져 있지 않지만 광합성 전자 전달과 연관이 있다는 증거는 있다. 아마도 광인산화 반응이 효소의 인산화에 필요한 ATP를 제공하는 것으로 생각된다.

C4 식물에서는 단백질 키나아제가 빛에 의해 활성화되지만 CAM에서는 활성이 억제되는 역의 효과를 보인다는 점도 흥미롭다. 그러나 CAM 식물에서 빛과 어둠의 효과는 간접적인 것일 수 있다. *Bryophyllum*의 연구에서 CAM 생리와 말산에 의한 PEPcase의 억제가 내생적인 개일 리듬에 의해 조절받는 것으로 보였다. 그 메커니즘이 무엇이든지 간에 C4와 CAM 식물에서 C4와 C3 대사의 시간적 및 공간적 조율은 장차 흥미로운 진보가 예상되는 중요한 분야이다.

15.5 식물군계는 무수한 생리학적 적응을 나타낸다

생리학은 개개의 식물을 넘어 영향을 준다. 식물군집 또는 생태계의 생리학을 **생태생리학(ecophysiology)**이라 한다. 더 큰 규모에서 **생물군계(biome)**는 특정한 물리적, 환경적 조건과 연관된 독특한 식생들에 의해 특징지어지는 생태계의 집합을 의미한다. 서로 다른 환경에 적응한 식물 군집의 예로서 두개의 특수한 식물군계인 열대우림 생물군계와 사막 생물군계에 대해 토의하고자 한다.

15.5.1 열대우림 생물군계는 가장 큰 식물 다양성을 보인다

열대우림은 많은 독특한 지리적, 물리적 특징을 가지고 있는 다양하고 복잡한 생태계이다. 세계의 중요한 열대우림들은 북위 23°30′N(북회귀선)와 남위 23°30′S(남회귀선) 사이에 위치하며, 태양이 정오에 바로 머리 위에 있는 곳에서 가장 북쪽과 가장 남쪽의 위도 상에 있다. 적도 지역은 우림식생이 강한 빛과 높은 온도 모두 받기 쉽게 해 준다. (드물게 35℃를 초과하기도 하지만 적도 지역의 연평균 기온은 26.3℃이다.) 또한, 이 위도에서 빛의 양, 광주기 및 온도의 계절적 차이는 매우 작다. 강우가 매우 많아 연중 강우량이 최소 1800~2000 mm 이며 최고 4000 mm이다. 물과 온도의 한계없이 일반적으로 매우 습한 열대 기후에서 우림은 세계에서 가장 높은 생산성을 가진 생태계로 꼽힌다. 열대우림은 단지 지구 육지량의 약 8%를 차지하면서도 세계의 생물량의 40% 이상을 함유한다.

세계적으로 세 개의 중요한 우림지역이 있다. 지금까지 가장 넓은 것은 남미의 북쪽 아마존 강 유역에 위치하고 있으며, 중미를 따라 남쪽 멕시코까지 작은 구역들로 확장되어 있다. 아마존 유역의 우림은 동쪽의 대서양에서부터 서쪽의 안데스 산맥까지 뻗어있으며, 400만 km^2를 덮고 있다. 두 번째 지역은 동아프리카의 적도 해안을 따라 위치해 있으며, 콩고강 유역을 통과하여 중앙아프리카의 동쪽 산맥까지 이어지는 내륙지역인 아프리카 열대우림이다. 세 번째는 말레이시아 우림인데, 주로 수마트라, 보르네오, 뉴기니아 섬을 중심으로 동남아시아의 말레이시아 군도 전역에 걸쳐 작은 구역들로 분포한다. 미국 북서부와 캐나다 남서부 해안을 따라 비가 많이 내리는 지역들도 있으나, 이곳들은 진정한 우림이 아니다. 이런 해안가의 숲들은 생장가능한 계절이 짧고 겨울철에 계속 눈으로 덮여 있는 것이 특징인 북쪽 침엽수림, 또는 한대림이 남쪽으로 확장된 것이다.

우림에 세계의 나머지 생태계를 합한 것보다 훨씬 더 많은 식물 종들이 살고 있다는 것은 일반적으로 받아들여지는 사실이다. 동시에, 한 가지 종이 한꺼번에 나무의 10~15% 이상을 차지하지 않는다. 일 헥타르당 수백 종이 있으며 각 종의 개체들은 넓게 흩어져 있을 수 있다. 우림 식생은 키가 크고, 넓은 잎을 가진 목본성 상록수들이 우점하여 수관(canopy)을 빽빽하게 만듦으로써, 숲의 바닥까지 도달하는 빛이 적다. 결과적으로 숲의 바닥에서 이용할 수 있는 빛이 매우 적어 하층의 식생을 제한한다. **정수식물(emergent)**이라고 하는 많은 개체들이 45~70 m 높이로 서 있기도 하지만, 수관의 대부분은 땅에서 약 30~50 m 위에 위치해 있다. 일부 다자란 나무들의 직경이 3 m에 이르기도 하지만, 대부분의 열대우림의 나무들은 키에 비해 상대적으로 가늘다.

또한, 우림에는 나무를 감는 큰 목질성 덩굴식물인 **리아나(liana)**와 다른 식물의 줄기나 가지 위에서 자라는 **착생식물(epiphyte)**들이 많다. 한 보고에 따르면, 리베리아(Liberian) 우림의 60%의 나무가 착생식물을 가지고 있으며, 한 나무에 45~65종의 착생식물을 가지고 있는 것으로 밝혀졌다. 착생식물은 다른 식물들 위에서 살지만, 기생을 하지는 않는다. 착생식물은 수관 내의 빛이 비치는 부분에서만 자라는 광독립영양생물이다. 이들은 물을 비 그리고/또는 수관의 습한 대기로부터 직접 얻는다. 영양소는 대기의 먼지와 그들이 자라는 식물표면에서 얻는다. 일반적인 착생식물에는 난, 양치류, 파인애플류 등이 포함된다.

열대우림의 토양은 전형적으로 식물영양소들의 방해가 되어 매우 적게 보유하고 있으며, 비옥하지 못하다. 그러나 어떻게 영양소가 부족하거나 없는 토양에서 자란 숲이 그토록 비정상적으로 높은 생산성과 생물량을 이루어 낼 수 있는가? 이 질문에 대한 답은 영양소의 빠르고 완전한 재순환에서 찾을 수 있다. 우림의 습하고 따뜻한 기후에서 낙엽은 온대림에서 보다 훨씬 더 빨리 분해된다. 흰개미, 개미, 곰팡이 및 다른 **잔사식생물(detritivore, 殘渣食生物)**의 큰 개체군들이 낙엽이 빨리 분해되도록 한다. 추운 계절이 없는 것과 더불어 평균기온이 높아 분해자들이 연중 높은 효율로 일할 수 있다. 우림의 나무들은 영양소 흡수 능력 또한 매우 뛰어나다. 우림 나무들의 얕게 뻗어 있는 근계는 광범위하게 균근(mycorrhiza)과 연합하여 지하수에 용해된 영양 이온들을 빨아들인다. 균근 곰팡이가 분해되고 있는 낙엽과 접촉하여 영양소를 즉각적이고 직접적으로 전달한다는 증거가 몇 가지 있다. 이것은 토양이 중요한 영양소의 저장고가 되는 온대림과는 다르게 우림에서는 나무 자체가 가장 큰 영양소 저장고가 됨을 의미한다. 식생이 폭풍피해나 자연적 노쇠로 떨어질 때, 빠르게 분해되어 영양소들이 토양으로 들어가기 전에 포획되어서 새로운 성장으로 재순환 된다.

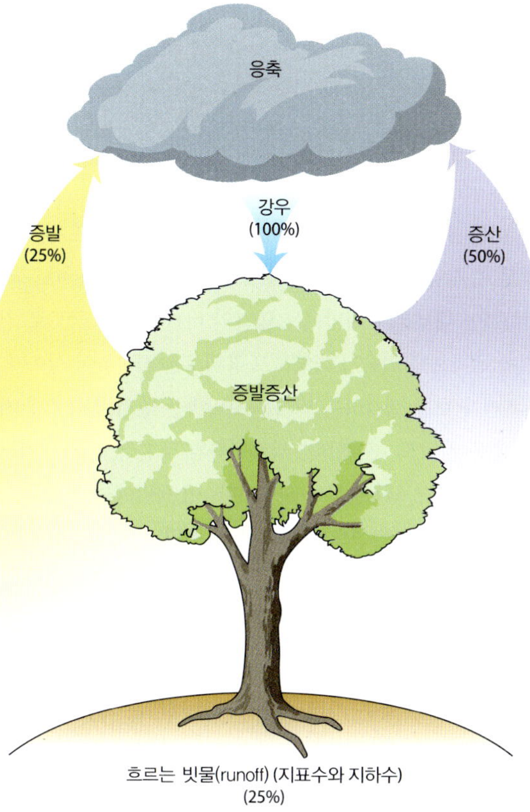

그림 15.7 열대우림의 강우와 잠재 에너지 순환. 강우의 50%는 증산을 통해 대기로 되돌아간다. 나머지 25%는 일차적으로 수관에 붙잡혀 있던 수분의 증발에 의해 되돌아가며, 25%는 땅위를 흐르는 빗물이 차지한다.

15.5.2 증발증산작용이 기후에 주로 기여한다

식생이 잘 형성된 지역에서는 땅 표면(식생을 포함)과 대기층사이에 계속적인 물의 순환이 있을 것이다. 육지-대기 물순환의 총괄적인 균형을 **물순환(hydrologic cycle)**이라 한다. 빗물은 수증기의 형태로 대기로 돌아간다. 식생이 덮고 있는 땅에 의존하는 증산은 수증기의 중요한 원천이다(2장). 우림에서는 토양 수분의 직접적인 증발은 무시될 수 있는데, 그 이유의 일부는 일반적으로 수관이 두껍게 덮여 있기 때문이고, 일부는 우림표면의 낙엽층이 토양수분의 증발을 감소시키는 피복처럼 작용하기 때문이다. 그러나, 수증기의 다른 중요한 원천은 비가 올 때 수관에 붙잡힌 물의 직접적인 증발이다(그림 15.7). 붙잡힌 빗물의 증발은 증산과 동시에 일어나며 두 가지 원천에서 발생되는 수증기 각각을 구별할 수는 없기 때문에, 수증기의 원천에 관계없이 식생이 있는 땅 표면에서 대기로 수증기의 이동을 지칭하기 위해 **증발증산(evapotranspiration)**이라는 용어를 사용한다.

증발증산을 통한 물의 재순환은 우림의 물순환에 있어서 명백히 중요한 요인이다. 예를 들면, 아마존 유역의 경우에 수증기가 대서양으로부터 이 지역으로 유입되는데, 주로 동쪽에서 불어오는 무역풍에 의해 내륙으로 이동한다. 바람이 밀집된 우림을 가로지를 때, 이 수증기에 증발증산으로 생성된 수증기가 적어도 같은 양만큼 보태어진다. 두 원천으로부터 생성된 수증기는 섞여져서 구름을 형성하고, 최종적으로는 유역 전체에 비를 뿌리게 된다.

증발증산의 중요성은 식물 집단의 수분경제나 대기에 수증기를 공급하는 것에 한정되지 않는다. 열대우림 위에서 물이 증발하고 응결됨과 동시에 생성되는 **잠복열 흐름(latent heat flux, LE)**은 **대류권(troposphere)**이라 부르는 지표면과 고도 8~16 km 사이 대기 전역의 에너지의 재분배에 있어서 중요한 요소이다. 대류권은 대기중 수분의 대부분을 포함하고 있으므로, 구름, 상승기류 또는 바람이 있는 지역이다. 결과적으로 증발증산은 대기 전체에 걸쳐

지역 기후나 날씨의 양상 두 가지 모두에 영향을 줄 수 있다. 이런 영향의 토대는 수분이 증발되거나 응축될 때 일어나는 높은 열교환에 있다.

15.5.3 사막 다년생 식물들은 증산과 열부하를 줄이도록 적응되어 있다

사막[2]이란 단어는 흔히 식물이 없고, 황무지 위로 뜨거운 태양이 작열하고 흐르는 모래가 있는 건조한 지역의 모습을 떠올리게 한다. 하지만 대부분의 사막에는 약간의 비가 내리며 극도로 건조한 조건에 독특하게 적응된 다양하고 흥미로운 식물들이 살아가고 있다. 우리가 보통 생각하는 뜨거운 사막과는 현저히 다르게 지구상에는 추운 사막도 존재한다. 남극대륙의 테일러 건곡은 지구상에서 가장 춥고 건조한 불모의 사막이다. 이 사막에는 육상식물이 없지만 이 지역의 만년설로 덮여 있는 호수의 미생물 다양성은 매우 경이롭다.

대부분의 사막에는 장기간의 건기 사이에 예측 가능한 우기가 한 번 또는 많아 봤자 두 번 정도 있다. 어떤 사막에는 많은 양의 비가 한 번의 짧은 기간동안 거세게 내리는 **기습강우(episodic rainfall)**가 연간 강수량의 대부분을 차지하므로, 평균 강우량보다 강수의 계절성(seasonality)이 사막 식생의 분포나 생활사에 더 큰 영향을 주게 된다. 사막의 가장 뚜렷한 특징은 아주 적은 강수 자체가 아니라 잠재적인 증발증산이 연간 기준 강우량을 훨씬 초과하는 것이다. 사막은 전형적으로 구름 없는 날씨가 장기간 지속되기 때문에 태양 복사량이 많고 적은 양의 강우의 대부분을 증발로 빨리 잃어버리므로, 토양에 충분한 양의 수분을 저장할 수 있는 기회가 거의 없다.

사막 환경에서 식물의 생존을 구속하는 두 가지 중요한 요인은 물의 이용가능성과 과도한 열부하(heat load)이다. 질소원을 예외로 하면, 영양소의 이용가능성은 일반적으로 사막 토양에서 문제가 되지 않는다. 단지 가벼운 비가 드문드문 내리는 기간이 있는 장기간의 건기와 여름의 고온을 견디기 위하여, 사막 다년생식물들은 물을 보유하거나 물이용 효율을 증가시키고 열부하를 줄일 수 있도록 여러 가지 형태적, 대사적 적응을 발달시켜왔다. *Encelia farinosa*(brittlebrush)는 독특한 회녹색의 잎과 밝은 노란색 꽃을 피우며 계절성 **잎 다형현상(leaf polymorphism)**을 이용하여 건조에 견딜 수 있는 C3형 넓은 잎을 가진 건조-낙엽성 관목이다. *Encelia*는 겨울비에 반응하여 크고 반들반들한(부드럽고 털이 없는) 잎들을 만든다. 건기가 다가오고 물의 공급이 점점 더 빈약해지면, *Encelia*는 점진적으로 작고 두꺼운 잎들을 만든다. 또한 작은 잎들의 향축(adaxial)과 배축(abaxial) 표면 양쪽에 죽은 공기로 차있는 **모상체(trichome, 표피의 털)**들로 이루어진 빽빽한 매트를 만든다. 이런 모상체의 매트는 잎의 외관을 하얗게 보이도록 하며, 특히 근적외선 부근(700 nm에서 3000 nm 사이)의 빛의 반사를 증가시킨다. 어떤 일련의 실험들에 의하면 이른 시기의 "녹색" 잎들은 입사하는 태양광선의 약 15%를 반사하고, 반면에 계절의 후반에 만들어지는 "하얀" 잎들은 최고 70%까지 반사하는 것으로 나타났다. 이것은 여름 한낮에 잎의 온도를 5℃에서 10℃정도 낮출 수 있을 만큼 잎의 열부하를 상당히 감소시키는 것을 나타낸다. 줄어든 열부하는 증산을 감소시켜서 물이용 효율을 증가시킨다. 또한 이것은 잎의 온도를 최적 광합성 온도 범위로 유지하는 데 도움이 될 것이다. 이런 형태적 변화는 *Encelia*와 이와 비슷한 넓은 잎을 가진 사막식물 종들이 건기 동안 건조 스트레스에 저항하며, 순 광합성을 양으로 유지할 수 있게 한다. 대부분의 추운 사막 관목처럼 산쑥(*Artemisia tridentata*)은 뿌리 생체량의 비율이 상대적으로 높으며, 아마도 대부분의 경쟁자들보다 더 많은 부피의 토양을 차지할 것이다. 경엽부에 대한 뿌리의 비가 높은 것은 겨울/봄 동안 강수(precipitation)로 토양이 재충전될 때 토양으로부터 물을 효과적으로 추출하기 위한 수단이다.

남가새는 가장 널리 퍼져 있는 사막 식물종들 중 하나이며, 실제로 3개의 북미의 따뜻한 사막 전 지역을 덮고 있다. 또한 이 식물은 진정한 건조-내성이 있으며, 연중 물질대사를 활발히 유지하는 상록수종이다. 위로 서있는 잎은 모상체로 덮여 있고, 이 모상체들은 표면을 덮고 있는 테르페노이드(terpenoid)가 풍부한 두꺼운 수지에 묻혀있다. 돌출된 공변세포를 가지는 기공이 무수히 있지만, 대부분의 기공들이 수지(resin)로 덮여 있다. 이러한 특징은 최근에 증산을 감소시키는 요인이 되는 것으로 나타났다.

선인장과(Cactaceae, 진정한 선인장)에 속하는 식물들 같은 사막 다육식물과 대극과(Euphorbiaceae)에 속하는 근연종들을 흔히 사막식물의 전형으로 제시된다. 그러나 다육식물로서 선인장은 진정한 건생식물이 아니며 사실상 반사막이나 해변의 온화한 사막에서 더 흔히 발견된다. 선인장은 줄기-다육성이며, 잎들은 가시로 줄어들었고 광합성은 줄기에서 이루어진다. 두껍고 통통한 줄기는 물을 풍부히 저장하는 매우 큰 세포들로 구성되어 있으며, 기공은 수가 적고 함몰되어 있다. 다른 중요한 특징은 형태적으로 다육성과 밀접하게 연결되어 있는 탄소동화경로인 크래슐산 대사(CAM)를 이용한다는 점이다. 선인장과 다른 다육식물들은 소노

[2]사막이라는 용어는 일년 중 일정 기간이 매우 더운 건조한 지역을 의미하는 인간중심의 언어이다. 건조 및 반건조 지역은 연간 강우량에 의한 분류이다. 건조지역은 연간 강우량이 250 mm이하이고, 반건조지역의 연간 강우량은 250–450 mm 정도이다.

라 사막에서 최고로 발달한 것으로 나타나며, 그곳에서 조직의 물 충전량을 유지하기 위해 두 가지 양식의 강우 체제(bimodal rainfall regime)를 이용한다. 예를 들면, 소노라 사막에서 거대한 사구아로(saguaro) 선인장(*Carnegiea gigantea*)과 오르간-파이프 선인장(*Stenocereus thurberi*)을 볼 수 있다. 또한 따뜻한 사막에는 용설란(*Agave deserti*)과 같이 용설란과(Agavaceae)에 속하는 잎-다육성종인 식물들이 풍부하다. 대부분의 선인장에 있는 다육성의 광합성 줄기들은 수평 보다는 수직으로 서 있다. 따라서, 그런 줄기들은 물을 보유할 뿐만 아니라 열부하도 최소화하도록 설계되어 있다. 길이가 길거나 원통형 모양은 한낮에 머리 위에 있는 태양에 대하여 최소한의 표면적을 노출한다.

15.5.4 사막 일년생 식물들은 단명식물이다

일년생 식물들은 사막과 반건조 지역에서 흔히 볼 수 있다. 다년생 식물들은 뿌리를 깊게 내리고 넓게 드문드문 떨어져 있어서 일년생 종들과 거의 경쟁하지 않는다. 사막 일년생 식물들은 건생이 아니지만 건조나 반건조 환경을 휴면종자로서 살아남는다. 건기동안 생존하는데 생리적 · 형태적 적응에 의존하는 다년생 식물들과는 다르게 사막 일년생 식물들은 각각의 활동기 동안에 발아하여, 생체량을 완전히 만들고 종자를 맺어야만 한다. 이들의 전체 생활사는 적절한 수분이 있는 동안에 완성해야 하며, 이런 우기가 상대적으로 짧기 때문에, 이들 일년생 식물들을 흔히 **단명식물(ephemeral)**이라고 한다. 사막 일년생 식물들의 생활사가 강수의 계절적 분포에 맞추어져 있다는 것은 놀랄만한 일이 아니다. 강수가 겨울에 두드러지게 내리는 곳에는 연간 식물상이 겨울과 이른 봄에 활성화된다. 주로 여름에 비가 내리는 지역에는 연간 식물상도 누드러지게 여름-활성형이다. 두 시시 양상의 강수가 있는 소노라 사막지역에는 독특한 겨울-활성형 및 여름-활성형 연간 식물상이 있다. 겨울의 사막 일년생 식물들은 C3 광합성을 하는 경향이 있는데, 겨울/봄 온도가 낮고 보통 더 오랜 기간동안 수분을 이용할 수 있기 때문이다. 이와 다르게 여름의 일년생 식물들은 C4종이 흔한데, 여름비로부터는 물을 더 짧은 시간 이용가능하다는 점에서 보면 높은 수분이용 효율을 제공 받는 이점이 있다는 것을 보여준다.

사막 일년생의 생존에 가장 중요한 점은 상대적으로 빠른 생활사를 가진다는 것이다. 긴 건기 동안에도 토양에서 살아남을 수 있는 그들의 종자들은 정상적인 우기동안 적당한 양의 물을 이용할 수 있을 때 재빨리 발아할 것이다. 사막 일년생 식물들은 특징적으로 높은 생장률을 나타내는데, 수분을 이용할 수 있는 비교적 짧은 시간 내에 식물을 성숙시키고, 꽃을 피우며, 종자를 맺을 수 있게 한다. 높은 생장률은 적어도 세 요인, 즉 높은 뿌리에 대한 경엽부의 비, 빠른 CO_2 흡수를 지탱하는 높은 기공전도도, 높은 광합성률에 의해 유지된다. 비교적 큰 잎들을 가진 모하비 사막의 겨울 일년생인 *Camissonia claviformis*가 한 예이다. 대부분의 겨울 일년생 식물들처럼, *Camissonia*는 뿌리에 상대적으로 적은 비율의 생체량을 투여해서 뿌리에 대한 경엽부의 비를 높게 유지한다. 얕게 뻗은 뿌리는 가볍게 내리는 비와 저녁때 응축되어 떨어지는 물방울을 보다 효율적으로 흡수할 수 있게 한다. 잎들은 양쪽 표면에 기공을 가지는(amphistomatic) 경향이 있고, 높은 기공전도도와 더불어 빠른 속도로 CO_2를 흡수할 수 있게 해 준다.

이 장은 식물의 고유 적응성이 식물군집에 노출되는 특이하고 때로 극심한 환경에 대해 무수한 적응을 나타낸다. 이같은 적응들이 식물군계의 다양성과 지리적 분포에 대한 중요한 효과를 가질뿐 아니라 국부적 기후양상에 영향을 끼치고 있음을 논의했다.

요약

성장기 광량에 대한 순응에서 생리적 유연성은 유전자형 사이에 상당한 차이가 있다. 절대 음지 적응은 강광에 대한 순응이 불가능한 듯 하고 반면에 절대 양지 적응은 극단적인 약 광 조건에 대한 순응이 불가능한 듯하다. C4 광합성 경로를 가진 식물들은 뜨겁고 건조한 기후에 적응되어 있다. C4 종들은 탄소고정세포에 이산화탄소를 농축시킴으로써 광호흡으로 인해 이산화탄소를 잃게 되는 것을 피하는 기작을 진화시켰다. C4 식물은 대기로부터 이산화탄소를 받아들이는 엽육세포와 PCR 회로를 가지며, 실질적으로 탄소를 고정하는 관다발초 세포 간에 역할 분담을 보여준다. 엽육세포는 포스포에놀피루브산의 가르복시화를 촉매하는 효소인 PEP 카르복실라아제를 포함하고 있다. 산물인 C4 산은 관다발초세포로 운반된다. 그곳에서 C4산은 탈카르복시화되고 그 결과로 생성되는 이산화탄소는 PCR 회로를 통해 고정된다. C4 식물은 매우 낮은 이산화탄소 보상농도와 낮은 증산율을 가진다. 이것은 C4 식물이 낮은 이산화탄소 수준에서 심지어, 수분 스트레스 기간 동안에 물을 보존하기 위해 기공을 부분적으로 닫은 때에도 높은 광합성 속도를 유지할 수 있다는 것을 의미한다. 크레슐산 대사(CAM)를 보여주는 식물은 뜨거운 사막 상황에 적응되어 있다. CAM 식물은 물을 최소한으로 이용할 수 있는 서식시에서 빠른 광합성 속도를 유지한다. CAM 식물은 밤(수분 스트레스가 낮은 때)에 이산화탄소를 흡수하기 위해 열고 낮(수분 스트레스가 높을 때)에 닫는 역전된 기공 주기를 보여준다. 이산화탄소는 PEP 카르복시라아제 작용을 통해 유기산으로 저장된다. 낮 동안 탈카르복시화는 광합성에 필요한 이산화탄소를 공급한다. CAM 식물의 물이용효율은 C4 식물보다 높고, C4 식물은 C3 식물보다 높다. 물이용효율의 이런 차이가 C3, C4, CAM 식물의 지리적 분포를 결정하는 중요한 요인이다.

식물군계(plant biome)는 특수한 환경에 대한 식물군집의 무수히 많은 적응들을 반영한다. 열대 우림의 토양이 영양소가 극히 빈약함에도 불구하고, 이곳의 생물군계(biome)는 가장 탁월한 식물 다양성을 보여준다. 물은 열대우림 생물군계에서 제한되지 않기 때문에 열대우림의 생물군계에서 일어나는 증발증산(evapotranspiration)의 양은 매우 중요해서 기후 양상에 영향을 준다. 다년생 사막식물은 건조한 상황 하에서 광합성을 최대화하도록 적응되어 있지만 동시에 열부하와 물손실을 최소화하도록 적응되어 있다. 이런 식물들의 영양 생장 속도는 오히려 상당히 느리다. 다년생 사막식물과 대조적으로, 사막 1년생은 수명이 짧다. 이런 식물들은 발아하고, 재빨리 성장하고, 노화하고, 돌아오는 건기에 생존할 수 있도록 종자를 생산하기 위해 짧고 우발적인 강수를 이용한다.

복습문제

1. 적응을 정의하시오. 음지 적응과 관련되는 특징 5가지를 나열하시오.
2. 기공을 통해 잎 안으로 들어오는 것으로부터 관다발 조직으로 수송되기까지, 전형적인 C4 잎에서 일어나는 탄소의 이동경로를 추적해 보자. 이 경로는 C3 의 경로와 얼마나 다른가?
3. 전형적인 C4 잎에 있는 관다발초 세포의 독특한 특징은 엽록체의 높은 밀도이다. 이것은 어떤 이점을 제공하는가? 왜 C4 잎의 관다발초세포에 PCR 회로가 있는 것이 유리한가?
4. C4 회로의 생태적 중요성을 재검토하시오. 어떤 상황에서 C3 식물종이 C4 식물종 보다 더 생산적일 수 있는가?
5. 크래슐산 대사(CAM)는 C4 대사와 어떤 점에서 다른가?
6. 어떤 상황하에서 C3 식물이 C4과 CAM 식물을 우위에 있게 되는가? 왜 그런가?
7. 생물 군계를 정의하라. 어떻게 증발증산의 양이 기후양상에 영향을 주는가?
8. 열대 우림에는 C4 식물종에 비해 C3 식물종이 더 높은 비율로 있을 것이라 예상하는가? 왜 그럴 것인지 설명해 보시오.
9. 건조 상황에 대한 다년생 사막식물의 적응은 사막 1년생 식물의 적응과 어떻게 다른가?

더 읽을거리

Anderson, J. M. 1986. Photoregulation of the composition, function and structure of thylakoid membranes. Annual Review of Plant Physiology 37:93–136.

Buchanan, B. B., W. Gruissem, R. L. Jones. 2000. Biochemistry and Molecular Biology of Plants. Rockville MD: American Society of Plant Physiologists.

Bush, M. B., J. R. Flenley. 2007. Tropical Rainforest Responses to Climate Change. Berlin: Springer.

Cushman, J. C., H. J. Bohnert. 1999. Crassulacean acid metabolism: Molecular genetics. Annual Review of Plant Biology 50:305–332.

Edwards, G. E., V. R. Franceschi, E. V. Voznesenskaya. 2004. Single-cell C4 photosynthesis versus the dual-cell (Kranz) paradigm. Annual Review of Plant Biology 55:173–196.

Leegood, R. C., T. D. Sharkey, S. von Caemmerer. 2000. Photosynthesis: Physiology and Metabolism. Advances in Photosynthesis, Vol. 9. Dordrecht: Kluwer.

Matsuoka, M., R. T. Furbank, H. Fukayama, M. Miyao. 2001. Molecular engineering of C4 photosynthesis. Annual Review of Plant Biology 52:297–314.

Nobel, P. S. 2005. Physicochemical and Environmental Plant Physiology. Burlington: Elsevier Science & Technology.

Potters, G., T. P. Pasternak, Y. Guisez, K. J. Palme, M. A. K. Jansen. 2007. Stress-induced morphogenic responses: Growing out of trouble? Trends in Plant Science 12:98–105.

Robichaux, R. H. 1999. Ecology of Sonoran Desert Plants and Plant Communities. Tuscon: University of Arizona Press.

Sack, L., N. M. Holbrook. 2006. Leaf hydraulics. Annual Review of Plant Biology 57:361–381.

Smith, S. D., R. K. Monson, J. E. Anderson. 1997. Physiological Ecology of North American Desert Plants. Berlin: Springer Verlag.

16

발달: 개관

하나의 수정란이 성숙한 식물체로 발달하기 위해서는 정밀하고 질서 있는 일련의 연속적인 생명 활동의 사건들이 요구된다. 수정란, 즉 접합체는 분열, 생장, 분화를 거쳐 점차 복잡한 조직과 기관으로 분화된다. 궁극적으로, 이런 활동들은 꽃을 피우며 열매를 맺고 노쇠하여 결국에는 죽음을 맞이하는 성숙한 식물의 복잡한 체제를 만들어낸다. 한 생활사 전체를 통하여 끊임없이 그리고 질서 있게 나타나는 여러 발달 과정에 영향을 끼치거나 조절을 하는 많은 요소들과 그와 관련된 유전적 프로그램 그리고 생화학적 사건과 함께 이들 활동들이 식물의 발달을 구성하고 있다. 식물생물학자들의 궁극적인 목적 중 하나는 발달을 이해하고 발달 양상의 변화를 관찰함으로 이해를 증진시키고자 한다.

이 장에서는 아래의 내용을 포함한 식물발달의 주요 단계를 강조한다.

- 생장, 분화 그리고 발달이란 용어의 의미
- 식물 분열조직의 특징
- 종자의 발달, 성숙 그리고 발아
- 배에서 성체로의 발달 양상 그리고
- 노쇠와 예정된 세포사

16.1 생장, 분화, 그리고 발달

식물이 자신의 생활주기 동안 진행시키는 여러 방면의 변화를 서술하기 위해 일상적으로 사용되는 세 가지 용어들은 **생장(growth)**, **분화(differentiation)**, 그리고 **발달(development)**이다. 이 장에서는 생장, 분화 그리고 발달을 조절하는 요소들에 초점을 맞추기 위해서는 이 세가지 용어가 의미하는 것을 명확히 할 필요가 있다.

16.1.1 발달은 생장과 분화의 총합이다

발달(development)이란 식물이 생활주기 동안 세포, 조직, 기관 혹은 생물체가 가지는 모든 변화의 총합을 나타내는 포괄적인 용어이다. 발달은 개체 혹은 기관의 형태 변화에서, 즉 예를 들면 영양 생장 조건에서 개화 환경으로의 변환, 또는 잎 원기로부터 충분히 성숙하여 확장된 잎으로의 변화 등에서 가장 분명해진다.

16.1.2 생장은 크기가 비가역적으로 증가하는 것이다

생장은 오직 크기와 질량의 변화와 관련된 정량적인 용어이다. 세포에서 생장은 단순한 비가역적인 부피의 증가이다. 조직 그리고 기관에서 생장은 일반적으로 세포 수 그리고 세포 크기 두 가지 모두의 증가를 반영한다.

그것은 다양한 정량적 측정에 의해 분석될 수 있다. 배양 중에 있는 미생물 혹은 조류와 같은 세포의 생장은 일반적으로 원심분리 튜브 내에서 세포 부피의 증가 혹은 세포 집단의 생체량의 증가로써 측정된다. **속씨식물(angiosperm)** 다르게는 고등식물이라고 불림. 그러나 **생체량(freshweight)**은 항상 믿을 만한 값이 되는 것은 아니다. 비록 대부분의 식물 조직이 대체로 80% 정도 물로 채워져 있지만 이 물의 함량은 매우 변이가 심하며 그래서 생체량은 식물체내의 물 상태의 변화에 따라 넓게 변동된다. 원형질 혹은 건조물질 양(모든 것 그러나 물)의 측정치인 **건량**은 물질의 건조 후 일정한 무게로 결정된다. 건량은 생체량보다 흔히 이용되는데, 이 건량은 생장의 척도로써 잘못 이용될 수 있다. 예를 들면, 완두 종자를 암소에서 발아시켰다고 가정하자. 암소에서 종자의 배는 성장을 시작하고 10에서 12 인치 정도의 경엽부축을 생산한다. 비록 고려할 만한 정도의 생장이 일어났음을 우리는 직관적으로 감지할 수 있지만 처음의 종자 무게와 비교시 실제로 감소한다. 이런 상황 하에서 건량의 손실이 나타나는데, 이는 생장 중인 유식물이 종자 내에 있는 저장 탄소원을 호흡에 이용하면서 이때 이산화탄소로 날려 보내기 때문이다. 암소에서, 이런 탄소 손실은 광합성에 의해 보충될 수 없어서 유식물은 건량의 순 손실을 경험하게 된다. 그런 상황 아래에서는 생체량 혹은 유식물 축의 길이가 보다 더 좋은 생장 측정이 될 수 있다. 길이, 그리고 폭 또한 확대 생장중인 잎에서 적당한 측정 기준이 된다. 길이와 폭은 생장량 측정치를 제공할 뿐만 아니라 길이 대 폭 비율은 동시에 잎 발달 양상에 대한 정보를 제공해 준다.

많은 변이들이 어느 정도 관찰자의 요구에 좌우되면서 생장 측정에 포함될 수 있음은 분명한 사실이다. 그러나 어떤 측정이든 간에 생장량을 정량화시키려는 모든 시도는 다음과 같은 기본적인 이해 즉 '생장이란 부피나 크기에 있어 비가역적인 증가'라는 사실을 반영하고 있다.

세포 분열과 세포 확장이 일상적으로는 긴밀하게 협력하면서 진행되고 있지만, 생장은 세포 분열이 없이도 일어날 수 있으며 세포 분열 역시 생장이 일어나지 않으면서도 나타날 수 있음을 명심하는 것도 중요하다. 예를 들면, 초본 식물의 자엽 발달에 있어 세포 분열은 매우 빠른 시기에 정상적으로 완성되며 뒤이어 나타나는 기관의 실질적인 확장은 전적으로 세포 확장에 기인하는 것이다. 밀(*Triticum sp.*) 종자에 감마선을 충분히 쪼여주어 DNA 합성과 세포 분열이 억제되었을 때에도 발아 과정은 정상적으로 진행된다. 그러나 이 경우에는 단지 세포 확장 만에 의해서 작은 유식물이 만들어진다. 그런 유식물은 일반적으로 2주 혹은 3주 이상 생존하지 못하는데, 그들의 형태는 거대 세포들을 제외하고는 어느 정도 정상적인 모습을 갖고 있다. 한편, 꽃에서는 초기의 배발달 동안에, 배낭(embryo sac)의 크기가 증가하지 않은 채로 세포 분열이 계속 일어나 많은 작은 세포들을 만들어내는 시기를 갖는다.

16.1.3 분화는 일반적으로 생장을 통한 질적인 변화를 의미한다

분화(differentiation)는 세포, 조직 및 기관들 사이에 나타나는 크기 이외의 차이를 의미한다. 분화는 하나의 분열 중인 세포가 서로 다른 해부학적 특성 및 기능을 떠맡게 될 운명을 지닌 두 개의 딸세포를 만들어낼 때 일어난다. 발달의 초기 단계에서, 예를 들면, 접합자의 분열은 한 식물체의 뿌리 혹은 경엽부가 될 세포들을 만들게 된다. 미분화된 유조직 세포는 물관 혹은 체관으로 분화하는데, 그들 각각은 서로 다른 형태와 특수화된 기능을 갖고 있다. 분화는 그 스스로 쉽게 정량적인 설명을 주지 못하나 보통 일련의 정성적인 변화로써 기술된다. 끝으로, 비록 생장과 분화가 통상 같이 일어나는 사건이지만, 분화 없는 생장과 생장 없는 분화의 예도 많이 있다.

분화는 양 방향의 거리로 비유될 수 있다. 비록 식물 세포는 고도로 분화 혹은 특수화되어 있는 것으로 보이지만 때때로 세포는 보다 더 배의 상태로 되돌아가도록 자극되기도 한다. 즉, 세포는 탈분화를 한다. 그것은 마치 세포가 유전적으로 다시 프로그램되어진 것처럼, 분화 과정을 되돌림으로써 새롭고 다른 길을 따라 다시 분화하는 것이다. 그래서, 담배 식물 줄기의 중심부 혹은 대두 **자엽(cotyledon)**에서 채취된 세포는 일단 다시 세포 분열이 진행되도록 자극되어 미분화된 **캘러스(callus)**로서 그리고 나아가서는 새 식물로 자라게 된다(그림 16.1). 한번 분화되었던 세포가 새 식물로 재생하는 능력은 대부분의 살아있는 식물 세포가 **전형성능(totipotency)**이 있음을 입증하는 것이며, 식물 세포는 비록 유전 정보 전부가 어떤 주어진 시간에서 모두 사용되지는 않지만 완전한 유전 프로그램을 보유하고 있는 것이다. 그래서 발달은 유전 정보

그림 16.1 캘러스 배양에서 줄기의 재생. 담배 줄기의 중심부내 수 조직의 한 조각 부분이 무기염, 비타민, 설탕 그리고 호르몬 등이 포함된 배지에 심어진다. 이 조직은 새로운 작은 식물(왼쪽)로 재생되지 전에 수 주일동안 미분화된 캘러스(오른쪽)로서 증식한다. 이 작은 식물이 궁극적으로 토양에 심어져 성숙한 토마토 식물을 만들어 낼 것이다.

의 점진적인 소실을 반영하는 것이 아니라 어떤 특별한 발달의 마무리를 이루기 위해 그 정보의 선택적 사용을 나타내는 것이다.

물론 모든 세포가 전형성능을 지닌 것은 아니다. 발달이 고정된 고도로 특수화된 세포들, 특히 예외적으로 두껍고 단단한 세포벽 혹은 심하게 변형된 원형질체 등에 의해 특수화된 세포들은 다시 분화되는 가능성이 거의 없다. 그와 달리, 모든 조직이 적어도 일부 잠재력으로 전형성능을 지닌 세포, 즉 접합자와 같은 형태 발생 잠재력을 지닌 세포를 포함하는 것은 가능하다. 식물 발달은 질서 있는 유형을 따라 진행하는데 그 이유는 발달 잠재력이 조심스럽게 제한되기 때문이다. 그들 제한이 제거될 때 전형성능이 있는 세포는 간단히 접합자 상태로 회귀하여 발달 프로그램을 새로 시작한다.

어느 정도 단순화된 방식으로, 어떤 특별한 세포 내에서 읽혀지는 유전 프로그램은 다른 세포 및 조직과 연계되는 그 세포의 위치에 의해 또한 그 세포가 받는 입력 정보에 좌우된다. 한 세포의 위치는 이웃 세포와의 영양소 및 호르몬에 대한 관계 및 상호작용을 결정하게 된다. 위치의 중요성이 최근에 어린 애기장대 뿌리에 관한 정교한 실험에서 입증되었다. 애기장대 뿌리는 단순한 구조 때문에 이런 종류의 연구에 잘 맞는다. 이것의 뿌리 정단은 한 층의 표피세포, 피층, 내피 및 관다발을 둘러싸고 있는 내초로 구성되어 있는데, 그것이 각각의 세포의 추적을 용이하게 해준다. 뿌리 세포는 관다발과 뿌리골무 세포에서 다르게 발현되는 지표유전자로 표지되었고, 그 다음 뿌리골무의 비활성 부위 내의 세포를 외과적으로 제거하기 위해 레이저현미경이 사용되었다. 죽은 세포들이 뿌리 정단부 쪽으로 옮겨졌으며 이웃 관다발 세포의 딸세포들로 대치되어졌다. 이 새로운 위치 내에서 그 전의 관다발 세포들이 뿌리골무 지표를 발현시켰다. 이것은 세포에서 유전 프로그램의 해독이 그 세포의 계통보다는 위치 정보에 의해 결정됨을 강하게 나타내는 것이다.

16.2 식물생장의 중심은 분열조직이다

동물과는 다르게, 식물의 생장양상은 보편화되어 있다. 식물의 생장은 연속적으로 세포분열 능력이 유지되는 별개의 지역으로 제한되어져 있다. 이 지역은 **분열조직**(그리스어, merizein, 분열하다)이라고 불린다. **정단분열조직**은 뿌리와 줄기의 끝에 위치해 있다. 이 지역은 세포분열이 활발히 일어나는 이 지역은 뿌리와 줄기의 길이의 증가 혹은 1차 생장에 책임이 있다.

뿌리 끝은 **뿌리골무**에 의해 싸여져 있는데, 그것은 뿌리가 토양을 뚫고 자랄 때 기계적인 보호를 제공하게 된다. 뿌리골무는 또한 다당류 물질을 분비하는데, 그것은 **뮤시겔**(mucigel)이라 불리는 점액질성 기질을 형성한다. 뮤시겔은 뿌리 정단부가 토양 속을 이동할 때 뿌리 정단부를 매끄럽게 한다. 뮤시겔로 둘러싸인 뿌리골무는 또한 뿌리에 의한 중력 감지 작용과 관련이 있다(23장). **뿌리 정단 분열조직**(RAM)은 뿌리의 끝의 뿌리골무 바로 뒤에 위치해 있는 나뉘어 진 세포 덩어리이다(그림 16.2). 분열조직에서 나뉘어지는 세포는 매번 두 개의 딸세포 중 하나를 세포분열 지속될 때까지 남아 있으며 두 번째 딸세포는 길어지게 되어 뿌리의 길이가 길어지고 뿌리 끝이 땅속으로 밀고 들어가는 데 관여한다. 분열 조직 중심부에는 방사성 티미딘을 거의 받아들이지 않으면서 세포 분열이 매우 느리게 일어나는 부분이 있다. 이 지역이 **정지 부위**이다. 뿌리 신장 및 뿌리 골무의 재생에서 새 조직을 초래하는 세포 분열이 정지 부위 주변부에서 일어난다.

줄기 정단 분열조직(SAM)은 구조적으로 뿌리 정단 분열조직보다 더욱 복잡하다. 이것은 새로운 세포의 생산에 의해 줄기 축 길이의 확장 그리고 줄기 축이 길어지고, 줄기 정단 분열조직은 잎, 가지 그리고 꽃의 일부 같은 곁기관(lateral organ)을 형성하기 위해 반드시 원기를 형성해야 한다. 동시에 줄기 정단 분열조직은 소규모의 분화되지 않은 분열세포를 유지해야 한다. 줄기 정단 분열조직도 각각 세포분열을 하는데 뿌리 정단 분열조직과 유사하게 하나의 딸세포는 길어지게 남겨 두고 다른 딸세포는 줄기 정단부로

그림 16.2 어린 애기장대 뿌리 정단 분열조직의 중요한 부분을 보여주는 뿌리끝 모식도

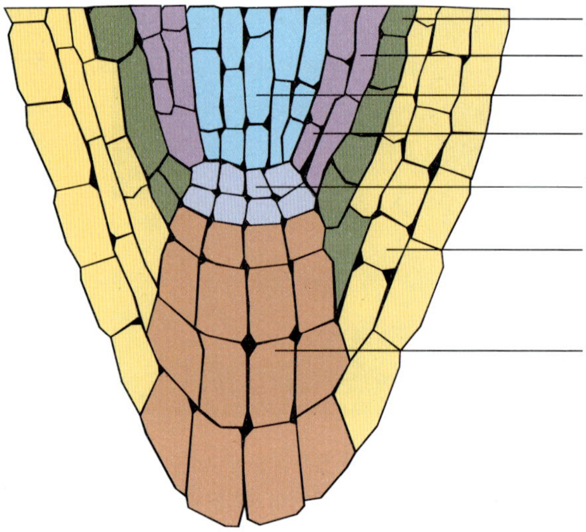

이동을 한다. 전자현미경의 도움으로 작고, 빛나는 돔 형태의 전형적인 쌍자엽 줄기의 분열조직을 관찰할 수 있다(그림 16.3). 현미경 관찰로 전형적인 줄기 정단 분열조직은 두 개의 특징적인 지역으로 구획화된 것이 밝혀졌다. 가장 바깥쪽에서 두 개에서 네 개의 층에 있는 세포를 **초층**(tunica)라고 부르며, 분열 조직 표면에 대해 직각 혹은 수직 방향으로 나 있다. 초층은 표피 생장 뿐만 아니라 줄기 주변조직의 생산에도 기여한다. **내체**(corpus)는 초층의 밑에 있으며 다양한 면으로 나뉘며 대부분 줄기에 관여하는 세포의 덩어리이다.

식물의 발달에서 아직도 미해결과제 중 하나는 어디에서부터 잎 그리고 가지가 왜 그리고 어떻게 형성하는가이다. 이 불확실성의 이유 중 하나는 정단부에서는 많은 일들이 빠르게 일어나고 이러한 다양한 사건들을 분리하기 어렵다는 것이다. *in situ*는 유전자 발현을 공부하는 새로운 방법이지만 부속기관들이 발달하기 시작할 때 유전자가 언제 발현되고 발현이 되지 않는가에 대한 일부의 이해를 제공하는 시작에 불과하다(20장 참조).

분열조직 측면의 **원기**(primordium) 또는 작게 부풀어 오른 곳에서 잎이 형성된다. 일부 식물체는 한 쌍의 잎 원기를 가지고 90도 각도로 잎을 만든다. 다른 식물은 나선형으로 잎원기가 일어난다. 잎원기형성은 마디와 관계가 있다. 초기단계에서 잎원기는 못

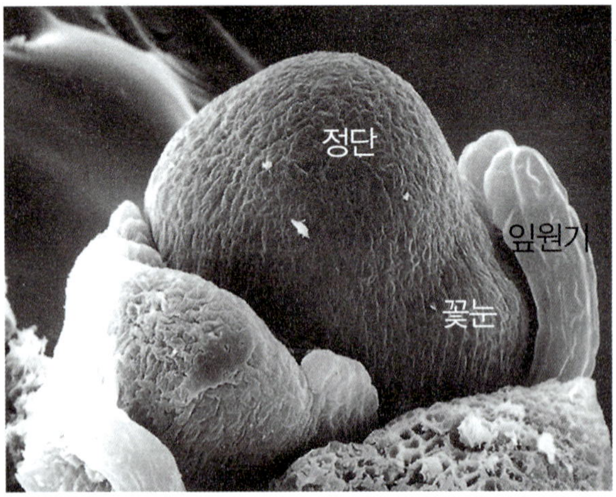

A.

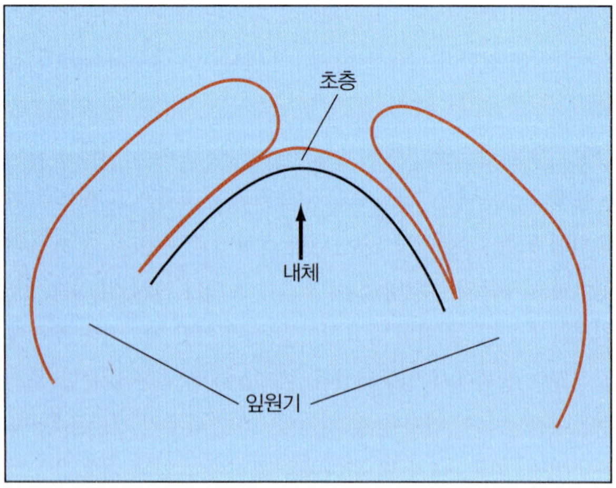

B.

그림 16.3 줄기 정단 분열조직. 유채의 영양 분열 조직의 주사전자현미경사진. Ax, 정단; Lp, 잎 원기; FB, 꽃눈 (**B**) 초층, 내체, 잎원기 위치를 보여주는 (**A**) 사진에 있는 분열 조직의 횡단면 모식도. (A from Sawhney, V. K., P. L. Polowick. 1986. American Journal of Botany 73:254–263. With permission of the *American Journal of Botany*. Original photograph kindly provided by V. K. Sawhney and P. L. Polowick.)

과 비슷한 형태로 발달한다. 그러나 원기의 반대편 쪽의 분열조직 가장자리를 발달시키며 잎원기를 길게 하고, 전형적인 평평함을 일으켜 측면 생장을 이끈다. 각각 잎원기 형성과 같이, 눈원기는 또한 줄기와 결합한 잎에서 축을 형성한다. 이 측면눈은 가지를 만든다. 이러한 일들이 일어나는 동안 지역내 세포는 잎을 만들거나 혹은 마디 사이에서 분열과 길어짐을 지속하여 결과적으로 줄기가 길어지게 한다.

조직은 **1차 조직(primary tissue)**이라고 불리는 뿌리 그리고 줄기 정단 분열조직으로부터 직접적으로 유도된다. 그러나 목본식물의 줄기 그리고 뿌리는 지름도 성장한다. **관다발 형성층(vascular cambium)**이라고 불리는 분열조직의 활성의 결과로 지름이 증가한다. 조직은 **2차 조직(secondary tissue)**이라고 불리는 관다발 형성층 아래에 놓인다. 따라서 관다발형성층은 **2차 생장(secondary growth)**에 관여한다. 줄기 그리고 뿌리의 1차 조직은 관다발, 혹은 통도 요소의 핵심이다. 특징적으로, 물관부는 관다발 중심의 가운데 위치하고 체관부는 관다발 중심의 바깥쪽 가장자리에 위치한다(그림 16.4). 관다발 형성층은 물관부와 체관부의 사이에서 발달하고 내부에는 새로운 물관부를 바깥쪽에는 새로운 체관부를 생산한다. 오래된 세포는 물관부의 대부분이 나무 줄기 혹은 나무통으로 채워진 견고하고 오래 지속되는 조직으로 종종 목질화가 된다. 체관부는 더욱 부서지기 쉬운 조직으로 매년 새롭게 생장하여 이전해의 세포를 밖으로 밀어낸다. 이러한 결과로, 물관부는 수년동안 영양소와 물은 지속적으로 운반한다. 그러나 큰 나무의 체관부는 일년 이상은 기능을 하지 않는다.

그림 16.4 1년생 딱총나무(*Sambucus*) 줄기의 종단면을 통해 2차 관다발 형성층의 위치를 보인 도식도. 관다발 형성층은 1차 체관부와 1차 물관부 혹은 2차 물관부 세포의 안쪽, 혹은 2차 체관부 세포의 바깥쪽(화살표) 사이에서 일어난다. 이것은 해마다 반복되고 줄기의 둘레가 늘어난다. 2차 물관부의 발달은 벽이 리그닌화되고 줄기의 조직이 목질화 된다. 체관부는 부드러운 조직으로 해마다 이전 해의 체관부를 부수고 새롭게 생장한다. 어린 줄기에서 "껍질"을 벗겨내면 관다발 형성층은 조직과 분리된다.

16.3 종자의 발달과 발아

각 식물의 생활사는 꽃의 모계기관의 난핵세포와 정핵세포의 수정에 의해 **접합자(zygote)**가 형성되면서 시작된다. 접합체의 분화와 생장에 의해 생산된 **배(embryo)**는 **종자(seed)**라고 불리는 보호되는 구조 내에 있게 된다. 적합한 환경이 되면 종자 내에 있는 배는 새롭게 생장하고 지속적으로 발달하여 성체가 된다.

16.3.1 꽃에서 종자가 형성된다

꽃의 구조는 매우 다양하지만 모든 꽃은 같은 기본적인 계획을 따른다. 일반적인 꽃은 네 개의 윤생 혹은 원형으로 구성되어 있다. 각각 가장 바깥쪽은 윤생은—꽃받침 그리고 꽃잎—생장구조이고; 안쪽의 두 개는—수술 그리고 암술—자웅의 생장구조로 되어있다. 암술의 기본은 하나 또는 이상의 밑씨를 포함하는 씨방구조이다(그림 16.5).

각 밑씨 내에는 대포자 모세포라 불리는 하나의 커다란 이배체세포로 체세포분열을 하여 네 개의 대포자 세포를 생산한다. 살아남은 하나의 대포자 세포는 감수분열을 하여 8개의 반수체 핵을 포함한 배낭을 생산한다. 계속적인 세포분열은 8핵을 포함하는 성숙된 배낭을 형성하고 7세포로 나뉘어진다(그림 16.6). 이 세포중 하나는 난자가 된다. 다른 세포는 두 개의 극핵을 포함하는 커다란 중심세포가 된다.

수술의 구조는 수술대 혹은 꽃자루 위에 있는 꽃밥으로 구성되어 암술을 둘러싸고 있다. 꽃밥은 많은 수의 소포자 모세포를 포

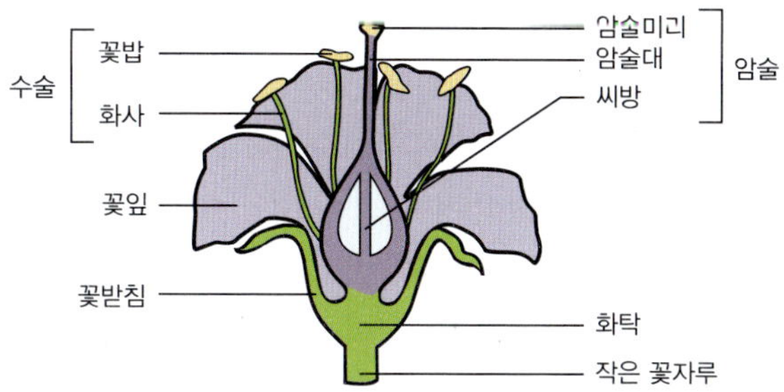

그림 16.5 전형적으로 완전한 꽃은 4개의 윤생으로 구성된다: 꽃받침, 꽃잎, 수술 그리고 암술. 모든 4개의 윤생은 잎으로 변형된다. 꽃받침은 종종 초록 혹은 눈에 잘 띄지 않고 꽃잎은 밝은 색을 띈다. 일부 꽃에서, 꽃받침과 꽃잎 둘 모두 색을 띈다. 꽃가루, 정핵을 포함하고 있으며 수술의 꽃밥을 생산한다. 암컷 난세포는 암술의 기본인 씨방을 생산한다. 꽃가루는 암술의 암술머리 혹은 암술머리 표면으로 옮겨지고 수분관으로 보내진 다음 정핵을 난자로 운반한다.

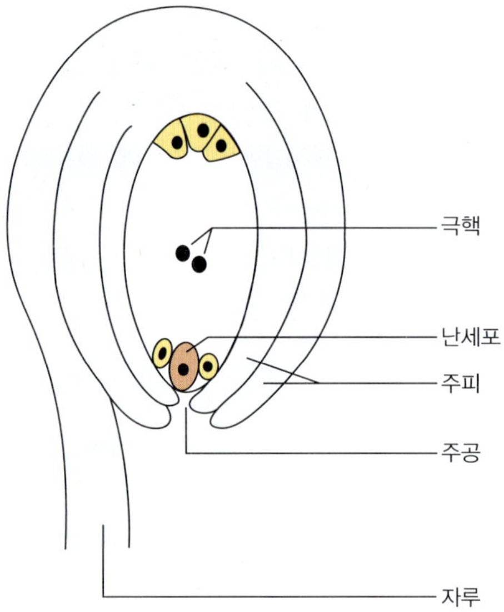

그림 16.6 성숙된 8핵, 7 세포 배낭의 모식도. 수분관은 정핵을 주공 혹은 주피 사이로 운반한다. 자루는 효과적인 태좌로 씨방과 씨방벽을 연결한다.

함하고 있으며 각각은 유사분열을 수행하여 단일핵을 형성, 단세포 소포자를 만든다. 소포자는 계속적으로 외벽은 두껍게 감싸지게 되고 핵은 체세포분열을 하여 원래의 포자벽 안에 두개의 세포를 형성한다—**관세포(tube cell)** 그리고 **생식세포(generative cell)**. 이것이 성숙한 **꽃가루(pollen grain)**이다(그림 16.7)

성숙한 꽃가루는 수술로부터 떨어지며 곤충, 바람 혹은 다른 매개체에 의해 암술의 표면에 운반되어진다. 꽃가루가 암술의 표면에 운반되어지는 것을 **수분(pollination)**이라고 한다—꽃가루는 물을 흡수하여 수분관으로 보내고 암술이 밑으로 자라 씨방을 향하게 되는 것(그림 16.7 A, C). 관핵은 수분관으로 이동을 하고 생장하게된다. 생식세포의 세포벽이 깨져 관핵이 관밑으로 내려가 길게한다. 생식 핵은 두 개의 정핵으로 나뉜다. 배낭 쪽으로의 수분관 생장은 칼슘 농도기울기를 요구한다. 하지만 정확한 신호 메커니즘은 아직 밝혀지지 않았다.

마지막 단계에서, 주공(포피를 둘러싼 끝의 공간)을 통한 성장과 배낭내로 두 개의 정핵이 들어가는 것에 의해 길어진 수분관이 밑씨로 들어간다. 궁극적으로, 두 개의 정핵세포 중 하나가 난세포로 들어가 난세포 핵과 수정을 하여 접합체를 형성한다. 두 번째 정핵은 거대 중심세포로 들어가 두 개의 극핵과 융합하여 3배체 배젖핵을 형성한다. 배젖핵은 일차영양조직 혹은 배젖으로 되어 배가 발달하는데 이용되어진다. 두개의 정핵세포가 관련된 반응을 **중복수정(double fertilization)**이라고 하며, 개화 식물 혹은 속씨식물의 독특한 특징이다.

16.3.2 종자 발달과 성숙

종자는 다양한 겉모습을 한다. 식물 생태학자들을 종자는 번식체 혹은 개개 혹은 개체군의 번식에 영향을 주는 장치라고 하였고 형

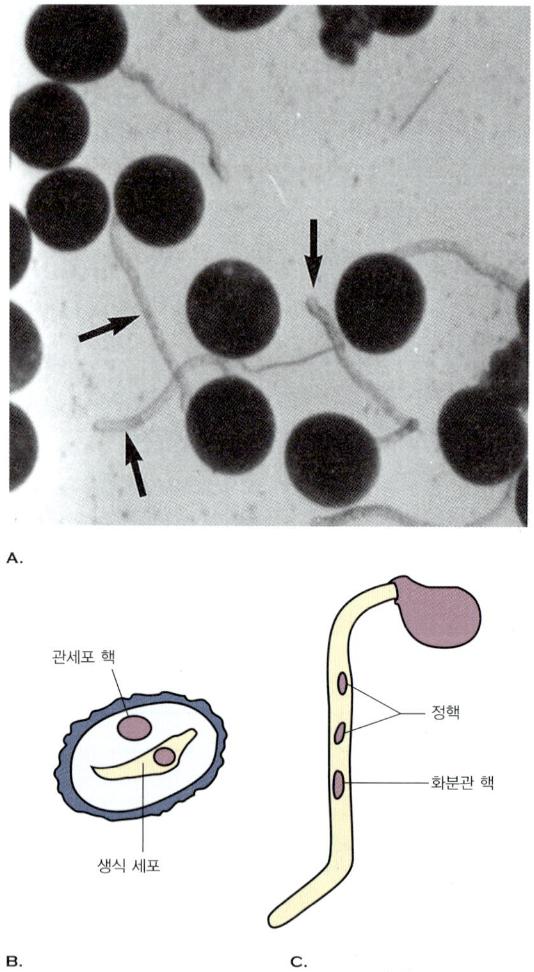

그림 16.7 (A) 화분립과 화분관. 옥수수(Zea mays) 화분립이 한천 표면에서 발아하였다. 신장하는 화분관은 화살표로 나타내었다(D.B 왈든이 사진을 제공). (B) 성숙한 화분립의 모식도로 관세포와 생식 세포를 보여줌. 2배체 생식 세포 핵은 감수분열을 하여 두개의 반수해 정핵을 생산한다. (C) 발아한 화분립. 화분관은 암술의 까지 성장하고 정핵을 배낭으로 운반한다.

태학자들은 종자를 좀더 엄격하게 성숙된 밑씨라고 정의하였으며, 생리학자들은 종자를 종피와 영양조직에 의해 둘러 쌓여져 있는 성숙한 배의 관점에서 보았다. 다윈과 그 이전의 시대에서는 영양생장의 연구를 통해 발아하는 종자 그리고 어린 유식물에 대해 정확하게 서술하였다. 화학적 돌연변이원을 처리한 종자는 돌연변이를 유발하여 발달과정에 대한 실마리를 제공하는 가장 편리한 방법 중 하나이다(Box 16.1).

종자의 발달은 밑씨의 수정 혹은 접합체에 의해 시작된다. 종자 발달의 초기단계는 배의 형성, 배젖종자, 영양소를 저장하는 조직의 광범위한 세포분열에 의해 종자의 발아와 유식물의 발달을 특징지었다.

접합체의 첫 번째 분열은 일반적으로 횡으로 일어나며 즉시 배의 극성을 확고히 한다. 상위세포는 배 자체로 결정되는 동안 아래 세포는 배낭의 기본구조에서 배의 연결 부위인 기둥같은 배병을 생산한다. 전형적인 쌍떡잎 종자는 몇 단계의 과정을 거친다(그림 16.8). 배 발달의 초기단계 동안 세포분열은 세포 전체에서 일어나지만 심장형 단계에서 줄기와 뿌리 정단 분열조직 모두는 세포분열의 중심처럼 조직화된다.

배발달을 통해 부모식물로부터 지속적으로 영양소는 공급받고 배젖 혹은 떡잎이 된다. 곡물과 대부분의 다른 단자엽의 경우,

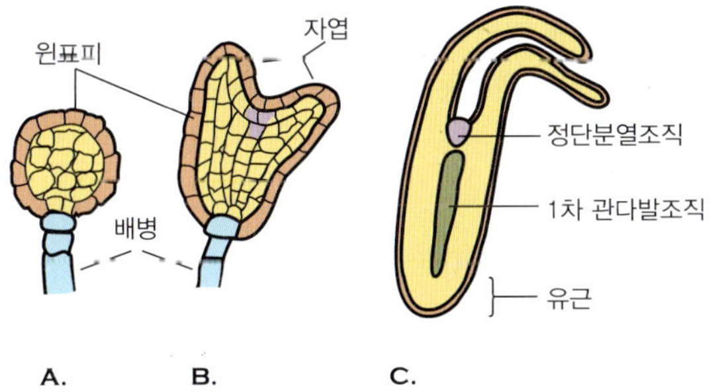

그림 16.8 쌍떡잎 배 발달의 중요한 단계. (A) 구형단계. 기본적인 접합체는 많은 분열을 수행하여 배병 64-세포의 구형 배를 생산한다. 원표피는 성숙한 배의 표피가 되는 것으로 결정되어 있다. 배낭의 아래에 배와 연결된 줄기같은 배병은 배젖을 둘러싸고 영양소 흡수를 돕는다. (B) 심장형 단계. 세포는 떡잎이 나타나는 기초를 구성하는 정단분열 조직으로 결정되어 있다. (C) 어뢰형 단계. 배는 더 이상 배병에 의해 붙어 있지 않고, 줄기-뿌리 축이 분명해지고, 정단분열 조직이 기능을 하기 시작하며, 일차 관다발 조직(물관부와 체관부)이 조직화되기 시작한다. 자이를 상소하기 위해 세포의 사세한 것은 보이지 않았다.

종자가 성숙될 때까지 배젖으로 남아 있다(그림 16.9 A, B). 이것은 **배젖**(endospermic) 종자라고 한다. 성숙된 종자의 배젖은 녹말, 단백질, 그리고 소량의 지방으로 채워져 있는 세포로 구성되어있다. 몇몇 단자엽 종자, *Triticum* (밀), *Hordeum* (보리) 그리고 *Avena* (귀리) 같은 대부분의 곡물의 배젖은 **호분층**(aleurne)이라 불리는 하나 혹은 그 이상의 세포층으로 둘러싸여 있다. 호분층세포는 많은 단백질체 그리고 발아동안 영양소가 이동하는데 필요한 효소의 근원과는 구별된다. 아주까리(*Ricinus communis*) 같은 쌍떡잎 종자는 많은 양의 배젖과 잎 같은 구조의 얇은 떡잎을 유지하고 있다. *Pisum*(완두콩) 그리고 *Phaseolus*(대두) 같은 비배젖 쌍떡잎 종자의 떡잎은 크게 하는 데 배젖을 사용하고, 성숙한 종자 부피의 90퍼센트를 차지하고 있다(그림 16.9 C). 배젖과 떡잎은 광합성을 할 수 있는 완전한 식물체가 될 때까지 많은 양의 저장탄소(탄수화물, 지방 그리고 단백질을 형성한다), 미네랄 요소 그리고 유식물의 생장과 발달을 지탱하는 호르몬을 포함한다.

성숙, 종자발달의 마지막 단계는 건조저항성을 위해 배의 생장과 발달을 중지하는 것으로 특징지워진다. 성숙은 종자에 존재하는 80 혹은 90%의 물을 약 5%로 줄이는 극적인 건조로 종결된다. 성숙된 종자의 딱딱한 표피는 씨방의 발달동안 종자를 둘러싸고 있는 부모조직(주피)로부터 유래된 것이다. 두꺼운 세포벽을 둘러싸고 있는 두꺼운 층, 왁스 큐티클, 종피는 종종 종자가 물 그리고 산소를 받아들이는데 중요한 방어막으로 이용되어진다.

16.3.3 종자 발아

종자는 매우 건조되어있기 때문에 어떠한 생체반응이 거의 검출되지 않을 정도로 매우 느리게 발생한다. 종자는 식물의 생활사가 정상적으로 멈춰진 것 기관의 반응이 중단된 혹은 **휴지상태**(quiescent)이다. 배는 오랜기간 동안 불리한 상황에서 살아남기 위해 가사상태를 나타낸다. 배 생장의 재개를 **발아**(germination)라고 하며 많은 요인중 특히 중요한 3가지에 의존한다: 충분한 물에 의한 조직의 재수화, 유산소 호흡을 지탱해 주는 산소의 존재 그리고 "생리적" 온도이다. 비록 많은 종자들이 넓은 범위의 온도에서 발아를 하지만 대부분 종자의 적정 온도는 25°C에서 45°C이다. 아래쪽 한계는 매우 다양하며 종에 의존적이다. 위쪽의 한계는 일반적으로 단백질 변성 온도를 반영한다.

종자의 발아의 첫 번째 단계는 **침윤**(imbibition)과정에 의한 종자 조직의 물의 흡수와 재수화이다. 삼투현상처럼 침윤은 수분

Box 16.1
돌연변이 잡초의 발달

식물 발달의 많은 측면들은 생리적, 생화학적 접근법만으로는 밝혀 내기가 매우 어렵다는 것이 드러났다. 이것은 특히 각 발달 사건과 이 사건을 시작하는 신호 사이를 연결하는 복잡한 대사 경로들의 경우 사실이다. 신호전달 경로와 결부된 대사 사건들은 식물의 생화학 과정에 있어 매우 적은 부분을 차지하며 이런 생화학적 '잡음'의 배경 속에서 거의 구별하기 힘들 것이다.

모든 발달은 유전자 발현으로 환원할 수 있기 때문에 이러한 딜레마는 유전적 돌연변이에 대한 연구를 통해 해결할 수 있다. 대사과정과 발달의 연구를 위해 돌연변이 유전자의 이용은 1940년대 *Neuospora* 돌연변이체를 이용한 비들(G Beadle)과 태툼(E. Tatum)의 연구로 거슬러 올라간다. 그 뒤로 옥수수, 토마토, 완두, 그 외의 식물 돌연변이체들이 정상적인 발달을 연구하는 데 통찰력을 제공해 주었다. 더 최근에는 DNA 재조합 기술의 이용으로 그 전에는 결코 얻을 수 없었던 해답도 얻게 되었다. 이 방법의 기본적인 전략은 관심 있는 생리 반응을 바꾸게 한 돌연변이를 찾아내고 유전학적으로 위치를 분리해내고 그 염기서열에 따라 그 생화학적 경로에서 정상적으로 활성을 보일 단백질의 아미노산 서열을 유추하는 것이다. 이는 연구자들이 그 야생형 유전자의 기능을 연구하고 나아가 이것이 조절하는 과정을 추적하는 데 중요한 수단이 된다. 돌연변이 유전자와 많은 입력 신호들 사이의 상호작용을 알아낼 수 있다.

이런 연구에 적합한 식물 중 하나가 바로 십자화과 식물에 속하는 애기장대이다. 애기장대는 조그마한 초본 잡초로 북반구의 건조한 지대에서 산다. 대부분의 애기장대는 겨울나기 일년생으로 가을에 발아해서 겨울나기 영양 로제트를 형성한다. 봄에 날이 길어짐에 따라 줄기가 신장하고 꽃을 피우게 된다.

애기장대가 왜 발달 연구를 위한 분자유전학적 모델 시스템으로 사용하게 되었는지는 여러 이유가 있다. 애기장대는 실험실에서 쉽게 키울 수 있으며 한 세대는 5~6주 밖에 안 된다. 자가수분이 일어나지만 쉽게 교배를 시킬 수도 있고 많은 씨를 생성한다(식물 개체당 10,000개의 씨). 최근 그 유전체의 염기서열이 밝혀져 있듯이 애기장대의 유전체는 식물 중에서 가장 작은 그룹에 속한다(약 10^8 뉴클레오티드 또는 25,498 유전자). 마지막으로 돌연변이는 씨를 화학적으로 처리함으로써 쉽게 유발시킬 수 있다. 생존한 씨는 발아를 시켜서 돌연변이 자손들이 분석을 위해 회수된다. 빠른 생장과 다산과 더불어 작은 식물 크기는 상당한 빈도의 돌연변이 획득을 가능하게 한다.

하지만 우리는 소위 '모델 시스템'이라는 것에 항상 조심해야 한다. 애기장대로부터 배운 것은, 예를 들어, 아마도 십자화과에 잘 맞을지 모르지만 다른 모든 식물에 그렇지는 않을 것이다. 그럼에도 불구하고 애기장대는 분자 유전학과 발달 실험을 하기에 매우 이상적인 식물이다. 애기장대 돌연변이의 획득과 규명은 식물 발달을 이해하는 데 매우 큰 공헌을 해 왔다. 게다가 애기장대의 신호전달에 대한 지식은 다른 식물을 연구하는 사람들에게도 큰 도움이 되고 있다.

퍼텐셜의 기울기에 의한 물의 이동을 포함한다. 침윤은 선택적인 투과성 막을 요구하지 않고 일차적으로 표면활동 또는 **매트릭 힘**(matric force)에 의해 발생한다는 점에서 삼투와는 다르다. 다른 말로, 침윤은 세포벽, 단백질 그리고 기타 친수성 세포물질에 대한 물의 화학적, 전기적 인력을 포함한다. 매트릭 퍼텐셜은 삼투 퍼텐셜과 같이 항상 음수 값을 나타낸다. 수화는 물질의 물의 흡수를 야기하는 상당한 힘을 생산한다(침윤압(imbibition pressure)이라고 부름). 발아 중인 종자에 의해 발생되는 침윤압은 종자가 종피의 파열을 야기시켜 그 결과 배가 종자 밖으로 나오게 된다.

물이 빠르게 내부로 들어오는 최초의 반응중 하나는 종자 조직으로부터 작은 분자량의 용질이 새는 것이다. 이것은 심각한 건조와 연관되어 세포막이 불안정한 상태라는 것을 분명하게 나타내는 것이다. 이러한 유출에 더 이상 진행되지 않고 세포는 빠르게 자기 자신을 회복하여 재수화 후에 더 안정한 상태로 돌아간다.

수분 내로 물이 세포내로 들어오면서 종자의 대사반응은 일반적으로 활성화되며, 건조상태에서 보전되어 있는 호흡 가능한 효

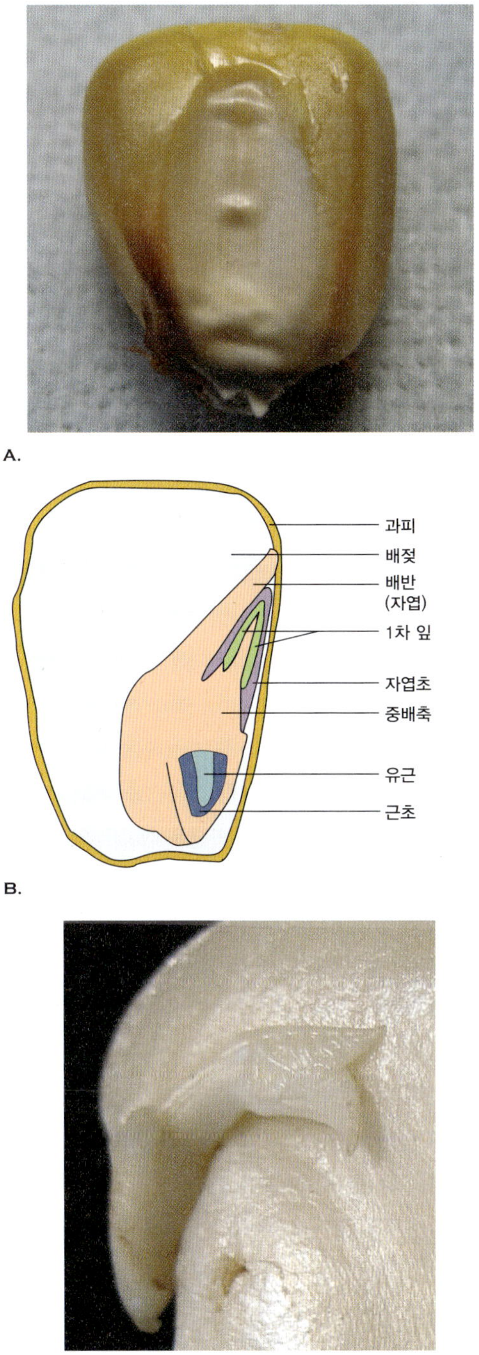

그림 16.9 옥수수 낟알에서 과피 아래 배의 위치를 보여줌. 각각 옥수수 낟알은 실질적으로 완전한 열매이고 종피는 씨방 벽과 융합되어 있는 형태로 과피라고 불리는 복합체이다. (B) 성숙한 옥수수 낟알의 종단면(A의 점선을 따라)은 배의 과피 구조를 보여준다. (C) 콩 종자(*Phaseolus vulgaris*)의 배와 떡잎의 한 부분을 보여 줌. 종피와 하나의 떡잎이 제거되어 배가 나타났다.

소 그리고 일부의 미토콘드리아가 최초로 이용하게 된다. 새로운 단백질 합성은 또한 초기 사건으로 이미 존재하고 있던 RNA 전사체와 리보솜을 이용하여 존재하는 기관의 복구와 새로운 기관의 형성에 이용된다. 이것은 다음과 같이 밀접하게 연관되어 있다. (1) 분해와 저장 기관으로 이동 가수분해 효소의 이동, (2) 배축 내에서의 세포의 확장과 새로운 세포분열. 소수 종자의 완전한 연구에 의해 호흡경로가 자세하게 서술되었다. 모든 종자는 아니지만 대부분에서 해당과정과 시트르산 회로는 다양하게 활성화된다. 이 경로는 배의 발달과 생장을 지탱하는 ATP와 탄소골격을 생산한다. 종자에서 5탄당 인산경로는 또한 다른 필수 세포의 구성성분과 지방산의 생합성을 환원시키는 데 필요한 환원력(NADPH를 형성)을 생산하는 데 매우 중요하다. 5탄당 인산경로는 또한 방향족 화합물 그리고 핵산을 생합성하는 데 필요한 중간산물을 생산한다. 종자는 지방과 오일의 형태로 탄소를 저장하여 6탄당을 거쳐 포도당을 생합성하는 반응을 수행한다.

종자에서 저장된 탄소의 이동은 곡물에서 매우 잘 연구가 되었다(19장 참조). 이는 곡물의 배젖이 사람과 사육되는 동물의 영양소일 뿐만 아니라 맥주 산업의 공급원료 오랜 기간 제공되었기 때문이다. 이것은 곡물에서 저장된 녹말이 이동하는 연구에 큰 장려가 되었다. 콩과식물(완두콩, 대두) 같은 비배젖 쌍떡잎 종자는 유근 자신의 조직 내에 저장된 영양소에 의존적으로 최초로 유근이 길어지게 된다. 나중에 탄소 저장분은 떡잎과 길어진 축에 이동되어진다.

대부분의 종에서, 발아는 종피로부터 유근이 나올때까지 완전하게 연구되었다. 종자에서 유근 자신과 침윤압의 증가에 의해 세포가 커지는 등의 조합을 통해 유근이 나타나게 된다. 종피의 파열과 유근이 돌출은 유식물의 생장에 필요한 물과 영양소와의 직접적인 접촉을 가능하게 한다.

16.3.4 종자 발달동안 다양한 호르몬의 수준과 활성이 극적으로 변한다

종자의 발달은 종종 중요한 식물 호르몬의 수준의 극적인 변화로 특징지워진다(그림 16.10). 대부분의 종자에서 배발달 초기에 시토키닌(CK) 수준이 매우 높으며, 세포분열시에 매우 높다. 시토키닌의 수준은 배가 세포 확장과 분화가 빨라지는 기간으로 들어가게 되면 감소하게 되며 옥신과 지베렐린(GA)은 증가한다. 배발생 초기에 앱시스산(ABA)는 거의 발견되지 않는다. 배발달 후기 동안에

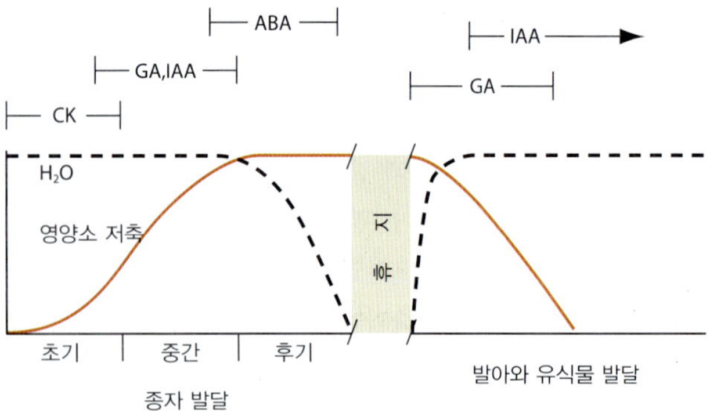

그림 16.10 종자의 발달과 발아 동안 호르몬의 활성. 시토키닌은 세포분열이 가장 활발할 때인 발달 초기단계 동안 존재한다. 이후에 시토키닌의 농도는 지베렐린과 옥신의 농도가 활발한 세포 확장을 지지하기 위해 증가하는 동안 감소한다. 앱시스산 농도는 조숙한 발아를 막기 위해 후기 단계에서 증가한다. 정지기 이후에, 지베렐린의 방출은 영양소의 유통을 활성화하고, IAA 수준은 어린 유식물에서 세포 확장을 자극하기 위해 증가한다.

GA와 IAA 수준은 줄어들기 시작하여 앱시스산의 수준은 증가하기 시작한다. 앱시스산의 수준은 일반적으로 종자의 부피와 건량의 최고에 다다른 성숙기 동안 최고에 달한다. 이러한 변화의 중요성은 다음 장에서 개개 호르몬의 특별하 효과를 살펴볼 때 더욱 명확해질 것이다. 배의 성숙은 배의 생장의 중단, 영양소의 축적 그리고 건조 저항성의 발달에 의해 특징지워진다.

16.3.5 많은 종자는 발아를 위해 추가적인 조건이 필요하다

많은 종자는 최소 조건을 만났을 때 발아를 하지 않는다. 이때 종자는 휴면상태라고 하며 추가적인 조건을 만날 때까지 발아를 하지 않는다.

일반적으로 물 혹은 산소가 종피를 투과하지 못하고, 부모로부터 떨어져 나온 종자의 배가 생리적으로 불완전성숙을 하게 될 때 종자의 휴면이 야기된다. 불완전성숙 종자는 발아되기 전인 성숙 후가 되기 위해 복잡한 생화학 변화를 거쳐야만 한다. 성숙후과정은 보통 저온에 의해 유도되며, 이 메커니즘은 가을에는 발아하지 않고 봄이 되어 선호하는 기후가 되었을때 발아를 유도한다.

휴면은 **종피파상(scarification)** 과정으로 종피의 제거 혹은 물리적인 방해에 의해 산소의 교환과 물을 흡수를 제한한다. 실험실에서, 종피파상은 줄 혹은 사포로 할 수가 있다. 자연에서는 모래에 의한 긁힘, 미생물 활동 혹은 동물의 장을 통과하며 이루어질 수가 있다. 종피는 매우 거칠다. 예를 들어, 나팔꽃(*Pharbitis*), 목화 그리고 열대 콩과식물의 발아는 건조한 종자를 1시간 정도의 황산에 담궈 둠으로써 발아를 향상시킨다. 종피파상은 산성조건인 장을 통과함으로써 일어난다.

종피는 산소의 흡수같은 특별한 가스교환 또한 방해한다. 종피의 제거는 종종 산소의 산소성 소비를 증가시킨다. 종피의 산소 투과도의 측정은 매우 낮은 것으로 종자의 검증을 통해 알려졌다. 하지만 휴면을 일으키는 일차적인 것으로 산소 투과의 제한이라는 것은 분명하지가 않다. 이러한 상황의 복잡성과 해석의 문제는 도꼬마리속(*Xanthium*)의 도꼬마리의 연구로 보여주었다. 도꼬마리는 상부는 휴면종자, 하부는 비휴면 종자인 두개의 종자를 가지고 있다. 상부 종자의 휴면은 종피의 제거 혹은 종자를 높은 산소분압에 놓음으로써 극복되어진다. 이는 휴면종자의 종피는 배로의 산소의 공급을 제한하여 발아를 막는다는 추론이 가능하다. 하지만 여러 가지 다른 관찰로 이러한 결론은 신뢰성에 의혹을 받았다. 예로, 휴면 그리고 비휴면 종자의 종피에서의 산소의 투과도는 차이가 없었다. 게다가 종피를 통한 산소의 확산은 배 내부의 산소 소비율을 측정하는데 충분하였다. 분명하게, 도꼬마리 상부종자의 휴면은 종피의 산소 투과의 제한 때문이 아니었다. 그렇다면 상부의 휴면 종자는 발아하기 위해 더 높은 산소를 필요로 하는가? 종피는 방어막이다. 산소를 흡수하지는 않지만 배로부터 억제자를 제거한다. 밀의 자엽초의 길이 생장 실험을 통하여 도꼬마리 종자의 물과 같은 추출물에서 정체불명의 두 가지 억제자가 밝혀졌다. 같은 두 가지 억제자는 촉촉한 배지 위에 있는 배로부터는 발견되었지만, 종피 자체에서는 발견되지 않았다. 이 억제자가 존재함으로 휴면종자가 발아되는 것이 막히고 종피는 이 억제자가 나오는 것을 막는 방어막을 제공한다. 분명한 산소의 요구는 높은 산소압으로 일부는 산화적 분해로 추정되어지는 억제자의 양의 감소의 관찰로 설명되어진다.

종피는 아마도 배의 생장을 방해하는 억제자를 포함하고 있지만 종자의 휴면에서 이 억제자의 기능은 분명하지 않다. 옥신과 지베렐린 같은 호르몬과 같이 많은 수의 잠재적인 억제자가 종자, 과일 그리고 다른 분산단위에서 밝혀졌다. 앱시스산을 포함하는 호르몬, 불포화 락톤(쿠마린), 페놀성 화합물(페루익산), 다양한 아미노산 그리고 시안화 화합물(시안화물을 내놓는 화합물)은 장미과에 속하는 다른 종자와 사과의 특징이다. 억제자의 존재는 명확하지는 않지만 종자의 휴면에서는 증명되었다. 억제자는 조직 내에 위치하지만 직접적으로 배의 생장에 관여하지 않거나 혹은 발아를 방해하는 기능을 한다. 억제자의 기능을 지지하는 증거는 일반적으로 아래와 같은 도꼬마리 실험으로 제한된다. 일부의 경우는 종자가 억제자에 노출됨에 의해 종자휴면이 회복되는 경우도 있다. 억제자가 발아 조절의 활성화 기능을 하는가 하지않는가에 대한 것은, 억제자의 수준이 종자와 연관되어 휴면을 유지하는가 아니면 종료하는가에 대한 것이 우선적으로 성립되어야 한다. 휴면억제자의 많은 문헌에도 불구하고 직접적인 기능에 대한 중요한 지지는 아직 없다. 현재는 억제자에 의한 휴면의 유지에 대한 증거는 정황적인 증거만 있다.

많은 종자에서 휴면과 발아는 빛과 호르몬에 의해 영향을 받는다. 이러한 요인은 뒷 장에서 언급할 것이다.

16.4 배로부터 성체까지

종자가 발아하였을때 처음으로 나오는 구조는 유근이다. 유근은 1차 뿌리의 발생 초기로 토양과 연결되어 물과 영양분을 구하기 위한 과정을 시작하게 된다. 1차 뿌리는 길어지고 가지가 발생하거나 곁뿌리를 만든다. 줄기 정단 분열조직과 같지 않게 곁뿌리는 뿌리 정단 분열조직에서 유래하지 않는다. 곁뿌리 원기는 **내초(pericycle)**에서 기원하고, 고리형의 분열 조직 세포는 1차 뿌리의 **중심주(stele)**를 감싸고 있다. 생장 중인 곁뿌리는 기계적인 힘 혹은 피층 세포벽을 분해하는 효소를 분배하므로 피층을 관통해서 자라게 된다. 곁뿌리 원기는 새롭게 분화된 물관부 조직 가까이에서 만들어지는데, 이것은 곁뿌리의 생장점 뒤에서 발달하는 관다발 요소를 1차 뿌리의 중심주에 있는 물관과 체관에 연결되도록 하여 준다.

유근 출현 후 줄기 축이 신장하게 된다. 일부 대두(*Phaseous vulgaris*) 같은 쌍떡잎 식물에서는, **하배축(hypocotyl**; *hypo*, 떡잎의 아래)이 자엽과 닫혀진 최초 잎을 흙 위로 밀어내면서 신장하게 된다. 하배축은 휘어져 있어 떡잎을 당기는것보다 밀어올리며 **어린눈(plumule)**이라고 불리는 줄기 끝과 1차 본엽을 감싸고 토양을 뚫고 올라오게 한다. 이것이 **지상(epigeal)** 발아로서 알려져 있다(그림 16.11A). 완두 같은 다른 쌍떡잎식물은 하배축은 짧고 치밀하며 자엽은 땅 속에 남아 있게 된다. 그 대신에, **상배축(epicotyle**; *epi*, 떡잎의 위)이 줄기 부분의 신장을 계속한다. 이런 혹의 형성에 있어서 상배축은 어린눈의 잎을 감싸서 토양으로 밀고오게 한다.이러한 발아 양상을 떡잎이 토양 위에 남아 있는 **지하(hypogeal)** 발아라 한다(그림 16.11B).

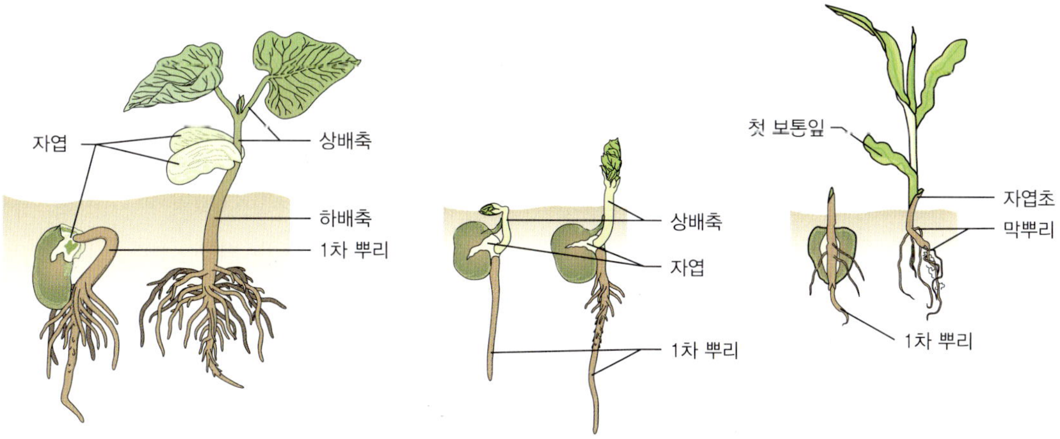

그림 16.11 발아와 유식물의 발달. (A) 지상 발아의 예로서 덩굴강낭콩의 발아 단계. (B) 완두의 지하 발아. (C) 옥수수의 발아. 더 자세한 사항은 본문을 보시오.

이런 두 가지 경우, 유식물 축은 토양의 표면을 통해 나오고, 빛에 노출되면서 훅이 펴지고 그리고 일차 잎이 펴지고 확장이 시작된다. 하배축과 상배축의 중요한 목적은 광합성이 활성화 될 때까지 1차 잎과 분열조직(어린눈)을 안전하게 토양 위로 위치하게 하는 데 있다. 훅이 없으면 어린눈은 토양으로 나오기 전에 상당한 손상을 입는 것은 의심할 여지가 없다.

유식물 발달의 세 번째 예는 옥수수, 귀리 그리고 다른 곡물에 의해 제공된다(그림 16.11C). 종자, 첫 번째 잎과 분열조직을 포함하는 어린눈의 유근은—**자엽초**(**coleoptile**) 그리고 **유근초**(**coleorhiza**)—같은 초구조에 의해 각각 둘러 싸여져 있다(그림 16.9B 참조). 유근초는 과피로부터 나오는 최초의 구조이다(곡물에서, 낟알은 실질적으로 열매이고, 성숙된 배벽을 둘러싸는 조직으로 종피같은 역할을 한다. 옥수수에서는 과피라고 불린다). 성장이 빨라지면 유근은 빠르게 유근초를 뚫고나오며 1차 뿌리의 기능을 할 것이다. 그러는 동안 자엽초는 중배축 혹은 첫째 마디 사이의 길이 생장에 의해 위로 올라오게 된다. 자엽초는 쌍자엽의 어린싹 훅과 같은 목적을 제공하며 부서지기 쉬운 첫 번째 잎이 토양으로부터 나올때까지 감싸고 보호한다. 그런 다음 자엽초는 분리되어 열려 태양광에서 잎이 성장할수 있게 해준다.

줄기 축의 신장은 분열 조직에 의한 세포 분열 및 세포 확장을 통해서 진행된다. 신장률과 크기는 영양, 호르몬, 그리고 빛과 온도와 같은 환경 요소 등에 의해 다양하게 조절 받는다. 경엽부의 최종 크기는 **마디 사이**(**internode**)—줄기에서 잎 마디사이의 간격—가 신장되는 정도와 크기에 의해 결정된다. 완두와 같은 일부 식물에서는 가장 어린 마디사이의 정단부 근처에서 신장이 일차적으로 나타난다. 보다 나이든 마디 사이는 다음 마디 사이가 신장하기 전에 효과적으로 자신의 신장을 완성한다. 다른 식물에서는, 신장이 여러 마디 사이를 통해서 나타나는데 이 마디 사이들은 어느 정도 동시에 신장하고 성숙된다(그림 16.12). 그 밖의 다른 식물들은 연속해 있는 마디 사이에서 일반적으로 증가한다.

일부 식물에서는, 마디 사이가 신장을 하지 않아 로제트 특성을 만들게 되는데 이때 모든 잎은 줄기의 거의 같은 지점에서 기원하는 것 같다. 로제트 특성은 이년생 식물(이듬해에 꽃이 피는 식물)과 당근(*Daucus carota*), 무(*Raphanus sativus*)와 같은 뿌리 작물에서 개화시기에 도달하기 전에 흔히 보여진다. 마디 사이 신장이 일어나지 못하는 것은 흔히 지베렐린이라는 식물 호르몬이 낮은 수준으로 존재하는 것과 관련이 깊은데, 왜냐하면 이 호르몬을 처리할 때 보통 로제트 식물에서 마디 사이 신장이 촉진되기 때문이다.

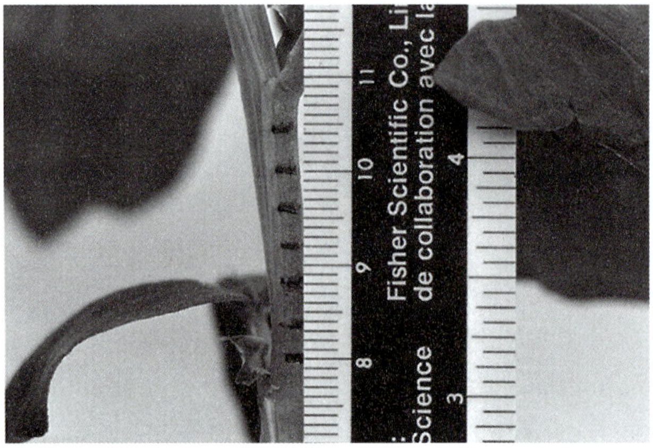

그림 16.12 48시간 동안 잠두콩에서 마디 사이 신장. 줄기 마디 내의 표시 부분 사이의 최초 공간은 2 mm였다. 이 마디 사이는 거의 일정하게 전 구간을 통해서 신장하였다.

16.5 노쇠와 계획된 세포 죽음은 발달의 최종단계이다

세포, 조직, 기관 발달의 마지막 단계는 **노쇠**(**senescence**)이다. 노쇠는 노화과정으로서 호흡의 증가, 광합성 감소, 그리고 거대분자들의 질서 있는 분해가 특징적으로 나타낸다. 노쇠하는 세포와 조직은 매우 활발한 대사를 보인다. 즉, 수많은 대사 경로들이 멈추고 분해 경로에 해당하는 새로운 대사경로가 새로 시작한다. 예를 들어, 단백질의 분해는 유기 질소와 황을 수용성 아민형태로 유리시키며, 핵산분해는 무기 인을 유리시킨다. 엽록소는 분해되어 없어지고 지질은 **포도당 신생합성**(**gluconeogenesis**)을 거쳐 수용성 당으로 전환된다. 이러한 생성물들은 모두 작은 수용성 물질로 노쇠하고 있는 조직으로부터 쉽게 방출될 수 있다. 따라서 노쇠는 식물이 생을 다한 세포나 조직으로부터 영양소를 회수하여 다른 살아 있는 부분으로 재배치시키는 역할을 한다.

많은 새로운 경로들이 노쇠 동안 전사가 증가하는 **노쇠 연관 유전자**(**senescence associate genes, SAGs**)와 관련이 있다. 현재까지 알려진 50개 이상의 SAGs는 크게 두 그룹으로 나뉜다. 한 그룹의 유전자들은 노쇠 동안 새로 활성화되는 분해경로의 효소들을 암호화한다. 이들 중에는 유비퀴틴과 같은 가수분해와 관련된 요소, 금속 이온과 결합하는 메탈로티네인 등이 포함되어 있다. 두 번째 그룹의 유전자들은 노쇠의 시작 또는 관련된 과정을 조절한다. 이 중에는 잎의 노쇠를 지연으로 나타나는 "녹색 유지" 돌연변이 "체들이 있다. 잎의 노쇠가 지연되기 때문에 활발한 광합성 산물 생성

기간이 연기된다.

노쇠는 노화 과정의 정상적 결과이며 물과 무기물이 공급될 때에서 일어난다. 예를 들어, 식물체 밑 부분에 있는 오래된 잎은 위쪽에 있는 어린잎을 위해 노쇠가 일어난다. 일단 밑씨가 수정되고 씨의 발달이 진행되면 꽃잎은 노쇠한다. 다년생 식물의 잎은 생장기의 말미에 노쇠하면서 영양분을 뿌리에 보내 동절기 동안 저장케 한다.

노쇠는 일종의 **예정 세포사(programmed cell death, PCD)**으로, 넓은 의미로 생명체는 유전적 조절을 통해 세포의 죽음을 이끄는 것으로 정의된다. PCD는 에너지와 특징적인 유전자 세트에 의한 정상적인 조절을 요구한다.

PCD는 정상적인 영양과 생식발달 과정에서도 중요한 역할을 한다. 한 가지 예가 물관 요소들의 발달과정이다. 물의 효율적 운송을 위해 발달 중인 물관 요소들의 원형질은 죽어야 하며 성숙기에 이르러서는 제거되어야 한다. PCD는 또한 공기로 찬 거대한 공간을 지닌 느슨한 유조직의 일종인 **통기조직(aerenchyma)**의 형성에도 관여한다. 공기조직은 수련 등 그 밖의 수생식물의 줄기나 뿌리에서 발생한다. 이러한 공기로 찬 공간은 세포죽음 프로그램에 의해 형성되며 식물의 물에 잠긴 부분에 산소를 공급하는 통로 역할을 한다. 옥수수(*Zea mays*)와 같은 육상식물들도 물에 잠기면 공기조직을 형성할 수 있다.

단성화의 발달에서 처음에는 암꽃과 수꽃의 원기가 모두 존재한다. 그러나 둘 중 하나가 세포죽음 프로그램으로 사라지고 한 가지 유형의 기관만 남게 된다.

PCD는 질병 인자의 침입과 비생물 스트레스에 대한 식물의 반응에서도 중요한 역할을 한다. 예를 들어, 식물이 병원균을 인지하였을때 감염된 지역의 숙주세포는 즉시 PCD를 수행한다. 이것은 생체조직에서 느리게 혹은 병원균이 확산되는 것을 막기 위해 병원균 침입을 허용하지 않는다.

요약

식물은 다른 다세포 기관과 같이 생장과 분화의 조합에 의해 복잡성을 확립하였다. 생장은 단순하게 비가역적인 크기의 증가로 세포 수의 증가뿐만 아니라 개개 세포의 크기의 증가도 반영한다. 분화는 일반적으로 생장을 반영하며, 질적인 변화 혹은 세포 구조와 기능의 특화에 대해 언급한다. 생장과 분화의 합은 발달이다.

식물에서 생장은 분열조직이라고 불리는 별개의 지역에 제한된다. 분열조직의 주요한 특징은 줄기와 뿌리의 정단에 위치하여 1차 식물체를 형성하는 것이다. 줄기와 뿌리에 있는 2차 분열조직은 줄기 둘레의 증가에 관여한다.

독립적인 식물의 생활은 암술에 기반을 두고 위치한 씨방에 있는 단수체 난핵과 함께 단수체 정핵(화분립에 의해 공급됨)의 조합에 의해 수정이 되면서 시작된다. 결과로 접합체는 여러 단계를 거쳐 하나 혹은 그 이상의 떡잎으로 구성된 성숙된 배, 일차잎과 줄기 정단 분열조직으로 구성된 어린눈, 그리고 1차 뿌리가 되는 유근 등을 생성한다. 배는 영양조직내에서 발달하여 배젖이라고 불린다.

종자의 발아는 건조한 조직이 물을 흡수하여 재수화될 때 시작된다. 호흡은 배젖 혹은 떡잎 그리고 배가 새롭게 생장으로부터 이동되어진 저장영양소들을 발견하여 사용한 대사활성 중 하나이다.

세포의 죽음의 유전적 조절을 예정된 세포사라고 부른다. 이것은 발달의 정상적인 부분으로 성숙한 물관과 단성화의 다양한 구조를 야기시킨다.

복습문제

1. 생장과 분화 그리고 발달을 구분할 수 있는가? 각각의 예를 들으시오.
2. 분열조직의 의미를 서술하시오
3. 식물에서 분열조직은 어디에 위치하고 있는가? 식물체의 발달에서 분열조직은 어떻게 기여를 하고 있는가?
4. 만약 당신이 4피트 크기의 어린 나무에 손톱자국을 내고 몇 년 후에 돌아 왔을 때 나무는 4피트 그대로였다. 왜 나무는 더 자라지 않았는가?
5. 식물에서 난세포는 어디에 있는가? 어떻게 정자가 운반되어 효과적으로 수정이 일어나는가?
6. 수정된 난세포로부터 종자가 형성되는 과정을 서술하시오.
7. 침윤과 삼투를 비교/대조하시오
8. 어린싹 혹은 무엇인가? 유식물발달에서 제공하는 기능은 무엇인가?

더 읽을거리

Bewley, J. D., M. Black. 1994. *Seeds: Physiology of Development and Germination.* New York: Plenum Press.

Bewley, J. D., M. Black, P. Halmer (eds.). 2006. *The Encyclopedia of Seeds: Science, Technology, and Uses.* CABI Publishing.

Buchanan B. B., W. Gruissem, R. L. Jones. 2000. *Biochemistry and Molecular Biology of Plants.* Rockville, MD: American Society of Plant Physiologists.

Esau, K. 1977. *Anatomy of Seed Plants.* New York: Wiley.

Raven, P. H., R. F. Evert, S. E. Eichhorn. 2005. *Biology of Plants.* 7th ed. New York: Bedford, Freeman & Worth.

Steeves, T. A., I. M. Sussex. 1989. *Patterns in Plant Development.* 2nd ed. Cambridge: Cambridge University Press.

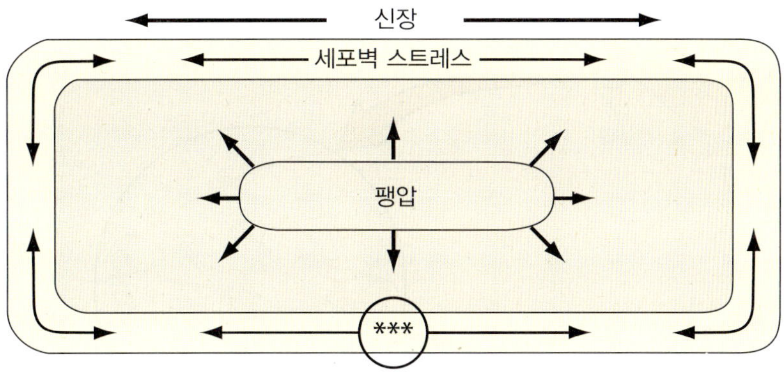

17

세포의 생장과 발달

세포는 생명의 기본 단위이다. 식물의 발달은 궁극적으로 개개의 세포와 세포 그룹의 조화로운 발달과 생장에 의존하는 복잡한 반응처럼 보인다. 세포의 생장과 발달은 둘다 독립적이고 집합적으로 다른 세포와 인접한 면, 심지어 세포의 위치, 질병, 곤충의 포식, 중력, 온도, 빛 그리고 호르몬과 같은 내부/외부 신호의 다양성에 직접적으로 영향을 받는다. 이 장에서는 아래의 내용 및 일반적인 세포의 발달을 소개하고자 한다.

- 식물 세포벽의 구조
- 세포 분열과 세포 생장의 동력학
- 세포가 신호에 반응할 수 있게 하는 신호사슬과 신호 인지의 개관

17.1 식물세포의 생장은 세포벽 존재에 의해 복잡해진다

식물세포는 **세포외기질(extracellular matrix)**이라 불리는 복잡한 혼합물질에 의해 특징지어지며, 이것은 원형질막의 바깥쪽에 위치한다. 세포외기질은 세포의 가장 중요한 특징으로, 궁극적으로 식물의 구조유지와 세포의 형태를 유지시키는 데 관여하며 원형질 아래에 위치하여 보호하는 역할을 한다. 세포벽은 두가지 형태가 있다: 어린, 활발하게 생장하는 세포를 둘러싸고 있는 **1차벽(primary wall)**, 그리고 더 이상 성장하지 않고 성숙한 세포에 놓여있는 **2차벽(secondary wall)**.

17.1.1 1차 세포벽은 섬유성 미세섬유와 교차 결합된 글루칸으로 구성된 유연성 있는 조직망이다

1차 세포벽은 매우 얇고 단지 수 μm의 두께를 가진 얇은 벽이다. 주요 구성성분은 섬유소라 불리는 글루코오스 α-1 → 4 결합의 길고 실 모양으로 배열된 포도당 단위체이다. 각각의 섬유소 분자는 길고 평행으로 배열된 **미세섬유(microfibril)**라 불리는 다발을 이루고 있다(그림 17.1). 각각의 미세섬유는 약 5–12 nm의 직경으로 고등식물에서는 횡단면으로 약 36개의 섬유소를 함유하고 있다. 섬유소 단독 분자는 3,000개 혹은 그 이상의 포노낭분사를 가질 수 있다. 그러나 사슬이 미세섬유의 서로 다른 위치에서 시작하고 끝나기 때문에 각각의 미세섬유는 수천 개의 섬유소 사슬을 가질 수

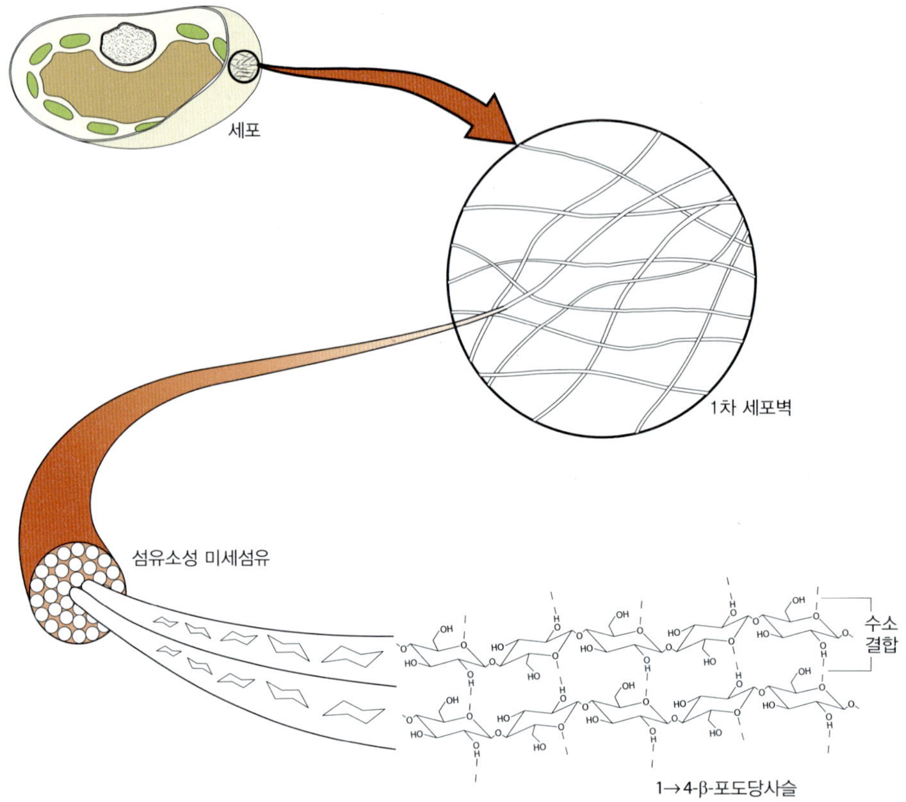

그림 17.1 세포벽의 주요한 구조적 구성 물질은 β-1→4 결합으로 연결된 포도당 사슬로 구성된 섬유소성 미세섬유이다. 미세섬유의 인접 사슬은 분자간 수소 결합에 의해 결합되어 있다.

있으며 길이가 수백 μm에 이른다. 미세섬유 내의 섬유소 사슬은 인접한 포도당 단위의 히드록실기(−OH) 사이에 형성되는 수소 결합에 의해 서로 함께 붙들고 있다. 이 결합배열은 미세섬유를 매우 강하게 만든다. 미세섬유의 인장 강도 혹은 끊어짐 없이 견뎌 내는 능력은 같은 크기의 강철 철사와 유사하다.

신장하는 세포에서 그들은 생장하는 방향과 평행한 위치를 보이는 경향이 있더라도 1차벽의 미세섬유의 배열 방향은 다소 무작위적이다(그림 17.2). 1차 세포벽의 섬유소성 미세섬유는 교차결합글리칸[1]으로 되어 있다[1]. 교차결합글리칸은 비섬유소성 다당류이며 섬유소성 미세섬유에 결합되어있고 또한 이웃하는 미세섬유 사이를 연결하는 다리 역할을 할 정도로 충분한 길이를 보이며 어느 정도 견고한 망을 형성한다(그림 17.3). 모든 쌍떡잎 식물과 약 반 정도의 외떡잎 식물의 1차 세포벽에는 자일로글리칸이라는 교차결합글리칸이 있다. 자일로글리칸은 섬유소처럼(1 → 4)β−포도당 사슬이나 다수 존재하는 포도당 단위의 6번 탄소에 있는 산소에 5탄당인 자이로오스가 결합된 형태이다(그림 17.4). 일부 식물종에서는, 일부 자이로오스 단위가 아라비노오스, 과당, 갈락토오스와 같은 다른당으로 바뀌어 있고 일부 곁가지는 하나의 당 대신에 두 개 혹은 세 개의 당으로 되어 있다.

[1]교차결합글리칸은 "헤미셀룰로오스"로 이전에 불려진 것의 주요 성분으로, 이 것들은 이질적이나 강한 알칼리 용액에서의 추출되는 정도에 의해 특성화되는 세포벽 다당류로 아직 정확히 규정되지 않은 혼합물이다.

17.1.2 격자 무늬의 섬유소−글리칸은 펙틴과 단백질의 기질속에 묻혀 있다.

1차벽의 35% 정도는 **펙틴(pectin)** 혹은 펙틴성 기질로 구성되어 있다. 펙틴은 갈락토오스의 산성형인 갈락투론산이 특별히 풍부한 이질성 비 섬유소 다당류군이다. 펙틴 사슬이 세포 벽 공간으로 분비되어질때 대부분의 산기는 메틸기와 에스테르 결합을 이룬다. 일단 세포벽에서 이러한 일이 일어나면, 펙틴 메틸에스터라아제는 일부 메틸기를 잘라내고 남겨진 산기는 칼슘과 결합한다. 2가의 칼슘이온은 펙틴 사슬 사이의 교차결합을 형성하고 세포벽의 안정성을 제공한다. 활발히 성장하는 세포에서 칼슘 농도(칼슘 다리)가 낮게 유지되는 것은 중요하다.

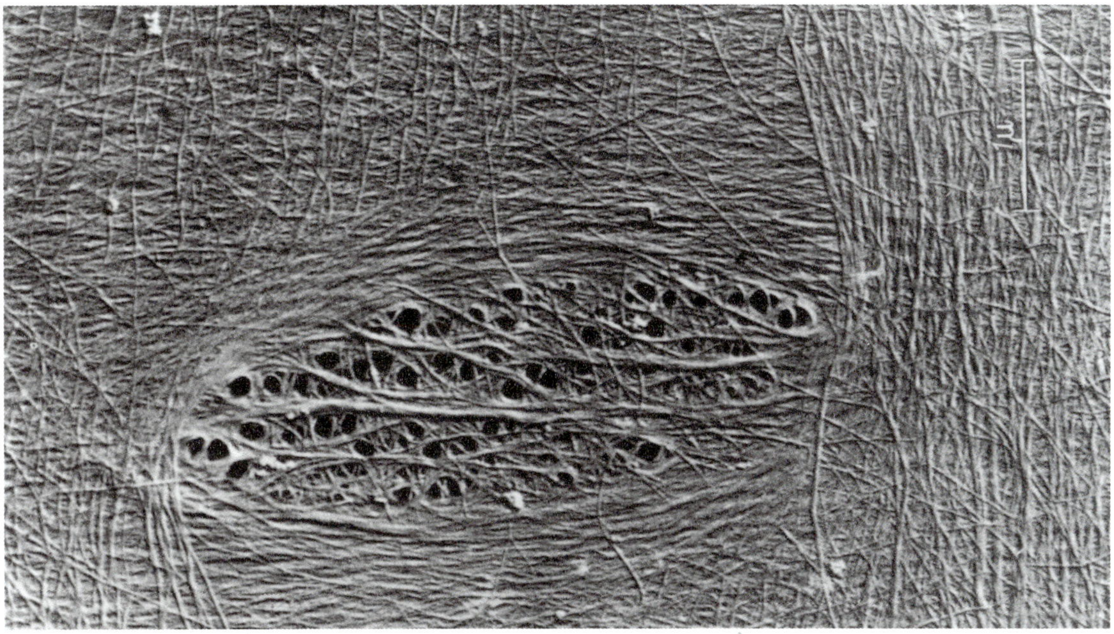

그림 17.2 1차 세포벽. 귀리 · 유식물의 자엽초로부터 유조직 세포의 1차벽에 대한 전자현미경사진. 원형질 연락사가 지나간 구멍에 주목한다. (From Böhmer, H. 1958. Untersuchungen über das Wachstum und den Feinbau der Zellwände in der *Avena*-Koleoptile. Planta 50:461–497, Figure 20. Copyright Springer-Verlag, Heidelberg.)

펙틴은 **중간 라멜라(middle lamella)**의 중요한 구성성분이다. 중간 라멜라는 인접한 세포의 1차벽 사이에 위치한다. 또한 중간 라멜라는 세포를 붙여 주는 접착제이다. 예를 들어, 과일이 익으면서 부드러워지는 것은 중간 라멜라에서 펙틴 기질이 부분적으로 효소에 의해 분해가 일어나거나 세포 사이의 결합이 느슨해지기 때문이다.

1차 세포벽은 매우 높은 함량의 히드록시프롤린이라는 아미노산을 가진 당단백질을 대략 10% 함유하고 있다. 이 히드록시프

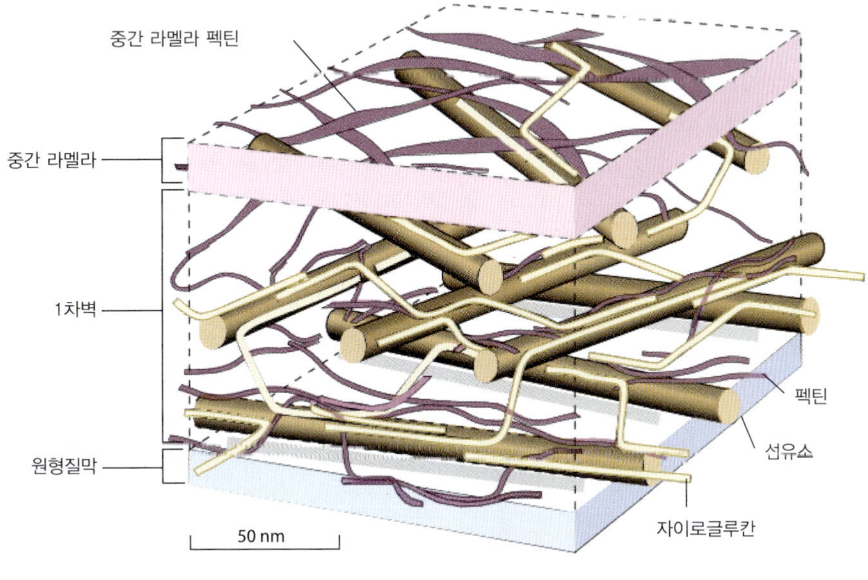

그림 17.3 섬유소성 미세섬유, 교차 결합하고 있는 자이로글루칸, 그리고 펙틴 물질이 어떻게 세포벽에 배열될 수 있는가를 설명하는 간단한 모델. 익스텐신(extensin)과 다른 세포벽 단백질은 나타내지 않았다. (From McCann, M. C., K. Roberts. 1991. Architecture of the primary cell wall. In: C. W. Lloyd (ed.), *The Cytoskeletal Basis of Plant Growth and Form*. Academic Press. Original figure courtesy of Dr. M. C. McCann.)

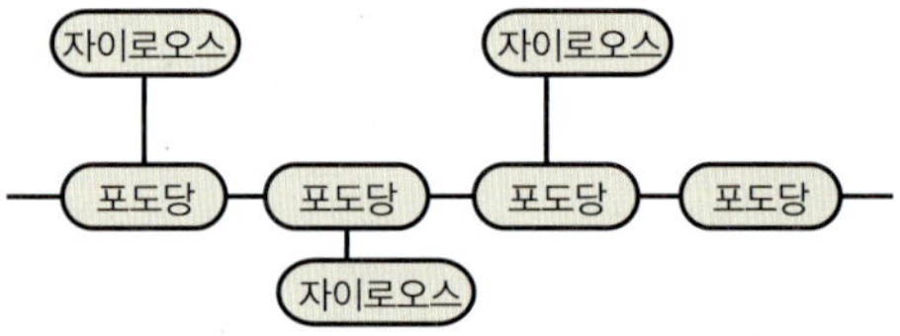

그림 17.4 간단한 교차결합 자이로글루칸의 구조 모식도

롤린을 풍부하게 갖고 있는 당단백질을 **익스텐신(extensin)**이라고 한다. 익스텐신에 대한 자세한 기능은 잘 모르지만 일단 세포가 생장을 멈추면 그것이 벽에대한 강도를 더해 주고 세포벽 형태를 갖추게 하는 구조적 망을 형성한다고 생각하고 있다. 프롤린, 글리신 혹은 트레오닌이 풍부한 다른 몇몇 세포벽 단백질 그룹이 세포벽 구조에 분명한 복잡성을 더하면서 최근에 더 많이 기술되어 왔다.

17.1.3 섬유소성 미세섬유는 원형질막에서 조합되며 세포벽으로 밀려 나와 있다.

섬유소 합성은 원형질막에 위치한 다중결합의 효소인 섬유소 생성효소(cellulose synthase)에 의해 촉매된다(그림 17.5). 활성을 가지는 섬유소 생성효소의 분리가 어렵지만 이 효소의 복합체는 냉동결절 막 시료에서 보여진다. 적어도 속씨식물에서는 효소가 6개의 소단위로 구성된 로제트 형태로 되어 있다. 로제트는 동시에 섬유소 합성, 미세 섬유로의 섬유소 조립, 그리고 세포벽의 공간 속으로 미세 섬유의 분출에 대해 관여한다.

섬유소 합성의 선구 물질은 우리딘 디포스포-글루코오스(UDP-Glu)이다. 우리딘 디포스포-글루코오스는 설탕 생성효소에 의해 설탕으로부터 직접 형성되며 원형질막과 관련이 있는 것으로 생각된다. 따라서 설탕 생성효소는 UDP-Glu를 직접적으로 섬유소 생성효소 로제트의 촉매 위치에 전달하고 그곳에서 자라고 있는 미세섬유의 말단 부위에 포도당이 첨가되어진다.

섬유소의 자세한 생합성은 활성을 나타내는 효소를 분리하기 어렵기 때문에 잘 이해되지 않고 있다. 분리된 막에 비록 로제트가 없어도, 세포골격과 상호 작용이 제자리(*in situ*)에서 효소를 안정화시키는데 중요하며 이 상호작용이 방해받게 되었을때, 복합체는 분리되고 활성을 잃는다.

17.2 세포분열

다른 진핵세포와 같이 식물세포의 분열은 두 단계로 일어난다: **유사분열(mitosis)** 혹은 **핵분열(karyokinesis)**은 두 개의 새로운 핵의 생성을 초래하고 이어서 세포질이 분열하여 두 개의 독립된 딸 세포를 형성하는 **세포질 분열(cytokinesis)**이 일어난다. 하지만 분열 사이에 각 딸 세포들이 확장됨에 따라 세포질의 양을 증가시켜야 하고 DNA를 복제해야 하며 다음 분열을 준비해야 한다. 이러한 일련의 사건을 **세포주기(cell cycle)**이라고 한다.

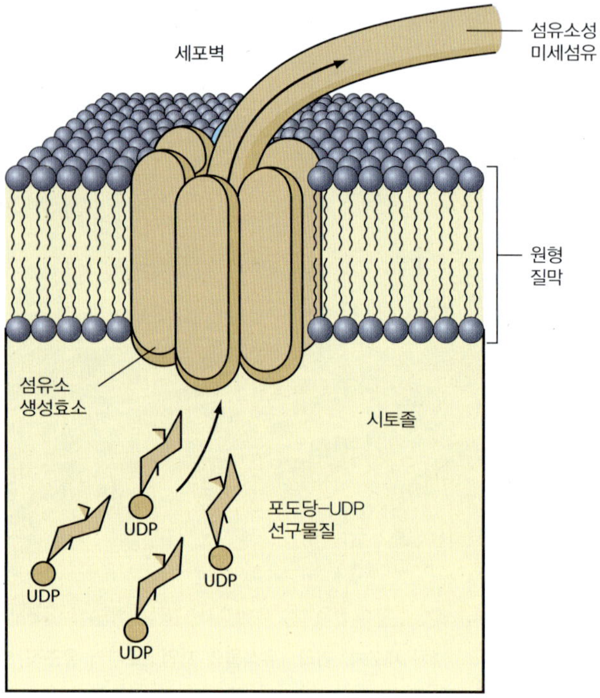

그림 17.5 선구물질 분자인 우리딘 디포스포-글루코오스로부터 섬유소 합성에 대한 모델. UDP-포도당(1→4)-β-글루칸 글루코실기 전달효소로 공식적으로 알려진 효소가 원형질막에 위치하는 것으로 믿고 있으며, 그곳에서 동시에 섬유소 사슬을 합성하여 그것을 미세 필라멘트로 조립하고 미세 필라멘트를 세포벽으로 밀어낸다.

17.2.1 세포주기

세포주기는 4개의 시기: 분열기(M), DNA 합성기(S), 그리고 두 개의 간섭기 또는 gap(G1과 G2)로 나뉜다(그림 17.6). M기는 염색체가 농축하여 광학현미경 하에서 그 특징적인 모습을 드러내는 분열기이다. 간기라고 하는 다른 세 단계를 거쳐 염색체는 완전히 확장하고 풀려서 광학현미경으로는 보이지 않게 된다. S기 동안 DNA 복제로 두 개의 동일한 염색체가 형성된다. G2기에서 염색체는 응축을 시작하고 세포는 유사분열 동안 염색체들을 분리 이동하는데 필요한 기구들을 재구성한다.

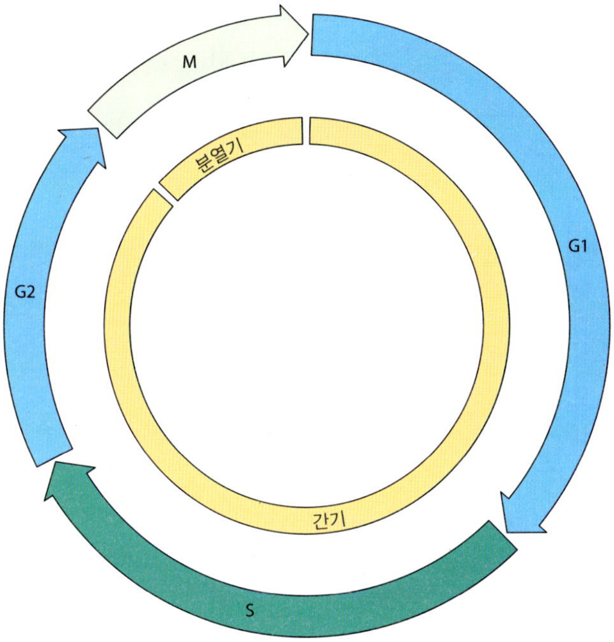

그림 17.6 세포주기의 단계. M기는 핵분열 단계 혹은 유사분열기이다. 유사분열기 동안에 염색체는 응축을 하며 딸 염색질은 분리된다. S기는 염색체가 확산되나 DNA 합성이 일어나는 시기이다. 유사분열과 합성시기는 시간상 두 개의 틈으로 분리되어 있다. 세포주기의 과정은 보통 G1기에서 S기로의 전이 때에 혹은 G2기에서 M기로의 전이 중에 조절된다.

세포주기를 완성하는 데 필요한 시간은 매우 다양한데 이는 세포 유형, 여러 발달 신호에 의존하지만 S기와 M기의 길이는 주어진 세포 유형에서 일정한 편이다. G1은 가장 변화가 심한 단계이며 세포 수명의 주요 부분을 차지할 것으로 생각된다.

발달이 순서 대로 이루어지기 위해 세포분열의 시기와 속도, 그리고 세포주기의 개시는 매우 정확하게 조절되어야 한다. 이런 조절은 내부와 외부의 신호에 반응하는 다양한 키나아제, 포스파타아제, 프로테아제의 복잡한 상호작용을 통해 이루어진다. 세포주기 조절의 중심에는 **시클린-의존 키나아제(cyclin-dependent kinase; CDK)**의 활성이 있다. CDKs는 두 개의 단위체로 이루어져 있다—하나는 촉매로 작용하고 다른 하나는 그 복합체를 활성화한다. 활성화 단위체는 작고 **시클린(cyclin)**으로 불리우는 불안정한 단백질로 아프리카 발톱개구리(*Xenopus*) 알에서 처음 세포주기동안 그 양이 바닥에서 점차 증가했다가 갑자기 떨어지는 것이 발견되었다.

식물에는 최소한 4가지의 시클린(A, B, D, H)이 있으며 이들은 CDK와 특별한 결합을 함으로써 주요 조절요소로 작용한다. 활성화 단위체의 양이 세포주기 동안 조절된 합성과 분해로 인하여 진동하기 때문에 시클린의 이용 가능성은 또한 매우 중요하다. CDK의 활성화는 CDK-활성화 키나아제에 의한 촉매 단위체의 특정 트레오닌(Thr160)의 인산화를 필요로 한다. 한편, 다른 트레오닌, 티로신 잔기(Thr14, Tyr15)의 인산화는 CDK 활성을 억제한다. 포스파타아제 효소는 적절한 시간에 억제성 인산기를 제거하는 데 이용된다. CDK 조절의 주요 두 가지 자리는 G1에서 S 또는 G2에서 M으로의 전이 단계인 것 같다. 활성 형태의 CDK 복합체의 기능은 DNA 합성(S기) 혹은 유사분열(M기)의 개시에 필요한 단백질의 인산화를 통한 활성화인 것 같다.

CDK 억제제(CKI) 또한 세포분열을 필요에 따라 억제하는 데 중요한 역할을 한다. 이런 경우는 주로 발달 프로그램의 마지막 혹은 호르몬이나 환경 자극에 반응하기 때문이다. G1에서 S로의 전이때 주로 작동하기 때문에 CKI는 CDK 복합체가 인산화되는 기질에 접근하는 것을 억제하게 된다. 세포주기가 계속 진행되기에 좋은 조건이 주어질 경우, CKI는 단백질 분해를 통해 제거될 수 있다. 첫째로, CKI는 우비퀴틴 단백질이 결합하여 분해를 위해 표지된다(box 17.2 참조). 우비퀴틴화된 CKI는 분해되고, CDK 복합체는 다시 활성화되고 G1에서 S기로 전이가 진행된다

17.2.2 세포질분열

동물세포에서 세포질분열은 하나의 세포가 두 개의 세포로 될 때까지 세포의 가운데를 가로질러 수축되는 단순한 반응이다. 식물세포에서 비슷한 세포분열은 세포벽에 의해 방해된다. 식물세포는 새로운 막과 새로운 세포외 기질을 만드는 것 대신에 살아 있는 세포내에서 중간 라멜라를 포함하는 두 개의 새로운 1차벽을 만든다.

새로운 벽의 형성은 세포주기의 유사분열 후기 혹은 M기에 시작되고, 두 세트의 염색체가 세포극의 반대 방향으로 이동하며 새로운 핵막의 형성을 시작한다. 이때 방추체는 사라지고 미세소관은 방추사를 분해하고 다시 조립하여 새로운 격벽**(crosswall)**의 면과 직각방향으로 미세소관 집합체를 형성한다(그림 17.7)(box 17.1).

격막형성체(phragmoplast)라 불리는 미세소관은 세포의 적도부위의 **골지체(golgi complex)**로부터 나온 작은 분비소낭의 이동을 직접적으로 도와준다. 이 소낭은 세포의 가운데로 모이고 적도면에 순서 대로 배열되어 다른 것들과 합쳐지기 시작한다. 소낭의 뭉침의 결과를 **세포판(cell plate)**이라 한다.

새로운 소낭은 세포판에 계속적으로 더해지며, 이 판은 부모세포에 둘러 싸여 있는 원형질막의 가장자리 끝에 닿을 때까지 바깥쪽 모든 방향으로 자란다. 부모세포의 원형질막과 판막의 융합

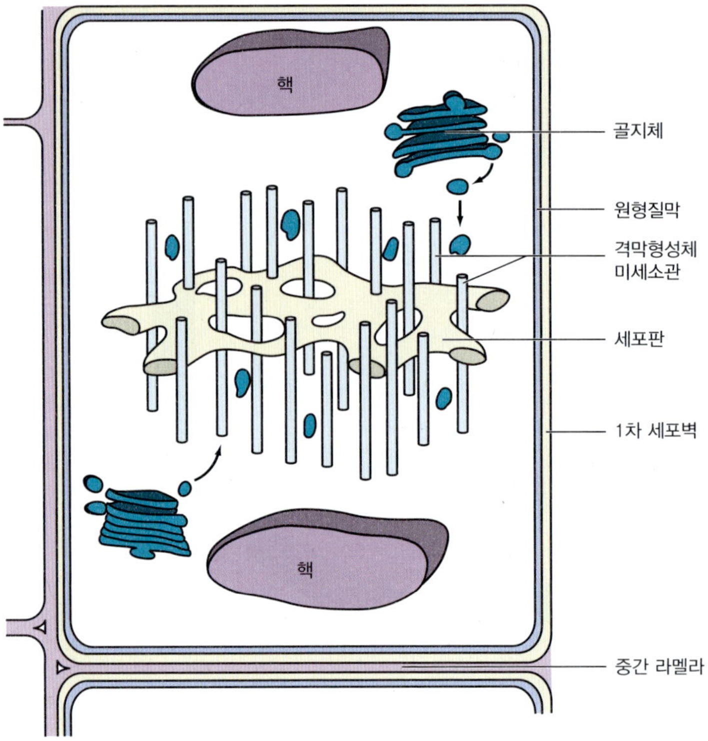

그림 17.7 분열 중인 식물 세포에서의 격막 형성체와 세포판. 핵분열에 이어서, 유사분열 방추체의 파편으로부터 기원된 튜불린 소단위들이 세포분열면에 직각 방향으로 자리잡은 미세소관으로 재구성된다. 총체적으로 격막 형성체로 불리는 미세소관은 골지체에서 유래한 작은 분비낭을 세포의 적도면으로 향하도록 이끈다. 소낭들은 이때 융합되어 세포판을 형성하며 이 세포판은 점차 바깥쪽으로 자라서 분열 중인 세포의 측면막 쪽으로 향한다. 세포판 막이 딸세포의 새로운 원형질막을 형성하고 원래의 골지 소낭의 내용물은 그들 사이에 중간 라멜라를 만들게 된다. 일단 막 융합이 완료되면 각각의 딸세포는 새 1차벽을 쌓음으로서 새로운 교차벽이 완성된다.

이 효과적으로 완료되면 두 개의 딸세포로 분리된다. 판의 내부는—두 막의 사이—골지 소낭에 의해 운반된 펙틴으로 채워지고 두 딸세포 사이에 중간 라멜라를 만든다. 세포질분열은 섬유소합성효소가 새로운 막과 각각 딸세포의 새로운 1차벽에 인접한 중간 라멜라로 들어가면 완료된다.

17.2.3 원형질 연락사는 인접 세포의 원형질과 연결될 수 있도록 세포벽을 통해 확장된 세포질 통로이다.

세포판이 형성될 때 막 융합이 완전하지 않아서 딸세포 사이에 세포질 연속성이 유지되는 장소가 남는다. 섬유소가 침적되고 벽의 두께가 증가할 때 이 연결 부위는 **원형질 연락사(plasmodesmata)**라고 불리는 막으로 이어진 구획된 통로를 형성한다(그림 17.9). 통로의 윤곽을 그린 막은 인접한 세포의 원형질막의 연속이다. 원형질 연락사의 중앙을 통과하는 제 2의 막으로 이루어진 관상 터널, 즉 튜브 속의 튜브를 데스모튜불이라고 한다. 데스모튜불은 세포판을 형성하는 동안에 붙들린 소포체의 신장 부분이라고 생각된다. 시토졸의 슬리브관이 데스모튜불과 원형질 연락사 사이 공간을 채운다.

원형질 연락사는 대략 6 nm의 직경으로 크지는 않으나 흔히 그 수는 대단하다. 이는 세포벽에서 0.1~10.0 μm^{-2} 면적을 차지하는 것으로 예상된다. 1차 벽공역으로 불리우는 거치른 타원형의 지역에 원형질 연락사가 모여 있는 경향이 있을지라도 원형질 연락사는 세포 소기관이 세포 간에 교환되는 것을 불가능하도록 충분히 작으나 시토졸 슬리브관을 통한 작은 용질 분자(감염된 바이러스 RNA와 식물 전사인자를 포함)의 확산은 가능케 할 정도로 크다. 그래서 원형질 연락사는 막의 한계와 세포의 연속성을 제공하고, 세포수준 이상의 발달 프로그램의 조절을 허락한다.

원형질 연락사를 통한 이웃 원형질체와의 연결은 식물체 내에 통하여 **심플라스트(symplast)**라고 부르는 연속적인 세포질망을 만든다. 비슷한 뜻으로 아포플라스트(apoplast)는 연속적인 비세포질 공간으로 구성된다. 아포플라스트로 세포벽, 세포 간극 그리고 죽은 유관속 조직이 포함된 심플라스트와 아포플라스트에 대한 개념은 특별히 식물체를 통한 물과 용해된 용질의 이동을 생각할 때 사용할 수 있다.

17.3 세포벽과 세포생장

1차 세포벽이 비록 두텁지는 않지만 섬유소성 미세섬유, 상호 연결된 자일로글루칸, 그리고 구조 단백질들의 강한 네트워크로 이루어져 이러한 구조물은 결과적으로 세포벽에 매우 높은 강도와 견

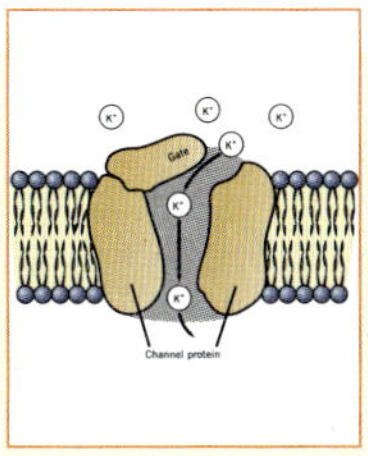

Box 17.1 세포골격

사실상 모든 진핵세포인 식물과 동물 모두 **세포 골격(cytoskeleton)**이라 불리는 3차원적이고 서로 연결된 망 구조를 하고 있는 섬유성 단백질을 포함하고 있다. 세포 골격은 세포질의 조직화, 세포 형태 그리고 세포 분열, 생장 그리고 분화 등을 결정하는 중요한 역할을 담당한다.

식물 세포의 세포 골격은 **미세소관(microtubule)**과 **미세 필라멘트(microfilament)**라는 두 가지 요소로 이루어져 있다. 미세소관은 직경이 대략 24 nm인 긴 막대 모양이며, 약 12 nm 직경의 속이 빈 원통형의 구조로서 두 펩티드(α－튜불린과 β－튜불린)[1]로 이루어져 있으며, 약 100 kD의 분자량을 갖는 구형 단백질인 **튜불린(tubulin)**을 소단위로 하여 집합되어 있다. 미세 소관은 튜불린 소단위가 자발적으로 긴 사슬인 **원필라멘트(protofilament)**를 자기 조립할 때 형성된다. 원필라멘트 는 그 다음 미세 소관의 벽을 형성하기 위해 측면으로 늘어선다(그림 17.8 참조). 미세 필라멘트는 단 하나의 구형 단백질인 **액틴(actin)**으로 구성된 견고한 실 모양이다. 액틴 소단위의 두 사슬이 약 6 nm 직경인 미세 필라멘트를 형성하기 위하여 나선형으로 조립된다.

세포 골격이라는 용어는 하나의 불행한 선택이다. 왜냐하면 그것은 정적인 기능을 가진 견고한 구조로 함축되기 때문이다. 오히려 세포 골격은 매우 동적이다. 특별히 미세 소관은 연속적으로 조립되고 해체되고 세포 분열, 확장 그리고 분화될 때 재배열된다. 미세소관은 세포 분열동안 염색체의 이동에서 중요한 역할을 하는 유사 분열의 방추체를 형성한다. 미세소관은 또한 딸세포 간의 새로운 세포벽의 방향과 위치 그리고 생장하는 세포벽에 셀룰로오스의 침착을 결정한다.

미세필라멘트는 세포 주위를 도는 세포질 입자들과 세포 소기관의 계속적인 흐름인 세포질 유동(cytoplasmic streaming) 방향을 통제하기 위해 나타난다. 미세필라멘트가 뭉치거나 세포질 유동의 방향에 평행으로 묶음을 형성한다. 미세필라멘트 또한 화분관의 생장에도 관여한다. 화분립이 발아할 때 그것은 꽃의 암술머리 아래로 자라는 작은 관의 신장을 이끈다. 그리고 정자의 핵을 난자로 운반하는 일을 한다. 관의 생장은 정단 부위에서만 일어나며 세포벽의 선구 물질을 함유하는 소낭이 세포질을 통해 미세 소관의 망에 의해 자라는 정단 부위로 인도된다.

자라는 세포의 체계화와 동적인 성질을 종합하는 데 있어서 세포 골격의 중요성은 이제 막 인지되기 시작했다. 식물세포의 세포 골격 연구를 위한 기술이 신속히 향상되고 있으며 우리는 미래에 놀랄만한 진보를 기대할 수 있다.

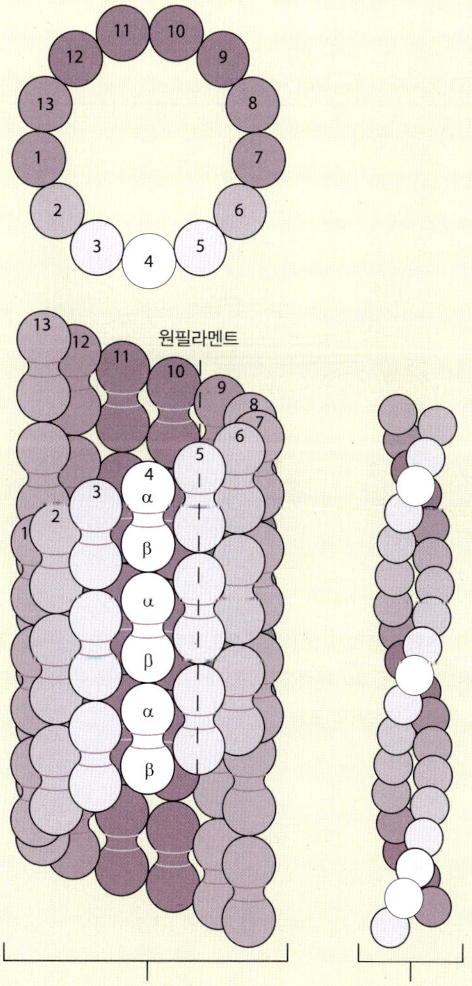

그림 17.8 미세소관과 미세필라멘트. 왼쪽: 횡단면과 종단면에서 본 미세소관. 수직으로 있는 원필라멘트의 수는 11개에서 15개까지 다양하다. 그러나 보통 여기서 보듯이 13개이다. 원필라멘트는 나선을 형성하기 위한 오프셋(offset)이다. 오른쪽: 미세필라멘트는 나선을 형성하기 위해 꼬인 구형 단백질의 소단 위 두 개가 평행을 이룬 가닥으로 구성된다.

[1]분자와 입자의 분자질량(molecular mass)은 탄소원자의 1/12 질량으로 규정짓는 달톤이라는 단위로 나타낸다. 분자질량과 분자량(molecular weight)을 혼동해서는 안된다. 분자량은 입자질량대 탄소의 1/12 질량의 비율로 나타내는 크기가 없는 양이다.

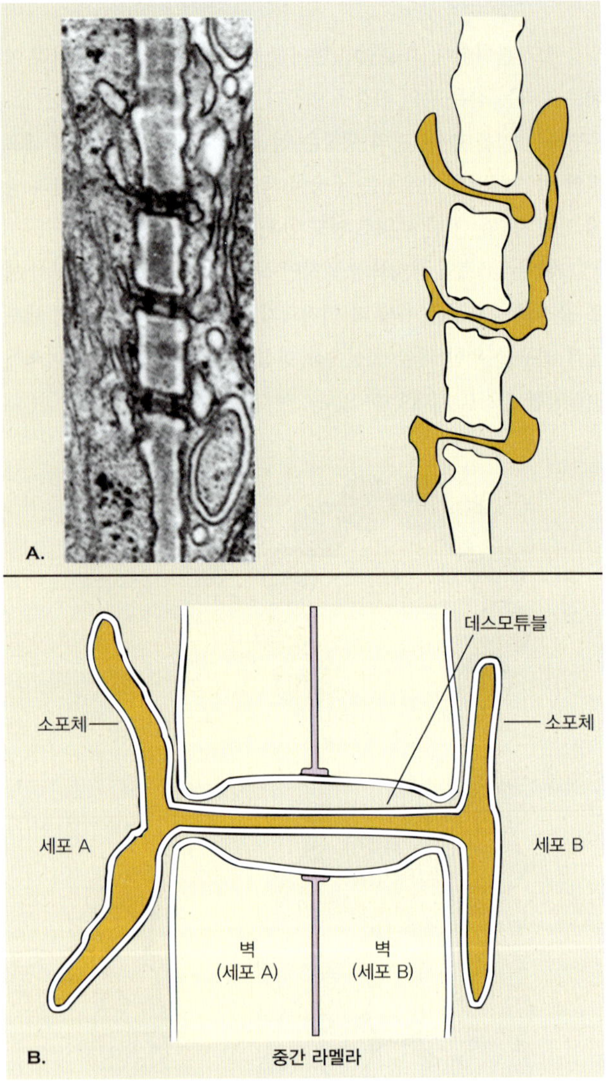

그림 17.9 원형질 연락사. (A) 인접 세포와 연결된 원형질 연락사를 보여주는 전자현미경 사진. (B) 원형질막, 소포체, 그리고 데스모튜불 간의 관계를 보여주는 원형질 연락사의 도형.

고함을 제공하고, 따라서 이웃 세포와의 구조적 관계와 세포 모양을 유지하는 도구가 된다. 따라서 생장 중인 세포는 미세한 균형 작용이 항상 일어나야 한다. 확장하는 원형질을 위해 충분한 유연성을 지님과 동시에 세포벽의 견고성과 구조적 온존성이 유지되어야 만 한다.

17.3.1 세포 생장은 물의 흡수에 의해 일어나며 세포벽의 견고성에 의해 제한된다

어떤 세포든지 그 부피의 대부분은 물로 채워져 있기 때문에 세포가 부피를 증가시키기 위해서는 물을 흡수하여야 만 한다. 만약 세포가 물을 얻을 수 없다면, 그 세포는 생장하지 못할 것이다. 예를 들어, 세포 생장에 있어 이와 같은 물흡수 의존성은 세포를 만니톨 혹은 그와 유사한 용질로 만들어진 등장액 내에 넣어 봄으로써 입증된다. *세포 확장을 위한 구동력은 물의 흡수이다.*

세포가 삼투과정에 의해 물을 흡수하는 것을 기억해 보라. 원형질과 액포 액의 높은 용질 농도는 수분 퍼텐셜을 감소시켜 물이 세포내로 확산하여 들어오도록 해준다. 이때 그것에 대한 아무런 보상 수단이 없다면, 물에 의해 둘러싸인 세포는 계속해서 무한히 혹은 적어도 세포 내부 압력이 세포막의 장력을 초과할 때까지 팽창할 것이다. 이러한 상황의 결과는 포유동물의 적혈구 세포가 순수한 물에 넣어졌을 때 생생하게 입증된다. 세포는 원형질막이 파열되어서 그 안의 내용물(대부분 헤모글로빈)이 밖으로 용출될 때까지 신속히 팽창한다. 대부분의 동물 세포는 세포질내로 용질이나 또는 물을 배설하여 적절한 압력 균형이 유지되게 끔 대사 에너지를 사용함으로써 그와 같은 삼투 재앙을 회피하고 있다. 그러나 식물세포는 다른 해법을 갖는데, 즉 그들은 강하고 단단한 세포벽을 가지고 원형질체를 둘러싸고 있다. 팽압[양(+)의 압력]은 확장하는 원형질체가 세포벽을 밀어냄으로서 발생하는데 이 팽압은 원형질체의 음의 삼투압과 균형을 이룰때까지 증가한다. 그 시점에서 세포의 수분 퍼텐셜은 0의 값을 갖게 되며 더 이상의 물의 순유입—혹은 세포 생장—이 일어나지 않는다. 세포벽의 힘과 견고성이 바로 식물 세포의 생장 능력에 결정적인 제약을 가해 준다. 세포가 그 크기를 증가시키기 위해서는 세포의 수분 퍼텐셜의 감소로 물의 흡수와 결과적으로 세포 확장을 가능하게 하기 위해서 세포벽의 힘과 견고성이 변화되어야 만 한다.

17.3.2 세포벽 신장을 위해서는 세포벽 구성 물질들 사이의 연결들이 팽압에 의해 끊어지는 세포벽 풀림이 일어나야 한다

세포 확장(cell expansion)은 부피의 증가를 요구하기 때문에, 그것은 동시에 세포벽 표면적의 증가 혹은 **세포벽 신장(wall extension)**을 필요로 한다. 세포벽 신장은 팽압에 의해 일어나는데 이 사실은 이미 실험적으로 입증되었다. 예를 들어, 팽압을 감소시키면 세포 확장의 속도가 줄어든다. 더욱이, 세포벽의 신장이나 생장은 비록 세포의 대사가 왕성하고 적절한 생장 자극이 있어도 매우 적은 팽압 혹은 0의 값 하에서는 일어나지 않는다. 세포벽 신장과 팽압 사이의 관계가 다음 등식으로 요약되었다.

$$dV/dt = m(P-Y) \qquad (17.1)$$

dV/dt의 용어는 세포의 시간 경과(dt)에 대한 부피(V) 내의 변화(d)

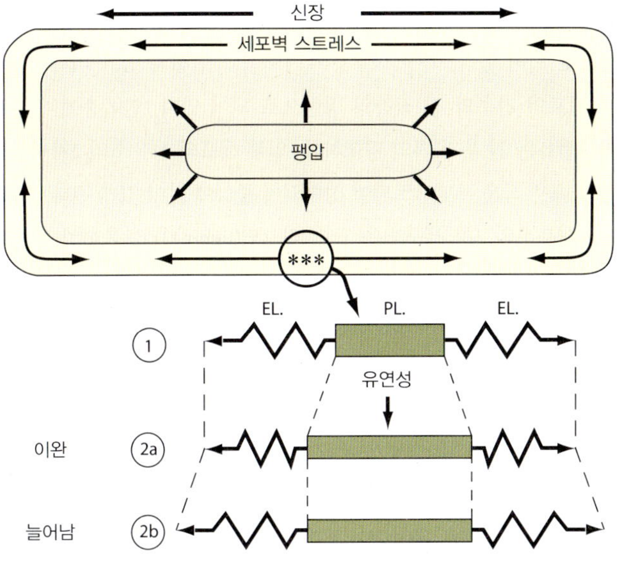

그림 17.10 생장 중인 세포의 세포벽에서 스트레스 이완에 대한 모델. 세포벽내의 탄성(EL) 요소와 가소성(PL) 요소 둘 모두는 팽창하는 원형질체에 의한 스트레스를 받는다. 1단계에서는, 마치 스프링에서 보는 것처럼 팽압은 세포벽에 스트레스를 야기시켜 탄성 요소의 신장을 야기한다. 2a 단계에서는 스프링 수축 시의 경우처럼 가소성 요소의 유연성이 탄성 요소의 이완을 가능케 한다. 2b 단계에서 팽압은 세포벽 스트레스를 재정립시키며 세포벽은 가소성 요소가 길어진 만큼 늘어난다.

이다. dV/dt는 간단하게 세포의 생장률을 표현하는 방법이다. Y는 생장에 필요한 최소한의 팽압으로서, 유연성 역치라고도 한다. 그리고 m은 유연성 역치를 넘어서는 상태에서 생장률과 팽압(P) 사이의 비례 상수를 의미하며, 또한 세포벽 신장력 혹은 간단히 신장력이라고도 한다. 이러한 관계에서 세포의 생장은 유연성 역치를 초과하는 팽압의 양에 근본적으로 의존한다.

위와 같은 관점에서 볼 때, 생장중인 세포는 팽압의 이중적인 기능에 직면하게 된다. 한편으로, 팽압은 세포 확장의 구동력인 물 흡수를 지속적으로 방해한다 동시에, 팽압은 비가역적인 세포벽 신장과 세포 확장을 촉진한다. 세포는 어떻게 이런 갈등을 해결하나? 이 질문에 대한 답은 스트레스 이완 개념에 의해 제공되었다. 세포벽에서 일어나는 스트레스 이완이 세포 생장 과정의 중심 과정이다.

세포벽이—자일로글루칸과 교차결합된 섬유소 미세섬유—팽창하는 원형질체의 변형을 억제하기 때문에 팽압이 발달하게 된다. 팽창하는 원형질체의 힘이 세포벽을 밀어낼 때 세포벽에 스트레스가 발생한다('힘/단위면적'으로 정의). 세포 생장은 이 스트레스가 세포벽 풀림에 의해 이완될 때에 시작되는 것으로 보이는데, 이 세포벽 풀림 현상은 세포벽 내에서 하중을 받고 있는 요소들을 유연하게 해준다(그림 17.10). 지지 요소로써 가장 유망한 후보물질은 두 인접한 섬유소성 미세섬유를 연결하는 자일로글루칸이다. 만약 자일로글루칸이 미세섬유의 대체를 방해한다면, 교차결합하고 있는 자일로글루칸의 풀림은 섬유소성 미세섬유들이 떨어져 나갈 수 있도록 스트레스 이완을 구성할 것이다. 이런 결과는 팽압을 지속적이고 균형 있게 감소시킨다. 팽압의 감소는 세포의 수분 퍼텐셜을 감소시키게 되며(즉, ΔΨ는 보다 더 음수 값을 나타냄), 그로 인해 수동적인 물의 흡수가 일어나게 된다. 이 경우 물의 유입은 세포 부피를 증가시키며, 세포벽을 늘리고 동시에 세포벽 스트레스와 팽압을 다시 회복시킨다. 그러므로 세포 생장 과정은 세포벽 스트레스 이완을 통한 하나의 연속적인 팽압 조정 과정으로 생각되며, 이때 스트레스 이완은 물 흡수와 세포벽 신장 사이에서 팽압의 상반적인 역할을 균형 있게 조화시켜 준다.

17.3.3 세포벽 풀림과 세포 확장은 낮은 pH와 익스팬신에 의해 유도된다

1930년대 이래로 식물의 조직이 낮은 pH 용액에서 빨리 신장한다는 것이 알려져 왔다(그림 17.11). 1970년대에 많은 연구결과들이 살아있는 조직에 적용되었던 '산성생장' 현상이 열처리로 죽인 조직과 분리된 세포벽에서도 일어난다는 것을 보여주었다. 이러한 실험들은 낮은 pH에서 최적 활성을 갖는 세포벽 풀림효소의 개념을

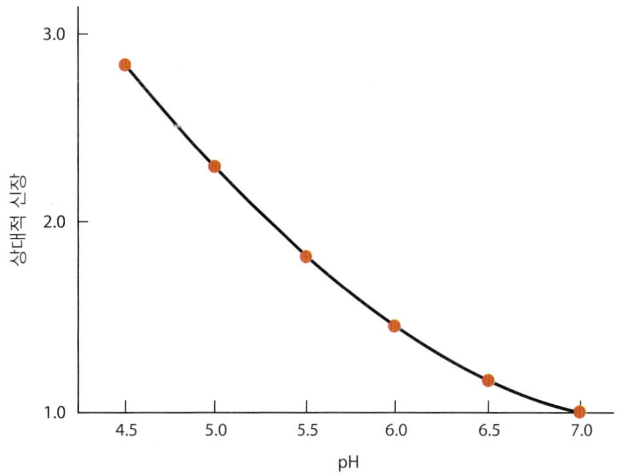

그림 17.11 산성 생장반응을 보여주는 실험. 암소에서 자란 귀리 자엽초의 정단 조직단편(5 nm)을 표시된 pH의 완충용액에 띄웠다. 단편 길이의 증가는 18시간 후에 측정하였다. (From data of Hopkins & Hillman. 1965. *Planta* 65:157–166.)

가져 왔다.

1990대 초반, 열처리하여 내재적인 세포벽 풀림 활성을 파괴한 오이 하배축 절편의 신장을 촉진할 수 있는 2개의 단백질이 추출되었다. **익스팬신(expansin)**이라고 명명한 이 단백질들은 낮은 pH 조건에서 분리한 세포벽의 스트레스 이완과 세포벽 신장을 일으켰다. 세포벽의 건조량으로 비교했을 때 세포벽의 약 1/5000 밖에 되지 않는 것으로 보아 익스팬신은 세포벽에서 매우 적은 부분을 차지한다. 하지만 익스팬신은 매우 활성도가 높은 단백질로서 세포벽 질량의 1/10,000만 넣어도 세포벽을 신장시킬 수 있다. 그 반응 또한 매우 빨라서 익스팬신을 넣은 지 수초 만에 신장을 관찰할 수 있다. 분리한 세포벽 뿐 아니라 살아 있는 세포에 대해서도 익스팬신은 신장을 일으킨다. 게다가 익스팬신 유전자의 발현은 생장 중이거나 분화 중인 조직에서 높게 일어난다. 이는 익스팬신이 중요한 세포벽 풀림 효소라는 가설을 더 뒷받침해주는 증거라고 할 수 있다.

익스팬신이 어떻게 세포벽의 물리적 성질에 독특한 영향을 미치는 지는 아직 모르지만 두 가지 가능성이 제시될 수 있다. 첫 번째 가능성은, 익스팬신이 교차결합하고 있는 글리칸들 또는 섬유소성 미세섬유들을 제 자리에 붙들고 있는 다른 세포벽 물질들을 가수분해할 수 있다는 것이다. 그러나 지금까지 익스팬신은 어떤 가수분해 활성도 없는 것으로 밝혀졌다. 물론 세포벽 물질을 가수분해 할 수 있는 효소들이 알려져 있지만 이들은 스트레스 이완이나 신장을 일으킬 수 없다. 두 번째 가능성은, 익스팬신이 섬유소성 미세섬유와 글리칸들 사이의 비공유결합을 공격하여 약화시킨다는 것이다. 이 가설에 따르면 익스팬신은 섬유소성 미세섬유 표면을 따라 움직이면서 자일로글루칸의 부착을 약화시킨다. 장력 아래에 자일로글루칸의 부분적인 부착은 이완을 일으킬 수 있다. 따라서 교차 결합 지점에서 장력이 다시 형성될 때까지 미세섬유는 팽압에 반응하여 치환될 수 있다. 이러한 식으로 익스팬신은 세포벽을 약화시키지 않고도 세포벽 중합체들의 이동을 촉매할 수 있다.

17.3.4 성숙된 세포에서 2차 세포벽은 1차벽의 안쪽에 위치한다.

세포가 확장을 멈출때 성숙이 시작되고, 2차 섬유소벽은 1차벽의 내부에 놓이게 된다. 2차벽은 일차벽보다 더욱 두껍고 견고하다. 2차벽은 섬유소가 45% 이상이고 교차결합된 적은양의 글리칸, 펙틴은 거의 존재하지 않는다. 벽이 두꺼워져 목질화된 세포의 2차벽은 종종 미세섬유의 다른 방향으로 특징되어지는 두 개의 특징적인 지역으로 구성된다. 두 지역의 미세섬유는 세포의 주위에 나선형 방향으로 되어 있다. 가장 외부층은, 1차벽과 인접해 있고 미세섬유는 세포의 긴축의 긴 직각의 방향으로 되어 있다. 안쪽층에 있는 미세섬유는 긴 축과 거의 평행하다. 일부 세포의 섬유소의 2차벽은 단지 매우 작은 루멘으로되어 성숙되어 중앙에 남이 있게 된다.

대부분의 2차 세포벽은 또한 **리그닌(lignin)**을 함유하고 있는데, 이것은 목질화된 조직의 건량의 35% 이상을 차지하고 있다. 섬유소 다음으로 리그닌은 아마도 구조적 중요성의 관점에서 볼 때 가장 중요한 생체 물질 중 하나이다. 리그닌은 플라스틱 같은 고분자로 심지어 섬유소성 미세소관보다 더욱 높은 매우 높은 강도를 가진다. 리그닌은 화학적 분해가 없이 추출이 매우 어려워 연구하기에 매우 어렵다. 또한 간단한 페놀성 알코올과 상호 잠김 결합으로 복잡한 체계로 구성되어 있다. 펙틴 물질의 기질 내에 포함된 교차결합된 섬유소성 미세소관의 조합은 나무를 견고하게 해준다. 공학적으로, 2차 세포벽은 현대의 섬유화된 플라스틱과 유사한 물질로 많은 비슷한 특징을 가지고 있다. 세포벽의 체계화된 구조는 키가 큰 나무가 강풍 스트레스에 견디는 것을 가능하게 해주며 나무는 건물 재료로 중요하게 사용되어진다.

17.4 계속되는 신호는 식물의 발달을 교정하는 정보를 제공한다

식물세포의 발달은 여러 단계에서 조절하는 다양한 신호에 의해 매우 정교하게 조절되어진다. **호르몬(hormone)**은 화학적 전달자로 세포가 다른 세포와 의사소통을 가능하게 해준다. 옥신, 지베렐린, 시토키닌, 앱시스산, 에틸렌 그리고 브라시노스테로이드 같은 여러 종류의 식물 호르몬은 하나 혹은 조합으로 다양한 발달 반응을 증진 혹은 억제하는 것으로 알려져 있다. 팽압, 미네랄 상태, 생체시계와 같은 기타 그밖의 세포내 요소들도 세포 대사와 발달의 변화를 일으킨다.

식물세포는 또한 외부 신호를 받아 들여 그들의 환경에 대한 정보를 제공하여 이에 따라 발달을 조절하는 데 사용한다. 빛, 온도, 그리고 중력 등이 가장 분명한 변인들로서 아주 극적인 영향을 준다. 자기장, 소리, 바람(기계적 자극)과 같은 다른 변인들도 미묘한 효과를 가지고 있지만, 그것들은 실험적으로 설정하기가 어렵다. 토양 습도, 대기 습도, 영양 등과 같은 다른 환경 요소들도 어느 경우에서는 발달에 영향을 미친다. 더욱 최근에 공기 와 물의 오염원은 식물에 대한 환경 도전으로 작용하며 식물 발달 양상을 고려해 볼 만한 수준으로 변화시킨다.

17.4.1 신호인지와 전달

신호가 식물체 내부에서 기원되든 혹은 외부에서 오든 상관없이, 그 신호를 세포로 하여금 탐지하게 하고 또 인식하게 하는 신호수용체가 없다면 신호는 아무런 효과를 끼칠수 없다. 수용체의 존재 여부는 세포가 특별한 신호에 반응하는 것을 결정한다. 이 메커니즘은 세포 내의 화학 또는 대사과정에서 변환, 전달된 다음 궁극적으로 반응을 일으키게 된다. 모든 발달에 관여하는 신호들은, 그 근원이 무엇이든, 일련의 *신호인지, 전달, 반응*의 과정을 공유한다.

여기에는 두가지 중요한 신호인지와 전달 메커니즘이 있다. 첫 번째는 원형질막과 결합된 수용체 단백질이 포함된다. 이 수용체는 신호(호르몬 분자등)와 표적세포를 선별하도록 특징되어 있다. 신호–수용체 복합체의 형성은 그 다음에 세포 대사의 일부를 변화시키는 연쇄적인 생화학적 사건을 착수시킨다. 두 번째 메커니즘은, 신호(호르몬 분자)가 세포에 의해 포착되어 핵으로 이동하여 핵 수용체와 반응하여 포착되어 유전자의 발현을 활성화 혹은 억제 시키는 것이다.

이 두 메커니즘은 상호배타적이지 않다. 예를 들어, 옥신 호르몬은 원형질막에 위치한 수용체를 통해 세포 확장을 조절한고 그것은 핵에 위치한 수용체를 통해 더욱 복잡한 발달 반응을 조절한다.

17.4.2 G-단백질 체계는 어디에나 존재하는 수용체 체계이다.

G-단백질 결합 수용체는 식물과 동물에서 어디에나 존재하는 수용체 체계의 하나이다. **G-단백질(G-protein)**은 구아노신 삼인산(GTP)와 결합하는 큰 그룹에 속하며, 동물에서 호르몬, 신경전달물질, 그리고 세포막을 가로질러 조절하는 다양한 신호에 반응하는 역할을 한다. 그러나 최근 애기장대(*Arabidopsis*)와 벼(*Oryza sativa*)의 유전학적 증거에 의하여 G 단백질이 식물에서 또한 신호인지와 연결되어 있음이 알려졌다.

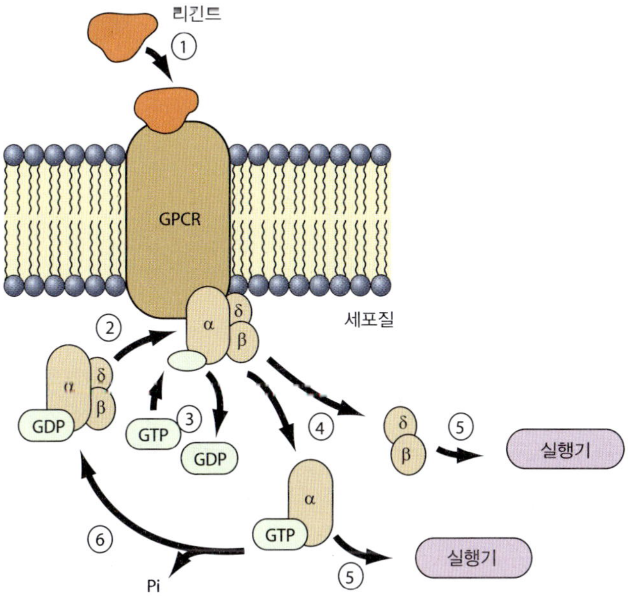

G-단백질 체계에서의 두 가지 중요 작용 요소는 특징적인 소단위체(Gα, Gβ 그리고 Gγ)로 구성되어 있으면서 원형질막의 세포질면에 존재하는 G-단백질 자체와, 그리고 다른 하나는 G-단백질–결합 수용체 혹은 GPCR로 알려진 막관통 단백질이다. GPCR은 일반적으로 7개의 막 관통(7TM) 수용체 혹은 7개의 α-나선 부위가 막사이를 구성하고 있기 때문에 7 나선 단백질이라고 불린다. 7개의 나선은 3개의 친수성 고리가 막의 각각의 안쪽과 바깥쪽 표면의 물이있는 환경으로 확장되어 있다.

사실상, G-단백질 체계의 기능은 생화학적 켜짐/꺼짐(on/off) 스위치이다. 호르몬 혹은 다른 조절 신호가 없을 때 G-단백질의 3개의 소단위체는 모여서 불활성화 복합체를 형성하게되고 이것은 막의 세포질 표면에 위치하게 된다. 불활성화 형태(스위치가 "꺼짐")에서 Gα 소단위체는 구아노신 이인산(GDP) 분자를 운반한다. 세포 표면의 바깥쪽의 GPCR에 **리간드(ligand**, 호르몬 혹은 다른 작은 조절 분자)가 결합하며 신호전달이 시작된다. 리간드의 결합은 GPCR 분자의 구조 혹은 모형의 변화를 일으켜 G-단백질이 매우 잘 결합할 수 있는 상태로 만든다. G-단백질이 수용체의 세포질 표면에 결합하고 Gα 소단위체는 GDP를 구아노신 삼인산(GTP)으로 교체를 하게되면 G-단백질은 활성화 혹은 "켜짐" 상태가 된다.

다음 단계로, 활성화된 G-단백질은 수용체로부터 분리되어지고 Gα 소단위체는 Gβγ 소단위체와 분리 되어진다. 각각의 Gα와 Gβγ 소단위체는 자유로운 활성화 반응기 난백질이나. 실행기는 효

그림 17.12 G-단백질 수용체의 신호전달 모델. 1난계, 신호분사(리간느)가 막관통 G-단백질 연결 수용체(GPCR)와 결합, G-단백질의 결합력이 증가한다(2단계). 3단계, G-단백질이 GDP를 GTP로 교환하면 Gβγ 이합체로부터 Gα 소단위체가 분리되고 수용체로부터 각 소단위체는 분리된다(4단계). Gα 소단위체와 Gβγ 이합체 모두 실행기와 결합을 하여 실행기를 활성화 혹은 불활성화시킨다(5단계). 6단계, GTP와 Gα를 가수분해하는 내재된 GTPase 활성에 의해 Gα는 불활성화되고 두 소단위체는 재결합하게 된다.

소로 2차 전달자의 양을 조절하거나 막을 가로지르는 이온의 흐름을 조절한다. 반응기 분자의 예로 칼모둘린, 포스포리파아제, 그리고 단백질과 지질 인산화 효소등 있고 다음 절에서 언급할 것이다. Gα 소단위체는 GTPase 활성을 가지고 있어 GTP를 가수분해하여 GDP와 유기인산을 만드는 완벽한 일을 한다. GTP의 가수분해후 Gα 소단위체는 반응기 단백질과 분리되어 자유상태에서 다시 Gβγ 소단위체와 결합하여 불활성인 이형 3합체 복합체를 형성한다. GPCR 자신이 활성화상태로 남아 있기만 하면 많은 G-단백질로 바꿀 수 있으므로 반응기 분자의 신호의 흐름은 증폭된다. 식물에서 G-단백질의 연구는 초기단계이지만 지베렐린, 브라시노스테로이드, 앱시스산 그리고 옥신에 대한 반응은 신호 전달과 연결되어 있음을 보여준다.

17.5 신호전달은 다양한 2차 신호전달자를 포함한다

신호인지는 **신호전달(signal transduction, 혹은 signaling)**로 불리우는 다양한 일련의 생화학적 사건에 의해 일어나며, 궁극적으로 신호에 대한 세포의 반응을 결정한다. 신호전달은 **2차 신호전달자(second messenger)**라는 작고 이동 가능한 다양한 분자를 포함하는 상호작용하는 복잡한 망이다. 2차 신호전달자의 기능은 수용체로부터 세포 내부의 생화학적 기구들로 정보를 전달해 주는 것이다. 2차 전달자는 또한 일련의 생화학적 과정을 통해 원래의 신호를 크게 증폭시킨다. 식물에서 2차 전달자의 주요한 종류는 단백질 인산화 효소, 칼슘이온 그리고 인지질 유도체들이다.

17.5.1 단백질 인산화효소에 기초한 신호전달

단백질 인산화효소(protein kinase)는 인산화의 촉매에 의해 다른 단백질을 활성화시킨다. 단백질 인산화효소의 작용은 포스파타제 효소들의 작용과 균형을 이루고 인산 그룹의 제거에 의해 단백질은 불활성화된다. 단백질 인산화효소는 수백 가지의 표적 단백질을 인산화시킬 수 있기 때문에 매우 약한 신호도 증폭시킬 수 있다. 종종 특정 단백질 인산화효소가 연속적으로 작용하여 **단백질 인산화효소 캐스케이드(protein kinase cascade)**를 이루기도 한다. 단백질 인산화효소와 인산화효소 캐스케이드는 다양한 식물신호전달 과정에 연관되어 있다.

17.5.2 인지질에 기초한 신호전달

지질은 2차 전달자의 중요한 부류로 최근에 대두되었다. 이 2차 전달자는 인지질을 가수분해하는 **인지질 분해효소(phospholipase)**라고 알려진 효소에 의해 생성되어진다. 인지질은 세포막의 중요 구성성분인 것을 기억하시오. 네 가지 다른 인지질 분해효소가 알려져 있다: 인지질 분해효소 A_1(PLA$_1$), 인지질 분해효소 A_2(PLA$_2$), 인지질 분해효소 C(PLC) 그리고 인지질 분해효소 D(PLD). 각각의 효소는 그림 17.13에서 보이는 것과 같이 인지질 분자의 특정 결합의 가수분해를 촉매한다. 실질적으로 인지질 분해효소 활성의 생성물은 자유 지방산을 포함하며 이것은 신호사슬에 포함되어 있다.

식물에서 지질기반의 신호전달은 **이노시톨 3인산(inositol triphosphate)** 체계에 의해 묘사되어졌다. 이 체계에서, 호르몬 수용체-복합체는 G-단백질을 통해서 PLC로 알려진 원형질막에 있는 효소를 활성화시킨다(그림 17.14). 호르몬-수용체 복합체는 G-단백질을 통해서 작용한다. PLC는 막 구성 인지질인 포스포티딜이노시톨 이인산(PIP$_2$)을 이노시톨 3인산(IP$_3$)와 디아실글리세롤(DAG)로 분해하는 과정을 촉매한다. IP$_3$와 DAG 둘 모두는 2차 신호전달자로서 기능을 수행한다. IP$_3$는 시토졸로 이동하여 여기에서 칼슘—아마도 그 대부분은 액포에 저장되어 있는—방출을 촉진한다. 식물에서 DAG는 막에 있으며, 즉시 포스파티드산(PA)으로 인산화된다. PA는 세포질로 확산되어 이온 통로과 다양한 효소의 활성화를 조절한다.

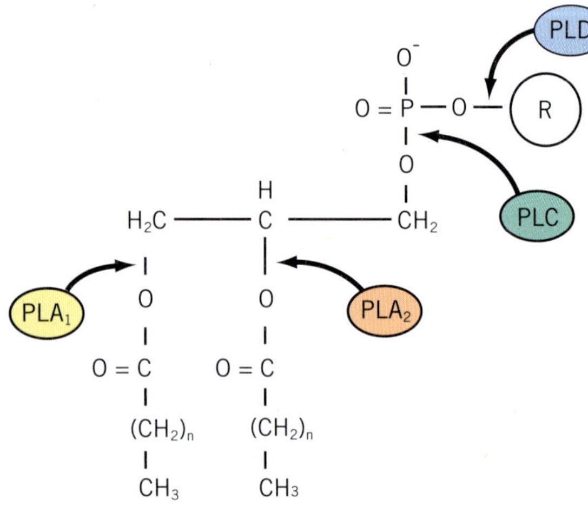

그림 17.13 "포괄적인" 인지질의 구조. 포스포리파아제 작용을 받는 결합을 보이고 있다. PLA$_1$과 PLA$_2$는 *sn*–1 그리고 *sn*–2로부터 각각 지방산 사슬을 제거한다. PLC는 인산화된 머리 기[head group(R)]를 제거한다. PLD는 단지 head group을 제거한다.

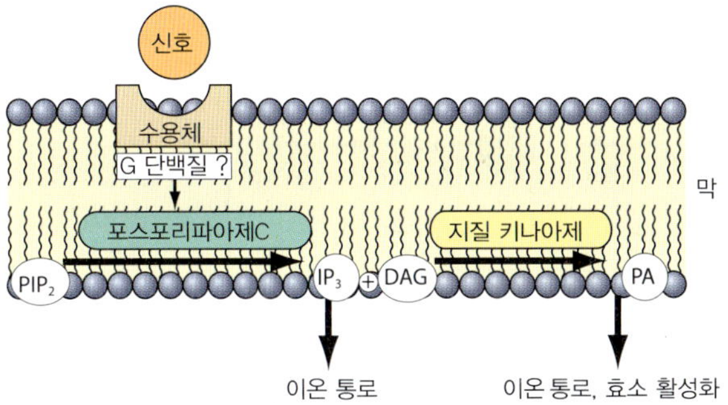

그림 17.14 (A) 포스포리파아제 C(PLC)에 의한 2차 전달자의 생성. PLC는 포스포디틸이노시톨 이인산(PIP_2)을 가수분해하여 이노시톨 삼인산(IP_3)과 디아실글리세롤(DAG)를 생성한다. R^1과 R^2는 인산에 기초한 acyl 그룹이다. (B) 이노시톨 3인산에 의한 신호전달 모델. 호르몬 혹은 다른 외부 신호에 원형질막 효소인 PLC가 활성화되어 PIP_2의 분해를 촉매하여 IP_3와 DAG를 만든다. IP_3는 세포질로 확산되어 칼슘의 방출을 자극한다. DAG는 원형질막 지질 키나아제인 DAG 키나아제에 의해 즉시 인산화되어 포스파티드산(PA)이 된다. PA는 세포질로 확산되어 이온통로 혹은 다양한 실행기 단백질을 활성화시킨다.

17.5.3 칼슘에 기초한 신호전달

칼슘이온(Ca^{2+})은 식물에서 세포 신장과 분열, 원형질체 유동, 다양한 효소의 분비와 활성화, 호르몬 작용 및 굴성 반응 등을 포함하는 많은 생리과정을 조절한다. 2차 신호전달자로서 효율적인 기능을 수행하는 칼슘의 경우, 세포질 내 칼슘 이온 농도는 낮으며 또한 대사 조절을 받고 있다. 많은 양의 칼슘이 소포체, 미토콘드리아, 커다란 액포에 저장되어 있으나, 세포질 칼슘 이온 농도는 막에 결합되어 있는 칼슘-의존성 ATPase의 작용을 통해서 낮은 농도로 유지되고 있다. ATPase 활성과 시토졸 칼슘 이온 농도는 아마도 빛과 호르몬과 같은 다양한 자극의 조절 하에 있는 듯하다(그림 17.15).

세포 내부의 칼슘 농도는 부분적으로는 원형질막, 소포체, 액포막 등에 있는 칼슘통로들에 의해 조절된다. 세포 내 구획들 사이의 칼슘 이온 유동을 조절하는 통로들 중에는 특정 막 전위차에 의해 여닫이가 조절되는 전압 개폐 통로가 있다. 그리고 이노시톨 삼인산나 고리형 뉴클레오티드와 같은 2차 신호전달자나 신호 수용체에 의해 직접적으로 조절되는 통로들도 있다. 또 다른 종류로 막의 장력을 인지할 수 있는 능력이 있어서 접촉이나 바람과 같은 기계적인 자극이나 팽압에 반응하여 통로를 여는 것들이 있다. 유리 칼슘 이온은, 실험 용액에서와 비교할 때, 세포질 내에서는 매우 느린 속도로 확산된다. 바로 시토졸에서의 이런 늦은 확산 속도 때문에 칼슘 이온의 농도 구배가 쉽게 형성되고 유지될 수 있다.

식물과 동물세포에서 가장 기본적인 칼슘 수용체인 **칼모듈린(calmodulin)**은 매우 잘 보존된 구조를 유지하고 있는 단백질로서 고등 식물, 효모, 곰팡이 및 녹조류 등으로부터 분리할 수 있는 보편적인 단백질이다. 시금치, 땅콩, 보리, 옥수수 및 서양 호박 등을 포함하는 여러 식물 종으로부터 분리된 칼모듈린의 특성이 잘 규명되었다. 흥미롭게도, 대부분의 특성이 소의 뇌 조직에서 분리된 칼모듈린과 유사하였다. 식물과 소의 칼모듈린은 서로 비슷한 분자량(17~19 kDa), 아미노산 조성, 그리고 칼슘-결합 성질을 가지고 있다. 분광학적 분석에 의하면, 식물과 동물 칼모듈린은 서로 유사하게 칼슘에 의해 유도되는 형태 변화를 보여준다. 이처럼 고도로 보존된 칼모듈린의 성질은 신호 전달에 있어서 그것의 기본적인 역할 수행에 대한 증거로 간주된다.

NAD^+ 인산화 효소, 단백질 인산화 효소 그리고, Ca^{2+}-ATPase 등의 효소들이 대표적으로 칼모듈린에 의해 자극되는 것으로 알려져 있다. NAD 인산화 효소는 ATP 존재 하에서 NAD를 NADP로 인산화 시키는 반응을 촉매한다. 많은 산화-환원 효소가 이들 조효소 가운데 어느 하나에 대해 선택성을 갖고 있기 때문

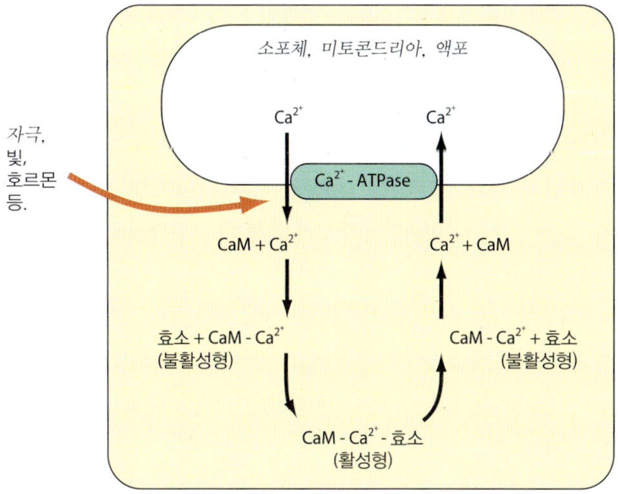

그림 17.15 2차 신호전달자로서의 칼슘. 액포와 세포질 사이의 칼슘 교환이 호르몬이나 빛과 같은 외부요소에 의해 조절된다. 세포질 칼슘이온은 칼모듈린(CAM) 혹은 다른 칼슘-결합 단백질과 함께 활성화된 복합체를 형성한다.

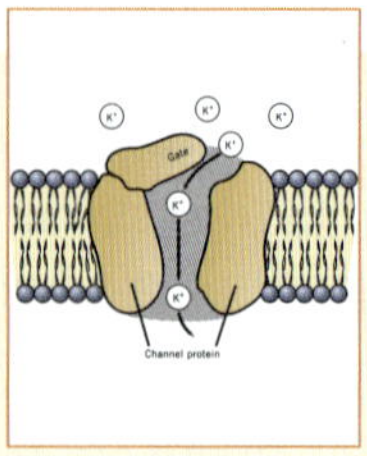

Box 17.2 유비퀴틴(ubiquitin)과 프로테오좀(proteosome)–불필요한 단백질의 청소

어떤 순간이라도 식물 세포는 10,000개 또는 그 이상의 단백질을 가지고 있다. 이들 대부분은 사용 기간이 지나면 용도 폐기되어야만 한다. 또한 어떤 단백질은 잘못 만들어질 수도 있고 열이나 그 밖의 스트레스로 망가질 수도 있다. 특히, 어떤 종류의 단백질들은 수명이 짧도록 설계되어서 대사 경로의 첫 번째 단계 또는 속도결정 단계 만을 촉매하기도 한다. 세포주기의 요소들과 같은 주요 조절 단백질들은 최대한의 효율성을 위해 빨리 순환돼야 만 한다. 마지막으로 억제자 단백질의 유비퀴틴–중재 분해는 현재 호르몬과 다른 발달 신호에 의한 유전자 전사의 조절에서 매우 중요한 단계로 알려져 있다.

이런 이유들로 해서 모든 단백질들은 프로테아제라고 하는 단백질 가수분해 효소에 의한 분해에 직면해야만 한다. 단백질 분해는 세포 내부의 집안 돌보기의 일종으로 더 이상 필요치 않거나 망가진 단백질들을 분해해서 그 아미노산을 재활용하는 과정이다. 실제로 세포 안의 단백질 반 이상이 4~7일마다 교체가 된다. 그러나 단백질 가수분해효소는 반드시 조절을 받아야지 그렇지 않으면 세포는 혼돈에 빠지게 된다. 따라서 단백질 가수분해효소가 분해 대상 단백질을 제때에 인지하는 과정이 분명히 있을 것이다.

엽록체, 핵, 미토콘드리아, 액포 등에서 단백질 분해가 일어나지만 시토졸에서 단백질 분해는 두 개의 주요 요소, 즉 작고 매우 잘 보존된 단백질인 **유비퀴틴(ubiquitin)**, 그리고 크고 여러 개의 단백질 사슬로 구성된 **프로테오솜(proteosome)**(그림 17.16)에 의해 이루어진다. 유비퀴틴의 역할은 분해 대상 단백질에 표지를 해 줌으로써 프로테오솜이 인지하게 만들고 단백질은 분해된다. 이는 3개의 효소에 의해 이루어진다: E1, E2 그리고 E3. E1은 유비퀴틴 활성화 효소로 ATP같이 유비퀴틴 분자를 활성화시킨다. E2는 유비퀴틴–복합 효소로 유비퀴틴에 E3(유비퀴틴 단백질 결합효소)를 끌어 온다.

여기에는 몇가지 다른 유비퀴틴 단백질 결합효소가 있다. 식물에서 가장 일반적인 종류로 **SCF 복합체**라고 불리는 다수의 단백질이 있다. 이 복합체는 첫 번째 3가지 소단위체의 발견—Skp1, cullin, 그리고 F-box 단백질—으로 이름지어졌다. 나중에 네 번째 소단위체인 RBX1이 분리되었다. Skp1, cullin 그리고 Rbx1이 일반적인 전체 SCF 복합체이다. 사실상, 다른 F-box 단백질의 조립이 가능하며, 이것에 의해 특이적인 기질특이성을 가진다. 예를 들어, 애기장대 게놈에는 거의 700개의 잠정적인 F-box 단백질이 존재한다. F-box 단백질은 스캐폴드(F-box)의 인식 위치와 유비퀴틴화를 위한 SCF 복합체로 특정 표적 단백질을 이끌어오게 하는 인식 위치가 전형적으로 매우 보전되어 졌다. 적어도 몇몇 F-box 단백질 또한 호르몬 혹은 다른 발달 조절 요소들이 인식하는 위치를 포함하고 있다.

한때 F-box 단백질을 표적 단백질을 스캐폴드로 배달하는 것

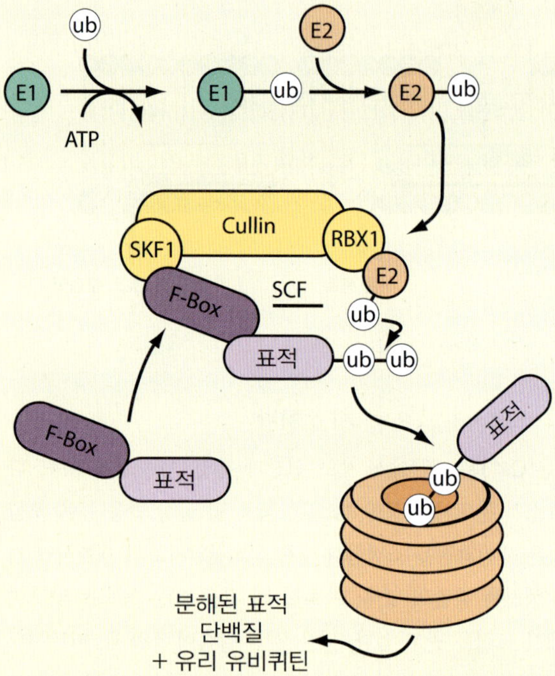

그림 17.16 유비퀴틴에 의해 매개되는 단백질 분해. 대형 다효소 복합체의 작용으로 표적 단백질은 분해되기 위해 유비퀴틴이 붙어서 표시된다. 복합체는 세 개의 효소로 구성되어 있다: 시스테인 잔기가 유비퀴틴과 공유결합을 형성하는 유비퀴틴–활성효소(E1); 공유결합으로 결합된 유비퀴틴을 옮기는 유비퀴틴–접합성효소(E2); 표적 단백질과 E2–유비퀴틴 복합체를 모두 인지하는 유비퀴틴–결합용 효소(E3). E3는 유비퀴틴을 표적 단백질로 이동하는 것을 촉매한다. E3의 작용은 여러 번 반복되어 표적 단백질을 서너개의 유비퀴틴 분자 사슬로 표시한다. 그런 다음 유비퀴틴–단백질 복합체는 분해되기 위해 26S 단백질 분해효소로 전달된다. 단백질 분해효소는 속이 빈 원통을 형성하는 4개의 원반이 쌓여서 구성된다. 쌓인 원통 끝에 결합되어 유비퀴틴–단백질 복합체를 단백질 분해 활성 부위가 위치한 속으로 유도하는 19S 조절 단백질은 여기에 나타나 있지 않다.

으로만 알려졌으나 현재는 완전한 SCF 복합체로 표적 단백질을 E2 유비퀴틴으로 옮겨 주는 역할을 한다. 추가적으로 유비퀴틴 분자는 유비퀴틴 사슬의 형성을 추가한다. 일반적으로 4개의 유비퀴틴이면 유비퀴틴화된 표적 세포는 단백질 분해효소로 이동된다.

단백질의 실질적인 분해를 수행하는 프로테오솜은 1.5 Mda 이상의 거대한 단백질 복합체이다. 프로테오솜은 20S 핵심 프로테오솜과 19S 조절 복합체의 두 부분으로 이루어져 있다[1]. 이 두 부분이 합해져서 활성을 갖는 26S 프로테오솜을 이룬다. 핵심 부분은 단백질 가수분해효소의 활성부위인 가운데 구멍을 만들게 되는 네개의 고리구조로 되어 있다. 조절 복합체는 이 구멍으로의 접근을 조절하는데 아마도 대상 단백질을 펼쳐서 그 구멍으로 밀어 넣는 역할을 하는 것 같다. 유비퀴틴화된 단백질이 프로테오솜으로 운반되면 유비퀴틴은 해리되어 나와 재사용되고 대상 단백질은 프로테오솜으로 들어가 분해가 일어난다.

[1]S값은 원심력장에서 어떤 복합체의 침강에 관한 행동을 나타낸다. 침강은 그 복합체의 모양과 밀도에 의존한다.

에, NAD와 NADP 사이의 균형을 조절하는 것은 세포 대사 과정을 조절하는 효과적인 방법이 된다. 비슷하게, 여러 다른 효소들도 인산화 반응을 촉매하는 단백질 인산화 효소에 의해 활성화된다. 여러 종류의 칼슘-의존성 및 칼슘/칼모듈린-의존성 NAD와 단백질 인산화 효소가 많은 식물들의 수용성 및 막성분획물에서 분리되었다.

17.5.4 전사에 기초한 신호전달

식물 신호전달에서 빛에 민감한 색소 피토크롬과 몇몇 호르몬들은 원형질막 수용체를 지나쳐 핵수용체와 직접적으로 유전자 발현을 조절하는 증거가 크게 증가하였다. 이들은 확산에 의해 핵으로 들어가 특정한 **전사인자(transcription factor)**와 상호작용한다.

전사인자는 작은 DNA 결합 단백질로 특정한 유전자의 특정 조절(암호화되지 않은) DNA 서열에 결합하여 전달자 RNA의 전사를 조절한다. 전사인자는 특정 유전자의 전사를 활성화(혹은 상향조절) 혹은 억제(하향조절)하는 역할을 한다. 일부 전사인자는 DNA 결합 위치와 조절분자의 결합위치—두 개의 결합위치—가 있다. 호르몬같은 신호분자가 결합하면 전사인자는 표적 유전자의 발현의 변화를 유도한다. 정확하게 어떻게 이러한 변화를 일으키는가에 대한 것은 분명하지가 않다. 하지만 적어도—피토크롬, 옥신과 지베렐린 두 호르몬—3개의 신호분자의 경우는 전사인자의 존재의 증거로 신호가 없으면 표적 유전자의 발현이 억제된다. 이런 경우에서 신호분자가 결합하면 우비퀴틴 26S-단백질 분해 체계에 의해 분해되는 전자인자의 표지가 나타나게 된다(Box 17.2 참조). 억제자의 분해는 프로모터에 RNA 중합효소의 결합을 허락하고 유전자의 발현이 가능해진다. 이 경로는 다음 장에서 좀 더 많이 언급할 것이다.

17.6 신호 경로들 사이에는 많은 연결경로들이 존재한다

과거에는 신호경로는 각각 독립적인 사건 사슬의 조절을 통하는 것으로 생각했었다. 예를 들어, 이노시톨 3인산 경로와 단백질 인산화효소, G-단백질 경로, 칼슘 이온경로 등은 서로 독립적일 것으로 생각했었다. 신호전달에 대한 새로운 정보들이 축적됨에 따라, 이런 독립적인 경로들로 보는 견해는 너무나 단순한 생각이었다는 것이 드러났다. 신호전달은 상호연결된 망과 많은 연결에 의해 경로가 완성된다는 **상호응수(crocc talk)**와 더욱 밀접하고 유사하다. 옥스포드 영어 사전에서 상호응수는 "대화통로 사이의 신호의 원하지 않는 전달"이라고 정의하였지만 생물학자들은 다양한 종류의 신호들 내부 또는 사이의 상호작용, 전달 경로의 분자와 융합, 그리고 2차 신호전달자의 공유 등 모든 발달 신호들을 조정하는 데 이용된다고 언급한다. 따라서 세 가지의 호르몬들(옥신, 지베렐린, 브라시노스테로이드)이 하배축 신장을 촉진하는 한편 다른 두 호르몬(시토키닌,에틸렌)과 빛은 억제하는 효과를 보인다. 이러한 신호들 사이의 연결은 놀라운 일이 아니다. 왜냐하면, 매우 빠르게 변화하는 환경 신호는 항상 존재하고 이들은 발달 프로그램을 정교하게 조절하기 위해 여러 내부 조절 체계와 연결되어야 만 하기 때문이다.

요약

세포주기에서 사실상 세포분열 동안 염색체와 DNA의 이야기를 서술하였다. 실질적인 두 개의 딸세포로 되는 세포의 분열 혹은 세포질분열은 격막형성체 같은 방추체의 재배열에서 미세소관까지의 유사분열 후기 동안 시작된다. 격막 형성체는 골지에서 나오는 분비소낭이 세포의 적도판에 위치하는 것이며 새로운 원형질막이 형성되고 새로운 격벽이 놓이게 된다.

세포 확장의 구동력은 물 흡수이다. 그러나 높은 팽압 앞에서 세포가 파열되는 것을 견디기 위하여, 식물세포는 매우 강하고 비교적 견고한 벽으로 둘러싸여 있다. 그래서 세포가 확장하기 위해서는 세포벽의 장력과 견고성의 변화가 일어나야만 한다. 팽창된 세포에서, 세포벽에 대한 물투과력은 교차 결합된 세포벽 성분 내에서 스트레스를 발생시킨다. 이 스트레스가 세포벽 풀림 사건에 의하여 이완될 때에 생장은 개시되는데, 이 사건은 중합체 분자 사이에 하중을 지닌 교차결합이 발생하도록 유도한다. 스트레스가 이완되고 세포벽이 확장되며, 팽압이 감소되면 보다 많은 물이 팽압과 세포벽 스트레스 모두가 회복될 때까지 들어온다.

복잡한 다세포 생물체의 질서 있는 발달은 내재적 조절과 외재적 조절에 의하여 조정되어진다. 내재적 조절은 세포내 수준과 세포간 수준 모두에서 발현된다. 세포내 조절은 일차적으로 유전적이어서, 프로그램화된 유전자 발현의 순서를 요구하고 있다. 세포간 조절은 근본적으로 세포로 하여금 또 다른 세포와 서로서로 정보교환을 할 수 있도록 허락하는 호르몬 또는 화학적 전달자들이 하고 있으며 외재적 조절은 빛, 온도 그리고 중력과 같은 환경신호들이 하고 있다. 대부분의 환경신호는 유전자 발현 혹은 호르몬 활성에 따라 적어도 부분적으로 작동하는 것으로 여겨진다.

모든 발달자극은 신호인지, 신호전달 및 반응으로 구성되는 순서에 의하여 특징지어진다. 신호인지는 수용체 분자를 필요로 하는데, 이것은 보통 단백질 분자들이다. 적색광과 청색광에 대한 수용체들이 알려져 있으며, 옥신과 에틸렌 수용체들도 알려져 있다. 신호인지는 상호작용 하는 대사경로들로 이루어진 다양한 배열을 포함하고 있다. 이들 경로의 특징은 작고 이동성이 있는 제2차 신호전달자들이 있다는 점이다. 2차 신호전달자에는 G-단백질, 단백질 인산화효소, 고리형 뉴클레오티드, 칼슘이온 및 이노시톨 삼인산 등이 있다. 2차 신호전달자 사이에는 높은 수준의 상호작용이 일어나고 있어 복잡한 신호전달경로의 그물망이 형성된다.

복습문제

1. 식물에서 세포분열 과정을 서술하시오
2. 세포벽의 강도와 견고성에 기여하는 구조적 특징은 무엇인가?
3. 식물세포의 생장에서 세포벽이 가지는 제한은 무엇인가?
4. 식물세포의 생장에서 팽압의 두 가지 기능을 서술하시오
5. 신호인지의 중요성을 서술하라. 그리고 식물세포의 발달에서 어떤 종류의 신호가 기여하가?
6. 수용체 단백질은 무엇이고, 발달에서 기능은 무엇인가?
7. 2차 전달자에 대해 서술하라. 신호전달에서 그들의 기능은 무엇인가?
8. "신호 캐스케이드"는 무엇인가? 어떻게 신호 캐스케이드가 신호를 증폭하는가?
9. 어떻게 원하지 않는 단백질을 제거하는데 유비퀴틴이 돕는가?
10. 상호응수의 의미(신호전달의 관점에서)와 식물의 발달에 제공하는 기능은?

더 읽을거리

Buchanan, B. B., W. Gruissem, R. L. Jones. 2000. Biochemistry and Molecular Biology of Plants. Rockville, MD: American Society of Plant Physiologists

Chory, J., D. Wu. 2001. Weaving the complex web of signal transduction. Plant Physiology 125:77–80.

Cosgrove, D. J. 2000. Loosening of plant cell walls by expansins. Nature 407:321–326.

Cosgrove, D. J. 2001. Wall structure and wall loosening: A look backwards and forwards. Plant Physiology 125:131–134.

Karp, G. 2008. Cell and Molecular Biology. 5th ed. New York: John Wiley & Sons.

Moon, J. G. Parry,M. Estelle. 2004. The Ubiqitin-Proteasome Pathway and plant development. The Plant Cell 16:3181–3195.

Pandy S., J. G. Chen, A. M. Jones, S. M. Assman. 2006. G-protein complex mutants are hypersensitive to abscisic acid regulation of germination and postgermination development. Plant Physiology 141:243–256.

Raven, P. H., R. F. Evert, S. E. Eichhorn. 2005. Biology of Plants. 7th ed. New York: Bedford, Freeman & Worth.

Ryu, S. B. 2004. Phospholipid-derived signaling mediated by phospholipase A in plants. Trends in Plant Science 9:229–235.

Van Leeuwen, W., L. O¨ kre´sz, L. Bo¨ gre, T. Munnik. 2004. Learning the language of plant signaling. Trends in Plant Science 9:378–384.

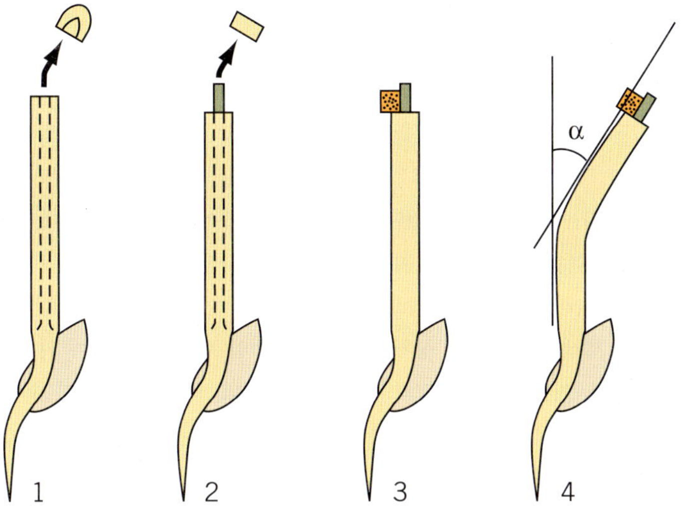

18
호르몬 I: 옥신

다세포성 식물은 복잡한 체제를 가진 생물로, 질서 있는 발달을 위해서는 세포 사이에 정교한 조정이 필요하다. 세포의 활성을 조정하기 위하여 세포 서로 간에 상호 정보 전달을 할 수 있어야만 한다. 식물체 내에서 세포간 정보를 전달의 중요한 수단은 **호르몬(hormone)**이다. 호르몬들은 각 세포의 발달을 개별적으로 혹은 협동해서 이끌거나 세포 사이에서 정보를 전달하는 신호분자로써 생장과 발달을 조정하게 된다. 식물 호르몬은 옥신이 거의 한세기 전에 최초로 75년 전에 발견된 이래 집중적인 연구 주제가 되어 왔다.

18장과 연속되는 장에서는 각각의 호르몬의 생합성과 대사에 대해 언급할 것이다. 호르몬의 생합성에 대한 이해는 호르몬이 어떤 분자인지, 어떻게 기능을 하는가에 대한 이해를 쉽게 한다. 게다가 생합성 혹은 대사를 방해하는 돌연변이체를 기반으로 한 연구로 호르몬이 어떻게 역할을 하는가에 대해 많은 것을 알게 되었다. 호르몬 분자의 대사 회전률은 또한 세포 활성을 조절하는 중요한 요소이다.

식물호르몬을 다루는 4개 장 중에서 이 첫 번째 장은 옥신에 대해 다룰 것이다. 그 다음 장에서는 지베렐린, 시토키닌, 앱시스산, 에틸렌, 그리고 브라시노스테로이드를 다룰 것이다. 각각의 호르몬에서 우리는 같은 3개의 기본 질문을—호르몬은 무엇이며, 무엇을 하고, 어떻게 하는가에 대한—다룰 것이다.

호르몬에 대한 첫 번째 장에서 우리는 식물에서의 호르몬의 개념에 대해 소개한다. 이 장에서는 아래와 같이 균형을 맞추고 있다.

- 옥신의 생화학과 대사
- 생장과 발달에서 옥신의 중요한 효과에 대한 평가
- 어떻게 옥신이 세포 확장을 조절하는가
- 식물에서 옥신의 이동 그리고
- 유전자 발현에 관한 옥신의 조절

18.1 식물에서 호르몬의 개념

호르몬 개념은 포유동물의 생리학을 연구하는 과정에서 세포 사이의 대화를 가능하게 하는 화학적 전달자로 제기되었다. 19세기 후반부에서는 생리학과 의학에서 아주 흥미 있는 신선이 나타났다. 1850년까지는, 정소에서 만들어져 혈액에 의해 전해지는 물질이 성의 특징을 결정한다는 사실이 알려졌다. 19세기가 바뀔 때까지는, 포유동물의 생장과 생리에 대해 특수한 효과를 일으키는 많은 물질들이 입증되었으며 그리고 몸의 기능이 여러 화학 물질의 생성과 순환에 의해 조정된다는 개념이 넓게 인정 받기 시작하였다. 1905년에, 영국인 의사 스탈링(E. H. Starling)은 이 화학적 전달자를 기술하기 위하여 **호르몬(hormone** : '자극하다' 혹은 '일으키다'의 뜻을 지닌 그리스어에서 기원된 말)이라는 용어를 도입하였다.

식물에서 호르몬의 개념에 대한 응용은 1758년 두하멜 뒤 몽쇼(Duhamel du Monceau)의 발견까지 거슬러 올라간다. 뒤 몽쇼는 목본 식물 줄기를 둘러싼 체관조직에서 발생한 띠 모양의 상처 조직에서 뿌리가 형성되는 것을 관찰하였다. 이것과 더불어 그와 유사한 현상들을 설명하기 위하여 독일 식물학자인 율리우스 폰 작스(Julius von Sachs)는 1860년경에 식물체 내에 특별한 기관 형성 물질의 존재를 가정하였다. 예를 들면, 뿌리 형성 물질이 잎에서 만들어져서 줄기를 타고 아래로 이동되어 상처 주위에 뿌리의 발생을 일으킨다는 것이다. 그러나, 식물 호르몬 연구에 있어 실제적인 시작은 찰스 다윈(Charles Darwin)에 의해 수행된 단순하면서도 세련된 일련의 실험에서 찾을 수 있었다(Box 18.1 참조). 궁극적으로 Darwin의 관찰과 실험이 벤트(F.W Went)로 하여금 거의 반세기 후에 식물이 빛의 방향으로 향해 자라도록 유도시키는 요인은 호르몬과 같은 물질일 것이라고 믿게 하였다. 거의 같은 시기에 피팅(H.Fitting)은 호르몬이라는 용어를 식물생리학 문헌에 도입시켰다.

호르몬은 무엇인가? 호르몬은 자연적으로 만들어지는 유기물질로 매우 낮은 농도에서 생리 과정에 큰 영향을 준다. 게다가, 호르몬은 적어도 동물생리학자에 의해 정의된 것처럼 (1) 특정 조직이나 기관에서 합성되며, (2) 혈류를 타고 특별한 표적 조직으로 운반되어서, (3) 그곳에서 농도 의존 방식으로 생리 반응을 조절한다. 동물과 식물 호르몬 사이에는 많은 공통점이 있지만 또한 일부 중요한 차이점도 있다. 동물 호르몬과 같이, 식물 호르몬은 극히 적은 농도에서 생리 과정에 큰 영향을 주는 자연적으로 만들어지는 유기물이다. 그러나 식물 호르몬의 합성 장소와 이동 방식은 동물 호르몬처럼 그렇게 명확히 국부적으로 정해져 있지 않다. 비록, 어떤 조직 혹은 조직의 일부가 다른 조직에 비해 높은 수준의 호르몬을 포함하고 있을지라도, 식물 호르몬의 합성은 매우 확산되어 있는 것처럼 보이고 특정 기관에 항상 제한되는 것은 아니다.

호르몬은 표적 세포에서 제한된 시간동안 존재해야지만 조절 신호를 효율적으로 수행할 수 있다. 오랫동안 분해되지 않고 반복적으로 사용된다면 역동적인 조절기능을 상실하게 될 것이다. 이는 세포 내 호르몬의 양이 밀접하게 조절되어야 하며 그 호르몬이 조절하는 반응에 비해 상대적으로 빠른 대사를 보여야 한다는 것을 의미한다.

표적 세포에 필요한 호르몬의 양은 호르몬 분자가 호르몬 풀에 들어가고 나오는 속도에 일차적으로 지배될 것이다. 호르몬은 (1) 새로운 합성, (2) 화학적 결합과 같은 비활성 형태에서 활성 형태로의 전환, (3) 다른 곳으로부터 호르몬 풀로의 수송 등을 통해 호르몬 풀에서의 양이 조절된다. 풀에서 호르몬의 제거는 : (1) 산화 또는 분자를 불활성화 시키는 다른 분해과정, (2) 비가역적인 비활성 결합의 형성을 통해 일어난다. 명백히, 식물에서 호르몬 활성의 역동적인 조절을 이해하기 위해 이러한 유입과 유출에 대해 알 필요가 있다. 호르몬 생합성과 대사를 모른 채 호르몬 작용을 이해할 수 있는 방법은 없다.

18.2 옥신은 식물 전체에 분포되어 있다

옥신(그리스어 **auxin**, 증가하다)은 전형적인 식물 호르몬이다. 옥신은 처음 식물호르몬으로 발견되었고, 식물 세포의 확장 같은 식물 반응에서 가장 중요한 역할을 가진다. 옥신은 분열조직 지역내에서 합성되어지고, 자엽초의 정단, 뿌리끝, 발아하는 종자 그리

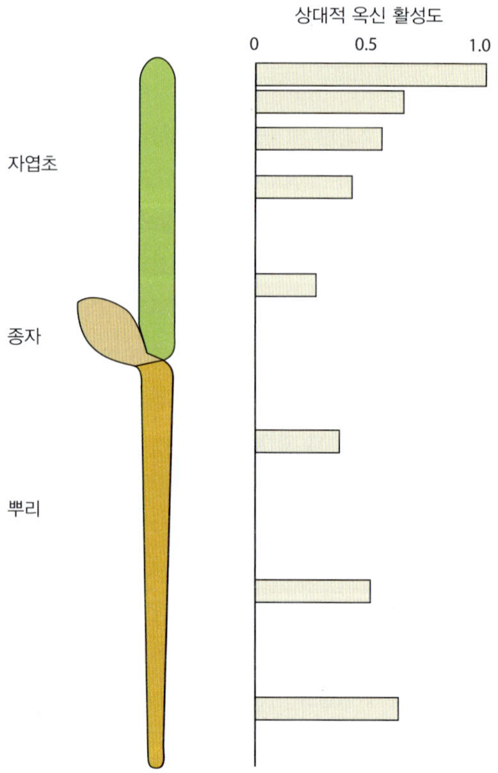

그림 18.1 활발히 생장하는 자엽초와 뿌리 정단에서 보다 높은 농도의 호르몬량의 존재를 보여주고 있는 귀리 어린 식물에서의 옥신의 분포. (Based on data from Thimann, K. V. 1934. *Journal of General Physiology* 18:23–34.)

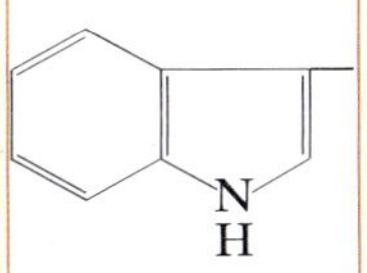

Box 18.1 옥신의 발견

식물 호르몬 연구와 관련된 실험의 시작은, 특히 옥신의 경우, 찰스 다윈의 연구에까지 거슬러 올라간다. 다윈은 물론 진화론 연구로 잘 알려져 있지만 그의 말년에는 주로 식물생리학의 특정 분야에 관심을 기울였다. 이 중 일부는 그의 아들 프란시스 다윈(Francis Darwin)과 공동으로 저술한 식물에서의 운동의 힘(The Power of Movement in Plants)이라는 책에 요약되어 있다. 이들 다윈 부자가 연구한 "운동" 중의 하나는 카나리아 풀(*Phalaris canariensis*) 유식물이 창문을 통해 들어오는 빛을 향해 굽는 경향성인데, 이 현상이 현재 **굴광성(phototropism)**으로 알려지고 있다. 이 화본과 식물의 최초 잎은 **자엽초(coleoptile)**라는 덮개 모양의 속이 비어 있는 구조물 안에 싸여 있는데 이것은 잎을 감싸 토양에서 나올 때 잎을 보호해주는 역할을 한다. 다윈은 자엽초가 줄기와 같이 빛에 반응하여 광원을 향해 자라는 것을 발견했다. 그러나 자엽초의 끝을 잘라 없애거나 빛을 차단하기 위해 덮개로 씌우면 이 굴곡 반응은 일어나지 않는다. 이 반응이 자엽초 전체에 걸쳐 관찰되었기 때문에, 다윈은 굴광성 신호가 자엽초 정단부에서 인지되며 그리고 유식물이 측면 광에 노출되었을 때 그 어떤 "영향"이 정단부 위에서 아래로 이동하여 굴곡 반응을 일으킨다고 결론지었다. 식물생리학자들을 매혹시켜서 일련의 실험을 착수케 하여 첫 번째 식물호르몬인 옥신을 찾게 만든 것이 바로 이 "이동 가능한 영향(transmissible influence)"이라는 다윈의 암시이었다.

다윈의 책이 출판된 이래로 많은 과학자들이 다윈의 발견을 확인하고 그들의 실험을 확장하였다. 1910년에 보이젠-옌센(Boysen-Jensen)은 그 자극이 한천 조각을 통과한다는 것을 보여주었으며, 따라서 그 것이 본질적으로 화합물이라는 것을 증명하였다. 1918년 팔(Paal)은 정단 부위를 제거한 후 비대칭적으로 놓았을 때 심지어 어둠 속에서도 굴곡이 일어난다는 것을 보였다. 그 당시의 분위기에서—즉, 겨우 몇 년 앞서서 베일리스(Baylis)와 스탈링 (Starling)의 동물 호르몬의 특성 규명—식물 생리학자들은 이러한 관찰들을 식물호르몬(phytohormone)의 존재에 대한 강력한 근거로 여겼다.

이 활성 물질이 최초로 1928년 벤트(F.W. Went)가 네덜란드의 자기 아버지 연구실에서 대학원생으로 있으면서 분리해냈다. 보이센-옌센과 팔의 초기 실험을 따라 벤트는 귀리(Avena sativa) 자엽초의 정단을 제거하여 그 것들을 작은 한천 조각 위에 세워 놓았다. 활성 물질들이 정단 조직에서 한천으로 이동하도록 놔둔 뒤 그는 이 한천 조각을 정단이 제거된 자엽초 위에 비대칭으로 올려놓았다. 그 물질은 조각에서 자엽초로 확산되어 한천 조각이 놓인 자엽초 부분에 있는 세포만 신장되는 결과를 낳았다. 자엽초의 굴곡은 양 측면의 차등적인 세포 신장의 결과이다. 게다가 이 굴곡은 한천 조각에 포함된 물질의 양에 비례하였다. 벤트의 실험은 두 가지 측면에서 중요하다. 첫째 자엽초 정단에 존재하는 조절 물질의 존재를 확인하였다. 둘째 그는 활성 물질을 양적으로 분석할 수 있는 실험 방법을 개발하였다. 벤트가 귀리 유식물의 자엽초를 이용하였기 때문에 그의 이 정량 시험은 **귀리 굴곡 시험(Avena curvature test)**이라고 알려져 있다. 이 시험에서 밝혀진 활성 물질이 옥신 (auxin)이다. 그리스어로 auxein은 "증가"를 의미한다.

벤트의 연구 결과는 당연히 그 활성 물질을 규명하려는 노력들을 자극하였다. 한 가지 특정 화합물인 인돌-3-아세트산 (indole-3-acetic acid; IAA)이 1934년 사람의 소변에서 추출되었다. 이것은 소변 속으로 분비되는 어떤 여성호르몬이 식물 생장을 촉진하는 효과가 있다는 믿음에서 시도된 것이다. 하지만 정제하지 않은 오줌은 매우 높은 활성을 띤 반면, 정제된 호르몬은 활성이 없었다. 따라서 연구자들은 여성호르몬이 있을 것으로 예상되는 임신한 여성의 소변으로 시도하게 되었고 이에 따라 IAA를 얻게 되었다. 동시에 IAA는 효모 추출물과 그 다음 해 *Rhizopus suinus* 배양에서도 얻을 수 있었다. 1946년에 미성숙한 옥수수 낟알에서 IAA를 추출한 이래 많은 고등식물에서도 보편적으로 존재한다는 것이 알려졌다.

고 생장하는 줄기의 정단눈 같은 생장 기관에서 활발히 역할을 한다(그림 18.1). 빨리 자라는 어린 잎, 발달하는 화서 그리고 수분과 수정에서의 배 같은 지역 또한 옥신 합성의 중요한 장소이다. 옥신은 다른 생장 물질보다 더 전체 식물에 걸쳐 분포하며 활성을 나타낸다.

18.3 식물체 내의 주요 옥신은 인돌-3-아세트산(IAA)이다

옥신 활성을 지닌 많은 종류의 화합물이 밝혀졌지만 **인돌-3-아세트산(indole-3-acetic acid; IAA)**이 주요 천연 옥신으로 생각되고 있다(그림 18.2). IAA 이외에도, 인돌-3-에탄올, 인돌-3-아세트알데하이드 및 인돌-3-아세토니트릴 등을 포함하는 천연적으로 존재하는 여러 다른 인돌 유도체 화합물이 옥신 활성을 나타내는 것으로 알려져 있다. 그러나 이들 화합물 모두는 IAA의 선구물질로서 조직 내에서 IAA로 전환되기 때문에 옥신 활성을 갖게 된다.

식물에서 IAA의 최초 발견과 그리고 생장과 발달에 대한 IAA의 역할 확인으로 인해, 기타 유사한 활성을 갖는 다른 화합물이 탐색 연구가 촉진되었다. 그 결과 옥신과 같은 활성을 나타내는 합성 화합물들이 만들어졌다. 그중 하나인 **인돌 부티르산(indole butyric acid; IBA)**(그림 18.2, IV)은 이런 화합물 중 하나이다. 최근에 IBA는 옥수수 종자와 잎 그리고 몇몇 식물 종에서도 분리되었다. 염소화된 IAA의 유도체(4-chloroindoleacetic acid, 혹은 4-chloroIAA; II 그림 18.2) 또한 콩과식물 종자의 추출액에서 보고되었고, 그와 밀접히 관련되면서 천연적으로 출현하는 방향족 산인 페닐아세트산(phenylacetic acid;PAA, III, 그림 18.2)도 옥신 활성을 갖는 것으로 최근 보고되었다. IBA와 4-cholroIAA, 그리고 PAA가 현재 식물에서 분리되었고, 구조적으로 IAA와 비슷하며, IAA와 같은 반응을 많이 보이기 때문에 이것들을 천연 호르몬으로 간주해야 한다는 강력한 논의가 일고 있다. 그러나 그 화합물들이 활성을 갖기 전에 식물 조직 내에서 IAA로 전환되는지의 여부는 아직 정립되지 않았다. 화학적으로 볼 때, 옥신 활성을 발현하는 분자들의 한 가지 통일되는 특성은 방향적 고리 구조상에 산성

그림 18.2 각각 천연 옥신과 합성 옥신 일부의 화학구조. IAA(I)가 유일한 대표적 옥신으로 믿어지고 있다. 페닐아세트산(III)은 식물계에 널리 존재하고 있으며, 4-클로로인돌-3-아세트산과 인돌-3-부틸산은 최근 식물 추출액에서 보고되었다. 후자의 3개는 외부에서 처리하였을 때 옥신 반응을 유도하지만 아마도 IAA로 전환되어 작용할 것이다. 구조 VI, VII, VIII는 활성형 제초제이다.

천연 옥신

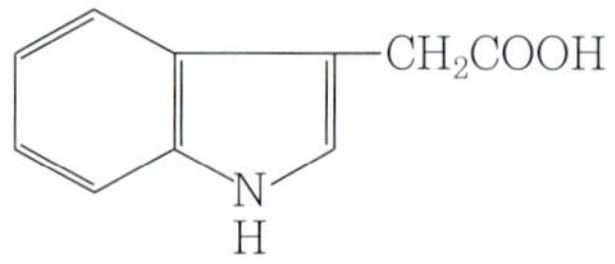

I. 인돌-3-아세트산 (IAA)

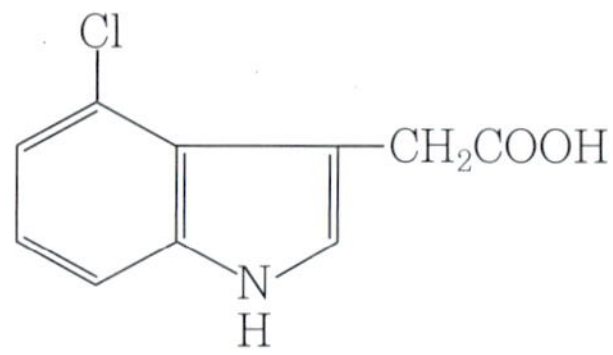

II. 4-크로로인돌-3-아세트산

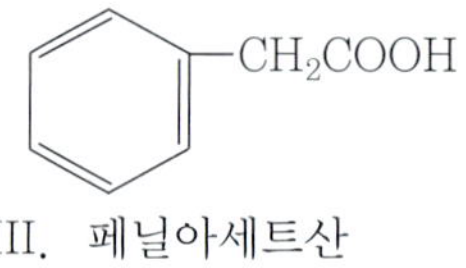

III. 페닐아세트산

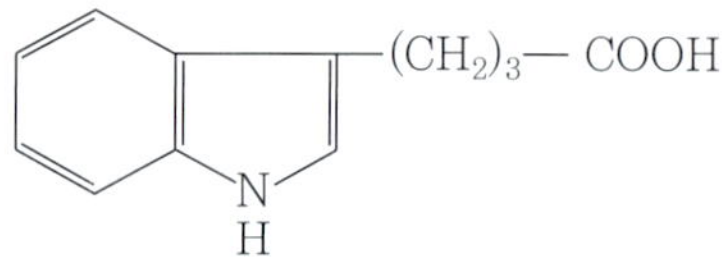

IV. 인돌-3-부티르산 (IBA)

합성 옥신

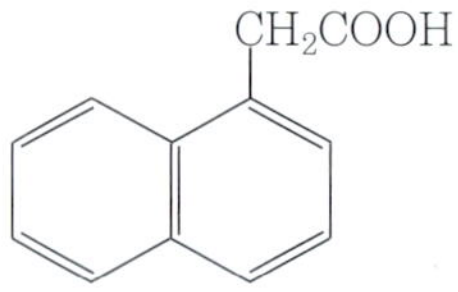

V. 나프탈렌 아세트산 (NAA)

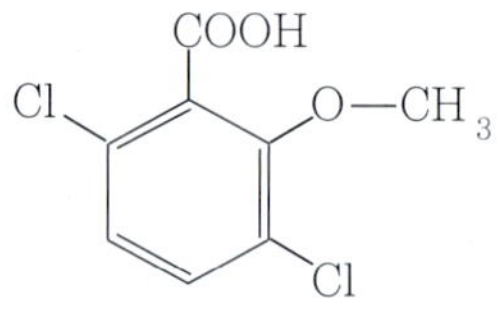

VI. 2-메톡시-3,6-디클로로-벤조산 (dicamba)

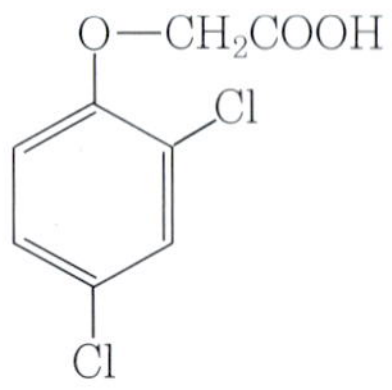

VII. 2,4-디클로로페녹시아세트산 (2,4-D)

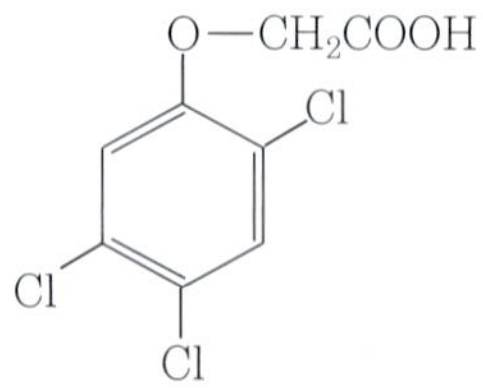

VIII. 2,4,5-트리클로로페녹시아세트산 (2,4,5-T)

결사슬이 존재한다는 것이다.

IAA의 양은 조직의 나이, 형태 그리고 생장 상태와 같은 다양한 요인에 따라 다르다. 예를 들면, 영양 기관조직에서 IAA 양은 일반적으로 생체량 1 kg당 1 μg에서 100 μg(5.7 내지 570 nM) 범위에 있으나, 종자에서는 매우 높게 존재한다. 한 연구에서, 발아 후 4일된 옥수수 종자의 배유내에 308 pmole(1 pmole=10^{-12} mol)의 IAA가 포함되어 있음이 알려져 있다. 동시에, 이 경엽부의 생장을 지속하기 위해서는 시간당 대략 10 pmole IAA의 유입을 요구하고 있었다. 종자 내에 이처럼 명백히 높게 존재하는 호르몬 함량 수준은, 종자가 발아할 때 그 안에 있는 어린 식물의 빠른 생장을 지탱해 주기 위한 것이다.

18.4 IAA는 아미노산 L-트립토판으로부터 합성된다

1930년대 티만(K.V. Thimann)이 트립토판 아미노산을 먹이고 키운 *Rhizopus suinus*라는 점균류에서 최초로 IAA의 합성을 관찰한 이후, 트립토판으로부터 IAA로의 전환에 대한 생체내 연구가 20종 이상의 식물에서 수행되었으며, 또한 적어도 10가지 다른 세포 추출 효소액을 재료로 하여 생체외 연구가 수행되었다. IAA 합성은, 보통 방사선 동위원소인 ^{14}C 탄소 혹은 삼중 수소인 ^{3}H로 표지된 트립토판을 식물에 주입한 후, 식물에서 분리한 IAA와 중간 대사 물질에서 방사능을 조사함으로써 연구되었다.

이와 같은 방사능 물질 주입 실험은 여러 요인에 의해 복잡하게 되며, 여기에서 얻어진 결과에 대해서는 항상 신중해야 한다. 예를 들면, 방사능 물질로 표지된 트립토판은 명백히 방사화학적으로 분해될 수 있기 때문에, 이로 인해 비효소적으로 IAA를 만들기도 한다. 게다가, 트립토판(단백질 합성의 선구물질) 풀의 크기는 상대적으로 IAA 보다 매우 크고 그리고 합성된 실제 IAA 양에 대한 자료가 거의 없는 실정이다. 끝으로, 실험은 무균 조건하에서 수행되도록 주의하여야 하는데, 그 이유는 많은 미생물이 쉽게 트립토판을 IAA로 전환시키기 때문이다. 이러한 복잡성이 생체내에서 작동하는 정확한 합성 경로를 규명하는 데 어려움을 주고 있는 동안, 보다 유용한 증거가 분명하게 식물이 트립토판으로부터 IAA를 합성할 수 있다는 점을 제시하여야 한다.

대부분의 식물에서, IAA의 합성은 트립토판의 곁가지의 아미노 그룹을 제거하면서 시작되어 3단계로 일어난다. 이 산물은 인돌-3-피루르산(IPA)이다(그림 18.3). 이러한 아미노기 전달반응은 광범위하게 분포하는 **트립토판 아미노기 전달효소**(tryptophanamino transferase)에 의해 촉매되는데, 이 효소는 페

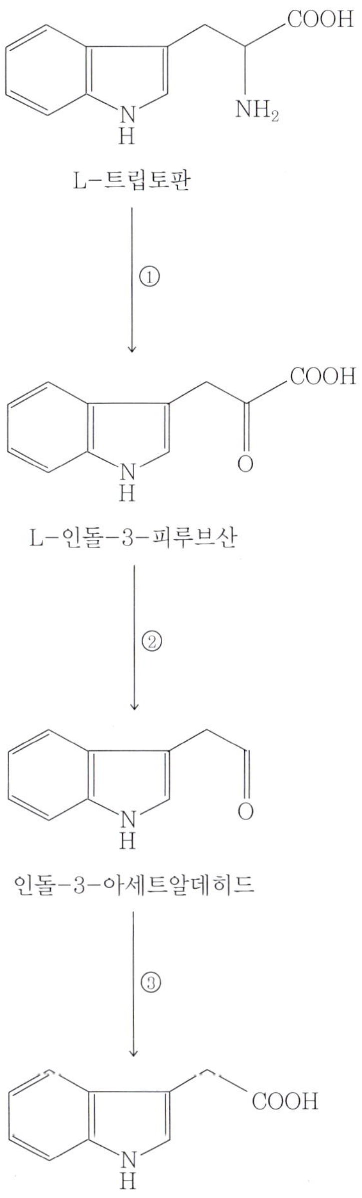

그림 18.3 인돌-3-아세트산의 트립토판 의존성 생합성 경로. 참여하는 효소는 (1) 트립토판 아미노기 전달 효소; (2) 인돌-3-피루르산 탈카르복시화 효소; (3) 인돌-3-아세트알데히드 산화효소.

닐알라닌과 티로신 같은 트립토판의 구조적 유사체로부터 아미노기를 제거하는 다특이적 효소이다. 두 번째 단계는 인돌-3-아세트알데히드(IAAld)로부터 IPA로의 탈카르복시화이다. 이 단계를 촉매하는 하는 효소가 **인돌-3-피부르산 탈카르복시화효소**(**indole-3-pyruvate decarboxylase**)로 여러 식물 조직과 세포 추출액에서 보고되어 왔다. 마지막으로, IAAld는 NAD-의존성 **인돌-3-아세트알데히드 산화효소**(**indole-3-acetaldehyde oxidase**)에 의해 IAA로 산

화된다. 이 효소의 존재는 귀리 자엽초를 포함하여 많은 식물 조직에서 나타났다. IAAld는 또한 인돌-3-에탄올은 줄기 절편 조직을 사용하는 생물 검정법에서 옥신 활성을 나타내는데, 이것은 아마도 조직 안에서 인돌-3-에탄올이 IAA로 전환되기 때문인 것 같다. 마지막으로, IAA는 인돌-3-부틸산 생성효소에 의해 IBA로 전환될 수가 있다. IPA 외에 다른 중간 대사 물질을 포함하는 또 다른 생합성 경로가 있다는 증거가 있다. 그러나 생화학적 증거에 의하며 고등식물에서 IPA 경로가 트립토판에서 IAA를 합성하는 주요 경로인 것 같다. IAA–결핍 돌연변이체가 발견된다면 매우 유용한 정보를 제공하겠지만 현재까지는 어떤 돌연변이체도 발견되지 않았다. 아마도 IAA 결핍은 식물에 치명적일 것이다.

18.5 어떤 식물은 IAA 합성을 위해 트립토판을 요구하지 않는다

트립토판과 무관한 경로를 통해 IAA 생합성이 일어날 수 있다는 사실은 옥수수와 애기장대 돌연변이체의 연구를 통해 밝혀졌다. 옥수수의 오렌지 과피(*orp*) 돌연변이체의 유식물은 트립토판 합성의 최종 단계를 촉매하는 트립토판 생성효소가 결여되어 있다(그림 18.3). *orp* 돌연변이체 종자는 정상적으로 발아는 하지만 트립토판 결핍 때문에 생존할 수 없다. 그러나 흥미롭게도 이 돌연변이체의 IAA 양은 야생형보다 무려 50배나 더 많다. 애기장대에서도 외부로부터 트립토판 공급이 필요한 돌연변이체들이 발견되었다. *trp2*와 *trp3* 혹은 트립토판 합성효소가 부족한 두 돌연변이체는 인돌-3-글리세롤인산에서 트립토판으로의 전환이 불가능하다. *orp*와 달리 *trp2*와 *trp3* 돌연변이체 유식물은 유리된 형태의 IAA를 합성하지 못하지만 접합체의 형태의 IAA를 다량 함유한다(아래 참조). 분명하게, *trp2*와 *trp3*는 접합체 형태의 IAA를 다량으로 저장하고 있다. 옥수수와 애기장대에서 방사성 동위원소를 사용한 실험을 통하여 IAA가 트립토판 이외의 다른 물질로부터 합성된다는 것이 밝혀졌다.

트립토판–비의존적인 IAA 합성의 정확한 경로는 모른다. 그러나 *trp2*와 *trp3* 애기장대 돌연변이체는 인돌-3-아세토니트릴을 축적할 수 있다. 애기장대는 또한 인돌-3-아세토니트릴에서 IAA로의 전환에 필요한 니트릴라아제(nitrilase) 효소를 포함하고 있으며, 이것은 인돌-3-아세토니트릴이 중간물질임을 암시한다. 인돌-3-아세토니트릴의 근원이 어디인지는 아직 모른다. 하지만 트립토판 돌연변이체에서도 축적되는 것으로 보아 인돌-3-아세토니트릴의 생합성은 트립토판과는 무관할 것으로 여겨진다. 한편, 인돌-3-아세토니트릴이 십자화과에 흔히 있는 **글루시노레이트(glucosinolate)**을 일종인 글루코브라시신으로부터 유래할 수가 있다는 보고가 있다. 옥신 합성에서 트립토판–비의존성 인돌-3-아세토니트릴 경로의 자세한 내용과 이것이 애기장대나 십자화과에만 제한되어 있는가에 대한 문제는 해결해야 한다.

18.6 IAA는 불활성 상태의 결합체로 저장될 수 있다

옥신연구의 매우 초기에 두 무리의 호르몬이 인식되었는데, 하나는 자유이동을 하여 한천 조각 안으로 확산 작용에 의해 수집할 수 있었으며, 나머지 하나는 세포에 결합되어 존재하기 때문에 추출

A. 가역적 불활성

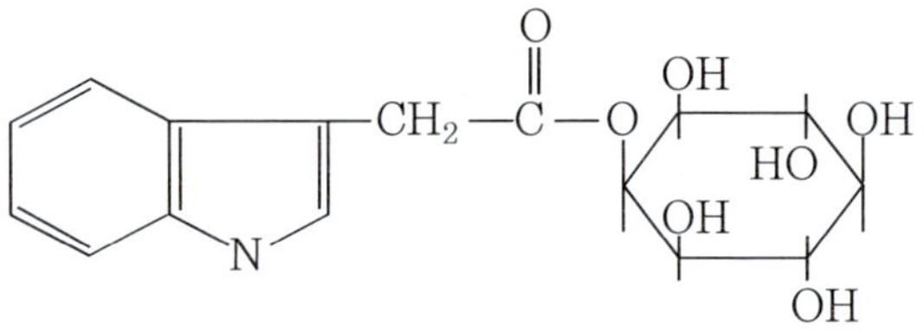

인돌–3–아세틸–미오–이노시톨

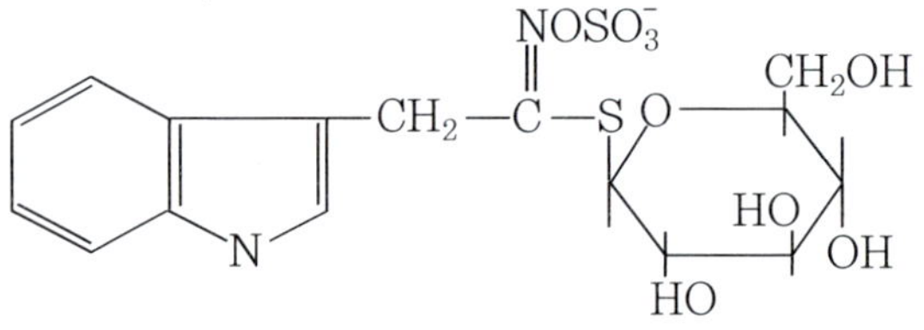

글루코브라시산

B. 비가역적 불활성

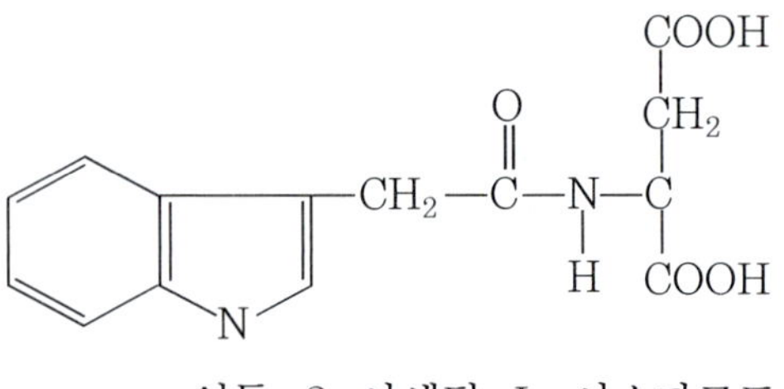

인돌–3–아세틸–L–아스파르트산

그림 18.4 IAA 결합체의 예. 복합체의 카르복시 그룹의 결사슬은 옥신의 활성에 필수적이다. 일반적으로, 옥신분자와 아미노산과의 복합체는 비가역적으로 불활성화 시키지만 당과의 복합체는 가역적 불성활성화된다.

용매를 이용하여 추출하거나 혹은 알칼리 조건하에서 가수분해하는 경우에만 분리할 수 있었다. 결합 옥신으로 불리는 후자의 무리는 현재 글리코실 **에스테르(glycosyl ester)** 혹은 펩티드와 같이 화학적 결합체를 형성하는 IAA로 알려져 있다. 결합체는 글루코오스 혹은 이노시톨 분자와 곁사슬의 산성기와의 에스테르화에 의해 형성된다(그림 18.4). IAA-글리코실 결합체 자체는 활성을 보이지 않으나, 용매로 추출하거나, 알칼리 가수 분해시 혹은 생체에서 가수 분해를 하는 동안 활성을 띄는 유리 IAA를 방출하게 된다.

비록 대부분의 식물에 대한 정량적 자료가 부족하지만, 커다란 IAA 글리코실 에스터 풀이 옥수수(*Zea mays*) 종자에서 입증되었다. 이 IAA 결합체 풀은 종자가 발달할 때 배유에서 형성되며 이 IAA 결합체 풀은 또한 처음 발아 후 몇일 동안 배에서 활성 호르몬이 중요한 근원이 되는 것으로 보인다. 예를 들면, 발아 중인 옥수수 줄기가 요구하는 IAA량의 60%가 최초로 배유에 의해 공급된 IAA 결합체의 가수 분해에 의해 채워진다. 대부분 우리는 발아 중인 유식물의 연구를 통해서 IAA 결합체의 가수 분해로부터 IAA의 방출을 알고있지만, 결합체의 가수 분해가 성숙한 식물의 생장에 있어서도 동등하게 중요한지 아닌지는 아직 모른다.

18.7 IAA는 산화및 아미노산과의 결합에 의해 불활성화 된다

수용액에서 IAA는, 특별히 리보플라빈과 같은 민감한 색소의 존재하에서 산(acid), 자외선, 이온화 방사선 그리고 가시광선을 포함하는 여러 요인에 의해 불안정하고 쉽게 파괴된다. 그러나 가장 흔한 IAA의 파괴 형태는 적당한 산화-환원계의 존재하에서, 산소와 과산화물이 각각 독자적으로 또는 연합해서 일어난다.

잎의 수용성 추출물에 의해 귀리(*Avena*)의 생장-촉진 물질의 불활성화 현상이 1930년대에 최초로 보고되었는데, 이때 이미 생장 활성물질이 IAA로서 동정되어 있었다. 식물 추출물에서 IAA 불활성화에 관련된 효소가 1940년대에 처음으로 분리되었으며 이 효소를 IAA **산화효소(IAA oxidase)**라 불렀다. 이 후에 플라보 단백질과 함께 **과산화 효소(peroxidase)**가 CO_2를 발생시키면서 IAA의 산화를 촉매하고 있음이 알려졌다. 과산화 효소에 의한 IAA의 산화적 탈카르복시화는 현재 일부 생리학자들에 의해서 IAA 산화효소 작용과 동일한 것으로 인식되고 있다. 실험실에서 서양고추냉이의 과산화 효소의 추출로 IAA의 산화적 탈카르복시화에 대한 연구가 가장 많은 연구가 이루어 졌다. 그러나 IAA의 최종 산물이 생리적으로 불활성형이기 때문에, IAA 산화는 일단 호르몬이 자신의 목적을 성취한 후 그 호르몬을 제거하는 데 있어서 매우 효과적인 방법이다. 더욱 최근의 연구에서 초록 토마토 열매, 잠두콩 그리고 다른 종의 알라닌 혹은 아스파르트산과 같은 아미노산의 IAA 접합체는 또한 비가역적 불활성화를 이끈다고 하였다(그림 18.4).

18.8 옥신은 사실상 식물 발달의 모든 단계에 포함되어 있다.

옥신은 절단된 줄기 조직과 자엽초 조직에서 세포 신장을 촉진시키는 자신들의 능력에 의해 일차적으로 그 특성이 규명되었으나, 그 밖에도 또한 뿌리 발생, 관다발 분화, 굴성 반응 및 곁눈, 꽃, 열매의 발달 등을 포함한 여러 가지 다양한 발달 반응에 영향을 끼친다. 옥신은 또한 뿌리와 줄기에서 중력과 단일방향 빛에 반응을 가능하게 하는 신호사슬의 중요한 구성성분이다. 사실상, 옥신은 식물이 초기 배에서 꽃 그리고 과일로의 발달과 생장의 모든 단계를 사실상 포함되고 있다.

18.8.1 옥신이 절편조직의 세포 확장을 자극하는 중요한 실험

귀리 자엽초에서 세포 확장의 조절은 옥신에 의해 조절되어 나타나는 세포 확장이었으며 이 작용은 암소에서 자란 완두 유식물의 줄기 절편과 자엽초 끝의 아래 조직 절편 등 잘라낸 식물조직에서 반복적으로 입증되었다.

옥신 농도-반응곡선은 전형적으로 옥신의 농도가 최적 농도에 도달할 때까지 농도가 증가함에 따라 반응량도 증가함을 보여주고 있다(그림 18.5). 최적 조건을 초과하는 농도는 생장 감소를 일으킨다. 만약 옥신 농도가 매우 높아지면, 생장은 대조구와 비교해 볼 때 억세된다.

옥신 생리학에서의 또 다른 중요한 특징은, 온전한 식물 줄기와 자엽초 경우 외부에서 주어진 옥신에 의해서는 별다른 반응이 유도되지 않는다는 것이다. 이것은 명백히 온전한 식물 조직 내의 내재성 옥신 농도가 조직의 최고 신장을 유도하기에 충분하며, 부가적으로 첨가된 옥신의 효과는 거의 없거나 혹은 부수적인 효과를 나타내지 않음을 보여준다. 그러므로 외부에서 공급된 옥신이 세포의 확장에 영향을 주는 효과는 옥신 공급이 이루어지는 정상적인 조직이 제거된 조직에서 나타나는 것이 일반적인 법칙이다. 인공배지에서 키운 조직 혹은 제거된 줄기의 부분 그리고 자엽초 같은 것을 포함한다.

18.8.2 옥신은 관다발 분화를 조절한다

옥신은 세포확장을 촉진할 뿐 아니라 세포분화 역시 조절하는 기

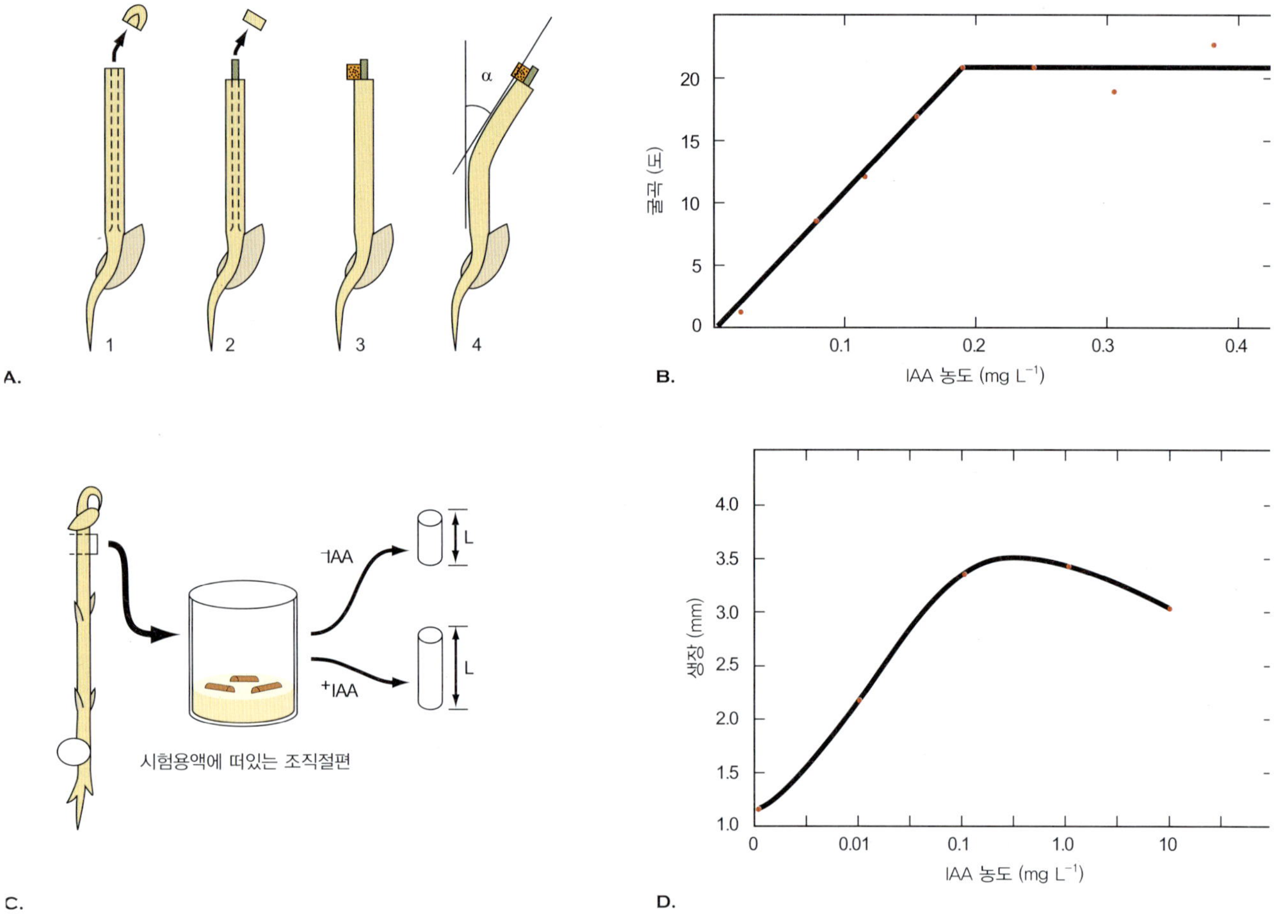

그림 18.5 두 가지 고전적인 옥신 조절 반응을 위한 농도 반응 곡선. (A) 벤트의 귀리 굴곡 실험. 옥신을 함유하고 있는 작은 한천 조각이 정단부가 제거된 귀리 자엽초 줄기의 절단된 표면 한쪽 위에 올려 놓아진다. 옥신은 이때 자엽초 내로 확산되어 들어가면서 한천 조각 밑에 위치한 세포의 생장을 촉진한다. 그로 인한 차등 생장이 자엽초를 한천 조각이 있는 반대쪽으로 휘게 한다. (B) 귀리를 이용한 실험에서 굴곡은 옥신 농도와 비례 관계를 보인다. (C) 완두 줄기 절편 실험. 암소에서 생장한 완두 유식물의 줄기 절편을 옥신이 있는 배지와 없는 배지에다 각각 띄운다. (D) 완두 줄기 절편 실험에서의 전형적인 농도-반응 관계. 옥신 농도는 로그 척도로 표시되었다. (Redrawn from the data of Galston, A. W., M. E. Hand. 1949. *American Journal of Botany* 36:85–94. With permission of the *American Journal of Botany*.)

능을 갖고 있다. 가장 많이 연구된 시스템은 줄기에서 관다발 분화의 유도이다. 이것은 발달중인 어린 잎에서 생성되는 옥신에 의해 조절된다. 예를 들면, *Coleus* 잎자루의 기저부에서 물관부의 형성은 잎자루를 통과하는 IAA의 흐름과 직접적으로 연관되어 있다. *Coleus* 상배축에서 잎을 제거하면 잎자루에서 물관부의 분화가 현격하게 감소한다. 하지만 이 효과는 IAA가 포함된 라놀린 연고를 처리할 경우 역전될 수 있다.

관다발 분화를 연구하는 최적의 시스템은 *Coleus* 줄기의 상처 부위에서 일어나는 물관 요소와 체관의 재형성으로 이 또한 옥신의 조절을 받는다(그림 18.6). 다른 라미아과(민트류)의 식물과 마찬가지로 *Coleus*는 사각형 줄기의 각 모서리에 관다발을 갖는다. 이들 중 하나의 관다발을 자를 경우 상처 부위의 유조직 세포들이 새로운 관다발 요소들로 분화하게 된다. 이러한 관다발 요소들은 결국 원래의 관다발과 연결되어 연속성을 되찾게 된다.

상처 부위에서 물관요소와 체관 분화는 옥신 공급에 의해 제한되고 조절된다. 예를 들어, 옥신의 공급원인 잎을 제거할 경우 관다발의 재분화는 크게 감소한다. 한편 옥신은 줄기의 아래로 이동하므로 상처 아래쪽에 있는 잎을 제거할 경우 관다발 재분화 감소

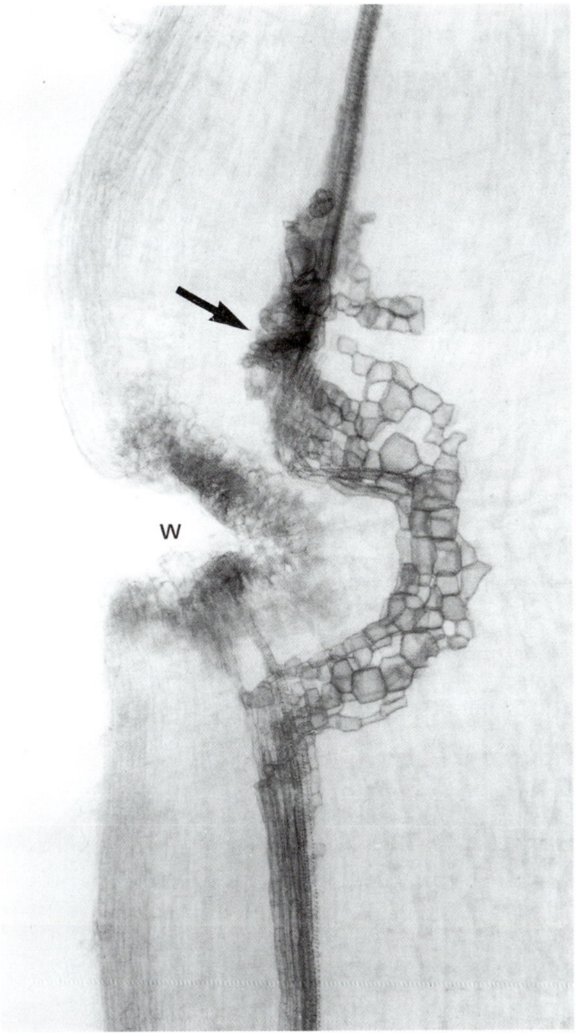

그림 18.6 IAA에 의해 유도되는 물관부 재생. 오이의 잘라진 마디에서 상처 주변(W)의 재상된 물관요소의 세로 사진. 0.1% IAA가 포함된 라놀린을 상처 후 바루 마디 사이 위쪽면에 처리한다. 상처위의 손상된 관다발 부위에 있는 많은 물관 요소가 짙게 나타난 부위(화살표)가 극성 재생을 나타낸다. 이것은 기저부를 향하여 이동하는 IAA가 초기에 축적된 부위인데 이는 상처에 의해 이동을 방해 받아 장애물 주변의 새로운 경로를 찾아야 한다. (배율: ×60) (Photograph courtesy of Prof. R. Aloni, Tel Aviv University).

효과는 거의 없다. 게다가 관다발 재분화의 정도는 잎 대신으로 옥신을 외부에서 주었을 때 직접적인 옥신의 공급과 비례한다. 일반적으로 체관이 분화하는 낮은 농도의 옥신(0.1% IAA의 라놀린 연고)에 의해 촉진되는 반면 물관의 분화는 높은 농도의 옥신(1.0%의 라놀린 연고)에 의해 촉진된다.

옥신은 또한 식물 조직 배양에서도 관다발 분화를 촉진한다. 옥신의 공급원인 눈이 분화되지 않은 캘러스 덩어리 위에 이식되었을 때, 이식 부위에서 캘러스 유조직이 관다발 조직으로 분화되기 시작한다. IAA와 설탕이 함유된 한천을 눈 대신 처리할 경우 동일한 효과가 나타난다.

18.8.3 옥신이 곁눈의 생장을 조절한다

경엽부가 지속적으로 생장하여 정단 분열 조직이 새로운 잎 원기를 세우면, 잎 원기의 **엽액**(axil, 줄기와 잎 원기 사이)에서 작은 세포 집단이 정단 분열 조직에서 분리되어 **곁눈**(axillary bud)을 생성한다. 콩 등의 일부 식물에서, 곁눈은 비록 정단아보다 매우 느리지만 계속 생장을 한다. 그러나 많은 식물의 경우, 곁눈에서의 세포 분열과 세포 확장은 발생초기에 정지하여 생장하지 못한다. 가지 많은 식물을 생산해 내기 위한 하나의 원예기법으로서 줄기의 끝을 제거하는데, 이것은 곁눈을 다시 생장하도록 촉진해 준다(그림 18.7). 분명히 정단아는 곁눈의 세포 분열과 세포 확장을 억제하는 효과를 발휘할 수 있다. 이런 이유 때문에 정단아에 의한 곁눈의 생장 억제 현상이 나타나는데, 이를 **정단우성**(apical dominance)이라고 한다.

옥신이 최초 발견되고 나서, 곧 티만(Thimann)과 스쿡(Skoog)은 경엽부 정단의 옥신 방출 용량과 곁눈 발달 억제 능력 사이에는 상호 관계가 있을 것인가? 즉, 옥신에 의해 정단 우성이 조절될 것인지를 의심해 보았다. 티만과 스쿡은 이 생각을 잠두 줄기 끝을 잘라내고 여기에 옥신을 처리해 보는 실험으로 조사하였다. 그 결과, 곁눈 발달이 옥신 존재하에서 억제되었다. 이 최초의 입증 실험 이후, 정단 우성을 유지하는 데 있어 옥신이 경엽부 정단부의 역할을 대신할 수 있다는 사실이 계속 확인되었다.

그림 18.7 잠두의 정단우성. (왼쪽) 대조구 식물, (가운데) 옥신의 공급원인 줄기 정단부를 제거하면 곁눈 생장이 촉진된다. (오른쪽) 줄기 절단 표면에 옥신을 처리해 주면 정단 우성이 회복될 수 있다.

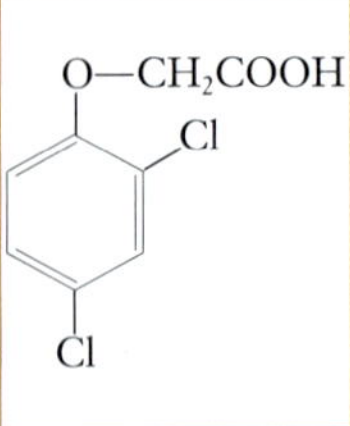

Box 18.2
옥신의 상업적 응용

호르몬과 다른 조절 화학물질은 상업적인 이유로 식물 발달 양상을 조절하는데 다양하게 응용되어 사용되어지고 있다.

합성 옥신은 IAA가 효소에 의해 분해되는 산화에 저항성을 가지기 때문에 상업적 응용에 널리 사용되어진다. 게다가 합성 옥신은 매우 안정하고, 특정 응용에서 종종 IAA보다 더욱 효과적이다. 가장 많이 사용되어지는 옥신중 하나는 잡초방제에 사용되는 2,4-D이다. 2,4-D, 2,4,5-T 그리고 디캄바(dicamba) 같은 다른 합성 화합물은 낮은 농도에서는 옥신의 활성을, 높은 농도에서는 효과적인 제초제이다.

1946년 2,4-D 그리고 4-CPA 같은 제초제가 알려지고 농업에 혁명을 가져 왔다. 염소처리된 페노옥시아세트산은 넓은 잎을 가진 종에 선택적으로 독성을 가지지만 이유는 명확하지 않다. 2,4-D는 작물에서 잎이 넓은 잡초의 조절 뿐 아니라 정원을 가꾸는 데 매우 중요한 구성성분으로 남아 있다. 합성 옥신은 낮은 비용과 매우 안정된 화학물로 상업적 응용에 선호되어진다.

인돌부틸산 그리고 나프탈렌아세트산 둘 모두는 줄기 그리고 잎을 잘라 식물로 증식시키는 양생장 증식에 널리 사용되어진다. 이 응용은 막뿌리 형성을 자극하는 옥신의 경향을 추적하는 데 이용된다. 일반적으로 판매되는 "뿌리 생성 호르몬" 같은 것은 옥신으로, 일반적으로 NAA 혹은 IBA 같은 합성 옥신이고 탤컴파우더 같은 비활성 성분과 섞여 있다. 줄기를 잘라 축축한 모래 바닥에 이식 전에 이 파우더에 담그면 뿌리 형성이 촉진된다.

4-CPA를 토마토에 스프레이하면 꽃과 열매가 증가하고, NAA는 일반적으로 파인애플의 꽃을 유도하는데 사용되어진다. 후자는 실질적으로 옥신에 유도되는 에틸렌 생산에 효과적이다. NAA는 또한 사과와 배가 다 익지 않고 떨어지는 것을 방지하는데 이용된다. 이것은 꽃 그리고 열매의 발달의 적절한 단계에서 옥신의 응용은 시간 의존적인 효과에 반대되는 것처럼 보인다. 과일 생성 초기에 스프레이를 하면 꽃이 핀 뒤에 짧아지고, 어린 과일의 낙과가 증가한다(반복, 옥신에 의해 유도되는 에틸렌 생산 때문). 솎아 주는 것은 과일 수의 감소와 발달에서 너무 많은 작은 과일이 열리는 것을 방지하기 위해 필요하다. 스프레이는 과일 성숙의 반대효과로, 덜익은 과일이 떨어지는 것을 막고 수확이 준비될 때까지 완전히 익어 나무에 달려 있는 것을 유지하게 한다.

제초제 같은 염소화된 형태의 합성 옥신의 사용은 잠정적으로 건강에 해롭기 때문에 철저한 검토가 필요하다. 예를 들면, 상업적으로 만들어진 2,4,5-T는 상당한 수준의 다이옥신을 포함하고 있으며, 높은 발암화합물로 사법적으로 금하고 있다.

경엽부 정단부에 있는 옥신이 어떻게 곁눈 발달을 억제할까? 가장 널리 인정받고 있는 이론에 의하면, 곁눈 생장을 위한 최적 옥신 농도는 줄기의 신장에 필요한 농도보다 훨씬 적다. 경엽부 정단부에서 식물의 기부쪽으로 향하는 옥신의 이동량으로 인해 곁눈에서 충분히 옥신 억제 농도가 유지된다고 한다. 정단부 제거에 의한 이 옥신 공급의 차단은 곁눈 내로 옥신의 공급을 감소시키게 되고, 그로 인해 곁눈의 생장 억제가 풀리게 된다. 옥신 수송의 역할에 대한 보다 직접적인 증거는, 옥신 수송 억제제인 트리요오드벤조산(TIBA)과 나프탈프타람산(NAP)을 경엽부 정단부와 곁눈 사이의 줄기 부분에 가해 주었을 때 곁눈이 휴면 상태에서 빠르게 깨어난다는 사실에 나왔다. 게다가, 많은 줄기 가지를 지닌(정단 우성 현상이 없는) 토마토 품종은 방사성 동위원소로 표지된 IAA를 경엽부 정단부에서 방출하지 못한다.

18.9 산성생장설은 옥신이 조절하는 세포 확장을 설명해 준다

1차적인 작용이 무엇이든 간에, 옥신은 등식 17.1(17장)에 있는 하나 혹은 둘 이상의 변이에 궁극적으로 영향을 끼침으로써 세포 확장 속도를 변화시킬 수 있다. 예를 들면, 생장률의 증가는 세포벽 신장력(m)의 증가, 팽압(P)의 증가, 혹은 유연성 역치의 감소를 요구한다(원형질막의 수압 전도도 L은 통상적으로 제한 요인이 아니다). 미세 압력용 탐침을 사용하여서 직접 P 값을 측정한 결과, 완두 줄기의 절편에서 옥신이 생장률을 촉진시키는 동안 팽압은 거의 변화하지 않음을 보여주었다. 비록 Y 값을 직접 측정할 수는 없지만 간접적인 실험 결과에 의하면 유연성 역치는 변화하지 않는다. 그것은 신장력(m) 문제를 남겨둔 것이다. 신장력은 평가하기가 어렵다. 그것은 한편으로는 속도 상수이고, 또 한편으로는 비가역적 변형을 겪는 세포벽의 능력에 대한 측정치이다. 신장력을 측정하기 위한 많은 실험들이 고안되었다. 하지만 그 방법이 무엇이든지 간에 그 답은 항상 똑 같았다. 옥신에 의한 빠른 세포 확장의 유도는 항상 빠른 세포벽 신장을 동반하였다.

세포확장에서 낮은 pH의 기능은 17장에서 설명하였다. 산성 pH와 세포벽 풀림 사이의 관계가 점차 명확해짐과 동시에 옥신이 생장 중인 세포로부터 양성자(수소이온)를 방출케 한다는 것이 발견되었다. 양성자 방출이 옥신에 의한 세포 확장에 있어 중요하다는 것이 다음의 몇가지 증거들에 의해 제시되었다. (1) 귀리 자엽초의 경우, 세포벽 공간 내의 pH는 옥신 처리후 8에서 10분 내에 5.7에서 4.7까지 떨어진다. 이 지연 시간은 옥신 첨가 뒤 생장 반응이 시작하기까지의 시간과 일치한다. (2) 옥신에 의한 양성자 방출은 에너지 의존적인 반응으로서 대사 억제제나 옥신 유도 생장 억제제에 의해 억제될 수 있다. (3) 만약 자엽초의 세포벽 공간이 중성 완충액으로 채워져 pH 변화가 일어나지 않으면, 옥신 농도에 의한 생장이 거의 완전하게 억제된다. (4) 양성자 방출을 야기하는 옥신 이외의 물질도 옥신과 유사한 생장 효과를 보인다. 이런 성분의 물질로 *Fusicoccum amygdali*라는 곰팡이로부터 추출한 식물 독소물질인 푸지콕신이 있으며, 이것은 세포가 양성자를 빠른 속도로 방출하도록 야기시킨다.

1970년에 라일(D. Rayle)과 크릴랜드(R. Cleland)는 옥신에 의해 촉진된 세포벽 신장력의 증가를 설명하기 위해서 간단하지만 도전적인 가설을 제안하였다. 그들은 옥신이, 세포가 양성자를 방출하도록 촉진시켜서 세포벽 환경을 산성화한다고 제시하였다. 세포벽에서의 낮은 pH는 산성에서 최적 pH를 보이는 하나 혹은 그 이상의 세포벽 풀림 효소를 활성화시킨다. 거의 같은 시기에 독일의 하거(Hager)는 비슷한 제안을 하였으나, 그는 한발 더 나아가서 옥신이 양성자 펌프 역할을 하면서 원형질막에 결합된 ATPase를 활성화 시킴으로써 세포내의 양성자 방출을 촉진한다고 제시하였다. 크릴랜드-하거의 제안은 **산성 생장설(acid-growth hypothesis)**로 알려져있다. 비록 산성 생장설이 얼마 안 되는 식물 조직에서 시험되었지만(단지, 귀리의 자엽초를 통해서 시험됨), 이 가설에 대한 증거는 일반적으로 지지되고 있다. 현재의 해석으로 보았을때 산성생장설에 따르면, 옥신은 원형질막에 위치한 ATP-양성자 펌프를 활성화 시킨다(그림 18.8A). 그 결과에 따른 세포벽 공간의 산성화는 익스펜신 활성을 위한 최적 범위내로 pH를 낮춘다. 결과적으로 활성도가 높아진 익스펜신은 세포벽 신장력을 증가시키고 이는 17장에서 이미 언급했듯이 팽압에 의한 세포확장을 유도하게 된다.

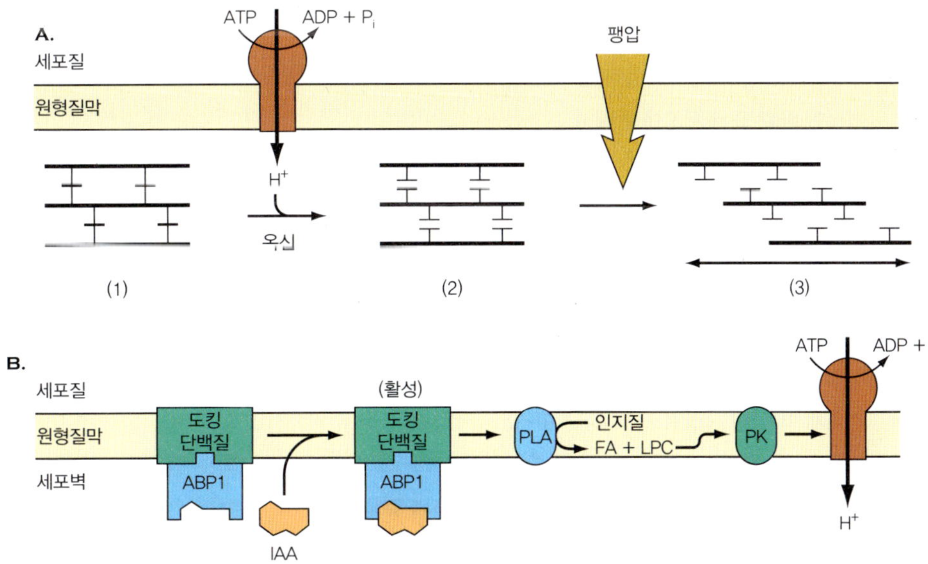

그림 18.8 세포 확장에 대한 산성 생장설에서 옥신의 역할을 설명하는 모식도. (A) 세포벽 중합체 분자들이 하중을 지니고 있는 결합과 길게 교차-연관되고 있고(1), 이 결합는 세포가 확장할 수 있는 능력을 제한한다. 원형질막에 위치한 양성자 펌프인 ATPase가 세포질로부터 양성자를 세포벽으로 펌프해 냄으로써 세포벽 공간을 산성화시킨다. 낮은 pH는 하중을 지니고 있는 결합을 깨뜨리는 세포벽-풀림 효소를 활성화시킨다(2). 막과 세포벽에 가해지는 팽압의 힘이 중합체 분자의 위치를 변화시켜서(3) 세포가 확장할 수 있도록 해준다. (B) 양성자 펌프인 ATPase의 활성화와 옥신을 연결해 주는 신호 전달. 자세한 내용은 본문을 참조할 것. 약어: ABP1, 옥신결합 단백질1; PLA, 포스포리파아제 A; FA, 지방산; LPC, 리소인지질; PK, 단백질 키나아제.

비록 옥신은 원형질막에 있는 ATPase-양성자 펌프의 활성을 증가시키지만 옥신 자신은 ATPase와 결합하지 못한다. 그러므로 옥신과 ATPase 활성을 연결시켜 신호전달을 시작하게 하는 수용체가 필요하다. 잠정적인 옥신 수용체가 옥수수(*Zea mays*)에서 분리되었지만 이것이 신호전달에서 어떤 역할을 하는지는 불분명하다.

옥수수 옥신 수용체는 ABP1(*A*uxin-*B*inding *P*rotein 1)이라고 하는 막과 결부된 단백질이다. ABP1은 옥신에 매우 높은 친화력을 가진 22 kDa 소단위체로 구성된 이합체로서 43 kDa의 당단백질로 알려졌다. ABP1은 원래 소포체에 위치하는 것으로 알려졌으나, 원형질막과 세포벽에도 연관되어 존재함이 알려졌다. ABP1은 비록 증거가 직접적이지는 않지만, 세포 신장을 중재하는 옥신 수용체의 제일의 후보로 간주되고 있다. 아마도 가장 강력한 증거는 **항체(antibody)**를 이용한 실험에서 얻어졌다. 항체는 **항원(antigen)**의 존재에 대한 반응으로 동물의 면역계에서 의해서 생성되는 단백질이다. 항체는 흔히 "외래성" 단백질인 항원과 결합하여 그 단백질을 불활성화 시킨다. 항체는 쥐나 토끼와 같은 동물체내에 정제된 단백질을 주입시킴에 의하여 그 식물단백질에 대해 만들어질 수 있다. 항체는 항체-항원 반응의 특이성 때문에 유용한 수단이 된다. 항체는 또한 형광 화학물질이나 다른 표지자에 의해 인식될 수 있어 그것들의 위치가 쉽게 보여질 수 있다. 옥신결합 단백질(IgG 항ABP로 명명됨)에 대해 만들어진 항체(IgG로 명명됨)는 특히 옥신에 의해 유도된 자엽초 시장과 그리고 옥신에 의해 유도된 원형질막의 과분극현상을 모두 억제한다. IgG-항ABP를 자엽초 절편에 사용하였을 때, 결합 단백질이 바깥 표피 세포에 존재하고 있음이 밝혀졌다. 그러므로 바깥 표피 세포가 자엽초에서 가장 옥신에 민감한 반응을 나타내는 조직으로 믿어진다.

ABP1이 옥신 수용체라는 제안은 일부 논쟁거리가 되어 왔다. 근본적인 어려움은 세포내에서의 ABP1의 위치와 관계가 있다. ABP1은 소포체의 막 안에서 특히 많이 발견되며 일부 연구자들은 어떠한 ABP1도 원형질막에서 검출해 내지 못하였다. 심지어 ABP1의 어느 한 쪽 끝에, 소포체 막 안에 통상적으로 보유하고 있는 단백질의 전형적 특징인 아미노산 서열을 포함하고 있다. 그러나, 최근에는 보다 정교한 면역학적 기술로 인해 옥수수 원형질체의 원형질막 상에서 조그만 분자의 집단(1,000개의 분자)이 동정되었다. 두 번째 문제는, 아미노산 서열에 근거하여 볼 때, ABP1 단백질이 친지성의 막 관통 구역을 갖고 있지 못한 것으로 보인다는 점이다. 이런 관찰 사실들을 조화시키기 위해서, ABP1이 막을 관통하는 도킹단백질로 복잡하게 구성되어 있다는 제안이 발표되었다. 이 모델에 따르면, 도킹단백질의 막에 ABP1을 결합시키기 위해 필요한 지질 용해성을 제공한다는 것이다. ABP1과 도킹 단백질은 복합체를 만들고 나서 비로소 소포체로부터 원형질막으로 운반되어 여기에서 ABP1이 원형질막의 바깥쪽을 향하면서 결합된다(그림 18.8B). ABP1-도킹 단백질의 복합체 그 자신은 불활성형이나, 여기에 옥신 분자가 부착되면 그 복합체를 활성화시켜 신호 전달 경로를 시작하게 된다. 이렇게 제안된 도킹 단백질이 아직은 동정되지 않았으나, 그것은 G-단백질 계열에 있는 GPCR 수용체일 것이라고 추측되어진다(17장).

옥신은 또한 포스포리파아제 A_2(PLA_2) 효소를 활성화 시키며 여러 실험으로 PLA_2가 신호전달 사슬에 포함되어 있음을 보이고 있다. 예를 들어, 활성화된 PLA_2는 IgG-항ABP에 의해 막힌다. 또한 **리소인지질(lysophopholipid)**과 지방산(PLA_2의 산물) 모두 양성자 방출과 신장을 촉진한다. 이들 효과는 바나드산염에 의하여 억제되는데, 이 물질은 특히 원형질막의 양성자-ATPase를 억제한다. 이러한 자료는 신호 전달 사슬에서 PLA_2가 ABP1을 뒤따르며, 리소인지질과 지방산이 따라서 나타난다. 끝으로, 양성자 방출과 세포 신장에 대한 IAA와 리소인지질 효과 모두는 단백질 키나아제의 억제제에 의하여 방해받을 수 있는데, 이것은 지질 분자가 단백질인산화 반응 의존성 메커니즘에 의하여 양성자-ATPase를 활성화하고 있음을 의미하는 것이 된다. 이러한 요소들이 어떻게 상호작용을 할 것인가에 대하 그림 18.8B에 표시하였다.

18.10 옥신 유도 생장 유지와 다른 옥신 효과를 위해서는 유전자 활성화가 필요하다

산성생장설만으로는 어떻게 옥신이 세포 생장을 조절하는가에 대한 문제에 답을 주지 못하고 있으며, 세포의 성숙과 분화와 같은 보다 복잡한 발달에 관한 문제를 남긴다. 한가지 어려움은 옥신에 반응 하는 녹색 줄기의 절편이, 모두 다 그렇지는 않지만, 산(acid)에 잘 반응하지 않는다는 것이다. 또 다른 어려운 점은 외부에서의 산 처리가 일시적인 생장촉진을 자엽초에서 유도한다는 사실이다. 산이나 푸지콕신 모두는 처리 후 처음 30에서 60분간은 효과가 없다. 옥신에 의해 유도되는 생장 동역학을 보면, 생장률이 초기에 빠른 증가를 보이다가, 30에서 60분안에 최대치에 도달한 후 평형상태를 보이거나 혹은 그 다음 16시간 동안 점차 생장률이 감소한다(그림 18.9). 그러한 두 단계 반응 곡선에 대한 가장 그럴듯한 설명은 산성생장 반응은 일차적으로 초기의 신속한 생장 반응에만 국한된다는 것이다. 분열 → 확장 → 성숙 → 분화를 거치는 잘 규정된 세포의 진행 과정을 포함하여, 장시간 동안의 생장을 유지하기 위해서는 부가적인 옥신에 의해 조절되는 요소가 요구된다. 이 부가적인 요소로서는 유전자의 전사와 생장-촉진 단백질의 합성 등

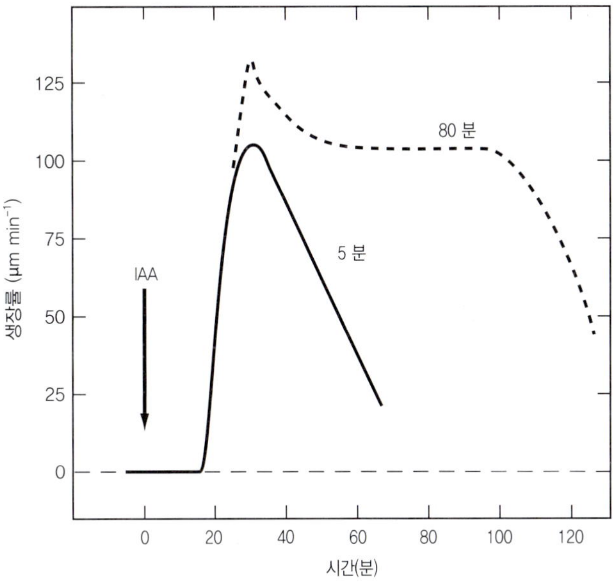

그림 18.9 옥신에 의해 유도된 옥수수의 자엽초 신장에 관한 동력학. 두 곡선이 옥신 작용의 지속 시간에 있어서 서로 다르다. 각 경우에서, 옥신(10^{-5}M IAA)이 제로 시간 때 처리되었으며 그 후 표시된 시간(5분 혹은 80분)에서 제거되었다. (From Dela, Fuente, R. K., A. C. Leopold. 1970. *Plant hysiology* 46:186. Copyright American Society of Plant Physiologists.)

이 있을 수 있다.

몇 가지 유전자들은 옥신에 의해 특이적이고 빠르게 발현이 유도되는 것으로 알려져있다. 이것은 ***SAUR*(small *a*uxin *u*pregulated *R*NAs)**과 *AUX/IAA* 둘 모두를 포함한다. *SAUR* 유전자는 비교적 불안정한, 짧은 RNA 전사체를 만들어낸다. 콩 하배축에서 *SAUR* 유전자의 발현은 옥신에 정상적으로 반응을 하는 조직에서만 나타나는 것으로 보이며, RNA 전사체는 심지어 옥신에 의해 유도되는 신장 생장이 관찰되기 전일지라도, 옥신 처리 후 2에서 3분내에 검출될 수 있다. 더욱이, *SAUR* 전사체의 비대칭적 분포가 중력 자극을 받은 어린 식물체서 검출되었다. 이런 비대칭은 그 어린 식물에서의 차등적인 세포 신장과 관련이 있으며, 가시적인 굴곡 징후가 보이기 전에라도 검출된다. 마지막으로, 애기장대 식물에서 여러 옥신-저항성 돌연변이주들은 옥신 처리에 대한 반응으로 낮은 수준의 *SAUR* 유전자의 발현을 보인다.

AUX/IAA 유전자는 옥신 처리후 4에서 30분 사이에 증가된다. 이런 거대 유전자 가속—애기상내 세놈내에 적어도 29종의 다른 AUX/IAA 유전자가 존재—은 전자조절자 기능을 가진다. AUX/IAA 단백질은 직접적으로 DNA에 결합하지 않고, 옥신 반응 요소 (ARF)라고 하는 다른 단백질과의 결합에 의해 이들을 조절한다. ARF는 옥신-반응 유전자의 프로모터에 결합하여 유전자의 발현을 활성화 혹은 억제시킨다. AUX/IAA 단백질은 ARF의 활성을 억제하는 긍정적 혹은 부정적 조절자이다.

초기 연구에서 단백질 합성 억제제인 사이클로헥사마이드의 처리에 의해 이들 반응 유전자들이 증가한다고 하였다. 이러한 관찰로 일반적으로 전사를 막는 것은 짧은 생의 억제제에 의한 것이라고 추측하였다. 옥신은 억제 단백질의 유비퀴틴 매개 분해를 시작하는 모델과 일치한다. 이 모델은 애기장대의 *TIR1* 유전자의 발견에 의해 확인되었다. 원래 옥신 수송 억제제의 유전적 스크리닝에 의해 동정되었고(그것은 *TIR1; Transport Inhibitor Response1*하고 함), TIR1은 수용성이고, 핵에 위치한 옥신 수용체 단백질로 옥신과 결합하여 옥신 반응 유전자의 전사를 활성화시키는 일을 한다.

TIR1은 F-박스 단백질(17장, Box 17.3 F-박스 단백질의 기능을 참조)이고, 게다가 SCF 스캐폴드와 같이 결합할 수 있는 인식 자리를 가지고 있으며, 또한 옥신의 인식 자리를 가지고 있다. 최근 TIR1의 크리스탈 구조의 연구로 단백질 표면에 AUX/IAA 펩티드와 일치하는 주머니를 가지고 있는 것을 밝혔다. 하지만 TIR1의 AUX/IAA 결합력은 옥신 분자가 존재할 때 매우 낮다. 옥신 분자는 주머니의 아래쪽에 위치하고 지속적으로 단백질과 결합을 한다. 옥신은 "분자 풀"로 TIR1-AUX/IAA 결합을 증가시킨다. 옥신과 AUX/IAA 단백질 모두가 같은 장소에 있을 때 TIR1은 유비퀴단-26S 프로테아솜 경로에 의한 역제제의 분해와 연속적인 유비퀴틴화를 위한 SCF 복합체와 연결이 가능하다(그림 18.10). AUX/IAA 억제 단백질의 제거로 옥신 반응 유전자가 활성화되고, mRNA의 전사의 과정이 시작되고 연속적으로 옥신-유도 단백질의 번역이 일어난다. 옥신은 옥신 반응 유전자의 발현을 통한 발달의 조절을 위채 나타나지만 간단한 활성화는 아니다.

결정구조하의 연구는 오랜 질문인 "옥신이 무엇은 만드는가?"에 대한 답을 쉽게 하였다. 필수적으로 어떤 분자는 TIR1의 결합 주머니에 붙어 옥신과 같이 TIR1-AUX/IAA 결합을 증가시킨다. 이런 서로 다른 옥신 분자의 상호 효과는 어떻게 주머니에 적합하게 결합하는가에 의존한다.

18.11 많은 식물발달 분야가 옥신의 극성수송과 연관되어 있다.

옥신의 수송은 조직의 분화가 활발하게 일어나 합성이 발생하는 어린 유식물에서 거의 독점적으로 연구가 되었다. 이 지역으로부터, 옥신은 지속적으로 줄기에서 뿌리로 흐른다. 적어도 애기장대의 유식물에서 이런 흐름의 일부는 체관의 농도 기울기에 의해 아래로 분명히 움직이다. 그러나 매우 중요한 부분은, 이동은 복잡하고 극

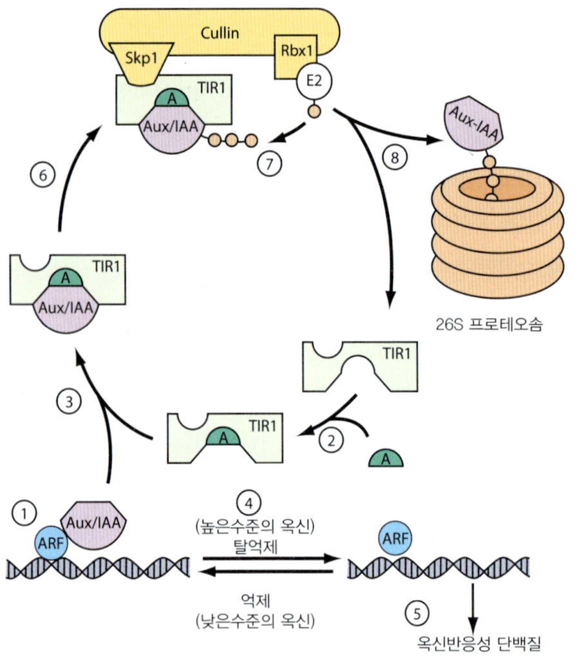

그림 18.10 옥신에 유도되는 유전자 발현 활성화 모델. (1) 옥신반응 요소 단백질(ARF)는 옥신 반응 유전자의 프로모터 지역의 DNA과 결합을 하지만 유전자의 전사는 존재하는 AUX/IAA 억제 단백질에 의해 방해된다. 옥신의 수준이 증가할 때 옥신(A)는 핵에 위치한 옥신 수용체 TIR1와 결합하여 옥신–TIR1 복합체(2)를 형성한다. 옥신의 TIR1 결합력의 향상은 ARF가 AUX/IAA를 분리함으로써 가능하게 된다(3). ARF로부터 AUX/IAA 단백질의 제거는 유전자를 재활성화 시키고(4), AUX/IAA를 포함한 옥신 유도 단백질의 번역과 mRNA 전사를 가능하게 한다(5). 그동안, TIR1은 AUX/IAA에 E3 유비퀴틴 결합 효소 혹은 SCF 복합체를 끌어온다(6), 여기에서, AUX/IAA는 폴리유비퀴틴화 된다(7). 유비퀴틴화된 단백질은 26S 프로테오솜을 끌어오고(8), 그것은 분해된다. 결과로, 옥신의 수준이 높을때 TIR은 억제 단백질을 지속적으로 제거함으로써 mRNA의 전사활성을 가능하게 한다. 옥신의 수준이 낮을때, TIR1은 억제자와 결합이 불가능하여, 억제자는 계속 축적되어 전사는 막힌다.

성 수송 메커니즘에 의해 매우 잘 조절되어진다.

극성수송이란 기본적으로 자엽초, 줄기 그리고 뿌리에서 위 혹은 아래로의 선호하는 이동에 근거한다(그림 18.11). 이동할 때 형태학적으로 정단부에서 기저부 방향으로 이동은 **하향적(basipetal)**이라고 한다. 반대방향으로의 이동 즉, 형태학적으로 정단부로 향하는 것은 **상향적(acropetal)**이라고 한다. 그림 18.11과 같이 줄기나 자엽초 절편이 거꾸로 되었을 때에도 원래의 이동 방향은 유지된다. 하지만, 옥신 수송에 대해 더 많이 공부하고, 측면 뿐만아니라 위 그리고 아래의 옥신의 수송 방향성에 대한 더 많은 증거를 가져야한다.

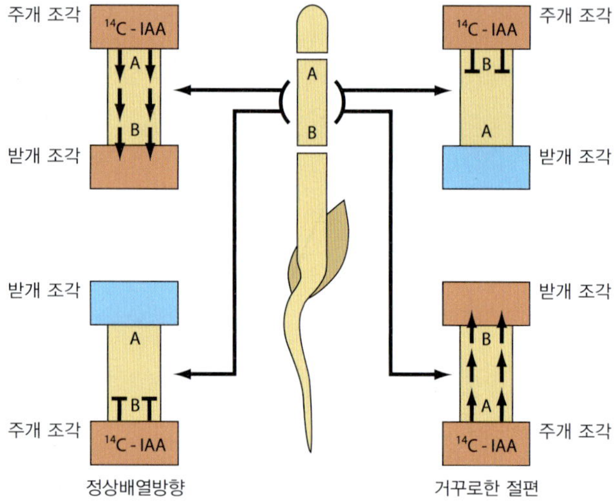

그림 18.11 귀리 자엽초 절편에서 옥신의 극성 이동. 주개 조각(한천 조각)이 방사선 동위 원소인 ^{14}C로 표지된 ^{14}C–IAA를 포함하고 있다. 절편의 방향에 관계없이 방사서 동위 원소로 표지된 IAA의 이동은 항상 형태학적으로 절편의 위쪽 끝 부분인 정단부(A)로부터 아래쪽 기저부(B)로 일어난다.

경엽부에서 옥신의 극성수송은 하향적 이동으로 5–20 mm hr^{-1}의 속도로 일어난다. 경엽부에서의 상향적 이동은 미미하다. 반대로 뿌리에서 두 방향의 수송이 일어난다. 상향적 흐름은, 뿌리 끝에서의 옥신의 방향은 뿌리의 중심관의 물관 유조직세포를 통해 흘러 경엽부에 도달하다. 하향적 흐름은 흐름이 반대로, 옥신은 뿌리 끝으로부터 떨어져 표피세포와 내층세포를 통해 이동한다.

극성 옥신 수송 현상은 매우 관심이 있다. 왜냐하면 옥신의 농도는 여러 가지 발달 반응에서 매우 중요하기 때문이다. 옥신의 농도 기울기 때문에 적어도 부분적으로 정단우성, 이차 뿌리 형성 그리고 빛과 중력에 의한 다른 생장반응 같은 현상을 설명할 수가 있다. 예를 들어 뿌리에서의 옥신의 흐름은 뿌리의 중력반응을 포함하고 있으며 다음장에서 설명할 것이다.

여러 관찰에 의하면, 경엽부와 뿌리에서 옥신수송을 위해 운반자에 의해 중재되는 능동적인 이동 메커니즘이 관련되어 있음을 알 수가 있다. 첫째, 극성이동은 시안화물과 2,4-디니트로페놀과 같은 호흡억제 물질에 의해 억제됨이 알려졌다. 그래서 극성 이동은 미토콘드리아 내의 산화 대사에 의존하는 에너지 요구 과정임을 알 수 있다. 둘째, **피토트로핀(phytotropin)**으로 불리는 화합물이 극성 이동에 비경쟁적 억제제로 작용한다. 이러한 피토트로핀 화합물로는 **TIBA(2,3,5-트리오오드벤조산)**, **모르팍틴(9-히드록시플루오르-9-가르복시산)** 그리고 **NPA(N-1-나프틸프타람산)**들이 있다(그림 18.12). 이러한 억제제들은 극성수송에 관련되어 뚜렷이 구별되는 운반자 분자에 결합되어야 만 하는 것으로 생각된다. 셋째, 방사선으로 표지된 IAA 흡수가 방사선으로 표지되어 있지 않은 IAA에 의해 부분적으로 억제된다. 이러 결과는 방사선으로 표지된 IAA와 표지되지 않은 IAA가 제한된 수의 운반체 자리를 놓고 경쟁하고 있음을 제시하는 것이다.

이러한 관찰은 1970년 중반 루버리, 쉘드레이크 그리고 라벤등에 의해 제안된 옥신 수송의 **화학삼투 모델(chemiosmotic model)**에 근거하여 구체화되었다. 제시된 화학삼투 모델은 중요한 3가지 특징을 포함하고 있다: (1) 원형질막을 사이에 두고 형성된 pH 구배 또는 양성자 구동력이 IAA의 세포내 이동의 원동력이 된다. (2) IAA 유입 운반자와, 그리고 (3) IAA 유출 운반자는 옥시 수송 세포의 기저부에 위치한다(그림 18.13). 화학삼투 모델의 중심원리는 아래와 같이 요약되었다. IAA는 약산, 친지성 분자이다. pH에 의존적으로 IAA는 양성자를 얻은 형태(IAAH) 혹은 양성자를 얻지 않은 음이온 형태(IAA^-)를 갖는다. 세포벽 공간은 pH가 약 5.5 정도인 산성상태이다. 이 pH 상태에서 IAA의 20%는 양성자를 얻는다(IAAH). 그 결과 세포벽은 음이온형태와 양성자형태의 IAA 모두를 포함하고 있다. IAA의 지질 용해성에 기초하여, 전하를 띠지 않은 IAAH 분자의 일부가 세포벽으로부터 원형질막을 가로질러 천천히 확산되어 세포로 들어간다. 그러나 대부분의 IAA는 균일하게 세포 주위에 분포하는 H^+/옥신 단일방향 운반체(유입 운반체)를 통해 IAA−형태로서 세포 내로 들어간다.

세포질에서, pH는 7.0에 가까워 IAA는 IAA^-와 H^+로 분리된다. 옥신은 이때 세포내에 잡혀있게 되기 때문에 IAA^-는 막을 가로질러 쉽게 확산될 수가 없다. 그러나 화학삼투 모델의 핵심은 세포의 막 기저부에 운반자가 위치하며 세포로부터 IAA^-의 유출을 조절한다는 것이다. 이 유출 운반자의 독특한 방향성으로 옥신 수송의 극성을 일으킨다.

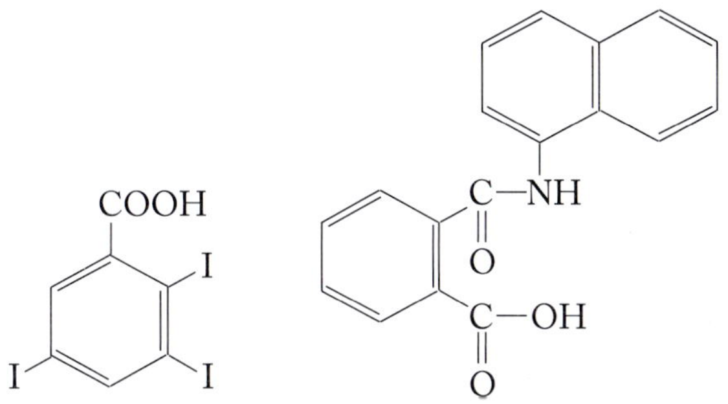

2,3,5-트리요오드벤조산 (TIBA)   나프틸프타람산 (NPA)

그림 18.12 피토트로핀. 극성 IAA 이동에 억제제로 작용하는 화합물의 두 가지 예.

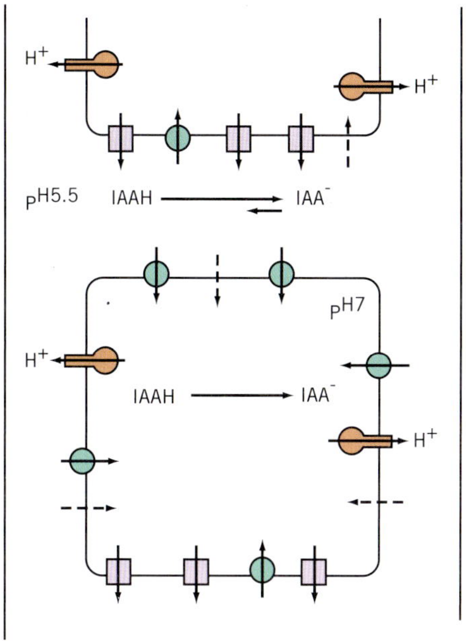

그림 18.13 IAA의 극성 수송을 위한 화학삼투–극성 확산 모델. 산성세포벽 공간(pH 5.5)에 있는 IAA는 약 20%가 양성자화되어 있다. 양성자화된 IAA(IAAH)는 음이온 형태(IAA^-)가 AUX1(원)를 통해 취해지는 동안 세포막(점선 화살표)을 가로질러 확산에 의해 세포내로 들어간다. 양성자/IAA 공동수송 운반체는 원형질막에 무작위적으로 위치한다. 세포질 안(pH 7.0)에서 IAAH는 양성자를 방출하여 IAA^-가 되며, 이것은 세포 기저부에 있는 PIN 가족(사각형)인 유출운반자를 통해서만 세포 밖으로 빠져나갈 수가 있다. 막에 결합된 ATPase 양성자 펌프는 막을 경계로 해서 적당한 pH 차이를 유지시켜 주며 그리고 IAA가 같은 방향으로 이동되기 위한 양성자를 제공한다. 밖으로 내보내는 운반체가 유일하게 기저부에 위치하는 것이 극성이동의 열쇠이다.

세포 기저부에 위치한 유출 운반자에 대한 첫 번째 직접적인 증거는 잠정적인 IAA 수송 단백질이 피토트로핀 NPA와 결합한다는 사실에서 나왔다. NPA-결합 단백질이 분리되어 이에 대한 항체가 만들어지고, 그 항체는 계속해서 현미경하에서 볼 수 있도록 형광체로 표지되었다. 형광표지한 항체를 완두 줄기 절편에 처리되었을 때 형광은 줄기 세포의 기저부 원형질막에서만 발견되었다.

더 최근에, 애기장대의 옥신 돌연변이체에 대한 연구로부터, 두 집단의 옥신 유입과 유출 운반자가 발견되었다. 잠정적인 세포 유입 운반자는 막 단백질인 AUX1이다. *AUX1* 유전자는 유전자 자리에서 돌연변이가 일어났을 때 IAA-저항성 뿌리 생장과 곁뿌리 발생의 감소 및 중력에 대한 뿌리의 반응 감소를 나타내는 점으로 보아 옥신 대사와 이동에 관련된 것으로 보인다. 이런 표현형은 IAA의 흡수 능력이 감소된 식물에서도 나타난다. *AUX1* 유전자가 클로닝되어 이 유전자의 단백질내 폴리펩티드 서열이 아미노산/양성자 공동수송 운반자 역할을 하는 이미 알려진 아미노산 투과효소의 폴리펩트드 서열과 비슷함을 발견하였다. 아미노산 투과효소는 아미노산/양성자 공동 운반자 기능을 하는 막 단백질이다. IAA와 트립토판 사이의 구조적 유사성과 함께 단백질 동질성 때문에, AUX1 단백질이 옥신/양성자 운반자로서 기능을 할 것이라고 제안되었다. 이 모델을 지지하는 또 다른 증거는 합성 옥신 NAA가 *aux1* 돌연변이체의 굴중성을 회복시킨다는 사실이다. NAA는 옥신 운반자 없이도 세포 내로 수송되며 따라서 AUX1의 기능 상실과 무관하게 그 반응이 회복될 수 있다.

PIN 유전자의 유전자 가족은 잠정적으로 옥신 유출운반자를 암호화하는 것으로 동정되었다(애기장대에서 현재 8개의 *PIN* 유전자가 동정되었다). 첫 번째 발견 중 하나는 *PIN* 유전자가 애기장대에서 개화 발달을 조절하는 것이다. *pin1* 돌연변이체는 화서 부위가 핀같은 구조로 끝나 있고 꽃눈 발달의 증거가 작거나 혹은 거의 없는 특징이 있다. pin1 돌연변이체의 화서에서 극성 옥신 수송이 매우 감소되어 있고 이는 피토트로핀에 의해 극성 수송이 억제된것과 같은 흉내를 내는 특징이 있다. 형광표지 항체로 PIN1 단백질이 물관부 유조직 세포의 막 기저부에 위치한고 화학삼투 모델에 의해 예측되었다. 게다가, 화학삼투 모델에 의하면, AUX1과 PIN1 단백질은 어린 뿌리의 체관부 세포(원생 체관부; protophloem)의 반대 방향의 끝에 위치한다.

두 번째로 밝혀진 세포유출 운반자는 *PIN2*, *EIR1*, *WAV* 혹은 *AGR1*이다. 이 유전자가 여러 이름을 갖는 이유는 각 유전자가 서로 다른 연구자에 의해 독립적으로 발견되었기 때문이다. 하지만 이들 모두 공통적으로 굴중성을 보이지 않는다. *PIN2*는 *PIN1*과 유사한 단백질을 암호화하고 있기 때문에 붙여진 이름이다. PIN1 단백질과 마찬가지로 면역학적 위치화 실험은 PIN2 단백질 역시 뿌리 표피와 피층 세포의 기저부 막(주의, 여기서 기저부는 뿌리정단으로부터 가장 멀리 떨어진 부위)에 위치한다는 것이 밝혀졌다. 게다가 AUX1 같이 PIN 단백질의 구조는 미생물 아미노산 투과효소와 유사하기 때문에 IAA 운반자의 유력한 후보물질이다.

옥신 수송의 극성은 식물발달의 근본이고, PIN 단백질은 옥신을 한세포의 표면으로부터 다른 세포로의 이동에 직접적으로 관여하며, 옥신 비대칭의 요구 변화를 유지한다. 예를 들어, 발달 생물학자에게 있어서 오랫동안 풀리지 않는 한가지 문제는 어떻게 어린 배에서 정단과 기저 축이 확립되어있는가 하는 것이다. PIN 단백질이 열쇠의 부분으로 나타났다. 접합체의 첫 번째 분열후 즉시, PIN 단백질이 정단세포의 옥신이 직접적으로 흐를수 있도록 기저세포에서 위쪽으로 향하게 위치한다. 이때 세포는 **원형배(proembryo)**로 특화된다. 정단 세포는 증식하여 글로불라 배 단계를 형성하고, 그들은 스스로 옥신 합성을 시작한다. PIN 단백질은 하향적 방향, 옥신 흐름의 반대 방향으로 이동하여 발달하는 뿌리극의 위치에 확립된다. PIN 단백질 분포의 유사한 변화 양상과 옥신 수송의 극성 변화 결과는 2차 뿌리 형성과 줄기와 뿌리의 중력반응과 단방향 빛 같은 다른 반응에 동일하게 중요하고, 이것은 다음 장에서 자세히 설명할 것이다.

요약

호르몬은 자연적으로 발생하는 화학물질로 적은농도로 식물세포와 기관의 생장과 분화에 큰 영향을 준다. 호르몬의 효과는 엄격하게 조절되어지는 풀의 크기의 유지에 좌우되는데, 그것은 호르몬 분자의 생합성과 불활성형 접합체로의 저장 및 분해 과정 사이의 균형에 의하여 이루어진다.

옥신은 자엽초와 줄기 절편에서 신장을 촉진시키는 능력에 의하여 특징지어지며 실질적으로 종자 발아, 관다발 분화, 곁눈발달, 2차 뿌리 형성, 줄기와 뿌리의 중력반응, 꽃과 열매의 발달과 같은 식물 발달의 모든 부분을 포함한다.

많은 수의 합성 화합물들이 옥신활성을 발현시키고 있으나, 인돌-3-아세트산(IAA)이 유일하게 천연적으로 나타나는 옥신으로 인정되고 있다. 대부분의 식물에서 IAA는 트립토판 아미노산으로부터 합성된다. 트립토판-요구형 돌연변이주에 관한 연구에 의해 애기장대와 같은 일부 식물에서 IAA는 트립토판-비의존성 대사경로를 통해 합성된다는 것이 알려졌다. IAA는 글루코실 에스테르와 같은 화학적 접합체로서 저장될 수 있으며, 이것은 효소작용에 의한 가수분해에 의하여 활성 IAA를 방출한다. 글루코실 에스테르는 종자 발아 기간동 안 중요한 IAA의 원천이 된다. 일단 IAA가 자신의 목적을 달성하면, 과산화 반응에 의하여 불활성산물로 제거되거나 혹은 아미노산 접합체로 전환된다. 옥신은 아마도 극성 수송에 의해 체관 혹은 세포에서 세포로 이동되어진다. 극성수송의 열쇠는 특정한 세포벽 상의 유출 운반자의 위치이다.

세포의 확장에서 옥신의 기능은 산성생장설에 의해 잘 설명되었다. 이 가설의 중심은 익스팬신의 활성이다; 이 효소는 셀룰로오스 분자 사이의 교차연관을 약하게 하여 벽의 확장성을 증가시키고, 팽압 유도에 의한 세포 확장을 허락한다. 옥신은 또한 26S 프로테아솜 경로에 의한 억제 단백질의 분해를 통해 유전자를 발현시키고, 이 과정은 옥신 유도 발달 반응을 설명한다.

복습문제

1. 호르몬의 빠른 대사 전환이 왜 필요한가? 활성 호르몬 풀의 크기가 옥신을 위해 어떻게 조절되어지는지 서술하시오.
2. 일부 종자는 옥신 결합체가 축적되어 있다. 생리학적 이점에 대해 설명하시오.
3. 트립토판으로부터 IAA가 합성된다. 모든 식물체가 트립토판으로부터 IAA를 합성하는가? 다른 경로가 있다는 증거는 무엇인가?
4. 발아 중인 종자의 옥신 요구는 일차적으로 저장된 옥신결합체에 의해 충족된다. 모든 호르몬 결합체는 호르몬의 "저장형"인가?
5. 세포 확장에서 옥신 신호전달 경로를 서술하시오.
6. 유전자 발현의 조절에서 옥신 신호전달 경로를 서술하시오
7. 옥신 수송은 독특한 극성의 특징이 있다. 어떻게 이러한 수송 방향성이 완성되는가?

더 읽을거리

Badescu, G. O., R. M. Napier. 2006. Receptors for auxin: Will it end in TIRs? *Trends in Plant Science* 11:217–223.

Benjamins, R., N. Malencia, C. Luschnig. 2005. Regulating the regulator: The control of auxin transport. *BioEssays* 27:1246–1255.

Blakeslee, J. J., W. A. Peer, A. S. Murphy. 2005. Auxin transport. *Current Opinion in Plant Biology* 8:494–500.

Buchanan, B. B., W. Gruissem, R. L. Jones. 2000. *Biochemistry and Molecular Biology of Plants*. Rockville, MD: American Society of Plant Physiologists.

Davies, P. J. 2004. *Plant Hormones: Biosynthesis, Signal Transduction, Action*. Dordrecht: Kluwer Academic Publishers.

Kramer, E. M., M. J. Bennett. 2006. Auxin transport: A field in flux. *Trends in Plant Science* 11:382–386.

Napier, R. M. 2005. TIRs of joy: New receptors for auxin. *BioEssays* 27:1213–1217.

Tan, X. et al. 2007. Mechanism of auxin perception by the TIR1 ubiquitin ligase. *Nature* 446:640–645.

Woodward, A. W., B. Bartel. 2005. Auxin: Regulation, action, and interaction. *Annals of Botany* 95:707–735..

19

호르몬 II: 지베렐린

지베렐린(gibberellin)은 테르페노이드로 알려진 다양한 구성물질의 일종이다. 테르펜(terpene)은 하나나 그 이상의 탄소 5개로 된 이소프렌 단위로 구분될 수 있으며 지베렐린의 기초로 알려져 있다. 지베렐린은 합성경로에 있어 카로티노이드 색소, 스테롤, 라텍스(latex), 그리고 그 이외의 이소프렌 변이체들과 밀접히 연관되어 있다. 지베렐린은 온전한 줄기, 특히 난쟁이 식물이나 로제트 식물의 줄기의 신장을 촉진시키는 효과가 있다. 지베렐린은 또한 종자의 발아, 배아 생장 동안 배유 저장물질의 이동, 그리고 꽃과 과일의 발달에도 영향을 미친다. 이 장은 다음을 설명한다.

- 지베렐린의 생합성과 대사
- 생장과 발달에 대한 지베렐린 기본적 효과에 대한 고찰
- 지베렐린 수용체와 지베렐린 신호전달사슬

19.1 많은 지베렐린이 있다

지베렐린은 종류가 많은 분자이다. 사실 고등식물과 곰팡이에서 135종 이상이 발견되었으며 매년 추가되어지고 있다. 하지만 단지 몇 종류만이 생물학적 활성을 가진다. 다른 것들은 합성 과정의 중간산물이거나 불활성 산물이며, 그것들의 가치는 없다. 그러나 어떤 종이나 기관에서 발견되는 지베렐린 수는 매우 적을 수 있으며 활성 지베렐린의 수는 더 적을 수 있다. GA_1과 GA_4는 자연 상태에서 존재하며 고등식물에서 활성 지베렐린이라고 믿어진다.

지베렐린은 20-탄소 **엔트-지베렐란(ent-gibberellane)**구조에 기본을 둔 디페르펜(diterpen)이나(그림 19.1). 현재까지 그 특성이 규명된 지베렐린의 1/3 이상이 20개 탄소원자 모두를 지니고 있어 C_{20}-지베렐린으로 알려지고 있다. 나머지는 20번 탄소 원자가 결여되어 있어 C_{19}-지베렐린으로 알려지고 있다. 복잡한 링 구조와 19 또는 20번째 탄소 분자가 대체 될 수 있으므로 어떻게 많은 수의 지베렐린이 존재할 수 있는가를 상상하는 것은 어렵지 않다.

식물계에 천연의 화합물 상태로 출현하고 화학적으로 특성이 규명된 모든 지베렐린은 'A' 숫자로 배정된다. 이 숫자는 화학적 관계를 의미하지 않으며, 대략 발견 순서로서 할당된다. **지베렐린산(gibberellic acid)**으로 알려진 C_{20}-지베렐린의 하나인 GA_3는 최초로 분리되고 그 특성이 규명된 것 중의 하나이다. GA_3는 곰팡이 배

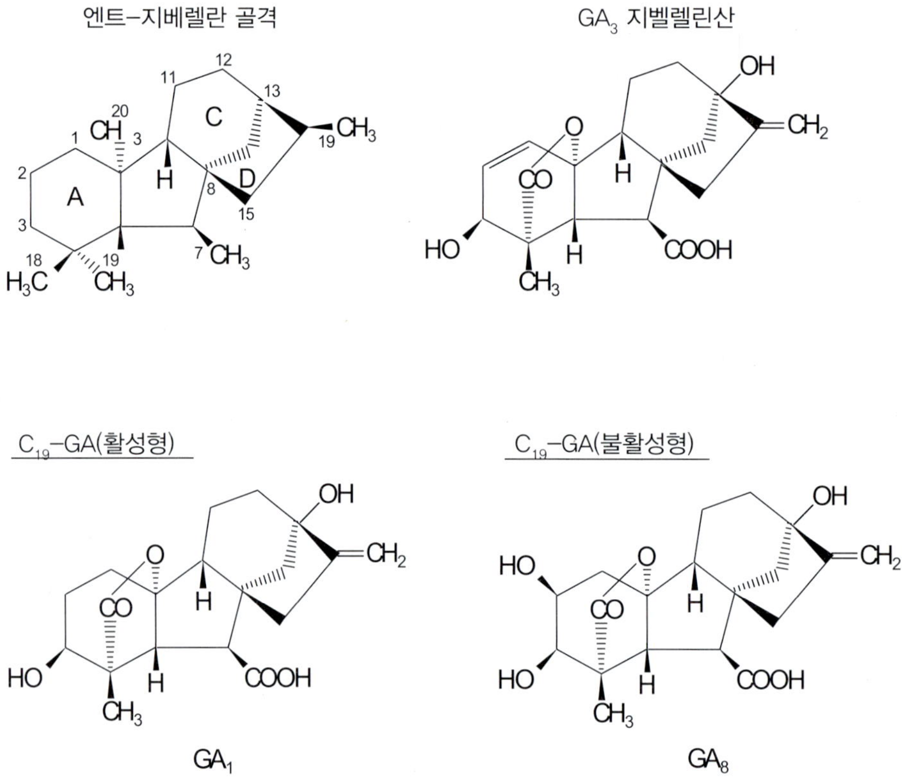

그림 19.1 엔트-지베렐린 골격과 일부 선택된 활성형 및 불활성형 지베렐린들의 화학적 구조. GA$_8$은 2번째 위치에 수산화 그룹의 첨가로 불활성이다. 두 번째 위치에 수산화 그룹이 추가되었기 때문에 GA$_8$은 불활성이다.

양물에서 쉽게 추출되기 때문에, 이것은 가장 흔한 상품화된 지베렐린이다. GA$_1$, GA$_3$ 그리고 GA$_4$ 모두 영양 성장을 촉진 시키는 활성 지베렐린으로 결과적으로 지베렐린 연구에 많이 사용되었다.

GA가 활성을 나타내기 위해서는 구조적 조건이 요구된다. 7번 탄소에 있는 카르복시기는 모든 GAs의 구조적 특징으로 그것은 생물학적 활성을 발현하기 위해 요구되는데, C$_{19}$-GAs는 G$_{20}$-GAs보다 생물학적 활성이 더 크게 나타난다. 게다가, 3-β, 13-디히드록시화(3-β, 13-dihydroxylation), 혹은 1,2-불포화(1,2-unsaturation) 상태를 지닌 GA는 일반적으로 활성이 더 크며; 3-β-OH와 1,2-불포화 구조를 지닌 것들은 아주 높은 활성을 나타낸다.

19.2 지베렐린 생합성에는 세 가지 주요 장소가 있다

일반적으로 세 가지의 중요한 지베렐린 생합성 장소가 알려지고 있는데, 즉 발달 중인 종자와 열매, 발달중인 정단아를 지니고 있는 어린잎과 신장 중에 있는 슈트, 그리고 뿌리의 정단 지역이 그에 해당한다. 미성숙한 종자와 열매는 현저한 지베렐린 생합성 장소이다. 이런 사실은 어린 열매와 종자가 많은 양의 지베렐린을, 특히 그것들이 신속하게 생장하는 동안에 더욱 많이 포함하고 있다는 관찰 결과에 근거하고 있다. 게다가, 야생오이(*Marah macrocarpus*)와 완두 등의 많은 종자 추출물은 활발한 지베렐린 생합성을 수행할 수 있다. 지베렐린의 생합성 장소는, 호박과식물에서는 발달중인 배유이며, 콩과식물에서는 어린 자엽이고 곡물류 식물에서는 배반에 있다. 종자가 성숙함에 따라, 지베렐린 생합성 대사는 지베렐린-당과 같은 결합체 합성을 더 선호하는 쪽으로 바뀌게 된다.

지베렐린 생합성이 줄기와 뿌리에서 일어난다는 명확한 증거를 찾는 것은 쉽지 않다. 그 이유의 일부는 지베렐린 함량 수준이 영양기관 조직에서는 매우 적기 때문이다. 영양기관 조직은 또한 지베렐린 대사와 관련된 효소 수준이 생식기관 조직에 비해 적다는 것을 뜻하는 것으로 매우 낮은 효소 활성을 가진다. 영양 조직에서의 지베렐린 합성은 조직 추출액에서의 지베렐린 출현과 지베렐린 생합성 억제제 효과에 의해서 일반적으로 지지되고 있다. 지베렐린은 엽록체에서 합성된 선구물질로부터 명확하게 유도되어지며(19.3 장), 이는 지베렐린이 푸른 잎에서 합성되는 것과 부합한다. 반면에 뿌리에 (2-클로로에틸)트리메틸염화암모늄[(2-chloroethyl)

Box. 19.1
지베렐린 발견

19세기 후반과 20세기 초반 동안, 일본의 벼 농부들은 그들의 작황을 심각하게 떨어뜨리는 질병에 관심을 갖게 되었다. 바카네(bakannae, 바보같은 유식물)병에 걸린 벼는 길고 약한 줄기를 형성하며 낟알을 거의 맺지 않는다. 일본의 병리학자들은 이 병을 방제할 수 있는 방법을 찾던 중 *Gibberella fujikuroi*라는 곰팡이의 존재와 결부시킬 수 있었다. 1926년 쿠로사와(E.Kurosawa)는 정상 벼에 이 곰팡이의 배양 추출액을 감염시킴으로써 이 병을 재현하였다. 1938년 까지, 일본의 연구자들은 이 활성물질을 분리 정제하여 곰팡이의 속명을 따라 지베렐린(gibberellin)이라 명명하였다.

지베렐린은 2차 대전(1939–1945)이 끝날 때가지 서방의 과학자들에게 알려지지 않았다. 그 이후 영국의 크로스(Cross)가 이끄는 그룹과 미국의 스토돌라(Stodola)가 이끄는 그룹이 곰팡이 배양 추출물로부터 지베렐린 산(gibberellic acid)을 규명해 내었다. 동시에 일본 연구자들은 3개의 지베렐린 GA_1, GA_2, GA_3를 분리해냈다. GA_3는 지베렐린 산과 동일한 것으로 판명되었다. 벼와 그 밖의 식물에서 지베렐린의 효과는 유사한 물질이 고등식물에 광범위하게 존재할 것이라는 것을 의미했다. 첫째로 분리해낸 고등식물의 지베렐린은 덩굴 콩(*Phaseolus coccineus*)의 미성숙한 씨에서 이었으며 이것은 GA_1과 동일한 것으로 밝혀졌다. 그 지베렐린은 고등식물 어디에나 있는 것으로 보인다.

trimethylammonium chloride; CCC, antigibberellin임]을 처리하면 뿌리 추출액에 존재하는 지베렐린의 양이 급속하게 감소한다. 더욱이, 어린 붉은 꽃 강낭콩에서 뿌리 정단부를 제거하면 경엽부의 생장이 감소되고 GA_1이 사라진다. 반면에 뿌리에 (2-클로로에틸) 트리메틸염화암모늄[(2-chloroethyl) trimethylammonium chloride; CCC, **antigibberellin**임]을 처리하면 뿌리 추출액에 존재하는 지베렐린의 양이 급속하게 감소한다. 더욱이, 어린 붉은 꽃 강낭콩에서 뿌리 정단부를 제거하면 경엽부의 생장이 감소되고 GA_1이 사라진다. 지베렐린 전구체 합성이 엽록체에 한정되는 것이 아니라 다른 색소에서도 가능할 것 이라는 사실이 남아 있다.

19.3 지베렐린은 테르펜의 일종으로 몇 가지 다른 호르몬 및 여러 2차 대사물들과 중요 합성 경로를 공유한다

테르펜(terpene)은 기능적으로나 화학적으로 다양한 분자들의 집단이다. 거의 15,000가지의 구조가 알려져 있으므로, 테르펜은 아마도 식물에서 발견되는 유기 화합물들 중 가장 많고 가장 다양한 집단일 것이다. 많은 수의 기본 단위체와 이 단위체들이 조합되는 다양한 방법들로부터 큰 다양성이 생겨난다. 환상 구조의 형성, 산소를 함유하는 기능의 첨가, 그리고 당이나 다른 모든 분자들과의 결합이 복잡성을 증가시킨다. 테르펜 일족에는 호르몬(지베렐린과 앱시스산), 카로테노이드 색소(카로텐과 크산토필), 스테롤(예. 에르고스테롤, 시토스테롤, 콜레스테롤)과 스테롤 유도체(예. 강심배당체), 라텍스(천연 고무의 원료), 그리고 식물에게 특유의 향기와 맛을 내게 하는 많은 향유가 포함된다. 그 자체가 테르펜은 아니지만, 시토키닌 호르몬과 엽록소는 테르페노이드 곁사슬을 가지고 있다.

테르페노이드와 테르펜노이드 유도체의 특징적인 양상은 5-탄소 2-메틸-1, 3-부타디엔 또는 **이소프렌(isoprene)**의 중합체로 생각된다. 결과적으로, 테르펜은 종종 **이소프레노이드(isoprenoid)** 화합물이라 한다. 그러나 테르페노이드의 실제적인 골격은 이소프렌 자체가 아니라 두 가지 인산화된 유도체인 **이소펜페닐 피로인산(isopentenyl pyrophosphate, IPP)**과 이것의 이성질체인 **디메틸알릴 피로인산(dimethylallyl pyrophosphate, DMAP)**이다. IPP는 세포질과 엽록체에 존재하는 서로 다른 두 개의 합성경로에 의한 산물이다(그림 19.3).

세포질 경로는 아세틸-CoA에서 시작되며, 아세틸-CoA는 탄수화물과 지방산 내사 중 호흡에 의한 분해의 중간 대사 물질이다. 세 분자의 아세틸-CoA는 히드록시메틸글루타릴 CoA(hydroxymethylglutaryl CoA; HMG-CoA)를 형성하기 위해 두 단계의 반응으로 축합된 후, **메발론산(mevalonic acid, MVA)**으로 환원된다. HMG-CoA가 MVA로 환원되는 것은 사실상 비가역적(적어도 시험관 내에서는)이기 때문에 MVA는 테르펜의 매우 효과적인 선구물질이 되며 따라서 **메발론산 경로(mevalonic acid pathway)**로 알려져 있다. 다음으로 MVA는 두 분자의 ATP를 사용

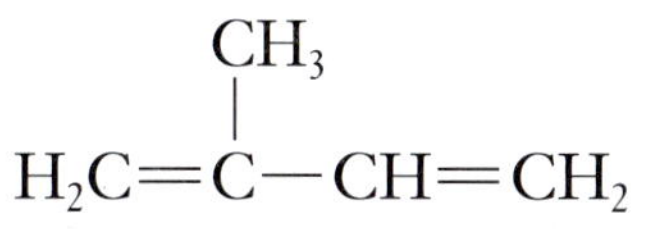

그림 19.2 5-탄소 이소프렌 단위체는 테르펜과 테르펜 유도체들의 기본 구조이다

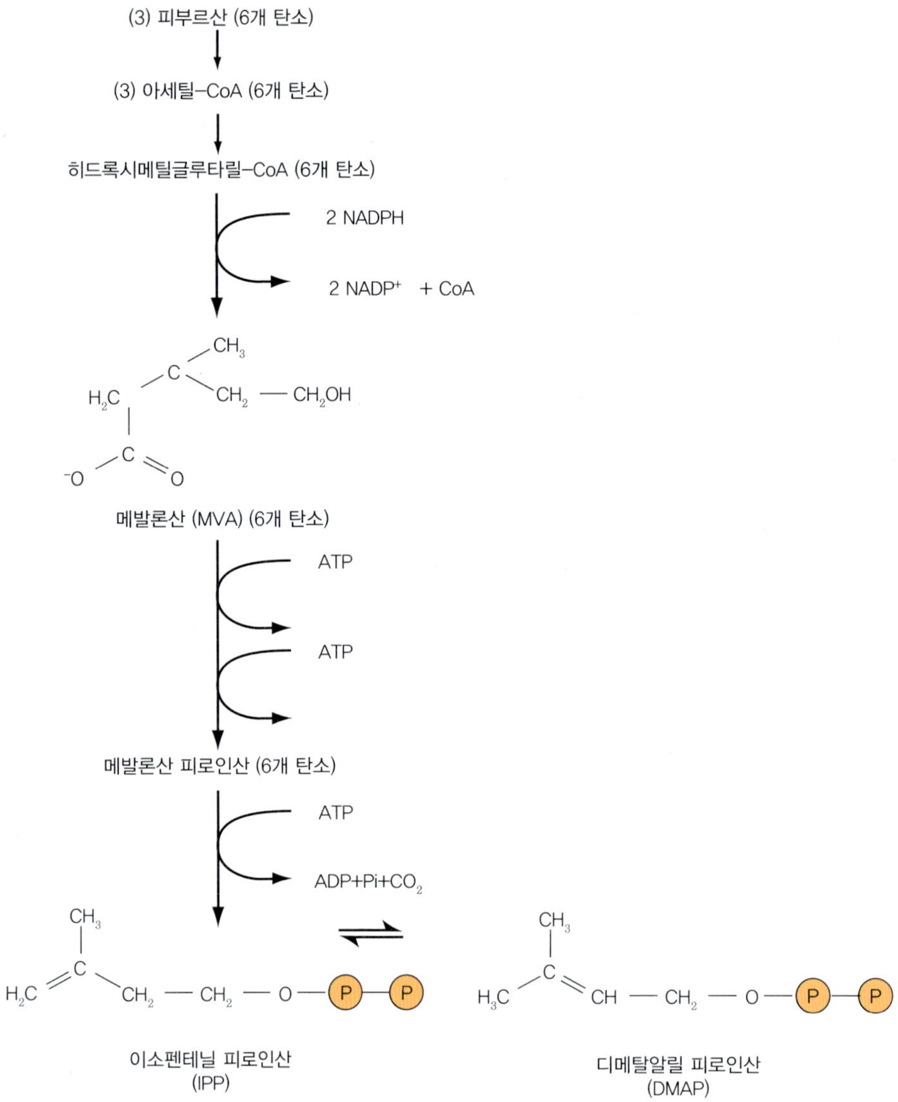

A.

그림 19.3 이소펜테닐 피로인산(IPP)와 디메탈알릴 피로인산(DMAP)를 합성하는 두 가지 경로가 있다. (**A**) 메발론산 (MVA) 경로는 세포질에 존재하며 세포질 IPP의 원천이다. (**B**) 메틸에리트리톨-4-인산 (MEP) 경로는 엽록체에 존재한다. 경로는 첫 번째 확실하고 비가역적인 중간산물의 이름을 따른 것이다.

하는 두 단계의 인산화를 거쳐 C_6 메발론산 무기인산염(MVA-PP)을 형성한다. 카르복시기를 제거하면 MVA-PP가 C_5인 화합물인 IPP로 바뀌며, 이것은 DMAP로 가역적으로 이성질체가 된다.

엽록체 경로는 5탄소 분자인 디옥시크실룰로오스 인산(deoxyxylulose phosphate)을 형성하기 위하여 G3P와 피부르산(pyruvic acid)의 응축으로 시작된다. 디옥시크실룰로오스 인산은 메틸에리트리톨-4-인산(methylerythritol-4-phosphate, MEP)로 환원된다.

IPP 합성처럼 테르펜의 연속적인 합성은 구획화되어 있다. 일반적으로, 라텍스나 다른 거대분자와 같은 **세스퀴테르펜(sesquiterpenes, C_{15})**, **트리테르펜(triterpenes, C_{30})** 그리고 폴리테르펜(polyterpen)은 세포질 구역에서 만들어지는 반면, 이소프렌(5탄소 휘발성 유기 탄화수소), 모노테르펜(monoterpenes, C_{10}), **디테르펜(diterpenes, C_{20})**, 그리고 **테트라테르펜(tetraterpenes, C_{40})**은 색소체에서 시작되었다. 어느 경우이든 IPP의 이성화로 시작된다. 실제적으로, DMAP은 IPP 분자의 응축을 통해 사슬 형성을 시작시키는 민감한 시작 분자이다. 사슬 신장은 프레닐전이 효소 촉매에 의한 반복적인 IPP 부가로 계속된다. 세포질과 색소체 산물 간

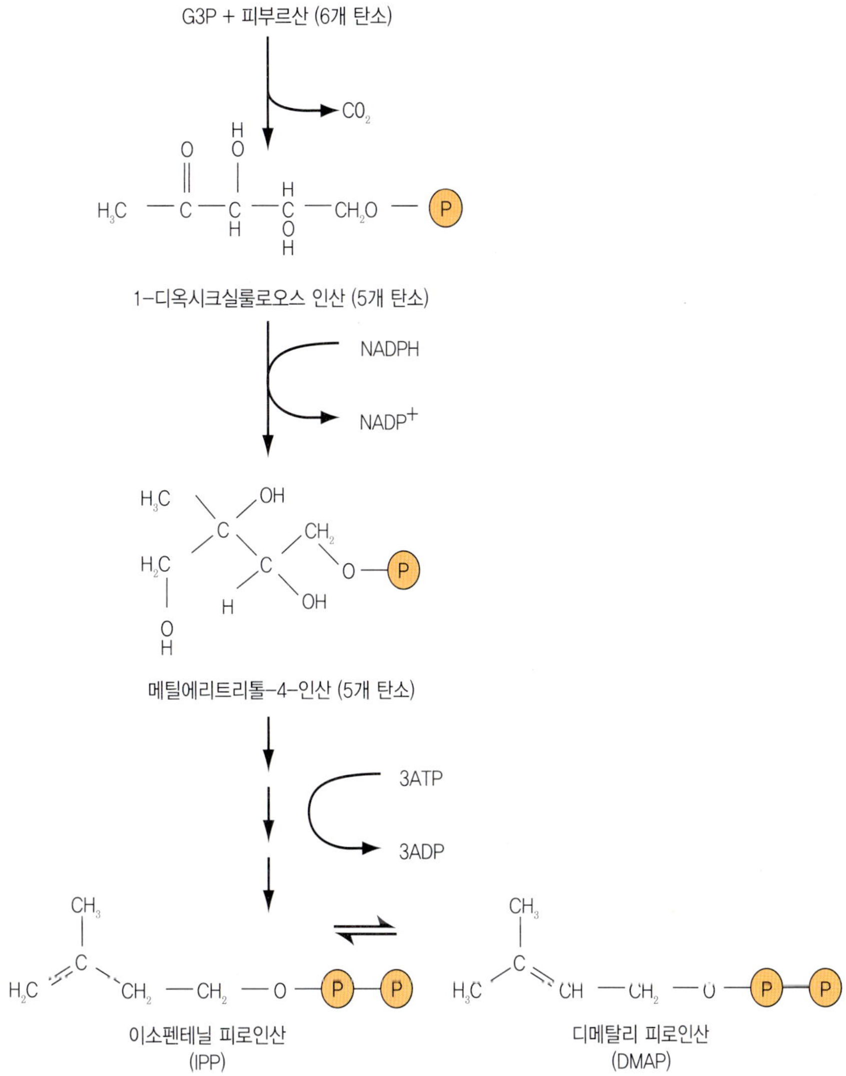

B.

그림 19.3 계속

의 차이는 프네릴전이 효소에 달려 있다. FPP는 또 다른 C_{15} 세스퀴테르펜을 생성시킬 수 있는 분지점이며, 또한 두 개의 C_{15} 단위체의 머리 대 머리(head-to-head) 응축반응에 의하여 C_{30} 트리테르펜(예, 스테롤)을 만드는 분지점이기도 하다. GGPP는 선형의 G_{20} 디테르펜, **고리형 디테르펜**(지베렐린을 포함하여)을 만드는 두 번째의 분지점이 되며, 또한 두 개의 C_{20} 단위체의 머리 대 머리 응축 반응에 의하여 C_{40} 테트라테르펜(예, 카로테노이드 색소)을 만드는 분지점이기도 하다.

19.4 지베렐린은 게라닐게라닐 피로인산(GGPP)으로부터 합성된다

지베렐린 합성은 C10 이소프레노이드 게라닐게라닐 피로인산(GGPP)에서 시작된다. GGPP 처음의 두 반응 단계는 코파릴피로인산(copalylpyrophosphate)을 만들기 위한 GGPP의 고리화 반응과, 그로부터 카우렌(kaurene)으로 전환되는 반응이다.(그림 19.5) AMO-1618, CCC 및 포스폰-D(phosphon-D)와 같은 **항지베렐린**(**antigibberellin**:식물의 난쟁이 유발인자)들에 의해 억제되는 반응

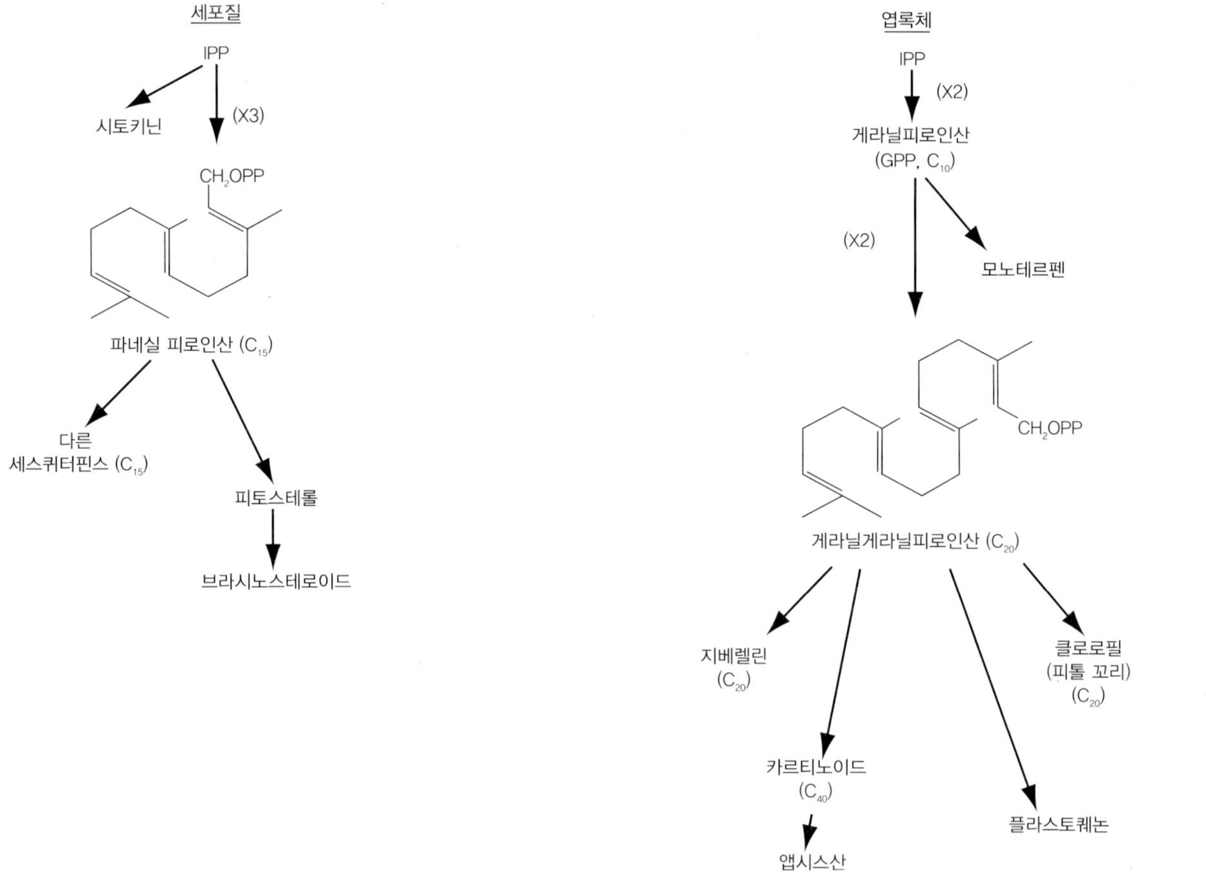

그림 19.4 세포질과 색소체 테르펜 합성에서 중요한 중간산물인 파네실 피로인산염과 게라닐게라닐피로인산의 구조를 나타낸다. 탄소수가 증가된 테르펜은 이소펜테닐 피로인산염의 계속된 더해짐으로 생성된다. 홀수 테르펜(C_{15}, C_{30})은 세포질에서 짝수 테르펜(C_{10}, C_{20}, C_{40})은 엽록체에서 합성된다.

은 바로 이들 두 개의 고리화반응 단계이며, 이 때문에 식물에서 지베렐린 결핍 현상이 유도되어 생장이 감소한다. 고리화 반응 후 카우렌의 19번 탄소는 $CH_3 \rightarrow CH_2OH \rightarrow CHO \rightarrow COOH$로 이어지는 반응계열에서 3번의 연속 산화를 거쳐 카우렌산(kaurenoic acid)을 형성한다. 카우렌이 산화되어 카우렌산으로 되는 반응은 또 다른 난쟁이 유발인자인 안시미돌(ancymidol)에 의해 억제된다. 마지막의 두 반응은 7번 탄소 위치에서 히드록시화(hydroxylation) 반응과 GA_{12}-7-알데히드를 형성하기 위해 7번 탄소가 이탈되는 B 고리 구조의 수축과정이다.

ent-kaurene을 GA_{12}-7-알데히드로 전환하는 효소는 NADPH 의존적이며 막에 결합된 시토크롬 P450 모노옥시게나아제이다. 시토크롬 P450 계열은 흥미롭고 중요한 효소 그룹이다. 이들의 기질 특이성의 결여 및 식물과 동식물에서 다양한 합성과정뿐만 아니라 분해 과정에도 관여하는 것으로 주목받는다. 포유류에서 P450은 소수성 물질을 배출되기 쉬운 형태인 친수성 유도체로 전환시켜 간을 무독화 시키는 데 사용된다.

위에서 언급되었듯이 GA_{12}-7-알데히드는 진정한 의미의 지베렐린 골격 구조를 가진 최초의 화합물이며 다른 지베렐린의 선구물질이기도 하다. 7번 탄소에 있는 알데히드기가 카르복시기로 산화됨으로서 GA_{12}가 만들어진다. 이 카르복시기는 모든 GA가 다 갖고 있는 것으로서 GA가 생물학적 활성을 나타내기 위해 필요한 것이다 C_{19}-GAs는 20번 탄소가 계속해서 산화되어 제거됨으로써 생성된다. GA_{12}-7-알데히드로 생합성되는 경로는 모든 식물에서 동일하지만, 그 이후의 대사 경로는 식물 속에 따라서 또는 심지어 같은 식물 내에서도 조직에 따라서 다양해진다. 완두 종자 및 어린 식물 내에서도 조직에 따라서 다양해진다. 완두 종자 및 어린 식물 내에서의 지베렐린 사이의 상호 전환 관계가 〈그림 19.6〉에 제시되어 있다. 지베렐린 생합성에 관한 비슷한 경로가 호박(*Cucubita maxima*)의 배유 추출물과 배 시료에서 입증되었거나 혹은 애기장대의 천연 지베렐린에 관한 지식으로부터 추론되었다. GA_{20}과

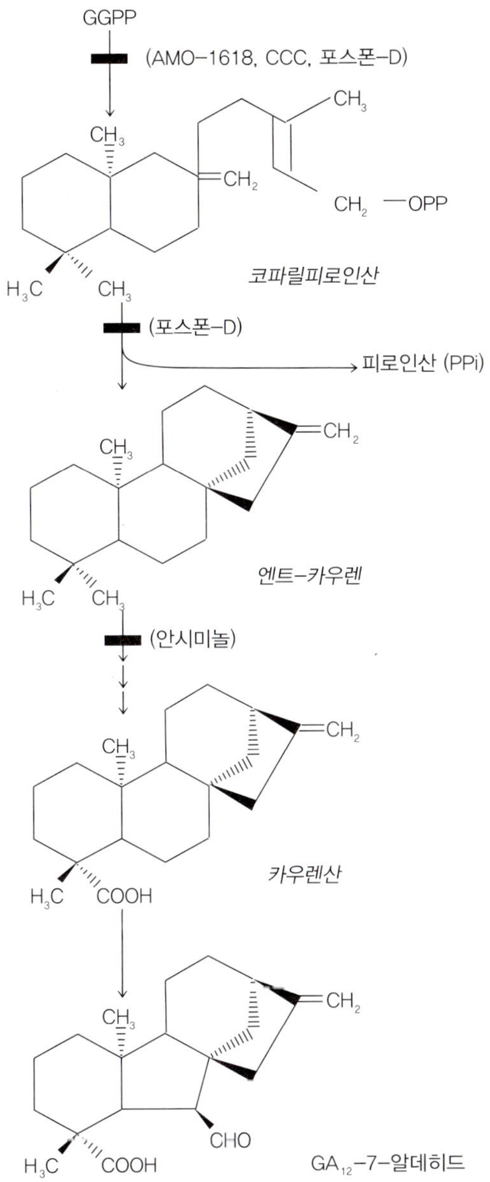

그림 19.5 게라닐게라닐피로인산(Geranylgeranyl pyrophosphate;GGPP)가 GA_{12}–7–알데히드로 전환되는 지베렐린의 생합성. GA_{12}–7–알데히드로는 불활성형이나 모든 다른 지베렐린의 선구물질이 된다. 지베렐린 생합성을 억제하는 항지베렐린(antigibberellin; 생장지연제)의 위치가 제시되고 있다.

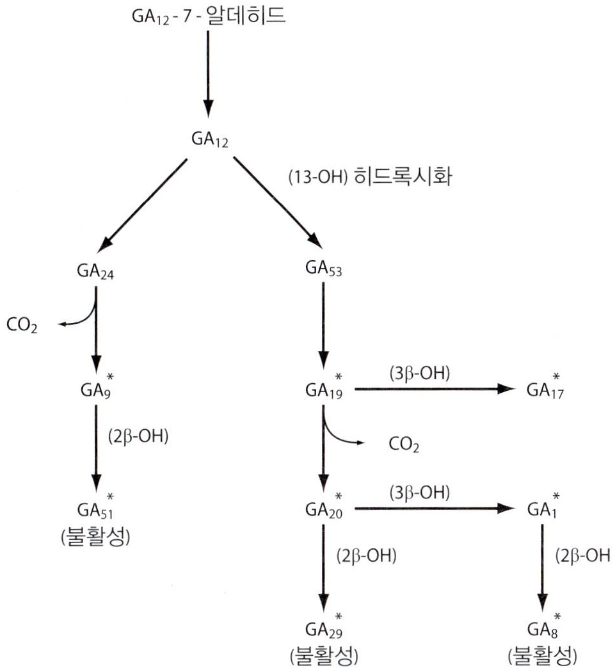

그림 19.6 완두(*Pisum sativum*)에서 제안된 지베렐린의 생합성 경로. 굵은 화살표로 나타낸 경로는 단지 종자와 경엽부에서만 출현한다. 별표(*)는 이미 알려진 내재성 형태의 GA이다.

GA_1을 유도해 내는 13번 탄소의 히드록시화 경로(굵은 화살표)가 아마도 광범위하게 고등 식물계 내에 출현하는 것으로 생각된다.

19.5 지베렐린은 2β-히드록시화에 의해 불활성화된다

지베렐린을 불활성화시킴으로써 활성 풀에서 제거하는 몇 가지 메커니즘이 있다. 주요 메커니즘은 2번째 위치에 수산기를 도입함으로써 지베렐린을 불활성화 시키는 것이다. 식물에 따라 다른 불활성화 산물도 가능하다. 활발하게 생장하고 있는 미성숙한 덩굴강낭콩 종자에서, 비록 적은 양의 GA_4, GA_5, GA_6(모든 C_{19} GAs), GA_{37}및 GA_{38}(C_{20} GAs)도 발견되지만, 주된 유리 상태의 지베렐린은 GA_1, GA_4 및 GA_{37}의 글루코실 에테세르(glucosyl ester)와 CA_{38} 글루코실 에스테르도 지니고 있다. 옥수수에서는 생물학적으로 비활성형인 GA_8이 나아가 GA_8-글루코시드(glucoside)로 전환된다. 완두에서는 하지만 GA_8이 GA_8의 분해산물인 2-keto 유도체로 산화된다.

19.6 생장 저해제는 지베렐린 합성을 방해한다

1950년대 이래로 생장 저해제로 알려진 많은 화학물질들이 합성되었다. **항지베렐린(antigibberellin)**이라고 알려진 이러한 물질들은 원예식물 생산에 특히 유용한 것을 알려졌다. 이러한 생장저해제는 분무나 토양을 통해 화분 식물에 뿌려질 수가 있다. 생장저해제의 일차적인 효과는 줄기 신장을 감소하는 것이며 이러한 결과로 줄기 신장을 감소하는 것이며 이러한 결과로 진한 녹색의 잎을 갖는 작은 식물이 형성된다. 그러나 꽃의 크기는 영향을 받지 않는다. 생장저해제들이 지베렐린 생합성의 여러 경로들을 억제하기 때문에 생리학적 연구에 중요한 도구로 사용된다.

AMO-1618과 포스폰은 카우렌 합성 효소를 억제하며, 안시미돌은 카우렌이 카우렌 산으로 산화되는 과정을 억제한다. 이런 억제제들의 효과는 GA_{20}, GA_3와 같은 지베렐린을 처리하면 무효화된다. 억제제 BX-112는 GA_{20}이 GA_1으로 되는 3-β-히드록시화를 억제한다. GA_1이 활성 지베렐린인 식물에서는 BX-112 효과는 단지 GA_1을 처리함으로써 역전될 수 있다.

19.7 지베렐린 수송은 거의 알려져 있지 않다

지베렐린의 이동에 관한 연구는 주로 방사선으로 표지된 GAs를 줄기나 자엽초 절편 조직에 처리하는 실험에 의해 이루어졌다. 지베렐린은 물관부와 체관부 수액에서 검출된다. 지베렐린의 이동은 옥신 경우처럼 극성을 보이지 않으나 그러나 공급원-수용부(source-sink) 관계에 따라 체관부 이동 유기물과 함께 수송된다. 지베렐린이 실제로 물관부 안에서 이동하는지의 여부는 분명하지 않지만 지베렐린은 단순히 체관부로부터의 측면 이동에 의해 그곳에 도달할 수 도 있다. 그와는 달리, 뿌리 끝에서 합성된 지베렐린이 물관부의 수액흐름을 통해 식물체내 지상부로 분포해 나갈 수도 있다. 지베렐린이 유리 상태의 호르몬으로 이동하는지 혹은 접합체 형태로 이동하는지는 아직 분명하지 않은 실정이다.

19.8 지베렐린은 식물 성장과 발달의 많은 면에 영향을 미친다

지베렐린이 발견된 이후로 줄기 성장과 씨 발아의 초기과정 동안 배유 저장물질의 이동을 조절하는 것은 명확하다. 더욱이 지베렐린 결손 돌연변이체의 광범위한 연구를 통해 개화, 꽃 발달 뿌리와 과실의 성장 과실 내에서 씨앗의 발달, 탈-황화(de-etiolation) 그리고 분열조직 내에서 엽원기(leaf primordia)의 시작과 같은 다양한 발달 과정에 관여한다는 것이 알려졌다.

19.8.1 지베렐린은 온전한 줄기(특히 난장이와 로제트 식물에서)의 과신장을 촉진한다

지베렐린의 발견을 이끌어낸 것은 감염된 벼에서 나타난 줄기의 과도한 신장 현상이었으며 그러한 줄기 조직의 과대 신장은 고등식물

Box. 19.2 지베렐린의 상업적 이용

지베렐린의 주된 상업적 목적은 씨 없는 포도 (Thompson 포도)를 만드는 데 쓰인다. 지베렐린을 개화 초기에 뿌리면 꽃대의 신장을 촉진시켜 송이를 가늘게 만든다. 이는 꽃이 송이의 밖으로 나오게 함으로서 큰 과일을 형성하게 한다. 더 큰 과일 크기는 꽃가루받이와 과일이 형성될 때 두 번째로 지베렐린을 살포하면 성취될 수가 있다. 지베렐린은 발아와 초기 유식물의 출현 촉진에도 이용될 수 있으며 포도, 귤류, 사과, 복숭아, 버찌 등의 생장을 촉진시킨다. 오이 식물을 지베렐린에 처리하면 수꽃 형성이 촉진되어 잡종 씨를 만드는데 유용하다. 보리 호분에서 지베렐린 유도 α-아밀라아제는 맥아산업에서 맥아생산 속도를 향상시키는데 지베렐린이 광범위하게 사용되도록 했다.

지베렐린 생합성 저해 역시 상업적으로 이용된다. 많은 경우 줄기성장은 합성된 성장 저해제나 안티지베렐린에 의해 줄어들거나 저해 될 수 있다. AMO-1618, cycocel (또는 CCC), Phosphon-D, ancymidol ,(산업적으로 A-REST로 알려져 있다) alar가 포함된다. 성장저해제는 지배렐린 생합성의 특정 과정이 멈춰진 난쟁이 유전자들을 모방한 것으로 내부의 지베렐린 농도를 낮추고 마디 성장을 저해한다. 특히 동양식물 산업에 있어서 이들 물질의 중요한 산업적 이용이 발견 되었다. 성장저해제는 화분에 있는 식물의 잎에 뿌리거나 흙을 충분히 적게 하는 방법으로 사용된다. 주요한 효과는 줄기 성장을 저해하는 것으로서 결과적으로 촘촘하고 진녹색의 잎을 가지는 그러나 꽃 크기는 이상이 없는 식물체가 만들어 진다. 화훼산업업자는 이들 저해제가 작고 촘촘한 포인세티아, 백합, 국화 그리고 다른 원예종에 유용하다는 것을 발견했다.

어떤 지역에서는 수확할 시기에 밀이 넘어지는데 낟알로 인해 윗부분이 무거워 넘어지는 것이다. 식물체에 안티 지베렐린을 뿌리면 작고 뻣뻣한 줄기를 만들어 낼 수 있으며 따라서 넘어짐을 방지할 수 있다. 또한 안티지베렐린은 전선 아래의 초목 가지치기를 줄이는 데 사용된다.

에 있어서 지베렐린의 가장 극적인 효과의 하나이다. 옥신과 달리, 지베렐린은 절단된 조직 절편보다는 온전한 식물체에서 더욱 신장을 촉진한다. 유전적인 난쟁이 식물에서의 줄기 마디사이 신장 조절보다 더 확실한 증거는 없다. 왜소화 및 마디 사이 길이 관련 유전자와 지베렐린 사이의 관계에 대한 연구는 피니(B.O. Phinney)에 의해 옥수수에서 그리고 부라이안(P. W. Brian)과 그 동료들에 의해 완두에서 각각 시작되었다. 이들 선도적 연구 이래 벼, 콩, 애기장대 및 기타 여러 식물의 난쟁이 돌연변이체를 이용한 많은 실험들이 시도되었다. 이 모든 경우, 즉 난쟁이 돌연변이체 식물에 외재성 지베렐린을 가해 주면 정상적으로 키가 큰 식물로 회복된다. 그러나 외재성 지베렐린은 유전적으로 정상적인 키를 갖는 식물에는 별다른 효과를 주지 못한다.

옥수수에서 키와 관련된 30개 이상의 돌연변이체가 알려졌다. 그러한 돌연변이 현상을 나타내는 옥수수 식물들은 세포 분열과 세포 신장이 감소된 관계로 인해 짧은 마디사이를 가지고 있으며, 최대 성숙 시에도 정상 식물 키의 20내지 25% 밖에 안 된다. 적어도 이들 중 5가지 돌연변이체(*d1, d2, d3, d5, an1*)들은 외부에서 GA_3를 가해주면 정상적인 키를 나타내지만, 그러나 다른 호르몬이나 생장 조절 물질에 대해서는 반응을 보이지 않는다. 또 다른 생화학적 및 방사선 추적 실험들도 지베렐린이 옥수수의 마디사이 신장을 조절한다는 것을 입증하고 있다. 이때, 특히 각각의 돌연변이는 옥수수에서 활성형 지베렐린인 GA_1을 생합성하는 경로의 각기 다른 반응 단계를 차단시킨다. 완두에서 "Le" 대립인자(멘델이 사용한 동일한 대립인자)를 가지고 수행한 실험도, 이 난쟁이 유전자형(열성동형접합, le/le)이 GA_1의 합성을 차단시킨다는 사실을 입증하였다. 옥수수와 완두 모두에서, 난쟁이 유전자형이 세포내 지베렐린의 수준을 크게 감소시킨다는 사실이 알려졌다. 난쟁이 식물을 재료로 한 연구가 일반적으로 줄기 신장과 지베렐린과의 연계성을 보여주는 반면에, 지베렐린의 처리에도 불구하고 아무 반응을 보이지 않는 또 다른 난쟁이 돌연변이 식물이 알려졌다. 이들 돌연변이 식물들은 지베렐린의 조절을 받는 생장과는 관련이 없는 것 같으며, 오히려 아직은 알려져 있지 않지만 다른 조절 요소에 관련이 있는 것처럼 보인다.

그림 19.7 난쟁이 완두유식물에 대한 지베렐린산의 효과. 왼쪽 : 대조구, 감소된 줄기 마디사이 신장을 보여주고 있다. 오른쪽: 지베렐린 처리구. 5×10^{-4} M 지베렐린을 잎에 뿌린 후 증가된 줄기 마디사이 신장. 지베렐린 처리는 마디사이의 신장 촉진을 통하여 줄기 신장을 증가시키는 것에 주목하라.

줄기 신장에 대한 지베렐린의 역할을 지지해 주는 또 다른 증거가 로제트 식물의 연구에서 나왔다. 로제트는 본질적으로 난쟁이 현상의 극단적인 경우이며, 이처럼 줄기 내에서 마디사이 신장이 거의 없는 경우 잎이 조밀하게 나면서 키가 작은 생장 습성이 초래된다. 줄기 마디 사이가 신장되지 않는 것은 유전적으로 돌연변이 현상에 기인하거나, 아니면 환경요인에 의해 유도되거나 한다. 그 어떤 경우에도 관계없이, 로제트 식물에 약간의 지베렐린을 처리해 주면 거의 항상 줄기의 과도한 신장이 일어나게 된다(그림 19.8).

시금치나 양배추와 같은 환경적으로 제한된 로제트 식물은 일반적으로 로제트 형태에서는 꽃이 피지 않는다. 꽃 피기 바로 전에 이들 식물은 **추대(bolting)**라고 알려진 현상, 즉 현저한 줄기의 마디사이 신장을 일으킨다. 추대 현상은 일반적으로 환경 신호, 즉 광주기(시금치 경우) 혹은 저온과 광주기의 복합요인(양배추 경우)에 의해 시작된다. 이 책의 나중 단원에서 개화와 관련된 광주기 현상과 저온 요구성에 대한 논의가 소개될 것이다. 일반적으로 로

그림 19.8 로제트 유전자형을 가진 흰겨자 식물에서 지베렐린에 의해 촉진된 줄기의 생장. 왼쪽 식물부터 차례로 분열 조직에 한 개체당 0, 0.5, 1.0 및 10.0 ng의 GA_3를 처리하였다.

제트 습성에 알맞은 환경 하에서 시금치, 양배추를 포함하는 여러 식물들은 지베렐린 처리에 의해 추대 현상이 유도될 수 있다.

이와 같은 결과는 (1) 지베렐린이 로제트 식물의 줄기 생장에 있어 제한 요소가 되며, (2) 장일(long day) 및 저온 처리는 그런 제한을 제거해 준다는 것을 의미한다. 이 가능성은 개화를 하는 데 있어 장일 조건을 요구하는 광주기성 식물인 시금치와 끈끈이대나물(*Silene armeria*)에서 지바트(J. A. D. Zeevaart) 및 그 동료들의 연구로 확인되었다. 시금치는 GA_{19}와 GA_{20}을 포함한 6종의 지베렐린을 지니고 있다. GA_{20}은 단일(short day) 조건하에서 시금치의 추대 현상을 초래하지만 GA_{19}는 생물학적으로 불활성이다. 지바트 및 그 동료들은 로제트 형을 보이는 시금치 식물이 불활성형인 GA_{19}를 높은 수준으로 함유하고 있는 데 비해 활성형인 GA_{20}은 적게 지닌다는 것을 발견하였다. 그러나 장일 조건으로 옮겼을 경우 GA_{19} 함량은 감소하나 GA_{20} 함량은 증가한다. GA_{19}와 GA_{20} 함량 사이의 반비례적인 관계는 '선구물질' 대 '생성물'의 관계를 의미하는 것으로 이 사실은 중수소(^2H)로 표지된 선구물질을 식물체에 투입함으로서 확인되었다. 또 다른 실험에서, ^{14}C로 표지된 GA_{19}는 장일 조건하에 있는 시금치의 세포 추출액에 의해서 GA_{20}으로 전환되었는데 비해 단일 조건에 있던 시금치 세포 추출액에서는 전환되지 않았다. 이들의 연구 결과에 의해서, 지베렐린이 로제트 식물의 줄기 신장에 중요한 역할을 한다고 결론을 내릴 수 있었다.

저온 요구성 식물에서 지베렐린과 줄기 신장 상이의 관계는 광주기에 민감한 식물에서처럼 전체적으로 많이 연구되어 있지 않다. 위에서 언급한 것처럼, 많은 식물에서 저온 요구성은 외재성 GA_3 처리에 의해 대체될 수 있으며, 실제로 지베렐린과 유사한 활성이 저온 처리 후의 식물에서 증가한다는 많은 증거들이 있다. 그러므로 이들 연구에 의하면 지베렐린의 생합성 혹은 대사 과정상의 변화가 포함되어 있을 것이라는 예상을 해볼 수 있으나, 아직은 보다 많은 연구가 필요한 실정이다.

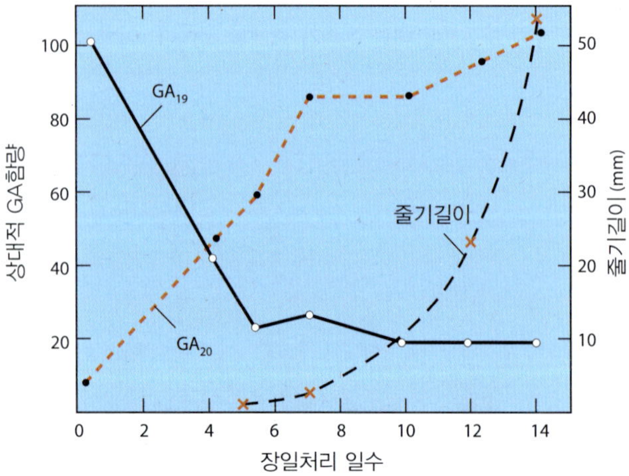

그림 19.9 단일 조건에서 장일 조건으로 옮긴 후, 시금치는 줄기내 지베렐린 함량의 변화를 동반하면서 줄기 신장의 증가현상을 나타내었다. 또한 불활성 GA_{19} 함량 수준이 감소하면서 활성형 GA_{20}이 증가하였다.

19.8.2 지베렐린은 곡류의 발아 동안 저장 영양소의 이동을 촉진한다

지베렐린은 배유에 저장되었던 영양소의 이동을 야기시키는 반면 옥신은 배축의 신장을 촉진한다. 초기 배의 생장을 촉진하는 활성 옥신은 불활성 상태의 결합 옥신이 잘라지면서 만들어진다. 최소한 곡류 낟알(cereal grain)에 있어서 지베렐린은 수화된 배에 이미 존재하는 GA 풀에서 유래한다. 반면에, 애기장대에서는 한편 *ga1, ga2, ga3*와 같이 초기 GA 합성 유전자자가 훼손된 돌연변이체의 경우 씨의 발아가 일어나지 않는다. 이러한 돌연변이는 물론 외부에서 지베렐린을 처리할 경우 정상적으로 발아가 이루어진다. 더욱 최근에 브라시노라이드가 애기장대 씨앗의 발아에서 역할을 한다는 것이 밝혀졌다(21장).

씨 발아시 저장 영양소의 가용화(mobilization) 과정에서 지베렐린의 역할이 1950년 대 말에 L.G. Paleg 연구에 의해 처음으로 제안되었다. 호밀, 보리, 밀과 같은 곡류 낟알은 녹말과 배유 조직으로 둘러싸여 있는 호분(aleurone)으로 불리는 단백질이 풍부한 세포층을 가진다. 발아 동안 곡류의 낟알은 α-아밀라아제와 단백질 가수 분해효소(protease)를 포함하는 일종의 가수 분해 효소들을 분비하는데, 이 효소들에 의해 씨앗의 탄수화물, 단백질의 분해가 일어난다.

효소 분비에 지베렐린이 관여하는 것은 상대적으로 간단한 실험을 통해 보여질 수 있다. 보리와 같은 곡류의 낟알은 배(embryo)를 포함하는 것과 포함하지 않는 각각의 반쪽 씨로 분리할 수 있다(그림 19.10) 씨의 침윤이 일어날 때 배를 포함하는 반쪽 씨는 α-아밀라아제와 다른 가수분해효소를 분배하여 녹말성(starchy) 배유를 분해시켜 영양소를 이동시키고 발아할 수 있게 한다. 물론 배를 지니지 않는 반쪽 씨는 어느 정도 발아하지만, 발아 과정에 요구되는 α-아밀라아제나 다른 가수 분해효소를 만들지 못한다. 그러나 배를 포함하지 않은 반쪽 씨에 지베렐린을 처리하게 되면 그 반쪽 씨는 높은 수준의 α-아밀라아제를 만들어 내도록 자극받게 된다. 이러한 일반적은 실험은 발아중인 배는 호분 층 세포로 신호(아마도 지베렐린)를 보내는 것을 보여 주었다. 지베렐린은 가수분해 효소를 암호화 하는 유전자를 활성 혹은 억제시킨다. 이들 효소는 배유로 분비되어 생장하고 있는 배의 영양소를 공급하기 위하여 녹말과 단백질을 분해한다(그림 19.11).

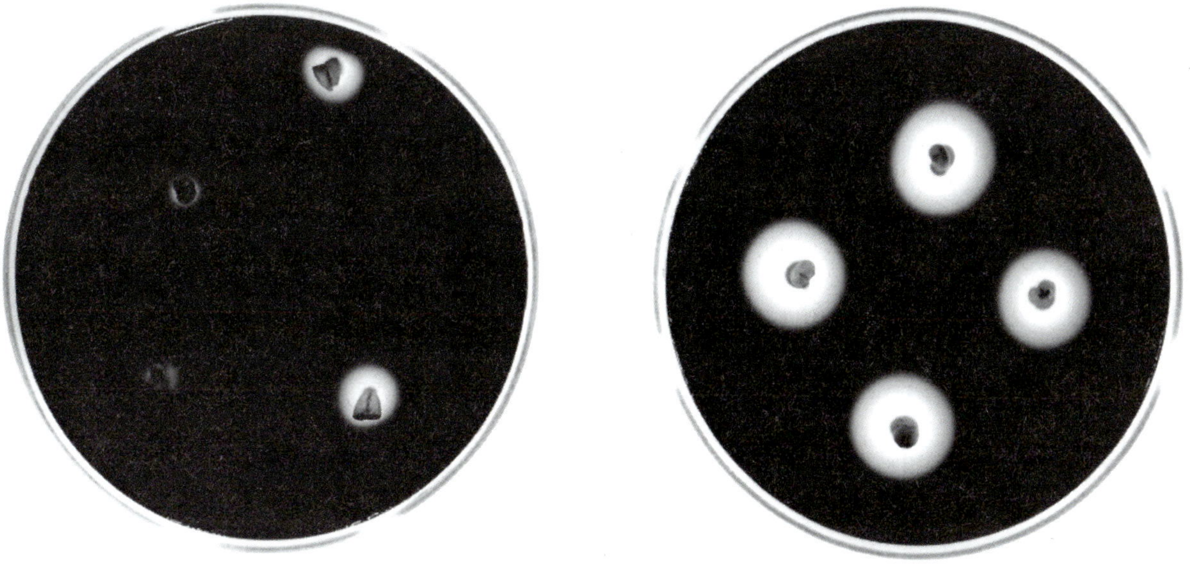

A. B.

그림 19.10 보리의 반쪽 종자로부터 지베렐린에 의해 촉진된 α-아밀라아제의 방출. 배를 포함하지 않은 반쪽 종자를 녹말–한천배지상에서 48시간 배양한다. 이 때 녹말과 반응해서 암청색을 만드는 아이오딘 포타슘 아이오다이드(IKI) 시약을 이용하여 배지를 씻는다. 반쪽 종자를 둘러싸는 투명한 원은 녹말이 분해되었음을, 즉 α-아밀라아제의 활성이 있음을 보여주는 것이다. 오른쪽 배지 역시 10 nM 지베렐린을 포함하고 있다. 왼쪽 배지(대조구)에는 4개의 반쪽 종자가 있으나 그 중 두 개는 α-아밀라아제를 생성하지 못한다.

이런 분야의 많은 연구들이 보리의 한 품종(cv. "Himalaya")에 대해 집중되어 왔으나 지베렐린에 대한 씨의 반응성은 씨가 발달하고 성숙하는 동안의 환경 조건에 의해 크게 영향을 받을 수 있다는 사실을 알아야 한다. 예를 들면, 높은 온도에서 생육한 보리의 씨는 GA가 공급되지 않아도 높은 수준의 α-아밀라아제를 만들어낸다. 그럼에도 불구하고, 보리에서 발견되는 원리는 밀, 호밀, 귀리 및 다른 곡류 식물에 넓게 적용되는 것 같다.

19.9 지베렐린은 유전자 발현 조절을 통하여 작용한다.

초기의 생리학적 연구에 의하면, GA에 의해 촉진된 α-아밀라아제의 합성은 RNA 합성을 저해하는 액티노마이신 D와 단백질 합성을 저해하는 사이클로핵사마이드와 같은 저해제에 의해 억제될 수 있다. 이와 같은 결과는 지베렐린이 호분 층에서 α-아밀라아제의 신생합성을 자극하는 것을 의미한다.

지베렐린은 α-아밀라아제의 mRNA 전사 과정을 조절할까? 이 질문에 대한 명백한 해답은 보리 호분층 세포로부터 원형질체 분리 기술이 완벽해진 후에나 가능하였다. 호분층 원형질체는 유용한 실험 시스템을 제공해 준다. 그것들은 온전한 호분층 세포처럼 같은 효율로 동일한 동질 효소를 만들면서 그리고 똑같은 초미세 구조 변화를 보여줌으로서 정상적으로 GA에 반응한다. 매우 중요하게도, 전사 과정이 활발한 높은 수율의 핵이 원형질체로부터 쉽게 분리될 수 있다.

여러 가지 조사결과에 근거로 볼 때, 지베렐린이 α-아밀라아제 mRNA 의 전사를 조절하고 있는 것으로 보인다. 전기영동 분석과 방사선 자동사진분석에 의한 전체 호분층 RNA로부터 단백질의 생체내 맥박식 표지와 생체외 번역 결과는, 지베렐린 처리 후 나타나는 번역된 α-아밀라아제 양이 의미 있게 증가함을 보여주었다(그림 19.12). α-아밀라아제는 전체 번역된 호분층 단백질의 50 내지 60%나 되는 많은 양을 차지한다.

지베렐린 반응은 명백히 α-아밀라아제의 경우에만 해당하는 것은 아니며, 약간의 다른 펩티드들도 지베렐린 처리 후 증가하거나 감소한다. 호분층 세포의 RNA와 α-아밀라아제 cDNA와의 노던 흡입 혼성화(Northern blot hybridization)에 의하면, 지베렐린은 α-아밀라아제 mRNA 양의 증가를 초래한다. 지베렐린 처리 후에, α-아밀라아제의 mRNA는 전체 번역될 수 있는 mRNA 양의 20% 정도나 될 만큼 많은 양을 차지한다. 끝으로, 지베렐린 처리 후의

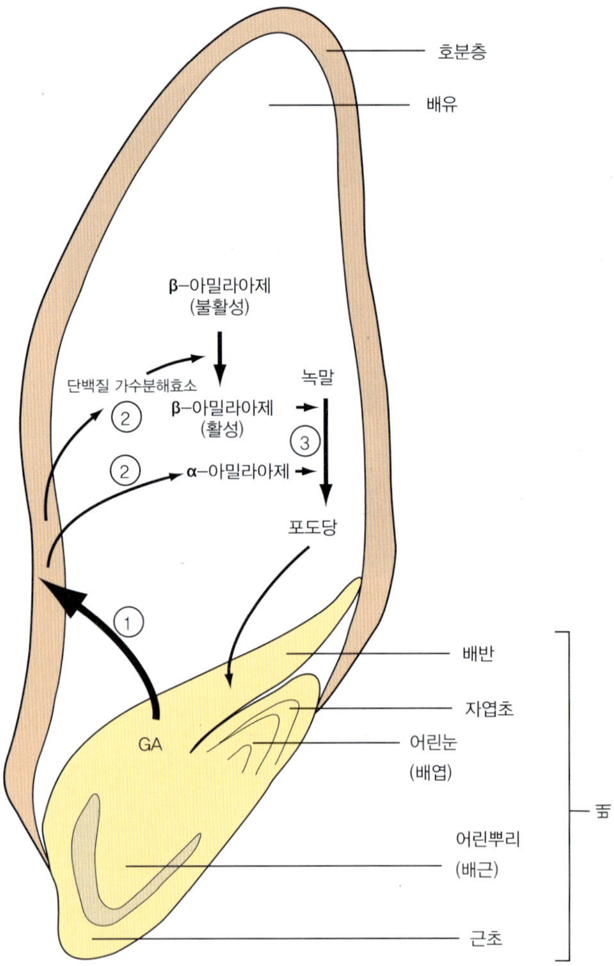

그림 19.11 보리 종자가 발아하는 동안 지베렐린에 의해 유도되는 효소의 방출과 탄수화물의 용해 과정에 관한 모식도. 지베렐린이 배(1)로부터 호분층으로 이동해서 이 곳에서 지베렐린은 α-아밀라아제와 단백질 가수분해효소(protease) 합성을 촉진한다. (2) 단백질 가수분해 효소는 불활성형인 β-아밀라아제를 활성형으로 전환시킨다. α-아밀라아제와 β-아밀라아제는 함께 녹말을 포도당으로 분해시키며(3), 이것은 생장 중인 배의 대사 과정에 이용된다.

α-아밀라아제 합성률은 mRNA 축적률과 밀접하게 상호 관련되어 있음이 연구 결과 밝혀졌다. 이 연구에 의하면, 지베렐린의 일차적인 작용은, 적어도 종자 발아에서, 유전자의 전사를 조절하고 있음에 거의 틀림없는 것 같다.

지베렐린 신호전달에 관여하는 단백질과 유전자를 찾는 십년이 넘는 도전은 지베렐린 반응성이 증가 하거나 감소하는 돌연변이 선발에 의해 이루어질 수 있다. 이러한 돌연변이체가 벼 slender rice 1 (*slr1*) 돌연변이체이다. *slr1* 돌연변이체는 지베렐린이 포화상태로 존재할 때의 표현형을 보이므로 **구성 지베렐린(constitutive gibberellin)** 표현형이라 불린다. 돌연변이 유식물의 성장은 야생형에 비해 빠르고 과도하며 지베렐린을 첨가하지 않아도 배가없는 반쪽의 씨앗에서도 아밀라아제가 만들어진다. 돌연변이체는 야생형에 비해 지베렐린 함량은 낮고 지베렐린 합성을 막는 저해제들에 대해 민감한 반응을 보이지 않으므로 과다 지베렐린 합성에 의한 영향은 배제시킬 수 있다. 유사한 "slender" 돌연변이체가 보리(*Hordeum vulgare*)와 완두(*Pisum sativum*)에서 보고되었다.

또 다른 예가 지베렐린에 둔감 (gibberellic acid insensitive, gai) 애기장대 돌연변이체이다. *gai* 돌연변이체는 공급된 지베렐린에 반응하지 않는 난쟁이이다. 동일한 좌위에 유사한 돌연변이는 밀 (*Triticum aestivum*) 옥수수 (*Zea mays*)에서 난쟁이의 원인이다. 야

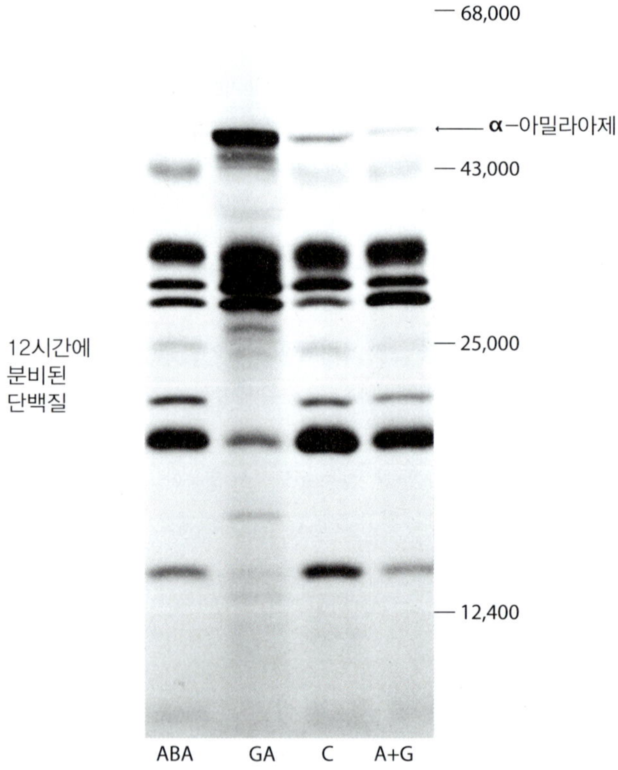

그림 19.12 보리 호분층에서 α-아밀라아제의 생합성에 대한 호르몬의 조절. 분리된 호분층에 의하여 합성된 폴리펩티드들이 ABA, GA_3, 혹은 ABA + GA_3(A + G)의 존재 하에서 방사선을 가진 아미노산인 [^{35}S] 메티오닌과 함께 표지, 배양되었다. 배양 배지내로 분비된 폴리펩티드를 폴리아크릴아미드 겔 상에서 전기영동하였다. 방사선 표지 분자를 병합한 폴리펩티드는 전기영동한 겔을 X-선 필름 위에 노출시킴으로써 탐색되었다. 그러나 ABA 존재 하에서는 거의 완벽하게 그 촉진 현상이 사라진 것을 주목하자. (C)는 처리하지 않은 대조구이다. 그림에서의 숫자는 대략적인 분자량을 의미한다.

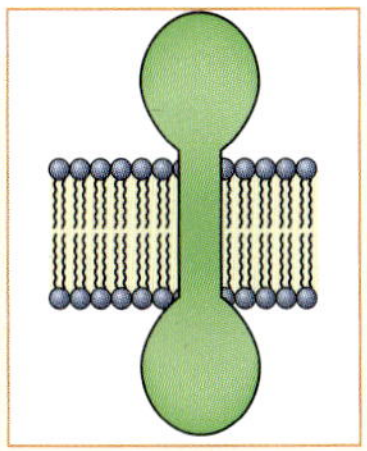

Box. 19.3 델라 단백질과 녹색혁명

1950년과 1960년을 통해 식물육종과 농업경제학의 진보는 세계적으로 농업생산 증가를 가져왔다. 이들 농업혁명은 세계 인구성장에 농업생산이 보조를 맞추게 노력하는 록펠러재단, 다른 박애단체, 대학들에 의해 부분적으로 지원되었다.

가장 두드러진 진보가 밀과 옥수수 육종에서 나타났다. 예를 들어, 밀 생산은 비바람에 의한 손실을 줄일 수 있게 작게 만드는 것을 통해 증가 될 수 있다. 새롭고 작은 변이들은 짚 생체량의 비용에서 곡물 생산을 증가시켰다. 이러한 노력의 의미는 세계 옥수수의 Norman Borlaug International Maize와 멕시코 밀증산센터(Wheat Improvement Center)가 밀교배의 업적으로서 1970년에 노벨평화상을 받았을 때 인식되었다.

육종가들은 난쟁이 돌연변이 대립유전자를 도입시켰기 때문에 새로운 변이는 작은 것이었는데, 밀에서 *reduced height-1* 또는 *Rht-B1*, 옥수수에서 *dwarf-8* 또는 *d8*로서 지베렐린이 감소된 반응으로 추론된다. Rht와 d8 좌위는 애기장대의 GA I 단백질과 유사체인 델라 전사인자를 암호화하는데 애기장대 gai 단백질 돌연변이와 같이 rht-b1과 d8단백질은 N 말단에 아미노산이 바뀌어서 GA 신호전달을 방해한다는 것을 1999년에 펭(Peng) 등이 보여주었다. (Nature 400:256)

생형 SLR1과 GA I 유전자는 **델라 단백질(DELLA protein)**로 알려진 전사 조절자를 암호화하기 때문에 *slr1*과 *gaI* 돌연변이체는 이런 식으로 반응한다. 델라 단백질은 지베렐린 신호전달의 저해제로서 작용하는 핵 단백질의 일종이다. 이러한 결론은 식물체내에서 델라 단백질의 분해가 지베렐린 반응들을 유발시키는 초창기 관찰에 기초한다. *SLR1*은 벼에서 알려진 유일한 델라 유전자이지만 애기장대에서는 *GAI*을 포함해 5개의 델라 유전자가 기술되었다.

델라 단백질의 발견에 이어서 가용성 지베렐린 수용성 단백질 지베렐린 둔감 난쟁이(GA INSENSITIVE DWARF1, GID1)가 벼에서 발견되었다. *GID1*은 지베렐린과 생체내외에서 결합하는 핵 단백질을 암호화한다. 이어서 애기장대에서도 3개의 호모로그 유전자들이 발견되었고 유사한 단백질을 암호화하는 *AtGID1a, AtGID1b, AtGID1c*로 명명되었다. 각각의 애기장대 유전자들은 발달과정 중 특이적이기는 하지만 공통적인 기능도 가진다. 예를 들어, 각각의 돌연변이체 *atgid1a, atgid1b, atgid1c*는 명확한 표현형을 보이지 않으며 더욱이 이중 돌연변이가 존재할 때에도 발아는 정상이다. 다른 이중 돌연변이체 조합이 정상적인 키를 보이나 이중 돌연변이체 *atgid1a-atgid1b*는 난쟁이 표현형을 보인다. 그러나 삼중 돌연변이체 *atgid1a-atgid1b-atgid1c*는 종피를 벗겨 주지 않으면 발아하지 못하며 한 달 성장 후에도 수 밀리미터에 지나지 않은 극단적인 난쟁이 이다. 반면에 *gid* 벼 돌연변이체에 애기장대 야생형의 이들 유전자들 중 어떠한 유전자를 발현시켜도 정상적인 지베렐린 반응을 보이는 벼가 만들어진다.

GID1 수용체는 지베렐린에 결합할 뿐만 아니라 델라 단백질인 SLR1과도 결합할 수 있어 GA-GID1-SLR1 복합체를 형성한다는 것은 최근에 모두 증명되었다. 최근 모델에 따르면 호르몬-수용체-억제제 복합체는 26S 프로테아좀 경로에 의해 델라 억제제 단백질이 분해되면 델라에 의한 억제는 풀리게 되어 지베렐린 반응 유전자 발현이 가능해진다. 다시 말하면, 지베렐린 기능인 제거의 촉진이나 억제 단백질의 유비퀴틴 중재 분해에 의한 유전자 발현 촉진은 앞선 장에서 설명했던 옥신과 유사하다. 이 모델을 통해 왜 *gai* 돌연변이가 지베렐린과 반응하지 않는 난생이 인시를 실명할 수 있다. 애기장대 *GAI* 클로닝은 돌연변이 *gai* 단백질의 N 말단 아미노산이 결핍되어 있는 것을 보여주었다. 이들 아미노산의 결핍에 의해 억제제 기능이 상실되어 지베렐린 수용체에 대해 둔감하게 된다(그림 19.13).

식물체 내에서 지베렐린은 다양한 반응을 유도해 내는데 이들 반응 중 어떤 것이 막결합 단백질과 2차 전달자들의 단계적 반응을 포함하는지 증명되지 않았다. 1957년 브라이안(P.W.Brian)은 식물체는 내재적 억제제를 가지며 반응에 직접적인 촉진이 아니라 이러한 억제의 경감에 의해 지베렐린이 작용한다는 것을 제안에 주목하는 것은 흥미롭다. 50년 후에 우리는 제자리에 돌아왔으며 브라이안의 제안은 현재로서는 상당한 선견으로 보인다.

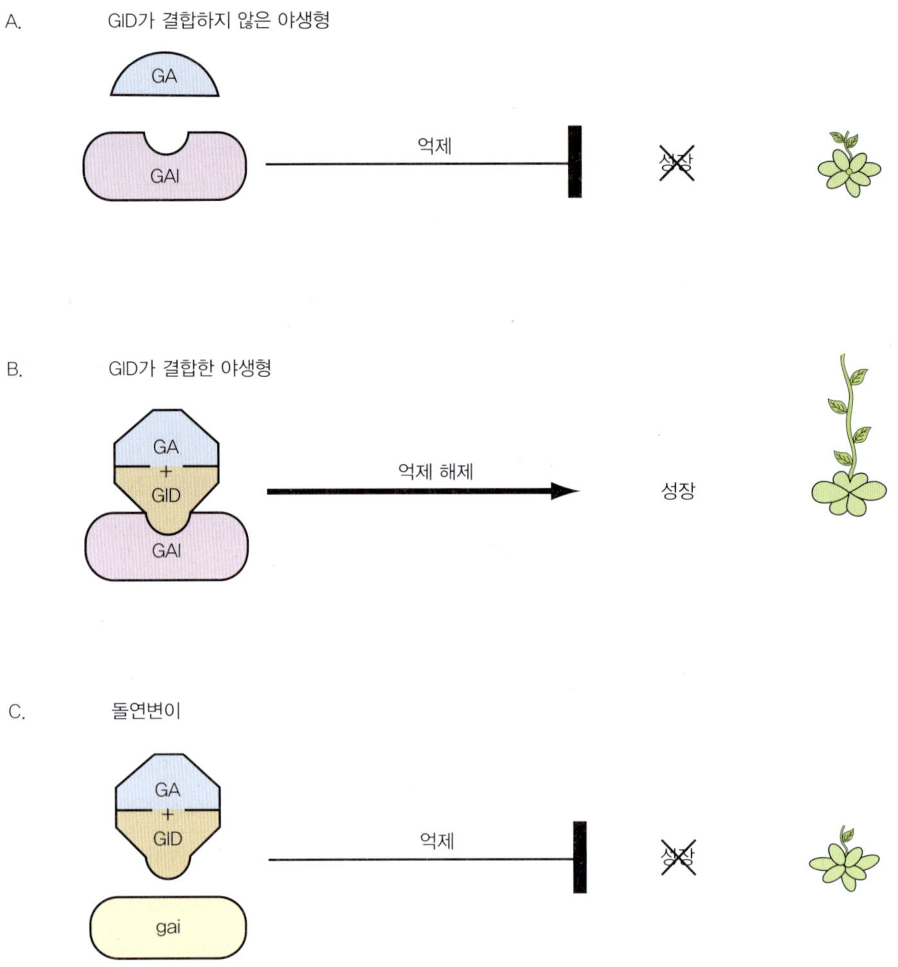

그림 19.13 지베렐린 신호전달 경로에서 델라 단백질과 지베렐린 역할에 대한 모델. (**A**) GAI는 성장과 연관된 유전자 발현을 억제한다. 이 억제를 역전시키기 위해서 지베렐린 홀로 GAI에 결합 할 수 없다. (**B**) 지베렐린/GID 수용체 복합체는 GAI 유전자의 억제나 분해를 담당하는 억제자를 목표로 하는 GAI에 결합할 수 있다. (**C**) 돌연변이 델라 단백질 gai는 지베렐린/GID 수용체 복합체에 결합할 수 없으나 계속해서 유전자 발현을 억제할 수 있다.

요약

지베렐린은 디테르펜(diterpene)이고 특히 난쟁이와 로제트 식물들에서 줄기의 과신장을 촉진하는 능력과 씨앗의 발아 동안 배유 저장물질 이동을 촉진시킨다.

지베렐린은 카르티노이드와 다른 아이소프렌유도체의 생합성과 관련된다. 기본적인 중간산물은 게라닐-게나릴-피로인산과 GA_{12}-7-알데히드이다. 지베렐린은 두 번째 탄소의 수산화나 불활성 접합자(conjuagate)로의 변환에 의해 불활성화 될 수 있다. 지베렐린은 공급원–수용부 관계에 따른 반응에 의해 주로 체관부로 이동한다. 지베렐린 생합성을 저해하는 화학 물질은 상업적으로 작거나 단단한 식물을 만드는 데 사용되어 진다.

지베렐린은 26S 프로테아솜 경로에 분해를 위해 저해 단백질에 주로 작용하는 것 같다.

복습문제

1. 합성 호르몬 풀이 어떻게 조절 되는지 설명하시오
2. 각각의 지베렐린에서 할당된 G 숫자의 의미는 무엇인가?

3. 지베렐린의 활성형 혹은 불활성형을 결정하는 구조적 특징을 구분하시오

4. 발아 중인 곡류에서 영양소의 이동에 관여하는 호르몬에 대해 설명하시오

5. 유전자 억제에 대한 옥신과 지베렐린 신호 사슬에 대해 비교하시오

더 읽을 거리

Brian, P. W. 1957. The effects of some microbial metabolic products on plant growth. *Symposium of the Society for Experimental Biology* 11:168–182.

Buchanan, B. B., W. Gruissem, R. L. Jones. 2000. *Biochemistry and Molecular Biology of Plants.* Rockville, MD: American Society of Plant Physiologists.

Davies, P. J. 2004. *Plant Hormones: Biosynthesis, Signal Transduction, Action.* Dordrecht: Kluwer Academic Publishers.

Eckardt, N. A. 2007. GA perception and signal transduction: Molecular interactions of the GA receptor GID1 with GA and the DELLA protein SLR1 in Rice. *The Plant Cell.* 19:2095–2097.

Harberd, N. P. et. al. 1998. Gibberellin: Inhibitor of an inhibitor of . . . ? BioEssays 20:1001–1008.

Olszewski, N. T-p. Sun, F. Gubler 2002. Gibberellin signaling: Biosynthesis, catabolism, and response pathways. *The Plant Cell.* Supplement S61–S80.

Razem, F. A., K. Baron, R. D. Hill. 2006. Turning on gibberellin and abscisic acid signaling. *Current Opinion in Plant Biology* 9:454–459.

Schechheimer, C. 2008. Understanding gibberellic acid signaling—are we there yet? *Current Opinion in Plant Biology* 11:9–15.

Swain, S. M., D. P. Singh. 2005. Tall tales from sly dwarfs: Novel functions of gibberellins in plant development. *Trends in Plant Science* 10:123–129.

Weiss, D., N. Ori. 2007. Mechanisms of cross talk between gibberellins and other hormones. *Plant Physiology* 144:1240–1246..

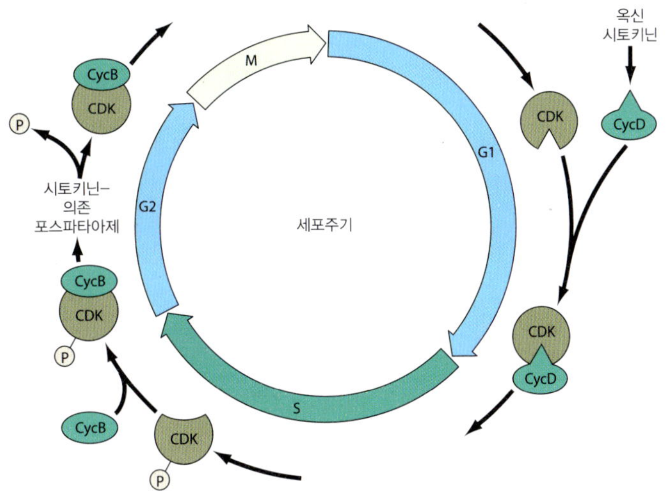

20

호르몬 III: 시토키닌

시토키닌(Cytokinin)은 질소 기반의 아데닌 유도체이며 조직배양에서 세포분열을 촉진하는 주요한 능력을 가진다. 시토키닌 역시 조직배양 중 뿌리와 줄기의 분화, 측아의 성장, 잎 확장, 엽록체 발달, 노화지연을 포함하여 많은 발달 반응에 영향을 미친다. 최근에 시토키닌이 정단 분열조직을 미분화 상태로 유지할 수 있게 하는 기본적인 기능을 수행하는 것이 발견되었다.

이 장은 다음을 포함한다.

- 시토키닌의 구조, 합성, 대사
- 세포분열 조직에서 시토키닌 기능
- 시토키닌에 의한 정단 분열조직 기능의 조절
- 정단 우성, 노화, 다른 발달 과정에서의 시토키닌 기능
- 시토키닌 수용체와 신호전달

20.1 시토키닌은 아데닌 유도체이다

자연 상태에서 존재하는 시토키닌은 이소프렌 관련된 곁가지나 방향성(환식)의 곁가지를 가지는 아데닌 유도체이다. 이전에는 이소프레노이드 시토키닌이라 불렸고, 이후 방향성 시토키닌으로 불렸다. 종간에 혹은 발달 단계에 따라 변이가 있기는 하지만 가장 공통적인 이소프레노이드 시토키닌은 **N^6-(Δ^2-isopentenyl)-adenine (iP), *trans*-zeatin (*t*Z), dihydrozeatin (DZ)**이다. **Benzyl-adenine (BA)**와 같은 방향족 시토키닌은 덜 보편적이며 단지 몇 종에서 발견된다.

합성된 최초의 시토키닌인 **키네틴**(kinetin)은 아직까지 식물에서 발견되지 않았다(Box 20.1). 흥미롭게도 인간의 소변에서 발견되었다는 보고가 있다.

20.1.1 시토키닌 생합성은 이소펜테닐기가 아데노신 1인산의 아미노기와 중합함으로써 시작한다

시토키닌을 직접 생합성하는 데 관여하는 효소가 변형균인 *Dictyostelium discoideum*, 담배 캘러스 조직 및 근두암종 조직에서 분리되었다(그림 20.7 참조). 핵심이 되는 반응은 디메틸라릴 이인산(DMAP) 그룹의 아데노신-5'-모노인산(AMP)의 6번째 위치에 질소 중합반응이다(그림 20.2). DMAP는 앞선 19장에서 소개했

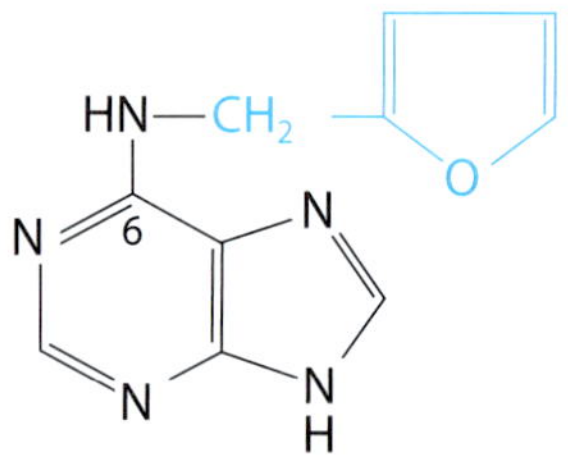

키네틴 (N^6-푸르푸릴 아데닌)

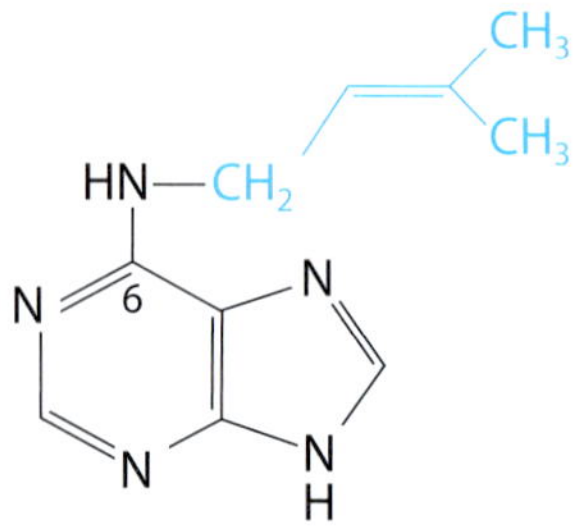

iP (N6-(Δ^2-이소펜테닐)아데닌)

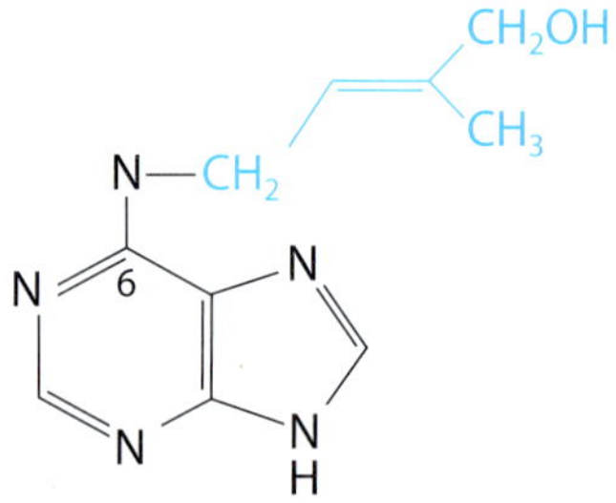

Z (*trans*-제아틴)

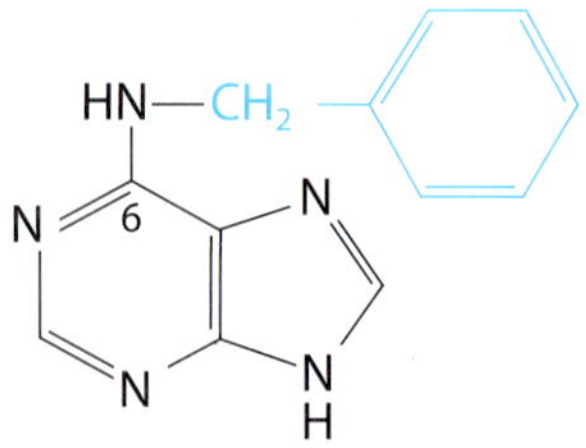

BAP (N^6-(벤질)아데닌)

그림 20.1 시토키닌 활성을 가진 아데닌과 5개의 아데닌 유도체의 화학구조. 시토키닌 활성을 가진 것으로 밝혀진 최초의 화합물인 키네틴은 DNA를 가열하여 얻어진 합성 시토키닌이다. 제아틴은 최초로 분리된 천연 시토키닌으로 아마도 가장 널리 분포되었다. iP는 제아틴의 직전 선구물질이며 디히드로제아틴은 제아틴 곁사슬기가 환원되어 만들어진다. 디히드로제아틴은 비록 제아틴보다는 활성이 떨어지지만 일부 식물에서는 주요 내생 시토키닌이다. iP와 제아틴의 리보오스 유도체는 또한 tRNA의 구성원이기도 하다.

는데 Δ^2-이소펜테닐 이인산 또는 Δ^2PP로 알려져 있다. 이 중합 반응은 **아데노신 인산-이소펜테닐 전이 효소(adenosine phosphate-isopentenyl transferase, IPT)**에 의해 촉매된다. 이 산물은 N^6-(Δ^2-이소펜테닐)-아데노신-5'모노인산 또는 iPRMP이다. IPT 촉매 반응은 시토키닌 생합성에서 속도 결정 단계이므로 IPT 과발현을 유도한 형질전환 식물을 통하여 연구자들은 시토키닌 농도를 조절할 수 있었다.

다음 단계에서 인산 그룹과 리보오스 그룹은 [9R–5'P]iP로부터 제거되어 활성 시토키닌 N^6-(Δ^2-이소펜테닐)-아데닌(iP)이 생성된다. 또는 [9R-5'P]iP의 이소펜테닐 곁가지가 제아틴으로부터 인산과 리보오스가 제거되기 전에 수산화 될 수 있다 제아틴과 iP는 대부분의 식물에서 가장 활성이 있는 시토키닌으로 생각되어지고 있다. 곁사슬에서 이중결합의 감소는 디히드로제아틴 변이체를 만드는 데 어떤 콩과 식물에서는 이것이 활성을 갖는다.

시토키닌을 실험적으로 조직에 가하였을 때, 이것은 유리염기(또는 **nucleobase**), 리보시드(riboside)및 리보티드(ribotide) 사이에서 서로 상호 전환하고 있음이 알려지고 있다. 리보티드와 리보시드를 유리염기(iP)로 가수분해하는 반응을 촉매 하는 효소는 물론 iP를 리보시드로 전환시키거나 리보티드로 전환시키는 것을 촉매하는 효소가 밀 생식질에서 동정되었다. 그러므로 이러한 신속한 상호 전환 때문에 어느 것이 정말 활성형 물질인지를 확실히 하는데 어려움을 갖게 된다.

20.1.2 시토키닌은 접합반응(conjugation) 또는 산화에 의해 가역 또는 비가역적으로 불활성화 될 수 있다

시토키닌의 활성 풀로부터 시토키닌을 제거함으로써 시토키닌의 활성 수준을 조절하는 두 가지 기본적인 과정이 있다. 즉, (1) 포도당이나 아미노산과의 접합, 혹은 (2) 산화과정이 그것이다. 측쇄 수산기의 **O-배당화(O-glucosylation)**가 식물에서 가장 흔하다(그림 20.3). O-배당체(O-glucoside)는 그 자체가 활성을 띠지 않지만 글루코시다아제(glucosidase)에 의해 쉽게 포도당을 잃고 활성화된 시토키닌으로 전환될 수 있다. O-배당화는 생리적 조건이 보장될 때 나중에 회수하기 위해 과잉의 시토키닌을 저장하는 메커니즘으로 보인다. O-배당체는 또한 산화에 저항을 가짐으로써 표적 세포로의 수송동안 분해로부터 안전하다. 무, 옥수수, 담배와 같은 식물에서 시토키닌은 퓨린 고리의 질소 중 하나에 배당화가 일어난다. 7-배당체와 9-배당체는 생물학적으로 활성을 갖지 않는다. N-배당체는 생물학적으로 활성을 갖지 않는다. N-배당체는 매우 안정하며, 쉽게 가수분해되어 활성형 유리 염기를 만드는 것 같지는 않다. 그래서 이것들의 형성은 단순히 저장을 위한다기 보다는 시토키닌의 불활성화를 위한 수단인 듯하다. O-배당화와는 달리 N-배당화는 유리염기 시토키닌(리보실 부분이 결여된)에 한정된 것 같다. 시토키닌은 또한 아미노산인 알라닌과 함께 접합체를 형성한

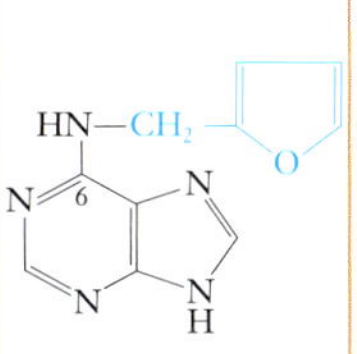

Box 20.1 시토키닌 발견

시토키닌의 발견은 배양 중인 식물 세포가 분열하지 않았기 때문에 얻어졌다. 세포분열의 화학적 조절에 대한 첫 번째 증거는 1913년 하버란트(Haberlandt)에 의해 증명되었다. 그는 체관액(pholem sap)을 더 이상 분열하지 않는 감자 괴경의 유조직에 처리하였을 경우 활발히 분열한다는 것을 보였다. 다른 세포분열 요소들은 상처 난 콩깍지 조직, Datura 밑씨 추출물, 그리고 코코넛 액에서도 보였다.

1940년대와 1950년대에 식물조직배양은 세포분열과 발달을 연구하는 데 좋은 방법으로 대두되었다. 위스콘신 대학의 스쿡(F. Skoog)의 지도하의 한 그룹은 담배 줄기 조각에서 유래한 조직 배양의 영양 요구에 대해 연구하고 있었다. 스쿡 그룹은 관다발 조직을 포함한 조직은 옥신이 있는 제한된 배지에서도 왕성하게 자란다는 것을 발견했다. 하지만 옥신이 포함된 똑같은 배지에서 관다발 조직이 포함되지 않은 동일한 조직은 단지 세포 확장만 일어났지 분열은 일어나지 않았다. 그들은 곧 관다발 조직이 추출물, 코코넛 액, 효모 추출물들이 옥신의 존재 하에서 세포분열을 촉진시킬 수 있다는 것을 알게 되었다.

밀러(C.O. Miller)는 스쿡의 실험실에서 박사후 연구원으로 있으면서 쉽게 많은 양을 얻을 수 있는 효모 추출물로부터 이 세포분열의 활성물질을 찾기 시작하였다. 그의 초기 연구에 근거해서, 밀러는 핵산의 질소염기 부분에 해당하는 퓨린(purine)이 활성물질일 것이라는 것을 밝혔다. 그 이전에 스쿡 그룹은 담배 속(pith) 배양에서 아데닌(퓨린의 일종)이 세포분열을 촉진한다는 것을 알았다. 따라서 아데닌이 풍부한 핵산에서 그 활성물질을 찾게 되었다.

1956년 밀러와 그의 동료들은 청어의 정자 DNA로부터 매우 활성이 높은 물질, 즉 아데닌 유도체인 N^6-푸르푸릴아미노푸린(N^6-furfurylaminopurine)을 발견하여 그 결정체를 얻게 된다. 이 화합물이 조직배양에서 세포분열, 즉 세포질 분열(cytokinesis)을 일으키기 때문에 밀러 등에 의해 키네틴(kinetin)이라는 이름을 얻게 되었다. 1965년에 스쿡과 그 동료들은 시토키닌(ctokinin)이라는 이름을 제안하였다.

키네틴이 생물학적으로 가장 활성이 높은 시토키닌 중 하나이지만 이것은 DNA에서 만들어진 인공적인 것이지 실제 식물에서는 발견되지 않는다. 그러나 키네틴의 발견과 이것의 세포분열에서 현격한 효과는 연구자들로 하여금 자연산 시토키닌을 발견하게 만들었다. 1960년대 초반, 인디아나 대학으로 옮긴 밀러와 호주의 레탐(D.S. Letham)은 각각 독립적으로 어린, 발달 중인 옥수수 씨와 자두 열매로부터 키네틴과 같은 활성을 갖는 푸린 물질을 분리해냈다. 이 물질은 6-(4-히드록시-3-메틸-트랜스-2-부테닐아미노)푸린[6-4(4-hydroxy-3-methyl-trans-2-butenylamino)purine]으로 제아틴(zeatin)이라고 이름지었다. 제아틴이 발견된 이래로 많은 다른 시토키닌이 분리되어 특성이 규명되었다.

다. 제아틴과 디히드로제아틴의 9-알라닐 접합체가 층층이부채꽃속(*Lupinus*)의 열매와 뿌리 마디, 비성숙 사과 종자 및 어린 콩에서 동정되었다. 이것들은 너무나 안정한 접합체이어서 아마도 N-배당채처럼 시토키닌을 불활성화 시키는 것 같다.

호르몬 풀로부터 시토키닌을 제거하는 또 다른 메커니즘은 **시토키닌 산화/탈수소 효소(cytokinin oxidase/dehydrogenase, CKX)**에 의한 시토키닌의 비가역 분해이다. CKX는 제아틴, iP 또는 시토키닌 리보실 유도체로부터 곁가지를 자른다. 기능하기 위해서는 CKX는 이소프레노이드 곁가지의 이중 결합을 인지해야 만 한다. 결과적으로 디하이드로제아틴과 방향성 시토키닌은 CKX의 절단에 내성이 있다. 유전자의 과발현을 통해 내부 시토키닌 농도가 증가 될 수 있다. 이소펜테닐 전이효소(IPT)와 시토키닌은 CKX가 과발현된 식물에서 줄어 들 수 있다.

20.2 시토키닌은 1차적으로 뿌리에서 합성된다

뿌리는 고등식물에서 중요한 시토키닌의 생합성 장소가 된다. 고농도의 시토키닌 함량이 뿌리, 특히 세포 분열이 활발히 일어나는

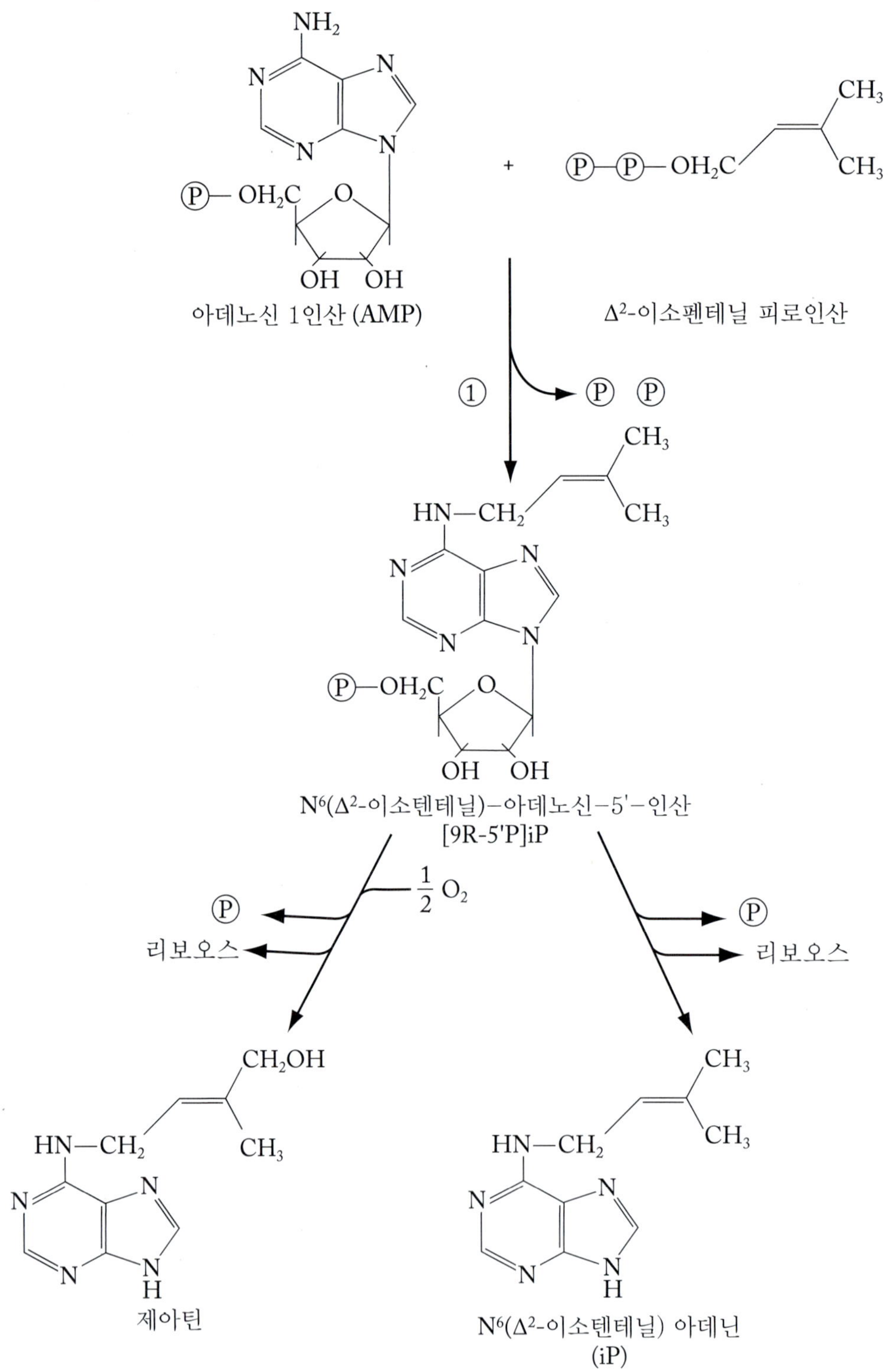

그림 20.2 아데노신 1인산과 이소펜테닐 피로인산염으로부터 이소펜테닐 아데닌(iP)과 trans-제아틴(tZ)의 생합성을 위한 일반적인 윤곽. 또한 아데노신 2인산과 아데노신 3인산은 선구물질로서 사용될 수 있다. 반응 1은 속도결정단계이고 아데닌 인산-이소펜테닐 전이효소(IPT)에 의해 촉매될 수 있다.

A. 0-β-글루코실제아틴 (OG)Z

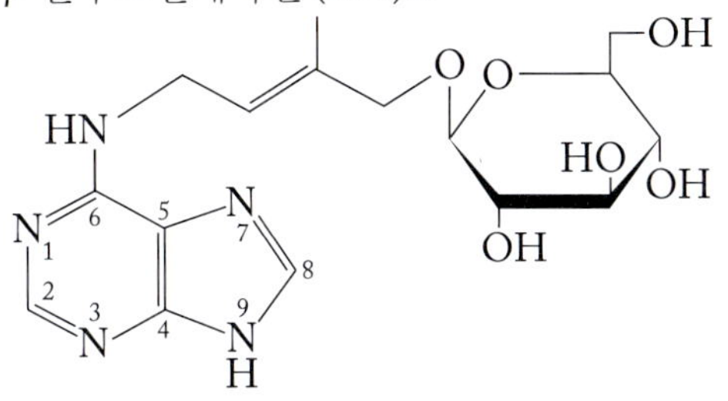

B. 7-β-글루코실제아틴 [7G]Z

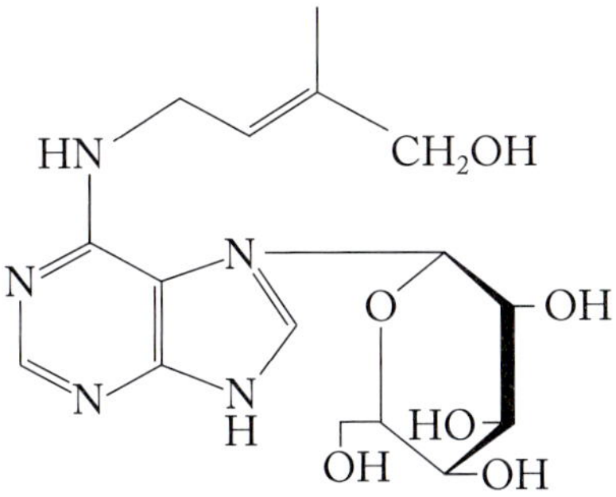

C. 9-알라닐제아틴 [9Ala]Z

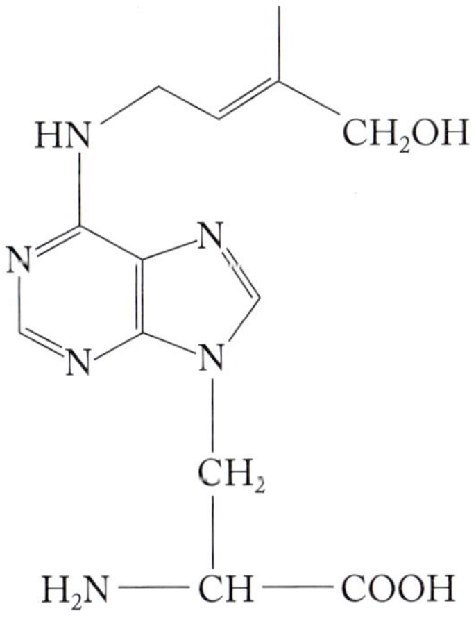

그림 20.3 시토키닌 접합체의 예. 제아틴의 접합체를 보여주고 있다. (A) O-배당화: 곁사슬 수산기가 배당화된다. (B) N-배당화: 아데닌 고리가 3-,7- 또는 9-질소 위치에서 배당화된다. (C) 알라닐 접합체: 9-질소가 아미노산 알라닌과 접합체를 형성한다.

뿌리 정단부와 여러 식물의 물관부 수액에서 발견된다. 모두는 아니지만, 뿌리가 대부분의 식물에서 시토키닌의 중요한 원전이 되며 이 시토키닌은 물관부를 통해서 식물의 지상부로 이동된다고 일반적으로 믿어지고 있다. 이런 결론의 간접 증거는, 많은 식물종에서 분리된 잎이 만약 부정근이 잎자루 기부에서 형성될 수 있도록 조건을 맞추어 준다면 물이 공급된 모래판에서 죽지 않고 생존을 유지할 수 있다는 관찰 결과로부터 제공되었다. 만약 뿌리가 형성되지 않거나 혹은 뿌리가 형성될 때 제거되면, 잎은 신속하게 노쇠를 진행시키게 된다. 뿌리가 형성될 수 있을 때의 노쇠 지연은 명백히 시토키닌에 기인하는 것이며, 그 시토키닌은 뿌리에서 합성되어 관다발 조직을 통해 잎으로 이동한다. 미성숙 종자와 발달 중에 있는 열매는 높은 수준의 시토키닌을 포함하고 있는 데 천연적으로 출현하는 최초의 시토키닌은 옥수수의 배유와 발달 중인 서양자두 열매에서 분리되었다. 종자와 열매가 시토키닌을 합성할 수 있다는 일부 증거가 있지만, 그 반대되는 증거도 또한 있다. 그래서 발달 중인 종자는 그 자신의 높은 대사 활성과 신속한 생장 때문에 뿌리로부터 이동된 시토키닌의 단순한 수용부(sink)로서 역할을 할 가능성도 있다. 반면에, 시토키닌이 항상 먼 거리 전달자(long-distance messenger)가 아니라는 최근의 증거가 있다. 나중에 살펴볼 것인데 정단 분열조직과 꽃 분열조직에서 부정형 세포들은 특히 근처에서 만들어진 시토키닌의 조절을 받는다.

20.3 시토키닌은 세포증식에 필요하다

시토키닌이 세포분열을 조절한다는 사실은 홍당무와 담배 조직을 한정배지에서 배양하려는 시도의 결과로서 알려졌다(Box20.1 참조). 세포증식은 옥신과 어떤 '세포분열 요소'가 배지에 함께 존재할 때만 일어났다. 물론 이 '세포분열 요소'는 키네틴(kinetin)인 것으로 밝혀졌다. 곧 키네틴과 다른 시토키닌들은 옥신 존재 하에서 다양한 조직의 세포분열을 촉진하는 것을 알게 되었다. 이런 연구의 중요성은 조직 배양에 부름켜나 정단 분열 조직도 포함되지 않았다는 것이다. 따라서 시토키닌은 유지기의 비분열 세포를 분열시킬 수 있다는 것을 의미한다.

20.3.1 시토키닌은 세포주기를 통해 발달진행을 조절한다

시토키닌이 어떻게 세포분열을 조절하는 지에 대해 밝혀져야 할 것들이 많이 있지만, 담배 현탁 배양과 애기장대 연구에 따르면 시토키닌이 직접 세포주기를 조절한다.

새로이 준비한 담배 세포 배양에는 연속적인 세포분열을 위해 옥신과 시토키닌이 필요하다. 이 중 한 호르몬만 없어도 세포는 세포주기의 G1 또는 G2기에서 멈춘다. 호르몬을 더하면 세포분열이 12시간 내지 24시간 내에 관찰된다. 1996년 장(K.Zhang)과 그 동료들은 시토키닌 부재에 의해 G2기에서 멈춘 배양 세포에서 시클린-의존 키나아제(cyclin-dependent kinase: CDK)의 활성도가 티로신의 높은 인산화 때문에 감소함을 발견했다. 이런 세포들에 시토키닌을 다시 첨가했을 때 티로신은 탈인산화되어 효소활성이 증가하고 이어서 세포분열이 재개되었다. 현재 밝혀진 바에 따르면 CDK의 특정 티로신은 또 다른 키나아제(kinase)에 의해 S기 동안에 인산화된다(그림 20.4). 인산화된 CDK가 시클린(이 경우 B-형 시클린 또는 CycB)과 결합할 수 있지만, 그 인산화된 복합체는 억제하는 인산기가 시토키닌-의존 탈인산화 효소에 의해 제거될 때까지 불활성화된 상태로 남아 있다. 따라서 배양 담배 세포에서 시토키닌의 역할은 G2기에서 M기로의 전이를 촉매함으로써 세포분열을 개시시키는 활성을 갖는 CDK 복합체를 형성하는 것 같다.
두 번째 시토키닌 작용이 애기장대에서 밝혀졌다. 고농도의 시토키닌을 유지하는 애기장대 돌연변이체는 D-유형 시클린(CycD3)이 높게 유지된다. CycD3를 과발현시는 캘러스 세포들은 시토키닌 없이도 계속 분열할 수 있다.

B-유형 시클린이 G2에서 M으로의 전이에 작용하는 것으로 알려져 있는 반면, D-유형 시클린의 양은 식물에서 세포주기 동안 일정하게 유지된다. 하지만 현재까지 D-유형 시클린의 특별한 활성은 알려진 바가 없다. 단지 동물의 경우로부터 유추하건데 G1에서 S로의 전이를 촉진할 것으로 생각된다. 만약 이러한 것이 사실이라면, 애기장대의 결과는 시토키닌이 CycD3의 유도를 통하여 G1에서 S로의 전이 단계에서 세포분열이 시작되는 것을 의미한다. 흥미롭게도, 애기장대의 두 D-유형 시클린(CycD2, CycD4)들이 설탕에 의해 유도된다. 시토키닌과 그 이외의 발달 신호 또는 세포주기 조절 단백질들과 의 관계에 대해 더 밝혀짐에 따라 우리는 세포분열이 어떻게 시작하는 가 뿐 아니라 세포가 분화를 위해 어떻게 세포주기를 떠나는가도 이해할 수 있게 되었다.

20.3.2 옥신과 시토키닌 비율이 캘러스 조직에서 뿌리와 줄기의 시작과 곁눈 생장을 조절한다

옥신과 시토키닌은 재배된 담배조직에서 뿌리와 줄기 형성에 대해 길항 작용을 한다. 옥신과 시토키닌은 캘러스 배양을 유지하는 데 필요하다. 그러나 옥신만 존재하거나 혹은 시토키닌에 대한 옥신의 비율이 높을 때 뿌리 형성이 시작될 수 있다. 역으로 옥신에 대한 높은 시토키닌 비율은 줄기 형성을 촉진하며 비슷한 양의 옥신과 시토키닌은 미분화된 캘러스의 증식을 불러 온다. 이러한 현상은 미세증식(micorpropagation)에 의한 수많은 식물의 재분화 기술에 실제적으로 적용되고 있다(Box 20.2).

시토키닌은 곁눈 생장 조절과 정단우성 조절에 대한 옥신 효과에 대하여 길항으로 작용한다. 많은 식물 종에서 슈트 정단부나 혹은 곁눈에 직접적으로 시토키닌을 가하면 곁눈의 생장 억제 현상이 사라진다. 강한 정단 우성을 나타내는 토마토 돌연변이 종은 정상종에 배해 적은 양의 시토키닌을 갖고 있다 .형질전환 식물을 갖고 한 더 최근의 연구들에 따르면 옥신 양이 높은 식물은 정단 우성이 강하며 시토키닌이 높으면 정단우성이 약해진다. 하지만 더 재미

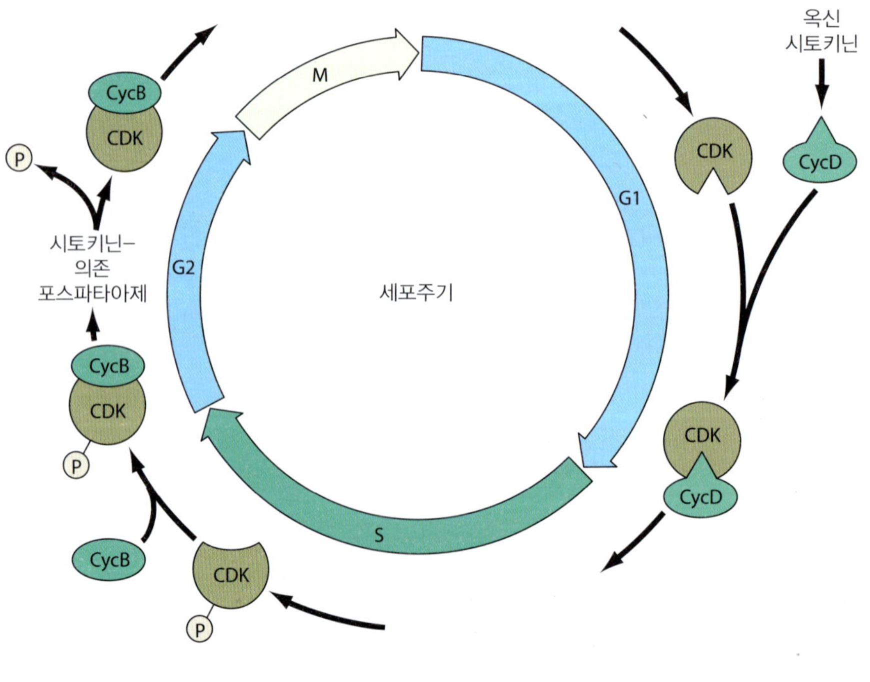

그림 20.4 식물체 내에서 세포주기의 호르몬에 의한 조절의 간단한 모델. 시토키닌은 시클린-의존 키나아제(CDK)/시클린 B 복합체로부터 억제성 인산기를 제거하는 포스파타아제를 활성화시켜 체세포분열(G2에서 M으로의 전환)의 개시를 촉진한다. 옥신과 시토키닌은 또한 S 시기의 개시에 필요한 G1 시클린의 축적(여기서는 시클린 D로 표시되어 있음)도 촉진한다.

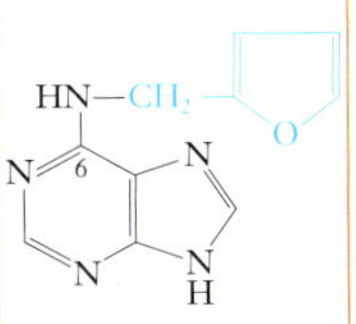

Box 20.2 조직 배양은 식물의 대량 클로닝을 가능케 한다

식물 조직 배양 기술의 성공으로 대규모의 식물 종 복제가 가능해졌다. 공간적이나 기술적 지원과 재료 면에서 상대적으로 적은 투자를 하여, 문자 그대로 수많은 고품질의 유전적으로 동일한 식물을 만드는 게 가능하다. 이 과정을 **미세번식(micropropagation)**이라고 한다. 가장 자주 사용되는 방법은 정단 우성을 감소시키며, 곁눈 발달을 촉진하는 옥신과 시토키닌을 포함하는 배지 위에 분열조직을 두는 것이다(그림 20.5 참조). 새로운 지상부가 나오면 분리하여, 더 많은 곁가지를 생산하도록 이차배양하거나 뿌리 발달이 촉진되는 배지에 두어 밖에 옮겨 심을 수도 있다. 또 다르게는 조직을 나중에 뿌리나 지상부를 형성하고 유도하는 캘러스 배양에 사용할 수 있다.

미세 번식은 바이러스와 다른 병원체를 제거하기 위한 효과적인 방법이 될 수 있어서, 상업성이 있는 다량의 병원체가 없는 번식체도 생산할 수 있다. 조직 배양에 의해 처음 대량 생산된 식물은 바이러스가 없는 난초(*cymbidium*)였으며 이 기술은 보통 영양 번식되는 감자, 백합, 튤립 등의 다른 종에서도 유용한 것으로 밝혀졌다. 예를 들면, 감자는 덩이줄기에 나 씨눈을 통해 영양 번식하는데 이 때문에 바이러스가 다음 세대에 쉽게 옮겨진다. 분열 조직 배양으로부터 감자의 미세 번식은 바이러스가 없는 계통을 분리하는 데에 효과적인 방법인 것으로 밝혀졌다.

미세번식은 이제 수목종을 생산하는 데에도 광범위하게 사용된다. 여기서 번식체는 주로 곁눈과 부정아를 배양해서 생산된다. 캘러스를 유도하여 새로운 싹을 분화시키는 방법은 거의 사용되지 않는다. 비슷한 방법이 사과(*Malus*), 복숭아(*Pyrus*), 배(*Prunus*) 등의 품종에 성공적으로 적용되었다. 대부분의 온대성 과일들은 거의 이형 접합성이기 때문에 종자로부터 육종되는 것이 아니라 영양 기관의 꺾꽂이로 번식한다. 현재, 많은 기업형 실험실에서 미세 절단체를 뿌리내리게 하는 것은 일상적인 과정이다. 1980년대 초까지 네덜란드의 재배자들은 미세번식으로 2천 100만 개체 이상의 식물을 생산했다.

조직 배양에서 얻은 묘목들은 아마도 동일한 무성 체세포로부터 복제된 것이라는 사실에도 불구하고, 재생된 식물들은 형태와 생리적 면에서 상당한 변이를 나타낼 수 있다. 이것을 **체세포 클론 변이(somaclonal variation)**라고 한다. 체세포 클론 변이가 왜 일어나는지는 불분명하지만, 배양 조건에 따라 나타나는 자발적인 유전적 변이와 관련이 있다. 체세포 클론 변이는 가끔씩 질병 저항성이나 꽃 색깔 패턴의 변이와 같이 농업적으로 가치가 있는 형질을 만들기도 한다.

있는 발견은 옥신 과생성 형질전환 식물의 정단아(apical bud)에 시토키닌을 처리할 경우 정단우성이 감소한다는 것이다. 따라서 눈의 생장을 억제하는 것은 옥신의 절대량이 아니라 옥신과 시토키닌 사이의 비율인 것 같다.

옥신-시토키닌 길항 작용은 곁눈이 극단적으로 발달한 경우인 '빗자루 병(witch's bloom)' 현상에서도 보인다(그림 20.6). 빗자루병 현상은 다양한 식물들에서 나타나며 대부분 곰팡이, 세균의 기생, 또는 가눈비(*Picea*), 낙엽송(*Larix*), 소나무(*Pinus*) 등에 기생하는 작은 현화 관목식물인 겨우살이(*Arceuthobium sp.*) 등의 기생에 의해 일어난다. 호르몬 불균형에 대해서 아직 정확히 밝혀지지 않았지만, 기생에 의해 시토키닌의 합성이 증가한 것으로 생각된다. 결과적으로 정단우성이 감소하고 수많은 짧은 가지들이 형성된다.

20.3.3 근두암종은 시토키닌과 옥신을 과생산하도록 유전적으로 변형된다

아그로박테리아(*Agrobacterium tumifaciens*)는 **근두암종(crown gall)**로 알려진 종양을 줄기에 일으킨다. 떨어져 나온 근두암종 조직은 무기 염류, 약간의 비타민 , 탄소원으로서의 수크로오스가 포함된 간단한 배지에서 유지될 수 있다. 감염된 조직은 시토키닌과 옥신을 생산할 수 있게 자연적으로 조직되었기 때문에 호르몬 첨가가 필요하지 않다.

아그로박테리아는 박테리아 게놈과는 분리되어 있는 전형적인 박테리아 플라스미드인 환형 DNA를 가진다. 박테리아가 상처난 식물에 감염했을 때 종양 성장을 담당하는 유전자를 가지므로

그림 20.5 캘러스 배양에서의 슈트의 줄기 재생. 담배 줄기의 중심부내 수(pith) 조직의 한 조각 부분이 무기염류, 비타민, 설탕 및 호르몬 등이 포함된 배지에 심어진다. 이 조직은 새로운 작은 식물(왼쪽)로 재생되기 전에 수주일 동안 미분화된 캘서스(오른쪽)로서 증식한다. 이 작은 식물이 궁극적으로 토양에 심어져 성숙한 토마토 식물을 만들어 낼 것이다.

아그로박테리아 플라스미드는 **종양유도(tumor-inducing)** 또는 Ti 플라스미드라 불린다.

T-DNA (transfered DNA)로 알려진 플라스미드 DNA는 3종류 단백질을 위한 유전자를 가진다. 이들 중 두 효소는 옥신과 시토키닌을 합성하기 위해 필요한 것이다. 세 번째 효소는 박테리아의 영양소로서 기능하는 비특이적 아미노산 **오파인(opine)**을 생산하게 한다. 아그로박테리아가 숙주식물에 침입하면 플라스미드의 T-DNA 부분은 숙주 세포의 핵 DNA내로 끼어 들어간다. 아그로박테리아는 사실 천연 유전공학자이다. 아그로박테리아가 숙주 세포에 감염되고 시토키닌, 옥신, 오파인을 대량 생산하도록 프로그

그림 20.6 백송(*Pinus strobus*)에 발생한 빗자루병. 빗자루병은 시토키닌의 과잉 생산을 촉진하여 그 결과, 통제되지 않는 곁눈 발달을 초래하는 곰팡이의 감염 결과이다.

그림 20.7 *Bryophyllum* 식물의 줄기에서 종양성 생장으로 인해 만들어진 근두암종은 아그로박테리아(*Agrobacterium tumefaciens*)가 줄기에 침입하여 생긴 결과이다. 숙주세포는 옥신과 시토키닌의 과잉생산을 야기하는 박테리아의 유전자로 형질전환된다.

램한다. 옥신과 시토키닌은 세포분화와 종양성장을 촉진시키는 반면 오파인은 침입한 박테리아를 부양한다.

20.3.4 시토키닌은 노쇠를 지연시킨다

현재 시토키닌이 노쇠 과정을 조절한다는 세 가지의 증거가 있다. 첫째, 분리된 잎에 시토키닌을 처리하면 노쇠 시작을 지연시키며, 단백질 함량 수준을 유지시키고, 또한 엽록소 분해를 억제한다는 것이 관찰되었다. 시토키닌 처리는 또한 온전한 식물에 붙어 있는 잎의 자연적인 노쇠 과정을 지연시킨다.

둘째, 내재성 시토키닌 함량과 노쇠사이에는 상표 관련이 있다는 것이다. 예를 들면, 엽병 기저부에서의 뿌리 형성을 유도하기 위해 옥신으로 처리한 분리된 잎은 수주일 동안 건강한 상태를 유지한다. 이 경우 생장을 하고 있는 뿌리는 시토키닌 합성 장소가 되어 여기서 만들어진 호르몬이 물관부를 통해 엽신으로 운반된다. 만약 생성되는 뿌리를 계속 제거하면 잎의 노쇠가 가속될 것이다. 또한 성숙한 식물에서 자연적으로 노쇠가 진행되면 뿌리로부터 나오는 시토키닌의 함량이 급속히 감소된다는 것이 관찰되었다.

확실한 증거가 되는 셋째 경우는 재조합 DNA 기술을 이용하는 최근의 연구로부터 나왔다. 담배(*Nicotiana tobacum*)는 앞에서도 언급한 시토키닌 생합성 관련 아그로박테이아 유전자인 TMR로 형질 전환이 이루어진다 (그림 20.8). TMR 유전자는 **이소펜테닐기 전달효소(isopentenyl transferase)**의 합성을 지시하는데, 이 효소는 시토키닌 생합성 반응을 조절한다. 이 경우 TMR 유전자는 **열 충격 프로모터(heat shock promoter)**와 연관되어 있다. **프로모터(promoter)**는 전령 RNA(mRNA) 전사가 시작되는 곳에 신호

그림 20.8 담배의 노쇠와 눈(bud) 생장에 대한 시토키닌의 조절. 유전적으로 형질 전환된 담배 캘러스 세포로부터 시토키닌 생성이 열 충격에 의해 자극받을 수 있는 작은 식물체를 재생시켰다. 왼쪽으로부터 오른쪽으로; 형질 전환된 열 충격 받은 작은 식물체; 형질 전환시키지 않은 열 충격 받은 작은 식물체; 형질 전환된 대조구(열 충격을 주지 않음), 형질 전환시키지 않은 대조구. 열 충격을 받은 형질 전환 작은 식물체에서 측아 분열 증식과 노쇠가 일어나지 않음을 특별히 주목하라. B와 D에서 크고, 하얀 부분은 노쇠한 잎들이다. 형질 전환된 대조구는 측아 생장에 있어서 시토키닌의 효과를 보이지 않으며 노쇠도 일어나지 않는다. 이러한 것은 형질 전환된 유전자가 "새고"있다는 것이며 열 충격이 없는 하에서 소량의 시토키닌이 생성되었다는 것을 의미한다. (From Smart, C. et al. 1991. *The Plant Cell* 3:647. Copyright American Society of Plant Physiologists. Photo courtesy of C. Smart.)

를 보내는 DNA 분자 내의 일부 서열이다. 열 충격 프로모터는 식물의 열 충격 반응에 보통 관련되는데, 이 반응은 짧은 기간 동안의 높은 온도 처리에 의해 유도된다. 열 충격 반응은 **열 충격 단백질(heat shock protein)**이라 불리는 새로운 단백질의 합성을 포함한다. 그러므로 열 충격 프로모터는 식물이 고온 처리를 받았을 때에만 활성화 된다. TMR 유전자를 열 충격 프로모터에 연관시키면, 시토키닌 생합성이 형질 전환된 식물에서 단순히 그 식물을 짧은 기간 높은 온도 처리를 함으로써 일어날 수 있게 된다. 2시간 동안 42℃의 열 충격을 주면 대조구 식물에 비해 형질 전환된 식물에서 제아틴 함량 수준이 17배 증가한다는 사실이 발견되었다. 12주 기간 동안 1주일 단위로 열 충격을 가하면, 형질 전환된 식물은 노쇠 현상이 지연되는 것은 물론 정단 우성 현상으로부터 벗어나 현저한 곁눈 발달을 보인다. 열 충격을 받지 않은 그러나 형질전환된 식물 역시 대조구 식물에 비해 보다 오래 동안 젊은 상태를 유지하나 정단 우성에서는 벗어나지 못한다. 이것은 아마도 정상 온도 조건하에서도 매우 적은 양이기는 하지만 효과를 나타낼 정도의 시토키닌 생성을 가능케 하는 프로모토의 일부 작용 때문인 것 같다.

시토키닌이 노쇠를 지연시키는 메커니즘은 분명하지 않으나 시토키닌이 영양소를 이동시키는 데 있어 어떤 역할을 수행한다는 증거가 있다. 그림 〈20.9〉에서 요약되어 제시된 모테스(K. Mothes)와 그 동료들에 의한 고전적 실험이 바로 이 점을 설명해 주고 있다. 이 실험에서 잎의 한 부분을 시토키닌으로 처리한 후 방사선 탄소(예. ^{14}C-glycine)로 표지된 영양소를 잎에 가한다. 이때 변함 없이 방사능 물질이 시토키닌 처리 지역으로 수송되어 축적된다. 이와 유사한 여러 실험 결과로부터 시토키닌 처리 지역에서 시토키닌에 의해 촉진되는 대사 과정이 결국 영양소의 이동 방향을 결정짓는다는 가설이 제시되었다. 시토키닌은 그 처리 지역(공급원 지역)에서 생성된 대사물질을 특히 선호해서 받아 들이는 새로운 수용부(sink) 공간을 만들어 내는 것이다. 시토키닌이 단백질 합성을 촉진함에 의해 직접 영양소의 이동에 작용할 가능성은 없어 보이는 데, 그 까닭은 α-아미노이소부티르산(α-aminoisobytyric acid)과 같은 비대사물질(nonmetabolite)의 이동도 시토키닌에 의해 같은 정도로 결정 받기 때문이다.

20.3.5 시토키닌은 줄기 분열조직 유지에 중요한 기능을 갖는다

식물 분열조직의 기본적인 특징은 분열중인 세포와 분화중인 세포 간의 공간적인 거리를 유지하는 능력이다. 식물 발달의 전체과정

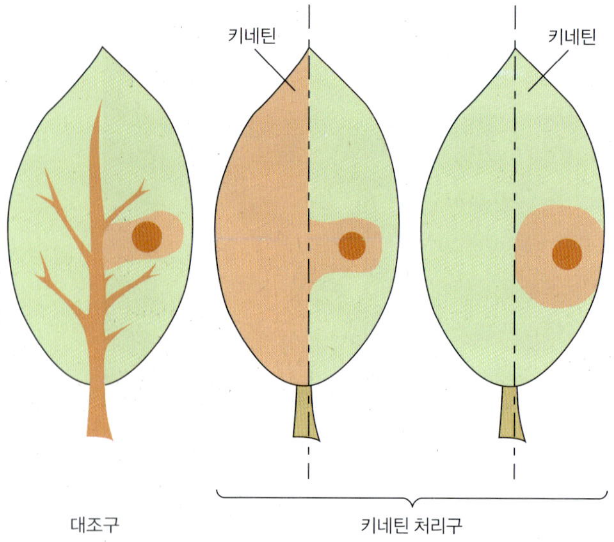

그림 20.9 영양소 이동에 있어서 시토키닌의 역할을 입증하는 실험에 관한 그림. 방사능 물질 ^{14}C-아미노부티르산(^{14}C-aminobytyric acid)이 잎에서 검은색 점으로 표시한 지역에 가해진다. 왼쪽: 대조구 잎, 방사능 물질이 엽병을 통해서 빠져나가기 위해 관다발 조직 안으로 퍼져 나간다. 중앙: 방사능 물질이 키네틴으로 처리된 잎의 왼쪽 반 지역으로 이동 축적된다. 오른쪽: 방사능 물질은 잎의 오른쪽 반이 키네틴으로 처리되었을 때 방사능 물질이 가해진 부근 근처에 남아 있게 된다. (Based on experiments of Mothes, K. 1963. *Régulateurs Naturels de la Croissance Végetale*, 123. Centre National de la Recherche Scientifique.)

은 끊임없이 분화하는 세포의 작은 집단을 유지하는데 달려 있다. 스쿡(Skoog)과 밀러(Miller)가 50년 전에 시토키닌이 세포분화와 줄기 재생을 촉진하는 것을 증명한 이래로 시토키닌은 식물 증식이나 형질전환 식물체 생산을 위한 조직배양에서 줄기형성을 유도하는 것으로 주로 사용되어진다. 식물체 내에서 시토키닌이 분열조직을 유지하는 데 주요한 기능을 한다는 것으로 가정되어 왔으나 이러한 역할에 대한 직접적인 증거를 얻는 것은 매우 어려웠다. 시토키닌을 외부에서 투입하는 등의 전통적인 방법은 명확한 정보를 거의 주지 못한다. 당신이 식물에게 호르몬 용액을 뿌렸을 때 얼마나 많은 양의 호르몬이 식물체로 들어가는지 아니면 다른 곳으로 가는지 확인하는 것은 불가능하다. 더욱이 과도한 호르몬은 인위적이고 생리적이지 않은 효과를 불러 올 수 있다.

새로운 증거들이 있으나 정단 분열조직 내에서 시토키닌의 긍정적 역할에 대한 것이다. 이들 실험의 대부분은 적당한 유전자의 과발현 식물이나 기능 상실 돌연변이를 통하여 시토키닌의 농도가 낮아진 것을 포함한다. 예를 들어, 활성 시토키닌을 분해시키는 시토키닌 산화효소/ 탈수소효소(CKX) 과발현을 통하여 식물체 내의 시토키닌 농도를 줄일 수 있다. 애기장대는 7개의 *CKX* 유전자를 가지는데 이들이 과발현 되면 야생형에 비해 시토키닌 농도는 30~40% 감소된다. 이러한 모든 경우 줄기발달 저해, 난쟁이, 늦은 개화, 정단 분열조직 크기의 감소를 불러온다. 시토키닌 결손식물은 잎 프리모디아의 형성이 늦으며 잎 세포의 수가 현저하게 감소한다. CKX가 강하게 발현된 곳에서는 발아 후에 줄기 성장이 완전하게 멈춰진다. IPT 유전자 또는 시토키닌 수용체로 알려진 유전자의 기능상실 돌연변이체를 통한 시토키닌 농도가 감소된 곳에서 유사한 결과가 나타난다(20.4장).

외로운 사람(*lonely guy, log*)라는 흥미로운 이름을 가진 시토키닌 결손 돌연변이체의 발견은 시토키닌의 정단 분열조직 유지에 대한 더한 증거이다. 벼꽃은 전형적이며 가지가 많은 가지를 낸 초본 화서는 원추 꽃차례(panicle)로 이루어진다. 꽃 혹은 수상화(spikelet)는 원래 하나의 암술 주위를 여러 수술이 둘러싸고 있다. *log* 돌연변이체에서는 꽃차례 크기가 매우 감소한다. 적은 분지와 비전형적인 꽃이다. 꽃은 작아지고 암술은 없고 하나의 수술(그래서 외로운 guy)이 있다. 현미경 연구를 통하여 영양단계에서 생식단계로 전이가 일어난 후 둥근 모양의 꽃 분열조직(floral meristem)은 평평해지고 조숙하게 차단된다.

log 돌연변이체는 분열조직이 결손된 돌연변이체라는 것은 명확하다. 그러나 왜? *LOG* 유전자가 분리되고 클로닝된 후 분열조직의 정점이나 가지 원기(branch primodia)와 같은 활성 세포 분열 지역에 존재한다. *LOG*는 phosphoribohydrolase 효소를 암호화한다. 이 효소는 리보오스 인산염 그룹의 제거를 통하여 시토키닌을 활성화시킨다. 이 효소가 없는 *log* 돌연변이체는 세포 분열에 중요한 지역에서 활성 시토키닌 농도가 낮고 그 결과 부적절하게 분열조직이 유지된다.

20.3.6 정단 분열조직에서 시토키닌 농도는 주조정 유전자에 의해 조절된다

시토키닌이 세포 분열 조절을 통하여 분열조직을 유지한다면 분화를 시작 시키는 것은 무엇인가? 식물, 곰팡이, 동물 모두 패턴잉(patterning)과 기관시작에 관여하는 유전자를 가지고 있다. 이들 유전자들은 **호메오박스(homeobox)** 또는 **호메오도메인(homeodomain)**으로 불리는 약 180 bp 염기서열을 공유한다. 따라서 이들 단백질은 호메오박스 또는 호메오도메인 단백질이라 불린다. 식물에서 호메오박스 단백질은 옥수수의 나티드(KNOTTED1) (식물에서 최초로 발견된 호메오박스 단백질) 단백질에 기초한 녹스(KNOX) 단백질로 알려져 있다. 호메오박스 유전자는 발달 과정에서 기본적인 역할과 조직과 기관의 운명을 특정

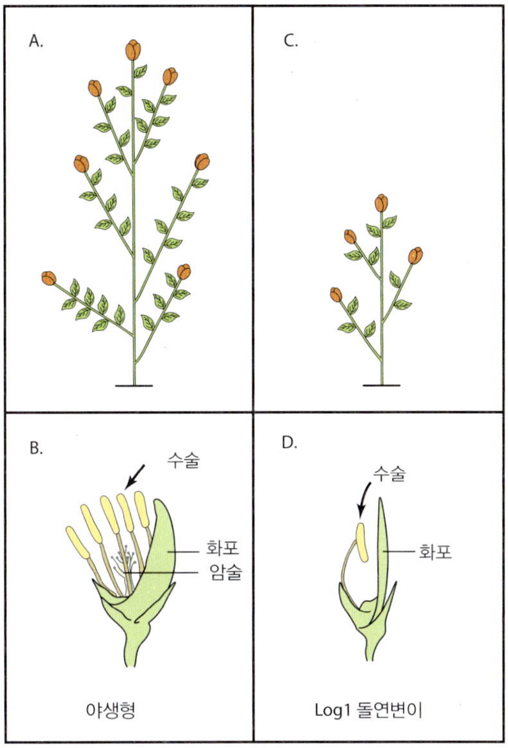

그림 20.10 벼 야생형과 시토키닌 결핍 돌연변이 *log-1*의 도식. 표현 야생형 벼. (**A**)는 곁꽃이나 수상화로 둘려 쌓인 수많은 분지를 가진 전형적인 초본 꽃차례이다. 각 분지는 말단의 수상화(빨간색)로 끝난다. 수상화와 분지의 수는 줄기 혹은 가지의 정단 분열조직과 말단 수상화 분열조직으로 변화는 시기에 의해 결정된다. 야생형 수상화는 하나의 암술과 많은 수술을 가진다(**B**). 시토키닌이 적은 돌연변이체는 가지 분열조직이 잘 유지되지 않는다. 그 결과는 작고 숫자가 적은 가지는 작은 수의 수상화를 가진다(**C**). 꽃의 분열조직 또한 영향을 받으며 수상화는 암술은 없고 하나의 수술을 갖는 것으로 감소된다(**D**).

화하는 능력 때문에 주조정 유전자로 여겨진다. 식물의 경우, 녹스 유전자의 기본적인 기능은 시토키닌과 지베렐린 생합성의 조절을 통하여 분열조직을 특정화하는 것이다.

발달 과정에 녹스 유전자의 효과는 두 종류의 돌연변이에 의해 설명되었다. 야생형 녹스 유전자 발현은 정단 분열조직의 핵에서 일어난다. 이들은 일반적으로 야생형 식물의 엽원기나 발생된 잎에서는 발현되지 않는다. 이러한 패턴이 바뀐 몇몇 우성 돌연변이가 있다. 이들 우성 돌연변이는 돌연변이 유식물에서 유전자들이 과발현 되는 것을 의미하는 기능획득 돌연변이이다. 그 결과 어떤 잎 조직은 분화를 하지 못하고 계속 분열하여 잎사귀에 산발적으로 곁가지나 혹병을 형성한다. 극단적인 경우 이소적 줄기(ectopic shoot)는 잎 표면에서 발달하는 것으로 보이는데 활성 분열조직과 유사한 세포가 존재하는 것을 의미한다. 즉, 녹스 유전자의 과발현으로 녹스 단백질이 축적되었을 때 잎 세포는 분화로 바뀌어야만 하는데, 이를 실패하여 계속 분열한다.

애기장대에서 *SHOOTMERISTEMLESS (STM)* 유전자 역시 녹스 단백질을 암호화하는데 열성 기능상실돌연변이체 *stm*의 효과는 위에서 설명한 우성 기능획득돌연변이체의 반대이다. *stm* 돌연변이를 가지는 식물은 배발생 동안 어떠한 정단분열조직도 발달하지 못한다. *STM* 발현 패턴은 옥수수 *KNOTTED1* 발현과 매우 유사하다. 생체 내에서 mRNA를 볼 수 있는 기술을 사용하면 배 발생 동안 *STM* mRNA 패턴이 이어진다. *STM* mRNA는 초기 구상 단계(globular stage) 배의 하나 혹은 두 개의 세포에서 나타난다. 이어서 배가 심장형 (heart-shaped)나 토피도(torpedo) 단계로 들어서면 배 떡잎 간의 사이로 제한된다. *STM* 발현은 정단 분열조직으로 조직화될 수 있는 세포로만 제한된다. 식물체가 유식물 또는 성체 식물이 되었을 때 *STM* 발현은 영양(vegetative), 측생(axillary), 꽃(floral) 분열조직에서 지속된다. 그러나 잎과 엽원기에서는 발현되지 않는다.

녹스는 대부분 분열조직에 존재하며 부정(meristematic) 성장과 분화 간의 변경을 조절하는 것 같다. 만일 그렇다면 이들 전사조절자들의 목적 유전자는 무엇인가? 주요한 후보들로는 지베렐린과 시토키닌 합성을 조절하는 유전자일 것 같다. 우리는 이미 활성 시토키닌 형성 촉진을 통해 LOG가 분열조직을 유지하는 것을 살펴봤다. 녹스 단백질 초창기 연구에서 이들 전사 조절자의 발현은 시토키닌 농도, 특히 trans-zeatin(tZ)과 isopentenyl adenine(iP)의 상당한 증가를 동반한다는 것에 주목하였다. 최근 벼(*Oraz sativa*) 연구에서 녹스 단백질을 과발현시키는 형질전환체에서 시토키닌 농도의 증가는 속도조절결정 효소인 isopentenyl 전이효소(IPT) 과 발현의 직접적인 결과라는 것이 확인되었다.

동시에 애기장대, 담배(*Nicotiana tabaccum*), 벼(*Oraz sativa*), 토마토(*Solanum tuberosum*) 4종 이상에서 녹스 단백질은 GA_{20} 산화효소의 전사를 억제하는 것으로 보고되었다.

GA_{20} 산화효소는 불활성 GA_{10}을 활성 지베렐린 GA_1으로 변환을 촉매한다. 시토키닌은 분열세포의 집단을 시작시키고 유지시키는 것을 담당한다. 반면 지베렐린은 세포의 뒤이은 분화에 좀 더 관여하는 것 같다. 분열과 분화 간의 균형은 녹스 단백질에 의해 유지된다. 전사조절자인 녹스 단백질은 정단 분열조직에서 시토키닌/지베렐린 비율을 높게 유지시킨다. 이것은 시토키닌 생합성의 촉진과 지베렐린 생합성의 억제를 통해 이루어진다. 결과적으로 높은 시토키닌과 낮은 지베렐린은 분열조직 형성과 유지에 필요로 되는 것이다. 분열조직 밖에서 녹스 유전자는 꺼지고 시토키

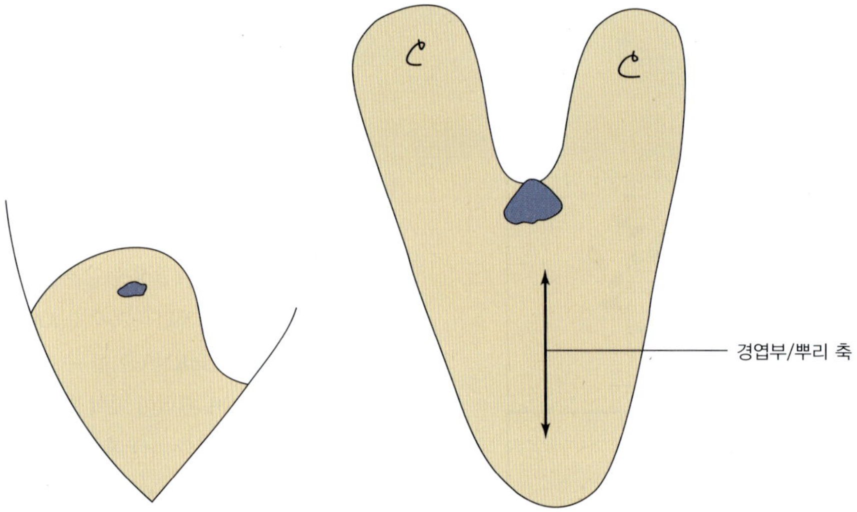

그림 20.11 애기장대 배 발생 동안 STM 발현의 도식 표현. STM mRNA(파란색)은 초기 구형 단계(globular stage, 32–64 세포 단계) 배의 단일 세포에서 처음으로 관찰된다. 이후 어뢰형 단계(torpedo stage) 배에서 STM mRNA는 발생하고 있는 분열조직으로 한정된다. (Based on Long, J. A. et al. 1996. *Nature* 379:66–69.)

닌 농도는 낮아지고 세포분열은 효과적으로 멈춰지고 지베렐린이 분화를 촉진시킨다.

20.4 시토키닌 수용체와 신호전달

세포분열에서 시토키닌이 기본적인 기능을 수행함에도 불구하고 식물발달에서 다양한 시토키닌에 의한 효과들은 시토키닌 수용체와 신호전달을 확인하는 것을 어렵게 하였다. 스쿡과 밀러가 시토키닌을 정제한지 50년이 넘어서 지난 10년 동안 시토키닌 신호전달에 관여하는 유전자가 처음으로 발견되었다.

마침내, 시토키닌 수용체는 돌연변이 스크르닝을 위해 애기장대 하배축을 검정하여 카키모토(T.Kakimoto)와 그의 동료들에 의해 발견되었다. 하배축 절편은 추가된 시토키닌에 의해 빠른 세포 증식, 녹화, 새싹 형성과 같은 전형적인 시토키닌 반응이 나타난다. *cre1* 돌연변이는 10배 농도의 시토키닌을 처리한다고 할지라도 이들 반응이 나타나지 않는다. 시토키닌 수용체가 결손되거나 기능이 상실되었다면 이러한 현상이 설명될 수 있다. 계속되는 실험을 통하여 야생형 CRE1 단백질은 시토키닌 수용체임이 확인되었다. 같은 유전자가 돌연변이체가 뿌리성장이 지연되므로 *WOODENLEG (WOL)*과 애기장대 인산화효소4(*Arabidopsis HISTIN KINASE4, AHK4*)로 명명되었다.

20.4.1 시토키닌 수용체는 막-히스티딘 인산화효소이다

CRE1은 박테리아와 다른 원핵생물에서 작동하는 조절시스템인 **두 성분 조절시스템(two-component regulatory system)**의 첫 번째 구성 요소이다. 박테리아의 외형으로부터 유래한 것으로 **수용체(receptor 또는 sensor)**–첫 번째 구성요소가 두 번째 구성요소인 **반응 조절자(response regulator, RR)**를 활성화시킨다. 반응 조절자는 목적 유전자의 전사를 조절하거나 다른 대사 작용을 조절한다. 부가적으로 호르몬 수용체 역할, 오스모 센싱(1장), 빛 감지 또는 다른 감지 역할을 수행한다.

CRE1은 3개의 도메인을 가지는 세포내 **히스티딘 인산화 효소(histidine kinase, HK)**이다(그림 20.12). 이 단백질 N 말단의 **감응기 도메인(sensor domain)**은 원형질막에 있는 수용체를 고정시키는 작은 소수성 부분을 포함한다. 이들 사이는 세포밖 공간으로 친수성 루프가 확장할 수 있다. 이 루프는 시토키닌 결합부위를 포함하고 있으며 이 자리의 돌연변이는 시토키닌 결합을 방해하여 수용체 불활성을 이끈다. 이 히스티딘 인산화 도메인은 세포질 쪽에 존재한다. 히스티딘 인산화효소는 효소로서 인산화 과정에 관여하는 것이며 히스티딘 인산화효소는 히스티딘에 인산화 그룹이 더해지는 것을 의미한다. 인산은 특별한 히스티딘(His_{459}) **히스티딘 인산화 도메인(histidine kinace domain)**에 더해진다. 이 히스티딘 인산

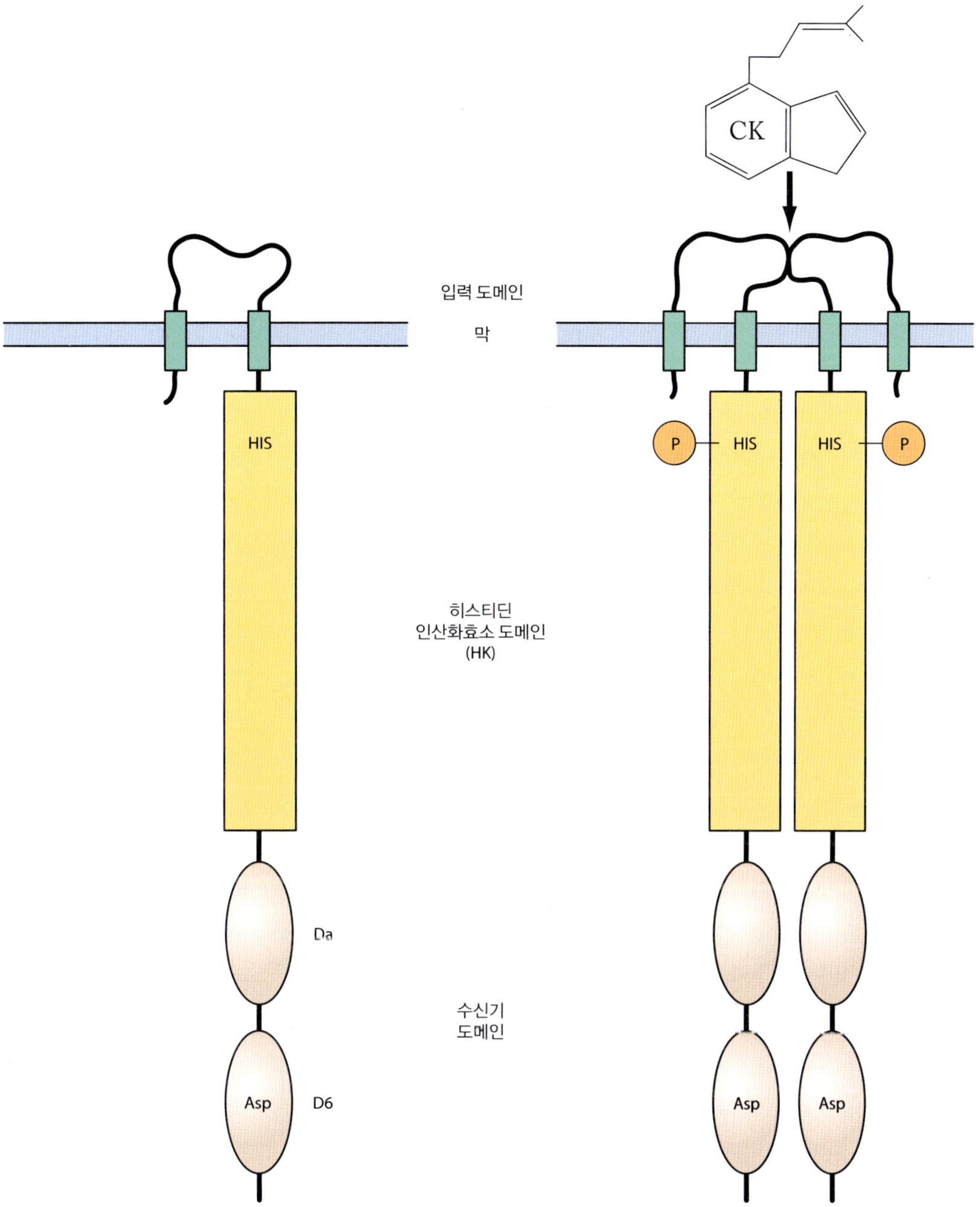

그림 20.12 시토키닌 수용체 CRE1 예상 구조. 단량체(왼쪽)는 3개의 도메인과 2개의 막 통과 소수성 지역을 가진다. 시토키닌과 결합은 이량체(오른쪽)와 자가 인산화를 유도한다. 히스티딘과 아스파르트산 인산화 결합부위를 가리킨다.

화 효소는 Da와 Db의 두 수신기 도메인을 포함한다.

수용체가 히스티닌 인산화효소라는 것이 증명된 이후에 애기장대 전체 게놈이 밝혀지고 나서 신호전달 시스템에서 잠정적인 구성요소들이 찾아졌다. 현재 애기장대에는 8개의 서로 다른 히스티딘 인산화 효소, 6개의 히스티딘 전달 단백질, 23개의 반응 조절자를 가지고 있는 것으로 알려져 있다. 이들 히스티딘 인산화효소 유전자 중 단지 3개(*CRE1, AHK2, AHK3*)가 시토키닌 수용체를 암호화 한다. 적어도 2개는 에틸렌 수용체이고 하나는 오스모 센서로 생각되어진다. 많은 수의 반응 조절자들이 있기 때문에 조직 특이적으로 발현되어 정교하게 조절이 가능하게 되며 조직특이적인 신호 출력이 가능하게 된다.

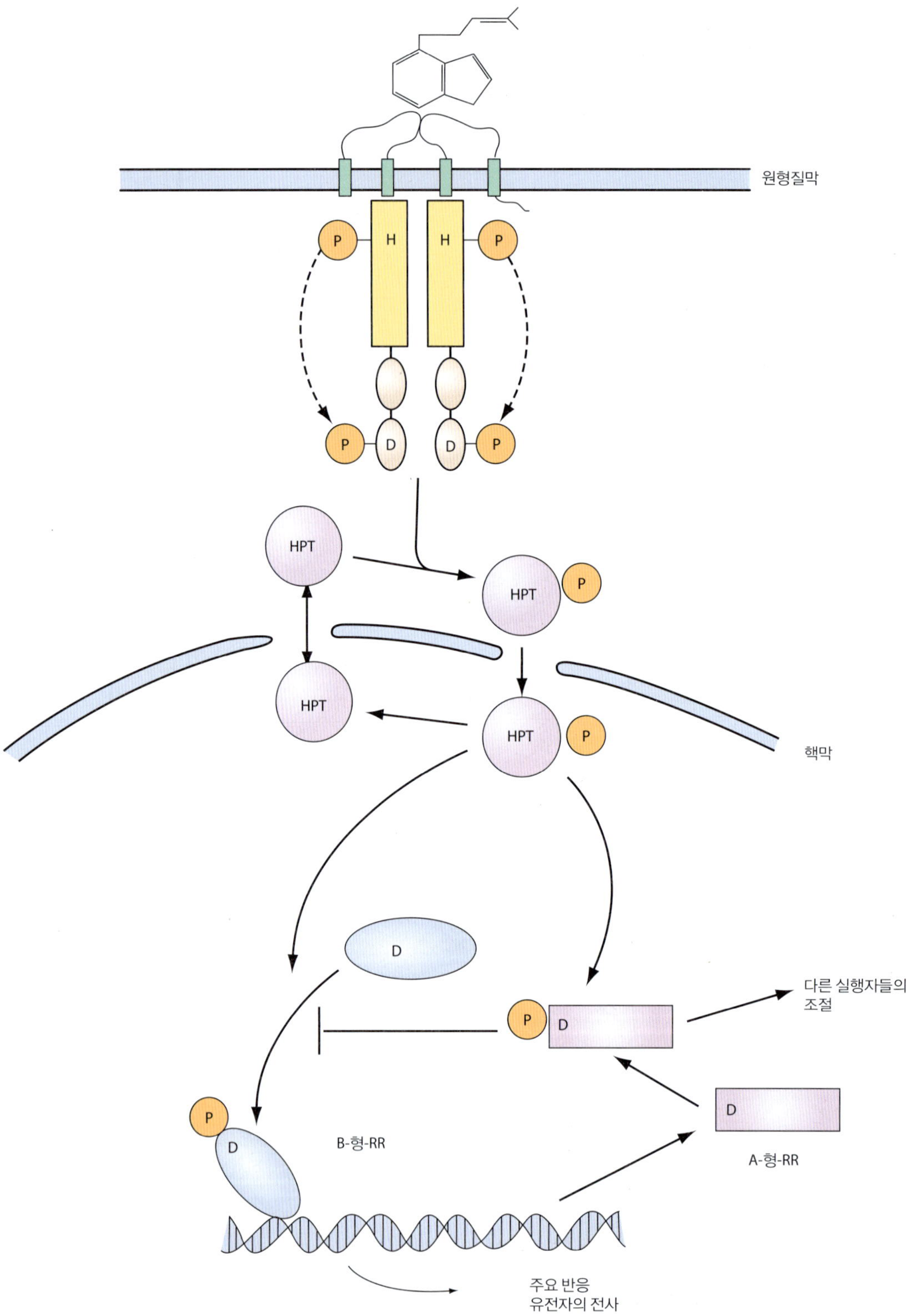

그림 20.13 복잡한 인산 전달 시스템을 통한 시토키닌 신호전달 모델. 시토키닌이 세포밖 공간 입력 도메인에 결합했을 때 시토키닌이 감지된다. 시토키닌 결합은 수용체 히스티딘 인산화효소의 자가 인산화 및 이량체 형성을 유도한다. 인산 전달 시스템은 수용체 도메인의 아스파르트산(D)에 처음으로 전달하고 떨어져 있는 히스티딘인산전달단백질(HPT)에 전달한다. 인산화된 히스티딘 인산 전이 단백질는 핵으로 이동하여 인산기를 A형 혹은 B형 반응 조절자(RR)에 전달한다. 활성화된 B형 반응 조절자는 A형 반응 조절자를 포함하는 주요한 시토키닌 반응 유전자들의 전사를 활성화시킨다. A형 반응 조절자들은 B형 반응 조절자 활성의 억제를 통해 시토키닌 반응을 저해할 수 있다. 또는 A형 반응 조절자들은 다른 시토키닌 반응을 양성적으로 혹은 음성적으로 조절한다.

20.4.2 시토키닌 신호전달은 반응조절자 간의 다양한 단계의 인산화 그룹 전이를 포함한다

일반적인 시토키닌 신호전달 모델이 [그림 20.13]에 나타나 있다. 센서 도메인에 시토키닌 분자의 결합은 이량체 형성을 유도하고 두 수용체 각각의 히스티딘에 인산화를 불러온다. 대부분의 인산화효소가 두 번째 분자에 인산 그룹을 전해주는 것을 촉매하지만 히스티딘 수용체는 자신을 인산화시킨다. 이후 인산화 그룹은 자발적으로 Db 수용체 도메인의 아스파르트산으로 전이된다.

전형적인 원핵생물의 two-component 시스템은 단지 수용체 인산화 효소와 반응 조절자로 구성되어 있으며 반응 조절자는 인산화 효소에 의한 인산화 그룹을 전달받아 활성화된다. 식물의 경우 하나 또는 그 이상의 **히스티딘 인산화전이 단백질(hitidine-phosphotransfer proteins, HPTs)**을 통해 인산기가 전해진다. 인산 그룹은 인산화 효소의 수용체 도메인으로부터 히스티딘 인산화전이 단백질의 히스티딘 잔기에 전달된다. 인산화된 히스티딘 인산화전이 단백질은 핵으로 전달되어 그 곳에서 인산 그룹을 반응 조절자의 아스파르트산 잔기에 전해진다. 그 전달은 히스티딘에서 아스파르트산, 히스티딘, 아스파르트산으로 교대된다는 것에 주목하라. 다양한 히스티딘 인산화 효소, 히스티딘 인산화전이 효소, 반응 조절자 간의 인산기의 전이는 **인산기 교체 네크워크(phosphorelay network)**로 여겨진다.

A형과 B형 두 종류의 반응 조절자가 있다. 반응 조절자들의 역할은 밝혀지고 있다. 일반적으로 B형 반응 조절자들은 전사 조절자이다. 인산화에 의해 활성화 되었을 때 B형 반응 조절자들은 시토키닌 반응을 담당하는 유전자들의 발현을 유도한다. B형 반응 조절자의 목적 유전자들 중 A형 반응조절자를 위한 유전자도 있다. A형 반응 조절자는 전사 조절자가 아니며 유전자 발현을 조설하지 않는다. 그들은 대사과정의 다른 양상에 영향을 통해 시토키닌 반응을 분명하게 조절한다.

시토키닌 시스템은 시토키닌이 존재하지 않을 때 인산기전이 네크워크를 끌 수 있는 능력을 가지고 있다. 이러한 결론은 CRE1의 인산화 기능과는 별도로 탈인산화 효소 활성을 가지는 것에 기초한다. 탈인산화효소의 활성은 인산기를 제거하는 것으로 인산화효소와는 반대의 활성을 가진다. 그래서 시토키닌이 없을 때 CRE1은 역과정을 수행하는 데 HPT로부터 인산기를 떼어내서 빠르게 시토기닌 반응경로를 불활성화시킨다.

요약

시토키닌은 이소프레노이드(isoprenoid) 관련된 곁가지나 방향성(aromatic) 곁가지를 가지는 N^6 아데닌 유도체이다. 자연계에서 가장 흔하게 존재하는 시토키닌은 이소펜테닐 아데닌과 트렌스-제아틴이다.

시토키닌 합성은 아데닌 뉴클레오타이드(AMP, ADP, ATP)에 디메틸알릴 피로인산의 첨가로 시작된다. 뉴클레오타이드-인산 그룹은 활성형을 만들기 위해 잘려진다. 시토키닌이 뿌리에서 합성되어 물관액을 통해 줄기로 이동된다는 것이 알려진 것은 오래되었지만 다른 조직 특히 분열조직은 가까운 장소에서 만들어진 시토키닌에 의해 조절된다는 것은 최근에서야 명확해졌다. 시토키닌은 설탕이나 아미노산의 결합 또는 산화적 분해로 활성을 잃는다.

일반적으로 시토키닌은 옥신과 함께 수많은 발달 반응에 관여한다. 이들 반응은 세포분열 조절, 줄기와 뿌리의 시작, 곁눈 성장의 멈춤, 노화지연, 정단 분열조직의 활성분열을 유지시키는 것을 포함한다.

시토키닌 수용체는 히스티딘 인산화효소 종류로 알려져 있다. 이 신호사슬은 인산 기전이 네트워크로 불리는 인산그룹의 다단계 전달을 포함하고 있다. 최종 목적자는 A 또는 B형 반응 조절자이다. 인산화에 의해 활성화되었을 때 반응 조절자들은 시토키닌 반응 유전자들의 전사를 활성화시키거나 시토키닌과 관련된 대사를 조절한다.

복습문제

1. 옥신은 절제된 조직에서 세포확장 조절로서 알려졌고 지베렐린은 화학구조를 기초로 해서 알려졌다. 시토키닌은 어떻게 알려졌는가?
2. 어떻게 시토키닌은 세포주기를 조절하는가?
3. 아그로박테리아는 형질전환 식물을 만드는 데 일반적으로 사용된다. 아그로박테리아의 어떤 특징이 이 과정에서 유용하게 사용되어 지게 만드는가?
4. 다양한 발달과정의 조절에서 시토키닌은 종종 옥신을 필요로 한다. 왜 시토키닌은 옥신을 필요로 하는가?
5. 줄기 정단 분열조직의 유지를 위해 시토키닌이 필요로 되는 증거는 무엇인가?
6. 정단 분열조직 유지에 녹스 단백질 역할은 무엇인가?
7. 정단 분열조직 내에서 지베렐린 역할은 무엇인가?

8. 두 성분 조절시스템은 무엇인가? 어떻게 두 성분 조절시스템이 시토키닌 활성과 관련되는가?

더 읽을 거리

Davies, P. J. 2004. *Plant Hormones: Biosynthesis, Signal Transduction, Action.* Dordrecht: Kluwer Academic Publishers.

Ferreira, F., J. J. Kleiber. 2005. Cytokinin signaling. *Current Opinion in Biology* 8:518–525.

Heyl, A., T. Schm¨ ulling. 2003. Cytokinin signal Rperception and transduction. *Current Opinion in Plant Biology* 6:480–488.

Kurakawa, T. et al. 2007. Direct control of shoot meristem activity by a cytokinin-activating enzyme. *Nature* 445:652–655.

Kyozuka, J. 2007. Control of shoot and root meristem function by cytokinin. *Current Opinion in Plant Biology* 10:442–446.

Mok, D. W., M. C. Mok. 2001. Cytokinin metabolism and action. *Annual Review of Plant Physiology and Plant Molecular Biology* 52:89–118. (This series of reviews is accessible in most data bases under the current title: *Annual Review of Plant Biology.*)

M¨ uller, B., J. Sheen. 2007. Advances in cytokinin signaling. *Science* 318:68–69.

Sakakibara, H. 2006. Cytokinins: Activity, biosynthesis, and activity. *Annual Review of Plant Biology* 57:431–449.

Shani, E., O. Yanai, N. Ori. 2006. The role of hormones in shoot apical meristem function. *Current Opinion in Plant Biology* 9:484–489.

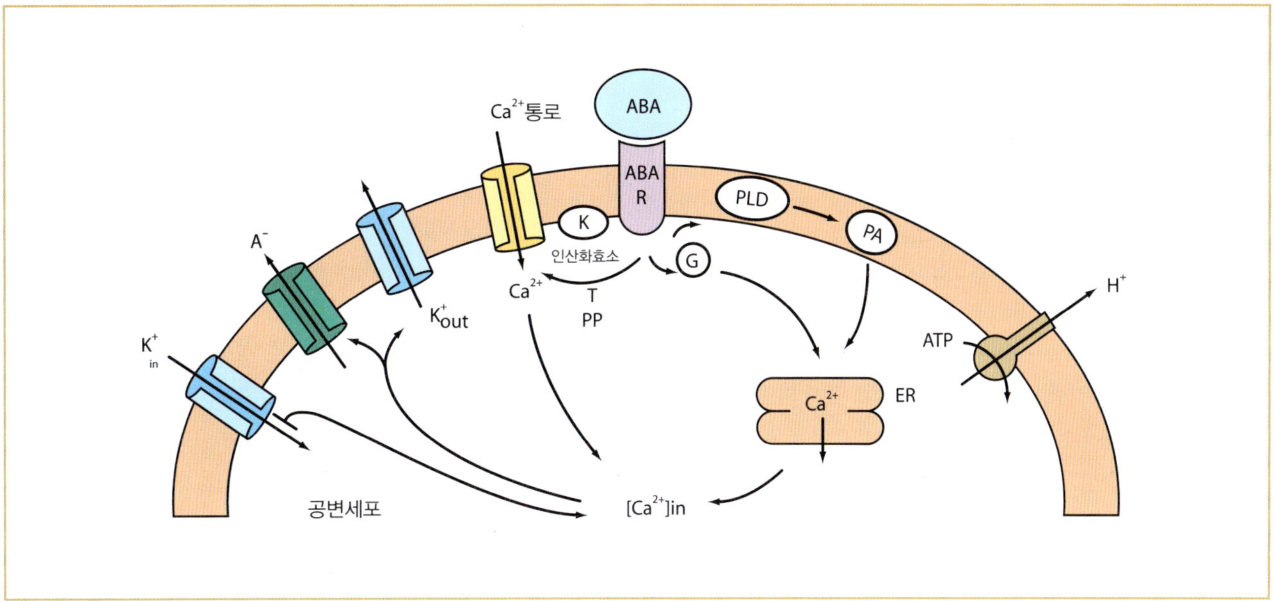

21

호르몬 IV: 앱시스산, 에틸렌, 브라시노스테로이드

앱시스산(abscisic acid, ABA), **에틸렌(ethylene)**, **브라시노스테로이드(brassinosteroid, BR)**는 다양한 식물 반응에 관여할 뿐만 아니라 옥신과 지베렐린과 광범위하게 연결되어 있다. 3종류 호르몬의 최근 연구는 돌연변이 선별을 통해 작용모드, 대사, 생리를 밝혀내는 데 집중되어 있다.

이 장에서 우리는 이들 세 호르몬의 다음에 대해 살펴볼 것이다.

- 합성과 대사
- 생리적 효과들의 범위
- 신호감지와 전달의 이해

21.1 앱시스산

옥신, 지베렐린, 시토키닌과는 다르게 **앱시스산(abscisic acid, ABA)** 호르몬은 단일 15-탄소 세스퀴테르펜(sesquiterpene)으로 표현된다(그림 21.1). ABA는 또한 옥신, 지베렐린, 시토키닌보다 제한된 범위의 효과를 가지는 것 같다. ABA 이름은 잎과 다른 기관의 이탈(ascission)에 관여한다는 믿음에 기초한다. 현재는 이탈과는 관련이 없는 것 같으나 이름은 고정되었다(Box 21.1).

ABA 주요한 기능은 (1) 조숙발아 억제와 씨앗의 휴면 촉진, (2) 기공 닫힘 유도 및 수분 스트레스 동안에 탈수에 대하여 세포를 보호하기 위한 물질의 생산이다. ABA 또한 씨앗에서 저장 단백질 유도, 이형엽성(heterophylly, 동일 식물의 서로 다른 잎 모양), 2차 뿌리의 개시, 개화, 노쇠를 포함하는 다른 발달과정에 관련된다.

21.1.1 ABA는 카로티노이드 선구물질로부터 합성된다

ABA 구조가 결정 된 후 ABA 합성이 가능한 두 가지 경로가 제안되었다. 직접경로에서 ABA는 파네실 이인산염과 같은 테르펜 전구체로부터 합성되어진다. 1970년대 후반에 이 경로는 식물 자체는 가지고 있지 않지만 어떤 곰팡이 식물 병원균 내에서 활성 ABA가 만들어진다는 것이 확인되었다. 둘째 혹은 간접경로에 따르면 ABA는 β-카로틴 같은 카로티노이드의 절단으로부터 만들어 진다. 1960년대 후반에 제안된 간접 경로는 ABA와 카로티노이드의 구조적 유사성에 기초하고 있으며 이것은 다양한 생화학적인 연구, $^{18}O_2$ 표지 실험 그리고 최근의 ABA 합성 돌연변이의 특징 연구들에 의해 지지를 받고 있다. 유용한 물질을 생산하기 위한 카로티노

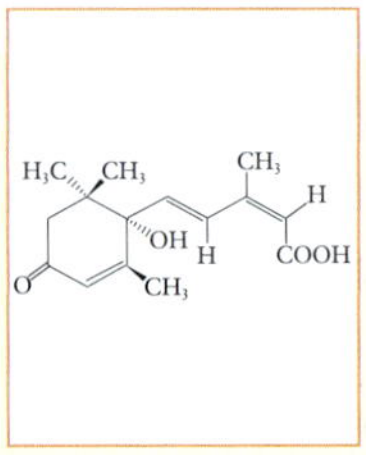

Box 21.1 앱시스산 발견

더 많은 연구자들이 식물호르몬 연구에 관심을 갖게 되면서 옥신을 추출하기 위해 사용되었던 식물 에테르 추출물들에 종종 귀리 자엽초 굽음 시험을 방해하는 물질이 포함되어 있다는 것이 분명해졌다. 처음에는 연구자들의 주요 관심은 이런 방해물질을 제거하는 것이었다. 하지만 시간이 지남에 따라 관심은 이런 방해물질 그 자체가 생장 조절물질일 것이라는 생각을 갖게 되었다. 종이 크로마토그래피를 분석 방법으로 사용하여 여러 가지 물질들을 분리해 낼 수 있게 되었다. 1953년에 베테트-클라크(Bennet-Clark)와 키포드(Kefford)는 식물 추출물에 옥신 외에도 자엽초 절편의 생장을 억제하는 물질이 있다는 것을 밝혀내고, 이를 억제제 β(inhibitor β)라고 불렀다. 많은 양의 억제제 β가 곁눈, 휴면중인 감자 괴경에서 발견됨에 따라 키포드는 이 물질이 정단우성과 감자의 휴면과 관련있다고 생각했다. 한편, 다른 연구자들은 눈과 잎에서 이러한 억제제들을 발견했는데 이는 목본 식물의 휴면과 관련 있을 것으로 보인다. 1964년 워링(P.F. Waring)은 이런 내재적인 휴면 유도 물질을 도민(dormin)이라고 했다.

다른 측면의 연구에서 탈리를 촉진시키는 물질이 노쇠 중인 콩잎과 목화와 루핀(lupin) 열매에서 추출되었다. 이런 물질들은 잘려진 탈리층에 처리했을 때 탈리가 촉진되었으며 이 물질을 앱시션 II(abscisin II), 억제제 β, 도민을 순수 정제하여 화학적 성질을 규명하기에 이른다. 이 세 가지 물질 모두 화학적으로 동일함이 밝혀졌다.

이 물질의 이름을 무엇으로 할 지 불일치가 있는 것이 이상한 일은 아니다. 앱시신 II가 우선권이 있었지만(이것이 첫 번째로 결정화되고 화학적으로 특성이 밝혀졌다), 이것은 그 물질의 효과를 생각해 볼 때 적절하다고 볼 수는 없었다. 마침내 앱시신 II와 도민을 연구하는 그룹은 적당한 이름을 제시해야 만 했다. 1967년 오타와에서 있었던 국제 식물생장조절물질 학회에서 그 이름은 앱시스산(*abscisic acid*), 약어로는 ABA로 제시되었다. 이 이름은 학회에서 받아 들여짐으로써 앱시스산이 지금까지 널리 쓰이게 되었다.

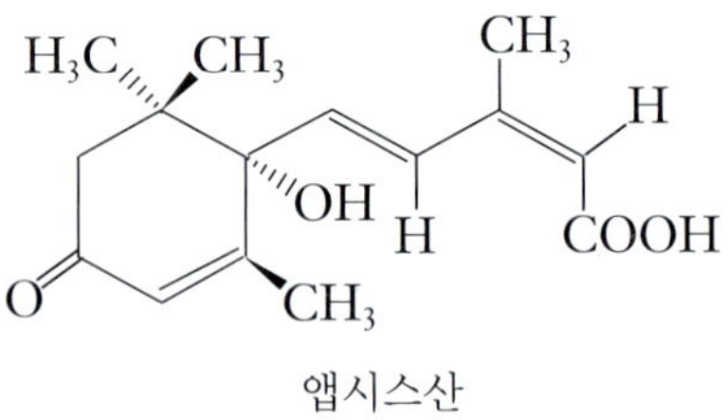

앱시스산

그림 21.1 앱시스산은 단일 화합물을 대표하는 호르몬 종류이다.

이드 특히 β-카로틴의 절단은 전례가 없는 것은 아니다. 예를 들어, 시아노박테리아 *Microcystis*는 β-카로틴 절단에 의해 C_{10} 대사산물을 생산한다. 포유동물은 β-카로틴 절단에 의해 비타민 A를 만들며 광수용체 레티날 2분자를 만들기 위해 β-카로틴 절단이 보고되었다.

비올라크산틴(violaxanthin)으로부터 ABA가 합성됨을 지시하는 증거가 점차 많아지고 있다(그림 21.2). 첫째, 옥수수의 태생종자(viviparous) 돌연변이체 계열들이 감소된 수준의 카로티노이드와 ABA를 지니고 있음이 알려졌다. 카로티노이드 생합성의 초기 단계에서 영향을 받는 것으로 보이는 이들 돌연변이체들은 카로티노이드와 ABA 생합성 사이에 강한 상관관계를 확립하고 있다. 둘째, ABA의 탄소 골격과 산소를 포함하는 치환체의 위치가 비올라크산틴과 매우 유사하다. 지바아트(J. A. Zeevaart)와 그 동료들은 여러 식물 종에서 수분 스트레스를 받은 잎과 수분을 많이 품은 팽팽한 잎에서, 안정한 산소 동위원소인 $^{18}O_2$가 ABA 내로 병합되는 것을 비교하였다. ABA의 카르복실기 내의 $^{18}O_2$ 존재 양상은 크산토필의 분해 산물과 일치하며 수분 스트레스를 받은 잎에서 그것이 ABA 내로의 신속한 전환 양상과 일치한다. 셋째, 비올라크산틴은 생체 외에서 식물체의 천연 성분으로 존재하는 15-탄소의 유도체인 **크산톡신(xanthoxin)**으로 분해될 수 있음이 알려졌다. 만약 방사선 동위 원소로 표지된 크산톡신이 콩이나 토마토 식물에 주입되

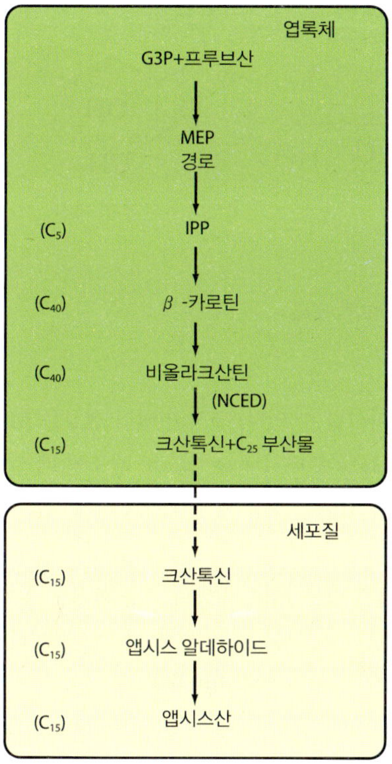

그림 21.2 앱시스산 합성 순서도. 메틸에리트리톨-4-인산(MEP) 경로를 통해 글리세르알데히드-3-인산(G3P)와 피루브산으로부터 이소펜테닐피로인산(IPP) 합성을 시작으로 ABA 합성은 엽록체에서 시작된다. 엽록체 내의 IPP는 β-카로틴을 포함하는 다양한 C_{10}, C_{20}, C_{40} 테르펜을 증가시킨다. β-카로틴은 비올라크산틴으로 변환되면 이는 nine-cis-epoxycartenoid dioxygenase(NCED)에 의해 절단되어 C15 ABA 선구물질 크산톡신과 25-탄소 중간산물이 만들어진다.

면, 방사능의 일부가 ABA에 나타난다. 그러나 ABA가 결핍된 토마토 돌연변이체에서는 방사선으로 표지된 크산토필이 ABA로의 전환되는 것이 상대적으로 정상 식물보다 낮게 나타난다. 마지막으로 적어도 두 개의 연구 그룹이 스트레스를 받은 황백화된 콩잎에서 비올라크산틴의 소실량과 ABA량의 증가 사이에서 정량적인 관계를 보고한 바 있다.

ABA 합성이 세포질에서 일어난다고 할지라도 카로티노이드 색소가 만들어지는 합성은 엽록체(녹색이 아닌 세포의 다른 플라스티드도 가능)에서 시작된다(그림 21.2, 그림 19.4 참조). 중요한 효소는 nine-cis-expoycarotenoid dioxygenase(NCED)이다. 이 효소는 15-탄소 산물 크산톡신과 25-탄소 중간산물을 만들기 위해 40-탄소 카로티노이드 비올라크산틴을 절단한다. 크산톡신은 알코올 탈수소효소에 의해 앱시스알데히드로 전환된다. 앱시스알데히드는 알코올 탈수소효소에 의해 산화되어 앱시스산이 된다. 알코올 탈수소효소나 앱시스알데히드 산화효소가 세포질에 존재할지라도 NCED 효소(결과적으로 크산톡신을 만들어 내는)는 엽록체로 목적되어진다. 이것은 이동되는 메커니즘은 모른다 할지라도 크산톡신이 엽록체에서 세포질로 이동되어야 만 하는 것을 의미한다.

21.1.2 앱시스산은 산화에 의해 파세산(phaseic acid)로 분해된다

앱시스산이 식물 조직에 가해졌을 때 신속하게 대사된다. 예를 들면, 시든 콩잎에서 ABA의 대사 전환율의 반감 시간은 대략 3시간이다. ABA-포도당 에스테르 화합물은 여러 식물에서 낮은 농도로 존재하고 있지만, 그것의 중요한 대사 경로는 파세산(phaseic acid)로 산화되고 계속해서 고리 구조에 있는 케톤기가 환원되어 디히드로파세산(dihydrophaseic acid: DPA)를 형성하는 것이다(그림 21.3). 적어도 일부 조직에서는 그것은 더욱 대사되어 DPA의 4-배당체를 형성한다. DPA와 그것의 배당체 모두는 대사적으로 불활성형이다.

21.1.3 앱시스산은 엽육세포, 공변세포, 그리고 관다발 조직에서 합성된다

ABA가 합성되는 장소에 관한 많은 의문점이 있다. 초기 식물생리학 연구를 통하여 ABA는 주로 성숙한 잎, 녹색 잎, 특히 수분 스트레스를 받은 식물체에서 발견됨을 알았다. 최근 생화학과 유전학 연구를 통하여 합성은 세포질에서 일어나지만 ABA 전구체는 엽록체에서 기원함을 알아냈다. 또한 ABA가 엽록체에 저장될 수 있다는 증거도 있다(13장). 낮은 pH에서 ABA는 양성자화된 ABAH 형태로 존재함으로써 자유롭게 세포막을 투과한다. 해리 형태인 ABA^-는 전하를 띠고 있기 때문에 쉽게 막을 투과할 수 없다. 광합성이 활발한 엽육세포의 시토졸 pH는 약 산성(pH 6.0~6.5)인 반면 엽록체 스트로마의 pH는 염기성(pH 7.5 ~ 8.0)을 띤다. 그러므로 ABAH는 세포질에서 엽록체의 스트로마로 쉽게 확산될 수 있으며 그 곳에서 해리되고 갇혀진다. 이 저장된 ABA는 후에 광합성이 멈추고 스트로마의 pH가 내려갈 때 방출될 수 있다.

앱시스알데히드 산화효소(AAO) 발현은 수분 스트레스 상황에서 공변세포에서 증가하며 NCED 발현은 노화 중인 잎과 떡잎에서 관찰된다. ABA는 공변세포에서 직접적으로 활성되는 것으로 보인다. 더욱이 ABA 합성 유전자들(*NCED*나 다른것)은 팽창된 식물의 체관이나 물관에 위치한다. 이것은 스트레스를 받지 않은 식물에서 도관이 또한 ABA 합성장소임을 의미하는 것이다. ABA는 매우 이동성이 좋으며 잎에서 식물의 다른 기관 특히 수용부 기관으로 빠르게 이동한다. 예를 들어, 동위원소로 표기된 ABA를 콩

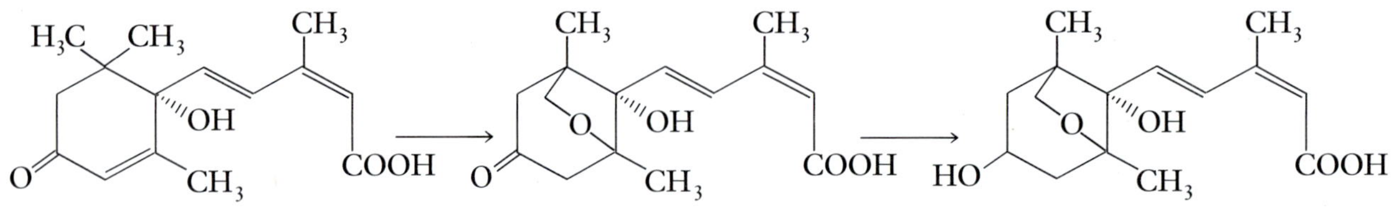

그림 21.3 앱시스산의 파세산과 디히드로파세간으로의 산화적 분해

잎에 떨어뜨린 후 15분 후에 뿌리에서 감지 가능하다. 발달 중인 씨앗 역시 잎으로부터 많은 양의 ABA를 들여 온다. 수분 스트레스 상황에서 뿌리에서 합성 되거나 저장된 ABA는 빠르게 잎으로 전해진다(21.1.5절 참조).

21.1.4 ABA는 배성숙과 씨앗 발아를 조절한다

배 발달과 이어지는 씨앗의 발아는 흔히 호르몬 함량 수준의 극적인 변화로 특성을 나타낸다(그림 16.10 참조). 대부분의 씨에서, 시토키닌 함량은 배(embryo) 발달의 초기 가장 높으며 이 때 또한 세포 분열 속도도 최고치를 나타낸다. 시토키닌 함량이 감소하고 씨가 빠른 세포 확장기에 접어들면서, GA와 IAA 둘 다의 함량 수준은 증가를 한다. 초기 배 발생시기에는, 거의 ABA를 찾아 볼 수가 없다. ABA 함량이 증가하는 때는, GA와 IAA 함량이 감소되기 시작하는 배 발달 후기가 된다. ABA 함량은 씨가 커지고 그 건량이 최대에 도달하는 씨 성숙기 동안에 보통 최고치를 나타낸다. 씨 생장이 정지되고, 저장 영양분이 축적되며 그리고 건조에 대한 내성이 발달되면서 배의 성숙이 완성된다.

ABA 축적 시작과 배성숙이 일치하는 것은 ABA가 성숙과정에서 중요한 역할을 수행하는 것을 의미한다. 씨앗 기능들 중 하나는 개체군을 퍼트리는 것과 안 좋은 상황으로부터 종의 생존을 보장하는 것이다 배가 휴면에 들어가지 않는 것이 중요하지 않다면 씨앗은 계속적으로 성장해서 분산되기 전에 새로운 식물체가 확립될 것이다. ABA 기능은 이러한 씨앗이 모체 식물체에 있는 동안 조숙 발아 또는 **이삭발아**(vivipary)를 막는 것이다.

ABA와 조숙 발아의 관계는 명확하다. 옥수수에서 수발아는 카로티노이드 합성저해제인 플루리돈(fluridone)을 적당한 시간에 발달중인 귀에 처리를 통해 옥수수에서 유지된다. ABA와 카르티노이드가 초기합성을 공유하기 때문에 플루리돈은 ABA 합성 역시 저해한다. 플루리돈에 의해 유도된 수발아는 부분적으로 외부 ABA 투입에 의하여 경감될 수 있다. 대두의 배는 내재성 ABA 함량을 감소시키는 씨의 세척 혹은 씨를 서서히 건조시키는 처리에 의해 일찍 발아시킬 수 있다. 조숙한 발아 현상은 ABA 농도가 씨의 생체 중량 1g당 3 내지 4 μg 정도로 감소될 때 일어나게 된다. 이 정도 수준의 ABA는 보통 씨 발달의 후기에 이를 때까지는 나타나지 않는다.

조숙 발아를 막는 ABA 역할의 가장 확실한 증거는 태생종자 돌연변이체(viviparous mutant) 연구들로부터 얻었다. 옥수수에는 적어도 4종류의 이삭발아 돌연변이체(*vp2*, *vp5*, *vp7*, *vp9*)가 씨앗 내의 ABA 양이 감소한 ABA 합성 돌연변이체로 알려져 있다. *vp1* 돌연변이체는 ABA 함량은 정상이나 ABA 특이 전사조절로 믿어지는 것이 결손되었다. 이들 돌연변이체 모두는 씨앗이 휴면에 들어가지 전에 옥수수 속에서 조숙 발아한다. 이삭발아 돌연변이체는 애기장대에서도 알려져 있다. 또한 ABA는 콩 배 발달의 후기 단계에서 단백질 축적을 촉진하며 곡류 낟알에서 GA 유도 α-아밀라아제 합성을 막는 것으로 알려져 있다. 이러한 모든 결과는 ABA와 씨앗 발아 또는 조숙 발아 억제 간의 강력한 연결을 성립시킨다.

ABA는 아직 메커니즘을 잘 모르지만 씨앗의 건조를 시작시킨다. 이것은 건조 저항에 관여하는 단백질을 암호화하는 유전자의 ABA 조절을 포함한다.

21.1.5 ABA는 수분 스트레스 반응을 중재한다

일반적으로 식물체는 뿌리로부터 물이 다시 재공급될 수 있는 속도를 가지는 잎 표면의 증산 수분 손실에 맞서기 위하여 자신의 기공을 닫음을 통하여 급격한 수분 부족에 반응한다. 1960년대 후반에 발견된 이후로 ABA는 수분 스트레스에 의해 일어나는 기공의 닫힘에 있어서 두드러진 역할을 하는 것으로 알려졌다. ABA는 수분스트레스를 받아 시든 잎에 축적되며, 외부에서 ABA를 처리하면 기공이 열리는 것이 강하게 억제된다. 더군다나 *flacca*와 *sitiens*로 알려져 있는 토마토의 두 가지 돌연변이체는 정상적인 수준의 ABA를 축적할 수 없으므로 모두 매우 빠르게 시든다. 그러나 수분 스트레스를 받은 전체 식물에서 일어나는 기공 닫힘에 있어서

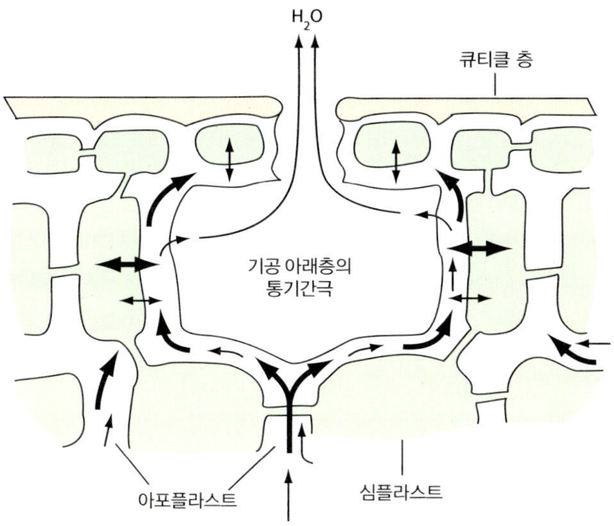

그림 21.4 아포플라스트에서의 ABA의 이동. 뿌리에서 합성된 ABA는 증산류(가는 화살표)를 따라 잎의 엽육세포로 운반(굵은 화살표)된다. ABA는 광합성을 하는 엽육세포의 엽록체와 평형을 이루거나 아포플라스트 경로로 기공의 공변세포로 운반된다.

ABA의 정확한 역할을 분명하게 분석하는 것은 어려웠다. 왜냐하면 ABA는 어디에나 있으며, 스트레스를 받지 않은 조직 속에서도 흔히 고농도로 들어 있기 때문이다. 또한 최근 일부 연구들은 ABA 함량의 증가를 측정할 수 있게 되기 전에 기공이 닫히기 시작한다는 것을 지적하였다.

현재의 모델에 따르면, 잎에서 일어나는 수분 스트레스에 대한 초기 감지는 앞서 설명한 대로 수분 스트레스가 광합성에 미치는 영향과 관련이 있다. 엽록체에서의 전자 전달과 광인산화가 억제되면 틸라코이드 루멘 속에 양성자가 축적되지 못하고 스트로마의 pH가 낮아진다. 동시에 엽육세포를 둘러싸고 있는 아포플라스트의 pH가 증가한다. 그 결과 형성된 pH의 기울기는 엽육세포로부터 아포플라스트로 ABA의 방출을 촉진하고, 아포플라스트에서 ABA는 증산류를 따라 공변세포로 운반된다(그림 21.4).

위에 언급했던 것처럼, 시든 잎에는 다량의 ABA가 축적된다. 그러나 대부분의 경우에 기공의 닫힘은 ABA의 농도가 많이 증가되기 전에 시작된다. 이러한 현상은 저장되어 있던 ABA가 초기에 기공 닫힘이 일어나는 것을 설명할 수 있을 정도로 이른 시기에 충분한 양으로 아포플라스트로 방출되는 것으로 설명되며 아포플라스트의 ABA 농도는 적어도 두 배로 늘어난다. 이어서 ABA의 합성이 증가되어 기공이 계속적으로 닫혀 있게 된다.

기공 닫힘이 잎 내부의 수분 결핍에 대한 인식이나 잎 내부에서 나오는 신호에 항상 의존하지는 않는다. 어떤 경우에는 잎 엽육세포에서 측정될 만큼의 팽압이 감소되기 전(before)에 토양 건조에 반응하여 기공이 닫힌다. 여러 연구들이 뿌리에서 기원하여 기공까지 정보를 전달하는 앞먹임(feed-forward) 조절 시스템을 제안하였다. 이러한 실험들에서는 뿌리를 두 개의 토양 용기에 동일하게 나누어 심고 식물을 키웠다(그림 21.5A). 그런 다음 한 쪽 용기에는 물을 주지 않아서 수분 결핍을 유도하고 다른 한 쪽은 정기적으로 물을 공급했으며, 대조구 식물에는 양쪽 용기 모두 정기적으로 물을 공급했다. 그리고 ABA의 수준, 수분 퍼텐셜, 팽압 같은 요인들에 따른 기공의 개폐에 대해 반쪽만 물을 준 식물과 두 쪽 모두 물을 준 식물을 비교했다. 기공의 개폐를 측정하는 수단인 기공 전도도는 뿌리에 물을 공급하지 않은 지 며칠 내에 전형적으로 감소하지만, 잎에서 측정 가능한 정도의 수분 퍼텐셜의 변화나 팽압 감소는 나타나지 않았다(그림 21. 5B). 닭의장풀(*Commelina communis*)을 대상으로 한 실험에서는 건조한 용기에 심겨 있었던 뿌리와 잎의 표피 세포에서 ABA의 함량이 상당히 증가하였다(그림 21.6). 더욱이 ABA는 뿌리가 건조한 공기에 노출될 때에도 증산류를 따라 뿌리에서 잎으로 쉽게 이동된다. 이러한 결과들은 토양 수분 퍼텐셜에 대한 정보를 잎까지 전달하는 일종의 초기 경보 시스템에 ABA가 관여한다는 것을 보여주는 좋은 증거가 된다.

21.1.6 ABA의 다른 반응

ABA가 측근 혹은 이차근 발달에 관여하는 기능을 가진다는 최근의 증거가 있다. 측근 시작과 발달은 주로 옥신에 의해 이루어진다고 알려져 있다. 그러나 측근 분열조직이 조직화되기 전의 초기단계 동안 ABA가 투입되면 측근 발달은 ABA에 의해 저해 될 수 있다.

초기 연구들은 또한 어떠한 상황에서 외부의 ABA가 꽃 형성에 영향을 준다고 보고 되었으나 이러한 결과들은 애매모호했다. 실질적으로 내부 ABA 양과 개화 반응 간의 확립된 상관관계는 없다. 그러나 개화시기를 늦출 수 있다는 최근 발견을 통해 개화에 관여하는 ABA 역할에 대한 전망이 새로워지고 있다. ABA가 부족한 돌연변이체가 야생형에 비해 어느 정도 빨리 꽃이 핀다. 이러한 결과는 애기장대에서 내부 ABA가 개화를 저해하거나 늦추는 것을 의미한다. 개화시기 조절 유전자인 *FCA*가 ABA 수용체의 특징을 가진다는 결과가 발표되었다. 다음 절에서 수용체에 대해 주의 깊게 살펴볼 것이다. 개화 시기 조절에 관한 *FCA* 기능은 25장에서 살펴 볼 것이다.

21.1.7 ABA 감지와 신호전달

대사와 생리에 관하여 지난 10년간 연구가 이루어졌지만 ABA 감

A.

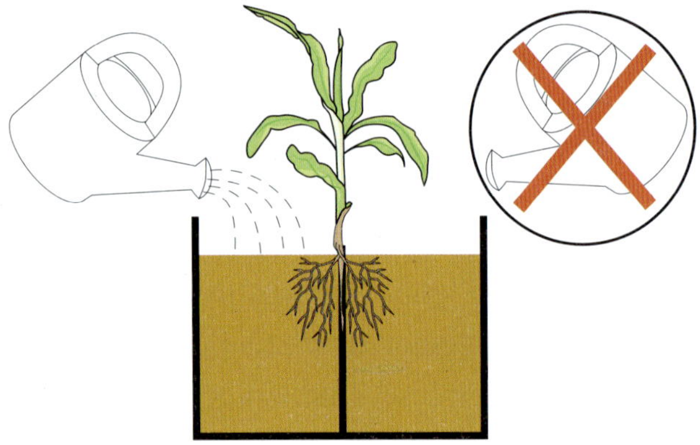

B.

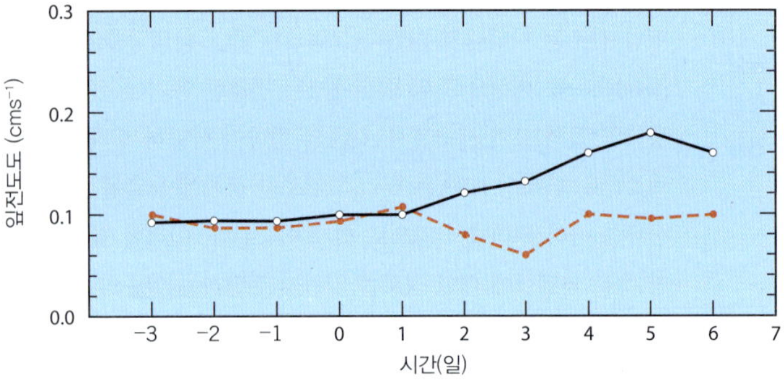

그림 21.5 (A) 건조한 뿌리가 ABA의 합성과 기공 닫힘에 미치는 영향을 검증하기 위한 실험장치. 한 개의 식물뿌리를 두 개의 용기에 동일하게 나눈다. 한쪽 용기에는 잎이 완전히 팽팽한 상태로 유지하도록 물을 공급하고 나머지 용기에는 물을 공급하지 않는다. 뿌리에 물을 공급하지 않으면 잎이 스트레스를 받지 않더라도 기공이 닫힌다. (B) 뿌리를 분리한 식물을 대상으로 한 실험에서의 기공 닫힘. 옥수수를 그림에서 보여준 것처럼 키웠다. 대조구 식물체 (열린 원)는 양쪽 뿌리 모두에 물을 주었다. 실험구 식물체(닫힌 원)의 뿌리 중 반쪽은 0일 째부터 물을 주지 않았다. 기공의 열림은 잎의 전도도로 측정하였으며, 수분 스트레스를 받은 뿌리를 가진 식물체에서는 기공의 열림이 감소하였다.

지와 신호전달은 매우 복잡한 것으로 보이며 ABA 감지 메커니즘과 신호전달은 불명확하게 남아 있다. 초기에 언급한 바와 같이 ABA는 약산성이다. 따라서 상대적으로 약산성인 아포플라스트에서 양자화 또는 비양자화 상태로 존재할 수 있다. 양자화 상태에서 원형질막 가로질러 확산 되어 세포내 수용체와 작용하거나 비양자화 형태에서 세포 밖에 머물러 있어 원형질막 사이트에 의해 감지될 수 있다. 더욱이, 투과하기 쉬운 ABA 유도체를 사용한 실험과 ABA의 세포로의 마이크로 인젝션 실험은 다양한 장소에 다양한 수용체가 존재함을 보여준다.

지난 20년간 호르몬 수용체를 찾기 위해 고안된 방법들은 ABA 수용체를 찾는 데 있어서는 성공적이지 않았다. 항특수형 항체(antiidiotypic antibody)라 불리는 항원 항체 반응을 이용한 최근의 방법이 사용되어졌다. 이 방법에서 항체의 이차 그룹을 증가시키는 항원으로서의 ABA에 대하여 항체가 증가한다. 항특수형 항체는 ABA와 유사한 결합능을 갖는다. 따라서 항특수형 항체와 결합 할 수 있는 단백질은 ABA 수용체가 될 수 있다. 이 후 항특수형 항체는 보리 호분층 세포 cDNA모음(library)에 의해 암호화 되는 단백질을 검출하는데 사용되어졌다. 이 방법을 통해 보리 호분층

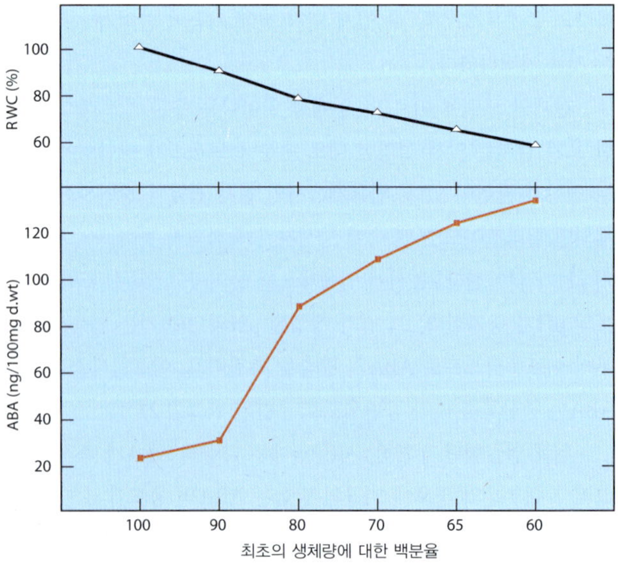

그림 21.6 공기 건조가 닭의장풀 뿌리 끝에서 ABA 함량에 미치는 영향. 뿌리 끝은 공기 건조시켰을 때의 상대적 수분 함량(RWC)이 위 곡선에 나타나 있다. 아래 곡선은 생체량이 감소함에 따라 ABA 함량이 극적으로 증가하는 것을 보여준다.

세포의 원형질막에 존재하며 생체 외에서 특이적이나 역으로 ABA와 결합하는 ABAP1을 확인하였다.

ABAP1이 발견된 이후로 적어도 3개의 다른 ABA 수용체가 발견되었다. 첫 번째가 엽록체 단백질 마그네슘 프로토포르피린-IX 체타라아제 H 소단위체(Magnesium Protopophyrin-Ⅸ Chetalase H subunit, CHLH, ABAR로도 알려짐)이다. 두 번째가 가용성이며 개화조절 단백질로 알려진 애기장대에서 분리한 FCA이다. 아미노산 서열 유사성을 기초로 FCA는 보리 ABAP1 단백질과 호모로그이다. FCA는 기능하는 mRNA의 프로세싱을 조절하기 위하여 FY 단백질과 결합한다. (개화에서 FCA 기능 25장 참조) 세 번째 잠정 수용체가 GCR2로 알려진 막에 존재하는 G-단백질 짝 수용체(G-protein coupled recepter, GPCR)이다. 이들 단백질이 생체 외에서 ABA와 결합할 수 있으나 이들 모두 아직 진정한 수용체 인지는 검증 되지 않았다. 기능상실 또는 기능획득 돌연변이체에서 예상하는 방식으로 ABA 기능이 바뀌는가에 대한 증명이 필요하다.

ABA 효과에 대한 신호전달 사슬에서 호르몬으로부터 상위단계 혹은 하위단계 인가는 집중적인 연구 주제이다. 외부신호, 수용체, 이차 전달자와 ABA 유도 유전자 발현과의 복잡한 상호작용은 한정적인 설계를 만드는 것을 어렵게 한다. 아직도 많은 구성요소들이 발견된다. 새롭게 발견된 ABA 둔감 유전자 돌연변이를 통한 최근의 진행은 다음과 같은 관점에서 요약될 수 있다.

1. 스트레스를 받거나 받지 않은 식물체 모두 ABA 회전율은 빠를 것 같지만 환경 스트레스를 인지해서 ABA 축적을 시작하는 사건들은 모르는 상태로 남아 있다.
2. Ca^{2+}는 특히 기공세포에서 ABA 신호전달에 중요한 부분인 것 같다. Ca^{2+}는 원형질막 양이온 채널의 활성을 통하여 ABA 유도 팽압조절을 중재한다.
3. 어떤 유전자의 프로모터 부위에는 ABA 반응 요소(ABA response element, ABRE)로 불리는 염기서열이 존재한다. ABF로 알려진 전사 조절자는 많은 ABA 유도 유전자들의 활성을 조절하기 위하여 이 프로모터 지역에 결합한다. 이들 유전자들은 식물체가 수분 스트레스에 적응하는 것을 돕는 **삼투물질(osmolyte)**이나 **화합성 용질(compatible solute)**을 합성하는 데 필요한 방어 단백질이나 유전자 발현을 조절하는 전사 조절자를 포함한다.
4. 많은 *abi* 돌연변이체들이 발견되었다. 적어도 3개의 둔감 돌연변이체 *abi3*, *abi4*, *abi5*는 단지 씨앗 발아 초기 유식물 발달에 손상이 있다. 이들 야생형 유전자(*ABI3, 4, 5*)는 씨앗에서 주로 발현되는 전사 조절자를 암호화하는데 ABA가 씨앗에서 기능

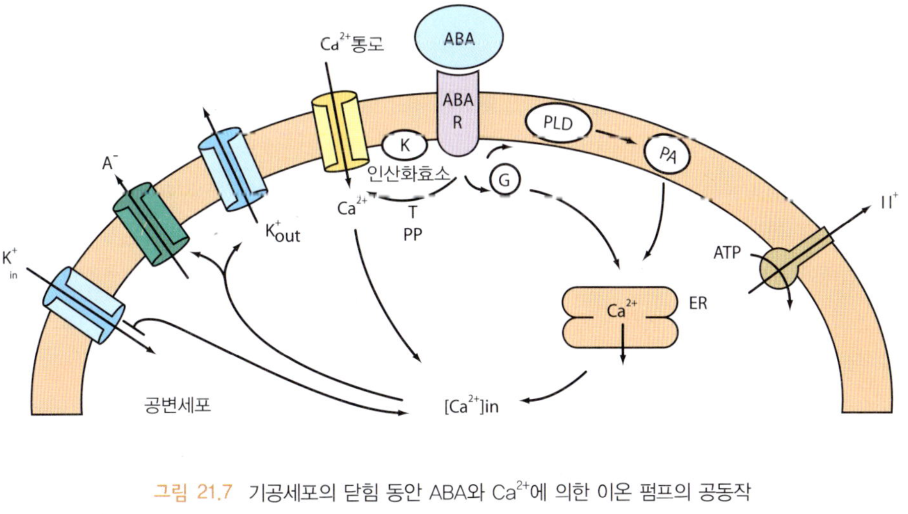

그림 21.7 기공세포의 닫힘 동안 ABA와 Ca^{2+}에 의한 이온 펌프의 공동작용. ABA는 막 연관 단백질 인산화효소를 통해 내부-정류 칼슘 통로에 ABA 신호를 전달하는 미지의 수용체 ABA에 의해 감지된다. 인산화효소 탈인산화효소에 의해 길항작용된다. 또한 인지질신호와 G-단백질에 의해 중재되는 소포체로부터 Ca^{2+} 배출을 촉진한다. 증가된 세포질 Ca^{2+} 농도는 K^{+}_{in} 통로를 저해하고 K^{+}_{out} 양이온 통로 (A^{-})를 연다. 이 결과는 공변세포로부터 이온의 감소이다. 수분, 팽압의 손실의 이어지고 기공의 닫힘이 이어진다.

하기 위해서는 유전자 전사가 필요함을 의미한다.

5. ABA 반응을 긍정적으로 조절할 수 있는 많은 ABA 활성 단백질 인산화 효소가 발견되었다. 부가적으로 ABI1과 2는 ABA 반응을 반대로 조절하는 탈인산화 효소이다. 따라서 단백질 인산화는 ABA 신호전달에서 명확하게 중요하다.

아직 발견되지 않은 것을 포함하여 이들 모든 구성요소를 구분하고는 다양한 ABA 반응을 위해 신호전달 모델을 만드는 것은 시간이 많이 드는 것이 분명하다.

21.2 에틸렌

에틸렌(Ethylene)은 단일 대표를 가지는 또 다른 종류의 호르몬이다. 에틸렌은 $H_2C = CH_2$의 구조를 지니는 간단한 기체형의 탄화수소이다. 에틸렌은 비록 그것이 뿌리와 슈트의 발달에 중요한 영향을 끼치지만, 정상적인 영양 생장을 위해 명백히 요구되는 것만은 아니다. 에틸렌은 일차적으로 스트레스에 대한 반응으로 합성되며, 식물이 노쇠하거나 성숙하는 동안에 많은 양이 만들어진다. 에틸렌은 흔히 배로 수송하기 위해 선택된 덜 익은 녹색을 띠는 바나나와 다른 열매들을 숙성시키기 위해 이용된다(Box 21.2). 에틸렌은 고농도의 옥신이 식물 조직에 가해졌을 때 흔히 만들어진다. 외부에서 가해진 옥신에 대한 여러 억제 반응들은 옥신 그 자체의 영향보다는 옥신에 의해 촉진되는 에틸렌 방출에 기인하는 것으로 보인다.

에틸렌은, 비록 그 생성률이 기관의 발달 단계에 좌우되면서 다양하게 나타나지만, 모든 식물의 기관 즉, 뿌리, 줄기, 잎, 알뿌리, 괴경, 열매 등에 존재한다. 에틸렌 생성은 또한 기관 내에서도 조직에 따라 다르나, 흔히 주변 조직에서 생성된다. 예를 들면 복숭아와 아보카도 종자에서, 에틸렌 생성은 일차적으로 종자 껍질에서 일어나며, 토마토 열매와 녹두 하배축에서는 표피 지역에서 에틸렌이 생성된다. 자연 초목에 의한 에틸렌 발생 또한 대기 휘발성 유기 탄소(VOC)의 주요한 근원이다.

21.2.1 에틸렌은 아미노산 메티오닌으로부터 합성된다

에틸렌이 일찍 발견되었음에도 불구하고, 식물 발달에서의 중요성, 에틸렌 화학, 에틸렌 생합성 경로 등을 밝히는데 어려움이 있었다. 그 일부 이유는 식물 조직 내에 존재하는 것으로 알려진 많은 잠재적 선구물질(예, 당, 유기산 혹은 펩티드 화합물)이 있기 때문이다. 게다가 지금까지도, 에틸렌 생성에 관련된 효소는 조직에서 분리해내기에 너무 불안정하다는 것이다. 결과적으로 대부분의 연구가 생체 내에서 본래의 이 같은 함정을 가진 채로 수행되었다. 게다가 에틸렌은 휘발성 가스이고 사용가능한 측정 분석 방법은 단순히 너무 덜 민감했다. 1960년대에 이르러서야 기체 크로마토그래피가 개발되어서 생리적으로 활성을 갖는 수준의 에틸렌 양을 측정할 수 있었다. 이 기체 크로마토그래피를 사용하여 에틸렌에 대한 연구는 급속히 발달하였다.

리버만(M. Lieberman)과 맵슨(L. W. Mapson)은 1964년에 최초로 메티오닌이 시험관 내의 비효소적 모델 시스템에서 에틸렌으로 전환되는 것을 보고하였다. 그 후의 연구에서, 리버만과 동료들은 사과 열매 같은 식물 조직이 L-[^{14}C]-메티오닌을 [^{14}C]-에틸렌으로 전환시킨다는 것과 에틸렌이 메티오닌의 3번과 4번 탄소로부터 유도된다는 것을 확인하였다. 그 후, 아담스(D.Adams)와 양(F. Yang)이 사과 조직에서 메티오닌이 에틸렌으로 전환될 때 **S-아데노실메티오닌(S-adenosylmethionine; SAM)**이 중간 대사 물질임을 입증하였다. 1979년에 더 나아가서 아담스와 양은 산소가 없는 조건하에서, L-[^{13}C]-메티오닌이 주입된 사과 조직내에 에틸렌 생성을 억제하는 것으로 알려진 **1-아미노시클로프로판-1-카르복시산(1-aminocyclopropane-1-carboxylic acid: ACC)**의 축적 현상을 증명하였다. 그러나 다시 산소가 있는 환경이 설정되면, 표지된 ACC는 신속하게 에틸렌으로 전환된다. ACC는 1957년에 성숙한 사과로부터 분리된 비단백질성 아미노산이었지만, 이것과 에틸렌과의 관계는 그 당시에만 해도 분명하지 않았다. 이러한 결과들은 ACC가 에틸렌 생합성의 중간물질임을 제시한다. 그림은 고등식물에서 3단계 경로의 에틸렌 생합성을 나타내고 있다. 첫 단계에서는 ATP 분자에 의해 아데노신기(즉, 아데닌과 리보오스를 합친 것)가 메티오닌에 공급되어 SAM을 생성한다. ATP 분자가 요구된다는 사실은, 에틸렌 생성이 산화적 인산화 반응 억제자인 2,4-디니트로페놀에 의해 억제된다는 초기의 증거와 일치하는 것이다. 메티오닌이 SAM으로 전환되는 것은 메티오닌 아데노실전달 효소(adenosyltransferase) 또는 **SAM 합성효소(SAM synthetase)**에 의해 촉매된다.

SAM이 쪼개지어 5'-메틸티오아데노신(5'-methylthioadenosine : MTA)과 ACC를 만드는 반응은 **ACC 생성효소(ACC synthase)**에 의해 중재되는데, 이 반응은 대사 속도를 제한하는 단계이다. ACC 생성효소는 이 경로에서 자세하게 연구된 최초의 효소이다. 이 효소는 토마토와 사과 열매로부터 부분 정제되었는데, 그 이유는 이 효소가 불안정하고 조직 내 적게 존재하며, 정제 기술의 발전이 느리기 때문이다. 최근에 ACC 생성효소 합성을 지시하는 유전자가 서양호박 열매와 토마토 과피 조직에서 분리되었다. 클론된 유전자는 대장균 박테리아와 효모에서 활성을 지닌 ACC 생성

$H_2C = CH_2$

Box 21.2 에틸렌 발견

식물에 있어 에틸렌 효과는 1886년 러시아 대학원생이었던 넬쥬보브(Dimitry Nikolayevich Neljubow)에 의해 처음으로 알려졌다. 그는 암소에서 자란 완두 유식물의 비정상적인 성장이 조명 가스로부터 나오는 에틸렌으로부터 시작된다는 것을 알았다. 식물 성장 조절자로서 에틸렌의 관심은 에틸렌의 상업적 의미를 알기 전까지 추진력을 얻지 못하였다.

과일을 운반하고 오래 보관해야 하는 업자들은 오랫동안 익어서 상한 과일은 다른 과일의 성숙을 촉진한다는 것을 알았다. 예를 들어, 쿠바에서 수확한 바나나가 배로 뉴욕에 도착하면 너무 성숙해 상품가치가 없었다. 이런 효과는 식물 조직이 내는 휘발성 물질 때문에 그렇다는 것이 1910년 쿠진스(H.H. Cousins)가 자마이카의 농무부 연보에 이미 보고를 했다. 그는 익은 오렌지가 휘발성 물질을 방출하여 함께 보관한 바나나의 성숙을 촉진한다는 것을 발견했다. 유사한 많은 보고들이 1930년대 발표되었는데 이들은 사과로부터 나온 휘발성 물질이 토마토 유식물에서 상편생장을 유발하고 성숙과정과 연관된 호흡 변화를 유발한다는 것을 보였다. 1934년 게인(R. Gane)은 이 휘발성 기체가 바로 에틸렌(ethylene)이라는 증거를 제시했다.

효소의 합성을 유도하였는데, 그로 인해 지금은 보다 많은 연구를 위한 충분한 양의 효소를 생산하는 것이 가능해졌다. ACC를 에틸렌으로 산화시키는 효소(그전엔 에틸렌 형성 효소로 알려짐)는 **ACC 산화효소(ACC oxidase)**이다. 이 효소는 활성을 띤 상태로 순수 분리하는 데 매우 큰 어려움이 있었다. ACC 산화효소는, 익어가는 토마토 열매에서 클론된 유전자(pTOM 13)가 에틸렌 합성과 연관이 있다는 것이 밝혀지면서, 그 성격이 규명되었다.

에틸렌 생합성에서 또 다른 중요한 면은 식물체에서 유용한 유리 메티오닌 양이 제한되어 있다는 것이다. 정상적인 에틸렌 생성률을 유지하기 위해서는, 황 원자가 메티오닌으로 다시 되돌아와야만 한다. 이것은 메티오닌 회로라고 알려진 경로에 의해 이루어진다(그림 21.8). 이 회로는 에틸렌 생합성 경로를 밝히는 데 지대한 공헌을 한 양의 이름을 따서 양회로라고 한다. 이중 – 표지 실험에 의해, CH_3S–기가 한 단위로 회수되어서 재이용되고 있음이 알려졌다. 메티오닌의 남아 있는 4개의 탄소는, 원래 SAM을 생성하기 위해 이용된 ATP 분자의 리보오스(ribose) 잔기에 의해 보충

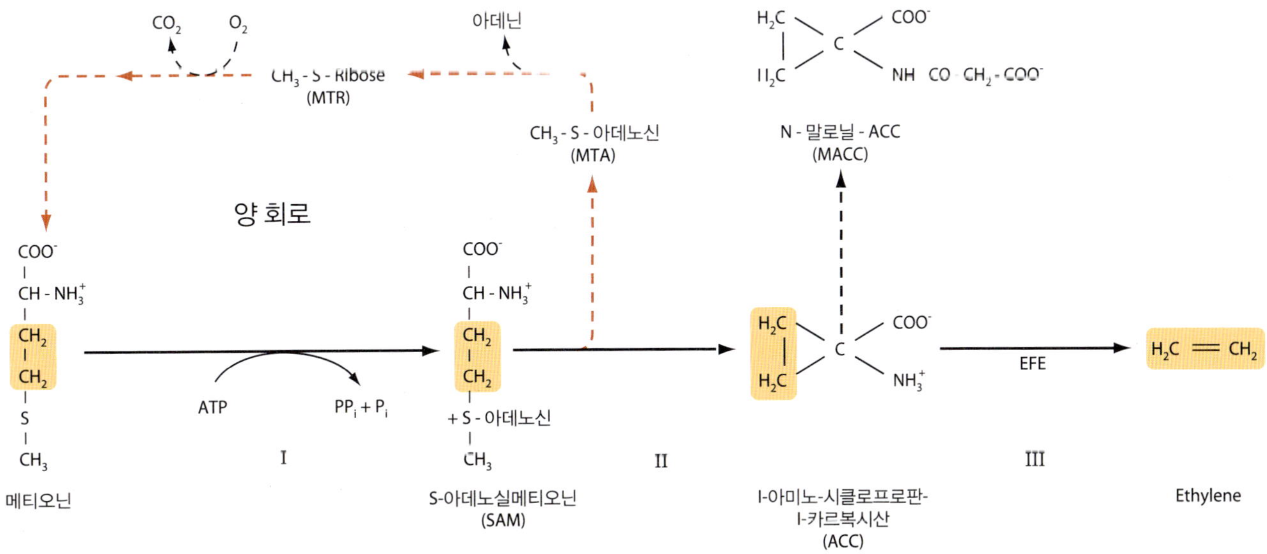

그림 21.8 고등식물에서 에틸렌 생합성의 모식도. 효소는 .I : SAM 합성 효소 II :ACC 생성효소, III : ACC 산화효소이다. 에틸렌 그룹은 노란색으로 강조했다. 황 회수를 위한 양(Yang)회로는 주황색으로 강조했다.

된다. 아미노기는 아미노기 전달 반응에 의해 제공된다.

에틸렌 생성은 IAA, 상처 및 수분 스트레스를 포함하는 여러 요인에 의해서, 그리고 특히 ACC 생성효소 합성의 유도에 의해서 촉진된다. 식물 조직에서 이 효소의 유도는 단백질과 RNA 합성 억제제에 의해서 방해 받는데, 이것은 아마도 이 효소의 유도가 전사 수준에서 일어나고 있음을 의미하는 것이다. 클론된 ACC 생성효소 유전자를 운반하는 대장균에서, ACC 생성효소의 mRNA 양은 역시 IAA와 상처에 반응해서 증가한다. 그러므로 에틸렌 생성의 조절은 일차적으로 ACC 생성효소 유전자의 전사 수준에서의 조절을 통해서 일어나고 있는 것으로 보인다. 에틸렌 합성은 에틸렌 자신에 의해서도 촉진, 즉 자가촉매된다. 이러한 현상은 익어가는 과일에서 주로 일어나는데, 이런 기관에서는 에틸렌이 ACC 합성과 ACC의 에틸렌 전환을 모두 촉진한다.

21.2.2 과다한 에틸렌은 산화된다

다른 호르몬과 달리, 에틸렌은 휘발성이 가스라서 공기 중으로 쉽게 사라진다. 그러나 에틸렌은 산화되어 이산화탄소가 되거나 에틸렌 옥사이드나 에틸렌글리콜로 전환될 수 있다. 에틸렌 대사가 이 호르몬의 생리 작용에 특별한 역할을 하는지에 대해서는 잘 알려져 있지 않다. 사실, 반응속도론적 연구에 따르면 에틸렌 대사는 바로 화학반응이지만 보통의 생리적 조절을 받지 않는다. 그것은 조직 내에 필요 이상의 과도한 에틸렌이 형성될 때만 일어날 것이다. 따라서 대부분의 조직에서는 과도한 에틸렌이 단순한 확산에 의해 주변 대기로 날아가 버릴 것이다.

21.2.3 에틸렌에 관한 연구는 특별히 어려운 점이 있다

에틸렌은 합성 장소로부터 쉽게 확산되어 나와 이동하는 간단한 기체형의 탄화수소이기 때문에, 호르몬으로서의 에틸렌 역할에 관한 연구는 특별히 어려운 점을 지니고 있다. 비록 열매의 성숙에 관한 에틸렌의 효과와 스트레스에 대한 반응으로 많은 조직에서 에틸렌 합성이 일어나고 있음이 일차적으로 알려져 있다 하더라도, 에틸렌은 실제로 식물생장과 발달의 모든 분야에 영향을 끼치고 있다. 탄화수소 연소의 부산물로서, 에틸렌은 온실 재배 혹은 연구실 실험을 황폐하게 하는 흔한 환경 오염원이기도 하다. 게다가 에틸렌 생합성은 또한 높은 수준의 옥신과 다른 호르몬들에 의해 자극된다. 에틸렌 생리학에 대한 우리의 이해는 지난 20년 동안, 주로 기체 크로마토그래프 기술로 인해 다른 방법으로는 측정할 수 없었던 매우 낮은 농도의 에틸렌 양도 정량적인 분석이 가능해졌다. **에테폰(ethephon : 2- chloroethylphosphonic acid)**은 생리적인 pH 환경조건에서도 쉽게 분해되어 에틸렌을 만들어내는 화합물이다. 에테폰의 이용은 기체형 에틸렌과 비교 실험실에서 사용할 때 에틸렌 처리와 그 처리 농도를 쉽게 조절할 수 있다는 이점이 있다.

21.2.4 에틸렌은 식물 발달의 많은 측면에 영향을 미친다

에틸렌은 과일 성숙 및 노화를 촉진한다고 알려져 있다. 과일발달에 에틸렌 조절은 후숙 과일(climacteric fruit)인 토마토에서 광범위하게 연구되었다. 후숙 과일이 발달하는 동안 호흡 급상승(climacteric rise)라 불리는 호흡에서 특정적으로 나타나는 돌발이 있다. 전환기적 상승은 일반적으로 에틸렌 생산과 동반되고 과일 색깔, 향, 질감의 발달과 같은 성숙관련 활성을 증가시키는 유전자 집단의 발현이 뒤따른다. 토마토 never ripe 돌연변이체는 결손된 에틸렌 수용체를 가지고 있기 때문에 에틸렌에 대하여 둔감하다. 결과적으로 과일이 완성된 크기에 도달할 지라도 성숙 관련 유전자가 발현되지 않아서 성숙 토마토의 특징인 빨간색, 향, 질감으로 발달하지 않는다.

에틸렌은 수생 및 반수생 식물에서 줄기, 엽병, 뿌리의 신장과 꽃 구조의 신장을 촉진한다. 이 효과는 특히 수생 식물에서 잘 알려져 있는데, 그 이유는 식물 조직이 물속에 있게 되면 기체 확산이 감소되어 내부에 에틸렌 농도가 높게 유지되기 때문이다. 벼에서 에틸렌은 지베렐린이 포화수준으로 존재할 때에는 비효과적인데, 이는 지베렐린 또한 줄기 신장을 촉진하기 때문이다. 더욱이, 에틸렌은 벼에서 지베렐린 합성을 촉진하며 그리고 신장 효과는 항지베렐린(antigibberelin)에 의해 차단될 수 있는데, 이것은 지베렐린이 에틸렌 효과를 중재하고 있음을 제시하는 것이다. 이와 대조적으로, 완두에서 뿌리와 경엽부의 신장은 에틸렌에 의해 억제된다. 에틸렌은 줄기 조직의 비대화와 잎이 아래로 굽혀지는 현상(**상편 생장: epinasty**) 등과 같은 특이한 생장 반응을 촉진한다. 잎의 상편생장은 잎자루의 윗부분이 더 빨리 자라기 때문에 생긴다. 상편생장은 토마토와 같은 식물에서 물에 잠길 경우 흔히 일어나며 또한 뿌리 부분에 산소가 부족할 때에도 일어난다. 상위생장 잎의 추가 수직화(vertical orientation)는 태양에너지 흡수를 감소시키고 결과적으로 증산수분 손실을 가져온다.

씨앗 발아 촉진, 싹중단 억제, 정단우성 감소, 과일 성숙, 세포사멸, 병원균 반응에서 에틸렌의 역할은 주목되어 왔다. 에틸렌은 가스 난방 시스템을 가진 상업 온실에서 문제가 될 수 있다.

21.2.5 에틸렌 수용체와 신호전달

에틸렌의 효과들 중 가장 잘 알려진 것이 암소에서 자란(etiolated)

쌍떡잎 유식물의 삼중반응이다(그림 21.9). 이 반응은 하배축과 뿌리세포 성장의 저해, 명확한 유식물의 방사팽창, 과장된 어린싹의 훅의 과장된 뒤틀림으로 특징되어진다. 이 반응은 빠르고 (발아 후 3일) 많은 수의 유식물이 에틸렌 돌연변이를 검정을 위해 사용될 수 있다. 외부 에틸렌이 존재할 때 3중 반응이 나타나지 않는 것은 에틸렌 저항돌연변이체이거나 다른 에틸렌 반응이 결손된 것이다. 이들 돌연변이체는 에틸렌 결손 특히 애기장대를 포함한 실험에서 성공적으로 분리되었다. 이들 돌연변이체는 일반적로 3개의 카테고리중 하나로 구분될 수 있다.

(1) 지속적 3중 반응 돌연변이체(constitutive triple-response mutant)는 에틸렌이 존재하지 않아도 3중 반응을 나타낸다. (2) 에티렌 둔감성 돌연변이체 (3) 어린싹의 훅(hook)이나 뿌리 신장과 같은 특정 기관에서만 제한된 에틸렌 둔감성 돌연변이체. 이들 실험은 결과로서 몇몇 에틸렌 수용체와 에틸렌 신호전달에 하위 구성요소들이 발견되었다.

에틸렌은 막과 연관된 다섯 종류의 두 구성 히스티딘 인산화 수용체에 의해 감지된다. 다른 두 구성 수용체들이 원형질막에 존재하는 것과는 다르게 애기장대 수용체 ETR1은 소포체막과 연관되어 있다. 수용체가 원형질막에 막보다 소포체막에 존재하는 특별한 이점은 명확하지는 않지만 에틸렌은 수용액이나 지질환경으로 쉽게 확산될 수 있기 때문에 에틸렌은 쉽게 어떠한 세포내 위치에 다다를 수 있다. 에틸렌 수용체의 감응기 도메인은 3개의 막 관통 부위가 있으며 이량체로서 기능할 것으로 추정된다. 또한 센서 도메인은 에틸렌 결합에 필요한 구리 보조인자를 포함한다. 에틸렌 반응 시스템의 두드러진 특징은 수용체가 지속적 활성을 보인다고 믿어진다는 것이다. 이것이 의미하는 것은 수용체와 연속된 신호전달은 에틸렌이 없을 때 가능하며 에틸렌 효과에 의해 시스템은 꺼진다.

약간 차이가 있을지라도 에틸렌 신호전달은 [그림 21.10]의 일반적인 모델을 따르는 것 같다. 에틸렌이 없을 때 신호전달은 지속적 3중반응 1(constitutive triple recepter 1, CTR1)을 단백질과 함께 시작한다. CTR1은 수용체 ETR1의 히스티딘 인산화 도메인과 물리적으로 상호작용한다. 이 상호작용은 CTR1의 인산화를 이끌고 신호전달을 시작시킨다. CTR1은 세린 트레오닌 단백질 인산화 효소

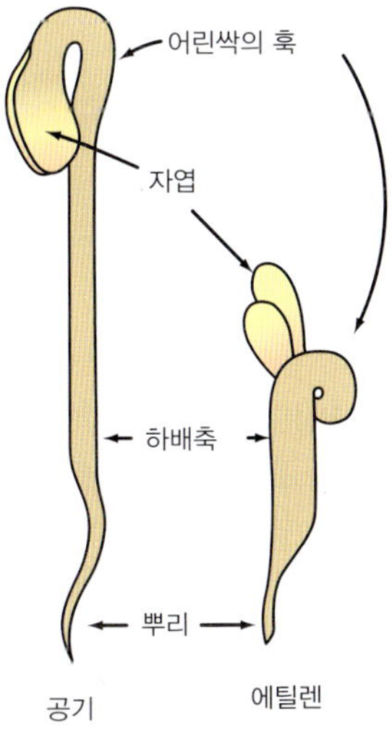

그림 21.9 암소에서 키운 쌍떡잎 식물에서 에틸렌 삼중반응 도식 표현. 에틸렌에 노출된 유식물에서 하배축과 뿌리세포 신장저해, 하배축의 방사 팽창 촉진, 어린싹의 훅의 과장된 비틀임에 주목하라.

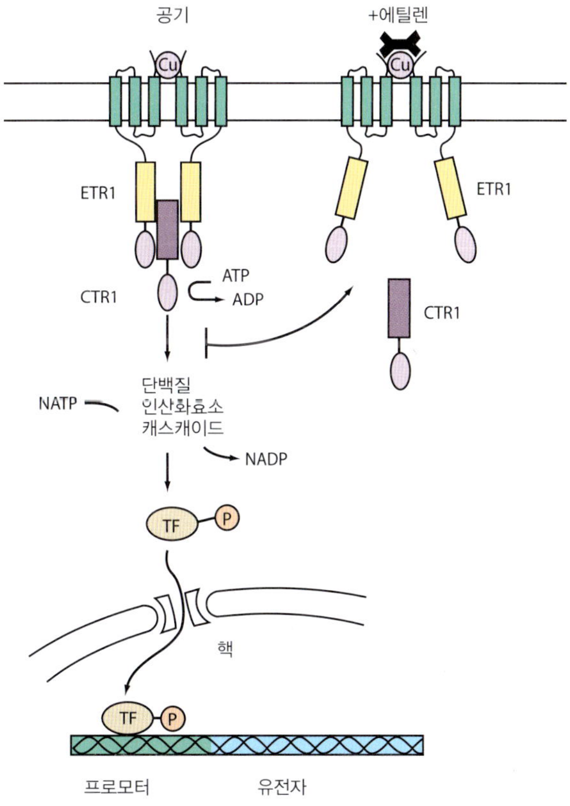

그림 21.10 에틸렌 감지와 반응 경로에 의한 유전자 조절 모델. 에틸렌은 소포체 막에 존재하는 두 구성-히스티딘-인산화효소 수용체(ETR)에 의해 인지된다. 에틸렌이 없을 때 수용체는 활성화 되어 있어 세린 트레오닌 인산화효소(CTR1)를 활성화시킨다. CTR1은 단백질 인산화 단계적 전달의 첫 번째 구성요소이고 하나니 그 이상의 전사 조절자를 목표로 한다. 인산화는 전사 조절자들을 활성화시켜 에틸렌 반응 유전자들의 프로모터에 결합하여 유전자를 전사시킨다. 에틸렌 결합은 수용체 기능을 저해하고 CTR1 활성을 막아 단백질 인산화 단계적 반응을 잠그고 전사조절의 인산화를 막아 유전자를 끈다.

이다. 이 모델에 따르면 CTR1은 단백질 인산화 단계적 반응을 시작시켜 하나나 그 이상의 전사인자의 인산화와 어떤 유전자의 계속적인 발현을 불러온다. 이 단백질 인산화 연속반응은 동물, 식물, 곰팡이의 많은 신호 전달 조절에서 중요한 역할을 수행하는 분열촉진-활성 단백질 인산화효소(mitogen-activated protein kinase) 그룹과 매우 유사하다(Box 21.3). CTR1은 MAPKKK와 동격이며 MAPK 단계적 반응에 다른 인산화 후보들이 애기장대에서 최근에 발견되었다. 에틸렌이 수용체에 결합하면 CTR1과 ETR1의 상호작용이 저해된다. 이것은 단백질 인산화효소 단계적 반응의 시작과 이어지는 유전자 활성을 막는다. 이결과 에틸렌이 없을 때 에

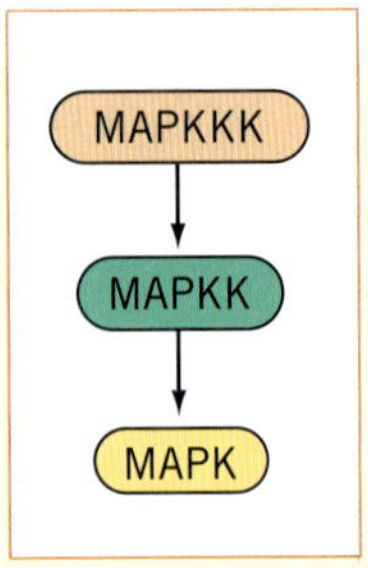

Box 21.3 마이토겐은 단백질인산화 효소를 활성화 시킨다: 신호전달을 위한 광범위한 메커니즘

세포의 생리를 바꿀 수 있는 호르몬, 빛, 삼투상태, 스트레스와 같은 외부 신호의 능력은 종종 유전자 발현 조절에 달려 있으며, 유전자 발현은 활성화된 전사인자가 프로모터 지역에 결합하는 데 달려 있다. 이러한 전사인자와 DNA의 결합을 조절하는 주요한 수단이 인산화이다. 어떤 전사인자의 인산화는 다른 것과의 결합을 저해하는 반면 인산화 되지 않으면 DNA와 결합하지 않는다. 세포분화에 관여하는 유전자를 활성화시키는 기능에서 이름이 유래한 것으로 (mitogen = to stimulate mitosis) 많은 외부 신호들은 **분열촉진-활성 단백질 인사화 효소(mitogen-activated protein kinase)** MAPK 시스템을 통한 전사조절 및 인산화와 연결되어 있다(그림 21.11). MAPK 시스템은 동물, 식물, 곰팡이에서 다양한 반응에 대한 전사를 중재하는 것으로 알려져 있다. MAPK 시스템의 핵심은 3개의 연속된 인산화 효소이다. 각 효소는 다음 효소의 인산화에 작용한다. 아래에서부터 살펴보면, 세 번째 효소인 MAPK는 전사조절자의 인산화를 담당한다. MAPK는 MAPKK에 의해 인산화되고 MAPKK(MAP2K)는 MAPKKK(MAP3K)에 의해 인산화된다. MAPKKK는 신호 수용복합체, G-단백질, 또는 다른 이차신호에 의해 활성화된다. 이 시스템에는 두 가지의 장점이 있다. 각 효소는 다음 구성요소의 다양한 사본들을 인산화시킬 수 있다. 따라서 단계적 반응이다. 두 번째 장점은 각 구성요소들은 작은 집단으로 묶여 질 수 있다는 것이다. 다양한 조합의 각 집단의 서로 다른 구성요소를 사용하는 것은 세포가 다른 세포의 신호를 해석할 수 있고 다양한 전사인자를 활성화 시킬 수 있는 많은 경로를 모을 수 있다.

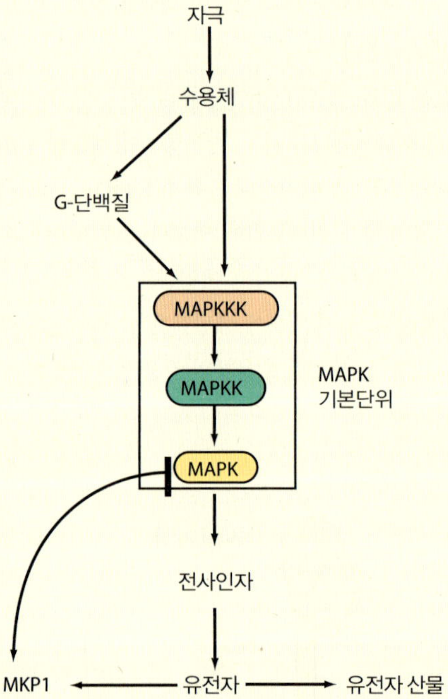

그림 21.11 일반적인 MAP 인산화효소 단계적 반응의 주요한 구성요소. 외부자극에 의한 수용체의 활성은 세린 트레오닌 인산화효소를 포함하는 인산화효소 단계적 반응을 시작시킨다. 최초의 활성은 G-단백질 또는 다른 2차 전달 시스템에 의해 중재 될 수 있다. 이 단계적 전달이 첫 번째 인산화효소 MAPKKK는 MAPKK를 인산화시키고 MAPKK는 3번째 구성요소 MAPK를 인산화시킨다. 최종 목표는 전사전달자의 인산화이다. 활성화된 전사인자는 목표유전자의 프로모터에 결합하고 유전자의 전사를 증가시킨다. 발현이 증가되는 것 중 하나가 MKP1이다. MKP1은 MAPK로부터 인산기를 제거할 수 있는 탈인산화효소로서 유전자 활성을 저해한다.

틸렌 조절 받는 유전자 들은 언제나 "on"임을 의미한다. 에틸렌 효과는 필요한 전사인자의 활성을 막음으로써 이들 유전자를 "off"로 만드는 것이다.

21.3 브라시노스테로이드

브라시노스테로이드(brassinosteroid, BR)는 동물의 스테로이드 호르몬과 유사한 화학구조를 가지는 스테로이드 호르몬이다. 브라시노스테로이드는 화분관 신장을 증가시키고 세포분열(옥신과 시토키닌이 존재할 때) 발아, 잎 형태 형성, 정단우성, 뿌리신장, 도관분화 노화촉진, 세포사멸의 비율을 증가 시키는 것을 포함하는 강력한 발달 반응을 이끌어낸다. 브라시노스테로이드는 생물학적 스트레스와 염, 가뭄, 온도, 병원균을 포함하는 생물학적 비생물학적 스트레스 반응을 중재하는 데 관여한다.

식물 호르몬으로서 BR에 대한 연구는 1970년대로 거슬러 올라간다. 당시 한 그룹의 농학자들이 꽃가루에서 생장촉진 물질들을 찾고 있었다. 그 결과 발견한 물질은 지질 복합물질로 콩의 2번째 절간 신장을 촉진시켰다. 대부분의 이런 활성을 갖는 추출물이 유채(*Brassica napus*)의 꽃가루에서 나왔기 때문에 이 물질들을 총칭해서 **브라신(barassin)**이라고 불렀다.

브라신의 많은 효과들이 지베렐린과 유사해서 어떤 사람들은 이 추출물들이 새로운 종류의 호르몬이 아닌 지베렐린이 포함된 추출물일 것이라고 생각했다. 그러나 1979년 그루부(M.D. Grove)와 그의 동료에 의해 브라신의 활성물질인 **브라시노리드(brassinilide: BL)**가 확인되었다 (그림 21.12).

단지 4 mg만의 순수한 브라시놀리드를 얻기 위해 벌들이 수집한 대략 40 kg의 식물 꽃가루가 필요하다는 것에 의해 식물조직에서 브라시노스테로이드의 농도가 매우 낮음이 제안되었다. 운 좋게 2년 후 브라시놀리드은 화학적으로 합성되어서 그러한 거대하고 노동력이 많이 들어가는 분리과정은 필요 없게 되었다.

여러 해 동안, BR은 호르몬으로 인정받지 못해 왔다. 왜냐하면 그 효과는 외부에서 처리했을 때만 나타났고 생체 내에서의 효과는 보여주기 힘들었기 때문이다. 이런 상황은 BR 생합성이 결여된 애기장대, 완두, 토마토 돌연변이체가 발견되면서 반전되었다. 이 모든 돌연변이체들은 외부에서 BR을 처리할 경우 회복될 수 있었다. 이러한 연구들에 따라 BR 역시 식물호르몬으로서 식물의 정상적인 발달에 어떤 역할을 할 것이라는 것이 증명되었다.

60여 종 이상의 식물과 꽃가루, 씨앗, 잎, 줄기, 뿌리를 포함하는 실질적으로 모든 종류의 조직에서 40여 종 이상의 BL 유사체가 현재까지 분리되었다. 그러나 브라시놀리드는 가장 생물학적으로

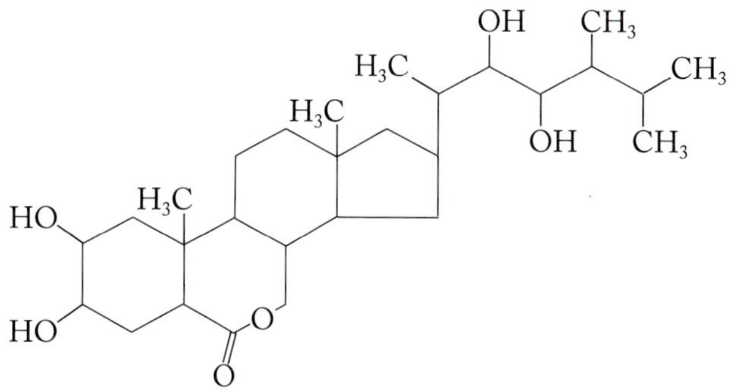

브라시놀리드

그림 21.12 식물 스테롤 브라시놀리드는 브라시노스테로이드의 하나의 예이다.

활성이 있는 브라시노스테로이드로 남아 있으며, 식물계를 통하여 넓게 퍼져 있다. 다른 호르몬들 처럼 브라시놀리드는 마이크로 몰라 농도에서도 활성이 있다. 10^{-7}M 브라시놀리드는 콩 상배축 절단면 길이를 4배 증가시킬 수 있다.

흥미로운 것은 브라시놀리드에 의해 조절되는 대부분의 반응은 또한 옥신에 의해서 조절된다는 것이다. 두 호르몬이 독립적으로 작용하더라도 브라시노스테로이드와 옥신 신호전달간에 상당한 교차가 있다는 것은 그리 놀랄 만한 것은 아니다. 브라시노스테로이드가 관여할 것 같은 많은 반응들 하지만 이들의 브라시노스테로이드에 의한 조절 메커니즘은 거의 알려진 것이 없다. 세포 성장 측면에서 브라시노스테로이드는 익스팬신이나 셀룰로오스 합성효소와 같은 막 변형 효소를 암호화 하는 유전자의 조절을 통한 가소적 신장성을 증가시킨다.

21.3.1 BR은 다수 히드록시화된 스테롤로서 트리테르펜 스쿠알렌(triterpene squalene)에서 유래한다

BR은 지베렐린과 앱시스산 합성에도 관련된 지질 물질인 다수 히드록시화된 **스테롤**이다(그림 19.4 참조). 식물은 시토스테졸, 스티그마스테롤, 콜레스테롤, 카페스테롤과 같은 다양한 스테롤들을 다량 합성한다. 스테롤과 스테롤 변이체들은 27장에서 더 논의하기로 한다. 스테롤은 메발론산 경로를 통해 아세트산으로부터 유래된 30-탄소물질인 트리테르페노이드(triterpenoid)이다(그림 19.3A, 19.4 참조). 테르펜의 합성에서, 연속적인 5-탄소 물질인 이스펜테닐 피로인산(isopentenyl pyrophosphate: IPP)의 첨가는 10-, 15-, 20- 탄소원자를 갖는 테르펜 물질을 만들게 된다. 트리테르펜은 2개의 15-탄소(파르네실) 단위체가 결합하여 3-탄소체

인 스쿠알렌을 형성할 때 만들어진다. 식물 스테롤의 연속적인 생합성은 아직 완전히 이해되지 않았지만 그 첫 번째 단계는 **시클로아르테놀(cycloartenol)**을 형성하는 고리화 반응이다(그림 21.3).

시클로아르테놀을 공통 선구물질로 사용하여, 여러 서로 다른 경로를 통해 식물에서 발견되는 여러 스테롤들이 만들어질 것이다. 대부분의 스테롤들이 26~29-탄소와 하나의 수산기를 갖고 있기 때문에 탈카르복시화와 산화반응이 포함되어 있다. 스티그마스테롤을 제외한 모든 스테롤들은 다양한 BR의 선구물질로 사용될 것으로 생각된다. 그러나 BL 생합성 경로에 대해서는 비교적 소상히 알려져 있다. 이 경로는 일일초(*Catharanthus roseus*) 배양세포를 이용한 연구를 통해 밝혀졌다. BL의 선구물질은 바로 캄페스테롤 28-탄소 스테롤이다. 대개 산화 경로를 거쳐 추가적인 수산기가

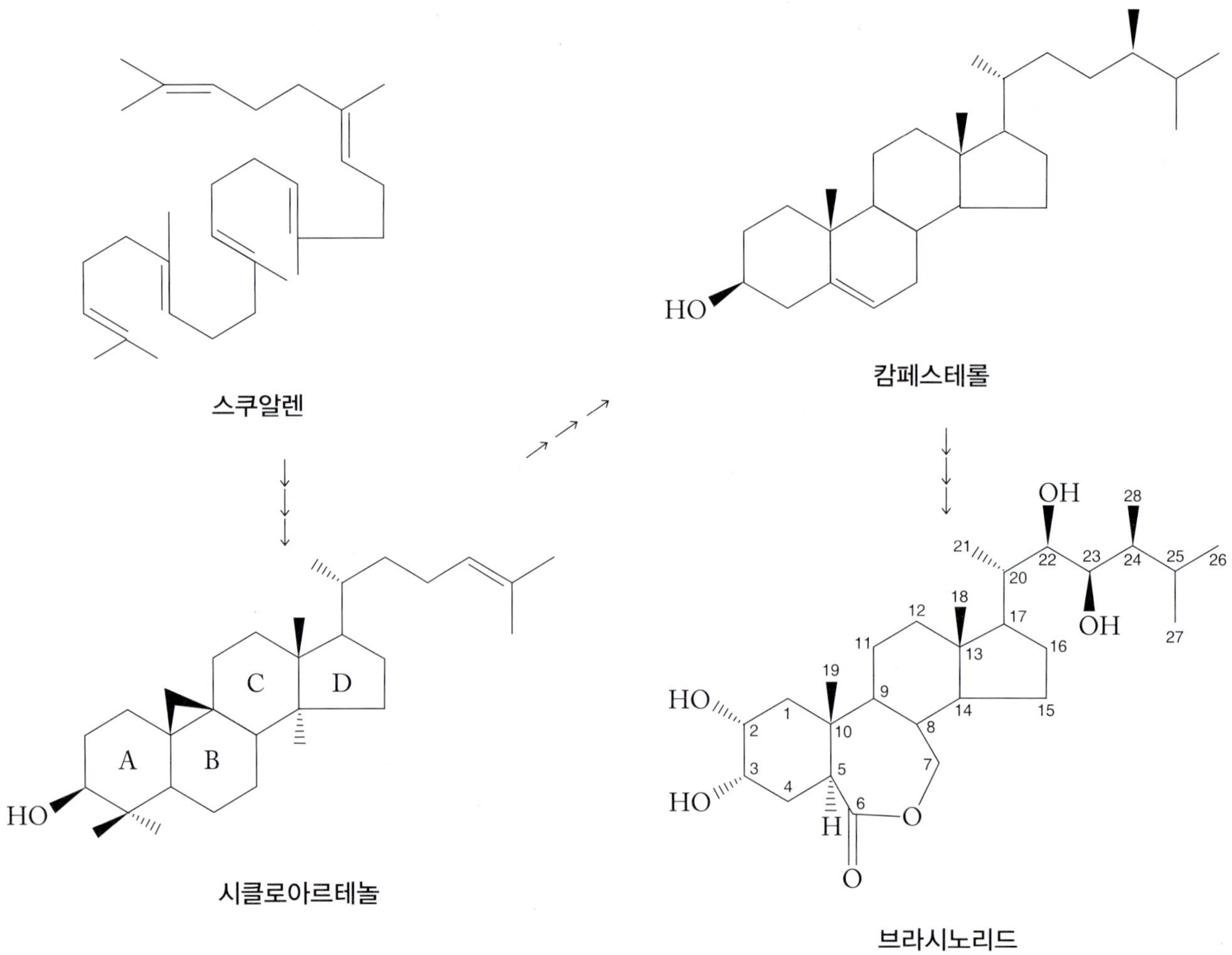

그림 21.13 트리테르페노이드인 수쿠알렌으로부터 브라시노리드가 생합성 되는 주요 단계들. 식물에서 스테롤의 생합성은 별로 잘 알려져 있지 않다. 스쿠알렌은 고리화 반응을 거쳐 시클로아르테놀을 형성한다. 시크로아르테놀은 여러 단계의 산화와 메틸화 반응을 거쳐 캄페스테롤과 다른 스테롤을 형성한다. 캄페스테롤에서 브라시노리드가 합성되는 경로는 일일초(*Catharanthus roseus*) 배양세포에서 확인되었다. 각각 적어도 12단계가 관여하는 2가지 대체경로가 알려져 있다.

더해지고 산소가 B- 고리에 도입된다. **캄페스테롤(campesterol)**이 BL로 전환되는데 6번 탄소에서의 산화가 일찍 또는 늦게 일어나느냐에 따라 2개의 나란한 경로가 이용된다. 어떤 경우든 캄페스테롤에서 BL로 전환되는 데 12개의 단계가 소용된다(그림 21.13).

21.3.2 BR이 탈활성화되는 몇 가지 경로가 알려져 있다

토마토, *Ornithopus* 세포, 오이, 녹두에서 BR의 대사에 대한 연구가 여러 가지 BR의 불활성화 메커니즘을 보여 주었다. A-고리의 α-수산기가 에피머화하여 β-수산기가 되고, 곧이어 지방산과 에스테르화되거나 배당화된다. 또 다른 가능성은 측쇄가 잘라지거나 다른 수산기들에서 결합이 일어나는 경우이다. 정확한 불활성화 방법은 식물이 종이나 조직에 따라 다를 것이다.

21.3.3 브라시놀리드 수용체와 신호전달

식물에서 브라시노스테로이드가 발견됨에 따라 이제 스테로이드 호르몬이 동물에만 한정되는 것이 아니라는 것이 명확해졌다. 스테로이드 호르몬을 위한 핵수용체에 주로 의지하는 동물과 달리 식물은 신호를 핵으로 이동시키는 인산화 단계적반응을 시작시키기 위해 막에 기초한 수용체를 사용하는 것 같다. 브라시노스테로이드 감지와 신호전달에서 많은 구성요소들을 알아내기 위한 유전학적 연구들이 시작되었지만 어떻게 서로 상호작용하는지 또 다른 생물하저 비생물하적 신호 간에 어떻게 상호작용하는지에 대해 연구해야 할 것이 많이 남아 있다. 그림 21.14는 브라시노스테로이드 신호전달의 일반적 모델을 나타낸다.

브라시노스테로이드 주요 수용체는 원형질막과 연관되어 **이형이합체(heterodimer)**를 형성하는 누 단백실의 상호 삭용을 필요로 한다. 첫 번째가 BRASSINOSTERORD INSENSITIVE 1 (BRI1)으로 알려진 세린/트레오닌 인산화 효소이다. (유전자와 단백질의 이름이 표현형에 기초한다는 것을 명심해라.) 두 번째는 BRI1-ASSOCIATED RECEPTOR KINASE(BAK1)이다. 브라시노스테로이드는 BRI1의 세포밖 도메인에 결합하여 BAK1과 BRI1 회합을 저해하는 BKI1의 분리를 유도하며 BAK1의 이량화와 BRI1의 자가인산화를 촉진한다. BKI1과 결합하여 인산화된 복합체는 BR 신호전달을 시작시킨다. 브라시노스테로이드 목표 중 하나가 BZR1 단백질이다. BZR1은 인산화 상태에 따라 위치가 바뀌는 전사조절자이다. 인산화 상태일 때 BZR1은 세포질에 존재하나 탈인산화 상태일 때 핵 안으로 들어간다. BZR1 인산화는 BR 신호전달 사슬과 분리된 단백질 BIN2 두 경쟁 요소들에 의해 중재된다. BIN2는 BZR1의 인산화를 중재하며 세포질에 머무르게 한다. 반대로 브라시노스테로이드 신호는 전사조절자를 활성화시키거나 BZR1의 탈인산화를 중재하며 핵으로 이동되게 한다. 핵 내에서 BZR1-P는 BR에 반응하는 전사조절자의 프로모터에 결합하여 전사를 시작 시킨다. BR 신호는 BIN2의 인산화 능력을 저해할 수 있으며 그래서 BZR1이 핵에 존재하는 것과 활성을 더 유도 하는 것 같다.

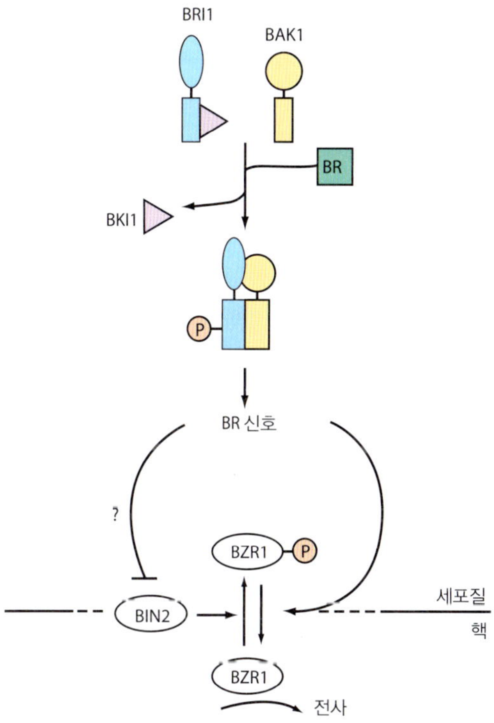

그림 21.14 브라시노스테로이드(BR) 신호전달의 제안된 도식. 브라시노스테로이드가 없을 때 두 수용체 인산화효소 BRI1과 BAK1은 단량체로서 막에 독립적으로 존재한다. 활성을 위해 필요한 이량체 형성은 BKI1에 의해 저해된다. 브라시노스테로이드가 BKI1의 제거를 유도하고 두 수용체의 이량체로 이어지고 BRI1의 인산화 지역에 자가 인산화 된다. 브라시노스테로이드 신호 사슬의 목표는 BZR1과 같은 전사인자이다. 브라시노스테로이드-반응 전사인자의 세포내 위치와 활성은 인산화 상태에 의해 결정된다. 브라시노스테로이드 신호사슬은 세포질 BZR-P를 탈인산하시켜 핵으로 이동시키고 그곳에서 브라시노스테로이드 반응 유전자들을 전사시키게 한다. BIN2 단백질은 BZR1을 인산화시키고 세포질로 돌아가는 것을 막기 때문에 전사를 저해한다. 브라시노스테로이드 신호는 BIN2의 저해를 통해 전사를 증가시킬 수 있다.

요약

ABA는 40-탄소 카로틴 비올라크산틴의 절단으로부터 합성되어지는 15-탄소 세스퀴테르펜이다. ABA는 수분 스트레스 동안 뿌리에서 합성되거나 저장되었던 ABA가 잎으로 유출된다는 증거가 있기는 하지만 주로 녹색 잎에서 합성되어 엽록체에 저장된다.

ABA 주요한 기능은 (1) 조숙 발아 저해 및 동면 유도, (2) 기공 닫힘 유도 및 수분 스트레스 동안 건조에 대하여 세포를 보호할 수 있는 물질의 생산이다. ABA는 heterophylly(같은 식물의 서로 다른 잎 모양), 이차 잎의 시작, 개화 , 노화를 포함하는 발달 과정에 연루된다.

ABA 감지와 신호전달은 특별히 복잡한 것 같다. 보리 호분 조직의 ABAP1, 개화시기에 관여하는 단백질, G-단백질 짝 수용체를 포함하여 ABA 수용체 혹은 ABA 결합 단백질들이 분리되었다. 다양한 ABA 신호사슬의 구성요소들이 동정되었으나 어떠한 사슬도 명확하게 완성된 것은 없다.

에틸렌은 간단한 2-탄소 가스 탄화수소로서 노화나 성숙되는 조직 또는 스트레스 반응으로서 주로 만들어지는 것 같다. 에틸렌은 식물의 어디에나 존재하며 다양한 발달 반응에 관여하며 종종 옥신, 지베렐린과 상호작용한다. 가장 잘 알려진 반응은 황화된 쌍떡잎 유식물의 3중반응으로 하배축과 뿌리세포 성장의 저해, 하배축의 방사 팽창 촉진과 어린싹 또는 상배축 훅의 과장된 꼬임이 있다.

에틸렌은 황을 포함한 아미노산 메티오닌으로부터 간단한 3단계를 통하여 합성된다. 에틸렌 양을 정상정인 상태로 유지하지 위하여 에틸렌 생성동안 분리된 황은 양 회로(Yang cycle)을 통해 다시 메티오닌으로 돌아간다. 에틸렌은 막에 존재하며 MAP 인산화효소를 시작시켜 전사인자 활성을 유도 할 수 있는 히스티딘 인산화 효소에 의해 인지된다. 에틸렌의 경우 유일하게 수용체 인산화 시스템은 언제나 활성이며 에틸렌에 의해 멈춰지거나 꺼진다.

브라시노스테로이드는 스테로이드 호르몬으로서 식물에게 공급되었을 때 줄기와 화분관 신장을 증가시키고 세포분열 (옥신과 시토키닌이 존재할 때)발아, 잎 형태발생, 정단우성, 뿌리신장, 도관분화 노화촉진, 세포사멸의 비율을 증가 시킨다. 브라시토스테로이드 감지는 전사인자의 인산화와 탈인산화를 조절하는 세린/트레오닌 인산화효소를 포함한다.

복습문제

1. 옥신, 지베렐린, 브라시노스테로이드 모두 줄기 생장에 영향을 줄 수 있다. 어떠한 방법으로 이들 호르몬에 대한 반응이 다르게 나타나는가?
2. 수분 스트레스에 대한 반응을 ABA가 중재한다는 근거는 무엇인가?
3. 식물호르몬으로서 에틸렌 관련된 연구에 특별한 문제점은 무엇인가?
4. 씨앗의 발달, 성숙, 발아 동안 일어나는 호르몬 변화를 기술하시오.
5. MAPK 기본단위는 무엇인가? 신호감지와 전달에 어떻게 관여하는가?
6. 생합성 측면에서 지베렐린과 브라시노스테로이드가 어떻게 관련있는가?
7. 잎 엽육세포와 관다발조직에서 ABA가 합성된다는 증거는?
8. 이삭발아(vivipary)가 무엇이며, 이삭발아를 조절 하는데 ABA가 관여하는 것을 어떻게 알 수 있는가?
9. ABA, 에틸렌, 브라시노스테로이드 수용체 시스템에 대하여 대조하고 비교하시오.

더 읽을 거리

Buchanan, B. B., W. Gruissem, R. L. Jones. 2000. *Biochemistry and Molecular Biology of Plants*. Rockville, MD: American Society of Plant Physiologists.

Chen, Y-F., M. D. Randlett, J. L. Findell, G. E. Schaller. 2002. Localization of the ethylene receptor ETR1 to the endoplasmic reticulum. *Journal of Biological Chemistry* 277:19861–19866.

Clouse, S. D. 2002. Brassinosteroids. In: C. R. Somerville, E. M. Meyerowitz (eds.), *The Arabidopsis Book*. Society of Plant Biologists, Rockville, MD, doi: 10.1199/tab.0009, www.aspb.org/publications/arabidopsis/.

Davies, P. J. 2004. *Plant Hormones: Biosynthesis, Signal Transduction, Action*. Dordrecht: Kluwer Academic Publishers.

Gendron, J. M., Z-Y Wang. 2007. Multiple mechanisms modulate brassinosteroid signaling. *Current Opinion in*

Plant Biology 10:436–441.

Guo, H., J. R. Ecker. 2004. The ethylene signaling pathway: New insights. *Current Opinion in Plant Biology* 7:40–49.

Guzman, P., J. R. Ecker. 1990. Exploiting the triple response of Arabidopsis to identify ethylene-related mutants. *Plant Cell* 2:513–523.

Hardtke, C. S. 2007. Transcriptional auxin-brassinosteroid crosstalk: Who's talking? *BioEssays* 29:1115–1123.

Hirayama, T., K. Shinozaki. 2007. Perception and transduction of abscisic acid signals: Keys to the function of the versatile plant hormone, ABA. *Trends in Plant Science* 12:343–351.

Karp, G. 2008. *Cell and Molecular Biology*. New York: John Wiley & Sons. (Includes a good review of MAP kinases.)

Li, J. 2005. Brassinosteroid signaling: From receptor kinases to transcription factors. *Current Opinion in Biology* 8:526–531.

Nambra, E., A. Marion-Poll. 2005. Abscisic acid biosynthesis and catabolism. *Annual Review of Plant Biology* 56:165–185.

Razem, F. A. et al. 2004. Purification and characterization of a barley aleurone abscisic acid-binding protein. *Journal of Biological Chemistry* 279:9922–9929.

Ryu, H. et al. 2007. Nucleocytoplasmic shuttling of BZR1 mediated by phosphorylation is essential in Arabidopsis brassinosteroid signaling. *The Plant Cell* 19:2749–2762.

Schwartz, S. H., X. Qin, J. A. D. Zeevaart. 2003. Elucidation of the indirect pathway of abscisic acid biosynthesis by mutants, genes, enzymes. *Plant Physiology*. 2003. 131:1591–1601.

Verslues, P., J-K. Zhu. 2007. New developments in abscisic acid perception and transduction. *Current Opinion in Plant Biology* 10:447–452.

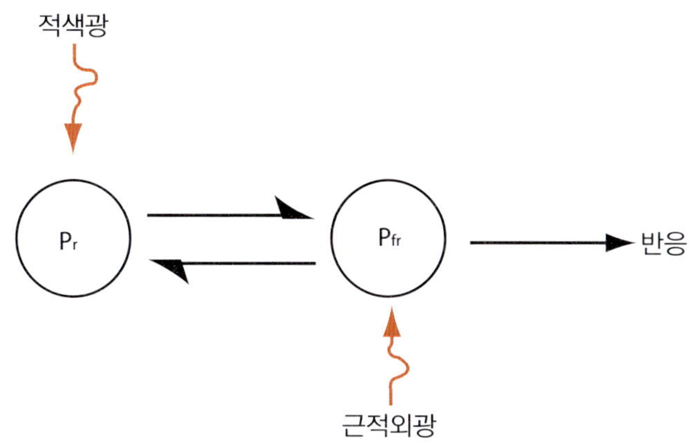

22

광형태발생: 빛에 대한 반응

식물은 주위 환경을 변화시킬 수도 없고, 또 자신의 위치를 바꿈으로서 불리한 환경으로부터 피난처를 찾을 수도 없다. 하지만 살아남기 위해서는 여전히 식물들도 불리한 환경조건을 피할 수 있어야 만 한다. 종자 발아와 종자로부터 나오는 유식물의 생존은 그들 주변의 환경 조건에 의해 좌우된다. 땅속에 너무 깊이 묻히거나 숲 아래쪽의 그늘에 방치된 종자들은 대부분 발아하지 못한다. 숲 아래의 그늘에서 발아된 유식물들은 마치 햇빛을 향해 뻗어 가듯이 줄기가 길어지는 경향을 보인다. 밀밭의 가장자리에서 태양광에 완전히 노출된 잡초들은 밀밭 가운데서 밀과 경쟁하게 되는 동종의 잡초에 비해 키가 작고 더 탄탄하다. 식물체들은 마치 각각의 종들이 어떤 환경 신호를 기다리듯이 서로 다른 계절에 개화를 한다. 이런한 식물의 행동 양식은 분명히 생존상의 중요한 이점을 제공한다. 이런 행동 양식들은 식물체가 이용 가능한 자원을 가장 적절하게 사용하게 하며 다른 종과 효과적으로 경쟁하게 하며 또한 불리한 환경 변화에 대비하게 한다.

그렇다면 종자와 유식물들이 어떻게 그들이 있는 장소를 감지할 수 있을까? 어떻게 식물은 그들이 광합성을 최대화할 수 있는 위치에 있는지를 확신할 수 있을까? 식물은 계절의 흐름을 어떻게 측정할까? 이 문제들과 식물의 생존과 직접적으로 관련된 다른 많은 문제들데 대한 해답은 다양한 환경 신호를 감지하고 해석할 수 있는 식물의 능력에서 발견할 수 있을 것이다.

빛은 특별히 중요한 환경 신호 중의 하나이다. 빛의 세기와 성질은 흔히 예측할 수 있는 방법 내에서 일정하게 변화한다. 식물은 이런 변화를 추적할 수 있으며, 빛에 담긴 정보를 이용하여 그들의 생장과 분화, 그리고 생식의 방향을 지시한다. 이 장에서 우리는

- 빛에 의해 조절되는 식물 발달 또는 광형태 발생의 개념을 소개하며,
- 적색광과 근적외광에 대한 식물 반응을 중재하는 색소인 피토크롬을 기술하고,
- 청색광에 대한 식물 반응을 유도하는 색소인 크립노크롬을 설명하며,
- 피토크롬과 크립토크롬에 의해 조절되는 중요한 발달반응을 살펴보며,
- 피토크롬과 크립토크롬의 신호전달에 관한 기초 분야를 알아보며, 그리고
- 애기장대 식물의 탈황화 과정에서 피토크롬과 크립토크롬의 역할에 대한 사례연구를 제시할 것이다.

22.1 광형태 발생은 광수용체에 의해 시작된다

빛에 의한 식물 발달의 조절, 혹은 **광형태 발생**(photomorphogenesis)은 식물 발달의 중심 주제이다. 빛이 제공하는 정보를 획득하고 해

석하기 위해 식물들은 빛에 민감한 **광수용체(photoreceptor)**로 구성된 정교한 빛감지 시스템과 신호전달경로를 발달시켜 왔다. 서로 다른 파장의 빛들을 선별적으로 흡수함으로써 광수용체는 빛에 포함된 정보를 읽는다. 빛흡수는 보통 색소 혹은 색소에 결합된 단백질의 형태변화, 광화확적 산화-환원 반응, 또는 일부 다른 형태의 광화학적 변화를 유도한다. 일차적인 작용이 어떻든지 간에 광수용체에 의한 빛의 흡수는 일련의 생화학적 사건을 거쳐 궁극적으로 발달 반응을 일으키게 된다.

식물계에는 4가지 종류의 광수용체가 존재한다. **피토크롬(phytochrome)**은 적색광(R, 660nm)과 근적외광(FR, 735nm)을 주로 흡수하는 광수용체로 종자 발아에서 개화에 이르기까지 거의 모든 식물 발달에 영향을 미친다. 청색광(400–450nm)과 UV-A(320–400nm)를 흡수하는 두 종류의 수용체가 있다. **크립토크롬(cryptochrome)**과 **포토트로핀(phototropin)**이 그들이다. 크립토크롬은 유식물 발달과 개화 및 생체시계의 재설정에 중요한 역할을 하는 것 같다. 포토트로핀은 빛의 구배에 따른 굴광성 반응 혹은 차등 생장에 있어서 역할을 하며 23장에서 이 두 반응에 대해 고찰할 것이다. 낮은 수준의 UV-B(280–320nm)에 대한 반응을 중재하는 네 번째의 광수용체는 아직 그 특성이 규명되지 않았다. 피토크롬, 크립토크롬 및 포토트로핀은 모두 **발색단백질(choromoprotein)**이다(6장). 발색단백질은 빛을 흡수하는 **발색단(chromophore)**과 촉매 성질을 지닌 **결손단백질(apoprotein)**이라 불리우는 단백질 부분을 포함한다. 발색단과 결손단백질을 합한 것을 **전(全)단백질(holoprotein)**이라 한다.

22.2 피토크롬: 적색광과 근적외광에 대한 반응

피토크롬은 두가지 상태로 존재하는 유일한 색소이다. 하나는 스펙트럼의 적색 부분(R, 또는 665nm)을 가장 할 흡수하는 형태, 다른 하나는 근적외선 부분(FR, 730nm)을 가장 잘 흡수하는 형태이다(그림 22.1). 피토크롬은 어느 식물체나 다 갖고 있다. 간단하나 뛰어난 생리적 실험들에 의해 이루어진 피토크롬의 발견은 20세기 식물학에 있어 주요 업적 중의 하나이다(Box 22.1).

초기의 피토크롬 연구들은 거의 모두 다 생리적인 실험과 생체내 분광법(*in vivo* spectroscopy)과 같은 물리적인 기술을 통해 이루어졌다. 이들 초기의 생리적 실험으로도 여러 형태의 피토크롬을 예언했다는 것을 알면 참으로 흥미롭다. 분자유전학의 출현으로 고등식물에 여러 피토크롬이 있다는 것이 밝혀졌다. 대부분

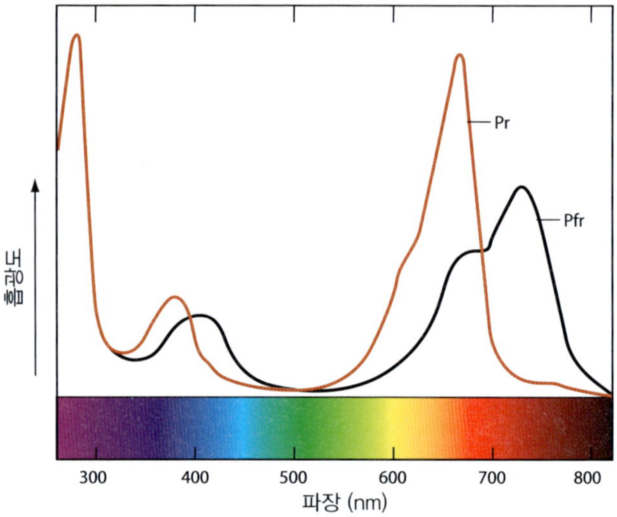

그림 22.1 정제된 피토크롬에서 Pr과 Pfr 형태의 흡수 스펙트럼. Pfr의 흡수 스펙트럼은 실제로 Pfr과 Pr의 평형 혼합물의 스펙트럼이다(자세사항은 교재를 볼 것). 적색/근적외 파장지역에서 뿐만 아니라 청색파장 지역에서의 흡수 차이에 유의하라. 일부 청색광의 효과는 피토크롬에 의해 매개되지만 적색광에 의한 광전환이 청색광에서보다 50배에서 100배 정도 더 효율적이다. 두 가지형태가 모두 녹색파장 지역(500에서 550nm)에서 같은 정도로 흡수하기 때문에, 녹색광은 색소의 상태를 변화 시키지 않아 피토크롬 실험을 착수할 때 대부분의 경우 안전광(safe light)으로 사용될 수 있다.

의 피자식물에서는 최소한 3가지의 서로 다른 피토크롬들이 있다: phyA, phyB, phyC(이들의 유전자 이름은 *PHYA, PHYB, PHYC* 이다).[1] 가장 많은 연구가 이루어진 애기장대에는 phyA–phyE까지 5가지 피토크롬이 있다. 이들 피토크롬들 사이의 차이는 단백질에 있다. 발색단(chromophore)은 모든 피토크롬들에 있어서 동일하다. 비록 phyA와 phyB가 적색광과 근적외광 반응을 중재하는 중요한 피토크롬으로 보이지만 서로 다른 피토크롬들이 서로 다른 조직에서 서로 다른 발달 시기에 발현되며 서로 다른 빛에 대한 반응을 매개한다. 피토크롬은 또한 다른 광수용체와 발달 자극뿐 아니라 자신들까지도 상호작용을 하면서, 최근 연구에서는 좀 더 도전적인 분야의 복잡한 신호전달 경로를 보인다.

[1]식물 광수용체에 적용된 표기법 결정은 퀘일(Quail et al. 1994. Plant Cell 6:468)의 추천에 따른다. 예, 전단백질은 phyA로, 결손단백질은 PHYA로, 정상유전자는 *PHYA*로, 돌연변이 유전자는 *phyA*로 한다.

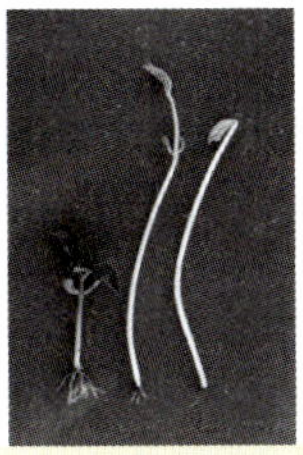

Box. 22.1
역사적 조망 – 피토크롬의 발견

거의 모든 식물 발달의 단계에 피토크롬이 중요역할을 한다는 것이 지금은 잘 알려져 있다. 그 존재는 단순한 생리적 관찰에 근거해서 예측되었다: 즉, 씨의 발아와 황화한 유식물의 생장이 적색광과 근적외광에 광가역성을 보인다는 것이다. 하지만 그 독특한 광가역성 때문에 이 새로 제시된 색소는 처음에는 과학계에서 회의적으로 바라보게 되었다.

광합성을 배재할 만한 조건에서 빛이 식물의 발달에 영향을 미친다는 것은 오랫동안 인지되어 왔다. 실제로 광조건과 암조건에서 식물 형태와 생장에 엄청난 차이는 몇 세기 동안 식물학자들과 생리학자들을 매혹시켜 왔다. 하지만 이에 대한 이해는 1950년대에 이르러서 가능했다. 이 당시 식물학자 보트윅(H.A. Borthwick)과 물리화학자 헨드릭스(S.B. Hendricks)는 발아, 줄기 신장, 개화의 광주기 조절과 같은 다양한 현상들을 위한 작용 스펙트럼을 연구하기 시작했다. 이 모든 현상들이 적색광과 근적외광의 스펙트럼에서 피크를 보이는 유사한 작용스펙트럼을 나타냈다. 하지만 더욱 흥미로운 것은 적색광이 주는 반응이 적색광 다음 근적외광을 쪼일 경우 무효화된다는 것이었다. 이런 광가역 반응은 그 이전까지 생물학에서 전혀 보고된 적이 없었다. 이런 독특한 성질은 보트윅과 헨드릭스로 하여금 나중에 피토크롬(phytochrome)으로 불리게 될 새로운 색소 체계의 존재를 제안하게 하였다.

이 새로운, 하지만 아직은 가설이, 색소는 두 가지 형태로 존재할 수 있다. Pr이라고 하는 적색광 흡수 형태, 그리고 Pfr이라는 근적외광 흡수 형태가 그것이다. 이 색소는 광색소적(photochromic), 즉 빛을 흡수하게 될 때 그 흡수 성질이 변하게 된다. Pr에 의한 적색광의 흡수는 이 색소를 근적외광을 흡수할 수 있는 형태로 바꾸고, Pfr에 의한 근적외광의 흡수는 이 색소를 적색광 흡수 형태로 되돌려 놓는다. 단순한 생리적 실험만으로 그들은 이 가상의 색소 체계에 대한 몇 가지 측면을 예측할 수 있었다. 첫째, 씨와 암소에서 자란 유식물 조직은 처음에는 근적외광이 아닌 적색광에 반응하였기 때문에 이 색소는 이미도 Pr 형태로 합성되었을 것이다. 게다가 Pr은 안정하고 아마도 생리적으로 불활성 상태일 것이다. 둘째로, 적색광 처리는 발아와 다른 발달 사건들을 개시시키기 때문에 Pfr은 아마도 활성 형태일 것이다. 한편 Pfr은 분명히 불안정하며 비광화학적, 온도 의존적인 반응에 의해 암조건에서 Pr로 되돌아 가거나 분해될 것이다. 셋째, 이 색소는 암조건에서 자란 엽록소가 없는 조직에서는 보이지 않기 때문에 의심할 것도 없이 매우 낮은 농도로 존재할 것이다. 보트윅과 헨드릭스는 나아가 이 색소가 촉매적으로 작용할 것이며, 그러므로 아마도 단백질일 것이라고 가정하였다. 놀랍게도 이들의 추측은 후에 모두 사실이라는 것이 드러났다. 당시 회의적이였던 것은 그 이전까지 광가역적인 색소에 대한 사례가 식물이고 동물이고 전혀 없었기 때문이다.

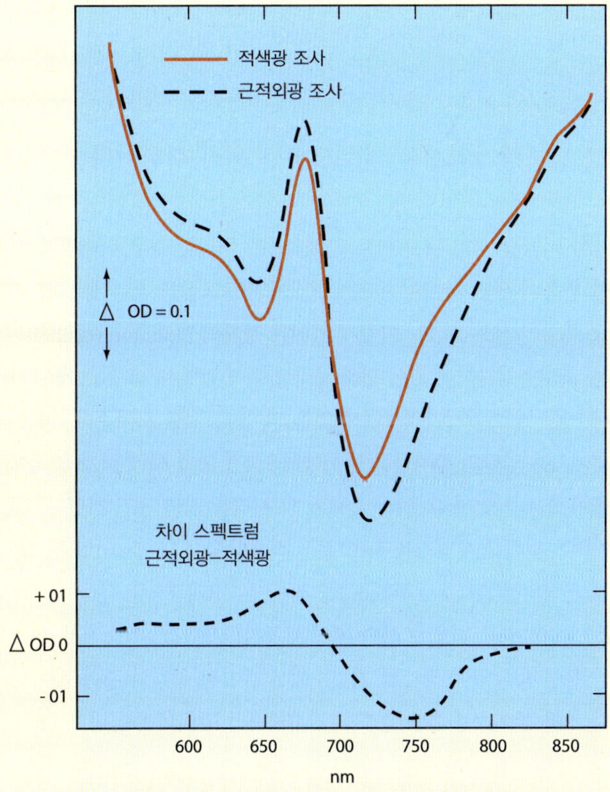

그림 22.2 적색광 또는 근적외광 조사후의 옥수수 줄기의 흡수스펙트럼 곡선. 이들 곡선들은 색소가 아닌 전체 조직의 흡수를 나타내고 있다는 점을 유의하라. 또한, 조직에 근적외광이 조사되면 색소가 Pfr(실선)에서 Pr(점선)으로 전환되면서 스펙트럼의 적색 파장 지역에서의 흡수는 증가되고 근적외 파장 지역에서의 흡수는 감소되는 것을 유의하라. 차이 스펙트럼은 Pr 형태의 흡수 스펙트럼을 효과적으로 나타내고 있다. 이 자료들은 피도크롬 존재에 관한 최초의 물리적 입증을 나타내고 있다. (From Butler, W. et al. 1959. *Proceedings of the National Academy of Sciences USA* 45:1703–1708. Reprinted by permission.)

피토크롬의 존재를 물리적으로 뒷받침할 필요가 있었으며 궁극적으로 그 색소를 분리해내어서 생체외에서 특성을 규명할 필요가 있었다. 이 문제를 만족스럽게 풀도록 한 전략은 처음 회의론을 불러일으켰던 그 독특한 광가역성이었다. 피토크롬은 식물에서 알려진 유일한 광색소적인 물질이었기에 한 형태에서 또 다른 형태로의 광변환과 관련된 흡수 변화를 관찰하는 것이 가능했다. 헨드릭스와 동료들은 적색광(Pr의 최대 흡수영역)에서 Pr로부터 Pfr로의 변환이 적색광 흡수의 감소와 따라서 근적외광 흡수의 증가를 가져올 것이라고 예측하였다. 계속된 근적외광의 조사는 적색 흡수의 증가와 근적외광 흡수 감소를 가져와야 했다. 이런 종류의 실험은 조밀하고 빛을 산란시키는 조직 시료에서 매우 작은 흡광도 변화를 측정할 수 있을 만한 아주 특별한 종류의 분광계를 요구할 것이다. 다행히도 이런 기계가 벨츠빌(Beltsville)에 있는 또 다른 연구실에서 개발 중에 있었으며 상대적으로 손쉬운 기계의 변환 만으로 피토크롬 발견에 사용될 수 있었다.

이 예측된 광가역 흡광도 변화는 암조건에서 키운 옥수수 슈트에서 1959년에 처음으로 보여졌다(그림 22.2). 이 분광 분석은 피토크롬이 실제로 존재한다는 것을 보여준 첫 번째 물리적 실험이었다. 잠시 후에, 이 색소는 암조건에서 자란 곡류 유식물에서 성공적으로 순수분리되었다. 계속되는 연구로 피토크롬이 식물에 널리 존재한다는 것이 밝혀졌다. 피토크롬은 조류(algae), 이끼류, 그리고 모든 고등식물에 존재하며 생화학, 생장, 발달에 있어서 중요한 역할을 한다.

22.2.1 광가역성은 피토크롬 작용의 핵심이다

약한 적색광 처리 뒤 곧바로 근적외광을 처리할 경우 적색광에 대한 반응이 완전히 사라진다는 발견이 피토크롬을 찾아내게 된 주요 동기이다(표 22.1). 이렇게 명확한 **광가역성(photoreversibility)**은 그전에 생물학에 있어 전혀 보고된 적이 없었다. 표 22.1에 나타나 있는 자료는 광가역성이 무엇을 의미하는지를 보여준다. 이 실험에서는 일단의 종자들을 암소에서 3시간 동안 물에 담가 종자에 물이 스며들게 한 후 여러 종류의 빛 처리를 잠깐 동안 하였다. 빛 처리는 낮은 플루언스율에서 1분간 적색광(R; 약 660nm) 또는 3분간 근적외광(FR; λ 〉 700nm)을 쬐이거나 R과 FR을 신속히 교대로 처리하였고 빛을 조사한 후에는 종자들을 다시 암소에서 48시간 동안 방치하여 각각의 처리구에서 발아된 종자의 수를 헤아렸다. R은 발아율을 88% 정도 촉진시키지만 R에 이어서 바로 FR에 처리하면 발아율이 암처리 수준인 22%에 머무르는 점을 유의하라. R과 FR을 교대로 처리하였을 경우 발아율은 마지막에 조사한 빛이 R이냐 FR이냐에 의해 전적으로 좌우된다. 발아 여부가 마치 적색광이나 근적외광에 의해 한쪽으로 전환되는 스위치에 달려 있는 것과 같다. 비슷한 결과들이 암소에서 자란 완두 유식물의 줄기 신장, 도꼬마리(*Xanthium strumarium*)의 광주기적 개화조절 등과 같은 다양한 반응들에서 관찰되었다.

표 22.1 발아에 대한 광가역적인 조절. 상추 씨가 빛에 조사되기 전에 3시간 동안 침윤되었다. 빛조사 시간은 낮은 광도의 적색광은 1분, 근적외광은 3분이었다. 발아율은 20℃의 암소에서 48시간 후에 측정되었다.

빛조사	발아율(%)
R	88
R, Fr	22
R, Fr, R	84
R, Fr, R, Fr	18
R, FR, R, FR, R	72
R, Fr, R, Fr, R, Fr	22

학생 실험의 결과자료.

광가역적 행동은 간단하게 피토크롬을 위한 두 가지 상태 광평형 모델(two-state photoequilibrium model)로 설명될 수 있다(그림 22.3). 색소의 적색광 흡수 형태는 **Pr**로 표시하고 근적외광 흡수 형태는 **Pfr**로 표시한다. 피토크롬은 Pr 형태로 합성되는데 이것은 암

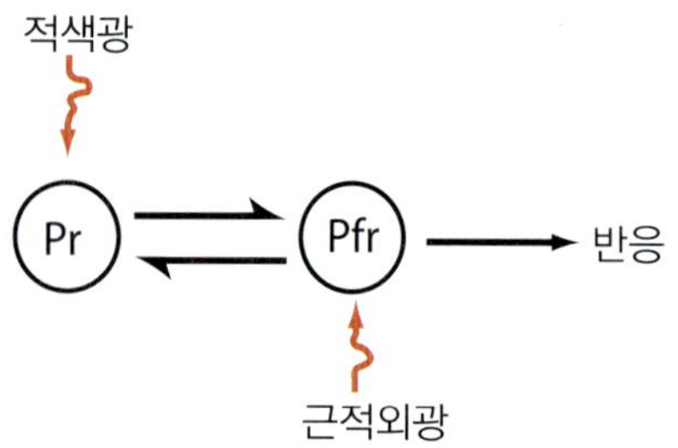

그림 22.3 번갈아 일어나는 적색광과 근적외광의 처리에 대한 종자 발아와 기타 다른 식물의 반응을 토대로 원래 제안된 피토크롬의 두 가지 상태 광평형 모델. 적색광을 흡수하는 형태의 색소(Pr)에 의하여 적색광이 흡수되면 근적외광을 흡수하는 형태(Pfr)로 전환된다. 역으로, Pfr에 의한 근적외광의 흡수는 색소가 Pr형으로 되돌아가게 한다. Pfr은 활성을 가지는 형태로 생각되며 종자 발아를 이끄는 신호전달 사슬을 시작케 한다.

소에서 자란 조직에 축적되며 일반적으로 생리적으로 불활성 상태라고 생각된다. Pr이 적색광을 흡수하면 활성형 상태의 Pfr 형태로 전환되어 대부분의 알려진 생리적인 반응을 일으킨다. Pfr이 근적외광에 노출되면 다시 Pr 형태로 되돌아간다. 또한 일부 Pfr은 암전환 이라고 불리우는 온도-의존적 과정에 의하여 Pr로 되돌아간다는 사실이 생리적 실험 및 분광 광도계 실험 둘 다에 의해 제시되었다.

22.2.2 황화한 유식물에서 Pr의 Pfr로의 전환은 Pfr과 총 피토크롬의 손실을 일으킨다

피토크롬에 관한 초기 연구의 대부분은 암소에서 자란 황화된 유식물을 대상으로 이루어졌다. 암소에서 자란 유식물은 빨리 자라고, 상대적으로 많은 양의 피토크롬을 축적한다. 그리고 엽록소가 없기 때문에 광학적으로 조밀하며 빛을 산란시키는 물질에 사용하도록 고안된 분광광도계를 이용하면 직접적으로 조직에서 피토크롬을 측정하는 것이 가능하다.[2] 적적한 기구를 이용하여, 빛 조사를 조절하면서 총 피토크롬의 양과 Pr과 Pfr의 상대적 비율의 변화를 측정할 수 있다. 이런 생체내 실험은 피토크롬의 역동적인 성질에 대한 초기의 많은 예측들을 확인시켜 주었다.

암소에서 자란 유식물에서 전형적인 피토크롬 전환이 그림 22.4에 나타나 있다. 가장 뚜렷한 양상은 Pfr이 상대적으로 불안정하다는 것이다. 짧은 펄스의 낮은 플루언스를 지닌 적색광에 의해 Pr이 Pfr로 전환된 후에 조직을 암소에 다시 놓으면, Pfr 농도는 1시간 내지 1.5시간의 반감기를 보이면서 감소한다는 것을 주목하라. Pfr의 감소는 총 피토크롬 양의 감소와 일치하는데 이는 두 가지 형태의 색소가 모두 비가역적으로 화학적 분해를 거치게 되는 사실로 설명할 수 있다(그림 22.5). Pr은 암소에서 그 합성률이 분해율과 같아질 때까지는 비교적 느리게 축적된다. Pr을 Pfr로 전환시키는 적색광의 처리 후에는 총 피토크롬의 양이 감소되는데 이는 두 가지 요소에 의해 설명될 수 있다. 첫째, Pfr의 분해율이 Pr 분해율보다 약 100배 정도 빠르기 때문이다. 면역학적 연구에 의하면 Pfr이 우비퀴논과 접합하는데, 이는 곧 Pfr이 우비퀴논/26S 프로테아좀 시스템에 의해 분해되도록 한다는 것을 의미한다. 둘째로, Pfr이 피이드백 억제를 통해 피토크롬 유전자의 전사를 억제한다는 사실이 입증되었다. 단지 5초 동안의 적색광 조사만으로도 황화된 유식물에서 전사될 수 있는 피토크롬 mRNA의 양을 급격히 감소시키게 된다. 초기의 연구에서는 알려지지 않았지만, 단지 phyA만이 황화된 조직에서 높은 수준으로 축적되며 빛 조건하에서는 빠르게 분해된다는 사실이 현재는 명백해졌다. 비록 매우 적은 양으로 존재하지만, 다른 모든 피토크롬(phyB–E)들은 빛 조건에 관계없이 안정하며 일정량 존재한다.

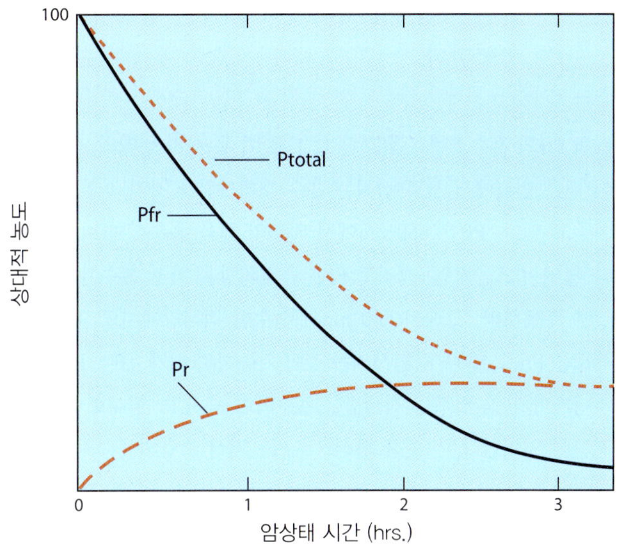

그림 22.4 황화된 유식물의 조직에서 전형적인 피토크롬의 전환. 암소에서 자란 귀리 자엽초 조직에 낮은 광량의 적색광을 제로 (0) 시간 때 짧게 비추었다. 이때 암소에서 총색소와 Pfr의 양을 흡광도 변화로 추적하였다. Pr 양은 총 피토크롬량(Ptotal)과 Pfr 양 차이로 계산하였다.

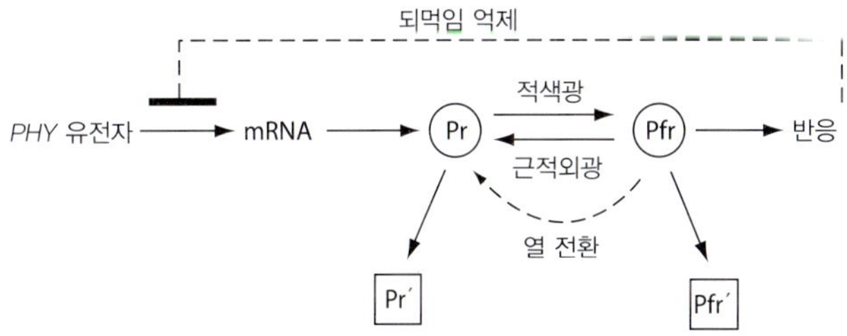

그림 22.5 암소에서 자란 유식물 조직에서 피토크롬의 행동에 기초한 피토크롬계. 피토크롬은 생리적으로 불활성상태인 적색광을 흡수하는 Pr형으로 합성되어 암소에서 유식물에 축적된다. 적색광(660nm)에 의하여 근적외광을 흡수하는 형태(Pfr)로 광전환되며 근적외광(735nm) 흡수에 의하여 색소는 다시 Pr형으로 되돌아온다. 활성형인 Pfr은 반응을 유도한다. Pr′와 Pfr′는 각각 Pr과 Pfr의 불활성형 분해산물이다. Pfr은 암소에서 온도 의존적 과정에 의해 Pr로 되돌아가는 것으로 알려져 있다. Pfr 역시 피이드백 억제에 의해 피토크롬의 mRNA 전사를 억제한다.

[2]분광광도계는 용액내에 있는 색소에 의해서 흡수된 빛을 측정하는 기계이다. 전통적인 분광광도계는 빛 산란 입자가 없는 광학적으로 깨끗한 용약에서만 사용된다.

22.2.3 빛은 Pr과 Pfr 사이에서 동적인 평형상태를 형성한다

Pr과 Pfr의 흡수스펙트럼(그림 22.1)은 이 두 가지 형태의 피토크롬이 넓은 범위에서 서로 겹치는 흡수 스펙트럼을 가지고 있음을 보여주고 있다. Pfr은 660 nm에서 일부의 빛을 흡수하며(비록 Pr보다 훨씬 비효율적임) 그리고 Pr은 근적외광을 약간 흡수한다는 사실을 주목하라. 그래서 660 nm의 순수한 적색광에서도 피토크롬 색소를 Pfr로 100% 전환시키는 것이 가능하지 않게 된다. Pfr이 생겨나자마자 곧 일부는 적색광을 흡수하며 즉시 Pr 형태로 다시 광전환이 일어난다. 비슷한 방식으로, Pr 역시 소량의 근적외광(735 nm)을 흡수해서 순수한 근적외광에서 일부 Pr은 Pfr로 전환될 것이다. 달리 말하자면, 이용된 광원이 무엇인지에 관계없이 동적인 **광평형**(phtoequilibrium;Φ)이, 피토크롬이 Pr과 Pfr 사이에서 순환할 때 확립되어진다. 이러한 광평형은 편리하게 Φ=Pfr/P_{TOT}으로서 정의하는데, 여기서 P_{TOT}는 전체 피토크롬의 양이거나 혹은 Pr과 PFr 양의 합을 의미한다. 예를 들어, 황화된 조직에서 적색광(660 nm) 처리에 의해 나타나는 광평형은 0.8인데 반하여, 720 nm의 근적외광 처리시의 광평형 값은 0.03이 된다. 달리 말해서, 순수한 적색광은 약 80%의 Pfr과 20%의 Pr을 유지 시킬것이며 반면에 근적외광은 약 3%의 Pfr을 형성할 것이다. 이런 이유로, 그림 22.1에서 나타난 Pfr의 흡수 스펙트럼은 포화 적색광 처리후 Pr과 Pfr의 평형 혼합물의 스펙트럼이 된다.

물론 실험실 말고도, 식물은 때때로 적색광과 근적외광 섬광을 비추는 암상자에서 자라는 것은 아니다. 더욱이 태양광은 하루 중의 시간 및 환경 조건에 좌우되면서 적색 파장과 근적외광 파장의 혼합 빛을 포함하고 있으며, 태양광 내에서 이들 파장 빛의 상대적 비율은 변화한다. 그 결과 태양광은 Pr과 Pfr의 평형 혼합물이 되는데, 왜냐하면 태양광의 성질은 하루 종일에 걸쳐서 변화하기 때문이다. 대부분의 경우에서 생물학적인 반응은 Pfr의 비율 혹은 피토크롬계에서의 Φ값에 좌우될 것이다. 이때 Pfr의 비율은 적어도 다음의 세가지 요소에 의존한다: 첫째, 광원 내의 적색파장과 근적외광 파장의 상대비율, 둘째, Pr과 Pfr사이에서 정방향과 역방향으로의 광전환율, 그리고 셋째, Pfr의 Pr로의 열적 복귀율이 그것들이다.

22.2.4 피토크롬 반응들은 그들의 플루언스 요구 정도에 따라 나눈다

피토크롬에 의해 매개되는 효과는 그들의 에너지 요구를 기초로 하여 3가지 범주로 편리하게 나눈다. 핸드릭스와 보트윅 그리고 그 동료들이 발견한 고전적인 적색광과 근적외광에 의한 광가역적 반응은 **저플루언스 반응(low fluence responses, LFRs)**으로 알려졌다. LFRs에 필요한 광량은 1~1000 mole m^{-2} 사이이다. 이 정도의 광량은 낮게는 두터운 수관(canopy) 아래서 0.1초 동안 쪼이는 빛, 높게는 수관 위에서 약 1초 동안 태양광을 쪼이는 빛에 해당한다. 게다가 LFRs은 FR에 가역적이다.

10^{-6} ~ 10^{-3} mole m^{-2} 사이의 광량에 의해 유도되는 피토크롬 반응을 **초저플루언스 반응(very low fluence reponse, VLFRs)**이라고 한다. 전형적으로 이런 낮은 수준(개똥벌레가 내는 빛에 해당)의 빛은 피토크롬의 0.01% 만을 전환시킨다. 여러 연구들이 암소에서 자란 유식물은 매우 낮은 수준의 빛에도 반응할 수 있음을 보여주고 있다. 예를 들면, 적색광은 연이어 처리한 굴광성 자극에 대한 곡물류 식물의 감수성 증가를 촉진시킨다. 그러나 그 반응을 포화시키는데 요구되는 적색광 플루언스는 Pr에서 Pfr로의 전환 측정이 가능한 빛의 세기의 1/100정도에 지나지 않음이 알려졌다. 낮은 플루언스의 근적외광도 적색광과 마찬가지로 굴광성에 대한 민감도를 증가시키는 것으로 보아서 이 반응은 1%보다 더 작은 양의 피토크롬이 Pfr로 전환되 면 포화되는 것 같다. 전통적으로 안정하다고 믿었던 희미한 녹색광에 노출되는 것만으로도 암소에서 자란 귀리 유식물의 신장반응이 유도되거나 심지어는 포화 상태에 이르렀다. 예를 들면 0.01%의 Pfr만 있어도 중배축 신장의 억제가 일어난다. 이러한 빛에 대한 극도의 민감성으로 인하여 VLFRs의 연구는 기술적인 면에서 힘들다. 예를 들면 VLFRs는 광가역적이 아니다. VLF 반응이 피토크롬에 의해 매개된 것으로 여겨지는 주요한 증거는 이 반응의 작용 스펙트럼이 Pr의 흡수 스펙트럼과 유사하다는 것이다. 그러나 이 현상은 식물 발달의 실험적 광조절의 문제들에 대하여 복잡하지만 흥미로운 문제들을 제기하고 있다.

자연 상태에서 식물은 비교적 긴 시간 동안 높은 복사조도에 노출되어 있다. 장시간 동안의 비교적 높은 에너지 상태인 이러한 조건 하에서 광형태 발생적 프로그램이 최대한 발현하게 되어 잎의 확장이나 줄기의 신장과 같은 반응들이 훨씬 더 현저하게 일어난다. 이러한 빛 의존적인 반응들이 **고복사조도 반응(high irradiance reactions: HIRs)**이라고 알려져 있다. HIRs는 일반적으로 다음과 같은 특징을 지닌다: (1) 최대 반응이 일어나려면 일차적으로 높은 비율의 근적외광을 지닌 고복사조도에서 오랫동안 노출되어야 한다. (2) 반응의 크기는 플루언스율과 조사시간의 함수로 나타낸다. (3) VLFRs와 같이 HIRs은 적색광과 근적외광에 의하여 광가역성을 보이지 않는다.

HIRs은 줄기 신장, 잎의 확장, 그리고 종자 발아 등과 같이 LFRs에 속하는 여러 가지 반응에도 관여하는 것으로 보인다. 그러나 HIRs은 식물종이나 생장 조건에 따라서 현저히 다른 작용 스펙트럼을 나타낸다. 예를 들어 황화된 유식물은 청색광, 적색광, 그리고 근적외광에서 반응을 보인다. 탈황화가 진행되면 근적외광에 민감한 HIR이 적색광에 민감한 HIR로 옮겨진다. 그렇게 되면 당연히 빛 환경하에서 자란 녹색조직은 근적외광보다 적색광에 더 크게 반응한다. 수수 유식물의 안토시아닌 합성과 같은 경우에는 청색광과 UV-A에만 반응한다.

피토크롬 돌연변이를 나타내는 애기장대를 가지고 수행한 유전학적 연구에 의해서 VLFR과 FR에 민감한 HIR 반응에는 phyA가 관계하며 phyB는 LFR과 적색광에 민감한 HIR에 관련있음이 밝혀졌다.

22.3 크립토크롬: 청색광과 UV-A에 대한 반응

찰스 다윈은 식물의 태양추적운동이 청색광을 효과적으로 흡수하는 중크롬산 칼륨(potassium dichromate) 용액을 통과해 나온 빛에서 감소한다는 것을 관찰했을때, 식물이 청색광에 반응한다는 것을 처음 주목한 이들 중의 한사람이 되었다. 청색광과 UV-A가 식물, 곰팡이류, 동물의 여러 생장, 발달과정을 조절한다는 것이 지금은 잘 알려져 있다. 청색광과 UV-A에 대한 식물의 반응은 하배축 신장의 억제, 떡잎 확장의 촉진과 같은 탈황화 현상 그리고 기공개폐, 유전자 조절, 개화시기, 내재성 생체시계의 재조정(24장), 광구배에 따른 줄기의 생장반응 혹은 굴광성(23장) 등이 있다.

청색광 반응의 대부분 작용 스펙트럼은 청색과 UV-A 파장 지역에서 나타나는데, 이는 리보플라빈(riboflavin)과 같은 플라빈(flavin) 분자의 흡수 스펙트럼과 매우 유사하다. 이에 따라 1950년대초에 이미 갈스톤 (A.W. Galston)은 플라보 단백질이 청색광 반응에 관여할 것으로 추정했다. 반면에 다른 사람들은 카로티노이드 형태의 광수용체를 주장함으로서 오랜기간 동안 플라빈-카로티노이드 논쟁이 뜨겁게 진행되어 왔다. 이 논쟁은 쉽사리 사그라지지 못했는데, 왜냐하면 식물은 엄청나게 많은 종류의 플라티보 단백질, 카로테노이드 단백질을 지니고 있기 때문에 청색광 반응에만 관여하는 것을 찾는 것은 너무 힘든 일이었다. 이러한 무언가 감추어진(cryptic) 색소의 성질 및 은화식물(cryptogams)에 청색광 반응이 지배적으로 나타나기 때문에 이 색소는 크립토크롬(cryptochrome)으로 명명되었다.

청색광 수용체의 특징을 갖는 첫 번째 단백질은 1993년 애기장대에서 발견되었다. 야생형 애기장대의 하배축 신장은 적색광, 근적외광, 청색광에 의해 억제된다. 몇가지 돌연변이체들(*hy* 돌연변이체들)은 이들 파장의 빛에서 하나 또는 그 이상의 지역에서 하배축 신장 억제반응을 상실하는 특징이 나타난다. 이중 *hy4*(나중에 *cry1*으로 명명됨)는 특히 청색광에 대한 반응이 상실된 경우이다. 야생형 대립인자에 의해 암호화된 단백질이 뒤이어 분리되고 광생물학적, 유전적 성질에 근거해서 크립토크롬 1(cryptochrome 1, cry1)이 밝혀지게 되었다. 플라빈 진영과 카로티노이드 진영 사이의 논쟁은 40년이 지난 후 cry1이 두 개의 플라빈(그중 하나는 플라빈 아데닌 디뉴클레오티드, FAD) 관련 발색단과 결합한다는 사실이 알려짐으로써 최종적으로 해결되었다(22.5.3절).

두 번째 크립토크롬인 cry2 역시 분리 동정되었다. Cry2는 청색광에 의한 하배축 신장, 떡잎의 확장 및 안토시아닌의 합성 분야에서의 억제 등을 애기 장대에서 매개한다. 게다가, cry2는 개화 시기를 조절하는 기능을 갖고 있으며 개화 시간 조절 유전자 산물인 FHA와 동일하다. 개화 과정에 있어서 cry2와 FHA의 역할은 25장에서 다루어 질 것이다.

22.4 피토크롬과 크립토크롬은 많은 발달 반응을 매개한다

피토크롬과 크립토크롬은 둘이 연합해서 또는 각각 독자적으로 여러 범위의 발달 반응을 조절한다. 일부 잘 연구된 반응들이 아래 절에 기술되었다.

22.4.1 종자발아

경작지나 자연적으로 토양이 파헤쳐진 지역에서 한꺼번에 싹이 트는 것을 보면 알 수 있듯이 많은 종자의 발아는 빛에 의해 영향을 받는다. 일부 종자는 빛에 의해 발아가 촉진되는데 이런 종자는 **양성 광발아(positively photoblastic) 종자**이다. 종자가 빛에 의하여 발아가 억제되면 **음성 광발아(negatively photoblastic) 종자**이다. 농업적으로 중요한 일부 식물종자의 대부분은 높은 발아율을 지니도록 선택되었기에 발아가 빛에 의해 영향을 받지 않는다. 상추 종자의 경우 발아의 유도가 초나 분 단위 정도의 짧은 빛처리로 충분하지만 털부처 꽃(*Lythrum salicaria*), *Epilobium cephalostigma* 등의 종자는 발아되려면 수시간이나 며칠간의 계속적이거나 간헐적인 빛처리가 필요하다. 어떤 경우에도 피토크롬이 관여하는 것 같다.

발아하는데 빛을 요구하는 대부분의 종자는 비교적 작은 그기의 배(embryo)와 한정된 배유조직을 지니는 매우 작은 종자들이다. 이들 종자는 발아하기 위해서 지표면 가까이 있어야 할 필요가 있는데 그래야만 어린 유식물이 종자내 저장물질이 고갈되기 전에 햇빛에 도달할 수 있게 된다. 토양층에서 빛은 급속히 약화되는데 예를 들면 1 mm 정도의 고운 입자의 토양층을 통과하는 빛은 1% 이하이며 그것도 700 nm보다 긴 파장의 빛만 통과된다. 따라서 발아하기 위하여 빛이 필요한 종자의 경우 대부분 발아가 억제되기 위해 땅속 깊이 묻혀 있을 필요가 없다. 그러나 일부 종자(예를 들면, *Sinapis aventis*)는 극소량의 Pfr(Φ = 0.05)로도 발아가 촉진되며 덮여 있는 토양층의 두께가 8 mm 정도일 때도 발아가 일어난다. 따라서 종자 발아와 유식물 발달 모두에 있어서의 피토크롬 역할은 종자나 유식물에게 토양 표면층에 대한 상대적인 자신들의 위치에 관한 정보를 제공해 주는 것으로 보인다.

흥미롭게도, 명아주(*Amaranthus*), 호그위드(*Ambrosia*), *Chenopodium*과 같은 아주 흔한 농작물의 잡초들은 매우 많은 수의 빛에 민감한 작은 종자들을 만들어 낸다. 이들 종자들은 그들이 발아하지 못하는 지표면 바로 아래 부분에 축적된다. 그러나 토양이 파헤쳐 질때 마다 많은 종자들이 빛에 노출되므로 인해 발아를 하게된다. 이것이 이들 종에 있어 경쟁적인 성공의 중요 요소가 되는 것이다.

야생 귀리(*Avena fatua*)와 같이 음성 광발아 종자인 경우에서 발아를 억제시키려면 일반적으로 장시간 동안 높은 플루언스율에 노출시켜야 한다. *Phacelia tanacetifolia*와 같은 종자에서는 적색광도 효과가 있지만 근적외광과 청색광이 가장 효과적이다. 종자의 발아가 광억제되는 현상은 고복사조도 반응의 한 예일것 같다. 애기 장대에서 종자 발아는 전적으로 피토크롬에 의하여 조절된다.

22.4.2 탈황화

어둠 속에서 자란 식물은 매우 다른 형태를 보인다. 종에 따라 구체적인 내용은 다르겠지만 일반적으로 콩과 같은 쌍떡잎 유식물의 경우 제일엽의 바로 아래쪽에 하배축이 뚜렷한 어린 눈의 훅(hook)을 지닌채 가늘고 길게 신장되어 있거나 뒤로 젖혀져 있다(그림 22.6). 잎 자체의 발달이 제한되어 아직도 배속에 있을때 처럼 작은 채로 서로 붙어 있다. 엽록소가 없기에 유식물은 희거나 노란색을 띈다. 외떡잎 곡물류 식물에서는 첫 번째 마디 사이나 중배축(mesocotyl)이 암소에서는 지나치게 신장하여 변형된 형태의 잎인 자엽초는 느리게 자라게 된다. 제일엽은 자엽초 내에 그들 잎의 주맥주변으로 말려 있는 상태로 남아있다. 암소에서 자란 식물들이 나타내는 이런 일반적인 상태를 **황화(etiolation)**라고 한다. 황화의 다른 특징으로 엽록체의 발달이 중지되는 것과 많은 효소들이 낮은 활성을 보이는 것 등을 들 수 있다. 빛에 노출되면 황화된 유식물은 피토크롬과 크립토크롬의 조절하에 진행되는 **탈황화(de-etiolation)**라고 하는 발달을 한다. 백색광을 조사하게 되면 하배축

그림 22.6 파종후 7일된 대두 유식물의 탈황화 반응. 오른쪽의 유식물은 암소에서 자란 것이다. 신장된 하배축, 굽은 어린눈의 훅(hook), 제1엽의 확장 부재 그리고 엽록소가 없음에 주목하라. 왼쪽의 유식물은 정상적인 백색광하에서 자란 것이다. 짧아진 하배축, 펼쳐진 어린 눈의 훅, 확장된 제1엽 그리고 엽록소 축적에 주목하라. 중앙의 유식물은 3일 동안 매일 5분 간의 약한 적색광에 노출된 것인데, 이정도의 적색광은 탈황화 반응을 시작시키기 위해 충분하다.

의 신장이 느려지고 훅이 차츰 펴지며 상배축의 신장이 가속화된다. 또한 잎이 펴지면서 확장되어 완전히 발달하게 된다. 엽록체의 발달도 진행되어 엽록소가 축적되면서 잎이 녹색으로 바뀌게 되면서 광합성도 하게 된다. 특히 빛은 "엽록소 a/b 광수확 색소–단백질"의 합성을 촉진한다.

황화와 탈황화가 발달에 있어 왜 중요한지를 추론하기는 어렵지 않다. 식물체는 근본적으로 광합성을 하는 생물이다. 종자는 빛 환경하에서, 종자에서 발생한 유식물이 자라 광합성에 의해 에너지와 탄소원의 공급을 스스로 할 수 있을 때까지 이들의 발달을 지탱할 만큼의 한정된 영양조직을 지니고 있다. 암소에서는 종자의 한정된 저장물이 고갈되기 전까지 여러 개의 미성숙한 잎으로 구성된 어린 눈이 빛이 있는 곳에 도달하여 광합성을 수행할 수 있게 될 가능성을 최대화하기 위해 그 저장 영양소를 하배축의 신장에 다 사용하게 된다. 일단 빛이 있는 곳에 정착하면 남아 있는 저장 영양소를 잎의 확장이나 엽록체 발달 등과 같은 광합성 조직의 발달에 투자한다.

22.4.3 음지회피

식물은 광합성을 위하여 빛을 필요로 하며 그리고 이웃하고 있는 식물의 그늘 혹은 수관부 아래에서 자라고 있는 식물들은 두 가지 방식으로 감소된 빛의 유용성에 대해 순응할 수 있다. 이들 식물들은 (1) 잎면적비(specific leaf area)와 엽록소 a/b 광-수확 복합체 양을 증가시킴에 의해 그들의 빛 수확 용량을 조정할수 있거나 혹은 (2) 그들의 잎의 위치를 그늘로부터 벗어나기 위해 형태를 조정할 수도 있다. 식물은 줄기와 유사한 기관(하배축과 잎자루를 포함해서)의 신장을 증가시키거나, 잎의 방향을 보다 위쪽으로 곧게 세우거나(하편생장), 가지치기 형성을 감소시키거나, 초본 식물에서의 줄기의 분지현상을 감소시키는 등 그늘의 빛에 대해 전형적으로 반응한다. 종극적으로, 그늘은 한 세대의 기간을 단축시킴에 의해 음지를 탈출하기 위한 노력으로서 이른 개화와 열매 맺기를 이끌어 낸다. 이러한 모든 효과들을 총체적으로 **음지 회피 증후군(shade avoidance syndrome)**으로 부른다.

수관 내부와 수관 아래의 빛은 수관 위층을 덮고 있는 잎의 엽록소에 의해 대부분 흡수되어진 청색과 적색 파장의 빛이 현저히 결여되어 있다. 반면에 엽록소는 근적외광을 투과시켜 근적외광이 약화되는 것은 전적으로 반사되는 경우에만 제한적으로 일어난다. 그러므로 식물은 음지의 빛과 그늘지지 않은 양지의 빛 사이에서 이들 특징적인 빛 스펙트럼 조성의 차이를 인식하기 위해 피토크롬(특히 phyB, phyD 및 phyE)과 크립토크롬을 사용한다.

수관 그늘에 의한 효과는 근적외광에 대한 적색광의 광도의 비(R/FR or ζ ; 또는 , 그리스어 제타)로서 나타낼 수 있다. 구름이 없는 맑은 날의 ζ값은 대개 1.05에서 1.25 사이에 있다. 물론 수관을 투과한 빛의 ζ값은 수관의 성실과 밀도에 따라 변하게 되며 대표적인 값들이 표 22.2에 기재되어 있다. 이런 값들은 모두 ζ가 조금만 변하여도 Pfr의 비율이 비교적 크게 변하는 범위 안에 있다(그림 22.7).

실험실에서나 생장 발육기 내에서 전체 광주기 동안에 백색 형광등(ζ = 2.28)에 여러 수준의 근적외광을 보충해 줌으로써 그늘

표 22.2 수관층을 통과한 빛의 R/FR(ζ) 근사값

수관	R/FR
밀	0.5
옥수수	0.20
Oak 삼림지	0.12–0.17
단풍나무삼림지	0.14-0.28
가문비 숲	0.15-0.33
열대다우림지	0.22–0.30

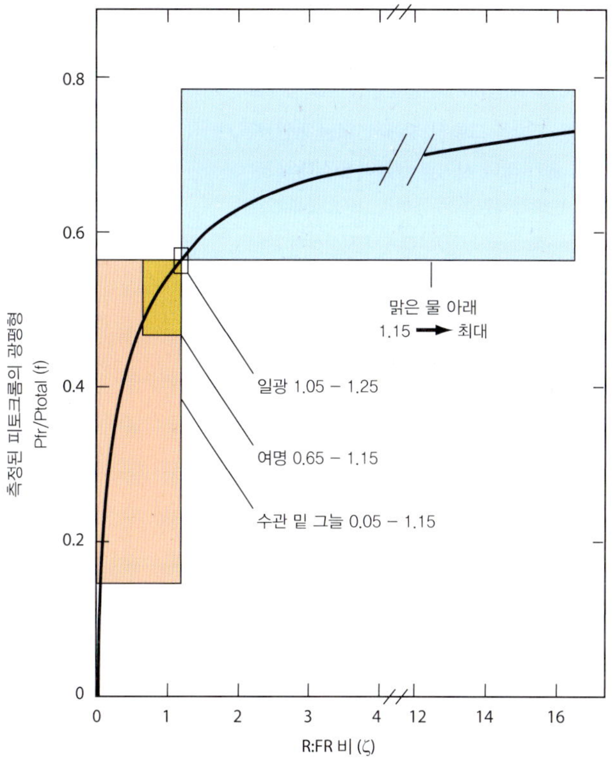

그림 22.7 피토크롬의 광평형상수(Φ)는 근적외광에 대한 적색광의 비율(ζ)과 관련되어 있다. 검게 칠해진 부분은 각각 표시된 생태적 조건하에서 관찰된 값의 범위를 나타낸다.

에서의 빛을 흉내낼 수 있다. 이때 흉내낸 빛의 유형이 바뀌더라도 광합성을 유도하는 빛(PAR)의 플루언스율은 일정하게 유지할 수 있게 한다. 따라서 생장과 형태발생의 어떤 차이도 각각의 경우에 시 측정된 R/FR 비율로 측정할 수 있는 피토크롬의 광평형 상태에서의 값 (ϕ)에 기인하게 된다. 명아주 유식물을 이렇게 자라게 했을때 줄기 신장율의 로그 값은 ϕ에 직선적인 관계를 나타내었다(그림 22.8). 빛의 질에 대한 반응은 아주 빨리 일어날 수도 있어서 명아주의 경우 FR을 원래의 배경 빛에 첨가한 후 7분 이내에 줄기 신장률의 증가를 관찰할 수 있다. 직접적으로 그늘지지 않았을 때 조차도 식물은 그늘지는 것을 예상할 수 있다. 그늘지지 않은 이웃에 있는 잎과 그리고 수평으로 밀집해 있는 잎들에 의하여 반영된 근적외광에 대한 적색광의 감소만으로도 음지회피반응을 일으키는 데에 충분하다.

22.4.4 일몰 신호의 감지

또한 날마다 자연 태양광 스펙트럼의 에너지 분포에도 실질적인 변화가 있기 마련이다. 태양이 지평면 아래에 놓여있는 해뜰 때와 해

그림 22.8 모방된 그늘진 빛 아래에서의 명아주 유식물의 생장. 유식물은 표시된 R:FR 비율(ζ)을 제공하기에 충분한 근적외광으로 보충된 모방된 그늘진 빛에서 14일 동안 자랐다. 줄기 마디 사이의 신장이 조직내의 Pfr 양에 반비례적임을 주목하라. (Reproduced by permission of Dr. David Morgan and Professor Harry Smith, University of Leicester, UK. Photograph courtesy of Prof. Smith.)

질 무렵에는 ζ값이 낮의 대부분과 비교할 때 상대적으로 많이 감소하게 된다. 예를 들면, 한 연구에서 해질 무렵의 ζ값이 한 낮에 비해 14~44% 정도 감소하는 것으로 드러났다. 피포호박(*Cucurbita pepo*)은 해질 무렵의 적색광이나 근적외광에 대한 반응을 자세히 조사해보면 광주기가 끝날 때 Pfr의 형태로 유지되는 피토크롬의 비율 감소가 발달 유형의 급격한 변화와 연관이 있는 것을 알게 된다. Φ값이 높다가(약 0.65~0.75) 아주 낮아지면 (약 0.03) 줄기와 잎자루의 신장이 두드러지며 잎의 확장과 분자는 줄게 되고 엽록소 함량도 감소한다. 이러한 실험들이 물론 피토크롬의 광평형상태와 빛환경의 변화에 대한 형태발생적인 반응의 일상관계를 증명하지는 않는다. 그러나 식물들이 실제 자연 환경에서 일어나는 것과 유사한 스펙트럼의 에너지 분포의 변화에 반응하는 능력을 가지고 있다는 것을 보여준다. 피토크롬은 일몰신호를 감지하는 광수용체, 그럼으로 인해 시간 측정에 있어 중요한 역할을 한다는 것을 반영하는 광수용체일 가능성이 매우 높다(24, 25장).

22.4.5 안토시아닌 생합성의 조절

안토시아닌은 많은 야채, 열매 및 꽃의 색깔과 관련이 있는 수용성의 적색 및 청색 색소이다. 안토시아닌 생합성은 적색 양배추 유식물의 연구에서 처음으로 알려진 전형적인 고복사조도 반응이다. 황화된 유식물에서의 다른 반응처럼, 안토시아닌 축적이 일어나는 반응은 고전적인 피토크롬 의존성 저플루언스 반응이다. 그러나 적색광과 근적외광의 광가역성은 짧은 빛처리 시에만 일어난다. 긴시간의 빛조사가 가해졌을 때에는 안토시아닌 축적에 대한 작용 스펙트럼의 피크는 적색광의 효율성이 떨어지면서 근적외파장으로 옮겨진다. 이 긴 시간 동안 비춘 근적외광의 효과는 충분히 긴 시간 동안 빛을 처리하여 Pfr이 급속히 분해되어 그 풀이 완전히 고갈되는 것이 방지되어져 Pfr이 오랫동안 낮은 수준으로 유지되기 때문이라고 설명되고 있다.

22.4.6 신속한 피토크롬 반응

대부분의 피토크롬에 의해 매개되는 발달 반응에는 수시간 또는 며칠이 걸리지만 어떤 반응은 수초 또는 수분 밖에 걸리지 않는다. 전부는 아니지만 대부분의 이런 빠른 반응은 생체전위(bioelectric potential)나 이온 유동(ion flux)과 같이 막과 관련이 있는 것으로 보인다. 피토크롬이 조직의 전기적 성질에 영향을 미치는 것을 암시하는 초기의 증거로 피토크롬이 뿌리 정단부(근단, root tip)의 표면 전하에 영향을 미친다는 타나다의 보고가 있다(T.Tanada, 1968). 그는 암소에서 키운 보리의 근단이 음으로 하전된 표면을 띠게끔 특별히 준비한 유리 비커 내에서 자유로이 떠다니는 것을 관찰하였다. 적색광을 잠깐 조사하면 30초 이내로 근단은 유리 표면에 달라 붙게 되고 연이어서 근적외광을 처리하면 유리 표면에서 떨어지게 된다. 이처럼 달라 붙는 것과 떨어지는 것은 피토크롬에 의해 근단의 표면 전위의 값이 변화되었기 때문이라는 사실이 후에 알려졌다. 잠깐동안의 적색광 처리는 양성 표면전위(positive surface potential)를 발생시켜 근단이 음전하를 띤 유리표면에 달라 붙게 하고 근적외광 처리는 음의 표면전위를 발생시켜 떨어지게 한다. 귀리 자엽초에서도 적색광과 근적외광이 표면전위에 미치는 유사한 영향이 알려지게 되었다. 피토크롬에 의하여 조절되는 막횡단전위는 다양한 재료를 사용하여 여러 다른 실험실에 의해서도 보고가 되었다. 결과들이 완전히 일치하지는 않았지만, 대부분의 경우에 있어서 적색광 처리후에 5에서 10초 사이에 막의 **탈분극(depolarization)**이 유도된다. 연이은 근적외광의 처리에 의해 천천히 정상분극으로 돌아오거나 소폭의 **과분극(hyperpolarization)**이 유도된다. 현재로는 이러한 효과들이 피토크롬이 세포막에 직접적으로 작용하여 일어나는 것인지 또는 2차 신호전달자 시스템이 관여하는지는 알려져 있지 않다.

22.4.7 PhyA는 빛의 존재를 감지하는 기능을 하는 것 같다

식물들은 왜 여러 종류의 피토크롬을 갖고 있는 것일까? 더 정확히 표현해서 Pfr 형태에서 쉽게 분해되는 phyA를 다량 축적함으로해서 황화된 식물이 얻는 이익이 무엇일까? 한 가지 가능성은 phyA가 빛의 미세한 양의 차이보다는 단순히 빛의 존재를 감지하는 기능을 갖고 있을 수 있다. PhyA가 다음과 같은 두 가지 특별한 상황에서 축적된다는 것은 흥미롭다: (1) 발아를 위해 적색광을 요구하는, 따라서 토양 깊숙이 심으면 발아하지 못하는 씨의 경우, 그리고 (2) 유식물이 토양 표면에 도달할 때 피토크롬이 빛을 감지하는데 이용되는 발아한 유식물의 경우, 이 두 가지 경우에서 다량으로 축적된 phyA는 단지 빛을 감지하기 위한 안테나 또는 광자 계수기로서만 기능하는 것 같다. 일단 종자나 유식물이 적당한 빛에 노출되면 이 과량의 분해되기 쉬운 피토크롬은 사라진다. 따라서 좀더 안정한 phyB가 더 시간이 지남에 따라 R-FR 비율을 감지하고 식물의 발달을 조절하게 된다. 이런 시나리오를 지지해 주는 직접적인 증거를 얻는 것은 상당히 어렵다. 하지만 이는 피토크롬 연구를 실험실에서 실제 세상으로 끌고 나오는 중요한 첫 번째 발걸음이다.

22.5 피토크롬과 크립토크롬의 화학 및 작용방식

22.5.1 피토크롬은 피코빌리단백질(phycobiliprotein)이다

피토크롬 발색단(그림 22.9)은 **피토크로모빌린(phytochromobilin)**이라고 불리우는데 왜냐하면 그것은 포유류의 담즙색소의 구조와 유사한 직선형의 테트라피롤이기 때문이다. 피토크로모빌린은 남조류와 홍조류에서 발견되는 피코시아닌(phycocyanin)색소의 발색단인 피코시아노빌린(phycocyanobilin)과 실제로 동일하다. 피토크로모빌린은 또한 엽록소, 호흡 시토크롬 색소 및 헤모글로빈의 발색단과 관련이 있는데 다만 이들 색소들은 모두 고리형 테트라피롤 구조를 취한다.

Pr 발색단과 Pfr 발색단 사이의 차이는 C 와 D고리 사이의 이중결합의 회전(cis-trans 이성질체화)이다. 적색광의 흡수는, 정상 온도에서는 불가능한 그 이중결합에서의 회전에 필요한 높은 활성화에너지를 극복하기 위한 에너지를 제공한다. 색소는 FR 빛이나 또는 암소에서 열-의존적 전환에 의하여 보다 안정적인 Pr 형태로 되돌아 갈 수 있다. 발색단의 변화가 단백질에서 실제적인 형태적 변화를 유도하여 이것이 피토크롬이 Pfr로 전환될 때 활성화된다는 증거가 있다.

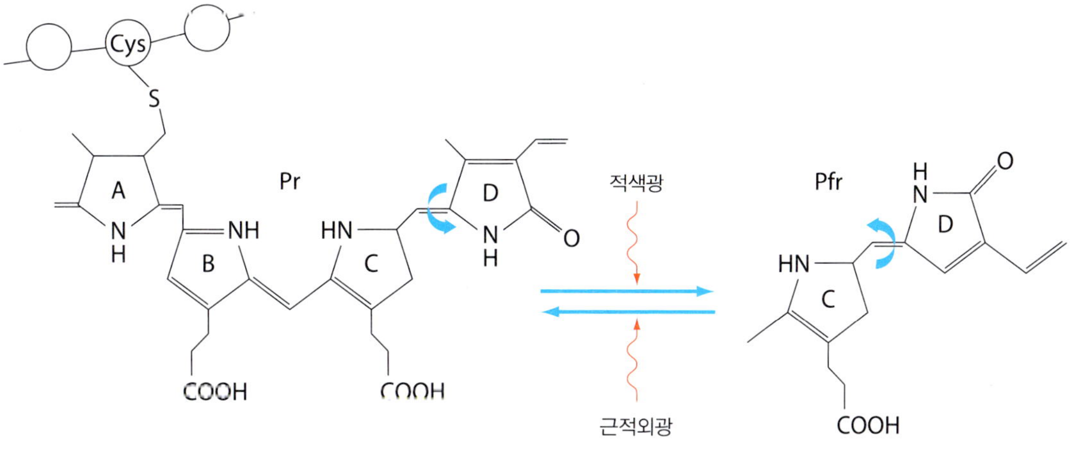

그림 22.9 피토크롬 발색단의 구조와 발색단과 결손 단백질과의 결합. 선형의 테트라피롤인 발색단은 시스테인-321에서 황결합을 통해 폴리펩티드 사슬에 공유결합으로 연결되어 있다. Pr과 Pfr 사이의 광전환은 C와 D 고리를 연결하는 이중결합 주위의 회전을 포함한다.

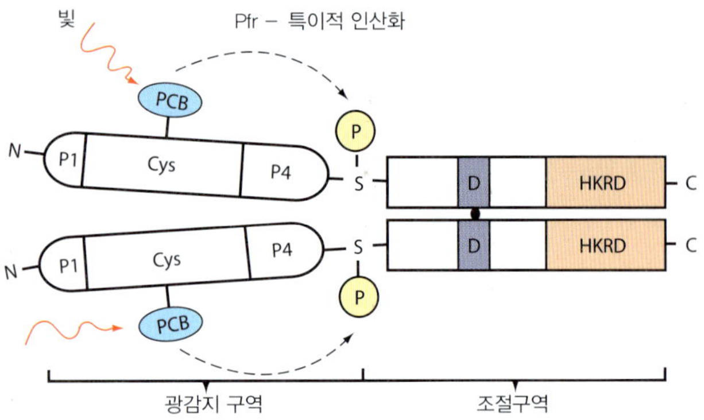

그림 22.10 피토크롬의 구조. 두 개의 피토크롬분자(dimer)에 대한 이러한 블록도형은 중요구역(domain)과 아구역(subdomain)을 나타내고 있다. N-말단의 광감지구역은 피토크로모빌린 발색단(PCB)과 결합하며 C-말단 조절구역에 연결된다. 조절 소단위는 dimerization domain(DD)과 히스티딘 키나아제-관련 domain(HKRD)을 포함한다. 한 가지 가능한 인산화장소가 점선으로 표시되었는데; 즉 특별히 Pfr 형태에서 인산화된 세린잔기(S)가 그곳이다. 또 다른 가능성 있는 인산화 장소는 광 감지구역의 N-말단에 있는 P1 아구역에 자리잡은 세린 잔기이다. P4 구역은 에너지상으로 부적절한 Pfr 형태를 안정화시키기 위해 발색단의 D고리와 상호작용하는 것으로 믿어지고 있다. 조절구역은 아마도 빛 신호전달을 시작하게 한다.

피토크롬의 결손단백질(phytochrome apoprotein)은 125 kDa의 분자량을 지닌 비교적 작은 단백질이다. 그것은 대체로 크기가 같은 두 개의 구조적인 구역(domain), 즉 구형의 N-말단구역과 열려 있거나 신장된 C-말단구역으로 구성되어 있다(그림 22.10). 발색단의 A 고리는 N-말단구역에 있는 시스테인(cystein)잔기를 통해서 단백질과 공유결합으로 연결되어 있다. 이 분자의 말단의 끝은 **광감지구역(photosensory domain)**으로 불리운다. C-말단구역 혹은 **조절구역(regulatory domain)**은 히스티딘 키나아제(histidine kinase)의 특성(histidine kinase-related domain, HKRD)을 지니는 아구역(subdomain)을 포함한다. 이런 관점에서, 피토크롬은 이전에 삼투 조절과 호르몬 감지의 경우에서 보이는 두 성분계(two-component system)를 닮았다. 생체내에서 피토크롬은 각 단합체(monomer)상에 하나의 발색단을 지닌 이합체(dimer) 상태로 존재한다.

22.5.2 피토크롬의 신호전달

1960년에 A.Marcus가 콩 유식물에서 글리세르알데히드-3-인산염 탈수소 효소(glyceraldehyde-3-phosphate dehydrogenase)의 활성도에 대한 적색광과 근적외광의 가역적 조절을 입증함으로서, 단백질 혹은 단백질의 기능에 관한 피토크롬의 조절이 처음으로 보고되었다. 그때 이후로, 활성도가 빛에 의하여 조절되는 것으로 알려진(대부분이 피토크롬에 의함) 효소 및 기타 단백질들의 목록들이 60개 이상으로 증가되었다. 이들 관찰로부터 피토크롬은 유전자 발현을 조절함으로써 기능을 한다는 결론이 나오게 되었다. 그러나 최근에서야 유전학적 연구의 결과들이 피토크롬에 의한 유전자 발현 조절 메커니즘을 제시하였다. 비록 피토크롬의 자세한 신호전달 메커니즘이 아직은 분명하지 않지만 적어도 다음의 세 가지 중요한 사실이 확인되었다:

1. **피토크롬은 세린/트레오닌 키나아제(serine/threonine kinase)으로서 자가 인산화되거나 많은 다른 단백질을 인산화시킨다.**
2. **피토크롬은 활성형 Pfr 형태로 핵안으로 수입되며, 그리고**
3. **피토크롬 반응은 의미있는 유전자 발현의 변화와 연관된다.**

피토크롬 분자의 아미노산 서열에 관한 초기의 연구로부터 피토크롬 분자의 카르복시 말단구역이 박테리아의 히스티딘 키나아제 효소와 상동성이 있는 아미노산 서열을 갖고 있음이 밝혀졌다. 이 유사성 때문에 1980년대에는 피토크롬이 단백질키나아제일 것이라고 제안되었다. 그러나 키나아제 활성도를 갖는다는 직접적인 증거는 없었다. 이 모든 것은 시아노박테리아에서 피토크롬의 발견으로 바뀌게 되었다. 시아노박테리아 피토크롬(cph1)은 식물 피토크롬의 발색단-결합구역과 비슷한 N-말단 구역을 갖고 있으며, 식물 피토크롬과 유사한 흡광 성질을 지니고 있고 그리고 매우 중요하게도 빛에 의해 매개되는 히스티딘 키나아제 활성도를 나타낸다. 곧 이어서, 정제된 귀리의 피토크롬A가 빛에의해 조절되는 자가인산화 능력을 보이고 있음이 알려졌다. 그러나 식물 피토크롬은 시아노박테리아 피토크롬이 그러듯이 히스티딘 잔기보다는 세린 잔기를 자가인산화시킨다. 피토크롬은 특별히 Pfr 형태에서 인산화되는데(그림 22.10), 이때 피토크롬은 인산기를 적당한 기질 분자에 옮겨줌으로써 신호전달을 시작하게 한다. 인산기를 첨가시키거나 제거하는 것이 단백질의 구조와 안정성에 큰 효과를 끼치며 이로 인해 단백질의 기능 및 세포내 위치에 영향을 준다는 사실이 잘 알려져 있다. 피토크롬은 단순히 여러 다른 기질 분자들을 인산화 시키거나 혹은 여러 다른 키나아제 케스케이드(cascade) 반응을 일으킴으로서 다양한 분야의 발달을 조절한다.

적어도 두 개의 잠정적인 인산화 기질이 동정되었다. 피토크롬 키나아제 기질1(PHYTOCHRONE KINASE SUBSTRATE1: PKS1)은 생체외에서 phyA에 의하여 인산화되는 세포질 단백질이다. PKS1은 phyA와 phyB 둘다에 결합하여 생체내에서 그것의 인산화는 적색광에 의해 촉진되는데, 이는 피토크롬이 PKS1의 키나아제라는 사실을 제시하는 것이다. 뉴클레오시드 이인산염 키나아제2(nucleoside diphsphate kinase 2:NDPK 2) 역시 피토크롬과 상호작용하는 것으로 보이는 효소이다. NDPK는 ATP와 해당

뉴클레오시드 이인산염으로부터 다양한 뉴클레오시드 삼인산(예, CTP, GTP, UTP)의 합성을 촉매한다. NDPK의 활성도는 생체외 시험관에서 phyA가 Pfr 형태로 존재하는 조건에서 의미있게 증가되며, NDPK2의 인산화는 생체내에서 적색광에 의하여 촉진되고, 그리고 *ndpk2* 돌연변이체는 적색광 및 근적외광 둘 다에 대해 변화된 반응을 나타낸다. 정제된 phyA는 또한 생체내에서 크립토크롬을 인산화시킬수 있으며 cry1의 인산화 또한 생체내에서 적색광에 의하여 촉진된다. 이것은 적색광과 청색광반응 사이에서 이미 알려진 생리적 상호작용의 관점에서 볼 때 특히 흥미로우며 그리고 phyA가 크립토크롬의 인산화를 통해서 청색광 반응을 조정한다는 가능성을 제시하는 것이다(22.5.3절을 볼 것). 불행히도, 키나아제 활성도와 피토크롬 신호전달 사이에서의 직접적인 연관이 아직은 확립되지 않았다.

유전자 발현을 조절하기 위하여, 피토크롬 신호전달 사슬은 유전자가 위치하고 있는 핵까지 확장되어야 만 한다. 실제 이 경우에 신호전달 사슬은 오히려 짧은데, 왜냐하면 피토크롬 스스로가 핵 안으로 이동할 수 있기 때문이다. 오랫동안 피토크롬이 엄연한 세포질 단백질이었다고 생각되어 왔다. 이런 관점은 **피토크롬에 녹색형광단백질**(green fluorescent protein: GFP)을 융합시켜 추적함으로서, 그리고 이 융합산물이 형질전환된 식물에서 발현되었을 때 바뀌게 되었다. GFP와 융합된 피토크롬은 생물학적으로 활성을 나타내고 있으며 그 피토크롬의 위치는 현미경 조사에 의해 시각적으로 확인될 수 있었다. 이들 연구로 인하여 불활성형 Pr 형태의 피토크롬은 정말로 세포질내에 축적되지만 그러나 Pfr 형태로의 전환은 피토크롬이 핵의 수입장치에 의해 인식되게 해주는 핵에 있는 서열을 폭로해주는 것이 명백해졌다(그림 22.11). 핵으로의 수입 기작은 명백하지 않으나, 그러나 인식 서열이 피토크롬 분자의 카르복시-말단구역에 위치한다는 것과 FHY1(돌연변이체 *fhy1*, 혹은 *far-red elongated hypocotyl 1*으로부터)으로 동정된 단백질이 특별히 요구된다는 사실이 알려졌다. 핵으로의 이동 속도는 다양하다. 예를 들면, phyA는 빛처리 15분 이내에 핵 안으로 운반되나, phyB는 적어도 두 시간 동안은 검출되지 않는다.

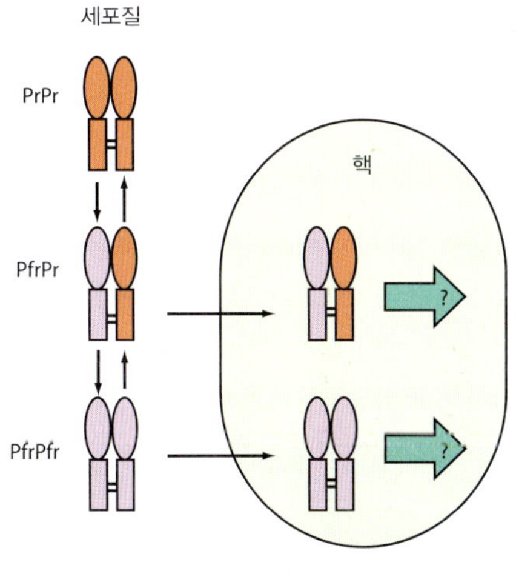

그림 22.11 세포질로부터 핵안으로의 피토크롬 이동은 피토크롬의 신호전달에 있어서 중요한 단계이다. 핵안으로의 이동은 적어도 이합체 상태에 있는 두 개 분자 중의 하나가 Pfr 형태이어야 함을 요구한다.

여러 피토크롬이 핵 안으로 도달하였을 때, 이들은 핵체(nuclear body) 혹은 작은 반점으로 불리는 응집물을 형성하는 것으로 보인다. 피토크롬은 또한 피토크롬과 상호작용하는 인자(phytochrome-interacting factors:PIF)라고 불리는 전사인자 계열과 적어도 생체외 시험관에서 물리적으로 상호작용 하는데, 이 상호작용은 피토크롬과 유전자 발현 사이에 직접적인 연관을 확립시킨다. 유전학적 연구는 PIF와 PIF 유사(PIL) 단백질들이 피토크롬 의존성 경로에서의 음성 조절자들임을 확립시켜 주었다. 예를 들면, PIF 계열의 구성원들은 종자 발아를 억제하며, protochlorophyllide 축적을 조절하며 그리고 피토크롬에 의해 조절받는 지베렐린 생합성 유전자를 억제한다. 대부분의 PIF 단백질들은 암소에서 안정적이지만 그러나 빛조건에서는 신속하게 분해된다. 적어도 두 개의 PIFs(PIF1과 PIF3)의 분해는 피토크롬 의존적

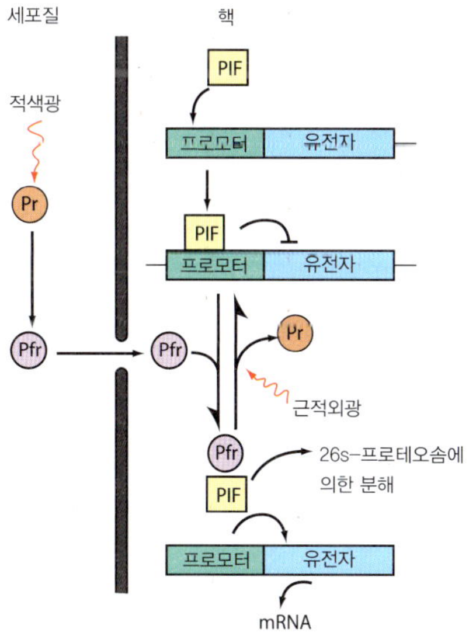

그림 22.12 피토크롬에 의한 유전자 활성화 조절에 관한 모델. 핵 안에 있는 피토크롬 상호작용 요소(phytochrome interacting factor:PIF)는 음성 조절자이며 아마도 광반응 유전자의 프로모터 지역에 결합함으로서 전사를 억제한다. 적색광은 세포질에 있는 피토크롬을 활성형 Pfr 형태로 전환시키는데, 이때 Pfr은 핵안으로 이동된다. Pfr은 26S-프로테오솜 시스템이 PIF를 분해할 수 있도록 프로모터에 결합된 PIF를 끌어내어 그 결과로 유전자 억제가 풀리게 된다. 근적외광은 Pfr을 다시 Pr로 복귀시키는데, 이로 인해 즉시 PIF로부터 해리되며 이에 따라 PIF가 다시 프로모터와 재결합하게 되고 그 결과 유전자 활성 억제가 재설정되게 된다.

방식으로 26S-proteosome 시스템에 의해 매개된다. 일단 빛이 꺼지면, PIF 단백질 분해는 정지되고 그러고 나서 PIF 단백질이 신속히 축적된다.

위의 관찰이 기초하여서, 피토크롬 작용에 관한 일반적 모델이 나타나기 시작하였다(그림 22.12). 암소에서, 피토크롬은 축적되며 불활성형인 Pr 형태로 세포질에 남아 있게 된다. 반면에 핵에 있는 PIF 단백질은 피토크롬 의존성 유전자의 발현을 억제한다. 빛조사 시, Pr은 Pfr로 전환되며 이때 Pfr은 핵안으로 들어가서 그곳에서 Pfr은 분해를 위해 전사조절자를 목표로 정하며 그렇게 함으로서 피토크롬 반응성 유전자를 활성화시킨다. 그러나 이 모델은 모든 피토크롬 의존적 반응을 설명해 주지 못한다. 위에서 기술한 신속한 피토크롬 반응(22.4.5)은 세포질에 있는, 아마도 막에 위치한 것을 포함하여, 피토크롬계를 요구하는 것으로 보인다. 이들 반응이 cGMP와 혹은 칼슘 2차 신호전달자 시스템을 포함한다는 여러 증거가 있다.

22.5.3 크립토크롬의 구조는 DNA 수선효소와 비슷하다

대부분의 식물 크립토크롬은 두 개의 식별이 되는 구역(domain)을 지닌 70 내지 80 kDa의 단백질이다(그림 22.13). N-말단구역은 미생물의 **DNA 광분해효소(DNA photolyase)**와 아미노산 서열의 상동성을 공유하는데, 이효소는 UV에 의한 미생물 DNA 손상을 수리하기 위한 반응을 촉매하는 데 있어 청색광을 사용하는 유일한 종류의 플라보 효소이다. 그러므로 크립토크롬의 N-말단구역은 광분해효소 관련(photolyase-related: PHR) 구역으로 불린다. 크립토크롬의 PHR 구역은 두 개의 발색단과 결합한다. 첫 번째 발색단은 플라빈 아데닌 디뉴클네오티드(flavin adenine dinucleotide: FAD)로서, 이것은 호흡대사계에서 보게되는 똑같은 산화환원 보조인자(cofactor)이다. 두 번째 발색단은 5, 10-메테실테트라히드로폴레이트(5,10-methenyltetrahydrofolate, MTHF)이다. MTHF는

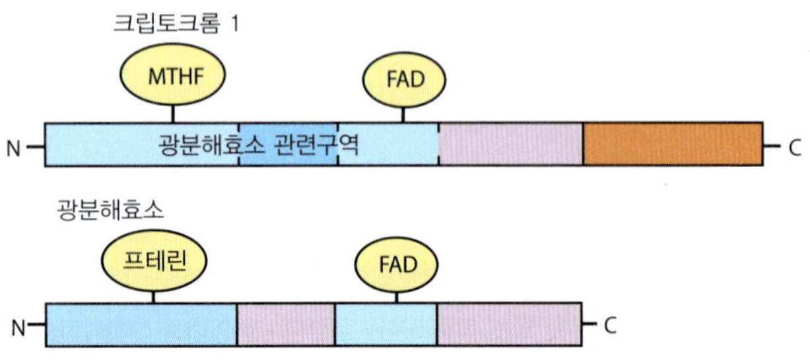

그림 22.13 Cry1과 cry2는 유사한 광분해효소-관련구역(아미노산 서열 약 58% 동일함)을 공유하나 그러나 근본적으로 C-말단 구역의 길이에 있어 다르다. 두 개의 발색단이 광분해효소-관련 구역에 붙어있다. C-말단 구역은 색소가 핵안으로 이동하는 것을 결정하는 아미노산 서열을 포함하고 있다.

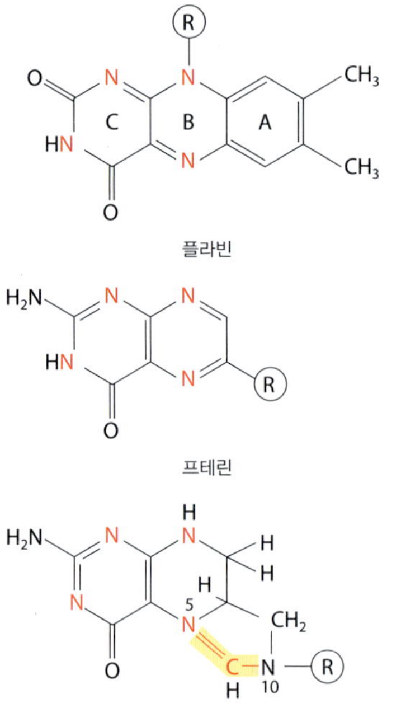

그림 22.14 크립토크롬 발색단의 중심고리 구조. R기능기의 성질에 좌우되면서, 플라빈의 핵은 플라빈 아데닌 디뉴클레오티드(flavin adenine dinucleotide:FAD), 플라빈 모노뉴클레오티드(flavin mononucleotide:FMN), 혹은 리보플라빈(riboflavin)을 형성한다. 5,10-Methenyltetrahydrofollate(MTHF)는 프테린(pterin)의 유도체이다. 프테린 구조와 플라빈의 B와 C 고리구조 사이의 유사성에 주목하라. MTHF의 R기능기는 3내지 6개의 굴루탐산 분자로 구성된다. 플라빈과 프테린 둘다는 빛 스펙트럼 상의 청색 파장 끝부분을 강하게 흡수한다.

프테린(pterin)이라고 불리우는 또다른 산화 환원 보조인자 계열의 한 구성원이다(그림 22.14). 크립토크롬의 두 번째 구역인 C-말단은 다른 단백질과의 상동성이 알려져 있지 않으며 그 기능도 명확하지 않다.

광분해효소와 크립토크롬 사이에서의 중요한 차이는, 크립토크롬이 광분해효소에서는 발견되지 않는 특징적인 카르복실-말단 연장부위를 갖고 있으며 그리고 크립토크롬은 광분해효소 활성도를 보이지 않는다는 점이다. 그러나 이들 사이의 유사성은 광분해효소와 크립토크롬 사이에서 진화적으로 유연관계가 있을 가능성을 야기시키며,또한 미생물의 광분해효소가 진화적으로 식물 크립토크롬의 선구물질이라는 주장이 제시되어 왔다.

22.5.4 크립토크롬의 신호전달

피토크롬과 달리, 크립토크롬 분자의 광들뜸(photoexcitation)결과는 아직 알려져 있지 않은 상태이다. 그 밖의 플라보 단백질들은 산화-환원 반응에만 관여하는 것으로 알려져 있으며, 광분해효소

는 전자를 피리미딘(pyrimidine) 이합체(dimer)로 전달해 줌으로써 손상된 DNA를 수선하는 것으로 알려져 있다. 크립토크롬이 청색광을 흡수했을때 일어나는 일차적인 광화학적 사건은 전자전달 기작과 같은 방식을 포함할 가능성이 있어 보인다.

크립토크롬의 신호전달 사슬은 비교적 짧아보이는데, 왜냐하면 크립토크롬이 주로 핵안에 존재하기 때문이다. Cry1은 빛조건하에서는 세포질에 존재하지만 암조건에서는 핵으로 이동한다. 반면에 Cry2는 영구적으로 핵안에 존재하는 것으로 보인다. 핵에서 크립토크롬은 E3 우비퀴틴 리가아제(ubiquitin ligase)인 **COP1(CONSTITUTIVELY PHOTOMORPHOGENIC1)**과 직접적으로 상호작용한다. COP1은 많은 전사인자를 항상 분해시킴으로서 광형태 발생 반응의 중요한 억제자로 작용한다. 그러므로 *cop1* 돌연변이체는 암소에서도 빛에서 자란 유식물의 모든 특징(본질적인 광형태 발생 표현형)을 나타낸다. 청색광이 조사되었을 때, 크립토크롬은 COP1의 불활성화와 빛조건하에서의 적절한 발달반응을 위해 필요한 전사인자의 축적을 이끄는 형태적인 변화를 진행한다.

여러 실험 결과들은 크립토크롬이 빛 의존적 인산화 반응에 예속되어 있음을 보여주고 있다. 예를 들면, 한 연구에서 cry1의 C-말단구역이 생체외 시험관에서 phyA에 의해 인산화되는 것으로 나타났다. phyA에 의한 cry1의 인산화는 적색광과 청색광 모두에 의해 일어난다. 다른 실험에서는, cry1과 cry2 둘 다 생체내에서 청색광 의존적 인산화를 나타내었다. 또한 생체내에서 청색광에 의한 cry2의 인산화가 여러 종류의 피토크롬 돌연변이체, 즉 기능성 피토크롬이 없는 돌연변이체에서 검출되었다. 그래서, 피토크롬이 크립토크롬을 인산화시킬 수 있는 반면에 크립토크롬의 청색광 의존적 인산화는 피토크롬과 별도로 독립적으로 일어난나. 이것은 암소에서 크립토크롬은 인산화되지 않으며 결과적으로 불활성형이라는 사실을 암시하는 것이다. 크립토크롬이 청색광을 흡수하게 되면 어떤 알려지지 않은 키나아제에 의해 크립토크롬은 인산화될 수 있다. 인산화된 형태의 크립토크롬은 활성을 띠어 신호전달을 시작한다.

22.6 일부 식물 반응들은 UV-B에 의해 조절된다

많은 식물의 반응은 태양 빛 스펙트럼상의 자외선 B 파장에 있는 빛의 영향으로 일어난다. 자외선이 안토시아닌의 축적을 증가시키는 효과는 1930년대 중반부터 알려져 왔다. 나중에 자외선을 흡수하게 되는 유리창을 통과하여 들어오는 태양 빛이 그냥 들어오는 빛에 비해 덜 효과적인 것을 알게 되었다. 이 효과는 파슬리(*Petroselinum crispum*)의 세포현탁배양액과 유식물에서의 플라보노이드 합성이 UV-B(280~320nm)에 의하여 유도되는 것을 보여 주게 됨으로써 밝혀졌다. 290에서 300nm 사이의 파장에서 최대의 효과를 보였고 320nm 이상의 파장에서는 거의 효과가 없었다. 1986년까지 자엽, 하배추, 유식물의 뿌리, 그리고 세포배양 등을 사용하여 11종의 고등식물에서 UV-B에 의해 안토시아닌과 플라보노이드의 생합성이 유도되는 것이 보여졌다.

수수에서의 플라보노이드 생합성의 작용 스펙트럼을 보면 290, 385 그리고 650 nm에서 3개의 피크가 나타난다. 385와 650 nm에서의 피크는 뒤이은 근적외광의 처리로 되돌릴 수 있지만 피크가 290 nm인 경우에는 그럴 수 없었다. 385와 650 nm인 피크에서의 작용은 피토크롬에 의한 것이고 피크가 290 nm인 것의 작용은 자외선 B 수용체에 의한 것이라고 추정되었다. 파슬리에서 플라보노이드의 생합성은 세가지 색소, 즉 피토크롬, 별도의 청색광 수용체(아마도 크립토크롬), 그리고 UV-B 수용체의 상호작용에 의한 것으로 보인다. 플라보노이드 생합성을 위해 UV-B 시스템은 반드시 필요한 선결조건으로서 피토크롬이나 청색광 수용체는 UV-B 처리가 선행되지 않으면 효과가 없다.

UV-B 수용체의 실체는 아직 분리되지 않아서 알려져 있지 않다. 피토크롬의 단백질 부위가 UV-B를 흡수하는 까닭으로 피토크롬이 제시된 적도 있지만 위에서의 결과로 보아 가능성이 적다. 콩과 식물의 경우 자외선에 의해 유도되는 플라보노이드의 합성이 미생물에서 자외선 손상시에 생기는 광활성화(photoactivation)를 연상시키는 방법으로 청색광에 의해 역전되므로 DNA 자체가 UV 광수용체인 것을 암시한다. 하지만 작용파장의 피크가 정상적인 UV-B 작용에 의한 것보다 좀 더 짧은 방향에 위치한다.

22.7 애기장대에서의 탈황화:광수용체 사이의 상호작용에 대한 사례연구

애기장대는 전형적인 쌍떡잎 식물로 백색광을 주었을 때, (1) 하배축 신장의 정지, (2) 하배축 또는 어린눈의 훅(hook)의 펴짐, (3) 떡잎의 펴짐, 그리고 (4) 떡잎의 확장이 일어난다. 피토크롬과 크립토크롬이 결여된 돌연변이체를 가지고 한 연구에 따르면 애기장대 유식물의 탈황화 반응은 phyA, phyB, cry1 사이의 복잡한 상호작용의 결과라는 것이다. 이러한 상호작용을 보여주는 한 실험예가 그림 22.15에 나타나 있다. 이 실험에서 야생형 유식물의 하배축 신장은 백색광에서 약 68% 억제된다. phyA-결핍 단일 돌연변이체(*phyA*)는 하배축신장에 거의 영향을 미치지 않는 반면, phyB 돌연변이체에서는 단지 20%의 하배축 신장 억제가 나타났다. 이런 결과는 phyB가 하배축 신장을 조절하는 주요 광수용체임을 말해 준다. 하지만 phyA가 여전히 작용한다는 사실이 *phyAphyB* 이중 돌연

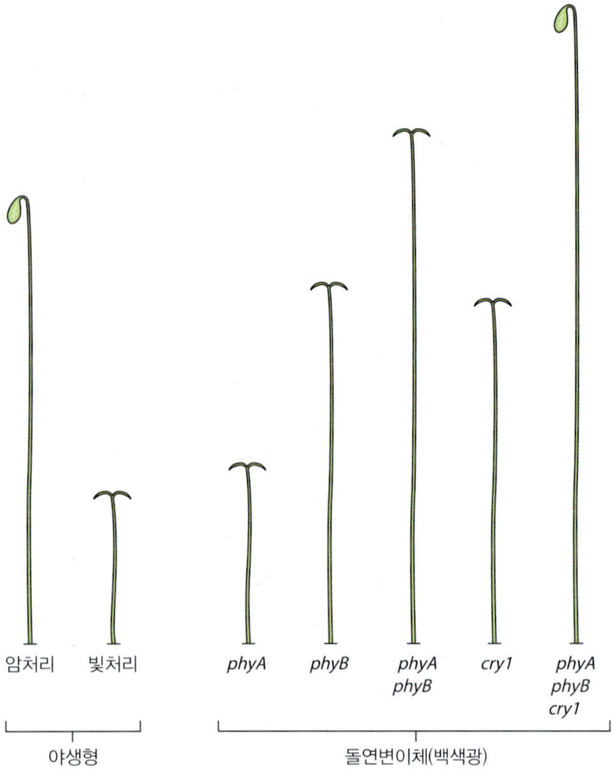

그림 22.15 백색광 하에서 애기장대 하배축 신장에 대한 피토크롬과 크립토크롬 결핍 돌연변이의 효과

변이체를 통해 밝혀졌다. phyA와 phyB 모두가 기능을 상실했을 때 백색광에 의해 하배축 신장이 억제되지 않았을 뿐 아니라 하배축은 암소에서 자란 대조구보다 훨씬 더 길었다. 달리 말하자면 *phyA* 돌연변이는 *phyB* 돌연변이 효과를 증가시키는 것 같다.

백색광에서 하배축 훅의 펴짐과 떡잎의 펴짐은 세 가지 각각의 단일 돌연변이 *phyA*, *phyB*, *cry1*에 의해서 영향을 받지 않는다. 하지만 *phyAphyBcry1* 삼중 돌연변이체에서 훅과 떡잎이 모두 펴지지 못했다. 이러한 결과는 훅과 떡잎의 펴짐이 이 세 가지 광수용체에 의해 완전히 중복적으로 조절된다는 것을 뜻한다. 단지 이 세 가지 광수용체가 모두 기능을 상실했을 때만 이 두 가지 탈황화 현상이 심각하게 억제되었다. 그림 22.15에 보여주진 않았지만, 애기장대에서 떡잎의 확장은 주로 피토크롬 B와 크립토크롬에 의해 조절받는 것 같다. 한 실험에서 phyB와 cry1 돌연변이체의 떡잎 표면적이 각각 50%와 64% 감소한 것이 보고되었다. 그러나 phyBcry1 이중 돌연변이체에서는 떡잎의 표면적이 암소에서 키운 것과 별 차이를 보이지 않았다. phyB와 cry1 돌연변이의 이러한 추가적인 효과는 이들 각각의 광수용체가 떡잎확장을 독립적으로 조절한다는 것을 말한다.

여기에 기술한 결과들은 광수용체들 사이의 상호작용에 대한 예들 중 일부분이지만 한 가지는 명확하다. 중복 또는 서로 다른 광수용체들을 통한 유사한 반응의 유도 가능성은 빛이 일으키는 현상에서 흔히 일어난다는 것이다. 마찬가지로, 광수용체들 사이의 수많은 상승작용(synergism)과 길항작용(antagonism)이 알려져 왔다.

이러한 상호 연관성이 평형(parallel)내지, 독립적 신호 경로의 결과인지 아니면 각 경로들 사이의 많은 상호작용의 결과인지는 아직 명확하지 않다. 그럼에도 불구하고 식물들은 분명히 다수의 광수용체들에 의한 다재다능한 체계를 진화시켜옴으로써 그들의 환경에서 빛의 역동적인 양적 질적 변화에 유연하게 효율적으로 반응할 수 있게 되었다.

요약

식물 환경에서 빛은 상당한 양의 정보를 포함하고 있으며 광형태발생이라고 하는 빛 정보의 이용은 식물의 발달에 있어서 중심 주제가 된다. 빛에 의해 제공된 정보를 획득하기 위해서 식물은 정교한 광수용체 배열과 신호변환 경로를 발달시켰다. 근본적으로 적색광과 근적외광에 반응하는 피토크롬, 청색광에 반응하는 크립토크롬 그리고 역시 청색광에 반응하는 포토트로핀의 세 가지 주요 광수용체가 있다.

피토크롬은 광수용체 일종으로서 애기장대에는 5종류(phyA–phyE)가 있다. 모두 발색단백질로서 피코시아닌과 유사한 선형 테트라피롤로 구성된 발색단은 갖고 있다. 생체내 피토크롬은 125 kDa 크기의 폴리펩티드 두 개로 구성된 이합체이다. 피토크롬 작동의 특징은 광가역성으로서 적색광에 의해서 적색광을 흡수하는 형태(Pr)가 근적외광을 흡수하는 형태(Pfr)로 변환된다. 피토크롬의 존재는 생체에서 광가역성에 의한 흡광도 변화를 측정함으로써 확인되었다. 피토크롬A(phyA)는 암소에서 자란 유식물에 축적되는데 안정된 형태인 Pr형이다. $PhyA_{fr}$은 불안정한 형태로서 1시간에서 1시간 반의 반감기를 갖으면서 분해된다. PhyB는 명소에서 혹은 암소에서 모두 소량 발견된다. $PhyB_{fr}$형은 빛조건에서 안정하다. 적색광과 근적색광이 혼합되어 있거나 백색광 조건에서 Pr과 Pfr은 광평형 상태에 도달한다. Pfr은 생리적으로 활성형이다.

피토크롬에 의해 매개되는 효과는 편의상 에너지 요구량에 따라서 초저플루언스 반응(VLFR), 저플루언스 반응(LFR), 그리고 고복사조도 반응(HIR)의 세가지로 구분한다. LFR은 종자발아와 탈황화와 같이 전형적인 광가역적 피토크롬 반응을 포함한다. LFR은 토양 표면에 대한 종자의 상대적 위치에 대한 정보를 제공함으로써 유식물에 저장된 영양소가 소진되기 전에 광합성을 개시할 수 있도록 유식물이 빛 환경에 정착할 수 있는 가능성을 극대화시킨다. VLFR은 광가역성을 보이지 않는다. 또한 Pr이 Pfr로 전환시키는 데 필요한 빛보다 적은 수준에서 포화되기 때문에 연구하기에 쉽지 않다. HIR은 고복사조도에 장기간 노출되는 경우에 볼 수 있는데 시간 의존적이지만 광가역적이지는 않다.

자연 조건에서 피토크롬의 광평형 값(Pfr/P)은 적색광과 근적외광 플루언스율에 의존한다. 아마도 phyB와 같은 피토크롬이 수관과 일몰신호 조건에서 볼 수 있는 적색광과 근적외광 플루언스율의 비를 감지하는 센서이다. 이러한 방법으로 피토크롬은 음지회피 현상을 매개하며, 이웃한 식물의 근접도에 대한 정보를 제공할 뿐만 아니라 시간을 감지하는 메커니즘에 관여한다.

크립토크롬은 발색 단백질이다. 크립토크롬에는 FAD와 프테린 두 종류의 발색단이 있으며 미생물의 DNA 수선효소인 광분해효소와 유사하다. 크립토크롬은 하배축 신장, 자엽 확장 그리고 생체시계 설정에 관여한다. 광수용체 신호전달에 대한 연구는 비록 상당한 진보가 이루어지긴 했지만 아직 초보적인 단계이다. 피토크롬은 두 종류의 방식으로 작용한다. 피토크롬은 세린-트레오닌 키나아제 활성을 지니고 있으며 최소한 두 종류의 상호작용 단백질 파트너가 알려졌다. 생체외에서 phyA에 의해 PKS1과 NDPK2는 모두 인산화된다. PhyA는 cry1을 또한 인산화시키는데, 이는 탈황화 과정에서 피토크롬과 크립토크롬과의 긴밀한 작용을 설명할 수 있을 것이다. 또한 피토크롬은 유전자 발현을 조절하는데, phyB가 핵으로 이동하여 전사를 촉진하거나 억제한다. 크립토크롬이 작용하는 모드는 알려져 있지 않지만 광분해효소와의 유사성으로 인해서 크립토크롬이 산화환원 반응에 관여할 것으로 제안되고 있다. 크립토크롬 또한 쉽게 인산화되는데, 이것은 신호전달 사슬에서 중요한 의미를 갖는다.

복습문제

1. 피토크롬을 다른 모든 식물색소와 구별짓게 하는 유일한 특성은 무엇인가?
2. 피토크롬은 자연상태의 빛 환경을 추적하는데 있어 어떻게 그처럼 적합한가?
3. 피토크롬과 크립토크롬의 구조를 비교 대조해 보시오.
4. 저플루언스 반응과 고복사조도 반응을 구별하여 보아라.
5. 피토크롬에 빛 조사시 Pr과 Pfr 사이에 광평형상태가 확립된다. 단지 한가지 형태의 색소만이 존재하는 상황을 생각해 볼 수 있을까?
6. 색소 단백질이란 무엇인가?
7. 크립토크롬이 광분해효소와 상동성을 갖는다는 설명이 의미하는 것은 무엇인가?
8. 두 식물생리학자인 모어(H.Mohr)와 슈롭셔(W.Shropshire)는 "고등식물에서 정상적 발달은 광형태발생이다"라고 기술하였다. 이 진술에서 그들이 의미하는 것이 무엇이라고 생각하는가?
9. 22장 7절에서 서술된 실험은 탈황화의 조절에서 피토크롬과 크립토크롬 사이에서의 상호작용을 어떻게 입증하는가?

더 읽을거리

Banerjee, R., A. Batschauer. 2005. Plant blue-light receptors. Planta 220:498–502.

Briggs, W. R., M. Olney. 2001. Photoreceptors in plant photomorphogenesis to date. Five phytochromes, two cryptochromes, one phototropin and one superchrome. Plant Phytisology 125:85–88.

Chen, M., J. Chorey, C. Frankhauser. 2004 Light signal transduction in higher plants. Annual Review of Genetics 38:87–117.

Kim, J-I., J-E. Park, X. Zarate, P-S. Song. 2005. Phytochrome phosphorylation in plant light signaling. Photochemical & Photobiological Sciences 4:681–687.

Lin, C. 2002. Blue light receptors and signal transduction. The Plant Cell. Supplement 2002:S207–S225.

Lin, C., D. Shalitin. 2003. Cryptochrome structure and signal transduction. Annual Review of Plant Biology 54:469–496.

Lorrain, S., T. Genoud, C. Frankhauser. 2006. Let there be light in the nucleus! Current Opinion in Plant Biology 9:509–514.

Sage, L. C. 1992. Pigment of the Imagination: A History of Phytochrome Research. New York: Academic Press.

Shen, H., J. Moon, E. Huq. 2005. PIF1 is regulated by light-mediated degradation through the ubiquitin-26S proteosome pathway to optimize photomorphogenesis of seedlings in Arabidopsis. The Plant Journal 44:1023–1035.

Vandenbussche, F. et al. 2005. Reaching out of the shade. Current Opinion in Plant Biology 8:462–468.

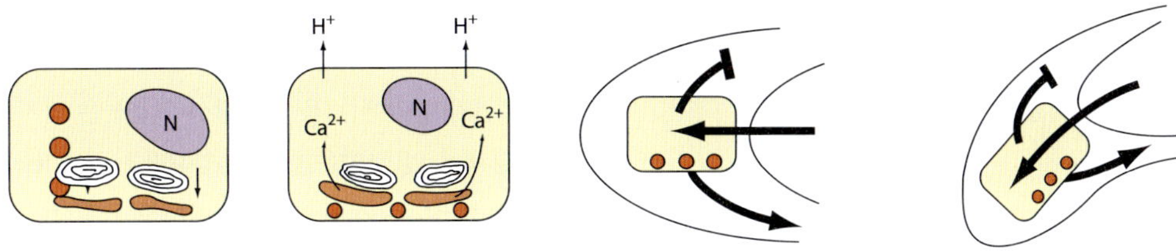

23

굴성운동과 경성운동: 공간에서의 식물의 적응

일반적으로 운동 능력은 식물과는 상관이 없다. 그러나 운동은 녹색 식물의 생활에 영향을 끼친다. 고등식물의 운동은 동물에서와 같은 이동을 수반하지 않을 뿐만 아니라 그렇게 극적이지도 않다. 식물의 운동은 대체로 느리고 섬세한데, 이것은 식물의 공간 적응을 결정하는 중요 요인이 된다. 부주의하게 수평으로 놓여 있는 식물들은 그들의 뿌리와 줄기를 수직 방향으로 돌릴 것이다. 집에 있는 식물들은 창문으로 들어오는 빛을 얻기 위해 줄기의 방향을 돌릴 것이다. 잎은 하루 24시간을 통해서 주기적으로 펼쳐졌다가 다시 움츠러시는 반복 운동을 하는 네 반해, 식물의 나머지 부분은 하늘 위에서 움직이는 태양을 향해 따라 움직인다. 파리지옥풀은 자기의 잎을 움직여 운이 나쁜 곤충을 재빨리 덮쳐서 닫는다. 대부분의 식물 운동이 비교적 천천히 이루어지고 있음에도 불구하고, 영양소와 물의 섭취, 최적의 햇빛 흡수 및 질소원 획득(파리지옥풀의 경우)을 위해서 식물 각 기관의 위치를 변화시킴으로써 중요한 기능을 수행하고 있다.

식물 운동은 그 메커니즘 차이로 인해 두가지 중요한 운동 종류로 구분된다. **생장 운동(growth movement)**은 비가역적이다. 그것은 하나의 기관내에서 혹은 두 개의 다른 기관내에서 차등 생상의 결과로서 나타난다. **팽압 운동(turgor movement)**은 가역적인데, 이것은 흔히 엽침 조직으로 불리는 특별한 기관내에서 어떤 세포의 단순한 부피 변화의 결과로 일어난다. 각 운동 그룹은 또다시 세분되어, **전두 운동(nutation)**, **굴성 운동(tropism)** 및 **경성 운동(nastic movement)**으로 나누어진다. 전두 운동이란 용어는 공간에서 식물의 기관—가장 전형적으로 줄기 정단(apex)의 규칙적인 회전 운동 또는 나선형 운동을 말한다. 전두 운동은 연속적인 사진 촬영에 의해서 보통 명백히 알 수 있게 된다. 굴성 반응은 빛(굴광성, phototropism), 중력(굴중성, gravitropism), 물(굴수성, hydrotropism) 또는 접촉(굴촉성, thigmotropism)과 같은 자극의 방향과 관련이 있다. 경성 반응은 자극의 방향과 관련이 있는지 명백히지 않다. 경성 반응의 방향성은 조직내에 선천적으로 결정되어 있으며, 여기에는 상편 생장(epinasty, 아래로 굽혀지는 것), 하편 생장(hyponasty, 위로 굽혀지는 것), 수면 운동(nyctinasty, 주기적인 잎의 수면 운동), 감진성(seismonasty, 기계적 충격에 대한 반응), 감온성(thermonasty, 온도 자극 반응), 감촉성(thigmonasty, 접촉 자극 반응) 등이 있다.

이 장에서는 가장 많이 연구된 세 가지 식물 운동에 초점을 둘 것이다. 여기에는

- 굴광성, 특히 광수용체(photorecepter)의 특성과 신호전달 사슬에서 옥신의 역할
- 굴중성, 굴중성 유도 자극의 성질과 중력 인지 메커니즘의 특성에 관한 간단한 논의를 포함하여, 줄기와 뿌리에서의 굴중

성의 특별한 특성, 그리고 차등 생장 반응에 있어서 옥신과 칼슘의 역할

- 경성 운동, 운동 기관(motor organ)의 구조 그리고 수면 운동과 감진성에서 K^+ 유출의 역할이 포함된다.

23.1 굴광성: 태양으로의 도달

대부분의 사람들은 열린 창문으로 들어오는 빛의 방향 쪽으로 집 안에 있는 식물의 줄기가 휘어지는 것을 흔히 보아 왔는데 이 흔한 현상의 예가 **굴광성(phototropism)**이다(그림 23.1). 굴광성은 전형적인 식물 생리학적 문제이며 그것은 19세기 중반 이래로, 식물학자의 관심을 끌어 왔다. *식물에서의 운동의 힘*(1881)이라는 책에서 굴광성에 대한 다윈의 연구는 기재적이고 분류학적 내용의 생물학을 주로 연구했던 영어 사용권 국가의 식물학자들이 지닌 편견을 물리쳤으며, 식물의 기능 중 동적(dynamic)인 면에 대한 관심을 북돋우었다. 굴광성 자극을 받은 초본류의 자엽초에서 나타나는 세포 신장으로부터 벤트(Went)는 식물 호르몬을 발견하게 되었다(18장).

굴성 반응에는 양성과 음성 반응이 있다. 만약 식물이 자극의 방향으로 반응을 하면, 그것은 양성이라 한다(예, 광원 방향 쪽으로 반응). 만약 자극 방향과 반대로 자라면, 그것은 음성이다. 굴광성 반응이 양성인가 아니면 음성인가는 대체로 기관의 특성 또는 나이에 의존한다. 예를 들면, 줄기와 다른 지상부 기관은 대부분 양성 굴광성인 반면, 대부분의 기어오름성 식물의 덩굴손은 음성 굴광성이다. 잎은 보통 **경사굴중성적(plagiotropic)**인데, 이것은 잎이 빛에 대해 중간 각도로 자리잡음을 의미한다. 뿌리는 그와 반대로, 비록 일부는 약한 음성 반응을 나타낼지라도 대체로 비굴광성적(nonphototropic)이다. 담쟁이(*Hedera helix*)의 줄기는 그늘을 선호하는 유년기 동안에는 음성 굴광성이나 늙은 가지는 양성 굴광성이다. 담쟁이 잎 모양을 한 좁은잎해란초(toad flax, *Cymbalaria muralis*)의 줄기는 수정이 된 후에는 음성 굴광성이 된다. 이러한 흥미 있는 행동은 성숙중인 종자의 꼭지를 그 식물이 발견되는 담벽면의 틈 사이로 옮기게 하는 데 도움이 된다.

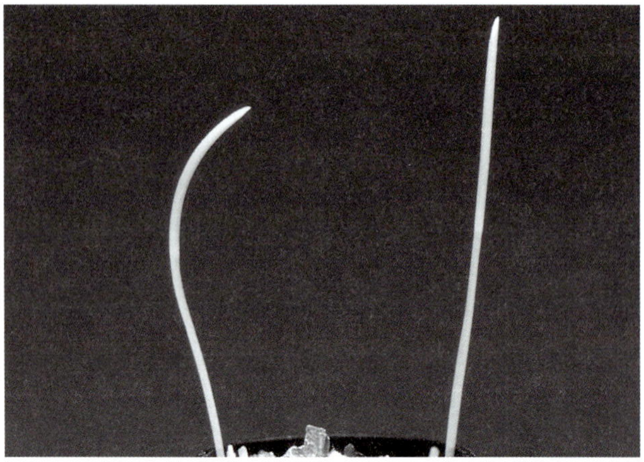

그림 23.1 귀리 자엽초의 굴광성 반응. 왼쪽: 90분 동안 오른쪽으로부터 오는 청색광의 단일 측면광을 받은 채로 암소에서 자란 유식물. 오른쪽: 빛을 받지 못한 대조구. 두 유식물에서 자엽초의 전체적인 길이는 대략 같다는 것에 주목하라.

23.1.1 굴광성은 빛 기울기에 대한 반응이다

굴광성은 종종 단일 방향광(unilateral light)에 대한 반응으로서 정의되고, 그것은 실험실에서 행하여진다. 그러나 정상적인 환경하에서 휘어지는 반응은 모든 방향의 빛을 받는 식물에서 일어날 것이다. 그러므로 똑같지 않게 분포하는 플루언스율이 요구된다. 예를 들면, 양쪽 면 모두에 빛을 비춘 초본 식물 자엽초의 실험에서, 그 기관의 양쪽 면에서 최소 20% 정도의 플루언스율 차이가 나면 휘는 반응이 유발될 것이다(그림 23.2). 그래서 빛은 자엽초 기관내에 플루언스율 기울기를 주면서, 단일 측면 방향(이것은 대부분의 실험 경우임), 양쪽 방향, 모든 방향, 심지어는 윗 방향으로부터도 비추어 줄 수 있다. 그러므로 굴광성은 빛기울기에 대한 생장 반응이다.

자엽초와 같은 기관내에서 빛 세기 기울기의 정도는 입사광의 차이는 물론 조직내의 광학적 성질에 의해 좌우된다. 식물 기관내에서의 빛 세기 기울기는 기관내의 가리움(screening)에 의해 증대

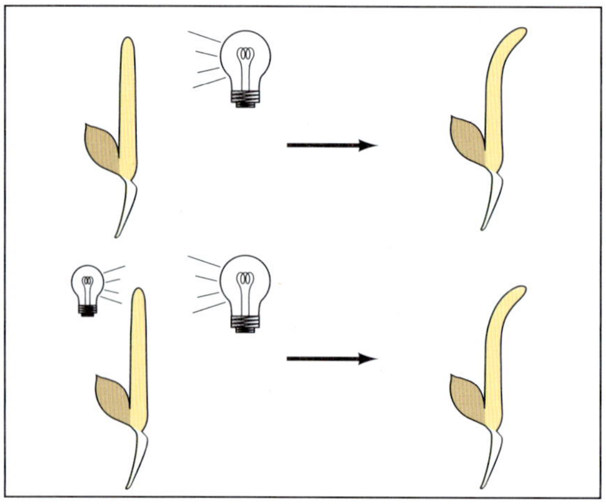

그림 23.2 굴광성 반응은 줄기 혹은 자엽초 축 내에서 빛 세기 기울기가 일어날 때는 언제나 발생한다. 그림의 상부는 단일 방향의 빛 조사를 나타내는 것인데, 이 경우는 보통 실험적 조건의 경우이다. 그림의 하부는 오른쪽에 가장 높은 플루언스율의 빛이 가해진 채로 양방향의 조사를 보여준다. 굴광성에 의한 굴곡의 정도는 양 경우에 똑같다.

될 수 있다. 즉, 광수용체를 포함해서 식물 색소는 빛이 기관을 통과할 때 빛 세기를 약하게 한다. 빛은 또한 세포내에서 흩어지고, 반사되며, 회절되어서 약화될 수 있다. 그러므로 개개의 세포들을 가로지르는 빛 세기의 기울기는 미세 광섬유 탐침에 의한 측정 결과 5 : 1에서 50 : 1로 다양하게 나타난다. 더욱 복잡한 문제는, 자엽초와 같은 기관이 도광관(light pipe) 처럼 기능을 하는 것으로 보인다는 점이다. 예를 들면, 자엽초 정단부에 빛이 비춰지면 빛은 자엽초를 통해서 더 멀리 떨어진 이 기관 아래쪽의 세포로 전달된다. 그러므로 굴광성적 자극을 준다는 것은 반드시 간단한 문제만은 아니다. 빛과 조직이 갖는 광학적 특성 사이에서의 복잡한 상호작용은 실험 자료의 해석뿐만 아니라 실험 설계에 있어 중요한 어려움을 이끌어낸다.

23.1.2 굴광성은 청색광 반응이다

1930년대 이래로, 수많은 생물체에서 굴광성 작용 스펙트럼(action spectrum)이 반복해서 측정되었으나 대부분 귀리와 옥수수의 자엽초 및 *Phycomyces* 곰팡이의 포자낭 자루에 대해서 기록되어 왔다. 귀리와 *Phycomyces*의 작용 스펙트럼은 실제로 거의 동일하였는데, 이것은 그들이 공통의 광수용체를 공유하고 있음을 나타내는 것이다. 모든 다른 굴광성 작용 스펙트럼도 서로 유사하여 청색 파장대 근처인 475nm와 450nm에서 2개의 피크(peak)를 보이고 420nm에서 작은 피크 또는 쇼울더(shoulder)를 보인 점에서 일치하고 있다 (그림 23.3). 게다가, 370nm 근처의 UV-A 영역에서 폭 넓은 작용 피크가 나타난다. 귀리와 *Phycomyces*의 굴광성 작용 스펙트럼은 280nm 지역에서 추가로 피크를 보였는데, 이것은 광수용체가 피토크롬과 유사한 색소 단백질임을 암시하는 것이다.

1940년대 초기에, 광수용체가 리보플라빈(riboflavin)과 같은 플라빈(flavin) 분자일 것이라는 사실이 제시되었다. 그러나 작용 스펙트럼 상에서 굴광성의 광수용체는 이전의 장에서 이미 언급했던 것처럼 (지금은 크립토크롬에 의해 조절되는 것으로 알려진 다른 청생광 반응) 플라빈-카로티노이드 논쟁을 불러일으켰다. 반면에, 플라보-단백질인 **포토트로핀(phototropin)**이 마침내 발견되기 이전에 굴광성에서 광수용체로 카로티노이드를 배제시킨 몇 가지 생리학적 결과가 있었다. 예를 들면, 옥수수 유식물에 제초제(norflurazon)을 처리하거나 돌연변이를 유도시켜서 효소 피토엔 불포화화효소(phytoene desaturase)를 억제하면 카로티노이드가 섬출되지 않는다. 그러나 카로티노이드 결핍 옥수수 돌연변이체, 알비노 보리 유식물 그리고 노르플루라존(norflurazon)으로 처리한 유식물은 청색광에 대한 정상적인 굴광성 반응을 나타냈다.

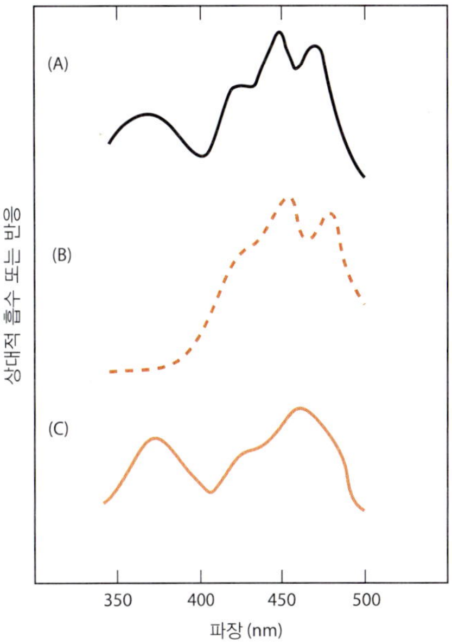

그림 23.3 (**A**) 귀리 자엽초의 굴광성에 관한 작용 스펙트럼. 작용 스펙트럼은 스펙트럼 상에서 청색광과 UV-A 지역에서 최고활성을 보여준다. 비교를 위해서, 일반 플라보노이드인 리보플라빈(**B**), 그리고 β-카로텐(**C**)의 흡수 스펙트럼이 제시되고 있다. β-카로텐이 비록 청색광 지역(450 nm 부분)에서는 잘 들어맞지만 리보플라빈이 청색광과 UV-A 지역(320–400 nm) 모두에서 필요한 흡광도를 가지고 있다.

23.1.3 굴광성은 최상의 광합성을 위해 식물의 방향을 조절 한다

굴광성을 위한 청색광 반응은 이전의 장에서 논의되었던 피토크롬과 크립토크롬에 의해 조절되는 청색광 반응과는 구별된다. 피토크롬과 크립토크롬 반응은 형태발생적 반응이다—그것들은 생장과 발달의 양상을 변화시킨다. 반면에, 굴광성의 두드러진 영향은 광합성을 위해 빛을 최대한 포획하기 위해 입사 광선 쪽으로 잎의 각도나 생장을 향하게 한다. 자엽초와 하배축의 굽는 현상은 식물이 광합성을 최적화하기 위해 사용하는 광범위한 청색광 신드롬에서 유일하게 가장 눈에 띄는 부분이다. 또한 식물은 세포내에 엽록체를 재배치 할 때 뿐만아니라 가스 교환을 용이하게 하고 기공의 열림을 조절하기 위하여 청색광을 이용한다.

기공 열림이 빛의 조절을 받는다는 것은 오래 전부터 알려져 있다. 반면에, 엽록소에 의해 흡수된 빛(예, 적색광)은 기공의 열림을 자극하고 명백히 공변세포의 엽록체에서 일어나는 광합성 반응에 의존적이다. 그러나 낮은 수준의 청색광에 의해 유도 되는 좀 더 민감한 두 번째 시스템이 있다. 대부분의 증거들은 광합성이 시작되기 전, 새벽 무렵에 기공이 열릴 때와 같은 기공 열림의 초기 단계에서 청색광 반응의 두드러진 역할을 지목한다.

식물은 또한 엽육세포의 엽록체가 강한 빛을 피하는 반응을 조절하는데 청색광을 사용한다. 낮은 광량에서는, 엽록체들은 항상 입사광에 수직인 표면에 평행한 세포벽(주연면 벽; periclinal walls)을 따라서 모여 있다(그림 23.4). 태양 직사광과 같은 높은 광량에서는, 엽록체들은 수직의 벽(입사광에 평행하게)을 따라 길게 일렬로 늘어서서 잠재적인 손상을 피한다. 엽록체의 재분포는 세포질을 통해 빛의 구배에 반응하는 것 같다. 그래서 아마도 광수용체는 엽록체가 아닌 세포질에 위치하는 것으로 보인다. 재분포의 기작은 아직 밝혀지지 않았다. 그러나 일반적으로 세포골격이 세포내의 세포 기관을 움직이고 그리고 엽록체의 이동에도 관여하는 것으로 보인다.

23.1.4 플루언스 반응 곡선은 굴광반응들의 복잡성을 보여 준다

어떠한 굴광성 관련 분야도, 광량과 반응 사이의 관계를 정의하려는 시도 만큼 그 과정의 복잡성을 나타내는 분야는 아마도 없을 것이다. 굴광성은 대부분의 광생물학적 반응과는 매우 다르게, 오히려 의문스러운 '플루언스와 반응 곡선'의 관계에 의해 그 성격이 특징지어진다.

일반적으로 플루언스 반응 곡선은 단일의 플루언스율을 사용하나 빛의 노출 시간을 다르게 함으로써 다른 빛의 총양(fluence)에 대한 기관의 반응을 조사하여 얻어진다. 그림 23.5는 증가하는 플루언스에 대한 전형적인 반응을 설명하는 귀리 자엽초의 굴광성에 대한 플루언스-반응 곡선을 나타내고 있다. 이 경우에 초기에 첫 굴성 증가가 나타나는데, 이를 **1차 양성 굴곡(first positive curvature)**이라 한다. 플루언스가 증가하면서, 굴곡은 다시 감소하는데, 심지어 광원 방향에서 멀어지는 쪽으로의 휘어짐을 초래하기까지도 한다. 이런 감소와 음성적 반응을 **1차 음성 굴곡(first negative curvature)**이라고 한다. 1차 음성 굴곡은 빛으로부터 멀어진다는 의미에서의 음성적이 아니라는 것에 주목해야 한다. 단순히 양성적 반응의 감소를 의미한다. 1차 음성 굴곡 지역 후에, 반응곡선은 다시 증가를 하여 **2차 양성 굴곡**을 만든다. 일부 경우에서는, 2차 음성 굴곡 및 심지어 3차 양성 굴곡 반응이 보고되기도 하였다. 1차 양성 굴곡은 자엽초의 정단부 부분에 제한되기 때문에 정단 굴곡으로도 알려져 있다. 2차 양성 굴곡은 굴곡이 좀 더 자엽초의 기저 부분을 향해 진행되기 때문에 기저 굴곡으로도 불린다.

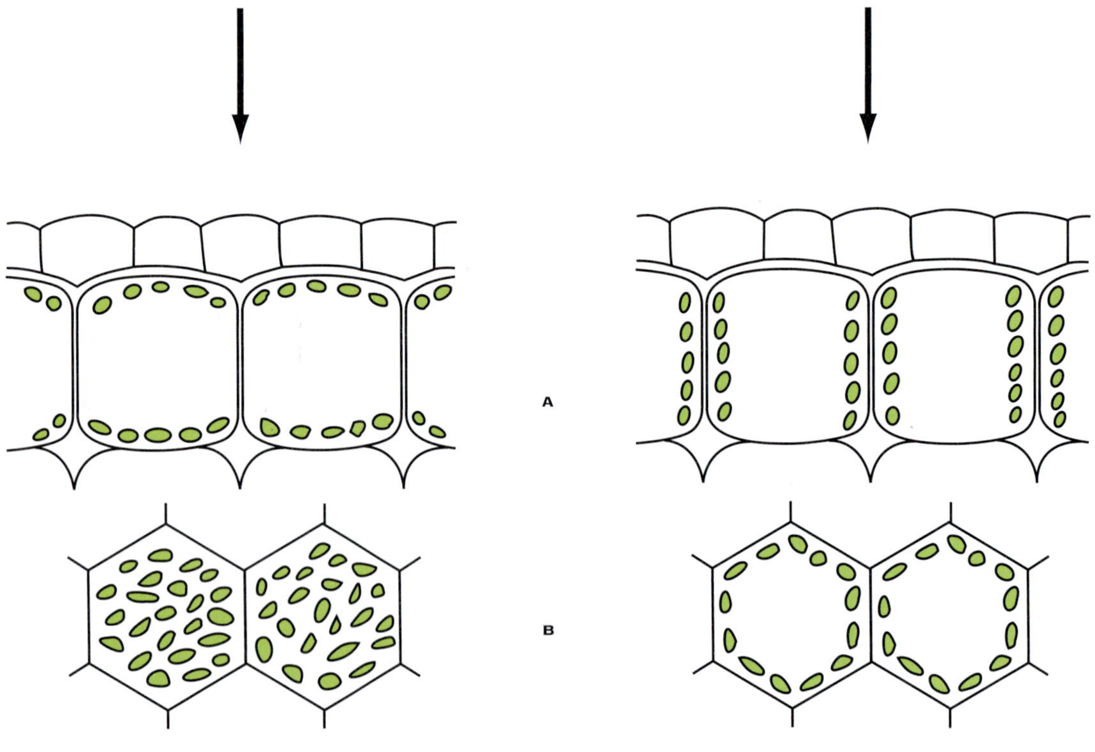

그림 23.4 전형적인 엽육세포에서 엽록체의 높은 광 회피 반응. 낮은 광 조건에서 (왼쪽), 엽록체들은 빛의 포획을 최적화하기 위해서 위쪽과 아래쪽 세포벽을 따라 입사광에 수직으로 모여 있다. 높은 광 조건에서 (오른쪽), 엽록체들은 과도한 빛으로 인한 손상을 피하기 위해 입사광에 평행 또는 세포벽(수직인 변)을 따라 모여 있다. 엽육세포들의 횡단면(**A**)과 표면 (**B**)

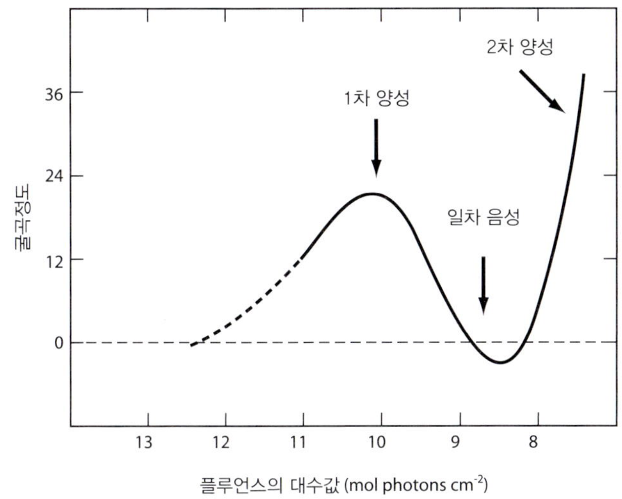

그림 23.5 귀리 자엽초 굴광성에 대한 플루언스-반응 곡선. 1차 양성, 1차 음성 그리고 2차 양성 곡선이 표시되었다.

플루언스율 또는 노출 시간에 관계없이 노출된 에너지의 총 양에 의해 결정되는 광화학적 반응의 산물을 말해 주며 광화학의 기본인 **분젠-로스코(Bunsen-Roscoe) 상반법칙(reciprocity)**이 있다. 다시 말하면, 높은 플루언스 율에서 단 시간 노출하거나 또는 낮은 플루언스율에서 오랜 시간 노출 했을 경우 같은 결과를 얻는다는 것이다. 수 없이 많은 실험들에서 상반법칙이 1차 양성 굴곡에는 적용되나 1차 음성 또는 2차 양성 굴곡에는 적용되지 않는 것으로 나타났다. 2차 양성 굴곡은 대신 매우 시간-의존적인 반응이다. 다시 말하면, 2차 양성 굴곡은 플루언스 율보다는 노출시간에 더 의존적이다. 2차 양성 굴곡에 이 법칙이 적용되지 않는다는 것은 2차 양성 굴곡에는 한 개 이상의 광수용체가 관여한다는 사실을 제시하는 것이다. 그러나 1차와 2차 양성 굴곡에 대한 작용 스펙트럼을 조사한 결과, 그것들은 동일하게 나왔다. 분명히, 두 굴곡 반응에는 동일한 하나의 광수용체가 관여하고 있다는 것을 의미하는 것이다. 그래서, 2차 양성 굴곡의 복잡성이 신호전달 사슬에서 계속적으로 일어나는 사건들에 기인되고 있음에 틀림없는 것 같다.

23.1.5 굴광 반응은 확산 가능한 옥신의 측면 재분포에 의존한다

벤트(F. W. Went)와 그 동료들은 자엽초 신장 생장에 대한 정단부(apex)의 영향을 연구하였는데, 같은 시기에 뿌리 신장에 대한 뿌리 정단부의 역할 연구라는 유사한 실험이 독일의 콜로드니(N. Cholodny)에 의해 수행되었다. 1924년에 콜로드니와 1926년에는 벤트에 의해서, 정단부가 각 기관의 신장 지역에 있는 세포의 신장에 영향을 끼칠 수 있다는 각각 독자적인 결과가 발표되었다. 1920년대에 그들의 이런 생각은 굴광성을 설명하려는 시도에서 관심을 끌게 되었다. **콜로드니-벤트 가설**은 빛을 한쪽 방향으로 조사하면 각 기관의 정단부 근처에 있는 내재성 옥신이 빛의 반대 방향인 측면으로 재분포된다는 것을 진술하고 있다. 이러한 옥신의 비대칭 분포는, 옥신이 기관의 기부(base) 방향 쪽으로 이동하고 있는 동안에 유지된다. 기관의 그늘진 지역의 높은 농도의 옥신은 빛이 조사되지 않은 그늘진 지역에 있는 세포들을 밝은 쪽의 세포들보다 더 생장하도록 자극을 한다. 이러한 차등 생장이 광원 쪽으로의 굴곡을 일으키게 한다.

콜로드니-벤트 가설을 위한 실험적 근거는, 원래 18장에서 언급된 그리고 벤트의 한천을 이용한 옥신 확산 실험에서 유래되었다. 벤트 실험에서 자엽초는 먼저 한쪽 방향의 빛에 자극을 받게 한다. 그런 다음 자엽초 정단부를 분리해 내고 이것을 다시 수직으로 둘로 쪼갠 후, 2개의 반쪽들을 한천 조각 위에 놓아 밖으로 확산되어 나오는 옥신을 한천에 모은다. 이렇게 해서 한천 조각에 수집된 옥신 양이 귀리 굴곡 실험에 의해 분석되었다(18장). 벤트는 상당히 많은 양의 옥신이 자엽초 정단의 밝은 쪽 부분보다 어두운 쪽 부분에 모여 있음을 확인하였는데, 이것은 단일 방향광이 많은 양의 옥신을 자엽초의 그늘진 면으로 이동시켰음을 의미하는 것이다.

빛 처리로 굴성 자극을 받은 자엽초에 ^{14}C-IAA를 가함으로서 옥신의 비대칭 분포를 입증하려 했던 많은 시도가 성공하지 못하였기 때문에 콜로드니-벤트(Cholodny-Went) 가설의 타당성에 대한 의문이 제기되었다. 그러나, 이 문제들은 대체로 빈약한 실험 기술 때문일 것으로 간주되었다. 즉, 조직에 의해 흡수된 대부분의 방사선 표지-옥신이, 옥신 이동 흐름(auxin transport stream)에 합류하지 못한다는 것이 현재 명백해졌기 때문이다. 이런 비확산 옥신을 고려하였을 때, 옥신 이동에서 분명한 차이가 탐색될 수 있었다. 예를 들면, 옥수수 자엽초의 정단에 ^{14}C-IAA를 공급했을 때 방사능의 약 65%가 그늘진 면에서 발견되었다. 자엽초의 정단 아랫부분에 처리하면 현저한 비대칭 분포가 나타나지 않고, 옥신의 측면 재분포는 자엽초의 제일 끝 정단부에서 일어난다는 증거들이 있다.

1960년대에, 콜로드니-벤트 가설은 이 가설의 강력한 대변자인 브릭스(W. R. Briggs)와 그의 동료에 의해 체계적으로 재평가되었다. 그러나 벤트의 초기 실험과는 달리, 브릭스는 굴광성 자극을 주기 전에 정단을 잘라 한천 조각에 그것을 놓았다. 그 결과(그림 23.6)는 분명히 다음과 같았다. 자엽초 정단부의 제일 끝 부분에서만 정단 조직이 겨우 서로 연결되어 있도록 정단부를 부분적으로 분할하고 나서 단일 방향광(unilateral light)을 비춰주면, 그늘진

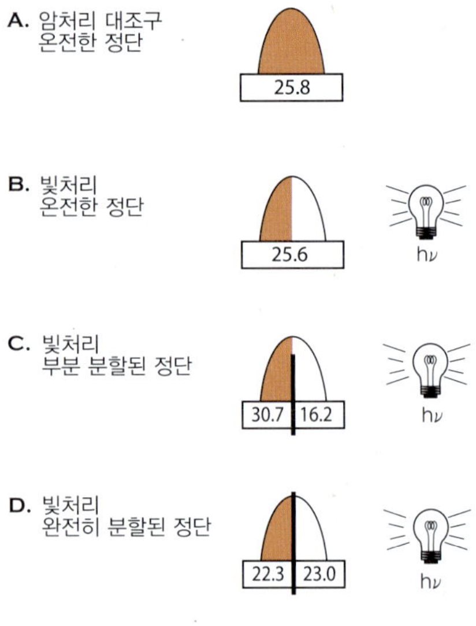

그림 23.6 굴광성 자극 후의 분리된 옥수수 자엽초 정단에서 확산 옥신의 비대칭적 분포. (**A**,**B**) 온전한 대조구 정단. **A**는 암상태에서 유지되고 **B**는 오른쪽에서 한 쪽으로 빛이 공급되었다. (**C**) 정단 조각을 부분적으로 쪼개어 정단 끝부분에서만 조직의 연속성이 유지되도록 한다. 측면 확산을 차단하는 장벽으로 현미경 카버글라스가 삽입된 후 정단 조각의 오른쪽에서 한 방향으로만 빛을 제공한다. (**D**) 정단 조각을 완전히 쪼개어 확산 차단 장벽이 정단까지 통과한 후 오른쪽에서 한 방향으로만 빛을 제공한다. 숫자는 3시간 동안 귀리 굴절 생체검정법의 굴절각도로 측정한 한천 토막에 옥신의 양을 표시한다. 수치는 3개(**A**,**B**), 또는 6개(**C**,**D**)의 정단조각에서 수집한 옥신의 양이다. (Data from Briggs, W. R. 1963. *Plant Physiology* 38:237.)

면에서는 옥신의 양이 증가하는 반면에 빛을 받는 면에서는 옥신의 감소가 일어난다. 그러나 회수되는 옥신의 총 양은 실제로 동일하게 유지되었다. 정단부 전체를 분할해서 옥신의 측면 이동이 방해된 경우에는 그런 비대칭 분포가 관찰되지 않았다. 이 결과는 분명히 콜로드니–벤트 가설의 기본적인 이론, 즉, 한쪽 방향의 빛은 자엽초의 그늘진 부분으로 옥신을 우선적으로 이동시킨다는 것을 지지하였다. 그들의 실험은 옥수수의 자엽초에서 옥신 생성이 정단부의 1~2 mm 안에 한정되어 있음을 확인하였고 굴광성 자극 동안에 측면상의 재분포는 아마도 거의 정단의 1.5 mm 안에서 일어난다는 것이다.

콜로드니–벤트 가설을 위한 설득력 있는 지지가 최근에 배추속 식물 하배축에서의 옥신의 재분포 연구에 의해 제시 되었다. 하배축의 그늘진 쪽에서 발견되는 유리 IAA 농도가 굴광성 자극 후 빛을 받는 쪽 보다 20% 정도 더 높았다. 더욱이, 차등적인 옥신 농도는 세포벽 신장에 필요한 두 종류의 α-익스펜신 유전자 그룹을 포함한 하배축의 그늘진 쪽의 옥신 조절 유전자의 발현 증가를 수반하였다(17장 참조). 마지막으로, 옥신 차등분포와 옥신에 의해 조절되는 유전자 발현의 차등은 하배축의 뚜렷한 굴곡이 있기 전에 발견되다.

23.1.6 굴광성과 관련된 반응들은 청색광에 민감한 플라보단백질 그룹에 의해 조절된다

두 가지 계열의 연구가 지금은 **포토트로핀**(**phototropin**)이라 불리는 굴광성 관련 광 수용체의 발견을 이끌었다. 1980년대 후반에, 청색광이 황백화된 완두 유식물내의 왕성하게 자라는 부위에 있는 120 kDa의 원형질막 단백질의 인산화를 자극하는 것으로 보고되었다. 이는 굴광성 자극에 가장 반응성을 크게 보이는 부위와 같은 곳이다. 광범위한 생화학적 및 생리학적 특징을 연구한 결과, 그 단백질은 청색광에서 자가인산화하는 인산화효소(kinase)라고 밝혀졌다. 또한 이러한 인산화효소가 굴광성 관련 광수용체라고 강하게 제시되었다.

얼마 후, 애기장대에서 굴광성 자극에 반응을 보이지 않는 돌연변이체(*no*n*p*hototropic *h*ypocotyl 1, 혹은 *nph*1)가 분리되었다. *nph*1을 가지고 있는 돌연변이 식물체는 굴광성을 보이지 않을뿐더러 우연의 일치로 120 kDa 막 단백질이 결여되었다. 예상한 바와 같이, *NPH1* 유전자는 120 kDa 단백질을 암호화 한다. NPH1 전단백질(holoprotein)은 굴광성에서의 기능적 역할 때문에 나중에 포토트로핀1(phot1)이라 다시 명명되었다.

포토트로핀 1은 두 개의 플라빈 모노누클레오티드(flavin mononucleotide; FMN) 발색단(chromophore)을 갖는 플라보단백질이다(그림 23.7). 포토트로핀 1은 세린–트레오닌 인산화효소의 특징을 가지는 카르복시 말단 도메인을 가지고 있다. N–말단의 광감지 도메인은 빛(light), 산소(oxygen) 혹은 전압(voltage)에 대한 반응을 조절하는 미생물 단백질과 특징을 공유하기 때문에 LOV 도메인이라 불리는 두 개의 구별되는 도메인을 가지고 있다. 당연히, 두 개의 LOV 도메인에 두 개의 FMN이 결합되어 있고 포토트로핀이 빛에 반응하도록 한다. 이후에, 두 번째 포토트로핀인 포토트로핀 2(phot2)가 발견되었다. 아미노산 서열을 근거로, 두 개의 포토트로핀은 대략 60% 정도의 유사성을 가지고 있으나 두 개의 LOV 도메인은 사실상 거의 동일하며 각각의 포토트로핀은 두 개의 FMN 발색단이 결합되어 있다.[1]

애기 장대에서 발견되는 두 개의 포토트로핀, phot1 그리고 phot2는 일부 중복되는 기능을 보인다. 또한 각각은 고유의 생리적

[1]2001년에, 원래 photo2 유전자는 *NPH1* (nonphototropic hypocotyl 1) 유전자와의 상동성 때문에 *NPL1*(NPH–like 1), 또는 *PHOT1*으로 표기되었다. 이후 *NPL1*은 포토트로핀1과 일치하는 명명법을 적용하기 위하여 *PHOT2*로 재명명되었다.

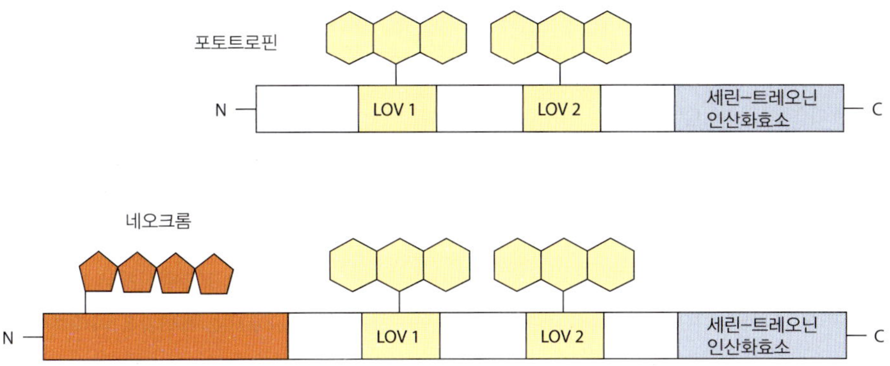

그림 23.7 포토트로핀과 네오크롬의 도메인 구조. 포토트로핀은 빛, 산소 그리고 전압에 의해 활성화되는 단백질들의 특성인 두 개의 LOV 도메인을 가지고 있다. 각각의 LOV 도메인은 스펙트럼에서의 청색 지역을 흡수하는 하나의 플라빈 모노누클레오티드 발색단을 갖고 있다. 단백질의 카르복시-말단 끝(-C)은 세린-트레오닌 인산화효소 도메인이다. 네오크롬은 N-말단 끝에 피토크롬 광감지 도메인을 가지고 있다는 것을 제외하고는 포토트로핀과 거의 유사하다. 네오크롬은 청색광 그리고 적색/원적외광 모두에 반응한다.

특성을 가지고 있는 것 같다. 1차 양성 굴곡(first positive curvature)은 phot1에 의해서만 조절되는 것으로 보이는 반면, 2차 양성 굴곡은 phot1과 phot2에 의해서 조절된다. 높은 광량 하에서 엽록체의 회피 이동은 phot2에 의해서만 조절 되지만 기공열림은 phot1과 photo2가 동등하게 관여한다.

최근의 연구 결과는 또한 강낭콩 잎의 주기적 수면 운동과 잎 팽창 그리고 자엽의 촉진에서 포토트로핀의 역할을 제시하였다(24장 참조).

23.1.7 혼성 적색/청색광 광 수용체가 양치식물에서 분리되었다

최근에 특별히 흥미 있는 광수용체가 양치식물인 봉작고사리(*Adiantum capillus-veneris*)에서 분리되었다. **네오크롬(neochrome**; 이전에는 phy3라고 알려짐)으로 표기되는 이 광수용체는 피토크롬과 포토트로빈의 특성을 가지고 있다 (그림 23.7). 아미노말단 도메인의 아미노산 서열은 피토크롬의 발색단 결합 부위와 상당한 상동성을 가지고 있다. 더욱이, 이 유전자를 효모균에서 발현시키고 정제된 단백질을 피코시아노빌린 발색단과 재구성했을 때, 전형적인 피토크롬 광가역적 행동을 보여주었다. 그러나 네오크롬 역시 FMN이 결합하는 두 개의 LOV 도메인, 포토트로핀과 거의 동일한 C-말단의 세린-트레오닌 인산화효소 도메인을 가지고 있다. 네오크롬은 봉작고사리의 굴광성에 필요하며 청색광 뿐만 아니라 적색광에 의해서도 조절된다. 네오크롬은 명백히 혼성 광수용체 이며 적색광, 원적외광 그리고 청색광 반응을 조절한다. 그러나 흥미로운 것은 봉작고사리 역시 고등식물에 존재하는 포토트로핀과 마찬가지로 완전히 기능을 하는 두 개의 포토트로핀을 갖는다는 것이다. 다시 고등식물의 포토트로핀에서와 같이, phot2 유전자만이 고광도하에서의 엽록체 회피 운동을 매개하는 데 관여한다.

몇몇의 다른 양치식물, 이끼 그리고 조류들은 포토트로핀과 네오크롬 둘 다를 가지고 있는데, 이러한 것은 그들의 생리적인 작용과 더불어 광수용체의 진화에 관한 흥미로운 질문을 이끌어낸다.

23.1.8 포토트로핀 활성과 신호사슬

포토트로핀 신호사슬에 참가하는 것들이 이제 밝혀지고 있다. 보다 더 중요한 요소들은 다음과 같이 요약될 수 있다.

1. 포토트로핀 자가인산화는 인산화 단계적(cascade) 반응의 시작을 통하여 굴광성의 반응에서 중요한 역할을 수행한다. *PHOT1* 유전자 돌연변이체를 이용한 연구는 암 상태에서 *LOV2* 도메인에 의하여 인산화 자리가 차단되는 방식으로 PHOT1 단백질이 접혀 있는 것을 보여 주었다. 발색단에 의한 청색광의 흡수는 단백질 구조의 변화를 유도하고 그래서 인산화 자리를 이용할 수 있게 되어 활성화된다. LOV1 도메인이 기능은 명확하지 않다. LOV1 도메인이 결핍된 돌연변이체들은 LOV1이 인산화에 꼭 필요한 것은 아니지만 LOV1의 존재가 인산화 활성을 높이는 것을 보여 주었다.
2. 포토트로핀은 유전자 조절에 관여할 수 있다. 식물체 내에서 포토트로핀에 의해 직접적으로 인산화되는 기질이 분리된 적은 없으나 광수용체와 상호작용하는 몇몇 단백질들은 존재한다. 예를 들어, 애기장대의 NONPHOTOTROPIC HYPOCOTYL 3 (NPH3)과 상동성 단백질(ortholog)인 벼의 COLEOPTILE PHOTOTROPISM 1 (CPT1)은 전사인자 혹은 단백질 분해에 관여하는 단백질 특성을 갖는 도메인 포함한다. 이들 단백질이 결손된 nph3과 cpt1 돌연변이체는 광반응을 나타내지 않는다.

3. 포토트로핀은 극성 옥신 수송을 파괴시킨다. 포토트로핀에 의한 청색광의 흡수와 콜로드니-벤트(Cholodny-Went) 가설에 의해 제안된 비대칭 옥신 분포 간에 연관성이 존재 하는가 아닌가에 대한 정립은 굴광성에 의해 제시된 문제들 중 하나이다. 앞서 설명한 바와 같이 옥신의 비대칭 분포는 실험적으로 증명 되었다. 최근 연구들은 포토트로핀과 옥신 배출을 촉진하는 PIN1간의 상관관계에 집중되어 있다. PIN1은 일반적으로 옥신의 극성 수직 이동을 담당하는 물관부와 연관된 세포들의 기저 말단에 존재한다(18장). 애기장대 하배축에서 PIN1의 존재를 광 자극 이후 면역형광 현미경을 통해 살펴보면 PIN1의 존재는 하배축 음지쪽에 있는 피층세포 내에서 없어진다. 유사한 붕괴가 *phot1* 돌연변이체에서는 관찰되지 않는다. 이들 결과는 굴광성에 의해 휘어짐 현상이 포토트로핀 중재에 의한 옥신의 수직이동 감소에 의해 시작됨을 시사하는 것이다. 이것은 옥신의 체류 또는 격리를 초래하고 그 결과로서 생장을 증가시키고 직접적으로 굴광성에 의한 휘는 반응에 관여한다.

23.1.9 녹색 식물에서 굴광성은 잘 이해되지 않고 있다

마지막 관심사는 빛을 받고 자란 식물에서의 굴광성인데, 이런 굴광성 과정에 관해서는 비교적 알려져 있지 않다. 17장에서 논의된 피토크롬처럼, 굴광성에 대해 우리가 알고 있는 대부분의 것은 황백화된 어린 식물을 가지고 실험실에서 수행한 연구에서 나왔다. 그러나 빛을 받고 자란 오이와 해바라기 유식물을 일정한 빛 조건에 놓으면, 이들 식물에서 자엽 중의 하나를 단순히 그늘지게 함으로써 줄기의 굴곡이 유도될 수 있고(그림 23.8), 그리고 해바라기 유식물의 굴광성 반응은 잎이 제거되면 현저하게 감소된다. 최소한 오이의 굴광성 반응은 그것이 청색광보다 적색광에 의해 유도된다는 점에서 기본적인 굴광성 반응과 다르다. 이것은 피토크롬에 의해 중재되는 반응으로 보이며 빛을 받은 자엽의 아래에 존재하는 하배축의 신장 억제와 관계가 있다. 오이와 해바라기 반응 모두는 잎이 생장 반응에서 요구되는 중요한 옥신 공급원이라는 사실 때문이다. 또 오이와 흰 겨자(*Sinapis alba*)에서도 청색광을 하배축에 직접 비춤으로써 기본적인 굴광성 반응이 유도되는 것을 보았다. 분명한 것은 탈황백화(deetiolated) 식물에서 줄기 생장 조절은 여전히 다룰 부분이 많다는 것이다.

23.2 굴중성

굴중성(gravitropism)은 아마도 대부분의 사람들에게 있어 가장 확실하고 분명하며 친숙한 식물 현상 중의 하나일 것이다(그림 23.9). 모든 사람은 줄기는 항상 위로 자라고 뿌리는 항상 아래로 자란다는 것을 알고 있다. 그러나 정말 그럴까? 숲이나 정원을 가로질러 무심코 걷다보면 이 관점이 단순하지 않음을 볼 수 있다. 대부분의 나무나 관목의 곁가지는 위로 자라지 않는다. 다시 말해 그것들은 어느 정도 수평 방향에서 벗어나 자란다. 또한 딸기(*Fragaria*) 식물의 포복줄기와 애기미나리아재비(*Ranunculus*)는 흙 표면을 따라 수평으로 자란다. 흙을 파면 우리는 뿌리줄기(지하 줄기)와 많은 뿌리들이 수평으로 자라는 것을 발견할 수 있다. 많은 축 늘어진 꽃들은 특정의 방향성을 가진 생장을 보이지 않고, 단순히 자신의 무

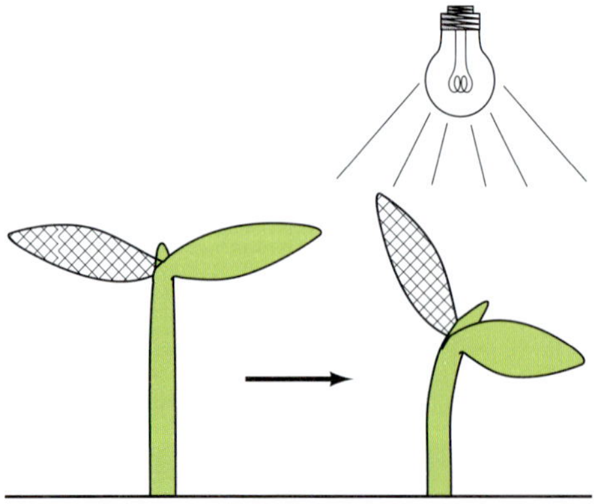

그림 23.8 오이(*Cucumis sativus*)유식물에서 이 식물의 자엽을 그늘지게 함으로써 유도한 굴곡(curvature)현상. 왼쪽 자엽이 알미늄 호일에 감싸진 후 이 어린 식물에 8시간 동안 백색광을 균일하게 비춰 주었다. (After Shuttleworth, J. E., M. Black. 1977. Planta 135:51.)

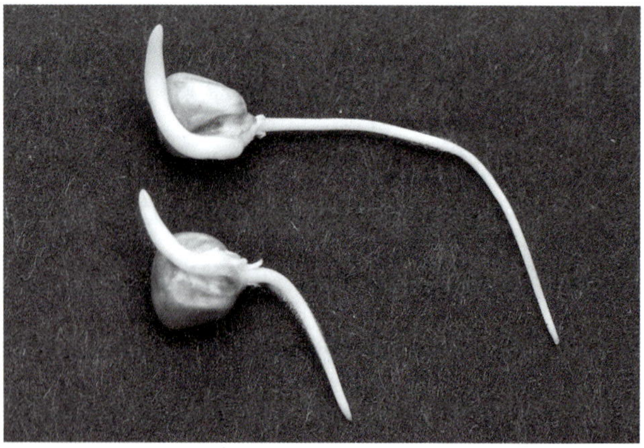

그림 23.9 옥수수 어린 식물의 굴중성. 암소에서 자란 4일된 어린 식물을 3시간 동안 수평 위치로 놓는다. 이후 슈트는 음성 굴중성을 그리고 뿌리는 양성 굴줄성을 나타내고 있음을 주목하자.

게에 의해 아래로 늘어져 있다.

대부분의 다른 환경 자극과는 다르게 중력의 힘은 어디에나 존재하며 변하지 않는다. 중력은 온도처럼 다양하지 않으며 빛처럼 새벽과 황혼에 나타나거나 소실될 수 없으며 더욱이 한쪽에만 생기는 자극이 아니다. 중력 내에서는 기울기(gradient)가 없다. 줄기나 뿌리의 아래쪽에 있는 세포는 위쪽의 세포와 동일한 중력장에 의해 지배된다. 결과적으로 중력은 어떤 구조 또는 세포내의 구조들의 운동(세포 내에서 초기 비대칭에 의해 성립되고 압력의 관점에서 해석되는 운동)에 의해서만 감지될 것 같다. 어떠한 구조의 질량과 운동은 중력 반응 속도와 민감성과 일치해야 만 하며 압력 신호를 서로 다른 성장 반응을 이끌어 낼 수 있는 생화학 신호를 전달할 수 있는 메커니즘이 있어야 만 한다.

23.2.1 굴중성은 단순한 아래 위 이상이다

식물의 기본적 축인 줄기와 뿌리는 중력과 평행한 방향으로 자신들을 배열시켜 놓는다. 그런 배열을 **정상 굴중성적(orthogravitropic)**이라고 한다. 지구의 중심부 쪽으로 자라는 1차 뿌리는 **양성 굴중성(positive gravitropism)**을 나타낸다. 지구의 중심과 반대쪽으로 자라는 줄기는 **음성 굴중성(negative gravitropism)**을 나타낸다. 중력에 대해 직각 방향으로 자라는 포복줄기, 헛뿌리 및 일부 곁가지는 **횡굴중성적(diagravi-tropic)**이라 한다. 중간 각도로 향하는(수직에 대해 0°~90° 사이) 기관들을 **경사 굴중성적(plagiogravitropic)**이라고 말한다. 곁가지와 곁뿌리는 주로 경사 굴중성적이다. 중력에 대한 감수성이 없거나 조금 나타나는 기관들을 **비굴중성적(agravitropic)**이라고 한다.

양성과 음성의 굴중성 생장 반응은 식물에 대한 유리한 점이 매우 명확하다. 종사가 토양에서 무작위적인 방향으로 분포하여 존재하지만, 생존을 하기 위해서는 광합성하는 줄기가 태양 빛을 잘 받기 위해 땅 위로 자라야만 한다. 뿌리계는 식물을 흙에 고착시키고, 영양소와 물을 충분히 공급받기 위해 토양을 파고들어야 한다. 그러므로 1차 뿌리는 흔히 강력한 음성의 정상 굴중성을 나타낸다. 그러나 2차 뿌리(즉, 첫 번째의 곁뿌리)는 보다 더 수평으로 자라는 경향이 있는 반면, 3차 뿌리는 대체로 비굴중성적이다. 이런 중력 반응의 구성은 뿌리가 이용 가능한 공간을 효율적으로 확보하게 하여 토양 중의 물과 영양소를 효과적으로 흡수하도록 한다(그림 23.10). 비슷한 방법으로 줄기에서도 양성의 정상 굴중성, 횡굴중성, 그리고 경사 굴중성 반응 등이 나타나서 광합성을 위해 햇빛을 더 효과적으로 획득하게 한다.

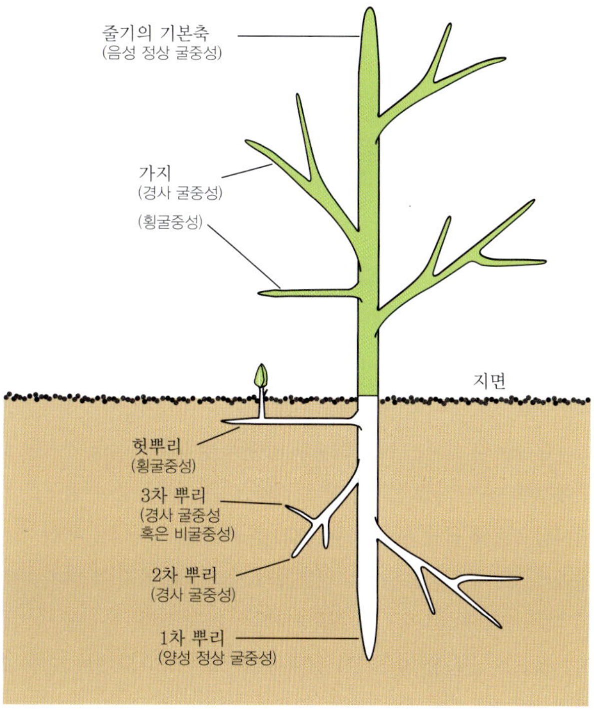

그림 23.10 줄기와 뿌리에서 보이는 여러 굴중성의 모식도. 줄기와 뿌리 가지에서 서로 다른 수준의 굴중성 반응의 차이는 식물이 효율적으로 공간을 활용할 수 있도록 한다는 점을 주목하시오.

23.2.2 중력자극은 세기와 시간의 곱이다

중력 자극(자극의 양 또는 처리 양)은 자극의 세기와 자극이 주어진 시간의 곱으로 다음과 같이 표현된다.

$$d = t \cdot a$$

여기서 a는 중력(g)에 기인한 질량 가속도이며, t는 자극이 주어진 시간(s, 초)이고, 또한 d는 선량(g z s)이다(참조 Box 23.1: 굴중성을 연구하기 위한 방법들). 굴중성 굴곡을 유발하기 위해 요구되는 최소의 선량을 **역치 선량(threshold dose)**이라고 한다. 역치 선량은 생물 종이나 실험 조건에 따라 다양하다. 귀리 자엽초에서 측정된 d 값은 240 g·s(22.5℃)에서 120 g·s(27.5℃) 범위로 나타났지만, 뿌리에서 굴중성 반응을 유도하는 데에는 30 g·s(즉, 30초 이내에 1 g의 가속도)이어도 충분하다. 중력 자극을 정의할 때는 3개의 다른 매개 변수 즉, 노출 시간(presentation time), 반응 시간(reaction time) 및 역치 강도(threshold intensity)가 있다.

측정이 가능한 굴곡을 유도하는 데 필요한 자극의 최소 지속 시간을 **노출 시간**이라고 한다. 비록 90°에서 1 g의 자극이 거의 표준이기는 하지만, 자극의 세기가 또한 정의되어야 만 한다. 1g의

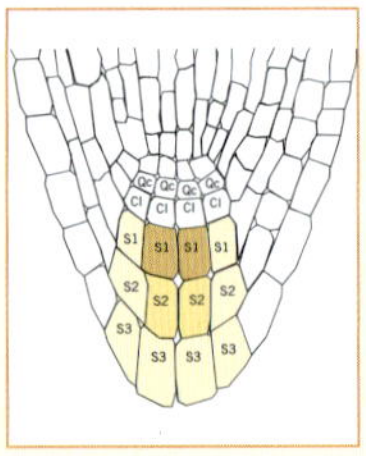

Box 23.1 굴중성을 연구하기 위한 방법들

어떤 형태의 과학적 실험이든 기본적으로 요구되는 것은 자극을 적용하는 세기(또는 농도)와 시간을 조절하는 것이다. 지구상의 중력장은 제거할 수 없기 때문에(우주공간에서의 미세중력을 제외하고) 식물과 다른 생물에 대한 중력의 효과는 어떤 유일한 접근법을 요구해왔다.

대부분의 실험은 1 g 또는 그 이하의 범위에서 질량 가속을 요구했는데 이는 자엽초나 일차 뿌리와 같은 기관들을 수평으로 회전시킴으로써 쉽게 성취할 수 있다. 최소한 단기 자극을 위한 힘은 일반적으로 수직으로부터의 각편차의 사인(sine)에 비례한다. 따라서 힘은 sine 90°=1이므로 수평방향에서 가장 크다. 유식물 줄기는 일반적으로 굽음을 일으키기 위해 수직으로부터 0.5°에서 10°를 유지해야 한다.

1 g보다 더 큰 힘은 특별히 고안한 원심분리를 사용해서 얻는다. 유사한 원심분리기가 동물 (알) 막의 성질 등을 연구하는데 20세기 초에 이용되었다. 원심분리는 굴중성을 연구하는데 이용되지는 않았지만 그것이 사용된 이런 실험들은 어떤 유용한 통찰력을 제공해왔다.

중력을 제거하는 문제는 두 가지 방법으로 접근되었다. **식물회전기(clinostat)**와 **우주비행(space flight)**이 그것이다. 식물회전기는 식물의 축을 수평으로 유지시키면서 계속해서 그것을 수평축으로 회전시키는 기구이다. 이것은 중력장을 실제로 제거하는 것은 물론 아니지만 결론적인 효과는 방향성 없는 일정한 자극이다. 식물회전기를 갖고 식물들은 먼저 짧은 자극에 처리할 수 있고 그 다음 회전시켜서 효과적으로 어떤 더 이상의 자극을 제거할 수 있다. 기대하듯이 계속된 다방면의 자극이 다양한 생리적 지표들에 영향을 준다. 예를들어, 귀리유식물은 증가한 생장율과 증가한 호흡에 반응한다. 이러한 변화들의 몇몇은 우연일 수도 있지만 다른 것들은 중력 반응에 영향을 줄지도 모른다. 결과는 항상 주의를 갖고 해석되어야만 한다.

우주공간 — 마지막 개척지

1950년대 우주비행의 발전은 식물학자들에게 미세중력 조건에 대한 반응들을 연구할 유일한 기회를 제공해주었다. 첫 번째 밀과 옥수수 씨앗이 스푸트니크 4호에 실려 간 1960년 이래로 식물을 갖고 한 실험들이 미국과 구소련이 띄운 유인 또는 무인 우주선에서 실행되었다. 아마도 기대한대로 미세 중력의 생리적인 효과는 굴중성뿐 아니라 다양한 다른 세포 사건들에도 영향을 미쳤다. 대부분의 효과는 생장저해, 염색체 이상, 그밖의 세포학적 이상과 같이 유해한 것들이었다. 1982년 애기장대가 성공적으로 생활사를 마치고 생존가능한 씨를 생성할 때까지는 개화기에서 죽는 경우가 흔했다. 많은 어려움들은 우주공간에서 식물을 유지하려는 시도의 방법론에 원인이 있을 수도 있지만 개선된 방법으로도 어려움은 여전히 없어지지 않았다. 돌아온 것은 미미하지만 실험 수단으로 미세중력의 이용은 탐험을 하기에 무르익어 있다.

힘은 수평 위치로 줄기와 뿌리를 놓음으로써 간단히 얻게 된다. 갓뿌리의 노출 시간은 12초, 귀리 자엽초는 30초로 측정되었다. 만약 자극이 매 5초마다 반복되어진다면, 극히 짧은 1초간의 자극도 귀리 자엽초에서 굴곡을 유도할 것이다. 이것은 "어떤 누적 성질을 지닌 수용 과정(accumulative receptive process)은 식물이 방향을 돌리는 순간에 작동을 한다."라는 사실을 제시하는 것이다.

노출 시간은 **반응 시간(reaction time)**과 혼동하지 말아야 한다. 즉, 반응 시간은 자극에 노출되어 실제로 굴곡이 일어나는 사이의 간격을 말하는 것이다. 반응 시간에는 비대칭 생장 반응을 유도하는 데 필요한 일련의 신호 전달 체제가 포함된다. 전형적으로, 굴곡이 측정되기 전에 10분 정도가 요구되는데 이런 반응 시간은 식물 종이나 실험 조건에 따라 몇 분에서 몇 시간까지 다양하다. 정교한 전자 위치−감지 변환기(electronic position−sensing transducer)를 사용한 실험에서, 옥수수 자엽초의 굴곡은 수평으로 놓은 지 약 1.5분 안에 측정되는 반면에 중배축의 굴곡은 3.5분이 지나야 측정된다.

반응을 일으키는 데 필요한 최소 자극 세기를 **역치 강도(threshold intensity)**라고 한다. 역치 강도가 다양한 실험 조건하에서 여러 식물 기관에서 측정되었다. 그 결과는 배우 일관적이며 뿌리가 줄기보다 더 민감함을 나타내었다. 식물 회전기(clinostat) 실험에서(Box 23.1 참조), 귀리 자엽초와 뿌리의 역치 강도는 각각 1.4×10^{-3} g와 1.4×10^{-4} g로 나타났다. 살유트 7호(Salyut 7) 우주

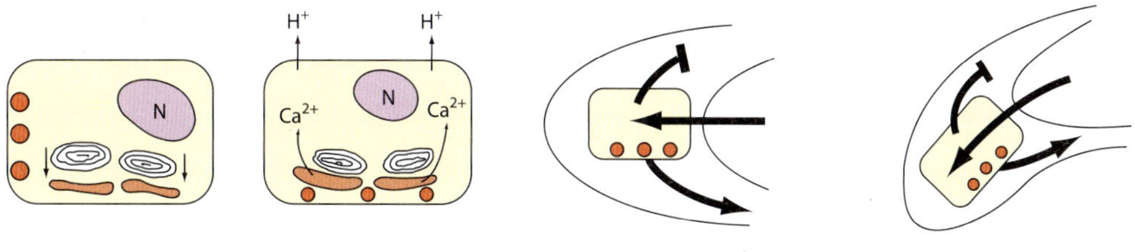

그림 23.11 뿌리 굴중성의 4단계. 뿌리의 방향이 중력장 내에서 변할 때, 그 변화는 소포체와 같은 세포내 막에 대한 녹말체의 정착에 의하여 뿌리 골무에서 감지된다. 생물물리적 신호는 수소 이온, 칼슘 이온, 옥신 수송촉진자의 재배치와 같은 2차 전달자를 통하여 생화학적 신호로 변형된다. 이 신호는 변형된 옥신 흐름을 통해 뿌리 신장 지역으로 전달되어 굴곡 반응을 일으킨다. N = 핵.

선에서 행하여진 실험에서 상추 유식물의 하배축과 뿌리에서 계산된 값은 각각 2.9×10^{-3} g와 1.5×10^{-4} g이다. 많은 식물들이 중력 자극에 매우 민감한 것은 분명하다.

23.2.3 뿌리 굴중성은 4단계로 나타난다

실제적으로 뿌리 굴중성에 관한 모든 연구는 1차뿌리에 집중되었으며 연속되는 4개의 단계가 확인되었다: 인지(perception), 변환(transduction), 전도(transmission), 생장 반응(growth response) (그림 23.11) 실제 속도조절은 실험 조건에 따라 달라질 수 있지만 초기 감지 양상은 수직으로 된 뿌리에서 1초안에 감지되며 중력 방향을 감지하는 생물물리학적 메커니즘(예를 들어, 압력)을 포함한다. 방향 전환에 이은 1에서 10초 간에 일어나는 변환단계는 생물물리학 신호를 생화학 신호로 변환하는 것을 포함한다. 전도단계는 방향전환의 10초에서 10분 간의 사이에서 일어나며 뿌리끝에서 옥신의 재분포를 포함한다. 옥신의 불균형 분포에 기인하는 생장반응은 보다 더 수직 방향으로 뿌리의 기울어짐을 초래한다.

23.2.3.1 중력은 뿌리골무 내의 중축 세포에서 감지된다

뿌리에서 굴중성에 대한 인지 장소는 뿌리골무(root cap)이고, 이 뿌리골무는 뿌리 끝을 감싸는 골무 형태의 세포 집단이다. 뿌리 골무는 규칙적인 층으로 배열된 세포의 **중심핵(중축: columella)**과 하나 또 그 이상의 바깥층을 이루는 **주변세포(peripheral cell)**로 되어 있다. 전통적으로 뿌리골무의 기능은 다음 두 가지로 생각되고 있다. 즉, 뿌리골무는 뿌리 정단 분열 조직을 물리적으로 보호하며, 이 뿌리골무의 표면부 세포에서 점액성 다당류를 분비하여 생장중인 뿌리가 자라는 통로에 윤활유 역할을 한다. 또한 세 번째 기능으로서 중력 인지 작용을 하는 것이 최근에 뿌리골무를 외과적으로 전부 혹은 부분적으로 제거한 실험들에 의해 확립되었다(그림 23.12). 뿌리골무를 완전히 제거시 뿌리의 신장에는 간섭을 주지 않지만 굴중성 반응이 완전히 사라진다. 뿌리골무가 제거된 뿌리는 약 24시간 후에 중력 감수성이 회복되는데, 이것은 새로운 뿌리골무의 재생성과 관련이 있는 것이다. 뿌리골무가 점차 제거되는 실험에 따르면 중축(中軸, columella)이 제거될 때 세포들은 굴중성반응의 강한 억제를 야기한다. 이러한 관찰은 세포를 한 개씩 또는 쌍으로 선택적인 제거를 할 수 있는 질소레이저와 광학현미경을 이용한 최근의 실험으로 더 뒷받침 되었다. 가장 안쪽에 있는 중축세포의 제거는 뿌리 자체의 생장률에는 별 영향 없이 뿌리 굽음에는 가장 큰 영향을 미쳤다(그림 23.13). 반면에 뿌리골무의 바깥 세포들을 제거하게 되면 굴중성 반응에 거의 영향을 미치지 않는다.

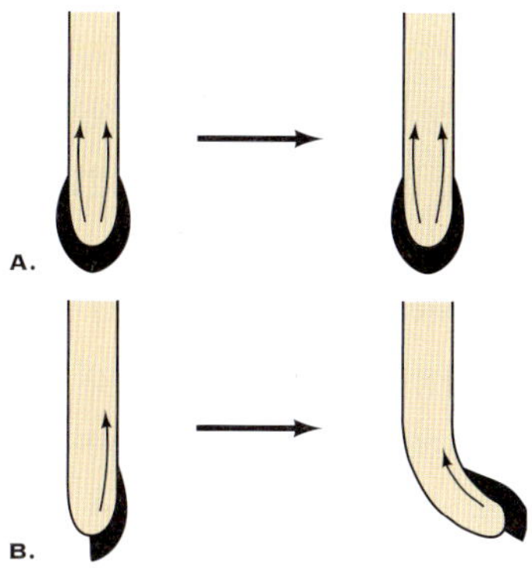

그림 23.12 수직으로 놓여 있는 뿌리에서의 굴곡 반응에서 뿌리골무의 역할. 화살표는 뿌리골무로부터 뿌리의 신장지역으로 이동하는 억제 물질의 흐름을 나타낸다. (A) 대조구 뿌리; 뿌리골무가 온전한 상태일때 뿌리 생장은 균일하다. (B) 뿌리골무가 뿌리의 한쪽 면에서만 제거되었을 때 이때 뿌리는 뿌리골무가 남아 있는 쪽으로 자란다.

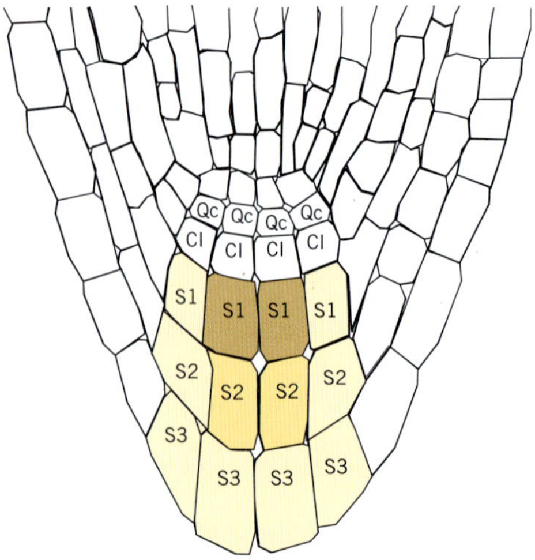

그림 23.13 분열지연 중심부(quiescent center;QC), 중축시원 세포(columella initial;CI), 중축 세포의 3단계를 보여주는 애기장대 뿌리골무의 모식도. 색깔로 표시된 세포는 레이저 절제 실험을 통하여 중력자극에 민감한 것을 나타낸다. 상대적 민감도는 색의 농도에 의해 표시했다. (Based on Perbal and Driss-Ecole, 2003)

23.2.3.2 중력 인지는 녹말로 가득한 녹말체의 이동을 포함한다

중력에 대한 반응은 세포내의 어떠한 물리적 구조의 침전을 포함해야만 한다. 놀(F. Noll)은 1892년에 식물이 일부 동물과 유사한 방법으로 중력을 감지한다고 처음으로 제시하였다. 갑각류, 연체동물 및 다른 많은 무척추동물들은 감각털(sensory hair)이 일렬로 배열되어 있으면서 신경이 분포한 조그만 **평형낭(statocyst)**이라고 불리는 중력 감지 기관을 갖고 있다. 이 평형낭 안에는 **평형석(statolith)**으로 불리는 약간의 작은 모래 입자 혹은 칼슘 카보네이트 입자가 있는데, 이것들은 중력에 의해 아래로 움직인다. 평형낭의 자세가 변하면 평형석 역시 그 위치가 움직여지는데, 이때 감각털이 휘어지면서 활동 전위를 중추신경계에 전달하여 그 변화를 알린다.

1900년대에 하버란트(G. Haberlandt)와 네멕(E. Nemec)은 중력에 대한 식물 반응을 설명하기 위해 각각 독자적으로 평형석 이론을 적용하였다. 그들은 주의 깊은 세포학적 연구에 기초하여서, 평형석과 같은 기능을 하는 녹말 입자가 특수화된 조직에서 발견된다는 **녹말-평형석 가설(starch-statolith hypothesis)**을 제안하였다. 평형낭은 침전할 수 있는 녹말 입자를 함유하고 있는 세포라는 것이다. 이런 평형낭을 포함하고 있는 조직이 **스타텐키마(statenchyma)**로 알려져 왔다. 대부분의 녹말 입자가 발견되는 뿌리골무를 제거하면 굴중성 반응이 없어진다는 다윈과 다른 사람들의 연구 결과로, 평형석 가설이 지지를 받았다. 그럼에도 불구하고, 그 가설은 일반적으로 받아들여지지 않았으며 10년이 넘게 많은 연구자들이 그 이론을 증명 또는 반증하는 시도를 하였다.

현재, 우리는 평형석이 단순히 녹말 입자가 아니라 **녹말체(amyloplast)**로서 이해하고 있다(그림 23.14). 한 녹말체는 공통의 막 안에 간직되어 있는 녹말 입자의 집단이다. 녹말체 안에는 1개 내지 여러개의 녹말 입자가 존재하며 각 평형낭 안에는 12개 정도의 많은 녹말체가 들어 있다. 이것은 녹말 저장 기관의 특징인 하나의 커다란 입자와 비교된다. 모든 세포내에 있는 모든 녹말체가 쉽게 이동하는 것은 아니다. 사실상의 평형석 역할을 하는 것은 주로 높은 굴중성 감수성이 있는 지역에서만 검출된다. 이런 곳으로는 뿌리골무의 중심부에 액포가 거의 없는 세포 집단—중축(columella)—과 그리고 하배축에서는 관다발 조직을 둘러싸고 있는 내피 세포(endodermal cell) 지역(녹말 초)이 있다. 움직일 수 있는 녹말체는 중력에 반응하는 초본류 줄기의 마디에 있는 운동 기관인 엽침(pulvini)과 지상부 기관의 내부 피층 세포에서도 발견된다.

입자 침전을 포함하는 어떠한 중력-인지 메커니즘도 입자의 침전 속도와 감수성은 알려진 반응의 속도와 감수성과 일치해야 한다고 생각하고 있다. 1960년대에 오더스(L. J. Audus)는 다양한 세포 소기관에 관해 주의 깊은 실험을 착수했다. 오더스는 모든 세포 소기관 중 녹말 입자만이 알려진 노출 시간 동안에 점성이 있는 세

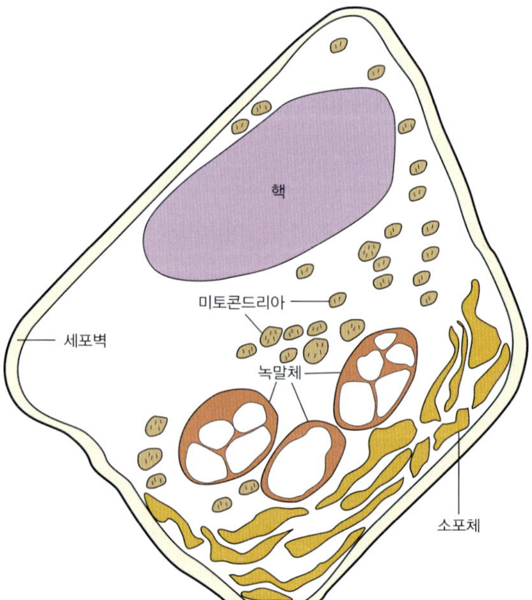

그림 23.14 세 개의 평형석(아밀로플라스트)을 함유하고 있는 평형낭(중축 세포). (Based on an electron micrograph of *Lepidium* root, Volkmann nd Sievers, 1979. In W. Haupt, M. E. Feinleib (eds.), *Encyclopedia of Plant Physiology*, NS, Vol. 7, pp. 573–600. Berlin: Springer-Verlag.)

포질내를 이동할 수 있는 질량과 밀도를 가졌다고 결론지었다. 초미세 구조 실험에 의하면, 소포체와 같은 다른 세포 소기관도 중력 자극이 주어진 세포내에서 움직일 수 있다고 알려졌지만, 이런 움직임은 녹말입자의 침전 후에 일어나는 것으로 생각되었다. 비록 녹말-평형석 가설에 대한 직접적인 증거가 없을지라도, 이 가설을 지지하는 많은 증거들이 있다. 이 증거들을 요약하면 다음과 같다.

1. *굴중성은 녹말입자 혹은 녹말체를 갖고있지 않은 식물에서는 일반적으로 나타나지 않는다.* 조류(algae)와 곰팡이와 같은 하등 식물에서는 여분의 탄수화물이 녹말로 저장되지 않는다. 이 경우에는 어떤 다른 물질이 평형석 기능을 할 것이다. 예를 들면, 카라(*Chara*)라는 조류에서 녹말 입자의 역할은 바륨황산염(barium sulphate)의 입자로 대치된다.
2. *녹말의 침전율과 노출 시간 사이에는 밀접한 관계가 있다.* 예를 들어, 스위트피(sweet pea; *Lathyrus odoratus*)에서 온도가 30℃에서 10℃로 내려갈 때 침전 시간과 노출 시간이 동시에 증가한다. 이런 감소는 세포질의 점성 증가와 관련이 있을 것이다.
3. *호르몬 처리 또는 돌연변이에 의한 녹말 손실은 중력 반응 상실을 수반한다.* 예를 들면, 35℃에서 시토키닌 또는 지베렐린을 처리한 갓(cress) 유식물(*Repidium sativum*)의 뿌리는 29 시간 내에 녹말이 없어진다. 처리된 뿌리의 생장률은 약간 감소했으나 (0.48 mm h^{-1} 대 0.64 mm h^{-1}), 중력에 대한 반응은 완전히 사라졌다. 뿌리에 다시 물과 빛을 공급 하면 20에서 24시간 후에 녹말체와 중력 반응성이 동시에 회복되었다. 돌연변이 옥수수인 *amylomaize*는 야생형에 비해 아주 작은 녹말체를 생성한다. 녹말체의 침전 속도와 침전율에 대한 연구에서 자엽조의 굴곡 정도는 녹말체의 크기와 밀접한 관계가 있었다. 또 다른 옥수수 돌연변이체인 *hcf-3*(high chlorophyll fluorescence 3)는 광합성을 수행할 수 없기 때문에 저장 배유가 고갈되었을 때 잎 기저부에 있는 평형낭에서 녹말을 형성할 수 없다. 이런 유식물에 설탕이 공급되지 않으면 중력에 반응하지 않으나, 그러나 설탕이 투여되면 녹말체와 중력 감수성이 회복된다.
4. *녹말체는 중력장 내에서 높은 자기장 기울기에 의해 이동 되어질 수 있다.* 뿌리와 하배축의 세포내 자기장은 평형석을 측면 방향으로 이동하는데 사용된다. 자기장은 또한 중력반응과 유사한 뿌리굴곡을 유도한다.

많은 모델들이 제시되어 오긴 했지만 평형석의 침전이 어떻게 세포나 조직의 생리적인 비대칭성을 초래하는지는 아직 잘 모른다. 대부분의 모델들은 평형석의 위치 변화나 움직임 그 자체는 중요하지 않다고 제시한다. 선호되는 관점은 평형석이 하나 그 이상의 막 또는 다른 세포내 구성요소들에 압력을 가한다는 것이다. 아직 식물에서 압력에 민감한 생체막에 대한 직접적인 증거는 없지만 원형질막과 소포체가 그런 것일 거라고 생각하고 있다. 중력 자극을 받은 뿌리 평형낭의 전자현미경 사진, 예를 들어 녹물체는 세포의 아래쪽의 소포체에 침전되어 있다(그림 23.14).

23.2.3.3 전도와 반응 단계는 신장 지역에서 옥신의 측면상의 재배치를 포함한다

굴광성과 같이, 중력에 반응해서 굴곡을 발달시키기 위해 차등 생장이 일어나야 하는 것은 분명하다. 비대칭 옥신 분포를 설명하는 콜로드니-벤트 가설은 60년 이상 굴중성에 대해 생각과 연구를 집중하도록 시켜왔다는 것이 놀랄만한 일은 아니다. 따라서 이 가설은 수평 방향으로 놓여 있는 줄기나 뿌리에서는 기관의 아랫면으로 옥신의 측면 이동이 일어난다고 설명하고 있다. 옥신의 재분포는 음성 굴중성 기관(예, 자엽초와 줄기)이 위쪽으로 굽는 것처럼, 아래쪽의 생장률을 더 촉진하게 된다. 뿌리와 같은 양성 굴중성 기관에서는, 아래쪽 부분의 높은 옥신의 농도는 상대적으로 윗부분에 비해서 아래쪽의 신장을 억제하여 아래로 굽게 하는 것으로 생각된다. 통상적으로 자엽초와 줄기의 신장을 촉진하는 농도인 10^{-6}M 또는 그보다 높은 농도의 옥신을 처리하였을 때 뿌리 생장이 억제된다는 사실이 잘 알려져 있다. 게다가 중력에 의한 굴곡은 옥신 수송 저해제(TIBA, NPA)에 의해 저해된다.

뿌리에서 옥신 흐름은 "옥신 근원 모델"(auxin fountain model)로 기술된다(그림 23.15). 줄기 내에서 합성된 옥신은 하향적으로 줄기에서 뿌리로 이동된다. 그곳에서 옥신은 중앙 관다발 조직이나 중심주와 연관된 세포를 통하여 뿌리 끝을 향하여 계속 이동한다. 뿌리골무의 중축 지역에서 옥신 흐름은 역전 되며 신장 지역의 피층세포의 기저부를 향하여 이동한다(그림 23.15A). 수직 뿌리 내에서 피층지역으로의 옥신의 흐름은 뿌리 주위로 균일하게 분포된다. 뿌리가 수평으로 놓이게 되면(그림 23.15B) 중축으로 부터의 옥신의 흐름은 측면으로(즉, 아래로) 재배치된다. 바꾸어 말하면, 수평 뿌리 내에서 옥신 흐름은 뿌리의 아래쪽을 향하여 편향된다. 뿌리의 아래쪽 옥신의 높은 농도는 상대적으로 뿌리 위쪽에 비해 신장을 억제하여 뿌리는 아래로 구부러진다.

23.2.3.4 뿌리 내에서 중력 유도는 몇몇 이차 전달자와 옥신 전달자의 재배치를 포함한다

중력자극을 받은 뿌리에서 일어나는 초기 사건은 중축세포들의

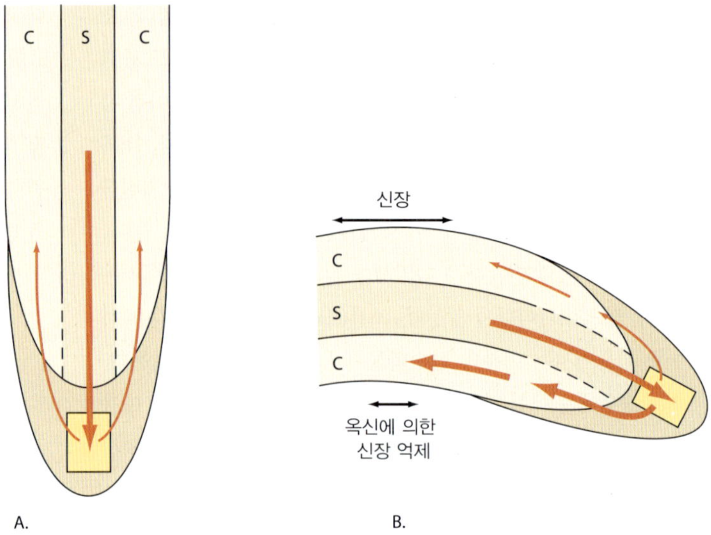

그림 23.15 뿌리에서 옥신 이동 경로. 줄기내에서 생선된 옥신은 중앙 관다발 조직을 따라서 뿌리로 흘러간다. 중축(노란 사각형)에서 옥신 흐름은 상피와 피층세포 지역으로 분산되고 신장 지역으로 흘러올라 간다. 뿌리가 수직 방향으로부터 위치가 바뀌어 질때, 중축내의 대사 사건이 옥신의 주된 흐름을 뿌리에 아래쪽으로 바꾸어 놓는다.

막전위 변화이다. 큰다닥냉이(*Lepidium sativum*) 뿌리를 수평으로 재배치한 뒤 수초 만에 뿌리의 아래쪽에 있는 중축세포들은 탈분극화(전위가 덜 음성적으로 됨)되고 위쪽 세포들은 과분극화(전위가 더 음성적으로 됨)된다. 이런 막전위의 변화는 **시토사라신 D(cytochalasin D)**에 의해 억제되기 때문에 어느 정도 세포내 골격과 연관이 있는 것 같다. 시토사라신 D는 빨리 신장하는 액틴 필라멘트에 결합함으로써 세포내 골격을 붕괴시킨다. 또한 녹말체가 액틴 필라멘트에 의해 원형질막과 연결되어 있다는 증거도 있다. 이러한 관찰은 녹말체의 위치변화가 신장(伸張)-활성화 이온 통로(stretch-activated ion channel)를 자극할 것이라는 가설을 제기할 수 있게 한다. 신장-활성화 통로는 패치-클램프(patch-clamp) 실험에서 막이 흡입에 의해 신장될 때 활성화되기 때문에 붙여진 이름이다. 이 가설에 따르면 신장-활성화 이온 통로는 중축세포에서 관찰된 막전위의 변화를 일으키게 되고 따라서 옥신의 비대칭적인 재분포를 일으킨다.

중축세포에서 pH의 변화 또한 중력자극을 받은 뿌리에서 관찰된다. pH에 민감한 형광 단백질을 이용하여 애기장대 뿌리의 굴중성 반응 동안 뿌리골무의 아포플라스트 pH가 2분 안에 5.5에서 4.5로 떨어진다는 것이 관찰되었다. 거꾸로 중축세포의 세포질 pH는 7.2에서 7.6으로 약간 증가하였다. 뿌리골무에서 이런 pH의 변화는 신장대에서 일어나는 옥신에 의한 pH 변화보다 약 10분 먼저 일어난다.

여러 연구자들은 자엽초와 뿌리에서 굴중성 반응의 일차적인 작용자로서 칼슘의 역할을 강조하였다. 중력 자극을 받은 해바라기의 하배축과 옥수수 자엽초의 윗면에 방사능으로 표지된 칼슘(^{45}Ca)이 한 시간내에 축적된다. 외부에서 IAA를 비대칭적으로 처리한 후에도 칼슘의 재분포가 일어났으며, 이 현상은 수평으로 놓인 기관에서 옥신 이동 억제제인 NPA로 처리할 때 방해받게 된다. 조직화학적 기술을 통해 중력자극을 받은 후 10분 이내에 귀리 자엽초의 상면표피 조직과 유조직 세포내에서 칼슘이 분포한다는 것이 입증되었다. 게다가 유리 칼슘의 킬레이트 화합물(chelator)인 EGTA(ethyleneglycol-bis-(β-aminoethyl ether)-N, N′-tetraacetic acid)로 전처리하면, 칼슘 재분포와 굴중성 반응이 방해를 받고 그리고 자엽초의 중력 반응은 칼슘 결합 단백질인 칼모둘린(calmodulin)의 억제제인 클로로프로마진(chloropromazine) 처리에 의해 방해받는다. 이 사실은, 중력에 대한 반응이 어느 한 단계에서 칼슘/칼모둘린 복합체를 포함하고 있음을 암시하는 것이다.

외부 칼슘처리 실험으로 인하여 뿌리의 굴중성에서 칼슘의 역할이 마찬가지로 설득력을 갖게 되었다. 한 예로, 10 mM $CaCl_2$를 함유한 한천 조각을 비대칭적으로 옥수수 뿌리에 처리하면 옥수수 뿌리의 굴곡이 유도되나 이 현상은 한천 조각을 뿌리 정단부에 적용했을 때에만 해당된다(그림 23.16). 뿌리에서 칼슘의 수평이동은 뿌리골무 쪽으로만 일어나는 것 같으며—그 이동은 만약 뿌리골무가 제거되면 방해받게 되며—그 이동은 수평뿌리의 아랫면 쪽으로 향하게 된다. 더욱이, 칼슘은 뿌리골무 세포를 통해서 이동하는 것이 아니라 뿌리골무를 덮고 있는 두꺼운 점액질층을 통해 이동하는 것으로 보였다. 이 점액질층의 중요성은, 만약 이 층을 제거하면 뿌리가 중력에 대해 민감하게 반응하지 못한다는 사실에 의해 알 수 있다. 중력 자극을 받은 자엽초와 뿌리에서 칼슘의 비대칭적 분포 방향이 옥신과 반대임을 주목한다. 이들 두 기관에서 칼

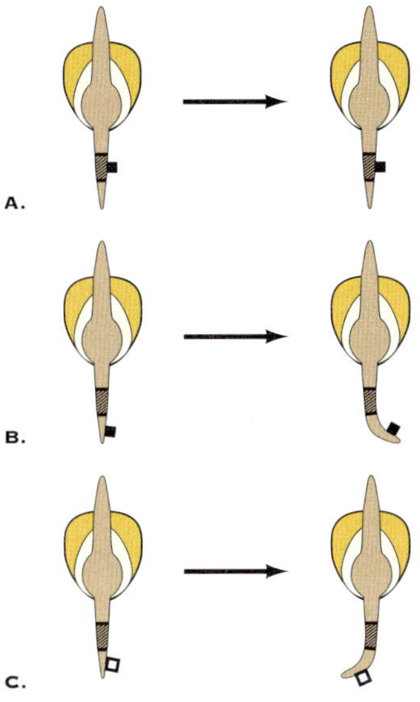

그림 23.16 옥수수 1차 뿌리에서 칼슘 유도 굴곡. (A) 뿌리의 신장지역 한쪽 면에 놓여진 칼슘을 함유한 한천 조각은 아무런 효과를 보이지 않는다. (B) 칼슘을 함유한 한천 조각이 뿌리 정단에 놓였을 때, 뿌리는 칼슘원이 있는 방향으로 자란다. (C) 칼슘 킬레이트 화합물인 EGTA를 함유한 한천 조각이 뿌리를 반대 방향으로 자라도록 유도하고 있다.

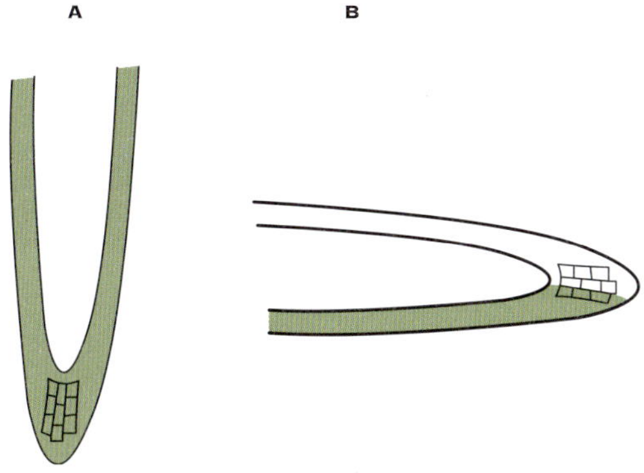

그림 23.17 수직으로 놓인 뿌리(A)와 중력자극을 받는 뿌리(B)에서의 옥신 수송 촉진자 PIN2의 분포와 발현. 수직 뿌리에서는 균일하게 뿌리 주변에서 세포 신장지역으로 향하는 옥신의 흐름을 중재하는 PIN2가 뿌리골무 주변, 상피, 피층에서 어느 정도 대칭적으로 분포한다. 중력자극을 받고 있는 뿌리에서 뿌리의 아래쪽에 존재하는 PIN2에 비해 위쪽에서 PIN2 분해가 촉진된다.

슘은 오목한(concave) 면 쪽으로 이동한다. 그러므로 수평으로 놓인 뿌리에서 칼슘은 뿌리골무의 아랫면에 쌓이기 위해 아래로 이동하나 자엽초에서는 위쪽 면으로 이동한다. 이런 칼슘의 공급원은 아직 모르지만 녹말체와 소포체가 상호작용하면서 소포체에서 나올 가능성이 있다. 마지막으로, 예기치 않게 PIN 단백질과 결합된 초록 형광 단백질의 최근 연구와 현미경을 통한 검정이 옥신 공급원과 뿌리 굴중성 공동 작용할 수 있는 옥신 유출 촉신사인 PIN1, PIN2, PIN3의 활성과 분포에 의지한다는 것을 입증하였다(그림 23.17). PIN1은 중심주 내에서 세포 말단에 존재하며 뿌리 끝으로의 옥신 흐름 이동에 관여한다. PIN3는 수직으로 놓인 1차 뿌리에서 중축세포의 측면 세포벽을 따라 존재하며 흐름을 옆 또는 원심으로 전환하거나 뿌리 조직 주변으로 전환한다. PIN2는 말초 뿌리골무, 상피세포, 피층세포 주변 기저부에 주로 존재하며 세포 신장지역으로 향하는 옥신의 흐름을 중재한다. 굴지성 측면에서 PIN2의 중요성은 *pin2* 돌연변이체는 굴성 반응을 위해 필요한 측면으로의 옥신 분포를 만들어 내지 못하므로 정상적인 굴성 반응을 나타내지 못하는 *pin2* 돌연변이체의 관찰을 통해 알 수 있다. 수직 형태의 뿌리를 수평으로 전환시키면 두 가지 중요한 사건이 나타난다. 첫 번째, PIN3는 중축 세포의 낮은 쪽의 측면을 따라서 재배치된다. PIN3의 재배치는 뿌리의 아래쪽으로 향하여 들어오는 옥신을 아마도 재배치시킨다. 둘째, PIN2는 뿌리의 위쪽과 아래쪽으로 재배치된다. PIN2 단백질은 유비퀴틴네이션(ubiquitination)과 프로테아좀(proteasome) 의존적 분해로 인해 회전율이 빠르다. 중력자극은 뿌리의 위쪽에서 PIN2 분해가 증가하도록 분명하게 유도한다. 동시에 높은 옥신 레벨은 뿌리 아래쪽에서 PIN2가 머무는 것을 촉진한다. PIN2의 불균형 분포는 중축 세포에서 PIN3에 의해 성립된 옥신 기울기를 유지하도록 도와준다. 그러나 다시 수직 방향으로 돌아가면 어떻게 뿌리가 바로 잡히게 되는가? 그것은 PIN2의 분해를 옥신이 촉진할 수 있다는 것을 통해 밝혀졌다. 옥신 농도는 뿌리의 아래쪽에서 계속 증가하는데 농도가 역치에 도달하게 되면 신장 지역으로 옥신 수송을 막기 위하여 옥신 중재 PIN2분해가 시작되고 그래서 굴곡을 감소시킨다. 이 시점에서 풀리지 않은 큰 문제는 중력에 반응하는 녹말체의 정착이 pH, 칼슘 유동, 그리고 다른 이차 전달자의 변화를 어떻게 유도하는가 그리고 이러한 변화가 옥신 수송 단백질의 활성과 분포의 변화와 어떻게 연관되어 있는가이다.

23.3 경성 운동

굴성운동과 같은 방향성을 보이는 운동 이외에도, 많은 식물과 식물 기관, 특히 잎은 경성운동(nastic movement)을 보여주고 있는데, 여기에서는 운동방향이 자극이 지니는 방향성 요소와 관련되어 있지 않다. 경성반응은 차등 생장을 포함하고 있으며, 이 경우에 그 운동은 영구적인 성질을 나타낸다. 그러나 이 운동은 또한 특수하게 분화된 운동기관(motor organ) 내에서 나타나는 팽압 변화에 의해 초래되는 가역적인 운동이다.

상편생장(epinasty)과 **감온성(thermonasty)**은 차등 생장을 수반하는 경성 반응의 예이다. **상편생장**은 식물 기관이 아래로 굽는 것으로서, 보통 잎자루와 잎의 끝 부분이 땅 쪽으로 향하게 된다. 그러나 그것은 중력에 대한 반응이 아니라 잎자루의 위와 아래 면에서 일어나는 옥신의 균등하지 않은 흐름에 의존하여 나타나는 것으로 보인다. 상편 생장은 또한 에틸렌이나 과다한 양의 옥신에 대한 흔한 반응이다. 정반대 반응으로서, **하편생장(hyponasty)**으로 불리는 반응은 덜 흔하지만 이것은 지베렐린에 의해 유발될 수 있다. **감온성(thermonasty)**의 전형적인 예는 튤립(tulip)과 크로커스(crocus) 같은 일부 꽃잎의 반복적인 개폐 운동을 들 수 있다. 그러나 그것들의 반복적인 특성에도 불구하고 감온성 운동은 영구적이며 꽃잎의 두 면에서 일어나는 차등생장의 결과로 나타난다.

가장 극적인 경성운동은 모두 팽압 운동으로서, 이것들은 대체로 3가지 종류로 분류되고 있다. (1) **수면(nyctinastic)** 식물에서 나타나는 느리며 리듬성인 잎의 수면운동, (2) 한정된 종 내에서 일어나는 매우 빠른 **감진성 운동(seismonastic movement)**, (3) 기어오름성 식물과 덩굴 식물에서 실 모양의 부속 돌기가 보이는 **감촉성(thigmonastic)** 또는 **굴촉성(thigmotropic)**적인 휘는 운동

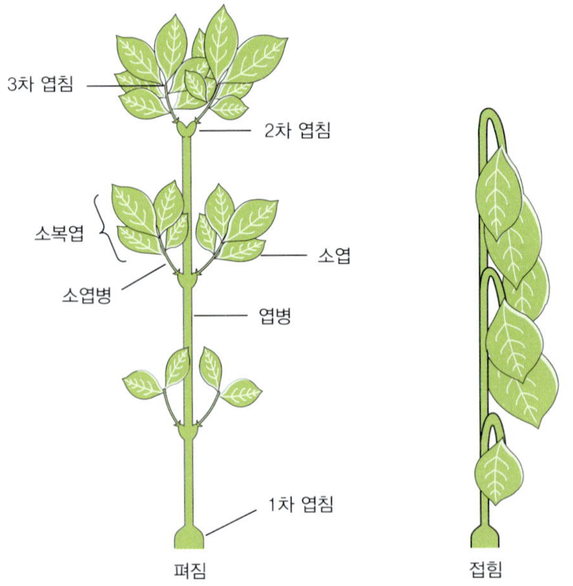

그림 23.18 1차와 2차 엽침의 위치를 나타내고 있는 *Samanea samanan*식물의 잎. 1차 엽침의 활성화는 소엽이 엽병과 평형하게 위로 접히도록 한다. 2차 엽침의 활성화는 소엽병이 아래쪽으로 접히도록 한다. (Reproduced from the *Journal of General Physiology* 40:413–430, 1974, by copyright permission of the Rockefeller University Press.)

(curling)이 있다. 수면운동과 감진성 반응은 **엽침(pulvinus,** 복수형=pulvini)이라고 불리는 특수화된 운동 기관에서의 차등적인 팽압 운동에 의해 일어난다. 엽침은 콩과식물(Leguminoseae)과 괭이밥과(Oxalidaceae) 식물과 같이 복엽을 가진 식물에서 흔히 보이는 구근 모양의 조직이다(그림 23.18; 23.19). 그것은 엽병(일차 엽침, primary pulvinus), 소복엽(이차 엽침, secondary pulvinus), 소엽(삼차 엽침, teritiary pulvinus)의 기부에서 발생한다. 엽침은 크고 얇은 세포벽을 가진 많은 운동세포(motor cell)를 포함하고 있는데, 그것은 팽압의 가역적인 변화에 의해 잎의 위치를 바꾼다.

23.3.1 수면운동은 가역적인 팽압변화를 포함하는 리듬 운동이다

수면운동(nyctinastic, 그리스어; nyctos=밤, natos=닫힘의 합성어)은 낮과 밤에 따라 위치가 변화하는 잎에서 확실히 알 수 있다. 전형적으로 잎과 소엽은 낮 동안에는 수평 위치(즉, 잎이 펴진 자세)로 열려 있고 밤에는 보다 수직 방향(닫힘 자세)으로 접혀 있다. 보통 콩과식물의 첫 번째 잎에서 특히 강한 수면운동이 나타나며 또한 콜레우스(*Coleus*) 식물과, 정원 및 실내의 식물에서도 볼 수 있다. 이런 수면 운동에 관한 관찰의 역사는 고대 그리스의 플리니(Pliny)의 기록까지 거슬러 올라간다. 스웨덴의 식물학자 린네(1775)는 수면운동(nyctinastic movement)을 기술하기 위해 '식물의 수면(plant sleep)'이라는 용어를 만들어 냈고, 이것은 일반적으로 오늘날까지 이용되고 있다. 콩의 수면운동은 내재성 생체시계의 발견으로 뚜렷해졌다(24장).

수면 운동은 다윈을 포함한 18, 19세기의 여러 식물학자들에 의해 연구되었다. 그러나, 그 과정은 이중의 복엽(compound leave)을 지닌 콩과식물의 한 종인 사마내 사만(*Samanea saman*)에서 새터(Ruth Satter)와 그녀의 동료들에 의해 가장 광범위하게 연구되었다(그림 23.18). *Samanea*에서 쌍을 이룬 소복엽(pinna)과 소엽(pinnule)들은 보통 분리되어 펼쳐 있는데, 반면에 접혀져 있는 동안에는 각기 서로 서로 포개진다. 또한 *Samanea*에서 쌍을 이룬 기관은 아래쪽으로 접히나(basipetally), 미모사(*Minosa pudica*)와 자귀나무(*Albizzia julibrissin*) 같은 다른 종에서는 소엽 쌍이 위쪽으로 접힌다(acropetal). 미모사, 비단나무 및 사마내의 이중 복엽은 모두 3개의 엽침을 가지고 있지만, 단엽을 가진 콩은 단지 2개만을 갖는다. 일반적으로 가장 빠르고 또한 극적인 변화가 나타나는 것이 2차 엽침이며, 그래서 그것이 가장 광범위하게 연구되었다 (그림 23.19). 그것들은 또한 비교적 커서(사마내의 경우에 직경 2~3 mm, 길이가 4~7 mm) 그 굴곡 변화를 육안으로 쉽게 볼 수 있다.

모든 경성 반응은 엽침내에서의 가역적인 팽압 변화에 좌우된

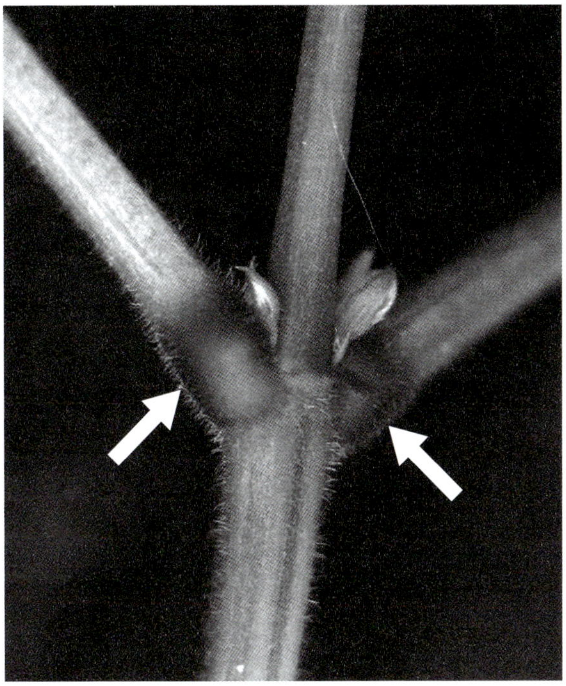

A.

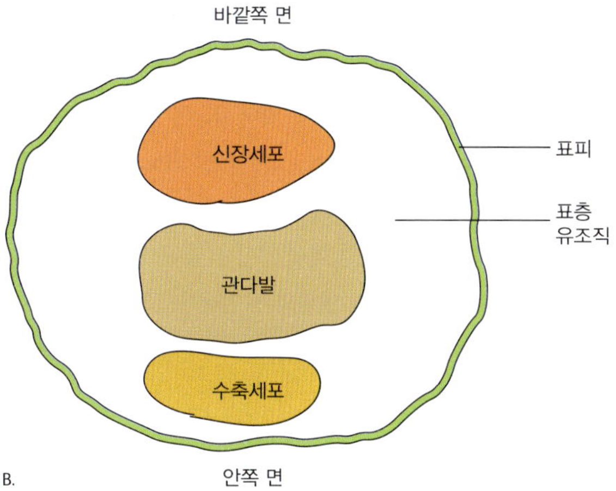

B.

그림 23.19 엽침. (A) 강낭콩의 2차 엽침. 2차 엽침은 곁눈 바로 밑에 엽병과 줄기가 접하는 팽창된 지역(화살표)이다. 강낭콩에서 1차 엽침은 잎이 붙어있는 엽병의 원심말단에 위치한다. 강낭콩에서 잎이 접힐 때는 엽병이 줄기 축을 향해 접히며 잎은 수평방향에서 수직방향으로 하강하게 된다. (B) 확장된 표층 유조직 지역이 표시된 강낭콩 2차 엽침의 종단면 모식도. 닫혀 있는 동안 신장지역의 운동세포는 팽압을 잃는 반면 수축지역 운동세포는 팽압을 얻어서 엽병은 줄기 축으로 움직인다. 열려있는 동안 신장 세포는 팽압을 얻고 수축지역의 세포는 팽압을 잃고 그래서 줄기 축으로부터 엽병은 멀어진다.

다. 전형적으로 엽침은 원통형 모양으로서 중앙에는 뚜렷한 관다발 중심이 있는데, 이는 위쪽과 아래쪽으로 굽는 작용을 용이하게 해준다(그림 23.19). 이 관다발에는 후벽 조직에 의해 둘러싸인 물관부와 체관부가 있다. 그 관다발 조직은 엽침 내부에서 직선형으로 배열되어 있으며, 아마도 엽침의 유연성을 촉진하는 것 같다. 관다발 중심의 바깥에는 10~20층의 유조직 세포를 함유하고 있는 피층으로 구성되어 있다. 이 피층의 바깥쪽 세포들은 얇고 탄력성 있는 벽을 가지며 운동이 일어나는 동안 크기와 모양이 크게 변하는 것으로 보인다. 이 세포들은 **운동세포(motor cell)**라고 부른다. 운동 세포의 크기와 형태의 변화가 바로 잎 운동의 원인이 된다.

엽침의 바깥쪽 면(adaxial side)과 안쪽(abaxial) 면은 각각 **신장지역(extensor)**과 **수축지역(flexor)**으로 알려져 있다(그림 23.19B). 신장지역은 굽는 운동 혹은 "닫힘"이 일어나는 동안 팽압을 잃은 운동세포들로 형성된다. 수축지역에서는 운동세포는 팽압이 감소하면 열리게 되고 증가하게 되면 닫힌다. 그러므로 신장지역의 운동세포가 팽창하고 수축지역의 운동 세포가 수축되면 엽침이 곧게 되어 소엽은 열리거나 혹은 서로 떨어져 펼쳐진다. 엽침 조직에서 신장 지역과 수축 지역의 상대적 위치는 서로 반대가 되며, 이것들에 의해 잎은 상향적으로 혹은 하향적으로 닫히게 된다.

경성 운동은 청색광, 생리적 활성형의 피토크롬 및 내재적인 리듬 등에 민감하다. 비록 신호 인지 메커니즘과 그들 세 가지 자극이 어떻게 상호 작용하는가에 대해 알려져 있지 않지만, 자극 수용체와 자극 반응계(운동세포)가 엽침 조직 내에서 기껏해야 몇 개의 세포 사이를 둔 채로 같이 존재한다는 것은 분명하다. 피토크롬이 잎의 수면 운동을 조절하는 내재적 시계를 조정할 수 있다는 사실이 알려져 있다. 피토크롬과 내부 리듬에 관한 주제는 다음 장에서 논의될 것이다.

23.3.2 수면운동은 특화된 운동세포에서의 이온 유동과 그로 인한 삼투반응에 의해 일어난다

자극의 본질에 관계없이, 운동 세포의 부피 변화는 세포막을 통한 이온의 축적(혹은, 손실)의 결과로서 삼투적인 물의 흡수(또는, 손실)에 기인한다. 어떤 이온이 교환되는가, 그것들은 어떻게 이동되는가, 그리고 이온 이동을 위해 작용하는 힘은 무엇인가? 이런 물

음들에 대한 해결이 조직화학적 및 방사화학적 방법과 X-선 분석과 결부된 주사 전자현미경 관찰 등을 포함하는 다양한 기술에 의해 이루어지고 있다. 이제까지 연구된 모든 수면 운동하는 식물내의 잎 운동은 엽침의 신장 지역과 수축 지역 모두에서 심플라스트와 아포플라스트 사이에서 일어나는 대량의 칼륨 이온(K^+)의 재분포와 연관되어 있는 것으로 알려지고 있다(그림 23.20). 팽창된 신장 지역 세포에서는 원형질내 높은 K^+ 농도가 존재하고 세포벽과 세포 밖에서는 K^+ 농도가 낮게 나타난다. 콩에서 삼투압 변화의 30%는 K^+ 이동으로 설명할 수 있다. K^+의 이동으로 증가된 양전하는 일차적으로 염소 이온(Cl^-)이나 말산(malate)과 시트르산(citrate)과 같은 작은 유기 음이온에 의해 중화된다.

경성운동에서 K^+ 이동의 핵심 역할을 넘어서, 신호전달경로에서의 특정 분자와 생물리적 일련의 사건들을 집어내는 것은 쉽지 않다. *Samanea*의 운동 세포에서 분리한 원형질체를 이용한 패치-크램프(patch-clamp) 실험에 의하면 원형질막을 가로지르는 K^+ 교환이 K^+ 통로를 통해 일어나고 이러한 통로들은 막의 극성 변화에 의해 조절된다고 한다. 막의 탈극화는 통로를 열고 K^+가 세포에서 나오도록 해서 전기화학 기울기를 낮춘다. 운동세포의 원형질막을 가로질러 pH 기울기가 있다는 것도 이미 알려져 있다. 열린 *Samanea* 엽침의 경우, 아포플라스트의 pH는 수축지역에서 약 5.5, 신장지역에서는 6.2이다. 세포질의 pH는 양쪽 지역에서 대략 중성이다. 광조건/암조건 전환시(닫힘을 유도) 신장지역의 pH 기울기는 없어지는 반면 수축지역의 기울기는 증가한다. H^+ 이동과 K^+ 이동 사이의 양적 관계는 아직도 밝혀져야 하지만 H^+ 방출은 K^+를 획득하기 위한 전기화학적 기울기를 형성하는데 공헌할 것이다. 막전위의 변화는 의심할 것 없이 삼투적으로 활성을 띤 이온들의 막을 사이에 둔 이동의 결과이지 원인은 아니다.

K^+ 통로와 H^+-펌프의 두드러진 역할이 운동세포 움직임에 대한 최근의 모델에 도입되었다. 이 단순화된 모델이 그림 23.21에서 제시되고 있다. 이 모델에 의하면, 빛신호는 피토크롬(혹은 크립토크롬)을 활성화시키고, 이것은 **이노시톨 인지질(inositol phospholipid)**의 회전율을 촉진시킨다. 최근 실험에서는, 사마내 식물에서 엽침이 열리는 것을 자극하는 빛이 또한 포스파티딜이노시톨 4,5-이인산(phosphatidylinositol 4,5-bisphosphate; PIP_2)의 함량 수준을 감소시키고, 2차 신호전달자인 이노시톨 1,4,5-삼인산(inositol 1,4,5-triphosphate; IP_3)의 수준을 증가시키는 것으로 나타났다. 또한 일시적인 **디아실 글리세롤(diacylglycerol; DAG)**의 증가도 있었다. 이런 변화는 동물체에서 보통 발견되는 것과 비교시 질적으로는 유사하나 양적으로는 적다. 그러나 이 분석은 운동 세포는 물론 관다발, 후벽 조직 및 표피 조직을 포함하는 전체

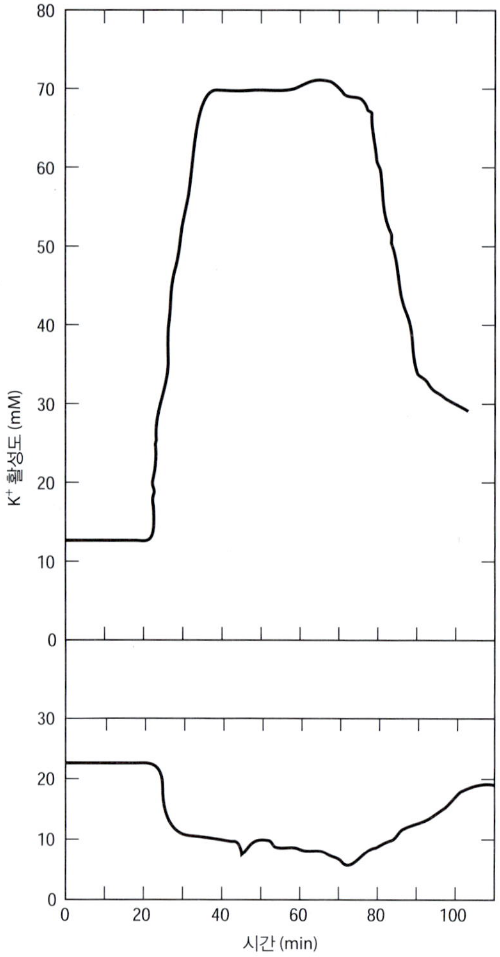

그림 23.20 *Samanea* 소엽이 닫혀지는 동안에 신장 지역 세포(위 곡선)와 수축지역세포(아래 곡선)의 아포플라스트에서의 K^+ 활성도 변화. 원형질체로부터 K^+의 유실 후 물과 팽압이 상실된다. 암과 백색광 기간동안 자극되는 열림과 닫힘은 두 그래프 사이의 막대로 표시되었다. (Adapted from Lowen, C. Z., R. L. Satter. 1989. Light promoted changes in the apoplastic K^+ activity in the *Samanea samanan* pulvinus. *Planta* 179:412–427, Figure 1. Copyright Springer-Verlag.)

엽침을 다루었다. 만약 보다 작은 대상이 되는 운동세포 집단만을 다룬다면, 그 변화는 상당히 클 것이다. 만약 이노시톨 인지질(inositol phospholipid) 대사가 동물에서와 같이 식물에서도 작용을 하면, DAG는 특정 단백질을 인산화하기 위해 단백질 인산화효소 C를 활성화시킬 것으로 예상된다. IP_3는 비록 세포내 그 위치가 알려져 있지 않지만, 외래성의 IP_3가 칼슘을 방출하는 것처럼 유리 칼슘의 방출을 촉진할 것이다. 인산화된 단백질과 유리 칼슘의 일시적인 증가는 양성자 펌프를 활성화시켜서 양성자 방출을 촉진한다. 이 결과로 생긴 전기 화학적 기울기는 K^+과 다른 이온의 흡수를 촉진하고, 이렇게 흡수된 이온은 다시 삼투적인 물의 흡수와 운

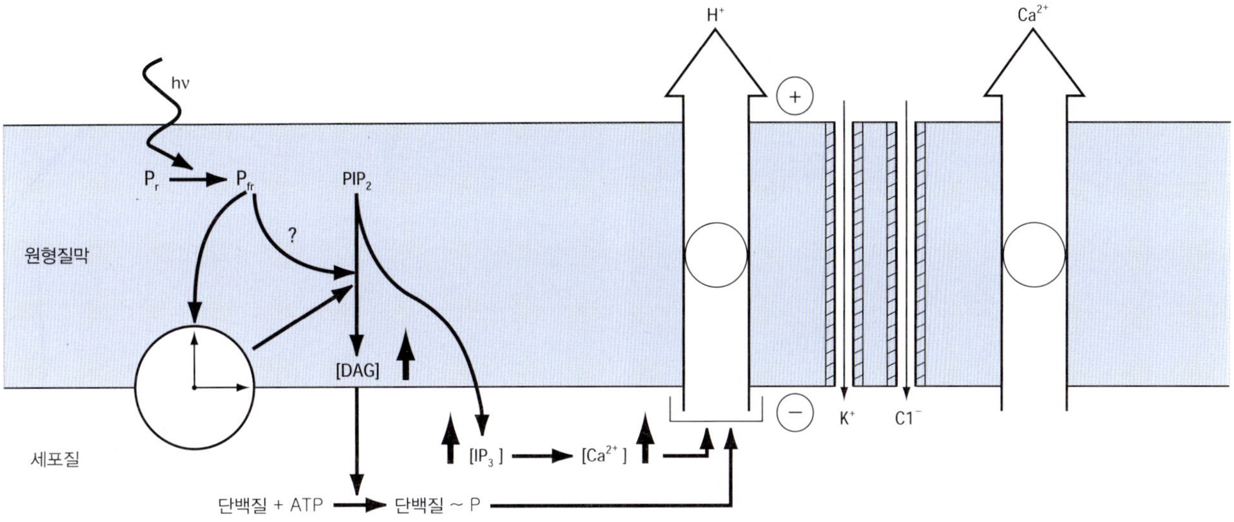

그림 23.21 수면 운동 식물의 잎 운동에서 피토크롬, 생체시계, 그리고 이노시톨 삼인산 시스템 사이의 상호작용에 관한 모델. 피토크롬에 의해 매개되면서 내생 시계에 의해 조절되는 빛은 인노시톨 인지질의 변환을 가속화시켜 2차 전달자인 인노시톨 3인산(inositol-1,4,5-triphosphate; IP_3)과 디아실글리세롤(DAG)을 증가시킨다. 2차 전달자는 시토졸로의 칼슘 방출과 여러 단백질의 인산화를 촉진시키며 그 결과로 세포로부터 양성자가 방출되는 것을 촉진한다. 양성자 구동력에 반응하여 K^+는 세포 내로 확산 유입된다. 능동적 수송 펌프는 칼슘의 항상성 회복을 돕고자 칼슘을 방출한다.

동 세포의 팽창을 촉진하게 된다. 칼슘 이온을 방출하는 칼슘 펌프의 존재는 칼슘 이온의 항상성 회복을 도와주게 된다.

그렇지만 이 모델의 많은 세부 사항, 특히 식물에서 이노시톨 인지질 회로의 기능이 해결되어야 할 문제로 남아 있다. 여전히, 식물 세포는 실제 필요한 모든 요소를 포함하고 있는 것으로 알려져 있으며 이 모델은 아직까지 엽침에서 관찰된 사실과 일치하고 있다. 앞으로 커다란 진진이 예상되며, 특히 동물 세포의 전기생리학적 연구의 중요한 수단인 패치-크램프(patch-clamp) 기술이 지금은 식물 세포 원형질체에도 적용될 수 있게 되었다. 이러한 최첨단 기술은 대략 1984년 이래로 식물 세포만을 위해 사용되어 왔으나, 이미 이것은 이온 통로 연구에 있어 그 유용성이 입증되었다.

23.3.3 감진성은 기계적인 자극에 대한 반응이다

엽침을 가지고 있으면서 경성 운동을 보이는 일부의 콩과식물들은 또한 기계적 자극에 대해 반응을 나타낸다. 이 현상이 **감진성(seismonasty)**으로 알려져 있다. 감신성 식물들이 접촉 자극에 반응하기 때문에, 때때로 그 것들은 감촉성(thigmonastic) 식물이라고도 한다. 그러나 감진성 식물들은 진동 혹은 바람, 떨어지는 물방울, 절단에 의한 상처와 강한 열이나 불을 포함한 광범위하고도 다양한 자극에 반응한다.

감진성 식물들 중 가장 잘 알려진 예가 열대성 관목인 미모사(*Mimosa pudica*)이다(그림 23.22). 그러한 반응이 생존에 유리한지는 분명하지 않다. 누군가 이런 식물들은 건조한 곳이나 건조한 바람에 노출되는 나지에서 자라기 때문에, 잎이 접혀지는 현상이 수분의 손실을 막게 해주는 수단이 될 수 있음을 제안했다. 또 다른 사람은 그것이 큰 초식 동물이나 곤충으로부터의 방어 수단임을 의미한다고 제안했다. 그러나 한 가지 분명한 사실은, 이 반응이 매우 빠르다는 것이다. 엽침이 직접적으로 자극받을 때에는, 1초 이내에 굽혀지는 반응이 시작된다.

물론, 감진성 식물에서 궁극적인 반응인 잎 운동은 수면운동처럼 엽침내 운동세포의 움직임이 관련되고 있다. 그러나 감진성 반응에는 세 가지 중요한 특징이 있는데, 그것들은 신호 전달의 초기 단계에서 중요한 역할을 한다. 이것들 중 첫 번째는 반응의 신속성이다. 둘째는 감진성은 '실무율의 법칙(all or none principle)'을 따른데 이는 자극의 강도와 반응 크기 사이의 관계가 분명하지 않다는 것을 의미한다. 세 번째는 흥분 상태가 자극이 가해진 지점으로부터 다른 곳으로 전달된다는 것이다. 이런 특징들은 동물의 신경 전달과 비슷하여서, 식물도 활동 전위의 변화 형태로 자극을 전달하는 것으로 예상할 수 있도록 하였다. 게다가, 실제로 미모사 식물의 어떤 부위가 자극을 받고 엽침 쪽으로 그 자극을 전기적 파

그림 23.22 소엽이 펼쳐져 열린상태(A)와 닫혀진 상태(B)에 있는 민감한 식물인 미모사(*Mimosa pudica*)의 감진성. 오른쪽(B)에 있는 식물은 연필을 가지고 줄기를 짧게 두드린 자극을 준 후 약 10초 만에 촬영한 것이다.

동 형태로서 전달할 수 있다는 것이 확증했다. 비록 식물은 신경 조직을 갖고 있지 않지만, 체관이 신호 전달을 위한 도관으로서의 기능을 수행할 수 있는 것으로 보인다. 엽병의 자극은 빠른 탈분극을 일으키고 약 2 cm s^{-1}의 속도로 체관을 따라 하향적으로 전달된다. 체판(sieve plate)을 통하여 원형질이 연속되는 특징을 보이는 체관의 독특한 구조는 전기 신호 전달에 적합한 것으로 보인다. 활동 전위(action potential)의 출현 양상이 양성자의 신속한 흡수와 관련이 있는데, 이 사실은 양성자가 탈분극에 관여한다는 것을 암시하는 것이다. 활동 전위가 엽침에 도달하면 그로 인해 K^+과 당류가 아포플라스트로 빠르게 옮겨지게 된다고 믿었다. 뒤이어서 물이 빠져 나옴에 따라 팽압 상실을 초래하여 운동 세포의 부피가 줄어들게 된다.

다른 연구자들은, 미모사와 다른 식물 종의 체관액에서 분리해낸 물질을 줄기의 절단부 끝에 바르면 미모사 엽침의 접힘이 촉진되는 것을 발견했다. 이 활성 물질은 갈산(gallic acid)의 글리코실화된 유도체(4-0-β-D-gluco-pyranosyl-6′-sulphate)로서 확인되었다. 투고린(turgorin)이라 불리는 이 물질이 수면 운동을 보이는 14종의 고등 식물로부터 분리되었다. 투고린이 동물의 신경 전달 물질인 아세틸콜린과 유사한 방식으로 활동 전위를 일으킬 것이라고 제안되었다.

요약

식물 운동은 공간 내에서 특정 방향으로 식물체가 향하는 역할을 수행한다. 따라서 뿌리는 무기영양소와 물을 획득하기 위해 땅 속으로 파고들어가는 생장인 양성 굴중성을 보인다. 경엽부는 광합성에 필요한 태양광을 최대로 흡수하기 위해서 음성 굴중성과 양성 굴광성을 보인다.

여러 종류의 식물 운동이 있다. 생장운동은 세포분열과 신장을 수반하며 따라서 비가역적이다. 팽압운동은 팽압과 세포부피 변화를 수반하므로 가역적이다. 굴성은 자극에 대해서 방향성을 갖는데, 경성운동(nastic movement)의 방향성은 조직의 유전적 특성이지 자극의 벡터에 의해서 영향을 받지는 않는다. 전두운동(轉頭運動; nutation)은 회전 혹은 나선 운동으로서 저속도촬영 사진술(time-lapse photography)로 가장 잘 관측된다. 식물의 운동은 외부신호의 특정형태에 대한 반응이므로 신호인지, 신호변환 및 반응의 3 단계로 쉽게 나눌 수 있다.

비록 실험실에서 굴광성에 대한 연구는 식물의 기관을 단일측면광(unilateral light)에 노출시킴으로써 연구하지만, 자연 상태에서 굴광성은 빛 기울기에 대한 생장 반응이다. 기관은 높은 복사조도 방향을 향해서(양성 굴광성) 혹은 멀어지는 (음성 굴광성) 생장을 하게 된다. 굴광성은 청색광과 UV-A에 대한 반응으로서 원형질막에 존재하는 포토트로핀이라고 불리우는 플라보단백질에 의해 중재된다.

굴광성 반응은 반응하는 기관에서 빛을 받는 양지부위와 받지 않는 음지부위의 차등생장으로 특징지어진다. 자엽초와 줄기에서 차등생장을 설명하는데 가장 널리 받아들여지는 이론은 콜르드니-벤트 가설이다. 이 이론은 옥신이 생산되는 정단부위에서 기저부로 이동할 때 차등 분포한다고 제안하고 있다. 양성 굴광성인 경우 고농도의 옥신이 기관의 음지 부위를 따라 이동하며, 그 결과 빛을 적게 받는 음지부위의 세포가 빛을 받는 양지보다 더 빠르게 신장하게 된다.

중력은 다른 자극과는 달리 항상 존재하고 일정하다. 즉, 중력세기의 기울기는 없다. 중력은 세포내 구조물(평형석)의 이동에 의해서만 감지되는데, 그 결과 압력으로 번역되는 비대칭이 만들어진다. 직접적인 증거는 없지만 많은 증거들은 평형석이 녹말을 함유한 색소체인 녹말체임을 나타내고 있다.

뿌리에서의 중력에 대한 감수성은 뿌리골무의 중심부에 있는 세포층인 중축(columella)에서 감시된나. 평형석의 입력을 감지해서 신호전달 사슬을 개시케하는 1차 변환기는 아직 알려져있지 않다. 일부 증거에 의하면 소포체(ER)가 이 과정에 관여한다. 또 다른 이론으로는 침전 중인 녹말체가 원형질막의 신장-활성화 이온 통로를 활성화한다고 한다. 굴광성에서와 같이 굴중성은 옥신의 배분에 의해 설명될 수 있는 차등생장이 관여한다. 압력의 감지와 옥신 재분배 메커니즘에 대해선 알려진바 없으나 여러 실험에 의하면 pH 변화, 칼슘이온, 그리고 이노시톨 3인산 모두가 관련되어 있다고 제시되었다.

식물은 여러 가지의 경성운동을 보인다. 그 중 하나는 수면운동으로 알려진 잎의 주기적 운동이다. 잎의 운동은 입자루 말단의 특화된 운동세포집단으로 구성된 엽침의 팽압변화에 의해서 일어난다. 팽압변화는 피토크롬, 생체시계 그리고 이노시톨 3인산계의 작용에 의해서 유도되는 칼륨이온의 유동에 의해서 매개된다. 또 다른 경성운동으로 미모사에서 볼수 있는 감진성(seismonasty)이다. 이는 물리적 교란에 대한 팽압변화에 의해서 매개된다.

복습문제

1. 굴광성을 정의하라. 굴광성은 단일측면 조건에서만 볼 수 있는가? 줄기와 같은 기관에서 어떻게 빛 기울기가 생성될 수 있는가?
2. 굴광성의 광수용체로 작용하는 색소는 무엇인가? 그리고 그 증거를 나열하라.
3. 콜로드니-벤트 가설의 근간이 되는 실험을 개략하라.
4. 줄기와 뿌리는 다양한 수준의 중력반응을 보인다. 이러한 반응 정도의 다양성은 어떠한 생리적 이점이 있는가?
5. 뿌리에서의 굴중성에 대한 반응에서 평형석 이론을 개관하라. 뿌리가 어떻게 중력자극을 감지하고 반응하는가? 칼슘이 중력반응에 관여한다는 증거는 무엇인가?
6. 수면 운동을 기술하시오. 수면 운동의 생리적 의의 혹은 생존능력과의 연관성은? 감진성 운동과 수면 운동의 유사성과 차이점은 무엇인가?

더 읽을 거리

Abas, L. et al. 2006. Intracellular trafficking and proteolysis of the *Arabidopsis* auxin-efflux facilitator PIN2 are involved in root gravitropis. *Nature Cell Biology* 8.249-256.

Blancaflor, E. B., J. M. Fasano, S. Gilroy 1998. Mapping the functional roles of cap cells in the response of *Arabidopsis* primary roots to gravity. *Plant Physiology* 116:213–222.

Brown, A. H. 1993. Circumnutations: From Darwin to space flights. *Plant Physiology* 101:345–348.

Celaya, R. B., E. Liscum 2005. Phototropins and associated signaling: Providing the power of movement in higher plants. *Photochemistry and Photobiology* 81:73–80.

Christie, J. M. 2007. Phototropin blue-light receptors. *Annual Review of Plant Biology* 58:21–45.

Darwin, C. 1881. *The Power of Movement in Plants.* New York:

Appleton-Century-Crofts.

Esmon, C. A. et al. 2006. A gradient of auxin and auxindependent transcription precedes tropic growth responses. *Proceedings of the National Academy of Sciences, USA*. 103:236–241.

Fasano, J. M., S. J. Swanson, E. B. Blancaflor, P. E. Dowd, T. Kao, S. Gilroy 2001. Changes in root cap pH are required for the gravity response of the *Arabidopsis* root. *The Plant Cell* 13:907–921.

Haga, K., M. Iino 2006. Asymmetric distribution of auxin correlates with gravitropism and phototropism but not with autostaightening (autotropism) in pea epicotyls. *Journal of Experimental Botany* 57:837–847.

Iino, M. 2006. Toward understanding the ecological functions of tropisms: Interactions among and effects of light on tropisms. *Current Opinion in Plant Biology* 9:89–93.

Jarillo, J. A. et al. 2001. Phototropin-related NPL1 controls chloroplast relocation induced by blue light. *Nature* 410:952–954.

Kimura, M., T. Kagawa 2006. Phototropin and lightsignaling in phototropism. *Current Opinion in Plant Biology* 9:503–508.

Morita, M. T., M. Tasaka 2004. Gravity sensing and signaling. *Current Opinion in Plant Biology* 7:712–718.

Perbal, G., D. Driss-Ecole 2003. Mechanotransduction in gravisensing cells. *Trends in Plant Science* 8:498–504.

Satter, R. L., H. I. Gorton, T. C. Vogelmann 1990. *The Pulvinus: Motor Organ for Leaf Movement*. Rockville, MD: American Society of Plant Physiologists

24

시간의 측정 : 광주기와 내생 시계에 의한 발달의 조절

생물의 이명(二名, binomial)식 명명 체계를 처음 도입한 것으로 더 잘 알려진 린네(Carl v. Linné)는 250년 전에 하루 중 서로 다른 시간에 꽃잎을 열고 닫는 꽃들에 근거해서 갖고 꽃시계를 고안했었다. 식물들이 동심원을 따라 배열되어 있어서 어떤 꽃들이 꽃을 열고 닫는지를 봄으로써 간단히 시간을 알 수 있었다. 식물이 시간을 측정할 수 있다는 것을 비전문가가 믿기에는 정말로 어려운 사실이나 여러 식물 행동 분야들이 그러한 시간 측정 개념 말고는 설명될 수가 없다. 다양한 식물 종들이 일 년 중 어느 특정 시기에 일제히 꽃을 피운다는 점이 바로 그 한 예가 된다. 장미는 항상 여름철에 꽃이 피며 국화는 가을에 꽃을 피운다. 실제로 일부 식물의 개화는 매년 예측할 수 있어서, 정원사는 수세기 동안 계절의 흐름을 정확하게 나타내는 꽃 달력(floral calendar)으로서 꽃을 그들의 정원에 가꾸어 왔다. 지구의 북반구에서 다년생 식물은 눈(bud)의 휴면을 유도하기 위한 신호로서 가을철의 짧은 낮의 길이를 감지하는데, 그로 인하여 겨울철과 같은 불리한 환경을 맞이할 준비를 한다. 앞으로 다가오는 계절에 대한 가장 확실한 지침을 주는 것은 바로 낮의 길이며, 낮 길이(daylength)를 24시간 주기로 측정하는 생물의 능력을 **광주기성**(photoperiodism)이라고 한다. 그러나 광주기성은 **생물시계**(biological clock)로서 알려진 보다 더 근본적인 시간 측정 메커니즘이 겉으로 나타낸 것 중의 하나일 뿐이다.

이 장에서 우리는 아래의 내용을 조사할 것이다.

- 단일식물, 장일식물 및 또 다른 반응을 하는 식물 사이에서의 차이점을 포함한 광주기성; 암주기(dark period)의 중심적인 역할; 광주기 인식 과정의 본질; 그리고 이해하기 어려운 개화 자극을 설명하기 위한 최신 가설에 관한 논의
- 춘화 처리–일년생 및 이년생 식물에서 개화를 위한 저온 요구성
- 24시간 주기를 갖는 내생 리듬을 중심으로 한 생물시계와 광주기성에서 이들의 역할
- 개일(概日, circadian) 시계의 분자 유전학적 근거와 중심 진동자(central oscillator)를 위한 탐색
- 자연계에서 광주기성의 중요성에 관한 간단한 논의

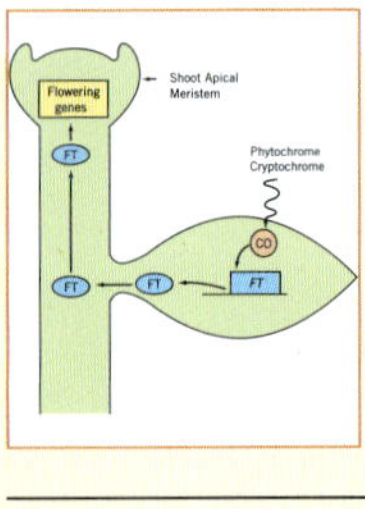

Box 24.1 역사적 조망: 광주기성의 발견

비록 위도에 따른 낮 길이(daylength)의 변이가 식물의 분포에 영향을 준다는 것이 오래 전에 제시되었지만, 최초의 계획적인 실험은 1912년에 프랑스 과학자에 의해 수행되었다. 뚜르놔(J. Tournois)는 홉 식물(*Humulus*)과 대마(*Cannabis*) 둘 모두가 온실에서 겨울철에 일찍 꽃을 피우는 것을 발견하였다. 뚜르놔는 환경 조건으로서 온도, 습도 그리고 빛의 세기를 제거하고 나서, 1914년에 낮 길이 혹은 밤 기간의 변화가 일찍 꽃피는 현상에 관련이 있음을 주장하였다. 불행하게도 1차 세계대전 중에 뚜르놔는 죽게 되어 그의 실험은 끝이 났다. 동시에 클렙스(H. Klebs)는 돌나물과의 식물인 *Sempervivum funkii*를 연구하고 있었다. *Sempervivum*은 겨울철 온실에서 영양 생장하는 로제트(rosette)형으로서 자란다. 인공 빛을 이용하여 정상적인 낮 길이를 유지해 줌으로써, 클렙스는 로제트 습성을 깨고, 줄기 신장을 촉진시키고 개화를 유도할 수 있었다. 그의 실험으로부터 클렙스는 낮의 길이가 자연계에서 개화를 시작하게 한다고 하였다. 그러나 그 후에 가너(W. W. Garner)와 알라드(H. A. Allard)가 개화에 대한 낮 길이의 자세한 효과를 입증하였으며, *광주기성*(photopreiodism)이라는 용어를 처음 만들었다.

가너와 알라드는 워싱턴 D.C. 근처에 있는 미국 농무성 소속의 과학자들이다. 그들 연구의 최초 핵심 내용은 메릴랜드 매머드(Maryland Mammoth)라고 불리는 담배(*Nicotiana tabacum*)의 돌연변이 품종이었다. 야외에서 메릴랜드 메머드 식물은 커다란 잎을 가진 채로 매우 키가 크게 자랐다. 이런 특성은 명백히 그 당시(1920년대 초)에 담배 산업에 커다란 이점이 되었으나, 이 식물은 그 지역 위도에서 정상적인 생육 기간 동안에 꽃을 피우지 못한다는 사실에 의하여 육종 노력이 좌절되었다. 그러나 온실에서는 매우 작은 식물조차도 겨울과 이른 봄에 꽃을 피운다. 이것으로 보아 분명하게 개화는 단순히 식물의 나이 문제만은 아니었다. 가너와 알라드에게 또 다른 관심거리가 되는 문제는 콩(*Glycine max*)에서의 개화에 관한 것이었다. Biloxi 품종의 씨가 5월에서 8월 사이의 3개월에 걸쳐 파종되었을 때, 모든 식물은 3주 안에 즉, 9월에 개화되었다(그림 24.1). 가장 늦게 파종된 식물이 개화하는데 단지 58일 걸린 반면에 가장 먼저 파종된 식물은 125일이 소요되었다. 그래서 다시 한번 모든 식물은 나이에 관계없이 꽃을 피우기 위해서는 어떤 신호를 단순히 기다리고 있는 것으로 생각되었다.

뚜르놔처럼 가너와 알라드는 '개화 신호'로서 환경 조건(영양, 온도, 빛의 세기)의 다양한 변인들을 하나씩 제거하여(일부는 비의도적으로), 최종적으로 개화는 상대적인 낮과 밤의 길이에 의해 조절된다는 결론에 이르게 되었다. 미리 정해진 시간에 차고와 같은 어두운 빌딩 안과 밖에서 조잡하지만 효과적인 식물 화분대를 이용하여, 가너와 알라드는 여러 다른 식물 종들의 개화 특성에 관한 기록을 낮 길이 관점에서 기술하였다. 그들은 철새의 이동도 역시 낮 길이가 중요한 열쇠가 될 것임을 제안하였는데, 이것은 현재 잘 기록된 사실이다. 우리는 지금에 와서 광주기 조절이 개화 현상에만 국한된 것이 아니라, 많은 식물과 동물의 행동 분야에 있어서도 기본적인 조절 요소임을 알게 되었다.

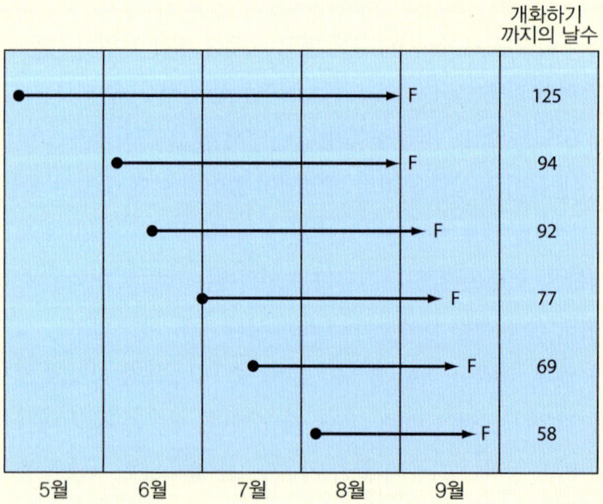

그림 24.1 9월의 콩. 3개월에 걸쳐 파종된 콩(*Glycine max*, cv. Biloxi) 모두가 3주 이내인 9월에 꽃을 피웠다.

24.1 광주기성

영양단계에서 개화 단계로의 전이는 꽃피는 식물들의 삶에 있어서 가장 극적이고 신비한 사건 중의 하나이다. 광주기성은 괴경 발달, 낙엽, 휴면 등과 같은 많은 식물 발달에 영향을 주지만 광주기에 의한 개화의 조절이 가장 큰 관심을 끌어왔다. 실제로 광주기성을 발견하도록 한 것은 야외 조건 아래서 꽃을 피우지 못하는 담배 돌연변이체이다(Box 24.1).

24.1.1 광주기 반응들은 다양한 유형들이 있다

광주기 반응은 일반적으로 세 가지 기본적인 종류가 있는데, 바로 그것들은 **단일식물(short-day plant, SD plant)**, **장일식물(long-day plant, LD plant)**과 **중일식물(day-neutral plant, DNP)**이다(표 24.1, 그림 24.2). 단일 식물은 24시간 주기내에서 낮의 길이(daylength)가 어떤 특정 시간(임계광기)보다 짧아졌을 때에만 개화하는 식물이다. 장일식물은 낮의 길이가 특정 시간보다 길어졌을 때 꽃을 피운다. 장일식물과 단일식물 부류 내에서는 또한 **절대적(obligate)** 조건과 **임의적(facultative)** 조건이 있다.[1] 꽃을 피우기 위해서는 특정한 광주기를 절대적으로 요구하는 식물을 절대적 광주기형이라 한다. 그 예가 도꼬마리(*Xanthium strumarium*) 식물인데, 이것은 절대적 단일 식물이다. 이는 도꼬마리가 만약 알맞은 짧은 광기를 받지 못한다면 절대로 개화하지 않는다는 것을 의미한다. 그와 반대로 밀(*Triticum*)이나 호밀(*Secale cereale*)과 같은 대부분의 곡류는 임의적 장일식물이다. 비록 봄 곡류가 연속적인 단일 조건하에 있어도 꽃을 피우지만, 그 개화 현상은 장일 조건하에서는 더욱 극적으로 촉진된다. 애기장대 식물 역시 임의적 장일식물이라고 하나 대부분 연구에 의해 부정되고 있다. 그러나 어떤 특정 식물이나 품종에서는 절대적인 반응과 임의적인 반응이 항상 엄정하게 지켜지는 것은 아니다. 광주기 요구는 온도와 같은 외적 조건에 의해서 때때로 변화된다. 예를 들면, 어떤 식물은 어느 한 특정 온도에서는 절대적인 광주기형을 보이나 다른 온도에서는 임의적인 광주기형을 보인다

이들 세 가지 기본적인 부류 이외에도 일부 조합을 이루면서 단일과 장일 조건에 의해 변화되는 여러 종류의 다른 반응 예가 있다. 예를 들면, *Bryophyllum* 속에 있는 여러 식물 종들은 **장일-단일-식물(long-short-day plant, LSD plant)**로서, 그것들은 일정한 날수의 단일 조건에 앞서 특정 기간 동안의 장일 조건을 받아야만 꽃을 피우게 된다. **단일-장일-식물(short-long-day plant, SLD plant)**인 흰 클로버(*Trifolium repens*)는 그 반대의 경우이다. 약간의 식물은 고도로 특수화된 조건을 요구한다. 예를 들면, **중간일장 식물(intermediate-daylength plant)**은 단일과 장일 사이의 중간에 해당하는 낮 길이(daylength)에만 반응하여 개화하며, 낮 길이가 너무 길거나 또는 너무 짧으면 영양 생장 단계로 계속 남아 있게 된다. **양쪽성 광주기성(amphophotoperiodism)**으로 불리는 또 다른 형태의 반응 유형이 *Media elegans*(tarweed) 식물에서 나타난다. 이 경우 개화는 중간적인 낮 길이(12 내지 14시간) 조건하에서는 신속하게 개화가 이루어진다. 세 가지 기본적인 반응 유형 외에도 많은 수의 식물에서 나타나는 여러 가지 교묘한 변이가 있다. 그러나 식물에서 광주기성 생리에 대하여 알려진 것의 대부분은 비교적 소수의 단일식물과 장일식물에서 얻어진 것이다.

[1]절대적 및 임의적이란 용어는 각각 질적 및 양적인 용어로 서로 바꿀 수 있다.

표 24.1 중요한 광주기성 반응 유형을 나타내는 대표적인 식물

단일식물	
Chenopodium rubrum	붉은 명아주
Chrysanthemum sp.	국화
Cosmos sulphureus	노란 코스코스
Euphorbia pulcherrima	포인세티아
Glycine max	콩(soybean)
Nicotiana tobacum	담배(Myryland mammoth)
Perilla crispa	자주 들깨
Pharbitis nil	나팔꽃
Xanthium strumarium	도꼬마리
장일식물	
Anethum graveolens	딜(dill)
Beta vulgaris	근대
Hyoscyamus niger	검은사리풀
Lolium sp.	호밀
Raphanus sativus	무
Secale cereale	봄 호밀
Sinapis alba	흰겨자
Spinacea oleracea	시금치
Triticum aestivum	봄밀
중일식물	
Cucumis sativus	오이
Gomphrena globosa	글로베 아마란스
Helianthus annuus	해바라기
Phaseolus vulgarus	덩굴 강낭콩
Pisum sativum	완두콩
Zea mays	옥수수

24.1.2 임계 낮 길이는 단일과 장일 반응을 규정짓는다

단일식물과 장일식물 사이의 차이점이 낮 길이에 절대적인 기준을 두지 않는다는 것을 이해할 필요가 있다. 예를 들면, 도꼬마리와 검은 사리풀(*Hyosccyamus niger*) 모두는 하루 중 12시간에서 15시간의 낮 길이를 가질 때 개화한다는 것을 생각해 보자(그림 24.3). 그렇지만 도꼬마리는 단일식물로 분류되고 있고 검은 사리풀은 장일식물로 간주되고 있나. 식물이 단일식물 혹은 장일식물 중 어느 것으로 결정되는가 하는 것은 상대적으로 **임계 낮 길이(critical daylength)**에 대한 그 식물들의 행동에 좌우된다. 낮 길이가 어떤 최대 임계치보다 짧을 때 꽃피는 식물을 단일식물이라고 한다. 반면에 최대 임계값보다 낮 길이가 길어야 만 개화하는 식물을 장일

그림 24.2 단일식물(나팔꽃)과 장일식물(사리풀)이 각각 단일 조건과 장일 조건에 대한 개화반응. 단일 조건에서 나팔꽃과 장일 조건에서의 사리풀이 현저하게 꽃을 피우는 것(화살표)을 주목하라. 또한 사리풀이 단일 조건에서는 로제트형 상태로서 남아 있는 것을 주목해 보아라. 두 광주기 조건하에 있는 각종의 식물은 같은 나이를 가진 식물이다.

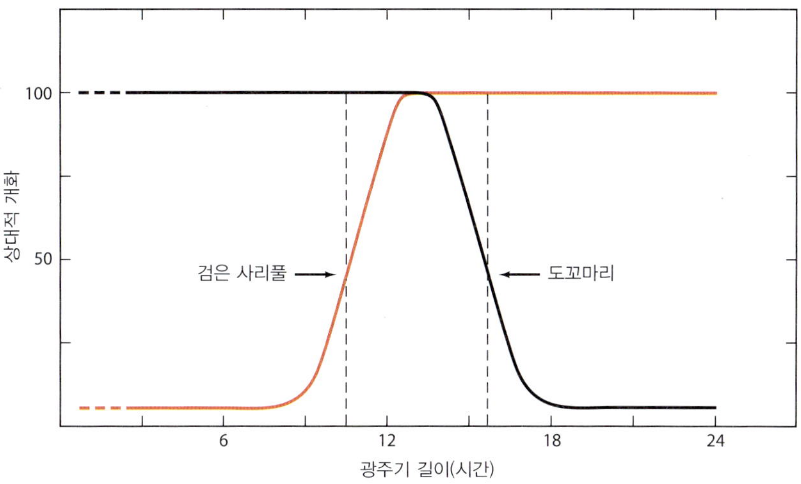

그림 24.3 단일식물인 도꼬마리(*Xanthium strumarium*) 집단과 장일식물인 검은사리풀(Hyoscyamus niger)에서 임계 낮 길이의 개념을 보여주는 설명도. 임계 낮 길이는 수직 점선으로 표시되고 있다. 도꼬마리는 낮 길이가 그 식물의 임계 낮 길이보다 짧을 때 개화하고 검은사리풀은 낮 길이가 그것의 임계 낮 길이보다 더 길 때 개화함을 주목해 보라.

식물이라고 한다. 그래서 단일식물인 도꼬마리의 임계 낮 길이는 15.5시간이 되며, 이것은 이 식물이 하루 중의 낮 길이가 15.5시간이 안 될 때는 언제나 꽃을 피우게 된다는 사실을 의미한다. 장일식물인 사리풀의 임계 낮 길이는 11시간이며, 이 식물은 하루 중의 낮 길이가 그 값을 초과하게 될 때에 꽃을 피우게 된다. 명백히 어떤 추가적인 정보 없이 단순히 식물이 개화하는 조건하에 있는 실제의 낮 길이가 그 식물의 반응 유형을 나타내는 것은 아니다. 이런 관찰에 따른 자연적인 추론은 비록 단일식물이 봄과 가을에 개화하는 경향이 있고 장일식물이 한여름에 꽃을 피우는 경향이 있을지라도, 단일식물 혹은 장일식물로서의 분류가 반드시 식물이 개화하는 시절을 나타내는 것만은 아니라는 사실이다.

많은 식물들이 성공적으로 꽃을 피우기 위해서는 적어도 꽃 원기(floral primordia)가 발달할 때까지는 어느 정도 연속적으로 적절한 광주기에 노출되어야 한다. 일부 다른 식물들은 일단 한번이라도 적당한 광주기에 노출되었을 경우 그 식물이 적절하지 못한 광주기로 되돌아간다 하더라도 꽃을 피우게 된다. 그런 식물들을 우리는 개화에 **유도된 것(induced)**이라 부르며 이때의 적절한 광주기 처리를 개화 **유도 처리(inductive treatment)**라고 한다. 유도현상은 비록 그 비밀이 풀리지 않고 있지만 유도된 상태의 생리적 성질에 대한 흥미있는 질문을 일으킨다. 분명히 생리적 변화는 유도된 식물에서 일어났을 것이며, 이런 변화는 비록 꽃이 피게 되는 줄기 정단에서 해부학적 및 형태학적 변화가 명백하지 않더라도 지속될 것이다.

이 유도 현상은 실험적으로도 유용하게 이용될 수 있다. 도꼬마리가 광주기 연구에 넓게 사용되는 이유 중의 하나는 장일 조건으로 복귀시킨 식물에서조차도 단 한 번의 단일 주기 처리로서 비가역적으로 개화를 유도할 수 있다는 점이다. 이처럼 유도에 대한 극단적인 민감성이 흔하지는 않으나 다른 단일식물, 즉 나팔꽃(*Pharbitis nil*), 개구리밥(*Lemna purpusilla*) 및 붉은 명아주(*Chenopodium rubrum*)와 장일식물인 딜(*dill* ; *Anethum graveolens*)과 호밀(*Lolim temulentum*)에서 보고되었다.

유도 현상은 실무율을 따르는 과정이 아니며 어느 정도 점진적으로 이루어질 수 있다. 비록 도꼬마리가 단 한 번의 유도 주기에 반응을 하지만, 꽃 원기의 발생은 만약 여러 주기가 주어지면 보다 신속하게 그리고 보다 많이 이루어지게 된다. 다른 식물들은 비유도 광주기 간섭을 받음에도 불구하고 유도 광주기의 총합으로 즉, 단편적인 유도 현상을 나타낸다. 예를 들면, *Plantago lanceolata*는 개화를 유도하기 위해 보통 대략 25일 간의 장일(long day)의 역치 값을 필요로 한다. 단지 10일 간의 장일이 주어진 식물은 영양생장형 상태로 남아있게 되나 10일 간의 장일과 10일 동안의 단일(short day) 후에 다시 15일 간의 장일이 주어지면 개화가 유도된다. 이 식물은 중간에 단일 조건에 의해 간섭을 받지만 전체 장일 날수를 합칠 수 있는 능력을 갖고 있는 것이다. 중간에 비유도 광주기 기간이 있음에도 불구하고 30일까지는 합칠 수 있는 식물이 보고되었다.

24.1.3 실제로 식물이 측정하는 것은 암기 즉, 어둠의 길이이다

가너와 알라드는 그들의 최초 출판물에서 식물은 낮과 밤의 상대적인 길이에 반응한다고 제안하였다. 빛(*light*)과 지속(*duration*)이라는 뜻의 그리스어가 합성된 광주기성(photoperiodism)이라는 용어는, 식물이 낮 길이의 지속 시간을 측정한다는 것을 함축하고 있기 때문에 오해하기 쉬울 것으로 판명된다. 실제로 식물은 낮과 밤의 상대적인 길이를 측정하는 것도 아니고, 광주기(photoperiod)의 길이를 측정하는 것도 아니다. 식물은 암주기(dark period)의 길이를 측정한다. 이것은 1938년에 함너(K. C. Hamner)와 보너(J. Bonner)의 실험에 의하여 정교하게 입증되었다(그림 24.4). 24시간

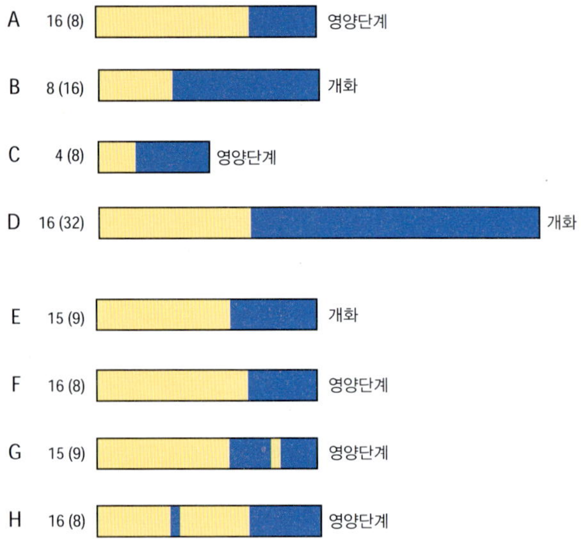

그림 24.4 단일식물인 도꼬마리(*Xanthium strumarium*)에서 암주기의 중심적 역할. 광주기 영역이 왼쪽에 표시되고 있다. 괄호 안에 있는 숫자는 암주기의 길이를 나타낸다. 식물이 암주기가 9시간 또는 그 이상 동안 방해받지 않을 때에만 꽃을 피운다는 사실에 주목해 보아라.

의 명암 주기하에서 도꼬마리는 8.5시간 이상의 암주기에서는 개화하였으나, 16시간의 빛과 8시간의 암주기에서는 영양생장 상태로 남아 있었다(그림 24.4A, B). 4시간 빛과 8시간 암주기의 경우에서 식물은 4시간의 광주기가 15.5시간의 임계 광주기보다 훨씬 짧았음에도 불구하고 영양 생장형을 유지하였다(그림 24.4C). 그와는 달리 16시간의 빛과 32시간의 암주기는 비록 광주기가 임계 낮 길이를 초과하였지만 신속하게 개화를 유도하였다(그림 24.4D).

위와 같은 결과는 두 가지 결론을 이끌어 냈다. 첫째, 낮과 밤의 상대적인 길이가 광주기성을 결정하는 요소가 아니라는 사실이다. 왜냐하면 낮과 밤의 비율이 〈그림 24.4〉에서 B, C 및 D의 경우 모두 같은데 그 결과는 다르기 때문이다. 둘째, 중요한 것은 암주기의 길이라는 점이다. 이들 실험에서 일치하는 사실은 도꼬마리 식물이 암주기가 8.5시간을 초과할 때는 언제나 꽃을 피우며 암주기가 8.5시간보다 적을 때는 언제나 영양 기관으로 남아 있다는 것이다. 짧은 순간의 빛을 쪼여 암주기를 방해함으로써 암주기의 중요성을 확인하였다(그림 24.4 E~H). 9시간-암주기의 개화 효과는 암주기를 짧은 순간의 빛 처리에 의해 교란시킴으로써 무효화될 수 있다(그림 24.4G). 그러나 긴 광주기가 짧은 암주기에 의하여 간섭받는 경우에는 아무 효과가 없다(그림 24.4H). 장일식물을 가지고 행한 실험도 비슷한 결과를 얻었는데 장일 식물은 어떤 최대 임계치보다 더 짧은 암주기를 요구한다. 장일 식물에서 비유도성의 긴 암주기의 중간에 짧은 순간의 빛 처리는 암주기를 최대치보다 더 단축시켜 개화가 일어나도록 한다. 바로 이 점에서 광주기성이 낮 길이 그 자체에 별로 관계가 없다는 사실이 분명해진 것이다. 오히려 광주기성은 명암 기간의 타이밍과 지속성에 대한 반응이다. 그래서 단일식물의 임계 낮 길이는 실제로 충분한 기간의 암주기를 포함하는 정상적인 24시간 주기내에서의 최대 일장을 나타내는 것이다. 장일식물의 경우 긴 암주기는 억제 효과를 지니며, 임계 낮 길이는 개화하기에 충분하도록 짧은 암주기를 유지하는 24시간 주기 안에서 최대가 된다.

짧은 순간 빛 처리(light-break)시의 빛의 세기는 매우 높을 필요는 없다. 도꼬마리 식물에서는 1촉광 정도의 낮은 빛으로 1분 정도 비춰 주어도 개화가 억제된다. 심지어 밝은 달빛도 일부 단일식물의 개화를 지연시키는데 충분할 수 있다. 이런 사실로 인하여 앞장에서 논의된 잎의 수면 운동과 개화 조절 사이에서의 한 가지 가능성이 있으면서 흥미 있는 관계가 발생하게 된다. 적어도 일부 식물의 경우에서 잎의 수면 운동은 잎을 식물체에 들어오는 달빛과 평행하게 재배치하도록 도와주어서 시간-감지 메커니즘에 그것의 영향을 감소시키는 것이 있을 수 있다는 것이다.

24.1.4 피토크롬과 크립토크롬은 광주기성을 위한 주요 광수용체이다

광주기성이 암주기의 길이에 대한 반응이긴 하지만, 암주기의 길이는 광주기 사이의 시간 측정에 의해 정의된다. 달리 말해서, 암주기의 길이는 빛이 꺼지는 신호와 빛이 켜지는 신호를 측정함에 의해 결정된다. 도꼬마리와 같은 단일식물의 경우에 개화 유도성의 긴 암주기 중간에 짧은 순간의 빛 처리는 그림 24.4에서 보여진 것처럼 시간 측정 과정을 방해하는 때아닌 '빛-켜짐' 신호로서 해석된다. 짧은 순간의 빛 처리는 유용한데, 왜냐하면 그것은 약한 빛 세기로 짧게 비춰주는 것과 함께 효과적이며 한 개의 유도된 잎에 적용할 수가 있다. 그래서 짧은 순간의 빛 처리는 작용 스펙트럼을 측정함으로써 광주기성과 관련된 색소의 본질을 탐구하기 위한 기회를 제공해 주고 있다.

1940년대 후반에 여러 단일 식물에 관한 초기의 작용 스펙트럼은 660 nm 근처의 적색광이 짧은 순간의 빛 처리(light-break)로서 가장 효과적이었음을 보여주었다. 그리고 나서 종자 발아에 있어 광가역성(photoreversibility)이 입증된 거의 같은 시기에 보트윅(H.A. Borthwick)와 그 동료들은 도꼬마리 식물에서 적색광에 의한 개화 억제 현상이 근적외광에 의해 반전되는 것을 보고하였다. 후에 유사한 결과가 다른 단일식물에서도 나타났다. 이러한 적색광, 근적외광의 광가역성은 명백히 광주기 시간 측정 과정에서 피토크롬의 관련을 나타내는 것이다. 하지만 장일식물의 경우는 분명하지 않다. 비유도적인 긴 밤에서 짧은 순간의 적색광 처리는 개화를 촉진한다. 사리풀속(*Hyoscyamus*)과 그 외 몇 가지 종에서 이런 일이 일어나지만 다른 많은 장일식물들은 이 짧은 순간의 빛 처리에 반응하지 않고 어떤 식물은 오히려 적색광에 의해 억제된다. 피토크롬의 역할은 이 시점에서 아직 명확하지 않지만, 피토크롬 돌연변이 애기장대 식물을 이용한 최근의 연구에 근거할 때 phyA가 어떤 특정한 조건하에서 장단일 식물의 개화를 촉진하기 위해 요구된다는 것이 제안되었다. 이와는 달리 phyB는 개화를 억제하는 것으로 보인다.

청색광 역시 광주기를 조절한다. 예를 들어 애기장대에서 청색광은 짧은 순간의 빛 처리 실험에서 개화를 촉진할 수 있다. 돌연변이체와 개화시기에 대한 효과에 근거한 몇몇 증거에 따르면 크립토크롬(cry1)이 아마도 관여하는 것 같다. 하지만 결과가 항상 일치하는 것은 아니고 cry1이 개화의 광주기 조절에서 어떤 역할을 하는지 명확하지 않다. cry2는 개화를 촉진하는 것으로 알려져 있지만 내생적인 시계와 좀 더 직접적으로 상호작용하는 것으로 생각된다. cry2에 대해서는 이 장의 뒤에서 생물 시계를 논의할 때 좀 더 다룰 것이다.

24.1.5 광주기 신호는 잎에 의해 인지된다

영양 생장으로부터 생식 생장으로의 실제적인 변화는 분열조직 부위에서 일어나는데—이것은 줄기 정단에서 시작하여 나중에는 곁눈에서도 나타난다. 그러나 예상과는 달리 광주기 신호는 줄기 정단이 아니라 잎에서 인지된다. 이 사실은 다양한 방법으로 입증되었다. 초기 실험의 일부는 러시아 생리학자인 카일라키얀(M. Chailakhyan)에 의해 이루어졌다. 그는 단일식물인 국화가 잎이 제거된 줄기 정단이 계속해서 장일 조건에 있는 반면에 잎 부분은 단일 조건에 노출되었을 경우에 개화가 일어남을 보고하였다. 이 조건이 반대로 되었을 때 즉, 잎이 제거된 줄기 상단이 단일 조건에 있고 잎 부분이 장일 조건에 노출되었을 때는 그 식물이 영양 생장을 유지하고 있었다(그림 24.5). 비록 이 실험에서 식물은 아직 곁눈을 지니고 있었지만, 곁눈이 제거되는 경우 개화 현상이 성공적으로 유도되었다. 나중의 실험에서 한 개의 잎을 제외하고 모든 잎이 제거된 들깨속(*Perilla*)과 도꼬마리 같은 식물들도 남아 있는 잎이 적절한 광주기를 받게 된다면 개화가 유도될 수 있음이 알려졌다. 개화가 유도된 식물로부터 잎이 분리된 다음 그 잎이 개화가 유도되지 않은 식물에 접목되면, 이때 그 잎은 비유도 식물에서 개화 반응을 이끌어낸다는 사실을 보여주었다. 끝으로 개화를 유도하기 위해서 잎이 식물에 꼭 달라 붙어 있어야 할 필요는 없다. 단일 식물인 들깨속의 분리된 잎이 단일 조건에 노출되고 난 후 다시 개화가 유도되지 않은 식물에 접목되었을 때, 잎을 접목받은 식물은 심지어 장일조건하에 남아 있을 때 조차도 꽃을 피웠다.

이러한 잎의 감수성은 나이에 따라 다양하다. 국화, 들깨속 그리고 콩에서 활짝 펴진 가장 어린 잎이 가장 민감함이 보고되었다. 가장 감수성이 큰 잎만 제외하고 모든 잎이 제거된 도꼬마리를 이용한 실험에서 최대 감수성은 잎의 크기가 마지막 최대 크기의 절반에 해당할 즈음에 나타나는데, 이 시기는 잎의 확장이 급격하게

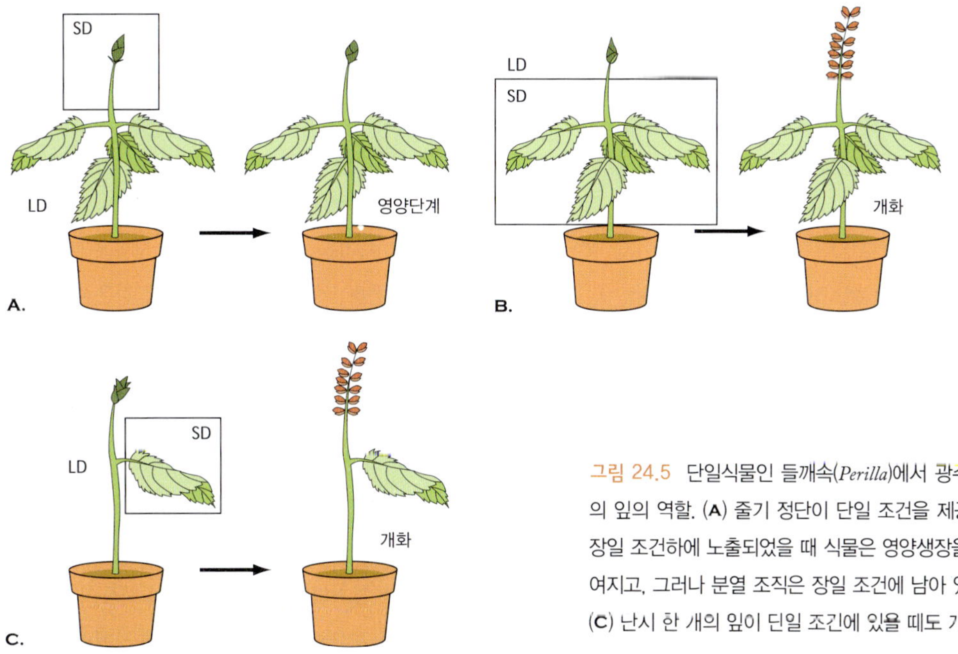

그림 24.5 단일식물인 들깨속(*Perilla*)에서 광주기 자극을 인지하는 데 있어서의 잎의 역할. (**A**) 줄기 정단이 단일 조건을 제공하기 위해서 덮어 씌우고 잎은 장일 조건하에 노출되었을 때 식물은 영양생장을 한다. (**B**) 잎이 단일 조건에 놓여지고, 그러나 분열 조직은 장일 조건에 남아 있을 때에는 식물은 꽃을 피운다. (**C**) 단지 한 개의 잎이 단일 조건에 있을 때도 개화 현상은 일어난다.

일어나는 때이다. 이런 관찰 결과 두 가지의 결론이 나오게 되었다. 첫째는 잎은 광주기 신호를 인지하는 데 있어 독립적이라는 점이고 둘째는 잎은 확산될 수 있는 개화자극을 포함한 광주기 신호 정보를 줄기 정단으로 전달하는 신호사슬 반응을 시작하게 한다는 것이다. 접목 실험을 통해 그 자극의 이동 속도를 측정한 바에 따르면 대부분의 식물종의 경우 2.5에서 3.5 mm hr^{-1}이다.

24.1.6 광주기성에 의한 개화조절은 전달 가능한 신호를 요구한다

광주기 신호의 인지장소(잎)와 개화장소(줄기 정단 분열 조직) 사이가 공간적으로 떨어져 있다는 사실은 잎으로부터 줄기 정단부로 운반되는 이동 가능한 신호를 요구한다는 것이다. 지난 70년 동안에, 개화자극의 전달을 설명하기 위한 여러 가설이 있었지만 지금까지 가장 지속적으로 제안된 것은 개화호르몬에 관한 가설이다. 러시아의 식물생리학자인 카일라키얀이 최초로 개화 자극이 호르몬일 것이라고 제시하였다. 1936년 그는 이것의 이름을 **화성소(*florigen*)**라 하였다.

개화 호르몬의 개념은 주로 자극이 접목을 통해서 전달될 수 있다는 사실에 근거하고 있다. 한 예로 여러 개체의 도꼬마리 식물이 차례로 연속해서 접목되었을 때, 만약 한 개체가 단일 조건에 의해 개화가 유도된다면 모든 개체들이 꽃을 피울 수 있게 된다(그림 24.6). 단일 식물인 담배와 장일식물인 검은사리풀과 같이 동일 과(family)에 속하는 구성원들 사이에 그리고 가지과(*Solanaceae*)에서도 상대적으로 쉽게 접붙일 수가 있다. 그러한 동반자 관계에서 검은사리풀은 만약 담배가 단일 조건하에 놓여진다면 그 사리풀은 단일 조건에서 개화를 하게 되며, 만약 담배가 장일 조건하에 있게 되면 개화하지 않게 된다. 거꾸로 담배가 장일 조건에 놓여 있는 검은사리풀에 접붙여졌을 때에는 그 담배가 장일 조건하에서 꽃을 피운다. 많은 성공적인 종간, 속간 접목 실험들이 유사한 결과를 냈다. 이런 결과로 인해 최종 광주기 유도 산물은 서로 다른 광주기성을 갖는 식물 종류내에서도 생리적으로 같은 활성을 지니며, 이것은 아마도 중일 식물의 개화 자극과 동일한 것으로 간주되고 있다.

다른 식물 호르몬들의 일반적인 성질을 생각해 보았을 때, 똑같은 개화 자극이 모든 광주기성 식물에 작용한다는 것은 놀랄만한 일이 아니다. 그러나 해결되지 않은 중요한 질문이 남아있는데, 그것은 이 개화 호르몬의 화학적 정체에 관한 것이다. 이 질문에 대한 한 가지 접근법은 비유도된 식물에 개화를 일으키는 추출물을 꽃피는 식물로부터 얻어내는 것이다. 그리고 나서 계속 그 추출물을 분류하여 활성 물질을 동정해 내는 것이다. 불행히도 여러 시도가 있었지만 극히 제한적인 결과만을 얻었을 뿐이다. 현재까지 가장 성공적인 시도 중의 하나는 냉동 건조된 도꼬마리 식물에서 얻은 메타놀 추출 물질을 장일 조건에 놓여진 또 다른 살아 있는 도꼬마리 식물의 잎에 처리하였을 때 약한 개화 반응을 일으킨 것이었다. 다른 시도들은 거의 성공하지 못하였으며 어떤 실험에서도 재현성이 있는 결과는 얻지 못하였다.

그림 24.6 접붙여진 식물 개체들 사이에서의 개화 자극의 전달. 여러 식물이 서로 가깝게 접붙여졌으며, 마지막 개체가 꽃피우도록 유도되었다. 이 때 모든 식물이 개화를 하였는데, 이것은 개화 자극이 한 개의 유도된 잎으로부터 모든 식물로 전달되었음을 나타내는 것이다.

여러 종류의 식물 호르몬 중에서 단지 지베렐린만이 다양한 식물 종에서 일관성 있게 개화를 유도한다고 알려져 있다. 희석된 지베렐린 용액(기본적으로 GA_3를 포함하는)을 반복해서 일년생 장일 식물인 사리풀, 워터캐비지(*Salmolus parviflorus*) 및 끈끈이대나물(*Silene armeria*) 등의 정단에 처리하면, 이들 식물이 단일 조건에 있을 때에도 개화 반응이 유도된다. 이 사실은 지베렐린이 플로리겐과 같은 것임을 의미하는가? 이 질문에 대한 답은 명백히 부정적이다. 우선 지베렐린 처리에 대한 반응으로 개화 현상이 출현하는 것은 거의 전적으로 장일 식물에만 국한되는데, 이 식물들은 보통 단일 조건하에서 로제트형으로 자란다. 이것은 일년생 장일식물과 개화하기 전에 저온 처리를 요구하는 이년생 식물을 포함하고 있다(25장 참조). 예를 들면, 당근, 배추 및 이년생 검은사리풀 등은 첫 해의 생육 계절 동안 로제트형으로 자라며 영양 생장형으로 남아 있게 된다. 그런 다음 분열 조직이 겨울의 저온 환경에 놓이게 된다. 이듬해 봄에 줄기는 급속한 마디사이 신장을 하게 되고 식물은 장일 조건에 반응하여 꽃을 피우게 된다. 장일 조건에 놓여 있지만 어떠한 저온 처리도 없을 경우 외부에서 가해진 지베렐린은 줄기 신장과 개화를 촉진한다. 그래서 지베렐린은 이년생 식물에서 저온 처리를 대신할 수 있거나 혹은 일년생 장일 식물의 긴 장일 요구성을 대신할 수 있을 것으로 생각된다. 그러나 지베렐린은 장일 조건에 놓여 있는 대부분의 단일식물(예: 도꼬마리, Biloxi 콩)에서는 개화를 유도하지 못한다.

임의적 장일식물인 애기장대를 이용한 분자유전학적 연구는 화성소의 본질에 대한 다른 관점을 최근에 보여 주었다. 지난 10년에 걸쳐 수행된 여러 실험들은 유전자*CONSTANS*(*CO*)의 중요 역할을 보여 주었다. *CO*의 돌연변이 대립 인자를 지닌 식물은 장일 조건에서 나중에 꽃을 피우나 통상적으로 보통 개화 비유도 단일 조건에서도 개화한다는 사실이 처음으로 관찰되었다. 영양생장 분열조직 및 최초 잎에서는 물론 장일 조건에 있는 잎에서 *CO* mRNA가 축적된다는 사실도 또한 알려졌다. 이들 관찰에도 불구하고 그러나 광주기 신호가 인지되어지는 잎 또는 개화 현상이 일어나는 분열조직에서의 작용에 의해 *CO*가 개화를 촉진시키는지에 대해서는 명확하지 않다.

성숙한 잎의 작은 잎맥에 있는 체관 반세포(companion cell)에서만 활성을 보이는 프로모터인 멜론(*Cucumis melo*) 식물의 프로모터에 *CO* 유전자가 연관된 형질전환 애기장대의 실험으로 중요 힌트가 실험으로 입증되었다. *CO* 유전자를 발현시키는 형질전환 식물이 개화 비유도 단일 조건하에서 일찍 꽃을 피웠다. *CO* 유전자가 발현되도록 만들어진 형질전환 식물에서도 역시 일찍 개화현상이 나타났다. 끝으로 *CO* 돌연변이를 위한 동형접합의 접목가지가 *CO* 유전자를 발현하는 원그루 대목에 접합되었을 때, 그 접목가지에서 일찍 꽃이 핀다는 사실이 입증되었다. 이런 생각을 시험하기 위해 설계된 어떤 다른 실험도 *CO* 자체가 잎 세포 밖으로 이동된다는 증거를 내놓지는 못하였다. 이들 결과는 *CO* 유전자가 체관에서의 이동성 개화 신호의 발생에 참여하고 있음을 강하게 나타내는 것이 된다.

이동성 개화 신호로서 가능성 있는 후보사는 FLOWERING LOCUS T(FT)이며, 이 작은 단백질(약 20 kD)은 그 양에 의존하는 방식으로 개화를 촉진하는 것으로 알려지고 있다. *CO* 유전자는 잎에서 FT mRNA의 발현을 유도하는 전사인자를 암호화한다. 체관부 액내에 RNA와 펩티드 존재가 잘 알려져 있으며 최근의 배추 연구에서 FT는 체관부 액내에 동정된 140개 단백질 중의 하나이다. 현재 한 모델에 따르면 *CO*는 잎의 체관 유조직 세포에서 FT mRNA 전사와 FT 단백질 합성을 활성화시킴으로써 유도 광주기에 반응한다고 한다(그림 24.7). 이때 FT 단백질은 체관요소를 통해서 줄기 정단 분열 조직으로 이동하는데 여기에서 FT 단백질은 **꽃 분열조직 정체성 유전자(floral meristem identity gene)**라고 알려진 한 집단의 유전자들을 유도한다. 이들 유전자들에 대한 역할은 25장에서 더욱 고찰할 것이다.

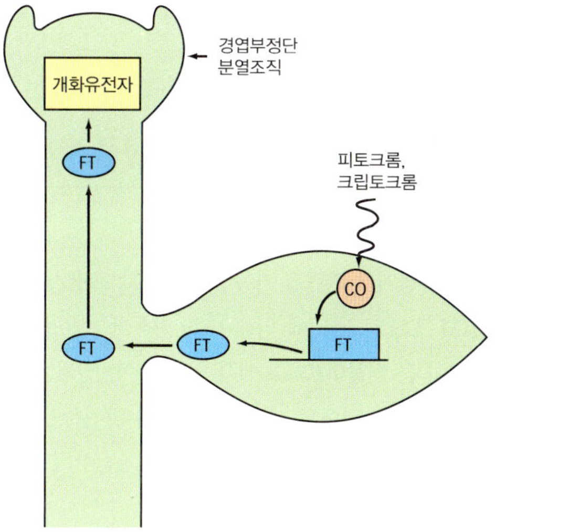

그림 24.7 장거리 개화자극의 수송에 대한 모델. CO가 피토크롬과 크립토크롬에 의하여 활성화되는 잎의 체관 유조직 세포에서 광주기가 측정되어진다. 활성화된 CO는 *FT*유전자의 전사를 유도한다. FT 단백질이 체관부의 체관 세포를 통해서 줄기 정단분열 조직으로 운반된다. 분열조직에서 FT는 개화 유전자의 전사과정을 유도하기 위하여 전사 인자와 상호작용을 한다.

24.1.7 광주기성은 보통 암주기 전후에 고플루언스 빛을 요구한다

비록 단일식물이 한 번의 긴 암주기에 반응해서 꽃을 피운다 할지라도 가장 효과적인 것은 광주기에 앞서 개화 유도 암주기가 먼저 선행되어야 한다는 것이다. 전처리 성격의 명암 요구성의 기능은 아직 명확하지 않은데 그 이유는 이 요구성이 식물의 종과 실험 조건에 좌우되면서 현저하게 달라지기 때문이다. 한 번의 유도 암주기로 최대 개화를 위해서 도꼬마리는 8시간 내지 12시간의 빛을 필요로 한다. 나팔꽃은 적어도 6시간의 빛을 요구한다. 칼란코에(*Kalanchoe*)와 같은 다른 식물에서는, 하루에 몇 초간의 빛 조사만으로도 개화를 유도하기에 충분하였다. 보다 긴 광주기가 필요한 경우는 광합성 산물이 암주기 동안에 시작되는 어떤 과정에 요구되고 있기 때문일 것이다. 매우 짧은 순간의 빛이 효과적일 경우는 분명히 광합성 작용이 관련되지는 않을 것이며 이런 빛 요구성에 대해 다른 설명을 찾아보아야 할 것이다.

많은 경우에서 개화 유도 암주기 후에 또한 높은 광량이 중요하다는 사실이 입증되었다. 다시 실험적 세부 항목을 스케치하고 필요조건을 변경한 듯하다. 그러나 두 가지 설명이 제시됐다. 하나의 가능성은 유도후(postinductive) 광기(light period)가 광합성 산물의 흐름을 만들어 이로 인해 잎에서 빠져나온 개화 자극의 이동을 증진시킨다는 것이다. 그러나 일부의 결과는 이동 효과로서 쉽게 설명되지 않았다. 또한 개화 자극이 만약 암주기가 너무 길어지면 잎에서 파괴되거나 혹은 불활성화된다는 것을 암시하는 증거들

Box 24.2
역사적 조망: 생물시계

내재적 시간 측정기가 관련될 가능성이 최초로 프랑스 천문학자인 드 마이란(M. De Mairan)에 의해 1729년에 제기되었다. 드 마이란은 감수성이 큰 식물(*Mimosa*)에서 잎 운동이, 심지어 식물을 수일 동안 암소에 갖다 넣어도 계속된다는 것을 발견하였다. 그 이후 1759년에 진(J. G. Zinn)과 1825년에 드 칸돌(A. P. De Candolle)에 의해 계속된 연구들은 드 마이란의 발견을 확인하였다(Sweeny, 1987). 호기심을 가진 채 드 칸돌은 연속 광조건하에서 잎이 최대로 열리는 시간 간격은 자연 환경 조건하의 24시간보다는 오히려 22시간 혹은 23시간이었음을 발견하였다. 이 발견의 중요성이 올바르게 평가되기까지는 거의 한 세기가 걸렸다!

잎 운동에 관한 연구는 18세기 후반부를 거쳐 19세기 초까지 계속해서 식물학자와 식물생리학자에게 관심거리가 되었다. 대부분의 연구는 잎 운동이 광범위하게 출현한다는 현상과 그것들은 연속적인 광조건 혹은 연속 암조건에서도 지속된다는 것을 단순히 확인하는 것이었다. 1863년에 폰 작스(J. von Sachs)는 잎 운동과 온도 변동과의 사이에는 상호 관계가 없음을 보고하여, 잎 운동의 원인으로서 온도 요인을 제거하였다. 실험상에서 예상되는 한 가지 어려움은 주기적인 현상에 관한 연구가 24시간의 연속 추적을 요구한다는 점이다. 1875년에 페퍼(W. Pfeffer)는 잎의 위치를 자동으로 연속해서 기록하는 장치를 고안해 냈다. 페퍼는 가는 실을 이용하여 잎을 자동 기록침(stylus)에 붙여서, 그로 인해 탄소로 코팅된 회전 드럼상에 잎의 위치를 기록하였다. 이 장치가 일부 개선되어 오늘날까지도 때때로 사용되고 있다(그림 24.8).

1875년부터 1915년에 이르기까지 거의 40년 동안 페퍼는 보통의 흔한 가든 콩 식물인 덩굴강낭콩의 잎 운동에 관한 여러 논문을 발표하였다. 그는 잎 운동의 리듬을 잃어버린 식물(오랜 기간 동안 연속 광조건이나 연속 암소에 간직한 식물)이 만약 새로운 명-암 사이클 조건에 놓여지면 다시 운동을 되찾는다는 사실을 보고하였다. 만약 새 사이클이 자연 환경이 나타내는 낮-밤 사이클과 반대가 되면, 잎 운동도 또한 거꾸로 된다. 페퍼는 연속 광조건 혹은 암조건하에서 지속적으로 나타나는 잎 운동은 '학습된' 행동이라고 결론지었다. 다른 사람들은 과거의 어떤 명-암 사이클에도 관계없이 연속적인 광조건하에서 수면 운동은 분명히 24시간 주기의 진동과 반대로 된다고 보고하였다. 끝으로 페퍼는 잎 운동이 내재적인 것이며 아마도 유전되는 행동일 것이라는 주장을 하였다.

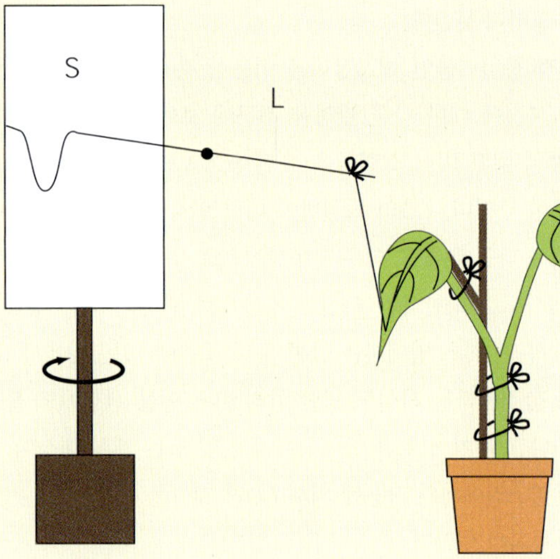

그림 24.8 잎 운동을 기록하기 위하여 뷔닝과 다른 사람들이 사용한 드럼 기록장치의 원리를 보여주는 설명도. 자동 기록침(S)이 정밀하게 균형을 이룬 지지대(L)에 연결되었고, 이것은 다시 잎의 주맥에 붙여진다. 잎이 그 위치를 변화시킬 때, 자동 기록침이 회전하는 드럼상에 그 추적을 그린다.

1920년대에 빛과 온도와 같은 실험 환경 조건을 일정하게 유지시켜 주는 기술의 개선은 잎 운동을 이해하는 데 중요한 진보를 갖다주었다. 한 가지 중요한 관찰이 독일에서 스톱펠(Rose Stoppel)에 의해 이루어졌다. 일정 온도에서 암소에 콩을 계속 두었을 때, 스톱펠은 잎이 거의 수직 방향으로 최대로 접혀지는 밤 위치(night position)가 매일 정확히 24시간을 두고 같은 시간(오전 3시와 4시 사이)에 나타난다는 것을 관찰하였다. 스톱펠은 만일 어떤 환경 요소가 사실상 하루 24시간을 기준으로 해서 시계를 설정해 놓는데 작용을 한다면, 내재성 생체 시계는 그처럼 정확해질 수 있다고 생각하였다. 스톱펠은 이 요소를 X라고 불렀다.

생물 시계의 내재성 본질은 미묘한 대기 요소(atmospheric factor)가 식물에 영향을 끼치는지를 측정하도록 임무가 부여된 두 젊은 식물학자들의 연구를 통해서 최종적으로 명백해졌다. 뷔닝(E. Bünning)과 스테른(K. Stern)은 스톱펠의 X 요소에 관심을 가지고 있었으며, 그들은 일정한 온도 조건을 얻기 위해서 스테른의 감자 저장소 안에 콩과 기록 장치를 설치하였다. 스톱펠처럼 뷔닝과 스테른은 잎이 최대로 접혀지는 밤 자세가 매 24시간마다 출현하였으나 놀랍게도 스톱펠의 실험 경우보다 7시간 내지 8시간 늦게 나타났음을 발견하였다. 뷔닝과 스테른은 곧바로 이 현상이 식물에 물을 줄 때와 기록 장치를 손볼 때에 사용하였던 매우 약한 세

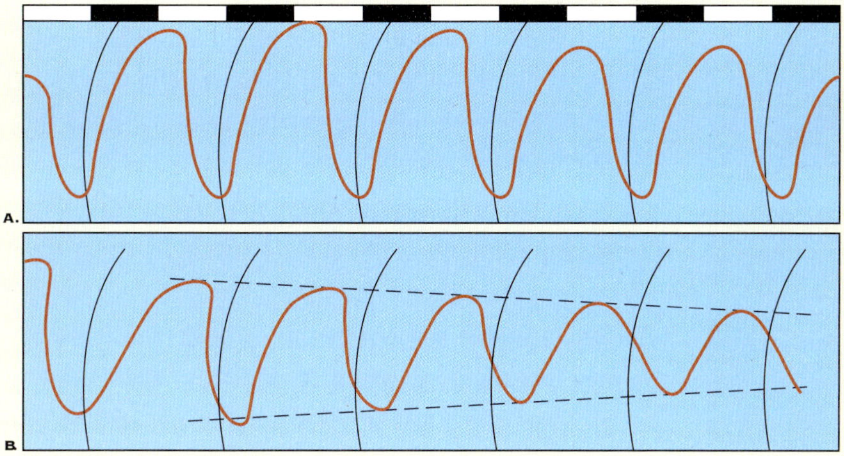

그림 24.9 덩굴강남콩(*Phaseolus vulgaris*)의 잎 운동은 생체 시계에 의해 작동된 내재성 리듬을 나타내고 있다. (**A**) 교대로 반복되는 낮과 밤 주기에서의 6일간의 제일엽의 잎 자세 기록. 밝고 어두운 막대 표시는 각각 낮과 밤 주기를 나타내는 것이다. 수직선은 한밤 중(midnight)의 시각을 나타낸다. 하나의 주기는 24시간이다. (**B**) 연속광 조건하에서의 자유-운행 리듬. 첫 번째 주기 후에 한 주기의 길이가 25.7시간으로 확장되었다. 이런 연속광 조건하에서 잎 자세의 변화 크기(점선)가 시간 경과에 따라 점차 감소하고 있음을 주목해 보아라. (From the data of Bünning, E. M. Tazawa 1957. *Planta* 50:107.)

기의 적색광 때문이라고 생각하였다. 스톱펩은 아침에 일찍 자신의 실험 장소에 가서 그 진행 과정을 관찰하였으나, 뷔닝과 스테른은 스테른의 감자 저장소가 실험실에서 거리상으로 어느 정도 떨어져 있었기 때문에 오후 늦게 그 실험 장소를 방문하게 되었다. 흥미롭게도 그 당시에 중심적 이론은 적색광이 식물의 형태 발생에 아무론 효과가 없다는 것이었다. 뷔닝과 스테른은 그 이론이 옳지 않다고, 즉 약한 적색광조차도 명백히 잎이 최대로 젖혀지는 순간이 항상 16시간 후에 나타나도록 잎 운동을 동조시킨다고 결론을 내렸다. 실제로 적색광이 제거되었을 때, 잎이 최대로 접혀지는 주기는 이미 24시간이 아니라 25.4시간이 되었다(그림 24.9). 뷔닝과 스테른은 요소 X를 규명하였으며 일주기 리듬에 있어 피토크롬의 역할을 발견할 근거를 마련해 주었다.

도 있다. 결론적으로 빛이 잎에서 개화 자극을 안정화시키거나 혹은 불활성화를 막는데 필요하다고 제안되었다. 실제로 대부분의 자료는 이 두 가지의 견해가 합쳐진 형태를 지지하고 있으며 유도 후 빛 요구성의 효과는 잎에 있는 불활성화 장소로부터 FT 단백질과 같은 개화 자극을 빠르게 벗어나게끔 이동시키는 데 있는 것 같다.

24.2 생물 시계

광주기성은 내부에 있는 시간 측정 시스템 혹은 **내생 생물시계(endogenous biological clock)**에 복잡하게 연관되어 있다(Box 24.2). 생물 시계(biological clock)에 대해 오랫동안 관찰된 바 있는 그러면서 동시에 극적으로 묘사되고 있는 한 현상은, 앞 장에서 설명한 바와 같은 24시간 주기(일주기성)를 갖는 잎의 상하 운동(수면 운동)이다(그림 24.10과 23장). 어떻게 보면 수면 운동은 외부 조절(낮과 밤 주기로 이루어진 일주기성 변화)을 받는 것으로 생각된다. 하지만 올바른 조건에서 잎 위치의 진동은 외부 요소들과는 무관하다. 한편 광합성적 탄소 획득은 이것이 빛에 의존하고 일광이 주기적이기 때문에 역시 주기성을 보인다. 광합성은 따라서 일주기성을 띠며 단지 일광 시간에만 활성적이며 하루 주기의 밤–낮 사이클을 나타낸다.

단순한 일주기성 현상과 내재적 시계에 의한 리듬을 구별하는 세 가지 범주가 있다. (1) 시계에 의한 리듬은 외부 자극이 없이도 (즉, 일정 조건에서) 지속된다. (2) 시계에 의한 리듬은 빛이나 온도와 같은 외부 자극에 의해 재조정될 수 있다. (3) 시계에 의한 리듬의 시간조정에 대한 지속적인 온도의 효과는 없다. 이러한 세 가지 범주가 차례로 다뤄질 것이다.

24.2.1 시계에 의한 리듬은 일정 조건에서 지속된다.

내재성 리듬의 핵심은 그것이 일정한 환경 조건(보통 연속 광 혹은 연속 암 환경) 하에서 적어도 여러 사이클을 지속한다는 것이다. 일정 조건하에서 나타나는 리듬성을 **자유-운행(free-running)**이라 한다. 한 사이클을 완성하는데 요구되는 시간을 주기(period, τ; tau)라고 한다(그림 24.11A). 주기란 쉽게 말해서 한 정점(peak)에서 다음 정점까지 도달하는데 요하는 시간이나 그것은 반복되는 사이클 상에서 서로 비교가 되는 두 점에서도 똑같이 적용이 된다. 생체 리듬은 그것의 **자유-운행 주기(free-running period)**의 길이에 따라 관례적으로 분류된다. 그래서 **개일(槪日; circadian)** 리듬은 대략 24시간의 주기를 갖는다(*circa* = about +diem = day). 콩잎의 운동은 일주기성 운동이다. 왜냐하면 그 운동 주기의 길이가 대략 25.4시간이기 때문이다. 보름달에서 다음 보름달까지의 시간, 즉

그림 24.10 수면운동. 덩굴강남콩 유식물의 제일엽이 낮에는 수평자세(**A**)를 밤 동안에는 수직자세(**B**)를 나타내고 있다.

대략 28일의 길이를 **월주기성(lunar)** 리듬이라 하며, 일년 길이의 주기를 **년주기성(annual)**이라 한다. 또 흥미 있는 것은 실제적으로 24시간 이내의 주기(분 혹은 시간 단위로 측정된)를 지닌 대사 활동의 리듬 현상이다. 이들은 **울트라디안(ultradian)** 리듬이라 한다.

리듬상에서 최대와 최소치의 차이, 혹은 정점과 정점 사이의 차이를 **진폭 크기(amplitude, A)**라고 한다 (그림 24.11A). 자유-운행 개일 리듬의 진폭 크기는 결국에는 모두 사라질 때까지 시간이 경과함에 따라 감소한다. 어떤 경우에 이 진폭 크기의 감소는 장기간의 암조건하에 놓여 있게 됨으로써 저장 에너지의 감소에 기인하여 나타나는 것으로 생각되는데, 왜냐하면 그 식물에 설탕을 공급 시 적어도 잠시 동안 이 크기가 유지될 수 있기 때문이다. 그러나 그 생체 시계는 자주 끊어지는 것 같으며 리듬을 다시 시작케 하기 위해서 외부 신호가 요구된다. **상(phase)**이라는 용어는 두 가지의 약간 다른 의미를 갖지만 거의 같은 뜻으로 사용된다. 리듬 주기상에서 나머지 다른 부분과 그 관계가 구분되는 어느 특정 주어진 지점을 상이라 한다. 정점(예: 잎이 최대로 접혀지는 밤 위치, 최대 개화 시점)의 위치는 상 관계에서 가장 흔한 기준점(reference point)이 되는데, 왜냐하면 그것은 보통 가장 쉽게 확인될 수 있기 때문이다. 예를 들면, 〈그림 24.11A〉에서 두 개의 리듬이 대략 6시간 간격의 상으로 나타나고 있다. 상은 밤 단계 혹은 낮 단계와 같이 사이클의 인위적인 부분을 표현하는 데 또한 이용된다.

내재적인 개일 리듬에 관한 논의는 두 가지의 시간틀, 즉 **태양 시간(solar time)**과 **개일 시간(circadian time, CT)**이 포함되고 있다는 점에서 때때로 복잡해진다. 태양 시간은 정상적으로 하루 24시간을 기준으로 하고 있다. 그와는 달리 개일 시간은 자유-운행 주기에 근거를 두고 있다. 이때 한 사이클은 태양 시간 관점에서 볼 때 그 실제적인 길이에 관계없이 24시간의 길이를 말한다. 그러므로 개일 시간에서의 매 한 시간은 자유-운행 주기의 1/24이 된다. 그래서 만약 자유-운행 주기가 30시간이면, 암소에서 각각 0시, 15

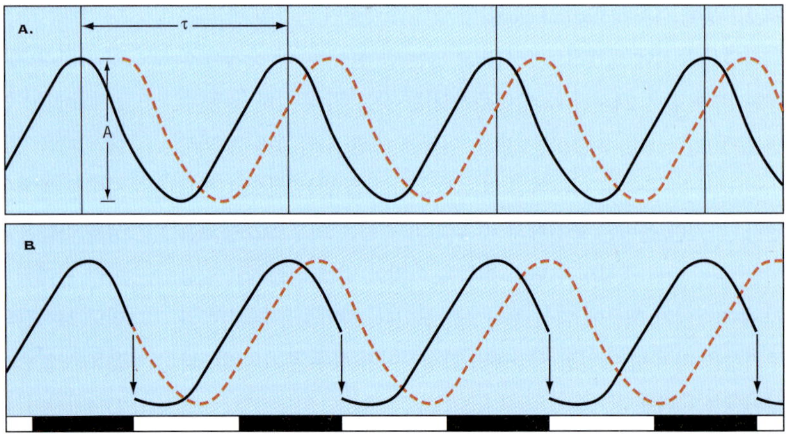

그림 24.11 개일(circadian) 진동의 예. (**A**) 주기(τ)와 진폭의 크기(**A**)를 갖고 있는 두 개의 리듬. 두 리듬에서 비록 주기와 진폭의 크기가 같더라도, 그 두 개는 약간 상이 다르다. (**B**) 자유-운행 리듬과 동조 현상(entrainment). 28시간의 주기(점선)를 지닌 자유-운행 리듬이 일주기성 빛 신호에 의해 24시간 주기로 동조되고 있다. 밝은 막대와 어두운 막대 표시는 낮과 밤 조건을 나타내는 것이다.

시 그리고 30시에 일어나는 사건은 개일 시간상으로는 각각 CT: 0, CT: 12 그리고 CT:24시에 일어나는 것이 된다. 개일 시간 척도는 각 실험 사이에서의 상 관계를 평가하는데 혹은 서로 다른 주기를 갖는 리듬을 평가하는데 유용하다. 끝으로 정상적인 낮–밤 환경 주기에서 낮에 일치하는 자유-운행 사이클의 상은 **주체적 낮(subjective day)**이라 하며 정상적인 밤 주기에 일치하는 상은 **주체적 밤(subjective night)**이라고 한다. 예를 들면, 콩 수면운동의 경우 잎의 수평위치에 있는 동안의 자유-운행 주기의 상은 주체적 낮을 고려하게 될 것이다. 잎이 수직 위치에 있는 동안의 상은 주체적 밤이 될 것이다.

콩잎의 리듬 운동은 태양의 낮–밤 사이클에 연관되어 있거나 혹은 동조되어 있다(그림 24.11B). 적색광 신호에 리듬이 연결되어 있을 때, 스톱펠과 뷔닝의 실험에서도 똑같은 연관이 분명하다(Box 24.2). 개일 리듬이 규칙적인 외부 환경 신호에 연관되어 있는 것을 **동조현상(entrainment)**이라고 한다. 리듬을 동조시키는 신호를 흔히 **시간 부여자(zeitgeber)**라고 한다(독일어. zeit=시간 + geben=주다).

많은 개일 리듬은 현재 여러 생물에서 기술되고 있다. 여기에는 꽃피는 식물뿐만 아니라 단세포성 편모충류, 조류(algae), 곰팡이, 갑각류, 곤충 그리고 사람을 포함한 포유동물들이 포함되어 있다. 꽃피는 식물에서 알려진 리듬 종류만 해도 여러 페이지 분량에 해당된다.〈표 24.2〉는 간추린 목록을 보여주는 것이다. 참고적으로 보다 확대된 목록은 스위니(Sweeny, 1987)에 의해 제공되었다.

24.2.2 빛은 하루 단위로 생물 시계를 재조정한다

생체 시계 혹은 내재성 리듬의 작용은 어떤 기능이 하루 중의 어떤 특정 시간에 일어나도록 확실히 해준다. 예를 들면 콩에서 시계의 진동은 낮 동안에는 잎을 수평으로 세우게 하고 밤 동안에는 잎을 닫게 하는 것을 결정해 준다. 내재성 리듬의 주기는 고정되어 있으나 그것은 24시간-태양 주기보다 상대적으로 '빠르거나' 혹은 '느리거나' 할 수 있다. 더욱이 24시간-태양 주기 내에서 매일 낮과 밤의 지속 시간은 계절에 따라 끊임없이 변화한다. 그렇다면 생물체는 자신 속에 있는 변화하지 않는 내재적 주기성을 계절에 따라 변화하는 낮 길이에 어떻게 일치시킬까? 어떻게 이들 리듬의 상(phase)이 유지될까? 이에 대한 해답은 동조 현상(entrainment)에 있다. 실제로 동조 현상은 우리가 매일 밤 알람시계의 시간을 설정하는 것처럼 생체 시계의 진동을 하루 기준으로 해서 앞 또는 뒤로 이동시키는 수단인 셈이다. 동조 현상은 또한 실험자들에게도 유용하다. 왜냐하면 그것을 통해 개일 리듬을 실험실에서 조작할 수 있기 때문이다.

표 24.2 고등 식물에서의 개일 리듬의 예

리듬	생물종
수면운동	많은 종
기공열림	바나나, 담배, 콩
줄기생장	토마토, 명아주
CO_2 생성	난 꽃
기계흡수	건조 양파 종자
막 전위	시금치 잎
mRNA expression	완두

동조 현상은 태양 주기성에만 국한되는 것은 아니다. 그 한계 내에서 리듬은 낮-밤 사이클을 24시간보다 더 짧게(18~20시간) 혹은 더 길게(30시간 혹은 그 이상) 동조될 수 있다. 극단적으로 길거나 짧은 사이클에 동조되는 일은 드물다. 그러나 리듬이 시간상으로 앞으로 혹은 뒤로 이동되는지 또한 얼마나 이동되는지를 연구함으로써 보다 유용한 정보가 나오게 된다. 보통 실험에서는 연속 암조건에서 이미 설정된 자유-운행 리듬 기간 동안 여러 다양한 시간에서 짧은 빛 처리(통상적으로 1시간 혹은 그보다 짧게)를 하고 있다. 그런 후 뒤이어 나오는 다음 피크의 시간이 빛 처리를 주지 않은 대조구와 비교된다. 예를 들면, 붉은 명아주 유식물 집단이 다양한 길이를 갖는 암기에 단 한 번 노출되었을 때 그들의 개화 능력은 적어도 3 사이클 동안은 리듬을 갖고 변동한다(그림 24.12). 이 경우에 보통의 소등(light-off) 신호는 리듬을 이동하게 하며 점등(light-on) 신호(예: 암기의 길이)의 시간은 식물이 개화할 것인지 아닌지를 결정하게 된다. 그러나 만약 암주기 동안에 짧은 빛 처리가 여러 다양한 시간에 주어진다면, 그 빛 처리는 시계를 재설정시키거나 혹은 리듬의 상을 옮기게 한다. 이 결과가 〈그림 24.13〉에서 보여진 것과 같은 **상 반응 곡선(phase response curve)**이다. 이 곡선에 의하면 주체적 밤 상에서 일찍 주어진 빛 처리는 대조구와 비교할 때 상대적으로 첫번째 피크(peak)와 그 다음 피크의 지연을 초래시키고 있음이 입증되고 있다. 주체적 밤 중간 지점 부근에서는 주체적 밤 후반부에 빛 처리 시 그 다음에 나타나는 피크들이 대조구에 비해 상대적으로 앞서 나오도록 유도하는 그러한 **상 도약(phase jump)**이 존재한다. 주체적 낮 동안에 주어진 짧은 빛 처리는 상(phase) 관계에 대해 아무 효과가 없음을 유의해야 한다. 이와 비슷한 상 반응 곡선이 다양한 여러 개일 리듬에서 입증되었으며 동조 현상을 설명하는 데 도움을 주고 있다. 상의 재배치(rephasing)는 **최소 리듬의 변위(least net displacement)**를 요구하는 방식으로 완성된다는 사실이 특징으로 나타난다. 그래서 주체적 밤 초반부 동안에 짧은 빛 처리는 명백히 지연된 소등 신호 혹은 해질녘으로 해석되며 내재성 리듬의 상은 그에 따라서 조정 받게 된다. 빛 신호가 나중에 도달할 때에는 그 지연은 빛 신호가 이른 점등

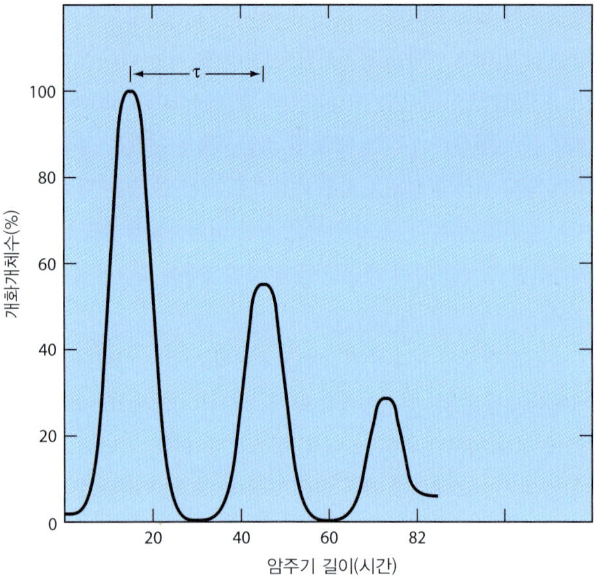

그림 24.12 단일 식물인 붉은 명아주(*Chenopodium rubrum*)에서 개화는 단 한 번의 암주기(dark period) 길이에 리듬 있게 반응한다. 붉은 명아주의 유식물 집단은 그림에서 표시된 것과 같이 다양한 길이를 갖는 암기에 단 한 번 노출되었다. 자유-운행 주기(τ)은 대략 30시간이다. 진폭 크기는 시간 경과에 따라 감소하는데, 그 이유는 유식물들이 길어진 암기간 동안 탄소원 공급이 고갈되기 때문이다. 그러나 진폭 크기는 포도당을 유식물에 공급해 줌으로써 유지시킬 수 있다. (From King, R. W. Time measurement in photoperiodic control of flowering, Ph.D. thesis, University of Western Ontario, 1971. With permission of R. W. King.)

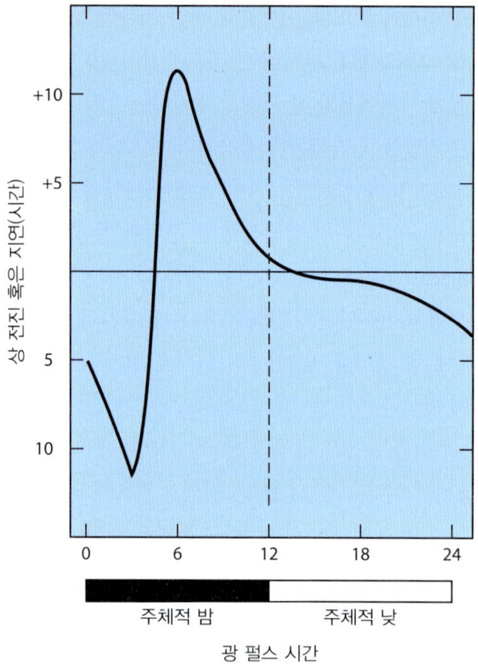

그림 24.13 상 반응곡선. 주체적 밤의 초반부에서의 점등신호(light-on)는 다음 피크의 출현 시간을 지연시키는 결과를 초래하며, 주체적 밤의 후반부에서 빛 점등 신호가 주어진 경우에는, 다음에 오는 피크가 일찍 시작된다. 주체적 낮 동안에 주어진 점등 신호는 리듬의 상(phase)에 거의 아무런 효과를 끼치지 못한다. (Redrawn from King, R. W. Time measurement in photoperiodic control of flowering, Ph.D. thesis, University of Western Ontario, 1971. With permission of R. W. King.)

신호 혹은 해 뜰 새벽녘(dawn)으로 해석되는 순간까지 증가될 것이다. 이런 연유로 해서 리듬이 앞서 진행하게 된다. 이러한 방식으로 상-변화는 리듬을 각 지역의 태양 주기의 시간에 동조시키거나 혹은 일정하게 조정한다. 비슷한 상 반응 곡선이 곤충의 탈피 현상, 쌍편모조류인 양광충(*Gonyaulax*)의 생물 발광 현상 그리고 고등식물에서의 개화와 CO_2 방출 등과 같은 여러 다른 현상에서도 적용될 수 있다는 관찰 결과는 유사한 생물 시계가 다양한 생물에서 비록 그 메커니즘은 다를지라도 존재한다는 사실을 나타낸다.

비록 빛이 개일 리듬을 재설정하는 데 있어서 명백한 역할을 하지만 여기에 관련된 광수용체는 모든 생물에 있어서 같은 것은 아니다. 양광충, 원생동물인 짚신벌레, 곰팡이와 곤충 등에서 보이는 리듬의 작용 스펙트럼은 모두 청색광 지역에서 커다란 피크를 나타내고 있는데, 이 사실은 cry2와 같은 청색광 수용체인 플라보 단백질이 관련되어 있음을 의미하는 것이다. 그러나 여러 고등 식물에서는 피토크롬과 크립토크롬이 모두 관련되어 있는 것으로 생각된다. 예를 들면, 암소에서 자란 콩에서의 리듬의 설정과 *Samanea* 잎 운동에서의 상-설정은 모두 짧은 적색광 및 근적외광 처리에 의해서 전형적인 피토크롬 광가역성을 나타내고 있다. 그러나 꿩의비름속(*Bryophyllum*) 식물 잎에서의 CO_2 방출 리듬과 같은 경우에는 적색광으로 리듬이 재설정될 수 있으나 이 효과가 근적외광 처리로 반전되지 않는다. 꿩의비름속 시스템에서 근적외광 효과는 리듬을 모두 제거시킨다. 이것은 피토크롬 효과라고 할 수 있지만 여러 실험에 의하면 상-설정에 관한 빛의 조절은 직접적인 과정이 아니다.

24.2.3 일주기 시계는 온도에 의해 보상된다.

대부분의 화학 반응과 생장 반응 및 다른 생물학적 반응들은 Q_{10} 값이 거의 2를 나타내면서 온도에 대한 반응을 보이고 있다. 이것은 온도가 10℃ 증가하면 대략 반응 속도가 두 배로 증가함을 의미한다. 온도의 감소는 또한 같은 정도로 반응 속도를 감소시킨다. 대부분의 경우 그와 같은 온도 감수성은 생물체에 의심할 여지 없이 장점으로 작용하는 반면, 생물 시계의 정확성은 만약 그것이 국부적인 환경에 의해 발생된 무작위적인 온도 변동에 자주 민감하게 반응하면 심각할 정도로 변화된다. 생물 시계의 정확성이 떨어지면 개일 리듬의 주기 길이는 상대적으로 온도에 둔감해진다. 이 전형적인 예가 콩의 잎운동이다. 어린 식물을 종자 시기 때부터 암소에서 길렀을 때 잎 운동은 작아지게 되고 자연 환경 주기에 동조되지 않는 경향이 있다. 단 한 번의 짧은 섬광(시간부여자, zeitgeber)도 잎 운동을 커지게 하고 또한 자연 주기에 동조시키게 된다. 뷔닝 실험에서 동조된 운동은 15℃의 온도에서 28.3시간의 주기를, 25℃ 온도에서는 28시간의 주기를 나타낸다. 비록 이 자료가 개일 리듬이 온도에 둔감하다는 것을 암시하는 것처럼 보이지만, 이것은 정확한 사실이 아니다. 어린 식물을 20℃에서 15℃로 옮겼을 때 최초의 주기는 29.7시간이었다. 다시 어린 식물을 20℃에서 25℃로 이동시켰을 때는 23.7시간의 주기를 가졌다. 그러나 이들 주기는 단지 첫 번째 사이클 혹은 두 번째 사이클 동안만 지속되었을 뿐이며 그 후에는 주기가 대략 28시간으로 복귀되었다. 명백히 개일 리듬은 온도-민감성을 보이나, 일부 메커니즘은 온도변이에 대해 재빠르게 보상을 한다. 결과적으로 대부분 개일 리듬의 Q_{10} 값은 거의 1이 된다. 진폭의 크기도 온도에 의해 영향을 받으나 **온도-보상(temperature-compensation)**은 대부분의 개일 리듬에서 분명히 주기에 특징적으로 나타난다.

24.2.4 일주기성 시계는 광주기성 시간 측정에서 중요한 요소이다

모든 종류의 내재성 리듬은 근본적으로 시간 측정에 관한 문제인데, 이런 개념은 전통적인 생화학의 틀 안에서 쉽게 상상이 되지 않는다. 더욱이 생체 시계는 빛과 온도에 의해 재조정된다는 것을 제외하고는 내적인 것이어서 일반적으로 외부조작에 예속되지 않는다. 이것은 그 시계가 전통적인 실험 전략에 잘 따르지 않는 것을 의미하는데, 왜냐하면 이들 실험에서는 연구자가 어떤 방법으로든지 그 실험 시스템을 제어하고 조작할 수 있어야 하기 때문이다. 또 다른 어려움은 시간 기록 메커니즘의 일부인 진동과 기본적인 진동자의 출력신호에 불과한 시계 침 사이를 구별할 수 없다는 데 있다.

1936년에 최초로 광주기성이 개일 리듬과 연관되어 있다는 것을 제안했던 뷔닝은 바로 그러한 상호작용을 제기했었다. 그는 리듬은 두 단계 — 즉, 빛을 좋아하는 단계인 **친명기(photophile)**와 빛을 싫어하는 **친암기(scotophile)**로 구성되어 있고, 이 두 단계가 대략 매 12시간마다 교대로 반복된다는 것이다. 뷔닝의 가설에 따르면 친명기 동안에 식물에 들어오는 빛은 개화를 촉진하는 반면에 친암기에서의 빛은 개화를 억제한다. 대부분의 실험 상황에서 식물이 연속광 조건하에 놓여졌을 때 친명기는 아마도 주체적 낮에 해당하고 친암기는 주체적 밤에 해당하는 것 같다. 개화의 리듬성을 보이기 위해 그리고 뷔닝의 가설을 시험하기 위해 몇 가지 새로운 실험적 전략이 시도되어 왔다. 잎의 운동이나 이산화탄소 발생과 달리 어려운 점은 개화는 계속되는 과정이 아니라는 것이다.

개화의 리듬성을 보여주는 한 가지 전략은 앞 절에서 소개된 단일 식물인 붉은 명아주(*Chenopodium rubrum*)의 개화 현상이다. 명아주 어린 식물은 이 식물의 나이가 단지 4.5일 되었을 때 단 한 번의 암주기 처리에 의해 개화가 유도될 수 있다. 암주기 전과 후에 유식물을 연속광 조건에 놓아둔다. 그림 24.12에서 보이는 바와 같이 암주기의 길이가 변화할 때, 처음 8 내지 10시간 동안의 빛은 단일 식물을 이용한 실험에서 예상되었던 것처럼 개화를 억제하였다. 그 후 유식물의 개화 능력은 30시간의 자유-운행 주기를 지닌 채 적어도 3 사이클 동안 리듬 양상을 나타내었다. 약간의 실험 전략을 변화시켰어도 본질적으로 똑같은 결과가 도꼬마리, 콩, 나팔꽃 그리고 좀개구리밥 식물을 포함한 다양한 식물 종에서 얻어졌다.

리듬 상(rhythmic phase)에 대한 광주기적 시간 측정의 밀접한 의존성을 지지하는 두 번째 예가 힐만(W. S. Hillman)이 수생 단일 식물인 개구리밥 식물을 이용한 실험에서 나왔다(그림 24.14). 개구리밥 식물은 12시간의 임계 낮 길이를 갖는 단일 식물이다. 실험 생물로서 개구리밥은 포도당을 공급하여 주었을 때, 암소에서 종속 영양적으로 생장을 한다는 유일한 장점을 제공하고 있다. 이것은 암주기의 시작과 끝을 표시해 주는 짧은 빛 처리, 즉 최소한의 광주기에 의해서 긴 광주기가 제거될 수 있으며 시간 조정이 제어될 수 있

그림 24.14 개구리밥(*Lemna sp.*). 개구리밥 속(genus)의 식물은 가장 작은 꽃을 피우는 식물이다. 각각의 잎 모양의 엽상체(frond)는 약 1 내지 2 mm 크기이다. 꽃은 엽상체 끝에서 만들어지며 단지 웅성과 자성 부분만으로 구성된다(꽃잎 또는 꽃받침이 없음). 이 식물에는 단일 식물 종과 장일 식물 종이 있다.

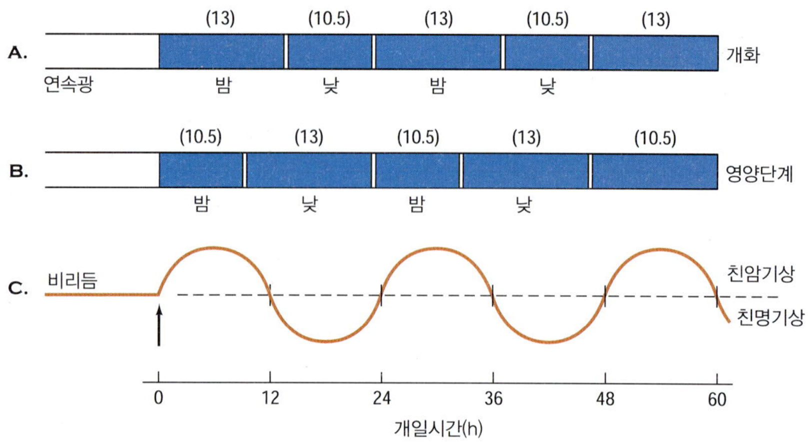

그림 24.15 단일식물인 개구리밥에서 광주기 개요와 개화의 조절. 개구리밥은 연속광 조건하에서 비리듬성을 나타낸다. 첫 번째 소등(light-off) 신호(화살표시)는 리듬을 시작하게 한다. 첫 번째 상이 친암기 단계이기 때문에 개구리밥은 첫 번째 암기를 그것의 길이에 무관하게 밤으로 인식한다. (A) 만약 '밤'에 해당하는 암기가 임계값을 초과하게 되면 식물은 개화를 하게되며, 그렇지 않을 경우(B), 식물은 영양생장형으로 남아있다. (C) 리듬의 가설적인 친암기상과 친명기상.

다는 것을 의미하는 것이다. 개구리밥에서 개화를 유도하기 위해 요구되는 것은 매 24시간마다 단지 두 번의 15분 간의 광주기가 필요할 뿐이다(그림 24.15). 그러므로 연속광 조건에서 13시간 암조건: 0.25시간 광조건: 10.5시간 암조건: 0.25시간 광조건의 스케줄로 옮겼을 때, 개구리밥은 개화를 하게 된다. 그러나 10.5시간 암조건: 0.25시간 광조건: 13시간 암조건: 0.25시간 광조건의 스케줄에서는 식물은 영양 단계로 남아 있게 된다. 두 스케줄 사이에서의 차이점은 단지 연속광 조건 후의 첫 번째 암주기의 길이일 뿐임을 주목해야 한다. 비록 각 스케줄이 13시간의 개화 유도 암주기를 포함하고 있지만, 개화는 단지 긴 암기가 먼저 출현할 때에만 유도되고 있다.

명백히 개구리밥은 짧은 빛 처리를 두 개의 다른 암주기의 시작과 끝으로서 인식하고 있었으나, 식물이 어느 것이 어느 것인지를 어떻게 알 수 있을까? 연속광 조건에 있는 다른 식물처럼 개구리밥은 비리듬성을 보이는데, 즉 리듬의 크기는 리듬이 완전히 사라질 때까지 감소된다. 식물을 암소에 이동시켜 놓으면 리듬은 다시 시작한다. 개화는 첫 번째 암주기가 임계 밤 길이를 초과할 때에만 일어나기 때문에, 첫 번째 암주기(그리고 그 후부터는 매번 교대로 나타나는 주기)가 '밤'으로서 인식되었음에 틀림없을 것이다. 연속광 주기 후의 소등 신호는 리듬을 시작하게 하며 첫 번째 암기(CT 0에서 12)는 항상 '밤 시기'가 된다는 사실은 일반적인 법칙으로 여겨진다. 두 번째 단계(CT 12에서 24)는 '낮 시기'가 된다. 후속 실험에서 힐만은 '개화는 단지 임계 밤 길이보다 더 긴 암주기가 그 식물의 내재적인 개일 리듬에서의 밤 시기와 일치할 때에만 일어난다'는 것을 확인하였다. 이러한 해석은 꽃피는 식물에게만 국한되는 것은 아니다—최소한의 광주기는 곤충과 조류(bird)에서도 광주기적 효과 측면에서 비슷한 반응을 이끌어내는데, 이런 사실을 주목해 보는 것은 흥미로운 일이다.

24.2.5 낮 길이 측정은 외부 빛 신호와 개일 리듬 사이에서의 상호작용을 포함한다

광주기적 시간 측정과 생물 시계의 통합을 설명하기 위하여 여러 모델이 제시되어 왔다. 보다 초기의 생리학적 연구 결과와 최근의 유전학적 증거를 지닌 가장 일관성있는 모델은 **외부 동시모델(external coincidence model)**이다. 이 모델은 본질적으로 뷔닝의 친암기와 친명기 가설의 최신 개정본이다(그림 24.16). 이 모델이 임의적 장일 식물인 애기장대에서 일차적으로 발달되어 왔음을 명심하라. 가장 단순한 형태로, 이 모델은 시간 측정을 두 개의 상호

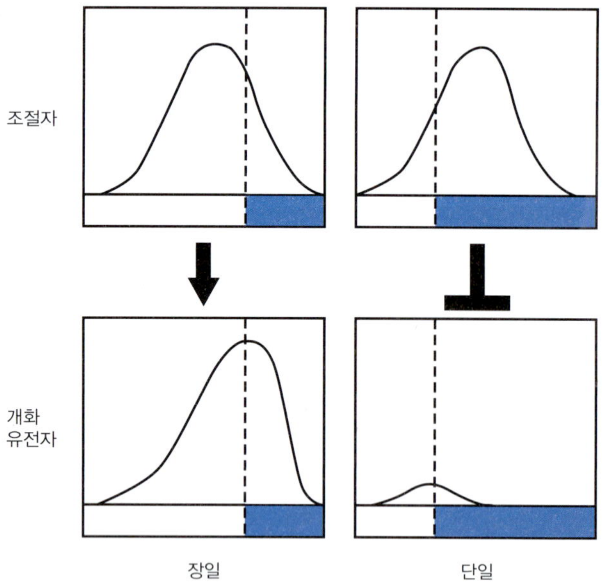

그림 24.16 외부 동시 모델(external coincidence model)은 장일 식물에서의 낮 길이 측정을 설명해 준다. 중요한 조절 유전자는 늦은 오후에 최대로 발현된다. 개화 유전자를 활성화시키는 조절 단백질의 안전성과 기능이 빛에 의하여 조절되기 때문에, 개화 유전자의 아래 방향(downstream)의 발현은 조절자의 최대 발현이 빛 존재와 일치하는 때인 장일조건 하에서만 일어난다. 수직 점선은 낮에서 밤으로 전환되는 시점을 나타낸다. 만약 조절자가 개화를 억제한다면 이 모델은 또한 단일 식물에도 적용된다.

작용하는 요소들: 즉, 개일 시계 그 자체와 시계에 조절받는 낮길이 측정 메카니즘으로 분리시킨다. 이 모델에 따르면 개일 시계는 낮-밤 사이클 내에서 빛에 민감한 상(phase)을 설정한다. 그것은 늦은 오후에 최대 농도에 도달하는 중심 조정자의 주기적인 출력을 제어함으로써 일어난다. 장일식물에서 그 조절자는 궁극적으로 줄기 정단 분열조직에 있는 개화유전자를 작동시키는데 관련되어 있으나 이러한 일련의 사슬반응을 시작하게 하기 위하여 조절자는 먼저 빛에 의하여 활성화 될 것이다. 결론적으로 개화는 늦은 오후에 조절자의 발현이 빛의 존재, 즉 장일 조건하에 일치될 때 촉진될 것이다. 단일 조건하에서 조절자는 암기가 시작될 때까지는 최대 농도에 도달하지 못한다. 결론적으로 조절자는 빛에 의해 활성화 될 수 없으며 그래서 개화 유전자의 전사 과정을 이끄는 일련의 사건을 개시시킬 수 없게 된다. 단일 식물에 대한 유용한 정보가 비록 거의 없다하더라도 만약 조절자가 단일 식물에서 개화를 촉진한다기보다는 억제한다고 생각하면 이 모델이 적용될 것이다.

24.2.6 일주기성 시계는 음성 되먹임 고리이다

식물에서 일주기성 시계 체계의 기본 모델은 세 가지 요소들을 요구한다; 입력 경로, 중심 진동자, 출력 경로(그림 24.17). 식물에서 주요 입력 경로는 피토크롬과 크립토크롬과 같은 광수용체에 의해 매개되는데 이들은 외부 시간 요인(즉, 일광 길이)에 반응하여 진동자의 상(phase)을 조정한다. 출력경로는 명백한 리듬들이 중심 진동자의 시간 맞추기를 반영하는 다른 생리적인 과정에 이 진동자들을 연결시켜 준다. 대부분의 출력경로는 시계에 의해 조절되는 유전자에 의해 조정되어지는 것으로 생각된다.

일주기성 시계를 유전학적으로 해부하려는 전략에 따라 처음 발견된 유전자는 그 전사과정이 시계에 의해 조절되며 따라서 일수기적 진동을 보였다. 따라서 시계에 의해 조절되는 유전자의 발현에 영향을 주는 돌연변이체를 찾게 되었다. 만약 어떤 수준에서 시간 지키기에 영향을 주는 돌연변이체가 발견된다면, 그 야생형 유전자는 분리될 수 있으며 그 유전자 산물이 시간지키기 메커니즘에서 하는 역할을 분석할 수 있게 된다.

시계에 의해 조절되는 식물 유전자의 첫 째 예는 광수확 복합체에서 발견되는 엽록소 a/b-결합 단백질과 같은 광합성에 관련된 유전자이다. 그리고 Rubisco 작은 소단위체, Rubisco의 활성화 단백질, 돌나물과 유기산 대사(crassulacean acid metabolism, CAM) 식물의 PEP 카르복실 키나제 등이 또한 시계에 의해 조절된다. 엽록소 a/b 결합 단백질은 작은 유전자 무리(*CAB*)에 의해 암호화되어 있다. mRNA 수준에서 본 *CAB* 유전자들의 발현은 주기적이다. *CAB* 전사는 새벽이 되자마자 곧 증가하기 시작해서 몇 시간만

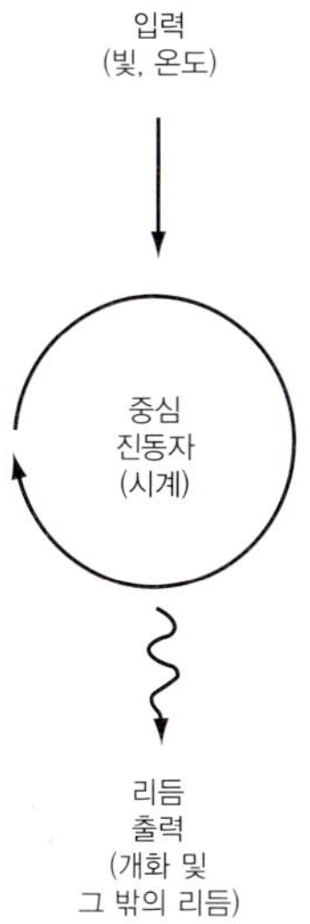

그림 24.17 기본적인 일주기 시스템에 관한 세 가지 주요 요소들로 입력 경로, 중심 진동자, 출력 경로가 있다. 식물에서 입력 경로는 중심 진동자를 재설정시키고 시계 요소를 활성화시키는 피토크롬과 크립토크롬에 의하여 조정되어지는 빛 신호로부터 시작된다. 진동자는 각 개별적인 세포내에 위치하며 시계에 의해 제어되는 유전자의 발현을 조절하는데, 이때 유전자는 명백한 리듬을 조절한다. 여러 출력 경로는 하나의 진동자로 하여금 주기는 동일하나 상은 다르게 한 상태로 명백한 리듬을 조절하게 한다.

에 최고점에 이른다. 이 주기성을 띤 *CAB* 유전자의 발현을 이용하여 일주기 리듬의 분자 메카니즘을 조사하기 위한 민감하고 빠르고 자동화된 시스템이 개발되었다. 이 시스템은 *CAB2* 유전자의 프로모터에 보고자 유전자인 개똥벌레의 루시페라아제(luciferase) 유전자를 결합시킨 것이다. 루시페라아제는 수명이 짧기 때문에 그 활성은 프로모터의 활성을 정확히 반영할 것이다. *CAB2* 유전자의 프로모터는 중심 진동자와 연결되어 있기 때문에 ***CAB2::luc* 보고자 시스템(CAB2::luc reporter system)**을 지닌 형질전환식물은 주기적으로 빛을 내게 되며 이런 빛은 적당한 기구를 갖고 측정할 수 있다. *CAB2::luc* 보고자 시스템의 이용은 시계를 유전적으로 분석하는데 큰 공헌을 하였다. 시계와 밀접하게 연관된 유전자들이 여럿 밝혀졌다. 이들 중 많은 수는 원래 애기장대에서 개화 시기 돌연변이체로 알려졌으며 단지 나중에 시계와 연관되었다는 것이 밝혀졌다. 처음 밝혀진 일주기 시간 지키기 돌연변이체는 *toc1*(timing of CAB)이다. TOC1 단백질은 핵에 위치하며 아마도 전사조절에 관여할 것 같다. *toc1* 돌연변이체는 시계에 의해 조절되는 여러 과정들의 주기를 짧게 만든다. *TOC1* 전사체는 저녁에 피크(정점)을 보이는 24시간의 주기성을 나타낸다. 시계와 연관된 다른 유전자들로는 *CIRCADIAN CLOCK ASSOCIATED 1(CCA1), LATE ELONGATED HYPOCOTYL(LHY)*가 있다.

CCA1은 전사 인자로써 애기장대의 CAB 프로모터에 결합할

수 있는 능력 때문에 발견되었다. CCA1은 피토크롬과 *CAB* 발현을 연결하는 신호전달 경로에 있어 핵심 요소일 것으로 생각된다. 그러나 *CCA1* 자신의 발현은 24시간 주기를 가지며 새벽녘 직후 아침에 정점에 이르게 된다. *CCA1*이 일주기 진동자와 밀접하게 연관되어 있다고 믿을 만한 몇 가지 이유가 있다. 높은 수준의 CCA1을 발현시키는 형질전환체 식물에서 잎의 운동과 같은 다른 일주기 출력은 그 리듬성을 잃고 개화도 지연된다. *CCA1* 과잉 발현 식물에서 *CAB*, *CAT3*(catalase를 암호화하는 유전자)와 같이 시계에 의해 조절되는 다른 유전자들의 일주기 리듬과 RNA 결합 단백질(*CCR2*) 역시 사라졌다.

시계와 연관된 또 다른 돌연변이는 *elf3*(early flowering 3) 유전자이다. *elf3* 돌연변이는 단일 조건 하에서 개화를 촉진할 뿐 아니

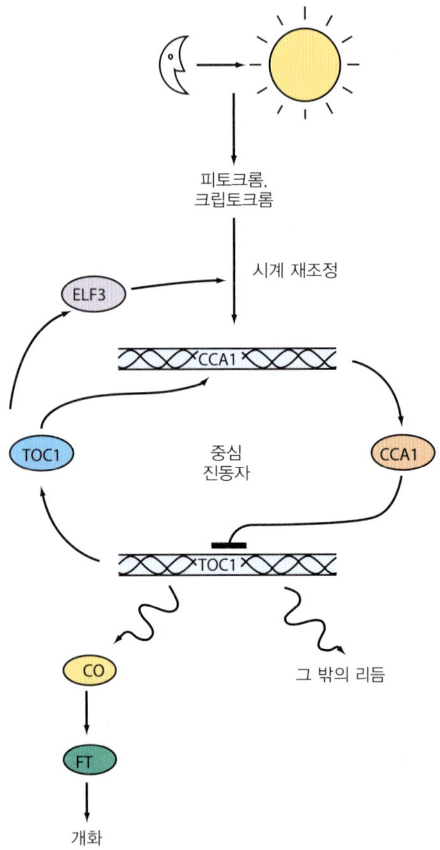

그림 24.18 애기장대의 개일 시계에 관한 단순화된 분자모델. 입력신호인 빛이 피토크롬과 크립토크롬에 의하여 인지된다. 중심 진동자는 음성 되먹임 시스템이다. TOC1은 *CCA1* 유전자의 양성 조절자인 반면에 CCA1은 *TOC1* 유전자의 음성 조절자이다. TOC1 수준이 증가할 때, CCA1 수준의 증가도 뒤따른다. 이 때 CCA1은 TOC1의 생성을 차단한다. 그 결과로 TOC1과 CCA1 수준은 상호 교대로 증가하거나 감소한다. ELF3, 그 자체는 진동자의 산물인데 시계가 아침의 점등 신호에 의해 재설정되는 것을 확실하게 하기 위하여 저녁에 입력 신호를 차단한다. 시계에서 나오는 한 가지 출력이 *CONSTANS(CO)*의 전사인데, 이것은 개화 과정을 시작시킨다.

라 동조된 식물이 연속 암조건에 놓여졌을 때 잎운동과 CAB 발현 모두 리듬을 잃게 만든다. 그러나 동조된 식물이 연속 암조건에 놓여졌을 때 *CAB2*::*luc* 활성도는 여전히 진동하게 된다. 시계에 의해 ELF3 단백질 수준이 조절되는데 저녁에 가장 높아진다. ELF3는 PHYB와의 결합과 그 활성도 억제에 의하여 저녁에 빛 입력 경로를 억제하는 기능을 한다. 그 결과 ELF3는 저녁에 시계를 빛에 둔감하게 만들며 아침 빛 신호에 시계를 설정하게 한다.

현재의 모델에 따르면 CCA1과 TOC1은 중심 진동자를 구성하는 음성 되먹임 고리의 한 부분이 된다(그림 24.18). TOC1은 CCA1 유전자에 대한 양성적(positive) 조절자로 작용하여서 그 유전자의 전사과정과 CCA1 단백질의 축적을 촉진한다. 그러나 CCA1 단백질은 *TOC1* 유전자의 음성적 조절자로 작용하며 그래서 CCA1이 축적됨에 따라 *TOC1*의 전사 과정도 억제한다. 이런 방식으로 TOC1과 CCA1 농도 수준은 24시간 주기로 교대로 증가하거나 감소하며 혹은 진동을 한다. 이 진동은 피토크롬과 크립토크롬에 의해 인지된 새벽녘 빛 신호에 의하여 그 상 내에서 계속 진행되며 진동자 산물 자체인 ELF3에 의하여 차단된다.

일주기 진동자는 TOC1, CCA1 혹은 서로 다른 유전자에 관련된 단백질을 통해서 가능성 있게 여러 출력 리듬을 만들어낸다. 확실히 이들 중의 하나는 잎에서의 CONSTANS(CO)의 주기적인 출력인데 이것은 앞에서 기술한 것처럼 개화 신호 캐스케이드(cascade) 반응을 시작하게 한다. 다른 자유-운행 주기를 갖는 여러 다른 출력이 여러 방법으로 설명될 수 있다. 그 시계는 〈그림 24.17〉에서 보여진 단순화된 모델보다 훨씬 복잡하다. 많은 정보가 축적됨에 따라 여러 개의 추가적인 유전자와 단백질이 다단계의 되먹임 고리를 형성하면서 관련되어 있다는 사실이 점점 명백해지고 있다. 복잡성을 야기하는 이들 추가된 계층들로 인해 서로 다른 주기성을 지닌 채로 다단계의 리듬이 나타날 수 있게 된다. 또 다르게 각 세포 내에서는 서로 다른 유전자에 연관된 여러 진동자가 있을 수 있거나 혹은 같은 조직 내에 있는 서로 다른 세포 내에 다른 진동자가 있을 수 있다.

24.3 자연계에서의 광주기성

광주기성은 식물이 자신의 생활사를 일 년 간의 시간(자연의 계절) 흐름에 동조시키기 위한 욕구의 달성을 거의 확실히 반영하고 있다. 열대 지방 이외에서는 하루의 낮 길이는 계절 변화에 대한 가장 믿을 만한 예언자가 된다(그림 24.19). 광주기성은 계절에 따른 낮 길이 변이가 뚜렷한 아열대 지역과 온대 지역에 있는 식물들에게 보다 더 중요하다. 그러나 많은 열대 식물조차도 적도에서 불과

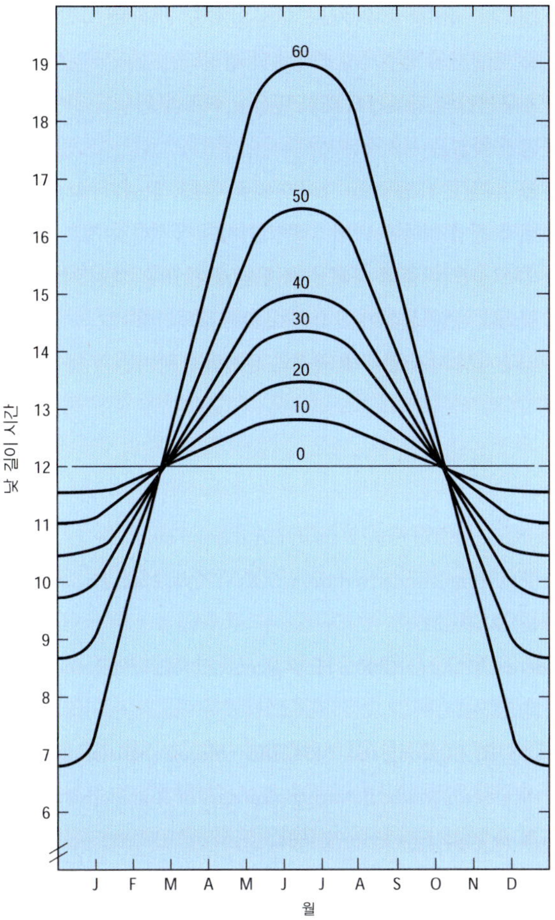

그림 24.19 위도와 년 중의 달의 함수로 나타낸 낮 길이. 낮 길이는 매달 20일에 일출과 일몰 사이의 시간으로 나타낸 것이다. (Data from The American Ephemeris and Nautical Almanac, U.S. Naval Observatory, 1969.)

5도 혹은 10도 지역 내에서 일어나는 작은 낮 길이 변화에 반응을 한다. 이 사실은 광주기 반응이 식물 종을 어떤 특별한 위도에 묶어 놓는다는 의미하는가? 아마도 그렇지는 않을 것이다. 왜냐하면 임계 광주기는 단지 낮 길이에 대해 상한(단일식물의 경우)과 하한(장일식물의 경우)만을 설정하기 때문이다. 그것을 넘어서 광주기에 대한 개화와 기타의 다른 반응은 보통보다 광범위한 한계 내에서 출현할 수 있다. 더욱이 식물 집단은 유전적으로 위도에 적응할 수 있어서 **생리적 생태형**(physiological ecotype)을 발생시키는 증거도 있다. 자작나무, 명아주, 나도수영(*Oxyria digyna*) 그리고 도꼬마리를 포함하는 다양한 종에서, 서로 다른 임계 낮 길이에 의해 특징지어지는 잘 알려진 생태형 혹은 광주기성 종이 있다. 일반적으로 임계 낮 길이는 식물체가 보다 북쪽의 위도에서 채집될 때 더 길어진다. 대부분의 경우에 임계 낮 길이는 그 위도에서 가을 서리에 손상을 입기 전에 일정한 시간대에 개화하도록 유도하는 것으로 보인다.

광주기성은 다른 식물과의 경쟁을 감소시키기 위해서 그 식물의 시간적 지위(temporal niche) 상에서 개화하도록 도움을 주거나, 혹은 불리한 겨울 환경의 맹공격이 있기 전에 생식 발달을 완성하도록 도움을 주고 있다. 많은 식물에서 여러 이유로 발아 과정이 일정하지 않게 된다. 만약 개화 현상이 전적으로 식물 크기에 의존한다면, 일찍 개화를 펼치기 위하여 균일하지 않은 발아 현상이 예상될 것이다. 타가 수분(cross-pollination)이 요구되거나 혹은 장점이 될 정도로, 광주기에 의해 동조된 개화 현상은 최대로 수분이 일어나는 집단이 되게 하거나 개화를 특별한 수분 매개 곤충의 출현과 연계되도록 도와준다.

광주기 및 식물의 지리적 분포에 대한 광주기의 효과는 흔한 돼지풀의 경우에서 설명되듯이 인간에 대한 직접적인 영향을 줄 수 있다. 돼지풀은 임계 낮 길이가 약 14.5시간인 일년생 단일 식물이다. 북쪽으로 가면 갈수록 여름의 낮 길이는 더 길어진다. 예를 들면 캐나다의 위니펙(Winnipeg)의 위도(50°N)에서 낮 길이는 대부분의 6월과 7월에는 16시간을 초과하며, 8월 중순까지는 14.5시간 아래로 떨어지지 않는다(그림 24.19). 일 년 중 그 시간에 개화하도록 유도된 돼지풀은 이른 가을 치명적인 서리가 오기 전에 꽃을 피우고 성숙한 종자를 만들기 위한 충분한 시간을 갖지 못하게 된다. 돼지풀은 단지 종자로만 번식할 수 있기 때문에, 그것은 보다 남쪽의 온타리오(Ontario), 퀘벡(Quebec) 지역과 해안 지역에 풍부하게 분포한다. 대부분의 서부와 중부 캐나다에 걸쳐 있는 농업 지역에서는 이 종이 드물게 발견되며 단지 분산되어 분포할 뿐이다. 적어도 이 지역에 있는 건초열 환자는 심한 앨러지성 돼지풀 꽃가루의 불편함에서 벗어나게 되는데, 이 꽃가루는 남쪽에 있는 이웃 사람을 선염시키게 된다. 이것은 광주기가 돼지풀과 같은 식물의 분포를 제한하는 유일한 요소가 된다는 것을 제시하는 것은 아니지만, 명백히 의미 있는 요인의 일부가 됨을 암시하는 것이다.

요약

광주기성은 빛과 어둠 주기의 기간과 타이밍에 대한 반응이다. 단일식물, 장일식물 그리고 중일식물 등 모두 3종류의 기본적인 광주기성 반응이 있다. 3종류의 기본 유형 이외의 다른 반응유형이 있는데 주로 온도와 같은 환경조건에 의해 변형되기도 한다. 광주기성의 요구는 반드시 필요한 절대적이거나 알맞은 광주기가 반응을 촉진하는 임의적인 경우가 있다. 장일과 단일식물의 구분은 임계 낮길이 보다 길거나 혹은 짧은 경우에 반응을 하는 지에 따라서 결정된다. 절대적인 임계 낮길이는 종에 따라서 결정되며 장일식물의 임계 낮길이는 단일식물의 임계 낮길이보다 짧을 수 있다.

식물은 빛이 켜지는 신호와 꺼지는 신호 사이의 암기간격의 길이를 측정한다. 암기 유도 억제를 위해 짧은 기간 동안 빛을 가해주는 광중단(light break)의 작용 스펙트럼에 의하면 피토크롬이 광신호에 관여하고 있음을 알 수 있다. 광주기성 빛신호는 잎에서 감지되지만 반응은 다른 부위에서 일어난다. 이러한 감지와 반응 장소의 분리는 자극이 전파됨을 의미한다. 개화의 경우 자극은 화성소(florigen)라 불리는 호르몬으로 간주되었다. 현재 전파될 수 있는 신호는 아마도 FT라 불리는 작은 단백질로 생각되며 이것은 잎의 체관부 유조직에서 합성되어 체관을 통해서 줄기 정단 분열조직으로 운반되어 그곳에서 개화 유전자를 활성화시키는 것으로 보인다.

광주기성과 수면 운동을 포함한 식물 발달의 여러 분야는 내적인 일주기성 시계에 의하여 조절된다. 일주기성 시계는 시간을 다시 맞추는 것과 같은 상(phase)전이 이외에는 외적 요인으로 조작하기가 쉽지 않았기 때문에 연구하기에 용이하지 않았다. 단순한 주기적 현상과 시계에 의해 구동되는 리듬이 (1) 주기변화가 없는 조건(항상 조건, constant condition)에서도 리듬이 지속되어야 하며, (2) 빛이나 온도와 같은 환경신호에 의해서 재설정되거나 상변화가 수반되며, (3) 온도보상 효과를 보인다는 세 가지 측면에서 구별된다.

광주기성에서 시간 측정에 피토크롬과 내재성 생물 시계가 상호작용한다. 시계의 특성과 피토크롬과 시계의 상호작용에 대한 연구는 유전학적 접근으로 바뀌었다. CAB2::luc 보고자 시스템으로 식물의 시계에 관련된 여러 개의 유전자가 발견되었다. 식물에서 중심 진동자(central oscillator)는 곤충, 동물 그리고 남세균에서 볼 수 있는 음성 되먹임 진동자와 유사성이 있다.

변화하는 낮 길이가 계절변화를 예견할 수 있는 가장 신뢰할 수 있는 지표이므로 광주기성이야 말로 식물이 일 년이라는 시간에 생활사를 맞추는데 필요함을 반영한다. 광주기성은 식물이 시간적 지위상에서 다른 식물과의 경쟁을 완화시키거나 겨울이라는 좋지 않은 환경이 오기 전에 생식을 완료하고 개화하도록 도움을 준다.

복습문제

1. 당신이 광주기 특성이 밝혀지지 않은 새로운 식물을 발견하였다. 이 식물이 단일, 장일 혹은 중일식물인지를 결정하기 위해서 당신은 무엇을 할 것인가?
2. 광주기에 의한 개화 자극을 설명하기 위해 제안되었던 세 가지 가설을 기술하여라. 각 가설의 근거는 무엇인가?
3. 하루 동안 많은 물질대사 과정이 변화한다. 이 과정이 내생 개일 생물시계에 의해서 조절되는지를 결정하기 위해서는 무엇을 하여야 할까?
4. 생리적 생태형 혹은 서로 다른 임계 낮 길이에 의해 규정되는 종 내에서의 광주기성 식물종의 생리적인 중요성은 무엇인가?
5. 개구리밥의 광주기에 대한 반응이 어떻게 뷔닝의 친명기 및 친암기 가설을 지지하는가?
6. 일주 리듬, 개일 리듬 그리고 자유-운행 리듬을 구분하여라.
7. 내적 개일 리듬은 많이 기술되었지만 유전학적 정보 수준에서의 그 메커니즘에 대해선 적게 알려져 있다. 개일 시계 비밀의 열쇠에 대한 실험이 어려운 이유는 무엇인가?
8. 일주기성 시계에 대해 최근의 유전학적 증거는 무엇인가?

더 읽을거리

Ayre, B. G., R. Turgeon. 2004. Graft transmission of a floralstimulant derived from *CONSTANS*. *Plant Physiology* 135:2271–2278.

Gardener, M. J. et al. 2006. How plants tell time. *Biochemical Journal* 397:15–24.

Hayama, R., G. Coupland. 2004. The molecular basis of diversity in the photoperiodic flowering responses of Arabidopsis and rice. *Plant Physiology* 135:677–684.

Hayama, R., G. Coupland. 2003. Shedding light on the circadian clock and the photoperiodic control of flowering. *Current Opinion in Plant Biology* 6:13–19.

Imaizumi, T., S. A. Kay. 2006. Photoperiod control of flowering: Not only by coincidence. *Trends in Plant Science* 11:550–558.

Hillman, W. S. 1962. *The Physiology of Flowering.* New York: Prentice-Hall.

Kondo, T., M. Ishiura. 1999. The circadian clocks of plants and cyanobacteria. *Trends in Plant Science* 4: 171–176.

Putterill, J., R. Laurie, R. Macknight. 2004. It's time to flower: Genetic control of flowering time. *Bioessays* 26:363–373.

Salisbury, F. B. 1963. *The Flowering Process.* New York: PergamonPress.

Sweeny, B. 1987. *Rhythmic Phenomena in Plants.* 2nd ed. New York: Academic Press.

Thomas, B., D. Vince-Prue. 1997. *Photoperiodism in Plants.* 2nd ed. San Diego: Academic Press.

Wigge, P. A. et al. 2005. Integration of spatial and temporal information during floral induction in *Arabidopsis. Science* 309:1056–1059.

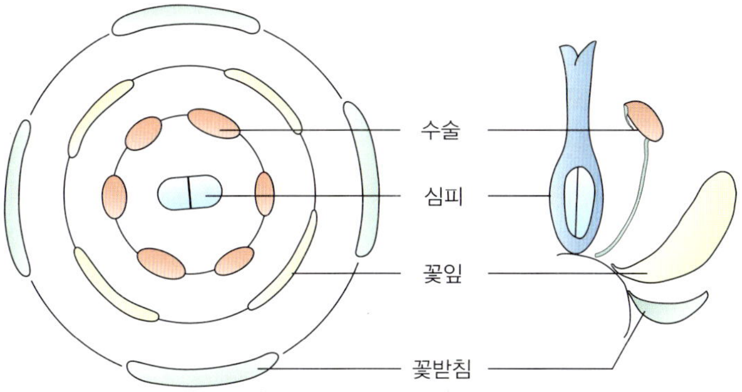

25

개화와 열매의 발달

개화와 열매의 발달은 발달생물학자와 생리학자들의 오랜 관심을 끌어왔는데, 왜냐하면 개화와 열매 발달은 줄기 발달의 양상에서 극적인 변화를 보여주고 있으며 또한 경제적으로 중요한 의미를 갖고 있기 때문이다. 영양기관에서 꽃피는 기관으로의 줄기 정단분열조직의 전환과 그 뒤이은 열매의 발달은 식물발달사에 있어 결정적인 단계이며, 이것은 생식활동의 성공을 보장하기 위해서도 정확하게 조절되어 일어나고 있음이 틀림없다.

광주기와 같은 환경요인에 꽃피는 시간을 맞추는 것은 앞 장에서 보였듯이 간단한 일이 아니다. 그것은 많은 유전적 그리고 생화학적 대사 경로의 상호작용을 통해서만 가능하다: 즉 이 대상경로에는 신호인지와 신호전달, 일주기성 시계의 조절, 꽃 원기의 발달 등이 포함되고 있다. 수년 간에 걸쳐 옥수수, 페츄니아, 금어초, 담배 및 일년생 독보리풀(ryegrass) 등을 포함하는 많은 식물종에서의 개화는 분자 생물학적 및 유전학적 연구의 주제가 되어왔다. 보다 최근에는 관심의 초점이 모델 식물인 애기장대에게로 모아졌는데 이 식물에서 개화에 영향을 끼치는 많은 유전자가 동종되었고 또한 꽃눈 기관 개시에 관한 유전학적 내역을 설명하는 모델이 제시되었다. 많은 경우에서 특히 겨울 곡류와 이년생 식물에서 저온기간은 의미 있게 개화반응을 변화시킬 수 있다. 흔히 춘화처리라고 불리는 저온처리는 장일조건 하에서 꽃 피는 시기에 영향을 끼쳤다. 끝으로 개화는 분화된 기관인 열매의 발달을 이끄는데, 열매는 종자 성숙과 성숙한 종자의 분산을 위하여 적절한 환경을 제공한다. 이 장에서는 아래의 내용을 다룰 것이다.

- 줄기 정단 분열조직에서 개화시기와 발달에 관한 분자 유전학적 조절
- 춘화처리 현상과 다른 개화 시간 경로와의 관계
- 열매맺기(착과)와 열매 발달에 관한 기본 원리

25.1 개화 개시와 발달은 세 가지 유전자 집합의 연속된 작용을 포함한다

앞 절에서 언급했듯이, 개화 시간은 많은 식물에서 광주기나 온도와 같은 환경요인에 의해 영향을 받으며 또한 개화에는 잎에서의 이동성 개화자극물질의 합성을 요구한다.

다른 식물들은 외부 입력을 요구하지 않으며 개화 신호는 식물

이 최소한의 발달 단계에 이르렀을 때 잎에서 만들어진다. 어느 경우든지 간에, 꽃의 발달은 그 신호가 줄기 정단 분열조직에 도달했을 때 시작된다. 영양생장 상태에 있는 동안에는 정단 분열 조직은 잎 원기를 만들도록 프로그램화되어 있다. 개화 신호가 잎으로부터 도달되었을 때 분열조직은 꽃 정체성을 획득하게 되며 이차 개화조직인 꽃 원기가 잎 원기의 가장 윗부분의 가장자리에서 만들어진다.

개화 시간을 변경시키는 돌연변이 식물의 이용과 꽃 원기의 개시는 개화를 유도하는 다양한 경로를 해부하고 또한 개화에 관련된 유전자를 동정하는 데 있어 강력한 도구가 되어 왔다(표 25.1). 일반적으로 일찍 개화를 일으키는 돌연변이는 통상적으로 개화를 억제하는 야생형(wild type) 유전자를 나타내며 반면에 늦게 꽃을 피게 하는 돌연변이는 정상적으로 개화를 촉진하는 야생형 유전자를 가리킨다.

세 가지 연속적인 개화 과정의 단계가 애기장대 연구를 통해 밝혀졌으며, 각 단계는 고유의 유전자 집합을 갖는다. 첫째 유전자 집합은 **개화시기 유전자(flowering-time gene)**로서 적당한 환경 신호에 반응하거나 발달 상태를 점검함으로써 언제 개화가 시작할지를 결정한다. 대부분의 개화시기 유전자의 돌연변이는 정상보다 늦게 꽃을 피게 한다. 하지만 몇몇은 꽃 피는 시기를 앞당긴다. 개화시기 유전자들의 한 가지 역할은 **꽃 정체성 유전자(floral identity gene)**들 또는 미분화된 원기(primordia)를 영양 기관이 아닌 꽃을 생성하도록 하는 유전자들의 발현을 활성화하는 것이다. 꽃 정체성 유전자들에 돌연변이가 발생하면 정상적으로 꽃을 만들지 못하고 영양 기관들을 만든다. 꽃 정체성 유전자들은 **기관 정체성 유전자(organ-identity gene)**들을 활성화시키는데 이 유전자들은 꽃잎, 꽃받침, 수술, 심피와 같은 꽃의 각 부분들의 발달을 조절한다. 하지만 꽃 정체성 유전자와 기관 정체성 유전자의 발현은 정확히 일치하는 것은 아니다. 어떤 정체성 유전자들은 발현 시기와 기능면에서 중복되기도 한다. 나중에 보게 되겠지만, 기관 정체성 유전자들에 돌연변이가 생기면, 꽃 기관들 중 일부 또는 전부가 비정상적으로 발달한다.

25.1.1 개화시기 유전자들은 영양 생장 기간에 영향을 준다

개화시기 유전자들은 플로리겐 혹은 개화 유도 신호와 꽃 기관 생성으로의 전이 사이를 연결해 준다. 개화시기 돌연변이체들은 따라서 잎에서의 신호생성(시간 지키기 메커니즘 또는 일주기 시계

표 25.1 개화와 관련된 중요 유전자.

	유전자명	유전자 산물	경로/기능
AG	*AGAMOUS*	미규명	기관 정체성
AP1	*APETALA 1*	미규명	꽃/기관 정체성
AP2	*APETALA 2*	미규명	기관 정체성
AP3	*APETALA 3*	미규명	기관 정체성
CCA1	*CIRCADIAN CLOCK ASSOCIATED 1*	전사요소	일주기 시계
CO	*CONSTANS*	전사요소	장일 경로
ELF3	*EARLY FLOWERING 3*	새로운 단백질	일주기 시계
ELF4	*EARLY FLOWERING 4*	새로운 단백질	일주기 시계
FCA	*FCA*	RNA결합단백질	자율적 경로
FLC	*FLOWERING LOCUS C*	전사요소	개화억제인자
FT	*FLOWERING LOCUS T*	지질결합단백질	개화 촉진자
GA1	*GIBBERELLIC ACID 1*	미규명	GA경로
LD	*LUMIDEPENDENS*	핵단백질	자율적 경로
LFY	*LEAFY*	전사요소	개화 정체성 유전자
TOC1	*TIMING OF CAB 1*	전사요소	일주기 시계
VRN1	*VERNALIZATION 1*	DNA결합단백질	춘화처리 경로
VRN2	*VERNALIZATION 2*	억제단백질	춘화처리 경로
VRN3	*VERNALIZATION 3*	FT와 동등	춘화처리/장일 경로

를 포함), 정단으로 신호의 이동 또는 정단에서 신호의 활성 등이 문제가 된다. 지금까지 알려진 개화시기 유전자들의 돌연변이는 정상적으로 개화를 촉진하는 경로를 간섭하고 있음을 보여주면서 개화시기를 늦추는 효과를 보인다. 여기서 말하는 개화시기는 개화하기까지 소요된 시간이 아니라 발달과정의 시간이다. 예를 들어, 애기장대는 8~10시간의 임계 광주기를 갖는 임의적 장일식물이다. 영양생장형 애기장대는 로제트형으로 자라며 줄기가 신장된 후 꽃을 피운다. 장일조건에서 애기장대는 4 내지 7개의 근출엽을 형성한 뒤(약 3주) 꽃을 피운다. 단일 조건에서 개화는 20개의 잎이 형성되고 나서야(7~10주) 꽃을 피운다. 개화는 따라서 지나간 시간과 연관된 것이 아니라 꽃대가 올라오기 전까지 형성된 근출엽의 개수와 관련되어 있다. 따라서 늦게 꽃이 피는 돌연변이체는 단지 영양생장을 연장하고 꽃이 피기 전까지 근출엽의 수를 증가시킬 뿐이다.

흥미롭게도 많은 수의 늦게 꽃피는 돌연변이체들이 밝혀졌지만 영원히 영양단계에 머무는 애기장대 단일 돌연변이체는 아직 발견된 바가 없다. 이는 개화시기를 조절하는 경로들 사이에 중복된 기능을 갖고 있다는 것을 의미한다. 여기서 중복성은 한 유전자가 불활성화 될 경우 다른 유전자 혹은 상보적 경로가 대신 그 일을 한다는 것을 말한다. 애기장대에서 최소한 5개의 독립된, 하지만 상호작용하는 개화시기 조절 경로가 밝혀졌다(그림 25.1).

몇 가지 개화시기 돌연변이체들(*fca, ld, fve*)은 장일, 단일 조건 모두에서 야생형보다 꽃을 늦게 피우지만 춘화처리에 대해서는 여

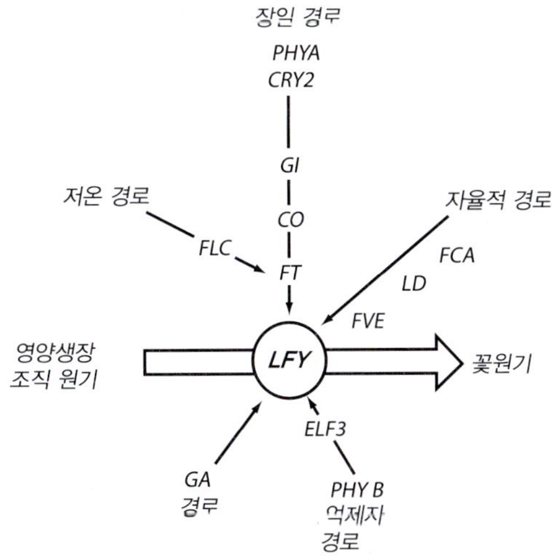

그림 25.1 애기장대의 꽃피는 시기를 결정하는 5개의 유전적 경로들. 모든 경로는 줄기정단 분열조직에 있는 꽃 정체성 유전자인 *LEAFY(LFY)* 유전자에 수렴하는 것으로 보이는데, 이 유전자는 영양 생장형 분열조직을 꽃 분열조직으로 전환하는 것을 조정한다.

전히 민감성을 유지한다. 장일, 단일 조건 모두에서 개화가 동일하게 영향을 받기 때문에 그 야생형 유전자들은 발달 단계를 점검하고 내부적인 발달 신호에 반응해서 개화를 시작하는 **자율적 경로(artonomous pathway)**를 담당하는 것 같다. 이런 발달 신호는 꽃이 피기 전 발생되어야 하는 최소 잎의 숫자와 같은 방식으로 나타난다. *constans*(*co*), *gigantea*(*gi*)와 같은 두 번째 집단의 돌연변이체들은 장일조건에서 개화가 지연되나 단일 조건에서는 정상이다. 이런 돌연변이체들은 춘화처리에 전혀 반응하지 않는다. 춘화처리는 보통 장일(단일이 아니라) 개화와 연관되어 있다. 24장에서 기술되었듯이, *CO* 유전자는 광주기성 혹은 **장일 경로(long-day pathway)** 내 중심요소로 믿어지며 이동성 개화자극 FT의 촉진에 관련되어 있는 것 같다. *CO*와 *GI* 모두 유전자가 밝혀졌으며 어느 정도 자세히 연구되었다. *GI*는 동일 경로에서 *CO*에 앞서 작용하는 것 같으며 장일에서 개화 촉진은 *CO* 단백질 양과 계속해서 만들어지는 FT 단백질 양에 좌우되는 것 같다. 줄기 정단 분열조직에서 FT의 작용은 부분적으로는 적어도 전사인자 FD에 의해 중재된다. 이 지점에서 FT와 FD 단백질의 결합이 줄기 정단 분열조직에 있는 꽃 정체성 유전자를 활성화시킴에 의하여 장일조건 하에서의 개화 개시에 관련이 있는 것으로 보인다. 장일 조건에서 늦게 개화하며 단일조건에서 전혀 개화하지 않는 단일 돌연변이 *ga1*으로 보아 지베렐린에 의해 매개되는 독립된 경로, 즉 **GA 경로(GA pathway)**가 있는 것으로 생각된다. 마지막으로 **개화 억제인자(floral repressor)**로서 일차적으로 작용하는 몇몇 유전자들이 있다. 이것은 *elf3*(early flowering 3), *phyB*와 같은 기능상실 돌연변이체(loss-of-function mutant)가 꽃을 일찍 피우기 때문이다. *phyB* 돌연변이체의 경우는 광주기에 대한 반응을 유시하는 반면, *elf3*는 그렇지 않다. *elf3*가 광주기에 반응하지 않는 것은 광주기 시간 및주기의 일주기 리듬 요소에 문제가 있기 때문인 것 같다. *emf1, emf2(embryonic flower 1-2)* 같은 일찍 꽃피는 돌연변이체들은 근출엽을 형성하지도 않고 발아하자마자 꽃을 피운다. 이 돌연변이체들은 떡잎 위에 바로 생식기관을 형성한다. 야생형은 결국은 꽃을 피우기 때문에 *EMF* 유전자들의 억제 활성은 정상보다 이른 개화를 억제하기 위한 것인 것 같다. 이 억제 유전자들의 활성은 발달에 따라 감소해서 어느 순간에는 사라짐으로써 결국 특정 개화 촉진 경로가 활성화되도록 해야 할 것이다. 위의 4가지 유전적 경로 이외에도 개화에 대한 저온효과를 매개하는 다섯째 경로가 최근 제시되었다.

그 다음에 해결해야 할 주요 문제점은 개화 개시 신호의 생성, 수송, 인지와 관련해서 지금까지 알려진 유전자들의 기능을 분류하는 것이다. 이와 관련해서 흥미로운 늦게 개화하는 돌연변이체가 옥수수에서 최근 밝혀졌다. 옥수수의 개화는 자율적 경로에 따

르며 야생형 식물은 보통 특정 수의 잎을 생성한 다음에야 꽃을 피운다. 옥수수의 *id1*(*indeterminate* 1) 돌연변이는 하지만 야생형이 낟알, 수술을 형성한 한참 뒤까지도 잎만 생성한다. 결국 꽃을 만들게 되지만 비정상적인 구조를 하고 있다. 하지만 줄기 정단 분열조직에서 발현되어 꽃 정체성 유전자를 활성화시키는 많은 애기장대 개화 시기 유전자들과는 달리 id1은 어린 잎에서만 발현된다. 이는 *ID1*의 기능이 아마도 잎에서 개화 자극요소의 합성과 밀접히 관련될 것이라는 생각을 갖게 한다.

25.1.2 꽃 정체성 유전자와 기관 정체성 유전자들은 시간과 기능상에서 중복된다

개화시기 돌연변이들의 주요 효과는 영양 발달 단계의 기간인 반면 꽃 정체성 유전자의 돌연변이는 미분화된 원기가 꽃 정단 분열조직으로 전화하는 것을 방해한다. 최소한 4개의 꽃 정체성 유전자들이 애기장대에서 분리되었다: *LEAFY(LFY)*, *APETALA1(AP1)*, *APETALA2(AP2)*, *CAULIFLOWER(CAL)*. 꽃 정체성 유전자들은 꽃 기관들이 형성되기에 앞서 정단 분열조직에서 발현되며, 장일처리나 지베렐린 처리에 의한 개화 유도 이후에 곧바로 그 발현이 촉진된다. 그러나 각 유전자의 역할은 상당한 중복성 때문에 연구하기가 매우 힘들다. (즉, 단일 돌연변이에 의한 기능 상실은 곧바로 다른 야생형 유전자에 의해 보상된다.) *LEAFY* 유전자는 꽃 정단 분열조직의 정체성을 결정짓는데 핵심 역할을 하는 것 같다. 이는 이 유전자를 꽃양배추 모자이크 바이러스(cauliflower mosaic virus)로부터 온 강력한 프로모터(*35S*)를 이용하여 발현시킨 실험을 통해 증명되었다. *35S::LEAFY*를 갖는 형질전환 식물은 개화신호를 요구하지 않고 그 유전자를 계속해서 발현한다. 이 형질전환체에서 일차 줄기는 꽃송이가 몇 개 없는 상태에서 생장을 멈추고 2차 줄기가 근출엽에서 나오면서 꽃을 형성한다. 대조적으로, *lfy* 돌연변이체는 야생형보다 더 많은 꽃대의 가지들을 만들지만 꽃들은 마치 잎과 같은 초록색 기관들로 구성되어 있다. 게다가 개화시기 유전자 *CO*를 계속해서 발현시키면 야생형 식물에서 *LEAFY*가 빨리 활성화된다. *LEAFY* 유전자는 개화 과정에서 중심적인 역할을 갖는 것으로 보인다. *LEAFY* 유전자는 이동성 개화시간 자극 FT가 정단 분열조직에 도달했을 때 아마도 그 자극의 주된 표적이 될 것이다. 이때 *LEAFY*는 *APETALA1(AP1)*과 같은 기관 정체성 유전자를 활성화시킨다.

애기장대 꽃은 4개의 윤생체(whorl)를 갖는 전형적인 발달된 형태의 꽃이다(그림 25.2). 가장 바깥 윤생체(윤생체 1)은 초록색의 잎 모양인 꽃받침(sepal)으로 이루어져 있다. 다음 윤생체(윤생체 2)는 4개의 노란 꽃잎(petal)으로 되어 있다. 세 번째 윤생체(윤생체 3)는 웅성 생식 기관인 6개의 수술(stamen)로, 그리고 가장 안쪽의 윤생체(윤생체 4)는 자성 생식 구조인 암술의 기부에서 2개의 융합된 심피(carpel)로 되어 있다.

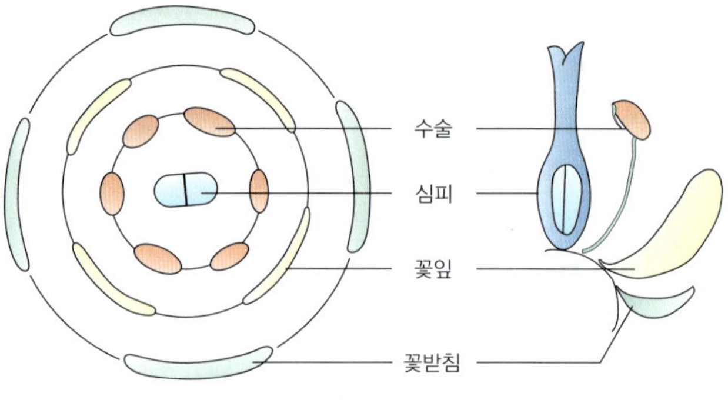

그림 25.2 애기장대 꽃은 4개의 특징적으로 구별되는 윤생체로 구성된다. 가장 바깥의 윤생체(whorl 1)는 초록색의 잎 모양인 4개의 꽃받침으로 구성되어 있다. 두 번째 윤생체(whorl 2)는 4개의 노랑 꽃잎으로 되어 있다. 세 번째 윤생체는 6개의 수술로 그리고 가장 안쪽의 윤생체(whorl 4)는 암술 기부에서 2개의 융합된 심피를 포함하고 있다.

시간적 공간적 발현 양상에 대한 연구와 함께 돌연변이 연구를 통해 5개의 유전자들이 밝혀졌다: *APETALA1(AP1)*, *APETALA2(AP2)*, *APETALA3(AP3)*, *PISTILATA(PI)*, *AGAMOU(AG)*. *AP1*과 *AP2*는 모두 앞에서 언급했듯이 꽃 정체성 유전자이기도 하다. 기관 정체성 유전자들의 돌연변이들은 꽃 기관들의 수정, 치환 또는 완전한 부재 등을 야기시킨다. 게다가 어떤 한 개의 유전자에 있어서의 돌연변이는 일반적으로 두 개의 인접한 꽃 기관의 발달에 영향을 미친다.

애기장대 꽃의 발달에 대한 기관 정체성 유전자들의 영향은 꽃 정단 분열조직을 A, B, C 3개의 중복된 발달 영역 혹은 유전자 활성도 영역으로 보면 쉽게 이해할 수 있다. A 영역은 꽃받침과 꽃잎(윤생체 1, 2)을 포함하며, B 영역은 꽃잎과 수술(윤생체 2, 3)을, 영역 C는 수술과 심피(윤생체 3, 4)를 포함한다. 이것은 꽃 기관 특화를 설명하는 **ABC 모델(ABC model)**로 알려져 있다. 이 모델에서는 특정 유전자 또는 유전자 쌍이 각 발달 영역과 연관지어져 있다(그림 25.3). 이 모델에 따르면 *AP1*만의 발현은 꽃받침을 특화하며, *AP1*과 *AP3*, *PI*는 함께 꽃잎을, *AP3*, *PI*와 *AG*는 함께 수술을, *AG* 홀로는 심피를 특화한다. *AP2*는 알려지지 않은 여섯 번째 유전자(X)와 함께 꽃받침과 꽃잎을 만들 영역에서 *AG*의 발현을 억제하기 위해 분명히 정단 분열조직에서 발현되어야 한다. 이 ABC 모델을 갖고 이들 각 유전자의 기능상실 돌연변이가 꽃 기관 발달에 어떻게 영향을 미칠지 예측할 수 있다(그림 25.4). 예를 들어, *ap3*(또는 *Pi*) 돌연변이체에서는 B 영역이 작동하지 못함으로써 분열조직

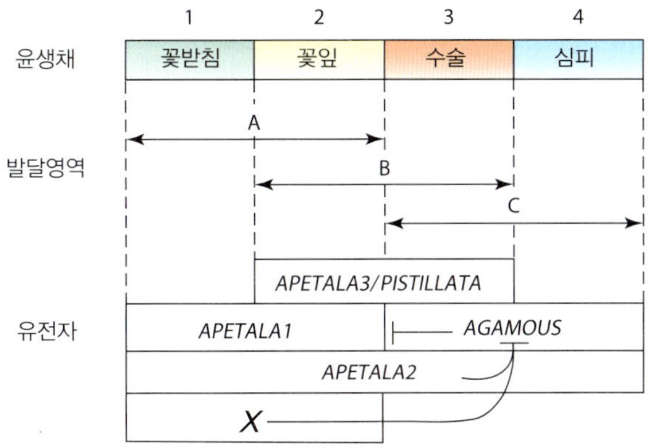

그림 25.3 애기장대의 꽃 기관을 열거하는 ABC모델. 꽃 분열조직이 A, B, C의 3개의 발달 영역(field)에 의해 조절되는 것으로 나타내어졌다. 영역 A는 윤생체 1과 2, 영역 B는 윤생체 2와 3, 영역 C는 윤생체 3과 4의 정체성을 결정한다. 영역 A 혼자 꽃받침을 결정하고, 영역 A와 B가 함께 꽃잎을 결정하며, 영역 B와 C가 함께 수술을, 그리고 영역 C 홀로 심피를 결정한다. 각 영역은 특정 유전자 또는 유전자 쌍과 연관되어 있다. *APETALA1*은 영역 A에서만 발현되고, *APETALA3*와 *PISTILATA*는 영역 B에서, 그리고 *AGAMOUS*는 영역 C에서만 발현된다. *AGAMOUS*는 또한 영역 C에서 *APETALA1*의 발현을 억제한다(T-막대표시). *APETALA2*는 분열조직 전체에 걸쳐 발현되며, 아직 밝혀지지 않은 유전자 X와 함께 영역A에서 *AGAMOUS*의 발현을 억제할 것으로 생각된다. (After J. D. Bewley et al., 2000.)

은 꽃잎 또는 수술이 생성되지 않는다. 대신 그 해당 동심원은 꽃받침과 유사한 기관과 심피와 유사한 기관으로 각각 채워진다. 마찬가지로 *ag* 돌연변이체에서는 수술과 심피가 형성되지 않고 4개의 동심원이 모두 꽃받침과 꽃잎으로 채워진다. 물론 이 모델은 새로운 유전자들이 발견됨에 따라 재정의될 것이며 다양한 유전자와 그 산물들이 계속해서 분자 수준에서 분석되어야 할 것이다.

어떤 유전자가 개화개시와 발달의 어떤 측면을 조절하는지 점점 명확해지고 있지만 이들의 생화학적 생리적 기능은 아직 밝혀지지 않았다. 그러나 지금까지 분석된 대부분의 유전자 산물은 모티프(motif)라 불리는 전사조절 요소라는 공통된 특징을 갖고 있다. 전사조절 요소들은 DNA 결합 단백질로서 RNA 중합효소가 프로모터를 인지할 수 있게 해 줌으로써 그 진핵생물 유전자의 전사가 시작되게 해준다. 따라서 대부분의 개화시기, 꽃 정체성, 기관 정체성 유전자들의 주요 기능은 실제로 각 기관을 만드는 요소들의 합성을 유도하는 다른 유전자들을 조절하는 것 같다.

25.2 온도는 광주기에 대한 개화 반응을 변화시킬 수 있다

특히 식물의 개화 행동과 관련하여 온도와 광주기 간에 상호 작용하는 예가 많이 있다(Salisbury, 1963 참조). 대부분의 경우 상호 작용은 임계 광주기의 길이가 상대적으로 약간 변하거나, 극단적으로 높거나 낮은 온도에서 개화가 낮의 길이에 대해 완전히 무관하게 되거나 꽃을 못 피우게 하는 경향으로 나타난다. 그러나 양적이나 질적인 면에서 낮은 온도를 겪어야 꽃이 피는 식물들도 있다. 이 현상이 **춘화처리(vernalization)**라고 소개되었다. 춘화처리는 생

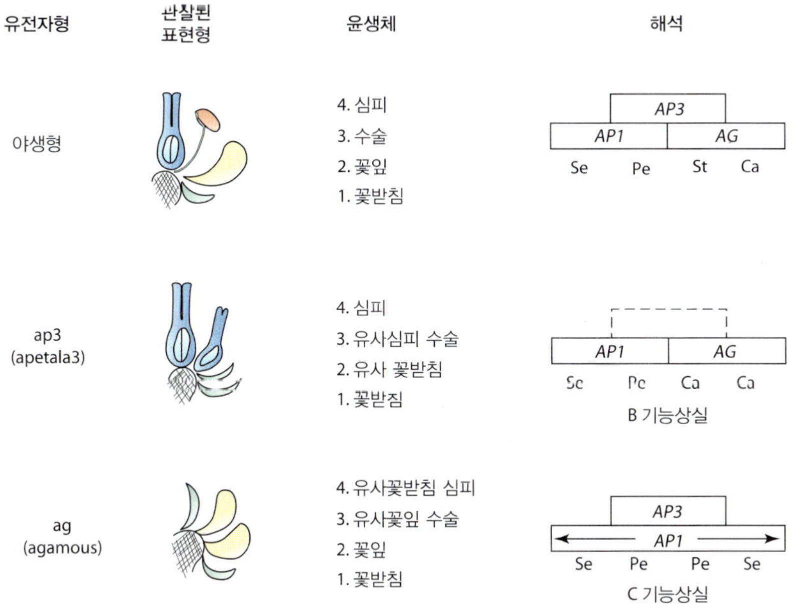

그림 25.4 ABC 모델은 꽃 정체성 돌연변이체들을 해석하는 데 도움이 된다. 야생형 식물에서는 모든 3가지 발달영역이 활성을 띠기 때문에 정상적인 꽃받침(Se), 꽃잎(Pe), 수술(St), 심피(Ca)를 형성한다. *apetala3* 돌연변이체에서는 영역 B의 기능이 없기 때문에 윤상체 2에서 AP1만 홀로 발현됨으로써 정상적으로는 꽃잎이 나야 할 것이 유사꽃받침(sepaloid)으로 대체된다. 또한 *AG*가 윤생체 3에서 홀로 발현됨으로써 정상적인 수술대신 유사심피(carpeloid)를 만든다. *agamous* 돌연변이체는 영역 C의 기능을 상실한 경우로서 AP1이 4개의 윤생체 모두에서 발현되게 함으로써 윤생체 3에서 유사 꽃잎(petaloid)이 윤생체 4에서는 유사 꽃받침을 형성한다.

장계절의 말기에 이른 생식발달을 억제하는 수단이다. 따라서 씨앗의 생성이 다음 생장 계절이 시작할 때까지 일어나지 않게 함으로써 씨가 충분히 성숙되게 한다.

춘화처리는 특정적으로 일정 기간의 낮은 온도에 노출된 것에 의해 개화가 촉진되는 것을 말하며, 식물의 발달에 미치는 낮은 온도의 여러 가지 다른 영향과 혼동해서는 안 된다. 이 용어 자체는 러시아어인 *yarovizatsya*를 번역한 것이며 '만든다' 또는 '되게 하다'라는 접미사와 봄의 기원(러시아어로 *yarov*; 라틴어로 *ver*)의 합성어이다. 1920년 대에 러시아인 리센코(Lysenko)에 의해 만들어진 춘화는 저온 처리에 의해 개화 행동면에서 겨울밀이 봄밀처럼 되는 능력을 의미한다. 이런 반응은 수년 전부터 농학자들에 의해 실제로 관찰되어 온 것이었으나, 1918년에 가스너(Gassner)가 겨울 밀에 필요한 저온처리가 종자가 발아하는 동안 충족될 수 있다는 것을 보이고서야 과학계의 주목을 받았다. 리센코는 이 효과가 겨울밀이 봄밀로 유전적으로 전환된 것이라고 확신하였기에 상당한 오명을 얻게 되었다. 철저히 불신을 받았던 획득 형질의 유전에 대한 라마르크설을 택했던 그의 입장은 소비에트 연방에서 1950년대 까지 생물학의 교리처럼 받아들여졌다. 리센코의 견해가 공식적인 정설이 된 것은 소비에트 연방의 생물학에 상당한 영향을 미쳐 수십 년 간 소련의 농업에 아주 불리하게 작용하였다.[1]

25.2.1 춘화처리는 겨울 일년생과 이년생 식물에서 흔히 일어난다

전형적인 겨울 일년생 식물들에는 보통 '겨울' 곡물(밀, 보리, 호밀)이 속한다. '봄' 곡물은 통상적으로 낮 길이에 민감하지 않고 봄에 파종되어 생장기가 끝나기 전에 꽃이 피고 수확용 종자를 맺는다. 그러나 겨울 종들을 봄에 파종하게 되면 보통 개화하지 못하거나 정상적인 생장기내에 익은 곡식알은 만들지 못한다. 겨울 곡물은 대신에 가을에 파종한다. 겨울 곡물은 발아하여 작은 유식물로 겨울을 나고 봄에 생장을 다시 시작하여 보통 한여름에 수확된다. 춘화처리는 식물로 하여금 장일에 민감하게 한다.

춘화처리와 광주기에 대해 가장 철저하게 이루어진 연구들 중 하나는 1930년대 초에 그레고리와 프르비스에 의해 호밀(*Secale cereale*)의 팻커스(Petkus) 품종에서 이루어졌다. 팻커스 종류의 호밀은 봄 품종과 겨울 품종, 두 종류가 있다. 팻커스 호밀의 봄 품종은 임의적 장일식물(long-day plant, LDP)이다. 단일 조건에서는 약 22개의 잎이 생성되기 전까지 꽃이 피지 않으며, 전형적으로 4,5개월의 기간이 걸린다. 그러나 적당한 장일 조건에서 봄 품종은 2개월 만에 단지 약 7개의 잎이 생성된 후에 꽃이 피기 시작한다. 반대로 겨울 품종은 장일식물이 아니다. 겨울 품종은 봄에 발아하게 되면 광주기에 상관없이 4~5개월을 지내며 꽃이 서서히 핀다. 그러나 가을에 파종하면 겨울품종은 겨울을 나는 동안 저온 처리를 받게 된다. 겨울 품종이 봄에 생장을 시작하면, 봄 품종과 동일하게 광주기에 반응한다. 겨울을 지내는 동안 거치게 되는 저온 처리 효과는 또한 종자를 춘화처리, 즉 발아된 종자를 1℃ 정도에 몇 주 동안 유지하면 얻을 수 있다. 적어도 겨울 일년생 식물의 경우에는 저온 처리만으로는 빠른 개화를 촉진할 수 없다는 것에 유의해야 한다. 춘화처리의 효과는 오히려 유식물로 하여금 광주기에 민감하게 만드는 것이다.

춘화처리의 또 다른 예는 이년생 식물이다. 이년생 식물은 한 번만 꽃을 피우고 열매를 맺는 일임 식물(mono-carpic)로 보통 겨울의 저온처리를 지난 다음 두 번째 해에 꽃을 피우고 죽는다. 전형적인 이년생에는 여러 종류의 사탕무와 무(*Beta vulgaris*), 양배추와 그 유사종(*Brassica oleraceae*), 당근(*Daucus carota*), 미나리과(*Umbellifereae*)의 다른 종류들, 디기탈리스(*Digitalis purpurea*), 몇 종의 사리풀(*Hyoscyamus niger*) 등이 있다. 이년생 식물은, 자라고 있는 식물에 낮은 온도를 처리하면 일련의 광주기 개화 반응을 자극하게 된다는 점에서 겨울 일년생 식물들과 공통된 특성을 가지고 있다.

이년생 식물은 첫 해에 마디 사이가 짧은 특징을 갖는 전형적인 로제트(rosette)형으로 자란다(그림 25.5). 겨울 동안에 잎은 죽지만 정단 분열 조직을 포함하고 있는 정단부는 보호된 채로 남아 있게 된다. 이듬해 봄에는 **추대(bolting)**라고 하는 줄기의 길이 생장이 왕성하게 일어나서 그 후에 꽃이 피게 된다. 이년생 식물에 있어서 저온 처리는 정성적이며 절대적으로 필요한 것이다. 저온 처리가 안되면 많은 이년생 식물들도 무한정 꽃이 피지않는 로제트형으로 남아 있을 수 있다. 일부 이년생 식물들은 춘화 처리 후에 낮의 길이와 무관한 반응을 나타내기도 한지만, 일반적으로 겨울 일년생 식물이든 이년생 식물이든 춘화 처리 반응을 보이는 식물들은 장일 개화 식물처럼 반응하는 경향이 있다. 그러나 이 법칙에

[1]춘화처리 이야기는 과학이 정치적 이데올로기에 말려들었을 때 어떤 일이 일어날 수 있는가를 보여주는 전형적인 예이다. 흥미를 갖는 학생을 위해서 과학사에서 이 같은 불행한 에피소드가 죠라브스키의 리센코 사건이라는 저서에 솜씨있게 기록되어 있다(University of Chicago Press, 1970).

그림 25.5 배추에서의 춘화처리와 줄기신장. 왼쪽: 배추는 온실로 되돌아가기 전에 5℃에서 6주 동안 춘화 처리하였다. 중앙: 식물에 5×10^{-4} M의 지베렐린이 함유된 용액을 매주 분무처리 하였다. 오른쪽: 온실에서 정상적으로 자란 대조식물은 로제트 형태로 남아 있다. 춘화 처리 이외는 모든 식물들이 16시간의 광주기를 갖는 온실 속에서 재배되었다.

대한 예외로 다년생 식물이자 단일식물(short-day plant, SDP)인 국화(*Chrysanthemum morifolium*)가 있다. 국화속(*Chrysanthemum*)의 몇 가지 종들은 정량적인 단일식물처럼 반응하기 위해서 춘화 처리가 필요하다. 다년생 식물로서 국화속은 보통 매년 춘화 처리가 필요하다. 완두와 시금치 같은 다른 많은 식물들도 저온 처리를 통해 이른 개화를 유도할 수 있지만 이것이 절대적으로 필요한 것은 아니다.

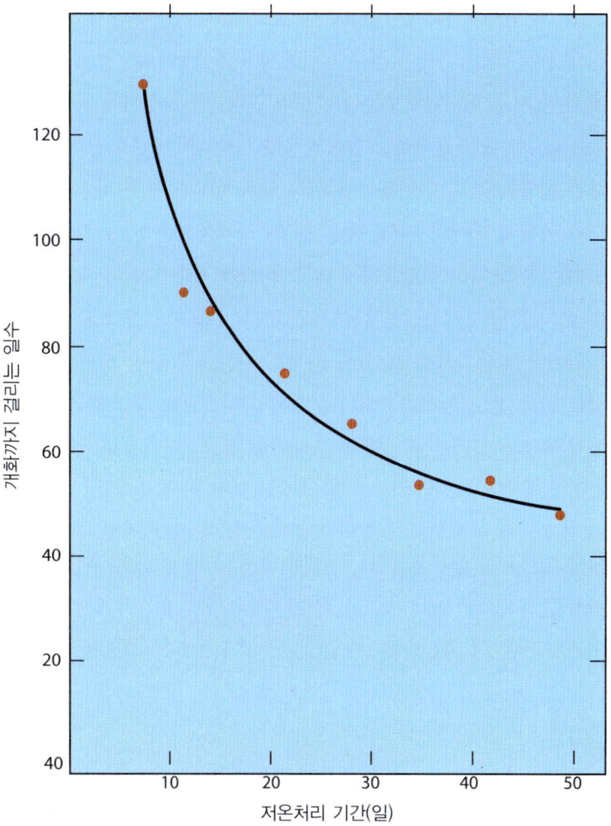

그림 25.6 펫커스 호밀(*Scale cereale*)의 춘화 처리. 표시한 시간 동안 처리하여 1℃의 습기 있는 모래에서 종자를 발아시켰다. 저온처리 후 모든 종자들이 같은 시기에 온실에 돌려 보내지도록 저온처리 시간을 조절했다. 꽃이 피기까지 걸리는 일수는 저온처리의 길이가 길어질수록 줄어들었다. (From Purvis, O. N., F. G. Gregory. 1937. *Annals of Botany*, N.S. 1:569–591. Copyright, The Annals of Botany Company.)

25.2.2 춘화 처리를 위한 유효 온도는 다양하다

춘화 처리에 유효한 온도 범위는 종에 따라서 그리고 처리 기간에 따라 크게 변한다. 팻커스 호밀의 경우 유효 온도 범위는 −5℃부터 +15℃까지이며 +1℃와 +7℃ 사이의 넓은 최적 온도 범위를 갖는다. 이러한 한계 내에서 춘화 처리 효과는 처리한 기간에 비례한다. 춘화 처리를 1℃~2℃에서 1~2주 정도로 짧게 처리하면 개화는 급격히 촉진되고, 같은 온도에서 약 7주 처리하면 최대로 효과적이다(그림 25.6). 유효 온도 범위 내에서는 처리 기간이 짧을수록 최적 온도가 올라간다. 유효 범위 내의 낮은 온도에서 더 긴 시간 동안의 처리가 필요한 것은 아마 춘화처리 상태에 도달되게 하는 대사 반응이 더 느리게 진행되기 때문일 것이다.

개화와 같이 춘화 처리 상태도 대부분의 종에 있어서 대체로 영구적이어서, **유도된 상태(induced state)**로 된다. 한 예로 춘화 처리된 장일식물 사리풀속(Hyoscyamus)은 10개월 이상 단일 상태에 두어도 장일 처리에 반응하는 능력을 잃지 않는다. 반대로 저온 처리를 필요로 하는 모든 식물은 **탈춘화처리(devernalization)**될 수 있다. 저온 처리 직후 고온 처리하면 춘화 처리가 무효화될 수 있다. 예를 들면, 춘화 처리된 겨울 밀의 유식물을 30℃ 정도에서 3~5일 동안 두게 되면 개화는 일어나지 않게 된다. 그런데 대부분의 식물의 경우에 춘화나 탈춘화가 되지 않는 '중립' 온도가 존재한다. 팻커스 호밀의 경우에 중립 온도는 약 15℃이다. 춘화 처리된 팻커스 호밀의 종자는 몇 주 동안 건조시키거나 저온 처리 후 일정기간 동안 무산소 상태에 두면 탈춘화될 수도 있다.

25.2.3 춘화처리는 줄기 정단부에서 감지된다

춘화처리는 활발하게 자라는 식물에게만 효과적이다. 건조된 종자에 대한 저온 처리만으로는 충분하지 않다. 따라서 겨울 곡물은 배(embryo)가 물을 흡수하고 발아과정이 시작되어야 춘화될 수 있다. 다른 식물들 특히 이년생 식물들은 춘화처리 되려면 최소한 어떤 크기 이상이 되어야 한다. 예를 들면, 사리풀속은 10일 간 자라기 전에는 춘화 처리에 반응하지 않으며 30일 정도 되어야 최대 반응을 보이게 된다. 어느 경우든 저온 처리는 줄기의 정단 분열 조직 부위에만 효과적으로 보인다. 이것은 수분을 흡수한 배에 부분적으로 낮은 온도를 처리하거나 춘화처리 함으로써 증명할 수 있다. 초기 연구는 분리한 호밀의 배를 배양한 정단부만으로도 춘화에 민감하다는 것을 보여 주었다. 따라서 비교적 적은 몇 개의 분열 조직 세포에서 만들어진 유도된 상태는 식물의 발달 과정 동안 유지될 수 있다. 그러나 대부분의 이년생 식물은 종자 상태에서는 유도된 상태로 될 수 없다. 잎이나 심지어 분리된 뿌리도 어떤 경우에는 자극 감지가 가능하다는 보고가 일부 있기는 하지만, 대부분의 이년생 식물들의 경우 자극을 감지하는 부분은 겨울을 나는 줄기의 정단부이다.

25.2.4 춘화 처리 상태는 전달이 가능하다

분리된 배(embryo)를 사용한 실험은 배에 탄수화물이 공급되고 유산소 상태에서만 춘화 처리가 효과적이기 때문에, 이 과정이 에너지 의존적 대사과정인 것을 암시한다. 그러나 여전히 유도된 상태의 본성은 수년 간 연구자들에게 알려져 있지 않았다. 분열 조직 자체가 자극을 인지하는 부분이기에 전달 가능한 호르몬이 필요한 것 같지는 않아 보였다. 저온에 의해 유도된 분열 조직 세포의 생리적 또는 유전적 상태의 영구적인 변화는 자기증식적으로 즉, 세포 분열에 의해 딸세포로 전달될 수 있다. 이 주장을 지지하는 몇 가지 근거가 있다. Petkus 호밀이나 국화속(*Chrysanthemum*)과 같은 식물은 춘화가 유도된 분열 조직으로부터 바로 나온 세포에서 만들어진 조직만이 춘화된다. 만약 하나의 정단부에 부분적으로 저온 처리가 되면 그 부분은 개화되지만, 저온 처리를 받지 않은 다른 모든 눈은 영양 상태를 유지한다.

다른 실험들, 특히 사리풀속을 사용한 실험들에서는 춘화 상태가 접붙임을 통해 전이된다는 것이 증명되었다. 랑(Lang)의 1965년 논문에 성공적인 실험들의 예가 표로 제시되어 있다(참고문헌 참조). 이런 실험들은 접붙임을 통한 '화성소(florigen)'의 전이와 비슷하여서(24장), 춘화 처리되지 않은 접붙인 식물의 개화를 유도할 것이다. 만약 춘화 처리된 사리풀속 식물을 춘화 처리하지 않은 식물에 접붙이면, 두 식물 모두 장일 조건하에서 개화할 것이다. 이런 전이는 접붙인 식물이 살아 있어야 이루어지며, 전달체와 수용체 사이의 광합성 산물의 이동과 함께 협동하여 이루어지는 것 같다.

이런 실험들로부터 멜서스(G. Melchers)는 **버날린(vernalin)**이라 부르는 전이되는 춘화 자극 물질이 존재한다고 제안했다. 버날린은 화성소와 마찬가지로 많은 시도에도 불구하고 분리되지 않았으며 여전히 가상적인 물질로 남아 있다. 불행하게도 버날린 이야기는 해석이 어느 정도 잘못되어 나온 것이다. 접붙이기 실험은 모두 장일 처리를 하여야만 춘화된다. 이 실험들은 '버날린' 자체가 전달되는 것과 춘화 처리되지 않는 쪽이 장일하에서 춘화 처리된 쪽으로부터 전달되어 오는 개화촉진 자극 자체에 대해 반응할 가능성을 명확히 구별할 수 없다.

지베렐린이 저온 처리에 대한 반응에 관여한다는 사실 때문에 춘화 과정은 더 복잡해진다(그림 25.5). 이 사실은 1957년에 랑(A. Lang)이 단일 조건하에서 정단부에 10 μg의 GA_3을 반복 처리하여 춘화 처리하지 않은 사리풀속 식물과 몇 가지 다른 이년생 식물의 개화를 유도함으로써 극적으로 입증되었다. 개화가 유도되지 않는 장일 조건하에서 지베렐린을 처리한 도꼬마리와 다른 단일식물에서는 개화가 촉진되지 않았다. 뒤이어 저온 처리가 필요한 몇 종에서 지베렐린이 저온 처리에 반응하여 증가되는 경향이 밝혀졌다. 비록 개화가 유도되지 않은 식물에서 매우 높은 수준의 지베렐린 선구물질인 엔트-카우렌산(ent-kaurenoic acid)이 줄기 정단부에 축적된다 하더라도 지베렐린의 역할은 분명하지 않다. 이 사실은 이들 식물에서 지베렐린 합성을 완성하기 위해서는 저온 처리가 필요하다는 것을 시사하는 것이다.

25.2.5 지베렐린과 춘화 처리는 독립적인 유전적 경로를 통해 작용한다

앞 절에서 언급된 이런 결과들로부터 다음과 같은 의문이 생긴다: 버날린과 지베렐린은 같은 물질인가? 생리적, 유전적인 이유로 그렇지 않을 것 같다. 춘화 처리가 일어나는 몇 가지 식물에 필요한 저온 처리와 일부 장일식물에 필요한 장일 처리를 지베렐린이 대신할 수 있고, 춘화 처리를 하는 경우에는 저온 처리와 장일 처리 모두를 지베렐린이 대신할 수 있는 것으로 보인다. 지베렐린이 저온 처리나 장일 처리를 성공적으로 대신하여 개화를 촉진할 수 있었던 사실상 모든 경우에 추대 형성—로제트 영양 생장 단계에서 줄기의 급격한 생장—이 관여하는 것을 주목해야 한다. 영양 생장 단계에서 이미 줄기가 신장되어 있어서 땅위의 줄기가 있는(caulescent) 장일식물의 경우에는 지베렐린의 효과가 거의 없다. 더욱이 반응하는 식물의 발달 양상은 줄기의 신장이 낮은 온도에 의해 촉진되느냐 또는 지베렐린 처리로 촉진되느냐에 따라 상당히 차이가 난다. 낮은 온도 처리 후에는 줄기의 신장이 시작됨과 동시에 꽃눈이 확연히 나타나기 시작한다. 반면에 지베렐린을 처리한 뒤에는 영양 기관인 지상부를 만들기 위해 줄기가 먼저 신장된다. 꽃눈은 한참 후에야 나타난다. 이들 결과는 춘화 처리 경로와 지베렐린 경로가 독립적임을 시사하는 것이다.

개화에 대한 최근의 유전학적 연구는 지베렐린과 춘화가 독립된 유전적 경로를 통해 작용한다는 것을 증명해주고 있다(그림 25.1). 자율, 장일 그리고 지베렐린 의존 경로를 각각 차단하기 위해 *co-2*, *fca-1*, *ga1-3*의 삼중 돌연변이체가 만들어졌다. 이 돌연변이 애기장대는 장일 또는 단일 조건에서 모두 꽃을 피우지 못했다. 개화 없이 90~100개의 근출엽을 형성한 뒤에 장일 조건의 온실로 옮겼다. 6개월 후에 돌연변이 식물의 대부분은 결국 꽃을 피우지 않고 죽었다. 하지만 이 삼중 돌연변이 애기장대 식물이 5℃에서 7주간 춘화처리 되었을 때 모든 식물들이 약 50개의 잎을 형성한 뒤에 꽃을 피웠다. 이 결과가 의미하는 것은 (1) 이 삼중 돌연변이체가 절대적으로 춘화처리를 요구하며, (2) 춘화는 지베렐린 의존, 장일, 자율 경로와는 별도의 유전적 경로를 통해 개화를 촉진한다는 것을 의미한다.

자율 경로와 춘화는 *FLOWERING LOCUS C(FLC)* 유전자의 발현을 감소시킨다. 이 유전자 산물은 개화를 억제하는 전사조절 요소이다. 하지만 야생형 *FLC* 유전자가 없을 때 자율 경로에 의한 조절은 제거되지만 춘화 효과는 여전히 남아 있다. 따라서 자율경로는 전적으로 *FLC* 발현 조절을 통해 작용하는 것 같으나 춘화는 두 가지 경로를 통해 개화를 촉진하는 것 같다: 이 두 가능한 경로는 *FLC* 발현을 억제하는 것이나 또는 *FLC*와 독립적인 메커니즘을 통해서 일 것이다.

25.2.6 3개의 유전자가 곡물류 식물에서 춘화 처리 요구를 결정한다

화성소처럼 버날린이 호르몬인지 아닌지 의문이 든다. 아니면 물어 보기에 더 좋은 것은 '춘화 처리의 분자적 근거는 무엇인가?' 라는 질문이 될 수도 있다. 실제로 30년 이상 식물 육종 실험을 통해서 3개의 유전자(*VERNALIZATION 1, 2* 및 *3*, 혹은 *VRN1, VRN2*와 *VRN3*)가 곡물류 식물에서 춘화처리 요구를 결정짓는데 있어서 중요한 역할을 한다는 것이 알려져 왔다. 현재 이들 유전자가 분리되었으며 그 특성이 규명되었다.

VRN1 유전자는 전사인자를 암호화하며 춘화처리에 의해 유도되어진다. 더욱이 춘화처리된 식물에서 발현된 *VRN1*의 양과 그 발현량에 의해 개화 시간이 장일조건 하에서 감소된 것과의 사이에는 정량적 관계가 있다. *VRN2*는 개화자극 FT의 발현을 차단함으로써 장일 조건 하에서 개화를 억제한다. 이와 반대로 *VRN2* 자체는 *VRN1*에 의해 억제된다. *VRN2* 유전자의 기능이 결여된 다양한 겨울 곡물류 식물종들은 저온 전처리 요구없이 장일 조건에 정상적으로 반응한다. *VRN3* 유전자는 애기장대 *FT(FLOWERING LOCUS T)*에 해당하는 곡물류의 유전자이다.

겨울 밀과 보리에서 이들 3개 유전자가 개화를 조절하기 위하여 어떻게 상호작용하는지를 보여주는 모델이 그림 25.7에 제시되었다. 저온처리를 받기 전에, 겨울 곡류 식물은 장일 조건에 반응할 수 없다. 왜냐하면, *FT*(혹은 *VRN3*) 유전자 발현이 *VRN2* 유전자가 존재하면 억제되기 때문이다. 종자가 늦여름이거나 이른 가을에 파종되었을 때, 줄기 정단부는 겨울이 올 때까지 영양 생장형으로 발달하는데, 이때 *VRN1* 유전자 발현이 촉진된다. 이듬해 봄에 생장이 다시 시작되면, 저온에 의해 유도된 *VRN1* 유전자 발현이 높은 상태로 남아 있게 되며, 그리고 *VRN1* 유전자는 *VRN2* 유

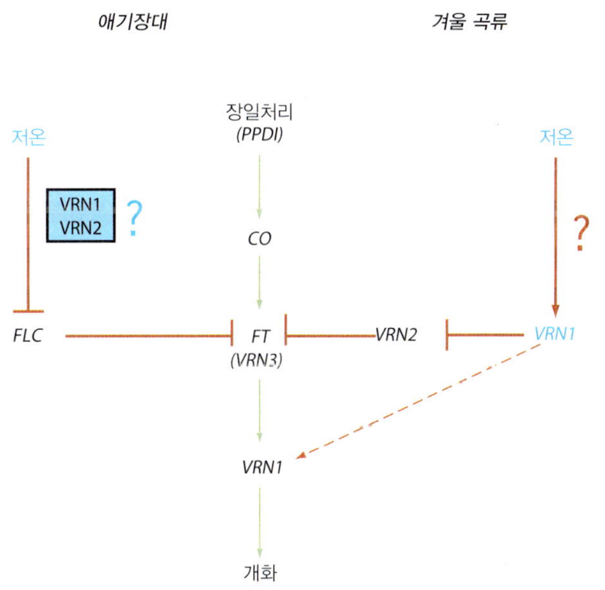

그림 25.7 겨울 곡류와 애기장대에서 춘화처리에 의한 개화 조절을 비교하는 모델. 장일 처리[곡류에서 *PHOTOPERIOD1(PPD1)*에 의해 조정된]는 *FLOWERING LOCUS T(FT)*의 발현을 활성화시키는 *CONSTANS* 유전자(*CO*)에 의하여 감지된다. *VRN2*은 *FT* 발현을 억제함으로써 겨울이 되기 전에 꽃의 유도를 방해한다. 낮은 온도로 저온처리 시 *VRN1*의 발현을 유도하는데 이것은 *VRN2*를 억제하며 장일 조건 하에서 *FT*가 발현되도록 한다. 어떻게 저온이 *VRN1*의 발현을 유도하는지는 알려져 있지 않고 있다. 곡류에서 *VRN1*은 또한 꽃 분열조직 정체성 유전자로 작용한다. 애기장대에서 *FT* 발현은 *FLOWERING LOCUS C(FLC)*에 의하여 억제된다. 개화는 춘화 처리 후 장일 조건 하에서 진행되는데 그 이유는 저온이 *FLC* 발현을 억제하기 때문이다. (Based on Trevaskis et al. 2007. *Trends in Plant Science*.)

전자가 더 이상 발현되는 것을 억제하게 된다. 이때 *FT* 유전자는 발현되기 시작하고 식물은 꽃눈 원기 개시를 통하여 장일 조건에 반응하게 된다. *VRN2*는 꽃눈 통합 유전자로 간주되는데, 왜냐하면 그 모델에서 보여진 것처럼, 이 유전자의 중심적 역할은 저온과 광주기 반응을 통합하기 때문이다.

쌍자엽식물인 애기장대의 개화 역시 춘화 처리에 의하여 촉진되며 그 분자 수준의 기작도 또한 곡물류와 매우 유사하다. 다만 중요한 차이는 애기장대에서는 *VRN2* 유전자가 아니라 *FLOWERING LOCUS C(FLC)* 유전자가 *FT*유전자 발현 억제와 정단부 조직을 영양생장 상태로 유지시키는 데 있어 가장 직접적인 관련이 있다. 그 대신 *FLC* 유전자 억제는 *VRN1* 과*VRN2*를 포함하는 복잡한 체계를 통해서 저온에 의해 조절되는 것으로 보여진다.

25.3 열매 맺기와 발달은 호르몬에 의해 조절된다

열매는 생식기관의 생장에 있어서 마지막 단계이다. 식물학적으로 열매는 비록 일부 식물에서는 다른 꽃조직이 포함될 수 있지만, 성숙하고 익은 씨방벽과 그 내용물을 의미한다. 어떻게 씨방이 발달하느냐에 좌우되면서 열매는 다양해진다. 완두와 콩처럼 가장 단순한 형태에서 열매는 확장되어 있지만 건조한 씨방(깍지) 내에 들어있는 종자들 혹은 종자 1개로 이루어져 있다. 그와 같은 열매를 열개성(dehiscent) 열매라고 분류되는데, 이는 성숙하면 씨방벽이 열려서 종자가 노출되기 때문이다. 애기장대의 열매는 건열개성 열매이다. 옥수수 열매는 비열개성 건조한 열매로써 마른 씨방벽(흔히 과피로 불리는 구조물)과 융합된 종피를 지닌 하나의 종자로 구성된다. 토마토는 다육질성의 씨방벽이 확대된 경우이다. 일부 종에서는 씨방벽 이외의 다른 구조가 열매로 발달한다. 그런 열매들을 **헛열매(pseudocarpic fruit)**라고 부른다. 딸기가 그런 예이다. 딸기 열매는 실제로 확대된 다육질의 꽃받침 표면위에 있는 많은 수의 각각의 열매(수과; achene)로 구성된다. 여러 경우에 있어서 열매도 의미있는 질적 변화와 더불어 고려해 볼 만한 세포분열과 세포 확장을 하고 있다는 것은 분명하다. 이런 변화는 주로 호르몬 함량 변화에 기인하는 것이다.

열매의 발달, 성숙 그리고 익는 과정이 매우 광범위하게 연구되어 왔다. 왜냐하면 사람의 영양에 중요한 구성 요소라는 실질적인 중요성과 더불어 열매가 발달중인 종자를 보호하고 또한 성숙한 종자의 분산 수단으로 작용하는 생물학적 중요성 때문이다. 다육질성 열매의 발달, 성숙 및 숙성이 수년 동안 관심을 받아 왔는데 그 이유는 그들 열매의 수송, 저장 및 열매 수확 후의 생리적 분야와 관련된 문제들이 있기 때문이다.

25.3.1 다육질성 열매의 발달은 5단계로 구분될 수 있다

토마토는 다육질성 열매 발달을 연구하기에 좋은 모델 식물이 되어왔는데, 부분적으로 그 이유는 많은 유용한 돌연변이주들이 있고 또한 쉽게 형질전환시킬 수 있기 때문이다. 모델로써 토마토 식물을 이용하여 열매의 생활사를 5개의 특징적인 단계로 구분할 수 있다. 단계 I은 수정과 종자발달의 준비를 위해 씨방 발달을 포함하며, 더 이상의 발달을 멈추게 하거나 혹은 씨방벽에서의 세포분열과 세포 확장을 더 진행시키기 위한 결정과 함께 끝이 난다. 씨방발달을 계속 진행시키기 위한 결정을 일반적으로 열매맺기(fruit set)라 한다. 단계 II 혹은 열매 발달 개시 단계에서 초기 열매의 생장은 일차적으로 씨방벽에서의 세포분열에 기인된다. 그래서 세포는 매우 작은 액포를 간직한 채로 점점 작아지고 치밀해진다. 단계 III 동안에서 세포분열은 효과적으로 정지되고 열매가 더 커지는 것은 대부분 세포 확장 때문이다. 일단 열매가 최대 크기에 도달하면 열매는 단계 IV에 들어가거나 혹은 숙성기에 들어간다. 토마토 같이 다육질성 열매에서는 숙성이 일어나면 색깔과 향 성분(예, 카로테노이드, 당, 산)의 발달이 생기고 열매조직은 부드러워져 동물에게 매력적으로 된다. 이처럼 조직의 연화과정은 일차적으로 **폴리갈락투로나아제(polygalacturonase, PG)**와 같은 효소활성도가 증가되기 때문이다. 이 효소는 중엽층(middle lamella)에서 발견되는 펙틴물질을 분해시키며 세포간 합착에도 관계한다. 끝으로 단계 V에서 노쇠현상이 시작되고 열매는 부패하기 시작한다.

예상할 수 있듯이, 열매가 발달하는 동안의 여러 단계에서 모든 식물 호르몬이 작용한다(그림 25.8). 종자 발달 동안과 열매 발달의 첫 번째, 두 번째 단계에서 옥신, 시토키닌, 지베렐린 호르몬이 모두 관여하고 활성을 나타낸다. 시토키닌 함량은 가장 세포분열이 활발한 시기인 단계 II에서 최대치를 보인다. 옥신 함량은 세포확장 개시 시기인 단계 III의 초기에 최대값을 보인 후 열매가 성숙한 크기에 도달함에 따라 감소한다. 옥신 함량의 두 번째 증가는 열매의 초기 숙성기에 에틸렌 함량의 의미 있는 출현과 함께 나타난다. 지베렐린의 역할은 잘 알려져 있지 않으나 시토키닌과 함께 세포분열 개시에 아마도 관여하는 것 같으며 또한 세포 확장을 유지하는 데 있어서는 옥신과 같이 작용하는 것 같다. 토마토는 열매의 호흡도가 최고치를 나타내며 그런 호흡의 절정은 열매가 숙성할 때 보이는 질적인 변화 및 에틸렌의 출현과 관련이 있다(에틸렌과 관련하여 21장 참조).

25.3.2 열매맺기는 옥신에 의해 개시된다

열매가 맺히기 위해서는 보통 정핵에 의한 씨방의 성공적인 수분

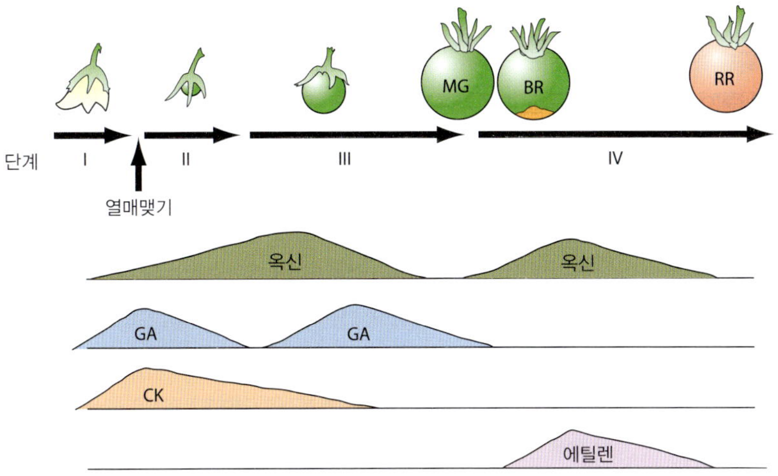

그림 25.8 토마토에서 열매 발달 최초 4단계 동안에서의 호르몬 변화. 옥신, 지베렐린(GA), 시토키닌(CK) 및 에틸렌에 대한 그래프는 호르몬 농도가 최대가 되는 대체적인 발달 지점을 보여주고 있다. MG와 BR은 최초의 색깔 징후가 출현한 단계를 나타낸다. BR은 성숙 단계의 시작을 나타낸다. RR은 성숙의 마지막, 즉 노쇠의 시작을 의미한다.

(pollination)과 수정 과정이 요구된다. 수정이 일어나지 않으면, 꽃은 종자를 만들지 못하며 대부분의 경우 꽃은 열매를 형성하지 못하고 노쇠해진다. 그러므로 열매 맺는 것은 수정 직후 혹은 수정 전에 발생된 적극적인 생장 신호에 의지하는 것으로 보인다. 그러나 수정되지 않은 꽃이 씨가 없는 정상적인 열매를 생성하는 경우도 있다. 수분과 수정 과정 없이 열매가 발달하는 현상을 **단위결실(parthenocarpy)**이라 한다. 단위결실은 수분과정 자체가 안 일어나거나, 수정을 초래하지 않는 수분현상 혹은 배(胚)의 발육부전 현상이 뒤따르는 수분 때문에 자연적으로 출현한다. 자연적으로 발생하는 단위결실 열매의 흔한 예로 바나나, 배꼽 오렌지, 다양한 무화과 열매, 파인애플 및 씨 없는 포도 등이 있다. 자연적으로 일어나는 단위결실 혹은 인위적으로 유도된 단위결실에 대한 연구는 정상적인 열매 발달의 초기 단계, 특히 열매맺기를 이해하는 데 도움을 주는 중요한 역할을 해 왔다.

1930년대 중반에 화분과 화분추출액 모두 옥신의 풍부한 공급원이라는 점과 수분이 일어나지 않은 가지과(예: 토마토, 후추) 식물에서 열매맺기 현상을 촉진할 수 있다는 사실이 알려졌다. 옥신은 다른 과의 식물, 특히 박과(오이, 호박)와 귤과(Citrus)에 포함된 일부 식물에서 단위결실을 유도한다. 단위결실은 생물학적 호기심—씨 없는 열매가 얼마나 가치있는지—이 있을 뿐 아니라 중요한 경제적 의미도 지니고 있다. 예를 들면, 캘리포니아주에서는 초기의 토마토 작물에서 열매 발달을 촉진시키기 위해 합성 옥신을 이용하여 왔는데 그렇게 하지 않으면 찬 밤기온이 열매의 발달을 감소시키기 때문이다. 다른 많은 열매들, 즉 귤이나 수박같은 열매들은 씨없는 열매 형태가 보다 더 잘 팔린다. 지베렐린 역시 혼자 또는 다른 호르몬과 함께 작용하여 배와 귤과 같은 식물에서 단위결실을 유도한다.

화분 이외에도 열매 형성을 위한 또 다른 옥신 공급원으로 종자가 있다. 이 사실은 1950년대에 니치(J. P. Nitsch)에 의해 수행된 딸기에 관한 고전적 연구에서 입증되었다. 딸기 열매는 꽃받침이고 종자는 표면에 간직되어 있기 때문에 발달 중인 꽃받침에 손상을 입히지 않으면서도 종자를 제거하는 것은 간단한 문제이다. 니치는 종자를 제거시키면 더 이상의 열매 발달이 일어나지 않으나 열매에 다시 옥신을 처리하면 정상적으로 열매 발달이 회복된다는 것을 발견하였다. 더욱이 만약 일부 종자를 제거하고 다른 종자는 남겨 두었을 때 종자가 남아 있는 곳에서만 열매가 발달하였다(그림 25.9). 또 다른 연구들도 딸기의 종자가 옥신의 훌륭한 공급원이라는 사실을 입증하였다.

고전적인 생리학적 연구에 뒤이어 분자생물학적 연구가 뒤따랐으며 이들 연구로부터 발달 중인 밑씨에 존재하는 옥신이 열매맺기와 초기의 열매 발달에 있어 중심적인 역할을 수행하고 있음이 입증되었다. 일반적으로 이들 분자생물학적 연구들은 (1) 밑씨 혹은 씨방에서 옥신합성을 증가시키거나, 혹은 (2) AUX/IAA 또는

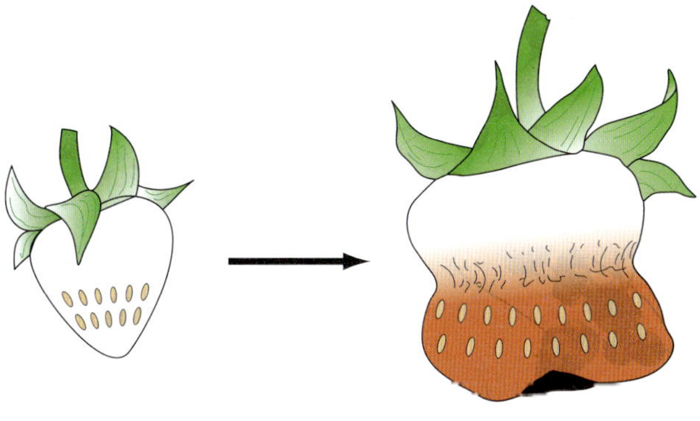

그림 25.9 딸기 열매의 발달과 관련하여 종자 제거 효과를 보여주는 니치(Nitsch)의 실험. 열매가 초기 발달하는 동안에 2개의 종자 배열을 남기고 나머지 모든 종자가 꽃받침에서 제거되었다. 그 이후의 열매의 발달은 종자가 남아 있는 지역에만 국한되어 일어났다.

옥신반응요소(auxin response factors: ARF)와 같은 옥신조절 단백질을 조작함으로써 인위적으로 유도된 단위결실성 열매 발달의 장점을 취하였다(AUX/IAA의 역할과 옥신에 의해 조절되는 반응에서의 ARF에 대해서는 18장을 참조). 예를 들면, 한 가지 연구방법론은 *Agrobacterium tumifaciens*의 종양 유도 유전자인 *iaaM*과 *iaaH*를 이용한다. 이들 유전자들은 *Agrobacterium* 박테리아가 숙주세포에 침입하였을 때 IAA 생합성을 지시하고 또한 IAA의 과잉생산을 일으키는 유전자들이다. *iaaM*과 *iaaH* 유전자는 이들 유전자의 발현을 특별히 밑씨에게서만 국한시키는 프로모터에 그들 유전자를 연결시킴으로써 이식유전자(transgene)를 구축하는 데 이용될 수 있다. 이 이식유전자가 가지, 담배, 토마토, 딸기, 나무딸기(raspberry) 식물에 도입되었을 때, 실질적인 IAA의 생성이 일어나며 이로 인해 단위결실성 열매의 발달이 유도된다. 단위결실을 유도하는 또 다른 유전자로 rolB 유전자가 있는데 이 유전자는 다른 *Agrobacteria*종(*A. rhizogenes*)에서 분리되었다. 이 *rolB* 유전자가 씨방과 어린 열매에만 특이성을 지닌 프로모터에 연관된 채로 토마토에 도입되었을 때 단위결실을 유도하였다. 아직은 *rolB*의 작용기작은 모르지만 이 유전자는 옥신에 대한 조직 감수성을 증가시키는 것 같았다.

애기장대에서 옥신반응요소 유전자인 *ARF8*의 기능이 상실된 돌연변이주는 단위결실성 열매 발달을 유도한다. *ARF8*은 전사인자로서 일차적으로 밑씨와 그 주변 조직에서 발현된다. 또 다른 실험들은 *ARF8*이 아마도 하나 또는 그 이상의 AUX/IAA 단백질들과 함께 열매맺기 과정에 음성조절자, 즉 열매맺기를 억제하는 조절자임을 나타내었다. *ARF8* 유전자의 발현은 또한 수정 후에는 일어나지 않는다.

열매맺기에서의 옥신 역할에 대한 대부분의 실험자료는 다음의 모델과 일치하고 있다. 수분과 수정 과정이 일어나기 전에, AUX/IAA의 존재나 혹은 ARF8와 같은 ARF 억제 단백질이 있게 되면 더 이상의 씨방 발달이 차단된다. 수분(그리고 밑씨의 수정)은 옥신 함량의 증가를 유도하며 그래서 26S-프로테오솜 경로를 통해서 옥신에 의해 중재되는 AUX/IAA 단백질의 분해를 이끌게 된다. 이것은 열매맺기와 추가적인 열매발달에 필요한 옥신-반응 유전자를 조절하기 위하여 옥신-반응 인자를 증가시키게 된다.

25.3.3 호흡 급등 현상을 보이는 열매에서 성숙은 에틸렌에 의해 개시된다

모두는 아니지만 많은 다육질성 열매에서 성숙 과정 동안에 일어나는 가시적 및 대사 과정상의 변화는 **호흡급등현상**(climacteric; 그림 25.10)이라 불리는 폭발적인 호흡 혹은 CO_2 방출이 수반되어 나타

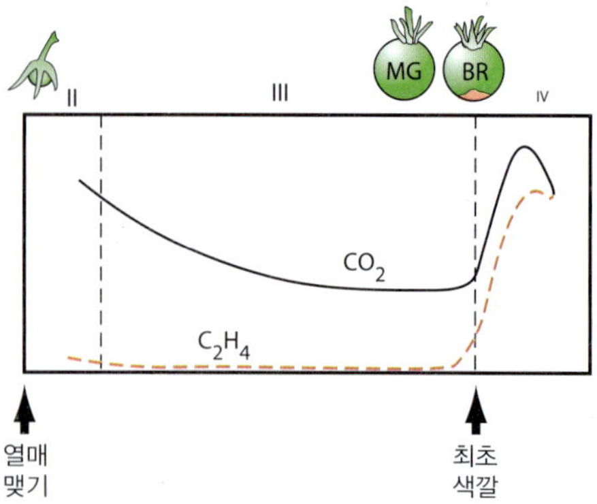

그림 25.10 호흡급등현상을 보이는 토마토 열매에서의 CO_2와 에틸렌 생성의 양상. CO_2 방출은 세포분열 단계에서 높았으며 세포확장과 성숙단계 동안에는 계속 감소한다. 그러다가 숙성단계의 시작 부분에서 가파르게 증가한다. CO_2의 폭발적 증가는 의미 있는 에틸렌 생성의 증가에 의해 즉시 일어났다. (After McGlasson, W. D. 1978. In: H.O. Hultin, M. Milner (eds.), *Postharvest Biology and Biotechnology*. Westport, CT: Food and Nutrition Press.)

난다. 이런 열매의 예로 토마토, 표주박(오이 및 관련된 열매), 바나나, 사과, 복숭아 그리고 서양자두가 있다. 호흡급등현상을 나타내지 않는(nonclimacteric) 비다육질성 열매는 폭발적인 CO_2 방출을 보이지 않으며, 이러한 것들로는 딸기, 포도, 귤 그리고 애기장대 혹은 옥수수와 같은 비다육질성의 건조한 열매들이 있다. 호흡급등성 열매의 성숙과정은 수년 동안 많은 연구를 이끌었는데, 그 이유는 그것의 경제적인 중요성과 호흡폭발이 일어나기 직전에 상당한 정도의 에틸렌 생성이 증가되기 때문이다(그림 25.10). 더욱이 에틸렌 합성은 또한 자체-촉매적 반응이다. 일단 에틸렌 생성이 한 열매에서 시작되면, 주위에 있는 열매에서도 에틸렌 생성이 촉진되어 그래서 썩은 사과 하나가 광주리 내의 모든 것을 망치게 한다는 격언도 있다. 열매 성숙 과정에서 에틸렌의 역할은 의미 있는 상업적인 중요성을 내포하고 있다. 예를 들면, 먼 거리를 수송해야만 하는 토마토, 바나나 및 다른 호흡급등현상을 보이는 열매들은 흔히 녹색을 띠는 상태에서 따서 그 열매들의 목적지에 운반된 다음에 에틸렌 처리를 하여 숙성시킨다(Box 25.1).

ACC 생성효소(ACC synthase: ACS)와 ACC 산화효소(ACC oxidase: ACO)는 에틸렌 생합성에서 생합성율을 제한하는 반응단계를 촉매한다(21장 참조). 토마토 식물에서는 열매에서 발현되는 2개의 ACS 유전자가 있으며, 이 유전자는 열매의 숙성을 개시하는데 관련이 있는 것으로 보인다. 두 개의 유전자 *LeACS1A*와 *LeACS4*는 발달 조절 유전자로써 열매 숙성 시 유도된다. 더욱이, 이 두 유전자의 유도는 숙성 억제자(*ripening inhibitor: rin*) 자리 혹은 비숙성(*nonripening: nor*) 자리에서의 돌연변이에 의하여 손상된

Box 25.1
에틸렌: 에틸렌은 기체이다

수 세기 동안 인간은 열매의 성숙을 촉진시키기 위하여 부지중에 에틸렌을 사용해왔다. 고대 중국에서는 수확된 열매를 향을 피운 방에서 흔히 숙성시켜 왔으며 20세기 초 캘리포니아에서는 석유난로가 레몬을 숙성시키기 위해 사용되었다. 이들 과정은 효과가 있었는데 왜냐하면 에틸렌이 그 연소과정에서 흔히 나오는 부산물이기 때문이다. 같은 이유로, 에틸렌은 천연가스를 이용해서 온도를 올리는 현대적 온실을 작동하는데 있어서 에틸렌에 의해 매개되는 생장 문제를 아직도 야기시킨다. 그러나 성숙과정에서 에틸렌의 역할이 알려졌기 때문에, 호흡급등현상을 보이는 열매에서 에틸렌 생성 효과를 막거나 지연시킴으로써 과일성숙을 통제하는 방법에 주의가 기울여졌다. 예를 들면, 사과는 가을에 수확되나 시장에서는 일 년 내내 유효하게 팔릴 수 있는데 그 이유는 사과 저장소의 공기를 조절하기 때문이다. 즉 저장소의 공기조절 조건은 낮은 온도, 적은 산소함량 및 높은 CO_2 농도가 조합된 상태이다. 산소함량 수준은 일반적으로 통상적 대기 내의 21% 값에서 1% 내지 3%까지 감소된다. CO_2 수준은 대기 중의 통상적 농도인 0.035%에서 8%로 증가된다. 이러한 조건들은 열매의 호흡율과 에틸렌 생성을 낮추게 하며 그 결과로 완전하지는 않지만 에틸렌에 의해 촉진되는 호흡급등현상을 완화시키게 된다.

다. 달리 말하자면, *rin*과 *nor* 돌연변이를 갖는 토마토 식물의 열매는 에틸렌을 생성하지 못하고 호흡급등성 CO_2 방출을 보이지 않으며 또한 숙성되지 않는다. 유전자 *LeACS4*의 발현도 역시 에틸렌 자체에 의해 조절되며 그래서 이 유전자는 양성 피드백 시스템에 의한 자체 촉매적인 에틸렌 생산의 조절에 관련된 것으로 보인다. 열매에만 존재하고 그리고 숙성과정 동안에 강하게 유도되는 일부 에틸렌 수용체를 포함하여 많은 수의 에틸렌 신호 분자들이 애기장대와 토마토에서 분리되어 동정되었다. 새로운 도전은 어떻게 이들 많은 신호 분자들이 상호작용하여 긴밀히 결합된 신호전달 사슬을 형성하고 그로 인하여 많은 열매 숙성 유전자들을 어떻게 조절하는가에 대한 이해를 하는 것이다.

요약

꽃의 출현과 발달은 적어도 3세트의 유전자의 작용을 포함하고 있다. 이들 유전자는 개화 시기(개일 시계를 포함하여), 꽃 분열조직 정체성 및 꽃 기관 정체성을 조절한다. 개화시기 돌연변이 식물은 야생형 식물보다 꽃을 늦게 피우거나 일찍 피운다. 애기장대에서의 개화시간은 적어도 4개의 다른 유전적 경로의 조절 하에 있다. 장일경로 유전자는 광주기성 조절 시스템을 구성한다. 자율적 경로는 영양 생장형 발달 상태를 주시하고 내재성 신호에 반응하여 꽃을 피우게 한다. GA 경로는 지베렐린에 의해 중재되는 한 개의 유전자를 포함한다. 네 번째 경로는 보통 개화를 억제하는 한 세트의 유전자를 포함하고 있다. 억제 인자 경로의 돌연변이체는 꽃을 일찍 피운다.

꽃 정체성 유전자의 돌연변이는 꽃 분열조직으로 전이되는 것을 붕괴시키는 반면에, 기관 정체성 유전자는 꽃받침, 꽃잎, 수술 및 심피의 출현을 조절한다. 일부 꽃 정체성 유전자와 기관 정체성 유전자는 그들의 발현 시간과 기능에 있어서 중복이 일어난다. 꽃 기관 열거에 대한 ABC 모델은 분열 조직을 3개의 중복이 일어나는 발달 영역으로 제시하고 있으며 또한 특별한 꽃 기관을 열거하는 유전자 또는 유전자 조합을 식별하고 있다. 대부분의 개화 시기 유전자, 꽃 정체성 유전자 및 기관 정체성 유전자는 전사인자의 특성을 지니고 있는 산물들의 합성을 지시한다.

춘화 처리는 일정 기간의 저온에 의하여 개화를 촉진하는 것이다. 곡류에서처럼 겨울 일년생의 경우, 춘화 처리는 낮 길이에 상관없는 상태에서 임의적 장일 반응으로의 변화와 같은 광주기성 행동을 변화시킨다. 이년생 식물은 춘화 처리될 때 까지 전형적인 로제트형으로 생장을 한다. 그리고 나서 꽃이 피는 줄기는 길게 늘어나(추대) 장일 식물처럼 반응한다. 춘화 처리가 효과적이 되기 위해서는 대략 0℃에서 5℃의 온도가 수 주 동안 활발하게 생장하는 식물의 정단부에 가해져야 한다. 춘화 처리가 가능한 식물에서 온도는 줄기정단부에서 인지되며 그 인지신호는 이동성이 있다. 개화시기 돌연변이의 이용으로 춘화 처리는 장일 경로, 자율적 경로 및 지베렐린 의존성 유전 경로에 상관 없이 작동하고 있음이 알려졌다.

열매는 수정 후에 씨방의 발달 정도에 좌우되면서 건조 열매 혹은 다육질성 열매로 분류된다. 토마토나 사과와 같은 다육질성 열매의 발달은 5단계로 구분될 수 있다. 단계 II에서 IV까지는 열매맺기 상태로부터 충분히 익은 열매 상태로의 진행시기를 나타낸다. 열매맺기 과정에는 옥신이 관련되어 있는 반면에 열매가 성숙할 때까지 이르는 다양한 시간대에는 옥신, 시토키닌 및 지베렐린이 포함되어 있다. 열매의 발달은 보통 수분 그리고 혹은 밑씨의 수정과 연관된 옥신의 방출에 의해 시작된다. 단위결실은 수분 혹은 수정과정이 없는 상태에서의 씨없는 열매의 발달을 지칭한다. 이러한 단위결실은 일부 열매에서 옥신 처리에 의해 유도될 수 있다. 단계 IV 혹은 열매숙성은 세포 간 합착과 관련되어 있는 펙틴 화합물의 분해로 인한 열매 조직의 연화현상과 열매 향기물질 그리고 색의 발달로 특징지어진다. 일부 다육질성 열매의 성숙은 에틸렌에 의해 유도된 현저한 호흡률 증가와 CO_2 방출(호흡급등현상)이 수반되어 일어난다. 에틸렌 방출은 적어도 부분적으로는 열매 발달에 따라 조절되는 두 개의 에틸렌 방출율 제한 효소인 ACC 생성효소와 ACC 산화효소에 의하여 조정된다. 에틸렌은 과일의 성숙 유전자를 활성화시키는 신호전달 사슬 반응을 시작하게 한다.

복습문제

1. 영양생장 분열조직에서 꽃 분열조직으로의 전환이 잎에서의 사건과 어떻게 관련이 있는가?
2. 개화 시기 유전자, 꽃 정체성 유전자 그리고 기관 정체성 유전자 사이를 구별해 보아라.
3. *APETALA1* 유전자의 기능이 상실된 돌연변이 애기장대 꽃의 표현형에서 무엇이 관찰되리라고 예상하는가?
4. 대부분의 식물은 개화시기를 조절하는 여러 경로를 가지고 있다. 다양한 경로의 장점은 무엇인가?
5. 어떻게 유도(induction) 개념을 춘화 처리에 적용하는가?
6. 지베렐린은 때때로 춘화 처리를 대신하는 것으로 여겨진다. 춘화 처리와 지베렐린이 독립적인 유전 경로를 통해서 작동하고 있다는 증거는 무엇인가?
7. 개화를 조절하는 데 있어 *FLOWERING LOCUS C*와 *VERNALIZATION2*의 역할을 비교하라.
8. 열매맺기(fruit set)란 무엇인가?
9. 호흡급등현상(climacteric)이란 무엇인가?
10. 열매 저장 시의 공기 조절이 어떻게 호흡급등현상을 보이는 열매의 저장 수명을 증진시키는가?

더 읽을 거리

Adams-Phillips, L., B. Cornelius, J. Giovannoni. 2004. Signal transduction systems regulating fruit ripening. *Trends in Plant Science* 9:331–338.

Bewley, J. D. et al. 2000. Reproductive development. In: Buchanan, B., W. Gruissem, R. Jones (eds.), *Biochemistry and Molecular Biology of Plants*. Rockville, MD: American Society of Plant Physiologists. (An excellent review of reproductive development.)

Coen, E. S., E. M. Meryerowitz. 1991. The war of the whorls: Genetic interactions controlling flower development. *Nature* 353:31–37.

Dennis, E. S., W. J. Peacock. 2007. Epigenetic regulation of flowering. *Current Opinion in Plant Biology* 10:520–527.

Gillaspy, G., H. Ben-David, W. Gruissem. 1993. Fruits: A developmental perspective. *The Plant Cell* 5:1439–1451.

Giovannoni, J. 2004. Genetic regulation of fruit development and ripening. *Plant Cell* 16:S170–S180.

Lang, A. 1965. Physiology of flower initiation. In: W. Ruhland (ed.), *Handbuch der Pflanzenphysiolgie (Encyclopedia of Plant Physiology)*. Berlin: Springer-Verlag, XV (1) 1380–1536.

Pandolfini, T., B. Molesini, A. Spena. 2007. Molecular dissection of the role of auxin in fruit iniitation. *Trends in Plant Science* 12:327–329.

Salisbury, F. B. 1963. The Flowering Process. Oxford: *Pergamon Press*.

Trevaskis, B., M. N. Hemming, E. S. Dennis, W. J. Peacock. 2007. The molecular basis of vernalization-induced flowering in cereals. *Trends in Plant Science* 12:352–357.

Trevaskis, B.,M.N.Hemming, W. J. Peacock, E. S. Dennis. 2006. HvVRN2 responds to daylength, whereas HvVRN1 is regulated by vernalization and developmental status. *Plant Physiolgy* 140:1397–1405.

Yanofsky, M. F. 1995. Floral meristems to floral organs: Genes controlling early events in Arabidopsis development. *Annual Review of Plant Physiology and Plan Molecular Biology* 46:167–188. (Currently titled Annual Review of Plant Biology.)

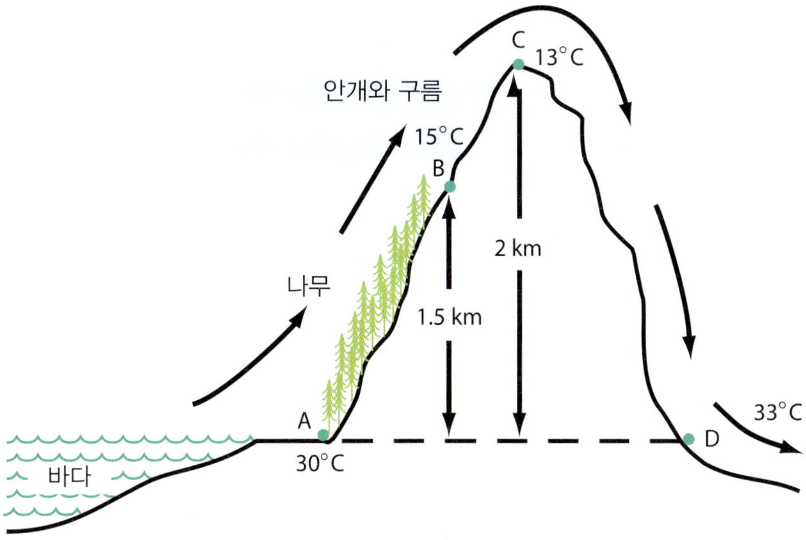

26

식물의 발달과 분포

식물은 일종의 화학적 기계이며, 화학적 기계의 보편적인 특징 중 하나는 온도에 민감하다는 것이다. 온도는 빛, 물과 더불어 식물을 둘러싼 물리적 환경에서 가장 중요한 요소 중 하나이다. 식물의 경우는 항온 동물과 달리 일정 온도를 유지할 수 없기 때문에 특히 그렇다. 따라서 환경의 온도는 세포대사, 생장 그리고 지리적 분포에 막대한 영향을 미칠 수 있다.

자연의 모든 화학적 기계—모든 개개의 효소 반응, 모든 내사 기능, 모든 생리적 과정—에는 작동할 수 없는 상한과 하한의 온도가 있으며 최대의 속도로 작동되는 최적 온도가 있다. 온도는 세포의 구조(특히, 막의 구조와 성질)에도 영향을 주고, 식물 종들의 공간과 시간에 따른 분포를 제한하며 특정 발달 과정의 방향에도 영향을 준다.

환경 스트레스와 개화조절자로서 온도에 대해서는 이전 장에서 논의했었다. 이 장에서는 온도가 식물의 생장, 발달, 분포에 영향을 미치는 것으로 알려져 있는 몇 가지 다른 방법들을 소개할 것이다. 특정 주제로는 다음과 같은 것을 포함한다:

- 다년생 식물, 특히 눈과 종자 휴면에서 온도의 역할
- 온도가 어떻게 식물의 지리적 분포에 영향을 미치는지에 대한 몇 가지 예

26.1 식물 환경으로서의 온도

모든 행성들 중에서 지구의 온도 환경이 특히 생명체가 탄생하고 유지되는 데 적합하다. 이것은 생명체가 수용액 속에서 기능하며 대부분의 지구표면이 충분한 양의 물을 액체 상태로 유지시킬 수 있는 온도 범위에 있기 때문이다. 생물학적 과정이 진행될 수 있는 온도는 일반적으로 낮게는 어는점에서 높게는 단백질의 비가역적 변성이 일어나는 지점까지이다. 이 극단적인 두 온도 사이에서 온도에 따른 한 생물의 생장곡선은 비대칭적인 종 모양을 하게 된다. 이는 각 효소 또는 여러 효소들이 관여하는 특정 대사과정과도 비슷하다(그림 26.1). 사실 한 생명체의 생장에 대한 온도 곡선은 광합성, 호흡, 그리고 다른 결정적인 대사과정에 대한 온도곡선이 복합적으로 작용한 것이다. 따라서 각각의 대사나 효소 반응이 그렇듯이 생장곡선은 3개의 **주요 온도(cardinal temperature : 최저, 최적, 최대)**를 보여준다. 중요 온도들의 실제 값이 대사과정마다 다르듯이 생장곡선을 위한 주요온도 역시 식물 종마다 다를 것이다. 다른 요소들이 제한적이지 않다고 가정했을 때 이런 중요 온도들은 일반적으로 생장이 가능한 온도 범위를 규정한다. 이 온도는 이전 장에서 설명한 바와 같이 식물이 온도 스트레스로 경험하는 양극단에 가깝다.

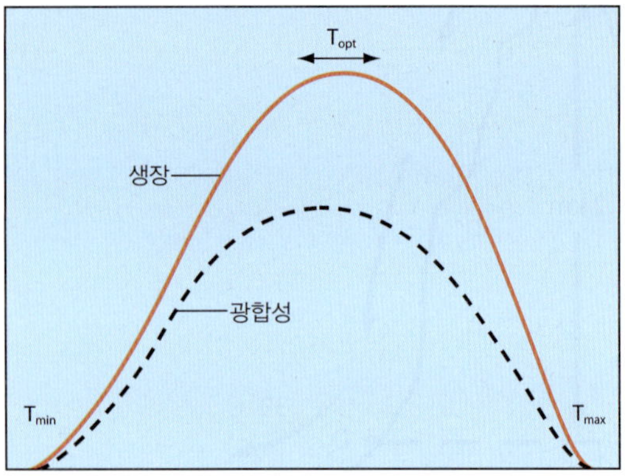

A.

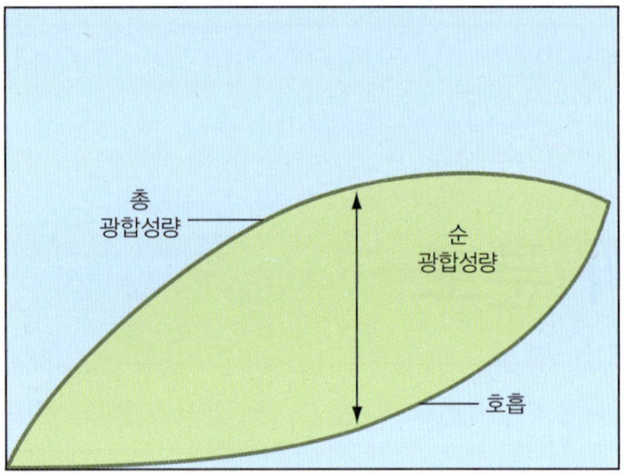

B. 온도

그림 26.1 온도와 식물생장. (**A**) 식물생장에 관한 3가지 중요 온도(cardinal temperature). 전형적으로, 생장곡선의 패턴은 순광합성에 대한 온도 효과의 패턴을 반영한다. (**B**) 순광합성은 광합성에 의한 총탄소획득에서 호흡에 의한 탄소 손실을 뺀 값이다.

녹색 식물은 아마도 열대 지역에서 처음 진화되었을 것으로 생각하는데, 이는 따뜻했기 때문이 아니라(물론 한 가지 요인은 되었겠으나) 그곳의 온도가 상대적으로 안정했기 때문일 것이다. 차츰 더 다양한 일별·계절별 온도 변화에 적응하게 되면서 식물은 온대와 극지방으로 점진적으로 이주하였다. 현재 녹색 식물은 일년 중 대부분이 거의 빙점이거나 빙점 이하의 온도인 남극 대륙이나 북반구 툰드라 지역과 여름철 온도가 흔히 50℃에 근접하거나 초과하는 캘리포니아의 죽음의 계곡(Death Valley)처럼 지구상에서 가장 뜨거운 곳과 같은 극단적인 지역에서도 발견된다.

식물과 관련된 생물체들을 온도에 대한 생존 범위에 따라 크게 분류할 수 있다. 0℃와 10℃ 사이의 낮은 온도 범위에서 최적의 생장을 하는 생물을 **호저온성 생물(psychrophile)**이라고 하며 여기에는 주로 조류(algae), 곰팡이류, 그리고 박테리아 등이 포함된다. 대부분의 고등 식물은 최적 온도가 대략 10℃에서 30℃ 사이인 **호중온성 생물(mesophile)**에 속한다. **호열성 생물(thermophile)**은 30℃에서 65℃ 범위에서 잘 생장하는데, 심지어 남세균은 85℃에서도 자란다고 보고되어 있다. 이러한 온도 범위는 수분을 함유하고 활발히 생장하는 생물에 적용된 것이다. 수분 함유량이 5% 정도로 낮은 대부분의 건조한 종자나 **소생식물(resurrection plant,** *Selaginella lepidophylla*)과 같이 탈수된 생명체나 기관들은 더 넓은 범위의 온도에서도 상당기간 동안 생존할 수 있다.

자연상태에서 식물은 끊임없이 변화하는 대기와 토양 온도에 노출되어 있어서 자연상태에 있는 식물에 대한 온도의 영향을 연구하는 것은 매우 어렵다. 예를 들면, 대기 온도는 하루 중의 시간, 구름의 정도, 계절, 그리고 다른 요인들에 의해 때로는 천천히 또는 빠르게 변동한다. 토양은 낮 시간 동안 태양 에너지를 흡수 저장하기 때문에 주요 열저장고의 역할을 한다. 밤에는 이 열 중의 일부가 대기 중으로 다시 방사되어 토양은 식고 대기 표면은 데워진다. 토양 온도는 토양 구조, 유기물 함량, 그 외의 물리적 성질, 경사도, 태양에 직면하는 각도 등에 의해 변할 수 있다.

대기와 토양 온도는 식물 생장에 매우 중요하다. 대기 온도는 잎의 온도에 영향을 줌으로써 광합성, 호흡, 그리고 다른 대사 반응들에 영향을 미친다. 한편 토양 온도는 발아, 영양 획득, 뿌리 발달 등에 영향을 준다. 예를 들어, 옥수수 종자는 10℃ 이하에서는 발아하지 않으며, 겨울 밀의 발아는 25℃ 이하에서 토양 온도가 감소함에 따라 증가할 것이다. 몇몇 연구자들이 칼슘, 붕소, 질소, 인과 같은 영양소의 흡수가 온도가 증가함에 따라 증가한다는 것을 밝혔다. 차가운 토양에서 대두 뿌리는 토양 표면 근처에 머무르는 데 비해 따뜻한 토양에서는 더 깊이 자란다. 많은 벼과 식물의 줄기 정단은 토양 표면 또는 그 근처에 머무르는데, 이는 벼과의 잎의 발달이 대기 온도보다 토양 온도에 더 민감함을 의미하는 것이다. 토양 온도는 농업생산성을 결정짓는 중요한 요소가 될 수 있기 때문에 토양 온도와 생장과 발달에 미치는 온도의 영향에 대한 연구는 매우 중요한 의미를 갖는다.

열대 지방의 온도는 비교적 안정하지만, 온대나 양극에 가까운 지역에서 자라는 식물들은 일별과 계절에 따라 다소 예측 가능한 온도의 변화를 겪는다. 식물들이 그들의 발달과 생존 전략에 이러한 정보를 이용하는 방법을 진화시켜 왔다는 것은 크게 놀랄 일이 아니다. 식물들은 정상적인 생장과 발달을 하기에는 불리한 기간 동안에 생존에 필수적인 눈, 괴경(tuber), 종자의 휴면을 보장하고, 자신들의 개화 행동을 변형시키기 위해 이러한 정보를 사용한다.

26.2 눈의 휴면

온도에 의해 크게 영향을 받는 발달의 한 가지 현상은 **휴면(dormancy)**이다. 휴면은 눈, 종자, 괴경, 구경 등의 조직이 적당한(즉, 생리적) 온도에서 적절한 수분과 산소가 공급되더라도 자라지 않는 것을 일컫는 용어이다. 휴면은 점진적인 과정이며 종종 온도에 따라 일어나는 현상이므로 연구하기에 어려운 과정이다. 예를 들면, 막 휴면에 돌입한 눈은 생장이 재개되도록 비교적 쉽게 자극을 받을 수 있다. 반면에, 완전한 휴면에 도달된 눈의 휴면을 타파하고 생장이 재개되도록 하려면 아주 철저한 처리를 해야 만 한다. 어떤 기관의 휴면은 그 식물의 다른 기관에 의해 또는 외부 인자에 의해 강화되기도 한다. 그런 결과로, 휴면이라는 용어는 그 뜻이 일정치 않아 혼동을 일으킨다. 무활동, 휴식, 진정한 휴면, 강요된 또는 강제된 휴면 같은 용어들이 여러 권위자들에 의해 다양한 단계와 조건을 설명하는 데 사용되어 왔다. 이런 문제의 일부는 휴면이 진행중인 과정으로 정도의 차이가 있기 때문이다. 그러나 휴면 기작을 세 가지 유형의 하나로 구분하는 것이 가장 편리하다. 성장의 저해가 식물이 다른 부분에서 유래하는 **외재휴면(paradormancy, 예: 정아우성)**, 성장이 환경의 제한에 의해 강제되는 **환경휴면**(ecodormancy, 예: 물의 부족), 휴면이 휴면하는 구조 자체의 유전적 특성인, 눈의 휴면은 **내재휴면**(endormancy; Lang, 1987 참고)의 한 예이다. 눈은 사실상 마디 사이가 길어지지 않고 잎이 확장되지 않은 분열 조직이다. 전체는 **눈비늘(bud scale)**이라 부르는 변형된 잎들로 둘러싸여 있다(그림 26.2). 눈비늘은 눈을 단열로 보호하고 건조되는 것을 방지하는 보호 기능을 한다. 사람들에게 인기가 있는 가을에 꽃이 피는 많은 인경들 또한 큰 눈이다(읽을거리 26.1)

따뜻한 여름과 추운 겨울이 반복되는 온대 지방의 전형적인 다년생 낙엽 식물의 생장은 보통 일년을 주기로 활발한 생장이 중단되는 시기를 주기적으로 거친다. 늦여름이나 초가을에 형성되는 영양아(regetative bud)와 꽃눈(floral bud)은 휴면 상태로 겨울을 지내고 보통 봄이 돌아와서 더 알맞은 온도 조건이 될 때까지 생장을 재개하지 않는다. 그러나 저온 자체가 눈의 성장을 억제하는 것은 아니다. 휴면기작은 저온이 도래하기 전에 시작되고, 춘화 처리와 비슷하게 눈의 재성장이 봄에 일어나기 전에 저온 기간이 요구된다. 춘화 처리가 가을의 조숙한 개화를 방지하는 것과 같이 눈의 휴면은 눈의 성장을 방지하여, 눈 내의 분열조직이 겨울의 불리한 상황동안 생존을 보장하게 한다.

그림 26.2 월계수(*Laurus noblis*)의 곁눈. 눈을 둘러싸서 보호하고 있는 두드러진 눈비늘을 주목해보라.

확실히 생존하기 위해서는 불리한 상황이 벌어지기 전에 휴면 기구가 작동되어야만 한다. 이것은 식물이 기후의 변화를 예견할 수 있어야만 한다는 것을 의미한다. 동시에 정상적인 생장과 발달을 지탱하기에 적당한 환경 조건이 될 때까지 눈의 휴면이 깨어지지 않도록 하는 메커니즘이 제대로 작동해야 한다. 예를 들면, 겨울에 때 이른 따뜻한 기간 동안 눈의 휴면이 너무 일찍 깨어지면 심각한 결과가 초래된다. 다시 말하면 휴면은 단순한 비활동기만이 아니다. 휴면은 환경의 여러 요인에 의해 시작되고 유지되며 궁극적으로는 개체의 특정 대사 변화에 의해 깨어지는 정확하게 조절되어 일어나는 현상이다.

휴면 연구는 다음의 세 가지 중요한 문제에 초점이 맞추어졌다. (1) 휴면의 개시를 자극하는 환경 신호는 무엇이며 어떻게 인지되는가? (2) 활성 감소는 어떤 대사 변화 때문인가? (3) 적절한 시기에 생장을 재개시키는 신호는 무엇인가?

Box 26.1 인경(bulb)과 구경(corm)

식물의 지상부에서 생성되는 끝눈(terminal)과 곁눈(axillary)만이 휴면기작의 대상인 것은 아니다. 많은 식물들은 그 식물이 계절상 추운 기간을 버티고 나갈 수 있게 하는 육질의 지하저장기관들을 가지고 있다. 일반적으로 인경으로 알려진 것들은 더 정확하게 인경(bulb, 비늘 줄기), 괴경(tuber, 덩이 줄기) 또는 구경(corm, 둥근 줄기)으로 정의될 수 있다. 사실 인경(예: 백합, 히아신스, 튤립, 수선화, 양파)은 하나 또는 여러 개의 중앙 분열 조직을 많은 잎들이 둘러싸고 있는 작은 원뿔형의 줄기로 이루어진 큰 눈(bud)이다(그림 26.3). 이 잎들은 영양 저장을 위해 변형된 것이다. 예를 들면, 양파에서 이런 잎들은 우리가 먹는 인경 부분이다. 크로커스나 글라디올러스 같은 식물로 대표되는 구경은 종이처럼 얇은 잎으로 덮여 있어 보호를 받으며 체계적으로 배치되어 있는 수많은 눈(bud)을 가지는 딱딱하게 짧아진 줄기들이다.

장식용의 양파(*Allium sps.*)를 포함하여, 봄에 개화하고 사람들에게 가장 인기 있는 인경과 구경을 일반적으로 "가을 인경(fall bulbs)"이라 부른다. 왜냐하면 휴면에 들어간 후인 가을에 심고, 눈이 봄에 휴면을 깨고 개화하기 전에 어느 정도의 추운 기간이 요구되기 때문이다.

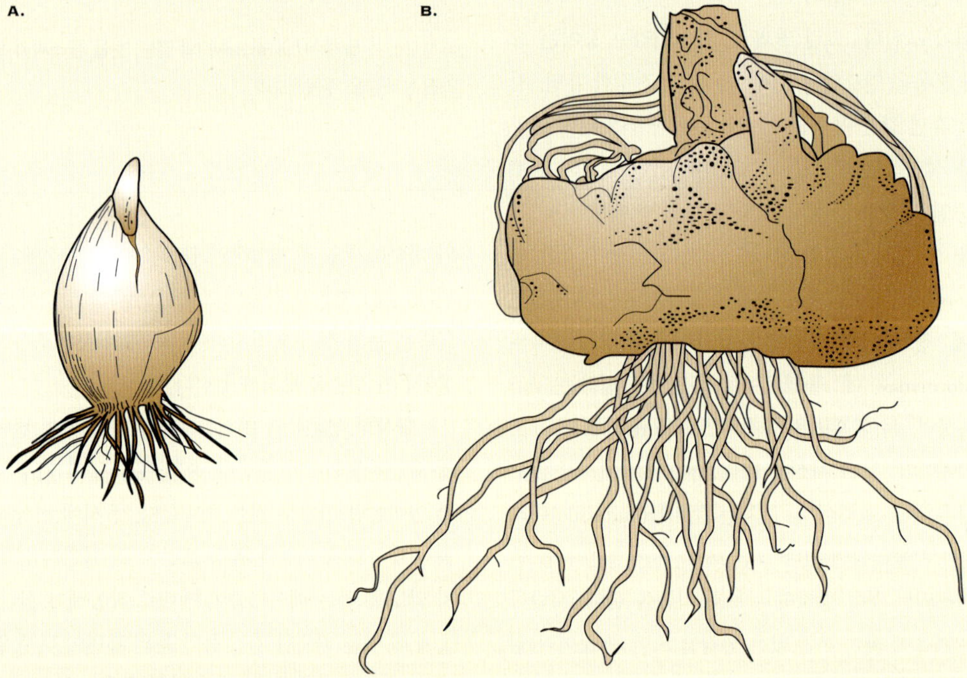

그림 26.3 가을 인경과 구경의 예. (**A**) 튤립; 사실상 인경. 눈은 양파와 비슷하게, 육질의 저장 잎들의 층으로 둘러싸여 있다. (**B**) 크로커스; 구경. 눈들은 납작해진 줄기에서 생긴다. 둘 다 늦은 여름에서 이른 가을에 휴면에 들어간다. 인경과 구경이 가을에 심어지고 찬 겨울 온도에 노출되어야 휴면에서 깨어난다.

26.2.1 눈의 휴면은 일차적으로 광주기에 의해 유도된다

식물은 광주기를 살펴서 계절 변화를 예측한다. 눈의 휴면 시작은 잎의 탈리, 형성층 활성의 감소, 저온에 견디는 능력증가, 추위에 순응과 동반하여 일어나는 전형적인 단일 반응이다. 온대 목본의 경우, 늦여름과 가을의 낮아지는 온도와 단일이 잎원기가 잎 대신 눈비늘을 형성하게 만든다. 비늘은 추위 순응이 유도되고 분열조직에서 세포분열이 중지된 후에 형성된다. 성장이 중지되고 분열조직이 휴면에 돌입하게 되면, 분열조직은 어떤 성장 촉진 신호에 대해서도 둔감하게 된다.

개화와 같이, 휴면을 시작하게 하는 단일 광주기 신호는 잎에서 감지된다. 그렇다면 개화 조절에서 광주기를 인지하는 선수들이 휴면의 조절에도 연관되어 있다는 것은 놀라운 일이 아니다. 예를 들면, *CONSTANS* (*CO*) 유전자와 *개화유전자 T* (*FLOWERING LOCUS T, FT*)가 형질전환된 포플러에서 과발현되면, 눈의 성장은 단일에 노출되더라도 중단되지 않는다. 반면에, FT의 저발현은 휴면의 개시를 야기한다. 따라서 *CO*와 *FT*의 조합이 보편적인 광주기 신호 모듈을 대표한다고 생각된다. 그러나 어떤 유전자(들) 또는 유전자 산물(들)이 눈의 휴면을 시작하는데 상호작용하는지 모르고 있다.

눈이 형성되는 동안에 눈의 원기가 녹말, 지방산, 단백질 같은 저장물질들을 축적한다는 것 이외에 휴면아의 생리적 상태에 대해서는 상대적으로 거의 알려져 있지 않다. 휴면아는 낮은 호흡활성, 상당한 물의 유실, 그리고 온도, 산소, 물의 공급이 적당하더라도 성장할 수 없는 것이 특징이다. 내생 지베렐린 수준이 휴면이 개시될 때 감소하고 어떤 눈들은 지베렐린 또는 시토키닌을 처리하면 휴면에서 풀려난다는 보고가 있다. 그러나 휴면아의 호르몬 상태에 대해서 거의 알려진 것이 없다.

26.2.2 저온 주기는 눈의 휴면을 깨는 중요한 요인이다

낮아지는 온도와 단일이 눈의 휴면을 유도하지만, 온도의 주 역할은 휴면을 탈피시키는 것으로 보인다. 많은 경우에 활발한 생장이 재개되기 전에 일정한 저온 기간이 필요하다. 다시 말해서, 대부분의 휴면하고 있는 눈에서 세포들이 분열하고 커지기 위해서는 저온 상태가 꼭 필요하다. 휴면을 탈피하는 데 필요한 저온 상태에 대한 연구는 상업적인 과실수와 장식용 낙엽수에 집중되어 이루어졌다. 북반구에서는 저온 상태의 필요성이 주로 재배의 남방 한계선을 결정하기 때문이다. 열매를 맺게 될 꽃눈이 전해의 여름에 생기기 때문에 과실수에는 이 과정이 특히 결정적이다. 겨울을 지내면서 저온 상태의 요구를 만족시키면 이듬해 봄에 과실수는 계속 발달하게 된다. 그 눈이 겨울을 지나 저온 요구를 충족하게 되면 꽃의 발달이 다음 봄까지 이어진다. 예를 들면, 사과나무는 추운 겨울 없이 열매를 맺지 않을 것이다.

빙점 근처나 빙점보다 약간 높은 온도가 휴면을 벗어나는 데 가장 효과적인 것으로 보인다. 필요한 저온의 정도는 종, 재배종, 심지어는 눈의 위치에 따라 다르다. 사과(*Malus pumila*), 배(*Pyrus communis*), 벗나무(*Prunus* sps.)와 같은 종들은 휴면을 타파하기 위해서 약 7~9 주간 7℃이하의 온도에 노출되어 있어야 한다. 어떤 종들은 22주 이상(미국 자두, *Prunus americana*)이 필요하거나 4~6주 정도의 짧은(살구나무, *Prunus ameniaca*) 기간이 필요하다. 감나무(*Diospyros kaki*)는 저온에서 단 4일만 있으면 되므로 다른 과실수보다 훨씬 남쪽에서도 잘 자랄 수 있다. 온대 지방의 겨울철의 온도는 겨울철 내내 자주 변하지만, 휴면하는 조직에게는 일반적으로 별 문제가 아니다. 대부분의 경우 눈과 다른 휴면 조직은 추운 기간을 헤아릴 수 있어서 적합한 양의 저온 처리가 축적될 때까지는 생장을 재개하지 않는다.

단풍나무의 다른 종과 생태형(ecotype)(또는 유전 혈통)에 따라 필요한 저온의 양은 크게 다르다. 남부 캐나다에서 채취한 당단풍나무(*Acer saccharum*)의 휴면을 깨는 데는 저온에 노출된 기간이 12주 이상 필요하지만, 이 식물 분포의 남방 한계선 근처의 더 따뜻한 지역에서 채취된 당단풍나무는 저온에 단지 몇 주만 있으면 된다. 붉은 단풍나무(*Acer rubrum*)의 유식물에서도 비슷한 결과가 나왔다.

눈의 휴면을 깨는 데 관련된 분자적 기작에 대해서 거의 알려져 있지 않다. 알고 있는 것의 대부분은 휴면 관련 유전자들의 발현의 특성을 밝혀 내려는 최근의 시도가 집중된 포플러(*Populus* sps.), 자작나무(*Betula papyrifera*), 사과의 다양한 종에 대한 연구에서 나왔다. 예를 들면, 포플러의 한 종(*P. tricocarpa*)에서 개화 유전자 C와 동형유전자(*FLC*-유사 유전자 또는 *PtFLC*)가 눈의 휴면과 관련이 있다. *FLC*는 춘화 처리 동안 *Arabidopsis*에서 저발현되는 개화 억제자이다(25장). *PtFLC*는 장일 하에서 자라는 포플러의 줄기 정단에서 발현되지만, *Arabidopsis*의 FLC와 같이, PtFLC는 저온기 동안 휴면아에서 감소한다. 춘화 현상과 유사하게, *PtFLC*의 저발현이 포플러 눈의 저온 유도 휴면 타파에 중심요소일 수 있다. 다른 연구에서 *KNAP2* 유전자의 발현이 사과눈의 휴면개시동안 증가하고, 휴면이 깨지는 동안 저발현됨이 발견되었다. KNAP2는 KNOTTED-유사 호메오박스 단백질이다. 호메오박스 단백질은 동·식물을 막론하고 발생에서 근본적인 역할을 하는 주요 조절 단백질들의 한 그룹이다(20장 참조).

26.3 종자 휴면

26.3.1 많은 요인들이 종자 휴면에 영향을 미친다

종자는 많은 면에서 눈과 비슷하여, 합쳐서 **종피(seed coat)**라 부르는 여러 겹의 막으로 둘러싸인 작은 배축(약간의 저장 조직과 함께)으로 되어 있다. 종피는 눈비늘처럼 보호 기능을 한다. 종피는 흔히 물의 흡수와 산소의 교환을 막아 발아를 억제하고, 배의 팽창을 물리적으로 제한하며, 어떤 경우에는 배의 생장을 억제하는 저해 물질을 함유하고 있다. **종피 파상(scarification)**이라는 과정으로 종피를 물리적으로 파괴하거나 제거함으로써 이러한 제한들은 제거될 수 있으며, 많은 종자의 발아를 촉진할 수 있다. 실험실에서는 종피 파상법을 줄이나 사포로 할 수 있다. 자연 상태에는 모래에 의한 마모, 미생물의 작용, 종자가 동물의 내장을 통과함으로써 이 일이 이루어진다. 종피는 아주 단단하기도 하다. 예를 들면, 나팔꽃, 면화, 일부 열대성 콩과식물의 종자는 진한 황산에 1시간까지 담가 두면 발아의 균일성과 발아율이 높아진다. 동물의 내장을 통과함으로써 일어나는 종피 파상법은 틀림없이 내장의 산성 조건 때문에 일어날 것이다. 종자의 휴면은 눈에서와 같이 생리적 · 환경적 제한 때문에 배가 생장하지 않는 상태를 말한다. 위에서 언급했던 것처럼, 물이나 산소가 종피를 투과하지 못하는 등이 이런 제한에 포함된다. 일부 식물, 특히 콩과의 종자는 수분 함량을 조절하는 특수한 구조를 가지고 있다. 하이드(E. Hyde)는 루피너스(*Lupinus arboreus*) 종자에서 습도에 의해 작동되는 밸브의 기능을 하면서 종자의 물 흡수를 제한하는 구조를 기술하였다. 물은 파상되지 않은 종피를 통과하지 못하기 때문에, 물이 들어갈 수 있는 유일한 통로는 **힐룸(hilum)**이라 부르는 조그만 구멍이다(그림 26.4). 종자의 수분 함량이 공기보다 높을 때, 힐룸은 열려 물이 방출되도록 하고 종자는 건조된다. 그러나 종자 밖의 습도가 내부보다 높을 때, 힐룸을 둘러싸고 있는 세포가 부풀게 되어 구멍이 닫혀 물의 유입이 차단된다. 게다가, 종자가 건조하게 되면 종피의 물에 대한 투과도도 감소하며 종자의 휴면도 증가한다. 어떤 종자들은 **육부 마개(strophiola plug)**라 부르는 마개로 막혀 있는 구멍을 가진 것도 있으며, 물과 산소가 들어오려면 이 마개가 물리적으로 제거되어야만 한다. 종피가 가스 교환 특히 산소의 유입도 방해한다는 증거가 상당히 있다. 이미 언급한 바와 같이, 종피를 제거하면 종종 호흡에 의한 산소의 소비가 상당히 증가한다. 종피의 산소 투과도가 측정되었는데 측정한 종자의 투과도는 일반적으로 매우 낮았다. 그러나 한정된 산소 투과도가 휴면의 일차적인 원인인지는 분명하지 않다. 상황의 복잡성과 해석상의 문제가 *Xanthium* 속 또는 도꼬마리(cocklebur)의 연구에서 잘 드러나 있다.

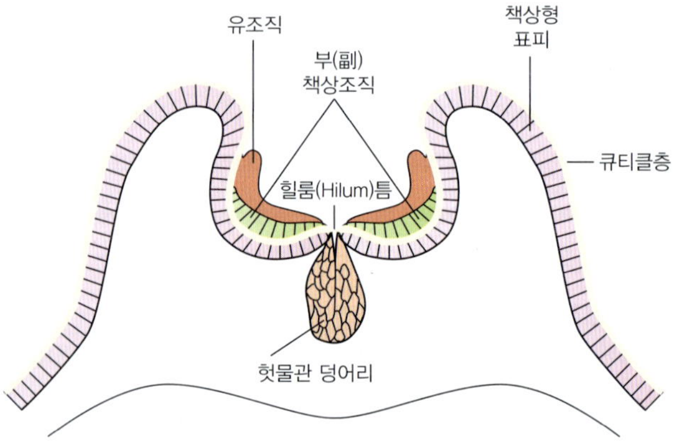

그림 26.4 종자로부터 물의 소실을 조절하는 흡습성 밸브인 힐룸(hilum)이 보이도록 자른 *Luoinus arboreus*(lupine나무)의 종자 단면도. 부(副)책상조직(counter palisade)은 큐티클의 바깥쪽 표면에 있는 두꺼운 벽을 가진 세포들의 집단이다. 종자의 수분 함량이 공기 중의 수분 함량보다 높을 때는 힐룸틈이 열리고 물이 헛물관 덩어리(tracheid cluster)로부터 빠져 나간다. 공기 중의 수분 함량이 종자내보다 높을 때는 종자가 다시 수화되지 않도록 부(副)책상조직 세포들이 부풀게 되고 힐룸틈이 닫힌다. (From Hyde, E. O. C. 1954. *Annals of Botany* 18:241. With permission of The Annals of Botany Company.)

도꼬마리는 위쪽의 휴면 종자와 아래쪽의 휴면하지 않는 2개의 종자를 가지고 있다. 위쪽 종자의 휴면은 종피를 제거하거나 온전한 종자에 높은 산소 분압을 처리하면 깨진다. 휴면 종자의 제한된 종피 투과성은 배에 산소 공급을 제한해서 발아를 막는다고 추론된다. 그러나 이런 결론을 의심케 하는 여러 가지 다른 관찰 결과가 있다. 예를 들면, 산소에 대한 종피의 투과성을 측정하면 휴면 종자와 휴면하지 않는 종자 사이에 차이가 없다. 더구나 종피를 통한 산소의 확산율이 측정된 배 내부의 산소 소비량을 충족시키고 남을 정도이다. 분명히 도꼬마리속의 위쪽 종자의 휴면은 산소에 대한 종피의 투과성이 제한되기 때문이 아니다. 그렇다면 위쪽의 휴면 종자를 발아시키는 데 왜 높은 산소 분압이 필요한가? 종피는 산소의 흡수에 대한 장벽이 아니라 배로부터의 억제제를 제거하는 데 방해되는 장벽으로 보인다. 밀 자엽초의 길이 생장 실험에 도꼬마리속 종자의 수용성 추출액을 시험한 것을 토대로 이 추출액에는 미확인된 두 가지 억제제가 존재하는 것으로 밝혀졌다. 동일한 두 가지 억제제가 분리된 배를 축축한 배지에 두었을 때 확산되어 나오는 물질로부터는 발견되었지만, 완전한 종피로 둘러싸인 종자로부터 확산되어 나오는 물질에서는 발견되지 않았다. 따라서 휴면 종자의 발아는 이런 억제제의 존재로 인해 방지되며, 종피는 이런 억제제가 새어 나가지 못하게 하는 장벽으로 작용하는 것 같다. 산소가 필요한 것은 아마도 높은 산소 분압이 억제제를 어느 정도 산화적으로 분해시켜 추출되는 억제제의 양을 감소시킨 관찰 결과로 설명할 수 있다.

종자의 휴면에 대한 억제제의 역할도 아직 명확하지 않다. 옥신이나 지베렐린 같은 호르몬과 함께 많은 종류의 억제제가 종자와 열매 및 기타 다른 종자의 산포 단위체에서 발견되었다. 이런 억제제에는 호르몬(ABA), 불포화 락톤(쿠마린), 페놀 화합물(페룰산), 여러 아미노산 및 사과와 장미과(Rosaceae)에 속하는 다른 종자의 특징인 시안화물을 형성하는 화합물(시아노겐 화합물, 즉 시안화물을 방출하는 화합물) 등이 포함된다(27장을 보라). 그러나 억제제가 존재한다고 해서 휴면에 대한 억제제의 역할이 증명되는 것은 아니다. 억제제는 배의 생장에 직접적으로 관여하지 않는 조직에 국한되어 있을 수도 있고, 격리되어 있을 수도 있어서 발아 방지에 어떤 역할을 한다는 것이 배제될 수 있다. 억제제의 역할을 지지하는 증거는 위에서 기술한 도꼬마리속의 경우와 같이 일반적으로 침출 실험에 한정되어 있다. 어떤 경우에는 침출시킨 종자를 억제제에 노출시킴으로써 다시 휴면에 들어가게 할 수도 있다. 억제제가 발아를 조절하는 데 능동적인 역할을 하는지를 분명히 입증하기 위해서는 종자 내의 억제제의 양이 휴면의 개시 및 종결 여부와 관련되는지를 밝혀야 한다. 휴면에 대한 억제제의 관련성을 논한 엄청난 양의 문헌에도 불구하고, 역할을 지지해 주는 결정적인 증거는 거의 없다. 현재로서 억제제에 의해 휴면이 시작되고 유지된다는 증거는 여전히 정황적이다.

26.3.2 온도는 종자의 휴면에 중요한 영향을 미친다

온도는 대부분의 종자에 있어서 휴면을 종결하는 데 중요한 영향을 미친다. 충분히 물을 흡수한 종자에 있어서 변동하는 온도나 저온은 휴면을 종결시키는 것으로 알려져 있다. 대부분의 종자는 비록 충분히 수화되었더라도 일정한 온도에서는 발아하지 않는다. 대신에 종자는 일주기적인 온도의 변동을 필요로 한다. 필요한 최고와 최저 온도 사이의 차이는 종종 크지 않으며, 그 범위는 종에 따라 2~3℃ 정도에서부터 약 5~10℃ 정도이다. 예를 들면, 넓은잎소루쟁이(*Rumex obtusifolia*)는 온도 차이가 약 10℃이고, 고온이 일주기에서 16 시간 지속될 때 90% 이상 발아된다.

변동하는 온도에 대한 반응은 복잡하여 거의 이해되지 못하고 있다. 넓은잎소루쟁이의 경우, 고온이 15℃이상일 때만 온도 변동 처리가 효과적이다. 또한 고온이 하루 중 8시간 주어질 때면 90% 발아를 유도하는데 단지 5℃의 온도 차이가 필요하다. 어떤 경우에는 변동하는 온도의 효과가 배 자체에 국한되는 것으로 드러났지만, 변동하는 온도의 효과는 기계적이라고 보고되었다. 많은 경우에 이 효과는 종피로부터 종자를 방출시키거나 강제되어 있는 휴면으로부터 종자를 방출시키는 일종의 종피 파상법과 같은 것이다.

막 땅에 떨어진 많은 초본과 목본 식물의 종자들은 오래 지속되는 저온 처리 후에야 만 생장이 유도되는 사실이 오래 전부터 알려져 있었다. 이런 식물에는 단풍나무(*Acer*), 개암나무(*Corylus*), 장미과(*Rosaceae*)에 속하는 많은 속(배, *Pyrus* ; 사과, *Malus*; 산사나무, *Crateagus*) 등이 포함된다. 일반적으로 필요한 기간 동안 저온 처리한 뒤에도, 배가 발생하고 유식물이 발달하기에 더 좋은 온도가 될 때까지 종자는 발아하지 않는다. 대부분의 경우 이런 요구 조건 때문에 늦여름이나 가을에 뿌려진 종자는 봄이 될 때까지 발아하지 않는다.

발아에 필요한 요구를 충족하는 저온에 노출시키는 것을 저온전처리(pre-chilling) 혹은 **층화(stratification)**라 한다. 층화라는 용어는 종자를 축축한 모래나 물이끼(peat moss)에 층층이 뿌리고 발아를 유도하기 위해 몇 주에서 몇 달 동안 저온에 노출시켜 놓는 원예 실행 과정에서 유래했다. 종자를 휴면으로부터 깨어나게 하는 데 필요해서 미리 저온전처리하는 것을 이 장의 앞 부분에서 논의한 것과 같이 이미 발아한 유식물에 저온을 처리하는 것인 춘화와 혼동하지 말아야 한다. 눈의 휴면 타파와 같이 종자의 휴면을 깨는 것도 빙점에 가까운 10℃ 이하의 온도가 가장 효과적이다. 대부분의 종에 있어서 최적 온도는 5℃ 부근이다. 같은 종자군에서 온도 효과는 저온 처리의 길이와 함수 관계에 있다(그림 26.5).

보통 **성숙후(after-ripening)**라고 부르는 저온 처리 기간 동안 종자는 약간의 대사상의 변화를 거치는 것으로 예측되지만, 이런 변화의 본성은 분명치 않다. 탄소와 질소가 배유에서부터 배(embryo)로 재배치되고, 억제제의 양이 감소하며, 지베렐린과 시토키닌 함량이 증가하는 증거들이 있다. 다른 저온 체계에서처럼 지베렐린의 처리가 많은 종자들의 저온 요구를 적어도 부분적으로 대체할 수 있다.

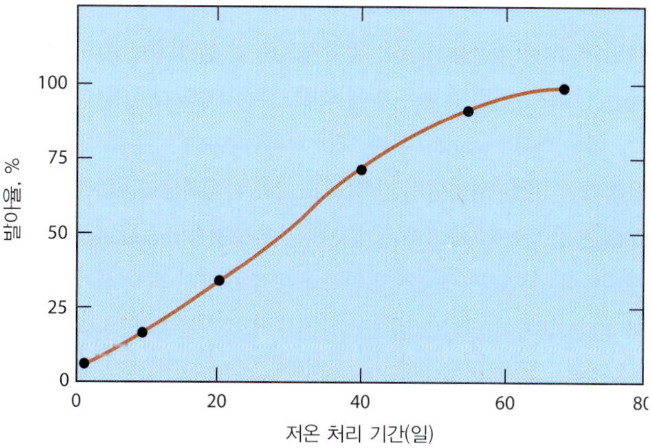

그림 26.5 저온 처리에 의한 사과 종자의 휴면탈피. 습하게 유지한 종자를 4℃ 온도에 표시한 기간 동안 두었다. (Redrawn from Luckwell, L. C. 1952. *Journal of Horticultural Science* 27:53.)

26.4 연주기성은 번갈아 나타나는 온도에 대한 반응이다.

재배자들은 밤 동안 온실의 온도를 낮추는 것이 식물의 생장에 긍정적 효과를 미친다는 사실을 오래 전부터 알고 있었다. 이런 효과는 특히 1940년대에 벤트(Went)와 그의 동료들의 연구에 의하여 특히 잘 기록되었다. 벤트는 26℃ 또는 18℃의 일정한 온도에서 재배한 토마토는 생장이 나쁘고 26℃의 경우에는 열매를 맺지 않는다는 것을 발견했다. 낮 동안은 26℃, 밤 동안은 18℃로 변하는 조건에서 재배된 식물은 왕성하게 생장하고 최대수의 열매를 맺었다. 낮과 밤의 온도 변동이 효과를 거두기 위해서는 낮과 밤의 주기와 일치해야만 한다. 만약 온도 변동 주기가 반대로 되면, 즉 밤 주기 동안에 고온이 주어지게 되면 생장은 26℃의 일정한 온도에서 보다 더 나쁘게 된다. 이런 현상을 설명하기 위해 벤트는 **온도 주기성(thermoperiodism)**이라는 용어를 사용했다.

모든 식물은 아니지만 대부분의 식물이 유사하게 온도가 변동하는 체제하에서 더 잘 자란다는 것이 지금은 알려져 있다. 꽃의 생성에 주로 영향을 미치는 광주기와는 대조적으로 이런 식물에서 온도 주기는 주로 영양 생장에 영향을 미친다. 감자(*Solanum*)와 담배(*Nicotiana*) 같은 몇 가지 식물들의 경우 밤 동안의 낮은 온도로 인해 뿌리 생장이 우선적으로 일어나기 때문에 뿌리에 대한 줄기의 비가 감소하게 된다. 베고니아의 줄기 역시 온도주기성에 반응한다. 줄기신장이 낮은 낮온도와 높은 밤온도(14℃/24℃)가 번갈아 될 때가 낮과 밤온도가 일정할 때(19℃/19℃)에 비해 억제된다고 보고되었다. 반대로 줄기 신장은 높은 낮온도와 낮은 밤온도(24℃/19℃)가 번갈아 될 때 촉진된다.

온도 차이의 영향에 대한 다른 예는 튤립(*Tulipa*)과 크로커스(*Crocus*) 같이 백합과(Liliaceae)에 속하는 식물의 꽃의 운동에서 나타난다. 이런 식물들의 꽃은 일반적으로 낮 동안에는 열려 있고 밤에는 닫히며, 이런 운동은 빛에 의해 단지 약간의 영향을 받을 뿐이다. 대신 화피(perianth) 부분 또는 화피편(tepal)[1]이 온도 변화에 반응한다. 이것은 화피편의 안쪽(adaxial)과 바깥쪽(abaxial)에 있는 세포의 생장 반응의 차이와 관계가 있는 **온도경성(thermonasty)**의 한 형태이다. 두 표면(화피편의 안쪽과 바깥쪽)에서 최적 생장 온도는 약 10℃가 차이 난다(그림 26.6). 온도가 증가하면 꽃이 열리게 되는 것(그림 26.6A)은 안쪽 표면에 있는 세포의 생장률이 일시적으로 급격하게 증가하는 것과 관계가 있다(그림 26.6B). 반대로 온도가 떨어진 뒤에 꽃이 닫히는 것(그림 26.6C)은 바깥쪽 표면에 있는 세포의 생장률이 증가하여 일어난다(그림 26.6D). 다른 연구자들은 크로커스는 단지 0.2℃ 정도의 온도 증가가 있은 뒤에, 튤립은 1℃내지 2℃의 온도 증가가 있은 뒤에 꽃이 열린다고 보고했다. 꽃이 피는 데는 최저 한계가 있어서, 예를 들면 크로커스는 8℃ 이하에서는 꽃이 피지 않는다. 매우 추운 봄에는 꽃이 피지 않을 것이다. 온도경성이 꽃의 부분에만 한정된 것은 아니다. 다년생 아시아 약용식물인 *Phryma leptostachya*의 줄기 각도에 대해 실증된 바 있다.

[1]화피편(tepal)은 꽃받침(sepal)과 꽃잎(petal)이 공통적인 형태를 공유하고 있어서 서로를 구별할 수 없을 때의 집합술어이다.

26.5 온도는 식물의 분포에 영향을 준다.

온도는 지구상 식물의 분포를 제한하는 중요한 요인이다. 분포 한계는 중요한 대사 과정(특히, 광합성)의 온도 특성을 반영한다. 고등 식물이 생장할 수 있는 온도 범위는 일반적으로 0℃에서 45℃ 사이이다. 이러한 한계선을 초과하는 일부 식물들이 있으며, 상한선과 하한선 내에서 적당한 온도범위는 대단히 종 의존적이다. 예를 들면, 밀의 최적 생장 온도는 20℃에서 25℃ 부근이지만 여러 가지 밀의 재배종은 0℃ 부근에서 40℃까지 생장할 수 있다.

일반적으로 생장을 위한 최적 온도는 그 종이 유래한 지리적 지역을 반영한다. 따라서 따뜻한 지역이 원산인 식물은 추운 지역에서 유래한 식물들보다는 높은 온도를 요구하거나 높은 온도에서 더 잘 산다. 열대 지방에서 기원한 옥수수의 최적 온도는 30℃에서 35℃이며 12~15℃ 이하에서는 자랄 수 없다. 양갓냉이(*Lepidium sativum*)는 낮은 온도(2℃)에서도 생장하지만 최적 생장 온도는 28℃이다.

생리나 물질 대사에 대한 온도의 영향은 나아가 **생물지리학(biogeography)**이라고 하는 식물의 분포에도 영향을 미친다. 물질 대사에 미치는 온도의 영향은 식물의 분포에 제한을 줄 뿐만 아니라 때로는 경제적인 면에도 상당히 중요하다. 예를 들면, 목화(*Gossypium*)가 남부지방에서 재배하는 작물인 이유가 일부는 북위도 지역의 밤 동안의 서늘한 온도가 목화의 섬유 세포벽이 두꺼워지게 하는 악영향을 미치기 때문이며, 옥수수를 재배할 수 있는 북쪽 한계는 생장할 수 없는 최저 온도에 의해 결정된다. 그러나 농업 기술과 식물교배 방법의 발달로 인해 옥수수 경작의 북방한계는 지난 수십년 동안 점차 북쪽으로 이동해 왔다.

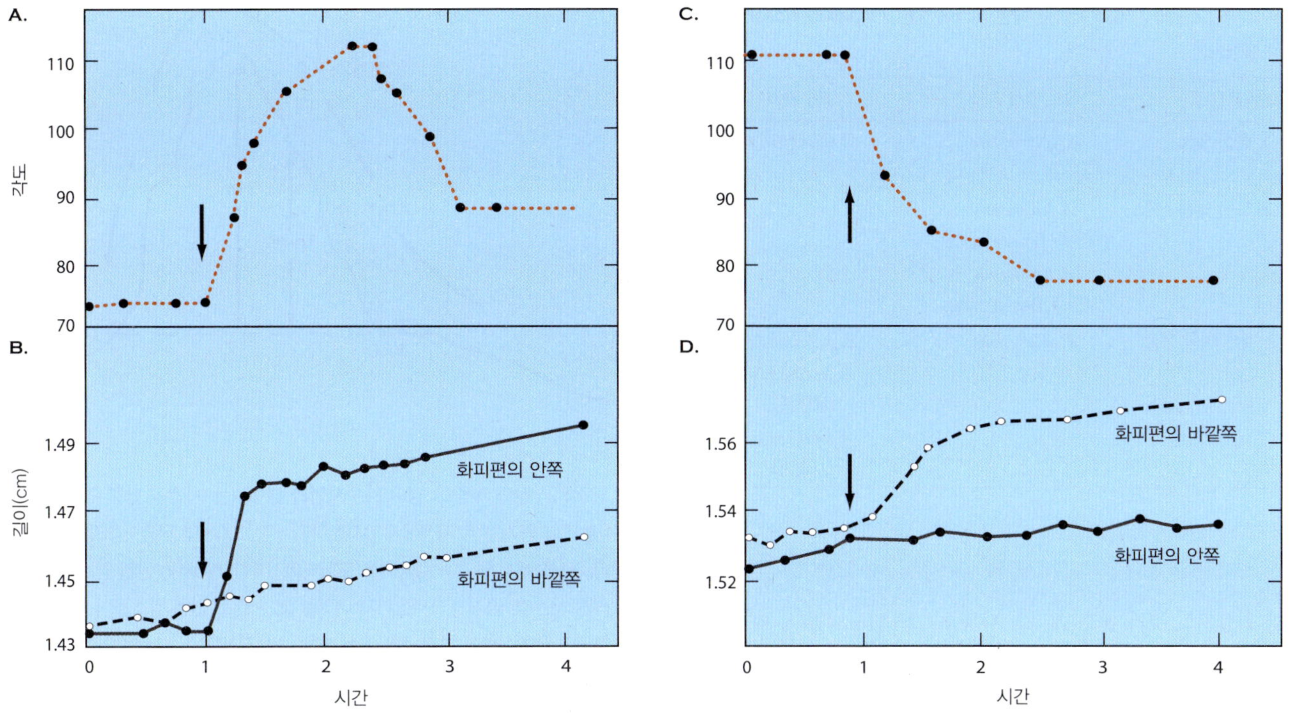

그림 26.6 *Tulipa* 꽃의 개화와 생장률 차이에 미치는 10℃ 온도 변화의 영향. (**A**)와 (**B**) 7℃에서 17℃로 온도를 높였을 때의 효과. (**C**)와 (**D**) 20℃에서 10℃로 온도를 내렸을 때의 효과. 온도 변환 시점은 화살표로 표시되어있다. (**A**)와 (**C**)는 꽃잎이 열리고 닫히는 것을 각각 보여주며, (**B**)와 (**D**)는 화피편의 안쪽과 바깥쪽 표면에서의 세포의 생장을 나타낸다. (출처: Wood, W. M., 1953. *Journal of Experimental Botany* 4:65–77. The Company of Biologists, Ltd.의 허락에 따라 재인용함.)

비록 온도효과에 대한 활발한 연구들이 환경조절 시설 속에서 시행되어 왔지만 실제 야외에서는 정확성을 갖고 연구하기가 매우 힘들다. 이는 잎과 뿌리가 순간순간 변화하는 온도에 노출되어 있기 때문이다. 예를 들어, 잎의 온도는 매일의 또는 계절에 따른 대기 온도 변화에 좌우될 뿐 아니라 구름의 양, 바람의 속도, 수관(canopy) 아래의 식물의 위치 등에 의해서도 좌우된다. 뿌리의 온도는 토양 깊이, 토양의 수분 함량, 토양 구조, 그리고 그 외 토양의 물리적 성질에 따라 다르다. 따라서 자연환경 속에서 각 잎과 뿌리는 서로 다른 미세 기후조건 속에서 나름의 독특한 온도 조건에 반응을 하게 될 것이다.

한 연구에서, 북부 캘리포니아의 서늘한 해변 지역의 자생종과 뜨겁고 건조한 사막인 데스 밸리(Death Valley)의 자생종 등의 다양한 종들을 두 지역과 유사하게 조성된 실험용 정원으로 옮겨 심었다. 데스 밸리는 여름철 기온이 보통 50℃에 이른다. 이렇게 높은 온도는 대부분의 생물에게 치명적이다. 반면에, 해변에 해당되는 장소로 조성된 곳의 평균 일일 최고 온도는 20℃ 이하였다. 양 지역의 식물에게 물과 영양소가 제한 요인이 되지 않도록 물과 비료를 공급하였고, 생장과 생존과 관련하여 수행능력을 일정한 간격으로 측정하였다. 생장 반응을 기준으로 식물은 세 그룹으로 나눌 수 있다: (1) 여름 기간에 생존하지 못하는 식물들, (2) 여름 기간 동안 생존하지만 느리게 생장하는 식물들, (3) 여름 기간 동안 가장 빠르게 생장하는 식물들(표 26.1).

서늘한 해변 지역의 거의 모든 자생종들은 사막의 높은 온도에서 생존할 수 없었다. 연구된 식물 중에서 오직 데스 밸리에 살며 다년생 C4 낙엽수인 *Tidestromia oblongifolia*만 여름철 사막의 온도에서도 잘 생장할 수 있었다. 놀랍게도 *T. oblongifolia*는 해변의 서늘한 온도에서는 생존할 수 없었다. 반대로, 해변 지역의 자생종인 일년생 C3 식물 *Atriplex glabriuscula*는 해변에 조성된 정원에서 잘 생장했으나, 사막에서는 물을 충분히 주어도 죽었다. C4 식물인 *Atriplex lentiformia*의 두 클론—남부 캘리포니아의 해변 지역

표 26.1 고온의 사막과 서늘한 해변 지역에 심은 *Atriplex*와 *Tidestromia*종의 생장반응

여름생장	데드 밸리 지역	해변 지역
1. 생존 불능	*A. glabriuscula*	*T. oblongifolia*
2. 느린 여름 생장	*A. lentiformis* (해안종, Coastal clone) *A. lentiformis* (사막종, Desert clone)	
3. 빠른 여름 생장	*T. oblongifolia*	*A. glabriuscula* *A. lentiformis* (해안종) *A. lentiformis* (사막종)

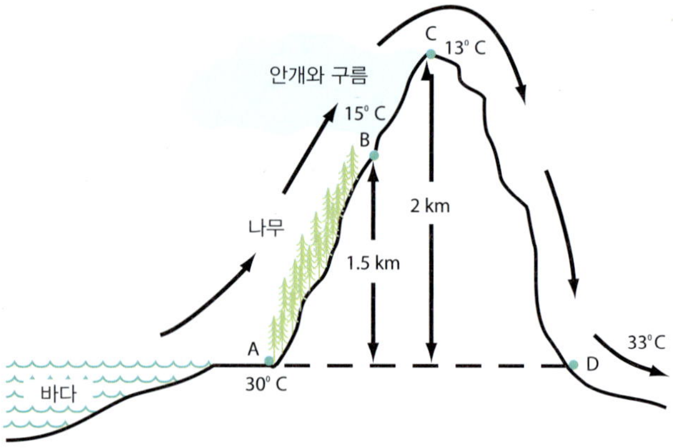

그림 26.7 산의 바람이 넘어오는 사면과 넘어가는 사면의 단열 감소와 기온. 불포화 공기는 A 지점에서 B지점까지 1℃/100m의 단열 감소율로 상승한다. B지점에서 공기는 수증기로 포화되어 0.4℃/100m의 단열 감소율로 더 느리게 식는다. 공기가 D지점까지 내려갈 때는 건조 단열 감소율이 적용되며 포화되어 있지 않다. 록키 산맥에서 부는 치누크(chinook) 바람이나 알프스 산맥에서 부는 푀엔(Foehn)이 온도를 상승하는 것은 이런 이유 때문이다.

이 원산지인 것과 데스 밸리의 자생종—도 연구되었다. 데스 밸리에 해당하는 정원에서 사막이 원산지인 클론은 해변이 원산지인 클론보다 생체량의 생산이 더 늘었다; 해변에 해당하는 정원에서 두 클론의 상대적인 반응은 그 반대였다. 두 환경에서 *A. glabriuscula*와 *T. oblongifolia*의 상대적 성공은 적절한 광합성 기구를 조립할 수 있는 능력과 관련이 있다. 예를 들면, 조절된 실험실 환경에서 두 종의 상대 성장률은 같은 환경의 온도에 대한 광합성 속도와 상관이 크다. 최고 상대성장률과 최고 광합성 속도 둘 다 *A. glabriuscula*의 경우에는 약 25℃에서 *T. oblongifolia*의 경우에는 약 40~45℃에서 나타난다. 다른 종들은 온도에 대하여 더 유연하게 적응한다. *A. hymenelytra*, *Nerium oleander*, *Larrea divaricata* 등의 여러 종들은 생장률이 *A. glabriuscula*나 *T. oblongifolia*만큼 크지 않지만 사막이나 서늘한 해변 지역에서 모두 생존할 수 있었다. 사실 이런 종들은 기온이 덜 극단적인 봄이나 가을 동안에 생장이 대부분 일어났다. 세 식물 모두에서 낮거나 높은 온도의 조절된 환경에서의 생장은 광합성 최적 온도를 15℃ 정도 변하게 하였다. 그러나 더욱 중요한 사실은 광합성의 최고 속도가 크게 변하지 않았으며 단지 최적 온도만 변했다는 것이다. 따라서 어떤 식물들은 광합성과 온도에 대하여 표현형에서 상당히 유연하여 더 넓은 범위의 기후 조건에서도 생존할 수 있게 된다. 한 가지 기후나 어떤 조건에 제한되어 있는 식물들은 대사 반응에서 같은 정도의 유연성을 나타내지 않는다.

전 지구적 규모에서 봤을 때, C3와 C4 벼과 식물의 분포에 영향을 미치는 가장 큰 환경 요인은 온도이다. 작은 규모에서 이와 같은 것은 고도가 높아짐에 따라 온도가 내려가는 산기슭에서 고도에 따른 식물의 분포에서 나타난다. 고도에 따라 온도가 내려가는 것을 **단열 감소(adiabatic lapse)**라 한다. 공기는 위로 올라가면 팽창하고 냉각된다. 단열이라는 용어는 열교환 없이 냉각되는 것을 말한다. 공기가 상승하면서 생기는 냉각은 전적으로 압력이 낮아질 때 공기의 부피가 팽창함으로써 일어난다. 열함유량과 결과적으로 공기의 단위 부피의 온도가 더 낮아진다. 단열 감소율 때문에 온도 기울기가 안정되어서 산 위의 찬 공기가 아래로 내려와서 계곡의 따뜻한 공기와 교환되지 않는다. 건조한 공기의 **단열 감소율(adiabatic lapse rate)**은 약 1℃/100 m 정도로 일정하게 변한다(그림 26.7). 수증기가 응결될 때 열을 방출하기 때문에 습한 공기의 감소율(wet lapse rate)은 건조한 공기의 감소율보다 작고 변이가 심하다.

룬델(P.W. Rundel)은 하와이에서 고도경사에 따른 C3와 C4 벼과 식물의 분포에 대해 연구했다. 룬델은 1400 m 근처에서 C3와 C4 식물의 분포가 극적으로 바뀌는 것을 발견했다. C4 식물은 1400 m 아래의 건조하고 따뜻한 곳에 많이 있었던 반면에 1400 m 이상의 차고 습한 환경에서는 C3가 우세하였다. 우점종이 변하는 평균 고도는 일년 중 가장 따뜻한 달의 일일 최고 온도가 약 21℃ 되는 높이였다. 이것과 유사한 C3와 C4 벼과 식물의 분포가 아프리카와 코스타리카에서의 고도에 따른 연구와 북미에서의 위도에 따른 분포 연구에서도 보고되었다. 위도에 따른 연구에서 전이 온도는 약간 낮아지지만 여전히 같은 원리가 적용될 수 있다.

요약

살아 있는 모든 생물들은 온도에 견디는 능력에 따라 크게 분류할 수 있다. 호저온성 생물은 0~10℃, 호중온성 생물은 10~30℃, 그리고 호열성 생물은 30~65℃의 온도에서 각각 최적으로 성장한다. 식물들은 일반적으로 0~45℃ 온도에서 생존하지만, 대부분의 고등식물은 호중온성 생물이다. 생존 한계온도는 대부분 낮은 쪽은 물이 어는 온도를, 높은 쪽은 단백질이 변성되는 온도가 반영된다.

식물들은 발달과 생존전략에도 온도를 신호로써 사용한다. 눈의 휴면은 온도, 산소, 물의 공급이 적절하더라도 생장하지 않고 낮은 호흡율을 유지하는 특징이 있으며, 광주기와 함께 가을철에 낮아지는 온도는 이러한 눈의 휴면을 유도한다. 대부분의 휴면 중인 눈들은 휴면이 깨지고 생장이 개시되기 전에 반드시 추위에 노출되어야만 한다.

환경적 · 생리적인 제한 때문에 발아하지 않는 휴면은 대부분의 종자들의 특성이다. 종자껍질은 물의 흡수 또는 산소의 흡수를 방해하거나, 발아가 진행되려면 파괴되거나 씻겨나가야 만 하는 저해제를 포함하는 것 같다. 많은 종자들이 휴면을 벗어나려면 온도가 변동하거나 저온 기간(저온전처리 또는 층화)이 필요하다. 토마토와 같은 몇몇 식물들은 일정한 온도에서는 잘 성장하지 않으며, 최적 성장을 하려면 밤-낮 온도의 변동(온도주기성; thermoperiodism)이 필요하다. 튜울립이나 크로커스 같은 다른 식물에서는 온도 변화에 따라 꽃잎의 개폐가 조절된다.

온도는 식물들의 분포 또는 생물지리학에 있어서 중요한 요인이다. 극단적 환경에서의 생존은 생장과 광합성에 대한 온도 의존성이 공간에 고유한 차이가 있기 때문에 생겨나는 것으로 밝혀졌다. 산사면에서 고도를 높이는 실험의 경우, C4 식물종(더 따뜻하고, 건조하고, 낮은 고도에서)과 C3 식물종(더 차고, 수분이 많고, 높은 고도에서) 간의 뚜렷한 변화가 발견되었다. 중요한 대사 경로의 온도 안정성이 식물의 분포에 중대한 결정 요소임은 틀림없다.

복습문제

1. 온도는 어떻게 생리적 과정에 영향을 미치는가? 온도는 다른 환경 요소와 상호작용하는가?
2. 온도는 어떻게 식물의 지리적 분포에 영향을 미치는가? 고온의 서식지에 적응한 식물에는 어떤 변이가 있을 것으로 기대하는가? 극지방이나 고산 서식지의 식물들에는 어떤 변이가 있을 것으로 기대하는가?
3. 춘화처리와 층화의 차이를 간략히 설명하시오.
4. 휴면눈과 휴면종자들이 휴면을 벗어나기 위해서는 어떤 종류의 처리가 요구된다. 그런 요구가 생존에 있어서 어떤 가치가 있는가?
5. 튜울립과 크로커스 같은 꽃잎의 봄 동안의 움직임은 콩 잎의 운동과 어떤 점에서 다른가?

더 읽을거리

Bewley, J. D., M. Black. 1994. Seeds: *Physiology of Development and Germination*. New York: Plenum.

Björkman, O., 1980. The response of photosynthesis to temperature. In: J. Grace, E. D. Ford, P. G. Jarvis (eds).*Plants and Their Atmospheric Environment*. Oxford: Blackwell Scientific Publications, pp. 273–301.

Dickinson, R. E. 1987. *The Geophysiology of Amazonia.Vegetation and Climate Interactions*. New York: Wiley.

Fitter, A. H., R. K. M. Hay. 1987. *Environmental Physiology of Plants*. 2nd ed. London: Academic Press.

Gash, J. H. C., C. A. Nobre, J. M. Roberts, R. L. Victoria. 1996. *Amazonian Deforestation and Climate. Chichester*: Wiley.

Gibson, A. C. 1996. *Structure-function Relations of Warm Desert Plants*. Berlin: Springer Verlag.

Jacobs, M. 1988. *The Tropical Rain Forest: A First Encounter*. Berlin: Springer-Verlag.

Lang. G. A. 1987. Dormancy: A new universal terminology. *HortScience* 22:817–820.

Rhode, A., R. P. Bhalerao. 2007. Plant dormancy in the perennial context. *Trends in Plant Science* 12:217–223.

Rosenberg, N. J., B. L. Blad, S. B. Verma. 1983. *Microclimate: The Biological Environment*. 2nd ed. New York: Wiley.

Rundel, P. W. 1980. The ecological distribution of C4 and C3 grasses in the Hawaiian Islands. Oecologia 45:354–359.

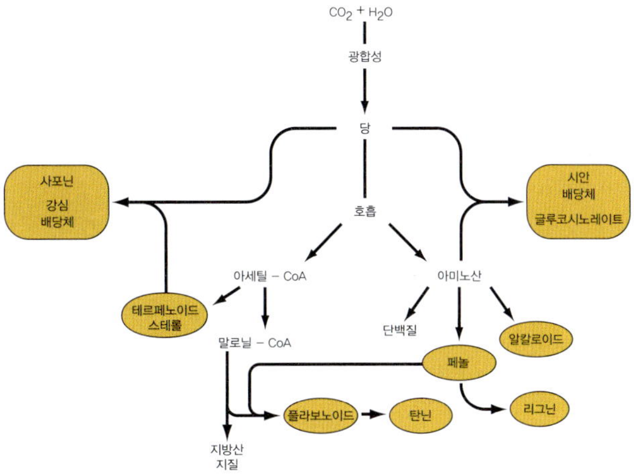

27

2차 대사물질

한 생물 내에서 일어나는 모든 화학 반응 전체를 대사(metabolism)라고 한다. 탄소와 질소동화 및 에너지 보존 대사와 같은 대사의 일부 측면은 이전 장에서 다루었다. 탄소, 질소 및 에너지의 대부분은 결국 모든 세포들에 공통적으로 들어 있는 분자들과 세포와 생물이 적절한 기능을 하는 데 요구되는 분자들이 된다. 이런 분자들(예: 지질, 단백질, 핵산, 탄수화물들)을 **1차 대사물질(primary metavolite)**(부록 참조)이라고 한다. 그러나 동물과 나르세 내부분의 식물은 동화된 탄소와 에너지의 상당한 부분을 일상적인 세포 기능에 뚜렷한 역할을 하지 않을 것 같은 유기분자의 합성에 쓴다. 이런 분자들을 **2차 대사물질(secondary metabolite)**이라고 한다.

우리는 이 장에서 약간 더 넓은 면에서 2차 대사물질들을 살펴본다. 초점은 2차 대사 물질 중 네 가지 주된 분류군의 생합성, 생리, 그리고 생태적 역할에 맞출 것이다.

- 테르펜(terpene): 호르몬, 색소, 정유(精油, essential oil), 스테로이드, 고무
- 페놀 화합물: 쿠마린(coumarin), 플라보노이드(flavonoid), 리그닌(lignin), 탄닌(tannin)
- 배당체(glycoside): 사포닌(saponin), 강심 배당체(cardiac glycoside), 시안 배당체(cyanogenic glycoside) 그리고 글루코시놀레이트(glucosinolate)
- 알칼로이드(alkaloid)

또한 어떤 2차 대사물질들은 침입하는 병원균에 대한 방어에 연루되어 있고, 이 주제 역시 이번 장에서 다루어진다.

27.1 2차 대사물질: A.K.A 천연산물들

1차와 2차 대사물질을 구분하는 것이 항상 쉽지는 않다. 생합성 수준에서, 1차와 2차 대사 물질은 대부분의 동일한 중간 물질을 공유하며, 동일한 물질 대사 과정으로부터 유래한다(그림 27.1). 그러나 엄밀히 하자면, 2차 대사물질은 세포의 기본적인 분자 구조의 일부분이 아니다. 반드시는 아니지만 일반적으로 2차 대사물질은 상대적으로 적은 양으로 나타나고, 이런 물질들의 생산은 널리 나타나는 현상이거나 특별한 과, 속, 심지어 종들에 한정되어 있을 수도 있다. **천연산물(natural product)**이라고도 알려진 이들 새로운 식물산 화학물질(phytochemical)들은 생물학적 중요성이 뚜렷하지 않았기 때문에 생물학자들의 흥미

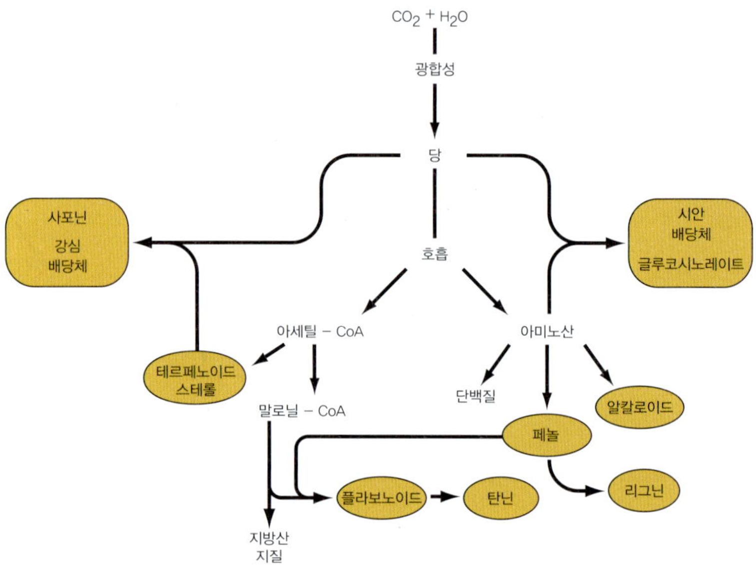

그림 27.1 주요 1차 대사물질과 2차 대사물질(원으로 표시) 사이의 생합성 관계를 나타내는 모식도.

를 끌지 못했다. 그러나 천연산물들이 상당한 경제적·의학적 가치를 가지는 것으로 알려졌고, 따라서 천연산물화학자들에게 일시적인 흥미이상이 되었다. 천연산물들은 옛날에 민간 의약, 비누, 향수 등으로 사용되어 왔다. 천연산물에는 약, 약효가 있는 산물, 연료, 화학산업을 위한 원료(껌, 수지, 고무) 그리고 기호식품과 음료에 사용되는 다양한 물질들이 포함된다. 그런데 최근에는 많은 천연산물들이 미생물과 곤충의 공격에 대한 보호와 같은 중요한 생태적 기능을 한다는 것이 점점 분명해지고 있다.

27.2 테르펜

27.2.1 테르펜은 화학적·기능적으로 다양한 그룹의 분자들이다

테르페노이드(terpenoid)는 거의 15,000가지의 구조가 알려져 있으므로, 아마도 식물에서 발견되는 유기 화합물들 중 가장 많고 가장 다양한 집단일 것이다. 19장에서 이미 논의한 것처럼, 테르펜의 통일된 특징은 일반적으로 메바론산(mevalonic acid) 경로 또는 MEP 경로를 거쳐 유도되는 5탄소 단위체인 2-메틸-1,3부타디엔 또는 **이소프렌(isoprene)**을 기본으로 하는 친지용성 복합체이다(19장, 19.3절).

테르펜은 탄소원자의 수에 따라 몇 가지 분류군으로 구분할 수 있다(그림 27.2). 복합체의 사슬 속에 들어 있는 기본 단위체의 수와 이 단위체들이 조합되는 다양한 방법들로부터 큰 화학적 다양성이 생겨난다. 환상 구조의 형성, 산소를 함유하는 기능기의 첨가, 그리고 당이나 다른 분자들과의 결합은 모두 복잡성을 증가시킨다. 테르페노이드(terpeonid)라는 이름은 이 그룹에 속한 첫 번째 물질이 몇 가지 침엽수종의 수지(resin)로부터 정제된 정유인 터르펜타인(turpentine, 독일어로 terpentin)에서 추출되었기 때문에 붙여졌다.

테르펜 일족에는 호르몬(지베렐린과 앱시스산), 카로티노이드 색소(카로틴과 크산토필), 스테롤(예, 에르고스테롤, 시토스테롤, 콜레스테롤)과 스테롤 유도체(예, 강심 배당체), 라텍스(천연 고무의 원료), 그리고 식물에게 특유의 향기와 맛을 내게 하는 많은 정유가 포함된다. 그 자체가 테르페노이드는 아니지만, 시토키닌 호르몬과 엽록소는 테르페노이드 곁사슬을 가지고 있다. 많은 테르페노이드가 중요한 생리적 역할뿐 아니라 중요한 상업적인 가치를 갖는다는 것이 이 목록에서 분명하게 드러난다. 많은 테르페노이드와 그 유도체들은 1차 대사물일 수도 있다. 앱시스산과 지베렐린과 같은 호르몬들, 카로티노이드와 엽록소와 같은 색소들, 그리고 스테롤(스테로이드의 알코올 형태)들은 모두 식물의 생장과 발달에 있어 중요한 역할을 한다. 그러나 대부분의 테르페노이드들은 2차 대사물이며 이들은 대개가 초식 곤충들에 독소로 작용하는 것같다.

27.2.2 테르펜은 정유의 구성성분이다.

감귤류, 민트, Eucalyptus 및 다양한 허브(sage, thyme 등)와 같은 많은 식물들은 일반적으로 **정유(essential oil)**로 알려져 있는 알코올, 알데히드, 케톤, 그리고 테르페노이드의 복합 혼합물을 생산한다. 정유는 이런 식물들의 특징적인 향기와 맛을 내지만 곤충을 물리치는 성질도 가지고 있는 것으로 알려져 있다. 정유에서 발견된 테르페노이드와 테르페노이드 유도체는 주로 헤미-, 모노-, 그리고 세스퀴테르페노이드(sesquiterpenoid)이며, 이것들은 적당히 휘발되거나 강하게 휘발될 수 있다. 몇 가지 예를 〈그림 27.3〉에 나타내었다. 감귤류의 정유는 껍질에 있는 샘에서 얻지만, 대부분의 식

탄소수	종류	예
5	헤르미테르페이노이드	$CH_3-C(COOH)=CH-CH_2$ 티길산
10	모노테르페노이드	$CH_3-C(CH_3)=CH-(CH_2)_2-C(CH_3)=CH-CH_2OH$ 게라니올
10	고리형 모노테르페노이트	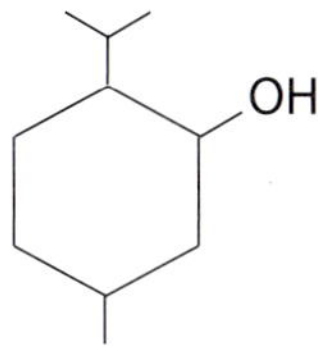 멘톨(박하유)
15	세스퀴테르페노이드	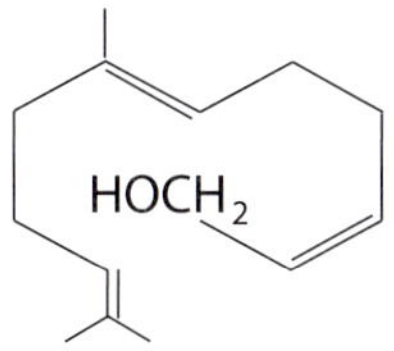 파르네솔(광범위함)
20	디테르페노이드	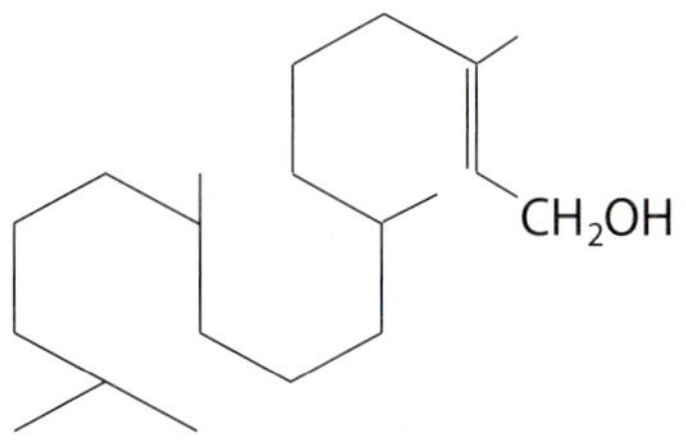 피톨(엽록소)
30	트리텔르페노이드	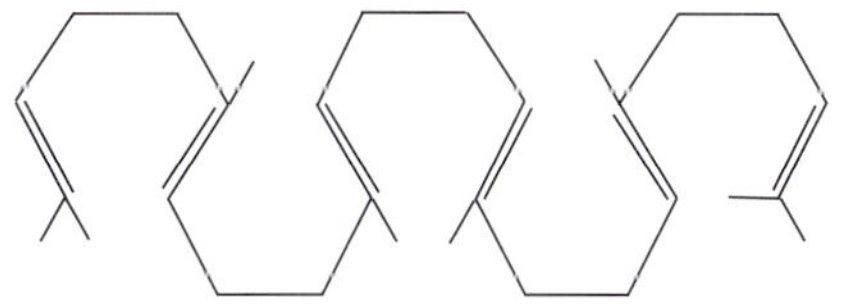 스쿠알렌 (스테로이드 전구물질)
30	트리테르페노이드	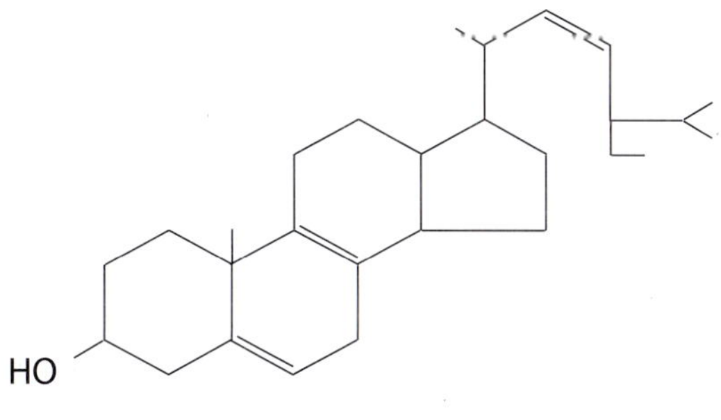 스티그마스테롤 (스테롤)
40	테트라테르페노이드	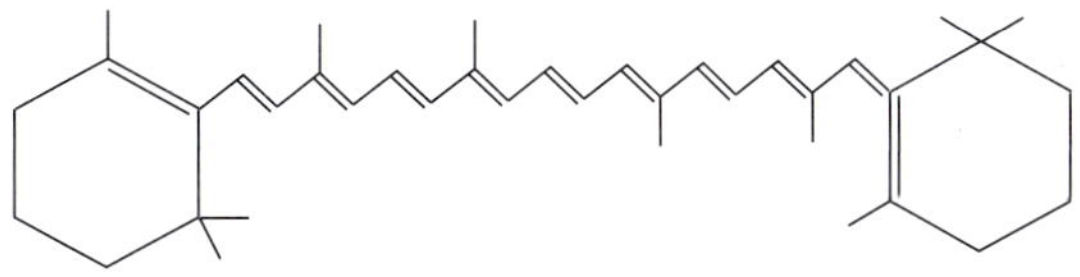 β-카로텐 (키르데노이드)

그림 27.2 테르페노이드는 기본 골격에 있는 탄소 원자의 수에 따라 구분된다.

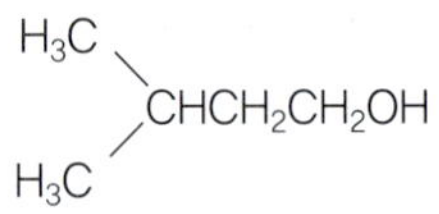

이소-아밀 알코올
(*Mentha, Eucalyptus*)

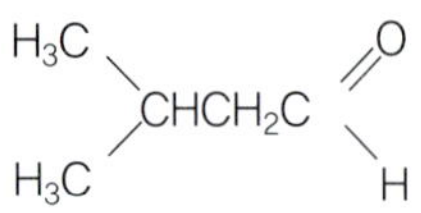

이소-발레르알데히드
(*Eucalyptus*)

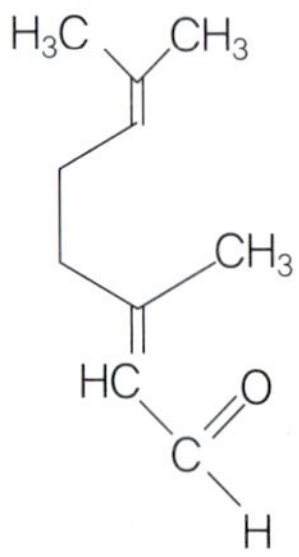

게라니알
(*Ctenium aromaticum*)
(레몬그라스)

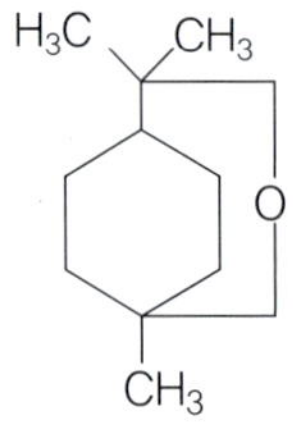

1:8 시네올
(*Artemesia*)

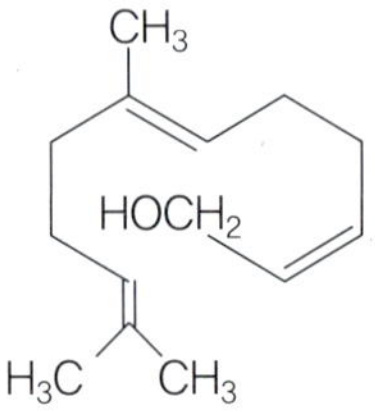

파르네솔
(광범위함)

그림 27.3 정유(essential oil) 내에서 주로 나타나는 대표적인 테르펜. 여기에는 헤미테르펜(이소아밀 알콜, 이소발레알데히드), 모노테르펜(제라니알, 시네올), 그리고 세스퀴테르펜인 파네솔이 포함된다.

물에서 정유는 잎 표면에 있는 특별한 샘 모양의 모용(털)에서 합성된다(그림 27.4). 어떤 침엽수의 수지샘은 모노테르핀인 α와 β-피넨과 미르센을 포함하는 테르핀들의 복합물을 축적한다(그림 27.5)

27.2.3 스테로이드와 스테롤은 테트라사이클릭 트리테르페노이드(tetracyclic triterpenoid)이다

스테로이드와 스테롤은 일반적으로 변형되어 있고 30개보다 적은 수의 탄소 원자를 가지지만, 사슬 모양의 트리테르펜 스쿠알렌(triterpene squalene)으로부터 합성된다. 알코올기를 가지는 스테로이드는 **스테롤(sterol)**로 알려져 있고, 사실상 모든 식물의 스테로이드는 알코올기를 가진다. 고등 식물에서 가장 풍부한 스테롤은 스티그마스테롤(stigmasterol)과 시토스테롤(sitosterol)(그림 27.6)로, 종종 전체 스테롤의 70% 이상을 차지한다. 그러나 식물에는 자연에서 발견되는 150개 이상의 다른 스테롤을 포함한다. 식물스테롤에는 널리 출현하지만 아주 적은 양만 존재하는 콜레스테롤도 있

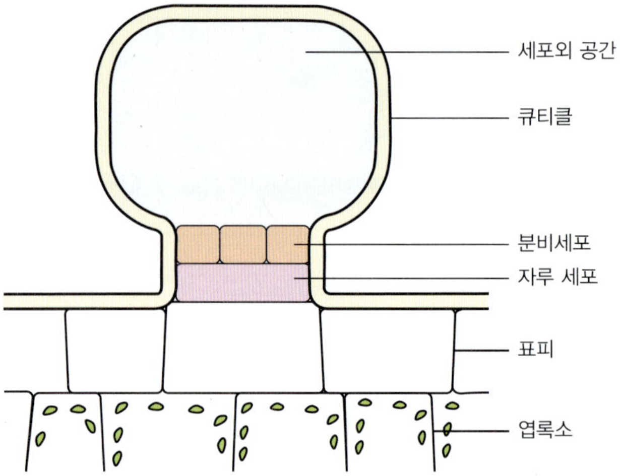

그림 27.4 횡단면으로 본 샘 모양(gladualr) 털의 모식도. 정유는 분비세포에서 만들어지고 분비세포와 그 위에 있는 큐티클 사이에 형성되어 있는 공간에 축적된다. 샘모양 털은 잎의 표면에 있고 초식동물에 의해 먹히는 것을 방해하는 역할을 하는 것 같다.

다. 극히 낮은 수준의 콜레스테롤이 들어 있어서 식물 기름은 시장에서 무콜레스테롤(cholestrol-free)이라는 딱지를 붙이고 판매될 수 있다.

스테롤은 식물 막의 구성 성분이고, 이것이 아마도 식물에서 알려져 있는 가장 중요한 기능일 것이다. 스테롤은 평면상의 분자이기 때문에, 이 분자들의 쌓이는 성질은 막이중층의 대부분을 만드는 인지질과 다르다. 그러므로, 스테롤은 인지질보다 더 촘촘히 쌓이게 되고, 결과적으로 막의 점성을 증가시키고 안정성을 높이는 경향이 있다. 그 외에 식물에서 스테롤의 기능에 대해서는 거의 알려져 있지 않다. 동물의 스테롤 호르몬과는 달리, 식물의 발달에 있어서 스테롤의 호르몬으로서의 기능은 알려져 있지 않다. 몇 가지 스테롤은 **식물엑디손(phytoecdysone)**과 같은 방어 기능을 가지는 것 같다. 식물 엑디손은 곤충의 탈피 호르몬과 비슷한 구조이다. 식물 엑디손이 초식 곤충들에 의해 섭취될 때, 곤충의 탈피 회로를 방해한다. 다른 스테롤은 많은 관심의 대상이며 경제적으로 중요한 2차 산물을 만들어내는 배당체(glycoside)로 존재한다. 글리코시드 스테롤은 뒤에서 다룬다.

27.2.4 폴리테르펜은 카로티노이드 색소와 자연산 고무를 포함한다

더 큰 테르펜에는 테트라테르펜(탄소가 40개)과 폴리테르펜이 있다. 중요한 테트라테르펜은 색소들 중 카르테노이드 족이다(6장). 테트라테르펜보다 더 큰 분자량을 갖는 중요한 이소프렌 유도체는 **고무(rubber)**와 **구타(gutta)** 뿐이다. 고무는 15,000개 이상의 이소펜테닐 단위체(isopen-tenyl unit)로 구성되어 있는 중합체이다. 이

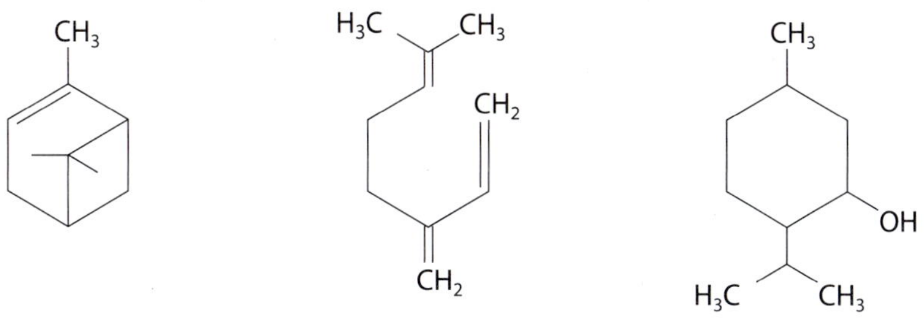

α-피넨 미르신 맨톨

그림 27.5 피넨(pinene), 미르신(myrcene), 멘톨(menthol) 등은 모노테르핀이다. 피넨과 미르신은 소나무류의 송진에서 발견된다. 멘쏠은 박하 정유의 주요 성분이다. 피넨은 또한 살충효과가 있다.

중합체는 〈그림 27.7〉에서 보는 것처럼 선형이거나 좀더 복잡한 배치로 교차 결합되어 있다. 고무와 구타 사이의 차이점은 이중 결합의 배치뿐이다. 고무에서 이중 결합은 모두 시스(cis) 배치인 반면에, 구타에서 이중 결합은 모두 트란스(trans)형이다.

식물에서, 고무는 **고무유액(latex)**이라고 부르는 우유같이 하얀 현탁액 속에 부유하는 작은 입자로 나타난다. 고무유액을 생산하는 식물은 널리 퍼져 있으며, 어떤 형태로든 고무유액을 생산하는 종이 수백에서 수천에 이를 것으로 예상된다. 상업적으로 중요한 공급원은 *Hevea brasiliensis*로, 아마존 우림에 있는 토착 나무이다. 다른 것으로는 장식용 고무나무(*Ficus elastica*), milkweed(*Asclepias*) 그리고, 러시아 민들레(*Tataxacum koksaghyz*)가 있다. 고무유액은 약 30에서 40%의 고무와 50%의 물을 함유한다. 수지, 테르펜, 단백질 및 당의 복합 혼합물로 나머지를 이룬다. 대부분의 식물에서, 고무유액은 체관부에서 만들어지고, **젖관 (laticifer)**이라 부르는 연속적으로 길게 서로 연결되어 있는 관 속에 축적되어 있다.

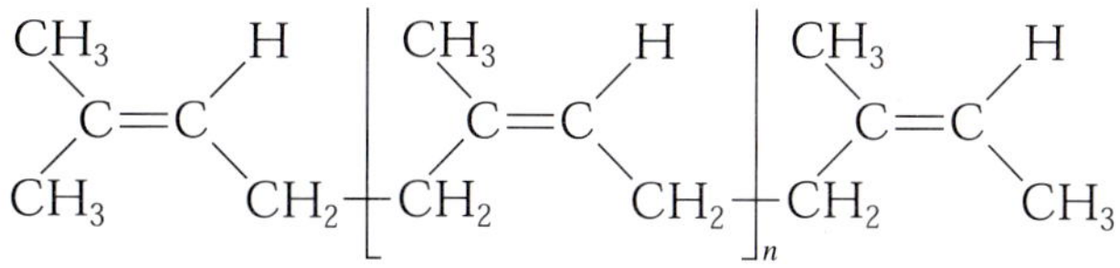

그림 27.7 고무는 이소프렌 단위체의 선형 중합체이고, n값은 몇 백에서 수천에 이른다.

가장 잘 알려진 구타의 공급원은 사막 교목인 *Parthenium argentatum*으로 이것은 멕시코 북부와 미국의 남서부에서 자란다. (일반적으로 구아율 고무나무(guayule)로 알려져 있는) *Parthenium*은 무게로 20% 만큼 많은 라텍스를 함유하기도 하는데, 젖관이 아니라 줄기와 뿌리 세포의 액포 속에 저장되어 있다. 한 때는 구아율 고무나무가 고무 생산에 사용될 구타의 상업적으로 중요한 공급원이었다. 그러나 적절하게 상처를 내면 한 그루의 고무나무가 30년 이상을 계속해서 고무를 생산할 수 있는 데 반해 구아율 고무나무는 매년 수확해야 만 한다(그리고 물론 새로 심어야 한다).

끝으로 테르페노이드와 공기 오염은 상호 연결되어 있다. 많은 정유(향수, 방향제로서), 특히 헤미테르펜, 모노테르펜, 그리고 세스퀴테르펜은 매우 휘발이 잘 되고, 특히 더운 날씨에는 식물에 의해 많은 양이 발산된다. 식물체로부터 나오는 이러한 자연적인 배출물들은 일반적으로 **휘발성 유기 탄소(volatile organic carbon, VOC)**로 알려져 있는데, 엷은 안개와 구름을 형성하는 데 기여하고, 독성이 있는 대류권의 오존을 형성하는 데 관여한다.

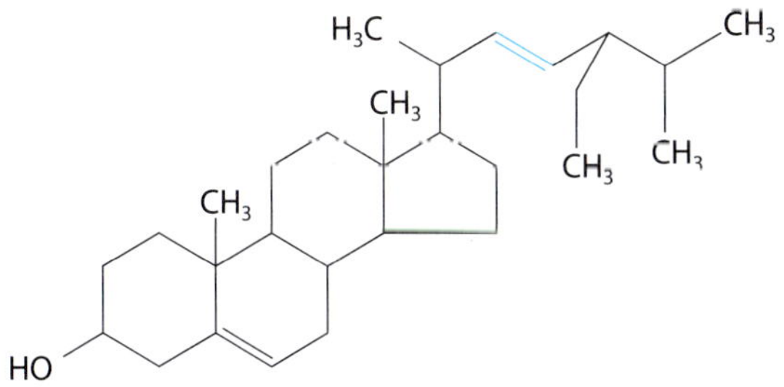

스티그마스테롤

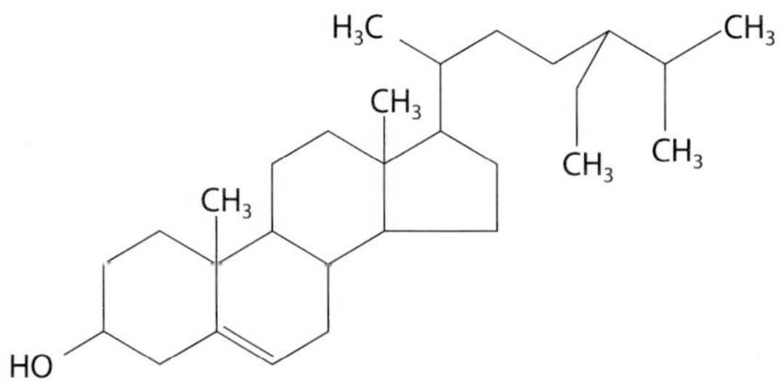

시토스테롤

그림 27.6 스티그마스테롤(stigmasterol)과 시토스테롤(sitosterol)은 이중결합의 유무만 차이가 난다. 이 두 가지는 식물에서 가장 풍부한 스테롤이다.

27.3 배당체

중요하지는 않지만, 식물체에 의해 합성되는 좀더 흥미로운 유도제들 중 몇 가지가 배당체(配糖體)들이다. 대부분의 배당체들은 초식 동물들에게 방해제의 기능을 하는 것으로 생각된다. **배당체 (glycoside)**라는 용어(그리스어 glykys, sweet)는 당 분자가 수산기를 가지는 다른 분자와 축합될 때 형성되는 결합(배당체 결합)을 의미한다. 다당류를 형성하기 위해 서로 연결되는 것과 같이 당은 다른 당 또는 스테로이드나 아미노산과 같은 비탄수화물 분자의 수산기와 글리코시드 결합을 형성할 수 있다. 희귀한 당들이 특별한 배당체 속에 포함되기도 하지만, 배당체에서 발견되는 가장 일반적인 당은 포도당이다.

특히 흥미로운 세 가지 배당체는 사포닌(saponine), 강심 배당체(cardenolide) 및 시안 배당체이다. 네번째 일족인 글루코시노레이트(glucosinolate)는 기술적으로 배당체는 아니지만, 구조적으로 비슷해서 여기에 포함시켰다.

27.3.1 사포닌은 계면활성제의 성질을 갖는 테르펜 배당체이다

사포닌(saponin)에는 (1) 스테로이드 배당체, (2) 스테로이드-알칼로이드 배당체 또는 (3) 트리테르펜 배당체들이 있다(그림 27.8). 사포닌은 아글리콘(aglycone: 당을 가지지 않는 테르페노이드)으로 출현하기도 하는데 이것은 **사포게닌(sapogenin)**으로 알려져 있다. 친수성인 당과 소수성인 트리테르펜이 조합됨으로써 사포닌은 계면 활성제 또는 세제의 성질을 갖는다—사포닌을 물 속에 휘저어 놓으면 매끄러운 비누 거품을 형성한다. 사포닌이라는 이름은 한때 비누 대용품으로 사용되기도 했던 비누패랭이꽃(*Saponaria*)에서 유래한 것이다.

식물에서 사포닌의 주요 역할은 곰팡이 공격을 방어하는 것으로 보인다. 사포닌은 비치환된 3-β-hydroxyl 기를 지닌 스테롤과 복합체를 형성한다. 사포닌이 곰팡이 균사 막에 있는 스테롤과 반응하게 되면 곰팡이의 막이 와해된다. 그러나 상대보다 한 발 앞서가는 전형적인 예로, 많은 병원성 곰팡이들은 이러한 식물의 방어 메커니즘을 회피하기 위해 해독 효소를 개발하는 전략을 발전시켜 왔다. 예를 들면, 귀리(*Avena*)는 트리테르포노이드 사포닌인 **아베나신 A-1(avenacin A-1)**을 만드는데, 이는 뿌리 표피세포에 위치하며 곰팡이(*Gaeumannomyces graminis* var. *tritici*) 병원체의 침입을 효과적으로 막는다[이 곰팡이는 밀(*Triticum*)과 보리(*Hordeum*)의 뿌리에도 감염한다]. 그러나 또 다른 *G. graminis* (var. *avenae*) 균주는 **아베나시나아제(avenacinase)**라는 효소를 만들어서 아베나신 A-1을 해독하여 곰팡이가 이들 식물에 침입할 수 있도록 해준다.

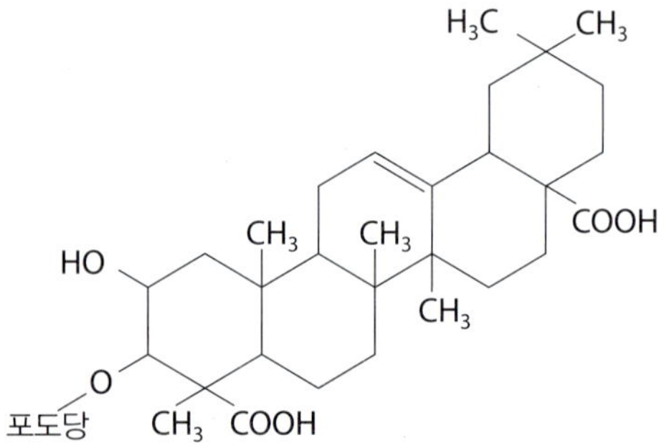

메디겐산 배당체

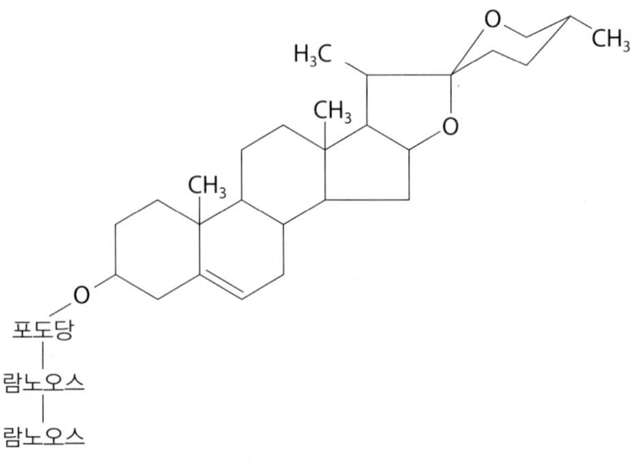

디소게닌 배당체

그림 27.8 사포닌은 하나 이상의 당 단위를 포함하는 트리테르페노이드 또는 스테로이드이다. 메디겐산 배당체(medigenic acid glycoside)는 알파파(*Medicago sativa*)에서 나온 트리테르페노이드 사포닌이다. 디소게닌 배당체(disogenin glycoside)는 클로버(*Melilotus* spp.)에서 분리된 스테로이드 사포닌이다. 일반적으로 소수성인 테르페노이드에 친수성인 당의 첨가는 비누와 비슷한 계면활성제의 성질을 갖게 한다.

진핵생물의 생체막에 대한 사포닌의 효과는 매우 비특이적이라서 어떻게 식물이 자기 자신의 생체막에 대해서는 사포닌이 영향을 미치지 않는지 밝혀지지 않았다. 한 가지 가능성은 사포닌이 생리적으로 불활성 형태의 분자로 존재하는 것이다. 하나가 아닌 두 개의 당 사슬을 갖고 있는 **비스데스모시딕 사포닌(bisdesmosidic saponin)**이 한 예이다. 이 불활성 형태는 감염체의 공격을 받고 있을 때 하나의 당 사슬을 잃게 됨으로써 활성 형태의 **모노데스모시딕 사포닌(monodesmosidic saponin)**으로 전환될 수 있을 것이다. 또 다른 방법으로, 생리적으로 활성을 띤 모노데스모시딕 사포닌이 보호된 3-β-히드록실 기를 갖는 스테롤의 양이 높은 막으로 이루어진 세포내소기관 또는 액포에 저장될 수 있다.

사포닌이 동물에게 미치는 영향은 어느 정도 다양하다. 포유동물에게 의미 있는 독성은 없으나, 쓰고, 얼얼한 맛을 가지며 삼키면 심한 위장 자극을 일으킨다. 그러나 만약 사포닌이 혈액 속에 주입되면 적혈구 세포를 용혈시킬 것이다. 이 작용은 아마도 사포닌의 세제로서의 성질과 일반적으로 막을 파열시키는 능력 때문일 것이다. 사포닌은 물고기에게 매우 독성이 있어서 물고기 독으로 사용되어 왔다. 가축에게 독이 되는 것에 대한 보고서에도 사포닌이 관련되어 있다. 예를 들면, 알팔파의 사포닌은 소에게 소화 문제와 고창증(bloating)을 일으킬 수 있다. 동시에 알팔파 속에 들어 있는 사포닌은 혈장의 콜레스테롤 수준을 낮춘다는 보고도 있다. 상업적으로, *Quillaja saponaria*의 줄기에서 나온 사포닌은 사진 필름, 샴푸, 액체 세제, 치약의 계면 활성제, 음료의 유화제로 사용되어 왔다. 감초(*Glyscyrrhiza glabra*)에서 나온 사포닌인 **글리시리진(glycyrrhizin)**은 의학적으로 사용되어 왔고, 음식과 담배의 단맛과 맛을 증진시키는 물질로 사용되었다.

27.3.2 강심 배당체들은 맹독성으로 변형된 스테로이드 배당체이다

강심 배당체(cardiac glycoside, 또는 카르데놀리드 cardenolide)는 스테로이드인 사포닌과 구조적으로 비슷하며 비슷한 세제 성질을 갖는다. 강심 배당체 또는 카르데놀리드는 락톤 고리(17번 탄소에 붙은)와 글리코시드를 형성하는 희귀한 당(거의 이 그룹의 스테로이드에만 있는)이 존재한다는 점에서 다른 스테로이드 배당체와 구별된다(그림 27.9). 사포닌처럼, 카르데놀리드는 배당체나 아글리콘(aglycone 또는 genic) 둘 중의 하나의 형태로서 자연적으로 출현한다.

카르데놀리드는 55개 속, 12개 과를 대표하는 200 가지 이상의 종에서 보고될 정도로 넓게 분포하고, 사람들의 음독 사고를 일으키는 주된 약제이다. 아마도 가장 잘 알려진 것은 '현삼과(digitalis)'이며, 카르데놀리드의 혼합물은 자주색 현삼화인 *Digitalis purpurea* 또는 그리스 현삼화인 *D. lanata*의 종자, 잎, 줄기에서 추출된다. 현삼과 식물에 들어 있는 두 가지 중요한 카르데놀리드는 **디기톡신(digitoxin)**과 이것과 유사한 화합물인 **디곡신(digoxin)**이다. 현삼과는 사포닌인 **디기토닌(digitonin)**의 공급원도 된다.

18세기 후반까지, 현삼과는 아테로마성 동맥경화증(atherosclerosis)과 같은 심장 문제를 다루는 의학적 용도로 사용되어 왔다. 현삼과는 심장 근육의 Na^+/K^+-ATPase 펌프를 파괴하기 때문에 카르데놀리드는 척추동물에게 매우 독성이 있다. 그러나 치료 용도로 복용량을 주의 깊게 조절하면 심장 박동을 느리고 강하게 할 수 있다. 불행하게도, 치사와 치료 효과가 있는 용량은 매우 비슷하므로, 치료 과정을 주의깊게 관찰해야만 한다.

카르데놀리드의 또 다른 일반적인 공급원은 고무유액을 분비하는 초본식물인 *Asclepias*와 *Calotropis*이다. 이 두 종은 우유같이 희며 카르데놀리드가 풍부한 고무유액을 만들기 때문에 고무유액을 분비하는 식물(milkweed)로 알려져 있다. 고무유액을 분비하는 식물은 산란하는 왕나비의 중요한 숙주이기 때문에 실제적인 관심거리가 된다. 발생하는 유충은 고무유액을 분비하는 식물을 먹고, 병의 징후

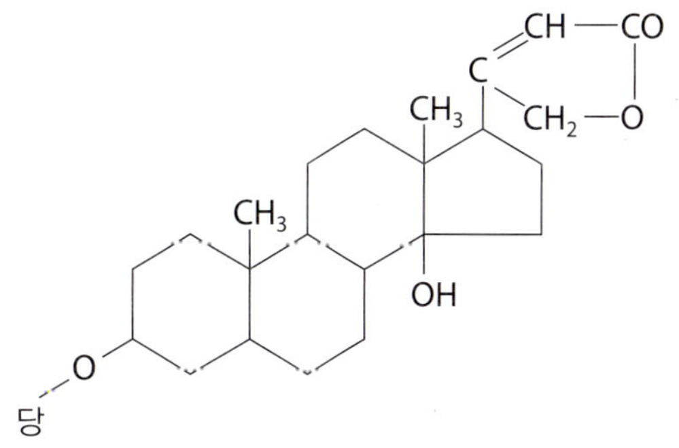

디지톡신

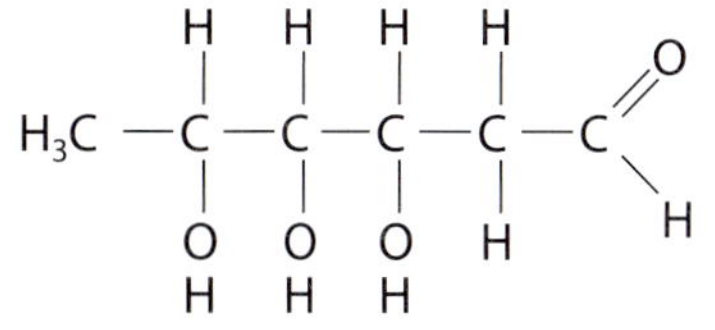

디지토소스

그림 27.9 강심 배당체인 디지톡신(digitoxin). 디지톡신의 당 성분은 1분자의 아세틸 디지토소스(acetyl-digitoxose)와 1 분자의 포도당으로 구성되어 있다. 강심 배당체 중에서 발견되는 희귀한 당 중 하나인 디지토소스(digitoxose) 구조가 제시되어 있다.

없이 카르데놀리드를 격리한다. 왕나비 유충은 변태하는 동안 카르데놀리드를 보유하고 있으며 성체 왕나비 속에도 들어 있다. 푸른 어치(blue jay)와 같은 새들이 왕나비를 먹으려고 할 때, 축적되어 있던 카르데놀리드는 토하게 하는 반응을 일으킨다. 이후에 이 새는 한동안 왕나비 유충을 먹으려는 충동을 현명하게 억제한다.

27.3.3 시안 배당체는 천연 시안화 수소이다

치명적인 시안화 수소(hydrogen cyanide, HCN) 또는 청산(prussic acid)을 방출할 수 있는 화합물을 식물들이 합성한다는 것은 놀라운 일임에 틀림없지만, 식물에서 기원하는 시안 화합물이 60가지 이상 보고되었다. 이들 중 우세한 형태는 **시안 배당체(cyanogenic glycoside)**들이다. 흔한 시안 배당체는 장미과 식물에서 많이 발견되는 **아미그달린(amygdalin)**이다(그림 27.10). 이것은 사과와 배의 씨앗에서 발견되며, 살구, 복숭아, 자두, 버찌와 같은 석과(石果, stone fruit)의 씨, 잎, 나무껍질 등에 존재한다. 대부분의 시안 배당체들은 4가지 아미노산(페닐알라닌, 티로신, 발린 및 이소루신) 중 하나로부터 또는 니코틴산으로부터 유도되는 것으로 보인다. 시안 배당체들은 그 자체로는 독성이 없으나, 식물이 초식 동물에 의해 손상될 때, 배당체가 효소에 의한 분해를 거치게 되고 시안이 방출된다. 시토크롬 산화효소의 비경쟁적 억제제인 시아나이드(cyanide)는 맹독성이다.

시안 배당체들이 효소에 의해 분해되는 과정은 두 단계를 거친다(그림 27.10). 첫 단계는 **β-글리코시다아제(β-glycosidase)**에 의해 당이 방출된다. 그 결과 히드록시니트릴(hydroxynitrile)이 적당히 불안정해지고 HCN을 방출하면서 천천히 분해될 것이다. 그러나 일반적으로 분해는 2번째 효소인 **히드록시니트릴 분해효소(hydroxynitrile lyase)**에 의해 속도가 빨라진다. 효소에 의한 시안의 방출은 일반적으로 손상되지 않은 식물에서는 일어나지 않는데, 그 이유는 효소와 기질이 공간적으로 분리되어 있기 때문이다. 몇 가지 경우에, 분리는 한 세포내에서 유지되지만, 다른 경우에는 효소가 하나의 세포 속에 들어 있고 시안 배당체는 다른 세포에 들어 있다. 예를 들면, 수수(*Sorghum*)에서, 시안 배당체인 **듀린(dhurrin)**은 표피 세포에서 합성되어 저장되지만, 배당체 가수분해효소(glycosidase)와 분해 효소(lyase)들은 엽육 세포에서 발견된다. 조직이 깨어지고 두 세포의 함유물이 섞일 때에만 시안화물 생성(cyanogenesis)이 일어난다.

대부분의 동물들이 소량의 시안을 무독화시키는 능력을 가지고 있지만 시안 배당체가 있음으로 해서 곤충과 다른 초식 동물에 의해 먹히는 것을 막아준다는 증거가 몇 가지 있다. 반응 억제로서의 시안 배당체의 효과는 존재하는 양, 시안이 방출되는 속도와 동물의 무독화시키는 능력과 같은 많은 요인들에 의해 분명히 좌우된다. 식물 속에 들어 있는 시안 배당체의 양은 매우 다양하며 유전적 지배와 환경 스트레스에 의해 영향을 받는다. 후자는 수수를 가축의 사료로 사용할 때에 나타난다. 듀린은 수수가 가뭄과 서리에 의해 스트레스를 받을 때 빠르게 축적되고 가축에게 중독을 일으킬 수 있다.

우리가 많이 먹는 식용 식물들이 자연적으로 시안 배당체를 함유하고 있지만 건강에 해를 미칠 정도는 아니다. 이들 중에는 대두와 또 다른 콩류(Fabaceae), 사과, 살구, 복숭아, 자두 등 장미과의 과일들, 건강용 식품으로 인기 있는 아마(*Linum*)의 씨가 있다. 시안 배당체를 많이 함유하는 또 다른 식품 공급원은 감자와 같은 뿌리를 형성하는 열대 식물인 카사바(cassava ; *Manihot esculenta*)가 있다. 매니악(manioc) 또는 타피오카(tapioca: 북아메리카산)이라고도 알려진 카사바는 열대 국가에 사는 수백만 인구의 주요한 전분 공급원이다. 그러나, 식물을 조심스럽게 준비함으로써 시안 배당체의 중독을 피한다. 이를 위해 뿌리를 갈아 즙을 내거나 물을 몇 번이고 갈아주면서 뿌리를 끓인다.

27.3.4 글루코시노레이트는 황을 함유하며 겨자유의 전구물질이다

글루코시노레이트(glucosinolate)는 Capparales목 중에서 겨자과(Brassicaceae) 및 그와 연관되는 과에서 일차적으로 발견된다. 겨자유는 양배추, 브로콜리 및 코올리플라워의 독특한 맛뿐만 아니라 겨자와 고추냉이와 같은 양념에서 자극적인 맛을 내게 하는 경제적으로 중요한 부류의 향신료이다. 글루코시노레이트는 이러한 겨자유의 전구물질이다.

모든 글루코시노레이트들은 〈그림 27.11A〉에 나타낸 것

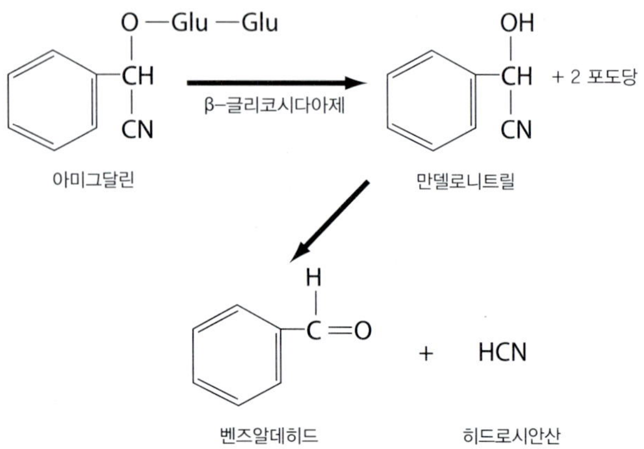

그림 27.10 아미그달린(amygdalin) 일종의 시아노 글리코시드로서 주로 장미과(*Rosaceae*) 식물의 씨앗에 다량 존재한다. 아미그달린이 두 단계에 거쳐 가수분해되면 매우 유독한 시안화 수소산(hydrocyanic acid, HCN)이 방출된다.

과 같은 일반적인 구조를 가지는 **티오글루코시드(thioglucoside; thio=sulfur 황)**이다. 이 화합물 내의 당은 항상 포도당이다. 구조와 성질에 있어서 다양한 것은 R 원자단 때문이며, 이 R 원자단은 단순한 메틸기에서부터 큰 선형이나 가지가 난 사슬을 포함하고 있는 방향족 또는 이형고리(heterocyclic) 구조가 있다. 글루코시노레이트의 생물학적인 활성은 일차적으로 이들이 **겨자유(mustard oil)**로 가수 분해되는 것에 의해 좌우된다(그림 27.11B). 가수 분해는 미로시나아제(myrosinase; thioglucosidase)라 부르는 효소에 의해 촉매된다. 가수 분해 산물은 불안정하여 재배치를 거쳐 즉시 티오시안산(thiocyanate)이나 이소티오시안산(*iso*thiocyanate)를 형성한다. 시안 배당체들처럼 글루코시노레이트는 가수 분해 효소와 공간적으로 분리되어 있어서, 보통 세포가 파괴되어 효소와 기질이 서로 만나게 될 때에 만 겨자유가 형성된다. 다른 방어 화합물처럼 일부 초식 동물들은 식물체에 글루코시노레이트가 있으면 피하지만, 어떤 동물들은 글루코시노레이트나 겨자유가 포식이나 산란을 촉진하는 유인 물질로 사용할 수 있도록 적응하였다.

글루코시노레이트는 이것을 없애기 위한 노력으로 인해 종자 기름 산업에 중요한 영향을 끼쳐 왔다. 유채씨(주로 *Brassica napus*)는 식물성 기름의 좋은 공급원이지만, 에루크산(erucic acid, 탄소가 22개인 지방산)의 함량이 높음과 동시에 글루코시노레이트의 함량이 높아 맛이 나쁘며 오래 저장하기가 힘들다. 글루코시노레이트와 에루크산의 함량이 낮은 새로운 품종들이 육종되었다. 이런 품종을 정상적인 유채와 구별하기 위해서 카놀라(canola)라고 부르며, 이런 품종들은 현재 경제적으로 중요한 기름 공급원이다.

27.4 페닐프로파노이드(phenylpropanoid)

방향족 아미노산들은 1차 또는 2차 대사에 참여하게 된다. **페놀성 물질(phenolic)** 또는 **폴리페놀(polyphenol)**로 알려진 **페닐프로파노이드(phenylpropanoid)**는 방향족 아미노산으로부터 유도되는 2차 대사물질 중 큰 계열의 하나이다. 페릴프로파노이드들은 단순한 페놀산에서부터 탄닌이나 리그닌과 같이 매우 크고 복잡한 중합체를 포함할 정도로 크고 화학적으로 다양한 화합물의 집단이다. 또한 앞서 6장에서 설명한 플라보노이드 색소도 포함한다. 기본 구

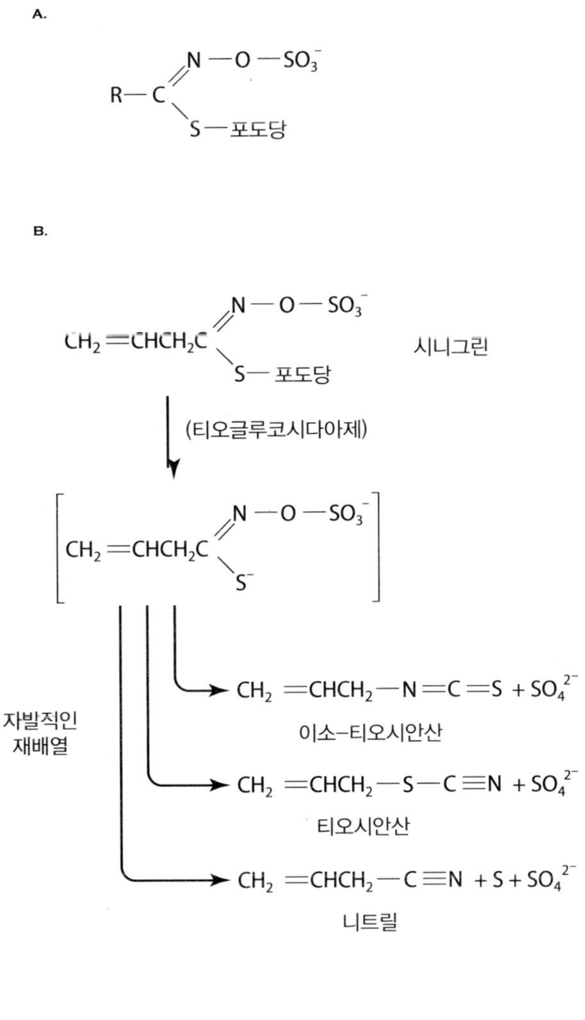

그림 27.11 (**A**) 모든 글루코시놀레이트는 동일한 기본 구조를 갖는 티오글루코시드이다. 티오글루코시드는 당이 황 원자를 통해 나머지 분자들과 결합되어 있다. 변이는 R기의 구조에 따라 생겨난다. (**B**) 효소에 의해 글리코시놀레이트(glucosinolate)로부터 포도당이 제거되어 불안정한 산물이 형성되며 지발적인 재배열을 거쳐 자극적인 맛을 가진 겨자유인 티오시아네이트(thiocyanate), 이소티오시아네이트(*iso*thiocyanate) 또는 니트릴(nitrite) 형태의 겨자유를 형성된다.

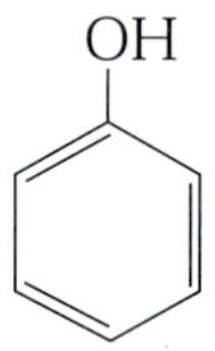

그림 27.12 페닐프로파노이드는 간단한 수산기를 가진 방향족 고리, 페놀의 유도체이다.

조는 페놀이며, 수산기를 가진 방향족 고리 구조를 하고 있다(그림 27.12). 다른 2차 산물들처럼 많은 페놀 화합물이 식물/초식 동물의 상호 작용에 관여한다. 어떤 것(예, 리그닌)들은 중요한 구조를 이루는 성분이며, 반면에 다른 것들은 분명한 기능이 없이 단순하게 물질 대사의 최종 산물인 것도 있다.

27.4.1 시킴산(shikimic acid)은 방향족 아미노산과 페닐프로파노이드 합성 경로의 핵심 중간체이다

대부분의 페놀 화합물의 생합성은 방향족 아미노산인 페닐알라닌, 티로신, 트립토판으로부터 시작된다. 이런 방향족 아미노산은 포스포엔올피루브산과 에리트로오스-4-인산으로부터 **시킴산 경로(shikimic acid pathway)**로 알려진 일련의 반응에 의해 합성된다(그림 27.13). 시킴산 경로는 박테리아, 곰팡이, 식물에는 공통적으로 나타나지만 동물에서는 발견되지 않는다. 따라서, 페닐알라닌과 트립토판은 (인간을 포함하여) 동물의 10개 필수아미노산에 포함되며, 동물의 모든 방향족 분자들의 중요한 공급원이 된다.

방향족 아미노산의 생합성은 5탄당 인산 회로의 에리트로오스-4-인산 한 분자와 해당 과정의 포스포엔올피루브산(phosphoenolpyruvate, PEP) 한 분자의 축합으로 시작된다. 그 결과 생성된 7탄당은 고리화 된 후 환원되어 이 과정의 이름이 유래된 시킴산이 된다. 코리슴산(chorismate)은 페닐알라닌 그리고 티로신으로 되거나 트립토판으로 되는 결정적인 분지점이 된다. 시킴산 경로는 되먹임 조절(feedback regulation)의 좋은 예가 된다. 이 조절에서 최종산물 분자의 농도가 핵심 효소를 통한 탄소 흐름을 조절한다. 이 경로에서 첫째 핵심 효소는 알돌라제(aldolase)로서 에리트로오스-4-P 인산과 PEP의 초기 중합반응을 촉매한다. 알돌라아제는 세 가지 최종산물인 티로신, 페닐알라닌, 트립토판에 의해 억제된다. 비슷한 방법으로, 코리슴산이 프레펜산(prephenate)으로 전환되는 것은 페닐알라닌과 트립토판 모두에 의해 억제되며, 반면에 코리슴산이 안트라닐산(anthranilate)으로 전환되는 것은 트립토판에 의해 억제된다.

이 과정 중의 흥미있는 다른 반응은 시킴산이 3-엔올피루빌시킴산-5-인산(3-enolpyruvyl shikimate-5-P)으로 되는 반응 중 두번째 단계이다. **3-엔올피루빌시킴산-5-인산 생성효소(3-enolpyruvylshikimate-5-phosphate synthase; EPSPS)**는 제초제인 글리코포세이트(glyphosate, 시장에서 라운드업(RoundUp™)으로 판매됨)에 의해 억제된다. 글리코포세이트를 처리한 식물은 방향족 아미노산과 그 유도체, 특히 단백질을 합성하지 못해 죽게 될 것이다.

27.4.2 단순 페놀 화합물들은 해당 아미노산의 탈아미노된 형태이다

대부분의 2차 페놀 화합물의 합성은 페닐알라닌이 신남산(cinnamic acid)으로 되는 탈아미노 반응으로 시작된다(그림 27.14, 27.15). 이 반응을 촉매하는 효소인 **페닐알라닌 암모니아 분해효소(phenylalanin ammonia lyase; PAL)**는 단백질의 합성과 같은 1차 대사로부터 온 탄소를 페닐프로파노이드의 생산 쪽으로의 전환을 효과적으로 조절하기 때문에 중요한 효소이다. 다른 과정인 티로신이 p-OH-신남산이 되는 탈아미노 반응은 독점적인 것은 아니지만 초본에 주로 한정되어 나타난다.

신남산은 수산기의 첨가로 쉽게 p-OH-신남산으로 바뀐다(그림 27.15). 수산기와 메톡시(methoxy)가 순차적으로 첨가되면 각각 카페인산과 페룰산(ferulic acid)이 만들어진다. 이 네 가지 단순 페놀 화합물은 거의 축적되지는 않는다. 이들의 중요한 기능은 쿠마린, 리그닌, 탄닌, 플라보노이드, 이소플라보노이드와 같은 더 복잡한 유도체들의 선구물질이 되는데 있는 것 같다.

27.4.3 쿠마린과 쿠마린 유도체들은 항응고제로 작용한다

쿠마린(coumarin, 그림 27.16)은 벤조피라논(benzopyranone)이라는 락톤(lactone) 계열이다. 1,500가지 이상의 쿠마린 물질이 800종 이상의 식물에서 알려져 있다. 쿠마린 합성 경로는 해당 효소들과 유전자들이 아직 밝혀지지 않았기 때문에 명확하지 않다. 하지만 가장 간단한 형태인 쿠마린과 7-OH-쿠마린(엄벨리페론, umbeliferone)은 시남산과 p-쿠마르산의 ortho-수산화와 고리화 반응을 통해 각각 합성된다(그림 27.17).

쿠마린 일족에 포함된 물질들은 항균제, 식욕억제제, 발아억제제로 작용한다. 가장 단순한 구조의 쿠마린은 금방 베어낸 건초에서 특징으로 나타나는 향긋한 냄새를 유발한다. 또한 쿠마린은 파이프 담배, 차와 다른 제품의 향기를 내는 데 사용되는 베르가못

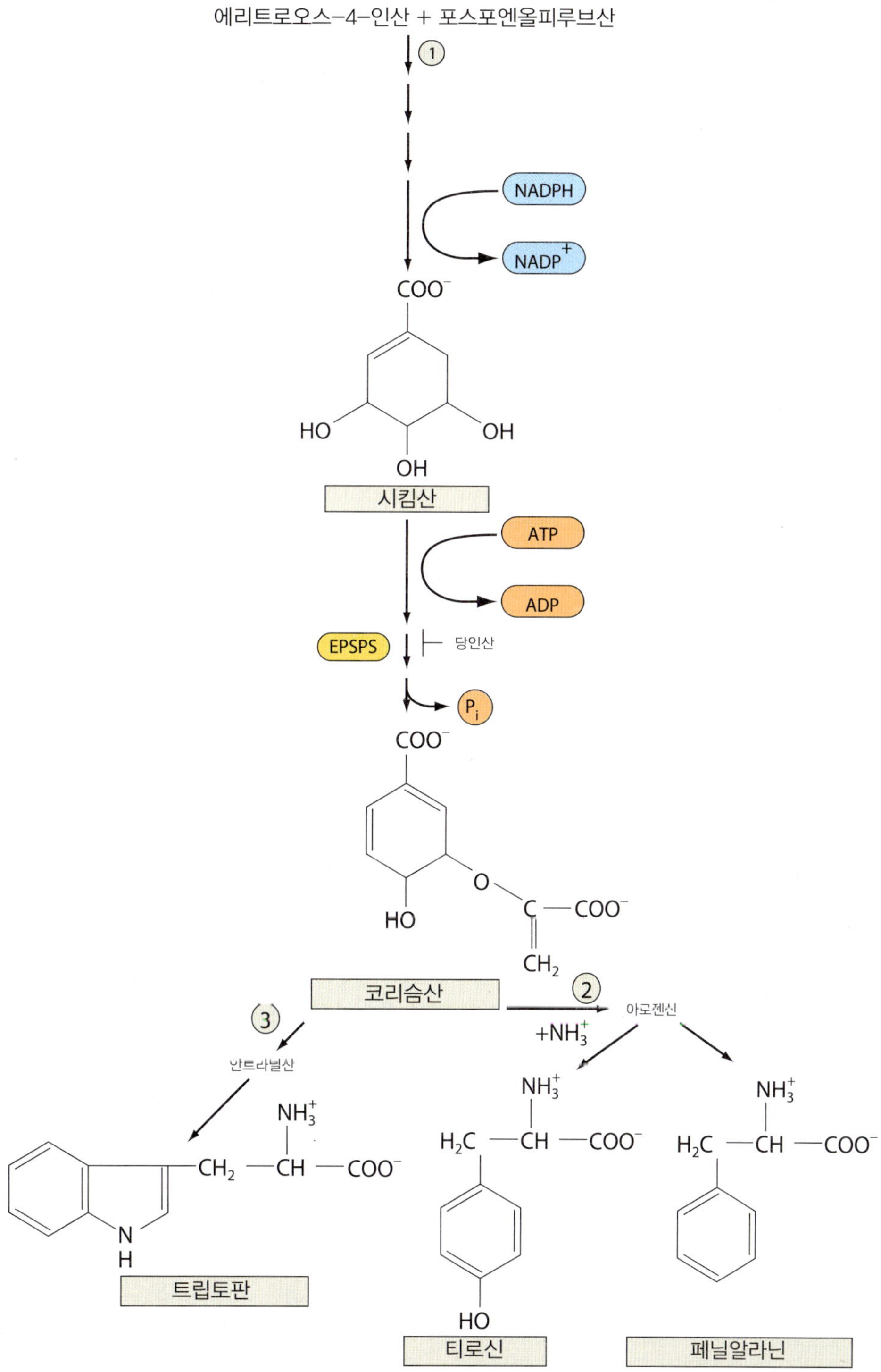

그림 27.13 식물에서 방향족 아미노산을 합성하기 위한 시킴산 경로. 최초의 전구체는 5-탄당 인산 생합성 과정에서 온 erythrose-4-P와 해당 과정에서 나온 포스포에놀피부르산이다. 1, 2, 3으로 표시된 효소들은 되먹임(feedback)억제에 의해 조절을 받는다. 따라서 그것들은 이 경로에서 중요한 조절 효소들이다. 효소 (1) 3-deoxyarabino-heptulosonate-7-phosphate synthase; (2) anthranilate synthse; (3) chlorismate mutase. 시킴산을 코리슴산으로 전환하는 세 반응의 두 번째를 촉매하는 효소인 EPSP 합성효소는 제초제 글리포세이트에 의해 억제된다. 따라서 글리포세이트는 아미노산인 티로신과 페닐알라닌의 합성을 방해한다.

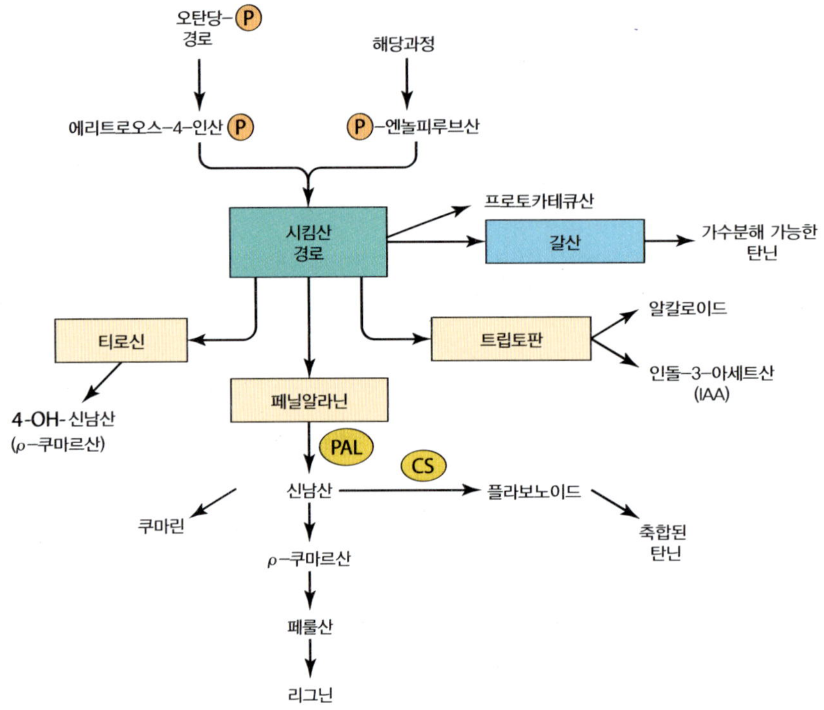

그림 27.14 시킴산 경로는 수많은 1차와 2차 대사 물질의 합성에서 중심적인 역할을 한다. PAL=phenylalanine ammonia lyase(페닐알라닌 암모니아 분해효소). CHS= chalcone synthase(칼콘 생성 효소).

(bergamot) 기름의 성분이다. 쿠마린 자체는 약한 독성을 가지지만, 쿠마린의 많은 유도체는 매우 독성이 강하다. 유도체 중 하나인 **디쿠마롤(dicoumarol**, 그림 27.16)은 전동싸리(Melilotus spp.)를 포함한 건초에 곰팡이가 피면 흔히 발견된다. 디쿠마롤은 혈액 응고에서 필수 조효소인 비타민 K를 저해하여 소에게 치명적인 출혈을 일으킨다. 1940년대에 디쿠마롤의 발견은 쥐의 독약으로 널리 사용되는 합성 쿠마린의 유도체인 와파린(Wafarin™)을 개발하는데 기여했다. 고등 식물에 가장 널리 퍼져 있는 쿠마린인 스코포레틴(scopoletin; 그림 27.16)은 주로 종자 껍질에 존재한다. 이것은 발아가 진행되기 전에 종피에서 반드시 배출되어야 하는 발아 억제제인 것 같다.

가장 맹독성의 쿠마린 유도체는 식물이 아닌 곰팡이에서 발견된다. *Aspergillus flavus*라는 곰팡이는 가축 사료, 땅콩, 옥수수와 같은 음식물에 쉽게 감염된다(특히, 옥수수는 유럽산 옥수수 딱정벌레에 의한 일차 피해 이후에 감염된다). *Aspergillus*에 의한 공격은 아플라톡신(aflatoxin, *A. fla*. + toxin)이라는 곰팡이 독을 생성하는데, 이는 가장 강력하고 발암성인 자연산 독성인 것으로 알려져 있다(그림 27.16). 10억분의 6 내지 15(ppb, 6~15 μg kg^{-1}) 정도의 극소량의 아플라톡신에 오염된 옥수수를 먹어도 죽을 수가 있다. 아플라톡신은 여러 가지 효과를 보인다. 이 독소는 돌연변이 유발성이며, DNA에 결합하여 RNA 전사를 억제하며, 호르몬의 결합 부위에 대해 경쟁적이며, 면역 체계를 해치며, 간과 신장에 유해하다. 땅콩 가공품들은 인간에 대한 주요 아플라톡신 공급원이기 때문에, 미국의 경우 모든 날 땅콩 또는 껍질채의 땅콩들은 아플라톡신 함량에 대한 조사를 반드시 받아야 한다. 가축 사료에서 아플라톡신은 또 다른 문제를 일으키는 요인이 된다. 아플라톡신을 섭취한 가축은 똑같은 정도의 맹독성을 지닌 또 다른 독소로 전환시켜 우유로 방출한다.

27.4.4 리그닌은 2차 세포벽의 주요 구성 물질이다

리그닌(lignin)은 **모노리그놀(monolignol)**로 알려진 세 가지의 단순한 페놀 알코올(phenolic alcohol)로 구성된 가지가 많은 중합체이다(그림 27.18). 나자식물의 리그닌은 주로 코니페릴(coniferyl)알코올 단위체로 구성되어 있는 반면에 피자식물의 리그닌은 코니페릴과 시나필(sinapyl) 알코올 단위체가 혼합되어 있다. 이 알코올들은 식물체에 보편적으로 존재하는 효소인 **퍼옥시다아제(peroxidase)**에 의해 자유 라디칼로 산화된다. 다음으로 이 자유 라디칼들은 자발적이며 무작위적으로 반응하여 리그닌을 형성하게 된다.

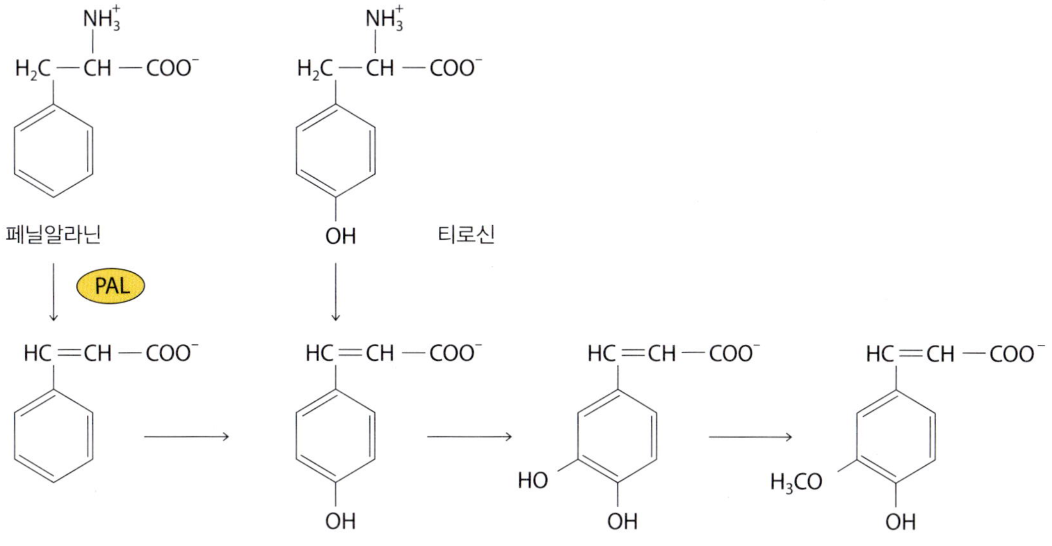

그림 27.15 페놀성 화합물. 페닐프로파노이드 페닐알라닌의 탈아미노화와 그 뒤에 일어나는 수산화는 p-쿠마르산을 형성하는 처음 두 단계이다. 초본류에서 p-쿠마르산은 티로신의 탈아미노화에 의해 직접 형성될 수 있다. 페닐알라닌 암모니아 분해효소(phenylalanine ammonia lyase, PAL)는 단백질 생합성으로부터 페닐프로파노이드 생합성으로 들어가는 페닐알라닌의 전환을 조절하는 효소로서 섬세하게 조절된다.

리그닌은 세포벽, 특히 물관부 중 물관 요소(tracheary element)의 2차벽에서 발견되는데, 여기서 리그닌은 나무 줄기에 기계적 강도와 딱딱함을 부여한다. 사실상 나무의 목재를 만드는 것은 리그닌이다. 리그닌은(섬유소 다음으로) 매우 풍부함에도 불구하고, 그 구조는 잘 이해되어 있지 않다. 리그닌은 매우 큰 중합체이며, 물과 대부분의 유기 용매에 녹지 않고 상당히 분해가 일어난 상태로만 추출할 수 있다. 더욱이 세 가지의 기본 단위체(monomer)는 다양한 방법으로 서로 연결되어 가지가 많은 구조를 형성한다. 그 구조는 눈송이처럼 매우 복잡하여 각각의 리그닌 '자'는 서로 다르다. 같은 이유로 모노리그놀은 서로 광대한 연결을 형성할 수 있으므로 리그닌 중합체는 다른 세포벽 중합체와 많은 교차결합을 이룰수 있다. 그 결과 목재화된 나무줄기는 높은 기계적 강도를 가지며 단단하며 목재를 만드는 것은 실제로 리그닌이다.

리그닌의 중요한 기능은 구조적인 것이지만 방어 물질로 관여하는 것으로도 보인다. 리그닌 자체도 섬유소와 헤미셀룰로오스(hemicellulose)에 공유 결합으로 연결되기 때문에, 초식 동물에 의해 쉽게 소화되지 않을 뿐만 아니라 이 두 중합체의 소화도 감소시킨다. 곰팡이 병원균이 숙주 세포에 침입할 때 숙주 세포벽을 효소로 분해하여 침입하게 된다. 몇몇의 연구는 곰팡이가 침입하는 부위에 리그닌과 페놀 유도체가 축적되는 것을 보여 주었는데, 아마도 세포벽의 분해 속도를 늦추는 것 같다.

27.4.5 플라보노이드(flavonoid)와 스틸벤(stilbene)은 나란한 생합성 경로를 갖는다

6장에서 이미 언급한 바와 같이, 플라보노이드에는 수분을 매개하는 곤충을 유인하는 데 기여하는 안토시아닌 색소들과 피토알렉신 또는 항생·항균제로 작용하는 이소플라보노이드들이 포함된다. 뿌리혹 세균(rhizobia)과 숙주 식물 뿌리 간의 공생자 인식에 플라보노이드가 역할을 한다. 식물에게 UV를 조사하면 플라보노이드의 함량이 증가한다는 것이 밝혀졌는데, 플라보노이드가 해로운 UV-B를 차단하여 보호하는 수단을 제공할 것이라고 제안되었다.

플라보노이드(flavonoid)는 매우 다양한 기능을 갖는 매우 다양한 페놀 유도체들을 말한다(4,500종 이상의 플라보노이드가 현재까지 알려져 있다). 하지만 생화학적으로 플라보노이드는 공통적으로 A, B, C로 표시된 3개의 고리로 구성되어 있다(그림 27.19). 고리 B와 3개의 탄소 연결부(고리 C)는 페닐알라닌과 *p*-쿠마르산을 거쳐 시킴산 경로로부터 유도된다. A 고리를 구성하는 6개의 탄소는 **말로닐 CoA(malonyl-CoA)** 복합체의 형태로 **말론산(malonic acid)**으로부터 유도된다(말로닐 CoA는 지방산 합성

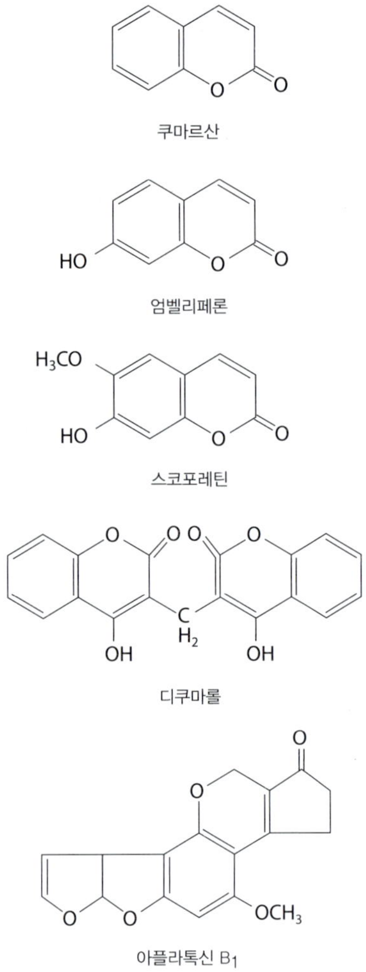

그림 27.16 쿠마린(coumarins). 70여 과의 식물에서 300가지 이상의 쿠마린이 보고되었다. 쿠마린과 7-수산화 쿠마린(umbelliferone)은 각각 신남산과 *p*-쿠마린 산에서 만들어진다. 스코폴레틴(scopoletin)은 식물에 가장 광범위하게 존재하는 쿠마린이다. 디쿠마롤(dicoumarol) 유도체와 합성 쿠마린들은 심장병환자들의 혈액응고 억제에 사용된다. 아플라톡신 B_1(곰팡이 독, mycotoxin)은 자연계에 존재하는 물질 중 가장 강력한 발암성과 독성을 지닌 화학물질 중 하나이다.

에서 중요한 중간 산물이다). 중심 효소는 **칼콘 생성효소(chalcone synthase; CHS)**이다. CHS는 3분자의 말로닐 CoA와 한 분자의 *p*-쿠마릴 CoA로부터 4,2,4′, 6′-테트라히드록시 칼콘 또는 나린게닌 칼콘(naringenin chalcone)을 만드는 단계적인 축합 과정을 촉매한다. 칼콘(chalcone)은 C_6–C_3–C_6 형태이며 고리 C는 아직 닫혀지지 않은 상태이다. 칼콘(chalcone isomerase)는 그 다음 C 고리의 닫힘을 촉매하여 나린게닌을 만든다. 나린게닌은 안토시아닌(anthocyanin) 색소뿐 아니라 켐페롤(kaempferol), 케르시틴(quercitin)과 같은 플라보놀(flavonol)의 선구물질이다.

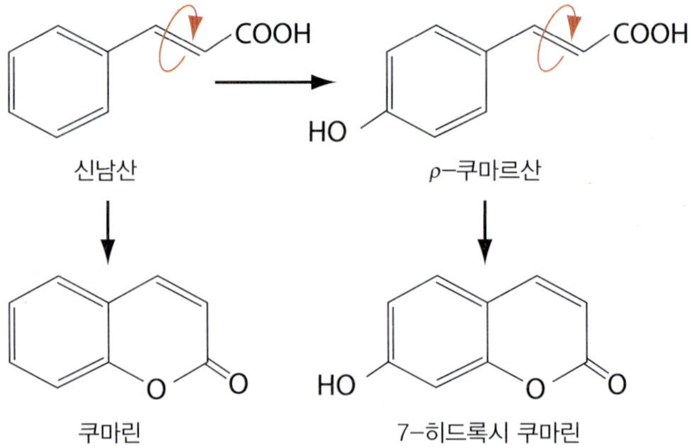

그림 27.17 쿠마린의 생합성. 쿠마린과 7-수산화 쿠마린(umbelliferone)은 각각 신남산과 *p*-쿠마린 산으로부터 합성된다. 이 생합성 과정에는 trans/cis-이성체화 또는 측쇄에 있는 C–C 이중결합을 중심으로 한 회전과 잇따른 고리의 폐쇄가 포함되어 있다.

스틸벤(stilbene)은 C_6–C_2–C_6 화합물 그룹으로, 나무의 심재(心材, heartwood, 색깔이 다른 나무의 중심부)에 대한 곰팡이의 침입을 방어하는 역할을 한다. 스틸벤은 세포들이 리그닌화한 뒤에도 나무의 심재로 계속해서 침투하는 몇 가지 페닐프로파노이드 유도체들 중 하나이다. 스틸벤은 감염성 곰팡이와 곤충이 침입하는 변재(邊材, sapwood)에도 축적됨으로써 방어 역할을 수행한다. 이 경우 스틸벤은 침입한 곰팡이나 곤충이 퍼지는 것을 막는 것같다. 스틸벤 생합성은 플라보노이드와 마찬가지로 말로닐-CoA 단위체가 신나모일-CoA 또는 *p*-쿠마로일-CoA와 연속적으로 중합되면서 이루어진다. 하지만 이 경우 해당 효소는 **스틸벤 생성효소(stilbene synthase)**이다.

27.4.6 탄닌은 단백질을 변성시키며 음식에 떫은 맛을 갖게 한다

탄닌(tannin)이라는 이름은 동물 껍질을 무두질하여 가죽으로 만들 때 식물의 추출액을 사용했던 역사적 관습에서 유래하였다. 이러한 추출액에는 단백질에 결합하여 변성시키는 페놀 유도체가 포함되어 있다. 현재 탄닌은 응축된 탄닌과 가수 분해되는 탄닌의 두 부류가 알려져 있다. 응축된 탄닌은 플라보노이드 구성 단위가 강한 탄소–탄소 결합으로 연결된 중합체이다. 이런 결합은 가수분해되지 않지만 강한 산에 의해 산화되어 안토시아니딘(anthocyanidin)을 방출한다. 가수분해되는 탄닌의 구조적 기본 단위는 당(일반적으로 포도당)으로, 당의 수산화기는 갈산(gallic acid)에 에스테르 결합을 하고 있다(그림 27.20). 갈산 잔기는 다시 결합

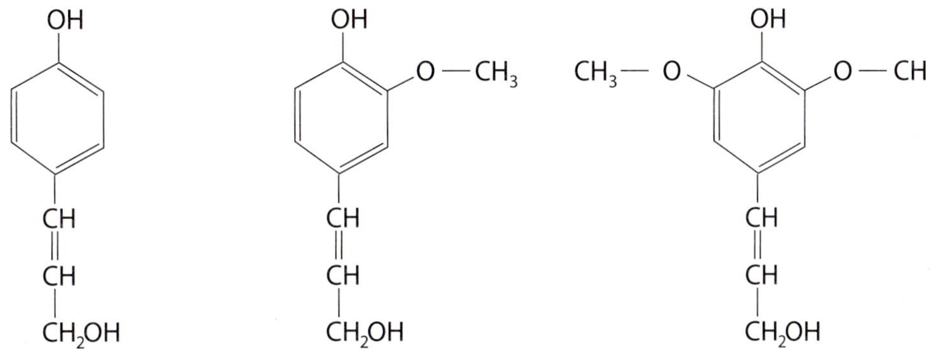

쿠마릴 알코올　　　코니페릴 알코올　　　시나필 알코올

그림 27.18 모노리그놀은 중요한 리그닌 단량체들이다. 광범위한 교차결합이 고리에 있는 알콜기와 이중 결합된 탄소 원자 사이에서 가장 흔히 형성된다.

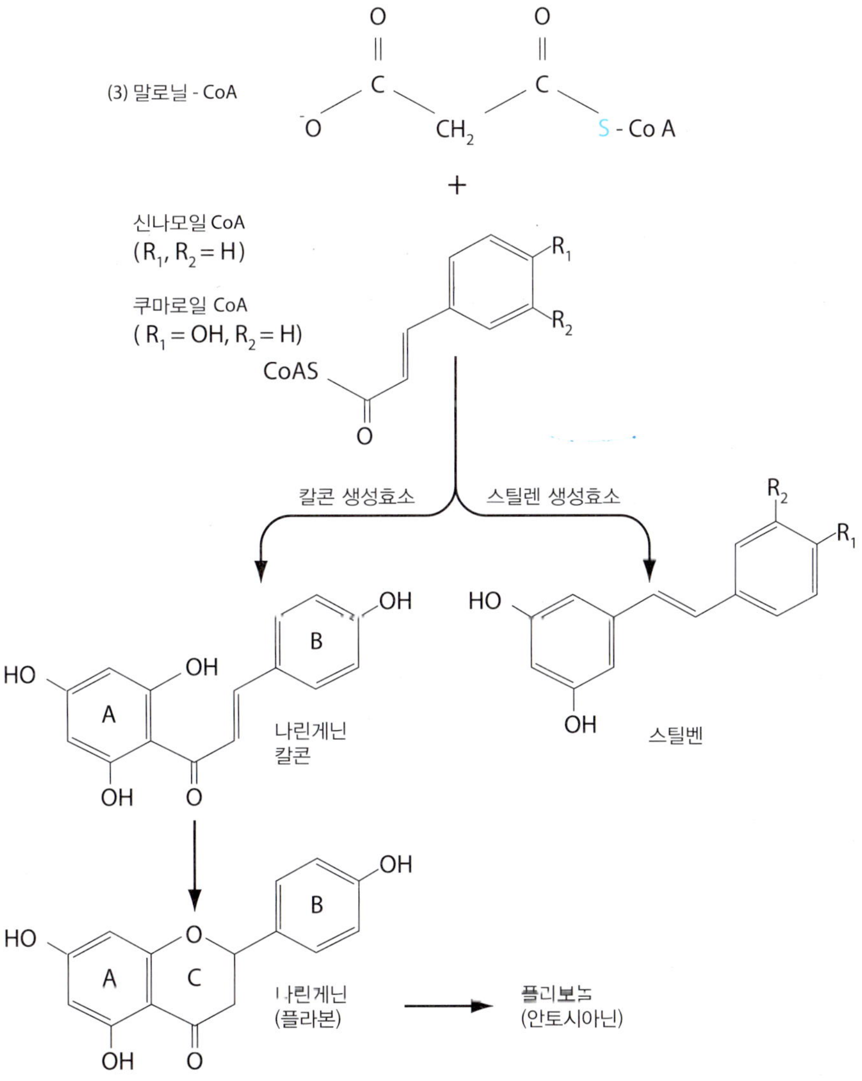

그림 27.19 플라보노이드의 고리구조와 스틸벤들은 모두 3 분자의 말로닐-조효소 A(malonyl-coenzyme A; CoAS)가 신나모일-조효소 A 또는 *p*-쿠마로일-조효소 A와 연속적으로 중합반응함으로써 합성된다. 말로닐-CoA는 긴사슬 지방산 합성의 첫 단계인 아세틸 CoA의 카복시화에 의해 생성된다.

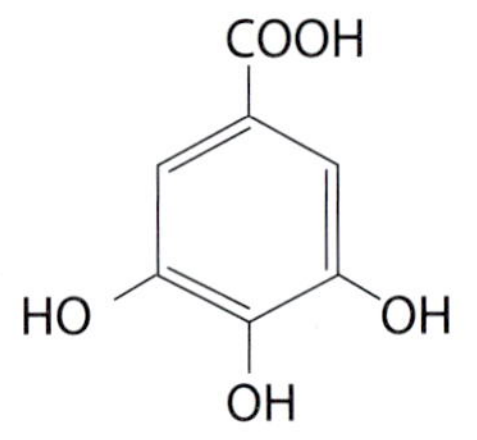

갈산

그림 27.20 갈산(gallic acid)은 가수분해성 탄닌의 기본 구조 단위이다.

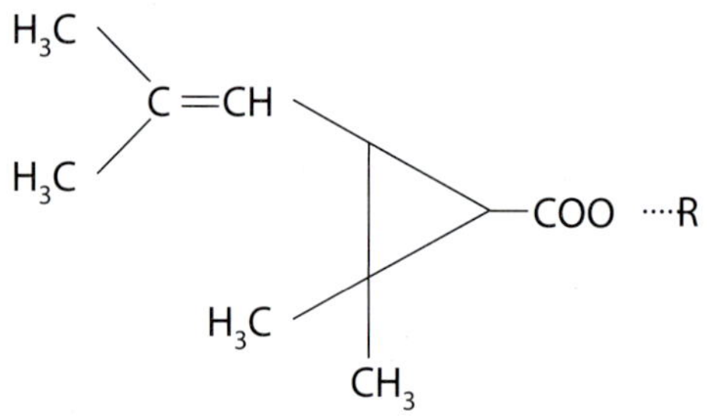

피레스린 I

그림 27.21 피레스린(pyrethrin, 모노테르페노이드 에스터)은 유기 살충제로 흔히 사용된다. 피레스린은 *Chrysanthemum cineraiifolium*(Asteraceae)의 건조되고, 개화하지 않은 꽃머리에서 추출된다.

하여 광범위하게 교차 결합된 중합체를 형성한다.

다른 페놀류처럼 탄닌의 생물적 역할도 분명치 않다. 탄닌은 많은 동물들에 의해 탄닌을 가지지 않은 식물과 같이 있을 때, 탄닌을 함유한 식물이 포식되는 것을 줄게 한다. 이러한 효과는 탄닌의 잘 알려진 특성인 떫은 맛(강하면서 약간 불쾌한 입안의 자극)과 관련이 있는 것 같다. 탄닌의 수렴성질은 커피, 차, 그리고 포도주처럼 음료뿐 아니라 많은 과일의 맛의 한 성분이다. 또한 탄닌은 사료의 이용 효율이나 생장 속도 및 생존도 억제하는 경향이 있다. 관례적으로 탄닌은 음식 단백질의 소화를 억제하는 것으로 알려져 있는데 아마도 장(gut) 속의 단백질과 결합하기 때문인 것 같다. 그러나, 다른 증거는 이런 해석에 의문을 제기하면서, 탄닌에 아직 알려지지 않은 어떤 다른 방식으로 독성이 있을 것이라고 제안하고 있다.

27.5 2차 대사산물은 곤충과 질병에 대항하는 활성이 있다.

27.5.1 어떤 테르펜과 이소플라본은 살충활성과 항미생물활성을 가진다.

잘 알려져 있고 흔히 사용되는 자생곤충독소들 중 하나가 *Chrysnathemum*(또는 *Pyrethrum*) *cineraiifolium* 꽃의 씨방에서 만들어지는 모노테르펜 에스터인 **피레스린(pyrethrin)**이다(그림 27.21). *C. cineraiifolium*은 몬테네그로, 일본, 동아프리카에서 널리 재배되고, 그 곳에서 개화하지 않은 꽃봉오리가 건조되고 가루가 된다. 피레스린은 곤충 신경막의 나트륨 통로를 방해하는 신경독이다. 피레스린은 포유류에 대한 상대적으로 낮은 독성 때문에 민간에 널리 알려진 유기 살충제이다. 또한 자생 피레스린은 산화에 의해 쉽게 무독화되고, 따라서 환경에 남아 있지 않는다.

그 자체는 살충제가 아니지만 다른 많은 테르펜이 곤충의 침입에 대해 식물이 물리칠 수 있도록 도와준다. 많은 식물들이 부가적으로 독성이 있거나 또는 방충대사물질을 생산하여 곤충의 공격에 반응한다. 불행하게도 어떤 경우에는 화학적 방어물이 식물을 공격할 수도 있다. 곤충이 저항을 진화시킴으로써, 곤충이 먹어도 탈나지 않는 숙주를 찾아낼 수 있도록 만드는 숙주인지 단서로 이 화합물을 사용할 수 있다.

적어도 플라본의 한 그룹인 **이소플라본(isoflavone)**은 항미생물활성으로 알려지게 되었다(그림 27.22). 이소플라본은 다른 화학구조를 가진 화합물들로 구성된 몇몇 부류의 하나이고, 식물에 박테리아나 곰팡이가 감염되었을 때 그 확산을 제한하게 만드는 **피토알렉신(phytoalexin)**으로 알려져 있다. 피토알렉신은 일반적으로 없거나 있더라도 매우 낮은 농도로 존재하나, 박테리아와 곰팡이 병원체의 침입 후에 급속히 합성된다.

피토알렉신 대사의 자세한 부분은 아직 명확치 않다. 곰팡이 또는 박테리아 기원의 여러가지 작은 탄수화물, 당단백질, 단백질들이 피토알렉신의 합성을 식물이 시작할 수 있도록 자극하는 **유도인자(elicitors, 라틴어 elicere, 유인)** 역할을 한다. 곰팡이 *Phytophthora*를 감염시킨 대두 세포의 연구는 곰팡이 유발자가 이소플라본의 합성에 관여하는 효소들의 mRNA 전사를 개시한다는 것을 보여 주었다. 피토알렉신의 생산은 공통의 방어 기구인 것 같다. 콩과(Leguminosae)에서는 이소플라본이 우세한 피토알렉신이

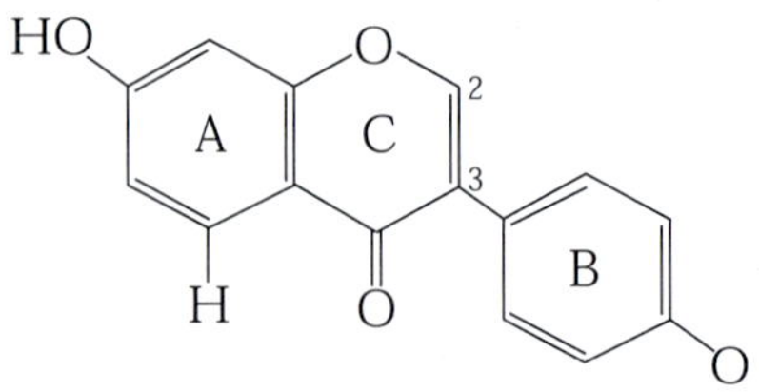

그림 27.22 붉은 클로버(*Trifolium pratense*)에서 추출한 이소플라본 포르모노네틴의 구조. 플라본에서, B 고리는 C 고리의 2번 위치에 붙어 있다. 이소플라본에서, B 고리는 C 고리의 3번 위치에 붙어 있다.

지만 Solanaceae와 같은 다른 과에서는 테르펜 유도체가 이용되는 것 같다.

27.5.2 잠재적 병원균의 인식

13장에서 이미 논의한 바와 같이, 식물이 곤충이나 잠재적으로 병원성 생물에 의해 도전받게 되면 **과민반응**(hypersensitive reaction)으로 응수한다. 이 과민 반응은 침입한 병원균의 확산을 제한하는 침입부위의 괴사성 손상을 포함하는, 세포벽과 다른 요소들의 구성과 특성을 변화시키는 것이 특징이다. 과민반응이 발달 반응의 한 형태이므로 신호의 인지와 전달 과정이 포함될 것으로 가정해야 한다.

감염에 대한 식물의 감수성을 설명하려는 시도들이 질병에는 유전적 원리가 깔려 있다는 것을 밝혔다. 사실 병원균과 잠재적 숙주식물 둘 다 질병에 걸릴지 아닐지를 결정하는 유전자들을 가지고 있고 질병은 단지 그런 유전자들이 적합할 때만 나타날 것이다. 적합성은 **유전자-적합-유전자 모델(gene-for-gene model)**로 설명할 수 있다. 이 모델은 병원성 미생물이 **무독성**(avirulence, Avr) 유전자좌에 우성대립유전자를 지니고 숙주식물이 **저항(resistance, R)** 유전자좌에 상보적인 우성대립유전자를 지니고 있을 때에 만 저항이 일어날 것으로 예측한다(그림 27.23). 우성과 열성 대립형질의 다른 어떤 조합이든 성공적인 감염으로 나아가게 된다. 우성 병원균 무독성 유전자와 우성 식물저항유전자의 조합은 식물에서 과민반응을 일으킨다.

많은 무독성 유전자들이 박테리아와 곰팡이 모두에서 분리되었지만, 이 유전자 산물들의 특별한 기능은 알려지지 않았다. 하나의 가능성은 무독성유전자는 유발자의 생산을 위한 효소들을 암호화하고 저항유전자는 유발자를 인지하는 수용체를 암호화한다는

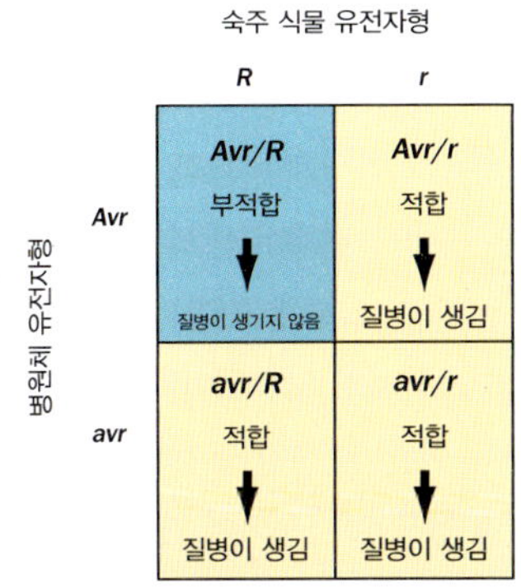

그림 27.23 유전자-적합-유전자 모델(gene-for-gene model)은 병원체와 숙주 간의 부적합성은 병원체에는 상보적인 우성의 무독성 유전자 그리고 숙주에는 저항유전자가 요구될 것으로 예측한다. 다른 모든 유전자형들은 적합하고 병원체에 의한 숙주 침입이 일어난다. 즉, 병이 나타난다.

것이다. 다양한 유발자들이 확인되었으며 대부분은 일반적으로 박테리아와 곰팡이의 세포벽과 관련되는 세포의 산물이다. 예를 들면, 곰팡이 유발자는 β-글루칸, 키토산(키틴 소단위)[1] 그리고 아라키돈산(불포화지방산)을 포함하고 있다. 다른 유발자들은 다양한 탄수화물, 당단백질, 작은 펩타이드들을 포함한다. 심지어 식물세포벽 펙틴의 초기 분해 결과로 생긴 펙틴조각이나 기계적 손상도 과민반응을 유발할 수 있다.

식물세포에 의한 유발자의 인식은 세포막에서 일어나는 것 같다. 이 정보를 유전자 전사를 수행하기 위해 이 정보를 핵으로 중계하는데는 어떤 형태의 신호전달 경로가 필요할 것으로 예상된다. pH와 이온 유동(특히, 칼륨과 칼슘)의 변화를 포함해서 여러 가지 일반적인 신호대리자들이 제안되었다. 예를 들면, 배양세포가 곰팡이 유발자에 노출되면 일시적인 Ca^{2+}의 흡수(그리고 K^+ 배출)가 관찰된다. 더욱이 방어 관련 유전자들의 발현도 세포내 Ca^{2+} 수준을 조절함으로써 조절할 수 있다. 따라서 Ca^{2+} 이온 통로구를 사용하여 Ca^{2+} 흡수를 촉진함으로써 방어 반응을 활성화시킬 수 있고, Ca^{2+} 통로를 차단함으로써 억제할 수 있다. 유발자 처리 세포에서 나타나는 다른 초기 사건에는 단백질 인산화와 산화적 폭발(oxidative burst)로 알려진 활성산소종(O_2^-와 H_2O_2)의 생산이 있다. 이런 다양한 신호들의 정확한 역할과 이런 신호 연쇄반응에서 신호들이 어떻게 상호작용하는지는 아직 알려지지 않았다. 이 주제는 많은 연구실에서 활발히 연구되고 있다.

27.5.3 살리실산, 시킴산 유도체는 전신획득저항을 일으킨다.

많은 경우에 과민 반응은 **전신획득저항(systemic acquired resistance, SAR)**으로 알려진 감염에 대한 일반 면역으로 이끈다(13장). 증거의 대부분은 SAR의 신호가 살리실산(SA) 또는 살리실산의 휘발성 메틸 유도체인 메틸 살리실레이트이다. SAR에서 SA 역할이 몇몇의 연이은 증거로 드러났다. 예를 들면, SAR의 특성은 방어관련 유전자(defense-related genes)의 활성화와 그들의 산물인 발병관련(pathogenesis-relate, PR) 단백질들의 등장과 함께 SA 수준의 증가이다. 더불어, SA는 효소에 의해 촉매되는 반응인 코리스메이트(chorismate)에서 이소코리스메이트(isochorismate)를 거쳐 합성된다. 그러나 SAR 유도 후에 SA를 축적하지 않는 돌연변이 *Arabidopsis*는 이 효소가 결핍된 것으로 나타났다. 돌연변이된 이소코리스메이트 합성 효소 유전자를 가진 식물이 감염되었을 때의

[1]대부분의 곰팡이 세포벽에 있는 주 탄수화물은 셀룰로오스가 아닌 키틴이다. 키틴은 셀룰로오스와 비슷한 미세섬유를 형성하는 N-아세틸글루코사민의 중합체이다.

SA의 축적은 야생형 식물의 5~10%를 넘지 못하고 전신저항은 심각하게 감소한다.

SAR의 분자 유전학과 생화학은 연구에 의해 천천히 드러나고 있다. 중추적인 선수는 조절 단백질 NPR1(NON EXPRESSOR OF PATHOGENESIS-RELATED GENES1)이다. *NPR1*은 식물 전체에 걸쳐 낮은 수준으로 발현되지만 그것의 mRNA 수준은 병원균감염이나 살리실선 처리 후에 2~3배 정도 증가한다. 또한 살리실산에 반응하지 않는 몇몇의 돌연변이 *Arabidopsis*에는 *NPR1* 유전자에 돌연변이가 있을 것으로 밝혀졌다. *NPR1* 단백질은 전사인자들 중 TGA 족으로 알려진 전사인자들의 그룹과 상호작용한다. 이 상호작용은 살리실산이 필요하고 PR 유전자의 전사를 촉진한다.

특별히 흥미있는 것은 세포의 산화환원 상태의 변화가 NPR1/TGA 상호작용에서 중요한 역할을 담당한다는 최근의 발견이다. 초기의 활성산소종의 폭발에서 더 환원성 환경으로 세포의 산화환원 퍼텐셜의 변화가 살리실산에 의해 유도되고, 이 변화가 NPR1을 세포질에서 TGA 전사 인자들이 상호작용하는 핵으로 이동하는 것을 개시함으로써 PR 유전자들의 전사를 촉진하는 것으로 보인다.

27.6 재스모네이트는 유비퀴틴 관련 단백질 분해와 연결되어 있다.

13장에서 이미 다룬 바와 같이, 곤충과 질병에 대한 식물의 저항은 또한 집합적으로 재스모네이트로 알려진 지방산 유도체인 **재스몬산(jasmonic acid)**과 메틸 에스테르인 **메틸-재스모네이트(methyl-jasmonate)**에 의해서도 달성된다(그림 13.16). 재스모네이트는 분리된 보리 잎 조각의 노화를 촉진하는 능력 때문에 최초로 알려졌지만, 질병 저항에서의 역할은 세포 배양에서 피토알렉신 생합성이 재스몬산 함량과 연결되었을 때 제안되었다. 지금은 재스몬산이 상처난 식물에서 그리고 많은 유발자들로 처리한 식물에서 축적됨을 알고 있다. 재스몬산은 또한 항균 특성을 가진 단백질들을 암호화하는 많은 유전자들의 활성화와 관련이 있다.

재스몬산은 불포화지방산인 리놀렌산(부록 참조)의 산화와 재배열에 의해 합성된다. 식물막에는 인지질의 지방산 구성성분인 리놀렌산이 풍부하다. 유발자들이 먼저 세포막의 알려지지 않은 수용체에 결합할 것으로 생각된다. 유발자-수용체 복합체는 리놀렌산을 유리하는 세포막에 결합된 포스포리파아제를 활성화한다. 그 다음 재스몬산은 리놀렌산이 연속적인 산화와 고리화가 일어나는 여러 단계를 거쳐 형성된다.

재스모네이트 신호전달의 중심에는 전사억제인자들(JAZ)의 족과 구조적, 기능적으로 T1R1 옥신 수용체와 관련이 있는 F-상자 단백질(COI 1)이 있다(18장). 이런 유사성 때문에 재스모네이트 신호전달에 관한 최근의 모델은 이미 18장에서 설명한 AUX/IAA 전사 억제인자들에 대한 옥신-중개 분해 모델과 아주 닮았다. 이 모델에 따르면 재스모네이트는 E3 유비퀴틴 리가아제(SCF^{COI1})에 JAZ 억제인자 단백질의 결합을 촉진하여, 결과적으로 이 단백질이 유비퀴틴-26S 단백질 분해효소복합체(proteaome)를 통한 분해를 촉진한다. 따라서 재스모네이트-반응 유전자들(jasmonate-responsive genes)이 활성화된다.

27.7 알칼로이드

27.7.1 알칼로이드(alkaloid)들은 화학적으로 이질적인 분자들의 매우 큰 일족이다

알칼로이드(alkaloid) 집단의 분자들은 3가지 주요 성질을 갖고 있다. 물에 녹고, 최소한 한 개의 질소 원자가 있으며, 생물학적 활성이 높다는 것이다. 가끔 질소는 양성자를 받아들여 용액내에서 약간의 염기성을 띠게 만든다(그래서, 이름이 알칼로이드이다). **메스칼린(mescaline)**과 **콜히친(colchicine)**과 같은 몇몇의 (고리형이 아닌) 지방족 질소화합물도 때때로 알칼로이드로 간주되지만 알칼로이드는 대부분 이형고리형이다. 전체적으로 약 12,000종류의 알칼로이드들이 대부분 쌍떡잎 초본류인 약 20%의 현화식물에서 나타난다.

27.7.2 알칼로이드는 일차적으로 이들의 의약학적 적용으로 알려졌다

알칼로이드(alkaloid)란 용어는 실질적으로 '약(drug)'과 동의어이며, 1985년 최근 까지도 상업적인 가장 중요한 식물 기원성 약물 12가지 중 10가지가 알칼로이드이다. 알칼로이드들은 주로 신경전달 물질을 간섭하여 인간에게 다양한 생리적, 심리적 반응을 유발한다. 많은 양을 투여하게 되면 대부분의 알칼로이드들은 독성이 높지만, 적은 양으로는 치료 효과를 가지게 된다.

선사 시대부터 지금까지 알칼로이드나 알칼로이드가 많이 함유된 추출액은 근육 이완제, 신경 안정제, 진통제, 정신 질환제와 같은 다양한 약학적 용도로 사용되어 왔다. 가장 오래전부터 알려져 온 것은 양귀비(*Papaver somniferon*)의 덜익은 씨껍질에서 나오는 액체로 만든 아편(opium)이다. 아편을 포도주와 섞어서 잠을 오게 했다든지 고통을 줄였든지 하는 기록은 이미 기원전 2500년 전 수메르에 나와 있다. 라틴어 솜니페론(somniferon)이라는 양귀비의 종명은 이 물질이 잠을 유도하기 때문에 린네가 붙인 것이다. 아편은 **몰핀**(morphine), **코데인**(codeine), **파파베린**(papaverine)등 20여 가지 이상의 알칼로이드를 포함하는 고무액(latex gum)이다(그림 27.24). 아편을 생산하는 양귀비는 전통적으로 지중해 동쪽의 황금 초생달(Golden Creacent, 현재의 이란, 아프가니스탄, 파키스탄 지역) 지역과 남아시아 일부 지역에서 재배되어 왔다. *Papaver* 속에는 아편 양귀비 이외에 9종이 더 있는데, 이들 대부분이 관상용으로 재배되지만 어떤 것도 의학적으로 관심을 가질만한 알칼로이드를 생산하지는 않는다. 기원전 399년, 그리스 철학자 소크라테스는 알칼로이드인 **코니인**(coniine)을 함유한 독당근(hemlock, *Conium* spp.)의 추출물에 의해 사형을 당했다. 서반구에서는 아즈텍과 그 외의 종족들이 **메스칼린**(mescaline)과 다른 많은 알칼로이드가 포함된 페이옷 선인장(peyote cactus, *Lophophora williamsii*)을 환각용으로 사용하였다.

알칼로이드는 일반적으로 분자내에 존재하는 주요한 고리 형태를 기준으로 분류되어 있다(그림 27.25). 구조적으로 매우 다양함에도 불구하고, 알칼로이드는 한정된 수의 단순한 전구체로부터 생성된다. 대부분의 알칼로이드는 몇몇의 일반적인 아미노산(티로신, 트립토판, 오르니틴, 아르기닌, 리신)으로부터 합성된다. 담배의 알칼로이드인 **니코틴**(nicotine)은 니코틴산에서, **카페인**(caffeine)은 퓨린 유도체로부터 합성된다.

소수의 알칼로이드들은 몇몇의 속이나 심지어는 과에서도 발견되지만, 대부분의 종에는 그들 나름대로의 독특하고 유전적으로 결정된 모양의 알칼로이드를 가진다. 다른 이차 대사 물질처럼, 개개의 알칼로이드들은 특정의 기관, 뿌리, 잎, 어린 열매에 한정되어 존재한다. 그러나 **베르베린**(berberine)은 매자나무(*Berberis vulgaris*)의 종자를 포함하여 여러 기관에서 발견된다. 매자나무는 한때 원예용 울타리로 흔히 사용되었지만, 매자나무의 밝고 붉은 열매에 끌려 이 열매를 먹게 된 어린 닭에게 독이 되기 때문에 지금은 사용되지 않는다.

루피닌(Lupinine) 같은 퀴놀리지딘(quinolizidine) 알칼로이드는 Lupinus 속의 식물에 많이 있어서 종종 루핀 알칼로이드로 불린다. 이런 식물들의 쓴맛은 방목되는 동물들로 하여금 이 식물을 못 먹게 하지만, 루핀(식물)을 뜯어먹는 것이 소에게 중독을 일으키는 가장 흔한 요인으로 알려져 있다. 종자에 알칼로이드가 가장 고농도로 존재하므로 가을에 가축이 가장 많이 죽게 된다. 가축에게 중독을 일으키는 다른 알칼로이드는 **세네시오닌**(senecionine : *Senecio*, **개쑥갓**), **리코토닌**(lycotonine : *Delphinium*, **참제비고깔속**), **스코폴아민**(scopolamine : *Datura stramounium*, **흰독말풀**) 그리고, 검은사리풀(*Hyoscyamus niger*)에서 나오는 **히오스시아민**(hyoscyamine으로 알려진) **아트로핀**(atropine)이 있다. 농작물이라고 해서 반드시 인체에 무해하지는 않다. 가지과 식물들 중 *Daruta, Hyoscyamus* 속의 식물들과 *Atropa belladonna*는 모두 매우 높은 양의 독성 알칼로이드를 함유하고 있다. 식용 가지과 식물인 감자(*Solanum tuberosum*)와 토마토(*Lycopersicum esculentum*)는 스테로이드 계통의 알칼로이드인 α-솔라닌(α-solanine)과 토마틴(tomatine)을 각각 생성한다. 솔라닌 알칼로이드는 콜린에스테라아제(cholinesterase)의 억제제로 작용하여 신경전달을 방해한다. 다행히도 감자 괴경과 토마토 열매에서 이 알칼로이드 함량은 독성 수준 이하로 낮지만, 이들의 초록색 줄기에는 먹을 경우 해가 될 수 있을 만한 상당량의 독이 포함되어 있다. 햇빛을 봐서 초록색으로 변하고 있는 감자 괴경은 해로운 수준의 α-솔라닌을 합성하기 때문에 절대 먹어서는 안 된다.

인돌 알칼로이드(indole alkaloid)는 테르페노이드 알칼로이드로 자주 언급되는데, 그 이유는 비록 기본적인 인돌 고리 구조가 트립토판에서 유래되었지만, 이 분자의 나머지 부분이 메발론산 경로에서 유래되었기 때문이다. 잘 알려진 두 가지 테르페노이드-인돌 알칼로이드인 **빈블라스틴**(vinblastine)과 **빈크리스틴**

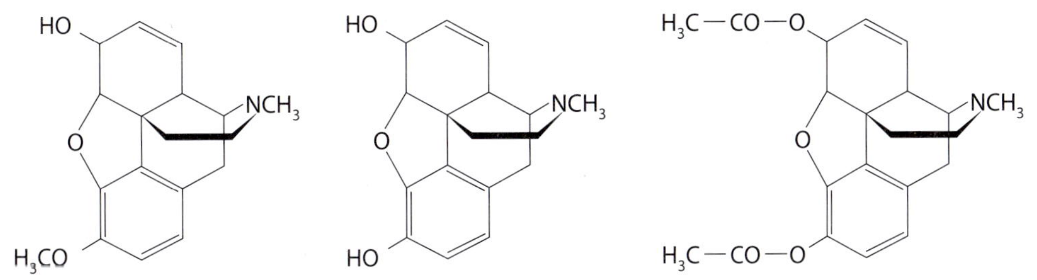

코데인　몰핀　헤로인

그림 27.24 코데인(codeine), 몰핀(morphine), 헤로인(heroin)은 구조적으로 연관이 있는 알칼로이드이다. 코데인과 몰핀은 양귀비(Papaver somniferon) 삭(蒴, seed capsule)에서 추출되는 자연산 알칼로이드이다. 헤로인은 몰핀의 아세틸화를 통해 합성한다. 코데인은 기침을 멈추거나 부분마취를 하는 데 사용된다. 몰핀은 주로 진통제로 사용된다. 헤로인은 원래 19세기 말 몰핀보다 더 효과적인 대용 화학물질을 찾으려는 시도의 일환으로 제약 화학자들에 의해 합성되었다.

알칼로이드 종류		예		다른 대표 화합물
퀴놀린	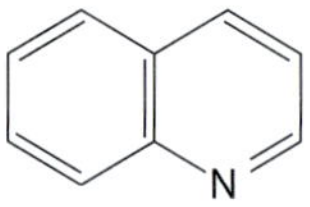	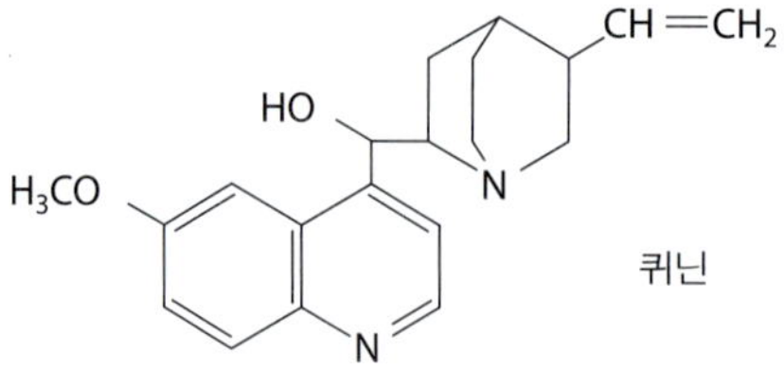	퀴닌	
이소퀴놀린	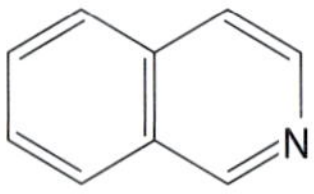	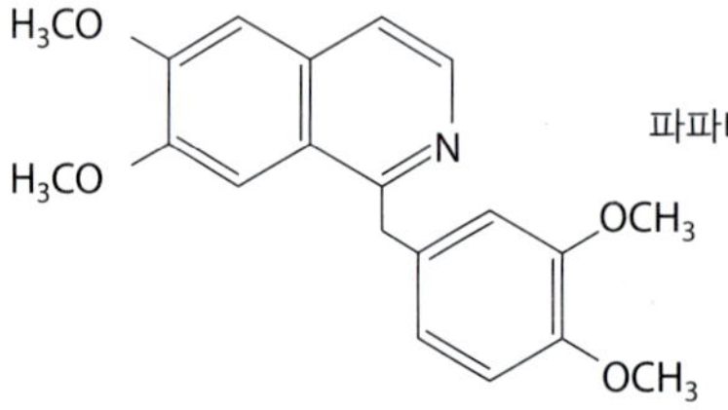	파파베린	몰핀 코데인 베르베린
인돌	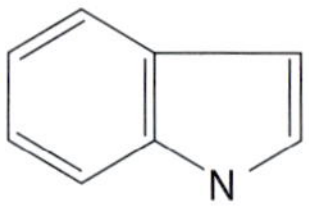	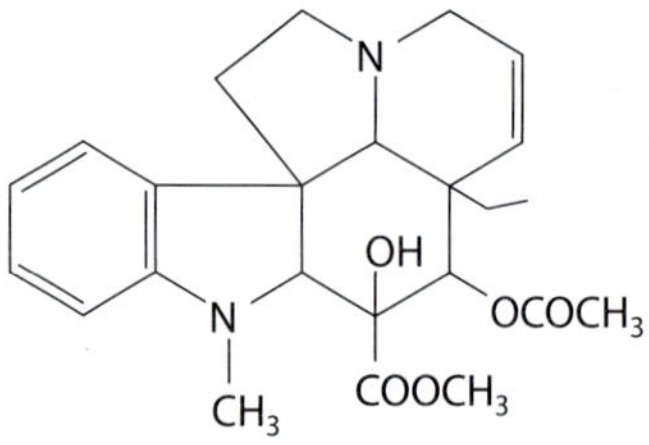	빈돌린	빈블라스틴 레세르핀 스트리키닌
피롤리지덴	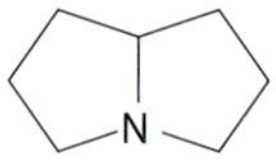	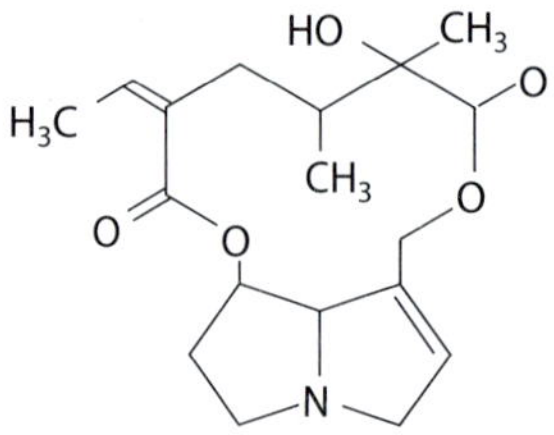	세네시오닌	레트로신
퀴놀리지딘	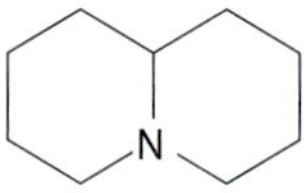	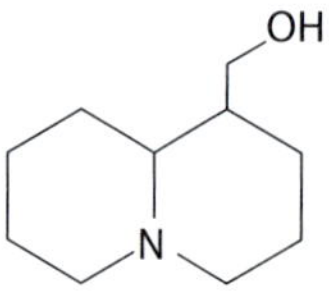	루피닌	시티신
트로판	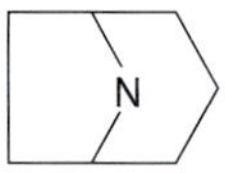	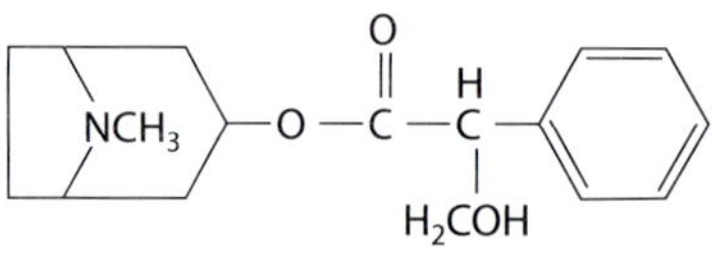	아트로핀	스코폴라민 코카인
피페리딘	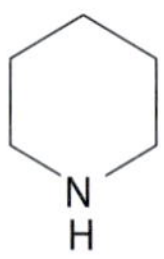	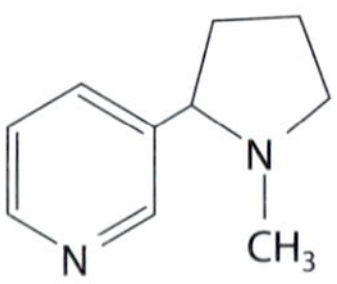	니코틴	코니인
퓨린	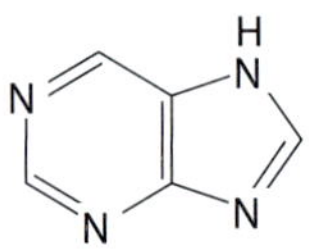	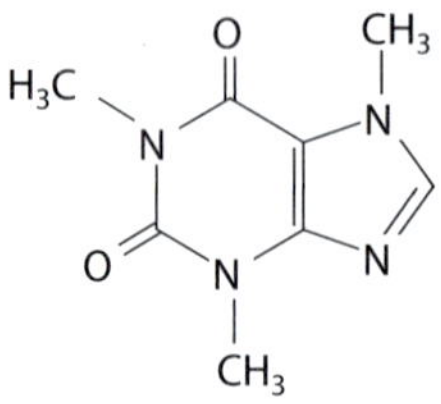	카페인	

그림 27.25 알칼로이드는 화학적으로 다양한 서로 다른 고리 구조를 가지는 질소함유 화합물이다. 고리 구조의 주요 형태에 따라 분류된다.

(vincristine)은 마다가스카르 협죽도과 식물인 *Catharanthus roseus*에 의해 생성된다. 1950년대에 빈블라스틴과 빈크리스틴이 미세소관의 형성을 억제하여 세포 분열을 중기에서 중지시킨다는 것이 발견되었다. 그 이후로 이 물질들은 호지킨스 림프종(Hodgkin's lymphoma), 백혈병, 다른 암들의 치료에 사용되고 있다. 불행하게도, *C. roseus*는 매우 다양한 인돌 알칼로이드를 생산하고, 그 중 빈블라스틴과 빈크리스틴은 매우 적은 부분(잎 건량 중 약 0.5%)을 차지하고 있다. 이것 때문에, 추출과 순수 분리가 어렵고, 비용이 많이 든다. 최근의 노력으로 적절한 비용으로 더 많이 수확할 수 있는 세포 배양 방법을 개발할 수 있었다. 불행하게도 알칼로이드 생성은 종종 조직특이적이어서 세포배양법을 통한 생산은 성공적이지 못했다. 코카나무(*Erythroxylum coca*) 잎에서 추출되는 **코카인(cocaine)**, 양귀비 *Papaver somniferum*에서 추출되는 **코데인(codeine)**, 담배의 **니코틴(nicotine)**, 커피콩과 차잎의 **카페인(caffeine)** 같이 잘 알려진 알칼로이드들은 흥분제나 진정제로 널리 사용되고 있다.

27.7.3 많은 다른 2차 대사물질들처럼 알칼로이드들은 화학적 방어물질로 사용된다.

알칼로이드가 식물 속에서 어떤 특별한 기능이 있는지는 더 논의되어야 할 문제이다. 어떤 식물들은 상당량의 자원, 특히 질소원을 여러 가지 알칼로이드를 생성하는 데 사용하는 것 같은데 아직 이들이 식물의 생리에 어떤 기능을 하는지는 분명치 않다. 하지만 다른 이차 대사 물질과 같이 방어 기능이 있을 것이라는 주장이 다수 있다. 첫째로, 대부분의 알칼로이드들은 쓴맛이 있고, 이 맛은 곤충을 포함하여 모든 동물들에게 보편적으로 혐오감을 주는 것 같다. 둘째로, 모든 알칼로이드들은 생물학적으로 활성이 있고 대부분 상당한 독성이 있다. 예를 들면, 니코틴은 곤충에게 잠재적 독소이며, 인간에 의해 최초로 사용된 살충제 중의 하나이다.

많은 알칼로이드들은 항생 효과를 가지고 있어 식물이 미생물의 감염에 대한 방어용임을 시사한다. 식물체 전체당 알칼로이드 농도는 매우 낮다는 것이 오랫동안 잘 알려져 있으나, 흥미로운 것은 이미 언급한 바와 같이 특정의 기관이나 조직내의 농도는 매우 높을 수 있다는 것이다. 흔히 알칼로이드가 축적되는 조직은 식물체로 볼 때 가장 상처 받기 쉬운 부분(예를 들면, 어린 꽃)이거나, 초식 동물에 의해 가장 먼저 공격 당할 수 있는 주변 조직이다. 어린 양귀비 꼬투리 전체의 몰핀 함량은 2% 보다 적지만, 꼬투리가 상처를 입었을 때 나오는 고무유액에는 25% 또는 그 이상이 될 수 있다. 퀴닌(quinine)은 키나나무(*Cinchona officinalis*)의 겉껍질에 축적되며 인도 사목(蛇木; *Rauwolfia*) 알칼로이드는 뿌리 껍질에 주로 축적된다. 약리적·의학적 가치 때문에 알칼로이드들이 광범위하게 연구되었지만, 아직 생리학과 화학적 생태학(chemical ecology)에 대해서는 여전히 배워야 할 것들이 많이 있다.

요약

식물 대사산물들을 자주 1차 또는 2차 대사물질이라 부르지만 둘 사이의 구분이 쉬운 것은 아니다. 단백질, 지질, 탄수화물, 핵산 같은 1차 대사물질들이 모든 세포들의 기본 대사기구를 구성한다. 엽록소와 리그닌 같은 다른 물질들은 더욱 제한된 영역에서 나타나지만 생물체의 생장과 발달에는 거의 같은 정도로 필수적이다. 이와 다르게 2차 대사물질들은 단지 특수한 조직에서 또는 발달 중의 특별한 단계에서 발견되며 생물체의 발달과 생존에 분명한 역할을 가지지 않는 것 같다.

1차와 2차 대사물질 둘 다를 만들어 내는 두 가지 중요한 대사경로는 메발론산 경로와 MEP 경로 및 시킴산 경로이다. 메발론산 경로와 MEP 경로는 테르페노이드족의 기초가 되는 2가지 5-탄소 화합물인 이소펜테닐 피로인산과 디메틸알릴 피로인산을 만든다. 테르페노이드는 피톨(엽록소 분자의 부분), 막 스테롤, 카르테노이드 색소, 호르몬 지베렐린과 앱시스산과 같은 1차 대사물질을 포함한다. 2차 산물들에는 5-탄소 헤미테르페노이드와 40-탄소 테트라테르펜, 폴리테르펜, 고무, 구타(gutta) 등이 있다.

시킴산 경로는 단백질 합성에 필요한 1차 대사물질인 모든 방향족 아미노산인 페닐알라닌, 티로신, 트립토판을 생산한다. 페닐알라닌 암모니아 분해효소가 촉매하는 페닐알라닌의 탈아미노화에 의해 페닐알라닌이 신남산(cinnamic acid)이 되는 것은 탄소를 효과적으로 1차 대사과정에서 광범위한 2차 대사물질의 합성으로 효과적으로 전환하는 것이다. 이러한 2차 대사물질에는 단순한 페놀산에서 유래한 쿠마린, 리그닌, 탄닌, 플라보노이드, 이소플라보노이드가 있다.

살리실산은 곤충의 초식작용과 병원균의 침입에 대한 과민반응을 일으키는데 관여한다. 유전자-적합-유전자(gene-for-gene) 모델은 병원균과 숙주식물이 각각 우성무독성유전자와 우성반응유전자를 가지게 되면 감염이 일어나지 않을 것으로 예측한다. 이런 감지/신호전달경로의 초기 사건은 방어관련 유전자들의 활성화와 발병 관련(patogenesis-related, PR) 단백질들의 합성이다. 식물면역반응은 전신획득저항(systemic acquired resistance, SAR)으로 알려진 일반면역반응의 발달로 이어진다. SAR 신호전달에는 NPR1 단백질이 세포내 산화환원 퍼텐셜의 변화에 반응하여 핵으로의 이동이 포함되어 있다. 핵에서 이 단백질은 전사인자들과 상호작용하여 PR 유전자의 전사를 촉진한다.

다른 흥미 있고 유용한 2차 대사물질에는 사포닌(테르펜글리코시드), 강심 배당체(cardiac glycoside), 시아노겐 배당체, 글루코시노레이트(glucosinolate)가 있다. 알칼로이드는 중요한 약리적 특성을 가진 질소를 함유한 화합물들의 이질적 집단을 말한다. 2차 대사물질의 생리적인 역할은 자세히 알려져 있지 않지만 대부분 어느 정도 독성이 있으며 미생물 감염과 초식동물의 공격에 대해 1차적인 방어물질로 작용하는 것 같다.

복습문제

1. 1차 대사와 2차 대사를 구별해 보시오.
2. 테르페노이드란 무엇인가? 식물체내에서 어떻게 생성되고 어떤 기능을 담당하는가?
3. 스테롤이 1차와 2차 대사물질 둘다로 인정되는 이유를 설명하시오.
4. 사포닌, 카르데노리드, 아미그달린의 공통점은 무엇인가?
5. 페닐알라닌과 트립토판과 같은 아미노산이 왜 인간에게 필수 영양소인가?
6. EPSPS와 PAL은 무엇인가? 대사적으로 어떤 중요한 역할을 하는가?
7. 대부분의 경우 알칼로이드는 화학적으로 서로 관련이 없다. 그들을 한 그룹으로 묶을 수 있는 근거는 무엇인가?
8. 어떻게 제초제 글리포세이트가 식물을 죽이는가? 식물에 글리포세이트를 처리하면, 가끔 어떤 상해가 나타날 때까지 일주일이 걸린다. 이렇게 지연되는 이유를 설명하시오.
9. 식물들은 어떤 방법으로 곤충의 초식작용을 제어하는가?
10. 식물들은 어떻게 미생물 병원균의 침입에 대응하는가?

더 읽을거리

Cordell, G. (ed.). 1997. The Alkaloids. San Diego: Academic Press.

Durrant,W. E., X. Dong. 2004. Systemic acquired resistance. *Annual Review of Phytopathology* 42:185–209.

Fobert, P. R., C. Despr´es. 2005. Redox control of systemica acquired resistance. *Current Opinion in Plant Biology* 8:373–382.

Grant, M., C. Lamb. 2006. Systemic immunity. *Current Opinion in Plant Biology* 9:414–420.

Harborne, J. B., F. A. Tomas-Barberan (eds.). 1991. *Ecological Chemistry and Biochemistry of Plant Terpenoids*. Oxford: Clarendon Press.

Klein, R. M. 1987. *The Green World: An Introduction to Plants and People*. New York: Harper & Row.

O'Kennedy, R., R. D. Thornes (eds.). 1997. Coumarins: *Biology, Application, and Mode of Action*. Chichester: Wiley.

Rosenthal, G. A., M. R. Berenbaum. 1991. Herbivores: Their *Interactions with Secondary Metabolites*. Vol. 1: The Chemical Participants. 2nd ed. San Diego: Academic Press.

Staswick, P. E. 2008. JAZing up jasmonate signaling. *Trends in Plant Sciences* 13:66–71.

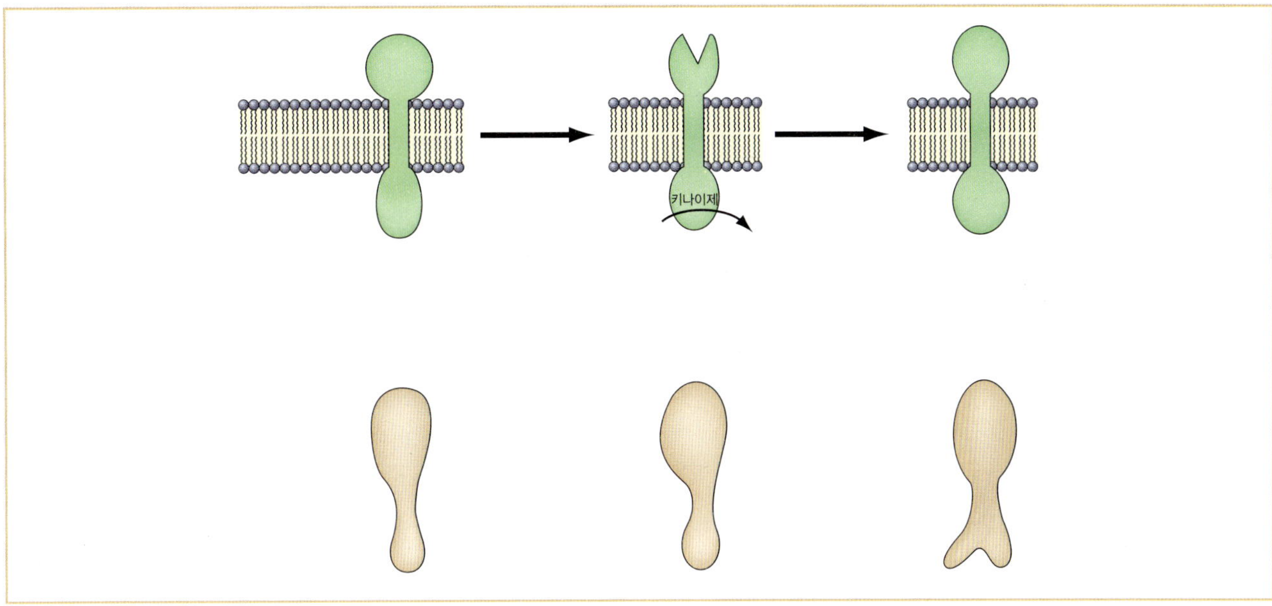

부록

생화학적 구조물의 구성요소 : 지질, 단백질 그리고 탄수화물

I.1 지질

지질은 화학적으로 유기용매에는 잘 녹을 수 있으나 물에는 용해 되지 않는 다양한 그룹을 가지는 분자들이다. 여기에는 세포의 막을 구성하는 인- 그리고 당 지질, 기름 등이 포함된다. 스테롤(steroid alcohol)과 지방 및 기름과는 화학적으로 차이가 나지만 엽록소 그리고 카로틴과 같은 긴 사슬의 탄화수소(hydrocarbon)를 포함하는 분자를 역시 융해의 특성에 근거하여 지질로 간주된다.

지방과 기름은 **지방산**(fatty acid)으로 불리는 긴 사슬의 탄화수소 사슬과 3-탄소 알코올인 **글리세롤**(glycerol)로 구성된다(그림 1.1). 글리세롤의 수산기와 지방산의 카르복실기 사이의 에스테르 결합을 통하여 지방산은 글리세롤에 붙어 있다. 하나의 지방산은 3개의 글리세롤 탄소와 에스테르를 형성하고 있기 때문에 한 분자의 지방 또는 기름을 **트리아실글리세롤**(triacylglycerol) 혹은 **트리글리세리드**(triglyceride)라 한다. 지방산은 탄소–탄소 이중 결합의 수 그리고 사슬에서 이중 결합의 위치 뿐만 아니라 탄화수소 사슬의 길이 즉, 탄소 원자의 수에 따라 다양하다(표 I–1). 이중 결합을 가지고 있지 않은 지방산들은 포화 지방산으로 알려져 있으며 이러한 것은 모든 탄소–탄소 결합이 수소 원자로 포화되어있다는 것을 말한다. 불포화 지방산은 이중 결합뿐만 아니라, 그 분자의 위치에 의해 구분된다. 예로, 두 가지 형태의 리놀렌산(linolenic acid)이 있다. 알파-리놀렌산은 9, 12, 그리고 15 탄소 위치에 이중 결합을 가지고 있는 반면, 감마-리놀렌산은 6, 9, 12 탄소에 있다. 대부분 지방산들은 짝수의 탄소 원자들을 가지고 있는데 그 이유는 합성시 계속해서 2탄소의 아세트산 단위(CH_3–COO^-)가 첨가되기 때문이다.

지방과 기름의 차이는 녹는점에 기인한다. 지방산의 녹는점은 사슬의 길이와 포화되는 정도에 따라 올라간다. 실온에서 포화 지방산들은 고체이고 불포화 지방산들은 액체이다. 따라서 일반적으로 실온에서 고체인 포화 지방산으로 구성된 트리글리세리드를 지방이라 하며, 대부분 불포와 지방산으로 구성된 액체인 것을 기름이라고 한다. 식물세포 특히 종자에 있는 세포들은 대부분 **올레오솜**(oleosome)이라 불리는 지질체에 저장되어있는 기름을 함유하고 있다. 사실 지질은 저장 에너지의 효율적인 형태이기 때문에 작은 종자들에 저장되어 있는 지배적인 형태의 저장 탄소이다. 지질은 탄수화물보다 덜 산화된 상태이므로 호흡 시 산화되어질 때 좀더

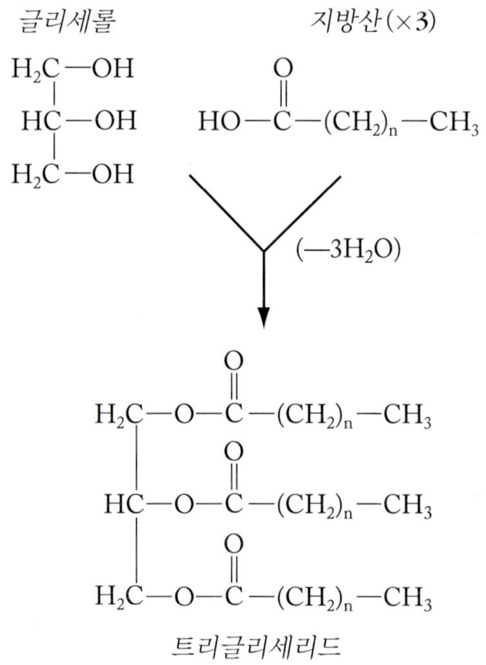

그림 I.1 트리글리세리드는 3개의 긴 사슬형 지방산과 글리세롤 간의 에스테르 결합을 통하여 형성된다. *n*의 값은 보통 14에서 18까지이다.

많은 에너지를 만들 수 있다. 지질체는 또한 일반적으로 엽록체(내막 시스템을 가지고 있는)에서 발견된다. 이러한 지질체들은 막 합성을 위한 지질의 저장소가 된다.

대부분의 세포 막에서 발견되는 주요한 지질 중 하나로 **인지질**(phospholipid)을 들 수 있다. 인지질은 **디글리세리드**(diglyceride)로 단지 두 개의 지방산이 글리세롤 분자에 에스테르 결합을 하고 있다. 세 번째 위치에는 인산기가 대신 붙어 있다(그림 I.2). 가장 단순한 형태의 인지질은 R=–OH로 된 **포스파티드산**(phosphatidic acid, PA)으로 대부분의 막에 소량으로 발견된다. 대부분의 막 인지질에서 R은 **콜린**(choline), **에탄올아민**(ethanolamine), **미오이노시톨**(myoinositol)과 같은 작고 극성인 분자들이다. 이러한 치환기를 가지고 있는 인지질들을 각각 **포스파티딜콜린**(phosphatidylcholine, PC), **포스파티딜에타놀아민**(phosphatidylethanolamine, PE), **포스파파티딜세린**(phosphatidylserine, PS), 그리고 **포스파티딜이노시톨**(phosphatidylinositol, PI)이라 한다.

인지질의 다양성은 두 가지의 지방산 특성에 의해서도 나타난다 식물세포막에서는 16:0, 16:1, 18:0, 18:1, 18:2 그리고 18:3 이 가장 풍부하다. 막 지질에서 높은 비율의 불포화 지방산은 막 유동성의 원인이 된다. 이러한 것은 탄소와 탄소 간의 이중 결합이 지방산의 비틀림("kink")을 유도하여(그림 1.2) 인지질이 포화지방산에서처럼 빽빽하게 채워지는 것을 방해한다. 종종 인지질은 전하를 띄는 극성 인산인 "머리"와 두 개의 지방산으로 된 긴 탄화수소 "꼬리"로 나타낸다. 이러한 것은 인산 머리가 친수성(hydrophilic; water-loving)이고 지방산 꼬리는 소수성(hydrophobic; water-fearing)이라는 점에서 그 분자가 두 가지의 특성을 갖도록 한다. 소수성과 친수성 두 가지의 특성을 가지고 있는 분자를 **양극성**(amphiphathic)이라 한다.

일부 식물 막들은 상당히 많은 양의 **당지질**(glycolipid)을 가지고 있고 이러한 지질의 머리 그룹은 하나 이상의 당 잔기를 포함하고 있다. 특히 엽록체의 내막은 이런 점에서 뚜렷하다. 엽록체는 단지 10%의 인지질을 가지고 있고 대략 80%는 **모노갈락토실 디글리세리드**(monogalactosyl diglyceride; MGDG)와 **디갈락토실 디그리세리드**(digalactosyl digllyceride; DGDG)이다. MGDG와 DGDG는 인산기가 하나 혹은 두분자의 당 갈락토스로 대체되어

표 I.1 일반적인 생물적 지방산

일반명	원자수[1]	구조	녹는점 (°C)[2]
포화지방산			
라우르산	12:0	$CH_3(CH_2)_{10}COOH$	44
미리스트산	14:0	$CH_3(CH_2)_{12}COOH$	52
팔미트산	16:0	$CH_3(CH_2)_{14}COOH$	63
스테아르산	18:0	$CH_3(CH_2)_{16}COOH$	69
불포화지방산			
팔미톨레산	16:1	$CH_3(CH_2)_5CH{=}CH(CH_2)_7COOH$	-0.5
올레산	18:1	$CH_3(CH_2)_7CH{=}CH(CH_2)_7COOH$	13
리놀레산	18:2	$CH_3(CH_2)_4(CH{=}CHCH_2)_2(CH_2)_6COOH$	-9
라놀렌산	18:3	$CH_3CH_2(CH{=}CHCH_2)_3(CH_2)_6COOH$	-17

[1] 콜론 앞의 숫자는 사슬의 탄소의 원자수를 나타낸다. 콜론 다음의 숫자는 이중결합의 수를 나타낸다.

[2] mp: 녹는 점

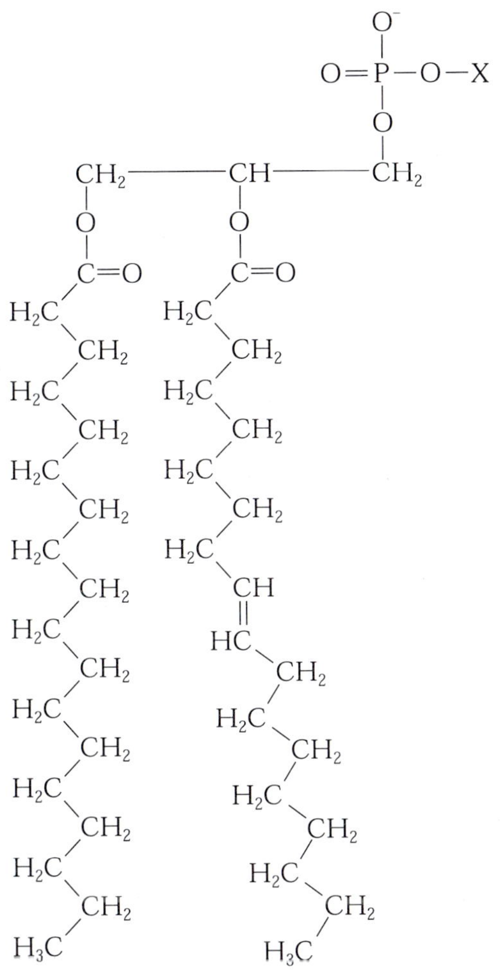

그림 I.3 인지질은 하나의 지방산 자리에 인산기가 대신 들어 있는 트리글리세리드이다. X가 H(수소)이면 이 분자는 포스파티드산이 된다. 더 흔히 X는 콜린이나 에탄올아민처럼 작고 극성인 분자들을 대표한다.

있다는 것만 제외하고 인지질과 유사하다. 엽록체 막 지질의 나머지 10%는 **황지질**(sulfolipid)에 의해 설명된다. 이경우에는 황 기가 MGDG의 갈락토오스에 붙어 있다.

지방산과 지질 생성의 주요현장은 소포체, 엽록체 그리고 미토콘드리아이다. 엽록체는 모든 C_{16}과C_{18} 지방산을 합성하고 MGDG와 DGDG를 만들기 위해 갈락토실 잔기를 디글리세리드에 붙이는 효소기구를 갖고 있는 것으로 나타났다. 그러나 엽록체는 인지질을 만들지 못하는 것으로 보인다 이러한 것은 PC와 PE를 합성하는데 필요한 모든 종류의 효소를 가지고 있는 소포체에 의해 수행된다. 미토콘드리아는 미토콘드리아 막의 중요한 인지질인 PC혹은 PE를 만들지 못한다.

I.2 단백질

단백질은 아미노산으로 구성된다. 단백질에는 유전적인 암호에 의해 구분되는 20개의 표준 아미노산이 있는데 이러한 아미노산이 모든 단백질을 구성한다. 모든 아미노산들은 같은 공통 구조를 가지고 있는데, 하나의 단일 탄소 원자가 아미노기($-NH_2$)와 카르복실기(−COOH)를 가지고 있다(그림 I.3). 생리적인 pH에서, 아미노산의 아미노기와 카르복실기는 이온화 된다. 따라서 아미노산은 음전하와 양전하를 동시에 가지고 있다. 그러한 분자들을 **쌍성이온**(zwitterion)이라 한다.

20개의 각각의 아미노산의 구조는 R기, 혹은 곁사슬(side chain)의 특성에 따라 다양하다. 이러한 곁사슬은 아미노산의 소수성 특성을 부여하는 비극성 그룹과 혹은 아미노산이 친수성 특성을 갖게 하는 중성 혹은 하전된 극성 그룹으로 되어 있다(그림 I. 4). 한 아미노산의 아미노기가 두 번째 아미노산의 카르복실기와 공유 결합(covalent link)을 할 때 **펩티드 결합**이 형성된다(그림 1. 5). 두 개의 아미노산이 하나의 펩티드 결합에 의해 연결될 때 이를 디펩티드라 한다. 세 개의 아미노산은 트리펩티드, 기타 등등. 많은 수의 아미노산의 결합 사슬을 **폴리펩티드**(polypeptide)라 한다. 대부분의 단백질은 40~4000개의 아미노산을 가지고 있는 폴리펩티드 형태이며, 매우 많은 종류의 각기 다른 단백질 분자를 형성하게 된다. 예를 들면, 단순한 하나의 디펩티드 분자는 첫 번째 아미노산 자리를 위해 20개 선택 중의 하나를, 그리고 이 아미노산과 연결된 두 번째 아미노산에 대해서도 똑같은 20개 선택 중의 어느 하나를 취하게 된다. 이 결과로 인해, 20^2 (혹은 400)개의 디펩티드의 존재가 가능해진다. 마찬가지로, 100개의 아미노산을 포함하고 있는 단백질 분자는 이론상으로 20^{100} 경우(혹은 1.27×10^{130})가 가능해진다.

각 아미노산의 곁가지들은 화학적 특성이 각기 다르기 때문에, 생물체는 매우 다양한 범위의 생화학적 특성을 가지는 많은 종류의 다른 단백질을 합성할 수 있다는 것이 확실하다. 단백질의 다양성은 비표준 아미노산 혹은 아미노산 유도체가 첨가되어 더욱 증

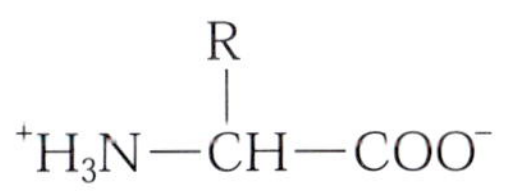

그림 I.3 모든 아미노산은 동일한 기본 구조를 공유한다. 여기서 아미노산은 생리적 pH에서 주로 나타나는 쌍성이온(zwitterionic)형으로 표기되어 있다. 모든 단백질에서 발견되는 20가지 표준 아미노산을 구성하는 20가지의 다른 결사슬(R)이 있다.

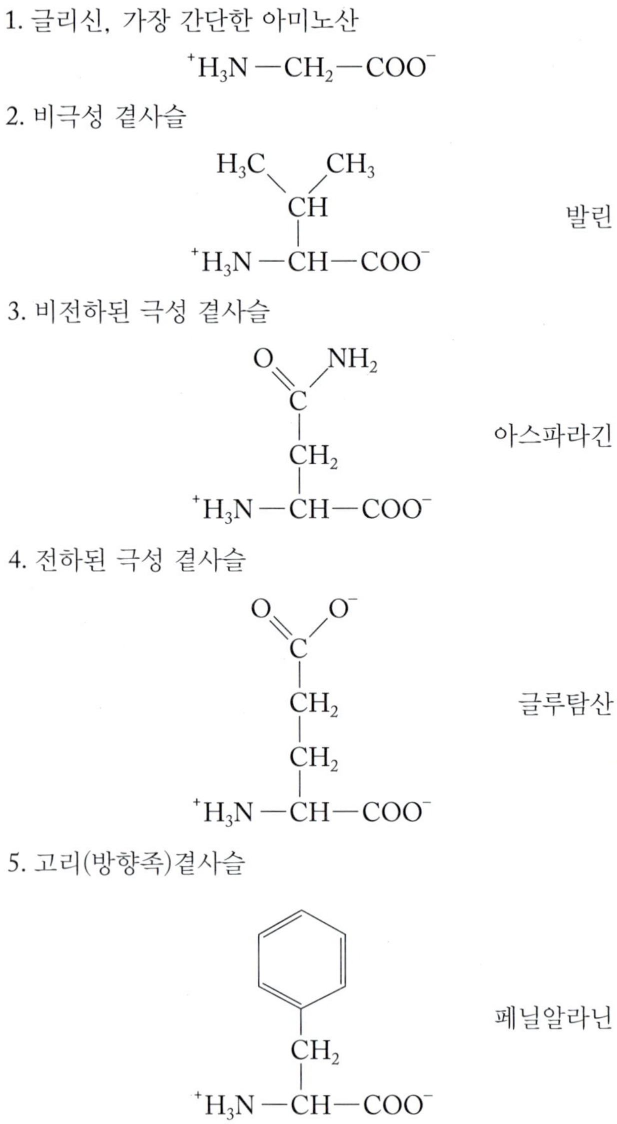

그림 I.4 네 가지의 주요 곁사슬 기를 대표하는 아미노산의 예. 글리신(R = 수소)은 비극성 곁사슬 중에서 가장 간단한 형태이다. 고리 곁사슬을 가진 페닐알라닌과 다른 아미노산들은 방향족 아미노산으로 알려져 있다.

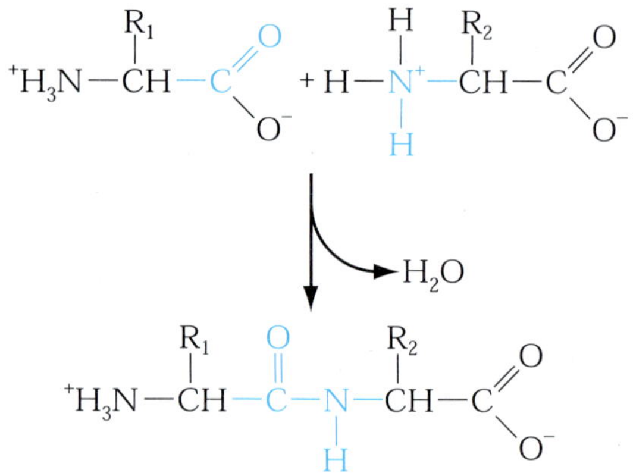

그림 I.5 펩티드 결합은 한 분자의 물이 제거되면서 두 아미노산의 축합 반응에 의해 형성된다. 여기 예에서 형성된 디펩티드는 아미노기와 카르복실기 말단을 모두 가지고 있는 것을 주목하시오. 단백질을 포함하여 어떤 길이의 펩티드들도 항상 아미노기(N)와 카르복실기(C) 말단을 가지고 있다.

가된다. 이러한 아미노산 유도체는 펩티드 사슬이 합성된 후 표준 아미노산에 대해 만들어진 특이적으로 변형된 결과이다. 한 예가 **히드록시프롤린**(hydroxyproline)으로 일부 세포벽 단백질에서 발견되는 비표준형 아미노산이다.

단백질 분자들은 그림 I.6에서 보는 바와 같이 조직화되는 데 몇 가지 단계를 가지고 있다. 폴리펩티드내의 아미노산 서열을 **1차 구조**(primary structure)라 한다. 일차 구조는 단백질을 만들기 위한 유전자를 먼저 구성하는 DNA의 뉴클레오티드(nucleotide)의 서열에 의해 결정된다. 첫째로 이러한 서열은 **전령 리보핵산**(ribonucleic acid; mRNA)으로 전사되어진 후 핵에서 세포질로 이동되어 **리보솜**(ribosome)에 붙는다. 아미노산은 mRNA 뉴클레오티드의 서열 혹은 명령(message)에 따라 리보솜에서 폴리펩티드로 조립된다. 완성된 폴리펩티드 사슬이 리보솜으로부터 방출되면, 폴리펩티드 사슬은 3차원의 모양을 형성하기 위해 자발적으로 접힌다. 펩티드 결합의 뼈대(backbone)는 α-나선(α-helix)을 형성, 혹은 사슬의 절편들이 나란히 놓여져 병풍 구조(pleated sheet) 같이 접히거나 또는 무작위적인 코일(random coil)을 형성하기도 한다. 이렇게 특이한 공간적인 재분배를 **2차 구조**(secondary structure)라 하며 이러한 모든 세 가지의 경우가 1개의 펩티드 사슬에서 일어난다. 폴리펩티드에 나선, 병풍구조 그리고 무작위적 나선의 수와 분포에 의해 전체적인 폴리펩티드의 3차원적인 구조변형이 결정되고 이를 3차 구조(tertiary structure)라 한다. 단백질의 **3차 구조**를 일반적으로 **단백질의 형태**(conformation)라 한다. 일부 단백질 분자는 단 하나의 폴리펩티드로 구성된 반면, 다른 단백질들은 **소단위**(subunit)이라 불리는 다수의 폴리펩티드로 구성된다. 단백질 분자의 소단위 배열을 **4차 구조**(quaternary structure)라 한다. 한 단백질의 3차원적 구조는 아미노산 곁가지의 카르복실기와 이온화된 아미노간의 전기적 상호 작용 및 수소 결합 등이 포함된 다양한 비공유 결합에 의해 안정화된다. 3차 구조 수준에서 공유 이황화 결합(–S–S–)이 곁가지 사슬에서 황 기를 가지고 있는 근처의 아미노산간에 형성된다. 비극성 측기를 가지고 있는 이웃하는 아미노산은 강한 소수성 상호작용을 형성한다.

구조의 미묘한 차이가 각각의 단백질에게 고유한 특성과 상호작용하는 다른 분자 간에 구별할 수 있는 능력을 제공한다. 대부분 단백질의 거대한 크기에도 불구하고 한 서열에서 하나의 아미노산의 변형은 그 단백질의 특성을 극적으로 변형시킨다.

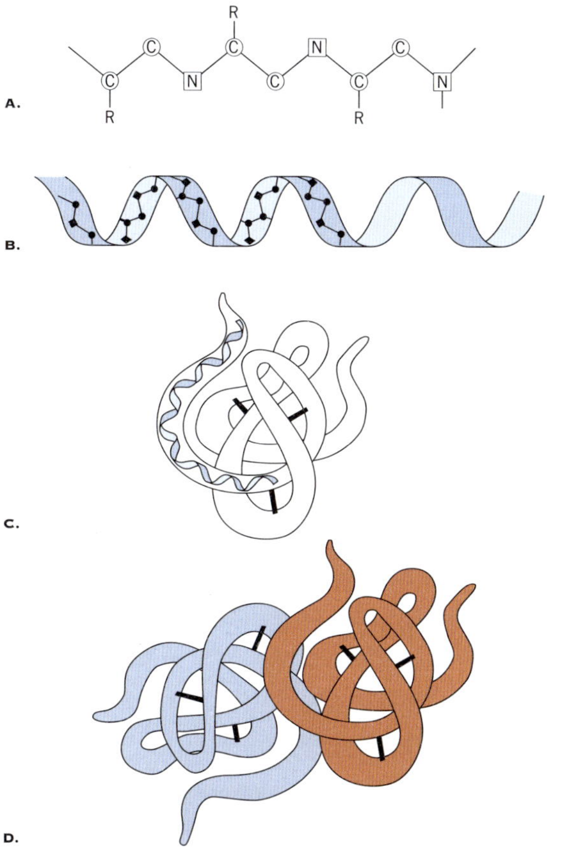

그림 I.6 단백질의 구조적 등급체계. (A) 1차 구조는 펩티드 사슬에서 아미노산의 서열을 칭한다. (B) 2차구조. 아미노산 사슬은 자연적으로 α-나선과 β 병풍구조, 또는 무작위적 나선(random coil)을 형성한다. 세 가지 모든 배열이 하나의 펩티드 사슬 내에서 나타날 수도 있다. (C) 3차 구조는 완전히 접혀진 펩티드 사슬의 3차원적인 모양이나 형태이다. (D) 4차 구조는 여러 펩티드 사슬의 조합을 칭한다.

I.3 탄수화물

탄수화물은 탄소 , 수소, 산소가 1:2:1의 비율로 함유하고 있다. 다시 말해, 물에서 발견되는 것처럼 수소(H)와 산소(O)가 같은 비율로 발견되기 때문에 탄소 수화물 "carbon hydrate"이라 한다. 탄수화물은 $(CH_2O)n$으로 구성되며, 여기서 n은 3 이상이다. 작은 탄수화물 분자는 세포의 에너지 대사에서 중요한 역할을 하며 거의 모든 유기분자의 중요한 탄소 골격원이 된다.

I.3.1 단당류

단당류인 가장 간단한 탄수화물은 더 이상 간단한 탄수화물로 가수분해될 수 없다. 3탄당(3개의 탄소)인 **글리세르알데히드**(glyceraldehyde)와 **디히드록시아세톤**(dihydroxyacetone)이다(그림 I.7). 글리세르알데히드와 디히드록시아세톤 모두 카르보닐 산소

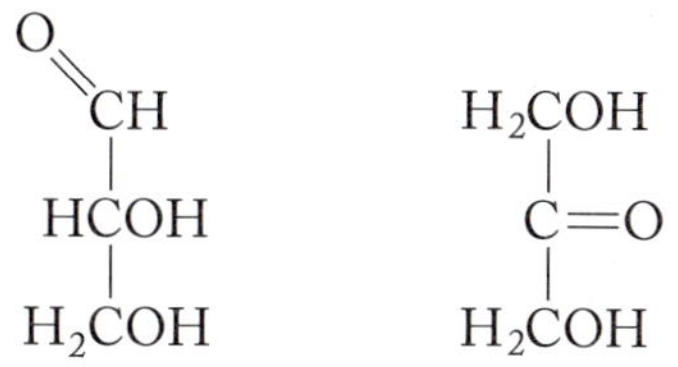

글리세르알데히드 디히드록시아세톤

그림 I.7 글리세르알데히드(glyceraldehyde)와 디히드록시아세톤(dihydroxyacetone)은 가장 간단한 두 가지 탄수화물이다. 글리세르알데히드는 알도 당, 또는 알도오스(aldose)이다. 디히드록시아세톤은 케토 당 또는 케토오스(ketose)다.

(−C=O)를 함유하고 있다는 것에 주목하라. 글리세르알데히드에서, 카르보닐 산소는 알데히드기(−CHO)를 형성하는 반면, 디히드록시아세톤에서는 케톤 기(−C−CO−C−)를 형성한다. 그러므로 글리세르알데히드는 **알도당**(aldo sugar) 혹은 알도오스(aldose)라 알려져 있으며, 디히드록시아세톤은 **케도당**(keto sugar) 혹은 케토오스(ketose)로 알려져 있다.

다른 일반적인 단당류의 형태로는 4탄당인 **에리트로오스**(erythrose; tetrose); 5탄당인 **리보오스**(ribose; pentose); 6탄당인 **포도당**(glucose; hexose), 그리고 7탄당인 **세도헵툴로오스**(sedoheptulose; heptose)등 이있다(그림 I. 8).

식물에서 발견되는 4개의 일반적인 6탄당은 D-포도당, D-만노오스, D-갈락토오스 그리고 D-과당(그림 I. 9)이다. 만노오스는 두 번째 탄소의 히드록시기의 방향이 다르다는 것을 제외하고는 비슷하다. 유사하게 포도당과 갈락토오스는 4번째 탄소의 하이드록시기의 방향만 유일하게 다르다. 이러한 예를 **입체이성질체**(stereoisomer)라 한다. 입체이성질 현상은 탄소원자의 네 개의 결합이 보통 종이 위에서 나타나는 것처럼 단면으로 놓여져 있지 않고 3차원 적인 기하 4면체를 형성하기 때문에 발생한다:

탄소원자에 네 개의 다른 치환기가 붙어있을 때 **거울상체**

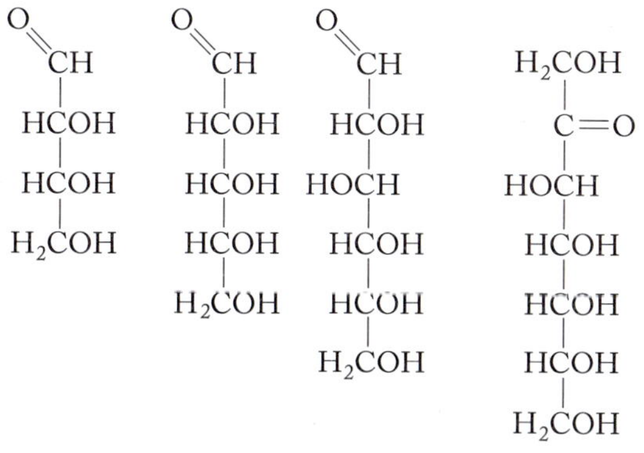

D−에리트로오스 D−리보오스 D−포도당 D−세도헵툴로오스

그림 I.8 4개, 5개, 6개 또는 7개의 탄소원자를 가지는 흔한 단당류의 예.

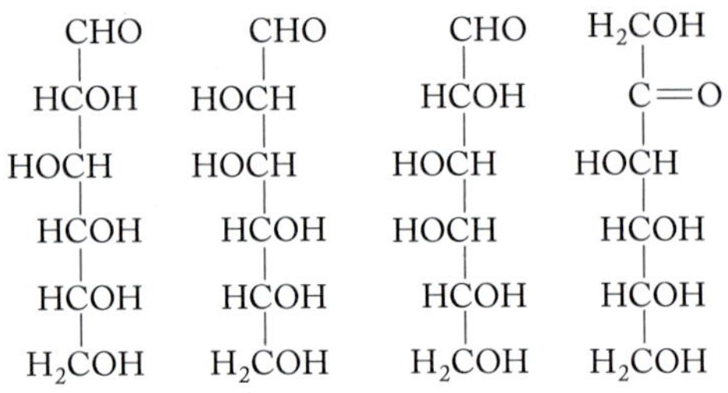

D-포도당 D-만노오스 D-갈락토오스 D-과당

그림 I.9 식물에서 발견되는 네 가지 흔한 6탄당의 예. 세 가지 알도 당, 포도당 및 만노오스와 갈락토오스는 단지 두 번째, 세 번째, 네 번째 그리고 다섯 번째의 비대칭 탄소 원자의 수산기의 방향(orientation)만 다르다는 것에 주목하시오.

(enantiomer)로 알려져 있는 서로에 대해 거울상인 두 가지의 가능한 배열이 있다. 거울상체를 형성할 수 있는 탄소들을 **비대칭 탄소**(asymmetric carbon)라 한다. 포도당, 만노오스 그리고 갈락토오스는 2^4 혹은 16개의 가능한 입체이성질체를 이룰수 있는 네 개의 비대칭 탄소 원자를 함유하고 있다(carbon 2, 3, 4, 5). 만노스와 갈락토오스는 16개의 가능한 입체이성질체 중의 2개이다. 각각의 입체이성질체는 화학적, 물리적 그리고 생물적 특성이 다르다.

위의 네 종류의 당 이름이 접두사 D(dextra, 오른손잡이)를 포함하고 있는 것에 주목하라. 이러한 것은 용액속에서 평면편광에 대해 관찰자의 관점으로부터 오른쪽으로 또는 시계방향으로 회전하는 거울상체(D-enantiomer)의 구조를 식별해 준다. 관계에 따라, 이것은 탄소사슬의 오른쪽에 위치한 가장 큰 수로 표시된 비대칭탄소 원자에 히드록시기를 갖고 있는 구조이다. 만약 히드록시가 왼쪽에 있으면(모든 다른 히드록시기는 유사하게 반전된다) 명칭은 L-(laevus, 왼손잡이)이다. L-당은 평면 편광에 대해 시계 방향의 반대로 또는 왼쪽으로 회전한다. 대부분 자연적으로 출현하는 당은 D의 형태를 보인다. 하나의 예외가 L-갈락토오스(한천의 구성성분)이다.

단당류는 종종 직선상의 분자로 씌여지지만, 용액속에서, 알데히드 혹은 케톤기는 원형의 분자를 형성하기 위하여 히드록시기와 분자내적으로 반응한다(그림 I. 11). 환이 폐쇄될 때 카르보닐탄소(포도당에서는 C1, 과당에서는 C2)에 비대칭 중심을 발생시킨다. 이러한 히드록시기의 위치에 따라 알파 또는 베타 형이 된다. 이 두 형태를 **아노머**(anomer)라고 부르며 이때의 비대칭 탄소를 아노머 탄소라고 부른다. 포도당 분자가 사슬로 연결되어 있을 때 알파와 베타간의 차이가 사소하지 않다. 한 예로, 전분은 알파-D-포도당의 중합체인 반면, 식물의 세포벽에서 발견되는 섬유소는 베타-D-포도당의 중합체이다. 이러한 전분과 섬유소의 물리 화학

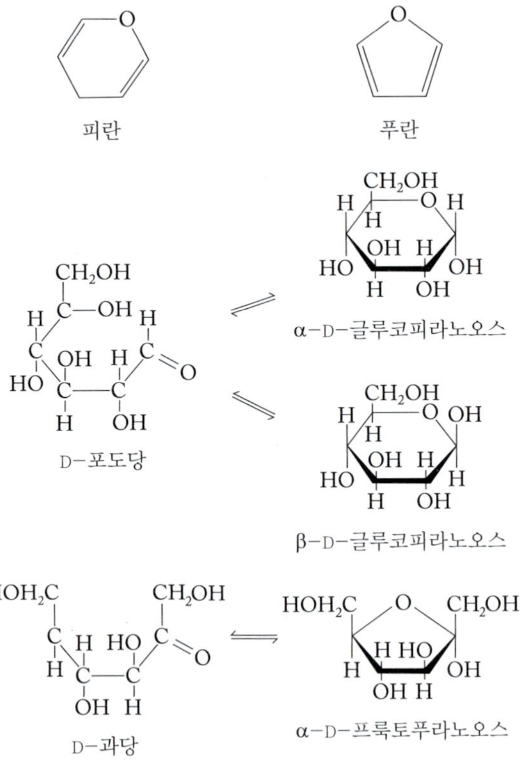

그림 I.10 용액 상에서 단당류는 고리화되어 락톤 내부 고리를 형성한다. 고리는 카르보닐 탄소와 비말단 수산기 간에 형성된다. 6각 고리(5개 탄소와 1개의 산소)를 형성하는 단당류는 그러한 고리를 함유하는 가장 간단한 분자인 피란의 이름을 따서 피라노오스라 불린다. 유사하게 5각 고리(4개의 탄소와 1개의 산소)를 형성하는 단당류는 푸란의 이름을 따서 푸라노오스라 불린다. 포도당은 6탄소 알도당인 피라노오스를 형성하는 반면에 6탄소 케토 당인 과당은 푸라노오스를 형성한다.

적 특징은 매우 다르다!

단당류의 알데히드 혹은 케톤 기는 알코올기로 환원된다(그림 I. 11). 예로 포도당이 환원되면 **소르비톨**(sorbitol)을 형성하며, 만노오스는 **만니톨**(mannitol)을 형성한다. 낭 알코올(소르비톨과 만노오스)은 때때로 조류와 하등 식물에서 저장 탄수화물 역할을 한다. 대체적으로 알도스의 1차 알코올기는 산화되어 카르보닐 또는 산 기를 형성 한다. 포도당의 산성 형은 **글루크론산**(glucuronic acid)이고 갈락토오스의 산성형은 **갈락투론산**(galacturonic acid)이다. 글루쿠로닉산과 갈락투로닉산은 비섬유소성 세포벽 중합체의 중요한 구성성분이다.

글리세르알데히드와 디히드록시아세톤과 같은 단당류는 유리 알데히드가 약한 산화제에 쉽게 환원될 수 있기 때문에 **환원당**(reducing sugar)으로 알려져 있다. 표준시험은 톨렌시약(Tollens reagent)을 사용해서 은 이온(Ag^+)을 금속 은으로 환원시키는 것이다. 작용용기 내면의 은빛 반사가 환원당의 존재를 나타낸다.

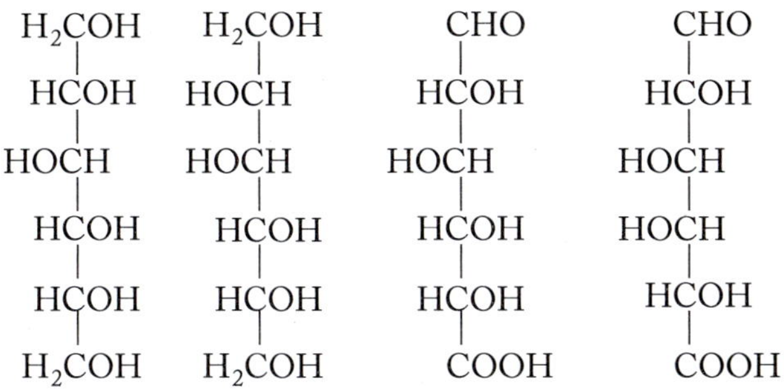

D-소르비톨 D-만니톨 D-글루쿠론산 D-갈락투론산

그림 I.11 일부 흔한 6탄당의 알코올과 산 유도체의 예. 소르비톨과 만니톨은 특히 하등 식물에서 중요한 탄소 저장 산물이다. 글루쿠론산과 갈락투론산은 비섬유소성 세포벽 중합체의 중요한 구성성분이다.

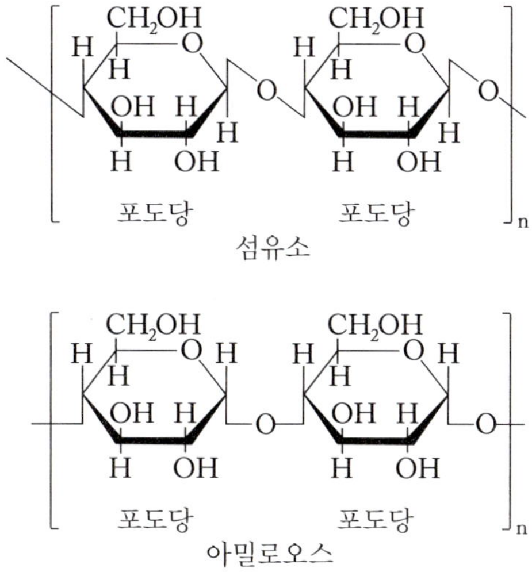

그림 I.13 섬유소와 아밀로오스의 구조. 둘 다 포도당의 중합체이다. 섬유소에서 첫 번째 –D–포도당 잔기의 1번 탄소는 다음 –D–포도당 잔기의 4번 탄소에 연결되어 있다(αβ(1→4) 글리코시드 결합). 아밀로오스는 α(1→4) 글리코시드 결합에 의해 α–D–포도당이 결합한 전분이다. 두 경우 모두 *n*은 몇 천에 달한다.

I.3.2 다당류

개개의 단당류들은 하나의 당의 아노머 히드록시기와 두 번째 당의 히드록시기 사이의 **글리코시드 결합**(glycosidic bond)에 의해 다양한 길이의 사슬로 함께 연결될 것이다(그림 I.12). 작은 탄수화물 중합체들은 당 잔기의 수에 따라 확인된다(예, 2개의 당 = disaccharide, 3개의 당 = trisaccharide 등). 한편 더 긴 사슬은 **다당류**(polysaccharide; 또한 **글리칸**(glycan)으로 알려진). 다당류라고 단순하게 부른다. 글리코시드 결합은 실제로 단백질의 펩티드 결합과 비슷하다.

고등식물에서 발견되는 주요한 2탄당은 α-D-포도당과 α-D-과당의 축합에 의해 형성되는 **설탕**(sucrose)이다(그림 I.12). 결합이 포도당의 1번 탄소와 과당의 2번 탄소 사이에 형성되는 것에 주목하라. 결합은 α-당의 1번과 2번 탄소를 함유하고 있기 때문에 α(1→2)로 나타낸다. 또한 모두 다 환원기가 결합형성에 관여하기 때문에 설탕은 환원당이 아니다.

하나 이상의 당으로 구성된 다당류가 알려져 있어도 일반적으로 다당류는 단일 종류의 당(예, 포도당)으로 구성된다. 고등 식물에서 가장 흔한 두종류의 다당류는 전분과 섬유소가 있다. 전분은 전적으로 α-D-포도당 잔기의 1번 탄소와 4번탄소가 (1→4)–글리코시드 결합에 의해 연결되고 (1→6)-글리코시드 연결은 1번 탄소와 6번 탄소가 분지결합으로 구성된다. 반면에 섬유소는 β-D-포도당 잔기의, (1→4)- 글리코시드 결합에 의해 연결된 길고 무분지 사슬이다(그림 I.13). 전분과 섬유소 둘 다는 포도당으로 되어 있기 때문에 **글루칸**(glucan)이라고도 한다. 전분은 주로 탄소와 에너지의 저장을 위해 이용되는 나선형 고리 구조를 형성하다. 섬유소는 3000 혹은 그 이상의 포도당 잔기를 포함하는 직선 형태의 분자이며 매우 강한 구조적인 힘을 제공하는 것으로 알려져 있다. 식물의 건중량의 80%를 차지하는 섬유소는 세계에서 가장 풍부하고 경제적으로 가장 중요한 유기물질 중 하나이다. 섬유소와 유사한 중합체로는 **키틴**(chitin)이 있는데, 키틴은 일부 균류의 세포벽 및 무척추 동물(갑각류, 곤충, 거미) 외골격의 중요한 구성성분이다. 키틴은 N-아세틸글루코사민의 β(1→4)결합 중합체이며 포도당 단위의 2번 탄소의 히드록시 기가 N-아세틸기(-$NHCOCH_3$기)로 대체되어 있다는 점에서 섬유소와는 화학적으로 다르다.

다른 중요한 다당류로는 **프룩탄**(fructan)이 있다. 프룩탄은 설탕의 과당 말단부에 다양한 수의 과당 분자를 가진 중합체이며 특히 목초에서 흔하다. β(2→6) 결합으로 구성된 프룩탄을 **레반**(levan)이라하는 반면, β(1→6) 결합을 하고 있는 프룩탄을 이눌린(inulin)이라 한다. **이눌린**은 뚱딴지(*Helianthus tuberasum*)의 중요한 저장 탄수화물이다.

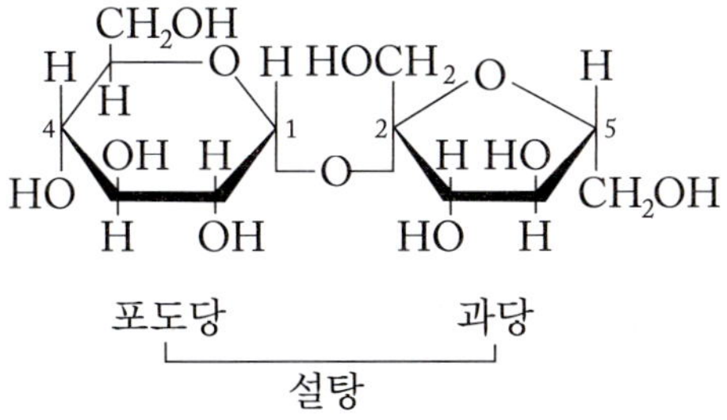

그림 1.1 식물에서 주 이당류인 설탕은 각각 한 분자의 포도당과 과당으로 구성되어 있다. 포도당의 1번 탄소와 과당의 2번 탄소 사이에서 글리코시드 결합이 형성된다(1→2 연결).

색 인

Symbols

Numbers

Roman

A

C

D

F

G

I

M

N

O

P

R

S

T

Korean

ㄱ

ㅈ